ANÁLISE
ESTRUTURAL

TRADUÇÃO DA 5ª EDIÇÃO NORTE-AMERICANA

Dados Internacionais de Catalogação na Publicação (CIP)
(Câmara Brasileira do Livro, SP, Brasil)

Kassimali, Aslam
  Análise estrutural / Aslam Kassimali ; tradução
Noveritis do Brasil ; revisão técnica Luiz
Antonio Vieira Carneiro. -- São Paulo : Cengage
Learning, 2020.

  Título original: Structural analysis.
  "Tradução da 5ª edição norte-americana".
  Bibliografia
  ISBN 978-85-221-1817-5
  1. reimpr. da 1. ed. brasileira de 2020.
  1. Análise estrutural (Engenharia)
2. Estruturas - Análise (Engenharia) I. Título.

15-05355   CDD-624.1

Índice para catálogo sistemático:

1. Análise estrutural : Engenharia   624.1

ANÁLISE ESTRUTURAL

TRADUÇÃO DA 5ª EDIÇÃO NORTE-AMERICANA

ASLAM KASSIMALI
Southern Illinois University-Carbondale

Tradução
Noveritis do Brasil

Revisão Técnica
Professor D.Sc. Luiz Antonio Vieira Carneiro
Seção de Engenharia de Fortificação e Construção –
SE/2 do Instituto Militar de Engenharia – IME

Edição original em SI preparada por
G. V. Ramana

Verificada por
German Rojas Orozco

CENGAGE Learning

Austrália • Brasil • Japão • Coreia • México • Cingapura • Espanha • Reino Unido • Estados Unidos

CENGAGE Learning

Análise estrutural
Aslam Kassimali
Tradução da 5ª edição norte-americana
1ª edição Brasileira

Gerente Editorial: Noelma Brocanelli

Editora de Desenvolvimento: Marileide Gomes

Editora de Aquisição: Guacira Simonelli

Supervisora de Produção Gráfica: Fabiana Alencar Albuquerque

Especialista em Direitos Autorais: Jenis Oh

Título Original: Structural Analysis, 5th edition, SI Edition
ISBN 13: 978-1-285-05150-5
ISBN 10: 1-285-05150-5

Tradução: Noveritis do Brasil

Revisão Técnica: Luiz Antonio Vieira Carneiro

Copidesque: Maria Alice da Costa

Revisão: Mônica de Aguiar Rocha e Sirlaine Cabrine Fernandes

Diagramação: Triall Composição Editorial Ltda.

Capa: Buono Disegno

Indexação: Casa Editorial Maluhy & Co.

© 2015, 2011, Cengage Learning
© 2016 Cengage Learning Edições Ltda.

Todos os direitos reservados. Nenhuma parte deste livro poderá ser reproduzida, sejam quais forem os meios empregados, sem a permissão, por escrito, da Editora. Aos infratores aplicam-se as sanções previstas nos artigos 102, 104, 106, 107 da Lei nº 9.610, de 19 de fevereiro de 1998.

Esta editora empenhou-se em contatar os responsáveis pelos direitos autorais de todas as imagens e de outros materiais utilizados neste livro. Se porventura for constatada a omissão involuntária na identificação de algum deles, dispomo-nos a efetuar, futuramente, os possíveis acertos.

A editora não se responsabiliza pelo funcionamento dos links contidos neste livro que podem estar suspensos.

Para informações sobre nossos produtos, entre em contato pelo telefone
0800 11 19 39
Para permissão de uso de material desta obra, envie seu pedido para
direitosautorais@cengage.com

© 2016 Cengage Learning. Todos os direitos reservados.

ISBN: 13: 978-85-221-1817-5
ISBN: 10: 85-221-1817-5

Cengage Learning
Condomínio E-Business Park
Rua Werner Siemens, 111 – Prédio 11 – Torre A – Conjunto 12
Lapa de Baixo – CEP 05069-900 – São Paulo – SP
Tel.: (11) 3665-9900 Fax: (11) 3665-9901
SAC: 0800 11 19 39

Para suas soluções de curso e aprendizado, visite
www.cengage.com.br

Impresso no Brasil
Printed in Brazil
1. reimpr. de 2020

EM MEMÓRIA DE *AMI* E *APAJAN*

Sumário

Prefácio xiii

Prefácio da edição em SI xvii

Sobre o autor xix

PARTE 1   INTRODUÇÃO À ANÁLISE ESTRUTURAL E CARGAS   1

1   Introdução à análise estrutural   3

1.1 Antecedentes históricos   3

1.2 Papel da análise estrutural nos projetos de engenharia de estruturas   5

1.3 Classificação das estruturas   6

1.4 Modelos analíticos   11

Resumo   13

2   Cargas em estruturas   15

2.1 Sistemas estruturais para a transmissão de cargas   16

2.2 Cargas permanentes   26

2.3 Cargas acidentais   28

2.4 Classificação de edifícios para cargas ambientais   31

2.5 Cargas de vento   31

2.6 Cargas de neve   37

2.7 Cargas de terremoto   39

2.8 Pressão hidrostática e de solo   40

2.9 Efeitos térmicos e outros   41

2.10 Combinações de cargas 41

Resumo 41

Problemas 42

PARTE 2 — ANÁLISE DE ESTRUTURAS ESTATICAMENTE DETERMINADAS OU ISOSTÁTICAS 45

3 Equilíbrio e reações de apoio 47

3.1 Equilíbrio de estruturas 47

3.2 Forças externas e internas 49

3.3 Tipos de apoios para estruturas planas 50

3.4 Determinação, indeterminação e instabilidade estática 51

3.5 Cálculo das reações 60

3.6 Princípio da superposição 75

3.7 Reações de estruturas simplesmente apoiadas usando proporções 76

Resumo 78

Problemas 79

4 Treliças planas e espaciais 87

4.1 Considerações para análise de treliças 90

4.2 Disposição dos elementos de estabilidade interna de treliças planas 92

4.3 Equações de condição para treliças planas 95

4.4 Determinação, indeterminação e instabilidade estática das treliças planas 97

4.5 Análise das treliças planas pelo método dos nós 100

4.6 Análise das treliças planas pelo método das seções 111

4.7 Análise das treliças compostas 116

4.8 Treliças complexas 121

4.9 Treliças espaciais 122

Resumo 129

Problemas 130

5 Vigas e pórticos: momento fletor e cortante 143

5.1 Força normal, cortante e momento fletor 143

5.2 Diagramas do momento fletor e do esforço cortante 148

5.3 Representação gráfica das curvas elásticas 152

5.4 Relações entre as cargas, esforços cortantes e momentos fletores 152

5.5 Determinação, indeterminação e instabilidade estática de pórticos planos 170

5.6 Análise de pórticos planos 176

Resumo 189

Problemas 191

6 Flechas em vigas: métodos geométricos 201

6.1 Equação diferencial para flecha em vigas 202

6.2 Método da integração direta 204

6.3 Método da superposição 207

6.4 Método da área-momento 207

6.5 Diagramas de momento fletor por partes 219

6.6 Método da viga conjugada 222

Resumo 235

Problemas 235

7 Flechas em treliças, vigas e pórticos: métodos de trabalho-energia 241

7.1 Trabalho 241

7.2 Princípio do trabalho virtual 243

7.3 Flechas em treliças pelo método do trabalho virtual 246

7.4 Flechas em vigas pelo método do trabalho virtual 254

7.5 Flechas em pórticos pelo método do trabalho virtual 265

7.6 Conservação de energia e energia de deformação 275

7.7 Segundo teorema de Castigliano 278

7.8 Lei de Betti e Lei de Maxwell para flechas recíprocas 285

Resumo 287

Problemas 288

8 Linhas de influência 297

8.1 Linhas de influência para vigas e pórticos pelo método de equilíbrio 298

8.2 Princípio de Müller-Breslau e linhas de influência qualitativas 311

8.3 Linhas de influência em vigas principais com sistemas de piso 321

8.4 Linhas de influência em treliças 330

8.5 Linhas de influência de flechas 340

Resumo 341

Problemas 342

9 Aplicação das linhas de influência 349

9.1 Resposta em uma posição particular devido a uma única carga concentrada em movimento 349

9.2 Resposta em uma posição particular devido a uma carga móvel uniformemente distribuída 351

9.3 Resposta em uma posição particular devido a uma série de cargas concentradas em movimento 355

9.4 Resposta máxima absoluta 361

Resumo 365

Problemas 366

10 Análise de estruturas simétricas 369

10.1 Estruturas simétricas 369

10.2 Componentes simétricas e antissimétricas dos carregamentos 375

10.3 Comportamento de estruturas simétricas sob carregamentos simétricos e antissimétricos 384

10.4 Procedimento para análise de estruturas simétricas 386

Resumo 393

Problemas 394

PARTE 3 ANÁLISE DE ESTRUTURAS ESTATICAMENTE INDETERMINADAS 397

11 Introdução a estruturas estaticamente indeterminadas 399

11.1 Vantagens e desvantagens de estruturas indeterminadas 400

11.2 Análise de estruturas indeterminadas 402

Resumo 406

12 Análise aproximada de pórticos retangulares 407

12.1 Considerações para análise aproximada 408

12.2 Análise para cargas verticais 410

12.3 Análise para cargas laterais – método do pórtico 414

12.4 Análise para cargas laterais – método do balanço   427

Resumo   433

Problemas   433

13   Método das deformações compatíveis – método das forças   437

13.1 Estruturas com um único grau hiperestático   438

13.2 Forças internas e momentos como hiperestáticos   456

13.3 Estruturas com múltiplos graus hiperestáticos   466

13.4 Recalques de apoio, variações de temperatura e erros de montagem   487

13.5 Método dos mínimos trabalhos   495

Resumo   502

Problemas   502

14   Linhas de influência de estruturas estaticamente indeterminadas   509

14.1 Linhas de influência de vigas e treliças   510

14.2 Representação esquemática de linhas de influência pelo princípio de Müller-Breslau   524

Resumo   528

Problemas   528

15   Método da rotação-flecha   531

15.1 Equações da rotação-flecha   532

15.2 Conceito básico do método da rotação-flecha   538

15.3 Análise de vigas contínuas   543

15.4 Análise de pórticos indeslocáveis   562

15.5 Análise de pórticos deslocáveis   570

Resumo   587

Problemas   588

16   Método da distribuição dos momentos   593

16.1 Definições e terminologia   594

16.2 Conceito básico do método da distribuição dos momentos   601

16.3 Análise de vigas contínuas   607

16.4 Análise de pórticos indeslocáveis   620

16.5 Análises de pórticos deslocáveis 623

Resumo 637

Problemas 638

17 Introdução à análise matricial das estruturas 643

17.1 Modelos analíticos 644

17.2 Relações de rigidez dos elementos em coordenadas locais 646

17.3 Transfomações de coordenadas 652

17.4 Relações de rigidez dos elementos em coordenadas globais 657

17.5 Relações de rigidez da estrutura 658

17.6 Procedimento para análise 664

Resumo 679

Problemas 680

Apêndice A   Áreas e centroides de formas geométricas 681

Apêndice B   Revisão de álgebra matricial 683

B.1 Definição de matriz 683

B.2 Tipos de matrizes 684

B.3 Operações com matrizes 685

B.4 Solução de equações simultâneas pelo método de Gauss-Jordan 691

Problemas 694

Apêndice C   Equação dos três momentos 697

C.1 Dedução da equação dos três momentos 697

C.2 Aplicações da equação dos três momentos 701

Resumo 707

Problemas 708

Respostas de problemas selecionados 709

Bibliografia 717

Indice Remissivo 719

Prefácio

O objetivo deste livro é desenvolver a compreensão dos princípios básicos da análise estrutural. Enfatizando a abordagem intuitiva básica, *Análise Estrutural* cobre a análise de vigas, treliças e pórticos rígidos estaticamente determinados e indeterminados. Também apresenta uma introdução à análise matricial das estruturas.

A obra divide-se em três partes. A Parte Um fornece uma introdução geral ao tema da análise estrutural. Ela inclui um capítulo direcionado inteiramente ao tópico de carregamentos, pois a atenção a esse importante tópico geralmente está ausente em muitos currículos de engenharia civil. A Parte Dois, que é composta pelos Capítulos 3 a 10, abrange a análise de vigas, treliças e pórticos rígidos estaticamente determinados. Os capítulos sobre flechas (Capítulos 6 e 7) estão colocados antes dos capítulos relativos a linhas de influência (Capítulos 8 e 9), de forma que as linhas de influência para flechas pudessem ser incluídas em capítulos posteriores. Essa parte também contém um capítulo sobre a análise de estruturas simétricas (Capítulo 10). A Parte Três do livro, com os Capítulos 11 a 17, engloba a análise de estruturas estaticamente indeterminadas.

Este livro apresenta uma estrutura flexível e permite que os instrutores enfatizem os tópicos que sejam compatíveis com os objetivos de seus cursos.

Cada capítulo começa com uma seção introdutória, definindo seus objetivos e termina com uma seção resumida, destacando as principais características. Um aspecto geral importante do livro é a inclusão de procedimentos passo a passo da análise para permitir que os alunos façam uma transição tranquila da teoria para a resolução de problemas. Vários exemplos resolvidos são apresentados para ilustrar a aplicação dos conceitos fundamentais.

Características da obra

Análise Estrutural apresenta explicações detalhadas dos conceitos e fornece os meios mais efetivos de aprendizagem sobre o tema. A seguir, algumas das principais características da obra:

- Todas as ilustrações e artes são apresentadas em duas cores para aumentar a compreensão. Onde aplicáveis, as reações e carregamentos externos da estrutura, bem como sua curva elástica (formato fletido), são mostrados em azul, enquanto as estruturas não deformadas, seus apoios e dimensões estão desenhados em preto/cinza.
- O Capítulo 2 traz uma seção sobre sistemas estruturais para transmissão de cargas, na qual os conceitos de caminhos de cargas laterais e de gravidade e áreas de influência são apresentados. Ainda neste capítulo, o leitor terá acesso a seções sobre cargas móveis e impactos e classificações de edificações para cargas ambientais, de acordo com as normas ASCE/SEI 7-10. Todo o material sobre cargas foi muito bem cuidado para atender às normas da versão mais recente dos Padrões ASCE/SEI 7.
- O Capítulo 7 apresenta o método dos trabalhos virtuais e inclui um procedimento gráfico para avaliar as integrais desses trabalhos, junto com exemplos para ilustrar a aplicação do procedimento.
- O texto é ricamente ilustrado com fotos e figuras que mostram os detalhes de algumas ligações estruturais típicas de edificações.

MATERIAL COMPLEMENTAR

Este livro traz slides em Power Point® para auxiliar o professor em sala de aula. Está disponível na página do livro, no site da Cengage, em wwww.cengage.com.br.

Agradecimentos

Gostaria de expressar meus agradecimentos a Timothy Anderson e Hilda Gowans da Cengage Learning, por seu apoio e encorajamento constantes durante a elaboração deste projeto, e a Rose Kernan, pelo apoio e pela ajuda na fase de produção. Os comentários e sugestões para a melhoria recebidos de colegas e alunos que usaram as edições anteriores recebem também um grato reconhecimento. Todas as suas sugestões foram cuidadosamente consideradas e implementadas, sempre que possível. Meus agradecimentos ainda se estendem aos seguintes revisores, por seu cuidadoso trabalho com os manuscritos das várias edições e por suas construtivas sugestões:

Ayo Abatan
Virginia Polytechnic Institute e Iowa State University

Riyad S. Aboutaha
Syracuse University

Osama Abudayyeh
Western Michigan University

Thomas T. Baber
University of Virginia

Gordon B. Batson
Clarkson University

George E. Blandford
University of Kentucky

Ramon F. Borges
Penn State/Altoona College

Kenneth E. Buttry
University of Wisconsin

Steve C. S. Cai
Louisiana State University

William F. Carroll
University of Central Florida

Malcolm A. Cutchins
Auburn University

Jack H. Emanuel
University of Missouri–Rolla

Fouad Fanous
Iowa State University

Leon Feign
Fairfield University

Robert Fleischman
University of Notre Dame

Changhong Ke
SUNY, Binghamton

George Kostyrko
California State University

E. W. Larson
California State University/Northridge

Yue Li
Michigan Technological University

Eugene B. Loverich
Northern Arizona University

L. D. Lutes
Texas A&M University

David Mazurek
US Coast Guard Academy

Ghyslaine McClure
McGill University

Ahmad Namini
University of Miami

Farhad Reza
Minnesota State University, Mankato

Arturo E. Schultz
North Carolina State University

Jason Stewart
Arkansas State University

Kassim Tarhini
Valparaiso University

Robert Taylor
Northeastern University

Jale Tezcan
Southern Illinois University

C. C. Tung
North Carolina State University

Nicholas Willems
University of Kansas

John Zachar
Milwaukee School of Engineering

Mannocherh Zoghi
University of Dayton

Por último, gostaria de demonstrar meu grande apreço por minha esposa, Maureen, por seu constante encorajamento e ajuda na elaboração deste manuscrito, e aos meus filhos, Jamil e Nadim, por seu amor, compreensão e paciência.

Aslam Kassimali

Prefácio da edição em SI

Análise Estrutural incorpora o Sistema Internacional de Unidades (*Le Système International d'Unités* ou SI). O sistema usual dos Estados Unidos (USCS) de unidades usa as unidades FPS (pés-libras-segundos) (também conhecidas como unidades americanas ou imperiais). As unidades do SI são primordialmente unidades do sistema MKS (metro-quilograma-segundo). No entanto, unidades CGS (centímetro-grama-segundo) são comumente aceitas como unidades do SI, especialmente em livros-texto.

Usando unidades SI neste livro

Neste livro, foram usadas tanto as unidades MKS quanto as CGS. Unidades USCS ou FPS utilizadas na edição americana do livro foram convertidas para unidades SI no texto e problemas. Entretanto, no caso de dados provenientes de livros, padrões governamentais e manuais de produtos, não apenas é extremamente difícil converter todos os valores para o SI, como também invade a propriedade intelectual da fonte. Por isso, alguns dos dados de figuras, tabelas, exemplos e referências permanecem em unidades de FPS.

Para resolver problemas que requerem o uso de dados com fontes, os valores podem ser convertidos de unidade FPS para unidades SI logo antes de serem usados nos cálculos.

OS EDITORES

Sobre o autor

Aslam Kassimali nasceu em Karachi, Paquistão. Ele recebeu seu grau de Bacharel em Engenharia Civil (BE) na Universidade de Karachi (NED College) no Paquistão em 1969. Em 1971, obteve o título de Mestre em Engenharia (ME), na área de engenharia civil, na Iowa State University, em Ames, Iowa, Estados Unidos. Depois de completar estudos avançados e pesquisas na Universidade de Missouri, em Colúmbia, Estados Unidos, conquistou o grau de Mestre em Ciências (MS) e Ph.D. em Engenharia Civil, em 1974 e 1976, respectivamente.

Sua experiência prática inclui trabalhos como engenheiro de Projetos Estruturais para Lutz, Daily and Brain, Consulting Engineers, Shawnee Mission, Kansas (Estados Unidos), de janeiro a julho de 1973, e como especialista em Engenharia Estrutural e analista para Sargent & Lundy Engineers em Chicago, Illinois (Estados Unidos) de 1978 a 1980. Ele se uniu à Southern Illinois University Carbondale (Estados Unidos) como professor assistente em 1980 e foi promovido a professor titular em 1993. Sempre reconhecido por sua excelência no ensino de engenharia, o Dr. Kassimali recebeu mais de 20 prêmios por sua destacada atuação na Southern Illinois University-Carbondale, e foi agraciado com o título de Professor Emérito, em 2004. Atualmente, é professor e Professor Emérito no Departamento de Engenharia Civil e Engenharia Ambiental na Southern Illinois University em Carbondale, Illinois (Estados Unidos). É autor e coautor de quatro livros sobre análise estrutural e mecânica e publicou inúmeros trabalhos na área de análise estrutural não linear.

O Dr. Kassimali é membro vitalício da American Society of Civil Engineers (ASCE), e atuou nos Comitês da Divisão Estrutural da ASCE sobre *Choque e Efeitos Vibratórios, Estruturas Especiais e Métodos de Análise.*

Parte 1

Introdução à análise estrutural e cargas

Part I

1
Introdução à análise estrutural

1.1 Antecedentes históricos
1.2 Papel da análise estrutural em projetos de engenharia de estruturas
1.3 Classificação das estruturas
1.4 Modelos analíticos
Resumo

Distrito de Marina City, Chicago
Hisham Ibrahim/Escolha do fotógrafo RF/Getty Images.

A análise estrutural é a previsão do desempenho de uma dada estrutura sob cargas prescritas e/ou outros efeitos externos, como os movimentos dos apoios e as mudanças da temperatura. As características de desempenho comumente de interesse no projeto de estruturas são: (1) tensões ou resultantes de tensões, tais como forças normais, forças cortantes e momentos fletores; (2) flechas; e (3) reações de apoio. Assim, a análise de uma estrutura geralmente envolve a determinação dessas quantidades provocadas por uma condição de carga dada. O objetivo deste texto é apresentar os métodos para a análise de estruturas em equilíbrio estático.

Este capítulo fornece uma introdução geral ao tema da análise estrutural. Primeiro, forneceremos antecedentes históricos resumidos, incluindo nomes de pessoas cujo trabalho é importante no campo. Em seguida, discutiremos o papel da análise estrutural em projetos de engenharia estrutural. Descreveremos os cinco tipos mais comuns de estruturas: estruturas tracionadas e comprimidas, treliças e estruturas de flexão e cisalhamento. Por fim, consideraremos o desenvolvimento de modelos simplificados de estruturas reais para efeitos de análise.

1.1 Antecedentes históricos

Desde os primórdios da história, a engenharia estrutural tem sido uma parte essencial do esforço humano. No entanto, não foi até cerca de meados do século XVII que os engenheiros começaram a aplicar o conhecimento da mecânica (matemática e ciências) no projeto de estruturas. As estruturas de engenharia anteriores foram projetadas por tentativa e erro e pelo uso de regras baseadas na experiência do passado. O fato de que algumas das magníficas estruturas de épocas anteriores, como as pirâmides egípcias (cerca de 3000 a.C.), os templos gregos (500–200 a.C.), o coliseu e os aquedutos romanos (200 a.C.–200 d.C.), e as catedrais góticas (1000–1500 d.C.), existem ainda hoje é um testemunho da engenhosidade de seus construtores (Figura 1.1).

Galileo Galilei (1564–1642) é geralmente considerado o criador da teoria das estruturas. Em seu livro intitulado *Duas Novas Ciências*, publicado em 1638, Galileo analisou a ruptura de algumas estruturas simples, incluindo as vigas em balanço. Embora as previsões de Galileo para as resistências de vigas terem sido apenas aproximadas, seu trabalho lançou as fundações para os futuros desenvolvimentos na teoria das estruturas e marcou o início de uma nova era da engenharia estrutural, na qual os princípios de análise da mecânica e da resistência dos materiais teriam uma grande influência no projeto das estruturas.

Após o trabalho pioneiro de Galileo, o conhecimento da mecânica estrutural avançou em ritmo acelerado na segunda metade do século XVII e no século XVIII. Entre os investigadores notáveis desse período estão Robert Hooke (1635–1703), que desenvolveu a lei de relações lineares entre a força e a deformação de materiais (lei de Hooke); Sir Isaac Newton (1642–1727), que formulou as leis do movimento e desenvolveu o cálculo; John Bernoulli (1667–1748), que formulou o princípio do trabalho virtual; Leonhard Euler (1707–1783), que desenvolveu a teoria da flambagem das colunas; e C. A. de Coulomb (1736–1806), que apresentou a análise da flexão das vigas elásticas.

Em 1826, L. M. Navier (1785–1836) publicou um tratado sobre o comportamento elástico das estruturas, considerado o primeiro livro sobre a moderna teoria da resistência dos materiais. O desenvolvimento da mecânica estrutural continuou em um ritmo tremendo em todo o restante do século XIX e na primeira metade do século XX, quando foi desenvolvida a maioria dos métodos clássicos para a análise de estruturas descrita neste texto. Os contribuintes importantes desse período incluíram B. P. Clapeyron (1799–1864), que formulou a equação dos três momentos para a análise de vigas contínuas; J. C. Maxwell (1831–1879), que apresentou o método das deformações compatíveis e a lei dos deslocamentos recíprocos; Otto Mohr (1835–1918), que desenvolveu o método da viga conjugada para o cálculo de flechas e os círculos de Mohr de tensão e deformação; Alberto Castigliano (1847–1884), que formulou o teorema de trabalho mínimo; C. E. Greene (1842–1903), que desenvolveu o método da área-momento; H. Muller-Breslau (1851–1925), que apresentou um princípio para a construção das linhas de influência; G. A. Maney (1888–1947), que desenvolveu o método da rotação-flecha, o qual é considerado o precursor do método de rigidez da matriz; e Hardy Cross (1885–1959), que desenvolveu o método da distribuição de momento, em 1924. O método da distribuição de momento forneceu aos engenheiros um procedimento iterativo simples para a análise de estruturas com grau de hiperestaticidade elevado. Esse método, que foi o mais utilizado pelos engenheiros estruturais durante o período de 1930 a 1970, contribuiu significativamente para a compreensão do comportamento de pórticos estaticamente indeterminados. Muitas estruturas concebidas durante esse período, tais como edifícios de grande altura, não teriam sido possíveis sem a disponibilidade do método da distribuição de momentos.

A disponibilidade de computadores na década de 1950 revolucionou a análise estrutural. Como o computador pode resolver grandes sistemas de equações simultâneas, as análises que levavam dias e às vezes semanas na era pré-computador podem agora ser realizadas em segundos. O desenvolvimento dos métodos atuais de análise estrutural orientados por computador podem ser atribuídos, entre outros, a J. H. Argyris, R. W. Clough, S. Kelsey, R. K. Livesley, H. C. Martin, M. T. Turner, E. L. Wilson, e O. C. Zienkiewicz.

Figura 1.1 Catedral de Notre Dame, em Paris, foi concluída no século XIII.
Ritu Manoj Jethani/Shutterstock.com.

1.2 Papel da análise estrutural nos projetos de engenharia de estruturas

A engenharia estrutural é a ciência e a arte de planejamento, projeto e construção de estruturas seguras e econômicas que servirão aos seus propósitos destinados. A análise estrutural é uma parte integrante de qualquer projeto de engenharia de estruturas, sendo sua função a previsão do desempenho da estrutura proposta. Um fluxograma que mostra as várias fases de um projeto típico de engenharia estrutural é apresentado na Figura 1.2. Como esse diagrama indica, o processo é uma iterativa única, e ele geralmente consiste nos seguintes passos:

1. *Fase de planejamento* A fase de planejamento geralmente envolve o estabelecimento dos requisitos funcionais da estrutura proposta, o arranjo geral e as dimensões da estrutura, a consideração dos possíveis tipos de estrutura (por exemplo, pórtico rígido ou treliça) que pode ser viável e os tipos de materiais a serem utilizados (por exemplo, aço estrutural ou concreto armado). Essa fase também pode envolver a consideração dos fatores não estruturais, como a estética, o impacto ambiental da estrutura e assim por diante. O resultado dessa fase é geralmente um sistema estrutural que atenda aos requisitos funcionais e é esperado como o mais econômico. Essa fase é talvez a mais crucial de todo o projeto e requer experiência e conhecimento das práticas de construção, além de um profundo conhecimento do comportamento das estruturas.

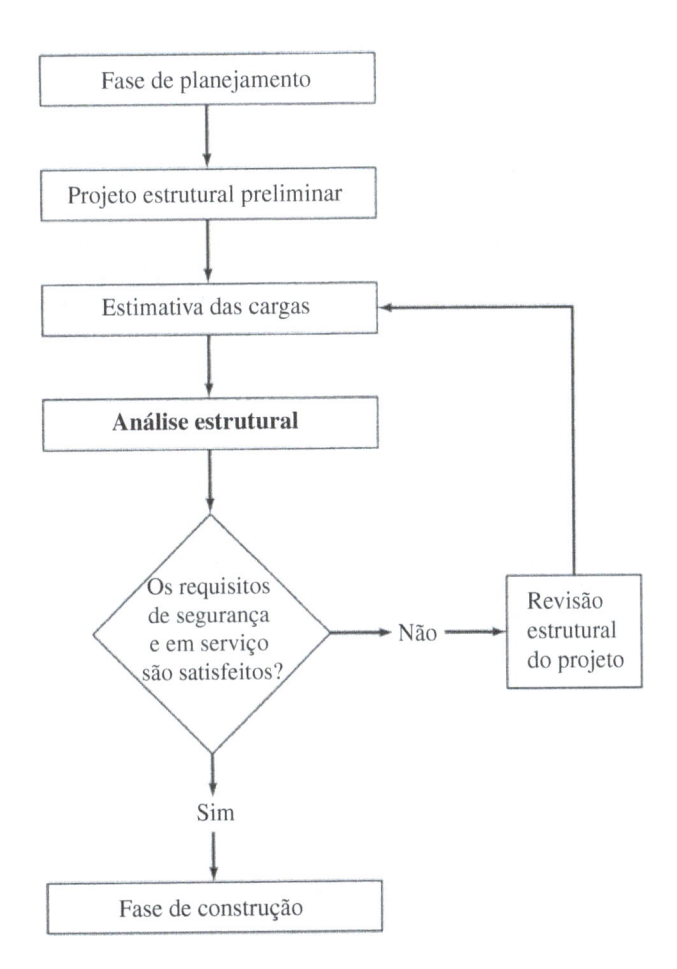

Figura 1.2 Fases de um projeto de engenharia de estruturas típico.

2. *Projeto estrutural preliminar* Na fase do projeto estrutural preliminar, as dimensões dos vários elementos do sistema estrutural selecionado na fase de planejamento são estimadas com base na análise aproximada, na experiência do passado e nas exigências de norma. As dimensões dos elementos assim selecionadas são utilizadas na fase seguinte para estimar o peso da estrutura.
3. *Estimativa de cargas* A estimativa de cargas envolve a determinação de todas as cargas que podem ser esperadas para agir sobre a estrutura.
4. *Análise estrutural* Na análise estrutural, os valores das cargas são utilizados para realizar uma análise da estrutura com a finalidade de determinar as tensões resultantes nos elementos e os deslocamentos nos vários pontos da estrutura.

6 Análise Estrutural   Parte 1

5. ***Verificações de segurança e em serviço*** Os resultados da análise são usados para determinar se a estrutura satisfaz ou não os requisitos de segurança e em serviço das normas de projeto. Se esses requisitos forem satisfeitos, então os desenhos de projeto e as especificações de construção são preparados e a fase de construção começa.
6. ***Projeto estrutural revisado*** Se os requisitos de norma não estão satisfeitos, então as dimensões dos elementos são revisadas e as fases de 3 a 5 são repetidas até que todos os requisitos de segurança e em serviço estejam satisfeitos.

Exceto por uma discussão sobre os tipos de cargas que podem ser esperados para atuar nas estruturas (Capítulo 2), nosso foco principal neste texto será sobre a análise de estruturas.

1.3 Classificação das estruturas

Como discutido na seção anterior, talvez a decisão mais importante feita por um engenheiro estrutural na implementação de um projeto de engenharia seja a seleção do tipo de estrutura a ser utilizado para suportar ou transmitir as cargas. As estruturas utilizadas comumente podem ser classificadas em cinco categorias básicas, dependendo do tipo de tensões primárias que pode se desenvolver em seus elementos sob as principais cargas do projeto. No entanto, deve-se entender que quaisquer dois ou mais dos tipos estruturais básicos descritos a seguir podem ser combinados em uma única estrutura, tal como um edifício ou uma ponte, para satisfazer às exigências funcionais da estrutura.

Estruturas tracionadas

Os elementos das estruturas tracionadas estão sujeitos à tração pura sob ação das cargas externas. Em razão da tensão de tração ser distribuída uniformemente sobre as áreas da seção transversal dos elementos, o material de tal estrutura é utilizado da forma mais eficiente. As estruturas tracionadas compostas por cabos de aço flexíveis são frequentemente empregadas para suportar pontes e telhados de grande vão. Devido à sua flexibilidade, os cabos têm rigidez à flexão insignificante e podem suportar apenas tração. Assim, sob cargas externas, um cabo adota uma forma que o habilita a suportar a carga apenas por forças de tração. Em outras palavras, a forma de um cabo muda conforme mudam as cargas que agem sobre ele. Como exemplo, as formas que um cabo simples pode assumir sob duas condições de carga diferentes são mostradas na Figura 1.3.

A Figura 1.4 mostra um tipo familiar de estrutura de cabo, a *ponte suspensa*. Em uma ponte suspensa, o tabuleiro é supenso por dois cabos principais por meio de pendurais verticais. Os cabos principais passam sobre um par de torres e estão ancorados em rocha sólida ou em uma fundação de concreto em suas extremidades. Em razão das pontes suspensas e de outras estruturas de cabo não terem rigidez nas direções laterais, elas são suscetíveis a oscilações induzidas pelo vento (veja Figura 1.5). Sistemas de contraventamento ou de enrijecimento são, portanto, previstos para reduzir tais oscilações.

Além das estruturas com cabos, outros exemplos de estruturas tracionadas incluem tirantes verticais usados como pendurais (por exemplo, para apoiar varandas ou tanques) e estruturas de membrana, tais como tendas e telhados de cúpulas de grandes vãos (Figura 1.6).

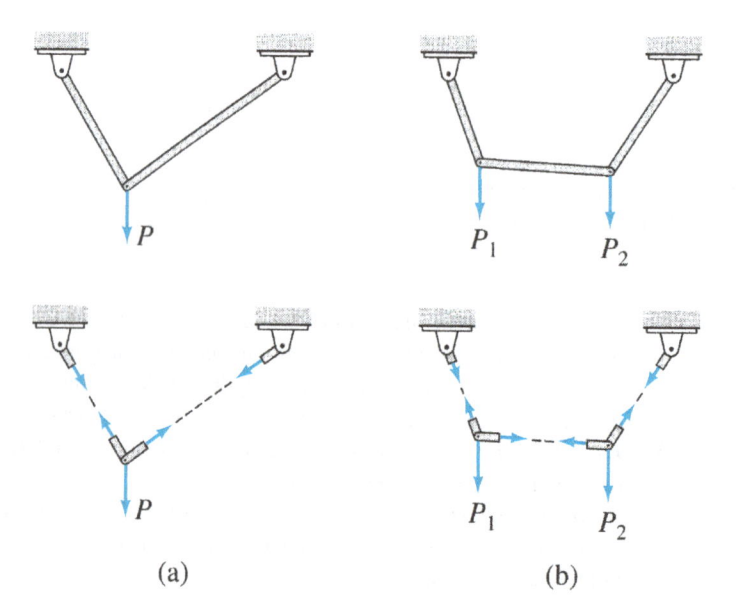

Figura 1.3   (a)   (b)

capítulo 1   Introdução à análise estrutural   7

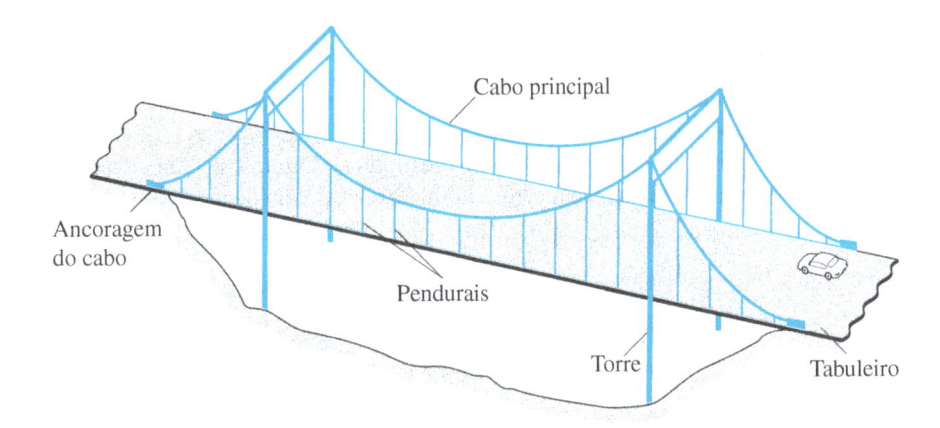

Figura 1.4 Ponte suspensa.

Figura 1.5 Ponte do Estreito de Tacoma oscilando antes de seu colapso em 1940.
Smithsonian Institution Foto nº 72-787. Divisão de Trabalho e Indústria, Museu Nacional de História Americana, Smithsonian Institution.

Figura 1.6 O telhado de tecido (membrana) do domo de Tóquio é tracionado (inflado) por pressão de ar de dentro do estádio.
© Gavin Hellier/Alamy.

Estruturas comprimidas

As estruturas comprimidas desenvolvem principalmente tensões compressivas sob ação de cargas externas. Dois exemplos comuns de tais estruturas são *pilares* e *arcos* (Figura 1.7). Os pilares são elementos retos submetidos axialmente a cargas de compressão, como mostrado na Figura 1.8. Quando um elemento reto é submetido a cargas laterais e/ou momentos em adição a cargas normais, é chamado de uma *viga-coluna*.

Figura 1.7 Pilares e arcos da ponte do aqueduto de Segóvia (Romana) na Espanha (construída no primeiro ou no segundo século).
Bluedog423.

Um arco é uma estrutura curva, com uma forma semelhante à de um cabo invertido, como mostrado na Figura 1.9. Tais estruturas são frequentemente usadas para suportar pontes e telhados de grande vão. Os arcos suportam principalmente tensões compressivas quando submetidos a cargas e geralmente são projetados de modo que eles suportem apenas compressão sob carregamento principal de projeto. No entanto, como os arcos são rígidos e não podem mudar suas formas como os cabos podem, outras condições de carga geralmente produzem tensões secundárias de flexão e de cisalhamento nessas estruturas, as quais, se significativas, devem ser consideradas em seus projetos.

Devido às estruturas comprimidas serem suscetíveis à flambagem ou instabilidade, a possibilidade de tal ruptura deve ser considerada em seus projetos; se necessário, deve ser previsto um contraventamento adequado para evitar tais rupturas.

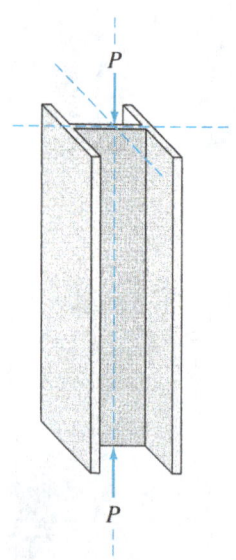

Figura 1.8 Pilar.

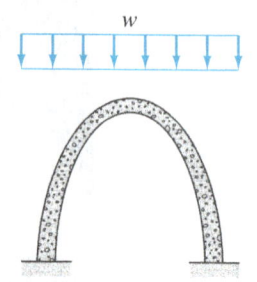

Figura 1.9 Arco.

Treliças

Treliças são compostas por elementos retos conectados nas suas extremidades por ligações rotuladas para formar uma configuração estável (Figura 1.10). Quando as cargas são aplicadas em uma treliça apenas nos nós, seus elementos alongam ou encurtam. Assim, os elementos de uma treliça ideal estão sempre em tração uniforme ou em compres-

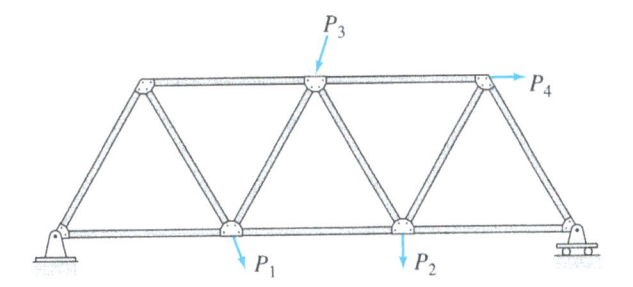

Figura 1.10 Treliças planas.

são uniforme. Treliças reais são geralmente construídas conectando os elementos em chapas de reforço por ligações aparafusadas ou soldadas. Embora os nós rígidos assim formados causem alguma flexão nos elementos de uma treliça quando são carregados, na maioria dos casos, tais tensões de flexão secundárias são pequenas, e a consideração de nós rotulados leva a projetos satisfatórios.

As treliças, por causa do seu peso leve e da alta resistência, estão entre os tipos de estruturas mais utilizados. Tais estruturas são usadas em uma variedade de aplicações que vão desde o suporte de telhados de edifícios até para servir como estruturas de suporte em estações espaciais e arenas esportivas.

Estruturas de cisalhamento

Estruturas de cisalhamento, tais como as de concreto armado *em paredes de cisalhamento* (Figura 1.11), são utilizadas em edifícios de múltiplos andares para reduzir os movimentos laterais devido às cargas de vento e excitações de terremoto (Figura 1.12). As estruturas de cisalhamento suportam, principalmente, cisalhamento no plano, com tensões relativamente pequenas de flexão sob ação de cargas externas.

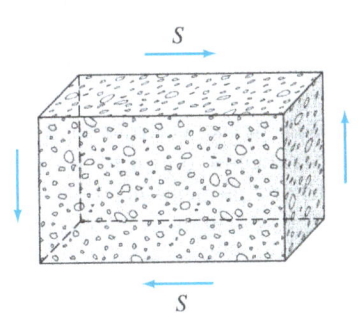

Figura 1.11 Parede sob cisalhamento.

Figura 1.12 A parede de cisalhamento no lado deste edifício é projetada para resistir às cargas laterais decorrentes do vento e de terremotos.
NISEE, University of California, Berkeley.

Estruturas de flexão

Estruturas de flexão resistem principalmente tensões de flexão sob ação de cargas externas. Em algumas estruturas, as tensões de cisalhamento associadas com as alterações nos momentos de flexão também podem ser significativas e devem ser consideradas em seus projetos.

Algumas das estruturas mais comumente usadas, tais como *vigas*, *pórticos rígidos*, *lajes* e *placas*, podem ser classificadas como estruturas de flexão. *Uma viga é um elemento reto que é carregado perpendicularmente ao seu eixo longitudinal* (Figura 1.13). Lembre-se de cursos anteriores sobre *estática* e *mecânica de materiais* em que a tensão de flexão (normal) varia linearmente ao longo da altura de uma viga, a partir da tensão de compressão máxima na fibra mais distante do eixo neutro, no lado côncavo da viga fletida até a tensão de tração máxima na fibra mais externa no lado convexo. Por exemplo, no caso de uma viga horizontal sujeita a uma carga vertical para baixo, como mostrado na Figura 1.13, a tensão de flexão varia da tensão de compressão máxima no bordo superior até a tensão de tração máxima no bordo inferior da viga. Para utilizar o material de uma seção transversal de viga de forma mais eficiente sob essa distribuição de tensão variável, as seções transversais de vigas são geralmente em forma de I (veja a Figura 1.13), com a maior parte do material nas mesas superior e inferior. As seções transversais em forma de I são mais eficazes para resistir aos momentos de flexão.

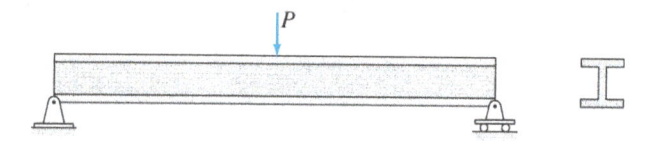

Figura 1.13 Viga.

Os pórticos rígidos são compostos por elementos retos ligados entre si, quer por ligações rígidas (resistentes ao momento) ou por ligações rotuladas, para formar configurações estáveis. Ao contrário das treliças, sujeitas apenas a cargas nos nós, as cargas externas em pórticos podem ser aplicadas nos elementos, bem como sobre os nós (veja Figura 1.14). Os elementos de um pórtico rígido são em geral submetidos a momento de flexão, cortante, compressão ou tração normal sob ação das cargas externas. No entanto, o projeto dos elementos horizontais ou de vigas de pórticos retangulares é frequentemente orientado apenas por tensões de flexão e cisalhamento, desde que as forças normais em tais elementos sejam geralmente pequenas.

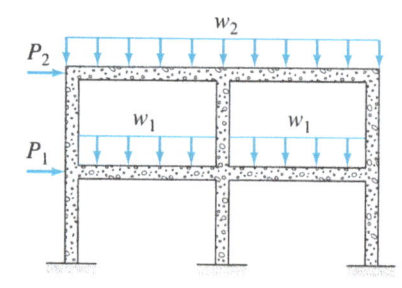

Figura 1.14 Pórtico rígido.

Os pórticos, como as treliças, estão entre os tipos de estruturas mais utilizados. Os pórticos de aço estrutural e de concreto armado são comumente usados em edifícios de múltiplos andares (Figura 1.15), pontes e instalações industriais. Os pórticos também são usados como estruturas de abrigo de aviões, navios, veículos aeroespaciais e outras aplicações aeroespaciais e mecânicas.

Figura 1.15 Esqueletos de edifícios em pórtico.
Racheal Grazias/Shutterstock.com.

Pode ser interessante notar que o termo genérico *estrutura aporticada* é frequentemente usado para se referir a qualquer estrutura composta por elementos retos, incluindo uma treliça. Nesse contexto, este livro é dedicado principalmente à análise de estruturas aporticadas planas.

1.4 Modelos analíticos

Um modelo de análise é uma representação simplificada ou ideal de uma estrutura real para o propósito de análise. O objetivo do modelo é simplificar a análise de uma estrutura complicada. O modelo analítico representa, tão precisamente quanto possível na prática, as características comportamentais da estrutura de interesse para o analista, enquanto descarta grande parte dos detalhes sobre os elementos, ligações e assim por diante, que se espera ter pouco efeito sobre as características desejadas. A criação do modelo analítico é um dos passos mais importantes do processo de análise; ele requer experiência e conhecimento de práticas de projeto, além de uma compreensão completa do comportamento das estruturas. Recorde-se de que a resposta da estrutura prevista pela análise do modelo é válida apenas na medida em que o modelo representa a estrutura real.

O desenvolvimento do modelo analítico geralmente envolve a consideração dos seguintes fatores.

Estrutura espacial *versus* plana

Se todos os elementos de uma estrutura, bem como as cargas aplicadas, se encontram em um plano único, a estrutura é denominada uma *estrutura plana*. A análise das estruturas plana ou bidimensional é consideravelmente mais simples do que a análise das estruturas espaciais ou tridimensionais. Felizmente, muitas estruturas tridimensionais reais podem ser subdivididas em estruturas planas, para análise.

Como um exemplo, considere o sistema construtivo de uma ponte mostrado na Figura 1.16(a). Os principais elementos do sistema, projetado para suportar cargas verticais, são mostrados por linhas cheias, enquanto os elementos de contraventamento secundários, necessários para resistir às cargas de vento lateral e para fornecer estabilidade, são representados por linhas tracejadas. A plataforma da ponte repousa sobre vigas chamadas *longarinas*; essas vigas são suportadas por *vigas de piso*, que, por sua vez, estão ligadas nas suas extremidades aos nós dos painéis inferiores das duas treliças longitudinais. Assim, o peso do tráfego, plataforma, longarinas e vigas do piso é transmitido pelas vigas do piso para as treliças de suporte nos seus nós; as treliças, por sua vez, transmitem a carga para a fundação. Devido a essa carga aplicada agir em cada treliça em seu próprio plano, as treliças podem ser tratadas como estruturas planas.

Como outro exemplo, o sistema construtivo de um edifício de múltiplos andares é mostrado na Figura 1.17(a). Em cada andar, a laje do piso repousa sobre as vigas do piso, as quais transferem qualquer carga aplicada para o piso, o peso da laje e seu próprio peso, para as vigas principais que suportam os pórticos rígidos. Essa carga aplicada atua sobre cada pórtico no seu próprio plano, de modo que cada pórtico pode, portanto, ser analisado como uma estrutura plana. As cargas assim transferidas para cada pórtico são depois transmitidas a partir das vigas principais para as colunas e, em seguida, finalmente para a fundação.

Embora a maioria dos sistemas estruturais tridimensionais reais possa ser subdividida em estruturas planas com a finalidade de análise, algumas estruturas, como cúpulas treliçadas, estruturas aeroespaciais e torres de transmissão, não podem, devido a sua forma, arranjo dos elementos ou carga aplicada, serem subdivididas em componentes planos. Tais estruturas, chamadas *estruturas espaciais*, são analisadas como corpos tridimensionais submetidos a sistemas de forças tridimensionais.

Diagrama de linha

O modelo de análise de corpos bi ou tridimensionais selecionados para análise é representado por um *diagrama de linha*. Nesse diagrama, cada elemento da estrutura é representado por uma linha que coincide com seu eixo do centro de gravidade. As dimensões dos elementos e o tamanho das ligações não são mostrados no diagrama. Os diagramas de linha da treliça de ponte da Figura 1.16(a) e o pórtico rígido da Figura 1.17(a) são mostrados nas Figuras 1.16(b) e 1.17(b), respectivamente. Note que as duas linhas (⟷) às vezes são utilizadas neste texto para representar os elementos nos diagramas de linha. Quando necessário, isso é feito para clareza de apresentação; em tais casos, a distância entre as linhas não representa a altura do elemento.

Ligações

Dois tipos de ligações são comumente utilizados para unir os elementos de estruturas: (1) *ligações rígidas* e (2) *flexíveis* ou *ligações rotuladas*. (Um terceiro tipo de ligação, denominado *ligação semirrígida*, embora reconhecido pelas normas de projeto de aço estrutural, não é comumente usado na prática e, portanto, não é considerado neste texto.)

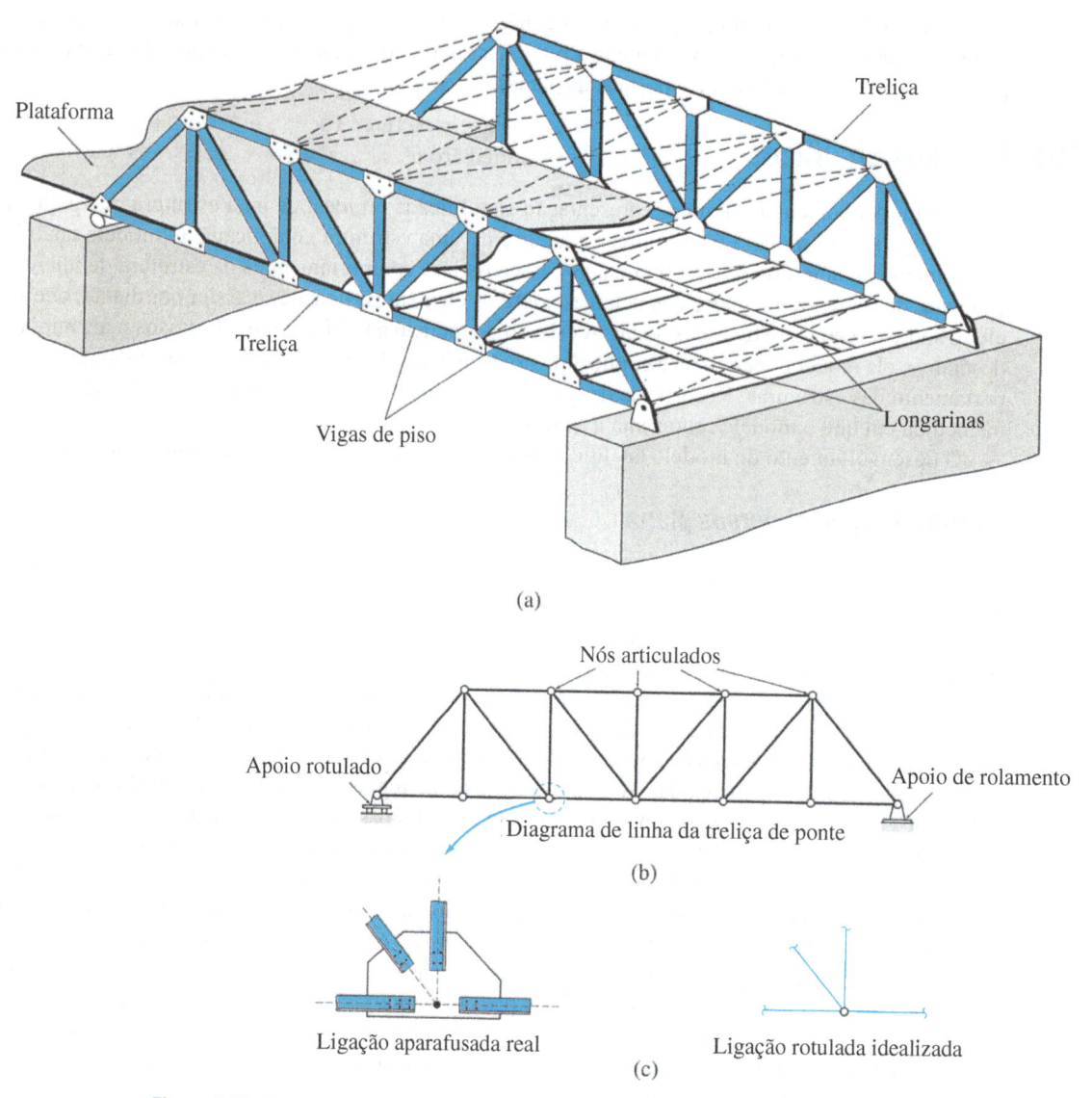

Figura 1.16 Construção de uma ponte.

A ligação ou junta rígida impede translações e rotações relativas das extremidades do elemento conectado a ela; ou seja, todas as extremidades do elemento conectadas em uma ligação rígida têm a mesma translação e rotação. Em outras palavras, os ângulos originais entre os elementos que se interceptam em uma ligação rígida são mantidos depois da estrutura ter deformado sob ação das cargas. Tais ligações são, por conseguinte, capazes de transmitir as forças, bem como os momentos, entre os elementos conectados. As ligações rígidas são geralmente representadas por pontos nas interseções dos elementos no diagrama de linha da estrutura, como se mostra na Figura 1.17(b).

Uma ligação ou junta rotulada impede apenas as translações relativas das extremidades do elemento conectadas a ela; ou seja, todas as extremidades do elemento ligadas a um nó rotulado têm a mesma translação, mas podem ter diferentes rotações. Esses nós são, portanto, capazes de transmitir forças, mas não momentos, entre os elementos conectados. Os nós rotulados são descritos geralmente por pequenos círculos nas interseções dos elementos no diagrama de linha da estrutura, como mostrado na Figura 1.16(b).

As ligações perfeitamente rígidas e as rotuladas perfeitamente flexíveis sem atrito utilizadas na análise são simplesmente idealizações das ligações reais, as quais são raramente perfeitamente rígidas ou perfeitamente flexíveis (veja a Figura 1.16(c)). No entanto, as ligações reais aparafusadas ou soldadas são propositadamente projetadas para se comportar como os casos idealizados. Por exemplo, as ligações de treliças são concebidas com os eixos do centro de gravidade dos elementos concorrentes em um ponto, como mostrado na Figura 1.16(c), para evitar excentricidades que podem causar flexão dos elementos. Para tais casos, a análise com base nas ligações e apoios idealizados (descrita no parágrafo seguinte) geralmente conduz a resultados satisfatórios.

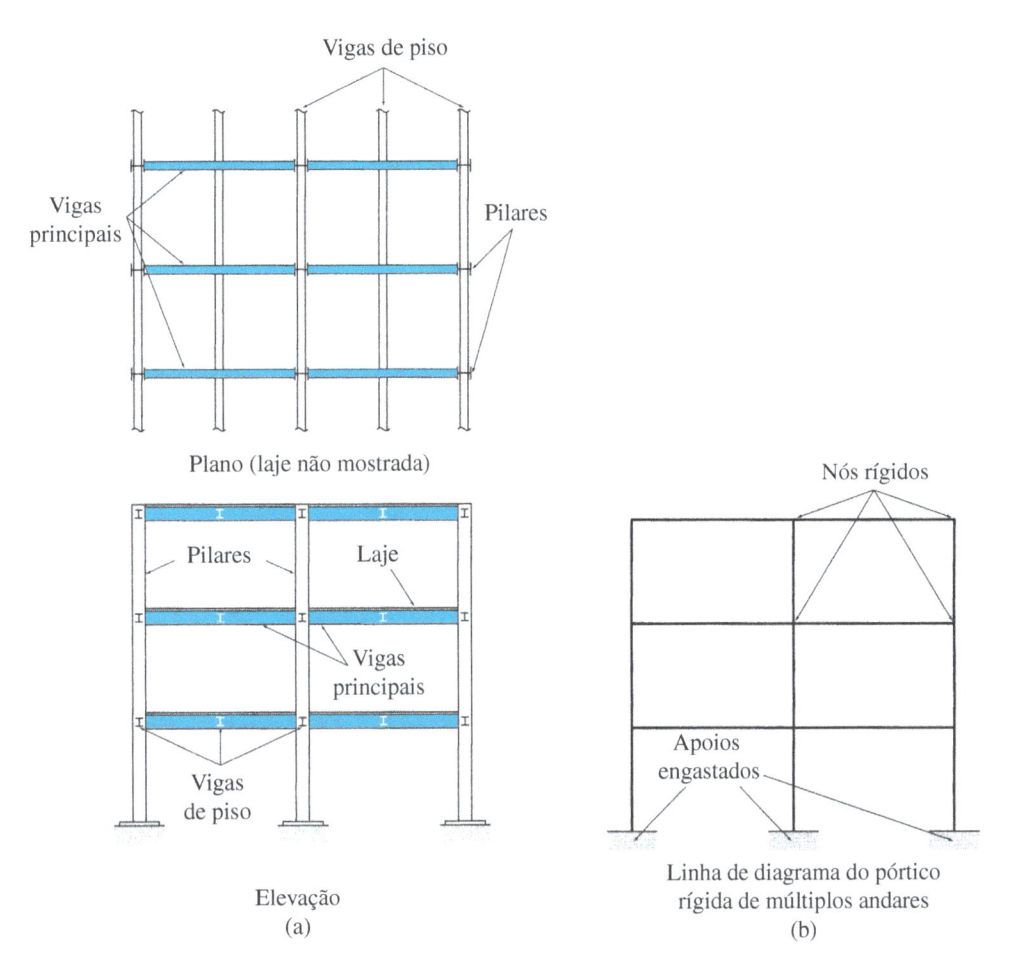

Figura 1.17 Construção de um edifício de múltiplos andares.

Apoios

Os apoios para estruturas planas são, em geral, idealizados como *apoios fixos*, que não permitem qualquer movimento; *apoios rotulados*, que podem impedir a translação, mas permitem a rotação; ou *de rolamento*, ou *vínculo*, *apoios*, que podem impedir a translação em apenas uma direção. Uma descrição mais detalhada das características desses apoios é apresentada no Capítulo 3. Os símbolos comumente utilizados para representar os apoios de rolamento e rotulados nos diagramas de linha são mostrados na Figura 1.16(b) e o símbolo de apoios engastados é ilustrado na Figura 1.17(b).

Resumo

Neste capítulo, aprendemos sobre a análise estrutural e seu papel na engenharia estrutural. *Análise estrutural* é a estimativa do desempenho de dada estrutura com as cargas previstas. A engenharia estrutural tem sido uma parte do esforço humano, mas Galileo é considerado o criador da *teoria* das estruturas. Seguindo seu trabalho pioneiro, muitas outras pessoas têm feito contribuições significativas. A disponibilidade de computadores revolucionou a análise estrutural.

A engenharia estrutural é a ciência do planejamento, projeto e construção de estruturas seguras, econômicas. A análise estrutural é uma parte integral desse processo.

As estruturas podem ser classificadas em cinco categorias básicas, a saber, estruturas tracionadas (por exemplo, cabos e pendurais), estruturas comprimidas (por exemplo, pilares e arcos), treliças, estruturas de cisalhamento (por exemplo, paredes de cisalhamento) e estruturas de flexão (por exemplo, vigas e pórticos rígidos).

Um modelo analítico é uma representação simplificada de uma estrutura real para efeito de análise. O desenvolvimento do modelo geralmente envolve (1) a determinação de que a estrutura possa ou não ser tratada como uma estrutura plana, (2) a construção do diagrama de linha da estrutura e (3) a idealização das ligações e dos apoios.

2
Cargas em estruturas

2.1 Sistemas estruturais para a transmissão de cargas
2.2 Cargas permanentes
2.3 Cargas acidentais
2.4 Classificação de edifícios para cargas ambientais
2.5 Cargas de vento
2.6 Cargas de neve
2.7 Cargas de terremoto
2.8 Pressão hidrostática e de solo
2.9 Efeitos térmicos e outros
2.10 Combinações de cargas
Resumo
Problemas

Edifício danificado por terremoto
Ints Vikmanis/Shutterstock.com.

O objetivo de um engenheiro estrutural é o de projetar uma estrutura que será capaz de suportar todas as cargas às quais está sujeita ao servir à sua finalidade pretendida ao longo da duração de vida prevista. No projeto de uma estrutura, um engenheiro deve, portanto, considerar todas as cargas que podem realisticamente ser esperadas como agindo sobre a estrutura durante a sua vida útil planejada. As cargas que atuam sobre as estruturas comuns de engenharia civil podem ser agrupadas de acordo com sua natureza e origem em três classes: (1) *cargas permanentes* devido ao peso do próprio sistema estrutural e qualquer outro material permanentemente anexado a elas; (2) *cargas acidentais,* são cargas móveis ou em movimento em razão da utilização da estrutura, e (3) *cargas ambientais*, causadas por efeitos ambientais, tais como vento, neve e terremotos.

Além de estimar a magnitude das cargas de projeto, um engenheiro deve considerar a possibilidade de que algumas dessas cargas possam agir simultaneamente sobre a estrutura. A estrutura é finalmente projetada de modo que ela será capaz de suportar a combinação mais desfavorável de cargas provável que ocorra no seu ciclo de vida.

As cargas mínimas de projeto e as combinações de cargas para as quais as estruturas devem ser projetadas são geralmente especificadas em normas de construção. Os códigos que fornecem orientações sobre cargas para edifícios, pontes e outras estruturas incluem *AASCE Standard Minimum Design Loads for Buildings and Other Structures* (ASCE/SEI 1-10) [1],[1] *Manual para Engenharia Ferroviária* [26], *Especificações-padrão para Pontes em Rodovias* [36] e *Código Internacional de Construção* [15].

Embora os requisitos de carga da maioria dos códigos de construção locais sejam geralmente baseados nos dos códigos aqui listados, os códigos locais podem conter disposições adicionais justificadas por tais condições regionais como terremotos, tornados, furacões, neve pesada e afins. Os códigos de cons-

---
[1] Os números entre parênteses referem-se aos itens listados na bibliografia.

trução locais são geralmente documentos legais promulgados para salvaguardar o bem-estar e a segurança pública, e o engenheiro deve se familiarizar cuidadosamente com o código de construção para a área em que a estrutura está sendo construída.

As cargas descritas nas normas são geralmente baseadas na experiência e no estudo do passado e são o *mínimo* para o qual os vários tipos de estruturas devem ser projetados. No entanto, o engenheiro deve decidir se a estrutura será submetida a quaisquer cargas, além das consideradas pela norma, e, se assim for, deve projetar a estrutura para resistir às cargas adicionais. Lembre-se de que o engenheiro é o responsável final pelo projeto seguro da estrutura.

O objetivo deste capítulo é descrever os tipos de cargas comumente encontrados no projeto de estruturas e introduzir os conceitos básicos de estimativa de carga. Antes de discutirmos os tipos específicos de cargas, começaremos este capítulo com uma breve descrição dos sistemas estruturais típicos usados em edifícios e pontes comuns para a transmissão de cargas para o solo. Nesta primeira seção, também introduziremos os conceitos de caminho de carga e área de influência. Depois, descreveremos as cargas permanentes e, em seguida, discutiremos as cargas acidentais para edifícios e pontes, incluindo o efeito dinâmico ou o impacto das cargas acidentais. Descreveremos as cargas ambientais, incluindo cargas de vento, cargas de neve e cargas sísmicas. Forneceremos uma breve discussão de pressões hidrostáticas e do solo e os efeitos térmicos e concluiremos com uma discussão sobre as combinações de cargas utilizadas para propósitos de projeto.

O material aqui apresentado baseia-se principalmente no *ASCE Standard Minimum Design Loads for Buildings and Other Structures* (Cargas de Projeto Mínimas para Edifícios e Outras Estruturas) (ASCE/ SEI 7-10), o qual é comumente referido como o *ASCE 7 Standard* e é, talvez, o padrão mais amplamente utilizado na prática. Uma vez que a intenção aqui é familiarizar o leitor com o tópico geral de cargas em estruturas, muitos dos detalhes não foram incluídos. Desnecessário dizer que as disposições completas dos códigos de construção locais ou o *ASCE 7 Standard*[2] devem ser seguidos no projeto de estruturas.

2.1 Sistemas estruturais para a transmissão de cargas

Em edifícios, pontes e outras instalações mais comuns de engenharia civil, dois ou mais dos tipos estruturais básicos descritos na Seção 1.3 (por exemplo, vigas, pilares, lajes e treliças etc.) são montados em conjunto para formar um *sistema estrutural* que pode transmitir as cargas aplicadas para o solo através da fundação. Tais sistemas estruturais também são referidos como *sistemas de armação* ou *estruturas*, e os componentes de uma tal montagem são chamados *elementos estruturais*.

Um exemplo do sistema de carregamento de carga para um edifício de um só andar é mostrado na Figura 2.1(a). O sistema consiste em uma laje de cobertura de concreto armado apoiada em quatro vigas de aço, as quais, por sua vez, são apoiadas por duas vigas maiores chamadas *longarinas*. As longarinas são então sustentadas por quatro pilares apoiados em sapatas no nível do solo. Em decorrência de todas as ligações serem assumidas ligações parafusadas (isto é, cisalhamento ou rotulada), elas podem apenas transmitir forças, mas não momentos. Assim, contraventamentos diagonais são necessários para resistir às cargas horizontais causadas por terremotos e ventos. Na Figura 2.1(a), esse contraventamento cruzado é mostrado apenas em dois lados do edifício, para simplificar. Esse contraventamento (ou outros meios de transmissão de forças horizontais, tal como paredes de cisalhamento) deve ser fornecido em todos os quatro lados do edifício para resistir às cargas aplicadas em qualquer direção no plano horizontal. Observe que as características arquitetônicas, tais como alvenaria externa, divisórias ou paredes não estruturais, portas e janelas, não são consideradas como parte do sistema estrutural resistente à carga, apesar de seus pesos serem considerados nos cálculos do projeto.

Os sistemas estruturais da maioria dos edifícios e pontes são projetados para suportar cargas em ambos os sentidos, vertical e horizontal. As cargas verticais devidas principalmente à ocupação, o peso próprio, neve ou chuva são comumente referidas como *cargas de gravidade* (embora nem todas as cargas verticais sejam causadas pela gravidade). As cargas horizontais, induzidas principalmente pelo vento e terremotos, são chamadas de *cargas laterais*. O termo *caminho da carga* é usado para descrever como uma carga que atua sobre o edifício (ou ponte) é transmitida através dos vários elementos do sistema estrutural para o solo.

O caminho (gravidade) da carga vertical para o prédio térreo da Figura 2.1(a) está representado na Figura 2.1(b). Qualquer carga vertical distribuída por área (força por área), tal como a decorrente da neve, aplicada à laje da cobertura, é primeiro transmitida para as vigas *EF*, *GH*, *IJ* e *KL* como uma carga de linha distribuída (força por comprimento). Como as vigas são apoiadas pelas longarinas *EK* e *FL*, as reações da viga se tornam forças concentradas nas longarinas (em direções inversas), transmitindo assim a carga do telhado para as longarinas como cargas concentradas nos pontos *E* através de *L*. Da mesma forma, as longarinas que são apoiadas pelos pilares AE, *BF, CK* e *DL* transferem a carga, através das suas reações, para os pilares como forças de compressão axiais. Os pilares, por sua vez, transmitem a carga para as sapatas (*A*

---
[2] Cópias desse padrão podem ser adquiridas na Sociedade Americana de Engenheiros Civis, 1801 Alexander Bell Drive, Reston, Virginia 20191.

capítulo 2　　　　　　　　　　　　　　　　　　　　　　　　Cargas em estruturas　17

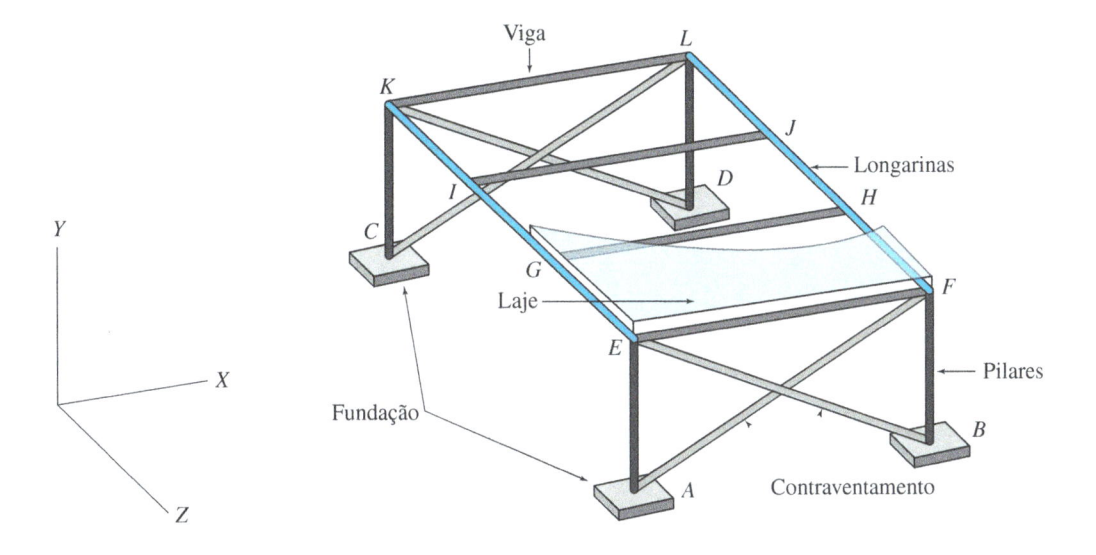

(a) Sistema estrutural para um edifício de um andar

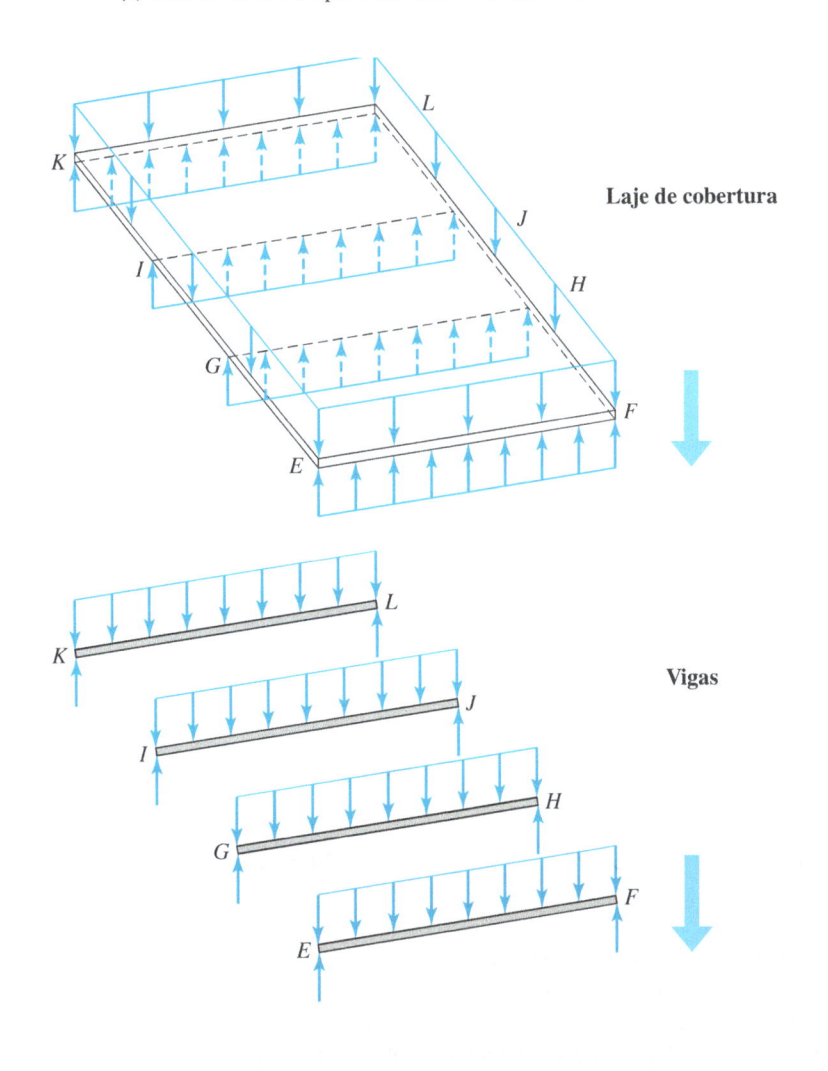

Laje de cobertura

Vigas

(b) Caminho da carga vertical (gravidade)

Figura 2.1 (*continua*)

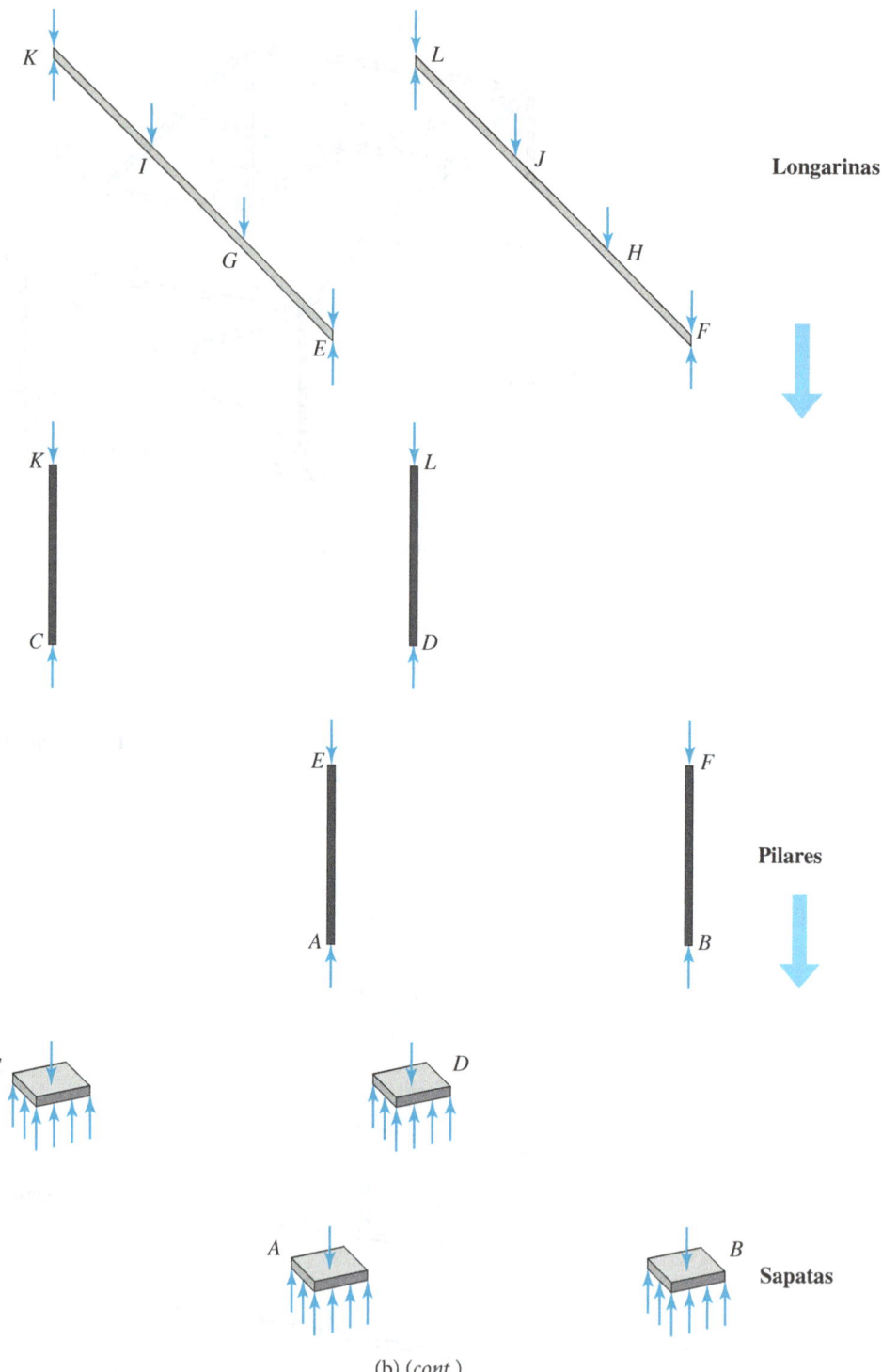

Figura 2.1 (*continuação*)   (b) (*cont.*)

através de *D*), que finalmente distribuem a carga para o solo. Observe que os contraventamentos diagonais não participam na transmissão da carga de gravidade.

A Figura 2.1(c) representa a carga horizontal (lateral) para o mesmo edifício de um só piso. Qualquer carga horizontal (tal como a decorrente de vento ou terremoto) aplicada na laje de cobertura é transmitida pela laje como forças laterais no plano para os dois pórticos verticais, *AEFB* e *CKLD,* os quais então transportam a carga para as sapatas. Como mostrado na Figura 2.1(c), cada pórtico vertical é constituído por uma viga, dois pilares e dois contraventamentos inclinados, ligados entre si por ligações rotuladas. Tais estruturas, chamadas *estruturas contraventadas*, essencialmente atuam como treliças planas sob ação de cargas laterais, com os contraventamentos transmitindo a carga do nível do telhado para as sapatas.

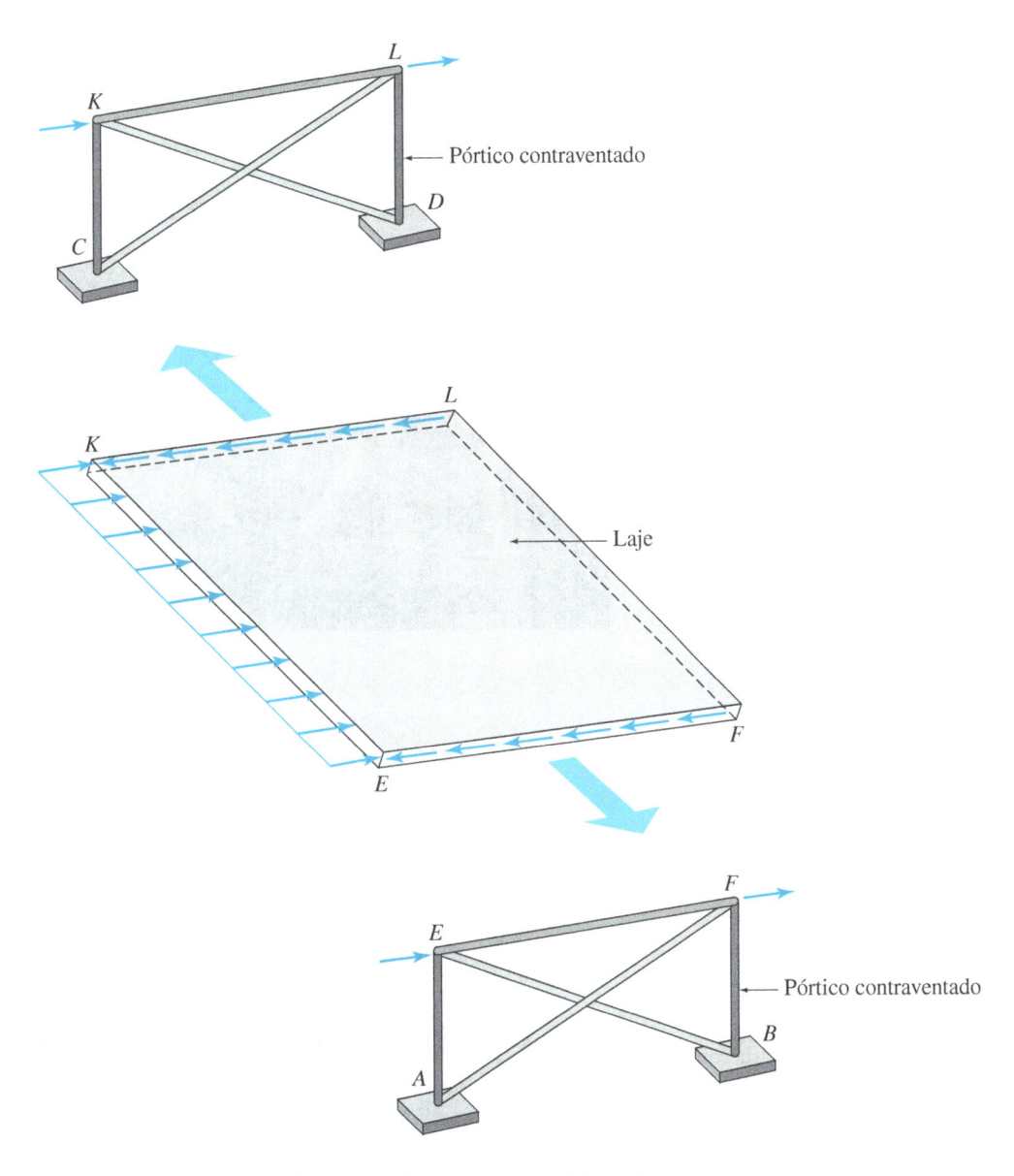

Figura 2.1   (c) Caminho da carga horizontal (lateral)

Em alguns edifícios, são utilizadas paredes de cisalhamento especialmente projetadas, poços de elevador ou pórticos resistentes ao momento (rigidamente conectados) em vez dos pórticos contraventados, para transmitir as cargas laterais (Figuras. 2.2 e 2.3). Independentemente do sistema estrutural utilizado, o conceito básico de transmissão de carga permanece o mesmo, isto é, a carga aplicada é transportada de forma contínua de elemento para elementos até que tenha sido totalmente transmitida para o solo.

Sistemas de piso e áreas de influências

Como no caso do edifício de um só andar discutido anteriormente, as lajes do piso e da cobertura de edifícios de múltiplos andares e as lajes do tabuleiro de pontes são muitas vezes apoiadas em grelhas retangulares de vigas e longarinas chamadas *sistemas de piso*. A Figura 2.4 mostra a vista superior ou o *esquema estrutural* de um sistema de pavimento típico. Como na prática comum, as linhas de coluna nas duas direções (X e Z) são identificadas por letras e números, respectivamente. Observe as pequenas lacunas (espaços vazios) nas interseções dos elementos, as quais denotam que os elementos estão ligados por ligações rotuladas ou de cisalhamento (não resistente ao momento). A laje (não mostrada) está apoiada sobre as vigas e transmite sua carga através das vigas para as longarinas e então para os pilares.

Figura 2.2 Edifício de múltiplos andares com pórticos contraventados para transmitir as cargas laterais decorrentes de vento e terremotos.
Cortesia de Walterio A. López.

Figura 2.3 Este edifício de pórtico de aço usa caixas de alvenaria para elevadores e escadas para resistir às cargas laterais decorrentes de vento e terremotos.
© American Institute of Steel Construction. Reimpresso com permissão. Todos os direitos reservados.

Durante o projeto, um engenheiro necessita determinar a quantidade da carga total distribuída aplicada sobre a área da laje que é transmitida por elemento (isto é, uma viga, uma longarina ou um pilar) do sistema do piso. A porção da área da laje cuja carga é transportada por um elemento em particular é chamada de *área de influência* do elemento.

As lajes utilizadas em edifícios e pontes são normalmente projetadas como lajes unidirecionais. Essas lajes são assumidas como sendo apoiadas em dois lados e se curvam em apenas uma direção, como vigas chatas. Para os sistemas de piso com lajes unidirecionais, a área de influência de cada viga é considerada retangular, com um comprimento igual ao da viga e uma largura que se estende para a metade da distância para a viga adjacente em cada lado, como mostrado na Figura 2.4(b). As áreas de influência de longarinas e pilares são definidas da mesma forma e estão representadas nas Figuras 2.4(c) e (d), respectivamente. O procedimento para calcular as cargas sobre os elementos de sistemas de piso com lajes unidirecionais é ilustrado no Exemplo 2.1.

Para os sistemas de piso com um comprimento de viga para relação de espaçamento inferior a 1,5 (isto é, $L/s < 1,5$ veja Figura 2.4(a)), as lajes são projetadas como lajes bidirecionais, apoiadas em todos os quatro lados. Assume-se que tal laje se curva em duas direções perpendiculares como uma chapa e transmite sua carga para todas as quatro vigas de apoio ao longo de suas bordas. As Figuras 2.5(a) e (b) mostram as áreas de influência das vigas de bordo apoiando lajes bidirecionais quadradas e retangulares, respectivamente. Essas figuras também mostram as cargas transportadas

capítulo 2 — **Cargas em estruturas** 21

(a) Esquema estrutural de piso típico

- Linhas de coluna
- Vigas interiores
- Viga (borda) exterior
- Longarina interior
- Pilar interior
- Longarina (borda) exterior
- Pilar (borda) exterior
- Pilar de canto

(b) Áreas de influências de vigas

- Área de influência da viga exterior (borda) b_1
- Área de influência da viga interior b_2
- Área de influência da viga interior b_3

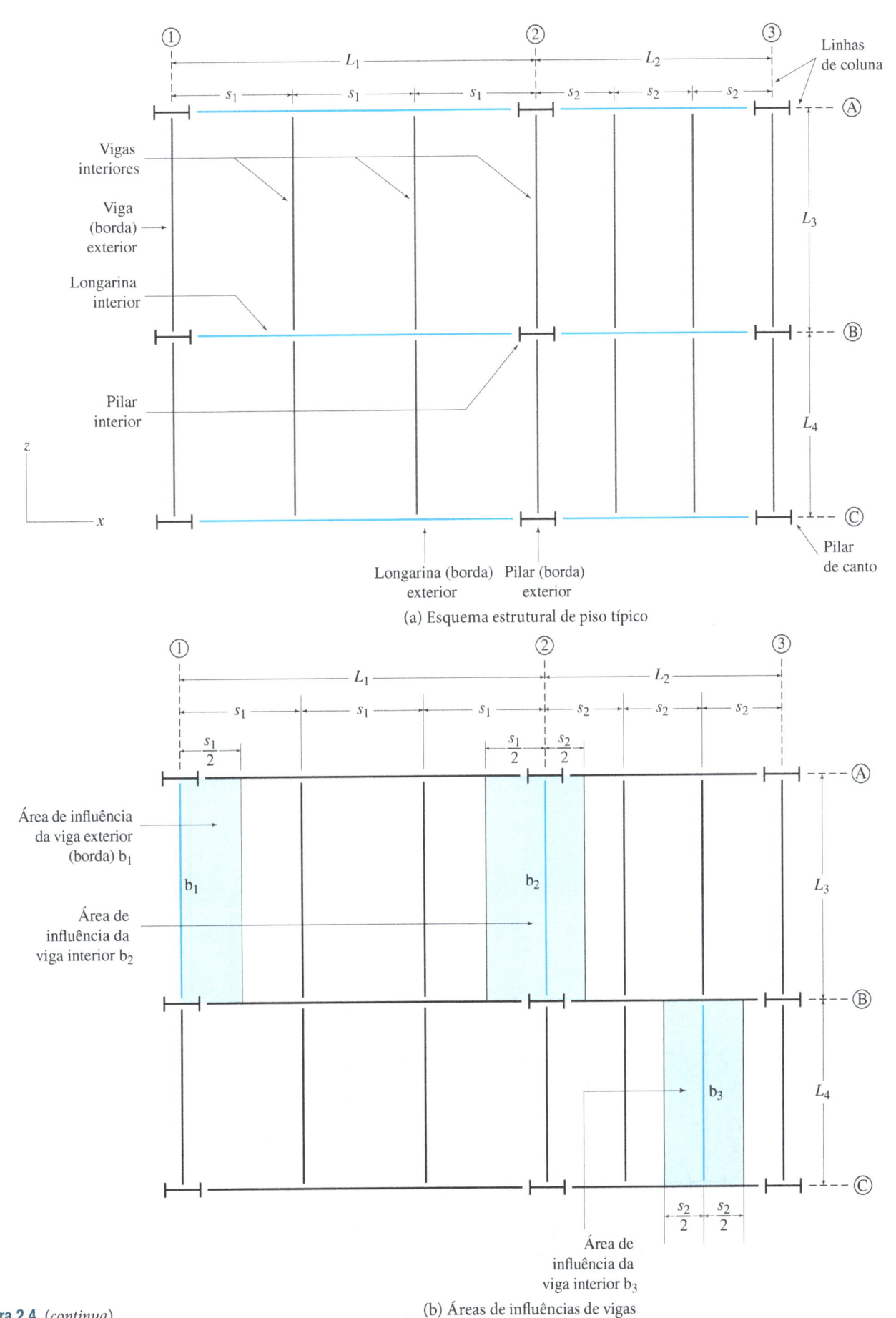

Figura 2.4 (*continua*)

(c) Áreas de influências de longarinas

(d) Áreas de influências de pilares

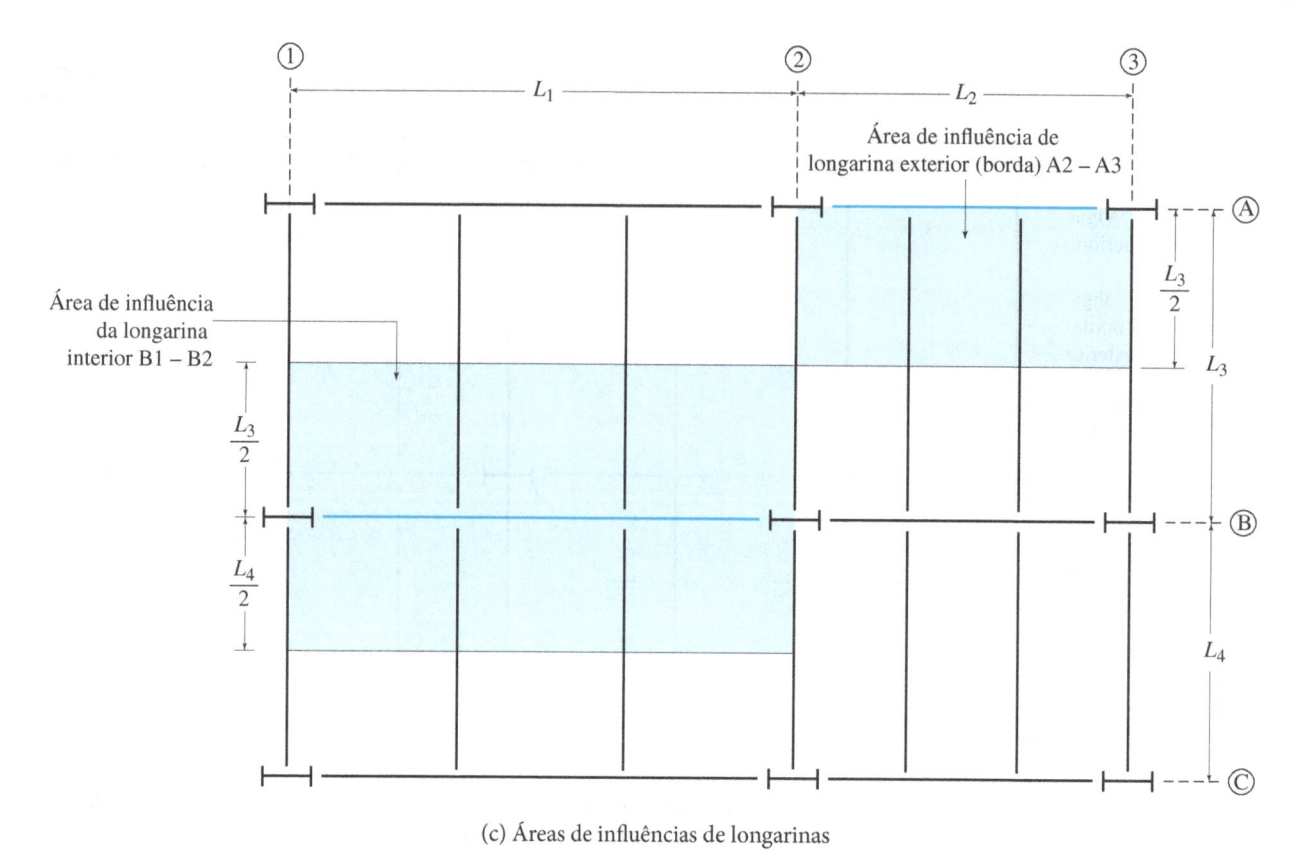

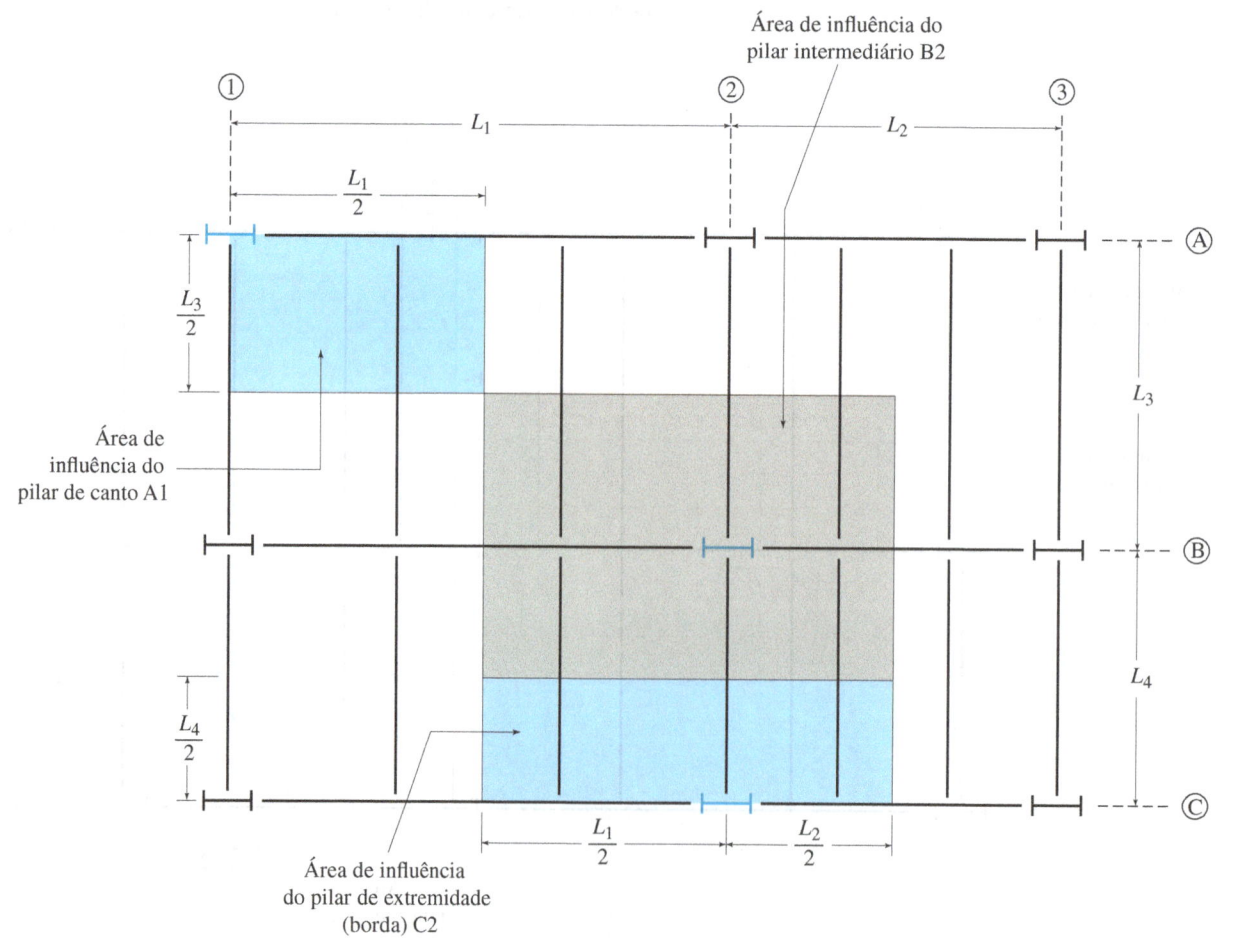

Figura 2.4

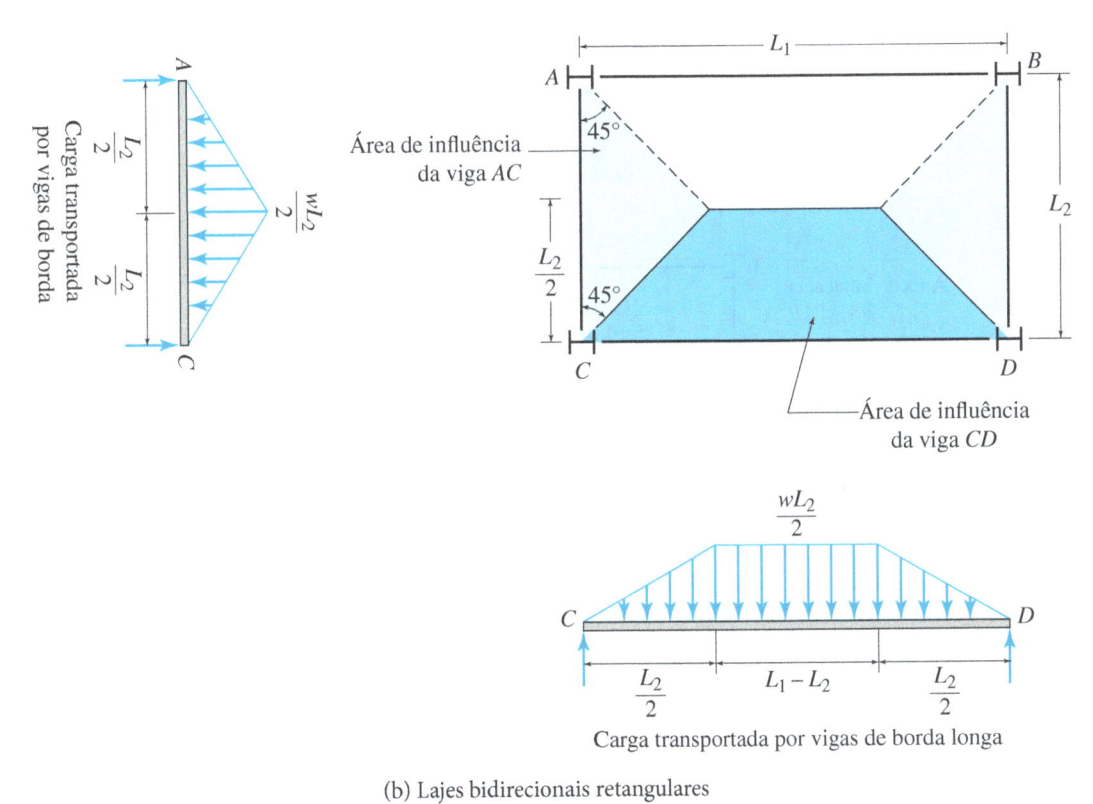

Figura 2.5

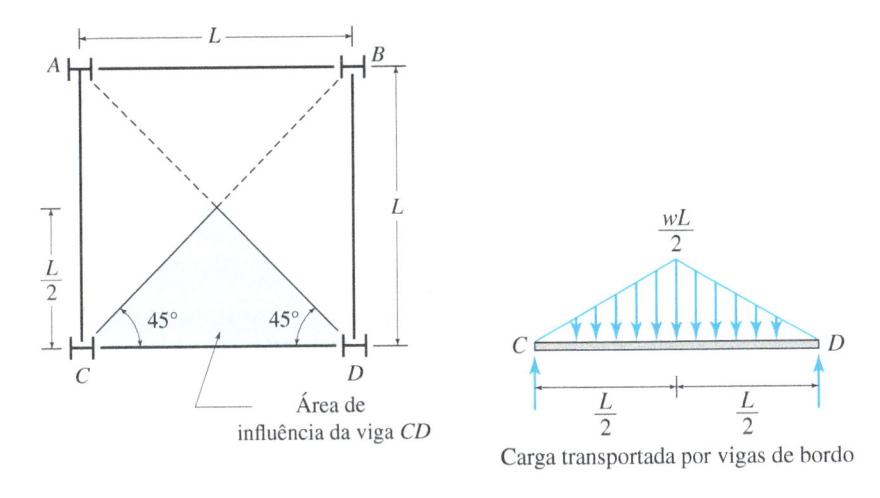

(a) Lajes bidirecionais quadradas

(b) Lajes bidirecionais retangulares

por vigas de bordo devido a uma pressão distribuída uniformemente w (força por unidade de área) aplicada na área da superfície da laje.

No exemplo anterior, apenas consideramos a carga aplicada externamente, mas desprezamos o peso próprio da laje e os outros elementos do sistema do piso. Na próxima seção, discutiremos o procedimento para o cálculo do peso próprio do sistema estrutural.

EXEMPLO 2.1

O piso de um edifício mostrado na Figura 2.6(a) está submetido a uma carga uniformemente distribuída de 3,5 kPa sobre a sua área de superfície. Determine as cargas que atuam em todos os elementos do sistema do piso.

(a) Esquema estrutural

(b) Carga nas vigas

Carga nas vigas exteriores AB e GH

Carga nas vigas interiores CD e EF

(c) Carga nas longarinas AG e BH

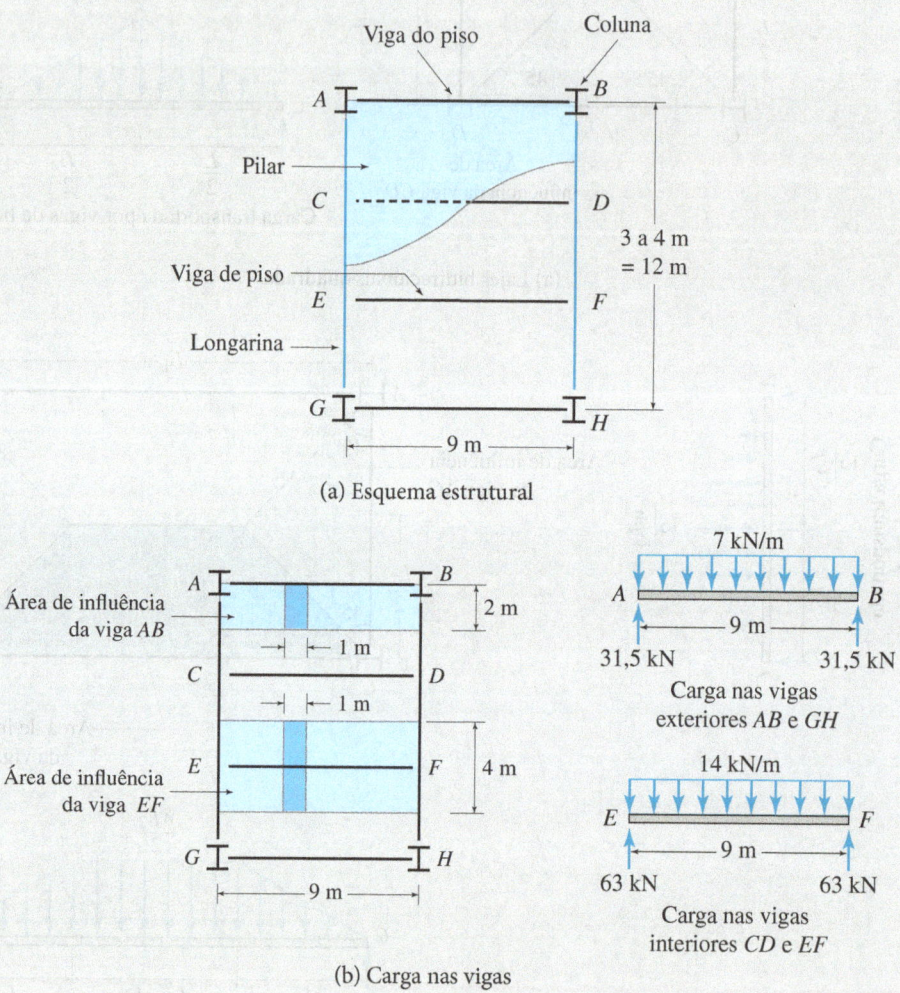

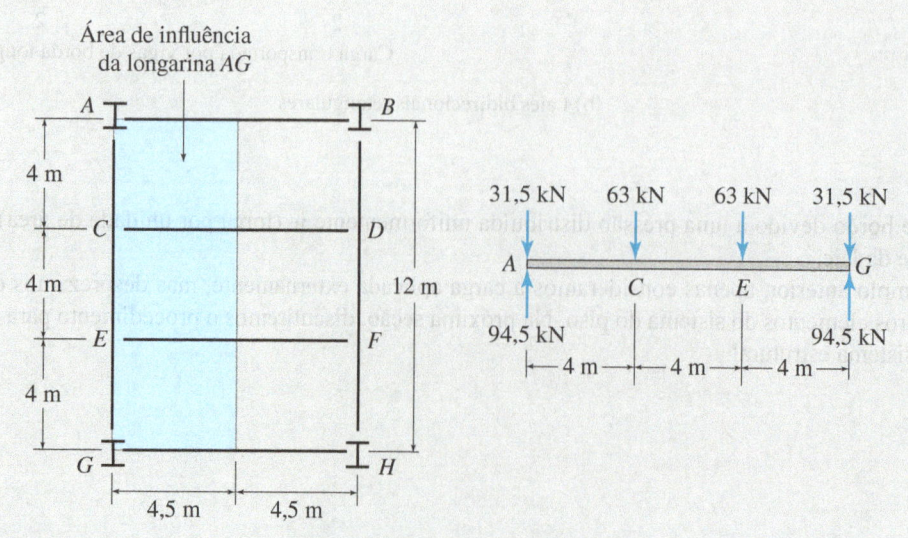

Figura 2.6 (*continua*)

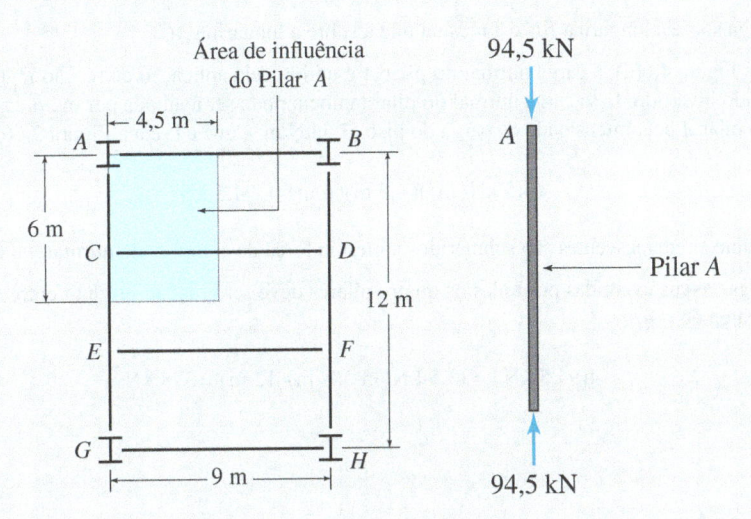

Figura 2.6   (d) Carga axial de compressão nos pilares A, B, G, e H

Solução

Vigas. As áreas de influência da viga exterior AB e a viga interior EF são mostradas na Figura 2.6(b). Considerando a viga exterior AB em primeiro lugar, podemos ver que cada comprimento de um metro da viga suporta a carga aplicada ao longo de uma faixa da área da laje (= 2 m x 1m) = 2 m². Assim, a carga transmitida para cada comprimento de um metro da viga AB é:

$$(3,5 \text{ kN/m}^2)(2 \text{ m})(1 \text{ m}) = 7 \text{ kN}$$

Essa carga de 7 kN/m é uniformemente distribuída ao longo do comprimento da viga, como representado na Figura 2.6(b). Essa figura também mostra as reações exercidas pelas longarinas de apoio nas extremidades da viga. Como a viga está carregada simetricamente, as magnitudes das reações são iguais à metade da carga total que atua sobre a viga:

$$R_A = R_B = \frac{1}{2}(7 \text{ kN/m})(9 \text{ m}) = 31,5 \text{ kN}$$

A carga sobre a viga interior EF é calculada de uma maneira semelhante. Pela Figura 2.6(b), vemos que a carga transmitida para cada metro de comprimento da viga EF é

$$(3,5 \text{ kN/m}^2)(4 \text{ m})(1 \text{ m}) = 14 \text{ kN}$$

Essa carga atua como uma carga uniformemente distribuída de magnitude de 14 kN/m ao longo do comprimento da viga. As reações da viga interior são:

$$R_E = R_F = \frac{1}{2}(14 \text{ kN/m})(9 \text{ m}) = 63 \text{ kN}$$

Devido à simetria do plano da estrutura e do carregamento, as vigas restantes CD e GH são submetidas às mesmas cargas que as das vigas EF e AB, respectivamente. **Resp.**

Longarinas. As cargas na longarina podem ser convenientemente obtidas pela aplicação das reações da viga como cargas concentradas (em direções inversas) em seus pontos (ligações) de apoio correspondentes na longarina. Como mostrado na Figura 2.6(c), uma vez que a longarina AG apoia as vigas exteriores AB e GH nos pontos A e G, as reações (31,5 kN) das duas vigas exteriores são aplicadas nesses pontos. Da mesma forma, as reações das duas vigas interiores (CD e EF) são aplicadas nos pontos C e E, onde estas vigas interiores são apoiadas na longarina. Observe que a soma das magnitudes de todas as quatro cargas concentradas aplicadas na longarina é igual à sua área de influência (4,5 m x 12 m), multiplicada pela intensidade da carga do piso (3,5 kN/m²), que é (veja a Figura 2.6(c))

$$31,5 \text{ kN} + 63 \text{ kN} + 63 \text{ kN} + 31,5 \text{ kN} = (3,5 \text{ kN/m}^2)(4,5 \text{ m})(12 \text{ m}) = 189 \text{ kN}$$

Como mostrado na Figura 2.6(c), as reações da extremidade da longarina são

$$R_A = R_G = \frac{1}{2}[2(31,5) + 2(63)] = 94,5 \text{ kN}$$

Em razão da simetria, a carga sobre a longarina BH é a mesma que a sobre a longarina AG.   **Resp.**

Pilares. Como mostrado na Figura 4.6(d), a carga normal no pilar A é obtida pela aplicação da reação R_A (= 94,5 kN) da longarina AG no pilar com o seu sentido invertido. Essa carga normal do pilar também pode ser avaliada por meio da multiplicação da área de influência (4,5 m x 6 m) do pilar A pela intensidade da carga do piso (3,5 kN/m²), que é (veja a Figura 2.6(d))

$$(3,5 \text{ kN/m}^2)(4,5 \text{ m})(6 \text{ m}) = 94,5 \text{ kN}$$

Devido à simetria, os três pilares remanescentes são submetidos à mesma força de compressão normal, tal como o pilar A.   **Resp.**

Finalmente, a soma das cargas axiais exercidas por todas os quatro pilares deve ser igual ao produto entre a área total da superfície do piso e a intensidade da carga do piso

$$4(94,5 \text{ kN}) = (3,5 \text{ kN/m}^2)(9 \text{ m})(12 \text{ m}) = 378 \text{ kN}$$ **Verificações**

2.2 Cargas permanentes

As *cargas permanentes* são cargas gravitacionais de magnitude constante e posições fixas que atuam permanentemente na estrutura. Essas cargas consistem em pesos do próprio sistema estrutural e de todos os outros materiais e equipamentos permanentemente vinculados ao sistema estrutural. Por exemplo, as cargas permanentes de uma estrutura de um prédio incluem os pesos de armação, ferragens, sistemas de escoramentos e vigamentos, pisos, telhados, tetos, paredes, escadas, sistemas de aquecimento e ar-condicionado, sistemas hidráulicos e elétricos e assim em diante.

O peso da estrutura não é conhecido previamente e em geral é determinado com base na experiência passada. Depois que a estrutura foi analisada e as dimensões dos membros foram determinadas, o peso real é calculado usando as dimensões dos membros e os pesos específicos dos materiais. O peso real então é comparado ao peso presumido e o projeto é revisado, se necessário. Os pesos específicos de alguns materiais comuns de construção estão fornecidos na Tabela 2.1. Os pesos do equipamento de serviço permanente, como sistemas de aquecimento e ar-condicionado, geralmente são obtidos com os fabricantes.

Tabela 2.1 Pesos específicos de materiais de construção

Material	Peso específico kN/m³
Alumínio	25,9
Tijolo	18,8
Concreto, reforçado	23,6
Aço estrutural	77,0
Madeira	6,3

EXEMPLO 2.2

O sistema de piso de um edifício consiste em uma laje de concreto armado com 125 mm de espessura apoiada sobre quatro vigas de piso de aço, as quais por sua vez são apoiadas sobre duas longarinas de aço, como mostrado na Figura 2.7(a). As áreas de seção transversal das vigas de piso e das longarinas são 9.500 mm² e 33.700 mm², respectivamente. Determine as cargas permanentes que atuam sobre as vigas CG e DH e a longarina AD.

capítulo 2 — Cargas em estruturas

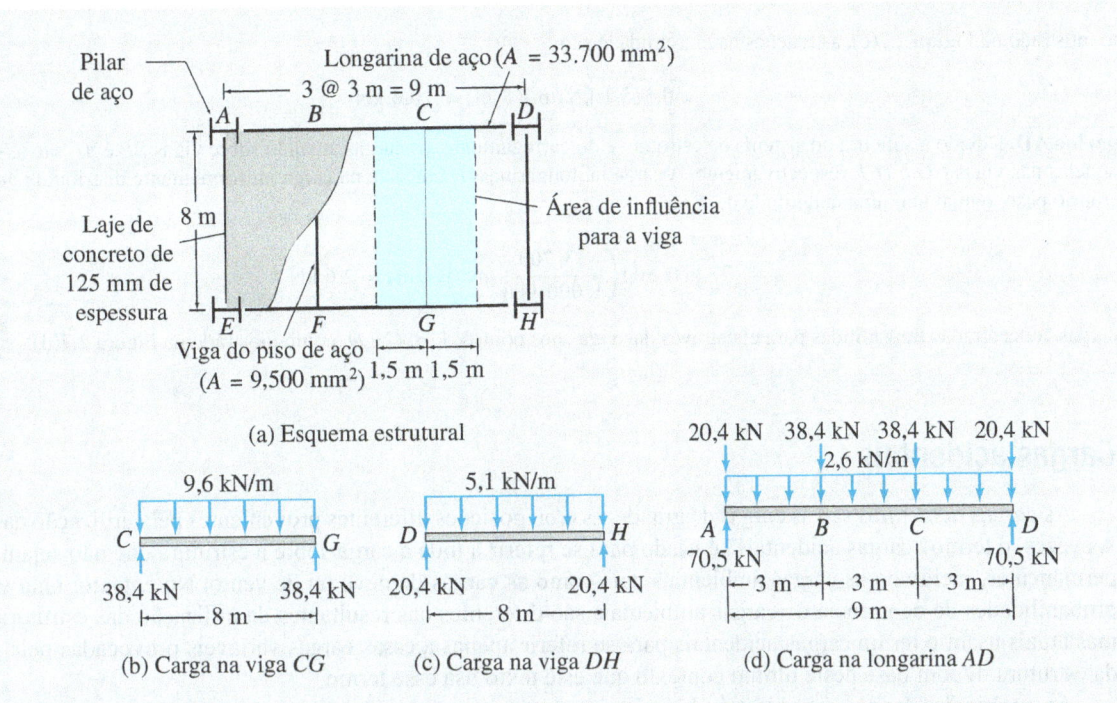

Figura 2.7

(a) Esquema estrutural

(b) Carga na viga CG

(c) Carga na viga DH

(d) Carga na longarina AD

Solução

Viga CG. Como mostrado na Figura 2.7(a), a área de influência para a viga CG tem uma largura de 3 m (ou seja, a metade da distância entre as vigas CG e BF mais a metade da distância entre as vigas CG e DH) e um comprimento de 8 m. Usamos os pesos unitários do concreto armado e do aço estrutural da Tabela 2.1 para calcular a carga permanente por metro de comprimento da viga CG do seguinte modo:

$$\text{Laje de concreto: } (23{,}6 \text{ kN/m}^3)(3 \text{ m})(1 \text{ m})\left(\frac{125}{1.000} \text{ m}\right) = 8{,}9 \text{ kN}$$

$$\text{Viga de aço: } (77 \text{ kN/m}^3)\left(\frac{9.500}{1.000.000} \text{ m}^2\right)(1 \text{ m}) = 0{,}7 \text{ kN}$$

$$\text{Total da carga} = \overline{9{,}6 \text{ kN}}$$

Resp.

Essa carga de 9,6 kN/m está distribuída uniformemente sobre a viga, como mostrado na Figura 2.7(b). Essa figura também mostra as reações exercidas pelas longarinas de apoio nas extremidades da viga. Como a viga está carregada simetricamente, as magnitudes das reações são as seguintes:

$$R_C = R_G = 0{,}5(9{,}6 \text{ kN/m})(8 \text{ m}) = 38{,}4 \text{ kN}$$

Note que as magnitudes dessas reações das extremidades representam as cargas descendentes, sendo transmitidas para as longarinas de sustentação AD e EH nos pontos C e G, respectivamente.

Viga DH. A área de influência para a viga DH é de 1,5 m de largura e 8 m de comprimento. A carga permanente por metro de comprimento dessa viga é calculada da seguinte forma:

$$\text{Laje de concreto: } (23{,}6 \text{ kN/m}^3)(1{,}5 \text{ m})(1 \text{ m})\left(\frac{125}{1.000} \text{ m}\right) = 4{,}4 \text{ kN}$$

$$\text{Viga de aço: } \quad (\text{o mesmo para a viga } CG) = 0{,}7 \text{ kN}$$

$$\text{Total da carga} = \overline{5{,}1 \text{ kN}}$$

Resp.

Como mostrado na Figura 2.7(c), as reações na extremidade são

$$0,5(5,1 \text{ kN/m})(8 \text{ m}) = 20,4 \text{ kN}$$

Longarina AD. Devido à simetria do sistema de estrutura e do carregamento, as cargas atuando sobre vigas *BF* e *AE* são as mesmas que aquelas nas vigas *CG* e *DH*, respectivamente. A carga na longarina *AD* consiste na carga uniformemente distribuída devido ao seu próprio peso, o qual tem uma magnitude de

$$(77 \text{ kN/m}^3)\left(\frac{33.700}{1.000.000} \text{ m}^2\right)(1 \text{ m}) = 2,6 \text{ kN}$$

e as cargas concentradas transmitidas para ela através das vigas nos pontos *A*, *B*, *C* e *D*, como mostrado na Figura 2.7(d). **Resp.**

2.3 Cargas acidentais

As *cargas acidentais* são as cargas de grandezas e/ou posições diferentes provenientes pela utilização da estrutura. Às vezes, o termo "cargas acidentais" é usado para se referir a toda a carga sobre a estrutura que não sejam as cargas permanentes, incluindo as cargas ambientais, tais como as cargas de neve ou de vento. No entanto, uma vez que as probabilidades de ocorrência de cargas ambientais são diferentes das resultantes da utilização das estruturas, as normas atuais usam o termo cargas acidentais para se referir apenas a essas cargas variáveis provocadas pela utilização da estrutura. É com base neste último contexto que este texto usa esse termo.

As magnitudes das cargas acidentais de projeto são geralmente especificadas nas normas de construção. A posição de uma carga móvel pode ser alterada, de modo que cada um dos elementos da estrutura deve ser projetado para a posição da carga que causa a tensão máxima no referido elemento. Diferentes elementos de uma estrutura podem alcançar seus níveis máximos de esforço em diferentes posições da carga dada. Por exemplo, conforme um caminhão se move através de uma ponte de treliça, as tensões nos elementos da treliça variam conforme a posição do caminhão varia. Se o elemeto *A* é submetido à sua tensão máxima quando o veículo está em determinada posição *x*, então outro elemento *B* pode atingir o seu nível máximo de tensão quando o caminhão está em uma posição diferente *y* na ponte. Os procedimentos para a determinação da posição de uma carga móvel na qual uma resposta característica particular, tal como a resultante da tensão ou um deslocamento, de uma estrutura é máxima (ou mínima) são discutidos nos capítulos seguintes.

Cargas acidentais para edifícios

As cargas acidentais para edifícios são normalmente especificadas como cargas de superfície uniformemente distribuídas em quilopascal. As cargas acidentais de piso mínimas para alguns tipos comuns de edifícios são apresentadas na Tabela 2.2. Para obter uma lista abrangente de cargas acidentais para vários tipos de edifícios e para as disposições relativas às cargas acidentais de teto, cargas concentradas e redução de cargas acidentais, o leitor deve consultar o *ASCE 7 Standard*.

Cargas acidentais para pontes

As cargas acidentais devidas ao tráfego de veículos nas pontes de rodovias são especificadas pela Associação Americana de Autoestrada Estadual e Transporte

Tabela 2.2 Cargas acidentais de piso mínimas para edifícios

Ocupação ou uso	Carga móvel kPa
Quartos de hospital, habitações, apartamentos, quartos de hotel, salas de aula	1,92
Salas de leitura, salas de cirurgia e laboratórios	2,87
Salões de dança e salões de festas, restaurantes, ginásios	4,79
Indústria leve, armazéns leves, lojas de atacado	6,00
Indústria pesada, armazéns pesados	11,97

Fonte: Baseado em dados da ASCE/SEI 7-05, *Minimum Design Loads for Buildings and Other Structures* (Cargas de Projeto Mínimas para Edifícios e Outras Estruturas).

Como a carga mais pesada nas pontes das rodovias é geralmente causada por caminhões, a *AASHTO Specification* define dois sistemas de veículos padrão, *caminhões H* e *caminhões HS*, para representar as cargas de veículos para fins de projeto.

As cargas de caminhão H (ou cargas H), representando um caminhão de dois eixos, são designadas pela letra *H*, seguida pelo peso total do caminhão e da carga em toneladas e o ano em que a carga foi inicialmente especificada. Por exemplo, o carregamento H20-44 representa um código para um caminhão de dois eixos pesando 20 toneladas inicialmente instituído na edição de 1944 da *AASHTO Specification*. A distância entre eixos, as cargas por eixo e o espaçamento entre as rodas de caminhões H são apresentados na Figura 2.8(a).

As cargas de caminhão HS (ou cargas HS) representam um caminhão-trator de dois eixos com um semirreboque de eixo único. Estas cargas são designadas pelas letras *HS* seguidas pelo peso do caminhão *H* correspondente em toneladas e o ano em que a carga foi inicialmente especificada. A distância entre eixos, as cargas por eixo e o espaçamento entre as rodas de caminhões HS são mostrados na Figura 2.8(a). Observe que o espaçamento entre o eixo traseiro do caminhão-trator e o eixo do semirreboque deve variar entre 4,2 m e 9,1 m, e deve ser utilizado no projeto o espaçamento que causa a tensão máxima.

O tipo particular de carga de caminhão para ser utilizado no projeto depende do tráfego previsto na ponte. As cargas H20-44 e a HS20-44 são as mais usadas; as cargas por eixo para esses carregamentos são mostradas na Figura 2.8(a).

Em adição ao carregamento de caminhão simples anteriormente referido, o qual deve ser colocado para produzir o efeito mais desfavorável no elemento sendo projetado, a AASHTO especifica que seja considerado um carregamento de pista que consiste em uma carga uniformemente distribuída combinada com uma única carga concentrada. O carregamento da pista representa o efeito de uma faixa de veículos de peso médio contendo um caminhão pesado. A carga da pista deve também ser colocada sobre a estrutura de forma que cause a tensão máxima no elemento sob consideração. Como um exemplo, o carregamento de pista correspondente ao das cargas de caminhões H20-44 e HS20-44 é mostrado na Figura 2.8(b). O tipo de carregamento ou carregamento de caminhão ou carregamento em faixa, que causa a tensão máxima em um elemento, deve ser usado para o projeto desse elemento. Informações adicionais com respeito às faixas múltiplas, carregamentos para vãos contínuos, a redução da intensidade da carga e assim por diante podem ser encontradas na *AASHTO Specification*.

As cargas móveis para pontes ferroviárias são especificadas pelo American Railway Engineering and Maintenance of Way Association (Arema) no *Manual for Railway Engineering* [26]. Esses carregamentos, comumente conhecidos como *Carregamentos Cooper E*, consistem em dois grupos de nove cargas concentradas, cada uma separada por uma distância específica, representando as duas locomotivas seguidas por um carregamento uniforme simbolizando o peso dos veículos de transporte de mercadorias. Um exemplo de tal carregamento, denominado carregamento E80, está apresentado na Figura 2.9. As cargas de projeto para trens mais pesados ou mais leves podem ser obtidas a partir desse carregamento por proporcionalmente aumentar ou diminuir as magnitudes das cargas, enquanto mantendo a mesma distância entre as cargas concentradas. Por exemplo, o carregamento E40 pode ser obtido a partir do carregamento

0,2 W   0,8 W   0,2 W   0,8 W   0,8 W   3 m Largura da faixa

—4,2 m—   —4,2 m—— 4,2 m a 9,1 m—   0,6 m 1,8 m 0,6 m   Freio

W = peso total do caminhão e carga   W = peso do correspondente caminhão H = peso total correspondente nos dois primeiros eixos

H20-44 36 kN 144 kN   HS20-44 36 kN 144 kN 144 kN

H Caminhões   **HS Caminhões**   **Vista em corte**

(a) Carregamentos padrão de caminhão

80 kN para o momento
115,7 kN para o cortante } Carga concentrada   Carga uniforme 9,57 kN/metro linear de faixa

(b) H20-44 e HS20-44 Carregamento da faixa

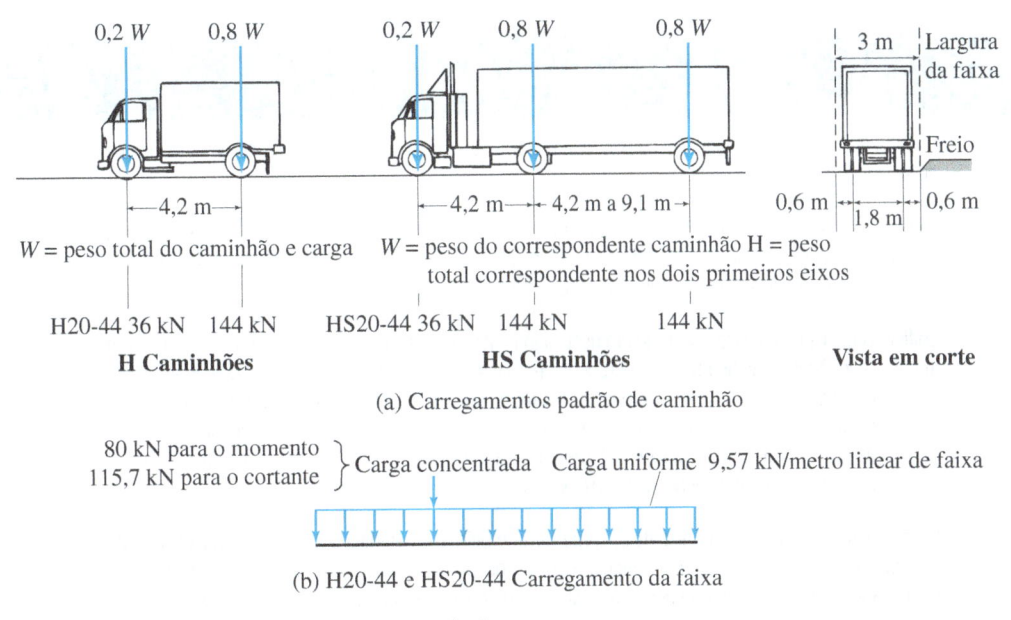

Figura 2.8 Cargas acidentais para pontes em rodovias.

Fonte: Baseado nas *Especificações padrão para Pontes em Rodovias*. © 2002. American Association of State Highway and Transportation Officials, Washington, DC.

E80 simplesmente dividindo as magnitudes das cargas por 2. Como no caso de pontes rodoviárias consideradas anteriormente, as cargas móveis em pontes ferroviárias devem ser colocadas de modo que causarão o efeito mais desfavorável sobre o elemento sob consideração.

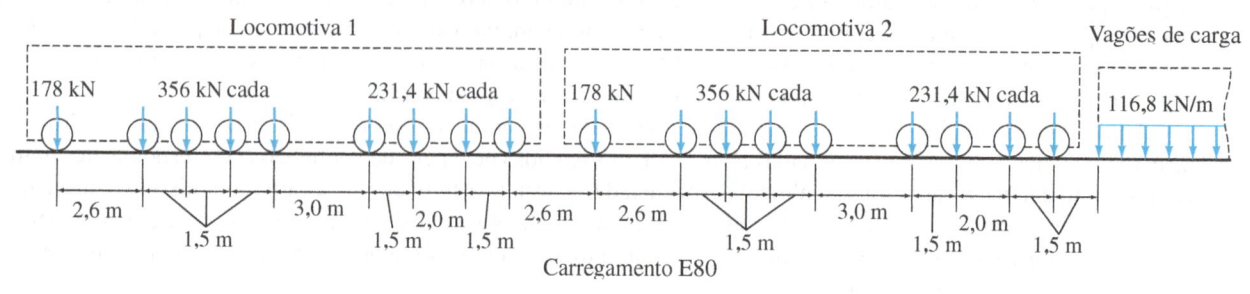

Figura 2.9 Cargas móveis para pontes de estradas de ferro.

Impacto

Quando cargas acidentais são aplicadas rapidamente em uma estrutura, elas causam tensões maiores do que as que seriam produzidas se as mesmas cargas fossem aplicadas de forma gradual. O efeito dinâmico da carga que causa esse aumento de tensão na estrutura é referido como *impacto*. Para explicar o aumento da tensão devido ao impacto, as cargas acidentais esperadas para causar tal efeito dinâmico em estruturas são aumentadas em determinadas porcentagens de impacto ou fatores de impacto. Os percentuais e os fatores de impacto que geralmente são baseados em experiências anteriores e/ou resultados experimentais são especificados nas normas de construção.

Por exemplo, o *ASCE 7 Standard* especifica que os pesos de máquinas alternativas e das unidades elétricas para edifícios sejam aumentados em 50% para ter em conta o impacto.

Para pontes em rodovias, a *AASHTO Specification* fornece a expressão para o fator de impacto como

$$I = \frac{15}{L + 38,1} \leq 0,3$$

Tabela 2.3 Categorias de risco de edifícios para cargas ambientais

Categoria de risco	Ocupação ou utilização	Fator de importância	
		Cargas de neve (I_s)	Cargas sísmicas (I_e)
I	Prédios que representem baixo risco para a vida humana em caso de ruptura, tais como unidades de armazenagem agrícola e menores.	0,8	1,00
II	Todos os outros edifícios que não os enumerados nas Categorias de risco I, III, e IV. Esta categoria de risco se aplica à maioria dos edifícios residenciais, comerciais e industriais (exceto aqueles que tenham sido especificamente designados para outra categoria).	1,0	1,00
III	Edifícios cuja ruptura possa constituir um risco significativo para a vida humana e/ou possa causar um impacto econômico significativo ou interrupção em massa na vida pública diária. Esta categoria possui edifícios, tais como: teatros, salas de palestras e montagem, onde um grande número de pessoas se reúne em uma área; escolas de ensino fundamental; hospitais de pequeno porte; prisões; estações geradoras de energia; instalações de tratamento de água e esgoto; centros de telecomunicações; e edifícios contendo materiais perigosos e explosivos.	1,1	1,25
IV	Instalações essenciais, como hospitais, corpo de bombeiros e delegacias de polícia, instalações de defesa nacional e abrigos de emergência, centros de comunicação, centrais elétricas e utilitários necessários em caso de emergência e os edifícios que contêm materiais extremamente perigosos.	1,2	1,50

Fonte: Baseado em dados da ASCE/SEI 7-10, *Minimum Design Loads for Buildings and Other Structures* (Cargas de Projeto Mínimas para Edifícios e Outras Estruturas).

na qual *L* é o comprimento em metros da parte do vão carregado para causar a tensão máxima no elemento sob consideração. Expressões empíricas similares para fatores de impacto para serem utilizadas no projeto de pontes ferroviárias são especificadas em [26].

2.4 Classificação de edifícios para cargas ambientais

Devido à incerteza inerente envolvida na previsão das cargas ambientais que podem atuar em uma estrutura durante a sua vida, as consequências da ruptura da estrutura são geralmente consideradas na estimativa das cargas ambientais do projeto, como as decorrentes de vento, neve e terremotos. Em geral, quanto mais grave as consequências potenciais da ruptura estrutural, maior a magnitude da carga para a qual a estrutura deve ser projetada.

O *ASCE 7 Standard* classifica os edifícios em quatro categorias de risco com base no risco para a vida humana, saúde e bem-estar em caso de ruptura da (ou danos para) estrutura, por causa da natureza de sua ocupação ou utilização. Essas categorias de risco estão descritas na Tabela 2.3 e serão usadas nas seções seguintes para estimar as cargas ambientais nas estruturas.

2.5 Cargas de vento

As *cargas de vento* são produzidas pelo fluxo do vento em torno da estrutura. As magnitudes das cargas de vento que podem atuar em uma estrutura dependem da localização geográfica da estrutura, obstruções no seu terreno circundante, tais como edifícios próximos, e da geometria e das características vibracionais da própria estrutura. Embora os procedimentos descritos em várias normas para a estimativa das cargas de vento em geral variam em detalhe, a maioria delas é baseada na mesma relação básica entre a velocidade do vento V e a pressão dinâmica q induzida em uma superfície plana perpendicular ao fluxo do vento, que pode ser obtida pela aplicação do princípio de Bernoulli e é expressa como

$$q = \tfrac{1}{2}\rho V^2 \tag{2.1}$$

em que *p* é a densidade de massa do ar. Usando a unidade do peso do ar de 12,02 N/m³ para a atmosfera padrão (ao nível do mar, com uma temperatura de 15 °C) e expressando a velocidade do vento V em metros por segundo (m/s), a pressão dinâmica q em Pascal ou N/m² é dada por

$$q = 0{,}5\left(\frac{12{,}02}{9{,}81}\right)V^2 = 0{,}613V^2 \tag{2.2}$$

A velocidade do vento V para ser usada na determinação das cargas de projeto em uma estrutura depende da sua localização geográfica e pode ser obtida a partir dos dados meteorológicos para a região. O *ASCE 7 Standard* fornece mapas de contorno das velocidades básicas do vento para os Estados Unidos. Esses mapas baseados em dados coletados em 485 estações meteorológicas fornecem a velocidades de rajada de 3 segundos em m/s. Essas velocidades são para terreno aberto nas alturas de 10 m acima do nível do solo. A Figura 2.10 mostra o mapa da velocidade do vento básica para estruturas na categoria de risco II, que inclui a maioria dos edifícios residenciais, comerciais e industriais. Essas velocidades de vento correspondem a cerca de 7% de probabilidade de ser excedida em 50 anos. Os mapas de velocidade do vento semelhantes para estruturas em categorias de risco I, III e IV são fornecidos no *ASCE 7 Standard*.[3] Para considerar a variação na velocidade do vento com a altura e com o ambiente em que a estrutura está localizada, o *ASCE 7 Standard* modifica a Equação (2.2) como

$$q_z = 0{,}613 K_z K_{zt} K_d V^2 \tag{2.3}$$

na qual q_z é a pressão da velocidade na altura z em N/m²; V é a velocidade básica do vento em m/s (Figura 2.10); K_z é o *coeficiente de exposição à pressão da velocidade*; K_{zt} é o *fator topográfico*; e K_d é o *fator de direcionalidade do vento*.

O coeficiente de exposição à pressão da velocidade, K_z, é dado por

$$K_z = \begin{cases} 2{,}01(z/z_g)^{2/\alpha} & \text{para } 4{,}6\text{ m} \leq z \leq z_g \\ 2{,}01\left[\dfrac{4{,}6\text{ m}}{z_g}\right]^{2/\alpha} & \text{para } z < 4{,}6\text{ m} \end{cases} \tag{2.4}$$

---

[3] As velocidades de vento específicas do local em todas as áreas dos Estados Unidos para as quatro categorias de risco também estão disponíveis na página do Conselho de Tecnologia Aplicada: www.atcouncil.org/windspeed/.

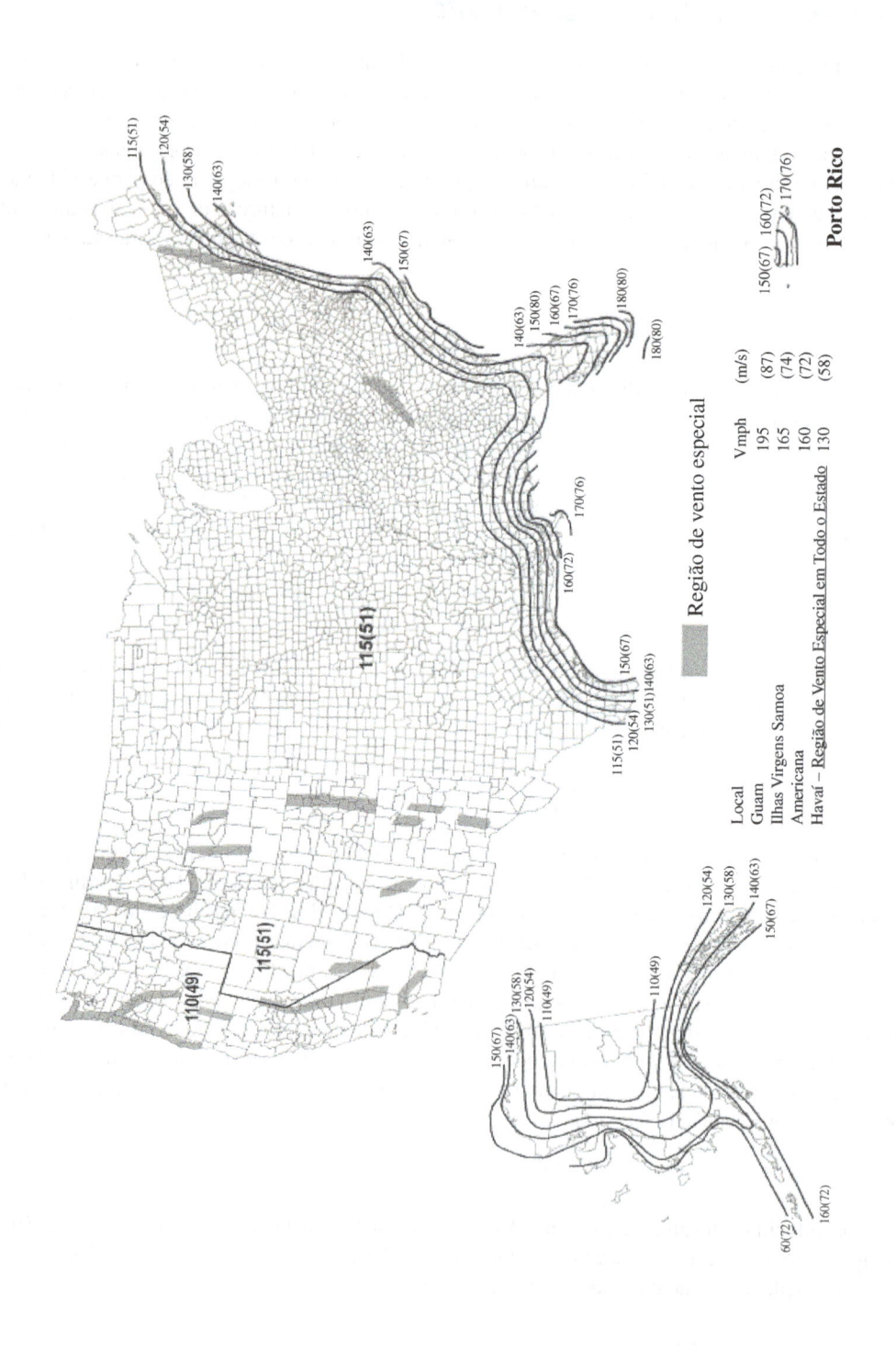

Figura 2.10 Velocidades de vento básicas para os edifícios Unidos para edifícios de categoria de risco II.
Fonte: Baseado em ASCE/SEI 7-10, *Minimum Design Loads for Buildings and Other Structures* (Cargas de Projeto Mínimas para Edifícios e Outras Estruturas).

Observações:

1. Os valores são velocidades nominais de rajada de vento de projeto de 3 segundos em milhas por hora (m/s) a 33 pés (10 m) acima do solo para a categoria de Exposição C.
2. É permitida a interpolação linear entre os contornos.
3. Ilhas e zonas costeiras fora do último contorno devem usar o último contorno de velocidade do vento da área costeira.
4. Terreno montanhoso, desfiladeiros, promontórios do oceano e regiões especiais de vento devem ser examinados para as condições de vento incomuns.
5. As velocidades do vento correspondem a aproximadamente uma probabilidade de 7% de ultrapassagem em 50 anos (Probabilidade de Ultrapassagem Anual = 0,00143, MRI = 700 anos).

Local	Vmph	(m/s)
Guam	195	(87)
Ilhas Virgens Samoa	165	(74)
Americana	160	(72)
Havaí – Região de Vento Especial em Todo o Estado	130	(58)

Região de vento especial

em que z = altura acima do solo em metros; z_g = altura do gradiente em metros e α = coeficiente de lei da potência. As constantes z_g e α dependem das obstruções no terreno imediatamente circundante da estrutura. O código *ASCE 7 Standard* classifica os terrenos para os quais as estruturas podem ser expostas em três categorias. Essas três categorias estão descritas resumidamente na Tabela 2.4, que também fornece os valores das constantes para cada uma das categorias. Uma descrição mais detalhada das categorias de exposição pode ser encontrada no *ASCE 7 Standard*. O fator topográfico, K_{zt}, leva em conta o efeito do aumento da velocidade do vento decorrente de mudanças bruscas da topografia, tais como morros isolados e penhascos íngremes. Para estruturas localizadas nos ou perto dos topos desses montes, o valor de K_{zt} deve ser determinado segundo o procedimento previsto no *ASCE 7 Standard*. Para outras estruturas, K_{zt} = 1. O fator de direcionalidade do vento, K_d, leva em conta a reduzida probabilidade de ventos máximos vindos da direção mais desfavorável para a estrutura. Esse fator é usado apenas quando as cargas de vento são aplicadas em combinação com outros tipos de cargas (tais como cargas permanentes, cargas acidentais etc.). Para estruturas sujeitas a essas combinações de carga, os valores de K_d devem ser obtidos no *ASCE 7 Standard*. Para estruturas sujeitas apenas às cargas de vento, K_d = 1.

As pressões de vento externas a serem utilizadas para projetar os elementos principais das estruturas são dadas por

$$p_z = q_z G C_p \text{ para a parede de barlavento}$$
$$p_h = q_h G C_p \text{ para a parede de sotavento, paredes laterais e cobertura} \quad (2.5)$$

Tabela 2.4 Categorias de exposição para edifícios para cargas de ventos

Exposição	Categoria	Constantes z_g (m)	α
Áreas urbanas e suburbanas com obstruções estreitamente espaçadas, com dimensão de casas de famílias simples ou maiores. Esse terreno deve prevalecer na direção a favor do vento para uma distância de pelo menos 792 m ou 20 vezes a altura do edifício, o que for maior.	B	365,76	7,0
Aplica-se a todos os edifícios aos quais as exposições B ou D não se aplicam.	C	274,32	9,5
Áreas planas e sem obstáculos e superfícies de água. Esse terreno deve prevalecer na direção a favor do vento para uma distância de pelo menos 1.524 m ou 20 vezes a altura do edifício, o que for maior.	D	213,36	11,5

Fonte: Baseado em dados da ASCE/SEI 7-05, *Minimum Design Loads for Buildings and Other Structures* (Cargas de Projeto Mínimas para Edifícios e Outras Estruturas).

em que h = altura média da cobertura acima do solo; q_h = pressão de velocidade a uma altura h (avaliada substituindo $z = h$ na Equação (2.3)); p_z = pressão do vento de projeto na altura z acima do solo; p_h = pressão de vento de projeto na altura média da cobertura h; G = *fator de efeito de rajada*, e C_p = *coeficiente de pressão externa*.

O fator de efeito de rajada G é utilizado para considerar o efeito do carregamento do vento sobre a estrutura. Para uma estrutura rígida, cuja frequência fundamental é igual ou superior a 1 Hz, G = 0,85. Para estruturas flexíveis, o valor de G deve ser calculado utilizando-se as equações dadas no *ASCE 7 Standard*.

Os valores dos coeficientes de pressão externa, C_p, com base em testes de túnel de vento e escala plena foram fornecidos no *ASCE 7 Standard* para vários tipos de estruturas. A Figura 2.11 mostra os coeficientes especificados para projetar os elementos principais das estruturas. Podemos ver a partir desta figura que a pressão do vento externo varia com a altura na parede de barlavento da estrutura, mas é uniforme na parede de sotavento e nas paredes laterais. Observe que as pressões positivas agem na direção das superfícies, enquanto as pressões negativas, denominadas sucções, agem afastadas das superfícies das estruturas.

Uma vez que as pressões do vento externo foram estabelecidas, elas são combinadas com as pressões internas para se obter as pressões de vento do projeto. Com as pressões de vento do projeto conhecidas, podemos determinar as cargas de projeto correspondentes sobre os elementos das estruturas multiplicando-se as pressões pelas áreas de influências apropriadas dos elementos.

34 Análise Estrutural Parte 1

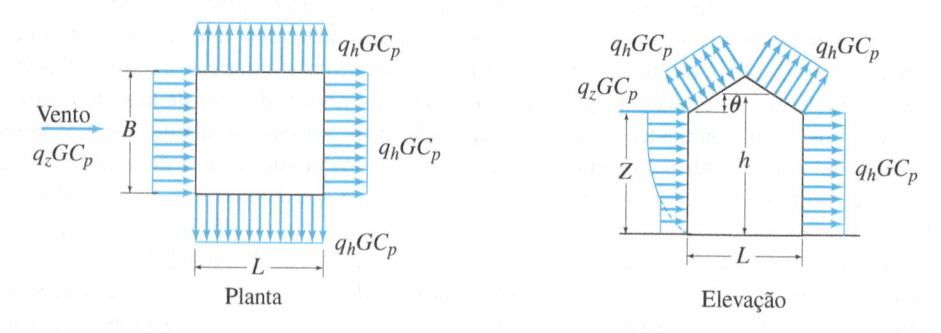

Telhado com duas águas

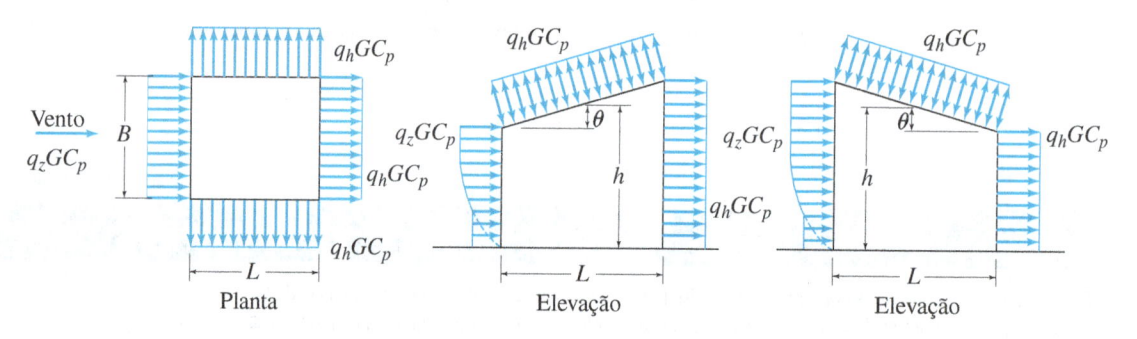

Telhado com uma água (Nota 4)

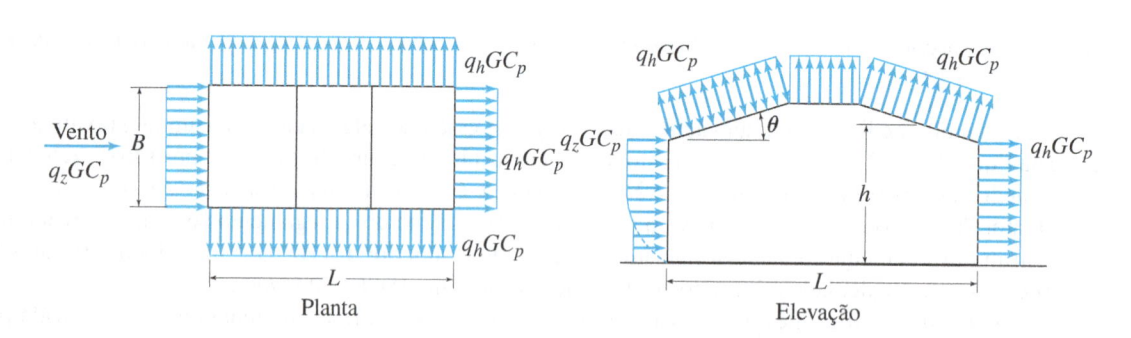

Telhado com três águas, sendo uma horizontal entre duas igualmente inclinadas (Nota 6)

Figura 2.11 *Coeficientes de pressão externa, Cp, para cargas em sistemas resistentes à força de vento principal para prédios fechados ou parcialmente fechados de todas as alturas. (Continua)*

Fonte: Baseado em ASCE/SEI 7-05, *Minimum Design Loads for Buildings and Other Structures* (Cargas de Projeto Mínimas para Edifícios e Outras Estruturas).

Coeficientes de pressão de parede, C_p			
Superfície	L/B	C_p	Use com
Parede de barlavento	Todos os valores	0,8	q_z
Parede de sotavento	0-1	−0,5	q_h
	2	−0,3	
	>4	−0,2	
Parede lateral	Todos os valores	−0,7	q_h

Coeficientes de pressão de telhado, C_p, para uso com o q_h												
Vento direção		Barlavento								Sotavento		
		Ângulo, θ (graus)								Ângulo, θ (graus)		
	h/L	10	15	20	25	30	35	45	≥60#	10	15	≥20
Normal ao cume para $\theta > 10°$	≤0,25	−0,7 / −0,18	−0,5 / 0,0*	−0,3 / 0,2	−0,2 / 0,3	−0,2 / 0,3	0,0* / 0,4	0,4	0,01θ	−0,3	−0,5	−0,6
	0,5	−0,9 / −0,18	−0,7 / −0,18	−0,4 / 0,0*	−0,3 / 0,2	−0,2 / 0,2	−0,2 / 0,3	0,0* / 0,4	0,01θ	−0,5	−0,5	−0,6
	≥1,0	−1,3** / −0,18	−1,0 / −0,18	−0,7 / −0,18	−0,5 / 0,0*	−0,3 / 0,2	−0,2 / 0,2	0,0* / 0,3	0,01θ	−0,7	−0,6	−0,6

Normal ao cume para $\theta < 10°$ e Paralelo ao cume para todo θ		Distância horizontal da borda de barlavento	C_p	
	≤0,5	0 a $h/2$	−0,9, −0,18	*O valor é fornecido para propósitos de interpolação.
		$h/2$ a h	−0,9, −0,18	**O valor pode ser reduzido de forma linear com a área sobre a qual ele é aplicável como se segue.
		h a $2h$	−0,5, −0,18	
		>$2h$	−0,3, −0,18	
	>1,0	0 a $h/2$	−1,3**, −0,18	Área (m²) / Fator de redução: ≤9,3 → 1,0; 23,2 → 0,9; ≥92,9 → 0,8
		>$h/2$	−0,7, −0,18	

Observações:

1. Os sinais de mais e de menos significam as pressões agindo na direção de, e para longe das, superfícies, respectivamente.
2. A interpolação linear é permitida para valores de L/B, h/L, e θ que não são mostrados. A interpolação deve apenas ser efetuada entre valores do mesmo sinal. Onde nenhum valor do mesmo sinal é fornecido, assuma 0,0 para propósitos de interpolação.
3. Onde dois valores de C_p são listados, isto indica que a inclinação do telhado para barlavento é submetida ou para pressões positivas ou para negativas, e a estrutura do telhado deve ser projetada para ambas as condições. A interpolação para as relações intermediárias de h/L, nesse caso, deve apenas ser realizada entre C_p valores de sinal igual.
4. Para telhados com uma água, toda a superfície do telhado é uma superfície a barlavento ou a sotavento.
5. Notação:
   B: Dimensão horizontal do edifício, em metros, medida na direção normal à do vento.
   L: Dimensão horizontal do edifício, em metros, medida na direção paralela à do vento.
   h: Altura média do telhado em metros, exceto que a altura do beiral deve ser utilizada para $\theta \leq 10$ graus.
   z: Altura acima do solo, em metros.
   G: Fator de efeito de rajada.
   q_z, q_h: Pressão de velocidade, em N/m², avaliada na respectiva altura.
   θ: Ângulo de plano do telhado em relação ao plano horizontal, em graus.
6. Para telhados com três águas, sendo uma horizontal entre duas igualmente inclinadas, a superfície horizontal superior e a superfície inclinada de sotavento devem ser tratadas como as superfícies de sotavento da tabela.
7. Exceto para SRFVP (Sistemas Resistentes à Força de Vento Principal) no telhado composto por pórticos resistentes ao momento, o cortante horizontal total não deve ser inferior ao determinado por desprezar as forças do vento nas superfícies do telhado.

#Para inclinações de telhado maiores que 80°, use $C_p = 0,8$.

Figura 2.11 *Coeficientes de pressão externa*, C_p, para cargas em sistemas resistentes à força de vento principal para prédios fechados ou parcialmente fechados de todas as alturas.

EXEMPLO 2.3

Determine a pressão do vento exterior sobre o telhado com duas águas do pórtico rígido de um edifício industrial mostrado na Figura 2.12(a). A estrutura está localizada em um subúrbio de Boston, Massachusetts, onde o terreno encontra-se sob exposição B. A direção do vento é normal à cumeeira da estrutura, como mostrado.

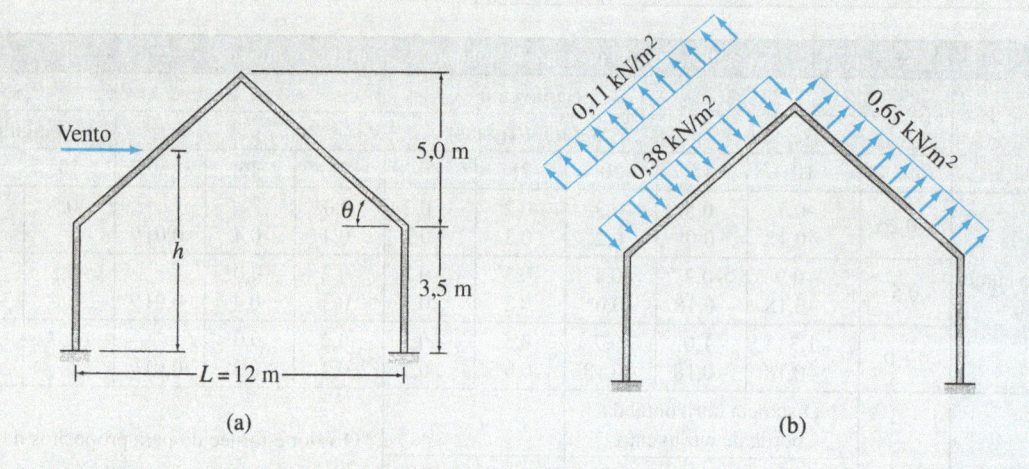

Figura 2.12 (a) (b)

Solução

Inclinação do telhado e altura média do telhado. Na Figura 2.12(a), obtemos

$$\tan \theta = \frac{5{,}0}{6{,}0} = 0{,}83 \quad \text{ou} \quad \theta = 39{,}8°$$

$$h = 3{,}5 + \frac{5}{2} = 6 \text{ m}$$

$$\frac{h}{L} = \frac{6}{12} = 0{,}50$$

Pressão de velocidade em $z = h = 6$ m. Na Figura 2.10, obtemos a velocidade do vento básica para Boston como

$$V = 58 \text{ m/s}$$

Na Tabela 2.4, para a exposição de categoria B, obtemos os seguintes valores das constantes:

$$z_g = 365{,}8 \text{ m} \quad \text{e} \quad \alpha = 7{,}0$$

Utilizando a Equação (2.4), determinamos o coeficiente de exposição à pressão da velocidade:

$$K_z = 2{,}01 \left(\frac{h}{z_g}\right)^{2=\alpha} = 2{,}01 \left(\frac{6}{365{,}8}\right)^{2=7} = 0{,}62$$

Usando $K_{zt} = 1$ e $K_d = 1$, aplicamos a Equação (2.3) para obter a pressão de velocidade na altura h como

$$q_h = 0{,}613(0{,}62)(1)(1)(58)^2$$
$$= 1.279 \text{ N/m}^2$$
$$= 1{,}28 \text{ kN/m}^2$$

Pressão externa do vento no telhado. Para estruturas rígidas, o fator do efeito de rajada é

$$G = 0,85$$

Para $\theta \approx 40°$ e $h/L = 0,5$, os valores dos coeficientes de pressão externa são (Figura 2.11):

Para o lado de barlavento: $C_p = 0,35$ e $-0,1$

Para o lado de sotavento: $C_p = -0,6$

Finalmente, substituindo-se os valores de q_h, G, e C_p na Equação (2.5), obtemos as seguintes pressões de vento: para o lado de barlavento,

$$p_h = q_h G C_p = (1,28)(0,85)(0,35) = 0,38 \text{ kN/m}^2 \quad \textbf{Resp.}$$

e

$$p_h = q_h G C_p = (1,28)(0,85)(-0,10) = -0,11 \text{ kN/m}^2 \quad \textbf{Resp.}$$

e para o lado de sotavento

$$p_h = q_h G C_p = (1,28)(0,85)(-0,60) = -0,65 \text{ kN/m}^2 \quad \textbf{Resp.}$$

Essas pressões de vento são aplicadas para o telhado da estrutura, como mostra a Figura 2.12(b). As duas pressões de vento (positiva e negativa) no lado de barlavento são tratadas como condições de carga distintas e a estrutura é projetada para ambas as condições.

2.6 Cargas de neve

Em muitas partes dos Estados Unidos e do mundo, as cargas de neve devem ser consideradas no projeto de estruturas. A carga de neve de projeto para uma estrutura é baseada na carga de neve do solo para a sua localização geográfica, a qual pode ser obtida nas normas de construção ou nos dados meteorológicos para essa região. O *ASCE 7 Standard* fornece mapas de contorno (semelhantes à Figura 2.10) das cargas de neve no solo para várias partes dos Estados Unidos. Esses mapas, baseados em dados coletados em 204 estações meteorológicas e mais de 9.000 outras localidades, fornecem as cargas de neve com probabilidade de 2% de serem excedidas em qualquer ano.

Uma vez que a carga de neve no solo foi estabelecida, a carga de neve de projeto para o telhado da estrutura é determinada considerando-se fatores tais como a exposição da estrutura ao vento e suas características térmicas, geométricas e funcionais. Na maioria dos casos, existe menos neve nos telhados que no solo. O *ASCE 7 Standard* recomenda que a carga de neve de projeto para telhados planos seja expressa como

$$p_f = 0,7 C_e C_t I_s p_g \tag{2.6}$$

na qual p_f = carga de neve de projeto em telhados planos em kN/m²; p_g = carga de neve no solo em kN/m²; C_e = *fator de exposição*; C_t = *fator térmico*; e I_s = fator de importância.

Na Equação (2.6), o fator numérico 0,7, que se refere ao fator básico de exposição, representa o efeito geral do vento suscetível de soprar alguma neve sobre os telhados. Os efeitos locais do vento, que dependem do terreno particular em torno da estrutura e da exposição de seu telhado, são contabilizados pelo fator de exposição C_e. O *ASCE 7 Standard* fornece os valores de C_e, que variam de 0,7, para estruturas em zonas ventosas com coberturas expostas, a 1,2, em estruturas expostas a pouco vento.

O fator térmico, C_t, considera o fato de que haverá mais neve nos telhados de estruturas não aquecidas do que nos daquelas mais aquecidas. Os valores de C_t são especificados como 1,0 e 1,2 para estruturas aquecidas e não aquecidas, respectivamente. O fator de importância I_s na Equação (2.6) considera o perigo para a vida humana e danos à propriedade, no caso de ruptura da estrutura. Os valores de I_s a serem usados para estimar as cargas de neve no telhado são apresentados na Tabela 2.3.

A carga de neve de projeto para um telhado inclinado é determinada multiplicando a carga de neve de telhado plano correspondente por um *fator de inclinação* C_s. Assim,

$$p_s = C_s p_f \qquad (2.7)$$

em que p_s é a carga de neve de projeto para telhado inclinado considerada para atuar sobre a projeção horizontal da superfície do telhado, e o fator de inclinação C_s é dado por

$$\text{Para telhados frios } (C_t \leq 1{,}0) \begin{cases} C_s = 1 & \text{para } 0 \leq \theta < 30° \\ C_s = 1 - \dfrac{\theta - 30°}{40°} & \text{para } 30° \leq \theta \leq 70° \\ C_s = 0 & \text{para } \theta > 70° \end{cases} \qquad (2.8)$$

$$\text{Para telhados quentes } (C_t = 1{,}2) \begin{cases} C_s = 1 & \text{para } 0 \leq \theta < 45° \\ C_s = 1 - \dfrac{\theta - 45°}{25°} & \text{para } 45° \leq \theta \leq 70° \\ C_s = 0 & \text{para } \theta > 70° \end{cases} \qquad (2.9)$$

Nas Equações (2.8) e (2.9), θ indica a inclinação do telhado em relação à horizontal, em graus. Esses fatores de inclinação são baseados nas considerações de que mais neve é suscetível de deslizar para fora das coberturas mais inclinadas, em comparação com as menos inclinadas e que é provável que mais neve derreta e deslize para fora dos telhados de estruturas aquecidas do que das estruturas não aquecidas.

O *ASCE 7 Standard* especifica os valores mínimos de cargas de neve para as quais as estruturas com telhados de baixa inclinação devem ser projetadas. Para tais estruturas, se $P_g \leq 0{,}96$ kN/m², então P_f não deve ser menos que $P_g I_s$; se $P_g > 0{,}96$ kN/m², então P_f não deve ser menos que $0{,}96 I_s$ kN/m². Esses valores mínimos de P_f se aplicam a telhados de inclinação com uma ou duas águas, com $\theta \leq 15°$.

Em algumas estruturas, a carga de neve agindo sobre apenas uma parte do telhado pode causar tensões mais elevadas do que quando todo o telhado está carregado. Para considerar tal possibilidade, o *ASCE 7 Standard* recomenda que o efeito de cargas de neve assimétricas também seja considerado no projeto de estruturas. Uma descrição detalhada de distribuição de carga de neve assimétrica a ser considerada no projeto de diversos tipos de telhados pode ser encontrada no *ASCE 7 Standard*. Por exemplo, para telhados com duas águas, para $2{,}38° \leq \theta \leq 30{,}2°$, e a distância horizontal entre o beiral e a cumeeira, $W \leq 6$ m, o *ASCE 7 Standard* especifica que as estruturas sejam projetadas para resistir a uma carga uniforme assimétrica de magnitude $P_g I_s$ aplicada no lado de sotavento do telhado, com o lado de barlavento livre de neve.

EXEMPLO 2.4

Determine as cargas de neve de projeto para o telhado com duas águas da estrutura de um edifício de apartamentos mostrado na Figura 2.13(a). O edifício está localizado em Chicago, Illinois, onde a carga de neve no solo é de 1,2 kN/m². Por causa de várias árvores perto da estrutura, considere que o fator de exposição é $C_e = 1$.

Solução

Carga de neve em telhado plano.

$p_g = 1{,}2$ kN/m²
$C_e = 1$
$C_t = 1$ (estrutura aquecida)
$I_s = 1$ (da Tabela 2.3 para edifício, categoria de risco II)

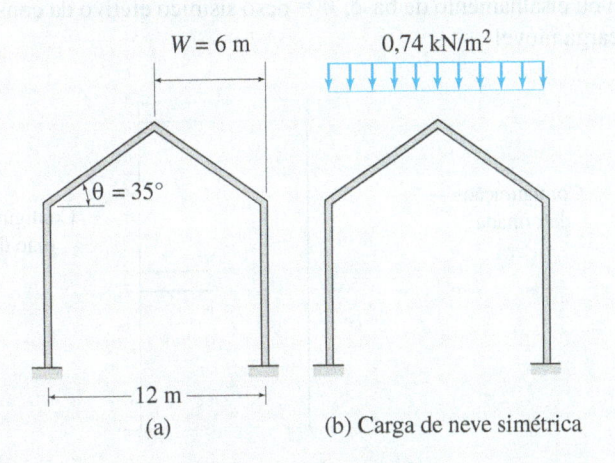

Figura 2.13

Da Equação (2.6), a carga de neve em telhado plano é obtida como

$$p_f = 0{,}7(1)(1)(1)(1{,}2)$$
$$= 0{,}84 \text{ kN/m}^2$$

A inclinação é $\theta = 35°$, a qual é maior que 15°, de modo que os valores mínimos de p_f não necessitam ser considerados.
Carga de neve em telhado inclinado. Aplicando-se a Equação (2.8), calculamos o fator de inclinação como

$$C_s = 1 - \frac{\theta - 30°}{40°} = 1 - \frac{35° - 30°}{40°} = 0{,}88$$

Da Equação (2.7), determinamos a carga de neve de projeto de telhado inclinado:

$$p_s = C_s p_f = 0{,}88(0{,}84) = 0{,}74 \text{ kN/m}^2 \qquad \textbf{Resp.}$$

Essa carga é chamada *carga de neve de projeto simétrica* e é aplicada a todo o telhado da estrutura, como mostrado na Figura 2.13(b).
Como a inclinação é $\theta = 35°$, o que é superior a 30,2°, a carga de neve assimétrica não necessita ser considerada. **Resp.**

2.7 Cargas de terremoto

Um *terremoto* é uma ondulação súbita de uma porção da superfície da terra. Embora a superfície do solo se mova em ambas as direções horizontal e vertical durante um tremor de terra, a magnitude da componente vertical do movimento do solo é geralmente pequena e não tem um efeito significativo sobre a maioria das estruturas. É a componente horizontal do movimento do solo que provoca danos estruturais e que deve ser considerada em projetos de estruturas localizadas em áreas sujeitas a terremotos.

Durante um tremor de terra, como a fundação da estrutura se desloca com o solo, a porção acima do solo da estrutura, devido à inércia de sua massa, resiste ao movimento, fazendo assim a estrutura vibrar na direção horizontal (Figura 2.14). Essas vibrações produzem forças cortantes horizontais na estrutura. Para uma estimativa precisa das tensões que podem se desenvolver em uma estrutura no caso de um terremoto, deve ser realizada uma análise dinâmica considerando-se as características da massa e da rigidez da estrutura. No entanto, para edifícios retangulares de altura média para baixa, a maioria das normas emprega forças estáticas equivalentes no projeto para resistência aos terremotos. Nessa abordagem empírica, o efeito dinâmico do sismo é aproximado por um conjunto de forças laterais (horizontais) aplicadas na estrutura e uma análise estática é realizada para avaliar as tensões na estrutura.

O *ASCE 7 Standard* permite o uso desse procedimento de força lateral equivalente para o projeto de terremoto de edifícios. De acordo com o *ASCE 7 Standard*, a força sísmica lateral total que um edifício é projetado para resistir é dada pela equação

$$V = C_S W \qquad (2.10)$$

em que V = força lateral total ou cisalhamento de base, W = peso sísmico efetivo da construção que inclui a carga total permanente e uma parte da carga móvel

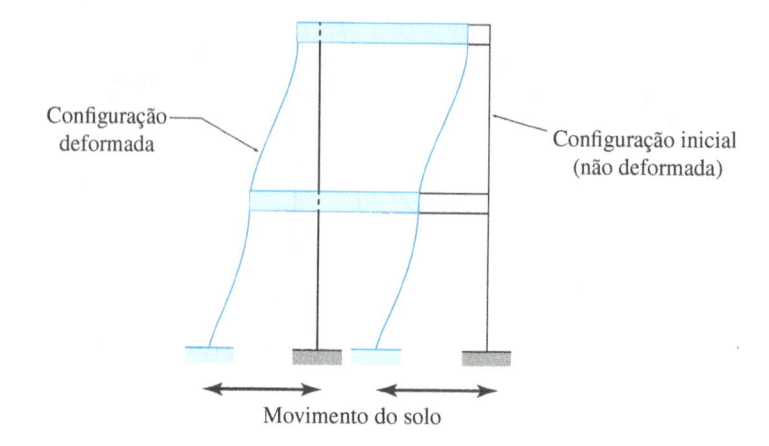

Figura 2.14 Efeito do terremoto em uma estrutura.

e C_S = coeficiente de resposta sísmica. Esta última é definida pela equação

$$C_S = \frac{S_{DS}}{R/I_e} \qquad (2.11)$$

em que S_{DS} é a aceleração da resposta espectral de projeto na faixa de período curto; R indica o coeficiente de modificação de resposta; e I_e representa o fator de importância para cargas sísmicas com base na categoria de risco do edifício. O *ASCE 7 Standard* especifica ainda os limites superiores e inferiores para os valores de C_S a serem utilizados no projeto.

A aceleração da resposta espectral de projeto (S_{DS}), utilizada na avaliação do cortante de base do projeto, depende da localização geográfica da estrutura e pode ser obtida usando os mapas de contorno fornecidos no *ASCE 7 Standard*. O coeficiente de modificação de resposta R leva em consideração a capacidade de dissipação de energia da estrutura; seus valores variam de 1 a 8. Por exemplo, para as paredes de cisalhamento de alvenaria não estrutural plana, R = 1,5; enquanto para estruturas resistentes a momento, R = 8. Os valores de I_e a serem utilizados para estimar as cargas sísmicas são apresentados na Tabela 2.3.

A força lateral total V assim obtida é então distribuída para os vários níveis do piso do edifício usando as fórmulas fornecidas no *ASCE 7 Standard*. Para detalhes adicionais sobre esse procedimento de força lateral equivalente e para as limitações sobre o uso desse procedimento, o leitor deve consultar o *ASCE 7 Standard*.

2.8 Pressão hidrostática e de solo

Estruturas utilizadas para armazenar água, como barragens e reservatórios, bem como estruturas costeiras parcial ou totalmente submersas em água, devem ser projetadas para resistir à pressão hidrostática. A pressão hidrostática atua normalmente à superfície submersa da estrutura, com a sua magnitude variando linearmente com a altura, como mostrado na Figura 2.15. Assim, a pressão em um ponto situado a uma distância h abaixo da superfície do líquido pode ser expressa como

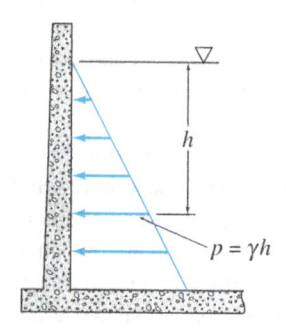

$$p = \gamma h \qquad (2.12)$$

Figura 2.15 Pressão hidrostática.

em que γ = peso unitário do líquido.

Estruturas subterrâneas, paredes e pisos de porão e muros de contenção devem ser projetados para resistir à pressão do solo. A pressão do solo vertical é dada pela Equação (2.12), com γ representando agora o peso unitário do solo. A pressão lateral do solo depende do tipo de solo e é geralmente muito menor que a pressão vertical. Para as regiões de estruturas abaixo do lençol freático, deve ser considerado o efeito combinado da pressão hidrostática e da pressão do solo devido ao peso do solo, reduzida para caso de levantamento do solo.

2.9 Efeitos térmicos e outros

Estruturas estaticamente indeterminadas podem estar sujeitas a tensões devidas às mudanças de temperatura, à retração dos materiais, aos erros de montagem e aos recalques diferenciais dos apoios. Embora esses efeitos normalmente não sejam abordados em normas de construção, podem causar tensões significativas nas estruturas e devem ser considerados em seus projetos. Os procedimentos para a determinação das forças induzidas em estruturas devido a esses efeitos são considerados na Parte III.

2.10 Combinações de cargas

Como foi referido anteriormente, uma vez que as magnitudes das cargas de projeto para uma estrutura tenham sido estimadas, um engenheiro deve considerar todas as cargas que poderiam atuar simultaneamente sobre a estrutura em dado período. Por exemplo, é altamente improvável que um tremor de terra e as cargas máximas de vento ocorram simultaneamente. Com base na experiência do passado e análises de probabilidade, o *ASCE 7 Standard* especifica que os edifícios sejam projetados de forma que a sua resistência iguale ou exceda às seguintes combinações de cargas majoradas:

$$1{,}4D \tag{2.13a}$$

$$1{,}2D + 1{,}6L + 0{,}5(L_r \text{ ou } S \text{ ou } R) \tag{2.13b}$$

$$1{,}2D + 1{,}6(L_r \text{ ou } S \text{ ou } R) + (L \text{ ou } 0{,}5W) \tag{2.13c}$$

$$1{,}2D + W + L + 0{,}5(L_r \text{ ou } S \text{ ou } R) \tag{2.13d}$$

$$1{,}2D + E + L + 0{,}2S \tag{2.13e}$$

$$0{,}9D + W \tag{2.13f}$$

$$0{,}9D + E \tag{2.13g}$$

em que D = carga permanente, E = carga de terremoto, L = carga móvel, L_r = carga acidental de telhado, R = carga de chuva, S = carga de neve e W = carga de vento.

É importante compreender que a estrutura deve ser projetada para ter uma resistência suficiente para resistir à mais desfavorável de todas as combinações de carga.

Além dos requisitos de resistência ou de segurança acima referidos, a estrutura também deve satisfazer quaisquer requisitos de utilização relacionados ao uso pretendido. Por exemplo, um edifício alto pode ser perfeitamente seguro, contudo sem condições de uso se desloca ou vibra excessivamente por causa do vento. Os requisitos de utilização são especificados em normas de construção para os tipos mais comuns de estruturas e dão geralmente importância aos deslocamentos, vibrações, fissuração, corrosão e fadiga.

Resumo

Neste capítulo, aprendemos sobre as cargas comuns que atuam sobre as estruturas de engenharia civil e os sistemas estruturais utilizados para a transmissão de cargas. Essas cargas podem ser agrupadas em três classes: (1) cargas permanentes, (2) cargas acidentais e (3) cargas ambientais.

Cargas permanentes têm magnitudes constantes, posições fixas, e agem de forma permanente na estrutura. Cargas acidentais têm diferentes magnitudes e/ou posições e são causadas pelo uso ou ocupação da estrutura. Cada elemento da estrutura deve ser projetado para a posição da carga móvel, que produz o efeito mais desfavorável sobre esse elemento. Para as estruturas sujeitas à rápida aplicação de cargas acidentais, o efeito dinâmico ou o impacto das cargas deve ser considerado no projeto.

As pressões externas do vento utilizadas para projetar os elementos principais das estruturas são dadas por

$$\begin{aligned} p_z &= q_z G C_p \text{ para a parede de barlavento} \\ p_h &= q_h G C_p \text{ para a parede de sotavento, paredes laterais e teto} \end{aligned} \tag{2.5}$$

onde h é a altura média do telhado, G é o fator do efeito de rajada, C_p é o coeficiente de pressão externa e q_z é a pressão da velocidade na altura z, que é expressa em N/m² como

$$q_z = 0{,}613 K_z K_{zt} K_d V^2 \qquad (2.3)$$

com K_z = coeficiente de exposição da pressão da velocidade, K_{zt} = fator topográfico, K_d = fator de direcionalidade e V = velocidade básica do vento em m/s.

A carga de neve de projeto para telhado plano de edifícios é dada por

$$p_f = 0{,}7 C_e C_t I_s p_g \qquad (2.6)$$

onde p_g = carga de neve no solo, C_e = fator de exposição e C_t = fator térmico. A carga de neve de projeto de telhado inclinado é expressa como

$$p_s = C_s p_f \qquad (2.7)$$

com C_s = fator de inclinação.

A força de projeto sísmica lateral total para edifícios é dada por

$$V = C_S W \qquad (2.10)$$

na qual C_S = coeficiente de resposta sísmica e W = peso sísmico efetivo do edifício.

A magnitude da pressão hidrostática em um ponto localizado a uma distância h abaixo da superfície do líquido é dada por

$$p = \gamma h \qquad (2.12)$$

em que γ = peso unitário do líquido.

Os efeitos das mudanças de temperatura, retração do material, erros de montagem e recalques do apoio devem ser considerados no projeto de estruturas hiperestáticas. A estrutura deve ser projetada para resistir à combinação mais desfavorável de cargas.

PROBLEMAS

Seção 2.1

2.1 O telhado de um edifício de armazenamento de um só andar, mostrado na Figura P2.1, é submetido a uma carga uniformemente distribuída de 0,96 kPa sobre a sua área de superfície. Determine as cargas que atuam na viga do piso BE e na longarina AC do esquema estrutural.

2.2 Para a construção descrita no Problema 2.1, calcule a carga axial agindo no pilar C. Veja a Figura P2.1.

2.3 O piso de um edifício de apartamentos, mostrado na Figura P2.3, é submetido a uma carga uniformemente distribuída de 2,2 kPa sobre a sua área de superfície. Determine as cargas que atuam sobre as vigas de piso AF, BG e CH e as longarinas AC e FH do esquema estrutural.

2.4 Para o edifício descrito no Problema 2.3, calcule as cargas normais que atuam sobre as pilares A, F e H. Veja a Figura P2.3.

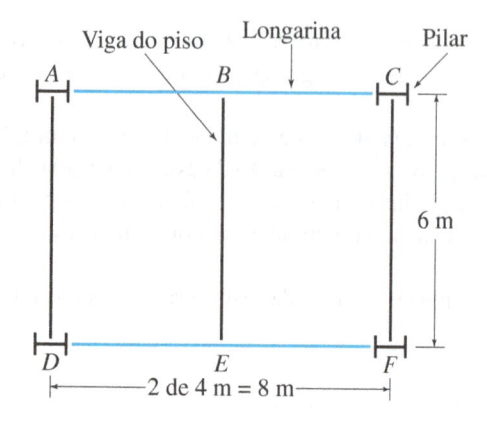

Figuras P2.1, P2.2.

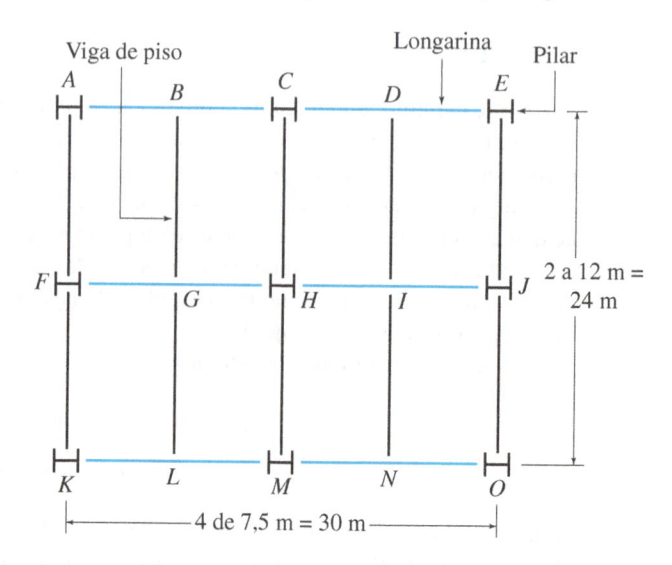

Figuras P2.3, P2.4.

Seção 2.2

2.5 O sistema de piso de um edifício de apartamentos consiste em uma laje de concreto armado com 100 mm de espessura apoiada sobre três vigas de piso de aço, as quais, por sua vez, são apoiadas sobre duas longarinas de aço, como mostrado na Figura P2.5. As áreas de seção transversal das vigas de piso e das longarinas são 11.800 mm² e 21.100 mm², respectivamente. Determine as cargas permanentes que atuam sobre a viga *CD* e a longarina *AE*.

2.6 Resolva o Problema 2.5 para o caso de uma parede de tijolos de 150 mm de espessura, a qual tem 2,1 m de altura e 7,5 m de comprimento, se apoia diretamente sobre parte superior da viga *CD*. Veja a Figura P2.5.

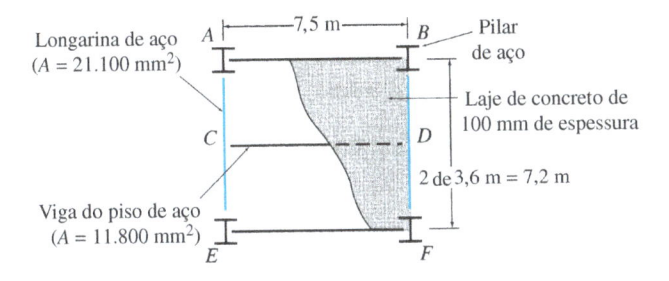

Figuras P2.5, P2.6, P2.9.

2.7 O sistema de piso de um ginásio consiste em uma laje de concreto de 130 mm de espessura apoiada sobre quatro vigas de aço (*A* = 9.100 mm²) as quais, por sua vez, são apoiadas sobre duas longarinas de aço (*A* = 25.600 mm²), como mostrado na Figura P2.7. Determine as cargas permanentes que atuam sobre a viga *BF* e a longarina *AD*.

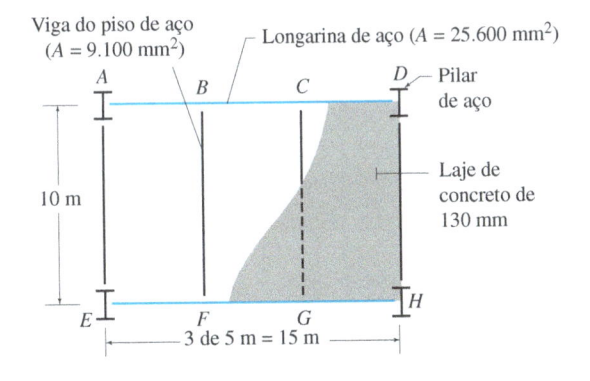

Figuras P2.7, P2.10.

2.8 O sistema de telhado de um edifício de escritórios é composto por uma laje de concreto armado de 100 mm de espessura apoiada sobre quatro vigas de aço (A = 10.450 mm²), que se apoiam sobre duas longarinas de aço (A = 27.700 mm²). As longarinas, por sua vez, são apoiadas sobre quatro pilares, como mostrado na Figura P2.8. Determine as cargas permanentes que atuam sobre a longarina *AG*.

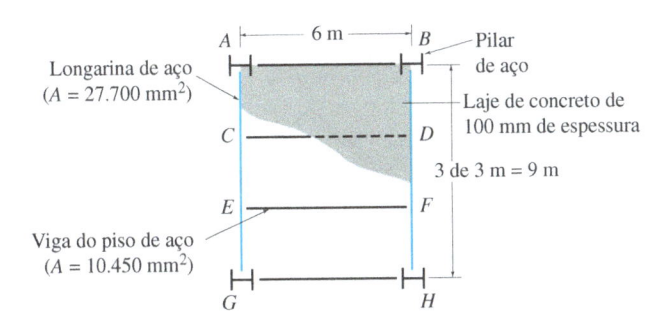

Figuras P2.8, P2.11.

Seção 2.3

2.9 Para o edifício de apartamentos cujo sistema de piso foi descrito no Problema 2.5, determine as cargas acidentais que atuam sobre a viga *CD* e sobre a longarina *AE*. Veja a Figura P2.5.

2.10 Para o ginásio, cujo sistema de piso foi descrito no Problema 2.7, determine as cargas acidentais agindo na viga *BF* e na longarina *AD*. Veja a Figura P2.7.

2.11 O teto do edifício de escritórios considerado no Problema 2.8 é submetido a uma carga acidental de 1,0 kN/m². Determine as cargas acidentais que atuam sobre a viga *EF*, sobre a longarina *AG* e sobre a coluna *A*. Veja a Figura P2.8.

Seção 2.5

2.12 Determine a pressão do vento exterior sobre o telhado do pórtico rígido com duas águas de um edifício de apartamentos mostrado na Figura P2.12. O edifício está localizado na área de Los Angeles, Califórnia, onde o terreno é classificado como exposição *B*. A direção do vento é normal à cumeeira do telhado como mostrado.

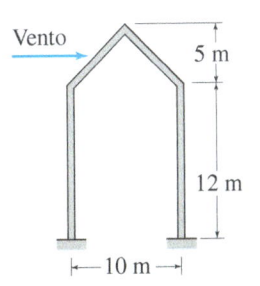

Figura P2.12.

2.13 Determine a pressão do vento exterior sobre o telhado do pórtico rígido com duas águas de um edifício escolar mostrado na Figura P2.13. A estrutura está localizada em um subúrbio de Chicago, Illinois, onde o terreno é classificado como exposição B, e a velocidade do vento básica para categoria de risco III para edifícios é de 54 m/s. Consideere que a direção do vento seja normal à cumeeira do telhado, como mostrado.

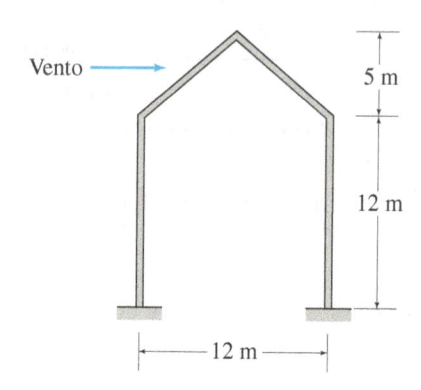

Figuras P2.13, P2.17.

2.14 Determine a pressão do vento exterior sobre o telhado do pórtico rígido com duas águas de um edifício para um centro de operação de desastres essencial mostrado na Figura P2.14. O edifício está localizado em Kansas City, Missouri, onde o terreno é classificado como exposição C, e a velocidade básica do vento para a categoria de risco IV para edifícios é de 54 m/s. Considere a direção do vento normal à cumeeira do telhado, como mostrado na figura.

2.15 Determine as pressões do vento nas paredes externas de barlavento e de sotavento do edifício do Problema 2.14. Veja a Figura P2.14.

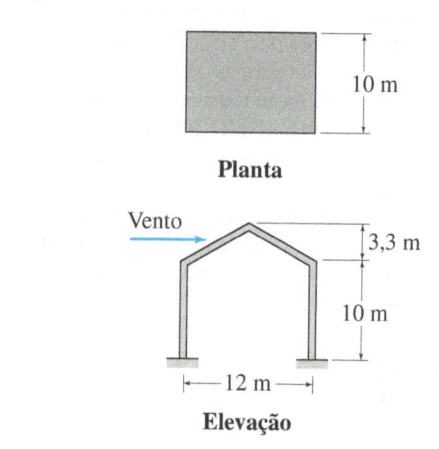

Figuras P2.14, P2.15, P2.16

Seção 2.6

2.16 Determine a carga de neve de projeto simétrica para o telhado do edifício do centro de operação de desastres do Problema 2.14. A carga de neve no solo em Kansas City é 1,0 kN/m². Por causa de árvores perto do prédio, considere que o fator de exposição é $C_e = 1$. Veja a Figura P2.14.

2.17 Determine a carga de neve de projeto simétrica para o telhado do prédio da escola do Problema 2.13. A carga de neve no solo em Chicago é 1,2 kN/m². Suponha que o fator de exposição seja $C_e = 1$. Veja a Figura P2.13.

Parte 2

Análise de estruturas estaticamente determinadas ou isostáticas

3

Equilíbrio e reações de apoio

3.1 Equilíbrio de estruturas
3.2 Forças externas e internas
3.3 Tipos de apoios para estruturas planas
3.4 Determinação, indeterminação e instabilidade estática
3.5 Cálculo de reações
3.6 Princípio da superposição
3.7 Reações de estruturas simplesmente apoiadas usando proporções
Resumo
Problemas

Construção de Ponte em Via Expressa
Donovan Reese/Photodisc/Getty Images.

O objetivo deste capítulo é rever o conceito básico do equilíbrio de estruturas sob a ação de forças e desenvolver a análise das reações exercidas por apoios em estruturas planas (bidimensionais) sujeitas a sistemas de forças coplanares.

Primeiro, retomamos o conceito de equilíbrio e como desenvolver equações de equilíbrio de estruturas. Em seguida, discutimos as forças externas e internas. Depois, descrevemos os tipos comuns de apoios usados para restringir os movimentos das estruturas planas. As estruturas podem ser classificadas como externa e estaticamente determinadas, indeterminadas ou instáveis. Discutimos como essa classificação pode ser feita para estruturas planas. Em seguida, desenvolvemos um procedimento para determinar reações nos apoios para estruturas determinadas estaticamente. Por fim, definimos o princípio da superposição e mostramos como usar proporções no cálculo de reações de estruturas simplesmente apoiadas.

3.1 Equilíbrio de estruturas

Uma estrutura é considerada em equilíbrio se, inicialmente em repouso, ela permanecer em repouso quando sujeita a um sistema de forças e momentos. Se uma estrutura estiver em equilíbrio, então seus elementos e partes também estarão em equilíbrio.

Para que uma estrutura esteja em equilíbrio, todas as forças e momentos (incluindo reações de apoio) que atuam sobre ela devem manter um equilíbrio uns com os outros, e não deve haver nenhuma forma resultante, nenhum momento resultante atuando sobre a estrutura. Chamamos de *estática* aquele espaço (tridimensional) de estrutura sujeita a sistemas tridimensionais de forças e momentos (Figura 3.1), as condições de resultante força nula e momento resultante nulo podem ser expressas em um sistema de coordenada cartesiana (*xyz*) como

$$\sum F_x = 0 \qquad \sum F_y = 0 \qquad \sum F_z = 0$$
$$\sum M_x = 0 \qquad \sum M_y = 0 \qquad \sum M_z = 0 \tag{3.1}$$

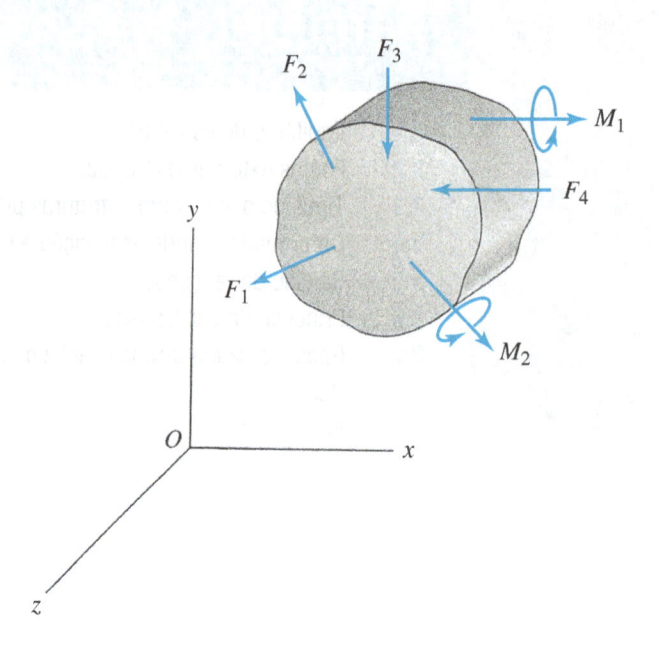

Figura 3.1

Essas seis equações são chamadas *equações de equilíbrio de estruturas no espaço* e são as condições necessárias e suficientes para o equilíbrio. As três primeiras equações asseguram que não haja força resultante atuando sobre a estrutura, e as três últimas equações expressam o fato de não haver momento resultante atuando sobre a estrutura.

Para uma estrutura plana no plano xy e sujeita a um sistema coplanar de forças e momentos (Figura 3.2), as condições necessárias e suficientes do equilíbrio podem ser expressas como

$$\sum F_x = 0 \qquad \sum F_y = 0 \qquad \sum M_z = 0 \tag{3.2}$$

Essas três equações são referidas como as *equações de equilíbrio de estruturas planas*. As duas primeiras equações de equilíbrio expressam, respectivamente, que as somas algébricas dos componentes x e componentes y de todas as forças são nulas, indicando assim que a força resultante atuando sobre a estrutura é nula. A terceira equação indica que a soma algébrica dos momentos de todas as forças em qualquer ponto no plano da estrutura e os momentos conjugados na estrutura é nula, indicando assim que o momento resultante que atua sobre a estrutura é nulo. Todas as equações de equilíbrio devem ser satisfeitas simultaneamente para a estrutura estar em equilíbrio.

Deve-se perceber que, se uma estrutura (ou seja, um veículo aeroespacial) inicialmente em movimento for sujeita a forças que satisfazem às equações de equilíbrio, ela manterá seu movimento com uma velocidade constante, já que as forças não poderão acelerá-la. Tais estruturas também podem ser consideradas como estando em equilíbrio. No entanto, o termo equilíbrio geralmente é usado para referir ao estado de repouso das estruturas e é usado no contexto aqui mencionado.

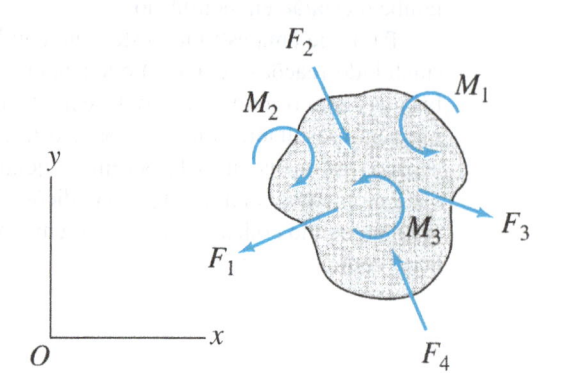

Figura 3.2

Formas alternativas de equações de equilíbrio de estruturas planas

Embora as equações de equilíbrio, conforme expressas na Equação (3.2), forneçam os meios mais convenientes de analisar a maioria das estruturas planas, a análise de algumas estruturas pode ser expressa empregando-se uma das duas formas alternativas de equações de equilíbrio, a seguir:

$$\sum F_q = 0 \qquad \sum M_A = 0 \qquad \sum M_B = 0 \qquad (3.3)$$

na qual A e B são um dos dois pontos no plano da estrutura, desde que a linha que liga A e B não seja perpendicular ao eixo q, e

$$\sum M_A = 0 \qquad \sum M_B = 0 \qquad \sum M_C = 0 \qquad (3.4)$$

no qual A, B e C são os pontos no plano da estrutura, desde que esses três pontos não estejam na mesma linha reta.

Sistemas de forças concorrentes

Quando uma estrutura está em equilíbrio sob a ação de um sistema de forças concorrentes — ou seja, as linhas de ação de todas as forças interceptam-se em um único ponto —, as equações de equilíbrio de momento são satisfeitas automaticamente, e somente as equações de equilíbrio de força precisam ser consideradas. Portanto, para uma estrutura de espaço sujeita a sistema de forças tridimensionais concorrentes, as equações de equilíbrio são

$$\sum F_x = 0 \qquad \sum F_y = 0 \qquad \sum F_z = 0 \qquad (3.5)$$

Da mesma forma, para uma estrutura plana sujeita a sistema de forças coplanares concorrentes, as equações de equilíbrio podem ser expressas como

$$\sum F_x = 0 \qquad \sum F_y = 0 \qquad (3.6)$$

Estruturas de duas forças e três forças

Em todo este texto, encontraremos diversas estruturas e elementos estruturais que estarão em equilíbrio sob a ação de somente duas ou três forças. A análise de tais estruturas e das estruturas compostas desses elementos pode ser consideravelmente expedida lembrando a *estática* das seguintes características de tais sistemas:

1. Se uma estrutura estiver em equilíbrio sob a ação de apenas duas forças, as forças precisam ser iguais, opostas e colineares.
2. Se uma estrutura estiver em equilíbrio sob a ação de somente três forças, as forças devem ser concorrentes ou paralelas.

3.2 Forças externas e internas

As forças e os momentos aos quais uma estrutura pode estar sujeita podem ser classificados em dois tipos: forças externas e forças internas.

Forças externas

As *forças externas* são as ações de outros corpos sobre a estrutura em consideração. Para fins de análise, geralmente é conveniente classificar ainda mais essas forças como forças aplicadas e forças de reação. As *forças aplicadas,* normalmente referidas como *carga*s (por exemplo, cargas acidentais e forças de vento), apresentam uma tendência de mover a estrutura e geralmente são *conhecidas* na análise. As forças de reação, ou *reações,* são as forças exercidas pelos apoios sobre a estrutura e apresentam a tendência de evitar seu movimento e mantê-la em equilíbrio. As reações geralmente estão entre as *desconhecidas* para serem determinadas pela análise. O estado de equilíbrio ou movimento da estrutura como um todo é governado exclusivamente pelas forças externas que atuam sobre ele.

Forças internas

As *forças internas* são as forças e momentos exercidos sobre um elemento ou região da estrutura pelo resto da estrutura. Essas forças se desenvolvem dentro da estrutura e mantêm várias partes dela unidas. As forças internas sempre ocorrem em pares iguais, mas opostos, porque cada elemento ou parte exerce forças no restante da estrutura, as mesmas forças que atuam nela, mas em direções opostas, de acordo com a terceira lei de Newton. Como as forças internas cancelam umas às outras, elas não aparecem nas equações de equilíbrio da estrutura toda. As forças internas também estão entre as desconhecidas na análise e são determinadas aplicando-se as equações de equilíbrio aos elementos ou partes da estrutura.

3.3 Tipos de apoios para estruturas planas

Os apoios são usados para conectar as estruturas ao solo ou a outros corpos, restringindo assim seus movimentos sob a ação das cargas aplicadas. As cargas tendem a mover as estruturas; mas os apoios impedem os movimentos exercendo forças opostas, ou reações, para neutralizar os efeitos das cargas, mantendo assim as estruturas em equilíbrio. O tipo de reação que um apoio exerce sobre uma estrutura depende do tipo de dispositivo de apoio utilizado e do tipo de movimento a evitar. Um apoio que impede a translação da estrutura em determinada direção exerce uma força de reação sobre a estrutura nesta direção. Do mesmo modo, um apoio que impede a rotação da estrutura sobre determinado eixo exerce um momento de reação na estrutura sobre esse eixo.

Os tipos de apoio normalmente usados para estruturas planas são ilustrados na Figura 3.3. Esses apoios são agrupados em três categorias, dependendo do número de reações (1, 2 ou 3) que exercem sobre as estruturas. A figura também mostra os tipos de reações que esses apoios exercem, bem como o número de incógnitas que vários apoios introduzem na análise. As Figuras 3.4 a 3.6 ilustram apoios rotulados, de rolete ou em esferas e mancais.

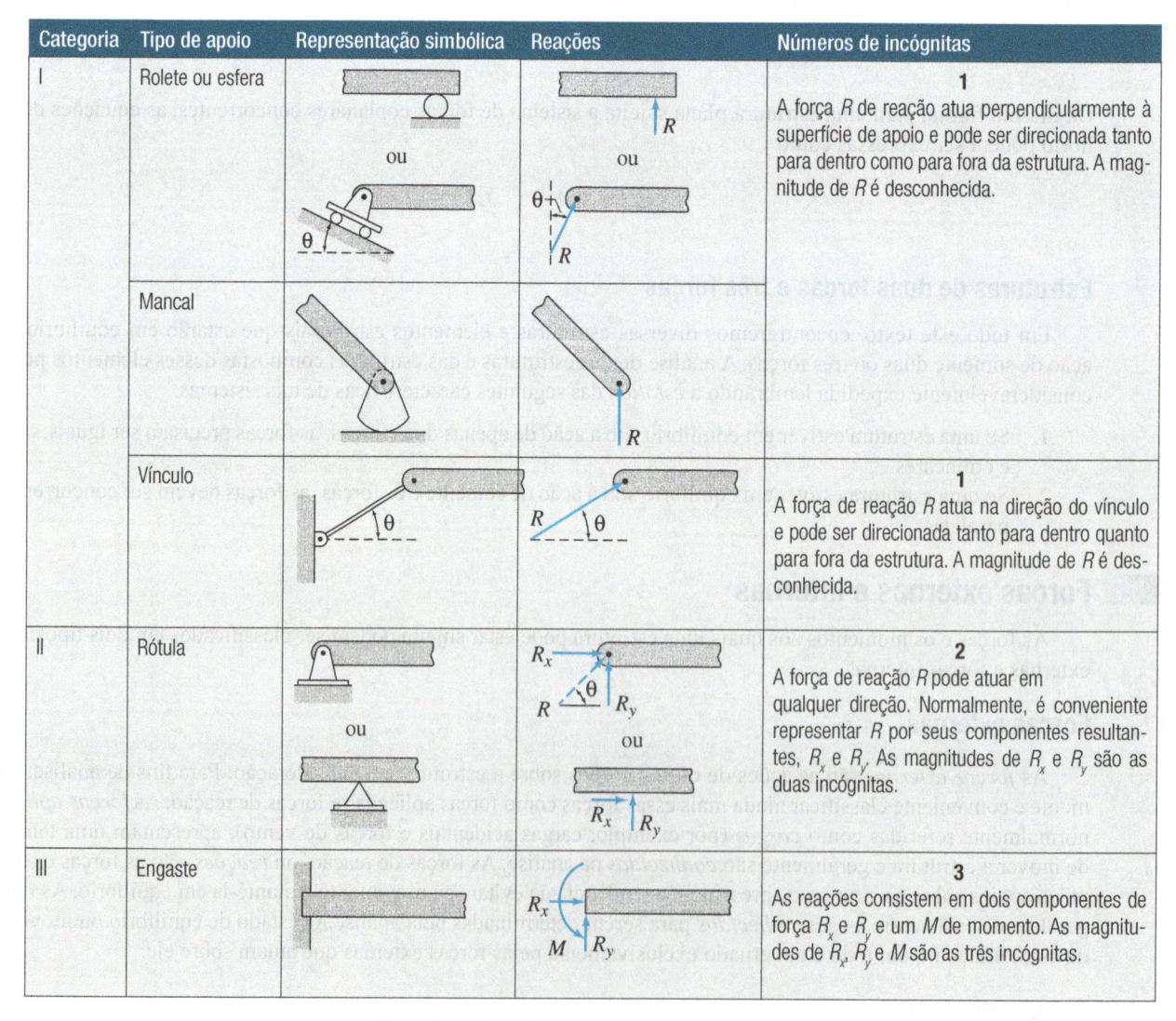

Categoria	Tipo de apoio	Representação simbólica	Reações	Números de incógnitas
I	Rolete ou esfera			1 A força R de reação atua perpendicularmente à superfície de apoio e pode ser direcionada tanto para dentro como para fora da estrutura. A magnitude de R é desconhecida.
	Mancal			
	Vínculo			1 A força de reação R atua na direção do vínculo e pode ser direcionada tanto para dentro quanto para fora da estrutura. A magnitude de R é desconhecida.
II	Rótula			2 A força de reação R pode atuar em qualquer direção. Normalmente, é conveniente representar R por seus componentes resultantes, R_x e R_y. As magnitudes de R_x e R_y são as duas incógnitas.
III	Engaste			3 As reações consistem em dois componentes de força R_x e R_y e um M de momento. As magnitudes de R_x, R_y e M são as três incógnitas.

Figura 3.3 Tipos de apoios para estruturas planas.

Figura 3.4 Apoio de rolete ou em esfera.
Cortesia do Departamento de Transportes de Illinois.

Figura 3.5 Apoio de mancal.
Maureen M. Kassimali.

Figura 3.6 Apoio rotulado.
Maureen M. Kassimali.

3.4 Determinação, indeterminação e instabilidade estática

Estabilidade interna

Uma estrutura é considerada *internamente estável, ou rígida, se mantiver seu formato e permanecer um corpo rígido quando isolada de seu apoio.* Em contrapartida, uma estrutura é denominada *internamente instável* (ou não rígida), se não puder manter seu formato e puder sofrer grandes deslocamentos com pequenas perturbações quando não for apoiada externamente. Alguns exemplos de estruturas internamente estáveis são mostrados na Figura 3.7. Observe que cada uma das estruturas forma um corpo rígido e cada uma pode manter seu formato sob cargas. A Figura

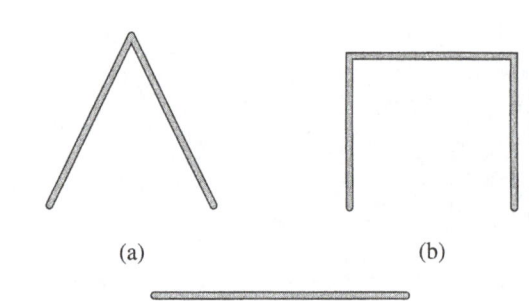

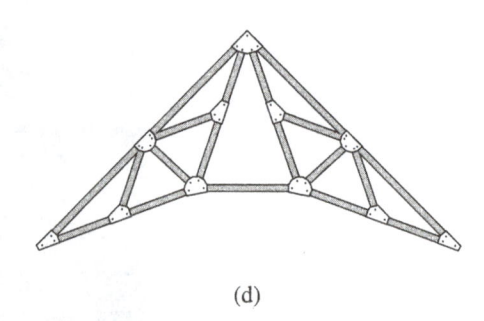

Figura 3.7 Exemplos de estruturas internamente estáveis.

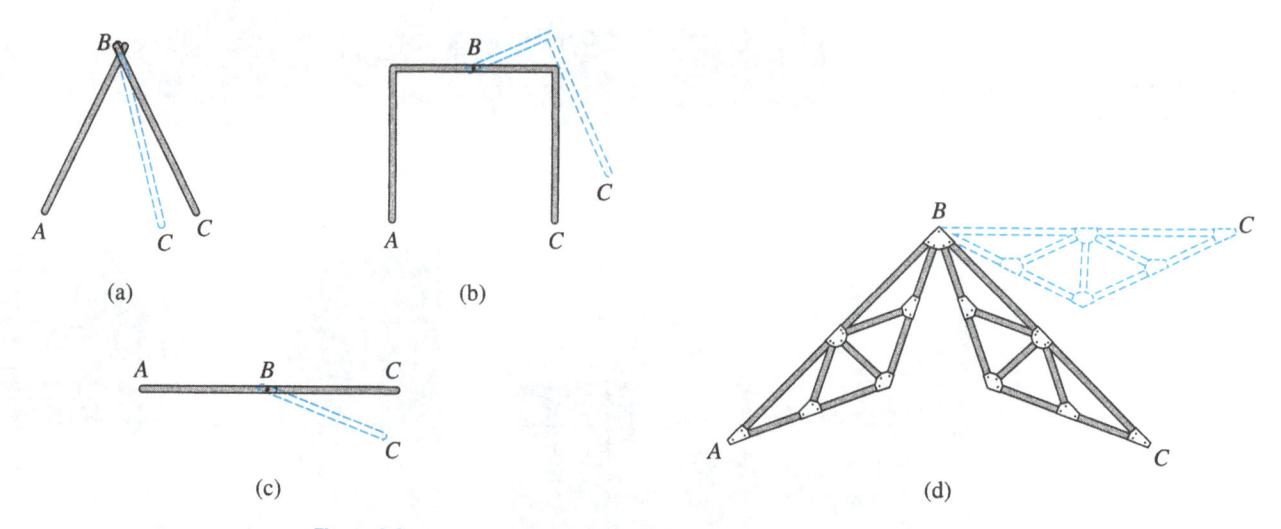

Figura 3.8 Exemplos de estruturas internamente instáveis.

3.8 mostra alguns exemplos de estruturas internamente instáveis. Um olhar cuidadoso para essas estruturas indica que cada uma é composta por duas partes rígidas, *AB* e *BC*, conectadas por um nó rotulado B, que não pode impedir a rotação de uma parte em relação à outra.

Deve-se compreender que todos os corpos físicos deformam quando são submetidos a cargas; as deformações na maioria das estruturas de engenharia em condições de serviço são tão pequenas que seu efeito no estado de equilíbrio da estrutura pode ser ignorado. O termo *estrutura rígida*, conforme usado aqui, implica que a estrutura oferece uma elevada resistência à alteração de formato, enquanto uma estrutura não rígida oferece uma pequena resistência à alteração do formato quando isolada de seus apoios e poderia até entrar em colapso sob seu próprio peso quando não apoiada externamente.

Determinação estática de estruturas internamente estáveis

Uma estrutura internamente estável é considerada como *estaticamente determinada de maneira externa, se todas as suas reações de apoio puderem ser determinadas com a resolução das equações de equilíbrio*. Desde que um plano de estrutura internamente estável possa ser tratado como um plano de corpo rígido, para que ele esteja em equilíbrio em um sistema geral de cargas coplanares, deve ser apoiado por, no mínimo, três reações que satisfaçam as três equações de equilíbrio (Equações (3.2), (3.3) ou (3.4)). Além disso, já que existem três equações de equilíbrio, elas não podem ser usadas para determinar mais de três reações. Consequentemente, uma estrutura plana que seja estaticamente determinada de maneira externa deve ser suportada exatamente pelas três reações. Alguns exemplos de estruturas planas determinadas estaticamente de maneira externa são mostrados na Figura 3.9. Deve-se observar que cada uma dessas estruturas é suportada por três reações que podem ser determinadas resolvendo-se as três equações de equilíbrio.

Se uma estrutura for suportada por mais de três reações, então todas as reações não poderão ser determinadas a partir das três equações de equilíbrio. Essas estruturas são denominadas como *estaticamente indeterminadas exter-*

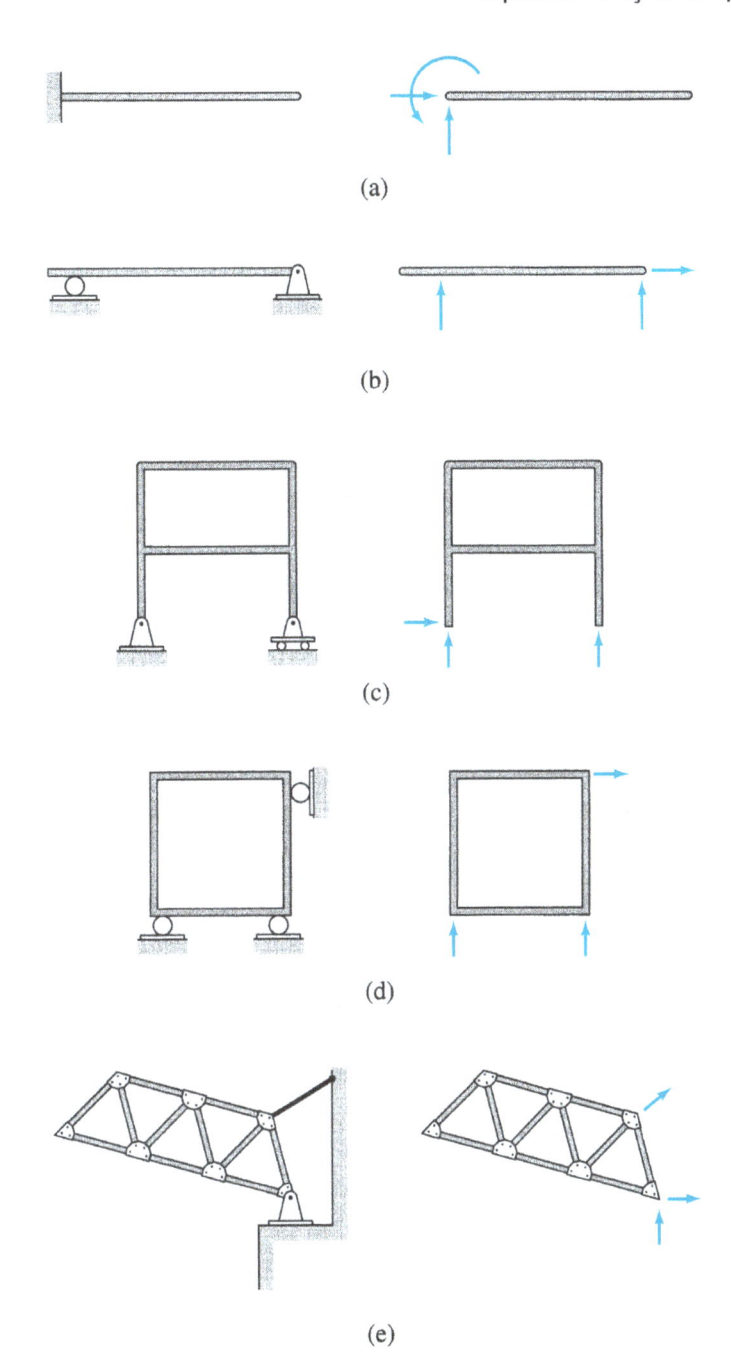

Figura 3.9 Exemplos de estruturas planas determinadas estaticamente de maneira externa.

namente. As reações em excesso dessas estruturas necessárias para o equilíbrio são denominadas de *externamente hiperestáticas* e o número de hiperestáticos externos é denominado como o *grau hiperestático externo*. Além disso, se uma estrutura possuir *r* reações *(r > 3)*, o grau *hiperestático* externo pode ser escrito como

$$i_e = r - 3 \tag{3.7}$$

A Figura 3.10 mostra alguns exemplos de estruturas planas externamente indeterminadas estaticamente.

Se uma estrutura for suportada por menos de três reações de apoio, as reações não serão suficientes para impedir todos os movimentos possíveis da estrutura em seu plano. Essa estrutura não pode permanecer em equilíbrio sob um sistema geral de cargas e é, além disso, denominada de *estaticamente instável externamente*. Um exemplo de tal estrutura é mostrado na Figura 3.11. A treliça mostrada nessa figura é apoiada sobre apenas dois roletes. Deve ser óbvio que, apesar das duas reações poderem prevenir o rolete de girar e alternar na direção vertical, não podem impedir sua translação na direção horizontal. Assim, a treliça não é completamente restrita e é estaticamente instável.

As condições de instabilidade, determinação e indeterminação estática de estruturas planas internamente estáveis podem ser resumidas como a seguir:

$$r < 3 \quad \text{a estrutura é estaticamente instável externamente}$$
$$r = 3 \quad \text{a estrutura é estaticamente determinada externamente} \quad (3.8)$$
$$r > 3 \quad \text{a estrutura é estaticamente indeterminada externamente}$$

em que r = número de reações.

Deve-se compreender que a primeira das três condições especificadas na Equação (3.8) é necessária e suficiente, no sentido de que se $r < 3$, a estrutura é definitivamente instável. No entanto, as duas condições remanescentes, $r = 3$ e $r > 3$, embora sejam necessárias, não são suficientes para determinação e indeterminação estática, respectivamente. Em outras palavras, uma estrutura pode ser suportada por um número suficiente de reações ($r \geq 3$), mas ainda pode estar instável devido ao arranjo inadequado de apoios. Tais estruturas são denominadas de *geometricamente instáveis* externamente. Os dois tipos de arranjos de reação que causam instabilidade geométrica em estruturas planas são mostrados na Figura 3.12. A treliça na Figura 3.12(a) é suportada por três reações paralelas. Pode ser observado na figura que, embora exista um número suficiente de reações ($r = 3$), todas elas estão na direção vertical, portanto, não podem impedir a translação da estrutura na direção horizontal. A treliça é, portanto, geometricamente instável. O outro tipo de arranjo de reação que causa instabilidade geométrica é mostrado na Figura 3.12(b). Nesse caso, a viga é suportada por três reações não paralelas. Porém, como as linhas de ação de todas as três forças de reação são concorrentes no mesmo ponto, A, elas não podem impedir a rotação da viga sobre o ponto A. Em outras palavras, a equação de equilíbrio de momento $\sum M_A = 0$ não pode atender a um sistema geral de cargas coplanares aplicadas à viga. A viga é, portanto, geometricamente instável.

Com base na discussão anterior, podemos concluir que para que uma estrutura plana estável internamente seja geometricamente estável externamente, para que possa permanecer em equilíbrio sob a ação de quaisquer cargas coplanares arbitrárias, ela deve ser suportada por, no mínimo, três reações, que não devem ser paralelas concorrentes.

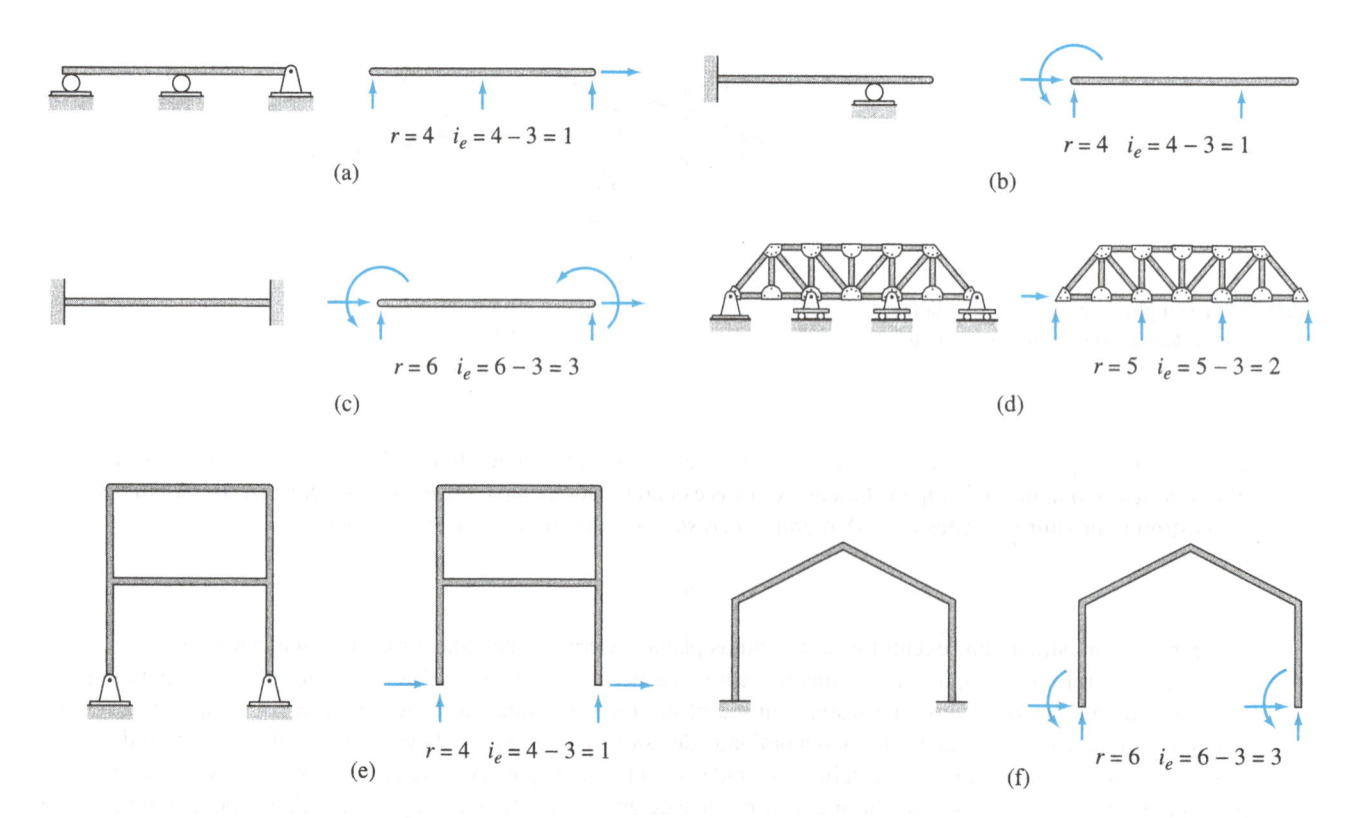

Figura 3.10 Exemplos de estruturas planas indeterminadas estaticamente externamente.

Figura 3.11 Exemplo de estrutura plana estaticamente instável externamente.

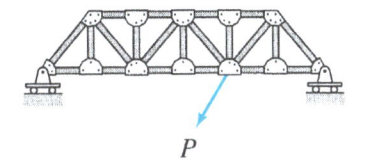

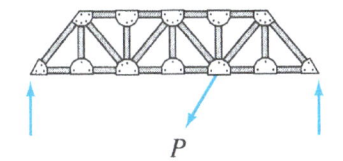

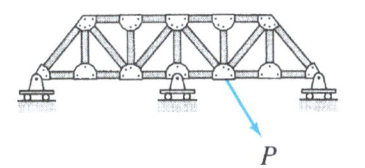

(a)

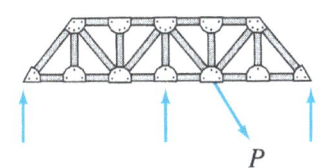

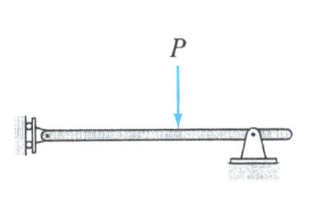

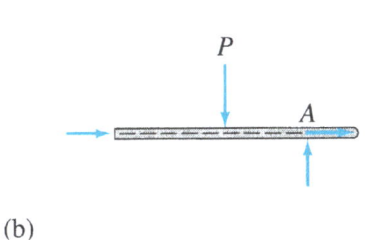

Figura 3.12 Arranjos de reação que causam instabilidade geométrica externa em estruturas planas.

(b)

Determinação estática de estruturas instáveis internamente — equações de condição

Considere uma estrutura instável internamente composta por dois elementos rígidos, AB e BC, ligados por uma rótula interna em B, conforme mostrado na Figura 3.13(a). A estrutura é apoiada sobre um apoio de rolete em A e um apoio rotulado em C, que fornece três reações externas não concorrentes e não paralelas. Conforme indicado nessa figura, essas reações, que seriam suficientes para restringir completamente uma estrutura rígida ou estável internamente, não são suficientes para essa estrutura. No entanto, a estrutura pode tornar-se estável externamente substituindo o apoio de rolete em A por um apoio rotulado para impedir o movimento horizontal na extremidade A da estrutura. Além disso, conforme mostrado na Figura 3.13(b), o número mínimo de reações externas necessárias para restringir completamente essa estrutura é quatro.

Obviamente, as três equações de equilíbrio não são suficientes para determinar as quatro reações desconhecidas nos apoios dessa estrutura. Entretanto, a presença de uma rótula interna em B resulta em uma equação adicional que pode ser usada com as três equações de equilíbrio para determinar as quatro incógnitas. A equação adicional é baseada na condição que uma rótula interna não pode transmitir o momento; isto é, os momentos nas extremidades das partes da estrutura conectada a um conjunto rotulado são iguais a zero. Além disso, quando uma rótula interna é usada para conectar duas partes de uma estrutura, a soma algébrica dos momentos sobre a rótula das cargas e reações agindo em cada parte da estrutura em qualquer um dos lados da rótula deve ser igual a zero. Consequentemente, para a estrutura da Figura 3.13(b), a presença da rótula interna em B requer que a soma algébrica dos momentos sobre B das cargas e reações agindo nos elementos individuais, AB e BC, seja igual a zero; ou seja, $\sum M_B^{AB} = 0$ e $\sum M_B^{BC} = 0$. Essas equações são comumente denominadas *as equações de condição ou construção*. É importante perceber que essas duas equações não são independentes. Quando uma das duas equações — por exemplo, $\sum M_B^{AB} = 0$ — for satisfeita em conjunto com a equação de equilíbrio de momento $\sum M = 0$ para toda a estrutura, a equação remanescente $\sum M_B^{BC} = 0$ é automaticamente satisfeita. Além disso, uma rótula interna que liga dois elementos ou partes de uma estrutura fornece uma equação independente de condição. (As estruturas com nós rotulados que conectam mais de dois elementos serão examinadas em capítulos posteriores.) Como todas as quatro reações desconhecidas para a estrutura da Figura 3.13(b) podem ser determinadas resolvendo-se as três equações de equilíbrio e uma equação de condição ($\sum M_B^{AB} = 0$ ou $\sum M_B^{BC} = 0$), a estrutura é considerada como estaticamente determinada de maneira externa. Os conectores de cisalhamento (Figura 3.14) às vezes são usados para unir duas vigas em uma mais longa. Tais conectores são designados para transferir forças (cortante), mas não momentos (flexão) e são conhecidos como rótulas internas para análise.

(a)

Uma equação de condição: $\Sigma M_B^{AB} = 0$ ou $\Sigma M_B^{BC} = 0$

(b)

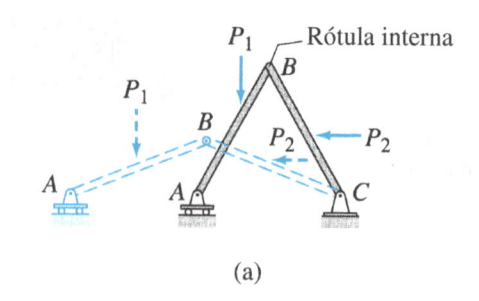

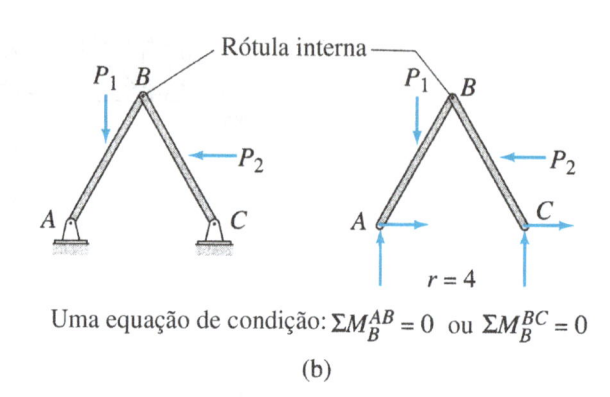

Figura 3.13

Ocasionalmente, os conectores são usados em estruturas que permitem não apenas rotações relativas das extremidades do elemento, como também alternâncias relativas em determinadas direções das extremidades dos elementos conectados. Tais conectores são modelados como nós de rolete internos com o propósito de análise. A Figura 3.15 mostra uma estrutura que consiste em dois elementos rígidos, *AB* e *BC*, que estão conectados por um rolete interno em *B*. A estrutura é internamente instável e requer, no mínimo, cinco reações de apoio externo para ser completamente restringida contra todos os possíveis movimentos em um sistema geral de cargas coplanares. Desde que um rolete interno não possa transmitir momento ou força na direção paralela à superfície de apoio, ele fornece duas equações de condição.

$$\Sigma F_x^{AB} = 0 \quad \text{ou} \quad \Sigma F_x^{BC} = 0$$

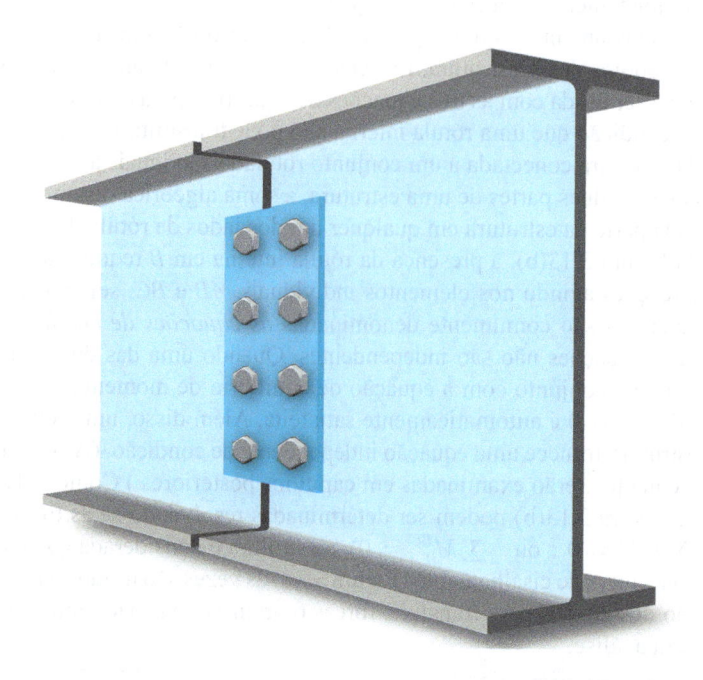

Figura 3.14 Conector de cisalhamento.

Figura 3.15

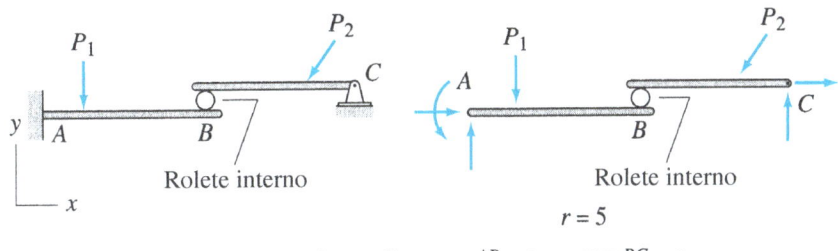

Duas equações de condição: $\Sigma F_x^{AB} = 0$ ou $\Sigma F_x^{BC} = 0$
$\Sigma M_B^{AB} = 0$ ou $\Sigma M_B^{BC} = 0$

e

$$\Sigma M_B^{AB} = 0 \quad \text{ou} \quad \Sigma M_B^{BC} = 0$$

Essas duas equações de condição podem ser usadas em conjunto com três equações de equilíbrio para determinar as cinco reações externas desconhecidas. Além disso, a estrutura da Figura 3.15 é estaticamente determinada externamente.

Com base na discussão anterior, podemos concluir que se houver equações de condição e_c (uma equação para cada rótula interna e duas equações para cada rolete interno) para uma estrutura instável internamente, que é suportada por reações externas r, então se

$r < 3 + e_c$ a estrutura é estaticamente instável externamente

$r = 3 + e_c$ a estrutura é estaticamente determinada externamente

$r > 3 + e_c$ a estrutura é estaticamente indeterminada externamente   (3.9)

Para uma estrutura indeterminada externamente, o grau *hiperestático* externo é expresso por

$$i_e = r - (3 = e_c) \qquad (3.10)$$

Abordagem alternativa Uma abordagem alternativa que pode ser usada para determinar a instabilidade, determinação e indeterminação estática de estruturas instáveis internamente, é a seguinte:

1. Contar o número total de reações de apoio, r.
2. Contar o número total de forças internas, f_i, que podem ser transmitidas por meio de rótulas internas e roletes internos da estrutura. Lembre-se de que uma rótula interna pode transmitir dois componentes de força e que um rolete interno pode transmitir um componente de força.
3. Determinar o número total de incógnitas, $r + f$.
4. Contar o número de partes ou elementos rígidos, n_r, contidos na estrutura.
5. Como cada uma das partes ou elementos rígidos individuais da estrutura deve estar em equilíbrio sob a ação de cargas aplicadas, reações e/ou forças internas, cada elemento deve atender às três equações de equilíbrio ($\Sigma F_x = 0$, $\Sigma F_y = 0$ e $\Sigma M = 0$). Assim, o número total de equações disponíveis para toda a estrutura é $3n_r$.
6. Determinar se a estrutura é instável, determinada ou indeterminada estaticamente comparando o número total de incógnitas, $r + f$, com o número total de equações. Se

$r + f_i < 3n_r$ a estrutura é estaticamente instável externamente

$r + f_i = 3n_r$ a estrutura é estaticamente determinada externamente

$r + f_i > 3n_r$ a estrutura é estaticamente indeterminada externamente   (3.11)

Para estruturas indeterminadas, o grau *hiperestático* externo é dado por

$$i_e = (r + f_i) - 3n_r \tag{3.12}$$

Aplicando-se esse procedimento alternativo à estrutura da Figura 3.13(b), podemos perceber que para essa estrutura, $r = 4$, $f_i = 2$ e $n_r = 2$. Como o número total de incógnitas ($r + f = 6$) é igual ao número total de equações ($3n_r = 6$), a estrutura é estaticamente determinada externamente. Da mesma forma, para a estrutura da Figura 3.15, $r = 5$, $f_i = 1$ e $n_r = 2$. Como $r + f_i = 3n_r$, essa estrutura também é estaticamente determinada externamente.

Os critérios para a determinação e indeterminação estática são descritos nas Equações (3.9) e (3.11), embora necessários, não são suficientes, pois não podem levar em conta a possibilidade de instabilidade geométrica. Para evitar a instabilidade geométrica, as estruturas instáveis internamente, assim como as estruturas estáveis internamente mencionadas anteriormente, devem ser suportadas pelas reações, todas as quais não podem ser paralelas ou concorrentes. Um tipo adicional de instabilidade geométrica que pode surgir nas estruturas instáveis internamente é apresentado na Figura 3.16. Para a viga mostrada, que contém três rótulas internas em B, C e D, $r = 6$ e $e_c = 3$ (isto é, $r = 3 + e_c$); portanto, de acordo com a Equação (3.9), a viga é suportada por um número suficiente de reações e deve ser determinada estaticamente. No entanto, pode ser observado na figura que a parte *BCD* da viga fica instável em razão de não poder suportar a carga vertical *P* aplicada a ela em sua posição não deformada. Os elementos *BC* e *CD* devem ser submetidos a rotações finitas para desenvolver qualquer resistência à carga aplicada. Esse tipo de instabilidade geométrica pode ser evitado apoiando externamente qualquer parte da estrutura que contenha três ou mais rótulas internas que estejam colineares.

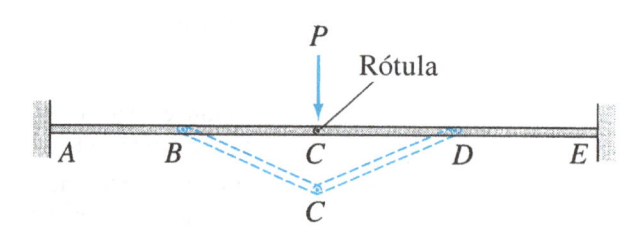

Figura 3.16

EXEMPLO 3.1

Classifique cada uma das estruturas mostradas na Figura 3.17 como instável externamente, determinada estaticamente ou indeterminada estaticamente. Se a estrutura for estaticamente indeterminada externamente, determine o grau *hiperestático* externo.

Solução

(a) Essa viga é internamente estável com $r = 5 > 3$. Portanto, é estaticamente indeterminada de maneira externa com o grau *hiperestático* externo de

$$i_e = r - 3 = 5 - 3 = 2 \qquad \text{Resp.}$$

(b) Essa viga é internamente instável. É composta por dois elementos rígidos, *AB* e *BC*, ligados por uma rótula interna em *B*. Para essa viga, $r = 6$ e $e_c = 1$. Como $r > 3 + e_c$, a estrutura é estaticamente indeterminada externamente com o grau *hiperestático* externo de

$$i_e = r - (3 + e_c) = 6 - (3 + 1) = 2 \qquad \text{Resp.}$$

Método alternativo. $f_i = 2$, $n_r = 2$, $r + f_i = 6 + 2 = 8$ e $3n_r = 3(2) = 6$. Como $r + f_i > 3n_r$, a viga é estaticamente indeterminada externamente, com

$$i_e = (r + f_i) - 3n_r = 8 - 6 = 2 \qquad \text{Verificações}$$

(c) Essa estrutura é internamente instável com $r = 4$ e $e_c = 2$. Como $r < 3 + e_c$, a estrutura é estaticamente instável externamente. Isso pode ser verificado na figura, que mostra que o elemento BC não é impedido de se movimentar na direção horizontal.
Resp.

Método alternativo. $f_i = 1$, $n_r = 2$, $r + f_i = 4 + 1 = 5$ e $3n_r = 6$. Como $r + f_i < 3n_r$, a estrutura é estaticamente instável externamente.
Verificações

(d) Essa viga é internamente instável com $r = 5$ e $e_c = 2$. Como $r = 3 + e_c$, a viga é estaticamente determinada externamente.
Resp.

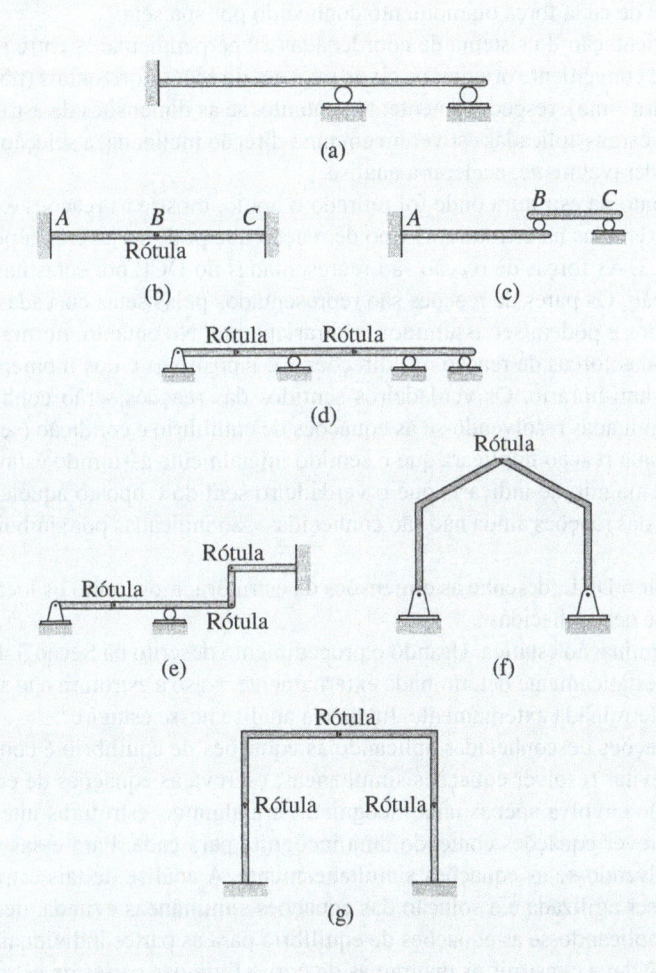

Figura 3.17

Método alternativo. $f_i = 4$, $n_r = 3$, $r + f_i = 5 + 4 = 9$ e $3n_r = 3(3) = 9$. Como $r + f_i = 3n_r$, a viga é estaticamente determinada externamente.
Verificações

(e) Essa é uma estrutura instável internamente com $r = 6$ e $e_c = 3$. Como $r = 3 + e_c$, a estrutura é estaticamente determinada externamente.
Resp.

Método alternativo. $f_i = 6$, $n_r = 4$, $r + f_i = 6 + 6 = 12$ e $3n_r = 3(4) = 12$. Como $r + f_i = 3n_r$, a estrutura é estaticamente determinada externamente.
Verificações

(f) Essa estrutura é internamente instável com $r = 4$ e $e_c = 1$. Como $r = 3 + e_c$, a estrutura é estaticamente determinada externamente.
Resp.

Método alternativo. $f_i = 2$, $n_r = 2$, $r + f_i = 4 + 2 = 6$ e $3n_r = 3(2) = 6$. Como $r + f_i = 3n_r$, a estrutura é estaticamente determinada externamente.
Verificações

(g) Essa estrutura é internamente instável com $r = 6$ e $e_c = 3$. Como $r = 3 + e_c$, a estrutura é estaticamente determinada externamente.
Resp.

Método alternativo. $f_i = 6$, $n_r = 4$, $r + f_i = 6 + 6 = 12$ e $3n_r = 3(4) = 12$. Como $r + f_i = 3n_r$, a estrutura é estaticamente determinada externamente.
Verificações

3.5 Cálculo das reações

O procedimento passo a passo a seguir pode ser usado para determinar as reações de estruturas planas estaticamente determinadas, sujeitas a cargas coplanares.

1. Desenhe um diagrama de corpo livre (DCL) da estrutura.
   a. Mostre a estrutura em consideração separada de seus apoios e desconectada de todos os outros corpos aos quais ela poderia estar conectada.
   b. Mostre cada força ou momento conhecido no DCL por uma seta indicando sua direção e sentido. Escreva a magnitude de cada força ou momento conhecido por sua seta.
   c. Mostre a orientação do sistema de coordenadas xy perpendiculares entre si a ser usado na análise. Normalmente, é conveniente orientar os eixos x e y em direções horizontais (positivo para a direita) e vertical (positivo para cima), respectivamente. No entanto, se as dimensões da estrutura e/ou as linhas de ação da maioria das cargas aplicadas estiverem em uma direção inclinada, a seleção do eixo x (ou y) nessa direção pode, consideravelmente, acelerar a análise.
   d. Em cada ponto da estrutura onde foi retirado o apoio, mostre as reações externas desconhecidas que estão sendo exercidas na estrutura. O tipo de reação que pode ser exercida pelos vários apoios é fornecido na Figura 3.3. As forças de reação são representadas no DCL por setas nas direções conhecidas de suas linhas de ação. Os pares de reações são representados pelas setas curvadas. Os sentidos das reações são desconhecidos e podem ser assumidos arbitrariamente. No entanto, normalmente é conveniente assumir os sentidos das forças de reação nas direções x e y positivas e dos momentos de reação como positivos em sentido anti-horário. Os verdadeiros sentidos das reações serão conhecidos após suas magnitudes serem determinadas resolvendo-se as equações de equilíbrio e condição (se houver). Uma magnitude positiva para uma reação implicará que o sentido inicialmente assumido estava correto, enquanto um valor negativo da magnitude indicaria que o verdadeiro sentido é oposto àquele assumido no DCL. Como as magnitudes das reações ainda não são conhecidas, são indicadas por símbolos alfabéticos apropriados no DCL.
   e. Para concluir o DCL, desenhe as dimensões da estrutura, mostrando os locais de todas as forças externas conhecidas e desconhecidas.
2. Verifique a determinação estática. Usando o procedimento descrito na Seção 3.4, determine se a estrutura fornecida é ou não estaticamente determinada externamente. Caso a estrutura não seja estática, geometricamente instável ou indeterminada externamente, finalize a análise nesse estágio.
3. Determine as reações desconhecidas aplicando as equações de equilíbrio e condição (se houver) para toda a estrutura. Para evitar resolver equações simultâneas, escreva as equações de equilíbrio e condição de forma que cada equação envolva apenas uma incógnita. Para algumas estruturas internamente instáveis, pode não ser possível escrever equações contendo uma incógnita para cada. Para essas estruturas, as reações são determinadas resolvendo-se as equações simultaneamente. A análise de tais estruturas internamente instáveis pode, às vezes, ser agilizada e a solução das equações simultâneas evitada, desconectando-se a estrutura de partes rígidas e aplicando-se as equações de equilíbrio para as partes individuais, para determinar as reações. Nesse caso, você deve construir os diagramas de corpo livre das partes da estrutura; esses diagramas devem mostrar, além das cargas aplicadas e das reações de apoio, todas as forças internas exercidas nessa parte nas ligações. Lembre-se de que as forças internas que agem nas partes adjacentes de uma estrutura devem possuir as mesmas magnitudes, mas sentidos opostos, de acordo com a terceira lei de Newton.
4. Aplique uma equação de equilíbrio alternativa que não tenha sido anteriormente usada para toda a estrutura para verificar os cálculos. Essa equação alternativa deve preferencialmente envolver todas as reações que foram determinadas na análise. É possível usar uma equação de equilíbrio de momento envolvendo um resumo dos momentos sobre um ponto que não está sobre as linhas de ação das forças de reação para esse propósito. Se a análise for realizada corretamente, essa equação de equilíbrio alternativa deve ser satisfeita.

EXEMPLO 3.2

Determine as reações dos apoios para a viga mostrada na Figura 3.18(a).

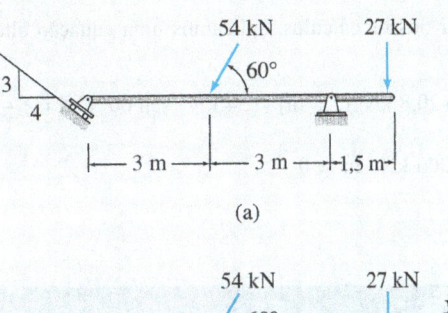

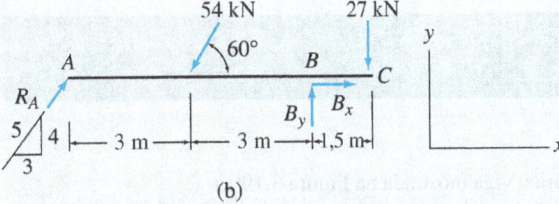

Figura 3.18

Solução

Diagrama de corpo livre. O diagrama de corpo livre da viga é mostrado na Figura 3.18(b). Observe que o rolete em *A* exerce reação R_A na direção perpendicular à superfície de apoio inclinado.

Determinação estática. A viga é internamente estável e é suportada por três reações, R_A, B_x e B_y, todas as quais não são paralelas ou concorrentes. Portanto, a viga é estaticamente determinada.

Reações de apoio. Como duas das três reações, denominadas B_x e B_y são concomitantes em *B*, seus momentos em *B* são nulos. Consequentemente, a equação de equilíbrio $\Sigma M_B = 0$ que envolve o resumo de momentos de todas as forças em *B* contém apenas uma incógnita, R_A. Assim,

$$+ \circlearrowleft \Sigma M_B = 0$$

$$-\frac{4}{5}R_A(6\text{ m}) + (54\text{ kN})\operatorname{sen}60°(3\text{ m}) - (27\text{ kN})(1,5\text{ m}) = 0$$

$$R_A = 20,8 \text{ kN}$$

A resposta positiva para R_A indica que nossa suposição inicial sobre o sentido dessa reação estava correta. Portanto,

$$R_A = 20,8 \text{ kN} \nearrow \qquad \text{**Resp.**}$$

Em seguida, para determinar B_x, aplicamos a equação de equilíbrio,

$$+ \rightarrow \Sigma F_x = 0$$

$$\frac{3}{5}(20,8\text{ kN}) - (54\text{ kN})\cos 60° + B_x = 0$$

$$B_x = 14,5 \text{ kN}$$

$$B_x = 14,5 \text{ kN} \rightarrow \qquad \text{**Resp.**}$$

A única incógnita remanescente, B_y, pode agora ser determinada aplicando-se a equação remanescente de equilíbrio:

$$+ \uparrow \Sigma F_y = 0$$

$$\frac{4}{5}(20,8\text{ kN}) - (54\text{ kN})\operatorname{sen}60° + B_y - (27\text{ kN}) = 0$$

$$B_y = 57,1 \text{ kN}$$

$$B_y = 57,1 \text{ kN} \uparrow \qquad \text{**Resp.**}$$

Para evitarmos ter de resolver equações simultâneas nos cálculos anteriores, aplicamos as equações de equilíbrio de tal maneira que cada equação contivesse apenas uma incógnita.

Verificando cálculos. Finalmente, para verificar nossos cálculos, aplicamos uma equação alternativa de equilíbrio (veja Figura 3.18(b)):

$$+ \zeta \sum M_C = -\frac{4}{5}(20{,}8 \text{ kN})(7{,}5 \text{ m}) + (54 \text{ kN}) \text{ sen } 60°(4{,}5 \text{ m}) - (57{,}1 \text{ kN})(1{,}5 \text{ m})$$

$$= -0{,}006 \text{ kN} \cdot \text{m} \approx 0 \qquad \text{Verificações}$$

EXEMPLO 3.3

Determine as reações dos apoios para a viga mostrada na Figura 3.19(a).

Solução

Diagrama de corpo livre. Veja a Figura 3.19(b).

Determinação estática. A viga é internamente estável com $r = 3$. Portanto, é estaticamente determinada.

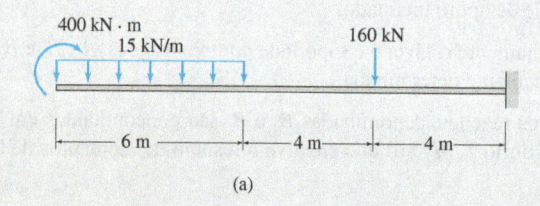

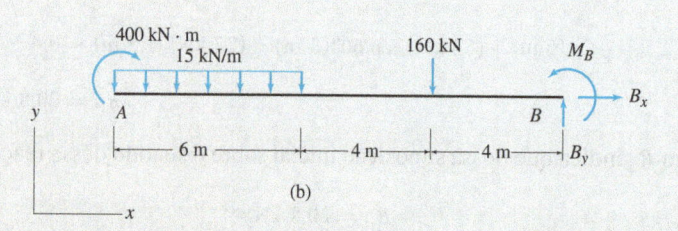

Figura 3.19

Reações de apoio. Aplicando-se as três equações de equilíbrio, obtemos

$$+ \rightarrow \sum F_x = 0$$
$$B_x = 0 \qquad \text{Resp.}$$

$$+ \uparrow \sum F_y = 0$$
$$-15(6) - 160 + B_y = 0$$
$$B_y = 250 \text{ kN}$$
$$B_y = 250 \text{ kN} \uparrow \qquad \text{Resp.}$$

$$+ \zeta \sum M_B = 0$$
$$-400 + 15(6)(3+8) + 160(4) + M_B = 0$$
$$M_B = -1230 \text{ kN} \cdot \text{m}$$
$$M_B = 1230 \text{ kN} \cdot \text{m} \; \zeta \qquad \text{Resp.}$$

Verificando cálculos.

$$+ \zeta \sum M_A = -400 - 15(6)(3) - 160(10) + 250(14) - 1230 = 0 \qquad \text{Verificações}$$

EXEMPLO 3.4

Determine as reações do apoio para a estrutura mostrada na Figura 3.20(a).

Solução

Diagrama de corpo livre. O diagrama de corpo livre da estrutura é mostrado na Figura 3.20(b). Observe que a distribuição de carga trapezoidal foi dividida em duas distribuições simplificadas, uniformes e triangulares, cujas áreas e massas são mais fáceis de serem calculadas.

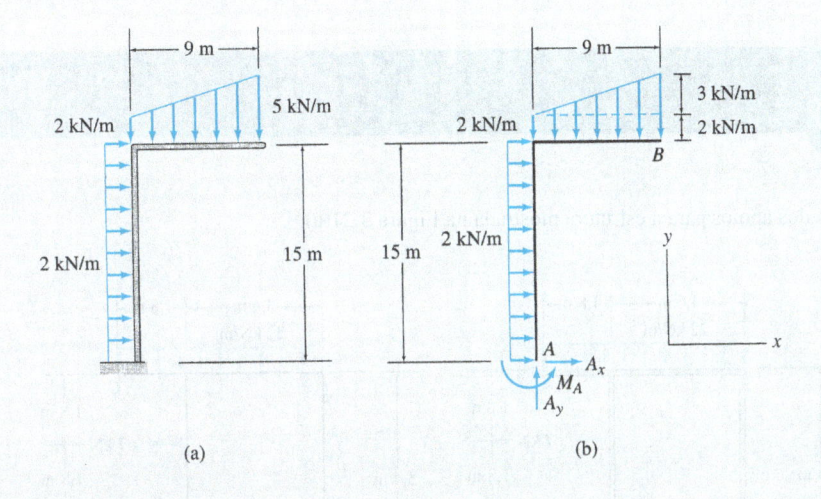

Figura 3.20

Determinação estática. A estrutura é internamente estável com $r = 3$. Portanto, é estaticamente determinada.
Reações de apoio. Aplicando-se as três equações de equilíbrio, obtemos

$$+ \rightarrow \sum F_x = 0$$

$$A_x + 2(15) = 0$$

$$A_x = -30 \text{ kN}$$

$$A_x = 30 \text{ kN} \leftarrow \quad \text{Resp.}$$

$$+ \uparrow \sum F_y = 0$$

$$A_y - 2(9) - \frac{1}{2}(3)(9) = 0$$

$$A_y = 31{,}5 \text{ kN}$$

$$A_y = 31{,}5 \text{ kN} \uparrow \quad \text{Resp.}$$

$$+ \zeta \sum M_A = 0$$

$$M_A - [2(15)]\left(\frac{15}{2}\right) - [2(9)]\left(\frac{9}{2}\right) - \left[\frac{1}{2}(3)(9)\right]\frac{2}{3}(9) = 0$$

$$M_A = 387 \text{ kN} \cdot \text{m}$$

$$M_A = 387 \text{ kN} \cdot \text{m} \, \zeta \quad \text{Resp.}$$

Verificando cálculos.

$$+\zeta \sum M_B = -30(15) - 31{,}5(9) + 387 + [2(15)]\left(\frac{15}{2}\right)$$

$$+ [2(9)]\left(\frac{9}{2}\right) + \left[\frac{1}{2}(3)(9)\right]\left(\frac{9}{3}\right)$$

$$= 0 \qquad \textbf{Verificações}$$

EXEMPLO 3.5

Determine as reações dos apoios para a estrutura mostrada na Figura 3.21(a).

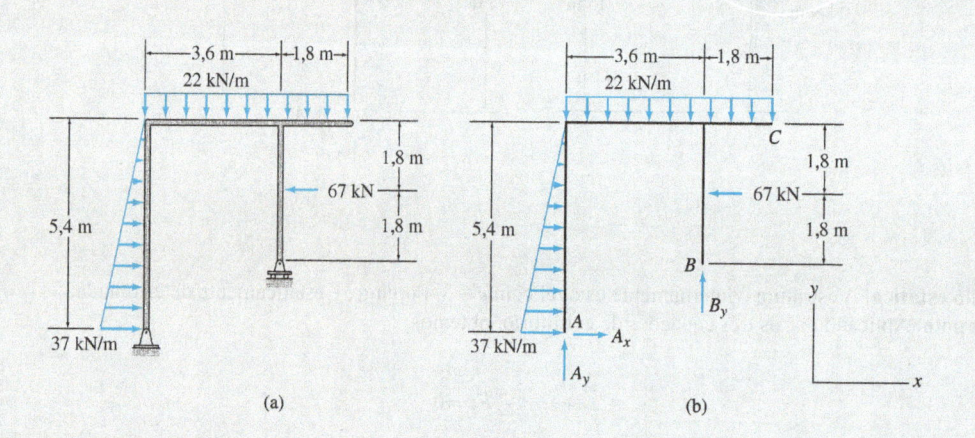

Figura 3.21

Solução

Diagrama de corpo livre. Veja a Figura 3.21(b).

Determinação estática. A estrutura é internamente estável com $r = 3$. Portanto, é estaticamente determinada.

Reações de apoio.

$$+\rightarrow \sum F_x = 0$$

$$A_x + \frac{1}{2}(37)(5{,}4) - 67 = 0$$

$$A_x = -32{,}9 \text{ kN}$$

$$A_x = 32{,}9 \text{ kN} \leftarrow \qquad \textbf{Resp.}$$

$$+\zeta \sum M_A = 0$$

$$-\left[\frac{1}{2}(37)(5{,}4)\right]\left(\frac{5{,}4}{3}\right) - [22(5{,}4)](2{,}7) + 67(3{,}6) + B_y(3{,}6) = 0$$

$$B_y = 72{,}05 \text{ kN}$$

$$B_y = 72{,}05 \text{ kN} \uparrow \qquad \textbf{Resp.}$$

$$+\uparrow \sum F_y = 0$$

$$A_y - 22(5{,}4) + 72{,}05 = 0$$

$$A_y = 46{,}75 \text{ kN}$$

$$A_y = 46{,}75 \text{ kN} \uparrow \qquad \textbf{Resp.}$$

Verificando cálculos.

$$+\zeta \sum M_C = -32{:}9(5,4) - 46,75(5,4) + \left[\frac{1}{2}(37)(5,4)\right]\frac{2}{3}(5,4)$$
$$+ 22(5,4)\left(\frac{5,4}{2}\right) - 67(1,8) - 72,05(1,8)$$
$$= 0$$

Verificações

EXEMPLO 3.6

Determine as reações dos apoios para a estrutura mostrada na Figura 3.22(a).

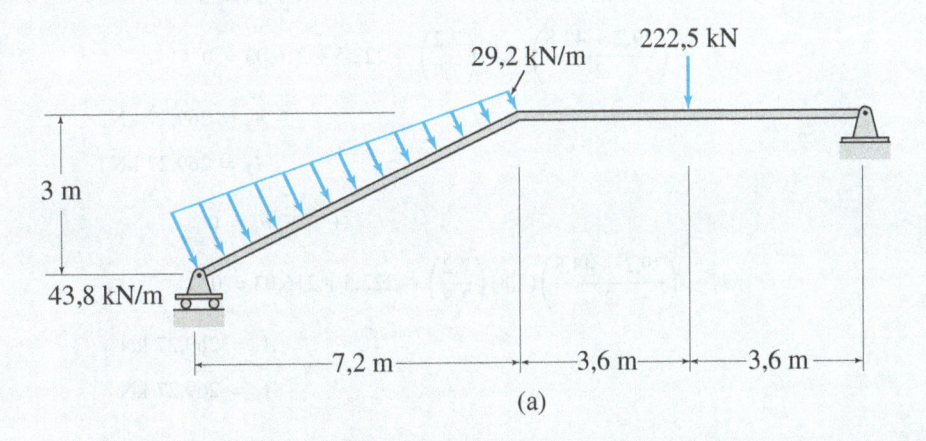

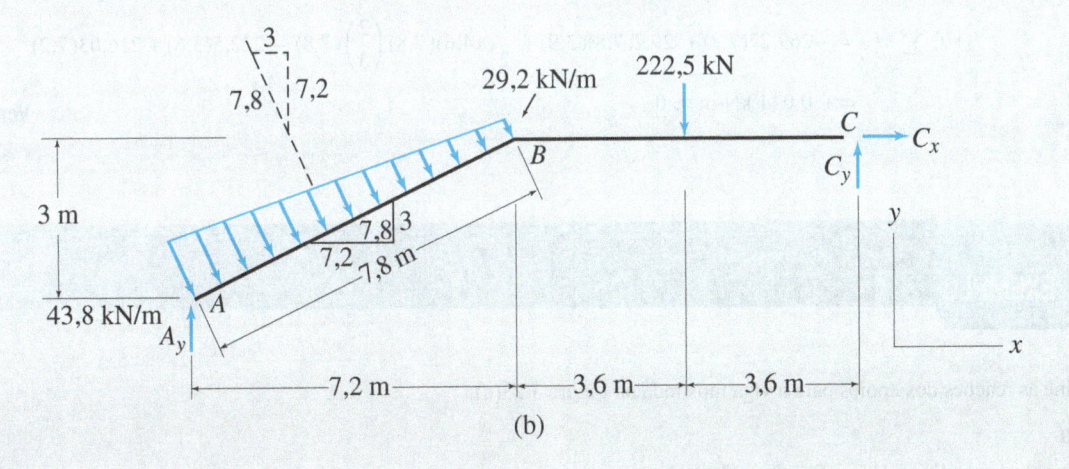

Figura 3.22

Solução

Diagrama de corpo livre. Veja a Figura 3.22(b).

Determinação estática. A estrutura é internamente estável com r = 3. Portanto, é estaticamente determinada.

Reações de apoio.

$$+\rightarrow \sum F_x = 0$$

$$\left(\frac{29{,}2 + 43{,}8}{2}\right)(7{,}8)\left(\frac{3}{7{,}8}\right) + C_x = 0$$

$$C_x = -109{,}5 \text{ kN}$$

$$C_x = 109{,}5 \text{ kN} \leftarrow \qquad \textbf{Resp.}$$

$$+\circlearrowleft \sum M_A = 0$$

$$-29{,}2(7{,}8)(3{,}9) - \frac{1}{2}(14{,}6)(7{,}8)\left(\frac{7{,}8}{3}\right) - 222{,}5(7{,}2 + 3{,}6) + 109{,}5(3) + C_y(14{,}4) = 0$$

$$C_y = 216{,}03 \text{ kN}$$

$$C_y = 216{,}03 \text{ kN} \uparrow$$

$$+\uparrow \sum F_y = 0$$

$$A_y - \left(\frac{29{,}2 + 43{,}8}{2}\right)(7{,}8)\left(\frac{7{,}2}{7{,}8}\right) - 222{,}5 + 216{,}03 = 0$$

$$A_y = 269{,}27 \text{ kN}$$

$$A_y = 269{,}27 \text{ kN} \uparrow \qquad \textbf{Resp.}$$

$$+\uparrow \sum F_y = 0$$

$$A_y - \left(\frac{29{,}2 + 43{,}8}{2}\right)(7{,}8)\left(\frac{7{,}2}{7{,}8}\right) - 222{,}5 + 216{,}03 = 0$$

$$A_y = 269{,}27 \text{ kN}$$

$$A_y = 269{,}27 \text{ kN} \uparrow \qquad \textbf{Resp.}$$

Verificando cálculos.

$$+\circlearrowleft \sum M_B = -269{,}27(7{,}2) + 29{,}2(7{,}8)(3{,}9) + \frac{1}{2}(14{,}6)(7{,}8)\left(\frac{2}{3}\right)(7{,}8) - 222{,}5(3{,}6) + 216{,}03(7{,}2)$$

$$= +0{,}024 \text{ kN-m} \approx 0 \qquad \textbf{Verificações}$$

EXEMPLO 3.7

Determine as reações dos apoios para a viga mostrada na Figura 3.23(a).

Solução

Diagrama de corpo livre. Veja a Figura 3.23(b).

Determinação estática. A viga é internamente instável. É composta por três elementos rígidos, *AB*, *BE* e *EF*, ligados por duas rótulas internas em *B* e *E*. A estrutura possui $r = 5$ e $e_c = 2$; como $r = 3 + e_c$, a estrutura é estaticamente determinada.

Reações de apoio.

$$+\rightarrow \sum F_x = 0$$

$$A_x = 0 \qquad \textbf{Resp.}$$

A seguir, aplicamos a equação de condição, $\sum M_B^{AB} = 0$, que envolve o resumo de momentos sobre B de todas as forças que estão agindo na parte AB.

$$+\circlearrowleft \sum M_B^{AB} = 0$$

$$-A_y(20) + [5(20)](10) = 0$$

$$A_y = 50 \text{ kN}$$

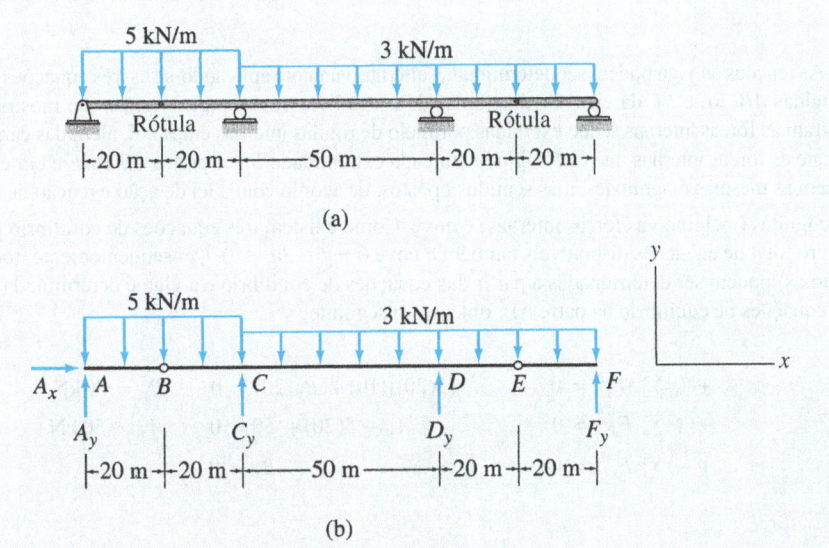

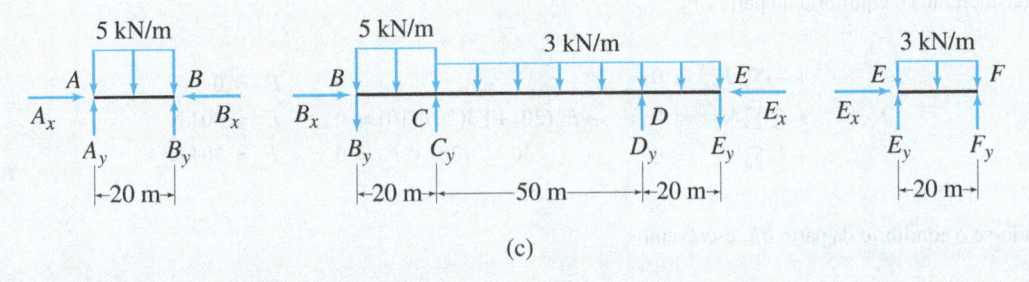

$$A_y = 50 \text{ kN} \uparrow \qquad \text{Resp.}$$

Figura 3.23

Do mesmo modo, aplicando-se a equação de condição $\sum M_E^{EF} = 0$, determinamos a reação F_y, como a seguir:

$$+\circlearrowleft \sum M_E^{EF} = 0$$

$$-[3(20)](10) + F_y(20) = 0$$

$$F_y = 30 \text{ kN}$$

$$F_y = 30 \text{ kN} \uparrow \qquad \text{Resp.}$$

As duas equações de equilíbrio remanescentes podem agora ser aplicadas para determinar as duas incógnitas restantes, C_y e D_y:

$$+\circlearrowleft \sum M_D = 0$$

$$-50(90) + [5(40)](70) - C_y(50) + [3(90)](5) + 30(40) = 0$$

$$C_y = 241 \text{ kN}$$

$$C_y = 241 \text{ kN} \uparrow \qquad \text{Resp.}$$

É importante perceber que as equações de equilíbrio de momento envolvem os momentos de *todas* as forças que estão agindo em toda a estrutura, enquanto as equações de momento de condição envolvem apenas os momentos dessas forças que agem na parte da estrutura em *um dos lados* da rótula interna.

Por fim, calculamos D_y usando a equação de equilíbrio,

$$+\uparrow \sum F_y = 0$$

$$50 - 5(40) + 241 - 3(90) + D_y + 30 = 0$$

$$D_y = 149 \text{ kN}$$

$$D_y = 149 \text{ kN} \uparrow \qquad \textbf{Resp.}$$

Método alternativo. As reações da viga podem ser determinadas alternativamente aplicando-se as três equações de equilíbrio para cada uma das três partes rígidas *AB*, *BE* e *EF* da viga. Os diagramas de corpo livre dessas partes rígidas são mostrados na Figura 3.23(c). Esses diagramas mostram as forças internas sendo exercidas por meio de rótulas internas em *B* e *E*, além das cargas aplicadas e reações suportadas. Observe que as forças internas que estão agindo em cada extremidade *B* das partes *AB* e *BE* e em cada extremidade *E* das partes *BE* e *EF* possuem as mesmas magnitudes, mas sentidos opostos, de acordo com a lei de ação e reação de Newton.

O número total de incógnitas (incluindo as forças internas) é nove. Como existem três equações de equilíbrio para cada uma das três partes rígidas, o número total de equações disponíveis também é nove ($r + f_i = 3n_r = 9$). Consequentemente, todas as nove incógnitas (reações e forças internas) podem ser determinadas a partir das equações de equilíbrio e a viga é determinada estaticamente.

Aplicando-se as três equações de equilíbrio na parte AB, obtemos o seguinte:

$$+\circlearrowleft \sum M_A^{AB} = 0 \qquad -[5(20)](10) + B_y(20) = 0 \qquad B_y = 50 \text{ kN}$$

$$+\uparrow \sum F_y^{AB} = 0 \qquad A_y - 5(20) + 50 = 0 \qquad A_y = 50 \text{ kN}$$

$$+\rightarrow \sum F_x^{AB} = 0 \qquad A_x - B_x = 0 \qquad \textbf{Verificações}$$

$$(1)$$

A seguir, consideramos o equilíbrio da parte *EF*:

$$+\rightarrow \sum F_x^{EF} = 0 \qquad\qquad E_x = 0$$

$$+\circlearrowleft \sum M_F^{EF} = 0 \qquad -E_y(20) + [3(20)](10) = 0 \qquad E_y = 30 \text{ kN}$$

$$+\uparrow \sum F_y^{EF} = 0 \qquad 30 - 3(20) + F_y = 0 \qquad F_y = 30 \text{ kN} \qquad \textbf{Verificações}$$

Considerando-se o equilíbrio da parte *BE*, escrevemos

$$+\rightarrow \sum F_x^{BE} = 0 \qquad B_x = 0$$

Da Equação (1), obtemos

$$A_x = 0 \qquad \textbf{Verificações}$$

$$+\circlearrowleft \sum M_C^{BE} = 0 \qquad 50(20) + [5(20)](10) - [3(70)](35) + D_y(50) - 30(70) = 0$$

$$D_y = 149 \text{ kN} \qquad \textbf{Verificações}$$

$$+\uparrow \sum F_y^{BE} = 0 \qquad -50 - 5(20) + C_y - 3(70) + 149 - 30 = 0$$

$$C_y = 241 \text{ kN} \qquad \textbf{Verificações}$$

EXEMPLO 3.8

Determine as reações dos apoios para o arco trirrotulado mostrado na Figura 3.24(a).

Solução

Diagrama de corpo livre. Veja a Figura 3.24(b).

Determinação estática. O arco está internamente instável; é composto por duas barras rígidas, AB e BC, ligadas por uma rótula interna em B. O arco possui $r = 4$ e $e_c = 1$; como $r = 3 + e_c$, é determinado estaticamente.

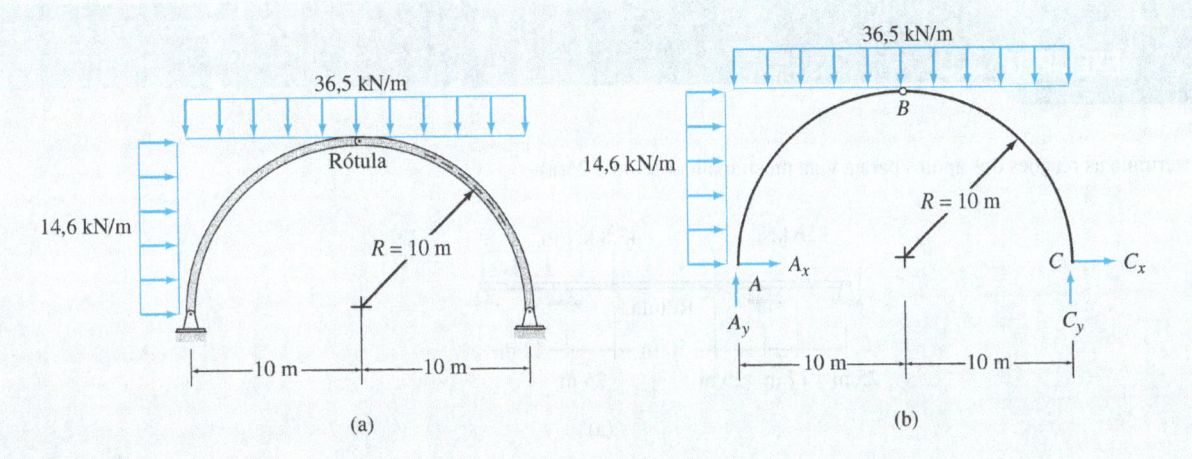

Figura 3.24
Reações de apoio.

$$+ \circlearrowleft \sum M_C = 0$$

$$-A_y(20) - [14{,}6(10)](5) + [36{,}5(20)](10) = 0$$

$$A_y = 328{,}5 \text{ kN}$$

$$A_y = 328{,}5 \text{ kN} \uparrow \qquad \text{Resp.}$$

$$+ \circlearrowleft \sum M_B^{AB} = 0$$

$$A_x(10) - 328{,}5(10) + [14{,}6(10)](5) + [36{,}5(10)](5) = 0$$

$$A_x = 73 \text{ kN}$$

$$A_x = 73 \text{ kN} \leftarrow \qquad \text{Resp.}$$

$$+ \rightarrow \sum F_x = 0$$

$$73 + 14{,}6(10) + C_x = 0$$

$$C_x = -219 \text{ kN}$$

$$C_x = 219 \text{ kN} \leftarrow \qquad \text{Resp.}$$

$$+ \uparrow \sum F_y = 0$$

$$328{,}5 - 36{,}5(20) + C_y = 0$$

$$C_y = 401{,}5 \text{ kN}$$

$$C_y = 401{,}5 \text{ kN} \uparrow \qquad \text{Resp.}$$

Verificando os cálculos. Para verificarmos seus cálculos, aplicamos a equação de equilíbrio $\Sigma M_B = 0$ para toda a estrutura:

$$+\circlearrowleft \Sigma M_B = 73(10) - 328{,}5(10) + [14{,}6(10)](5) + [36{,}5(20)](0)$$
$$- 219(10) + 401{,}5(10)$$
$$= 0$$

Verificações

EXEMPLO 3.9

Determine as reações dos apoios para a viga mostrada na Figura 3.25(a).

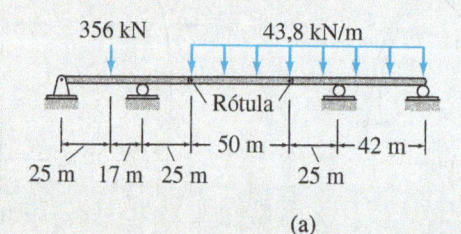

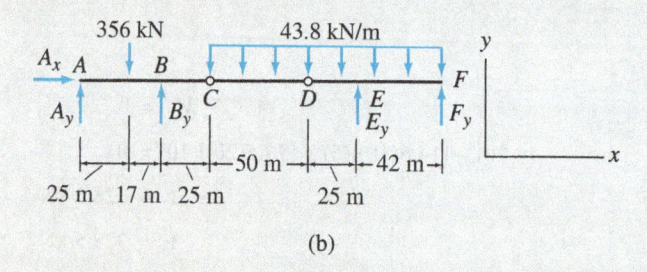

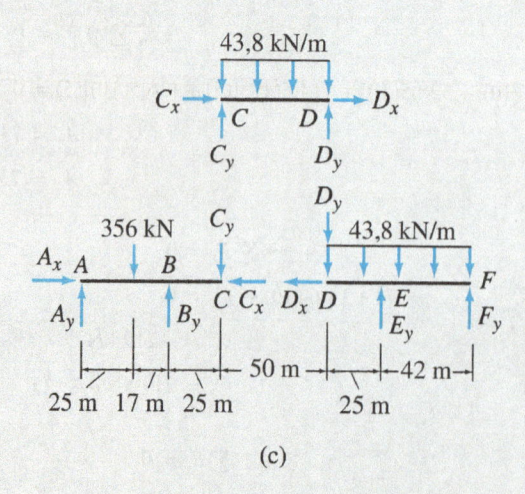

Figura 3.25

Solução

Diagrama de corpo livre. O diagrama de corpo livre de toda a estrutura é mostrado na Figura 3.25(b).

Determinação estática. A viga está internamente instável, com $r = 5$ e $e_c = 2$. Como $r = 3 + e_c$, a estrutura é determinada estaticamente.

Reações de apoio. Usando o diagrama de corpo livre de toda a viga mostrada na Figura 3.25(b), determinamos as reações como a seguir:

$$+ \rightarrow \sum F_x = 0$$

$$A_x = 0 \qquad \text{Resp.}$$

$$+ \circlearrowleft \sum M_C^{AC} = 0$$

$$-A_y(67) + 356(42) - B_y(25) = 0$$

$$67A_y + 25B_y = 14952 \qquad (1)$$

Para obtermos outra equação contendo as mesmas duas incógnitas, A_y e B_y, escrevemos a segunda equação de condição como

$$+ \circlearrowleft \sum M_D^{AD} = 0$$

$$-A_y(117) + 356(92) - B_y(75) + [(43,8)(50)](25) = 0$$

$$117A_y + 75B_y = 87502 \qquad (2)$$

Resolvendo-se as Equações (1) e (2) simultaneamente, obtemos

$$A_y = -507,69 \text{ kN} \quad \text{e} \quad B_y = 1958,69 \text{ kN}$$

$$A_y = 507,69 \text{ kN} \downarrow \qquad \text{Resp.}$$

$$B_y = 1958,69 \text{ kN} \uparrow \qquad \text{Resp.}$$

As duas incógnitas remanescentes, E_y e F_y, são determinadas a partir das duas equações de equilíbrio restantes, como a seguir:

$$+ \circlearrowleft \sum M_F = 0$$

$$507,69(184) + 356(159) - 1958,69(142) + [43,8(117)](58,5) - E_y(42) = 0$$

$$E_y = 4087,47 \text{ kN}$$

$$E_y = 4087,47 \text{ kN} \uparrow \qquad \text{Resp.}$$

$$+ \uparrow \sum F_y = 0$$

$$-507,69 - 356 + 1958,69 - 43,8(117) + 4087,47 + F_y = 0$$

$$F_y = -57,87 \text{ kN}$$

$$F_y = 57,87 \text{ kN} \downarrow \qquad \text{Resp.}$$

Método alternativo. As reações da viga também podem ser avaliadas aplicando-se as três equações de equilíbrio para cada uma das três partes rígidas da viga, *AC*, *CD* e *DF*. Os diagramas de corpo livre dessas partes rígidas são mostrados na Figura 3.25(c). Esses diagramas mostram, além das cargas aplicadas e das reações suportadas, as forças internas que estão sendo exercidas por meio das rótulas internas em *C* e *D*.

Aplicando-se as três equações de equilíbrio na parte *CD*, obtemos o seguinte:

$$+ \circlearrowleft \sum M_C^{CD} = 0$$

$$-[43,8(50)](25) + D_y(50) = 0$$

$$D_y = 1095 \text{ kN}$$

$$+ \uparrow \sum F_y^{CD} = 0$$

$$C_y - 43,8(50) + 1095 = 0$$

$$C_y = 1095 \text{ kN}$$

$$+ \rightarrow \sum F_x^{CD} = 0$$

$$C_x + D_x = 0 \qquad (3)$$

A seguir, consideramos o equilíbrio da parte *DF*:

$$+ \rightarrow \sum F_x^{DF} = 0$$

$$-D_x = 0 \quad \text{ou} \quad D_x = 0$$

Da Equação (3), obtemos $C_x = 0$

$$+\circlearrowleft \sum M_F^{DF} = 0$$
$$1095(67) + [43,8(67)](33,5) - E_y(42) = 0$$
$$E_y = 4087,47 \text{ kN} \quad \textbf{Verificações}$$

$$+\uparrow \sum F_y^{DF} = 0$$
$$-1095 - 43,8(67) + 4087,47 + F_y = 0$$
$$F_y = -57,87 \text{ kN} \quad \textbf{Verificações}$$

Considerando-se o equilíbrio da parte AC, escrevemos

$$+\rightarrow \sum F_x^{AC} = 0$$
$$A_x - 0 = 0$$
$$A_x = 0 \quad \textbf{Verificações}$$

$$+\circlearrowleft \sum M_A^{AC} = 0$$
$$-356(25) + B_y(42) - 1095(67) = 0$$
$$B_y = 1958,69 \text{ kN} \quad \textbf{Verificações}$$

$$+\uparrow \sum F_y^{AC} = 0$$
$$A_y - 356 + 1958,69 - 1095 = 0$$
$$A_y = -507,69 \text{ kN} \quad \textbf{Verificações}$$

EXEMPLO 3.10

O pórtico simples com duas barras inclinadas está sujeito a cargas de vento, conforme mostrado na Figura 3.26(a). Determine as reações dos seus apoios devido à carga.

Solução

Diagrama de corpo livre. Veja a Figura 3.26(b).

Determinação estática. A estrutura está instável internamente, com $r = 4$ e $e_c = 1$. Como $r = 3 + e_c$, é determinado estaticamente.

Reações de apoio.

$$+\circlearrowleft \sum M_C = 0$$
$$-A_y(5) - [3,75(4)](2) - \left[\frac{3}{5}(0,75)(3,2)\right](4+1)$$
$$+ \left[\frac{4}{5}(0,75)(3,2)\right](2,5+1,25) - \left[\frac{3}{5}(3,3)(3,2)\right](4+1)$$
$$- \left[\frac{4}{5}(3,3)(3,2)\right](1,25) - [2,4(4)](2) = 0$$
$$A_y = -18,153 \text{ kN}$$
$$A_y = 18,153 \text{ kN} \downarrow \quad \textbf{Resp.}$$

$$+\circlearrowleft \sum M_B^{AB} = 0$$

$$A_x(6) + 18{,}153(2{,}5) + [3{,}75(4)](2+2) + [0{,}75(3{,}2)](1{,}6) = 0$$

$$A_x = -18{,}2 \text{ kN}$$

$$A_x = 18{,}2 \text{ kN} \leftarrow \qquad \textbf{Resp.}$$

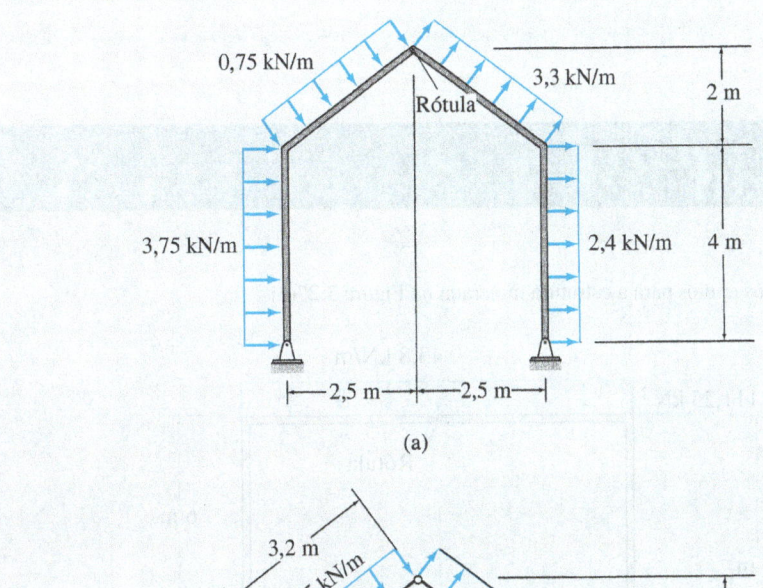

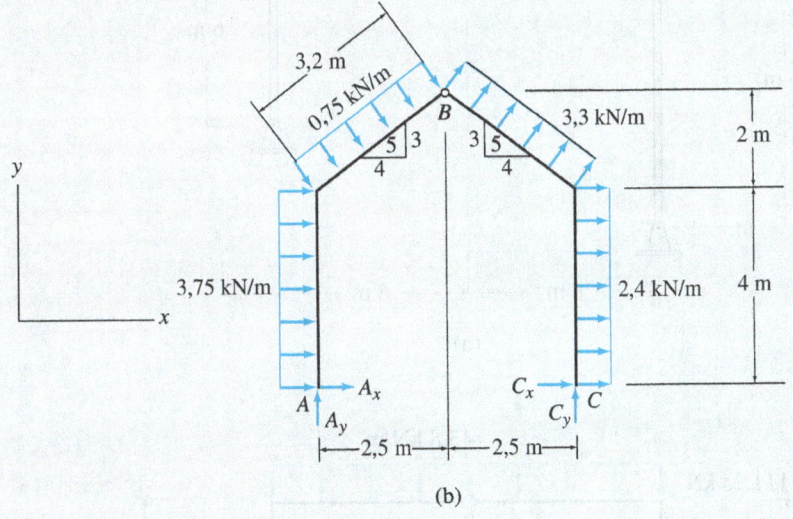

Figura 3.26

$$+\rightarrow \sum F_x = 0$$

$$-18{,}2 + 3{,}75(4) + \frac{3}{5}(0{,}75)(3{,}2) + \frac{3}{5}(3{,}3)(3{,}2) + 2{,}4(4) + C_x = 0$$

$$C_x = -14{,}176 \text{ kN}$$

$$C_x = 14{,}176 \text{ kN} \leftarrow \qquad \textbf{Resp.}$$

$$+\uparrow \sum F_y = 0$$

$$-18{,}153 - \frac{4}{5}(0{,}75)(3{,}2) + \frac{4}{5}(3{,}3)(3{,}2) + C_y = 0$$

$$C_y = 11{,}625 \text{ kN}$$

$$C_y = 11{,}625 \text{ kN} \uparrow \qquad \textbf{Resp.}$$

Verificando cálculos.

$$+ \circlearrowleft \sum M_B = (-18{,}2 - 14{,}176)(6)$$
$$+ (18{,}153 + 11{,}625)(2{,}5) + [(3{,}75 + 2{,}4)(4)](4)$$
$$+ [(0{,}75 + 3{,}3)(3{,}2)](1{,}6)$$
$$\approx 0$$

Verificações

EXEMPLO 3.11

Determine as reações dos apoios para a estrutura mostrada na Figura 3.27(a).

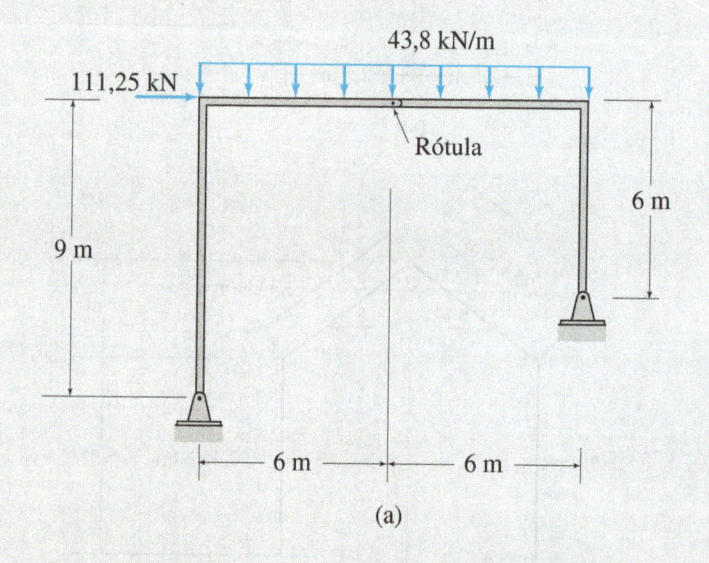

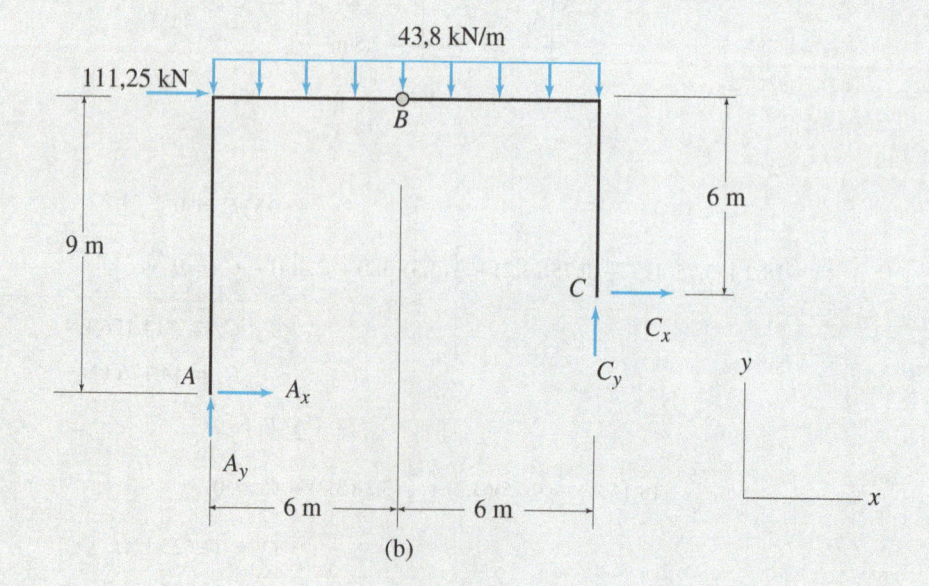

Figura 3.27

Solução

Diagrama de corpo livre. Veja a Figura 3.27(b).

Determinação estática. A estrutura possui $r = 4$ e $e_c = 1$; como $r = 3 + e_c$, é determinado estaticamente.

Reações de apoio.

$$+ \circlearrowleft \sum M_C = 0$$

$$A_x(3) - A_y(12) - 111{,}25(6) + 43{,}8(12)(6) = 0$$

$$A_x - 4A_y = -828{,}7 \tag{1}$$

$$+ \circlearrowleft \sum M_B^{AB} = 0$$

$$A_x(9) - A_y(6) + 43{,}8(6)(3) = 0$$

$$3A_x - 2A_y = -262{,}8 \tag{2}$$

Resolvendo-se as Equações (1) e (2) simultaneamente, obtemos $A_x = 60{,}62$ kN e $A_y = 222{,}33$ kN

$$A_x = 60{,}62 \text{ kN} \rightarrow \quad \textbf{Resp.}$$

$$A_y = 222{,}33 \text{ kN} \uparrow \quad \textbf{Resp.}$$

$$+ \rightarrow \sum F_x = 0$$

$$60{,}62 + 111{,}25 + C_x = 0$$

$$C_x = -171{,}87 \text{ kN}$$

$$C_x = 171{,}87 \text{ kN} \leftarrow \quad \textbf{Resp.}$$

$$+ \uparrow \sum F_y = 0$$

$$222{,}33 - 43{,}8(12) + C_y = 0$$

$$C_y = 303{,}27 \text{ kN}$$

$$C_y = 303{,}27 \text{ kN} \uparrow \quad \textbf{Resp.}$$

Verificando cálculos.

$$+ \circlearrowleft \sum M_B = 60{,}62(9) - 222{,}33(6) - 171{,}87(6) + 303{,}27(6) = 0 \quad \textbf{Verificações}$$

3.6 Princípio da superposição

O princípio da superposição simplesmente afirma que *em uma estrutura elástica linear, o efeito combinado de diversas cargas agindo simultaneamente é igual à soma algébrica dos efeitos de cada carga agindo individualmente.* Por exemplo, este princípio implica que, para a viga da Figura 3.28, as reações totais apropriadas às duas cargas que agiam simultaneamente podem ser obtidas somando algebricamente ou *superpondo* as reações apropriadas a cada uma das duas cargas agindo individualmente.

O princípio da superposição simplifica consideravelmente a análise das estruturas sujeitas a diferentes tipos de cargas que agem simultaneamente e é amplamente usado na análise estrutural. O princípio é válido para estruturas que satisfazem as duas seguintes condições: (1) as deformações da estrutura devem ser tão pequenas que as equações de equilíbrio podem ser baseadas na geometria não deformada da estrutura; e (2) a estrutura deve ser composta de material elástico linear; ou seja, a relação de tensão-deformação para o material estrutural deve seguir a lei de Hooke. As estruturas que satisfazem essas duas condições respondem linearmente às cargas aplicadas e são conhecidas como *estruturas elásticas lineares*.

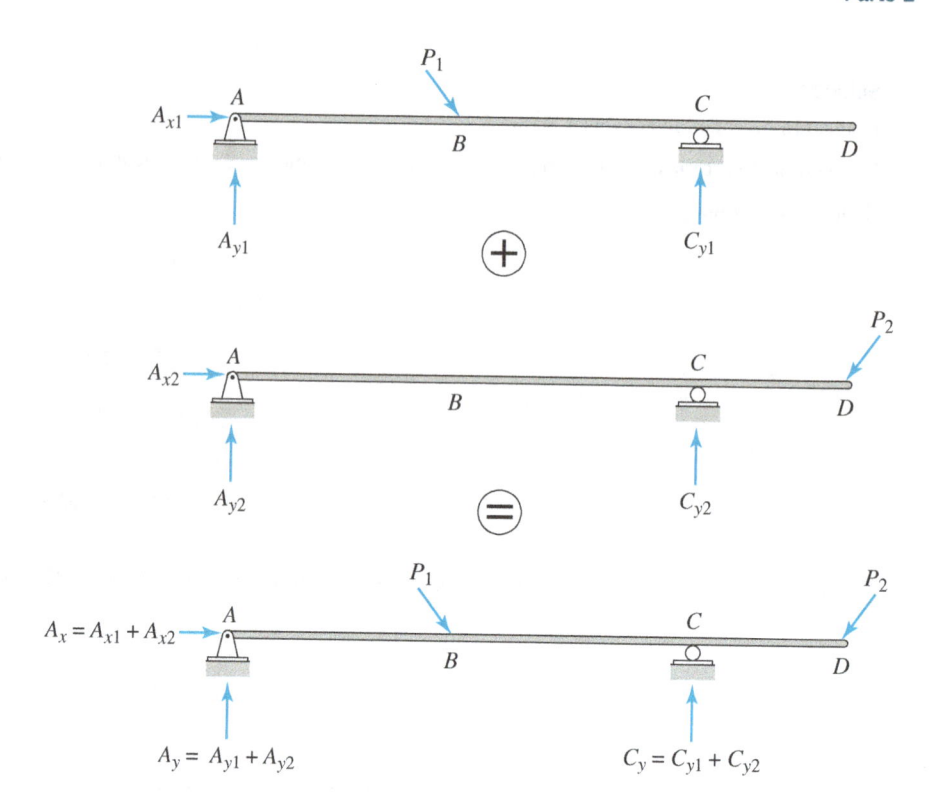

Figura 3.28 Princípio da superposição.

As estruturas de engenharia geralmente são projetadas para que, sob as cargas de serviço, possam sofrer pequenas deformações com tensões dentro do ramo linear inicial da curva tensão-deformação de seus materiais. Assim, os tipos mais comuns de estruturas sob as cargas de serviço podem ser classificados como elásticas lineares; portanto, o princípio da superposição pode ser usado em sua análise. O princípio da superposição é considerado válido durante todo este texto.

3.7 Reações de estruturas simplesmente apoiadas usando proporções

Considere uma viga simplesmente apoiada sujeita a uma carga P vertical concentrada, conforme mostrado na Figura 3.29. Aplicando-se as equações de equilíbrio de momento, $\sum M_B = 0$ e $\sum M_A = 0$, obtemos as expressões para as reações verticais nos apoios A e B, respectivamente, como

$$A_y = P\left(\frac{b}{S}\right) \quad \text{e} \quad B_y = P\left(\frac{a}{S}\right) \tag{3.13}$$

nos locais, conforme mostrado na Figura 3.29, a = distância da carga P a partir do apoio A (medido positivo para a direita); b = distância de P a partir do apoio B (medido positivo para a esquerda); e S = distância entre os apoios A e B.

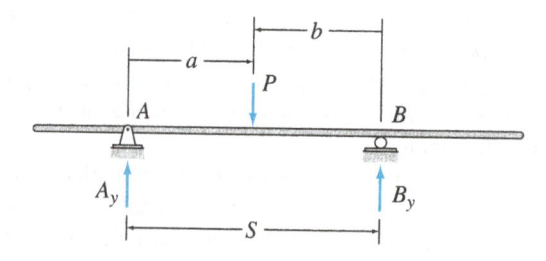

Figura 3.29

A primeira das duas expressões na Equação (3.13) indica que a magnitude da reação vertical em A é igual à magnitude da carga P vezes a razão entre a distância da carga P a partir do apoio B e a distância entre os apoios A e B. Da mesma maneira, a segunda expressão na Equação (3.13) indica que a magnitude da reação vertical em B é igual à magnitude de

P vezes a razão entre a distância de *P* a partir de *A* e a distância entre *A* e *B*. Essas expressões que envolvem proporções, quando usadas em conjunto com o princípio da superposição, torna muito conveniente determinar as reações de estruturas simples apoiadas sujeitas às séries de cargas concentradas, conforme ilustrado pelo exemplo a seguir.

EXEMPLO 3.12

Determine as reações dos apoios para a treliça mostrada na Figura 3.30(a).

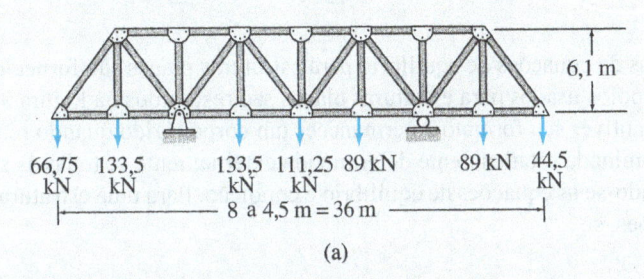

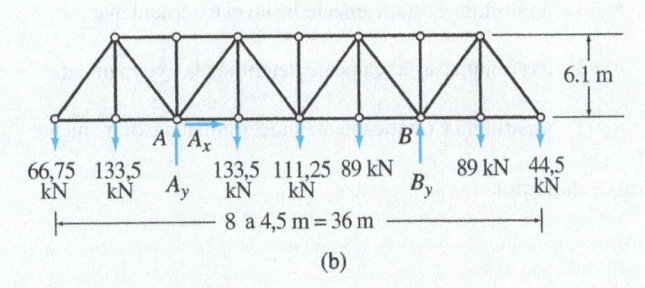

Figura 3.30

Solução

Diagrama de corpo livre. Veja a Figura 3.30(b).

Determinação estática. A treliça está internamente estável com $r = 3$. Portanto, é estaticamente determinada.

Reações de apoio.

$$+\rightarrow \sum F_x = 0$$

$$A_x = 0 \qquad \text{Resp.}$$

$$A_y = 66{,}75\left(\frac{6}{4}\right) + 133{,}5\left(\frac{5}{4} + \frac{3}{4}\right) + 111{,}25\left(\frac{2}{4}\right) + 89\left(\frac{1}{4} - \frac{1}{4}\right) + 44{,}5\left(\frac{-2}{4}\right)$$

$$= 400{,}5 \text{ kN}$$

$$A_y = 400{,}5 \text{ kN} \uparrow \qquad \text{Resp.}$$

$$B_y = 66{,}75\left(\frac{-2}{4}\right) + 133{,}5\left(\frac{-1}{4} + \frac{1}{4}\right) + 111{,}25\left(\frac{2}{4}\right) + 89\left(\frac{3}{4} + \frac{5}{4}\right) + 44{,}5\left(\frac{6}{4}\right)$$

$$= 267 \text{ kN}$$

$$B_y = 267 \text{ kN} \uparrow \qquad \text{Resp.}$$

Verificando cálculos.

$$+\uparrow \sum F_y = -66{,}75 - 2(133{,}5) - 111{,}25 - 2(89) - 44{,}5 + 400{,}5 + 267 = 0$$

Verificações

Resumo

Neste capítulo, aprendemos que uma estrutura é considerada em equilíbrio se, inicialmente em repouso, permanecer em repouso quando sujeita a um sistema de forças e momentos. As equações de equilíbrio das estruturas espaciais podem ser expressas como

$$\sum F_x = 0 \quad \sum F_y = 0 \quad \sum F_z = 0$$
$$\sum M_x = 0 \quad \sum M_y = 0 \quad \sum M_z = 0 \tag{3.1}$$

Para estruturas planas, as equações de equilíbrio são expressas como

$$\sum F_x = 0 \quad \sum F_y = 0 \quad \sum M_z = 0 \tag{3.2}$$

Duas maneiras alternativas de equações de equilíbrio para estruturas planas são fornecidas nas Equações (3.3) e (3.4).

Os tipos comuns de apoios usados para estruturas planas são resumidos na Figura 3.3. Uma estrutura é considerada estável ou rígida, se mantiver seu formato e permanecer um corpo rígido quando retirada de seus apoios.

Uma estrutura é denominada estaticamente determinada externamente se todas as suas reações de apoio puderem ser determinadas resolvendo-se as equações de equilíbrio e condição. Para uma estrutura internamente plana suportada por um número r de reações, se

$$\begin{array}{ll} r < 3 & \text{a estrutura é estaticamente instável externamente} \\ r = 3 & \text{a estrutura é estaticamente determinada externamente} \\ r > 3 & \text{a estrutura é estaticamente indeterminada externamente} \end{array} \tag{3.8}$$

O grau hiperestático externo é dado por

$$i_e = r - 3 \tag{3.7}$$

Para uma estrutura instável internamente plana, que possui um número r de reações externas e um número e_c de equações de condição, se

$$\begin{array}{ll} r < 3 + e_c & \text{a estrutura é estaticamente instável externamente} \\ r = 3 + e_c & \text{a estrutura é estaticamente determinada externamente} \\ r > 3 + e_c & \text{a estrutura é estaticamente indeterminada externamente} \end{array} \tag{3.9}$$

O grau hiperestático externo para uma estrutura como esta é dado por

$$i_e = r - (3 + e_c) \tag{3.10}$$

Para que uma estrutura plana seja geometricamente estável, deve ser suportada por reações, todas as quais não sejam paralelas ou concorrentes. Um procedimento para a determinação de reações dos apoios para as estruturas planas é apresentado na Seção 3.5.

O princípio da superposição afirma que, em uma estrutura elástica linear, o efeito combinado de diversas cargas que agem simultaneamente é igual à soma algébrica dos efeitos de cada carga agindo individualmente. A determinação das reações de estruturas simplesmente apoiadas usando proporções é discutida na Seção 3.7.

PROBLEMAS

Seção 3.4

3.1 a 3.4 Classifique cada uma das estruturas mostradas como externamente instáveis, determinadas estaticamente ou indeterminadas estaticamente. Se a estrutura for estaticamente indeterminada externamente, determine o grau hiperestático externo.

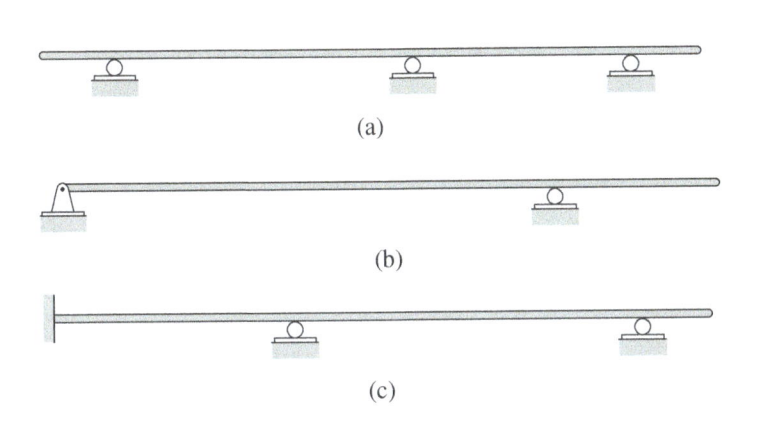

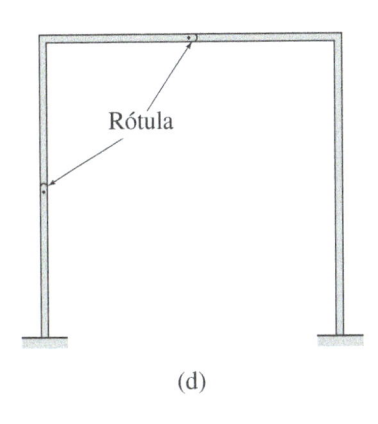

Figura P3.1

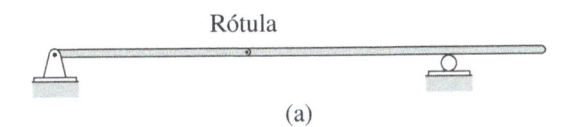

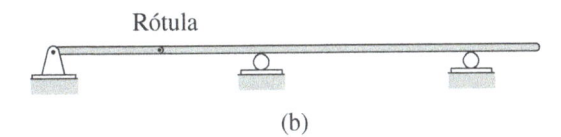

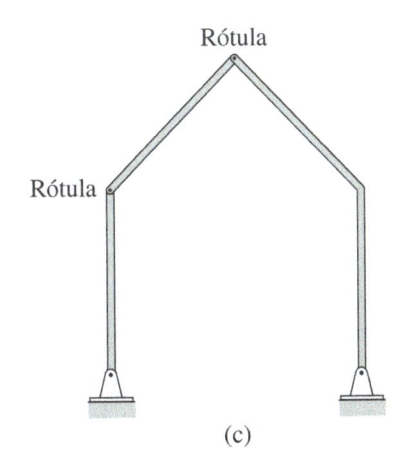

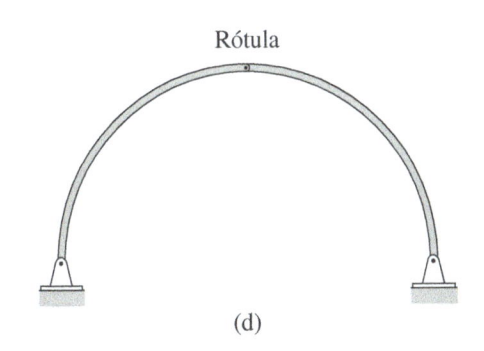

Figura P3.2

Rótula   Rótula   Rótula

(a)

Rótula   Rótula

(b)

(c)

(d)

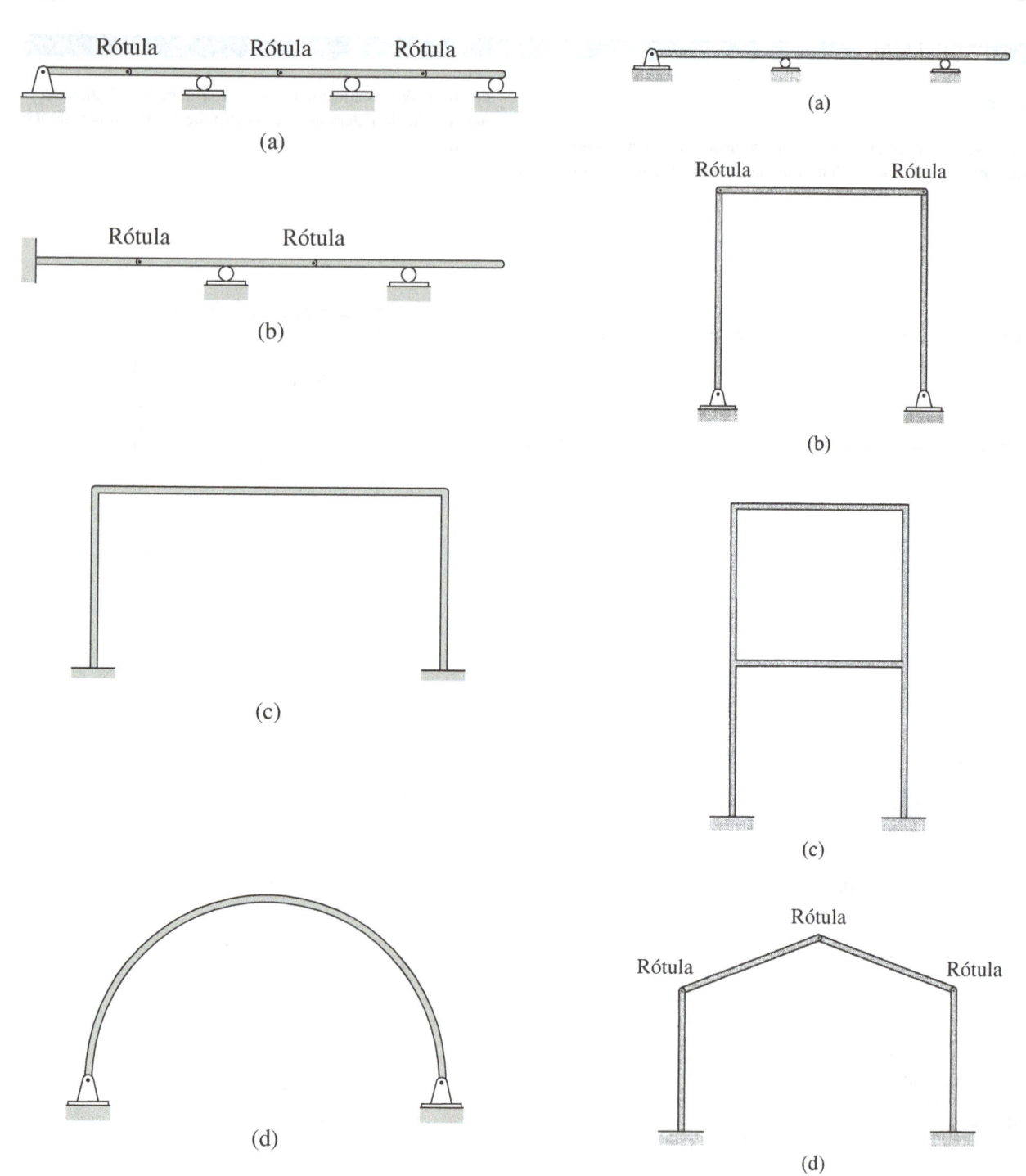

Figura P3.3

(a)

Rótula   Rótula

(b)

(c)

Rótula
Rótula   Rótula

(d)

Figura P3.4

capítulo 3 — Equilíbrio e reações de apoio

Seções 3.5 e 3.7

3.5 a 3.13 Determine as reações dos apoios para a viga mostrada.

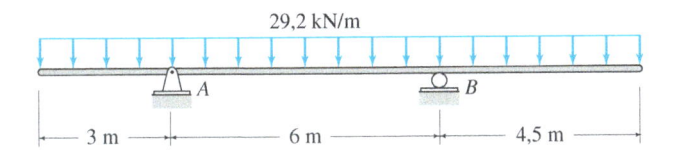

Figura P3.5 — viga com carga distribuída de 29,2 kN/m; apoios A (pino) e B (rolete); trechos 3 m, 6 m, 4,5 m.

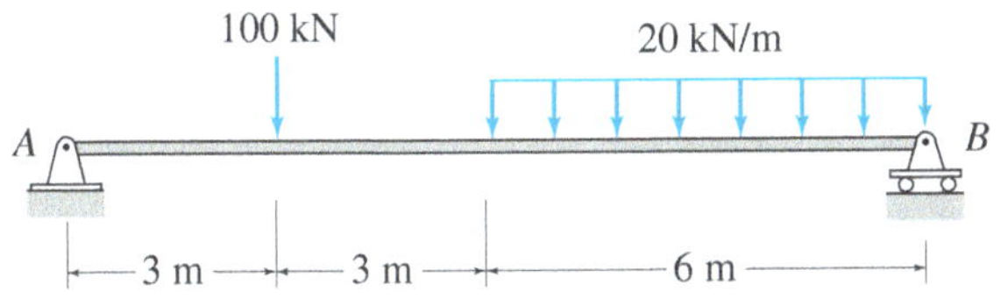

Figura P3.6 — viga apoiada em A e B; carga concentrada de 100 kN e carga distribuída de 20 kN/m; trechos 3 m, 3 m, 6 m.

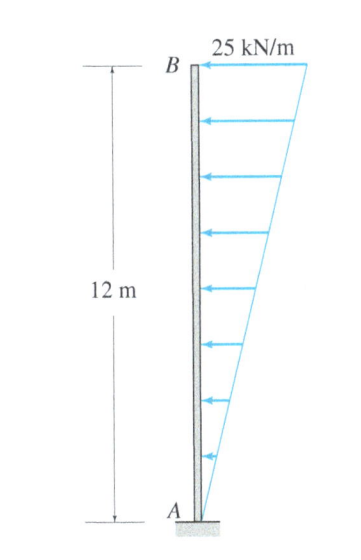

Figura P3.7 — coluna vertical engastada em A, altura 12 m, com carga triangular horizontal máxima de 25 kN/m em B.

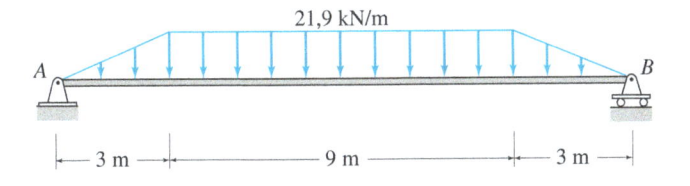

Figura P3.8 — viga apoiada em A e B; carga trapezoidal máxima de 21,9 kN/m; trechos 3 m, 9 m, 3 m.

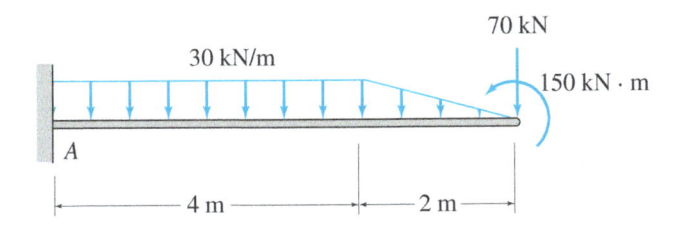

Figura P3.9 — viga engastada em A; carga distribuída triangular de 30 kN/m em 4 m, trecho 2 m, com carga concentrada de 70 kN e momento de 150 kN·m na extremidade.

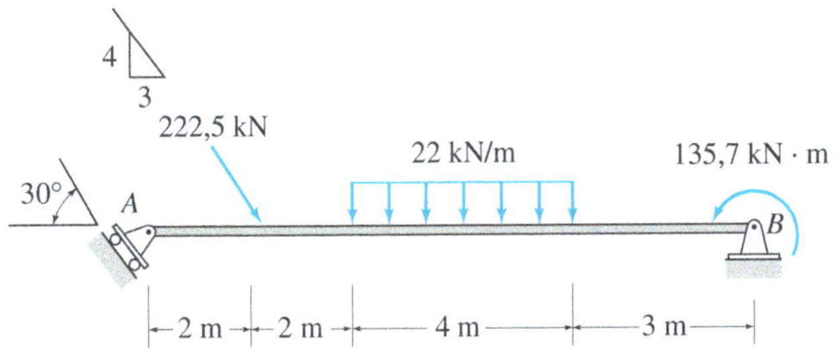

Figura P3.10 — viga com carga inclinada de 222,5 kN (3-4, 30°) aplicada em A (apoio), carga distribuída de 22 kN/m em 4 m, momento de 135,7 kN·m em B; trechos 2 m, 2 m, 4 m, 3 m.

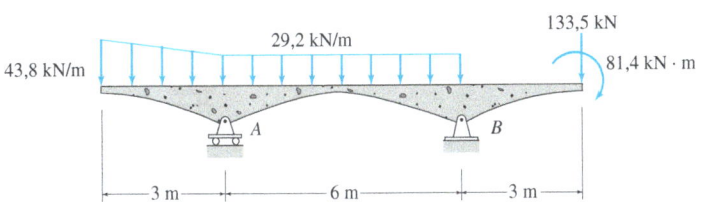

Figura P3.11 — viga com carga distribuída 29,2 kN/m ao longo do vão central, cargas triangulares 43,8 kN/m nas extremidades, carga concentrada 133,5 kN e momento 81,4 kN·m na extremidade direita; apoios A e B; trechos 3 m, 6 m, 3 m.

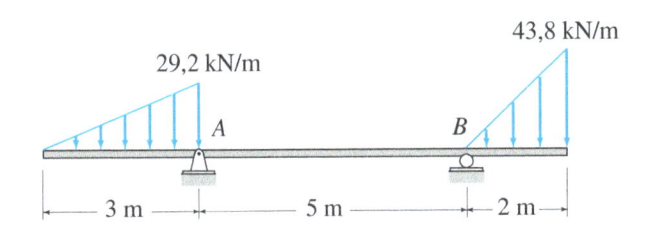

Figura P3.12 — viga com duas cargas triangulares: 29,2 kN/m (decrescente à direita) e 43,8 kN/m (crescente à direita); apoios A e B; trechos 3 m, 5 m, 2 m.

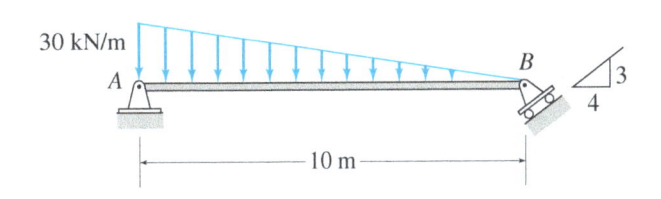

Figura P3.13 — viga com carga distribuída triangular de 30 kN/m (máx em A, zero em B) sobre 10 m; apoio A (pino) e apoio inclinado B (3-4).

Figura P3.14

3.14 O peso de um carro, movendo-se em velocidade constante um tabuleiro de uma ponte apoiada sobre vigas é modelado como uma única carga concentrada, conforme mostrado na Figura P3.14. Determine as expressões para as reações verticais dos apoios em termos da posição do carro, conforme medida pela distância x, e desenhe os gráficos que mostram as variações dessas reações em função de x.

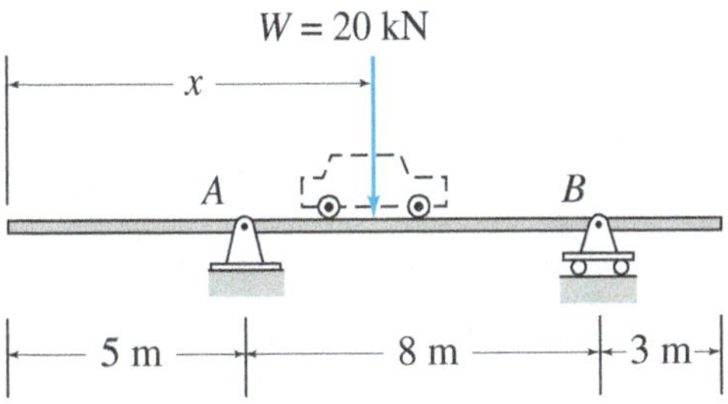

Viga com apoios A e B; $W = 20$ kN a uma distância x; trechos: 5 m (balanço à esquerda de A), 8 m (entre A e B), 3 m (balanço à direita de B).

3.15 O peso de um guindaste de 5 m movendo-se em uma velocidade constante em um tabuleiro de uma ponte apoiada sobre vigas é modelado como uma carga distribuída uniformemente no movimento, como mostrado na Figura P3.15. Determine as expressões para as reações verticais nos apoios em termos da posição do guindaste, conforme medida pela distância x, e desenhe os gráficos que mostram as variações dessas reações em função de x.

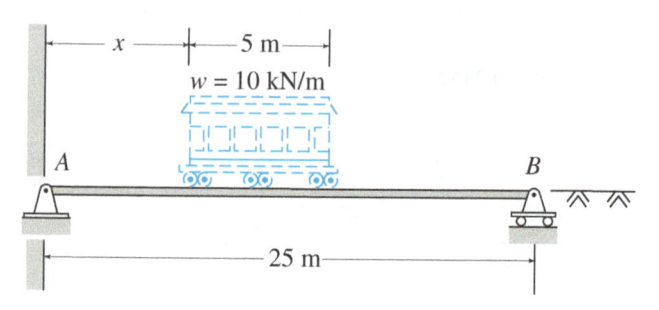

Figura P3.15

3.16 a 3.42 Determine as reações dos apoios para as estruturas mostradas.

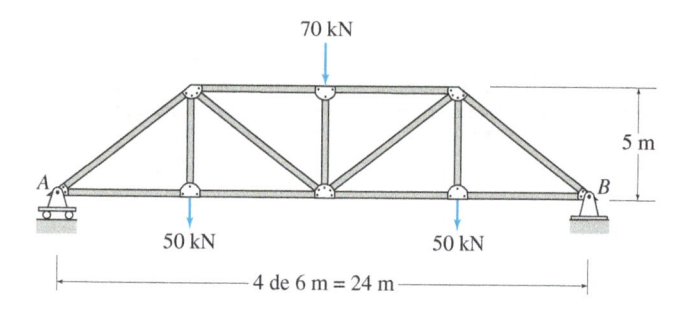

Figura P3.16

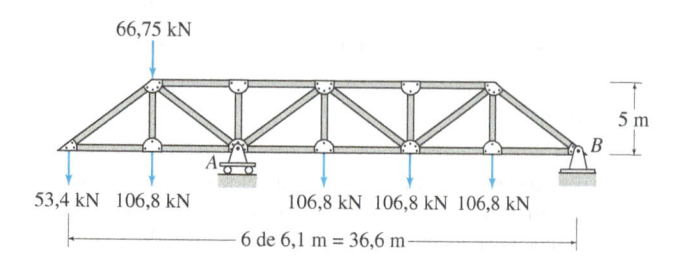

Figura P3.17

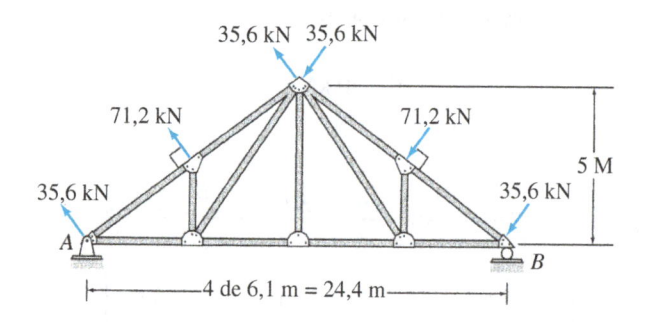

Figura P3.18

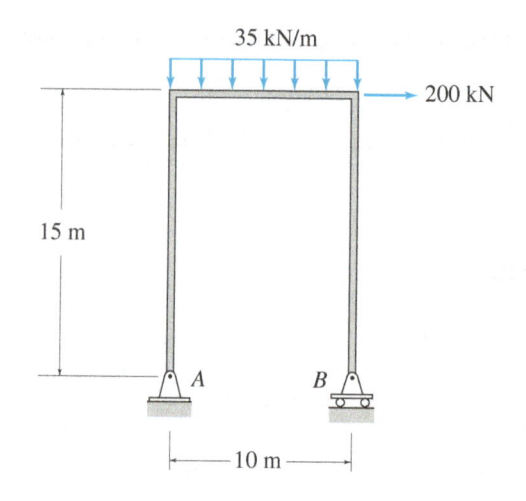

Figura P3.19

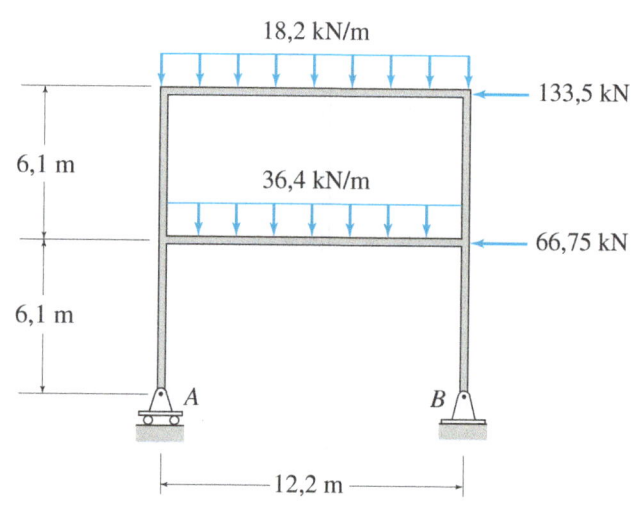

Figura P3.20

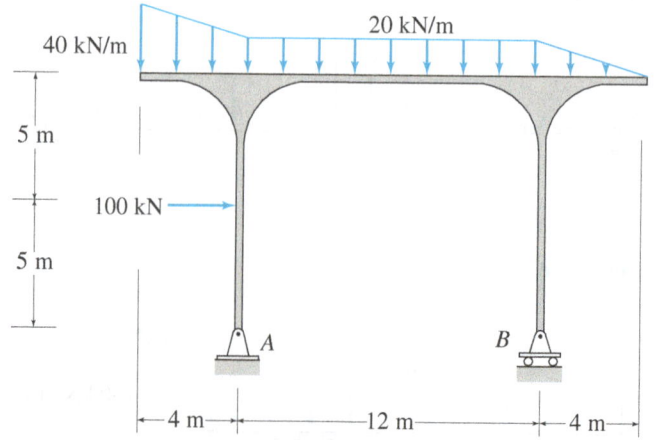

Figura P3.21

capítulo 3

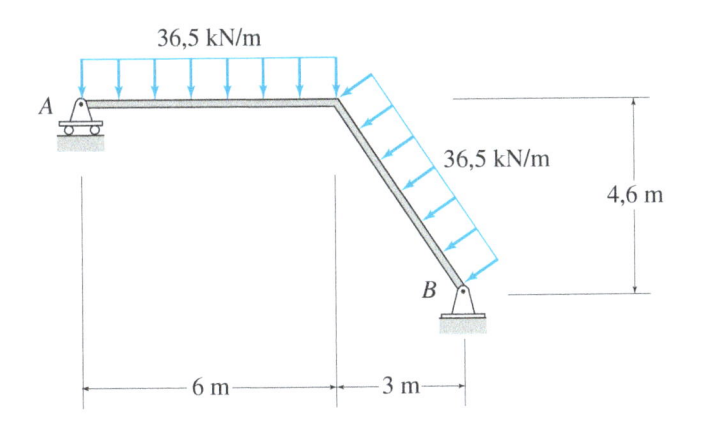

Figura P3.22

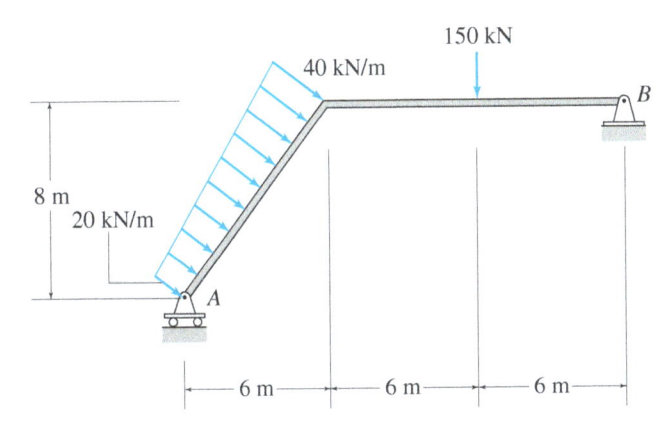

Figura P3.23

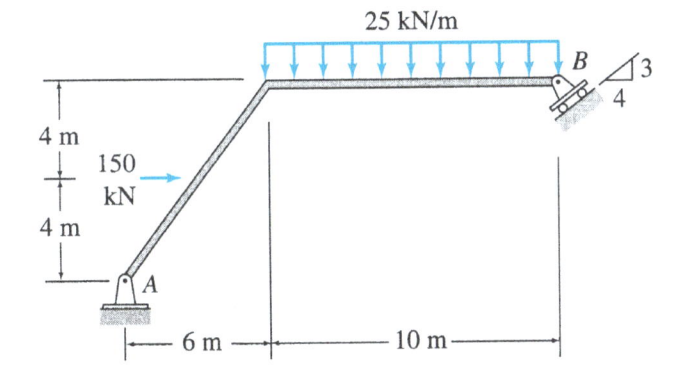

Figura P3.24

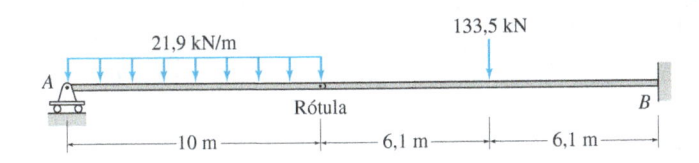

Figura P3.25

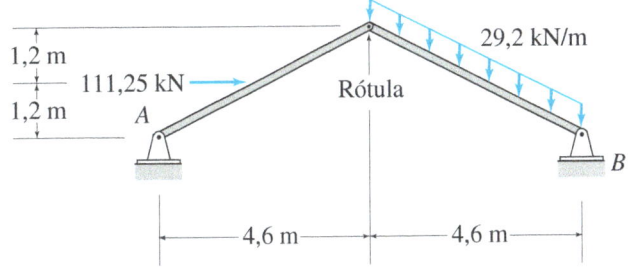

Figura P3.26

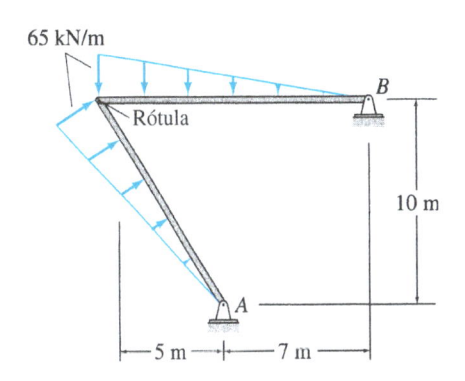

Figura P3.27

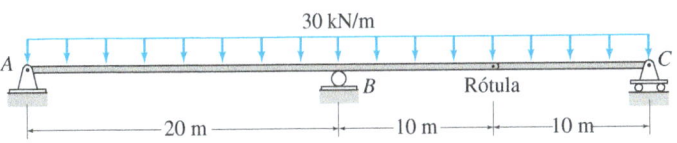

Figura P3.28

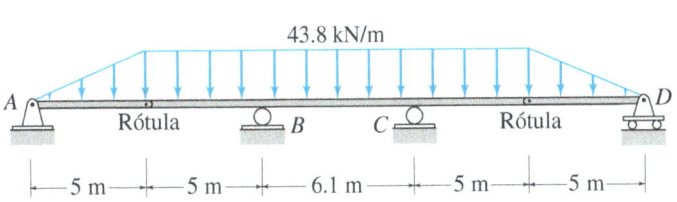

Figura P3.29

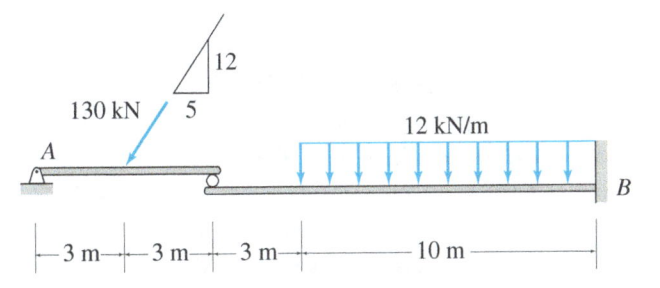

Figura P3.30

Análise Estrutural

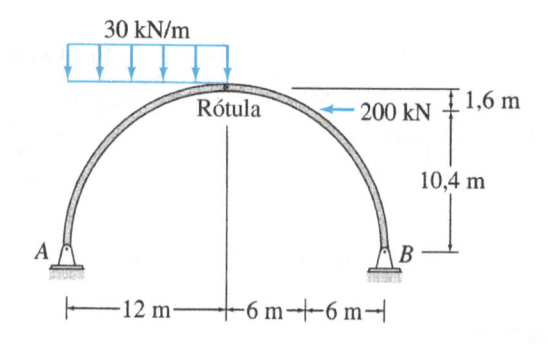

Figura P3.31

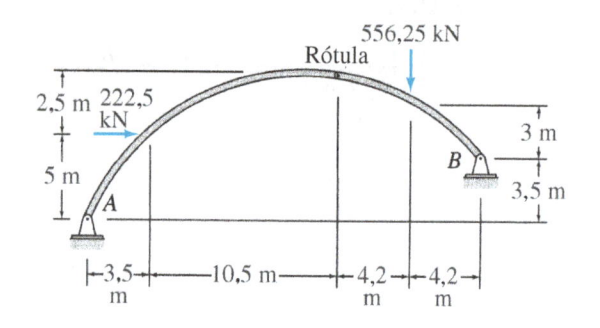

30 kN/m, Rótula, 200 kN, 1,6 m, 10,4 m, A, B, 12 m, 6 m, 6 m

Figura P3.32

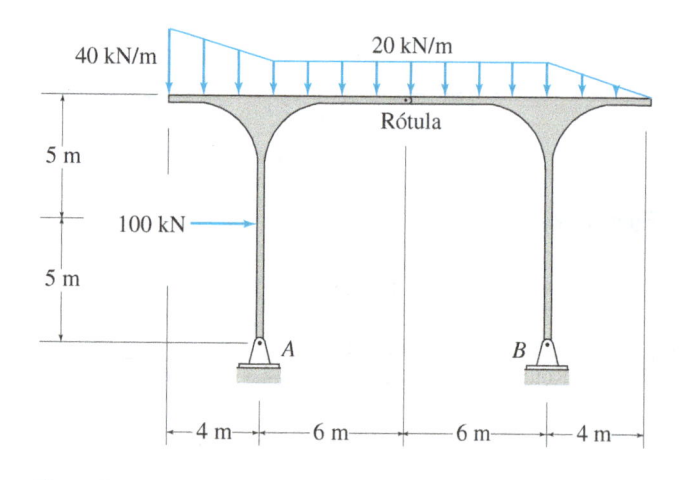

556,25 kN, Rótula, 2,5 m, 222,5 kN, 5 m, A, B, 3 m, 3,5 m, 3,5 m, 10,5 m, 4,2 m, 4,2 m

Figura P3.33

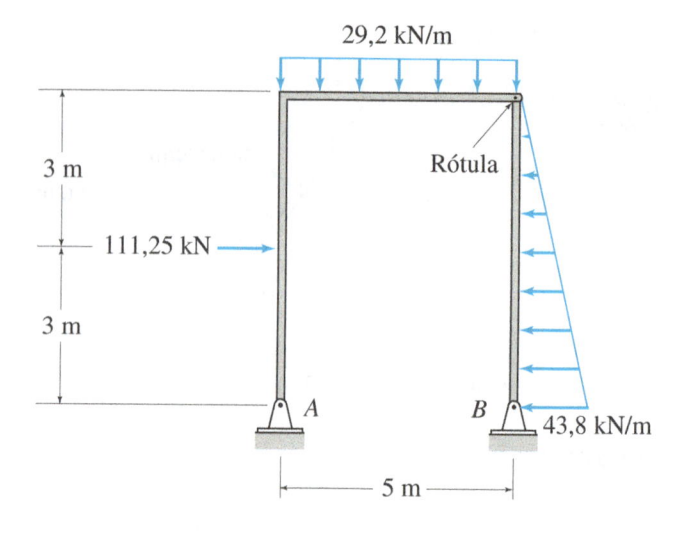

40 kN/m, 20 kN/m, Rótula, 5 m, 100 kN, 5 m, A, B, 4 m, 6 m, 6 m, 4 m

Figura P3.34

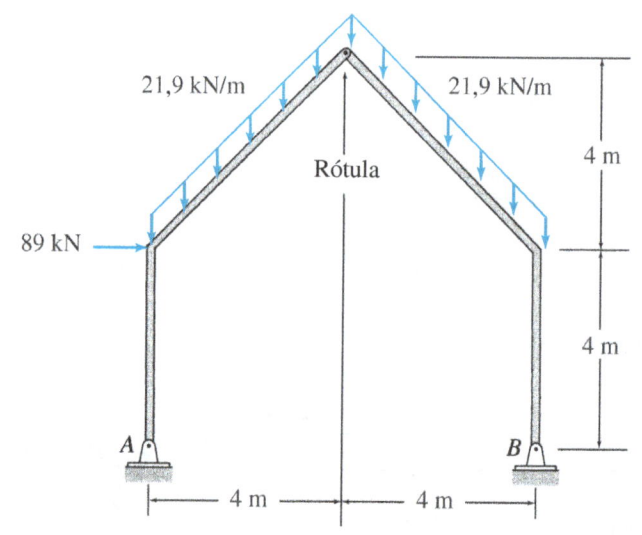

29,2 kN/m, Rótula, 3 m, 111,25 kN, 3 m, A, B, 43,8 kN/m, 5 m

Figura P3.35

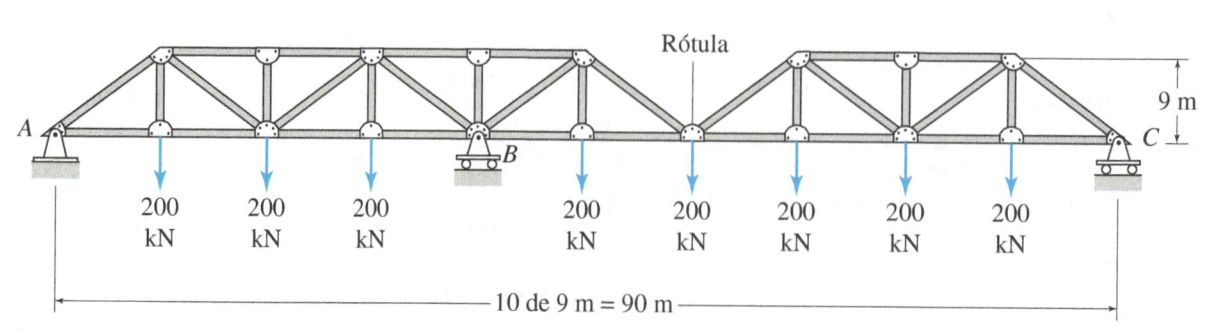

21,9 kN/m, 21,9 kN/m, 4 m, Rótula, 89 kN, 4 m, A, B, 4 m, 4 m

Figura P3.36

Rótula, 9 m, A, B, C, 200 kN (×10), 10 de 9 m = 90 m

capítulo 3

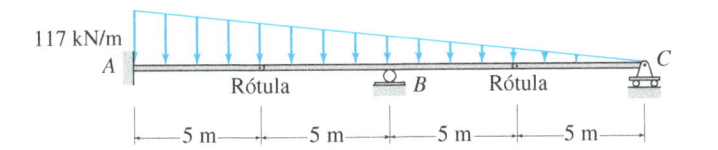

Figura P3.37

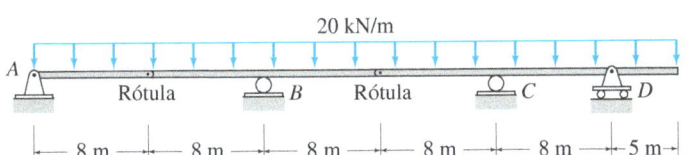

Viga com carga triangular de 117 kN/m em A até 0 em C. Apoios: engaste em A, rótula, apoio em B (roletes), rótula, apoio em C. Distâncias: 5 m, 5 m, 5 m, 5 m.

Figura P3.38

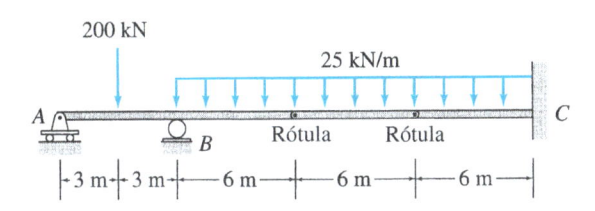

Viga com carga distribuída de 20 kN/m. Apoio em A, rótula, apoio em B, rótula, apoio em C, apoio em D. Distâncias: 8 m, 8 m, 8 m, 8 m, 8 m, 5 m.

Figura P3.39

Viga com carga concentrada de 200 kN e carga distribuída de 25 kN/m. Apoio em A, apoio em B, rótula, rótula, engaste em C. Distâncias: 3 m, 3 m, 6 m, 6 m, 6 m.

Figura P3.40

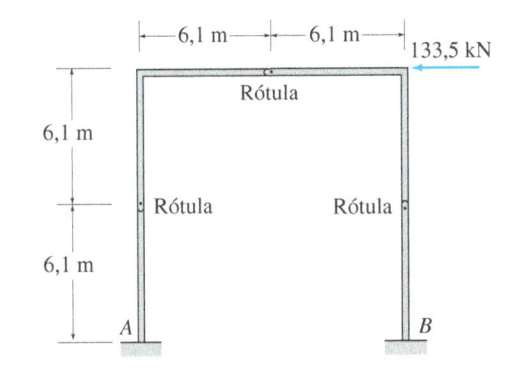

Pórtico com carga distribuída de 36,5 kN/m no topo e força horizontal de 267 kN. Rótula no topo. Apoios A e B. Dimensões: 7,5 m, 12,2 m, 7,5 m, 7,5 m.

Figura P3.41

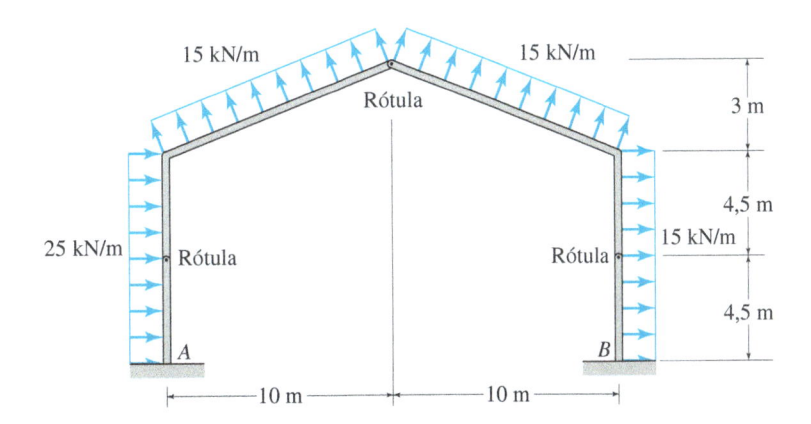

Pórtico com força horizontal de 133,5 kN. Rótula no topo e duas rótulas laterais. Apoios A e B. Dimensões: 6,1 m, 6,1 m, 6,1 m, 6,1 m.

Figura P3.42

Pórtico com telhado em duas águas. Cargas de 15 kN/m nos telhados, 25 kN/m na parede esquerda e 15 kN/m na parede direita. Rótula no cume e rótulas nas laterais. Apoios A e B. Dimensões: 3 m, 4,5 m, 4,5 m, 10 m, 10 m.

4
Treliças planas e espaciais

4.1 Considerações para análise de treliças
4.2 Disposição dos elementos de estabilidade interna de treliças planas
4.3 Equações de condição para treliças planas
4.4 Determinação, indeterminação e instabilidade estática das treliças planas
4.5 Análise das treliças planas pelo método dos nós
4.6 Análise das treliças planas pelo método das seções
4.7 Análise das treliças compostas
4.8 Treliças complexas
4.9 Treliças espaciais
Resumo
Problemas

Pontes em treliça
Terry Poche/Shutterstock.com.

Uma *treliça* é uma montagem de elementos diretos ligados em suas extremidades por ligações flexíveis para formar uma configuração rígida. Devido ao peso leve e de elevada resistência, as treliças são amplamente usadas e sua gama de aplicações vai de apoio de pontes e telhados de prédios (Figura 4.1) a estruturas de apoio em estações espaciais (Figura 4.2). As treliças modernas são construídas por elementos de ligação, os quais normalmente consistem em aço estrutural ou formas de alumínio ou apoios de madeira, para fixar chapas com o uso de ligações soldadas ou aparafusadas.

Conforme discutido na Seção 1.4, se todos os elementos de uma treliça e as cargas aplicadas forem colocados em um único plano, a treliça é denominada *treliça plana.*

As treliças planas são comumente usadas em tabuleiros de apoio de pontes e telhados de prédios. Um esquema estrutural comum para as pontes de treliças foi descrito na Seção 1.4 (veja a Figura 1.16(a)). A Figura 4.3 mostra um esquema estrutural comum para um telhado apoiado sobre treliças planas. Nesse caso, duas ou mais treliças são conectadas em seus nós por vigas, denominadas *terças*, para formar uma estrutura tridimensional. O telhado é apoiado sobre terças, que transmitem a carga do telhado (o peso do telhado, além de quaisquer outras cargas de neve, vento etc.), bem como seu próprio peso para as treliças de apoio nos nós. Devido a esse carregamento aplicado em cada treliça, em seu próprio plano, as treliças podem ser consideradas planas. Algumas das configurações comuns das treliças de ponte e de telhado, muitas das quais foram denominadas após seus projetos originais, são mostradas nas Figuras 4.4 e 4.5 (veja as p. 89 e 90), respectivamente.

Embora a maioria das treliças possa ser analisada como planas, existem alguns sistemas de treliça, como torres de transmissão e cúpulas treliçadas (Figura 4.6), que não podem ser tratados como treliças planas em razão do formato, da disposição dos elementos ou da carga aplicada. Essas treliças, denominadas *treliças espaciais*, são analisadas como corpos tridimensionais sujeitos a sistemas de força tridimensional.

Figura 4.1 Treliças de telhado. Plum High School. Grande treliça de arco ou treliça de apoio para o ginásio.
Camber Corporation. Endereço da web:
http://www.cambergroup.com/g87.htm.

Figura 4.2 Um segmento da estrutura de treliças integradas que forma a espinha dorsal da estação espacial internacional.
Cortesia da Administração Espacial e Aeronáutica National 98_05164.

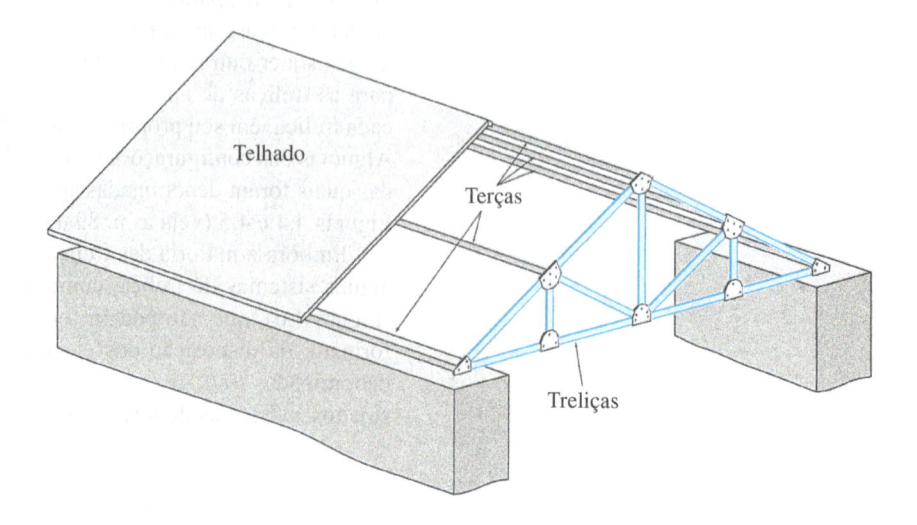

Figura 4.3 Construção de um telhado apoiado sobre treliças.

capítulo 4

Treliças planas e espaciais

O objetivo deste capítulo é desenvolver a análise das forças nos elementos de treliças planas e espaciais estatisticamente determinadas. Começamos discutindo as considerações básicas subjacentes à análise apresentada neste capítulo e, em seguida, consideramos o número e a disposição de elementos necessários para formar treliças planas internamente estáveis ou rígidas. Como parte desta discussão, definimos treliças *simples* e *compostas*. Apresentamos também as equações de condição frequentemente encontradas em treliças planas. A seguir, estabelecemos a classificação de treliças planas, como determinadas estatisticamente, indeterminadas e instáveis, além de apresentarmos os procedimentos para análise de treliças planas simples pelos métodos dos nós e das seções. Concluímos com uma análise de treliças planas compostas, uma breve discussão de treliças compostas e a análise de treliças espaciais.

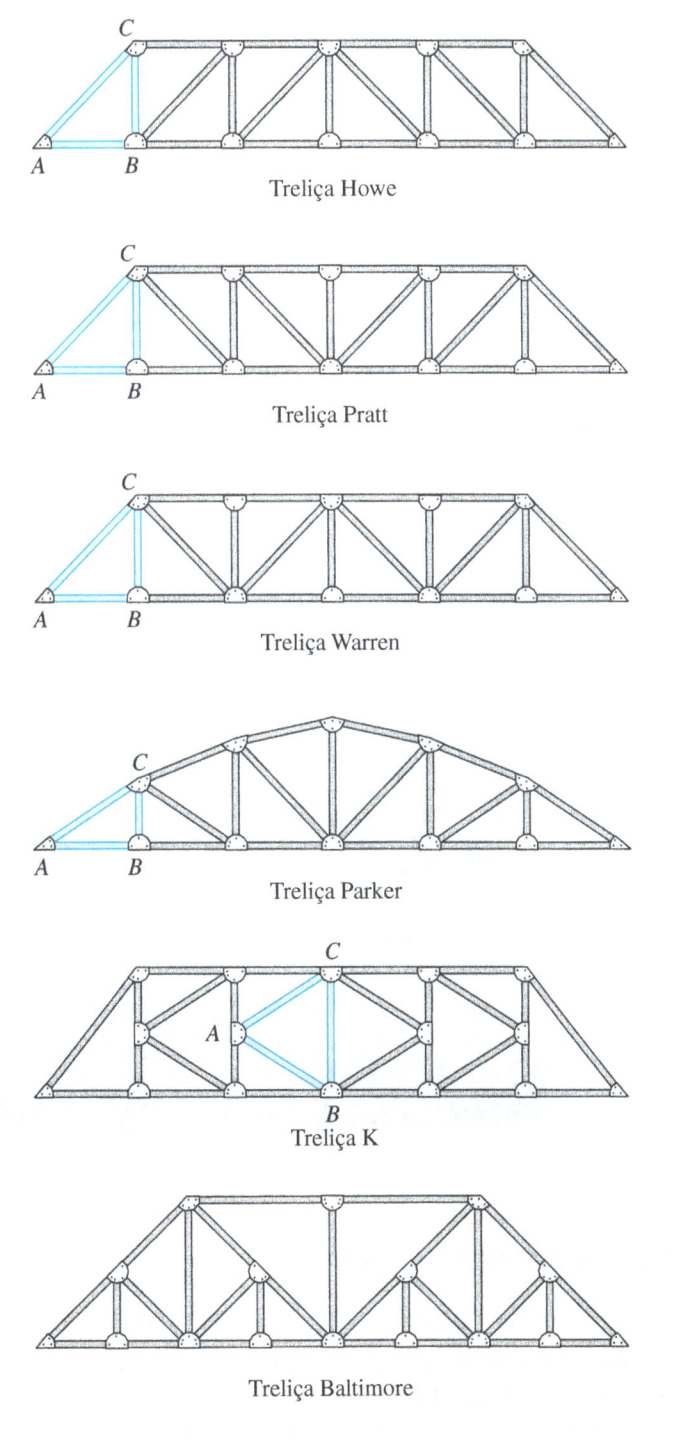

Treliça Howe

Treliça Pratt

Treliça Warren

Treliça Parker

Treliça K

Treliça Baltimore

Figura 4.4 Treliças de pontes comuns.

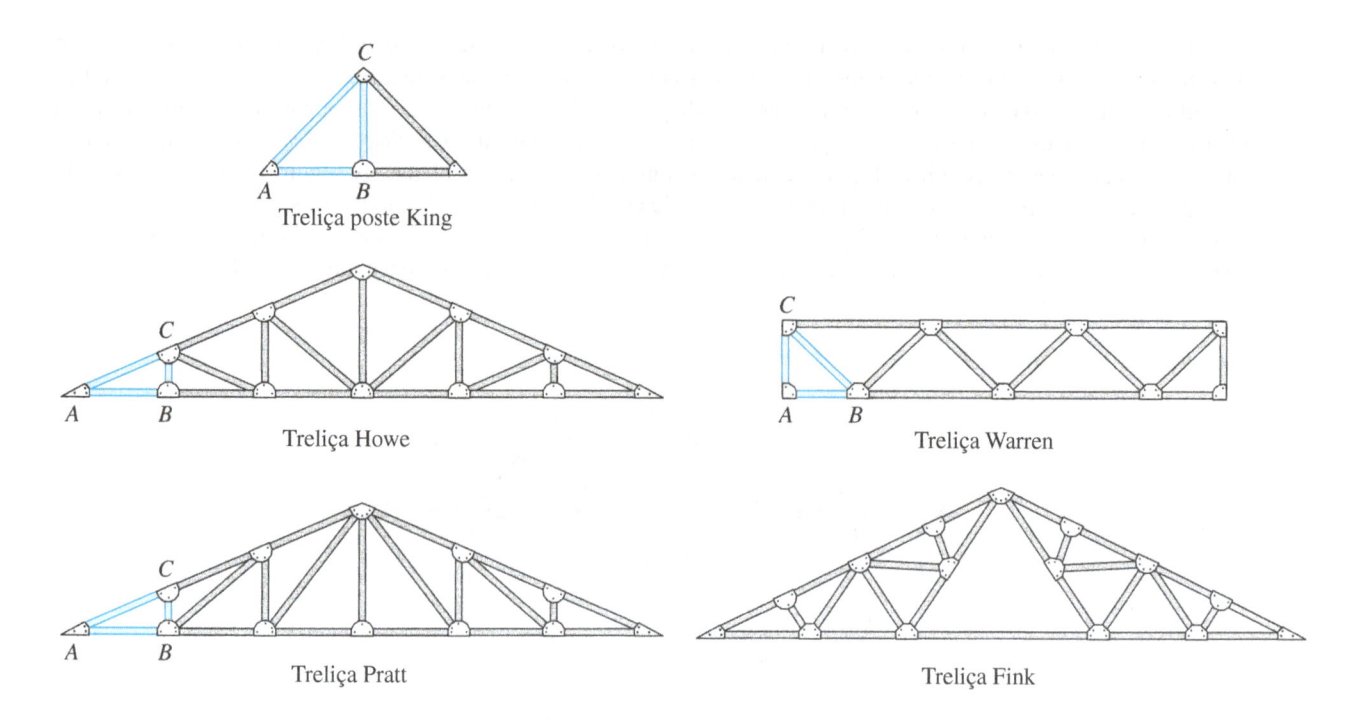

Figura 4.5 Treliças de telhados comuns.

Figura 4.6 Climatron (estufa) de Cúpula Geodésica no Jardim Botânico de Missouri, em St. Louis, Missouri.
Cortesia do Jardim Botânico de Missouri.

4.1 Considerações para análise de treliças

A análise das treliças normalmente é baseada nas seguintes considerações simplificadas:

1. Todos os elementos são ligados apenas em suas extremidades por rótulas sem atritos em treliças planas e por nós de rolete-mancal sem atrito em treliças espaciais.
2. Todas as cargas e reações de apoio são aplicadas apenas nos nós.
3. O eixo do centroide de cada elemento coincide com a linha ligando os centros dos nós adjacentes.

O motivo de fazer essas considerações é para obter uma *treliça ideal*, cujos elementos estão sujeitos apenas a forças normais. Como cada elemento de uma treliça ideal é ligado em sua extremidade por rótulas sem atrito (pressuposto 1) e sem cargas aplicadas entre suas extremidades (pressuposto 2), o elemento seria sujeito apenas a duas forças em suas extremidades, conforme mostrado na Figura 4.7(a). Desde que um elemento esteja em equilíbrio, a força resultante e a resultante de momento de duas forças F_A e F_B deve ser nula; isto é, as forças devem satisfazer às três equações de equilíbrio. Na Figura 4.7(a), é possível ver que para a força resultante de duas forças ser nula ($\sum F_x = 0$ e $\sum F_y = 0$), as duas forças devem ser iguais em magnitude, porém com sentidos opostos. Para o seu momento resultante também ser igual a zero ($\sum M = 0$), as duas forças devem ser colineares – isto é, elas devem ter a mesma linha de ação. Além disso, como os eixos do centroide de cada elemento da treliça é uma linha reta que coincide com a linha que liga os centros dos nós adjacentes (pressuposto 3), o elemento não está sujeito a nenhum momento fletor ou a força cortante e está em tração normal (sendo alongado, conforme mostrado na Figura 4.7(b)) ou em compressão normal (sendo encurtado, como se pode ver na Figura 4.7(c)). Tais forças normais determinadas do elemento a partir da análise de uma treliça ideal são denominadas *forças primárias*.

Nas treliças reais, essas idealizações quase nunca são completamente realizadas. Como indicado anteriormente, as treliças reais são construídas ao conectar-se elementos às chapas de reforço por ligações soldadas ou aparafusadas (Figura 4.8). Alguns elementos da treliça podem até ser contínuos nos nós. Além disso, embora as cargas externas sejam realmente transmitidas para as treliças nos nós, por meio de vigas de piso, terças e assim por diante, os pesos permanentes dos elementos são distribuídos ao longo de seu comprimento.

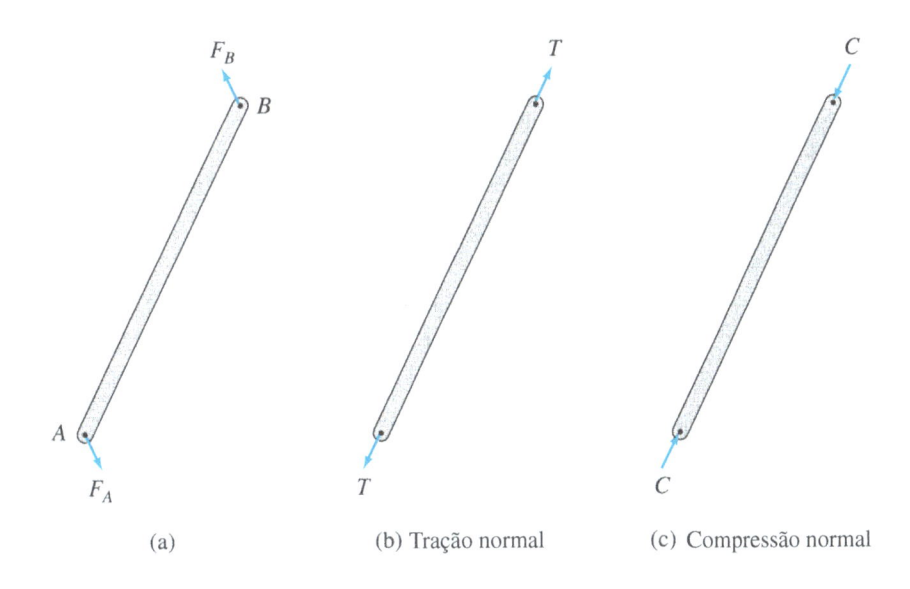

Figura 4.7

Figura 4.8 Ligação de placa de reforço.
Michael Goff.

Os momentos fletores e forças normais e cortantes causados por esses e outros desvios das condições idealizadas anteriormente mencionadas são comumente denominados *forças secundárias*. Embora as forças secundárias não possam ser eliminadas, podem ser substancialmente reduzidas na maioria das treliças, usando elementos relativamente esbeltos e projetando ligações para que os eixos do centroide dos elementos que se encontram nos nós sejam concorrentes em um ponto (conforme mostrado na Figura 1.16). As forças secundárias nessas treliças são pequenas se comparadas às forças primárias e, normalmente, não são consideradas em seus projetos. Neste capítulo, focamos apenas nas forças primárias. Se as grandes forças secundárias forem previstas, a treliça deve ser analisada como um quadro rígido usando os métodos apresentados nos capítulos.

4.2 Disposição dos elementos de estabilidade interna de treliças planas

Com base em nossa discussão na Seção 3.4, podemos definir uma treliça plana como internamente estável, caso o número e a disposição geométrica desses elementos nesta treliça não alterem seu formato e permaneçam um corpo rígido quando afastados dos apoios. O termo *interno* é usado aqui para se referir ao número e à disposição de elementos contidos dentro da treliça. A instabilidade devido a apoios externos insuficientes ou devido à disposição imprópria de apoios externos é denominada *externa*.

Elemento de treliça básico

A treliça plana estável (ou rígida) internamente mais simples pode ser formada conectando-se três elementos em suas extremidades pelas rótulas para formar um triângulo, conforme mostrado na Figura 4.9(a). A treliça triangular é denominada *elemento de treliça básico*. Observe que essa treliça triangular é internamente estável no sentido de que é um corpo rígido que não alterará seu formato sob as cargas. Em contrapartida, uma treliça retangular formada com a ligação de quatro elementos em suas extremidades pelas rótulas, conforme mostrado na Figura 4.9(b), é internamente instável, já que alterará seu formato e se romperá quando sujeita a um sistema geral de forças coplanares.

Treliças simples

O elemento de treliça básico *ABC* da Figura 4.10(a) pode ser ampliado acoplando-se dois novos elementos, *BD* e *CD*, para os dois nós existentes *B* e *C* e os conectando para formar um novo nó *D*, conforme mostrado na Figura 4.10(b). Desde que o novo nó *D* não recaia sobre a linha reta que passa sobre os nós existentes *B* e *C*, a nova treliça ampliada será internamente estável. Posteriormente, a treliça poderá ser ampliada repetindo-se o mesmo procedimento (conforme se pode observar na Figura 4.10(c)) quantas vezes você desejar.

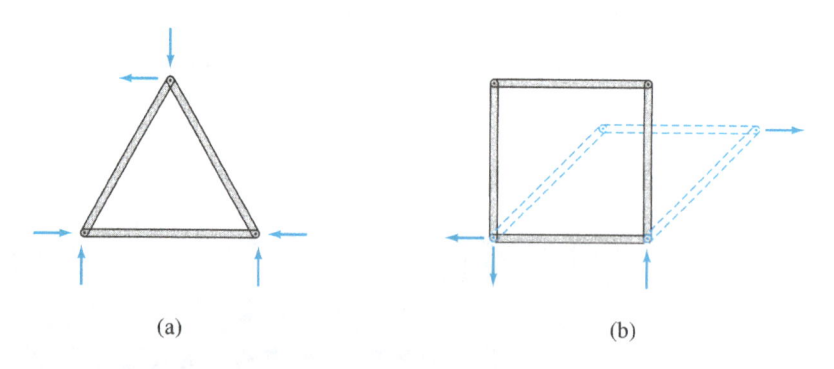

Figura 4.9

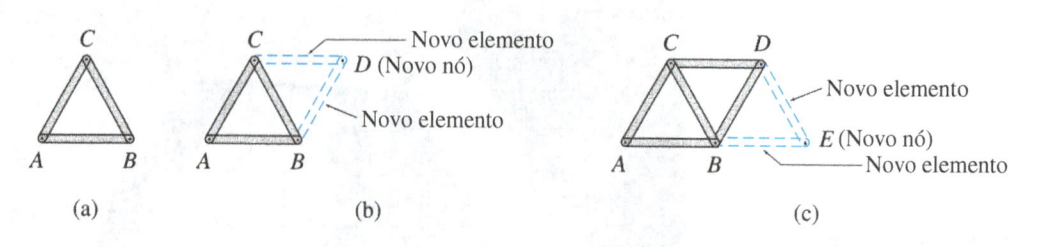

Figura 4.10 Treliça simples.

As treliças construídas por esse procedimento são denominadas *treliças simples*. O leitor deve examinar as treliças representadas nas Figuras 4.4 e 4.5 para verificar que cada uma delas, com exceção da treliça Baltimore (Figura 4.4) e da treliça Fink (Figura 4.5), é uma treliça comum. O elemento de treliça básico das treliças simples é identificado como *ABC* nessas figuras.

Uma treliça simples é formada ampliando-se o elemento de treliça básico, que contém três elementos e três nós, adicionando dois elementos para cada nó adicional, assim, o número total de elementos *m* em uma treliça simples é dado por

$$m = 3 + 2(j - 3) = 2j - 3 \tag{4.1}$$

em que *j* = número total de nós (incluindo os nós dos apoios).

Treliças compostas

As treliças compostas são construídas conectando-se duas ou mais treliças simples para formar um corpo rígido único. Para prevenir qualquer movimento relativo entre as treliças simples, cada treliça deve ser conectada às outras por meio de ligações capazes de transmitir, no mínimo, três componentes de força, todas as quais não são paralelas ou concorrentes. Dois exemplos de disposições de ligação usadas para formar treliças compostas são mostrados na Figura 4.11. Na Figura 4.11(a), duas treliças simples *ABC* e *DEF* são conectadas por três elementos, *BD*, *CD* e *BF*, que não são paralelos ou concorrentes. Outro tipo de disposição de ligação é mostrado na Figura 4.11(b). Isso envolve conectar as duas treliças simples *ABC* e *DEF* em um nó comum *C* e um elemento *BD*. Para que a treliça composta seja internamente estável, o nó comum *C* e os nós *B* e *D* não devem recair sobre uma linha reta. A relação entre o número total de elementos *m* e o número total de nós *j* para uma treliça composta internamente estável permanece a mesma das treliças simples. Essa relação, que é dada pela Equação (4.1), pode ser facilmente verificada para as treliças compostas mostradas na Figura 4.11.

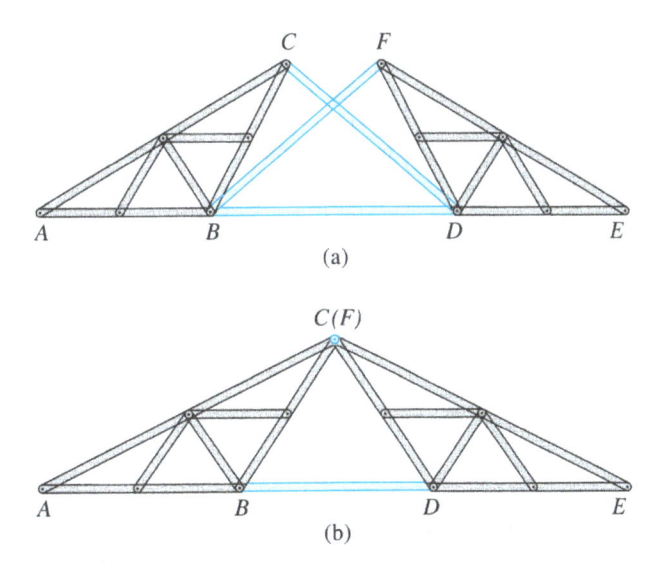

Figura 4.11 Treliças compostas.

Estabilidade interna

A Equação (4.1) expressa o requisito do número mínimo de elementos que uma treliça plana de *j* nós deve conter se precisar ser internamente estável. Se uma treliça plana contiver *m* elementos e *j* nós, então se

$$m < 2j - 3 \text{ a treliça é instável internamente}$$
$$m \geq 2j - 3 \text{ a treliça é estável internamente} \tag{4.2}$$

É muito importante perceber que, embora os critérios supracitados para a estabilidade interna sejam *necessários*, *não são suficientes* para garantir a estabilidade interna. Uma treliça não deve apenas conter elementos suficientes para satisfazer a condição $m \geq 2j - 3$, mas os elementos também devem ser devidamente organizados para garantir a rigidez

94 | Análise Estrutural — Parte 2

de toda a treliça. Lembre-se de nossa discussão a respeito das treliças simples e compostas que estão em uma treliça estável, cada nó é unido ao restante da estrutura por, no mínimo, dois elementos não paralelos e cada parte da treliça deve ser conectada ao restante da treliça com ligações capazes de transmitir pelo menos três componentes de força não paralelas e não concorrentes.

EXEMPLO 4.1

Classifique cada uma das treliças planas mostradas na Figura 4.12 como internamente estável ou instável.

Solução

a) A treliça mostrada na Figura 4.12(a) contém 20 elementos e 12 nós. Portanto, $m = 20$ e $2j - 3 = 2(12)\ 3 = 21$. Como m é menor que $2j - 3$, essa treliça não possui um número suficiente de elementos para formar um corpo rígido; por isso, é internamente instável. Um olhar cuidadoso para as treliças mostra que elas contêm dois corpos rígidos, $ABCD$ e $EFGH$, ligados por dois elementos paralelos, BE e DG. Esses dois elementos horizontais não podem prevenir o deslocamento relativo na direção vertical de uma parte rígida da treliça em relação à outra. **Resp.**

b) A treliça mostrada na figura 4.12(b) é a mesma da Figura 4.12(a), exceto um elemento diagonal DE que foi adicionado para prevenir o deslocamento relativo entre as duas partes $ABCD$ e $EFGH$. Toda a treliça agora age como um único corpo rígido. A adição do elemento DE aumenta o número de elementos para 21 (enquanto o número de nós permanece o mesmo em 12), satisfazendo deste modo a equação $m = 2j - 3$. A treliça está agora internamente estável. **Resp.**

c) Mais quatro diagonais são adicionadas à treliça da Figura 4.12(b) para obter a treliça mostrada na Figura 4.12(c), aumentando assim o m para 25, enquanto o j permanece constante em 12. Como $m > 2j - 3$, a treliça é internamente estável. Além disso, como a diferença $m > (2j - 3) = 4$, a treliça contém mais quatro elementos além do necessário para estabilidade interna. **Resp.**

d) A treliça mostrada na Figura 4.12(d) é obtida a partir da treliça da Figura 4.12(c) ao remover duas diagonais, BG e DE, do painel BE, diminuindo assim o m para 23; o j permanece constante em 12. Embora $m - (2j - 3) = 2$, isto é, a treliça contém mais dois elementos além do mínimo necessário para estabilidade interna, suas duas partes rígidas, $ABCD$ e $EFGH$, não estão conectadas adequadamente para formar um único corpo rígido. Portanto, a treliça é internamente instável. **Resp.**

(a) Internamente instável — $m = 20 \quad j = 12 \quad m < 2j - 3$

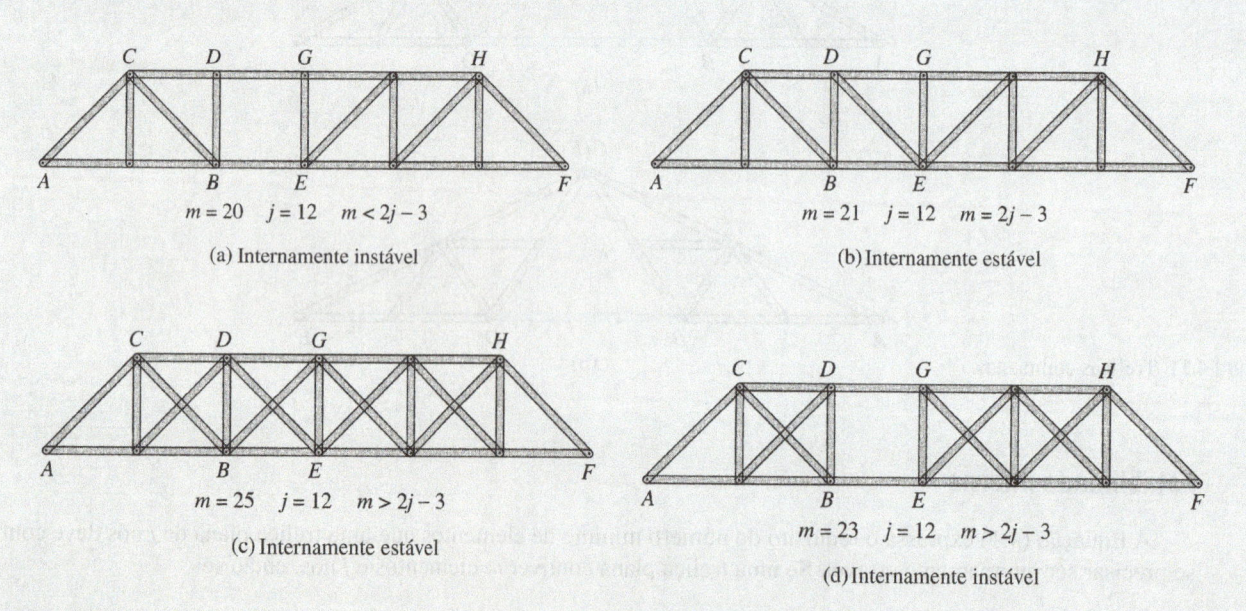

(b) Internamente estável — $m = 21 \quad j = 12 \quad m = 2j - 3$

(c) Internamente estável — $m = 25 \quad j = 12 \quad m > 2j - 3$

(d) Internamente instável — $m = 23 \quad j = 12 \quad m > 2j - 3$

Figura 4.12

e) A treliça do telhado mostrada na Figura 4.12(e) é internamente instável, pois $m = 26$ e $j = 15$, resultando assim em $m < 2j - 3$. Isso também fica claro a partir do desenho da treliça que mostra que as partes ABE e CDE da treliça podem girar uma em relação à outra. A diferença $m - (2j - 3) = 1$ indica que essa treliça possui um elemento a menos do que o necessário para estabilidade interna. **Resp.**

f) Na Figura 4.12(f), um elemento BC foi adicionado à treliça da Figura 4.12(e), o que previne o movimento relativo das duas partes *ABE* e *CDE*, tornando a treliça internamente estável. Como o *m* foi agora aumentado para 27, ele satisfaz a equação $m = 2j - 3$ para $j = 15$. **Resp.**

g) A treliça de torre mostrada na Figura 4.12(g) possui 16 elementos e 10 nós. Como $m < 2j - 3$, a treliça é internamente instável. Isso também fica óbvio a partir da Figura 4.12(g), que mostra que um elemento BC pode girar em relação ao resto da estrutura. Essa rotação pode ocorrer devido ao nó *C* estar conectado apenas por um elemento e não pelos dois necessários para restringir totalmente um nó de uma treliça plana. **Resp.**

h) Na Figura 4.12(h), um elemento AC foi adicionado à treliça da Figura 4.12(g), o que a torna internamente estável. Aqui $m = 17$ e $j = 10$, portanto, a equação $m = 2j - 3$ é satisfeita. **Resp.**

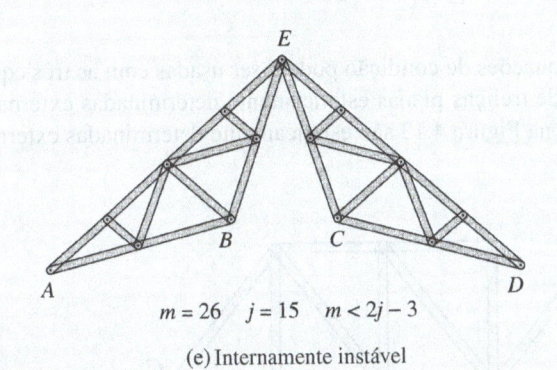

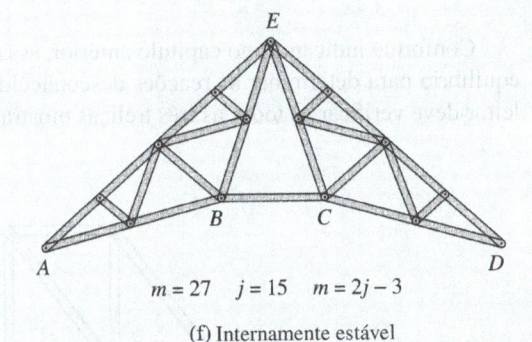

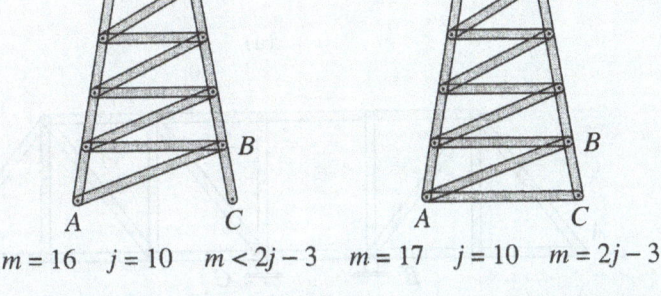

$m = 26 \quad j = 15 \quad m < 2j - 3$

(e) Internamente instável

$m = 27 \quad j = 15 \quad m = 2j - 3$

(f) Internamente estável

$m = 16 \quad j = 10 \quad m < 2j - 3$

(g) Internamente instável

$m = 17 \quad j = 10 \quad m = 2j - 3$

(h) Internamente estável

Figura 4.12 (cont.)

4.3 Equações de condição para treliças planas

Na Seção 3.4, indicamos que os tipos de ligações usadas para conectar partes rígidas de estruturas internamente instáveis fornecem equações de condição que, em conjunto com as três equações de equilíbrio, podem ser usadas para determinar as reações necessárias para restringir completamente tais estruturas.

Três tipos de arranjos de ligação comumente usados para conectar duas treliças rígidas para formar uma única treliça (internamente instável) são mostrados na Figura 4.13. Na Figura 4.13(a), duas treliças rígidas, *AB* e *BC*, são conectadas uma à outra por uma rótula interna em *B*. Como uma rótula interna não pode transmitir o momento, ela fornece uma equação de condição:

$$\sum M_B^{AB} = 0 \quad \text{ou} \quad \sum M_B^{BC} = 0$$

Outro tipo de arranjo de ligação é mostrado na Figura 4.13(b). Isso envolve conectar duas treliças rígidas, *AB* e *CD*, por dois elementos paralelos. Como essas barras paralelas (horizontais) não podem transmitir força em direção perpendicular a elas, esse tipo de ligação fornece uma equação de condição:

$$\sum F_y^{AB} = 0 \quad \text{ou} \quad \sum F_y^{CD} = 0$$

Um terceiro tipo de arranjo de ligação envolve conectar duas treliças rígidas, *AB* e *CD*, por um único vínculo, *BC*, conforme mostrado na Figura 4.13(c). Como um vínculo não pode transmitir momento e força em direção perpendicular a ele, então ele fornece duas equações de condição:

$$\sum F_x^{AB} = 0 \quad \text{ou} \quad \sum F_x^{CD} = 0$$

e

$$\sum M_B^{AB} = 0 \quad \text{ou} \quad \sum M_C^{CD} = 0$$

Conforme indicamos no capítulo anterior, essas equações de condição podem ser usadas com as três equações de equilíbrio para determinar as reações desconhecidas de treliças planas estaticamente determinadas externamente. O leitor deve verificar se todas as três treliças mostradas na Figura 4.13 são estaticamente determinadas externamente.

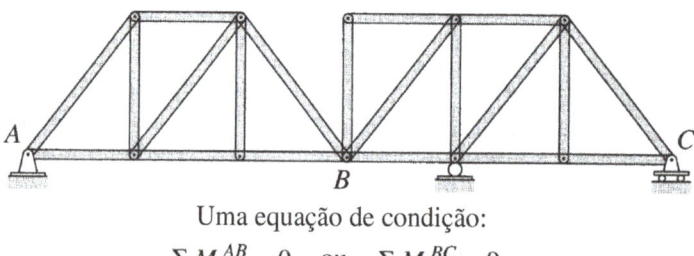

Uma equação de condição:
$$\sum M_B^{AB} = 0 \quad \text{ou} \quad \sum M_B^{BC} = 0$$

(a)

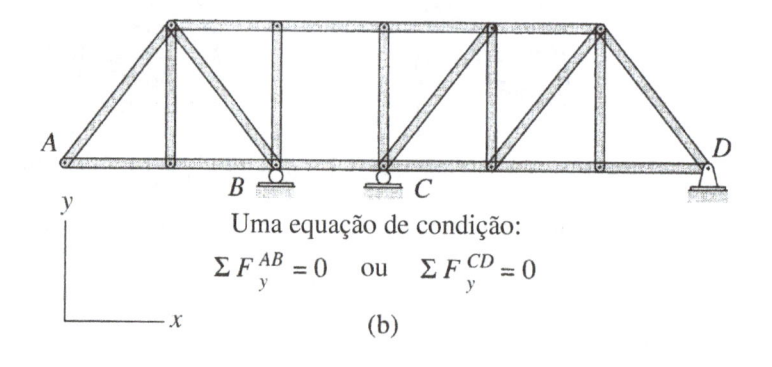

Uma equação de condição:
$$\sum F_y^{AB} = 0 \quad \text{ou} \quad \sum F_y^{CD} = 0$$

(b)

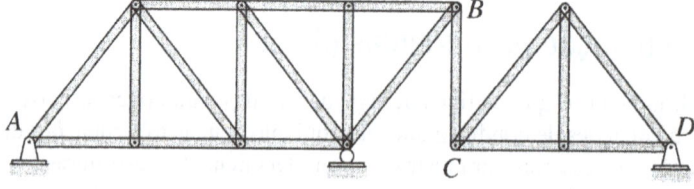

Duas equações de condição:
$$\sum F_x^{AB} = 0 \quad \text{ou} \quad \sum F_x^{CD} = 0$$
$$\sum M_B^{AB} = 0 \quad \text{ou} \quad \sum M_C^{CD} = 0$$

(c)

Figura 4.13 Equações de condição para treliças planas.

4.4 Determinação, indeterminação e instabilidade estática das treliças planas

Consideramos que uma treliça é *estaticamente determinada se as forças em todos os seus elementos, bem como todas as reações externas, puderem ser determinadas pelas equações de equilíbrio*. Essa caracterização de determinação estática, englobando tanto as reações de apoio externo quanto as forças nos elementos internos, também é denominada *determinação estática combinada*, conforme comparada ao conceito de *determinação estática externa* (envolvendo apenas as reações externas) usado anteriormente no Capítulo 3. Lembre-se de que, no capítulo anterior, estávamos interessados em calcular as reações de apoio externo apenas; enquanto, no presente capítulo, nosso objetivo é determinar as forças do elemento e as reações externas.

Como os dois métodos de análise apresentados nas seções a seguir podem ser usados para examinar apenas treliças estaticamente determinadas, é importante que o aluno seja capaz de reconhecer treliças estaticamente determinadas antes de continuar com a análise.

Considere uma treliça plana sujeita às cargas externas P_1, P_2 e P_3, conforme mostrado na Figura 4.14(a). Os diagramas de corpo livre dos cinco elementos e dos quatro nós são mostrados na Figura 4.14(b). Cada elemento está sujeito a duas forças normais em suas extremidades, que são colineares (com o eixo do centroide do elemento) e iguais em magnitude, mas opostas em sentido. Observe que na Figura 4.14(b), todos os elementos estão admitidos tracionados; ou seja, as forças os estão puxando. Os diagramas de corpo livre dos nós mostram as mesmas forças de um elemento, porém em direções opostas, de acordo com a terceira lei de Newton. A análise da treliça envolve o cálculo das magnitudes das forças de cinco elementos, F_{AB}, F_{AC}, F_{BC}, F_{BD} e F_{CD} (as linhas de ação dessas forças são conhecidas) e as três reações, A_x, A_y e B_y. Portanto, o número total de quantidades desconhecidas a ser determinado é oito.

Como toda a treliça está em equilíbrio, cada um de seus nós também deve estar em equilíbrio. Conforme mostrado na Figura 4.14(b), em cada nó as forças internas e externas formam um sistema de forças coplanares e concorrentes, que deve satisfazer as duas equações de equilíbrio, $\Sigma F_x = 0$ e $\Sigma F_y = 0$. Como a treliça contém quatro nós, o número total de equações disponíveis é $2(4) = 8$. Essas oito equações de equilíbrio de nós podem ser resolvidas para calcular as oito incógnitas. As treliças planas da Figura 4.14(a) são, portanto, estaticamente determinadas.

As três equações de equilíbrio de toda a treliça como um corpo rígido poderiam ser escritas e solucionadas para as três reações desconhecidas $(A_x, A_y$ e $B_y)$. No entanto, essas equações de equilíbrio (bem como as equações de condição no caso de treliças internamente instáveis) *não são independentes* das equações de equilíbrio dos nós e não contêm nenhuma informação adicional.

Com base na discussão anterior, podemos desenvolver os critérios para a determinação, indeterminação e instabilidade estática de treliças planas gerais contendo m elementos e j nós e apoiados por r (número de) reações externas. Para a análise, é necessário determinar as forças do elemento m e as reações externas r; ou seja, precisamos calcular um total de quantidades de incógnitas $m + r$. Como existem j nós e podemos escrever duas equações de equilíbrio

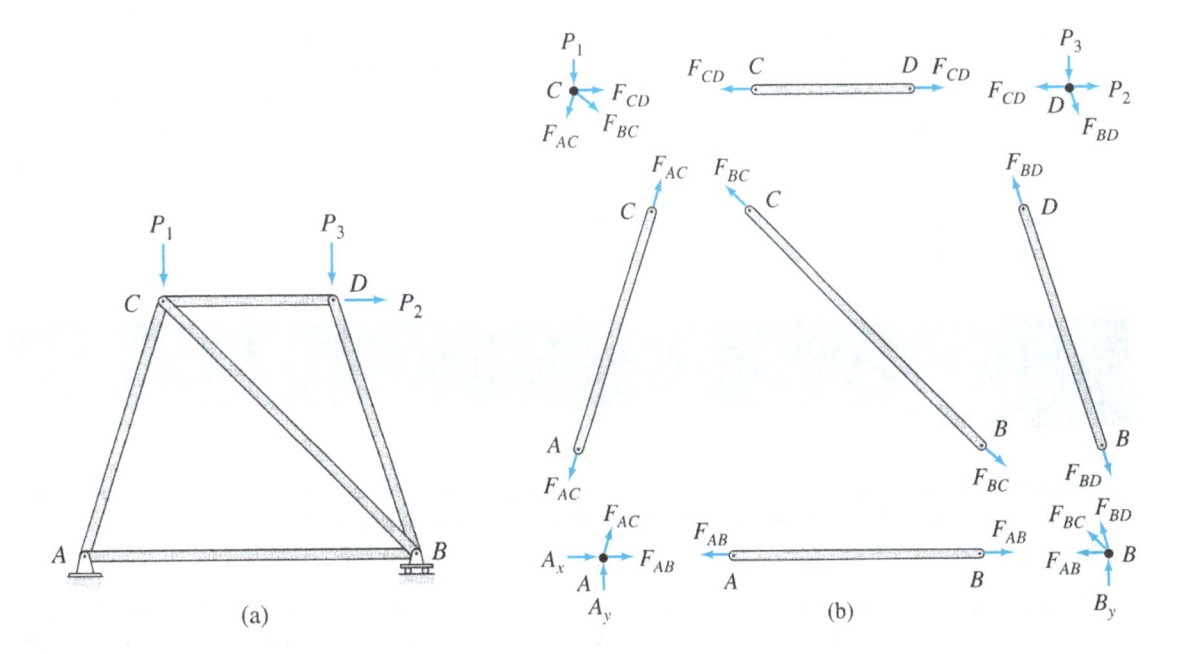

Figura 4.14

($\sum F_x = 0$ e $\sum F_y = 0$) para cada nó, o número total de equações de equilíbrio disponíveis é $2j$. Se o número de incógnitas ($m + r$) para uma treliça for igual ao número de equações de equilíbrio ($2j$), ou seja, $m + r = 2j$, todas as incógnitas podem ser determinadas resolvendo-se as equações de equilíbrio, e a treliça é estaticamente determinada.

Se uma treliça tiver mais incógnitas ($m + r$) que as equações de equilíbrio disponíveis ($2j$), ou seja, $m + r > 2j$, todas as incógnitas não podem ser determinadas solucionando-se as equações de equilíbrio disponíveis. Essa treliça é denominada *estaticamente indeterminada*. As treliças indeterminadas estaticamente possuem mais elementos e/ou reações externas que o mínimo necessário para estabilidade. As reações e os elementos em excesso são denominados *hiperestáticos* e o número de reações e elementos em excesso é referido como o *grau hiperestático*, *i*, que pode ser expresso por

$$i = (m + r) - 2j \tag{4.3}$$

Se o número de incógnitas ($m + r$) para uma treliça for menor que o número de equações de equilíbrio dos nós ($2j$), ou seja, $m + r < 2j$, a treliça é denominada *estaticamente instável*. A instabilidade estática pode ocorrer devido ao fato de a treliça possuir menos elementos que o mínimo necessário para estabilidade interna ou devido a um número insuficiente de reações externas, ou ambos.

As condições de instabilidade, determinação e indeterminação estática de treliças planas podem ser resumidas como a seguir:

$$\begin{aligned} m + r < 2j & \quad \text{treliça estaticamente instável} \\ m + r = 2j & \quad \text{treliça estaticamente determinada} \\ m + r > 2j & \quad \text{treliça estaticamente indeterminada} \end{aligned} \tag{4.4}$$

A primeira condição, para a instabilidade estática das treliças, é tanto necessária quanto suficiente, no sentido de que se $m < 2j - r$, a treliça está definitivamente estaticamente instável. No entanto, as duas condições restantes, para determinação estática ($m = 2j - r$) e indeterminação ($m > 2j - r$), são necessárias, mas não suficientes. Em outras palavras, essas duas equações simplesmente nos dizem que o *número* de elementos e reações é suficiente para estabilidade. Elas não fornecem quaisquer outras informações relacionadas à sua *disposição*. Uma treliça pode possuir um número suficiente de elementos e reações externas, mas ainda pode ser instável devido a uma disposição inadequada de elementos e/ou apoios externos.

Nós enfatizamos que, para que os critérios de determinação e indeterminação estática, conforme dados pelas Equações (4.3) e (4.4) sejam válidos, a treliça deve ser estável e agir como um único corpo rígido sob sistema geral de cargas coplanares quando fixada aos apoios. Treliças internamente estáveis devem ser suportadas por, no mínimo, três reações, todas as quais não devem ser paralelas ou concorrentes. Se uma treliça for internamente instável, ela deve ser suportada pelas reações em número igual a, no mínimo, três mais o número das equações de condição ($3 + e_c$) e todas as reações não devem ser paralelas ou concorrentes. Além disso, cada nó, cada elemento e cada parte da treliça devem ser restringidos contra todos os possíveis movimentos do corpo rígido no plano da treliça, seja pelo resto da treliça ou pelos apoios externos. Se uma treliça contiver um número suficiente de elementos, mas se não forem devidamente dispostos, dizemos que a treliça possui um *forma crítico*. Para algumas treliças, pode não estar óbvio a partir de seus desenhos se seus elementos estão ou não dispostos adequadamente. No entanto, se a disposição dos elementos estiver incorreta, isso se tornará evidente durante a análise da treliça. A análise dessas treliças instáveis sempre levará a resultados inconsistentes, indeterminados ou infinitos.

EXEMPLO 4.2

Classifique cada treliça plana conforme mostrado na Figura 4.15 como estatisticamente instável, estaticamente determinada ou estaticamente indeterminada. Se a treliça for estaticamente indeterminada, estabeleça o grau hiperestático.

Solução

a) A treliça mostrada na Figura 4.15(a) contém 17 elementos e 10 nós e é suportada por 3 reações. Assim, $m + r = 2j$. Se as três reações não forem paralelas ou concorrentes e se os elementos da treliça estiverem dispostos adequadamente, ela é estaticamente determinada.

Resp.

b) Para essa treliça, $m = 17$, $j = 10$ e $r = 2$. Como $m + r < 2j$, a treliça é instável. **Resp.**

c) Para essa treliça, $m = 21$, $j = 10$ e $r = 3$. Como $m + r > 2j$, a treliça é estaticamente indeterminada, com o grau hiperestático $i = (m + r) - 2j = 4$. Deveria ser óbvio a partir da figura 4.15(c) que a treliça contivesse mais quatro elementos do que o necessário para estabilidade. **Resp.**

d) Essa treliça possui $m = 16$, $j = 10$ e $r = 3$. Essa treliça é instável, já que $m + r < 2j$. **Resp.**

e) Essa treliça é composta por duas partes rígidas, AB e BC, ligadas por uma rótula interna em B. A treliça possui $m = 26$, $j = 15$ e $r = 4$. Assim, $m + r = 2j$. As quatro reações não são paralelas ou concorrentes e toda a treliça está adequadamente restringida, portanto, ela é estaticamente determinada. **Resp.**

f) Para essa treliça, $m = 10$, $j = 7$ e $r = 3$. Como $m + r < 2j$, a treliça é instável. **Resp.**

g) Na Figura 4.15(g), um elemento BC foi adicionado à treliça da Figura 4.15(f), o que impede a rotação relativa entre as duas partes ABE e CDE. Como o m agora foi aumentado para 11, com j e r mantidos constantes em 7 e 3, respectivamente, a equação $m + r = 2j$ é satisfeita. Além disso, a treliça da Figura 4.15(g) é estaticamente determinada. **Resp.**

h) A treliça da Figura 4.15(f) é estabilizada substituindo-se o apoio de rolete em D por um apoio rotulado, conforme mostrado na Figura 4.15(h). Portanto, o número de reações foi aumentado para 4, mas m e j permanecem constantes em 10 e 7, respectivamente. Com $m + r = 2j$, a treliça é agora estaticamente determinada. **Resp.**

i) Para a treliça de torre mostrada na Figura 4.15(i), $m = 16$, $j = 10$ e $r = 4$. Como $m + r = 2j$, a treliça é estaticamente determinada. **Resp.**

$m = 17 \quad j = 10 \quad r = 3$
$m + r = 2j$
(a) Estaticamente determinada

$m = 17 \quad j = 10 \quad r = 2$
$m + r < 2j$
(b) Instável

$m = 21 \quad j = 10 \quad r = 3$
$m + r > 2j$
(c) Estaticamente determinada ($i = 4$)

$m = 16 \quad j = 10 \quad r = 3$
$m + r < 2j$
(d) Instável

$m = 26 \quad j = 15 \quad r = 4$
$m + r = 2j$
(e) Estaticamente determinada

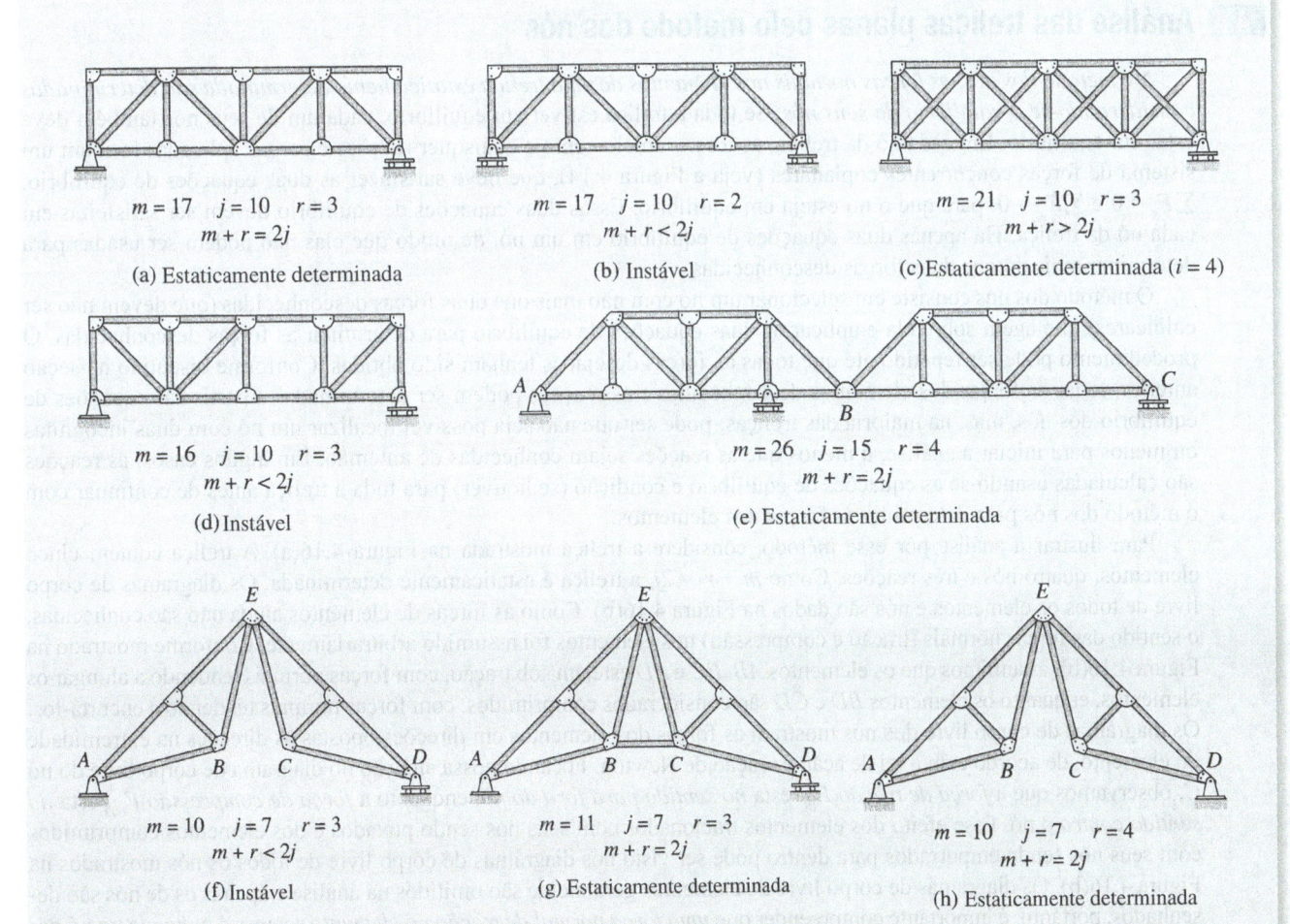

$m = 10 \quad j = 7 \quad r = 3$
$m + r < 2j$
(f) Instável

$m = 11 \quad j = 7 \quad r = 3$
$m + r = 2j$
(g) Estaticamente determinada

$m = 10 \quad j = 7 \quad r = 4$
$m + r = 2j$
(h) Estaticamente determinada

Figura 4.15 *(continua)*

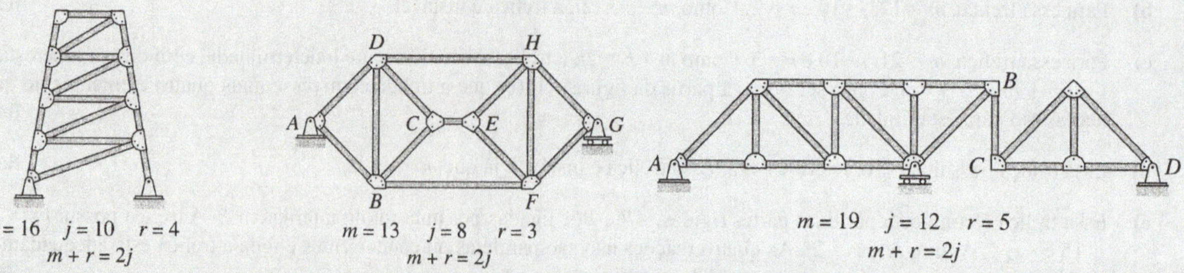

$m = 16 \quad j = 10 \quad r = 4$
$m + r = 2j$
(i) Estaticamente determinada

$m = 13 \quad j = 8 \quad r = 3$
$m + r = 2j$
(j) Instável

$m = 19 \quad j = 12 \quad r = 5$
$m + r = 2j$
(k) Estaticamente determinada

Figura 4.15

j) Essa treliça possui $m = 13$, $j = 8$ e $r = 3$. Embora $m + r = 2j$, a treliça é instável, pois contém duas partes rígidas *ABCD* e *EFGH* conectadas por três elementos paralelos, *BF*, *CE* e *DH*, que não podem impedir o deslocamento relativo, na direção vertical, de uma parte rígida da treliça em relação à outra. **Resp.**

k) Para a treliça mostrada na Figura 4.15(k), $m = 19$, $j = 12$ e $r = 5$. Como $m + r = 2j$, a treliça é estaticamente determinada. **Resp.**

4.5 Análise das treliças planas pelo método dos nós

No *método dos nós, as forças normais nos elementos de uma treliça estaticamente determinada são determinadas considerando-se o equilíbrio de seus nós.* Se toda a treliça estiver em equilíbrio, cada um de seus nós também deve estar em equilíbrio. Em cada nó da treliça, as forças do elemento e quaisquer reações e cargas aplicadas formam um sistema de forças concorrentes coplanares (veja a Figura 4.14), que deve satisfazer as duas equações de equilíbrio, $\Sigma F_x = 0$ e $\Sigma F_y = 0$, para que o nó esteja em equilíbrio. Essas duas equações de equilíbrio devem ser satisfeitas em cada nó da treliça. Há apenas duas equações de equilíbrio em um nó, de modo que elas não podem ser usadas para determinar mais do que duas forças desconhecidas.

O método dos nós consiste em selecionar um nó com não mais que duas forças desconhecidas (que devem não ser colineares) que agem sobre ela e aplicar as duas equações de equilíbrio para determinar as forças desconhecidas. O procedimento pode ser repetido até que todas as forças desejadas tenham sido obtidas. Conforme discutido na seção anterior, todas as forças dos elementos desconhecidas e as reações podem ser determinadas a partir das equações de equilíbrio dos nós, mas, na maioria das treliças, pode ser que não seja possível localizar um nó com duas incógnitas ou menos para iniciar a análise, a menos que as reações sejam conhecidas de antemão. Em alguns casos, as reações são calculadas usando-se as equações de equilíbrio e condição (se houver) para toda a treliça antes de continuar com o método dos nós para determinar as forças dos elementos.

Para ilustrar a análise por esse método, considere a treliça mostrada na Figura 4.16(a). A treliça contém cinco elementos, quatro nós e três reações. Como $m + r = 2j$, a treliça é estaticamente determinada. Os diagramas de corpo livre de todos os elementos e nós são dados na Figura 4.16(b). Como as forças de elementos ainda não são conhecidas, o sentido das forças normais (tração e compressão) nos elementos foi assumido arbitrariamente. Conforme mostrado na Figura 4.16(b), assumimos que os elementos *AB*, *BC* e *AD* estejam sob tração, com forças normais tendendo a alongar os elementos, enquanto os elementos *BD* e *CD* são considerados comprimidos, com forças normais tendendo a encurtá-los. Os diagramas de corpo livre dos nós mostram as forças dos elementos em direções opostas às direções na extremidade do elemento, de acordo com a lei de ação e reação de Newton. Focando nossa atenção no diagrama de corpo livre do nó *C*, observamos que a *força de tração* F_{BC} está *no sentido para fora do nó*, enquanto a *força de compressão* F_{CD} está *no sentido contra o* nó. Esse efeito dos elementos tracionados com seus nós sendo puxados e dos elementos comprimidos com seus nós sendo empurrados para dentro pode ser visto nos diagramas de corpo livre de todos os nós mostrados na Figura 4.16(b). Os diagramas de corpo livre de elementos geralmente são omitidos na análise e apenas os de nós são desenhados, portanto, é importante compreender que *uma força normal de tração no elemento sempre é indicada no nó por uma seta saindo do nó, e uma força normal de compressão no elemento sempre é indicada por uma seta entrando no nó.*

A análise da treliça pelo método dos nós é iniciada selecionando-se um nó que possui duas ou menos forças desconhecidas (que devem não ser colineares) agindo sobre ela. Um exame dos diagramas de corpo livre dos nós na

Figura 4.16(b) indica que nenhum dos nós satisfaz esse requisito. Portanto, calculamos as reações aplicando as três equações de equilíbrio para o corpo livre de toda a treliça mostrada na Figura 4.16(c), como a seguir:

$$+ \rightarrow \Sigma F_x = 0 \qquad A_x - 120 = 0 \qquad A_x = 120 \text{ kN} \rightarrow$$

$$+ \circlearrowleft \Sigma M_C = 0 \qquad -A_y(10,5) + 120(6) + 180(4,5) = 0 \qquad A_y = 145,7 \text{ kN} \uparrow$$

$$+ \uparrow \Sigma F_y = 0 \qquad 145,7 - 180 + C_y = 0 \qquad C_y = 34,3 \text{ kN} \uparrow$$

Tendo sido determinadas as reações, agora podemos começar a calcular as forças dos elementos no nó A, que possui duas forças desconhecidas, F_{AB} e F_{AD}, ou no nó C, que também possui duas incógnitas, F_{BC} e F_{CD}. Vamos começar pelo nó A. O diagrama de corpo livre desse nó é mostrado na Figura 4.16(d). Embora pudéssemos usar os senos e cossenos dos ângulos de inclinação de elementos inclinados ao escrevermos as equações de equilíbrio do nó, normalmente é mais conveniente utilizarmos as inclinações dos elementos inclinados. A inclinação de um elemento inclinado é simplesmente a relação entre a projeção vertical do comprimento do elemento e a projeção horizontal do seu comprimento. Por exemplo, na Figura 4.16(a), podemos ver que o elemento CD da treliça em consideração tem 6 m na direção vertical e uma distância horizontal de 4,5 m. Portanto, a inclinação desse elemento é de 6:4,5 ou 4:3. De maneira análoga, podemos ver que a inclinação do elemento AD é 1:1. As inclinações dos elementos inclinados determinadas a partir das dimensões da treliça são geralmente representadas no diagrama da treliça por meios de pequenos triângulos em ângulo reto desenhados nos elementos inclinados, conforme mostrado na Figura 4.16(a).

Voltando nossa atenção para o diagrama de corpo livre do nó A na Figura 4.16(d), determinamoss as incógnitas F_{AB} e F_{AD} aplicando as duas equações de equilíbrio:

$$+ \uparrow \Sigma F_y = 0 \qquad 145,7 + \frac{1}{\sqrt{2}} F_{AD} = 0 \qquad F_{AD} = -206,1 \text{ kN}$$
$$= 206,1 \text{ kN (C)}$$

$$+ \rightarrow \Sigma F_x = 0 \qquad 120 - \frac{1}{\sqrt{2}}(206,1) + F_{AB} = 0 \qquad F_{AB} = +25,7 \text{ kN}$$
$$= 25,7 \text{ kN (T)}$$

Observe que as equações de equilíbrio foram aplicadas de tal forma que cada equação contém apenas uma incógnita. A resposta negativa para F_{AD} indica que o elemento AD está comprimido em vez de estar tracionado, conforme assumido inicialmente, enquanto a resposta positiva para F_{AB} indica que o sentido assumido da força normal (tração) no elemento AB estava correta.

A seguir, desenhamos o diagrama do nó B, conforme mostrado na Figura 4.16(e) e determinamos F_{BC} e F_{BD}, da seguinte maneira:

$$+ \rightarrow \Sigma F_x = 0 \qquad -25,7 + F_{BC} = 0 \qquad F_{BC} = +25,7 \text{ kN ou}$$

$$F_{BC} = 25,7 \text{ kN (T)}$$

$$+ \uparrow \Sigma F_y = 0 \qquad -F_{BD} = 0 \qquad F_{BD} = 0$$

Aplicando a equação de equilíbrio $\Sigma F_x = 0$ no diagrama de corpo livre no nó C (Figura 4.16(f)), obtemos

$$+ \rightarrow \Sigma F_x = 0 \qquad -25,7 + \frac{3}{5} F_{CD} = 0 \qquad F_{CD} = +42,8 \text{ kN ou}$$

$$F_{CD} = 42,8 \text{ kN (C)}$$

Nós determinamos todas as forças nos elementos, de forma que as três equações de equilíbrio restantes, $\Sigma F_y = 0$ no nó C e $\Sigma F_x = 0$ e $\Sigma F_y = 0$ no nó D, podem ser usadas para verificar nossos cálculos. Assim, no nó C,

$$+ \uparrow \Sigma F_y = 34,3 - \frac{4}{5}(42,8) = 0$$

Verificações

102 Análise Estrutural

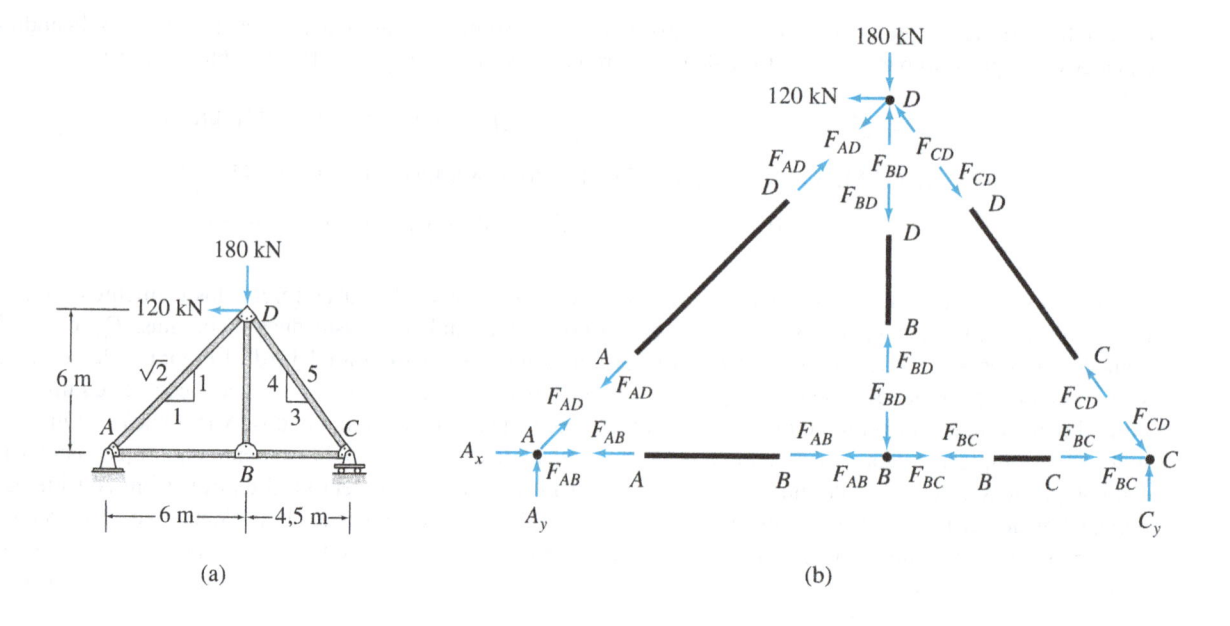

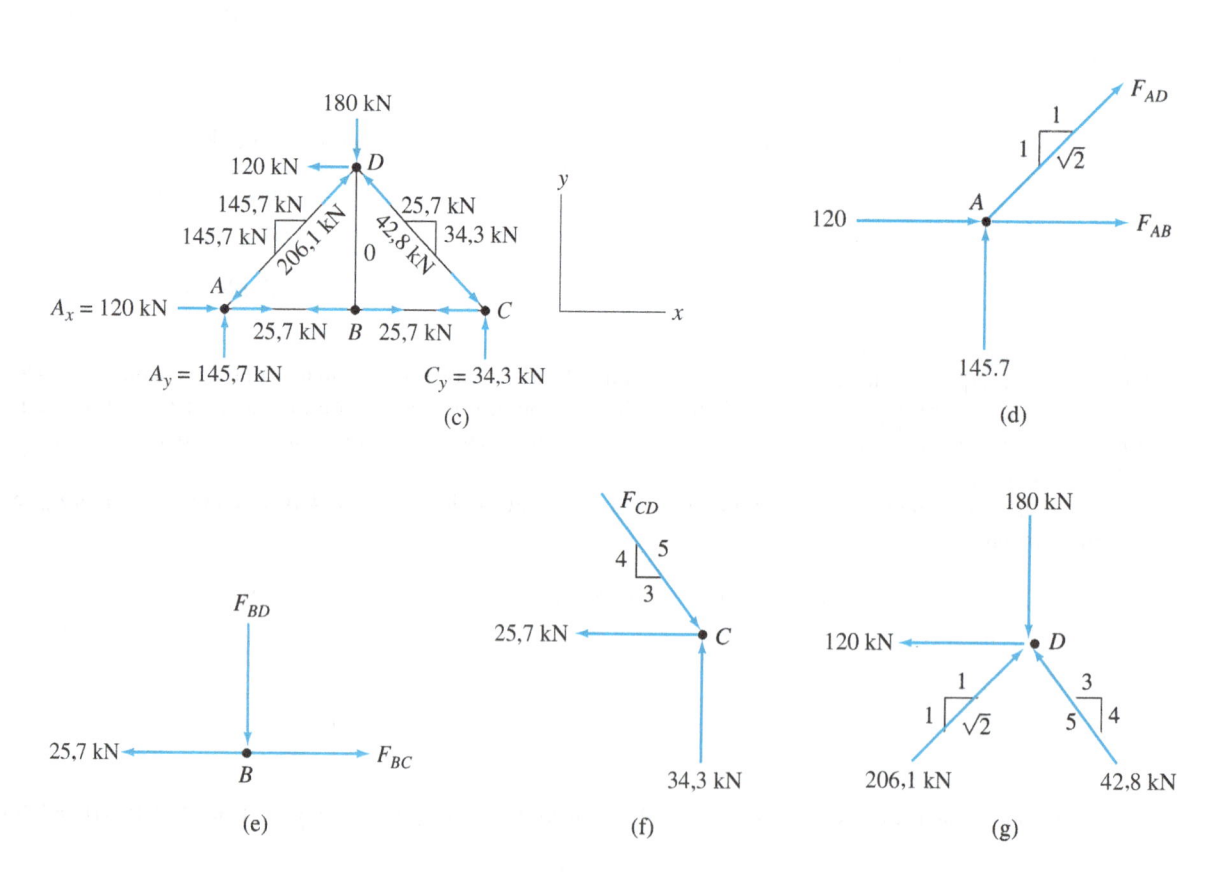

Figura 4.16

e no nó D (Figura 4.16(g)),

$$+ \rightarrow \Sigma F_x = -120 + \frac{1}{\sqrt{2}}(206,1) - \frac{3}{5}(42,8) = 0$$

Verificações

$$+ \uparrow \Sigma F_y = \frac{1}{\sqrt{2}}(206,1) - 180 + \frac{4}{5}(42,8) = 0$$

Verificações

Nos parágrafos anteriores, a análise de uma treliça foi realizada desenhando-se um diagrama de corpo livre e escrevendo as duas equações de equilíbrio para cada um de seus nós. No entanto, a análise das treliças pode ser consideravelmente acelerada se pudermos determinar algumas (preferencialmente todas) as forças nos elementos por inspeção – ou seja, sem desenhar os diagramas de corpo livre do nó e escrevendo as equações de equilíbrio. Essa abordagem pode ser convenientemente usada para os nós em que, no mínimo, uma das duas forças desconhecidas esteja agindo na direção vertical ou horizontal. Quando ambas as forças desconhecidas em um nó tiverem direções inclinadas, normalmente é necessário desenhar o diagrama de corpo livre do nó e determinar as incógnitas resolvendo as equações de equilíbrio simultaneamente. Para ilustrar esse procedimento, considere novamente a treliça da Figura 4.16(a). O diagrama de corpo livre de toda a treliça é mostrado na Figura 4.16(c), que também apresenta as reações de apoio calculadas anteriormente. Focando nossa atenção no nó A dessa figura, observamos que, para satisfazer a equação de equilíbrio $\sum F_y = 0$ no nó A, a componente vertical de F_{AD} deve puxar para baixo para o nó com uma magnitude de 145,7 kN a fim de equilibrar a reação vertical, de 145,7 kN. O fato de que o elemento AD está comprimido é indicado no diagrama da treliça ao desenhar setas próximas aos nós A e D para dentro dos nós, conforme mostrado na Figura 4.16(c). Como a magnitude da componente vertical de F_{AD} encontrada foi de 145,7 kN e como a inclinação do elemento AD é de 1:1, a magnitude da componente horizontal de F_{AD} também deve ser de 145,7 kN ; portanto, a magnitude da força resultante F_{AD} é $F_{AD} = \sqrt{(145,7)^2 + (145,7)^2} = 206,1$ kN. As componentes de F_{AD}, bem como a própria F_{AD}, são mostradas nos lados correspondentes de um triângulo de ângulos retos desenhado no elemento AD, como mostrado na Figura 4.16(c). Com a componente horizontal de F_{AD} agora encontrada, observamos (da Figura 4.16(c)) que, para satisfazer a equação de equilíbrio $\sum F_x = 0$ no nó A, a força no elemento $AB(F_{AB})$ deve puxar para a direita o nó com uma magnitude de 25,7 kN para equilibrar a componente horizontal de F_{AD} de 145,7 kN agindo para a esquerda e a reação horizontal de 120 kN agindo para a direita. A magnitude de F_{AB} agora é escrita no elemento AB e as setas, saindo dos nós, são desenhadas próximas dos nós A e B para indicar que o elemento AB está tracionado.

A seguir, focaremos nossa atenção no nó B da treliça. Deve ficar óbvio a partir da Figura 4.16(c) que, para satisfazer $\sum F_y = 0$ em B, a força no elemento BD deve ser zero. Para satisfazer $\sum Fx = 0$, a força no elemento BC deve ter uma magnitude de 25,7 kN e deve puxar para a direita o nó B, indicando tração no elemento BC. Essas informações mais recentes são registradas no diagrama da treliça na Figura 4.16(c). Considerando agora o equilíbrio do nó C, podemos observar na figura que, para satisfazer $\sum F_y = 0$, a componente vertical de F_{CD} deve ser para baixo e contra o nó com uma magnitude de 34,3 kN para equilibrar a reação verticalmente para cima de 34,3 kN. Assim, o elemento CD está comprimido. Como a magnitude da componente vertical de F_{CD} é de 34,3 kN e como a inclinação do elemento CD é de 4:3, a magnitude da componente horizontal de F_{CD} é igual a $(3/4)(34,3$ kN$) = 25,7$ kN; portanto, a magnitude da própria F_{CD} é de $F_{CD} = \sqrt{(25,7)^2 + (34,3)^2} = 42,8$ kN. Tendo sido determinadas todas as forças de elementos, verificamos nossos cálculos com o uso das equações de equilíbrio $\sum F_x = 0$ no nó C e $\sum F_x = 0$ e $\sum F_y = 0$ no nó D. As componentes horizontal e vertical das forças dos elementos já estão disponíveis na Figura 4.16(c), de modo que podemos facilmente verificar por inspeção a fim de descobrir se essas equações de equilíbrio estão mesmo satisfeitas. Devemos reconhecer que todas as setas mostradas no diagrama da treliça na Figura 4.16(c) indicam as forças que agem nos nós (não nas extremidades dos elementos).

Identificação de elementos de força nula

Como as treliças são geralmente projetadas para suportar diversas condições diferentes de carga, não é incomum encontrar elementos com forças nulas quando uma treliça está sendo analisada para determinada condição de carga. Os elementos de força nula também são incluídos nas treliças para amarrar os elementos comprimidos contra o esmagamento e os elementos tracionados esbeltos contra vibração. A análise das treliças pode ser acelerada se pudermos identificar os elementos de força nula por inspeção. Dois tipos comuns de disposições de elementos que resultam em elementos de força nula são os seguintes:

1. Se apenas dois elementos não colineares estiverem ligados a um nó que não possui cargas externas ou reações aplicadas a ele, então, a força em ambos os elementos é nula.
2. Se houver três elementos, dois dos quais são colineares, ligados a um nó que não possui cargas externas ou reações aplicadas a ele, então, a força no elemento que não é colinear é nula.

O primeiro tipo de disposição é mostrado na Figura 4.17(a). Consiste em dois elementos não colineares AB e AC ligados a um nó A. Observe que nenhuma carga externa ou reações são aplicadas ao nó. Nessa figura, podemos ver que, para satisfazer a equação de equilíbrio $\sum F_y = 0$, a componente y de F_{AB} deve ser nula; portanto, $F_{AB} = 0$. Como a componente x de F_{AB} é nula, a segunda equação de equilíbrio, $\sum F_x = 0$, pode ser satisfeita apenas se F_{AC} também é nula.

O segundo tipo de disposição é mostrado na Figura 4.17(b) e consiste em três elementos, AB, AC e AD, ligados juntos ao nó A. Observe que dois dos três elementos, AB e AD, são colineares. Podemos observar na figura que, desde que não haja carga externa ou reação aplicada ao nó para equilibrar a componente y de F_{AC}, a equação de equilíbrio $\sum F_y = 0$ pode ser satisfeita apenas se F_{AC} for zero.

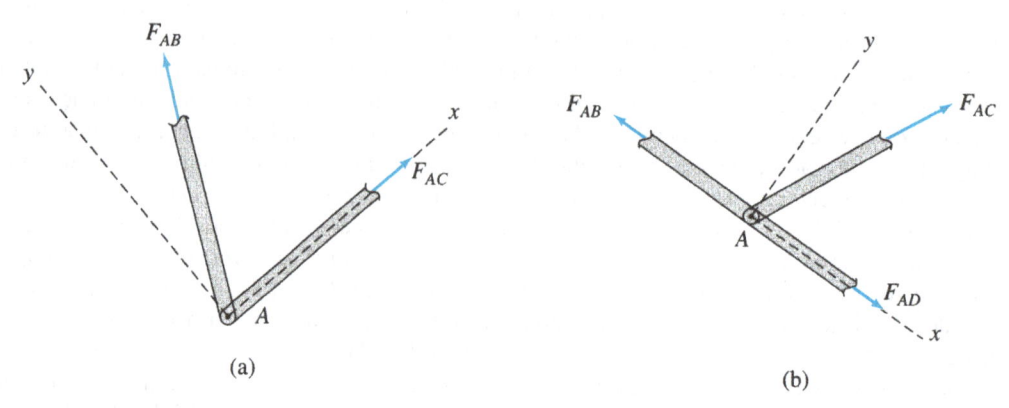

Figura 4.17

EXEMPLO 4.3

Identifique todos os elementos de força nula na treliça de telhado Fink sujeita a uma carga de neve desequilibrada, conforme mostrado na Figura 4.18.

Solução
Pode ser visto na figura que, no nó B, três elementos, *AB*, *BC* e *BJ*, estão ligados, dos quais *AB* e *BC* são colineares e *BJ* não é. Como não existem cargas externas aplicadas no nó *B*, o elemento *BJ* é um elemento de força nula. Um raciocínio semelhante pode ser usado no nó *D* para identificar o elemento *DN* como um elemento de força nula. A seguir, focaremos nossa atenção no nó *J*, no qual quatro elementos, *AJ*, *BJ*, *CJ* e *JK*, são ligados e nenhuma carga externa é aplicada. Já identificamos *BJ* como um elemento de força nula. Dos três elementos restantes, *AJ* e *JK* são colineares; portanto, *CJ* deve ser um elemento de força nula. De maneira análoga, no nó *N*, o elemento *CN* está identificado como um elemento de força nula; o mesmo tipo de considerações pode ser usado para o nó *C* para identificar o elemento *CK* como um elemento de força nula e para o nó *K*, para identificar o elemento *KN* como um elemento de força nula. Por fim, consideramos o nó *N*, no qual quatro elementos, *CN*, *DN*, *EN* e *KN*, estão ligados, dos quais três deles, *CN*, *DN* e *KN*, já foram identificados como elementos de força nula. Nenhuma carga externa é aplicada ao nó *N*, portanto, a força no elemento restante, *EN*, também deve ser nula.

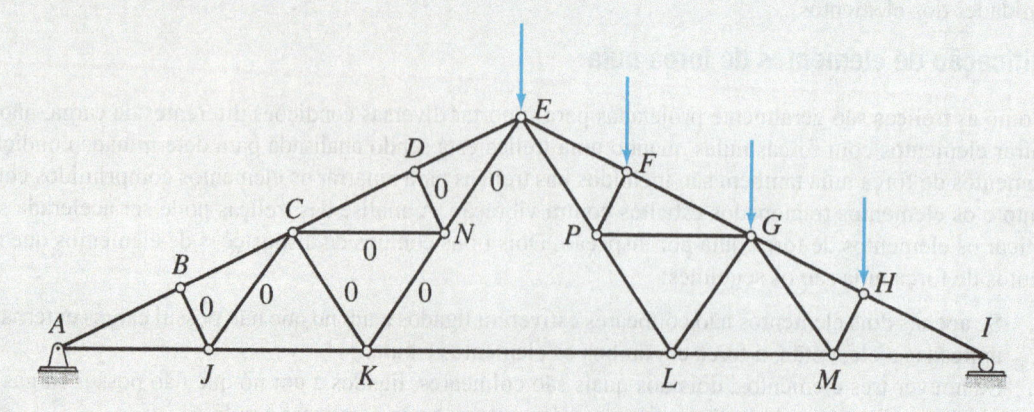

Figura 4.18

Procedimento para análise

O procedimento passo a passo a seguir pode ser usado para a análise de treliças planas simples estaticamente determinadas pelo método dos nós.

capítulo 4

Treliças planas e espaciais 105

1. Verifique a determinação estática da treliça, conforme discutido na seção anterior. Se você descobrir que a treliça é estaticamente determinada e estável, avance para a etapa 2. Caso contrário, finalize a análise nesta etapa. (A análise de treliças estaticamente indeterminadas é considerada na Parte 3 deste texto.)
2. Identifique por inspeção quaisquer elementos de força nula da treliça.
3. Determine as inclinações dos elementos inclinados (exceto os elementos de força nula) da treliça.
4. Desenhe um diagrama de corpo livre de toda a treliça, mostrando todas as cargas externas e reações. Escreva os zeros pelos elementos que foram identificados como sendo elementos de força nula.
5. Examine o diagrama de corpo livre da treliça para selecionar um nó que não tenha mais de duas forças desconhecidas (que devem não ser colineares) agindo sobre ele. Se esse nó for encontrado, vá diretamente para a próxima etapa. Caso contrário, determine as reações aplicando as três equações de equilíbrio e as equações de condição (se houver) para o corpo livre de toda a treliça; em seguida, selecione um nó com no máximo duas incógnitas e vá para a próxima etapa.
6. **a.** Desenhe um diagrama de corpo livre do nó selecionado, mostrando as forças de tração por meio de setas saindo do nó e forças de compressão por meio de setas entrando no nó. Normalmente, é conveniente assumir as forças dos elementos desconhecidas como tracionadas.
   b. Determine as forças desconhecidas aplicando as duas equações de equilíbrio $\sum F_x = 0$ e $\sum F_y = 0$. Uma resposta positiva para uma força do elemento significa que o elemento está tracionado, conforme pressuposto inicialmente, enquanto uma resposta negativa indica que o elemento está comprimido.
   Se pelo menos uma das forças desconhecidas que está agindo no nó selecionado está na direção horizontal ou vertical, as incógnitas podem ser facilmente determinadas satisfazendo as duas equações de equilíbrio por inspeção do nó no diagrama de corpo livre da treliça.
7. Se todas as forças e reações dos elementos desejados foram determinados, então avance para a próxima etapa. Caso contrário, selecione um outro nó com menos de duas incógnitas e retorne à etapa 6.
8. Se as reações foram determinadas na etapa 5 usando as equações de equilíbrio e condição de toda a treliça, em seguida, aplique as equações de equilíbrio no nó restante que não foram utilizadas até agora para verificar os cálculos. Se as reações forem calculadas aplicando as equações de equilíbrio no nó, use as equações de equilíbrio de toda a treliça para verificar os cálculos. Se a análise foi executada corretamente, essas equações de equilíbrio adicionais devem ser satisfeitas.

EXEMPLO 4.4

Determine a força em cada elemento da treliça Warren mostrada na Figura 4.19(a) pelo método dos nós.

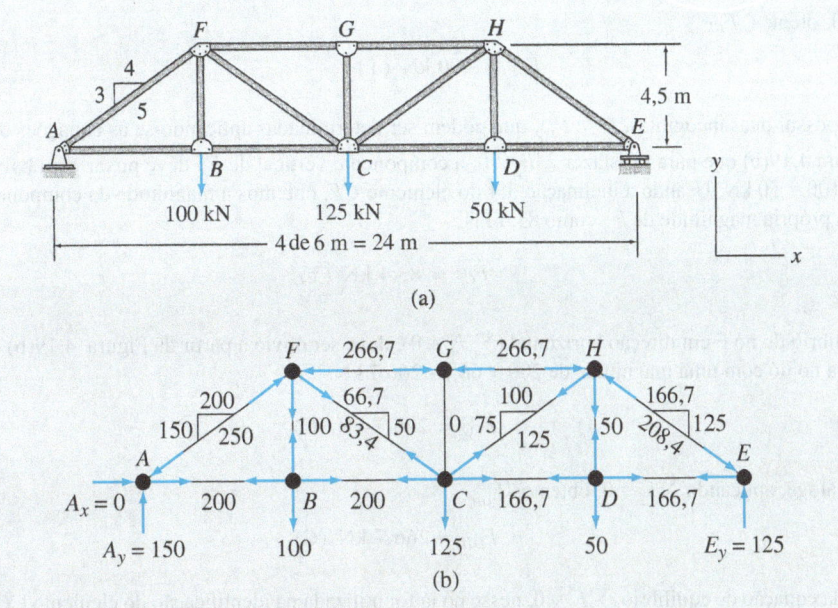

Figura 4.19

Solução

Determinação estática. A treliça possui 13 elementos e 8 nós e é suportada por 3 reações. Como $m + r = 2j$ e as reações e os elementos da treliça são devidamente organizados, ela é estaticamente determinada.

Elementos de força nula. Podemos observar na Figura 4.19(a) que no nó G, três elementos, CG, FG e GH, estão ligados, dos quais FG e GH são colineares e CG não é. Como nenhuma carga externa está aplicada no nó G, o elemento CG é um elemento de força nula.

$$F_{CG} = 0 \quad \text{Resp.}$$

A partir das dimensões da treliça, descobrimos que todos os elementos inclinados possuem inclinação de 3:4, conforme mostrado na Figura 4.19(a). O diagrama de corpo livre de toda a treliça é mostrado na Figura 4.19(b). Como um nó de duas ou menos incógnitas – que deveriam não ser colineares – não pôde ser localizado, calculamos as reações de apoio. (Embora a nó G tenha apenas duas forças desconhecidas, F_{FG} e F_{GH}, agindo sobre ele, essas forças são colineares, portanto, não podem ser determinadas a partir da equação de equilíbrio do nó, $\sum F_x = 0$.)

Reações. Usando as proporções,

$$A_y = 100\left(\frac{3}{4}\right) + 125\left(\frac{1}{2}\right) + 50\left(\frac{1}{4}\right) = 150$$

$$\sum F_y = 0 \quad E_y = (100 + 125 + 50) - 150 = 125 \text{ kN}$$

$$\sum F_x = 0 \quad A_x = 0$$

Nó A. Focando nossa atenção no nó A na Figura 4.19(b), observamos que, para satisfazer $\sum F_y = 0$, o componente vertical de F_{AF} deve empurrar para baixo para dentro do nó com uma magnitude de 150 kN para equilibrar a reação ascendente de 150 kN. A inclinação do elemento AF é de 3:4, assim, a magnitude da componente horizontal de F_{AF} é (4/3)(150 kN) ou 200 kN. Dessa forma, a força no elemento AF é compressiva, com uma magnitude de $F_{AF} = \sqrt{(200)^2 + (150)^2} = 250$ kN.

$$F_{AF} = 250 \text{ kN (C)} \quad \text{Resp.}$$

Agora, com a componente horizontal de F_{AF} descoberta, podemos observar na figura que, para que $\sum F_x = 0$ seja satisfeita, F_{AB} deve puxar para a direita com uma magnitude de 200 kN para equilibrar a componente horizontal de F_{AF} de 200 kN agindo para a esquerda. Portanto, o elemento AB está em tensão com uma força de 200 kN.

$$F_{AB} = 200 \text{ kN (T)} \quad \text{Resp.}$$

Nó B. A seguir, consideramos o equilíbrio da nó B. Aplicando $\sum F_x = 0$, obtemos F_{BC}.

$$F_{BC} = 200 \text{ kN (T)} \quad \text{Resp.}$$

Com $\sum F_y = 0$, otemos F_{BF}.

$$F_{BF} = 100 \text{ kN (T)} \quad \text{Resp.}$$

Nó F. Esse nó agora possui duas incógnitas, F_{CF} e F_{FG}, que podem ser determinadas aplicando-se as equações de equilíbrio a seguir. Podemos ver na Figura 4.19(b) que para satisfazer $\sum F_y = 0$, a componente vertical de F_{CF} deve puxar para baixo no nó F com uma magnitude de 150 – 100 = 50 kN. Usando a inclinação 3:4 do elemento CF, obtemos a magnitude da componente horizontal como (4/3)(50) 66,7 kN e a própria magnitude de F_{CF} como 83,4 kN.

$$F_{CF} = 83,4 \text{ kN (T)} \quad \text{Resp.}$$

Considerando o equilíbrio do nó F em direção horizontal ($\sum F_x = 0$), deve ser óbvio a partir da Figura 4,19(b) que o FFG deve empurrar para a esquerda no nó com uma magnitude de 200 + 66,7 - 266,7 kN.

$$F_{FG} = 266,7 \text{ kN (C)} \quad \text{Resp.}$$

Nó G. De maneira análoga, aplicando $\sum F_x = 0$, obtemos F_{GH}.

$$F_{GH} = 266,7 \text{ kN (C)} \quad \text{Resp.}$$

Observe que a segunda equação de equilíbrio, $\sum F_y = 0$, nesse nó já foi utilizada na identificação do elemento CG como um elemento de força nula.

Nó C. Considerando o equilíbrio na direção vertical, $\sum F_y = 0$, observamos (na Figura 4.19(b)) que o elemento CH deve estar sob tensão e que a magnitude da componente vertical de sua força deve ser igual a $125 - 50 = 75$ kN. Portanto, as magnitudes da componente horizontal de F_{CH} e do próprio F_{CH} são de 100 kN e 125 kN, respectivamente, conforme mostrado na Figura 4.19(b).

$$F_{CH} = 125 \text{ kN (C)} \qquad \textbf{Resp.}$$

Ao considerarmos o equilíbrio em direção horizontal, $\sum F_x = 0$, observamos que o elemento CD deve estar sob tensão e que a magnitude de sua força deve ser igual a $200 + 66{,}7 - 100 = 166{,}7$ kN.

$$F_{CD} = 166{,}7 \text{ kN (T)} \qquad \textbf{Resp.}$$

Nó D. Aplicando $\sum F_x = 0$, obtemos F_{DE}.

$$F_{DE} = 166{,}7 \text{ kN (T)} \qquad \textbf{Resp.}$$

Com $\sum F_y = 0$, determinamos F_{DH}.

$$F_{DH} = 50 \text{ kN (T)} \qquad \textbf{Resp.}$$

Nó E. Considerando-se as componentes verticais de todas as forças agindo no nó E, descobrimos que para satisfazer $F_y = 0$, a componente vertical de F_{EH} deve empurrar para baixo para dentro do nó E com uma magnitude de 125 kN para equilibrar a reação ascendente $E_y = 125$ kN. A magnitude da componente horizontal de F_{EH} é igual a $(4/3)(125)$ ou 166,7 kN. Assim, F_{EH} é uma força de compressão com uma magnitude de 208,5 kN.

$$F_{EH} = 208{,}4 \text{ kN (T)} \qquad \textbf{Resp.}$$

Verificando os cálculos. Para verificar nossos cálculos, aplicamos as seguintes equações restantes de equilíbrio de nó (veja Figura 4.19(b)). No nó E,

$$+\rightarrow \sum F_x = -166{,}7 + 166{,}7 = 0 \qquad \textbf{Verificações}$$

No nó H,

$$+\rightarrow \sum F_x = 266{,}7 - 100 - 166{,}7 = 0 \qquad \textbf{Verificações}$$

$$+\uparrow \sum F_y = -75 - 50 + 125 = 0 \qquad \textbf{Verificações}$$

EXEMPLO 4.5

Determine a força em cada elemento da treliça mostrada na Figura 4.20(a) pelo método dos nós.

Solução

Determinação estática. A treliça é composta por 7 elementos, 5 nós e é suportada por 3 reações. Portanto, $m + r = 2j$. Desde que as reações e os elementos da treliça sejam adequadamente organizados, ela é estaticamente determinada.

Com base nas dimensões da treliça dadas na Figura 4.20(a), descobrimos que todos os elementos inclinados possuem inclinação de 12:5. Como o nó E possui duas forças não colineares desconhecidas, F_{CE} e F_{DE}, agindo sobre ela, podemos iniciar o método dos nós sem previamente calcular as reações de apoio.

Nó E. Focando nossa atenção no nó E da Figura 4.20(b), observamos que, para satisfazer $\sum F_x = 0$, o componente horizontal de F_{DE} deve empurrar para a esquerda para dentro do nó com uma magnitude de 25 kN para equilibrar a carga externa de 25 kN agindo para a direita. A inclinação do elemento DE é de 12:5, assim, a magnitude da componente vertical de F_{DE} é $(12/5)(25)$ ou 60 kN. Portanto, a força no elemento DE é compressiva, com uma magnitude de

$$F_{DE} = \sqrt{(25)^2 + (60)^2} = 65 \text{ kN}$$

$$F_{DE} = 65 \text{ kN (C)} \qquad \textbf{Resp.}$$

108 Análise Estrutural

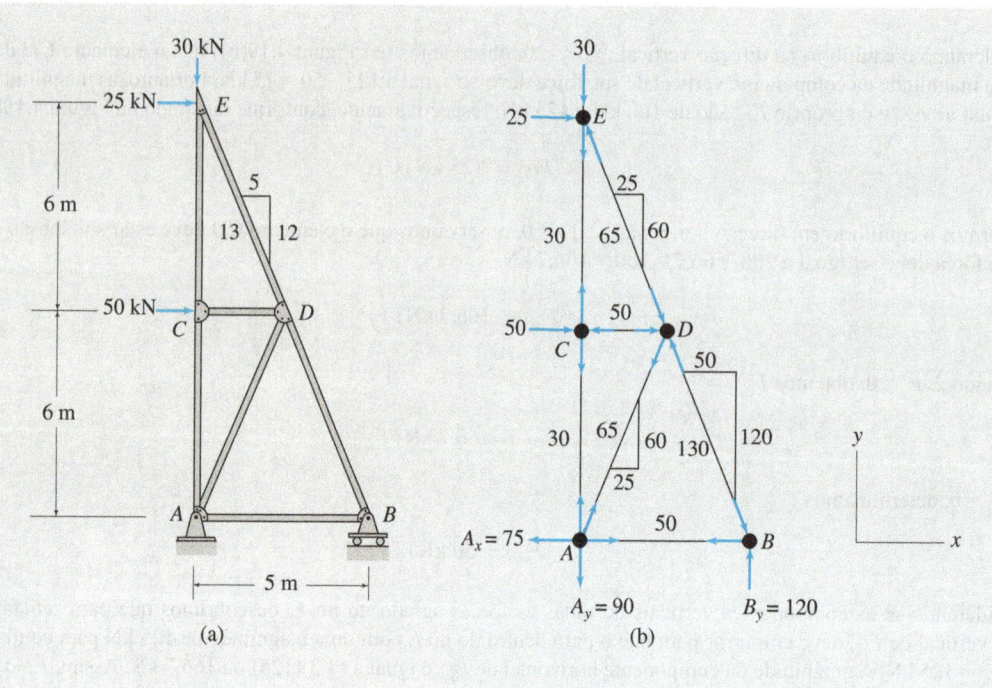

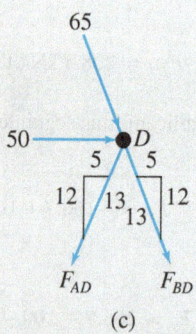

Figura 4.20

Com a componente vertical de F_{DE} desconhecida, podemos observar na figura que, para que $\sum F_y = 0$ seja satisfeito, F_{CE} deve ser puxado para baixo no nó E com uma magnitude de 60 − 30 = 30 kN.

$$F_{CE} = 30 \text{ kN (T)} \qquad \textbf{Resp.}$$

Nó C. A seguir, consideramos o equilíbrio do nó C. Aplicando $\sum F_x = 0$, obtemos F_{CD}.

$$F_{CD} = 50 \text{ kN (C)} \qquad \textbf{Resp.}$$

Com $\sum F_y = 0$, obtemos F_{AC}.

$$F_{AC} = 30 \text{ kN (T)} \qquad \textbf{Resp.}$$

Nó D. Ambas as forças desconhecidas, F_{AD} e F_{BD}, agindo nesse nó, possuem direções inclinadas, portanto, desenhamos o diagrama de corpo livre nesse nó, conforme mostrado na Figura 4.20(c) e determinamos as incógnitas resolvendo as equações de equilíbrio simultaneamente:

$$+\rightarrow \sum F_x = 0 \qquad 50 + \frac{5}{13}(65) - \frac{5}{13}F_{AD} + \frac{5}{13}F_{BD} = 0$$

$$+\uparrow \sum F_y = 0 \qquad -\frac{12}{13}(65) - \frac{12}{13}F_{AD} - \frac{12}{13}F_{BD} = 0$$

Ao resolvermos essas equações simultaneamente, obtemos

$$F_{AD} = 65 \text{ kN} \quad \text{e} \quad F_{BD} = -130 \text{ kN}$$

$$F_{AD} = 65 \text{ kN (T)} \quad \text{Resp.}$$

$$F_{BD} = 130 \text{ kN (C)} \quad \text{Resp.}$$

Nó B. (Veja Figura 4.20(b).) Considerando o equilíbrio da nó B em direção horizontal ($\sum F_x = 0$), obtemos F_{AB}.

$$F_{AB} = 50 \text{ kN (T)} \quad \text{Resp.}$$

Com todas as forças de elementos já determinadas, aplicamos a equação de equilíbrio restante ($\sum F_y = 0$) no nó B para calcular a reação de apoio B_y.

$$B_y = 120 \text{ kN} \uparrow \quad \text{Resp.}$$

Nó A. Ao aplicarmos $\sum F_x = 0$, obtemos A_x.

$$A_x = 75 \text{ kN} \leftarrow \quad \text{Resp.}$$

Com $\sum F_y = 0$, obtemos A_y.

$$A_Y = 90 \text{ kN} \downarrow$$

Verificando os cálculos. Para verificar nossos cálculos, consideramos o equilíbrio de toda a treliça. Aplicando as três equações de equilíbrio para o corpo livre de toda a treliça mostrada na Figura 4.20(b), obtemos

$$+ \rightarrow \sum F_x = 25 + 50 - 75 = 0 \quad \text{Verificações}$$

$$+ \uparrow \sum F_y = -30 - 90 + 120 = 0 \quad \text{Verificações}$$

$$+ \circlearrowleft \sum M_B = 30(5) - 25(12) - 50(6) + 90(5) = 0 \quad \text{Verificações}$$

EXEMPLO 4.6

Determine a força em cada elemento do arco da treliça com três rótulas mostrado na Figura 4.21(a) pelo método dos nós.

Solução

Determinação estática. A treliça contém 10 elementos, 7 nós e é suportada por 4 reações. Como $m + r = 2j$ e as reações e os elementos da treliça estão organizados adequadamente, ela é estaticamente determinada. Observe que, como $m < 2j - 3$, a treliça não está internamente estável e não permanecerá como um corpo rígido quando for afastada de seus apoios. No entanto, quando fixada aos seus apoios, a treliça manterá seu formato e poderá ser considerada como um corpo rígido.

Elementos de força nula. Pode ser observado na Figura 4.21(a) que, no nó C, três elementos, AC, CE e CF, estão ligados, dos quais os elementos AC e CF são colineares. Como o nó C não possui nenhuma carga aplicada a ele, o elemento não colinear CE é um elemento de força nula.

$$F_{CE} = 0 \quad \text{Resp.}$$

Um raciocínio semelhante pode ser usado para o nó D para identificar o elemento DG como um elemento de força nula.

$$F_{DG} = 0 \quad \text{Resp.}$$

As inclinações dos elementos inclinados de força nula são mostradas na Figura 4.21(a). O diagrama de corpo livre de toda a treliça é mostrado na Figura 4.21(b). O método dos nós pode ser iniciado no nó E ou no nó G, já que esses dois nós possuem apenas duas incógnitas cada.

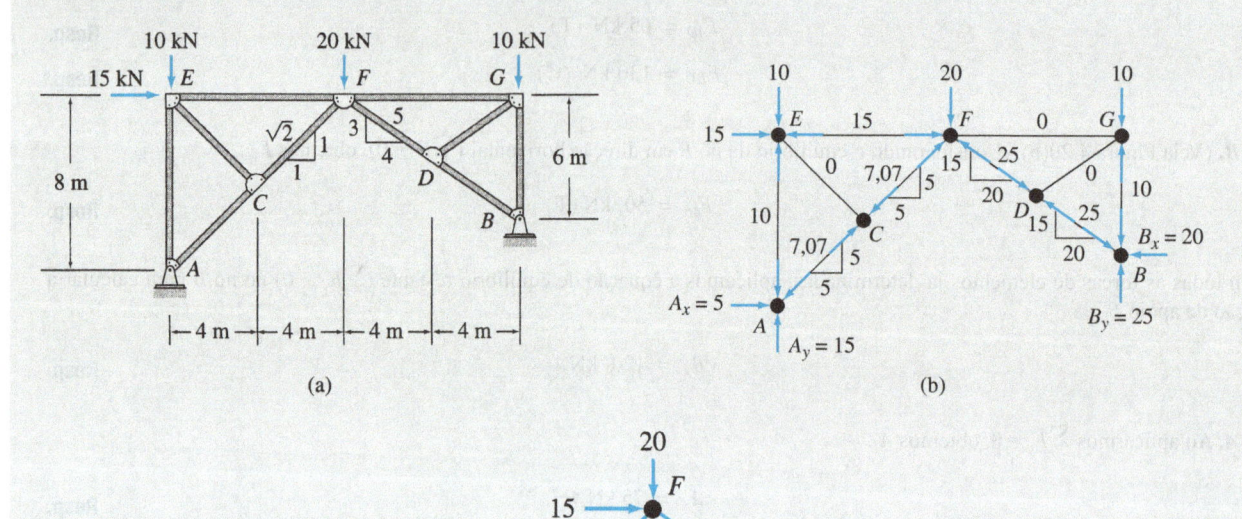

Figura 4.21

Nó E. Começando com o nó E, observamos na Figura 4.21(b) que, para que $\sum F_x = 0$ seja satisfeito, a força no elemento EF deve ser de compressão com uma magnitude de 15 kN.

$$F_{EF} = 15 \text{ kN (C)} \qquad \text{Resp.}$$

Analogamente, com $\sum F_y = 0$, obtemos F_{AE}.

$$F_{AE} = 10 \text{ kN (C)} \qquad \text{Resp.}$$

Nó G. Ao considerarmos o equilíbrio do nó G em direção horizontal ($\sum F_x = 0$), observamos que a força no elemento FG é nula.

$$F_{FG} = 0 \qquad \text{Resp.}$$

Analogamente, aplicando $\sum F_y = 0$, obtemos F_{BG}.

$$F_{BG} = 10 \text{ kN (C)} \qquad \text{Resp.}$$

Nó F. A seguir, consideramos a nó F. Ambas as forças desconhecidas, F_{CF} e F_{DF}, agindo nessa nó possuem direções inclinadas, portanto, desenhamos o diagrama de corpo livre dessa nó, conforme mostrado na Figura 4.21(c) e determinamos as incógnitas resolvendo as equações de equilíbrio simultaneamente:

$$+ \rightarrow \sum F_x = 0 \qquad 15 - \frac{1}{\sqrt{2}} F_{CF} + \frac{4}{5} F_{DF} = 0$$

$$+ \uparrow \sum F_y = 0 \qquad -20 - \frac{1}{\sqrt{2}} F_{CF} - \frac{3}{5} F_{DF} = 0$$

Resolvendo essas equações, obtemos

$$F_{DF} = -25 \text{ kN} \quad \text{e} \quad F_{CF} = -7{,}07 \text{ kN}$$

$$F_{DF} = 25 \text{ kN (C)} \qquad \text{Resp.}$$

$$F_{CF} = 7{,}07 \text{ kN (C)} \qquad \text{Resp.}$$

Nó C. (Veja Figura 4.21(b).) Para que a nó C esteja em equilíbrio, as duas forças colineares diferentes de zero agindo sobre ele devem ser iguais e opostas.

$$F_{AC} = 7{,}07 \text{ kN (C)} \quad \text{Resp.}$$

Nó D. Usando um raciocínio semelhante no nó D, obtemos F_{BD}.

$$F_{BD} = 25 \text{ kN (C)} \quad \text{Resp.}$$

Nó A. Tendo determinado todas as forças de elementos, aplicamos as duas equações de equilíbrio no nó A para calcular as reações de apoio, A_x e A_y. Aplicando $\sum F_x = 0$, obtemos A_x.

$$A_x = 5 \text{ kN} \rightarrow \quad \text{Resp.}$$

Ao aplicarmos $\sum F_y = 0$, descobrimos que A_y é igual a $10 + 5 = 15$ kN.

$$A_y = 15 \text{ kN} \uparrow \quad \text{Resp.}$$

Nó B. Aplicando $\sum F_x = 0$, obtemos B_x.

$$B_x = 20 \text{ kN} \leftarrow \quad \text{Resp.}$$

Com $\sum F_y = 0$, descobrimos que $B_y = 15 + 10 = 25$ kN.

$$B_y = 25 \text{ kN} \uparrow \quad \text{Resp.}$$

Verificando o equilíbrio de toda a treliça. Por fim, para verificar nossos cálculos, consideramos o equilíbrio de toda a treliça. Aplicando as três equações de equilíbrio para o corpo livre de toda a treliça mostradas na Figura 4.21(b), obtemos

$$+ \rightarrow \sum F_x = 5 + 15 - 20 = 0 \quad \text{Verificações}$$

$$+ \uparrow \sum F_y = 15 - 10 - 20 - 10 + 25 = 0 \quad \text{Verificações}$$

$$+ \circlearrowleft \sum M_B = 5(2) - 15(16) - 15(6) + 10(16) + 20(8) = 0 \quad \text{Verificações}$$

4.6 Análise das treliças planas pelo método das seções

O método dos nós, apresentado na seção anterior, prova ser muito eficiente quando as forças em todos os elementos de uma treliça precisam ser determinadas. No entanto, se desejar apenas as forças em determinados elementos de uma treliça, o método dos nós pode não ser eficiente, já que pode envolver o cálculo de forças em vários outros elementos da treliça antes que um nó seja atingido que possa ser analisado para uma força de elemento desejada. O *método das seções* permite determinar forças nos elementos específicos das treliças diretamente, sem antes calcular diversas forças de elementos desnecessárias, como pode ser preciso pelo método dos nós.

O método das seções envolve cortar a treliça em duas partes passando uma seção imaginária entre os elementos cujas forças são desejadas. As forças de elementos desejadas são, então, determinadas considerando o equilíbrio de uma das duas partes da treliça. Cada parte da treliça é tratada com um corpo rígido em equilíbrio, sob ação de quaisquer cargas aplicadas, reações e forças nos elementos que foram cortadas pela seção. As forças de elementos desconhecidas são determinadas aplicando-se as três equações de equilíbrio para uma das duas partes da treliça. Há apenas três equações de equilíbrio disponíveis, portanto, elas não podem ser usadas para determinar mais de três forças desconhecidas. Assim, no geral, *as seções devem ser escolhidas de modo que não passem por mais de três elementos com forças desconhecidas*. Em algumas treliças, a disposição dos elementos pode ocorrer de tal forma que, ao usarmos seções que passem por mais de três elementos com forças desconhecidas, podemos determinar uma ou, no máximo, duas forças desconhecidas. No entanto, essas seções são implementadas na análise de apenas alguns tipos de treliças (veja o Exemplo 4.9).

Procedimento para análise

O procedimento passo a passo a seguir pode ser usado para determinar as forças de elementos de treliças planas estaticamente determinadas pelo método das seções.

1. Selecione uma seção que passe pelo máximo número de elementos possível, cujos sejam desejados, mas que não possuam mais de três elementos com forças desconhecidas. A seção deve cortar a treliça em duas partes.
2. Embora qualquer uma das duas partes da treliça possa ser usada para calcular as forças de elementos, devemos selecionar a parte que precisará da menor quantidade de esforço de cálculos na determinação das forças desconhecidas. Para evitar a necessidade do cálculo de reações, se uma das duas partes da treliça não tiver nenhuma reação agindo sobre ela, selecione essa parte para a análise das forças de elementos e avance para a próxima etapa. Se as duas partes da treliça estiverem presas aos apoios externos, calcule as reações aplicando as equações de equilíbrio e condição (se houver) ao corpo livre de toda a treliça. Em seguida, selecione a parte da treliça para análise das forças de elementos que possuem o menor número de cargas externas e reações aplicadas a ela.
3. Desenhe o diagrama de corpo livre da parte da treliça selecionada, mostrando todas as cargas externas e reações aplicadas a ela, e as forças nos elementos que foram cortadas pela seção. As forças de elementos desconhecidas, normalmente, são consideradas *extensíveis* e são, portanto, mostradas no diagrama de corpo livre por meio de setas *saindo* dos nós.
4. Determine as forças desconhecidas aplicando as três equações de equilíbrio. Para evitar resolver equações simultâneas, tente aplicar as equações de equilíbrio de tal maneira que cada equação envolva apenas uma incógnita. Às vezes, isso pode ser atingido usando-se os sistemas alternativos das equações de equilíbrio ($\sum F_q = 0$, $\sum M_A = 0$, $\sum M_B = 0$ ou $\sum M_A = 0$, $\sum M_B = 0$, $\sum M_C = 0$) descrito na Seção 3.1 em vez da soma de duas forças usuais e uma soma de momento de ($\sum F_x = 0$, $\sum F_y = 0$, $\sum M = 0$) sistema de equações.
5. Aplique uma equação de equilíbrio alternativa, que não era usada para calcular forças de elementos, para verificar os cálculos. Essa equação alternativa deve, preferencialmente, envolver todas as três forças de elementos determinadas pela análise. Se a análise foi executada corretamente, essa equação de equilíbrio alternativa deve ser satisfeita.

EXEMPLO 4.7

Determine as forças nos elementos *CD*, *DG*, e *GH* da treliça mostrada na Figura 4.22(a) pelo método das seções.

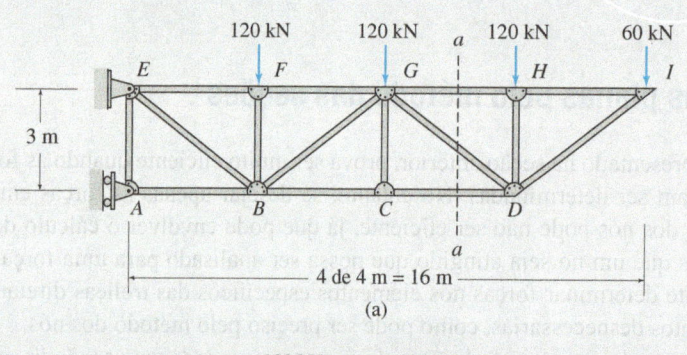

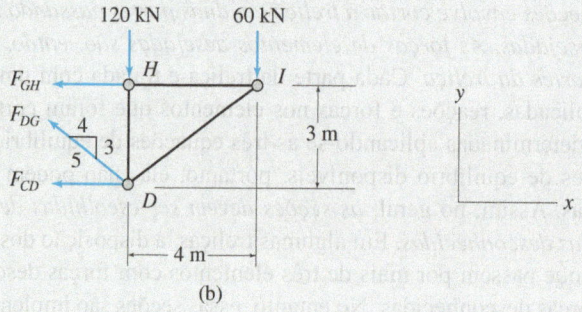

Figura 4.22

Solução

Seção aa. Conforme mostrado na Figura 4.22(a), uma seção *aa* passa entre os três elementos de interesse, *CD*, *DG*, e *GH*, cortando a treliça em duas partes, *ACGE* e *DHI*. Para evitar o cálculo das reações de apoio, usaremos a parte à direita, *DHI*, para calcular as forças de elementos.

Forças de elemento. O diagrama de corpo livre da parte *DHI* da treliça é mostrado na Figura 4.22(b). As três forças desconhecidas, F_{CD}, F_{DG} e F_{GH}, são consideradas extensíveis e estão indicadas por setas saindo de seus nós correspondentes no diagrama. A inclinação da força inclinada, *FDG*, também é mostrada no diagrama de corpo livre. As forças de elementos desejadas são calculadas aplicando-se as equações de equilíbrio, como a seguir (veja a Figura 4.22(b)).

$$+ \circlearrowleft \sum M_D = 0 \qquad -60(4) + F_{GH}(3) = 0$$

$$F_{GH} = 80 \text{ kN} \ (T)$$

$$+ \uparrow \sum F_y = 0 \qquad -120 - 60 + \frac{3}{5}F_{DG} = 0$$

$$F_{DG} = 300 \text{ kN} \ (T) \qquad \text{Resp.}$$

$$+ \rightarrow \sum F_x = 0 \qquad -80 - \frac{4}{5}(300) - F_{CD} = 0$$

$$F_{CD} = -320 \text{ kN} \qquad \text{Resp.}$$

A resposta negativa para F_{CD} indica que nossa suposição inicial sobre essa força ser extensível estava incorreta, e F_{CD} é, na verdade, uma força de compressão.

$$F_{CD} = 320 \text{ kN} \ (T) \qquad \text{Resp.}$$

Verificando os cálculos. (Veja a Figura 4.22(b).)

$$+ \circlearrowleft \sum M_I = 120(4) - (-320)(3) - \frac{4}{5}(300)(3) - \frac{3}{5}(300)(4) = 0 \qquad \text{Verificações}$$

EXEMPLO 4.8

Determine as forças nos elementos *CJ* e *IJ* da treliça mostrada na Figura 4.23(a) pelo método das seções.

Solução

Seção aa. Conforme mostrado na Figura 4.23(a), uma seção *aa* passa entre os elementos *IJ*, *CJ* e *CD*, cortando a treliça em duas partes, *ACI* e *DGJ*. A parte à esquerda, *ACI*, será usada para analisar as forças de elementos.

Reações. Antes de continuar com o cálculo das forças de elementos, precisamos determinar as reações no apoio *A*. Considerando-se o equilíbrio de toda a treliça (Figura 4.23(b)), determinamos as reações como $A_x = 0$, $A_y = 100$ kN ↑ e $G_y = 100$ kN ↑.

Forças de elemento. O diagrama de corpo livre da parte *ACI* da treliça é mostrado na Figura 4.23(c). As inclinações das forças inclinadas, F_{IJ} e F_{CJ}, são obtidas a partir das dimensões da treliça fornecida na Figura 4.23(a) e são mostradas no diagrama de corpo livre. As forças de elemento desconhecidas são determinadas aplicando-se as equações de equilíbrio, conforme a seguir.

Como F_{CJ} e F_{CD} passam pelo ponto *C*, ao somarmos os momentos sobre *C*, obtemos uma equação contendo apenas F_{IJ}:

$$+ \circlearrowleft \sum M_C = 0 \qquad -100(8) + 40(4) - \frac{4}{\sqrt{17}}F_{IJ}(5) = 0$$

$$F_{IJ} = -132 \text{ kN}$$

A resposta negativa para F_{IJ} indica que nossa suposição inicial sobre essa força ser extensível estava incorreta. A força F_{IJ} é, na verdade, uma força de compressão.

$$F_{IJ} = 132 \text{ kN} \ (C) \qquad \text{Resp.}$$

114 Análise Estrutural Parte 2

A seguir, calculamos F_{CJ} somando-se os momentos sobre o ponto O, que é o ponto de interseção das linhas de ação de F_{IJ} e F_{CD}. Como a inclinação do elemento IJ é de 1:4, a distância $OC = 4(IC) = 4(5) = 20$ m (veja a Figura 4.23(c)). Equilíbrio dos momentos sobre o rendimento O:

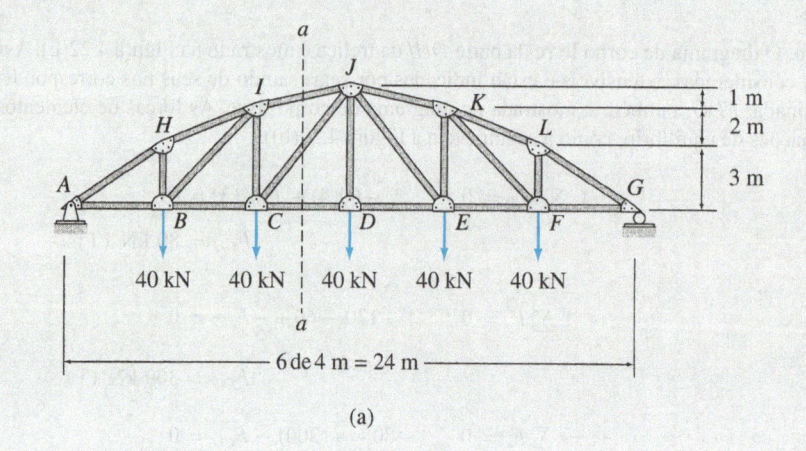

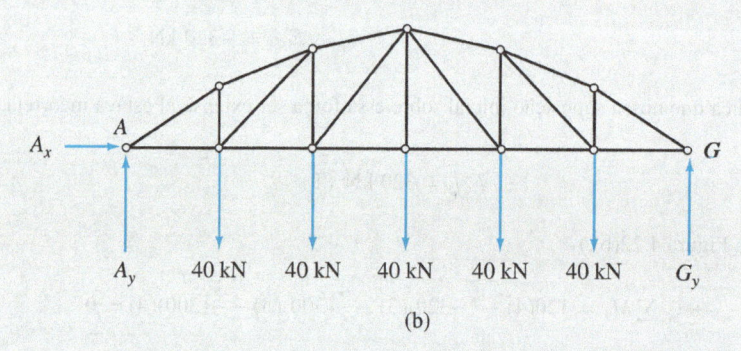

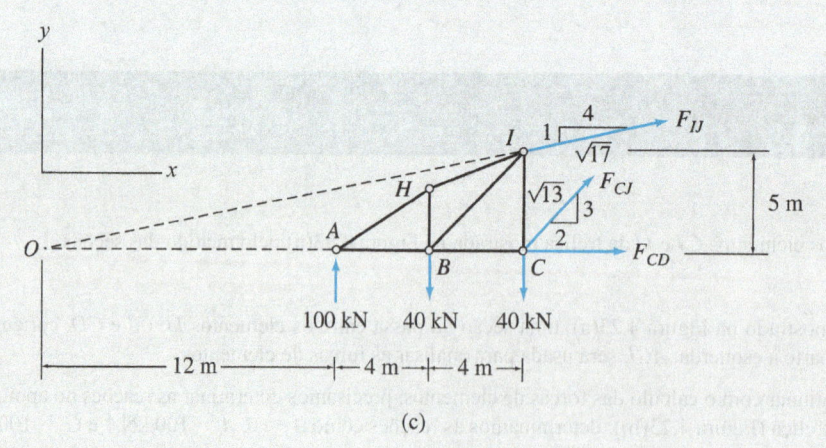

Figura 4.23

$$+ \circlearrowleft \sum M_O = 0 \quad 100(12) - 40(16) - 40(20) + \frac{3}{\sqrt{13}} F_{CJ}(20) = 0$$

$$F_{CJ} = 14{,}42 \text{ kN (T)} \quad \text{Resp.}$$

Verificando os cálculos. Para verificar nossos cálculos, aplicamos uma equação de equilíbrio alternativa, que envolve as duas forças de elementos que acabaram de ser determinadas.

$$+ \uparrow \sum F_y = 100 - 40 - 40 - \frac{1}{\sqrt{17}}(132) + \frac{3}{\sqrt{13}}(14{,}42) = 0$$

Verificações

EXEMPLO 4.9

Determine as forças nos elementos FJ, HJ e HK da treliça K mostrada na Figura 4.24(a) pelo método das seções.

(a)

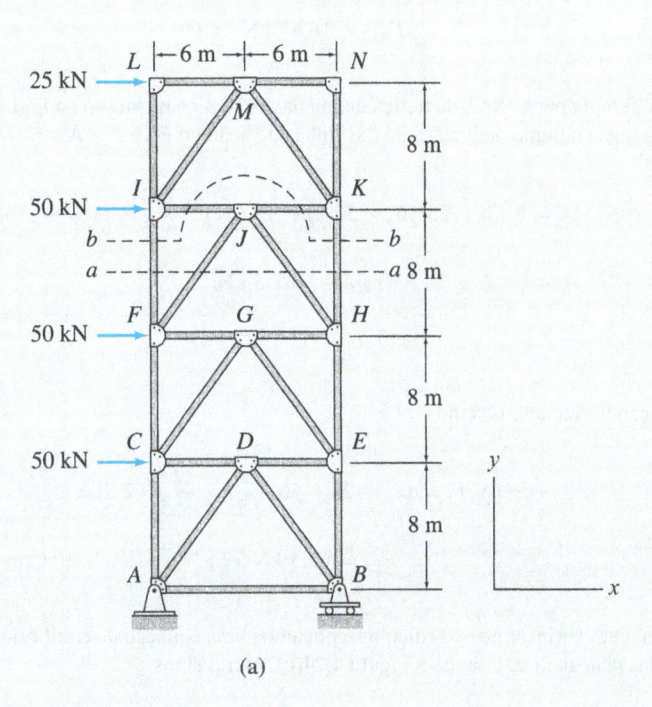

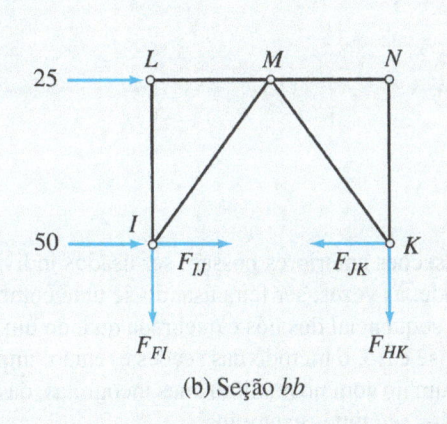

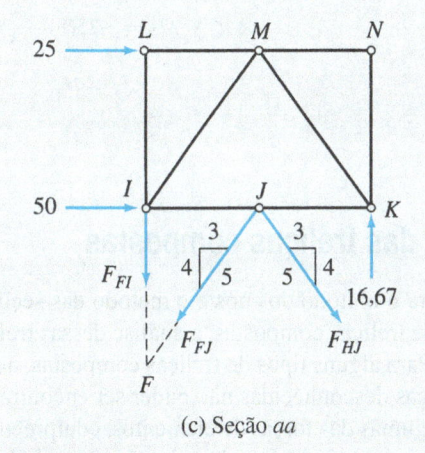

(b) Seção bb

(c) Seção aa

Figura 4.24

Solução

Na Figura 4.24(a), podemos observar que a seção horizontal aa passando pelos três elementos de interesse, FJ, HJ e HK, também corta um elemento FI adicional, descobrindo assim quatro incógnitas, que não podem ser determinadas pelas três equações de equilíbrio. As treliças, como a que está sendo considerada aqui com os elementos organizados no formato da letra K, podem ser analisadas por uma seção curvada ao redor do nó do meio, como a seção bb mostrada na Figura 4.24(a). Para evitar calcular as reações de apoio, usaremos a parte superior $IKNL$ da treliça acima da seção bb para análise. O diagrama de corpo livre dessa parte é mostrado na Figura 4.24(b). Pode-se observar que, embora a seção bb tenha cortado quatro elementos, FI, IJ, JK e HK, as forças nos elementos FI e HK podem ser determinadas somando-se momentos sobre os pontos K e I, respectivamente, porque as linhas de ação de três das quatro incógnitas passam entre esses pontos. Portanto, iremos primeiro calcular F_{HK} considerando-se a seção bb e, em seguida, usar a seção aa para determinar F_{FJ} e F_{HJ}.

Seção bb. Usando a Figura 4.24(b), escrevemos

$$+ \circlearrowleft \sum M_I = 0 \qquad -25(8) - F_{HK}(12) = 0$$

$$F_{HK} = -16,67 \text{ kN}$$

$$F_{HK} = 16,67 \text{ kN (C)} \qquad \text{Resp.}$$

Seção aa. O diagrama de corpo livre da parte *IKNL* da treliça acima da seção *aa* é mostrado na Figura 4.24(c). Para determinar F_{HJ}, somamos os momentos sobre F, que é o ponto de interseção das linhas de ação de F_{FI} e F_{FJ}. Assim,

$$+ \circlearrowleft \sum M_F = 0 \qquad -25(16) - 50(8) + 16,67(12) - \frac{3}{5}F_{HJ}(8) - \frac{4}{5}F_{HJ}(6) = 0$$

$$F_{HJ} = -62,5 \text{ kN}$$

$$F_{HJ} = 62,5 \text{ kN (C)} \qquad \text{Resp.}$$

Ao somarmos as forças em direção horizontal, obtemos

$$+ \rightarrow \sum F_x = 0 \qquad 25 + 50 - \frac{3}{5}F_{FJ} - \frac{3}{5}(62,5) = 0$$

$$F_{FJ} = 62,5 \text{ kN (T)} \qquad \text{Resp.}$$

Verificando os cálculos. Por fim, para verificar nossos cálculos, aplicamos uma equação de equilíbrio alternativa que envolve as três forças de elementos determinadas pela análise. Usando a Figura 4.24(c), escrevemos

$$+ \circlearrowleft \sum M_I = -25(8) - \frac{4}{5}(62,5)(6) + \frac{4}{5}(62,5)(6) + 16,67(12) = 0 \qquad \text{Verificações}$$

4.7 Análise das treliças compostas

Embora o método dos nós e o método das seções nas seções anteriores possam ser usados individualmente para a análise de treliças compostas, a análise dessas treliças pode, às vezes, ser feita usando-se uma combinação dos dois métodos. Para alguns tipos de treliças compostas, a análise sequencial dos nós é quebrada quando um nó com duas ou menos forças desconhecidas não puder ser encontrado. Nesse caso, o método das seções é, então, implementado para calcular algumas das forças de elementos, compreendendo um nó com no máximo duas incógnitas, das quais o método dos nós pode ser continuado. Tal abordagem é ilustrada pelos seguintes exemplos.

capítulo 4 Treliças planas e espaciais 117

EXEMPLO 4.10

Determine a força em cada elemento da treliça composta mostrada, na Figura 4.25(a).

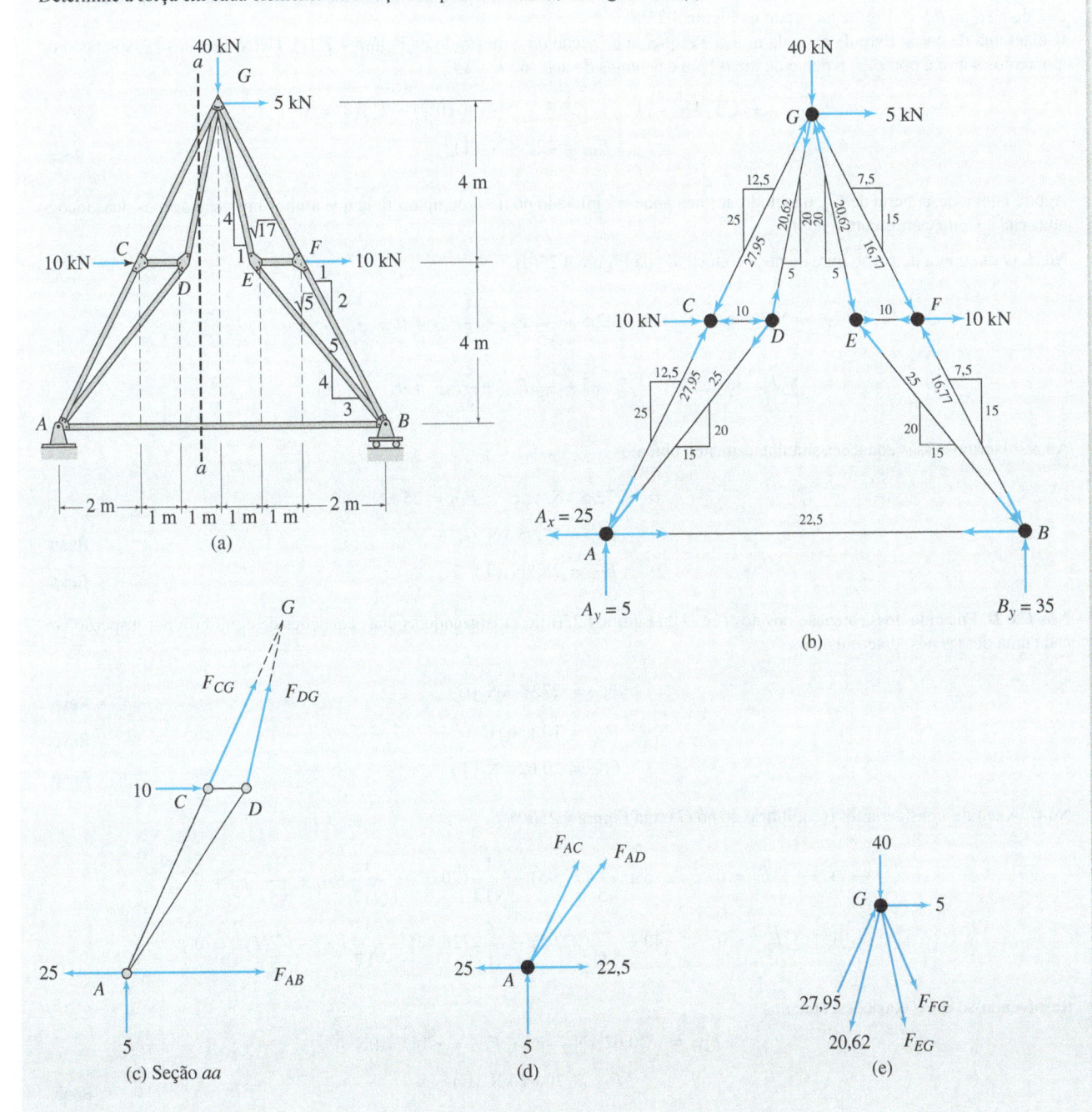

Figura 4.25

Solução

Determinação estática. A treliça possui 11 elementos e 7 nós e é suportada por 3 reações. Como $m + r = 2j$ e as reações e os elementos da treliça estão corretamente organizados, ela é estaticamente determinada.

A inclinação dos elementos inclinados, conforme determinado a partir das dimensões da treliça, é mostrada na Figura 4.25(a).

Reações. As reações dos apoios A e B, conforme calculadas ao se aplicar as três equações de equilíbrio no diagrama de corpo livre de toda a treliça (Figura 4.25(b)), são

$$A_x = 25 \text{ kN} \leftarrow \qquad A_y = 5 \text{ kN} \uparrow \qquad B_y = 35 \text{ kN} \uparrow$$

Seção *aa*. Como um nó com duas ou menos forças não pôde ser encontrado para iniciar o método dos nós, primeiro, calculamos F_{AB} usando a seção *aa*, conforme mostrado na Figura 4.25(a).

O diagrama de corpo livre da parte da treliça à esquerda da seção *aa* é mostrado na Figura 4.25(c). Determinamos F_{AB} somando os momentos sobre o ponto G, o ponto de interseção das linhas de ação de F_{CG} e F_{DG}.

$$+ \circlearrowleft \sum M_G = 0 \qquad -25(8) - 5(4) + 10(4) + F_{AB}(8) = 0$$

$$F_{AB} = 22{,}5 \text{ kN} \quad (T) \qquad \text{Resp.}$$

Agora, com a descoberta de F_{AB}, o método dos nós pode ser iniciado no nó A ou no nó B, já que ambos possuem apenas duas incógnitas cada. Começamos com o nó A.

Nó A. O diagrama de corpo livre do nó A é mostrado na Figura 4.25(d).

$$+ \rightarrow \sum F_x = 0 \qquad -25 + 22{,}5 + \frac{1}{\sqrt{5}}F_{AC} + \frac{3}{5}F_{AD} = 0$$

$$+ \uparrow \sum F_y = 0 \qquad 5 + \frac{2}{\sqrt{5}}F_{AC} + \frac{4}{5}F_{AD} = 0$$

Ao resolvermos essas equações simultaneamente, obtemos

$$F_{AC} = -27{,}95 \text{ kN} \quad \text{e} \quad F_{AD} = 25 \text{ kN}$$

$$F_{AC} = 27{,}95 \text{ kN} \quad (C) \qquad \text{Resp.}$$

$$F_{AD} = 25 \text{ kN} \quad (T) \qquad \text{Resp.}$$

Nós C e D. Focando nossa atenção nos nós C e D da Figura 4.25(b) e satisfazendo as duas equações de equilíbrio por inspeção em cada uma desses nós, determinamos

$$F_{CG} = 27{,}95 \text{ kN} \quad (C) \qquad \text{Resp.}$$

$$F_{CD} = 10 \text{ kN} \quad (C) \qquad \text{Resp.}$$

$$F_{DG} = 20{,}62 \text{ kN} \quad (T) \qquad \text{Resp.}$$

Nó G. A seguir, consideramos o equilíbrio do nó G (veja Figura 4.25(e)).

$$+ \rightarrow \sum F_x = 0 \qquad 5 + \frac{1}{\sqrt{5}}(27{,}95) - \frac{1}{\sqrt{17}}(20{,}62) + \frac{1}{\sqrt{17}}F_{EG} + \frac{1}{\sqrt{5}}F_{FG} = 0$$

$$+ \uparrow \sum F_y = 0 \qquad -40 + \frac{2}{\sqrt{5}}(27{,}95) - \frac{4}{\sqrt{17}}(20{,}62) - \frac{4}{\sqrt{17}}F_{EG} - \frac{2}{\sqrt{5}}F_{FG} = 0$$

Resolvendo-se essas equações, obtemos

$$F_{EG} = -20{,}62 \text{ kN} \quad \text{e} \quad F_{FG} = -16{,}77 \text{ kN}$$

$$F_{EG} = 20{,}62 \text{ kN} \quad (C) \qquad \text{Resp.}$$

$$F_{FG} = 16{,}77 \text{ kN} \quad (C) \qquad \text{Resp.}$$

Nós E e F. Por fim, considerando o equilíbrio por inspeção dos nós E e F (veja a Figura 4.25(b)), obtemos

$$F_{BE} = 25 \text{ kN} \quad (C) \qquad \text{Resp.}$$

$$F_{EF} = 10 \text{ kN} \quad (T) \qquad \text{Resp.}$$

$$F_{BF} = 16{,}77 \text{ kN} \quad (C) \qquad \text{Resp.}$$

capítulo 4 — Treliças planas e espaciais

EXEMPLO 4.11

Determine a força em cada elemento da treliça Fink mostrada na Figura 4.26(a).

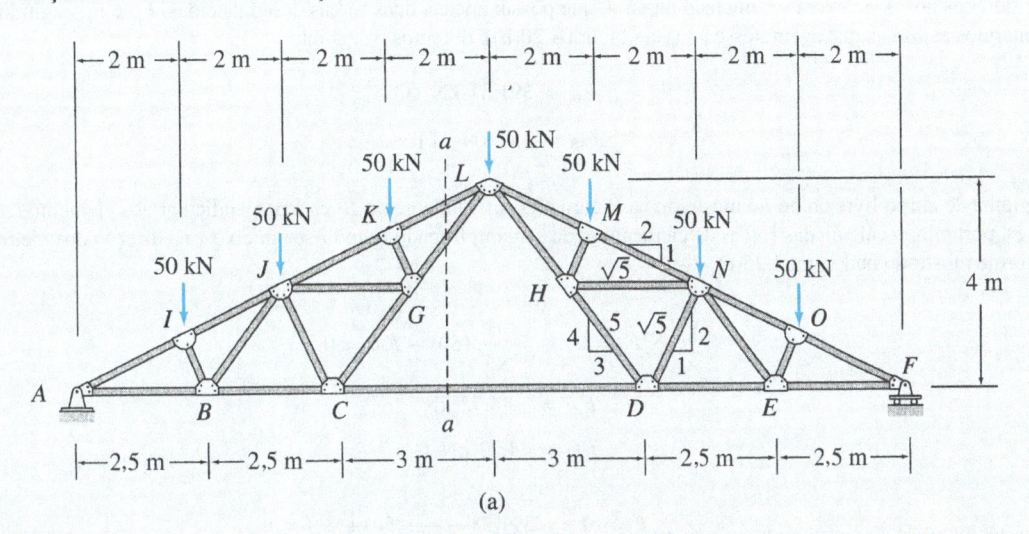

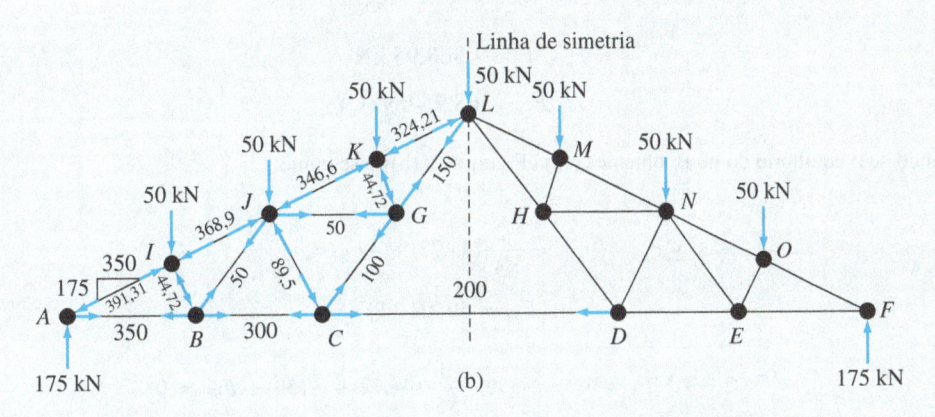

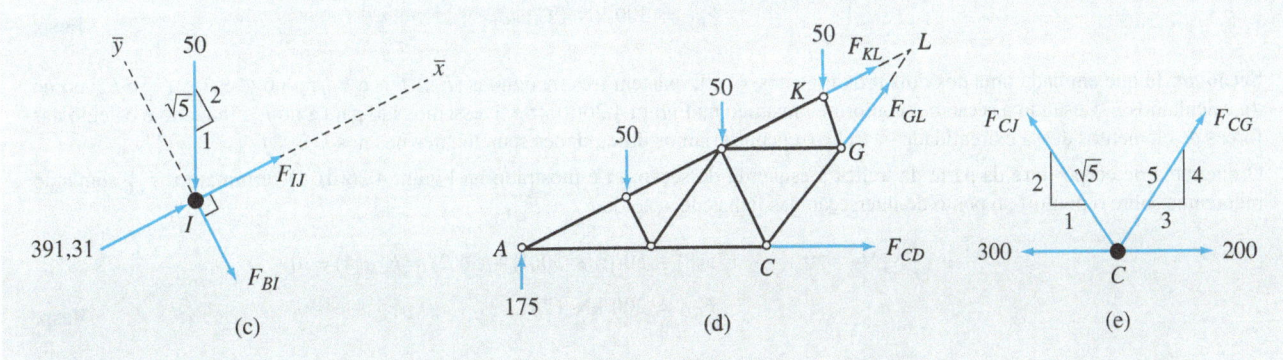

Figura 4.26

Solução

A treliça Fink mostrada na Figura 4.26(a) é uma treliça composta, formada pela ligação de duas treliças simples, *ACL* e *DFL*, por um nó *L* comum e um elemento *CD*.

Determinação estática. A treliça contém 27 elementos, 15 nós e é suportada por 3 reações. Como $m + r = 2j$, e as reações e os elementos da treliça estão organizados adequadamente, ela é estaticamente determinada.

Reações. As reações nos apoios A e F da treliça, conforme calculadas pela aplicação das três equações de equilíbrio para o diagrama de corpo livre de toda a treliça (Figura 4.26(b)), são

$$A_x = 0 \qquad A_y = 175 \text{ kN} \uparrow \qquad F_y = 175 \text{ kN} \uparrow$$

Nó A. O método dos nós pode agora ser iniciado na nó A, que possui apenas duas forças desconhecidas, F_{AB} e F_{AJ}, agindo sobre ela. Ao inspecionarmos as forças que agem nesse nó (veja Figura 4.26(b)), obtemos o seguinte:

$$F_{AI} = 391{,}31 \text{ kN (C)}$$
Resp.
$$F_{AB} = 350 \text{ kN (T)}$$
Resp.

Nó I. O diagrama de corpo livre do nó I é mostrado na Figura 4.26(c). O elemento BI está perpendicular aos elementos AI e IJ, que são colineares, portanto, o cálculo das forças de elemento pode ser simplificado usando-se um eixo $\bar{x}$ na direção dos elementos colineares, conforme mostrado na Figura 4.26(c).

$$+ \nwarrow \sum F_{\bar{y}} = 0 \qquad -\frac{2}{\sqrt{5}}(50) - F_{BI} = 0$$

$$F_{BI} = -44{,}72 \text{ kN}$$

$$F_{BI} = 44{,}72 \text{ kN (C)}$$
Resp.

$$+ \nearrow \sum F_{\bar{x}} = 0 \qquad 391{,}31 - \frac{1}{\sqrt{5}}(50) + F_{IJ} = 0$$

$$F_{IJ} = -368{,}95 \text{ kN}$$

$$F_{IJ} = 368{,}95 \text{ kN (C)}$$
Resp.

Nó B. Considerando-se o equilíbrio do nó B, obtemos (veja Figura 4.26(b)) o seguinte:

$$+\uparrow \sum F_y = 0 \qquad -\frac{2}{\sqrt{5}}(44{,}72) + \frac{4}{5}F_{BJ} = 0$$

$$F_{BJ} = 50 \text{ kN (T)}$$
Resp.

$$+\rightarrow \sum F_x = 0 \qquad -350 + \frac{1}{\sqrt{5}}(44{,}72) + \frac{3}{5}(50) + F_{BC} = 0$$

$$F_{BC} = 300 \text{ kN (T)}$$
Resp.

Seção aa. Já que em cada uma dos dois próximos nós, C e J, existem três incógnitas (F_{CD}, F_{CG} e F_{CJ} no nó C e F_{CJ}, F_{GJ} e F_{JK} no nó J), calculamos F_{CD} usando a seção aa, conforme mostrado na Figura 4.26(a). (Se tivéssemos ido para a nó F e iniciado o cálculo das forças de elementos dessa extremidade da treliça, encontraríamos dificuldades semelhantes nos nós D e N.)

O diagrama de corpo livre da parte da treliça à esquerda da seção aa é mostrado na Figura 4.26(d). Determinamos F_{CD} somando momentos sobre o ponto L, o ponto de interseção das linhas de ação de F_{GL} e F_{KL}.

$$+ \curvearrowleft \sum M_L = 0 \qquad -175(8) + 50(6) + 50(4) + 50(2) + F_{CD}(4) = 0$$

$$F_{CD} = 200 \text{ kN (T)}$$
Resp.

Nó C. Sem saber o F_{CD}, há apenas duas incógnitas, F_{CG} e F_{CJ}, no nó C. Essas forças podem ser determinadas aplicando-se as duas equações de equilíbrio para o corpo livre do nó C, conforme mostrado na Figura 4.26(e).

$$+\uparrow \sum F_y = 0 \qquad \frac{2}{\sqrt{5}}F_{CJ} + \frac{4}{5}F_{CG} = 0$$

$$+\rightarrow \sum F_x = 0 \qquad -300 + 200 - \frac{1}{\sqrt{5}}F_{CJ} + \frac{3}{5}F_{CG} = 0$$

Ao resolvermos essas equações simultaneamente, obtemos

$$F_{CJ} = -89,5 \text{ kN} \quad \text{e} \quad F_{CG} = 100 \text{ kN}$$

$$F_{CJ} = 89,5 \text{ kN} \quad (C) \quad \text{Resp.}$$

$$F_{CG} = 100 \text{ kN} \quad (T) \quad \text{Resp.}$$

Nós J, K e G. De maneira análoga, considerando-se sucessivamente o equilíbrio dos nós J, K e G, nessa ordem, determinamos o seguinte:

$$F_{JK} = 346,6 \text{ kN} \quad (C) \quad \text{Resp.}$$

$$F_{GJ} = 50 \text{ kN} \quad (T) \quad \text{Resp.}$$

$$F_{KL} = 324,21 \text{ kN} \quad (C) \quad \text{Resp.}$$

$$F_{GK} = 44,72 \text{ kN} \quad (C) \quad \text{Resp.}$$

$$F_{GL} = 150 \text{ kN} \quad (T) \quad \text{Resp.}$$

Simetria. Como a geometria da treliça e a carga aplicada são simétricas sobre a linha central da treliça (mostrada na Figura 4.26(b)), suas forças elementos também são simétricas com relação à linha de simetria. Isso é, portanto, suficiente para determinar forças de elemento em apenas uma parte da treliça. As forças de elementos determinadas aqui para a parte esquerda da treliça são mostradas na Figura 4.26(b). As forças da parte direita podem ser obtidas a partir da consideração de simetria; por exemplo, a força no elemento MN é igual a ela no elemento JK e assim por diante. O leitor é estimulado a verificar essa informação calculando algumas forças de elementos na parte direita da treliça. **Resp.**

4.8 Treliças complexas

As treliças que podem ser classificadas como simples ou compostas são denominadas *treliças complexas*. Dois exemplos de treliças complexas são mostrados na Figura 4.27. De um ponto de vista analítico, a principal diferença entre as treliças simples ou compostas e das hastes de treliças complexas vem do fato de que os métodos dos nós e das seções, conforme descrito anteriormente, não podem ser usados para a análise de treliças complexas. Podemos ver na Figura 4.27 que, embora as duas treliças complexas mostradas estaticamente determinadas, após o cálculo de reações o método dos nós não pode ser aplicado, pois não podemos encontrar um nó em que exista duas ou menos forças de elementos desconhecidas. Do mesmo modo, o método das seções não pode ser implementado, já que cada seção passaria por mais de três elementos com forças desconhecidas. As forças de elementos nessas treliças podem ser determinadas escrevendo-se duas equações de equilíbrio, em termos de forças de elementos desconhecidas para cada nó da treliça e resolvendo em seguida o sistema de equações de $2j$ simultaneamente.

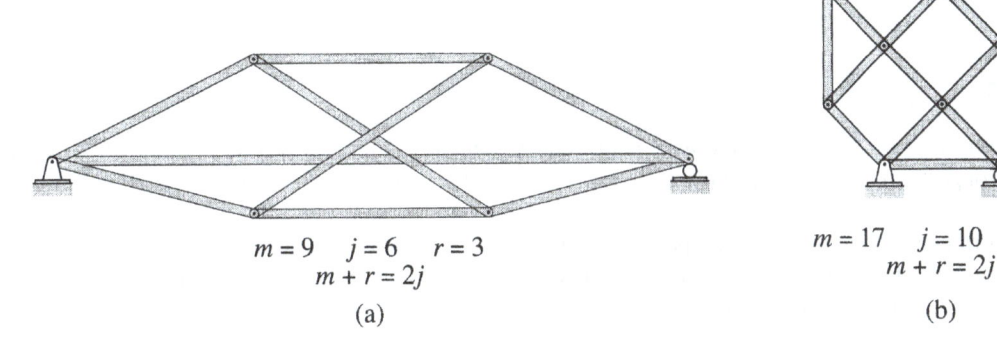

(a) $m = 9 \quad j = 6 \quad r = 3$
$m + r = 2j$

(b) $m = 17 \quad j = 10 \quad r = 3$
$m + r = 2j$

Figura 4.27 Treliças complexas.

Hoje, as treliças complexas são geralmente analisadas nos computadores usando-se a formulação de matriz apresentada no Capítulo 17.

4.9 Treliças espaciais

As treliças espaciais, devido ao seu formato, disposição de elementos ou carga aplicada, não podem ser subdivididas em treliças planas por motivos de análise e devem, portanto, ser analisadas como estruturas tridimensionais sujeitas aos sistemas de forças tridimensionais. Conforme indicado na Seção 4.1, para simplificar a análise das treliças espaciais, presume-se que os elementos da treliça estejam ligados em suas extremidades por nós articuladas sem fricções, todas as cargas externas e reações são aplicadas apenas nos nós e os eixos centroidais de cada elemento coincidem com a linha que une os centros dos nós adjacentes. Em razão dessas suposições simplificadas, os elementos das treliças espaciais podem ser tratados como elementos de força normal.

A treliça espacial estável (ou rígida) internamente estável simples pode ser formada conectando-se seis elementos em suas extremidades por quatro nós articuladas para formar um *tetraedro*, conforme mostrado na Figura 4.28(a). Essa treliça de tetraedro pode ser considerada o *elemento de treliça espacial básico*. Deve-se perceber que essa treliça espacial básica é internamente estável no sentido de que é um corpo rígido tridimensional que não alterará seu formato sob uma carga tridimensional geral aplicada em seus nós. A treliça básica *ABCD* da Figura 4.28(a) pode ser aumentada fixando três novos elementos, *BE*, *CE* e *DE*, aos três nós existentes *B*, *C* e *D*, e conectando-os para formar um novo nó *E*, conforme ilustrado na Figura 4.28(b). Contanto que o novo nó *E* não permaneça no plano que contém os nós *B*, *C* e *D* existentes, a nova treliça aumentada será internamente estável. A treliça pode, posteriormente, ser aumentada repetindo-se o mesmo procedimento (conforme mostrado na Figura 4.28(c)) quantas vezes for desejado. As treliças construídas por esse procedimento são denominadas *treliças espaciais simples*.

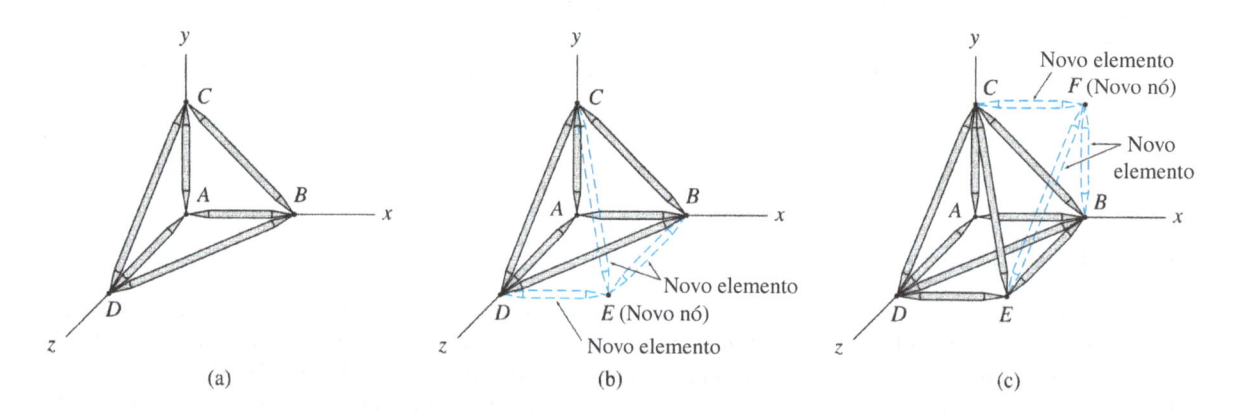

Figura 4.28 Treliça espacial simples.

Uma treliça espacial simples é formada pelo alargamento do elemento tetraedro básico contendo seis elementos e quatro nós pela inclusão de três elementos adicionais para cada nó adicional, assim, o número total de elementos m em uma treliça espacial simples é dado por

$$m = 6 + 3(j - 4) = 3j - 6 \qquad (4.5)$$

em que j = número total de nós (incluindo os fixos aos apoios).

Reações

Os tipos de apoios comumente usados para treliças especiais são mostrados na Figura 4.29. O número e as direções das forças de reação que um apoio pode exercer na treliça dependem do número e das direções de trocas que ele previne.

Conforme sugerido na Seção 3.1, para que uma estrutura espacial internamente estável esteja em equilíbrio sob um sistema geral de forças tridimensionais, ela deve ser suportada por, no mínimo, seis reações que satisfazem as seis equações de equilíbrio (Equação (3.1)):

$$\sum F_x = 0 \qquad \sum F_y = 0 \qquad \sum F_z = 0$$

$$\sum M_x = 0 \qquad \sum M_y = 0 \qquad \sum M_z = 0$$

Como existem seis equações de equilíbrio, elas não podem ser usadas para determinar mais de seis reações. Portanto, uma estrutura espacial internamente estável que é estaticamente determinada de maneira externa deve ser suportada por exatamente seis reações. Se uma estrutura espacial é suportada por mais de seis reações, então, todas as reações não podem ser determinadas a partir das seis equações de equilíbrio e tal estrutura é denominada de estaticamente indeterminada de maneira externa. Em contrapartida, se uma estrutura espacial é suportada por menos de seis reações, as reações não são suficientes para prevenir todos os possíveis movimentos da estrutura no espaço tridimensional e essa estrutura é denominada de estaticamente instável de maneira externa.

Categoria	Tipo de apoio	Representação simbólica	Reações	Número de incógnitas
I	Esfera	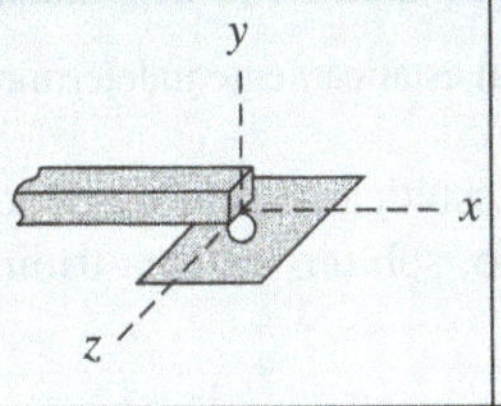	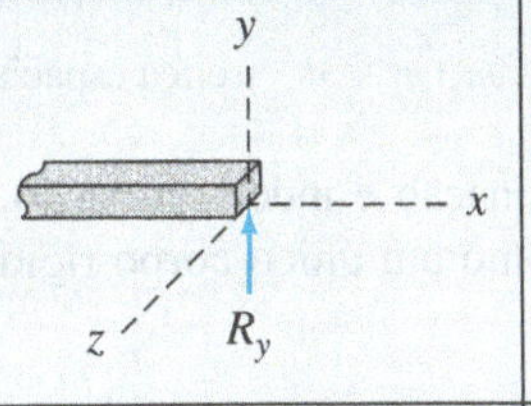	**1** A força de reação R_y age perpendicularmente à superfície de apoio e pode ser direcionada para dentro ou para fora da estrutura. A magnitude de R_y é a incógnita.
	Vínculo	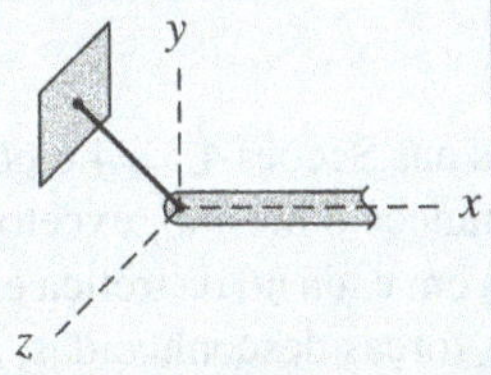	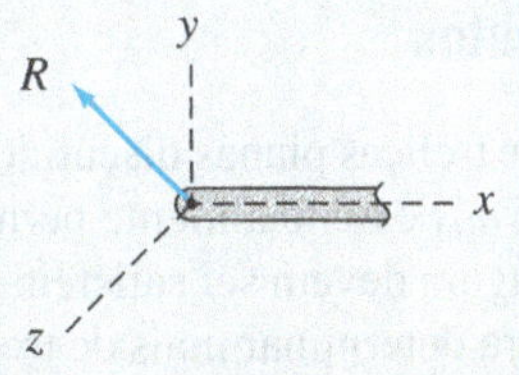	**1** A força de reação R age na direção do link e pode ser direcionada para dentro ou para fora da estrutura. A magnitude de R é a incógnita.
II	Rótulo	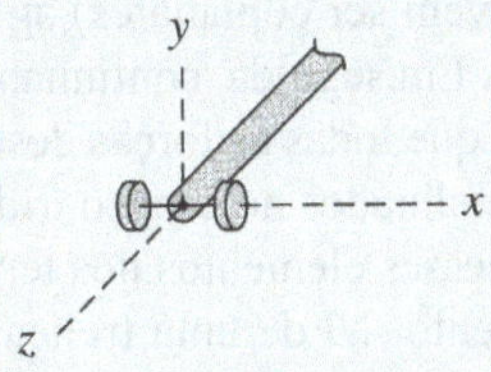	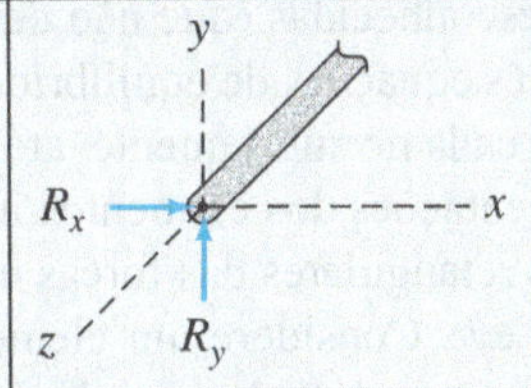	**2** Dois componentes de força de reação R_x e R_y agem em um plano perpendicular à direção na qual o rolo está livre para rolar. As magnitudes de R_x e R_y são as duas incógnitas.
III	Soquete esférico	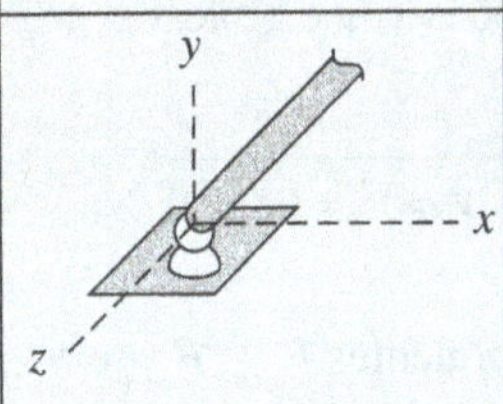	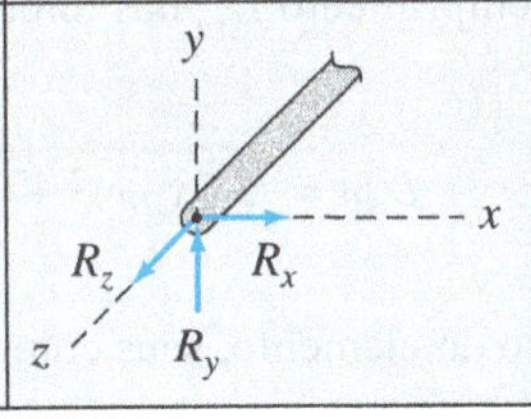	**3** A força de reação R pode agir em qualquer direção. É normalmente representada por seus componentes retangulares, R_x, R_y e R_z. As magnitudes de R_x, R_y e R_z são as três incógnitas.

Figura 4.29 Tipos de apoios para treliças espaciais.

Portanto, se

$r < 6$, a estrutura espacial é estaticamente instável de maneira externa

$r = 6$, a estrutura espacial é estaticamente determinada de maneira externa (4.6)

$r > 6$, a estrutura espacial é estaticamente indeterminada de maneira externa

em que r = número de reações.

Assim como no caso das estruturas planas discutidas no capítulo anterior, as condições para determinação e indeterminação estática, conforme dadas na Equação (4.6), são necessárias, mas não suficientes. Para que uma estrutura espacial seja geometricamente estável de maneira externa, as reações devem ser organizadas adequadamente para que possam prevenir mudanças nas direções, bem como as rotações, de cada um dos eixos coordenados. Por exemplo, se as linhas de ação de todas as reações de uma estrutura espacial estiverem em paralelo ou uma interseção em um eixo comum, a estrutura seria geometricamente instável.

Determinação, indeterminação estática e instabilidade

Se uma treliça espacial contém m elementos e é suportada por r reações externas, então, para sua análise, precisamos determinar um total de $m + r$ forças desconhecidas. Como a treliça está em equilíbrio, cada um de seus nós também deve estar em equilíbrio. Em cada nó, as forças internas e externas formam um sistema de forças concorrentes de três dimensões que deve satisfazer as três equações de equilíbrio, $\sum F_x = 0$, $\sum F_y = 0$ e $\sum F_z = 0$. Além disso, se a treliça contém j nós, o número total de equações de equilíbrio disponível é $3j$. Se $m + r = 3j$, todas as incógnitas podem ser determinadas resolvendo-se as equações de equilíbrio de $3j$ e a treliça é estaticamente determinada.

Treliças espaciais contendo mais incógnitas do que as equações de equilíbrio disponíveis ($m + r > 3j$) são estaticamente indeterminadas e aquelas com menos incógnitas do que as equações de equilíbrio ($m + r < 3j$) são estaticamente instáveis. Portanto, as condições de instabilidade estática, determinação e indeterminação das treliças espaciais podem ser resumidas como a seguir:

$$\begin{aligned} m + r < 3j &\quad \text{treliça espacial estaticamente instável} \\ m + r = 3j &\quad \text{treliça espacial estaticamente determinada} \\ m + r > 3j &\quad \text{treliça espacial estaticamente indeterminada} \end{aligned} \quad (4.7)$$

Para que o critério de determinação e indeterminação estática, conforme dado pela Equação (4.7), seja válido, a treliça deve ser estável e agir como um único corpo rígido, sob um sistema tridimensional geral de cargas quando preso aos apoios.

Análise das forças nos elementos

Os dois métodos para análise de treliças planas discutidos nas Seções 4.5 e 4.6 podem ser estendidos para a análise de treliças espaciais. O *método dos nós* essencialmente permanece o mesmo, exceto pelas três equações de equilíbrio ($\sum F_x = 0$, $\sum F_y = 0$, e $\sum F_z = 0$) que agora devem ser satisfeitas em cada nó da treliça espacial. Como as três equações de equilíbrio não podem ser usadas para determinar mais de três forças desconhecidas, a análise é iniciada em um nó que tenha um máximo de três forças desconhecidas (que não devem ser coplanares) agindo sobre ele. As três incógnitas são determinadas aplicando-se as três equações de equilíbrio. Em seguida, continuamos de nó para nó, calculando três ou menos forças desconhecidas em cada nó subsequente, até que todas as forças desejadas tenham sido determinadas.

Como é difícil visualizar as orientações dos elementos inclinados no espaço tridimensional, normalmente, é conveniente expressar os componentes retangulares das forças nesses elementos nos termos de projeções de comprimentos de elementos nas direções x, y e z. Considere um elemento AB de uma treliça espacial, conforme mostrado na Figura 4.30. As projeções de seu comprimento L_{AB} nas direções x, y e z são x_{AB}, y_{AB} e z_{AB}, respectivamente, conforme mostrado, com

$$L_{AB} = \sqrt{(x_{AB})^2 + (y_{AB})^2 + (z_{AB})^2}$$

Como a força F_{AB} age na direção do elemento, seus componentes F_{xAB}, F_{yAB} e F_{zAB} nas direções x, y e z, respectivamente, podem ser expressos dessa forma

$$F_{xAB} = F_{AB} \left(\frac{x_{AB}}{L_{AB}} \right)$$

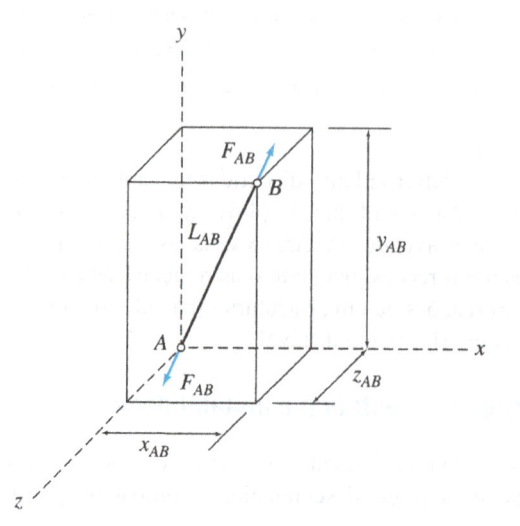

Figura 4.30

capítulo 4

Treliças planas e espaciais

$$F_{yAB} = F_{AB}\left(\frac{y_{AB}}{L_{AB}}\right)$$

$$F_{zAB} = F_{AB}\left(\frac{z_{AB}}{L_{AB}}\right)$$

e a força resultante F_{AB} é dada por

$$F_{AB} = \sqrt{(F_{xAB})^2 + (F_{yAB})^2 + (F_{zAB})^2}$$

A análise das treliças espaciais pode ser alcançada identificando-se os elementos de força nula por inspeção. Dois tipos comuns de organizações de elementos que resultam em elementos de força nula são os seguintes:

1. Se apenas um dentre todos os elementos ligados a um nó permanecer em um único plano e nenhuma carga externa ou reações forem aplicadas ao nó, então, a força no elemento que não é complanar é nula.
2. Se dois de todos os elementos ligados a um nó tiverem força nula e nenhuma carga externa ou reações forem aplicadas ao nó, então, a menos que os dois elementos restantes forem colineares, a força em cada um deles também será nula.

O primeiro tipo de disposição é mostrado na Figura 4.31(a). Ele consiste em quatro elementos AB, AC, AD e AE ligados a um nó A. Destes, AB, AC e AD permanecem no plano xz, enquanto o elemento AE não. Observe que nenhuma carga externa ou reações são aplicadas ao nó A. Deve ser óbvio que, para satisfazer a equação de equilíbrio $\Sigma F_y = 0$, a componente y de F_{AE} deve ser nula e, portanto, $F_{AE} = 0$.

O segundo tipo de disposição é mostrado na Figura 4.31(b). Ele consiste em quatro elementos AB, AC, AD e AE ligado a um nó A, do qual AD e AE são elementos de força nula, conforme mostrado. Observe que nenhuma carga externa ou reações são aplicadas ao nó. Escolhendo a orientação do eixo x na direção do elemento AB, podemos ver que as equações de equilíbrio $\Sigma F_y = 0$ e $\Sigma F_z = 0$ podem ser satisfeitas apenas se $F_{AC} = 0$. Como a componente x de F_{AC} é nula, a equação $\Sigma F_x = 0$ é satisfeita apenas se F_{AB} também for zero.

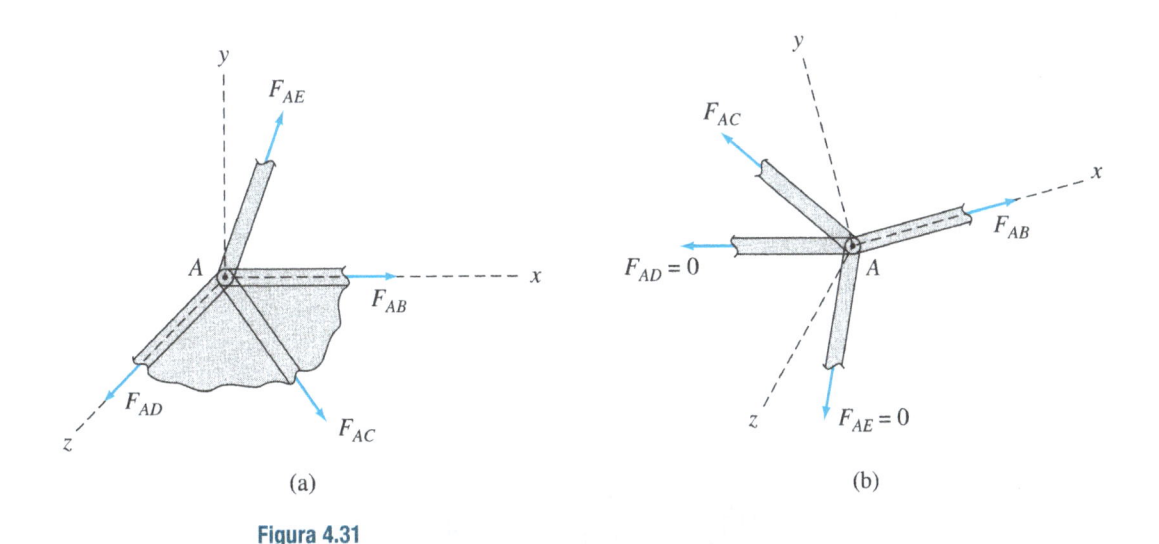

Figura 4.31

Como no caso das treliças planas, o *método das seções* pode ser implementado para a determinação de forças em elementos específicos das treliças espaciais. Uma seção imaginária passa pela treliça, cortando os elementos cujas forças são desejadas. As forças de elementos desejadas são, então, calculadas aplicando-se as seis equações de equilíbrio (Equação (3.1)) para uma das partes da treliça. No máximo seis forças desconhecidas podem ser determinadas a partir das seis equações de equilíbrio, assim, a escolha seção normalmente não passa por mais de seis elementos com forças desconhecidas.

Devido a uma quantidade considerável de esforços computacionais envolvidos, a análise das treliças espaciais hoje é executada em computadores. No entanto, é importante analisar pelo menos poucas treliças espaciais relativamente pequenas manualmente para obter uma compreensão dos conceitos básicos envolvidos na análise dessas estruturas.

EXEMPLO 4.12

Determine as reações dos apoios e a força em cada elemento da treliça espacial mostradas na Figura 4.32(a).

Solução

Determinação estática. A treliça contém 9 elementos, 5 nós e é suportada por 6 reações. Como $m + r = 3j$, as reações e os elementos da treliça estão adequadamente organizados, ela é estaticamente determinada.

Projeções de elemento. As projeções dos elementos da treliça nas direções x, y e z, conforme obtidas a partir da Figura 4.32(a), bem como seus comprimentos calculados dessas projeções, são tabuladas na Tabela 4.1.

Elementos de força nula. Podemos ver na Figura 4.32(a) que, no nó D, três elementos, AD, CD e DE, estão ligados. Desses elementos, AD e CD permanecem no mesmo plano (xz), em que DE não está. Como não existem cargas externas ou reações aplicadas no nó, o elemento DE é um elemento de força nula.

$$F_{DE} = 0 \quad \text{Resp.}$$

Tendo identificado DE como um elemento de força nula, podemos ver que, como os dois elementos restantes AD e CD não são colineares, também devem ser elementos de força nula.

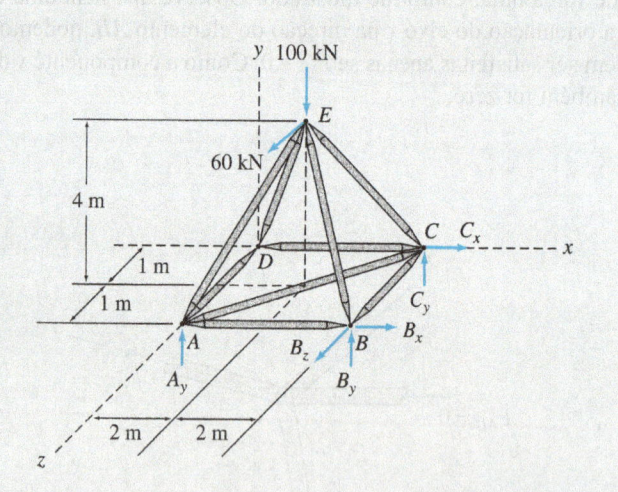

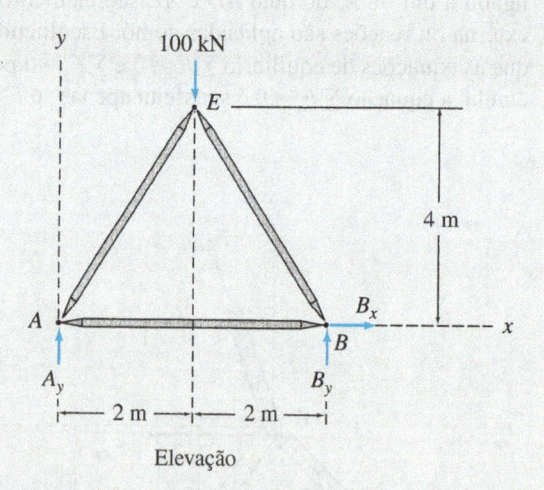

$$F_{AD} = 0 \quad \text{Resp.}$$
$$F_{CD} = 0 \quad \text{Resp.}$$

Figura 4.32 (*continua*)

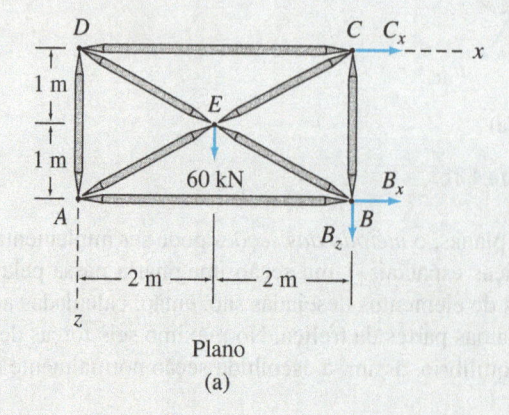

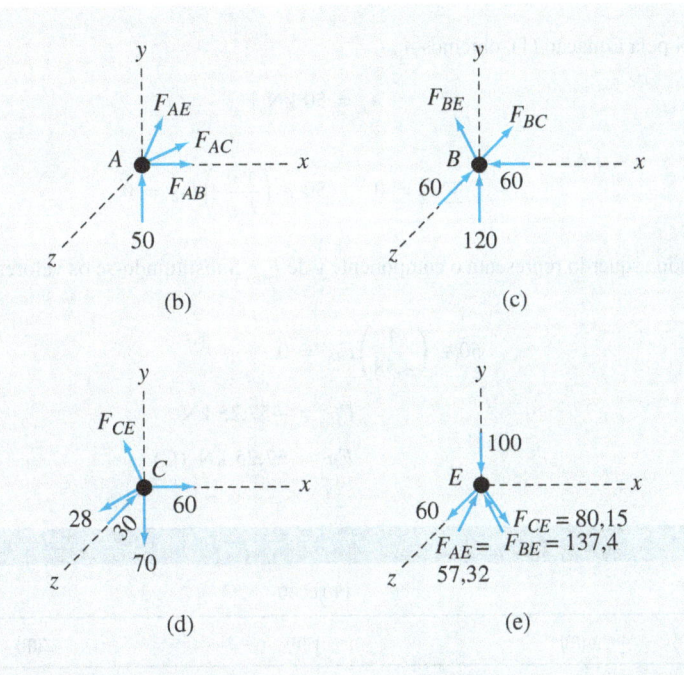

Figura 4.32

Reações. Veja a Figura 4.32(a).

$$+\swarrow \sum F_z = 0$$

$$B_z + 60 = 0$$

$$B_z = -60 \text{ kN}$$

$$B_z = 60 \text{ kN} \nearrow \qquad \text{Resp.}$$

$$+\circlearrowleft \sum M_y = 0$$

$$B_x(2) + 60(4) - 60(2) = 0$$

$$B_x = -60 \text{ kN}$$

$$B_x = 60 \text{ kN} \leftarrow \qquad \text{Resp.}$$

$$+\rightarrow \sum F_x = 0$$

$$-60 + C_x = 0$$

$$C_x = 60 \text{ kN} \rightarrow \qquad \text{Resp.}$$

$$+\circlearrowleft \sum M_x = 0$$

$$-A_y(2) - B_y(2) + 100(1) + 60(4) = 0$$

$$A_y + B_y = 170 \qquad (1)$$

$$+\uparrow \sum F_y = 0$$

$$A_y + B_y + C_y - 100 = 0 \qquad (2)$$

Ao substituirmos a Equação (1) pela Equação (2), obtemos

$$C_y = -70 \text{ kN}$$

$$C_y = 70 \text{ kN} \downarrow \qquad \text{Resp.}$$

$$+\circlearrowleft \sum M_z = 0$$

$$B_y(4) - 70(4) - 100(2) = 0$$

$$B_y = 120 \text{ kN} \uparrow \qquad \text{Resp.}$$

Ao substituirmos $B_y = 120$ kN pela Equação (1), obtemos A_y.

$$A_y = 50 \text{ kN} \uparrow$$

Nó A. Veja a Figura 4.32(b).

$$+\uparrow \sum F_y = 0 \qquad 50 + \left(\frac{y_{AE}}{L_{AE}}\right) F_{AE} = 0$$

na qual o segundo termo do lado esquerdo representa o componente y de F_{AE}. Substituindo-se os valores de y e L para o elemento AE da Tabela 4.1, escrevemos

$$50 + \left(\frac{4}{4{,}58}\right) F_{AE} = 0$$

$$F_{AE} = -57{,}25 \text{ kN}$$

$$F_{AE} = 57{,}25 \text{ kN (C)} \qquad \textbf{Resp.}$$

Tabela 4.1

Elemento	Projeção			Comprimento (m)
	x (m)	y (m)	z (m)	
AB	4	0	0	4,0
BC	0	0	2	2,0
CD	4	0	0	4,0
AD	0	0	2	2,0
AC	4	0	2	4,47
AE	2	4	1	4,58
BE	2	4	1	4,58
CE	2	4	1	4,58
DE	2	4	1	4,58

Analogamente, aplicamos as equações de equilíbrio restantes:

$$+ \swarrow \sum F_z = 0 \qquad -\left(\frac{2}{4{,}47}\right) F_{AC} + \left(\frac{1}{4{,}58}\right)(57{,}25) = 0$$

$$F_{AC} = 28{,}0 \text{ kN (T)} \qquad \textbf{Resp.}$$

$$+ \rightarrow \sum F_x = 0 \qquad F_{AB} + \left(\frac{4}{4{,}47}\right)(28) - \left(\frac{2}{4{,}58}\right)(57{,}25) = 0$$

$$F_{AB} = 0 \qquad \textbf{Resp.}$$

Nó B. Veja a Figura 4.32(c).

$$+ \rightarrow \sum F_x = 0 \qquad -\left(\frac{2}{4{,}58}\right) F_{BE} - 60 = 0$$

$$F_{BE} = -137{,}4 \text{ kN}$$

$$F_{BE} = 137{,}4 \text{ kN (C)} \qquad \textbf{Resp.}$$

$$+ \swarrow \sum F_z = 0 \qquad -60 - F_{BC} + \left(\frac{1}{4{,}58}\right)(137{,}4) = 0$$

$$F_{BC} = -30 \text{ kN}$$

$$F_{BC} = 30 \text{ kN (C)} \qquad \textbf{Resp.}$$

Como todas as forças desconhecidas no nó B foram determinadas, usaremos a equação de equilíbrio restante para verificar nossos cálculos:

$$+\uparrow \sum F_y = 120 - \left(\frac{4}{4,58}\right)(137,4) = 0$$

Verificações

Nó C. Veja a Figura 4.32(d).

$$+\uparrow \sum F_y = 0 \quad -70 + \left(\frac{4}{4,58}\right)F_{CE} = 0$$

$$F_{CE} = 80,15 \text{ kN} \quad (T)$$

Resp.

Verificando os cálculos. No nó C (Figura 4.32(d)),

$$+\rightarrow \sum F_x = 60 - \left(\frac{2}{4,58}\right)(80,15) - \left(\frac{4}{4,47}\right)(28) = 0$$

Verificações

$$+\swarrow \sum F_z = -30 = \left(\frac{2}{4,47}\right)(28) + \left(\frac{1}{4,58}\right)(80,15) = 0$$

Verificações

No nó E (Figura 4.32(e)),

$$+\rightarrow \sum F_x = \frac{2}{4,58}(57,32 - 137,4 + 80,15) = 0$$

Verificações

$$+\uparrow \sum F_y = -100 + \left(\frac{4}{4,58}\right)(57,32 + 137,4 - 80,15) = 0$$

Verificações

$$+\swarrow \sum F_z = 60 - \left(\frac{1}{4,58}\right)(57,32 + 137,4 + 80,15) = 0$$

Verificações

Resumo

Uma treliça é definida como uma estrutura composta por elementos retos ligados em suas extremidades por conexões flexíveis para formar uma configuração rígida. A análise das treliças é baseada em três suposições simplificadas:

1. Todos os elementos são ligados apenas em suas extremidades por rótulas sem atritos em treliças planas e por nós de soquete esférico sem atritos em treliças espaciais.
2. Todas as cargas e reações são aplicadas apenas nos nós.
3. Os eixos centroidais de cada elemento coincidem com a linha que conecta os centros dos nós adjacentes. O efeito dessas suposições é que todos os elementos da treliça podem ser tratados como elementos de força normal.

Uma treliça é considerada internamente estável se o elemento e a disposição de seus elementos sejam de tal forma que não alterem seu formato e permaneçam um corpo rígido quando afastados de seus apoios. Os tipos comuns de equações de condição para as treliças planas são descritos na Seção 4.3.

Uma treliça é considerada estaticamente determinada se todas as suas forças de elementos e reações puderem ser determinadas usando-se as equações de equilíbrio. Se uma treliça plana contiver m elementos, j nós e for suportada po r reações, então se

$$m + r < 2j, \text{ a treliça será estaticamente instável}$$
$$m + r = 2j, \text{ a treliça será estaticamente determinada} \quad (4.4)$$
$$m + r > 2j, \text{ a treliça será estaticamente indeterminada}$$

O grau de indeterminação estática é dado por

$$i = (m + r) - 2j \quad (4.3)$$

Análise Estrutural

As condições citadas para determinação e indeterminação estática são necessárias, mas não são condições suficientes. Para que esses critérios sejam válidos, a treliça deve ser estável e agir como um único corpo rígido sob um sistema geral de cargas coplanares quando estiver presa aos apoios.

Para analisar treliças planas determinadas estaticamente, podemos usar o método dos nós, que essencialmente consiste em selecionar um nó com, no máximo, duas forças desconhecidas agindo sobre ele e aplicando as duas equações de equilíbrio para determinar as forças desconhecidas. Repetimos o procedimento até obtermos todas as forças desejadas. Esse método é mais eficiente quando as forças em todos ou na maioria dos elementos de uma treliça forem desejadas.

O método das seções, normalmente, prova ser mais conveniente quando as forças em apenas alguns elementos específicos da treliça são desejadas. Esse método essencialmente envolve cortar a treliça em duas partes passando uma seção imaginária através dos elementos cujas forças são desejadas e determinar as forças desejadas aplicando as três equações de equilíbrio para o corpo livre de uma das duas partes da treliça.

A análise das treliças compostas pode normalmente ser realizada usando-se uma combinação do método dos nós e do método das seções. Um procedimento para determinar as reações e as forças de elementos na treliça espacial também é apresentado.

PROBLEMAS

Seção 4.4

4.1 a 4.5 Classifique cada uma das treliças planas mostradas como instáveis, estaticamente determinadas ou estaticamente indeterminadas. Se a treliça for estaticamente indeterminada, determine o grau de indeterminação estática.

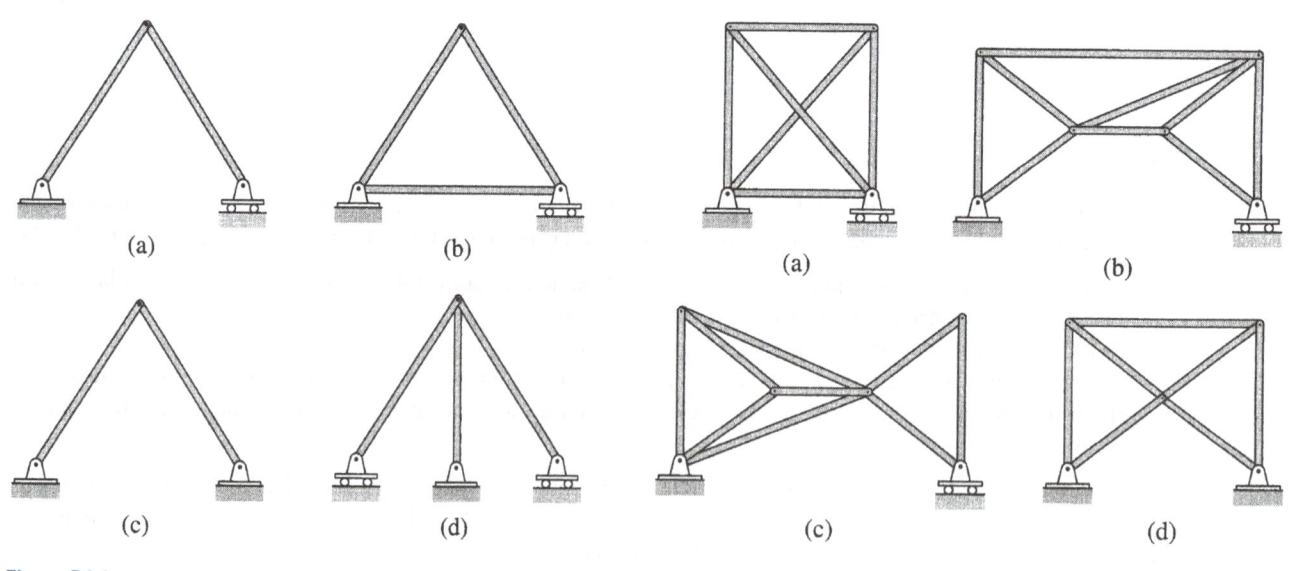

Figura P4.1

Figura P4.2

capítulo 4

Treliças planas e espaciais 131

(a)

(b)

Figura P4.3

(c)

(d)

(a)

(b)

(c)

(d)

Figura P4.4

(a)

(b)

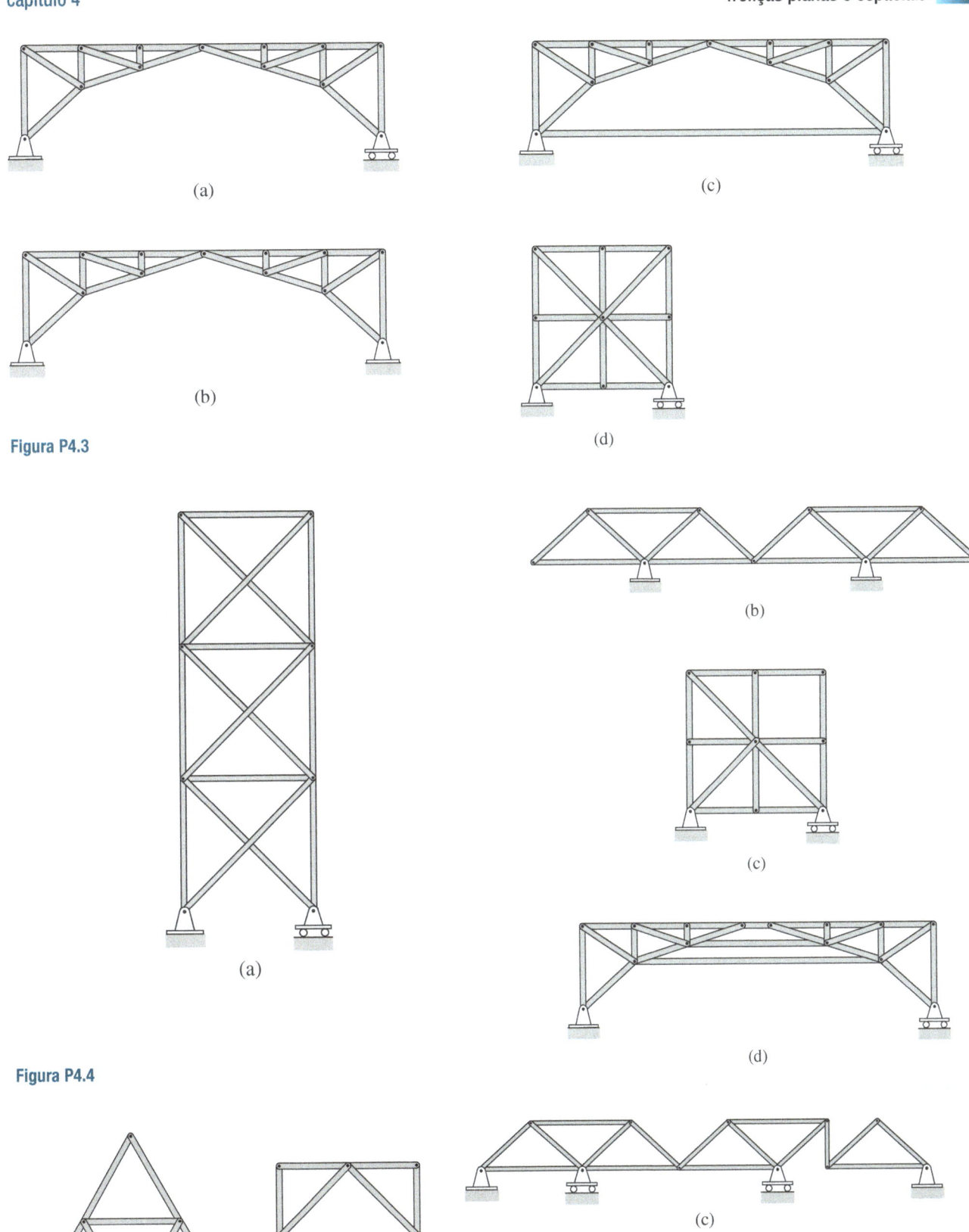

(c)

(d)

Figura P4.5

Seção 4.5

4.6 a 4.27 Determine a força em cada elemento da treliça mostrado pelo método dos nós.

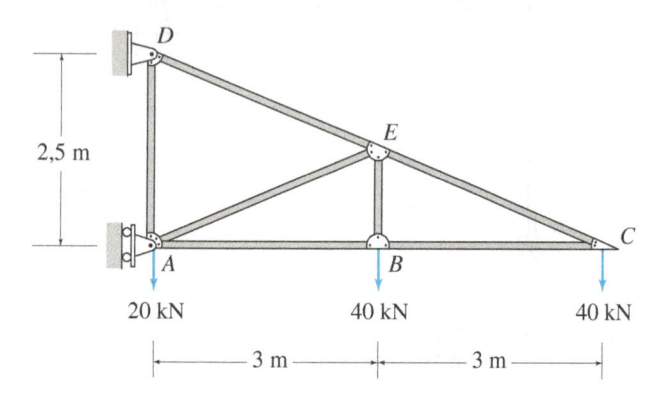

Figura P4.6

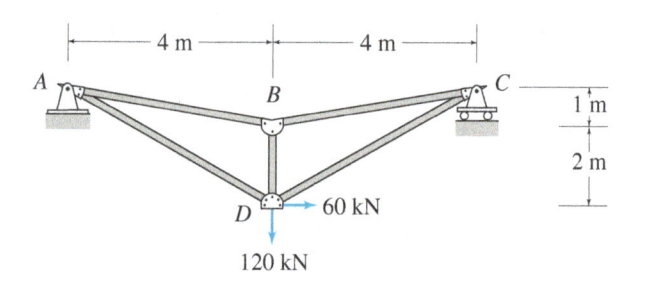

Figura P4.7

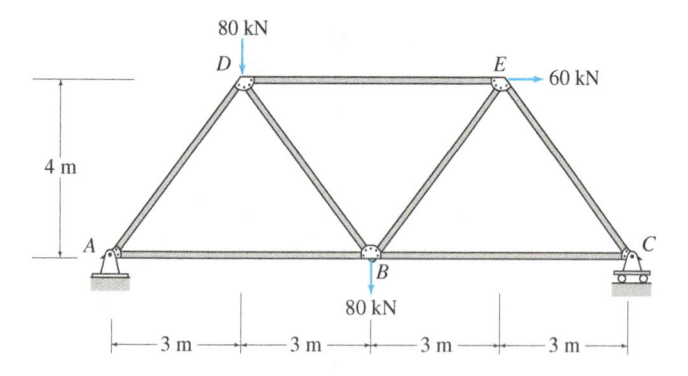

Figura P4.8

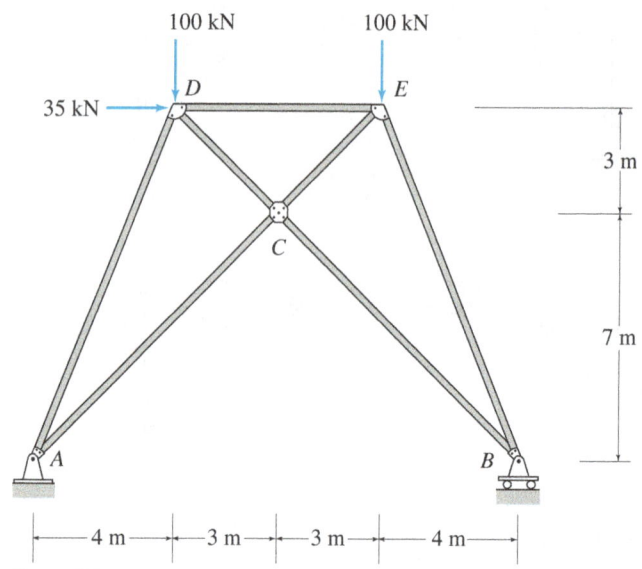

Figura P4.9

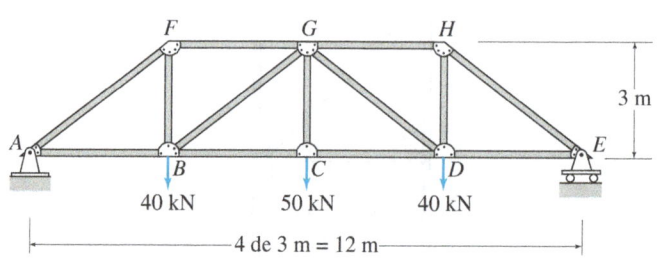

Figura P4.10

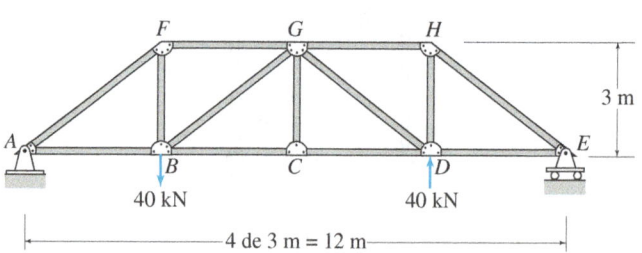

Figura P4.11

capítulo 4

Treliças planas e espaciais 133

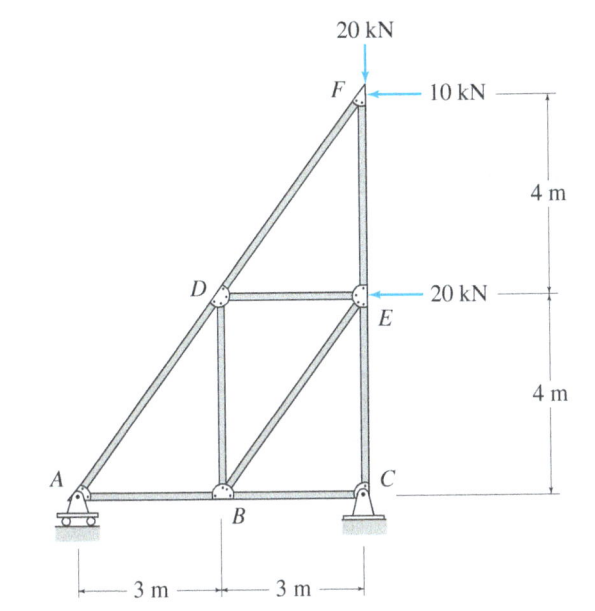

Figura P4.12

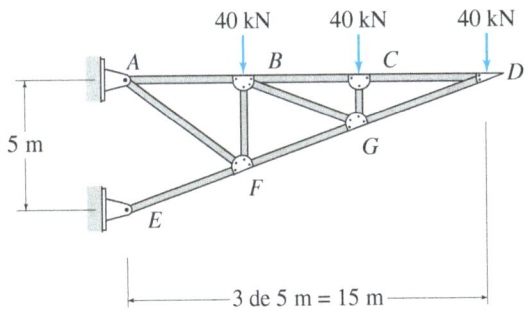

Figura P4.13

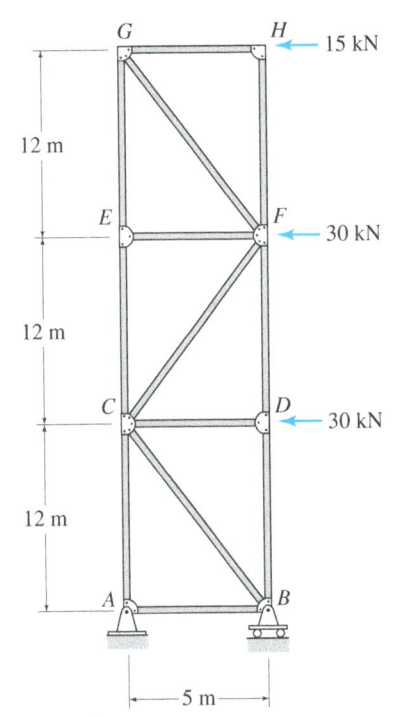

Figura P4.14

Figura P4.15

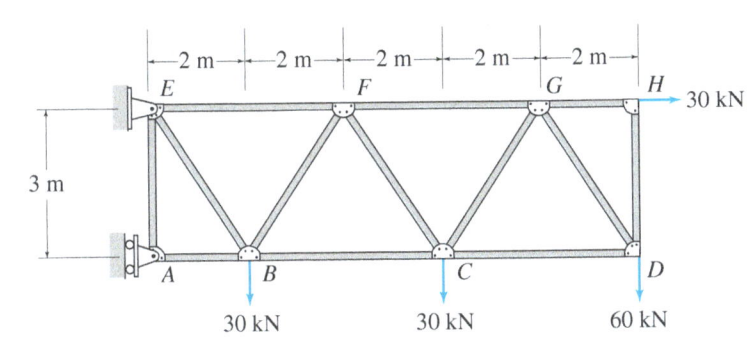

Figura P4.16

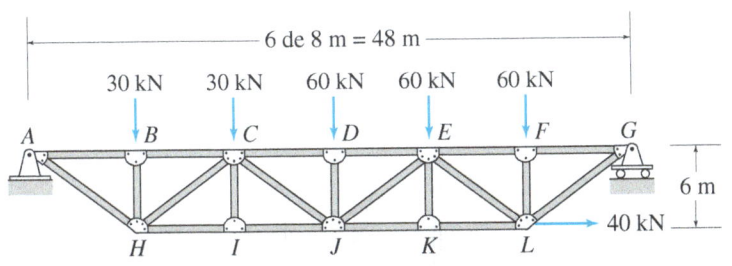

Figura P4.17

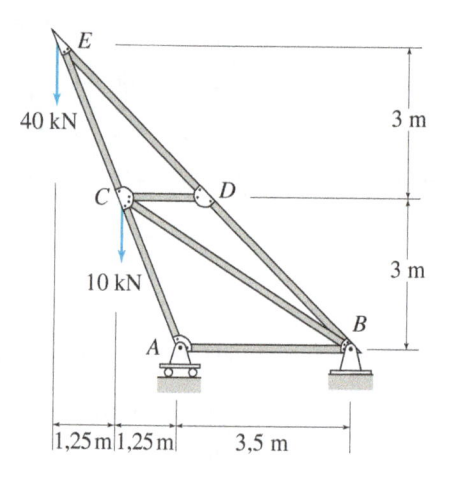

Figura P4.18

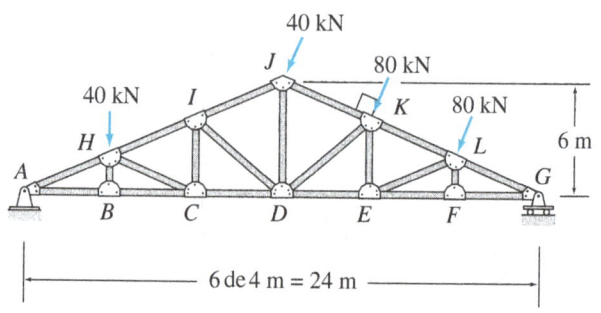

Figura P4.19

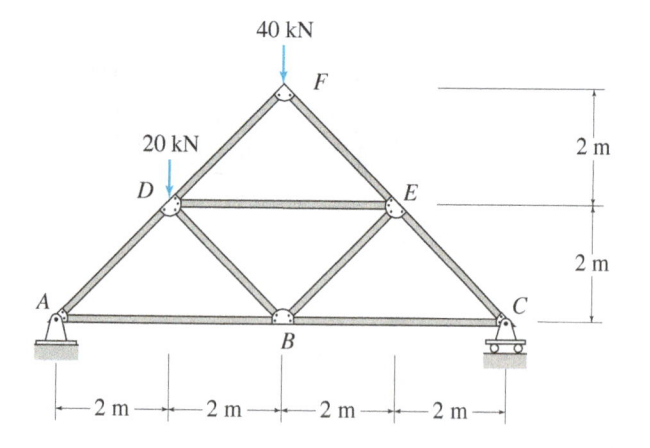

Figura P4.20

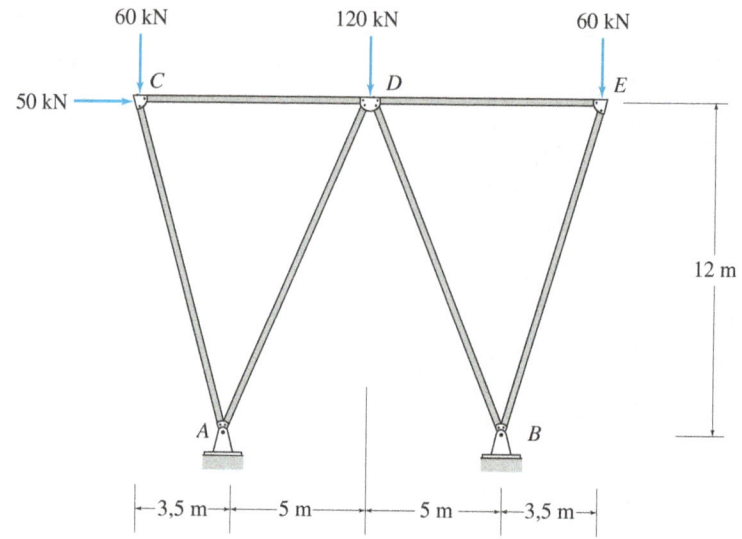

Figura P4.21

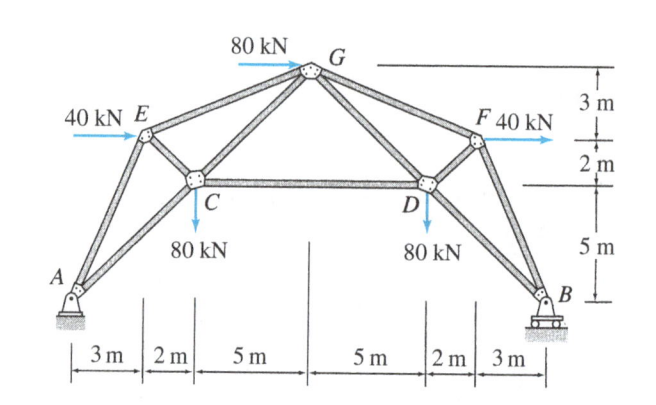

Figura P4.22

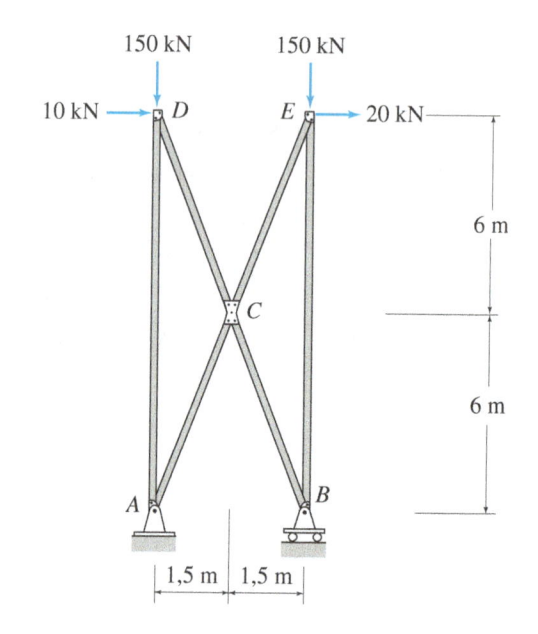

Figura P4.23

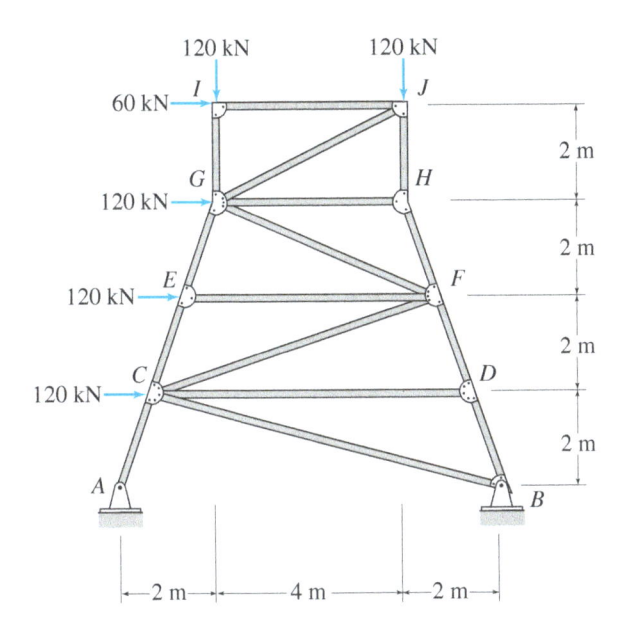

Figura P4.24

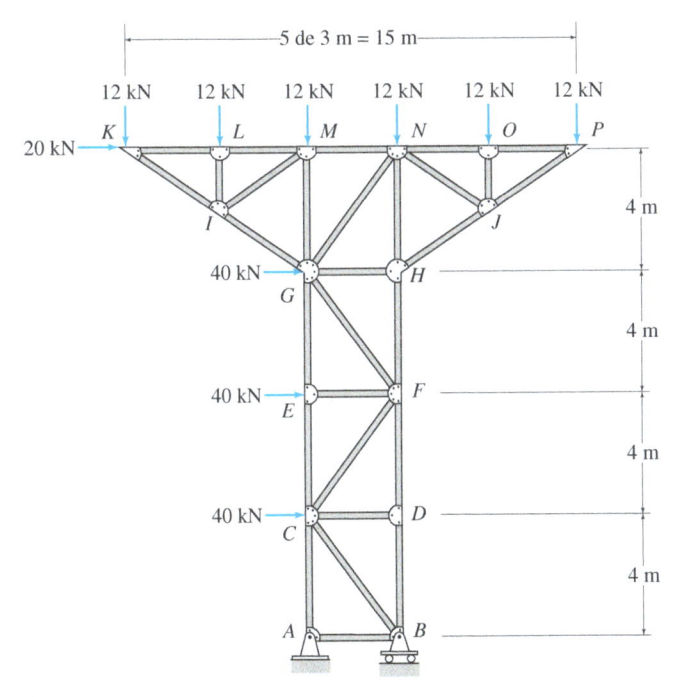

Figura P4.25

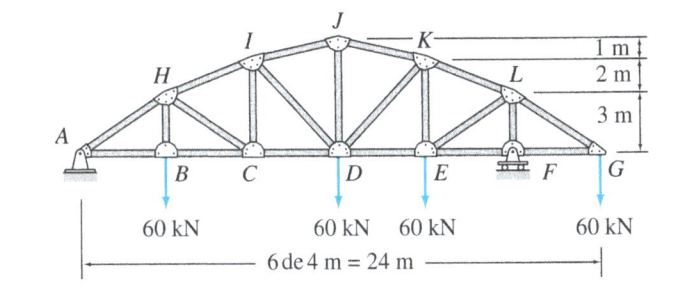

Figura P4.26

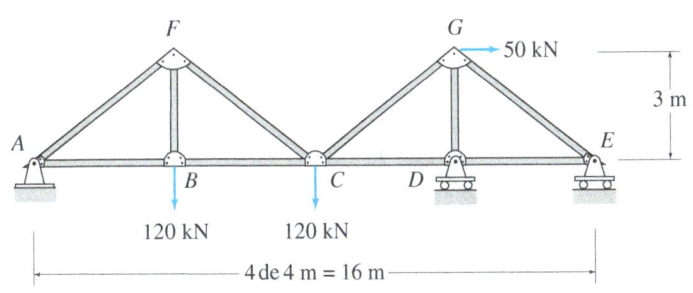

Figura P4.27

4.28 Determine a força em cada elemento da treliça que está suportando um pavimento de piso, conforme mostrado na Figura P4.28. O pavimento é simplesmente suportado nas vigas de piso que, por sua vez, estão conectadas aos nós da treliça. Assim, a carga distribuída uniformemente no pavimento é transmitida pelas vigas de piso como cargas concentradas para os nós superiores da treliça.

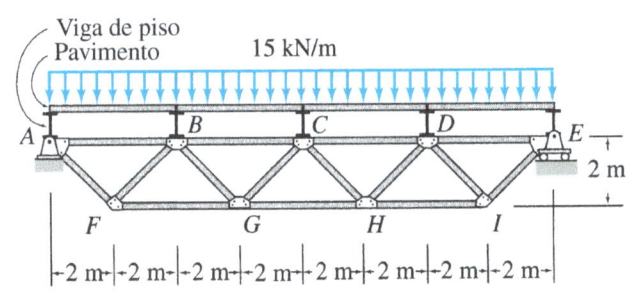

Figura P4.28

4.29 e 4.30 Determine a força em cada elemento da treliça de cobertura mostrada. A cobertura é simplesmente apoiada em terças que, por sua vez, estão ligadas aos nós do banzo superior da treliça. Portanto, a carga uniformemente distribuída na cobertura é transmitida para as terças como cargas concentradas para os nós da treliça.

136 Análise Estrutural   Parte 2

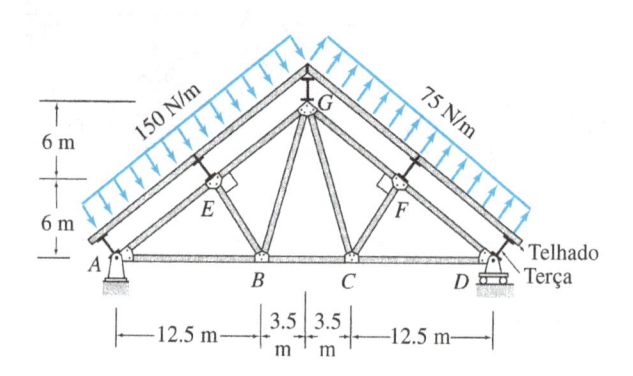

Figura P4.29

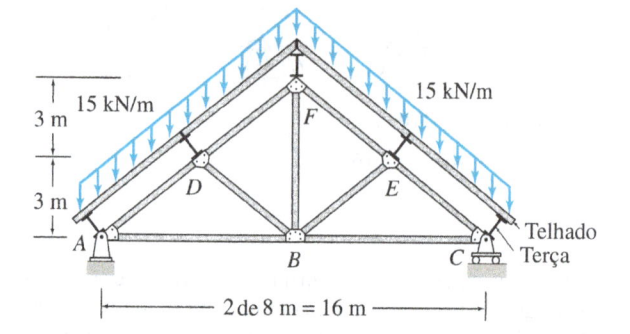

Figura P4.30

Seção 4.6

4.31 Determine as forças no elemento do banzo superior GH e no elemento do banzo inferior BC da treliça, se $h = 1$ m. Como seriam as forças nesses elementos caso a altura h da treliça fosse dobrada para 2 m?

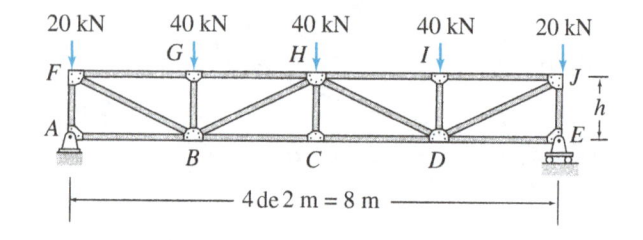

Figura P4.31

4.32 a 4.45 Determine as forças nos elementos identificados por "X" da treliça mostrada pelo método das seções.

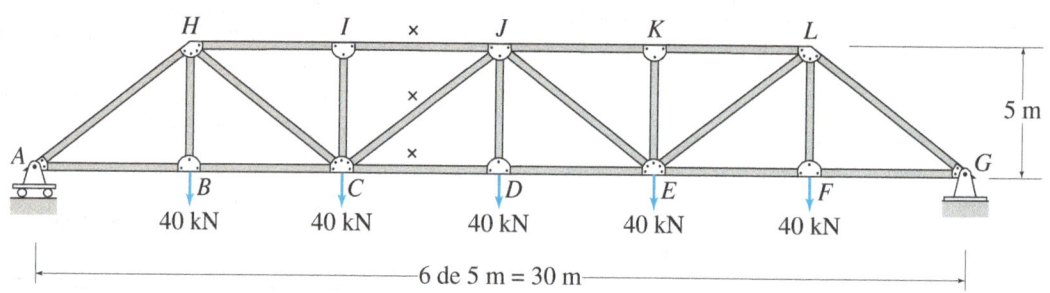

Figura P4.32

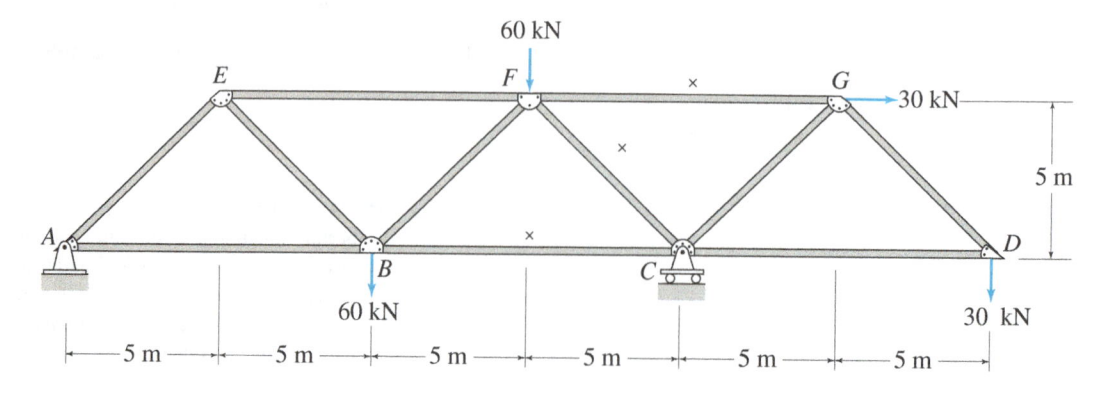

Figura P4.33

capítulo 4 Treliças planas e espaciais 137

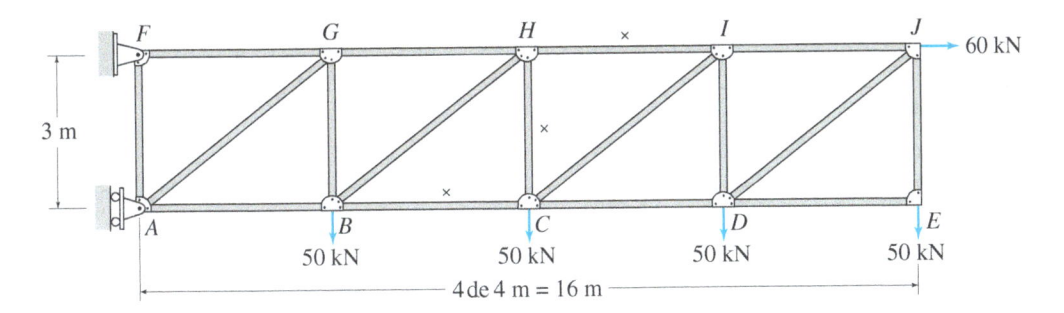

Figura P4.34

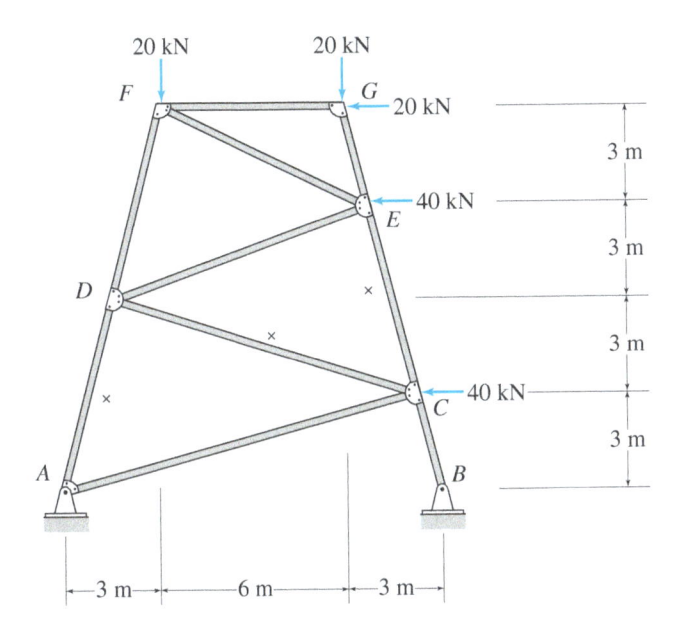

Figura P4.35

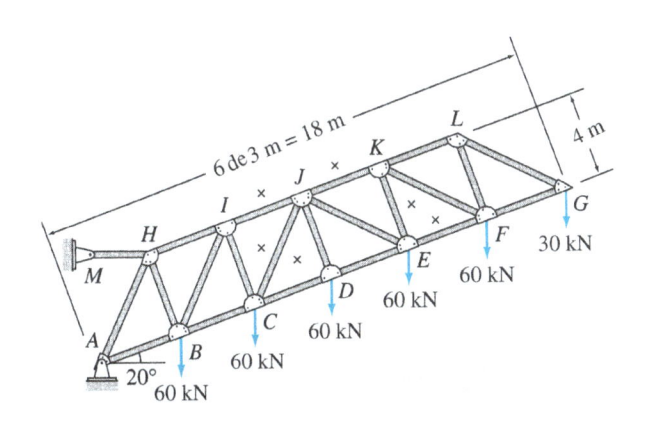

Figura P4.36

Figura P4.37

Figura P4.38

138 Análise Estrutural

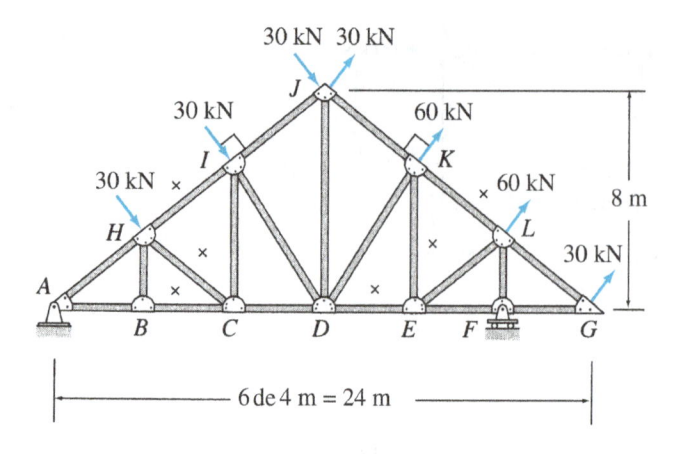

Figura P4.39

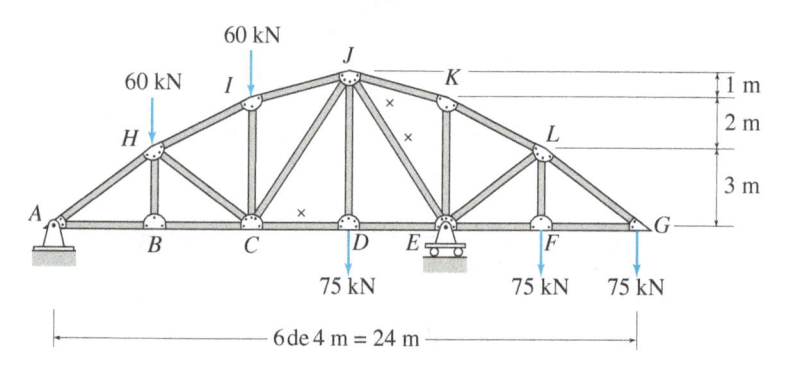

Figura P4.40

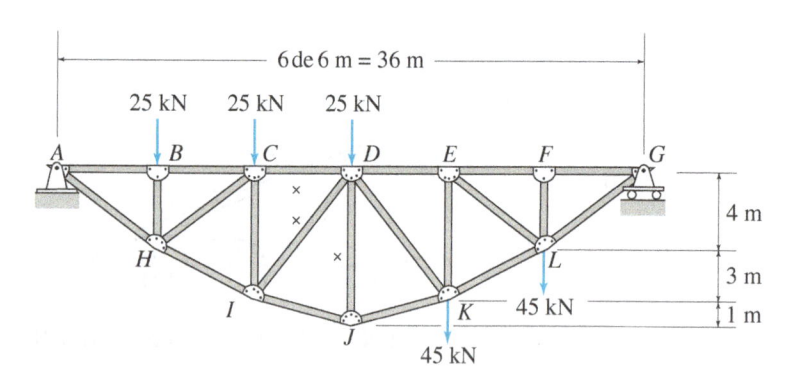

Figura P4.41

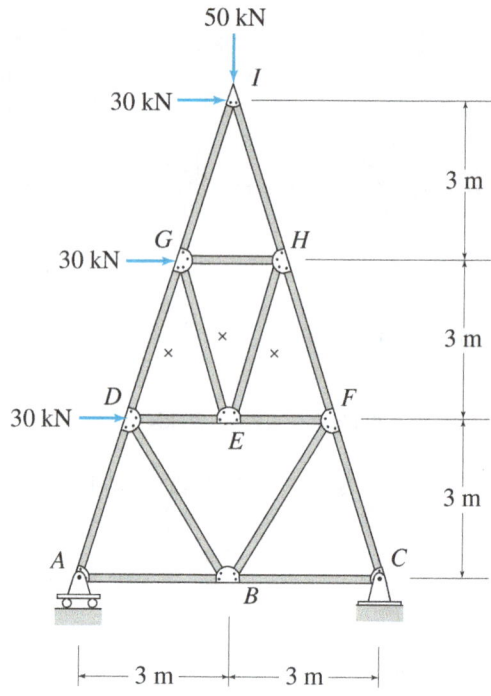

Figura P4.42

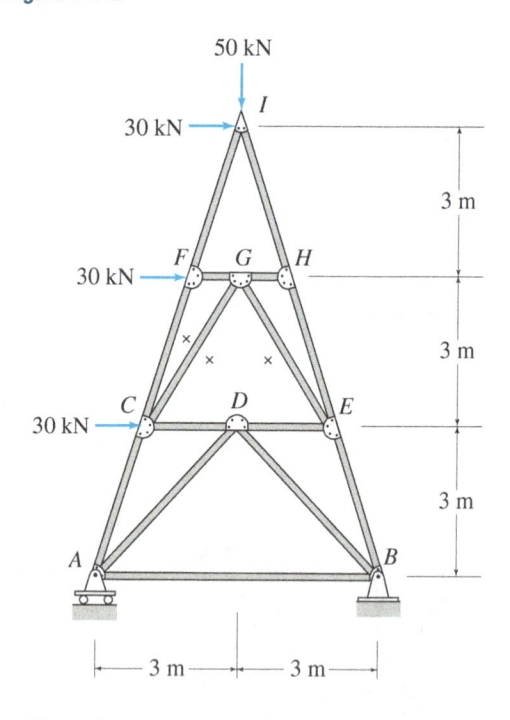

Figura P4.43

capítulo 4

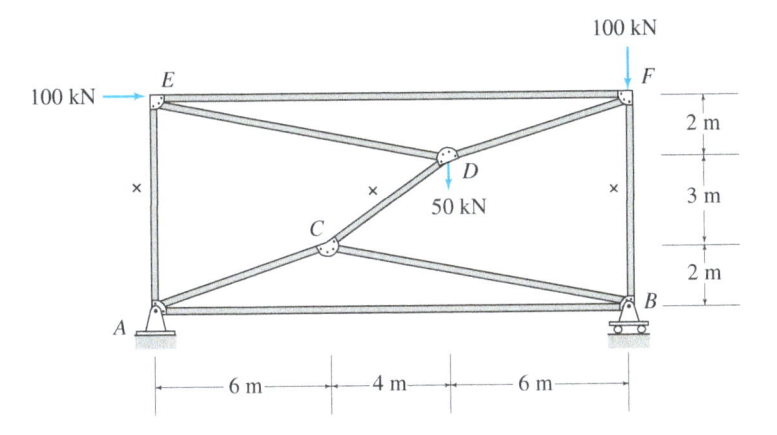

Treliças planas e espaciais 139

Figura P4.44

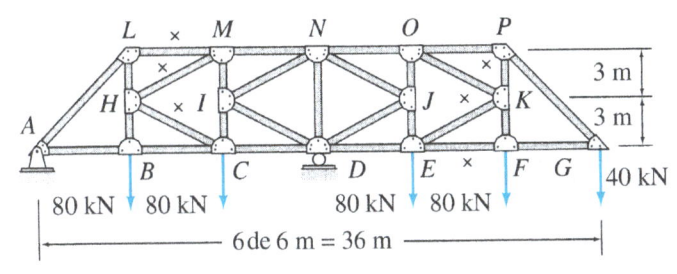

Figura P4.45

Seção 4.7

4.46 a 4.50 Determine a força em cada elemento da treliça mostrada.

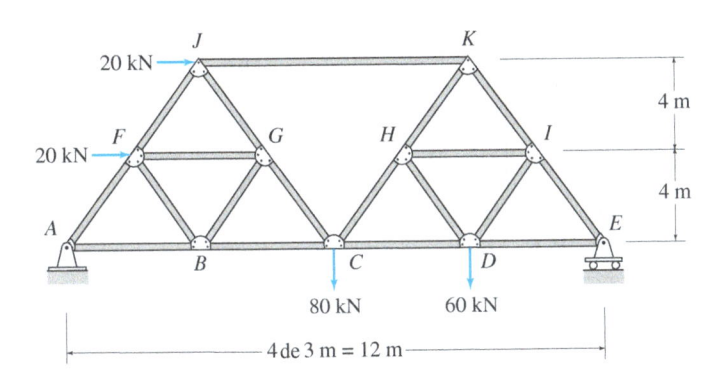

Figura P4.46

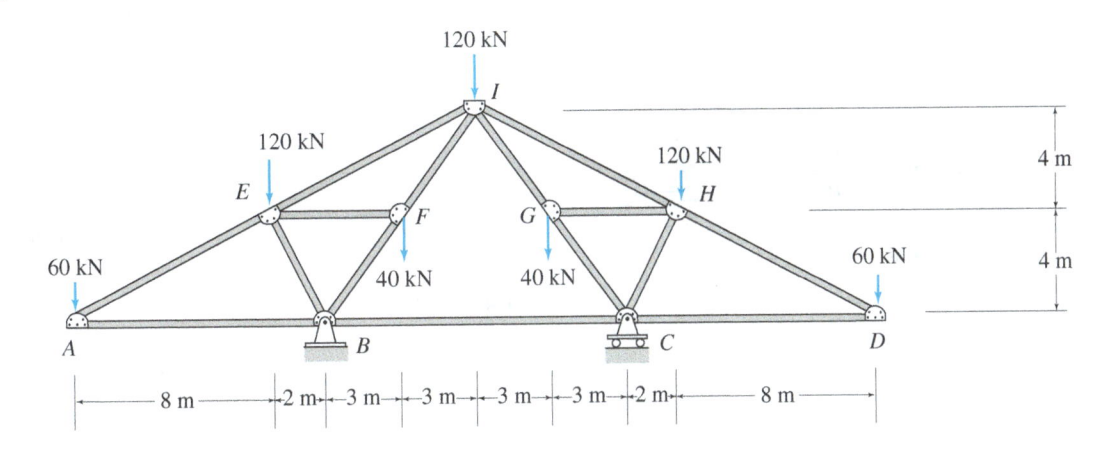

Figura P4.47

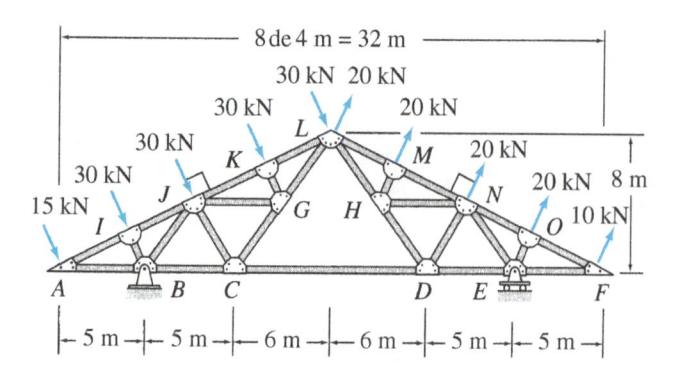

Figura P4.48

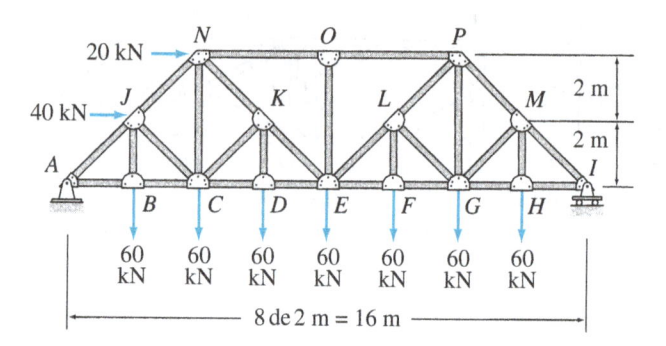

Figura P4.49

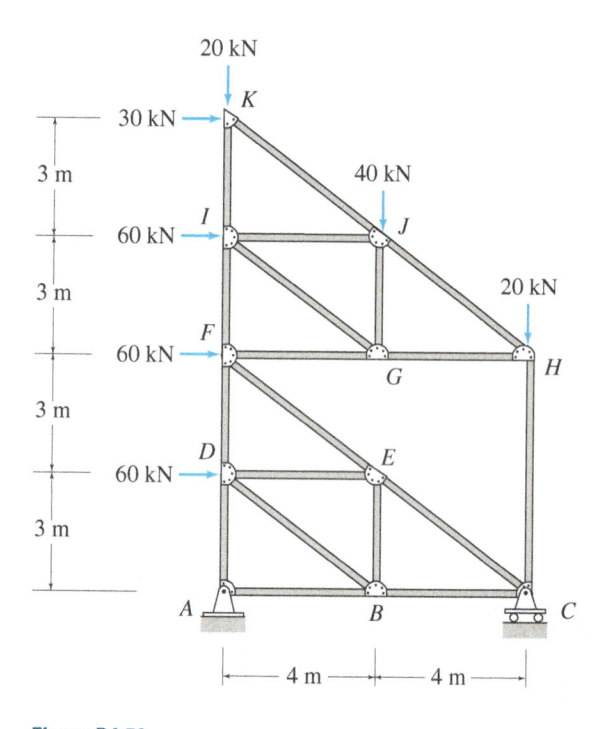

Figura P4.50

Seção 4.9

4.51 a 4.55 Determine a força em cada elemento da treliça espacial mostrada.

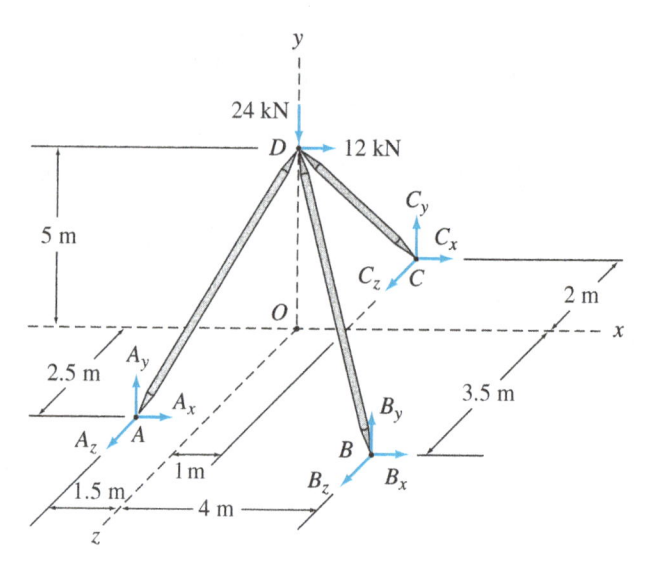

Figura P4.51

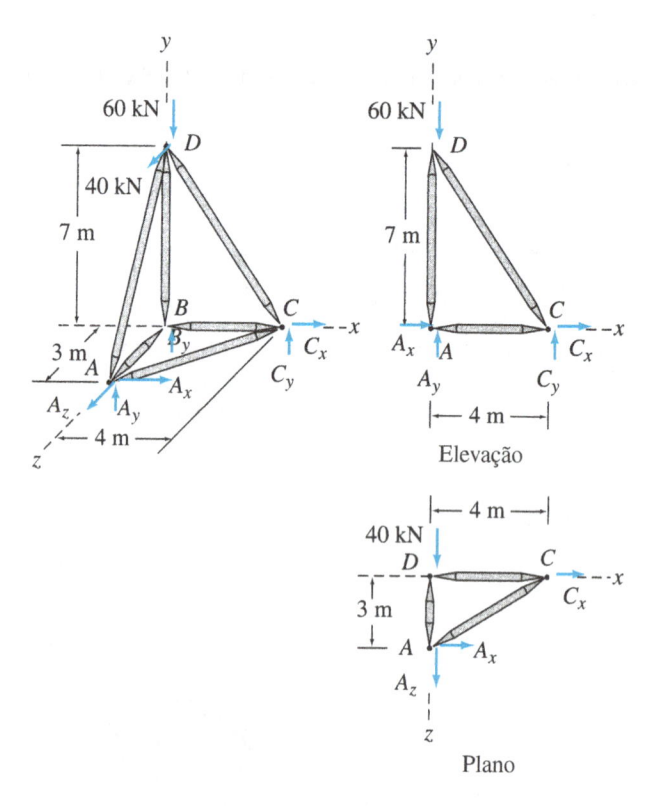

Figura P4.52

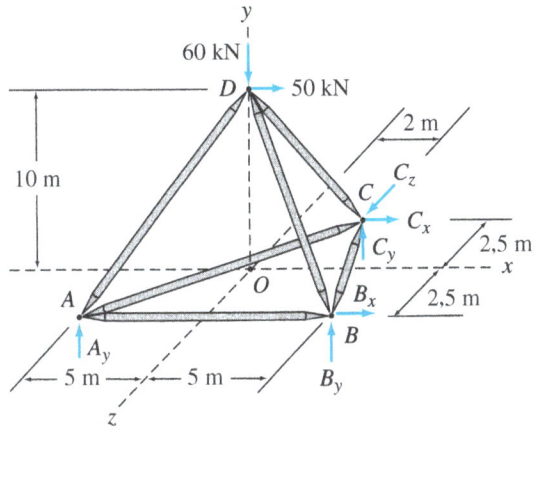

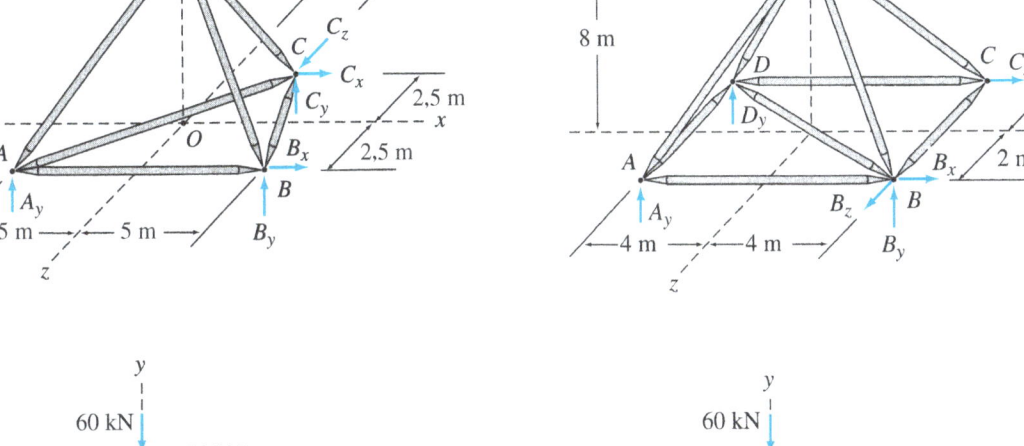

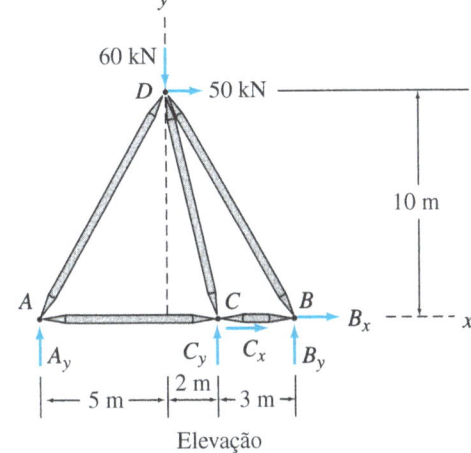

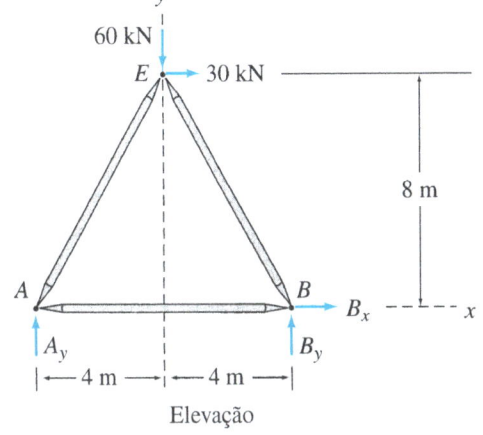

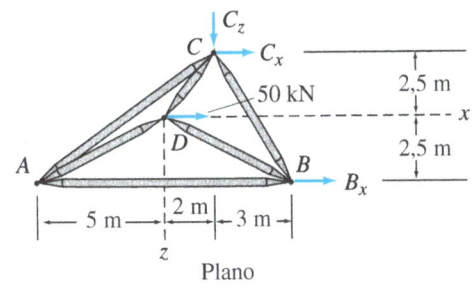

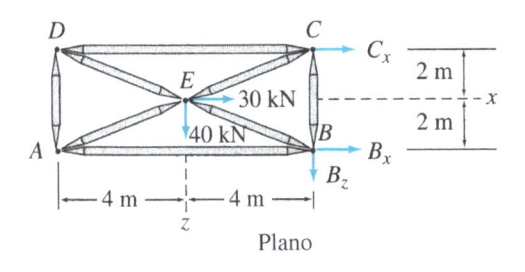

Figura P4.53

Figura P4.54

142 Análise Estrutural Parte 2

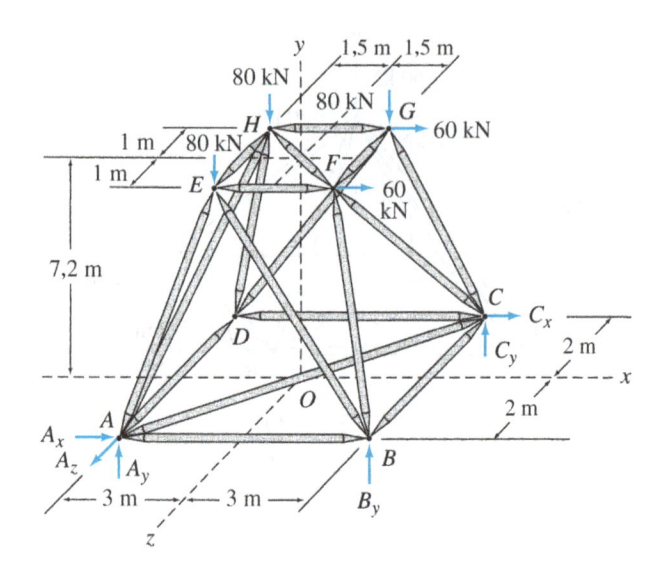

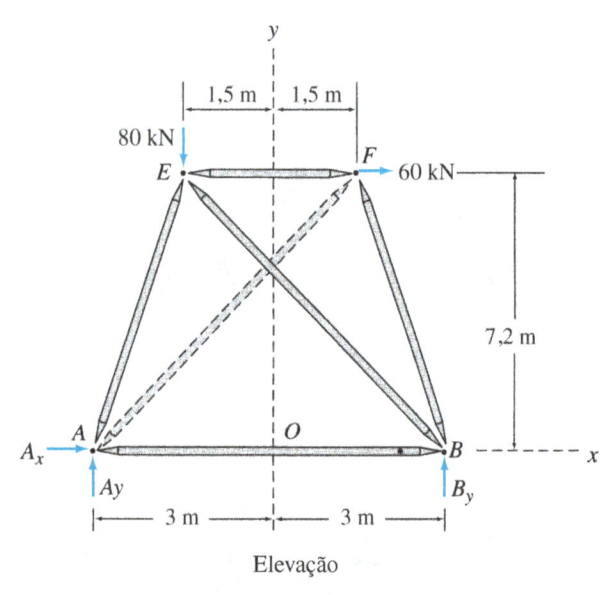

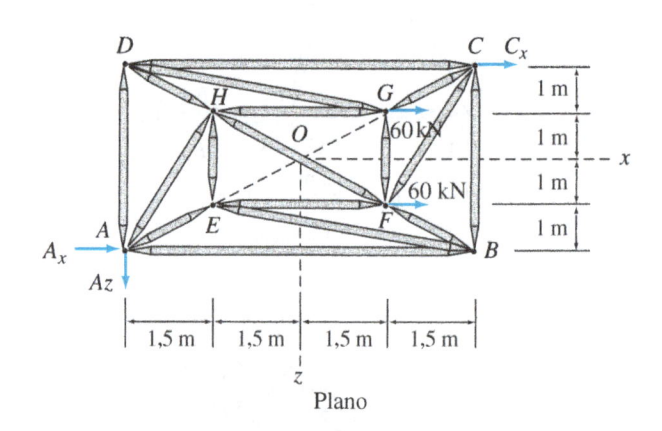

Figura P4.55

Elevação

Plano

5

Vigas e pórticos: momento fletor e cortante

5.1 Força normal, cortante e momento fletor
5.2 Diagramas do momento fletor e do esforço cortante
5.3 Representação gráfica das curvas elásticas
5.4 Relações entre as cargas, esforços cortantes e momentos fletores
5.5 Determinação, indeterminação e instabilidade estática de pórticos planos
5.6 Análise de pórticos planos
Resumo
Problemas

Longarinas de aço
Lester Lefkowitz/Stone/Getty Images.

Ao contrário das treliças, consideradas no capítulo anterior, cujos elementos estão sempre sujeitos apenas às forças normais, os elementos de pórticos rígidos e vigas podem ser submetidos a forças cortantes e momentos fletores, bem como forças normais sob a ação de cargas externas. A determinação dessas forças e dos momentos (esforços resultantes) internos é necessária para o projeto de tais estruturas. O objetivo deste capítulo é apresentar a análise das forças e dos momentos internos que podem se desenvolver em vigas e nos elementos de estruturas planas, sob a ação de sistemas de coplanares de momentos fletores e forças externas.

Começamos por definir os três tipos de esforços resultantes – forças normais, forças cortantes e momentos fletores– que podem atuar nas seções transversais de vigas e nos elementos de pórticos planos. A seguir, discutiremos a construção de diagramas de esforço cortante e de momento fletor pelo método das seções. Consideraremos também as curvas elásticas de vigas e as relações entre as cargas, cortantes e momentos fletores. Além disso, desenvolveremos os procedimentos para a construção dos diagramas de momento fletor e de esforço cortante usando essas relações. Por fim, apresentaremos a classificação das estruturas planas como determinadas, indeterminadas e instáveis estaticamente; e a análise das estruturas planas estaticamente determinadas.

5.1 Força normal, cortante e momento fletor

As forças internas foram definidas na Seção 3.2 como as forças e os momentos exercidos sobre uma porção da estrutura pelo restante desta. Considere por exemplo, a viga simplesmente apoiada mostrada na Figura 5.1(a). O diagrama de corpo livre da viga completa está descrito na Figura 5.1(b), que mostra as cargas externas, bem como as reações A_x e A_y e B_y dos apoios A e B, respectivamente. Como discutido no Capítulo 3, as reações dos apoios podem ser calculadas pela aplicação das equações de equilíbrio para o corpo livre da viga inteira.

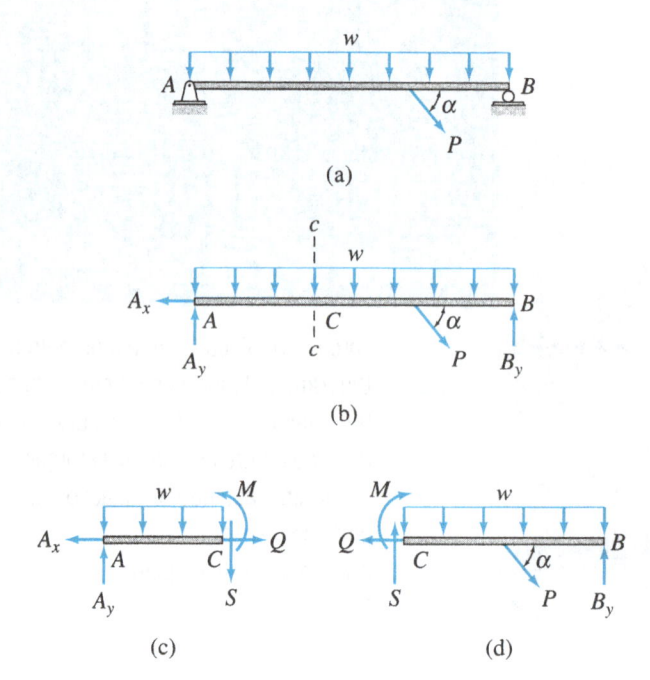

Figura 5.1

Com a finalidade de determinar as forças internas que atuam sobre a seção transversal da viga no ponto C, passamos uma seção imaginária cc através de C, cortando assim a viga em duas partes, AC e CB, como apresentado nas Figuras 5.1(c) e 5.1(d). O diagrama de corpo livre da porção AC (Figura 5.1(c).) mostra, em adição às cargas externas e às reações do apoio que atuam sobre a parte AC, as forças internas Q, S e M exercidas sobre a porção AC em C pela porção removida da estrutura. Note que, sem essas forças internas, a porção AC não está em equilíbrio. Além disso, sob um sistema coplanar geral de cargas e reações externas, três forças internas (duas componentes de força perpendicular e um momento) são necessárias em uma seção para manter uma porção da viga em equilíbrio. As duas componentes de força interna são geralmente orientadas na direção do, e perpendiculares ao, eixo do centro de gravidade da viga na seção sob consideração, como mostrado na Figura 5.1(c). A força interna Q na direção do eixo do centro de gravidade da viga é chamada de *força normal* e a força interna S na direção perpendicular ao eixo do centro de gravidade é referida como a *força cortante* (ou simplesmente, *cortante*). O momento M do momento interno é denominado *momento fletor*. Lembre-se da *mecânica dos materiais* que essas forças internas, Q, S e M, representam as resultantes da distribuição dos esforços agindo na seção transversal da viga.

O diagrama de corpo livre da porção CB da viga é indicado na Figura 5.1(d). Note que esse diagrama mostra as mesmas forças internas Q, S e M, mas em direções opostas, sendo exercidas sobre a parte CB em C pela porção removida AC, de acordo com a terceira lei de Newton. As grandezas e os sentidos corretos das forças internas podem ser determinados simplesmente aplicando-se as três equações de equilíbrio, $\sum F_x = 0$, $\sum F_y = 0$ e $\sum M = 0$, em uma das duas porções (AC ou CB) da viga.

Isso pode ser visto nas Figuras 5.1(c) e 5.1(d), que, com a finalidade da equação de equilíbrio $\sum F_x = 0$ ser satisfeita para uma porção da viga, a força normal interna Q deve ser igual em magnitude (mas oposta na direção) à soma algébrica (resultante) das componentes na direção paralela ao eixo da viga de todas as forças externas que atuam sobre essa porção. Uma vez que a viga completa está em equilíbrio – isto é, $\sum F_x = 0$ para a viga completa –, a aplicação de $\sum F_x = 0$ individualmente nas suas duas porções resultará na mesma magnitude da força normal Q. Assim, podemos afirmar o seguinte:

> O esforço normal interno Q em qualquer seção de uma viga é igual em magnitude, mas oposto na direção, à soma algébrica (resultante) das componentes na direção paralela ao eixo da viga de todas as cargas externas e reações de apoios atuando em ambos os lados da seção sob consideração.

Usando um raciocínio semelhante, podemos definir o cortante e momento fletor como se segue:

> O esforço cortante S em qualquer seção de uma viga é igual em magnitude, mas oposto na direção, à soma algébrica (resultante) das componentes na direção perpendicular ao eixo da viga de todas as cargas externas e reações de apoios que atuam em ambos os lados da seção sob consideração.

> O momento fletor M em qualquer seção da viga é igual em magnitude, mas oposto na direção, à soma algébrica dos momentos sobre (o centro de gravidade da seção transversal da viga na) a seção sob consideração de todas as cargas externas e reações de apoios atuando em ambos os lados da seção.

Convenção de sinal

A convenção de sinal comumente utilizada para os esforços normais, cortantes e momentos fletores é retratada na Figura 5.2. Uma característica importante desta convenção de sinal, que é muitas vezes referida como a *convenção da viga*, é que ela produz os mesmos resultados (positivos ou negativos), independentemente de qual lado da seção é considerado para o cálculo dos esforços internos. As direções positivas das forças internas que atuam sobre as porções do elemento em cada lado da seção são mostradas na Figura 5.2(a).

Do ponto de vista computacional, no entanto, é geralmente mais conveniente expressar essa convenção de sinal em termos das cargas e reações externas que atuam na viga ou no elemento da estrutura, como mostrado nas Figuras 5.2 (b) a 5.2 (d). Como indicado na Figura 5.2(b), *o esforço normal interno Q é considerado positivo quando as forças externas que atuam no elemento produzem tração ou têm a tendência de puxar o elemento para distante da seção.*

Como visto na Figura 5.2(c), *o esforço cortante S é considerado positivo quando as forças externas tendem a empurrar a parte do elemento do lado esquerdo da seção para cima em relação à parte do lado direito da seção.* Pode ser visto nesta figura que uma força externa que atua para cima na porção da esquerda ou para baixo na porção da direita causa cortante positivo.

a) Esforço normal, esforço cortante e momento fletor internos positivos em uma seção

b) Forças externas causando esforço normal positivo

c) Forças externas causando esforço cortante positivo

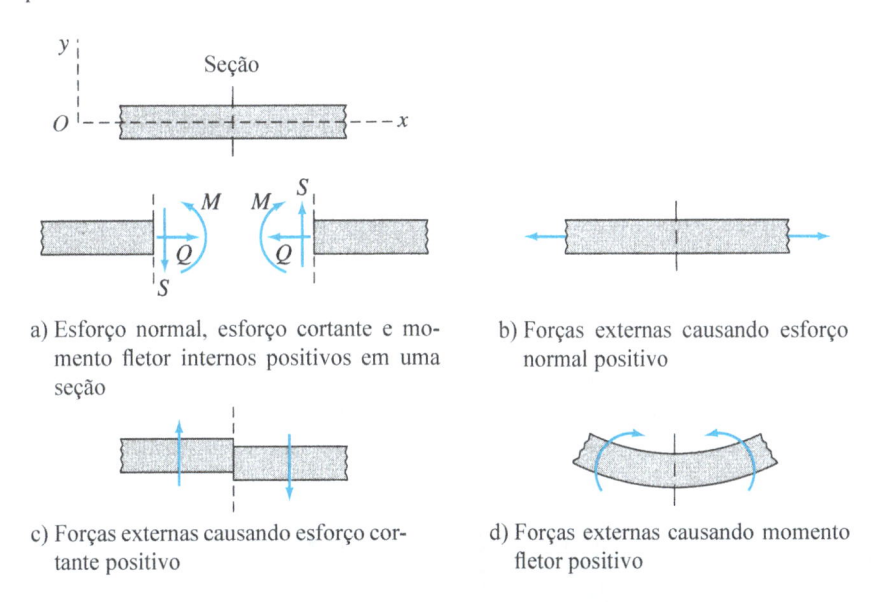

d) Forças externas causando momento fletor positivo

Figura 5.2 Convenção de viga.

Alternativamente, essa convenção de sinal para cortante pode ser lembrada por perceber que qualquer força que produz momento, no sentido horário, sobre uma seção provoca cortante positivo nessa seção e vice-versa.

O momento fletor positivo é apresentado na Figura 5.2(d). *O momento fletor M é considerado positivo quando as forças e os momentos externos tendem a dobrar a viga côncava para cima, causando compressão das fibras superiores e tração nas fibras inferiores da viga na seção.* Quando a parte da esquerda é usada para calcular o momento fletor, as forças que atuam sobre a porção que produzem momentos no sentido horário sobre a seção, bem como os momentos no sentido horário, causam momento fletor positivo na seção. Quando a porção da direita é considerada, no entanto, as forças produzindo momentos anti-horários sobre a seção e os momentos no sentido anti-horário causam momento fletor positivo e vice-versa.

Em nossa discussão até aqui, o elemento de viga ou de pórtico tem sido considerado como horizontal, mas a convenção de sinal anterior pode ser utilizada para os elementos inclinados e verticais, empregando um sistema de coordenadas xy, como mostrado na Figura 5.2(a). O eixo x do sistema de coordenadas é orientado na direção do eixo do centro de gravidade do elemento, e a direção positiva do eixo y é escolhida de modo que o sistema de coordenadas seja destro, com o eixo z apontando sempre para fora do plano do papel. A convenção de sinal pode agora ser utilizada para um elemento inclinado ou vertical, considerando-se a direção de y positiva como a direção para cima e a porção do elemento próxima da origem O como a porção para a esquerda da seção.

Procedimento para análises

O procedimento para determinar os esforços internos em um local especificado em uma viga pode ser resumido como se segue:

1. Calcule as reações do apoio, aplicando as equações de equilíbrio e a condição (se existir) para o corpo livre da viga completa. (Nas vigas em balanço, essa etapa pode ser descartada pela seleção da porção da viga livre ou externamente não apoiada para análise; veja o Exemplo 5.2.)
2. Passe uma seção perpendicular ao eixo do centro de gravidade da viga no ponto onde são desejados os esforços internos, cortando assim a viga em duas porções.
3. Embora nenhuma das duas porções da viga possa ser usada para calcular os esforços internos, devemos selecionar a porção que exigirá a mínima quantidade de esforço computacional, tal como a porção que não tem quaisquer reações agindo sobre ela ou que tem o menor número de cargas e reações externas aplicadas nela.
4. Determine o esforço normal na seção pela soma algébrica das componentes na direção paralela ao eixo da viga de todas as cargas externas e reações de apoio que atuam sobre a porção selecionada. De acordo com a convenção de sinais adotada nos parágrafos anteriores, se a parte da viga à esquerda da seção está sendo usada para calcular o esforço normal, então as forças externas que agem para a esquerda são consideradas positivas, enquanto as forças externas agindo para a direita são consideradas negativas (veja a Figura 5.2(b)). Se a parte direita está sendo utilizada para análise, então as forças externas que atuam para a direita são consideradas positivas e vice-versa.
5. Determine o esforço cortante na seção somando algebricamente as componentes na direção perpendicular ao eixo da viga de todas as cargas e reações externas que atuam sobre a porção selecionada. Se a porção da esquerda da viga está sendo utilizada para análise, então as forças externas que atuam para cima são consideradas positivas, ao passo que as forças externas que atuam para baixo são consideradas negativas (veja a Figura 5.2(c)). Se a parte direita foi selecionada para análise, então as forças externas descendentes são consideradas positivas e vice-versa.
6. Determine o momento fletor na seção somando algebricamente os momentos sobre a seção de todas as forças externas mais os momentos de todos os momentos externos agindo sobre a parte selecionada. Se a porção esquerda está sendo utilizada para análise, então os momentos no sentido horário são considerados positivos e os momentos anti-horários são considerados negativos (veja a Figura 5.2(d)). Se a parte direita foi selecionada para análise, então os momentos anti-horários são considerados positivos e vice-versa.
7. Para verificar os cálculos, os valores de alguns ou de todos os esforços internos podem ser calculados usando a porção da viga não utilizada nos passos 4 a 6. Se a análise foi realizada corretamente, então os resultados com base em ambas as partes, a esquerda e a direita, devem ser idênticos.

EXEMPLO 5.1

Determine o esforço normal, o esforço cortante e o momento fletor no ponto B da viga mostrada na Figura 5.3(a).

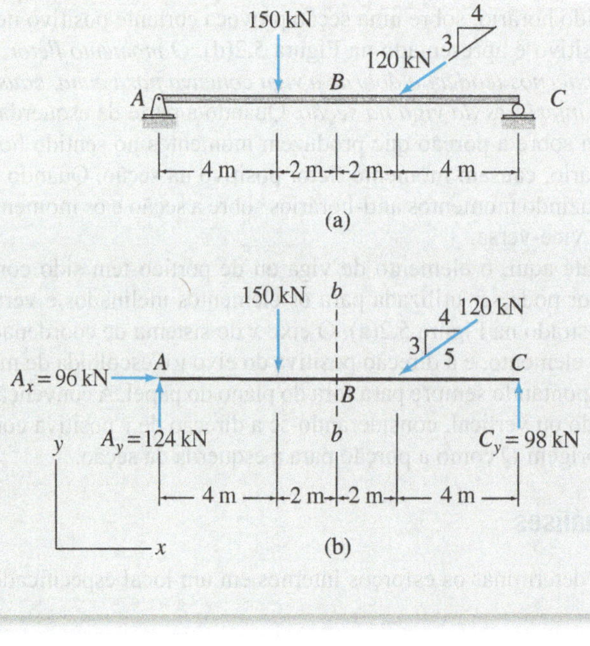

Figura 5.3

Solução

Reações. Considerando-se o equilíbrio do corpo livre da viga completa (Figura 5.3(b)), escrevemos

$$+ \rightarrow \sum F_x = 0 \qquad A_x - \left(\frac{4}{5}\right)(120) = 0 \qquad A_x = 96 \text{ kN} \rightarrow$$

$$+ \circlearrowleft \sum M_c = 0 \qquad -A_y(12) + 150(8) + \left(\frac{3}{5}\right)(120)(4) = 0 \qquad A_y = 124 \text{ kN} \uparrow$$

$$+ \uparrow \sum F_y = 0 \qquad 124 - 150 - \left(\frac{3}{5}\right)(120) + C_y = 0 \qquad C_y = 98 \text{ kN} \uparrow$$

Seção bb. Uma seção bb é passada pelo ponto B, cortando a viga em duas porções, AB e BC (veja a Figura 5.3(b)). A porção AB, que está à esquerda da seção, é utilizada aqui para calcular os esforços internos.

Esforço normal. Considerando-se as forças externas que atuam à esquerda como positivas, escrevemos

$$Q = -96 \text{ kN} \qquad \text{Resp.}$$

Esforço cortante. Considerando-se as forças externas que atuam para cima como positivas, escrevemos

$$S = 124 - 150 = -26$$
$$S = -26 \text{ kN} \qquad \text{Resp.}$$

Momento fletor. Considerando-se os momentos no sentido horário das forças externas sobre B como positivos, escrevemos

$$M = 124(6) - 150(2) = 444$$
$$M = 444 \text{ kN} \cdot \text{m} \qquad \text{Resp.}$$

Verificando cálculos. Para verificar os nossos cálculos, vamos calcular os esforços internos usando a parte BC, que está à direita da seção sob consideração.

Ao considerarmos as componentes horizontais dos esforços externos que atuam à direita na parte BC como positivas, obtemos

$$Q = -\left(\frac{4}{5}\right)(120) = -96 \text{ kN} \qquad \text{Verificações}$$

Ao considerarmos as forças externas agindo para baixo como positivas, obtemos

$$S = -98 + \left(\frac{3}{5}\right)(120) = -26 \text{ kN} \qquad \text{Verificações}$$

Por fim, considerando-se os momentos anti-horários das forças externas sobre B como positivos, obtemos

$$M = 98(6) - \left(\frac{3}{5}\right)(120)(2) = 444 \text{ kN} \cdot \text{m} \qquad \text{Verificações}$$

EXEMPLO 5.2

Determine o esforço cortante e o momento fletor no ponto B da viga mostrada na Figura 5.4.

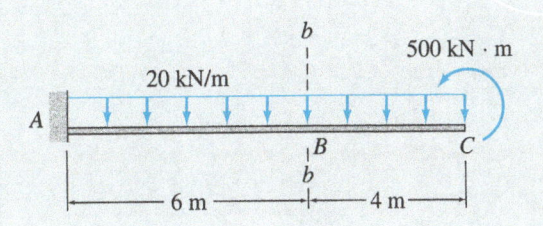

Figura 5.4

Solução

Seção bb. (Veja a Figura 5.4.) Para evitar o cálculo das reações, selecionamos a porção externamente não apoiada BC, que está à direita da seção bb, para calcular as forças internas.

Esforço cortante. Considerando-se as forças externas agindo para baixo como positivas, escrevemos

$$S = +20(4) = +80 \text{ kN}$$

$$S = 80 \text{ kN} \quad \text{Resp.}$$

Note que o momento de 500 kN · m não tem qualquer efeito no cortante.

Momento fletor. Considerando-se os momentos anti-horários como positivos, escrevemos

$$M = 500 - 20(4)(2) = 340 \text{ kN} \cdot \text{m}$$

$$M = 340 \text{ kN} \cdot \text{m} \quad \text{Resp}$$

O leitor pode verificar os resultados somando as forças e os momentos na porção AB da viga após calcular as reações do apoio A.

5.2 Diagramas do momento fletor e do esforço cortante

Os diagramas do momento fletor e do esforço cortante descrevem as variações dessas quantidades ao longo do comprimento do elemento. Tais diagramas podem ser construídos utilizando-se o método das seções descrito na seção anterior. Partindo de uma extremidade do elemento para outra (normalmente da esquerda para a direita), seções são passadas, depois de cada mudança sucessiva de carga, ao longo do comprimento do elemento para determinar as equações que expressam o momento fletor e o cortante, em termos de distância da seção de uma origem fixa. Os valores dos momentos fletores e dos esforços cortantes determinados a partir dessas equações são então representados graficamente como ordenadas contra a posição com relação a uma extremidade do elemento como abscissa para obter os diagramas do momento fletor e do esforço cortante. Esse procedimento é ilustrado pelos exemplos seguintes.

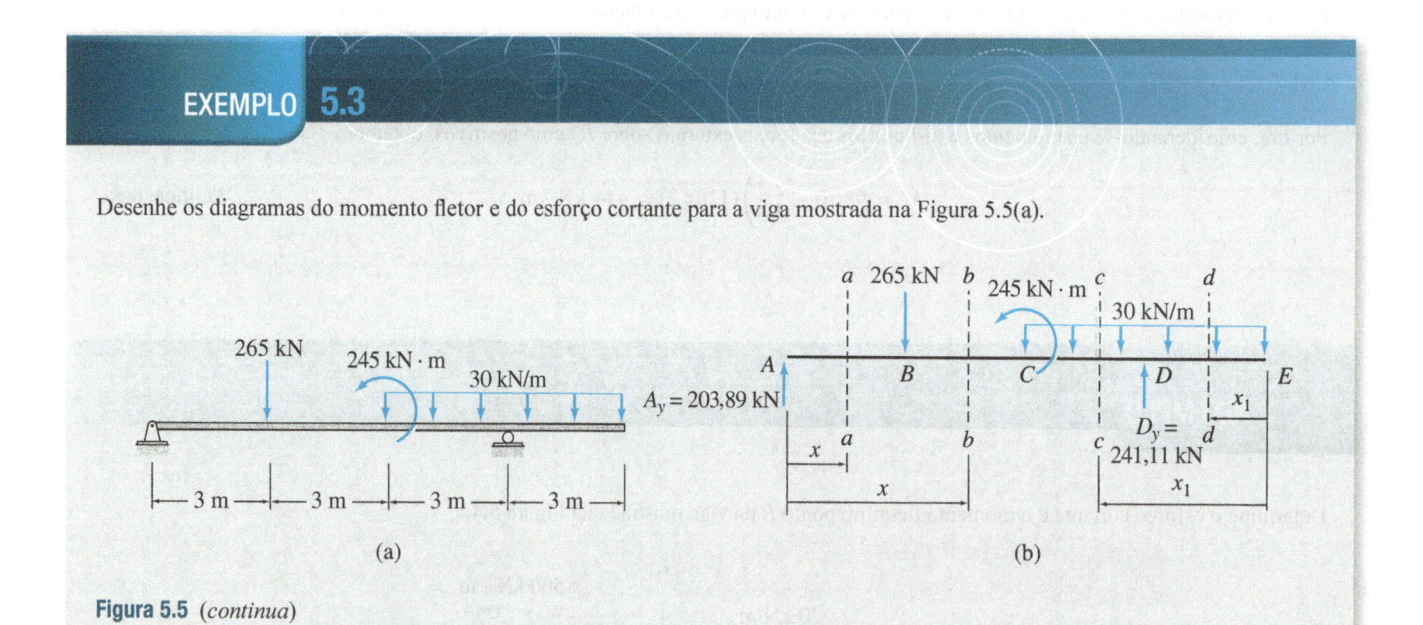

EXEMPLO 5.3

Desenhe os diagramas do momento fletor e do esforço cortante para a viga mostrada na Figura 5.5(a).

Figura 5.5 (*continua*)

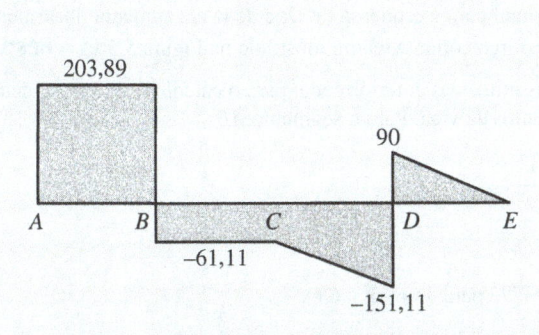

(c) Diagrama do esforço cortante (kN)

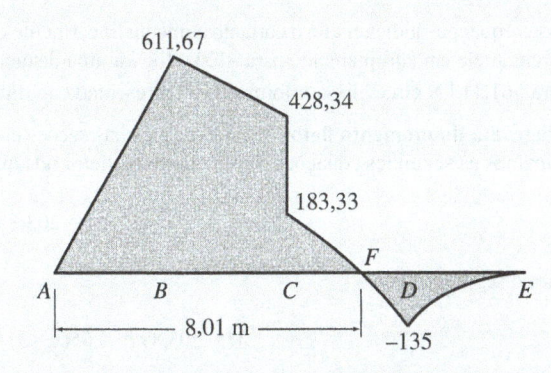

(d) Diagrama do momento fletor (kN)

Figura 5.5

Solução

Reações. Veja a Figura 5.5(b).

$$+ \rightarrow \sum F_x = 0 \quad A_x = 0$$

$$+ \circlearrowleft \sum M_D = 0$$

$$-A_y(9) + 265(6) + 245 + 30(6)(0) = 0$$

$$A_y = 203{,}89 \text{ kN} \uparrow$$

$$+ \uparrow \sum F_y = 0$$

$$203{,}89 - 265 - 30(6) + D_y = 0$$

$$D_y = 241{,}11 \text{ kN} \uparrow$$

Diagrama do esforço cortante. Para determinar a equação para o cortante no segmento *AB* da viga, passamos uma seção *aa* a uma distância *x* de apoio *A*, como mostrado na Figura 5.5(b). Considerando-se o corpo livre para a esquerda desta seção, obtemos

$$S = 203{,}89 \text{ kN para } 0 < x < 3 \text{ m}$$

Como essa equação indica, o esforço cortante é constante e igual a 203,89 kN a uma distância infinitesimal para a direita do ponto *A* para uma distância infinitesimal à esquerda do ponto *B*. No ponto *A*, o cortante aumenta abruptamente de 0 para 203,89 kN, assim uma linha vertical é desenhada de 0 a 203,89 no diagrama do esforço cortante (Figura 5.5(c)) em *A* para indicar essa mudança. Esta é seguida por uma linha horizontal de *A* para *B*, para indicar que o cortante se mantém constante nesse segmento.

Em seguida, usando a seção *bb* (Figura 5.5 (b)), determinamos a equação para o cortante no segmento *BC* como

$$S = 203{,}89 - 265 = -61{,}11 \text{ kN para } 3 \text{ m} < x \leq 6 \text{ m}$$

A mudança brusca no cortante de 203,89 kN a uma distância infinitesimal para a esquerda de *B* para –61,11 kN a uma distância infinitesimal para a direita de *B* é mostrada no diagrama do esforço cortante (Figura 5.5(c)) por uma linha vertical de +203,89 para –61,11. Uma linha horizontal a –61,11 é então traçada de *B* para *C*, para indicar que o cortante se mantém constante nesse valor por meio desse segmento.

Para determinar as equações para o cortante na metade direita da viga é conveniente usar outra coordenada, x_1, dirigida para a esquerda da extremidade *E* da viga, como mostrado na Figura 5.5(b). As equações para cortante nos segmentos *ED* e *DC* são obtidas considerando os corpos livres à direita das seções *dd* e *cc*, respectivamente. Assim,

$$S = 30x_1 \text{ para } 0 \leq x_1 < 3 \text{ m}$$

e

$$S = 30x_1 - 241{,}11 \text{ para } 3 \text{ m} < x_1 \leq 6 \text{ m}$$

Essas equações indicam que o cortante aumenta linearmente de zero em E para +90 kN a uma distância infinitesimal para a direita de D; então ele cai abruptamente para –151,11 kN a uma distância infinitesimal para a esquerda de D; e de lá ele aumenta linearmente para –61,11 kN em C. Essa informação é representada no diagrama do esforço cortante, como mostrado na Figura 5.5(c).   **Resp.**

Diagrama do momento fletor. Usando as mesmas seções e coordenadas utilizadas anteriormente para o cálculo do cortante, determinamos as seguintes equações para o momento fletor nos quatro segmentos da viga. Para o segmento AB:

$$M = 203,89x \quad \text{para } 0 \leq x \leq 3 \text{ m}$$

Para o segmento BC:

$$M = 203,89x - 265(x - 3) = -61,11x + 795 \text{ para } 3 \text{ m} \leq x < 6 \text{ m}$$

Para o segmento ED:

$$M = -30x_1\left(\frac{x_1}{2}\right) = -15x_1^2 \quad \text{para } 0 \leq x_1 \leq 3 \text{ m}$$

Para o segmento DC:

$$M = -15x_1^2 + 241,11(x_1 - 3) = -15x_1^2 + 241,11x_1 - 723,33 \text{ para } 3 \text{ m} \leq x_1 < 6 \text{ m}$$

As duas primeiras equações, para a metade esquerda da viga, indicam que o momento fletor aumenta linearmente de 0 em A para 611,67 kN · m em B; ele diminui então linearmente para 428,34 kN · m em C, como indicado no diagrama do momento fletor na Figura 5.5(d). As duas últimas equações para a metade direita da viga são quadráticas em x_1. Os valores de M calculados a partir dessas equações são representados no diagrama do momento fletor mostrado na Figura 5.5(d). Pode ser visto que M diminui de 0 em E para –135 kN · m em D, e então, aumenta para +183,33 kN · m a uma distância infinitesimal para a direita de C. Note que em C, o momento fletor cai abruptamente por uma quantia de 428,34 – 183,33 = 245 kN · m, que é igual à magnitude do momento do momento externo anti-horário agindo nesse ponto.

Um ponto em que o momento fletor é igual a zero é denominado de *ponto de inflexão*. Para determinar a localização do ponto de inflexão F (Figura 5.5 (d)), definimos $M = 0$ na equação para o momento fletor no segmento DC para obtermos

$$M = -15x_1^2 + 241,11x_1 - 723,33 = 0$$

do qual x_1 = 3,99 m; isto é, o ponto F está localizado a uma distância de 3,99 m da extremidade E ou 12 – 3,99 = 8,01 m do apoio A da viga, como mostrado na Figura 5.5(d).   **Resp.**

EXEMPLO 5.4

Desenhe os diagramas do momento fletor e do esforço cortante para a viga mostrada na Figura 5.6(a).

(a)

(b)

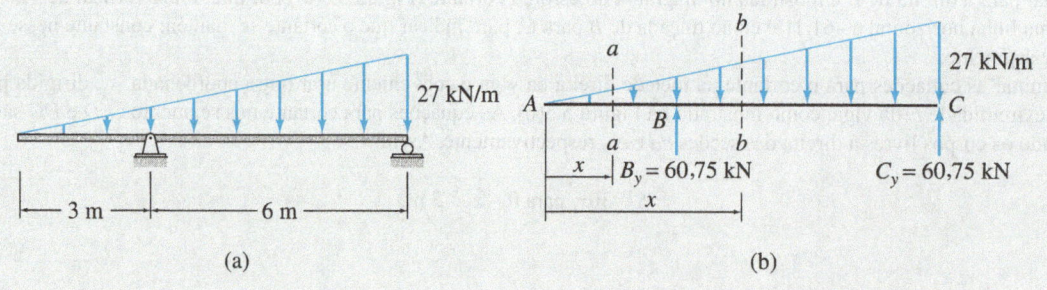

Figura 5.6 (*continua*)

Vigas e pórticos: momento fletor e cortante

(c) Diagrama do esforço cortante (kN)

(d) Diagrama do momento fletor (kN · m)

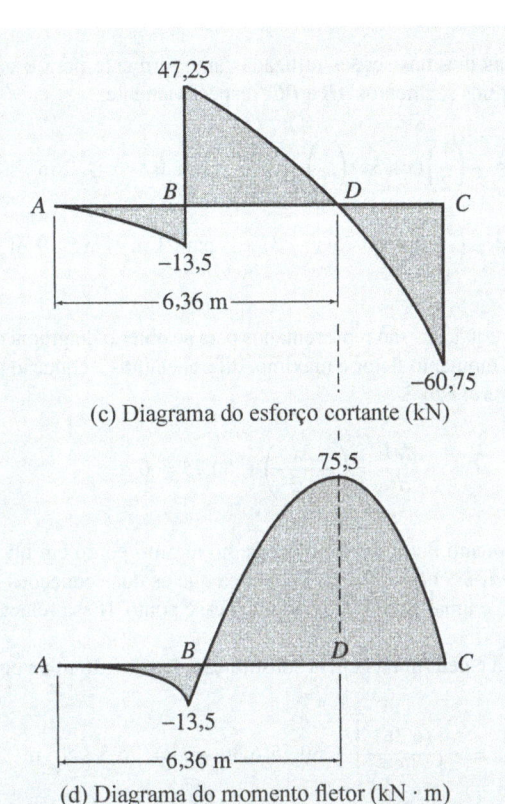

Figura 5.6

Solução

Reações. Veja a Figura 5.6(b).

$$+ \rightarrow \sum F_x = 0 \qquad B_x = 0$$

$$+ \circlearrowleft \sum M_c = 0$$

$$\left(\frac{1}{2}\right)(9)(27)\left(\frac{9}{3}\right) - B_y(6) = 0 \qquad B_y = 60{,}75 \text{ kN} \uparrow$$

$$+ \uparrow \sum F_y = 0$$

$$-\left(\frac{1}{2}\right)(9)(27) + 60{,}75 + C_y = 0 \qquad C_y = 60{,}75 \text{ kN} \uparrow$$

Diagrama do esforço cortante. Para determinar as equações para o cortante nos segmentos *AB* e *BC* da viga, passamos seções *aa* e *bb* através da viga, como representado na Figura 5.6(b). Considerando-se os corpos livres à esquerda dessas seções e percebendo que a intensidade da carga $w(x)$, em um ponto a uma distância x da extremidade A é $w(x) = \left(\frac{27}{9}\right)x = 3x$ kN/m, obtemos as seguintes equações para o cortante nos segmentos *AB* e *BC*, respectivamente:

$$S = -\left(\frac{1}{2}\right)(x)(3x) = -\frac{3x^2}{2} \quad \text{para } 0 \leq x < 3 \text{ m}$$

$$S = -\left(\frac{3x^2}{2}\right) + 60{,}75 \quad \text{para } 3 \text{ m} < x < 9 \text{ m}$$

Os valores de *S* calculados por essas equações são representados graficamente para se obter o diagrama do esforço cortante mostrado na Figura 5.6(c). O ponto *D* no qual o cortante é nulo é obtido a partir da equação

$$S = -\left(\frac{3x^2}{2}\right) + 60{,}75 = 0$$

da qual $x = 6{,}36$ m   **Resp.**

Diagrama do momento fletor. Usando as mesmas seções utilizadas anteriormente para o cálculo do cortante, determinamos as seguintes equações para o momento fletor nos segmentos *AB* e *BC*, respectivamente:

$$M = -\left(\frac{1}{2}\right)(x)(3x)\left(\frac{x}{3}\right) = -\frac{x^3}{2} \quad \text{para } 0 \leq x \leq 3 \text{ m}$$

$$M = -\left(\frac{x^3}{2}\right) + 60{,}75(x-3) \quad \text{para } 3 \text{ m} \leq x \leq 9 \text{ m}$$

Os valores de *M* calculados a partir dessas equações são representados para se obter o diagrama do momento fletor mostrado na Figura 5.6(d). Para localizar o ponto no qual o momento fletor é máximo, diferenciamos a equação para *M* no segmento *BC* com relação a *x* e definimos a derivada *dM/dx* igual a zero; isto é,

$$\frac{dM}{dx} = \left(-\frac{3x^2}{2}\right) + 60{,}75 = 0$$

da qual $x = 6{,}36$ m. Isso indica que o momento fletor máximo ocorre no mesmo ponto em que o cortante é nulo. Além disso, uma comparação entre as expressões para *dM/dx* e *S* no segmento *BC* indica que as duas equações são idênticas; isto é, a inclinação do diagrama do momento fletor em um ponto é igual ao esforço cortante nesse ponto. (Essa relação, que em geral é válida, é discutida em detalhes em uma seção posterior.)

Por fim, a magnitude do momento máximo é determinada pela substituição de $x = 6{,}36$ m na equação para *M* no segmento *BC*:

$$M_{\text{máx}} = -\left[\frac{(6{,}36)^3}{2}\right] + 60{,}75(6{,}36 - 3) = 75{,}5 \text{ kN} \cdot \text{m} \qquad \textbf{Resp.}$$

5.3 Representação gráfica das curvas elásticas

Uma *representação gráfica das curvas elásticas* de uma estrutura é simplesmente um esboço grosseiro (geralmente exagerado) da superfície neutra da estrutura na posição deformada, sob a ação de uma condição de carregamento dada. Tais desenhos, que podem ser construídos sem qualquer conhecimento dos valores numéricos das flechas, fornecem informações valiosas sobre o comportamento das estruturas e muitas vezes são úteis no cálculo dos valores numéricos das flechas. (Procedimentos para a análise quantitativa das flechas **são apresentados nos capítulos seguintes**.)

De acordo com a convenção de sinais adotada na Seção 5.1, um momento fletor positivo flete uma viga com concavidade para cima (ou para a direção positiva de *y*), enquanto um momento fletor negativo curva uma viga com concavidade para baixo (ou para a direção negativa de *y*). Assim, o sinal (positivo ou negativo) da curvatura em qualquer ponto ao longo do eixo de uma viga pode ser obtido a partir do diagrama do momento fletor. Utilizando os sinais das curvaturas, uma representação gráfica da curva elástica da viga, que é compatível com as suas condições de apoio, pode ser facilmente esboçada (veja a Figura 5.7).

Por exemplo, considere a viga analisada no Exemplo 5.3. A viga e o seu diagrama de momento fletor são redesenhados nas Figuras 5.7(a) e (b), respectivamente. Uma representação gráfica de curva elástica da viga é mostrada na Figura 5.7(c). Uma vez que o momento fletor é positivo no segmento *AF*, a viga é fletida com concavidade para cima nessa região. Por outro lado, o momento fletor é negativo no segmento *FE*; portanto, nessa região, a viga é curvada com concavidade para baixo. Em relação às condições do apoio, note que em ambos os apoios *A* e *D* a flecha da viga é zero, mas a sua inclinação (rotação) não é zero nesses pontos.

É importante perceber que uma curva elástica é aproximada, porque ela se baseia exclusivamente nos sinais das curvaturas; os valores numéricos das flechas ao longo do eixo da viga não são conhecidos (exceto nos apoios). Por exemplo, os cálculos numéricos poderiam possivelmente indicar que a extremidade *E* da viga, na verdade, flete para cima em vez de para baixo, como assumido na Figura 5.7(c).

5.4 Relações entre as cargas, esforços cortantes e momentos fletores

A construção dos diagramas de momento fletor e de esforço cortante pode ser acelerada consideravelmente utilizando-se as relações diferenciais básicas que existem entre as cargas, os esforços cortantes e os momentos fletores.

capítulo 5   **Vigas e pórticos: momento fletor e cortante**   153

(a) Viga

(b) Diagrama do momento fletor (kN · m)

(c) Representação gráfica da curva elástica

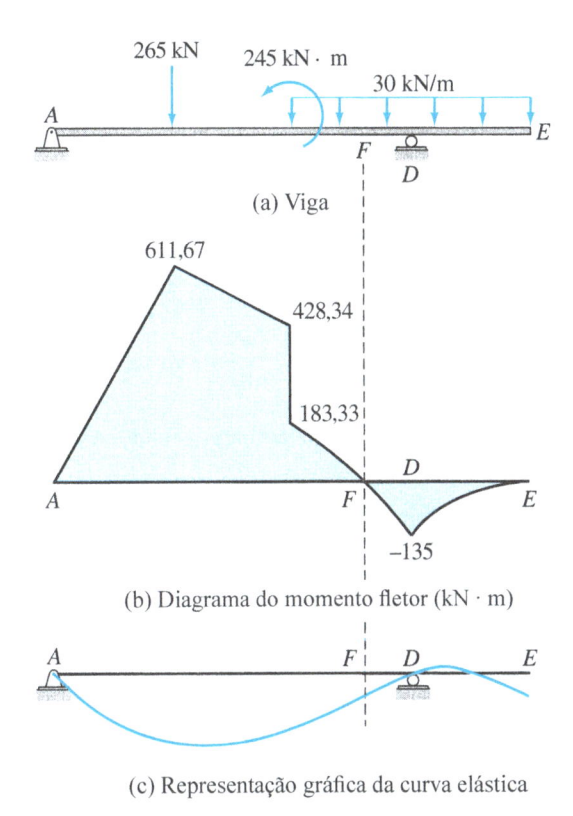

Figura 5.7

Para obter essas relações, considere uma viga submetida a uma carga arbitrária, tal como representado na Figura 5.8(a). Todas as cargas externas apresentadas nessa figura são assumidas como agindo em suas direções positivas. Como indicado nessa figura, as cargas externas concentradas e distribuídas agindo para cima (na direção positiva de y) são consideradas positivas; os momentos externos agindo no sentido horário também são considerados positivos e vice-versa. Em seguida, vamos considerar o equilíbrio de um elemento diferencial de comprimento dx, isolado da viga passando seções imaginárias nas distâncias x e $x + dx$ da origem O, como mostrado na Figura 5.8(a). O diagrama de corpo livre do elemento é indicado na Figura 5.8(b), na qual S e M representam o esforço cortante e o momento fletor, respectivamente, atuando sobre a face esquerda do elemento (ou seja, na distância x da origem O), e dS e dM denotam as variações no cortante e momento fletor, respectivamente, sobre a distância dx.

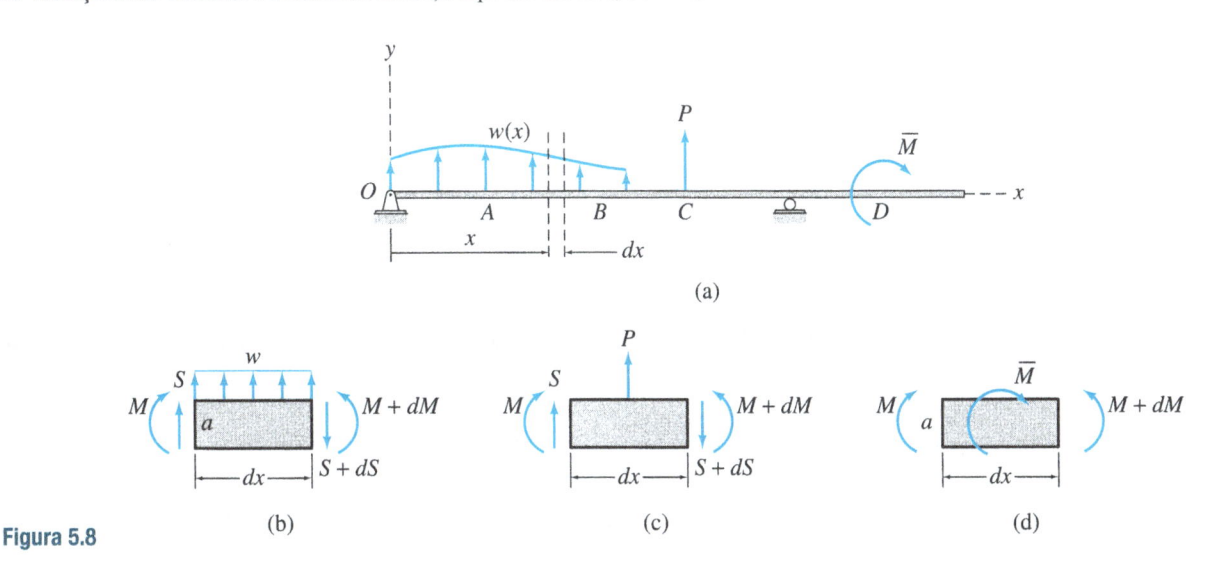

Figura 5.8

Como a distância dx é infinitamente pequena, a carga distribuída w atuando sobre o elemento pode ser considerada como uniforme de grandeza $w(x)$. Com a finalidade de o elemento estar em equilíbrio, as forças e os momentos agindo sobre ele devem satisfazer as duas equações de equilíbrio, $\sum F_y = 0$ e $\sum M = 0$. A terceira equação de equilíbrio,

$\sum F_x = 0$, é automaticamente satisfeita, uma vez que forças horizontais não estão atuando sobre o elemento. Aplicando-se a equação de equilíbrio $\sum F_y = 0$, obtemos

$$+\uparrow \sum F_y = 0$$
$$S + w\,dx - (S + dS) = 0 \tag{5.1}$$
$$dS = w\,dx$$

Dividindo por dx, escrevemos a Equação (5.1) como

$$\frac{dS}{dx} = w \tag{5.2}$$

na qual dS/dx representa a inclinação do diagrama da força cortante. Assim, a Equação (5.2) pode ser expressa como

$$\text{inclinação do diagrama da força cortante em um ponto} = \text{intensidade de distribuição de carga nesse ponto} \tag{5.3}$$

Para determinar a variação no cortante entre os pontos A e B ao longo do eixo do elemento (veja a Figura 5.8 (a)), integramos a Equação (5.1) de A para B para obter

$$\int_A^B dS = S_B - S_A = \int_A^B w\,dx \tag{5.4}$$

em que $(S_B - S_A)$ representa a variação da força cortante entre os pontos A e B, e $\int_A^B w\,dx$ representa a área sob o diagrama da carga distribuída entre os pontos A e B. Assim, a Equação (5.4) pode ser definida como

$$\text{variação no cortante entre os pontos } A \text{ e } B = \text{área sob a carga distribuída no diagrama entre os pontos } A \text{ e } B \tag{5.5}$$

Aplicando-se a equação de equilíbrio do momento para o corpo livre do elemento de viga ilustrado na Figura 5.8(b), escrevemos

$$+\circlearrowleft \sum M_a = 0 \quad -M + w(dx)(dx/2) - (S + dS)\,dx + (M + dM) = 0$$

Por negligenciarmos os termos contendo diferenciais de segunda ordem, obtemos:

$$dM = S\,dx \tag{5.6}$$

que também pode ser escrito como

$$\frac{dM}{dx} = S \tag{5.7}$$

em que dM/dx representa a inclinação do diagrama do momento fletor. Assim, a Equação (5.7) pode ser definida como

$$\text{inclinação do diagrama do momento fletor em um ponto} = \text{cortante naquele ponto} \tag{5.8}$$

Para obtermos a variação no momento fletor entre os pontos A e B (veja a Figura 5.8 (a)), integramos a Equação (5.6) para obter

$$\int_A^B dM = M_B - M_A = \int_A^B S\,dx \tag{5.9}$$

capítulo 5   Vigas e pórticos: momento fletor e cortante   **155**

em que $(M_B - M_A)$ representa a variação no momento fletor entre os pontos A e B e $\int_A^B S\,dx$ representa a área sob o diagrama do esforço cortante entre os pontos A e B. Assim, a Equação (5.9) pode ser definida como

$$\text{variação no momento fletor entre os pontos } A \text{ e } B = \text{área sob o diagrama do esforço cortante entre os pontos } A \text{ e } B \qquad (5.10)$$

Cargas concentradas

As relações entre as cargas e os cortantes provenientes até agora (Equações (5.1) a (5.5)) não são válidas no ponto de aplicação das cargas concentradas. Como ilustramos no Exemplo 5.3, neste ponto o cortante se altera abruptamente em uma quantidade igual à magnitude da carga concentrada. Para verificarmos essa relação, consideramos o equilíbrio de um elemento diferencial que é isolado da viga da Figura 5.8(a), passando seções imaginárias em distâncias infinitesimais para a esquerda e para a direita do ponto de aplicação C da carga concentrada P. O diagrama de corpo livre desse elemento é mostrado na Figura 5.8(c). Aplicando-se a equação de equilíbrio $\sum F_y = 0$, obtemos

$$+\uparrow \sum F_y = 0$$
$$S + P - (S + dS) = 0$$
$$dS = P \qquad (5.11)$$

que pode ser definida como

$$\text{variação do cortante no ponto de aplicação de uma carga concentrada} = \text{magnitude da carga} \qquad (5.12)$$

As relações entre os momentos fletor e os esforços cortantes (Equações (5.6) a (5.10)) demonstradas anteriormente continuam válidas nos pontos de aplicação das cargas concentradas. Note que, em razão da variação abrupta no diagrama do esforço cortante em determinado ponto, haverá uma mudança brusca na inclinação do diagrama do momento fletor nesse ponto.

Momentos conjugados ou momentos concentrados

Embora as relações entre as cargas e os cortantes demonstradas até agora (Equações (5.1) a (5.5), (5.11) e (5.12)) sejam válidas nos pontos de aplicação dos momentos conjugados ou momentos concentrados, as relações entre os momentos fletores e os esforços cortantes, conforme fornecidas pelas Equações (5.6) a (5.10), não são válidas nesses pontos. Como ilustrado no Exemplo 5.3, no ponto de aplicação de um momento, o momento fletor muda abruptamente para um valor igual à magnitude do momento conjugado. Para obtermos essa relação, consideramos o equilíbrio de um elemento diferencial que é isolado da viga da Figura 5.8(a), passando seções imaginárias em distâncias infinitesimais para a esquerda e para a direita do ponto de aplicação D do momento $\overline{M}$. O diagrama de corpo livre desse elemento é mostrado na Figura 5.8(d). Aplicando-se a equação de equilíbrio do momento, escrevemos

$$+\circlearrowleft \sum M_a = 0$$
$$-M - \overline{M} + (M + dM) = 0$$
$$dM = \overline{M} \qquad (5.13)$$

que pode ser definida como

$$\text{variação do momento fletor no ponto de aplicação de um momento} = \text{magnitude do momento conjugado} \qquad (5.14)$$

Procedimento para análise

O procedimento passo a passo a seguir pode ser utilizado para construir os diagramas dos momentos fletores e dos esforços cortantes para vigas, aplicando-se as relações precedentes entre as cargas, os cortantes e os momentos fletores.

1. Calcule as reações do apoio.
2. Construa o diagrama do esforço cortante como se segue:
   a. Determine o cortante na extremidade esquerda da viga. Se nenhuma carga concentrada é aplicada nesse ponto, o cortante é nulo; vá para o passo 2(b). Caso contrário, a ordenada do diagrama do esforço cortante nesse ponto muda abruptamente de zero para o valor da força concentrada. Lembre-se de que uma força para cima faz o cortante aumentar, ao passo que uma força para baixo faz o cortante diminuir.
   b. Prosseguindo do ponto em que o cortante foi calculado no passo anterior, em direção à direita, ao longo do comprimento da viga, identifique o próximo ponto em que o valor numérico da ordenada do diagrama do esforço cortante deve ser determinado. Geralmente, é necessário determinar esses valores apenas nas extremidades da viga, nos pontos em que as forças concentradas são aplicadas e onde as distribuições de carga mudam.
   c. Determine a ordenada do diagrama do esforço cortante no ponto selecionado no passo 2(b) (ou logo à esquerda, se uma carga concentrada atua no ponto) adicionando algebricamente a área sob o diagrama de carga, entre o ponto anterior e o ponto atualmente sob consideração para o cortante no ponto anterior (ou logo a direita dele, se uma força concentrada atua no ponto). As fórmulas para as áreas de formas geométricas comuns estão listadas no Apêndice A.
   d. Determine a forma de diagrama do esforço cortante entre o ponto anterior e o ponto atualmente sob consideração, aplicando a Equação (5.3), a qual indica que a inclinação do diagrama do esforço cortante em um ponto é igual à intensidade da carga nesse ponto.
   e. Se nenhuma força concentrada está atuando no ponto sob consideração, então vá para o passo 2(f). De outro modo, determine a ordenada do diagrama do esforço cortante próxima da direita do ponto, adicionando algebricamente a magnitude da carga concentrada ao cortante próximo da esquerda do ponto. Assim, o diagrama do esforço cortante nesse ponto muda repentinamente, por uma quantidade igual à magnitude da força concentrada.
   f. Se o ponto sob consideração não está localizado na extremidade direita da viga, retorne para o passo 2(b). Caso contrário, o diagrama do esforço cortante foi concluído. Se a análise foi realizada corretamente, o valor do cortante próximo ao lado direito da extremidade direita da viga deve ser nulo, exceto para os erros de arredondamento.
3. Construa o diagrama do momento fletor como se segue:
   a. Determine o momento fletor na extremidade esquerda da viga. Se nenhum momento está aplicado nesse ponto, o momento fletor é zero; vá para o passo 3(b). Caso contrário, a ordenada do diagrama do momento fletor nesse ponto muda abruptamente de zero para a magnitude do momento. Lembre-se de que um momento no sentido horário faz o momento fletor aumentar, enquanto um momento no sentido anti-horário faz o momento fletor diminuir no seu ponto de aplicação.
   b. Prosseguindo do ponto em que o momento fletor foi computado no passo anterior, à direita, ao longo do comprimento da viga, identifique o próximo ponto em que o valor numérico da ordenada do diagrama do momento fletor deve ser determinado. Geralmente, é necessário determinar esses valores somente nos pontos em que os valores numéricos de cortante foram computados, no passo 2, onde os momentos são aplicados e onde ocorrem os valores máximos e mínimos do momento fletor. Além dos pontos de aplicação dos momentos, os valores máximos e mínimos do momento fletor ocorrem nos pontos onde o cortante é nulo. No ponto de cortante nulo, se o cortante muda de positivo à esquerda para negativo à direita, a inclinação do diagrama do momento fletor mudará de positiva à esquerda do ponto para negativa à direita; isto é, o momento fletor será máximo nesse ponto. Por outro lado, em um ponto de cortante nulo, onde o cortante muda de negativo à esquerda para positivo à direita, o momento fletor será mínimo. Para as condições de carga mais comuns, tais como as concentradas e as linearmente distribuídas, os pontos de cortante nulo podem ser localizados considerando a geometria do diagrama de cortante. No entanto, para alguns casos de cargas linearmente distribuídas, assim como para as cargas não distribuídas dessa maneira, torna-se necessário localizar os pontos de cortante nulo, resolvendo as expressões para cortante, tal como ilustrado no Exemplo 5.4.
   c. Determine a ordenada do diagrama do momento fletor no ponto selecionado no passo 3(b) (ou logo à esquerda deste, se um momento atua no ponto), adicionando algebricamente a área sob o diagrama da força cortante, entre o ponto anterior e o ponto atualmente sob consideração, ao momento fletor no ponto anterior (ou logo à direita dele, se um momento atua no ponto).
   d. Determine a forma do diagrama do momento fletor entre o ponto anterior e o ponto atualmente sob consideração, aplicando a Equação (5.8), que afirma que a inclinação do diagrama do momento fletor em um ponto é igual ao cortante nesse ponto.

e. Se nenhum momento está atuando no ponto sob consideração, prossiga do passo 3(f). De outro modo, determine a ordenada do diagrama do momento fletor logo à direita do ponto, adicionando algebricamente a magnitude do momento conjugado ao momento fletor logo à esquerda do ponto. Assim, o diagrama do momento fletor neste ponto muda abruptamente em uma quantidade igual à magnitude do momento conjugado.

f. Se o ponto sob consideração não está localizado na extremidade direita da viga, retorne para o passo 3(b). Caso contrário, o diagrama do momento fletor foi concluído. Se a análise foi efetuada de modo correto, então o valor do momento fletor logo à direita da extremidade direita da viga deve ser nulo, exceto para os erros de arredondamento.

O procedimento acima pode ser usado para a construção dos diagramas do momento fletor e do esforço cortante, prosseguindo da extremidade esquerda da viga para sua extremidade direita, como é atualmente a prática comum. No entanto, se queremos construir esses diagramas prosseguindo da extremidade direita da viga para a esquerda, o procedimento permanece o mesmo em essência, exceto as forças descendentes que agora são consideradas causadoras de aumento no cortante, e os momentos no sentido anti-horário são agora considerados causadores de aumento no momento fletor e vice-versa.

EXEMPLO 5.5

Desenhe os diagramas do momento fletor e do esforço cortante e a curva elástica para a viga mostrada na Figura 5.9(a).

Solução

Reações. (Veja a Figura 5.9(b).)

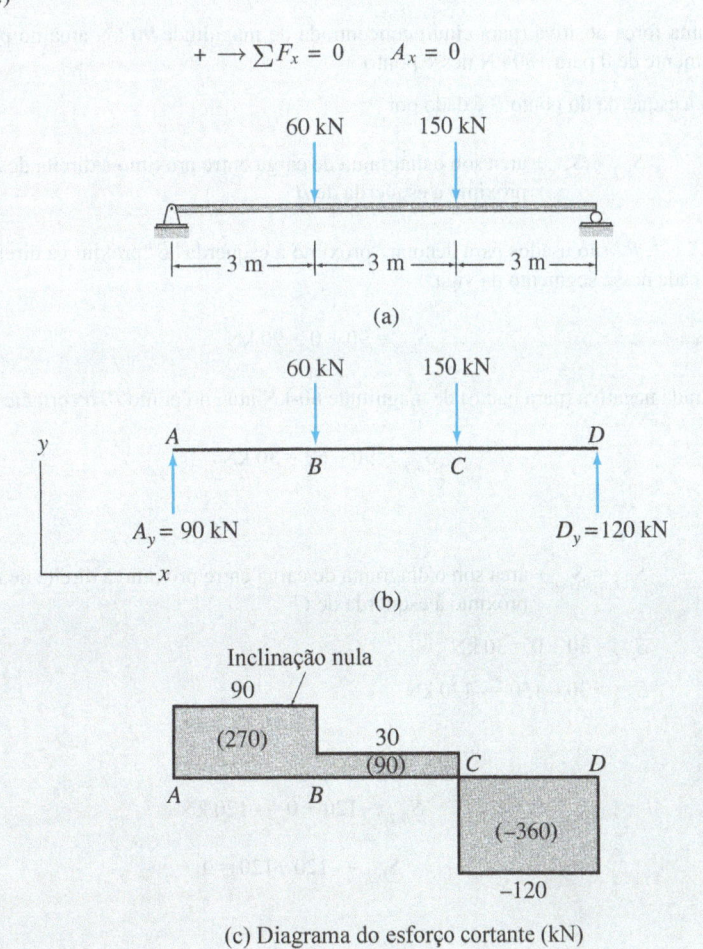

$$+\rightarrow \sum F_x = 0 \qquad A_x = 0$$

Figura 5.9 (*continua*)

(c) Diagrama do esforço cortante (kN)

(d) Diagrama do momento fletor (kN · m)

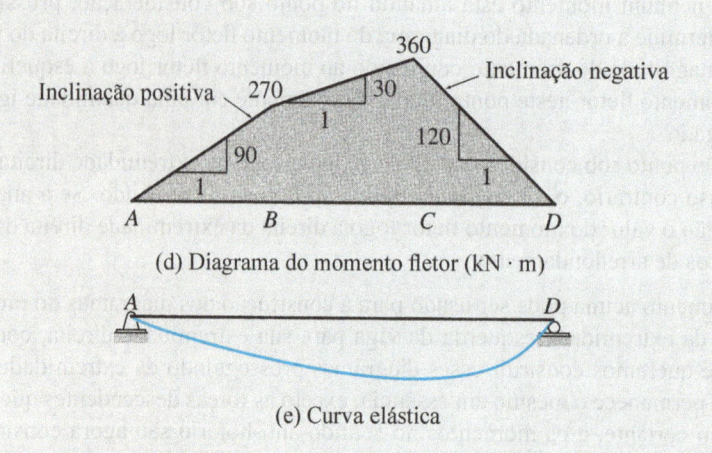

(e) Curva elástica

Figura 5.9

Por proporções,

$$A_y = 60\left(\frac{6}{9}\right) + 150\left(\frac{3}{9}\right) = 90 \text{ kN} \qquad A_y = 90 \text{ kN} \uparrow$$

$$+\uparrow \Sigma F_y = 0$$

$$90 - 60 - 150 + D_y = 0$$

$$D_y = 120 \text{ kN} \qquad\qquad D_y = 120 \text{ kN} \uparrow$$

Diagrama do esforço cortante.

Ponto A. Uma vez que uma força positiva (para cima) concentrada de magnitude 90 kN atua no ponto A, o diagrama do esforço cortante aumenta abruptamente de 0 para +90 kN nesse ponto.

Ponto B. O cortante logo à esquerda do ponto B é dado por

$$S_{B,L} = S_{A,R} + \text{área sob o diagrama de carga entre próximo à direita de } A \text{ e próximo à esquerda de } B$$

em que os subscritos ", L" e ", R" são usados para denotar "próximo à esquerda" e "próximo à direita", respectivamente. Uma vez que nenhuma carga é aplicada nesse segmento da viga,

$$S_{B,L} = 90 + 0 = 90 \text{ kN}$$

Como uma carga concentrada negativa (para baixo) de magnitude 60-kN atua no ponto B, o cortante próximo à direita de B é

$$S_{B,R} = 90 - 60 = 30 \text{ kN}$$

Ponto C.

$$S_{C,L} = S_{B,R} + \text{área sob o diagrama de carga entre próximo à direita de } B \text{ e próximo à esquerda de } C$$

$$S_{C,L} = 30 + 0 = 30 \text{ kN}$$

$$S_{C,R} = 30 - 150 = -120 \text{ kN}$$

Ponto D.

$$S_{D,L} = -120 + 0 = -120 \text{ kN}$$

$$S_{D,R} = -120 + 120 = 0 \qquad\qquad \textbf{Verificações}$$

Os valores numéricos do cortante calculados nos pontos A, B, C e D são utilizados para construir o diagrama do esforço cortante, como mostrado na Figura 5.9(c). A forma do diagrama entre essas ordenadas foi estabelecida pela aplicação da Equação (5.3), a qual indica que a inclinação do diagrama do esforço cortante em um ponto é igual à intensidade da carga nesse ponto. Como não há carga alguma aplicada na viga entre esses pontos, a inclinação do diagrama do esforço cortante é nula entre estes, e o diagrama do esforço cortante consiste em uma série de linhas horizontais, como mostrado na figura. Note que o diagrama do esforço cortante termina (isto é, retorna a zero) próximo à direita da extremidade direita D da viga, indicando que a análise foi efetuada corretamente. **Resp.**

Para facilitar a construção do diagrama do momento fletor, as áreas dos vários segmentos do diagrama do esforço cortante foram calculadas e são apresentadas entre parênteses no diagrama do esforço cortante (Figura 5.9(c)).

Diagrama do momento fletor.

Ponto A. Por conta de não haver momento algum aplicado na extremidade A, $M_A = 0$.

Ponto B.

$$M_B = M_A + \text{área sob o diagrama do esforço cortante entre } A \text{ e } B$$

$$M_B = 0 + 270 = 270 \text{ kN} \cdot \text{m}$$

Ponto C.

$$M_C = 270 + 90 = 360 \text{ kN} \cdot \text{m}$$

Ponto D.

$$M_D = 360 - 360 = 0$$

Verificações

Os valores numéricos de momento fletor calculados nos pontos A, B, C e D são utilizados para construir o diagrama do momento fletor mostrado na Figura 5.9(d). A forma do diagrama entre essas ordenadas foi estabelecida pela aplicação da Equação (5.8), que afirma que a inclinação do diagrama do momento fletor em um ponto é igual ao cortante nesse ponto. Como o cortante entre esses pontos é constante, a inclinação do diagrama do momento fletor deve ser constante entre esses pontos.

Portanto, as ordenadas do diagrama do momento fletor são conectadas por linhas retas inclinadas. No segmento AB, o cortante é +90 kN. Portanto, a inclinação do diagrama do momento fletor nesse segmento é 90:1 e é positiva – isto é, *para cima, para à direita* (/). No segmento BC, o cortante cai para +30 kN; por conseguinte, a inclinação do diagrama do momento fletor reduz para 30:1, mas permanece positiva. No segmento CD, o cortante se torna -120; consequentemente, a inclinação do diagrama do momento fletor se torna negativa – isto é, *para baixo, à direita* (\), como mostrado na Figura 5.9(d). Note que o momento fletor máximo ocorre no ponto C, onde o cortante muda de positivo indicada à esquerda para negativo à direita. **Resp.**

Curva elástica. Uma curva elástica da viga é mostrada na Figura 5.9(e). Como o momento fletor é positivo ao longo de todo o seu comprimento, a viga se curva côncava para cima, como mostrado. **Resp.**

EXEMPLO 5.6

Desenhe os diagramas do momento fletor e do esforço cortante e a curva elástica para a viga mostrada na Figura 5.10(a).

Solução

Reações. (Veja a Figura 5.10(b).)

$$+ \rightarrow \sum F_x = 0 \qquad A_x = 0$$

$$+ \uparrow \sum F_y = 0$$

$$A_y - 70 = 0$$

$$A_y = 70 \text{ kN} \qquad A_y = 70 \text{ kN} \uparrow$$

$$+ \circlearrowleft \sum M_A = 0$$

$$M_A - 70(6) - 200 = 0$$

$$M_A = 620 \text{ kN} \cdot \text{m} \qquad M_A = 620 \text{ kN} \cdot \text{m} \circlearrowright$$

Diagrama do esforço cortante.

Ponto A. $S_{A,R} = 70$ kN

Ponto B. $S_{B,L} = 70 + 0 = 70$ kN

$S_{B,R} = 70 - 70 = 0$

Ponto C. $S_{C,L} = 0 + 0 = 0$

$S_{C,R} = 0 + 0 = 0$

Verificações

Os valores numéricos de cortante avaliados nos pontos A, B e C são usados para construir o diagrama do esforço cortante, como mostrado na Figura 5.10(c). Como nenhuma carga é aplicada na viga entre esses pontos, a inclinação do diagrama do esforço cortante é nula entre eles. Para facilitar a construção do diagrama do momento fletor, a área do segmento AB do diagrama do esforço cortante foi calculada e é apresentada entre parênteses no diagrama do esforço cortante (Figura 5.10(c)).

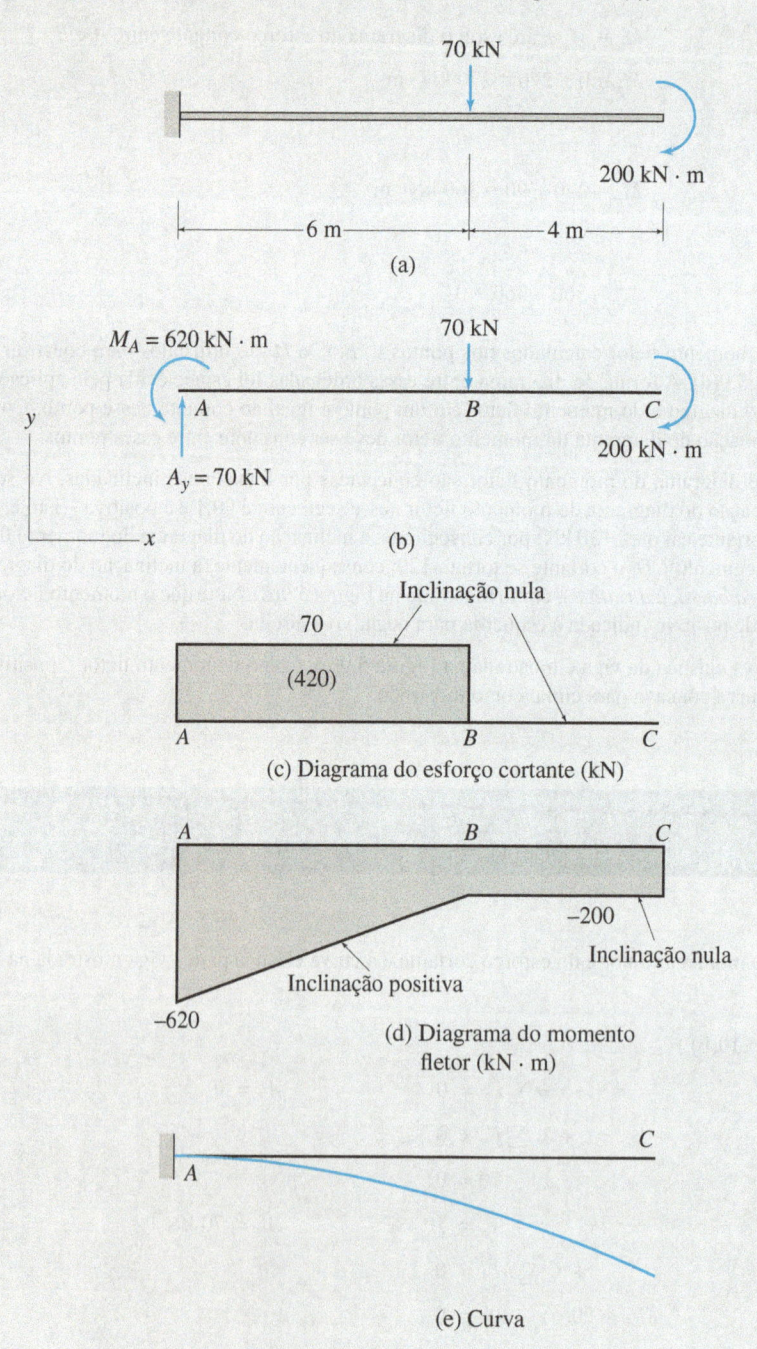

Resp.

Figura 5.10

Diagrama do momento fletor.

Ponto A. Desde que um momento de momento (anti-horário) negativo de 620 kN · m atua no ponto A, o diagrama do momento fletor diminui abruptamente de 0 para 620 kN · m nesse ponto; isto é,

$$M_{A,R} = -620 \text{ kN} \cdot \text{m}$$

Ponto B. $\qquad M_B = -620 + 420 = -200 \text{ kN} \cdot \text{m}$

Ponto C. $\qquad M_{C,L} = -200 + 0 = -200 \text{ kN} \cdot \text{m}$

$$M_{C,R} = -200 + 200 = 0 \qquad \text{Verificações}$$

O diagrama do momento fletor é mostrado na Figura 5.10(d). A forma desse diagrama entre as ordenadas agora computadas tem base na condição de que a inclinação do diagrama do momento fletor em um ponto é igual ao cortante nesse ponto. Como o cortante nos segmentos AB e BC é constante, a inclinação do diagrama do momento fletor deve ser constante nesses segmentos. Portanto, as ordenadas do diagrama do momento fletor são conectadas por linhas retas. No segmento AB, o cortante é positivo e a inclinação do diagrama do momento fletor também é nesse segmento. No segmento BC, o cortante se torna nulo; consequentemente, a inclinação do diagrama do momento fletor se torna nula, como mostrado na Figura 5.10(d). **Resp.**

Curva elástica. Uma curva elástica da viga é mostrada na Figura 5.10(e). Como o momento fletor é negativo sobre todo o seu comprimento, a viga flete com concavidade para baixo, como mostrado. **Resp.**

EXEMPLO 5.7

Desenhe os diagramas do momento fletor e do esforçocortante e a curva elástica para a viga mostrada na Figura 5.11(a).

Solução

Reações. (Veja Figura 5.11(b).)

$$+ \rightarrow \sum F_x = 0$$
$$A_x - 30 = 0$$
$$A_x = 30 \text{ kN} \qquad A_x = 30 \text{ kN} \rightarrow$$

$$+ \zeta \sum M_D = 0$$
$$-A_y(27) + 10(15)(19,5) - 162 + 40(6) = 0$$
$$A_y = 111,22 \text{ kN} \qquad A_y = 111,22 \text{ kN} \uparrow$$

$$+ \uparrow \sum F_y = 0$$
$$111,22 - 10(15) - 40 + D_y = 0$$
$$D_y = 78,78 \text{ kN} \qquad D_y = 78,78 \text{ kN} \uparrow$$

Diagrama do esforço cortante.

Ponto A. $\qquad S_{A,R} = 111,22 \text{ kN}$

Ponto B. $\qquad S_B = 111,22 - 10(15) = -38,78 \text{ kN}$

Ponto C. $\qquad S_{C,L} = 38,78 + 0 = -38,78 \text{ kN}$

$$S_{C,R} = -38,78 - 40 = -78,78 \text{ kN}$$

Ponto D. $\qquad S_{D,L} = -78,78 + 0 = -78,78 \text{ kN}$

$$S_{D,R} = -78,78 + 78,78 = 0 \qquad \text{Verificações}$$

O diagrama do esforço cortante é mostrado na Figura 5.11(c). No segmento AB, a viga é submetida a uma carga uniformemente distribuída para baixo (negativa) de 10 kN/m. Devido à intensidade da carga ser constante e negativa no segmento AB, o diagrama do esforço cortante nesse segmento é uma linha reta com inclinação negativa. Nenhuma carga distribuída é aplicada na viga nos segmentos BC e CD, de modo que o diagrama do esforço cortante nesses segmentos consiste em linhas horizontais, indicando inclinações nulas. **Resp.**

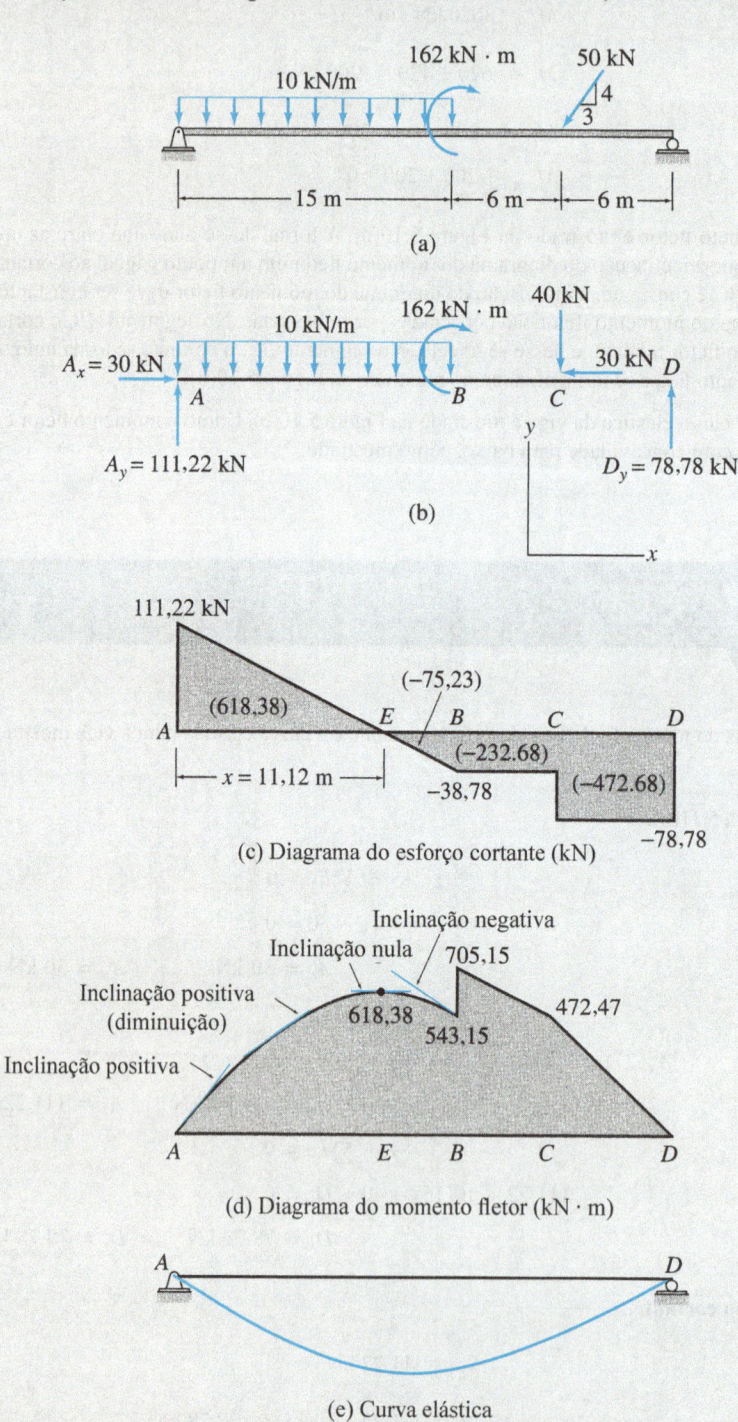

Figura 5.11

O ponto de cortante zero, E, pode ser localizado utilizando os triângulos semelhantes que compõem o diagrama do esforço cortante entre A e B. Assim,

$$\frac{x}{111,22} = \frac{15}{(111,22 + 38,78)}$$

$$x = 11,12 \text{ m}$$

Para facilitar a construção do diagrama do momento fletor, as áreas dos vários segmentos do diagrama do esforço cortante foram calculadas; elas são apresentados entre parênteses no diagrama do esforço cortante (Figura 5.11(c)).

Diagrama do momento fletor.

Ponto *A*. $M_A = 0$

Ponto *E*. $M_E = 0 + 618{,}38 = 618{.}38 \text{ kN} \cdot \text{m}$

Ponto *B*. $M_{B,L} = 618{,}38 - 75{,}23 = 543{,}15 \text{ kN} \cdot \text{m}$

$M_{B,R} = 543{,}15 + 162 = 705{,}15 \text{ kN} \cdot \text{m}$

Ponto *C*. $M_C = 705{,}15 - 232{,}68 = 472{,}47 \text{ kN} \cdot \text{m}$

Ponto *D*. $M_D = 472{,}47 - 472{,}68 = -0{,}21 \approx 0$ **Verificações**

O diagrama do momento fletor é mostrado na Figura 5.11(d). A forma desse diagrama entre as ordenadas agora computadas foi baseada na condição de que a inclinação do diagrama do momento fletor, em qualquer ponto, é igual ao cortante nesse ponto. Logo à direita de *A*, o cortante é positivo, e a inclinação do diagrama do momento fletor também é nesse ponto. À medida que avançamos para a direita de *A*, o cortante diminui de modo linear (mas continua positivo), até que se torna nulo em *E*. Portanto, a inclinação do diagrama do momento fletor diminui gradualmente ou se torna menos acentuada (mas permanece positiva), enquanto nos movemos para a direita de *A*, até que se torne nula em *E*. Note que o diagrama do esforço cortante no segmento *AE* é linear e o diagrama do momento fletor nesse segmento é parabólico ou uma curva de segundo grau, pois o diagrama do momento fletor é obtido por meio da integração do diagrama do esforço cortante (Equação 5.11). Portanto, a curva do momento fletor será sempre um grau mais elevado que o da curva do esforço cortante correspondente.

Podemos ver na Figura 5.11(d) que o momento fletor se torna máximo no ponto *E*, onde o cortante muda de positivo à esquerda para negativo à direita. À medida que avançamos para a direita de *E*, o cortante se torna negativo e diminui de modo linear entre *E* e *B*. Por conseguinte, a inclinação do diagrama do momento fletor se torna negativa à direita de *E* e diminui continuamente (se torna mais acentuada para baixo, à direita) entre *E* e logo à esquerda de *B*. Um momento (sentido horário) positivo atua em *B*, de modo que o momento fletor aumenta abruptamente nesse ponto em uma quantidade igual à magnitude do momento conjugado. O maior valor (máximo global) do momento fletor ao longo de todo o comprimento da viga ocorre logo à direita de *B*. (Note que nenhuma variação ou descontinuidade abrupta ocorre no diagrama do esforço cortante nesse ponto.) Por fim, como o cortante nos segmentos *BC* e *CD* é constante e negativo, o diagrama do momento fletor nesses segmentos consiste em linhas retas com inclinações negativas.   **Resp.**

Curva elástica. Veja a Figura 5.11(e).   **Resp.**

EXEMPLO 5.8

Desenhe os diagramas do momento fletor e do esforço cortante e a curva elástica para a viga mostrada na Figura 5.12(a).

Solução

Reações. (Veja Figura 5.12(b).)

$+ \rightarrow \sum F_x = 0 \qquad B_x = 0$

$+ \circlearrowleft \sum M_C = 0$

$\frac{1}{2}(45)(4)(7{,}83) - B_y(6{,}5) + 45(6{,}5)(3{,}25) - \frac{1}{2}(45)(2)(0{,}67) = 0$

$B_y = 250{,}03 \text{ kN} \qquad B_y = 250{,}03 \text{ kN} \uparrow$

$+ \uparrow \sum F_y = 0$

$-\frac{1}{2}(45)(4) + 250{,}03 - 45(6{,}5) - \frac{1}{2}(45)(2) + C_y = 0$

$C_y = 177{,}47 \text{ kN} \qquad C_y = 177{,}47 \text{ kN} \uparrow$

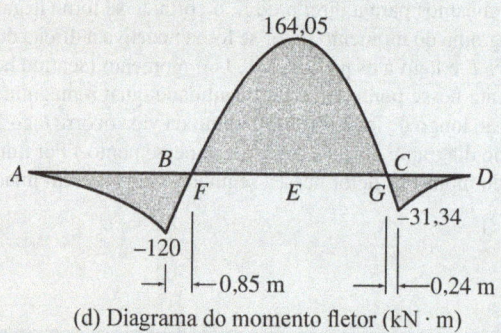

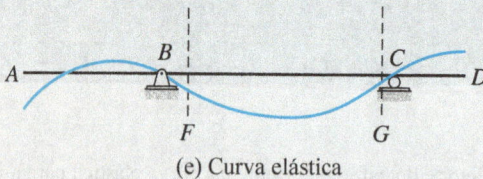

Figura 5.12

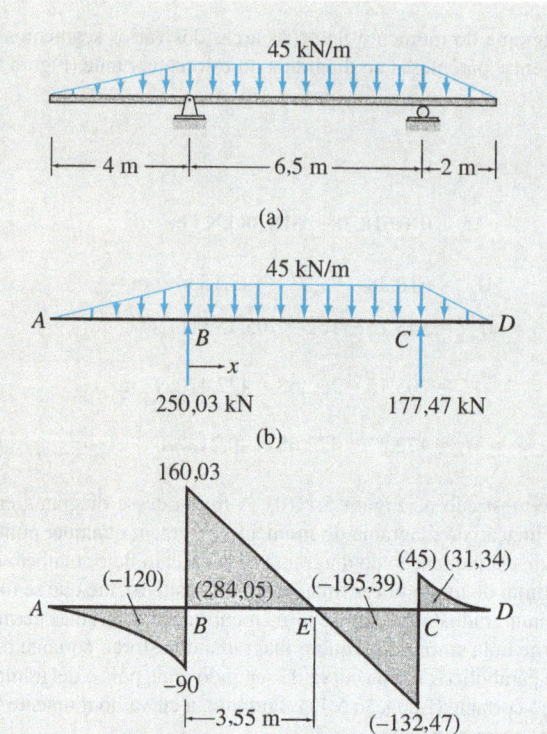

Diagrama do esforço cortante.

Ponto A. $\quad S_A = 0$

Ponto B. $\quad S_{B,L} = 0 - \dfrac{1}{2}(45)(4) = -90 \text{ kN}$

$\quad S_{B,R} = -90 + 250{,}03 = 160{,}03 \text{ kN}$

Ponto C. $\quad S_{C,L} = 160{,}03 - 45(6{,}5) = -132{,}47 \text{ kN}$

$\quad S_{C,R} = -132{,}47 + 177{,}47 = 45 \text{ kN}$

Ponto D. $\quad S_D = 45 - \dfrac{1}{2}(45)(2) = 0 \qquad$ **Verificações**

O diagrama do esforço cortante é apresentado na Figura 5.12(c). A forma do diagrama entre as ordenadas agora calculadas é obtida aplicando-se a condição de que a inclinação do diagrama do esforço cortante em qualquer ponto é igual à intensidade da carga nesse ponto. Por exemplo, como a intensidade da carga em A é zero, assim é a inclinação do diagrama do esforço cortante em A. Entre A e B, a intensidade da carga é negativa e diminui linearmente de zero em A para -45 kN/m em B. Assim, a inclinação do diagrama do esforço cortante é negativa nesse segmento e diminui (torna-se mais acentuada) continuamente de A para próximo da esquerda de B. O restante do diagrama do esforço cortante é construído utilizando-se um raciocínio semelhante. **Resp.**

O ponto de cortante nulo, E, é localizado usando-se os triângulos semelhantes, formando o diagrama do esforço cortante entre B e C. Para facilitar a construção do diagrama do momento fletor, as áreas dos vários segmentos do diagrama do esforço cortante foram calculadas e são mostradas entre parênteses no diagrama do esforço cortante (Figura 5.12(c)). Deve ser observado que as áreas dos painéis parabólicos AB e CD podem ser obtidas utilizando-se a fórmula da área dessa forma dada no Apêndice A.

Diagrama do momento fletor.

Ponto A. $\qquad M_A = 0$

Ponto B. $\qquad M_B = 0 - 120 = -120$ kN·m

Ponto E. $\qquad M_E = -120 + 284{,}05 = 164{,}05$ kN·m

Ponto C. $\qquad M_C = 164{,}05 - 195{,}39 = -31{,}34$ kN·m

Ponto D. $\qquad M_D = -31{,}34 + 31{,}34 = 0$ **Verificações**

A forma do diagrama do momento fletor entre essas ordenadas é obtida usando-se a condição de que a inclinação do diagrama do momento fletor em qualquer ponto é igual ao cortante nesse ponto. O diagrama do momento fletor assim construído é representado na Figura 5.12(d).

Pode ser visto nessa figura que o momento fletor negativo máximo ocorre no ponto B, ao passo que o momento fletor positivo máximo, o que tem o maior valor absoluto ao longo de todo o comprimento da viga, ocorre no ponto E. **Resp.**

Para localizarmos os pontos de inflexão F e G, definimos igual a zero a equação para o momento fletor no segmento BC, em termos da distância x do ponto de apoio da esquerda B (Figura 5.12(b)):

$$M = -\left(\frac{1}{2}\right)(45)(4)(1{,}33 + x) + 250{,}03x - 45(x)\left(\frac{x}{2}\right) = 0$$

ou

$$-22{,}5x^2 + 160{,}03x - 119{,}7 = 0$$

do qual $x = 0{,}85$ m e $x = 6{,}263$ m de B.

Curva elástica. Uma curva elástica da viga é mostrada na Figura 5.12(e). O momento fletor é positivo no segmento FG; assim a viga é fletida com concavidade para cima nessa região. Por outro lado, uma vez que o momento fletor é negativo nos segmentos AF e GD, a viga é curvada com concavidade para baixo nesses segmentos. **Resp.**

EXEMPLO 5.9

Desenhe os diagramas do momento fletor e do esforço cortante e a curva elástica para a viga indicada na Figura 5.13(a).

166 Análise Estrutural

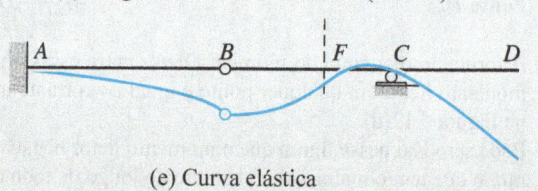

Figura 5.13

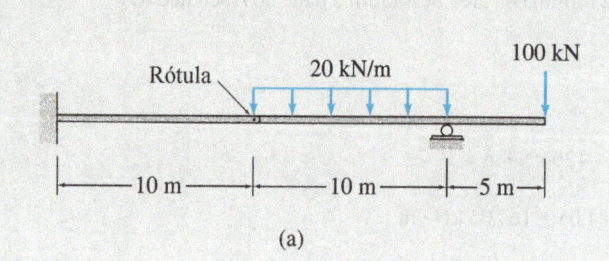

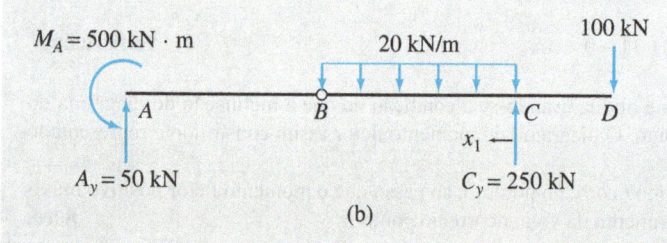

(a) Viga com rótula, carga distribuída 20 kN/m, carga concentrada 100 kN; vãos de 10 m, 10 m e 5 m.

(b) Diagrama de corpo livre: $M_A = 500$ kN·m, $A_y = 50$ kN, $C_y = 250$ kN.

(c) Diagrama do esforço cortante (kN): 50, (62,5), (500), (−562,5), −150, 100, (500).

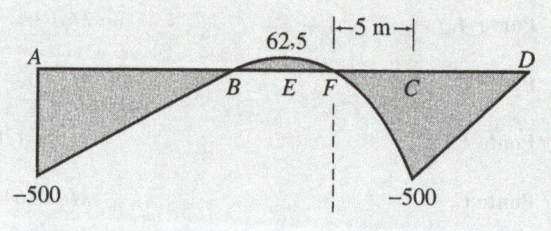

(d) Diagrama do momento fletor (kN·M): −500, 62,5, −500; pontos A, B, E, F, C, D; 5 m.

(e) Curva elástica.

Solução

Reações. (Veja a Figura 5.13(b).)

$$+\circlearrowleft \sum M_B^{BD} = 0$$
$$-20(10)(5) + C_y(10) - 100(15) = 0$$
$$C_y = 250 \text{ kN} \qquad C_y = 250 \text{ kN} \uparrow$$

$$+\uparrow \sum F_y = 0$$
$$A_y - 20(10) + 250 - 100 = 0$$
$$A_y = 50 \text{ kN} \qquad A_y = 50 \text{ kN} \uparrow$$

$$+\circlearrowleft \sum M_A = 0$$
$$M_A - 20(10)(15) + 250(20) - 100(25) = 0$$
$$M_A = 500 \text{ kN} \cdot \text{m} \qquad M_A = 500 \text{ kN} \cdot \text{m} \circlearrowleft$$

Diagrama do esforço cortante.

Ponto A. $\qquad S_{A,R} = 50$ kN

Ponto B. $\qquad S_B = 50 + 0 = 50$ kN

Ponto C. $\qquad S_{C,L} = 50 - 20(10) = -150$ kN

$\qquad\qquad\qquad S_{C,R} = -150 + 250 = 100$ kN

Ponto D. $\qquad S_{D,L} = 100 + 0 = 100$ kN

Ponto E. $S_{D,R} = 100 - 100 = 0$ **Verificações**

O diagrama do esforço cortante é mostrado na Figura 5.13(c). **Resp.**

Diagrama do momento fletor.

Ponto A. $M_{A,R} = -500 \text{ kN} \cdot \text{m}$

Ponto B. $M_B = -500 + 500 = 0$

Ponto E. $M_E = 0 + 62,5 = 62,5 \text{ kN} \cdot \text{m}$

Ponto C. $M_C = 62,5 - 562,5 = -500 \text{ kN} \cdot \text{m}$

Ponto D. $M_D = -500 + 500 = 0$ **Verificações**

O diagrama do momento fletor é indicado na Figura 5.13(d). O ponto de inflexão F pode ser localizado igualando-se a equação do momento fletor no segmento BC a zero, em termos da distância x_1 do ponto do apoio da direita C (Figura 5.13(b)):

$$M = -100(5 + x_1) + 250x_1 - 20(x_1)\left(\frac{x_1}{2}\right) = 0$$

ou

$$-10x_1^2 + 150x_1 - 500 = 0$$

da qual $x_1 = 5$ m e $x_1 = 10$ m de C. Note que a solução $x_1 = 10$ m representa o local da rótula interna em B, na qual o momento fletor é nulo. Assim, o ponto de inflexão F está localizado a uma distância de 5 m para a esquerda de C, como mostra a Figura 5.13(d). **Resp.**

Curva elástica. Uma curva elástica da viga está na Figura 5.13(e). Note que, no apoio engaste A, ambas a flecha e a rotação da viga são nulas, enquanto no apoio de rolete C apenas a flecha é nula, mas a rotação não é. A rótula interna B não fornece qualquer restrição de rotação; então a rotação em B pode ser descontínua. **Resp.**

EXEMPLO 5.10

Desenhe os diagramas do momento fletor e do esforço cortante e a curva elástica para a viga da Figura 5.14(a).

Solução

Reações. (Veja a Figura 5.14(b).)

$$+ \circlearrowleft \sum M_C^{CD} = 0$$
$$D_y(8) - 30(8)(4) = 0$$
$$D_y = 120 \text{ kN} \qquad D_y = 120 \text{ kN} \uparrow$$

168 Análise Estrutural

30 kN/m

Rótula

10 m — 2 m — 8 m

(a)

30 kN/m

A   B   C   D

$A_y = 120$ kN $B_y = 360$ kN $D_y = 120$ kN

(b)

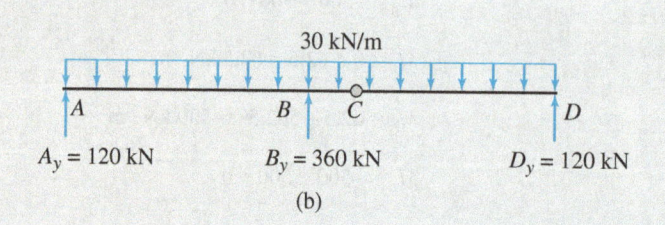

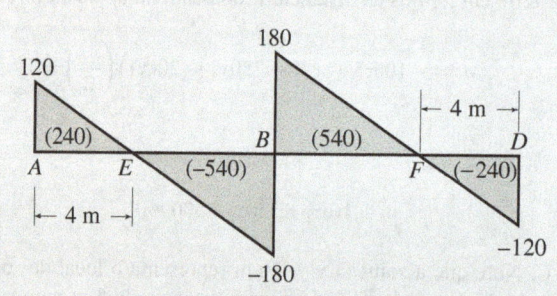

120   180

(240)   B   (540)   4 m

A   E   (−540)   F   (−240)   D

4 m   −180   −120

(c) Diagrama do esforço cortante (kN)

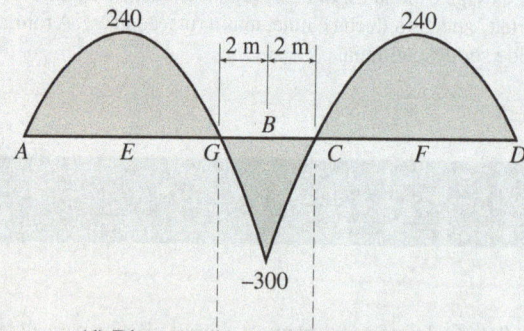

240   2 m | 2 m   240

A   E   G   B   C   F   D

−300

(d) Diagrama do momento fletor (kN · m)

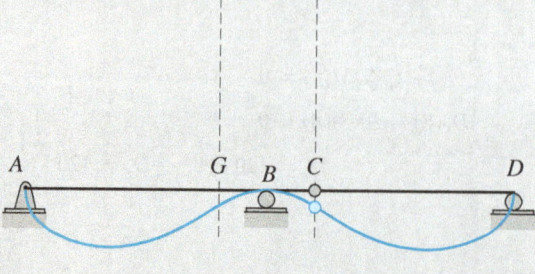

A   G   B   C   D

(e) Curva elástica

Figura 5.14

$$+ \zeta \sum M_A = 0$$

$$120(20) + B_y(10) - 30(20)(10) = 0$$

$$B_y = 360 \text{ kN} \qquad B_y = 360 \text{ kN} \uparrow$$

$$+ \uparrow \sum F_y = 0$$

$$A_y - 30(20) + 360 + 120 = 0$$

$$A_y = 120 \text{ kN} \qquad A_y = 120 \text{ kN} \uparrow$$

Diagrama do esforço cortante.

Ponto A. $\qquad S_{A,R} = 120$ kN

Ponto B. $\qquad S_{B,L} = 120 - 30(10) = -180$ kN

$\qquad\qquad\qquad S_{B,R} = -180 + 360 = 180$ kN

Ponto D. $\qquad S_{D,L} = 180 - 30(10) = -120$ kN

$\qquad\qquad\qquad S_{D,R} = -120 + 120 = 0$ **Verificações**

O diagrama do esforço cortante é mostrado na Figura 5.14(c). **Resp.**

Diagrama do momento fletor.

Ponto A. $\qquad M_A = 0$

Ponto E. $\qquad M_E = 0 + 240 = 240$ kN · m

Ponto B. $\qquad M_B = 240 - 540 = -300$ kN · m

Ponto F. $\qquad M_F = -300 + 540 = 240$ kN · m

Ponto D. $\qquad M_D = 240 - 240 = 0$ **Verificações**

O diagrama do momento fletor é mostrado na Figura 5.14(d). **Resp.**

Curva elástica. Veja a Figura 5.14(e). **Resp.**

EXEMPLO 5.11

Desenhe os diagramas do momento fletor e do esforço cortante e a curva elástica para a viga estaticamente indeterminada da Figura 5.15. As reações do apoio, determinadas por meio dos procedimentos para a análise de vigas estaticamente indeterminadas (**apresentados na Parte 3 deste texto**), são dadas na Figura 5.15(a).

Solução

Independentemente de uma viga ser estaticamente determinada ou indeterminada, uma vez que as reações do apoio tenham sido determinadas, o procedimento para a construção dos diagramas do momento fletor e do esforço cortante permanece o mesmo. Os diagramas do momento fletor e do esforço cortante para a viga estaticamente indeterminada dada são mostrados nas Figuras 5.15(b) e (c), respectivamente, e uma curva elástica da viga é apresentada na Figura 5.15(d).

Figura 5.15

(a)

(b) Diagrama do esforço cortante (kN)

(c) Diagrama do momento fletor (kN · m)

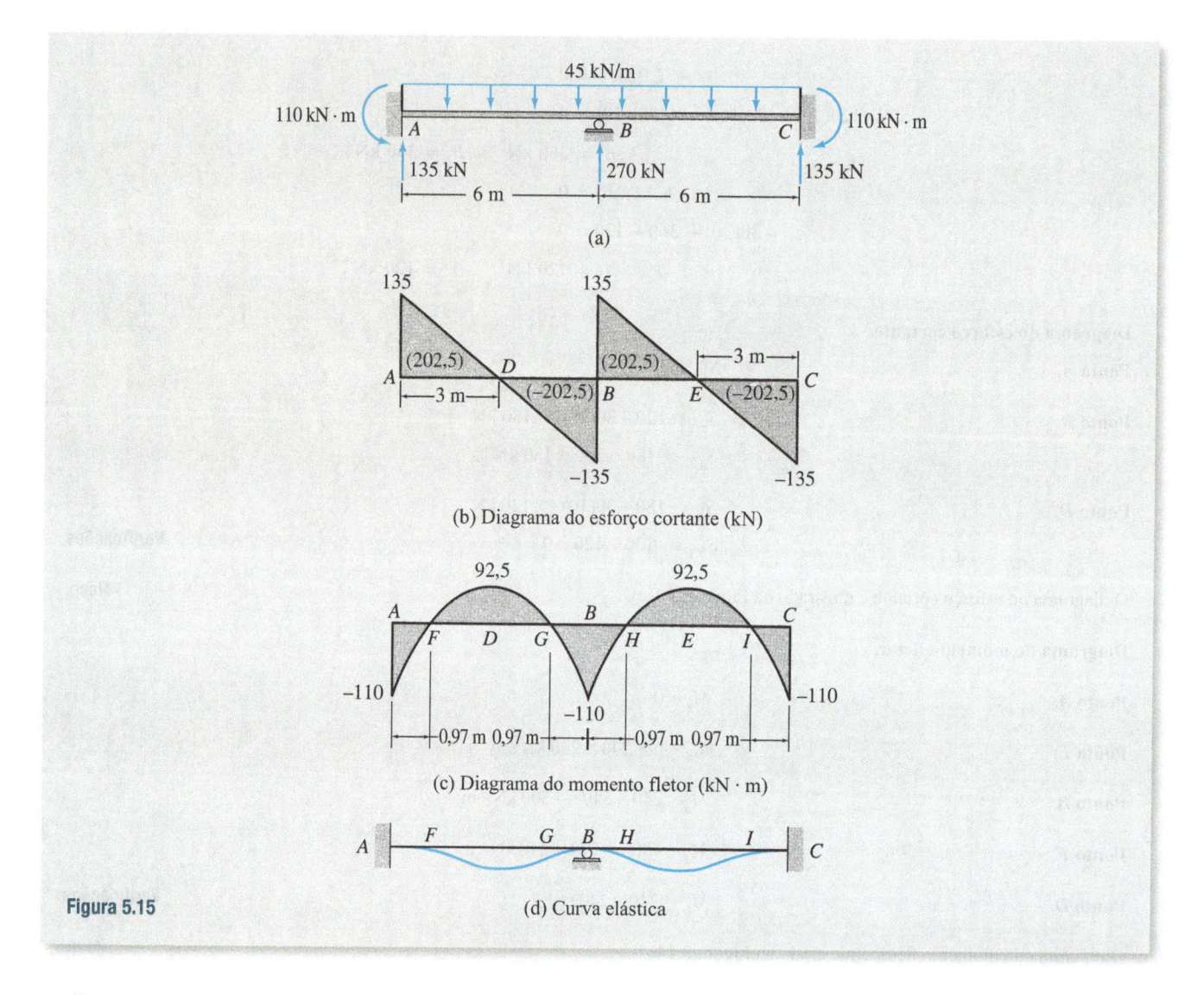

(d) Curva elástica

5.5 Determinação, indeterminação e instabilidade estática de pórticos planos

Conforme definido na Seção 1.3, os pórticos rígidos, geralmente chamados simplesmente *pórticos*, são compostos por elementos retos conectados ou por ligações (resistentes a momento) rígidas ou por ligações rotuladas, para formar configurações estáveis. Os elementos dos pórticos são normalmente conectados por nós rígidos, embora as ligações rotuladas às vezes sejam usadas (veja a Figura 5.16). Um nó rígido impede translações e rotações relativas das extremidades do elemento conectadas a ele, de modo que o nó é capaz de transmitir duas componentes de força retangular e um momento entre os elementos conectados. Sob a ação de cargas externas, os elementos de um pórtico podem ser, em geral, submetidos a momento fletor, esforço cortante e esforços normais de tração ou compressão.

A determinação estática combinada (externa e interna) dos pórticos é definida de um modo semelhante ao das treliças. Um pórtico é considerado *estaticamente determinado se os momentos fletores, os esforços cortantes e os esforços normais em todos os seus elementos, bem como todas as reações externas, podem ser determinados utilizando-se as equações de equilíbrio e condição.*

Uma vez que o método de análise apresentado na seção seguinte só pode ser utilizado para analisar pórticos estaticamente determinados, é importante para o aluno ser capaz de reconhecer os pórticos estaticamente determinados antes de prosseguir com a análise.

Considere um pórtico plano submetido a uma carga arbitrária, como o da Figura 5.17(a). Os diagramas de corpo livre dos três elementos e dos quatro nós do pórtico são apresentados na Figura 5.17(b). Cada elemento está submetido a, em adição às forças externas, duas componentes de força interna e um momento interno em cada uma das suas extremidades. Naturalmente, os sentidos corretos das forças e momentos internos, que são comumente referidos como as *forças na extremidade do elemento*, não são conhecidos antes da análise e são escolhidos arbitrariamente. Os diagramas de corpo livre dos nós apresentam as mesmas forças de extremidade de elemento, mas em direções opostas,

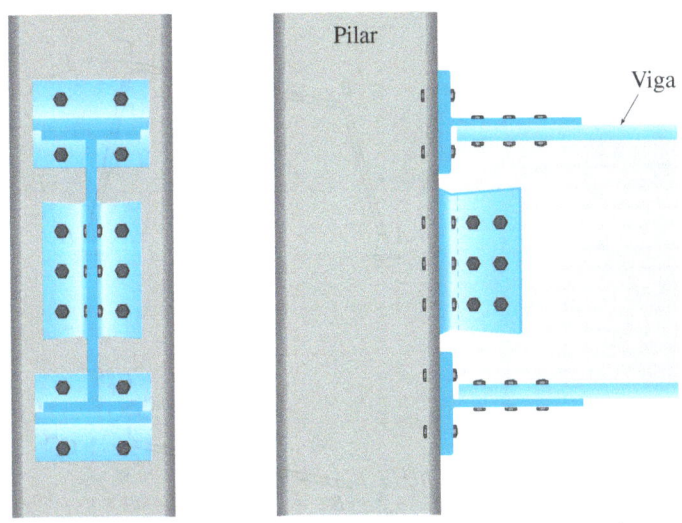

(a) Ligação (rígida) *resistente a momento* Nesta ligação, os bordos superior e inferior e a alma da viga estão conectados no pilar, impedindo assim a rotação da viga em relação ao pilar. Esse tipo de ligação pode transmitir forças, bem como momentos.

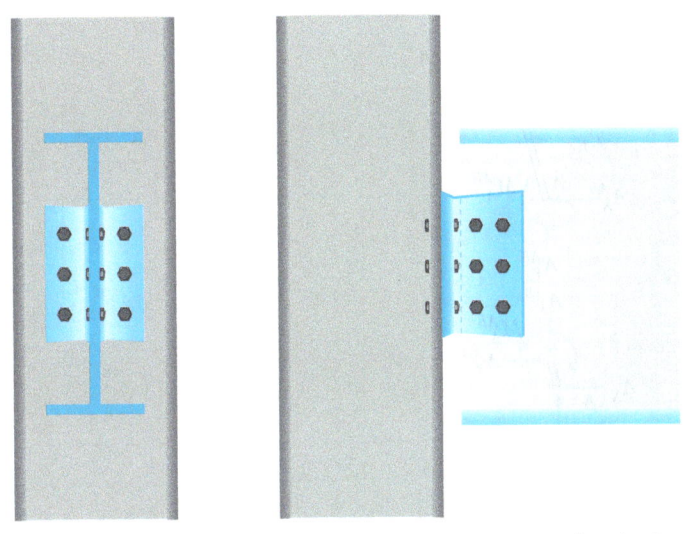

(b) Ligação de *cortante* (flexível). Nesta conexão, apenas a alma da viga está conectada ao pilar, permitindo que a extremidade das vigas girem em relação ao pilar. Este tipo de ligação pode transmitir forças, mas não momentos e é representado como uma rótula na extremidade da viga para o fim de análise.

Figura 5.16 Ligações aparafusadas típicas usadas em pórticos de edifícios para conectar vigas a pilares.

de acordo com a terceira lei de Newton. A análise do pórtico envolve a determinação das magnitudes das forças das extremidades dos 18 elementos (seis por elemento) e as três reações do apoio, A_x, A_y e D_y. Portanto, o número total de incógnitas para determinar é 21.

Devido a todo o pórtico estar em equilíbrio, cada um de seus elementos e nós também deve estar em equilíbrio. Como mostrado na Figura 5.17(b), cada elemento e cada nó são submetidos a um sistema coplanar geral de forças e momentos que devem satisfazer às três equações de equilíbrio, $\sum F_X = 0$, $\sum F_Y = 0$ e $\sum M = 0$. Uma vez que a estrutura contém três elementos e quatro nós (incluindo os dois nós conectados aos apoios), o número total de equações disponíveis é 3(3) + 3(4) = 21. Essas 21 equações de equilíbrio podem ser resolvidas para calcular as 21 incógnitas. As forças na extremidade do elemento assim obtidas podem então ser utilizadas para determinar os esforços normais, os esforços cortantes e os momentos fletores, em vários pontos ao longo do comprimento dos elementos. O pórtico da Figura 5.17(a) é, por conseguinte, estaticamente determinado.

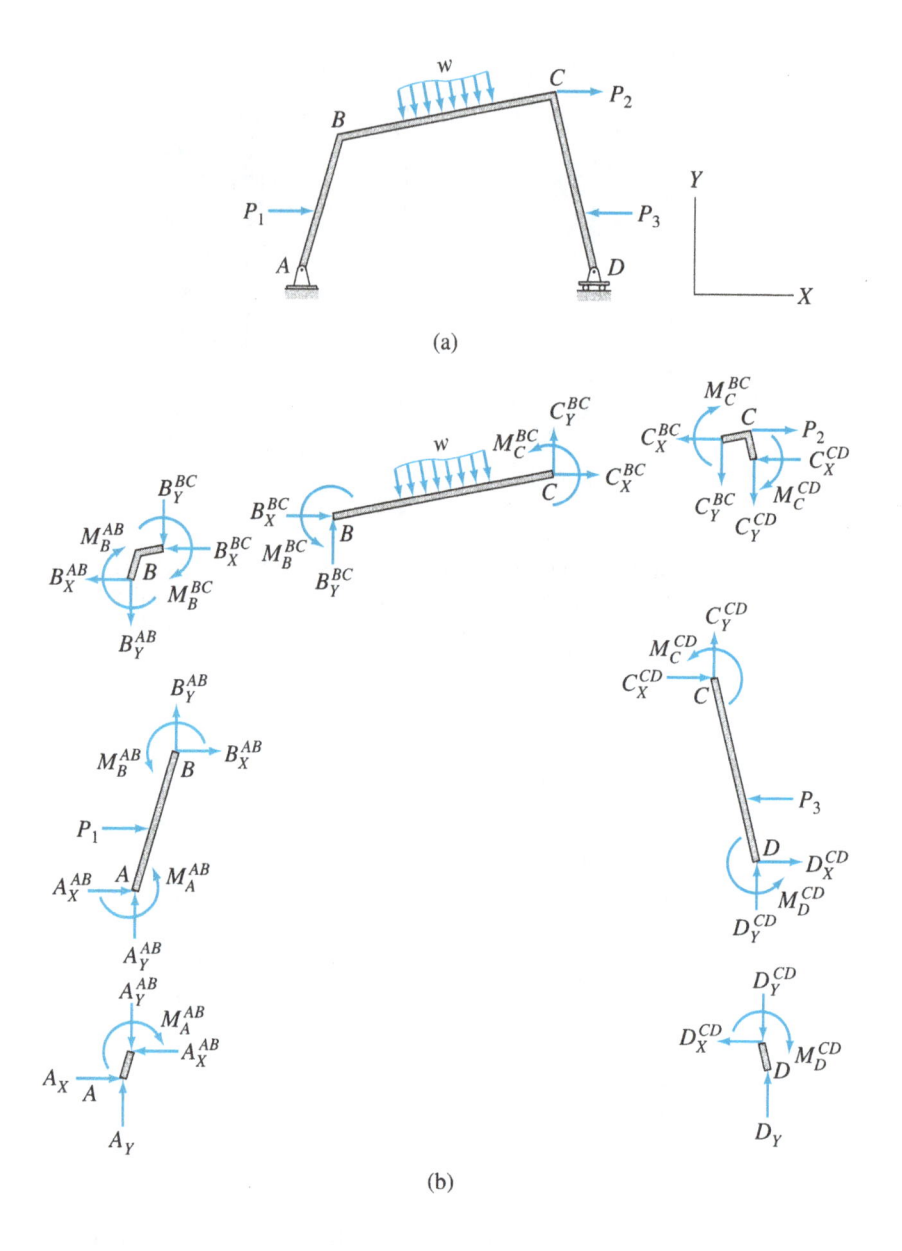

Figura 5.17

As três equações de equilíbrio do pórtico inteiro como um corpo rígido podem ser escritas e resolvidas para as três reações desconhecidas (A_X, A_Y e D_Y). No entanto, essas equações de equilíbrio não são independentes das equações de equilíbrio dos elementos e nós e não contêm qualquer informação adicional.

Com base na discussão anterior, podemos desenvolver os critérios para a determinação, indeterminação e instabilidade estática dos pórticos planos gerais que contêm m elementos e j nós e apoiados por r (número de) reações externas. Para a análise, precisamos determinar os esforços de elemento $6m$ e reações externas r; ou seja, precisamos calcular um total de $6m + r$ incógnitas. Uma vez que existem m elementos e j nós, podemos escrever as três equações de equilíbrio para cada elemento e cada nó, sendo $3(m + j)$ o número de equações de equilíbrio disponíveis. Além disso, se um pórtico contém rótulas internas e/ou roletes internos, essas condições internas fornecem equações adicionais, que podem ser utilizadas em conjunto com as equações de equilíbrio para determinar as incógnitas. Assim, se existem e_c equações de condição para uma estrutura, o número total de equações (equações de equilíbrio mais equações de condição) disponível é $3(m + j) + e_c$. Para um pórtico, se o número de incógnitas é igual ao número de equações, isto é,

$$6m + r = 3(m + j) + e_c$$

ou

$$3m + r = 3j + e_c$$

então, todas as incógnitas podem ser determinadas resolvendo-se as equações de equilíbrio e condição, e o pórtico é estaticamente determinado. Se uma estrutura tem mais incógnitas que equações disponíveis – isto é $3m + r > 3j + e_c$ —, todas as incógnitas não podem ser determinadas através da resolução das equações disponíveis, e o pórtico é estaticamente indeterminado. Os pórticos estaticamente indeterminaoas têm mais elementos e/ou reações externas que o mínimo necessário para sua estabilidade. Os elementos e as reações em excesso são chamados *hiperestáticos* e o número de forças e reações de elemento em excesso é referido como o grau hiperestático *i*, o qual pode ser expresso como

$$i = (3m + r) - (3j + e_c) \tag{5.15}$$

Para um pórtico, se o número de incógnitas é menor que o número de equações disponíveis – isto é, $3m + r < 3j + e_c$, o pórtico é chamado estaticamente instável. As condições para instabilidade, determinação e indeterminação estática de pórticos planos podem ser resumidas como se segue:

$$\begin{aligned} 3m + r &< 3j + e_c = \text{pórtico estaticamente instável} \\ 3m + r &= 3j + e_c = \text{pórtico estaticamente determinado} \\ 3m + r &> 3j + e_c = \text{pórtico estaticamente indeterminado} \end{aligned} \tag{5.16}$$

Ao aplicar a Equação (5.16), as extremidades do pórtico fixadas em apoios, bem como quaisquer extremidades livres, são tratadas como nós. As condições para a determinação e indeterminação estáticas, como fornecidas pela Equação (5.16), são condições necessárias, mas não suficientes. Com a finalidade desses critérios para determinação e indeterminação estáticas serem válidos, a disposição dos elementos, as reações dos apoio e rótulas e os roletes internos (se houver) devem ser tal que a estrutura permanecerá geometricamente estável sob um sistema geral de cargas coplanares.

O procedimento para determinar o número de equações de condição permanece o mesmo, como discutido no Capítulo 3. Recorde-se de que uma rótula interna dentro ou na extremidade de um elemento proporciona uma equação de condição (Figura 5.18) e um rolete interno, duas. Quando vários elementos de uma estrutura são conectados a um nó rotulado, o número de equações de condição no nó é igual ao número de elementos que se encontram no nó menos um. Por exemplo, considere o nó rotulado *H* do pórtico mostrado na Figura 5.19. Como uma rótula não pode transmitir momento, os momentos nas extremidades *H* dos três elementos *EH*, *GH* e *HI* reunidos no nó devem ser nulos; isto é, $M_H^{EH} = 0$, $M_H^{GH} = 0$, $M_H^{HI} = 0$. No entanto, essas três equações não são independentes, no sentido de que, se qualquer duas

Figura 5.18 As ligações de cortante nas extremidades das vigas são tratadas como rótulas internas para análise. (*continua*)

© American Institute of Steel Construction. Reimpresso com permissão. Todos os direitos reservados.

(a) Ligações de cortante de viga – pilar

Figura 5.18
© American Institute of Steel Construction. Reimpresso com permissão. Todos os direitos reservados.

(b) Ligação de cortante de viga – viga

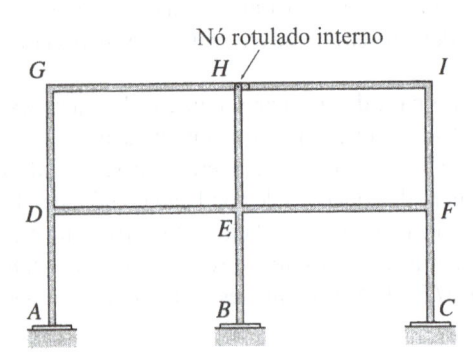

Nó rotulado interno

Qualquer das seguintes pode ser considerada equação de condição:

$$M_H^{EH} = 0, \quad M_H^{GH} = 0, \quad M_H^{HI} = 0$$

Figura 5.19

dessas três equações são satisfeitas, junto com a equação de equilíbrio de momento para o nó H, a equação restante será automaticamente satisfeita. Assim, o nó rotulado H fornece duas equações independentes de condição. Usando um raciocínio semelhante, pode ser mostrado que um nó de rolete interno fornece as equações de condição, cujo número é igual a 2 x (número de elementos reunidos no nó –1).

Abordagem alternativa

Uma abordagem alternativa que pode ser utilizada para a determinação do grau hiperestático de um pórtico consiste em cortar elementos suficientes do pórtico, passando seções imaginárias e/ou remover apoios suficientes para tornar o pórtico estaticamente determinado. O número total de restrições internas e externas assim removido iguala o grau hiperestático. Como um exemplo, considere o pórtico da Figura 5.20(a). Ele pode ser tornado estaticamente determinado pela passagem de uma seção imaginária através da viga BC, removendo assim três restrições internas (o esforço normal Q, o esforço cortante S e o momento fletor M), como mostrado na Figura 5.20(b). Note que as duas estruturas em balanço assim produzidas são ambas estaticamente determinadas e geometricamente estáveis. Devido às três restrições (Q, S e M) terem sido removidas do pórtico original estaticamente indeterminado da Figura 5.20(a)

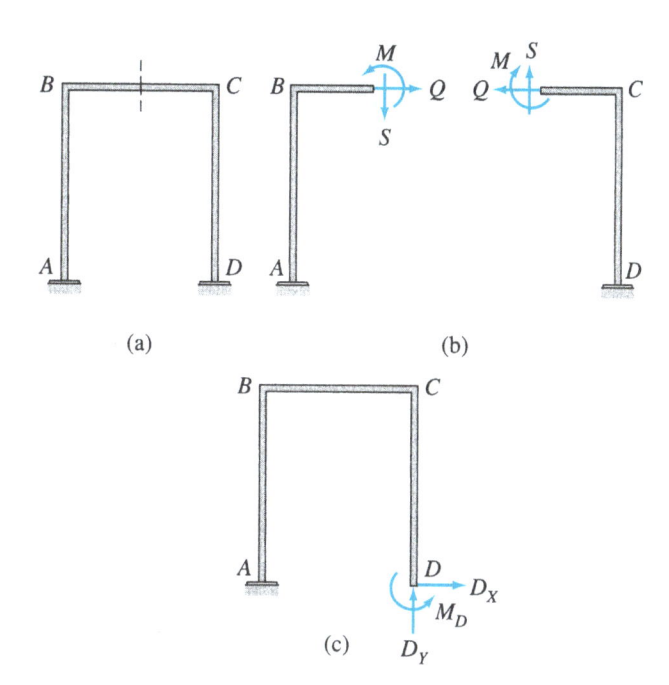

Figura 5.20

para obter os pórticos estaticamente determinados da Figura 5.20(b), o grau hiperestático do pórtico original é três. Há muitas escolhas possíveis em relação às restrições que podem ser removidas de uma estrutura estaticamente indeterminada, para torná-la estaticamente determinada. Por exemplo, o pórtico da Figura 5.20(a) pode alternativamente ser tornado estaticamente determinado pela desconexão deste do apoio engaste em D, como mostrado na Figura 5.20(c). Desde que as três restrições ou as reações externas, D_X, D_Y e M_D, sejam removidas nesse processo, o grau hiperestático do pórtico é três, como concluído anteriormente.

Essa abordagem alternativa de estabelecer o grau hiperestático (em vez de aplicar a Equação 5.15)) fornece o meio mais conveniente de determinar os graus hiperestáticos de pórticos de edifícios de múltiplos andares. Um exemplo de tal pórtico é mostrado na Figura 5.21(a). A estrutura pode ser tornada determinada estaticamente pela passagem de uma seção imaginária através de cada uma das vigas, como mostrado na Figura 5.21(b). Em razão de cada corte remover três restrições, o número total de restrições que deve ser removido para tornar a estrutura estaticamente determinada é igual a três vezes o número de vigas na estrutura. Assim, o grau hiperestático de um pórtico de múltiplos andares com apoios engaste é igual a três vezes o número de vigas, desde que o pórtico não contenha quaisquer rótulas ou roletes internos.

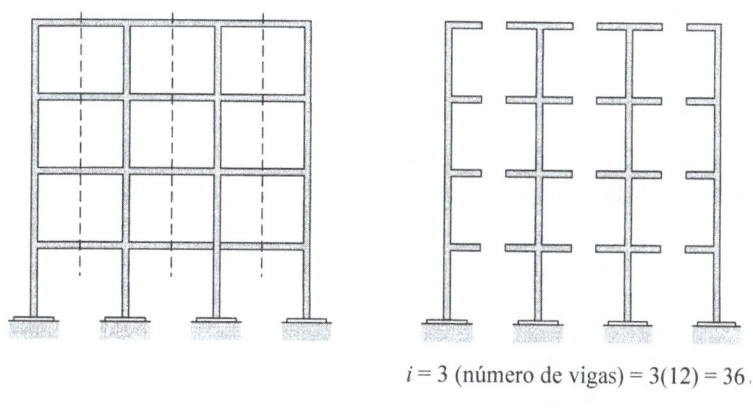

$i = 3$ (número de vigas) $= 3(12) = 36$

Figura 5.21

EXEMPLO 5.12

Verifique qual dos pórticos planos mostrados na Figura 5.22 é estaticamente indeterminado e determine o seu grau hiperestático.

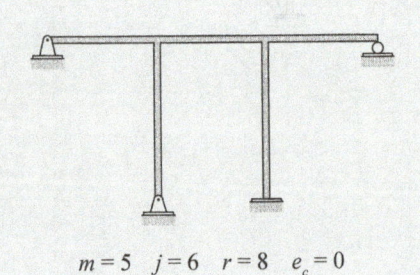

$m = 5 \quad j = 6 \quad r = 8 \quad e_c = 0$
$3m + r > 3j + e_c$
(a) Estaticamente indeterminado ($i = 5$)

$m = 4 \quad j = 4 \quad r = 3 \quad e_c = 0$
$3m + r > 3j + e_c$
(b) Estaticamente indeterminado ($i = 3$)

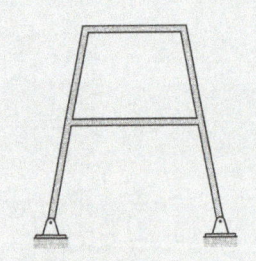

$m = 6 \quad j = 6 \quad r = 4 \quad e_c = 0$
$3m + r > 3j + e_c$
(c) Estaticamente indeterminado ($i = 4$)

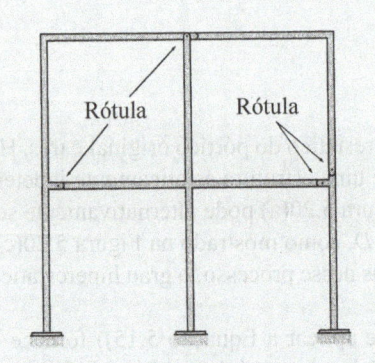

Rótula   Rótula

$m = 10 \quad j = 9 \quad r = 9 \quad e_c = 5$
$3m + r > 3j + e_c$
(d) Estaticamente indeterminado ($i = 7$)

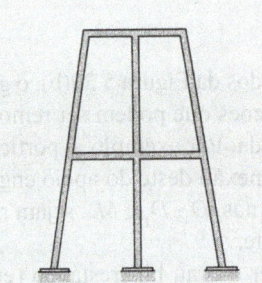

$i = 3$ (número de vigas) $= 3(4) = 12$
(e)

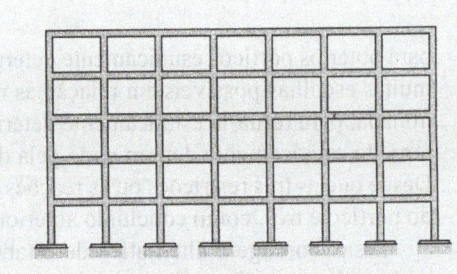

$i = 3$ (número de vigas) $= 3(35) = 105$
(f)

Figura 5.22

Solução
Veja as Figuras 5.22(a) a (f).

5.6 Análise de pórticos planos

O procedimento passo a passo a seguir pode ser usado para determinar as forças na extremidade do elemento, bem como os esforços cortantes, os momentos fletores e os esforços normais nos elementos de pórticos planos estaticamente determinados.

1. Verifique a determinação estática. Utilizando o procedimento descrito na seção anterior, avalie se o pórtico fornecido é estaticamente determinado. Se o pórtico for considerado estaticamente determinado e estável, prossiga do passo 2. Caso contrário, termine a análise nesta fase. (A análise de pórticos estaticamente indeterminados é considerada na Parte 3 deste texto.)
2. Determine as reações de apoio. Desenhe um diagrama de corpo livre do pórtico inteiro e determine as reações aplicando as equações de equilíbrio e quaisquer equações de condição que possam ser escritas em termos de reações externas apenas (sem envolver quaisquer forças de elemento interno). Para alguns pórticos internamente instáveis, pode não ser possível expressar todas as equações necessárias de condição exclusivamente em termos das reações externas; por conseguinte, pode não ser possível determinar todas as reações. No entanto, algumas das reações de tais estruturas geralmente podem ser calculadas pelas equações disponíveis.

3. Determine as forças da extremidade do elemento. É conveniente especificar as direções das forças desconhecidas nas extremidades dos elementos do pórtico usando um sistema de coordenadas XY estrutural (ou global) comum, com os eixos X e Y orientados nas direções horizontal (positivo para a direita) e vertical (positivo para cima), respectivamente. Desenhe os diagramas de corpo livre de todos os elementos e nós da estrutura. Esses diagramas de corpo livre devem mostrar, além de quaisquer cargas externas e reações de apoio, todas as forças internas sendo exercidas sobre o elemento ou nó. Lembre-se de que um nó rígido é capaz de transmitir duas componentes de força e um momento; um nó rotulado pode transmitir duas componentes de força e um nó de rolete pode transmitir apenas uma componente de força. Se existe uma rótula em uma extremidade de um elemento, o momento interno nessa extremidade deve ser tomado igual a zero. Qualquer carga que atua em um nó deve ser mostrada nos diagramas de corpo livre do nó, não nas extremidades dos elementos ligados ao nó. Os sentidos das forças de extremidade do elemento não são conhecidos e podem ser arbitrariamente assumidos. No entanto, é normalmente conveniente assumir os sentidos das forças desconhecidas nas extremidades do elemento nas direções positivas X e Y e dos momentos desconhecidos como anti-horários. Os sentidos das forças e momentos internos sobre os diagramas de corpo livre dos nós devem estar em direções opostas àquelas assumidas sobre as extremidades do elemento de acordo com a terceira lei de Newton. Calcule as forças da extremidade do elemento como se segue:

   a. Selecione um elemento ou um nó com três ou menos incógnitas.
   b. Determine as forças e momentos desconhecidos aplicando as três equações de equilíbrio ($\sum F_X = 0$, $\sum F_Y = 0$ e $\sum M = 0$) no corpo livre do elemento ou nó selecionado no passo 3(a).
   c. Se todas as forças, momentos e reações desconhecidos foram determinados, então prossiga no passo 3(d). Caso contrário, retorne ao passo 3(a).
   d. Uma vez que as reações do apoio foram calculadas no passo 2 utilizando as equações de equilíbrio e condição da estrutura inteira, deve haver algumas equações restantes que não foram utilizadas até agora. O número de equações não usadas deve ser igual ao número de reações computadas no passo 2. Use essas equações restantes para verificar os cálculos. Se a análise foi realizada corretamente, então as equações restantes devem ser satisfeitas.

   Para alguns tipos de estruturas, um elemento ou um nó que tem um número de incógnitas menor ou igual ao número de equações de equilíbrio não pode ser encontrado para iniciar ou prosseguir com a análise. Em tal caso, pode ser necessário escrever equações de equilíbrio em termos de incógnitas para dois ou mais corpos livres e resolver as equações simultaneamente para determinar as forças e os momentos desconhecidos.

4. Para cada elemento do pórtico, construa os diagramas de esforço normal, momento fletor e esforço cortante como se segue:

   a. Selecione um sistema de coordenadas xy (local) do elemento com origem em ambas as extremidades do elemento e o eixo x dirigido ao longo do eixo do centro de gravidade do elemento. A direção positiva do eixo y é escolhida de modo que o sistema de coordenadas é destro, com o eixo z apontando para fora do plano do papel.
   b. Resolva todas as cargas externas, reações e forças na extremidade que atuam sobre o elemento em componentes nas direções x e y (ou seja, nas direções paralelas e perpendiculares ao eixo do centro de gravidade do elemento). Determine o total do esforço normal e do esforço cortante (resultante) em cada extremidade do elemento pela adição algébrica das componentes x y, respectivamente, das forças que atuam em cada uma das extremidades do elemento.
   c. Construa os diagramas do momento fletor e do esforço cortante para o elemento, usando o procedimento descrito na Seção 5.4. O procedimento pode ser aplicado aos elementos não horizontais, considerando a extremidade do elemento na qual a origem do sistema de coordenadas xy está localizada como a extremidade esquerda do elemento (com o eixo x apontando para a direita) e a direção y positiva como a direção para cima.
   d. Construa o diagrama do esforço normal mostrando a variação do esforço normal ao longo do comprimento do elemento. Tal diagrama pode ser construído usando-se o método das seções. Prosseguindo na direção x positiva a partir da extremidade do elemento, na qual a origem do sistema de coordenadas xy está localizada, as seções são passadas após cada mudança sucessiva no carregamento ao longo do comprimento do elemento para determinar as equações para o esforço normal em termos de x. De acordo com a convenção de sinal adotada na Seção 5.1, as forças externas atuando na direção x negativa (causando tração na seção) são consideradas positivas. Os valores dos esforços normais determinados por essas equações são plotados como ordenadas contra x para obter o diagrama do esforço normal.

5. Desenhe uma curva elástica do pórtico. Usando os diagramas do momento fletor construídos no passo 4, desenhe uma curva elástica para cada elemento do pórtico. A curva elástica do pórtico inteiro é então obtida através da conexão das curvas elásticas dos elementos individuais aos nós de modo que os ângulos originais entre

os elementos nos nós rígidos sejam mantidos e as condições do apoio, satisfeitas. As deformações normais e de cisalhamento, geralmente desprezíveis em comparação com as deformações de flexão, são desprezadas ao esboçarem as curvas elásticas dos pórticos.

Deve ser notado que os diagramas do momento fletor construídos utilizando-se o procedimento descrito no passo 4(c) mostrarão sempre os momentos nos *lados comprimidos* dos elementos. Por exemplo, em um ponto ao longo de um elemento vertical, se o lado esquerdo do elemento está em compressão, então o valor do momento nesse ponto aparecerá no lado esquerdo. Desde que o lado do elemento sobre o qual um momento aparece indica a direção do momento, não é necessário usar os sinais mais e menos nos diagramas de momento. Ao projetarem-se pórticos de concreto armado, os diagramas de momentos às vezes são desenhados nos lados tracionados dos elementos para facilitar a colocação de barras de aço usadas para armar o concreto, que é frágil sob tração. Um diagrama de momento de lado tracionado pode ser obtido simplesmente invertendo (ou seja, através da rotação em 180° em torno do eixo do elemento) o diagrama de momento do lado comprimido correspondente. Somente os diagramas de momento do lado comprimido são considerados neste texto.

EXEMPLO 5.13

Desenhe os diagramas do esforço cortante, momento fletor e esforço normal e a curva elástica para o pórtico mostrado na Figura 5.23(a).

Solução

Determinação estática. $m = 3$, $j = 4$, $r = 3$, e $e_c = 0$. Devido $3m + r = 3j + e_c$ e o pórtico ser geometricamente estável, ele é estaticamente determinado.

Reações. Considerando o equilíbrio do pórtico completo (Figura 5.23 (b)), observamos que, com a finalidade de satisfazer $\sum F_X = 0$, a componente A_X da reação deve agir para a esquerda, com uma magnitude de 90 kN para equilibrar a carga horizontal de 90 kN para a direita. Assim,

$$A_X = -90 \text{ kN} \qquad A_X = 90 \text{ kN} \leftarrow$$

Calculamos as duas reações restantes aplicando as duas equações de equilíbrio como se segue:

$$+ \circlearrowleft \sum M_A = 0 \qquad -90(7) - 30(9)(4{,}5) + D_Y(9) = 0 \qquad D_Y = 205 \text{ kN} \uparrow$$

$$+ \uparrow \sum F_Y = 0 \qquad A_Y - 30(9) + 205 = 0 \qquad A_Y = 65 \text{ kN} \uparrow$$

Forças na extremidade do elemento. Os diagramas de corpo livre de todos os elementos e nós do pórtico são apresentados na Figura 5.23(c). Podemos começar o cálculo das forças internas, quer no nó A ou no nó D, ambos têm apenas três incógnitas.

Nó A. Começando com o nó A, podemos ver no diagrama de corpo livre que, com a finalidade de satisfazer $\sum F_X = 0$, A_X^{AB} deve agir para a direita com uma magnitude de 90 kN para equilibrar a reação horizontal de 90 kN para a esquerda. Assim,

$$A_X^{AB} = 90 \text{ kN}$$

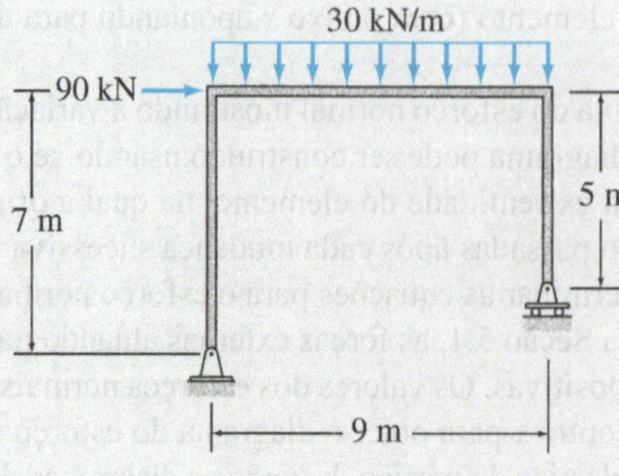

Figura 5.23 (*continua*)

(a)

capítulo 5　　　　　　　　　　　　　　　　　　　　　　　Vigas e pórticos: momento fletor e cortante　**179**

(b)

(c)

(d)

Figura 5.23 (*continuação*)

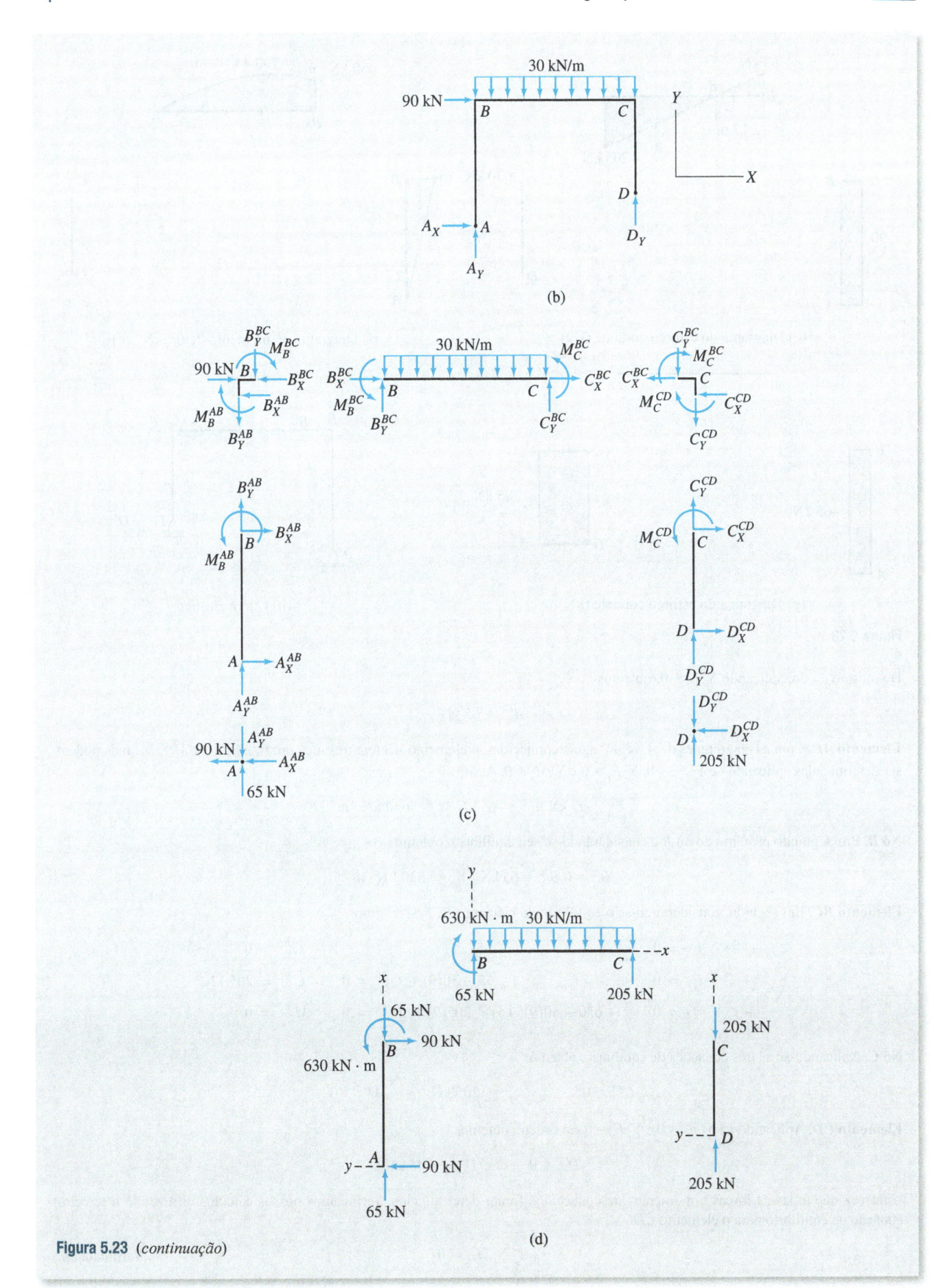

(e) Diagrama do esforço cortante (kN)

(f) Diagrama do momento fletor (kN · m)

(g) Diagrama do esforço cortante (kN)

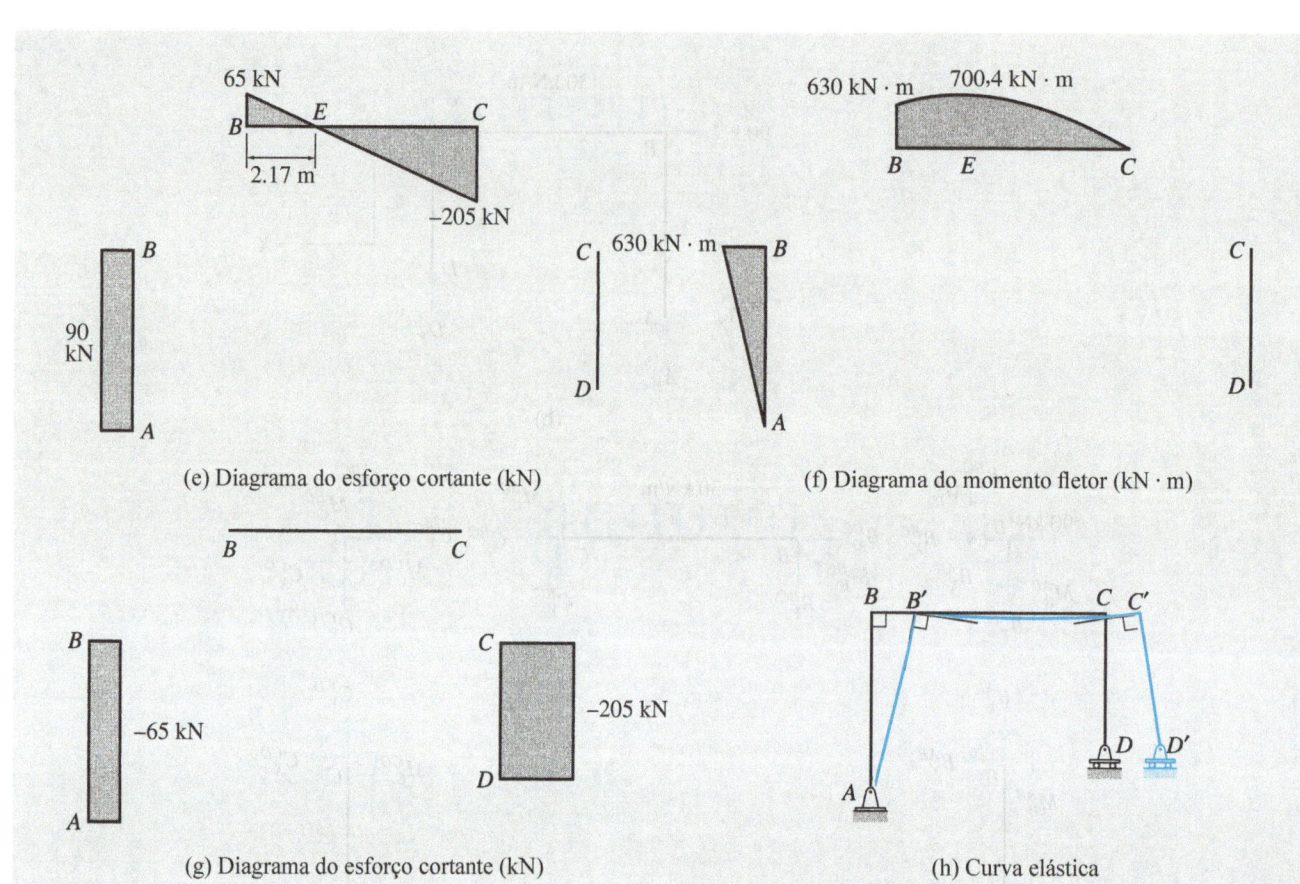

(h) Curva elástica

Figura 5.23

Do mesmo modo, aplicando $\sum F_Y = 0$, obtemos

$$A^{AB}_Y = 65 \text{ kN}$$

Elemento AB. Com as magnitudes de A^{AB}_X e A^{AB}_Y agora conhecidas, o elemento AB tem três incógnitas, B^{AB}_X, A^{AB}_Y e M^{AB}_B, as quais podem ser determinadas aplicando-se $\sum F_X = 0$, $\sum F_Y = 0$ e $\sum M_A = 0$. Assim,

$$B^{AB}_X = 90 \text{ kN} \quad A^{AB}_Y = -65 \text{ kN} \quad M^{AB}_B = 630 \text{ kN} \cdot \text{m}$$

Nó B. Prosseguindo próximo do nó B e considerando-se seu equilíbrio, obtemos

$$B^{BC}_X = 0 \quad B^{BC}_Y = 65 \text{ kN} \quad M^{BC}_B = -630 \text{ kN} \cdot \text{m}$$

Elemento BC. Em seguida, considerando-se o equilíbrio do elemento BC, escrevemos

$+ \rightarrow \sum F_X = 0$ $\qquad\qquad\qquad\qquad\qquad C^{BC}_X = 0$

$+ \uparrow \sum F_Y = 0 \qquad\qquad 65 - 30(9) + C^{BC}_Y = 0 \qquad C^{BC}_Y = 205 \text{ kN}$

$+ \circlearrowleft \sum M_B = 0 \qquad -630 - 30(9)(4,5) + 205(9) + M^{BC}_C = 0 \qquad M^{BC}_C = 0$

Nó C. Aplicando-se as três equações de equilíbrio, obtemos

$$C^{CD}_X = 0 \qquad C^{CD}_Y = -205 \text{ kN} \qquad M^{CD}_C = 0$$

Elemento CD. Aplicando-se $\sum F_X = 0$ e $\sum F_Y = 0$ em ordem, obtemos

$$D^{CD}_X = 0 \qquad D^{CD}_Y = 205 \text{ kN}$$

Uma vez que todas as forças e momentos desconhecidos foram determinados, verificamos nossos cálculos, utilizando a terceira equação de equilíbrio para o elemento CD.

$$+ \circlearrowleft \sum M_D = 0$$

Nó D. (Verificação de cálculos)

$$+ \longrightarrow \sum F_X = 0 \qquad \qquad \text{Verificações}$$

$$+ \uparrow \sum F_Y = 0 \qquad 205 - 205 = 0 \qquad \text{Verificações}$$

Diagramas do esforço cortante. Os sistemas de coordenadas *xy* selecionados para os três elementos do pórtico são apresentados na Figura 5.23(d), e os diagramas do esforço cortante para os elementos construídos utilizando-se o procedimento descrito na Seção 5.4 estão ilustrados na Figura 5.23(e). **Resp.**

Diagramas de momento fletor. Os diagramas de momento fletor para os três elementos do pórtico são apresentados na Figura 5.23(f).

Diagramas do esforço normal. A partir do diagrama de corpo livre do elemento *AB*, na Figura 5.23(d), observamos que o esforço normal ao longo do comprimento desse elemento é de compressão, com uma magnitude constante de 65 kN. Portanto, o diagrama do esforço normal para esse elemento é uma linha reta paralela ao eixo *x*, com um valor de –65 kN, como mostrado na Figura 5.23(g). Do mesmo modo, pode ser visto na Figura 5.23(d) que os esforços normais nos elementos *BC* e *CD* também são constantes, com magnitudes de 0 e –205 kN, respectivamente. Os diagramas do esforço normal assim construídos para esses elementos estão apresentados na Figura 5.23(g). **Resp.**

Curva elástica. A partir dos diagramas do momento fletor dos elementos do pórtico (Figura 5.23(f)), observamos que os elementos *AB* e *BC* fletem com concavidade para a esquerda e para cima, respectivamente. Como nenhum momento fletor se desenvolve no elemento *CD*, ele não flete, permanecendo reto. Uma curva elástica do pórtico obtida conectando-se as curvas elásticas dos três elementos aos nós é mostrada na Figura 5.23(h). Como essa figura indica, a flecha do pórtico no apoio *A* é zero. Em razão da carga horizontal em *B*, o nó *B* flete para a direita, para *B'*. Desde que as deformações normais dos elementos sejam desprezadas e as deformações de flexão sejam consideradas pequenas, o nó *B* flete apenas na direção horizontal e o nó *C* flete na mesma quantidade que o nó *B*; ou seja, *BB'* = *CC'*. Note que as curvaturas dos elementos são compatíveis com seus diagramas de momento fletor e que os ângulos de 90° originais entre os elementos nos nós rígidos *B* e *C* foram mantidos. **Resp.**

EXEMPLO 5.14

Desenhe os diagramas do esforço cortante, momento fletor e esforço normal e a curva elástica para o pórtico mostrado na Figura 5.24(a).

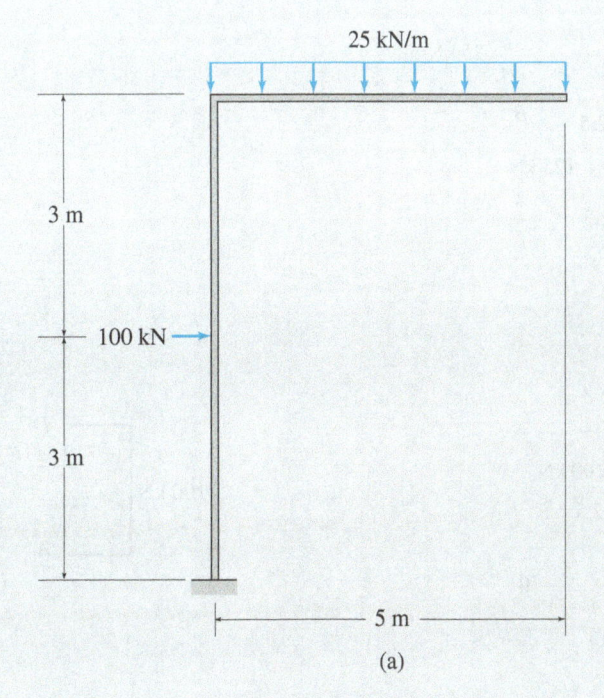

Figura 5.24 (*continua*) (a)

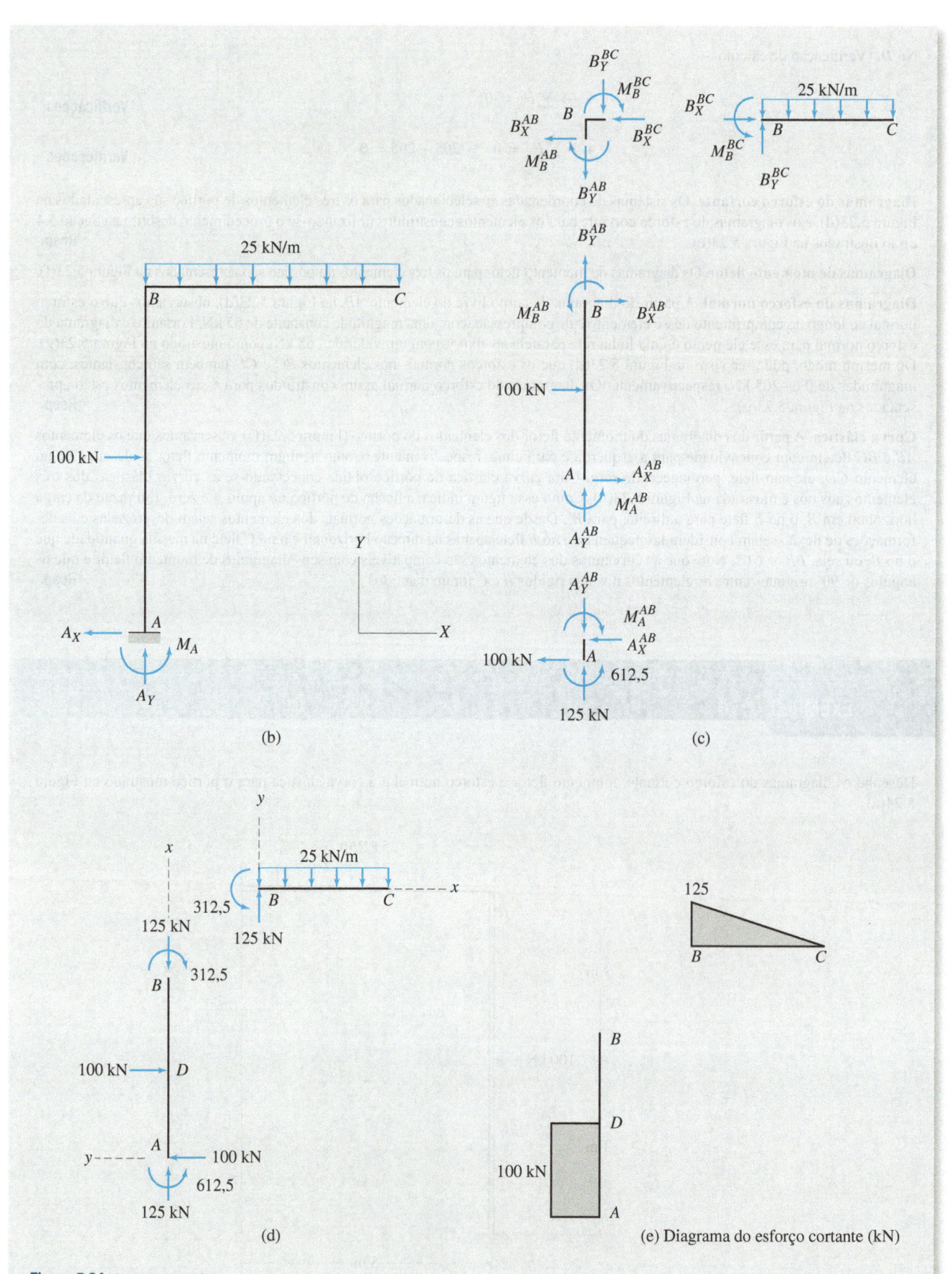

Figura 5.24 (*continuação*)

(f) Diagramas de momento fletor (kN · m)   (g) Diagramas do esforço normal (kN)   (h) Curva elástica

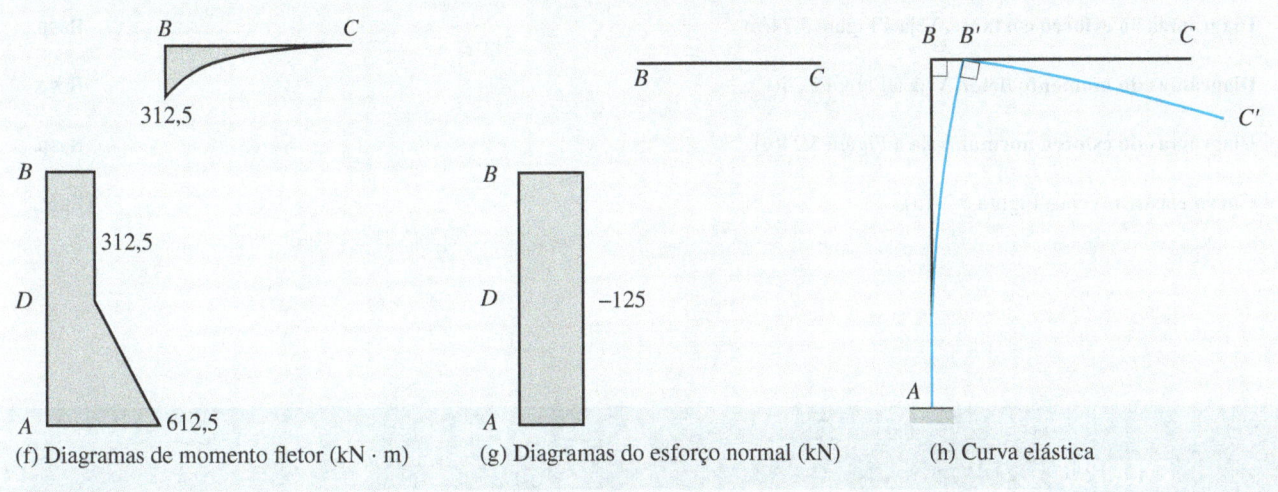

Figura 5.24

Solução

Determinação estática. $m = 2$, $j = 3$, $r = 3$, e $e_c = 0$. Em razão de $3m + r = 3j + e_c$ e o pórtico ser geometricamente estável, ele é estaticamente determinado.

Reações. (Veja a Figura 5.24(b).)

$$+ \rightarrow \sum F_x = 0$$
$$-A_x + 100 = 0 \qquad A_x = 100 \text{ kN} \leftarrow$$
$$+ \uparrow \sum F_y = 0$$
$$A_y - 25(5) = 0 \qquad A_y = 125 \text{ kN} \uparrow$$
$$+ \curvearrowleft \sum M_A = 0$$
$$M_A - 100(3) - 25(5)(2,5) = 0 \qquad M_A = 612,5 \text{ kN} \cdot \text{m} \;\curvearrowright$$

Forças na extremidade do elemento. (Veja a Figura 5.24(c).)

Nó A. Aplicando-se as equações de equilíbrio, $\sum F_X = 0$, $\sum F_Y = 0$, $\sum M_A = 0$, obtemos:

$$A_X^{AB} = -100 \text{ kN} \qquad A_Y^{AB} = 125 \text{ kN} \qquad M_A^{AB} = 612,5 \text{ kN} \cdot \text{m}$$

Elemento AB. Em seguida, considerando-se o equilíbrio do elemento AB, escrevemos

$$+ \rightarrow \sum F_X = 0 \qquad -100 + 100 + B_X^{AB} = 0 \qquad B_X^{AB} = 0$$
$$+ \uparrow \sum F_Y = 0 \qquad 125 + B_Y^{AB} = 0 \qquad B_Y^{AB} = -125 \text{ kN}$$
$$+ \curvearrowleft \sum M_B = 0 \qquad 612,5 - 100(3) + M_B^{AB} = 0 \qquad M_B^{AB} = -312,5 \text{ kN} \cdot \text{m}$$

Nó B. Aplicando-se as três equações de equilíbrio, obtemos

$$B_X^{BC} = 0 \qquad B_Y^{BC} = 125 \text{ kN} \qquad M_B^{BC} = 312,5 \text{ kN} \cdot \text{m}$$

Elemento BC. (Verificação de cálculos).

$$+ \rightarrow \sum F_X = 0 \qquad\qquad\qquad\qquad\qquad \text{\textbf{Verificações}}$$
$$+ \uparrow \sum F_Y = 0 \qquad 125 - 25(5) = 0 \qquad \text{\textbf{Verificações}}$$
$$+ \curvearrowleft \sum M_B = 0 \qquad 312,5 - 25(5)(2,5) = 0 \qquad \text{\textbf{Verificações}}$$

As forças na extremidade do elemento estão na Figura 5.24(d).

Diagramas do esforço cortante. Veja a Figura 5.24(e). Resp.

Diagramas do momento fletor. Veja a Figura 5.24(f). Resp.

Diagramas do esforço normal. Veja a Figura 5.24(g). Resp.

Curva elástica. Veja a Figura 5.24(h). Resp.

EXEMPLO 5.15

Um pórtico de telhado com duas águas é submetido a uma carga de neve, como mostrado na Figura 5.25(a). Desenhe os diagramas do esforço cortante, momento fletor e esforço normal e a curva elástica para o pórtico.

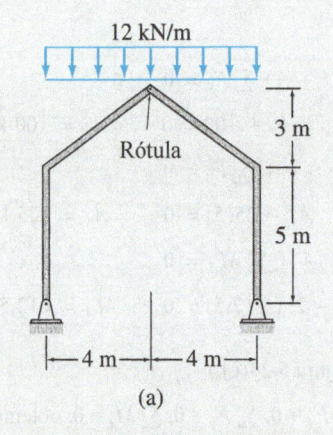

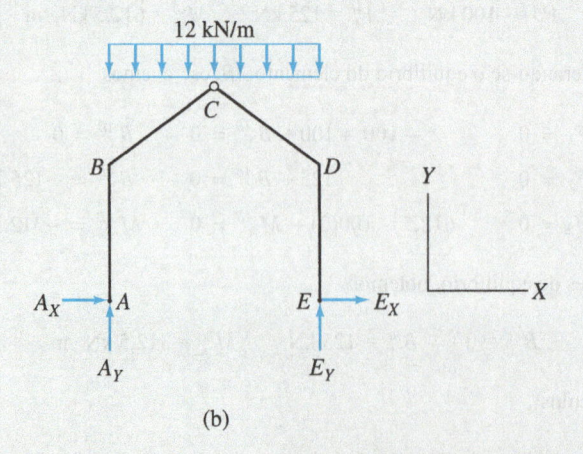

Figura 5.25 (*continua*)

Vigas e pórticos: momento fletor e cortante

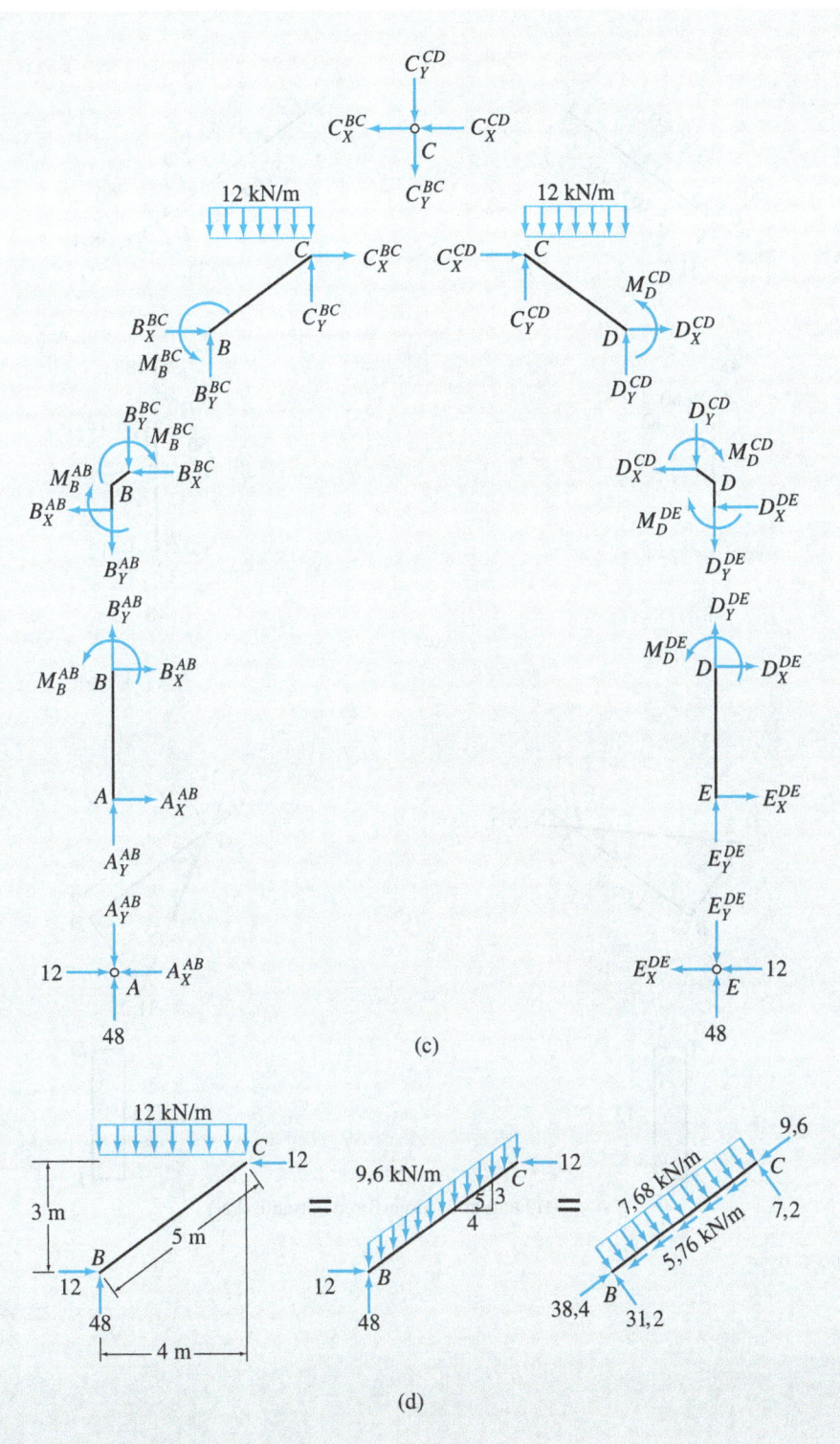

Figura 5.25 (*continuação*)

(e)

(f) Diagramas do esforço cortante (kN)

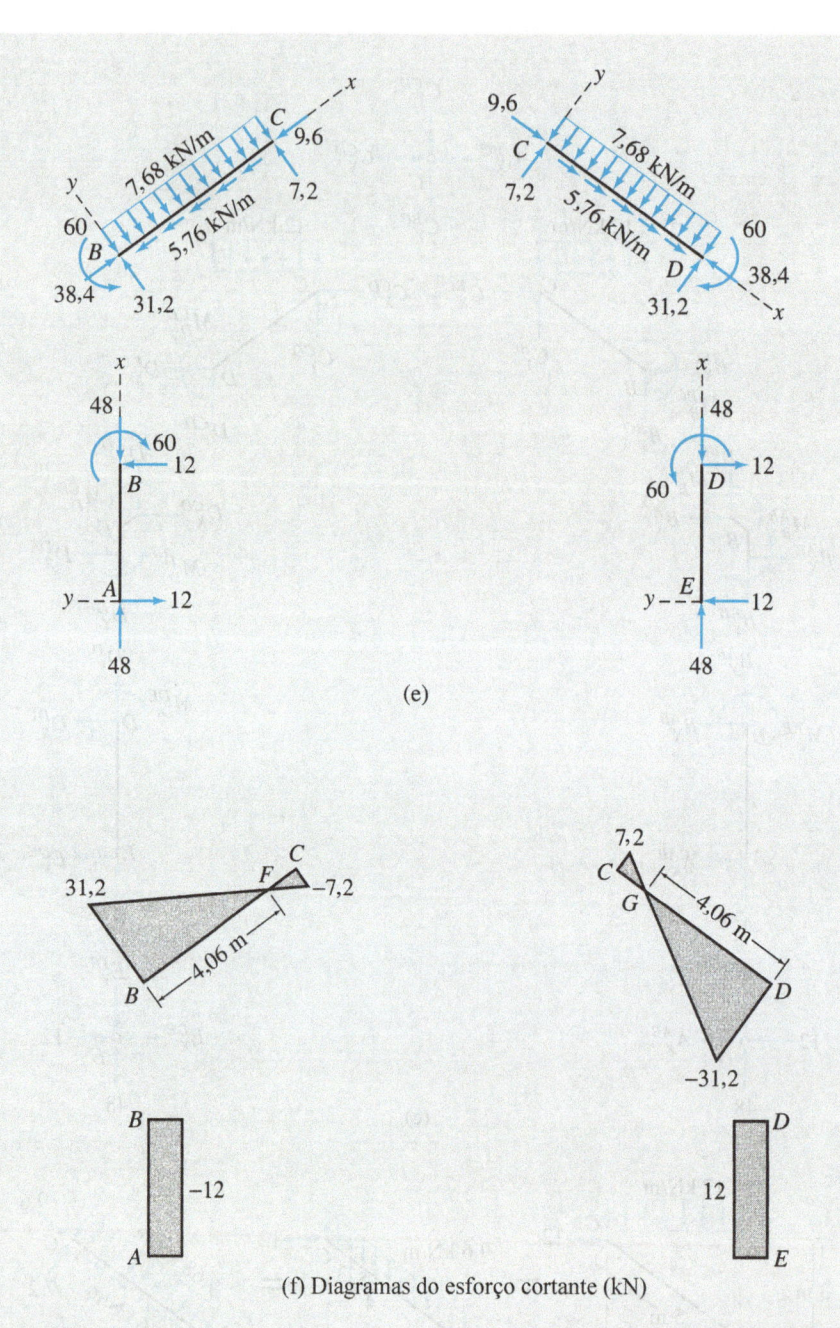

Figura 5.25 (*continuação*)

capítulo 5 — Vigas e pórticos: momento fletor e cortante — 187

Solução

Determinação estática. $m = 4$, $j = 5$, $r = 4$ e $e_c = 1$. Em razão de $3m + r = 3j + e_c$ e o pórtico ser geometricamente estável, ele é estaticamente determinado.

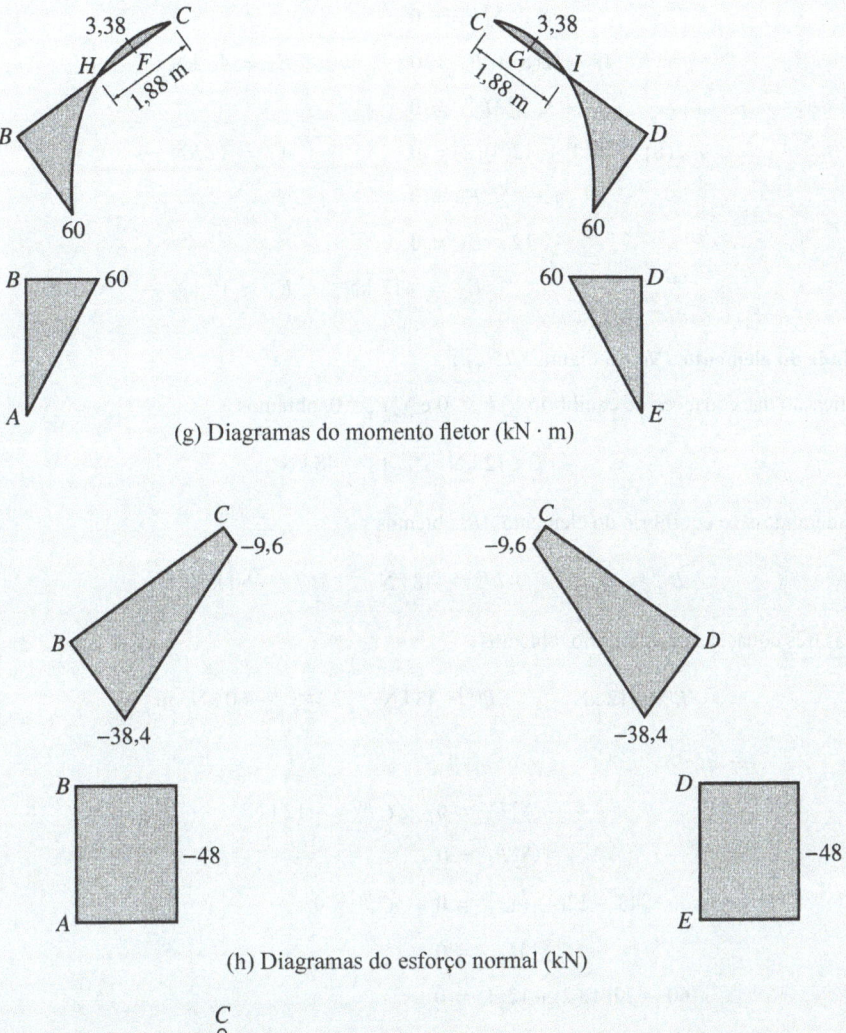

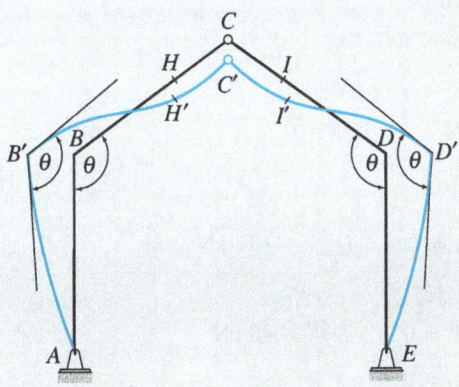

(g) Diagramas do momento fletor (kN · m)

(h) Diagramas do esforço normal (kN)

(i) Curva elástica

Figura 5.25

Reações. (Veja a Figura 5.25(b).)

$$+\circlearrowleft \sum M_E = 0$$
$$-A_Y(8) + 12(8)(4) = 0 \qquad A_Y = 48 \text{ kN} \uparrow$$
$$+\uparrow \sum F_Y = 0$$
$$48 - 12(8) + E_Y = 0 \qquad E_Y = 48 \text{ kN} \uparrow$$
$$+\circlearrowleft \sum M_C^{AC} = 0$$
$$A_X(8) - 48(4) + 12(4)(2) = 0 \qquad A_X = 12 \text{ kN} \rightarrow$$
$$+\rightarrow \sum F_X = 0$$
$$12 + E_X = 0$$
$$E_X = -12 \text{ kN} \qquad E_X = 12 \text{ kN} \leftarrow$$

Forças na extremidade do elemento. (Veja a Figura 5.25(c).)

Nó A. Através da aplicação das equações de equilíbrio $\sum F_X = 0$ e $\sum F_Y = 0$, obtemos

$$A_X^{AB} = 12 \text{ kN} \qquad A_Y^{AB} = 48 \text{ kN}$$

Elemento AB. Considerando-se o equilíbrio do elemento AB, obtemos

$$B_X^{AB} = -12 \text{ kN} \qquad B_Y^{AB} = -48 \text{ kN} \qquad M_B^{AB} = -60 \text{ kN}\cdot\text{m}$$

Nó B. Aplicando-se as três equações de equilíbrio, obtemos

$$B_X^{BC} = 12 \text{ kN} \qquad B_Y^{BC} = 48 \text{ kN} \qquad M_B^{AB} = -60 \text{ kN}\cdot\text{m}$$

Elemento BC.

$$+\rightarrow \sum F_X = 0 \qquad C_X^{BC} = -12 \text{ kN}$$
$$+\uparrow \sum F_Y = 0$$
$$48 - 12(4) + C_Y^{BC} = 0 \qquad C_Y^{BC} = 0$$
$$+\circlearrowleft \sum M_B = 0$$
$$60 - 12(4)(2) + 12(3) = 0$$

Verificações

Nó C. Considerando-se o equilíbrio do nó C, determinamos

$$C_X^{CD} = 12 \text{ kN} \qquad C_Y^{CD} = 0$$

Elemento CD.

$$+\rightarrow \sum F_X = 0 \qquad D_X^{CD} = -12 \text{ kN}$$
$$+\uparrow \sum F_Y = 0$$
$$-12(4) + D_Y^{CD} = 0 \qquad D_Y^{CD} = 48 \text{ kN}$$
$$+\circlearrowleft \sum M_D = 0$$
$$-12(3) + 12(4)(2) + M_D^{CD} = 0 \qquad M_D^{CD} = -60 \text{ kN}\cdot\text{m}$$

Nó D. Aplicando-se as três equações de equilíbrio, obtemos

$$D_X^{DE} = 12 \text{ kN} \qquad D_Y^{DE} = -48 \text{ kN} \qquad M_D^{DE} = 60 \text{ kN}\cdot\text{m}$$

Elemento DE.

$$+ \longrightarrow \sum F_X = 0 \qquad E_X^{DE} = -12 \text{ kN}$$

$$+ \uparrow \sum F_Y = 0 \qquad E_Y^{DE} = 48 \text{ kN}$$

$$+ \circlearrowleft \sum M_E = 0$$

$$60 - 12(5) = 0 \qquad \text{Verificações}$$

Nó E.

$$+ \longrightarrow \sum F_X = 0 \qquad -12 + 12 = 0 \qquad \text{Verificações}$$

$$+ \uparrow \sum F_Y = 0 \qquad 48 - 48 = 0 \qquad \text{Verificações}$$

Cargas distribuídas nos elementos inclinados BC e CD. Como a carga de neve de 12 kN/m é especificada por metro horizontal, é necessário determiná-la em componentes paralelas e perpendiculares às direções dos elementos BC e CD. Considere, por exemplo, o elemento BC, como mostrado na Figura 5.25(d). A carga vertical total agindo sobre esse elemento é (12 kN/m)(4 m) = 48 kN. Dividindo-se essa carga vertical total pelo comprimento do elemento, obtemos a intensidade da carga vertical distribuída por metro, ao longo do comprimento inclinado do elemento como 48/5 = 9,6 kN/m. As componentes dessa carga distribuída vertical nas direções paralela e perpendicular ao eixo do elemento são (3/5)(9,6) = 5,76 kN/m e (4/5)(9,6) = 7,68 kN/m, respectivamente, como apresentado na Figura 5.25(d). A carga distribuída para o elemento CD é calculada de forma semelhante e é mostrada na Figura 5.25(e).

Diagramas do momento fletor e do esforço cortante. Veja as Figuras 5.25(f) e (g).   Resp.

Diagramas do esforço normal. As equações para o esforço normal nos elementos da estrutura são:

$$\text{Elemento } AB \quad Q = -48$$

$$\text{Elemento } BC \quad Q = -38{,}4 + 5{,}76x$$

$$\text{Elemento } CD \quad Q = -9{,}6 - 5{,}76x$$

$$\text{Elemento } DE \quad Q = -48$$

Os diagramas do esforço normal está na Figura 5.25(h).   Resp.

Curva elástica. Veja a Figura 5.25(i).   Resp.

Resumo

Neste capítulo, aprendemos que o esforço normal interno, em qualquer seção de um elemento, é igual em magnitude, mas oposta na direção, à soma algébrica das componentes na direção paralela ao eixo do elemento de todas as cargas e reações externas, atuando em ambos os lados da seção. Consideramos a força positiva quando as forças externas tendem a produzir tração. O cortante em qualquer seção de um elemento é igual em magnitude, mas oposto na direção, à soma algébrica das componentes, na direção perpendicular ao eixo do elemento de todas as cargas e reações externas que atuam em ambos os lados da seção. Consideramos que ele é positivo quando as forças externas tendem a empurrar a parte do elemento do lado esquerdo da seção para cima, com relação à parte do lado direito da seção. O momento fletor, em qualquer seção de um elemento, é igual em magnitude, mas oposto na direção, à soma algébrica dos momentos sobre a seção de todas as cargas e reações externas que atuam em ambos os lados da seção. Consideramos o momento positivo quando as forças e os momentos externos tendem a fletir o elemento com concavidade para cima, causando compressão nas fibras superiores e tração nas fibras inferiores da seção.

Os diagramas do momento fletor, do esforço cortante e do esforço normal descrevem as variações dessas quantidades ao longo do comprimento do elemento. Esses diagramas podem ser construídos pela determinação e traçado das equações que expressam essas resultantes de tensão em termos da distância da seção de uma extremidade do elemento. A construção dos diagramas de momento fletor e do esforço cortante pode ser acelerada consideravelmente por meio da aplicação das seguintes relações que existem entre as cargas, cortantes e momentos fletores:

inclinação do diagrama do esforço cortante em um ponto	= intensidade da carga distribuída nesse ponto	(5.3)
variação no cortante entre os pontos A e B	= área sob o diagrama de carga distribuída entre os pontos A e B	(5.5)
alteração no cortante no ponto de aplicação de uma carga concentrada	= magnitude da carga	(5.12)
inclinação do diagrama do momento fletor em um ponto	= cortante nesse ponto	(5.8)
variação no momento fletor entre os pontos A e B	= área sob o diagrama do esforço cortante entre os pontos A e B	(5.10)
alteração no momento fletor no ponto de aplicação de um momento	= magnitude do momento	(5.14)

Um pórtico é considerado estaticamente determinado se os esforço cortantes, os momentos fletores e os esforço normais, em todos os seus elementos, bem como todas as reações externas, podem ser determinados utilizando-se as equações de equilíbrio e condição. Se um pórtico plano contém m elementos e j nós, é suportado por r reações e tem e_c equações de condição, então caso

$3m + r < 3j + e_c$, o pórtico é estaticamente instável

$3m + r = 3j + e_c$, o pórtico é estaticamente determinado (5.16)

$3m + r > 3j + e_c$, o pórtico é estaticamente indeterminado

O grau hiperestático é dado por

$$i = (3m + r) - (3j + e_c) \qquad (5.15)$$

Um procedimento para a determinação das forças na extremidade do elemento, esforços cortantes, momentos fletores e esforços normais nos elementos de pórticos planos estaticamente determinados é apresentado na Seção 5.6.

capítulo 5 Vigas e pórticos: momento fletor e cortante 191

PROBLEMAS

Seção 5.1

5.1 a 5.11 Determine os esforços normais, cortantes e momentos fletores nos pontos A e B da estrutura mostrada.

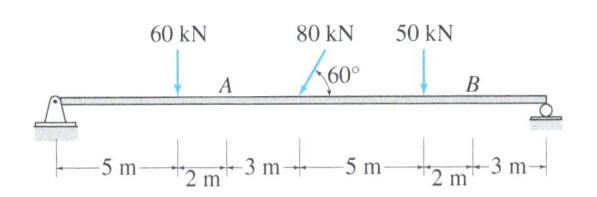

Figura P5.1

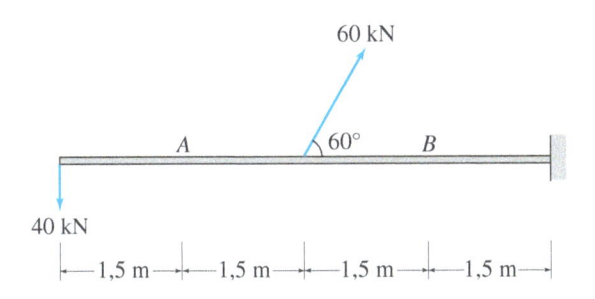

Figura P5.2

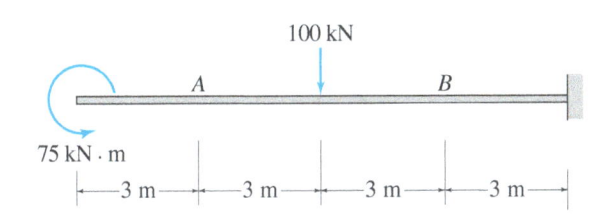

Figura P5.3

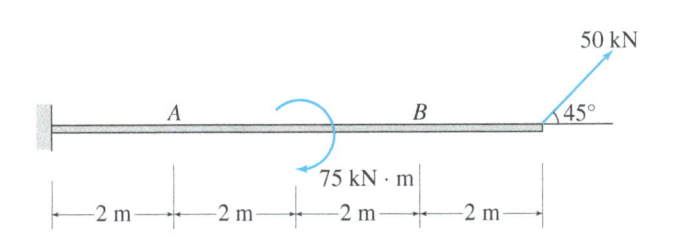

Figura P5.4

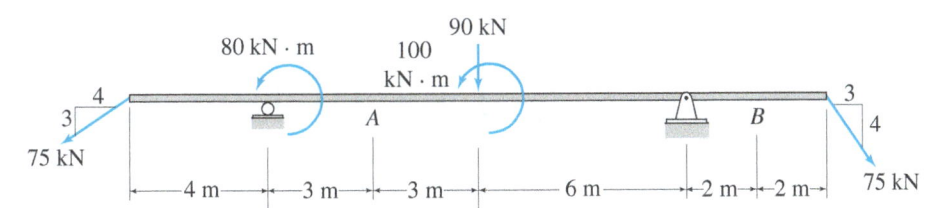

Figura P5.5

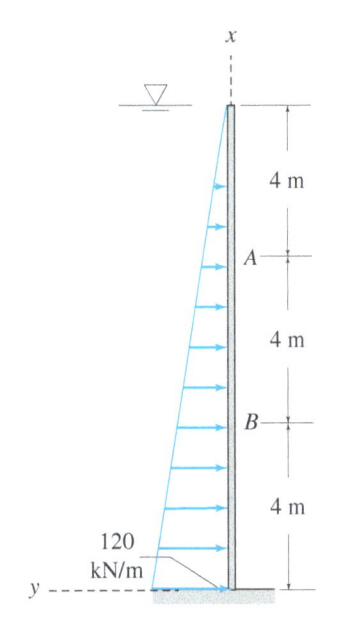

Figura P5.6

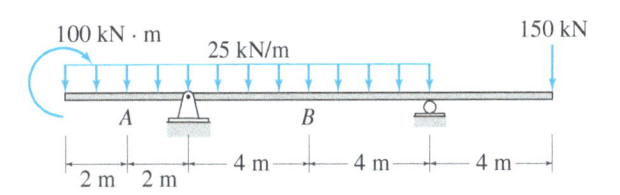

Figura P5.7

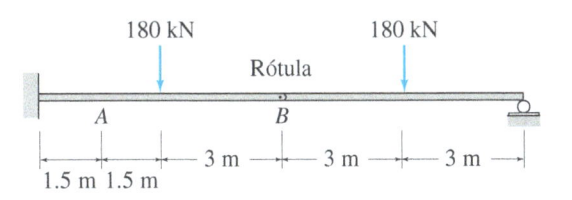

Figura P5.8

192 Análise Estrutural Parte 2

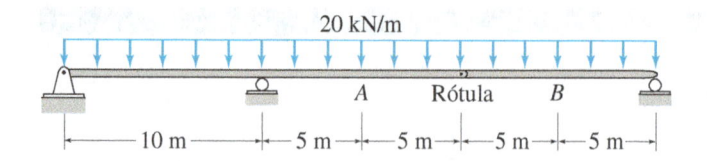

Figura P5.9

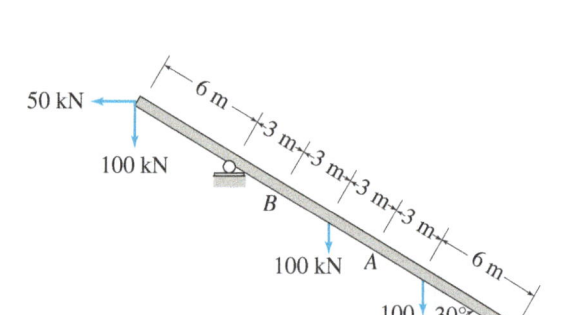

Figura P5.10

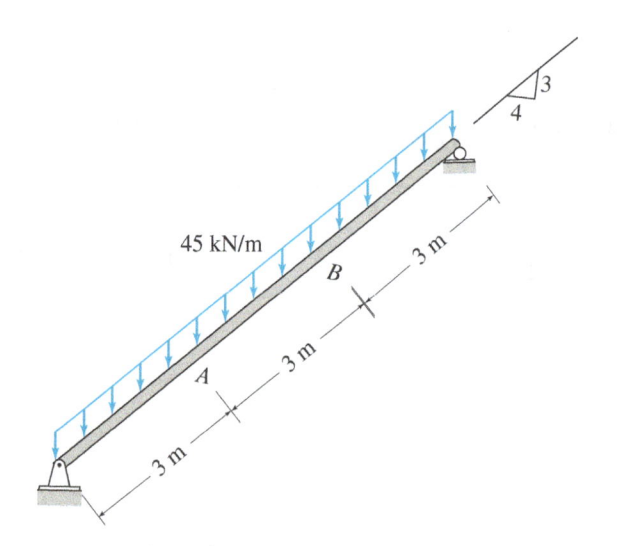

Figura P5.11

Seção 5.2

5.12 a 5.28 Determine as equações para o esforço cortante e momento fletor para a viga mostrada. Use as equações resultantes para desenhar os diagramas do momento fletor e do esforço cortante.

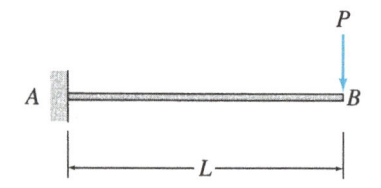

Figura P5.12

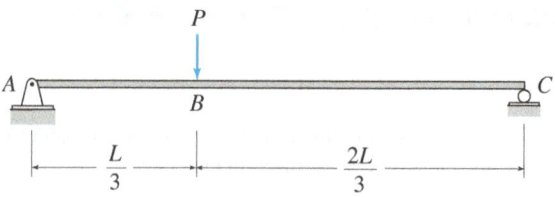

Figura P5.13

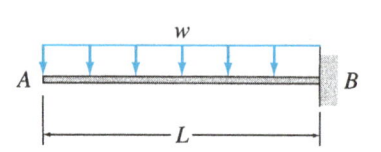

Figura P5.14

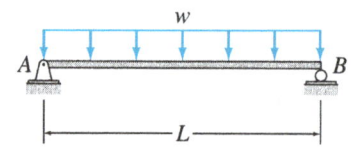

Figura P5.15

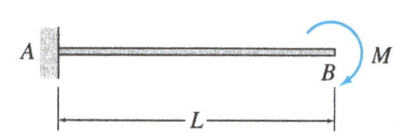

Figura P5.16

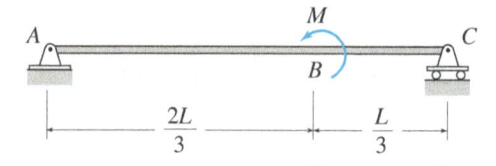

Figura P5.17

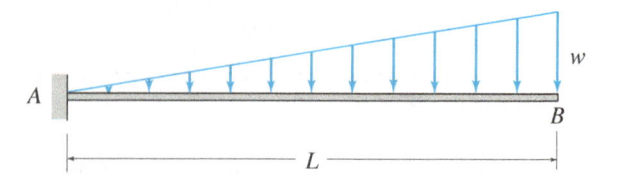

Figura P5.18

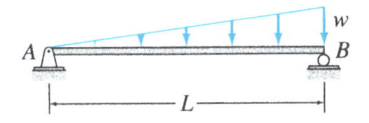

capítulo 5 — Vigas e pórticos: momento fletor e cortante

Figura P5.19

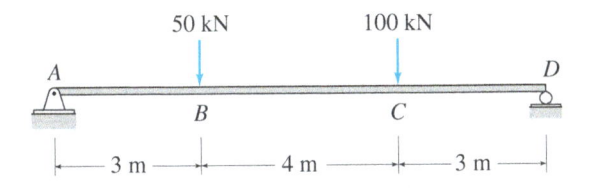

Figura P5.20

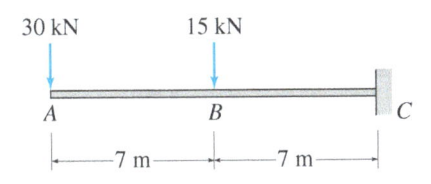

Figura P5.21

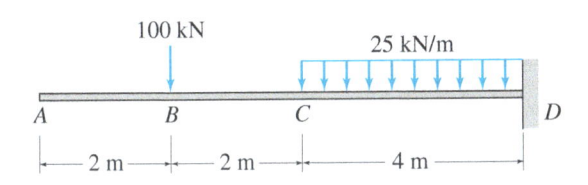

Figura P5.22

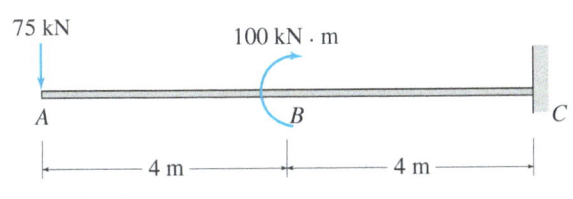

Figura P5.23

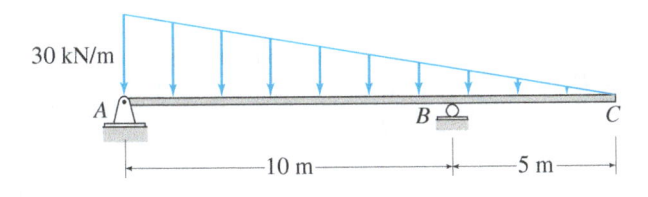

Figura P5.24

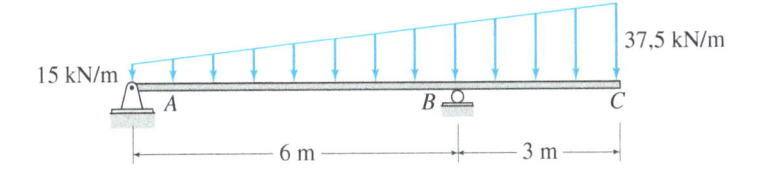

Figura P5.25

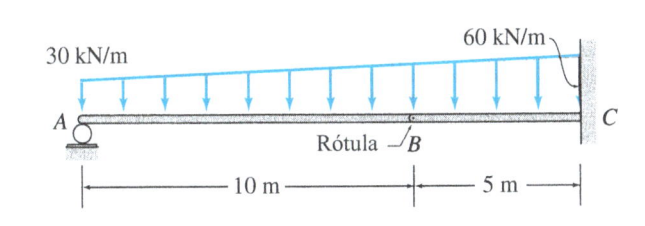

Figura P5.26

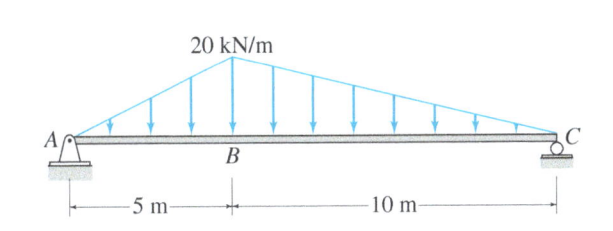

Figura P5.27

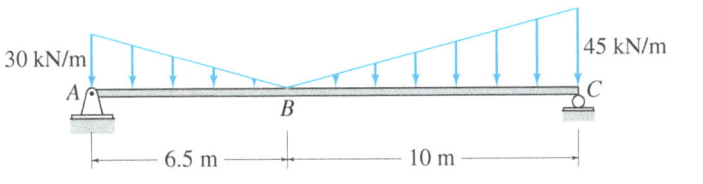

Figura P5.28

Seção 5.4

5.29 a 5.51 Desenhe os diagramas do momento fletor e do esforço cortante e a curva elástica para a viga mostrada.

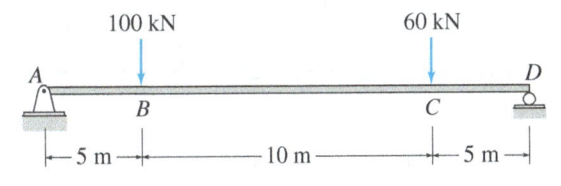

Figura P5.29

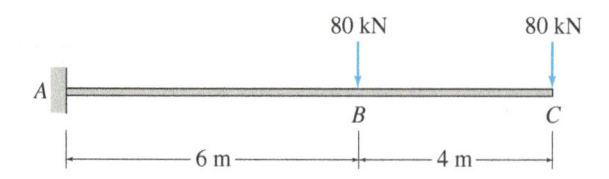

Figura P5.30

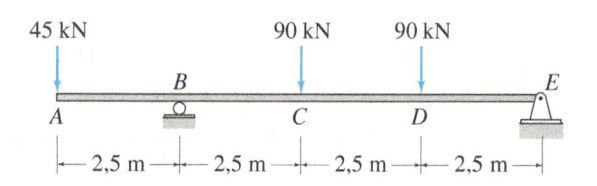

Figura P5.31

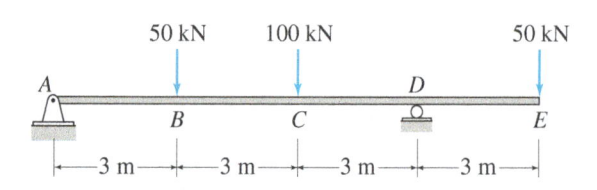

Figura P5.32

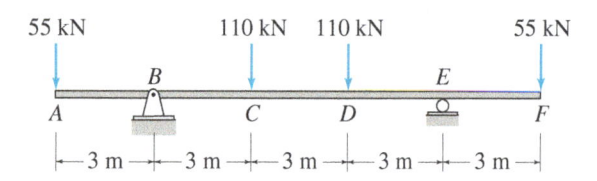

Figura P5.33

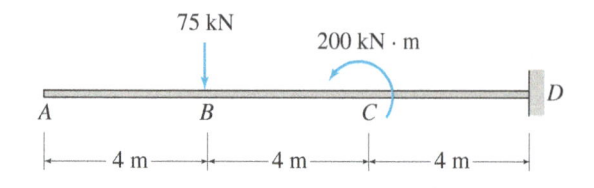

Figura P5.34

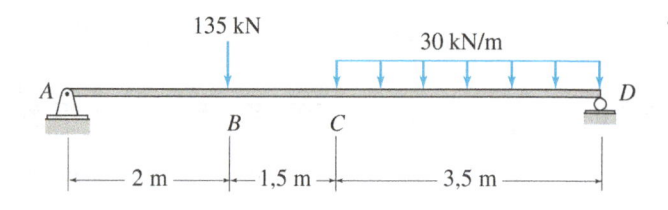

Figura P5.35

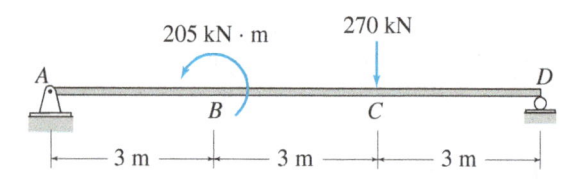

Figura P5.36

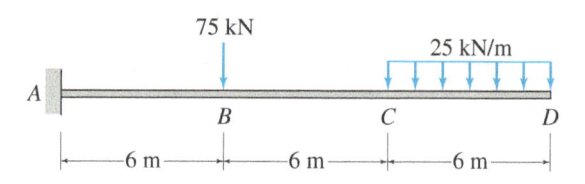

Figura P5.37

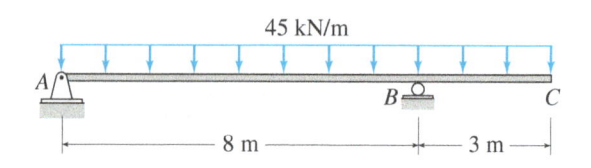

Figura P5.38

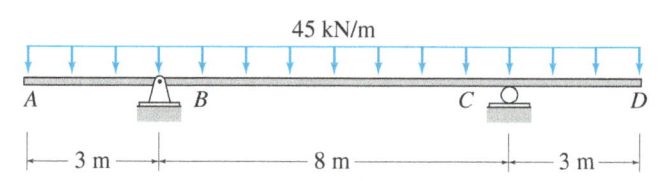

Figura P5.39

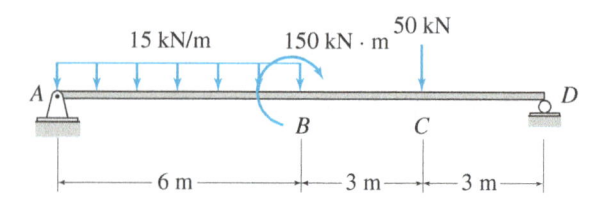

Figura P5.40

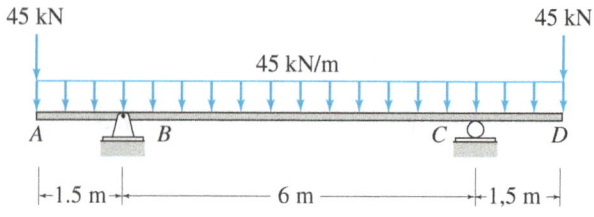

Figura P5.41

capítulo 5 — Vigas e pórticos: momento fletor e cortante

Figura P5.42

Figura P5.43

Figura P5.44

Figura P5.45

Figura P5.46

Figura P5.47

Figura P5.48

Figura P5.49

Figura P5.50

Figura P5.51

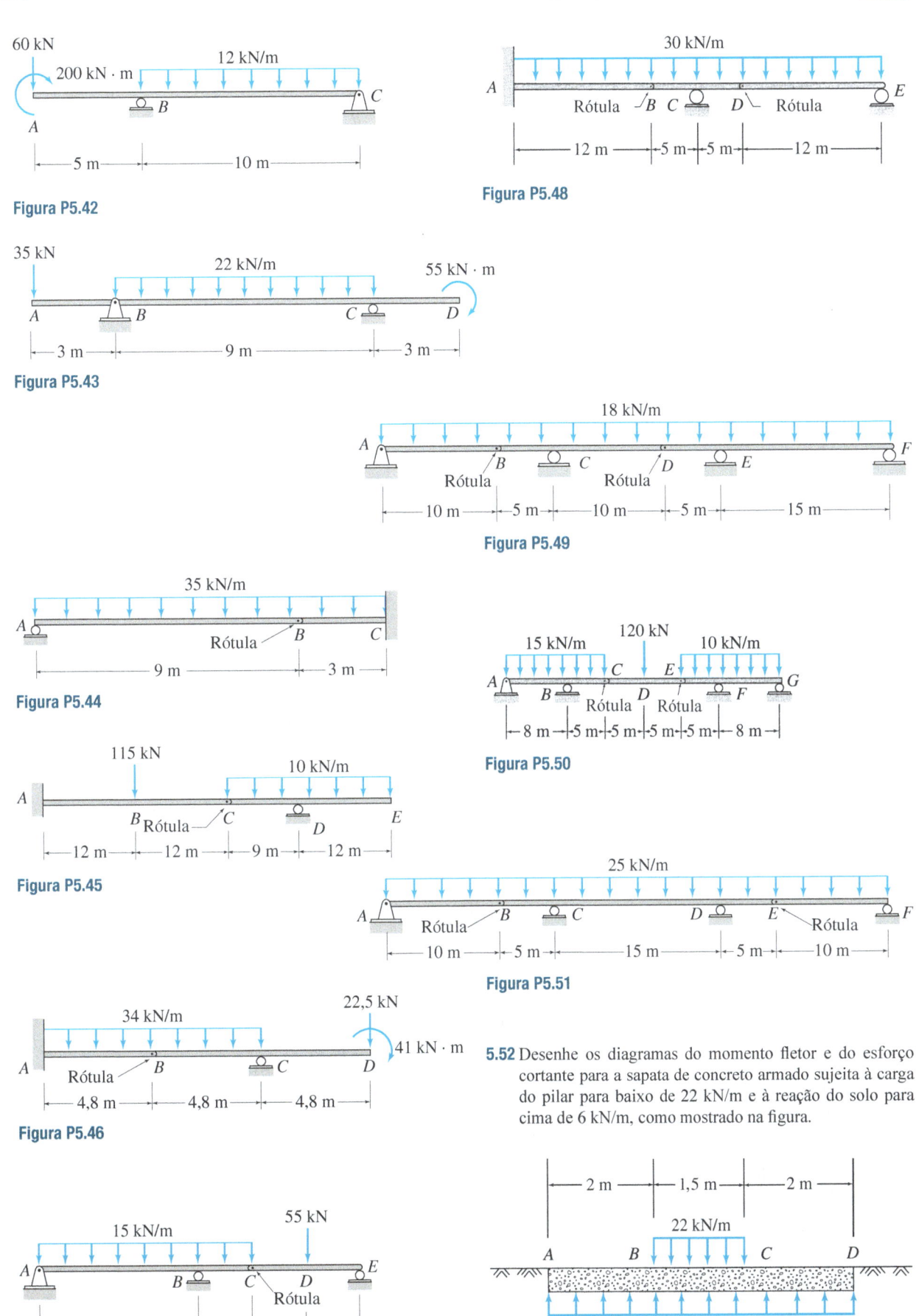

5.52 Desenhe os diagramas do momento fletor e do esforço cortante para a sapata de concreto armado sujeita à carga do pilar para baixo de 22 kN/m e à reação do solo para cima de 6 kN/m, como mostrado na figura.

Figura P5.52

5.53 e 5.54 Para a viga mostrada: (a) determine a distância para a qual os momentos fletores máximos positivos e negativos na viga são iguais; e (b) desenhe os diagramas do momento fletor e do esforço cortante correspondentes para a viga.

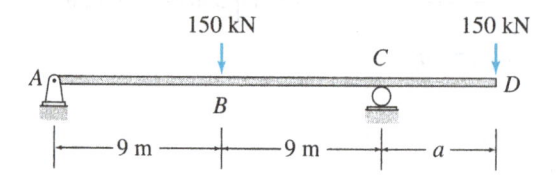

Figura P5.53

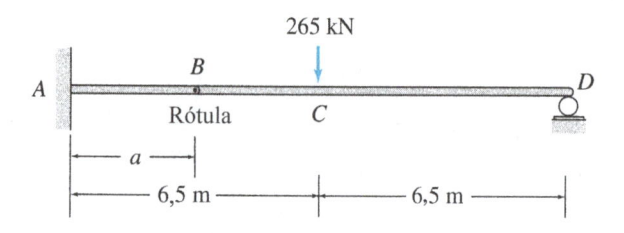

Figura P5.54

Seção 5.5

5.55 e 5.56 Classifique cada um dos pórticos planos apresentados como instável, estaticamente determinado ou estaticamente indeterminado. Se estaticamente indeterminado, estabeleça o grau hiperestático.

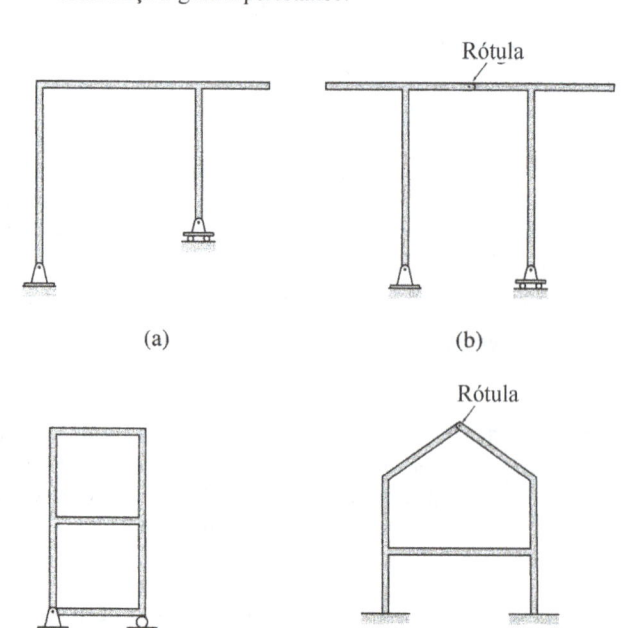

Figura P5.55

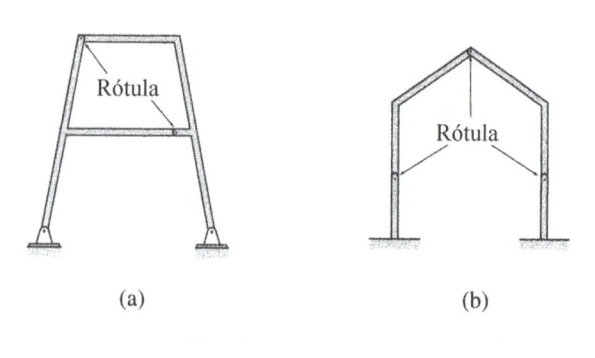

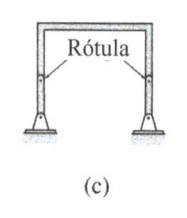

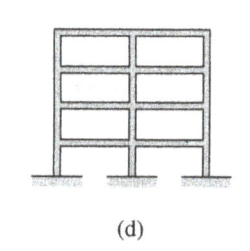

Figura P5.56

Seção 5.6

5.57 a 5.71 Desenhe os diagramas do momento fletor, do esforço normal e do esforço cortante e a curva elástica para o pórtico mostrado.

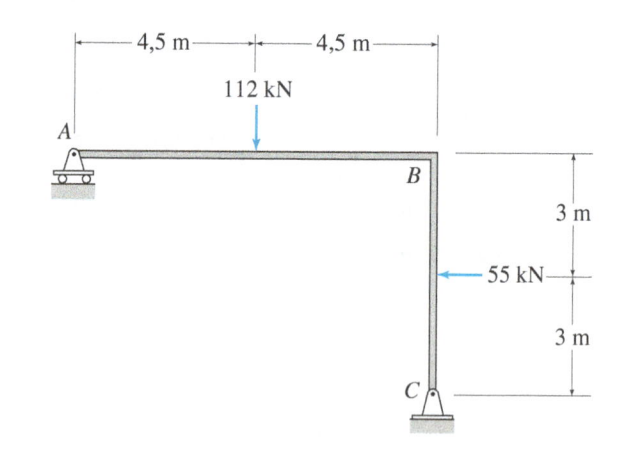

Figura P5.57

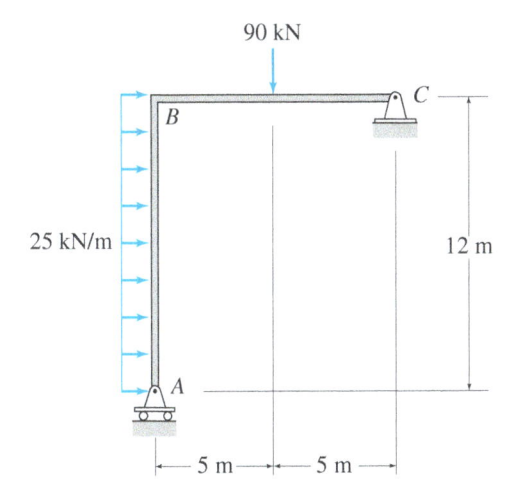

Figura P5.58

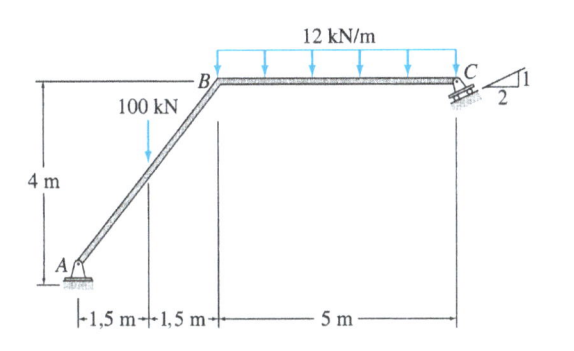

Figura P5.59

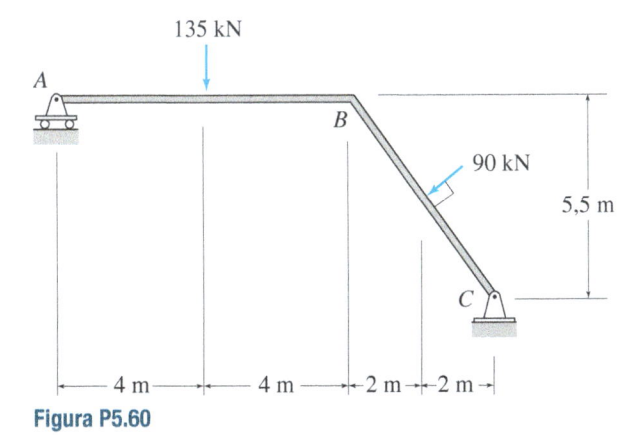

Figura P5.60

Figura P5.61

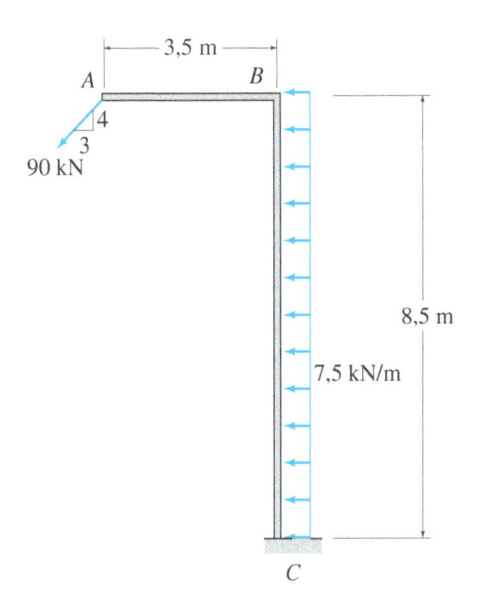

Figura P5.62

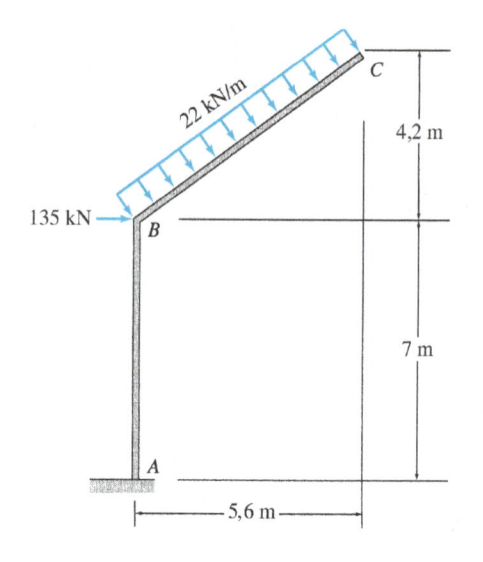

Figura P5.63

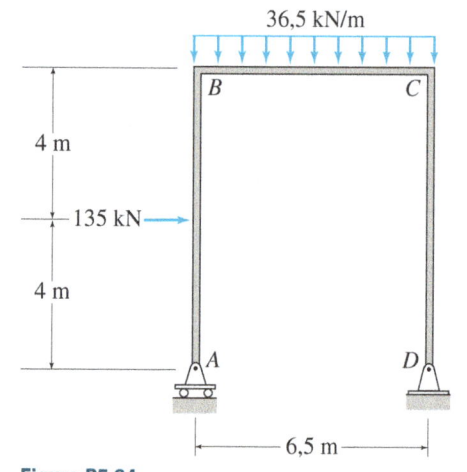

Figura P5.64

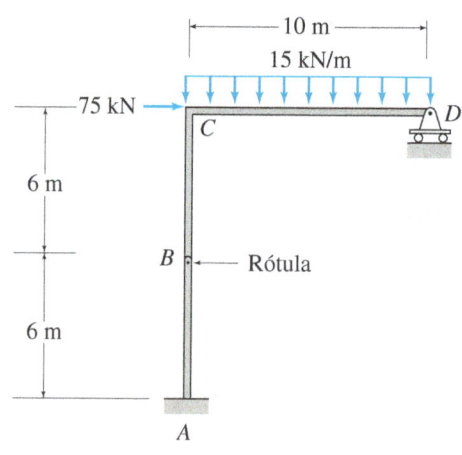

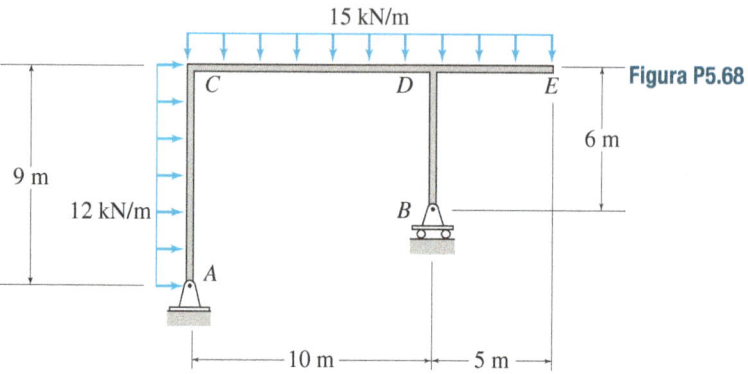

Figura P5.65

Figura P5.66

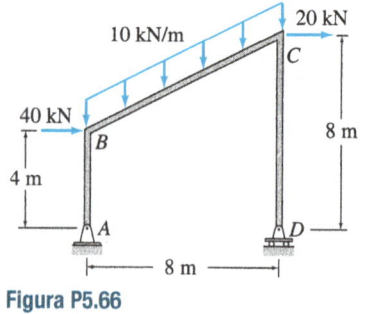

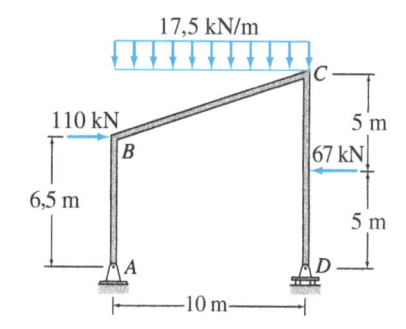

Figura P5.67

Figura P5.68

Figura P5.69

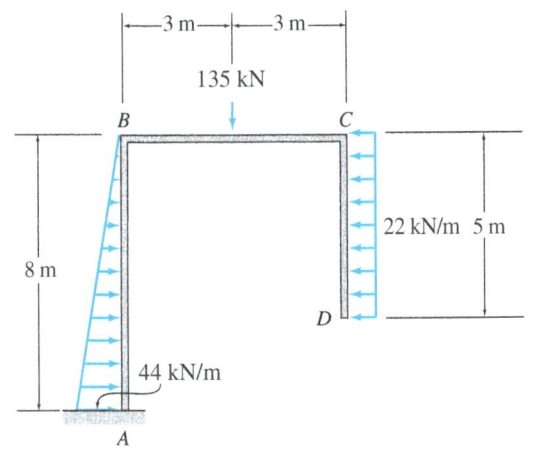

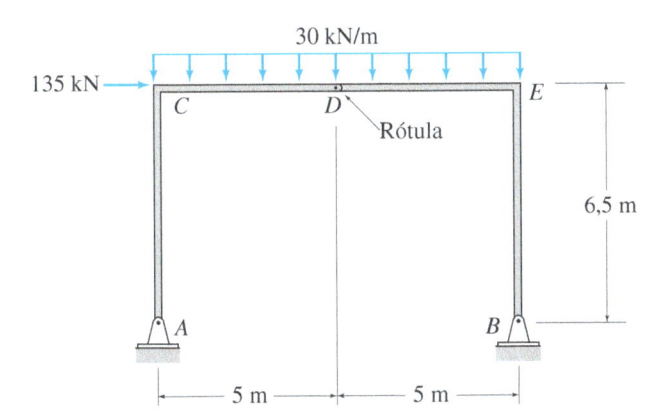

Figura P5.70

Figura P5.71

6
Flechas em vigas: métodos geométricos

6.1 Equação diferencial para flecha em vigas
6.2 Método da integração direta
6.3 Método da superposição
6.4 Método da área-momento
6.5 Diagramas de momento fletor por partes
6.6 Método da viga conjugada
Resumo
Problemas

Edifício John Hancock, em Chicago, com contraventamento lateral em seu exterior para reduzir o movimento horizontal devido a fortes ventos
JoeMercier/Shutterstock.com.

Estruturas, como todos os outros corpos físicos, deformam e mudam de formato quando submetidos a forças. Outras causas comuns de deformações em estruturas incluem mudanças de temperatura e recalques de apoio. Se as deformações desaparecem e a estrutura volta novamente à sua forma original quando as ações que causam as deformações são removidas, as deformações são denominadas *deformações elásticas*. As deformações permanentes de estruturas são referidas como *deformações inelásticas* ou *plásticas*. Neste capítulo, nós nos concentraremos em *deformações elásticas lineares*. Tais deformações variam linearmente com cargas aplicadas (por exemplo, se as magnitudes das cargas que atuam na estrutura forem duplicadas, suas deformações também serão duplicadas e assim por diante). Recordemo-nos da Seção 3.6 que, para uma estrutura responder linearmente a cargas aplicadas, ela deve ser composta por material elástico linear e deve sofrer pequenas deformações. O princípio da superposição é válido para tais estruturas.

Para a maioria das estruturas, deformações excessivas são indesejadas, já que podem impactar na capacidade da estrutura de atender aos objetivos propostos. Por exemplo, um prédio com elevada altura pode ser perfeitamente seguro no sentido de que as tensões admissíveis não excedam, ainda que inutilizado (desocupado), se ele se fletir excessivamente devido aos ventos, causando fissuras nas paredes e janelas. As estruturas geralmente são projetadas de forma que suas flechas, sob condições de serviço normais, não excedam os valores permitidos especificados em suas normas de construção.

Na discussão anterior, podemos ver que o cálculo de flechas compõe uma parte fundamental da análise estrutural. Cálculos de flechas também são necessários na determinação das reações e tensões resultantes para estruturas estaticamente indeterminadas, consideradas na Parte 3 deste texto.

Os métodos desenvolvidos para calcular flechas podem ser amplamente classificados em duas categorias, (1) métodos geométricos e (2) métodos de trabalho-energia. Como os próprios nomes indicam, os métodos geométricos são baseados na consideração da geometria das formas fletidas das estruturas, ao passo que os métodos de trabalho-energia são baseados nos princípios básicos de trabalho e energia.

Neste capítulo, estudaremos métodos geométricos normalmente usados para determinar as rotações e flechas em vigas estaticamente determinadas. Discutiremos métodos de trabalho-energia no capítulo a seguir. Primeiro, derivamos a equação diferencial para flecha em vigas; seguimos essa derivação com breves revisões da integração direta (dupla) e métodos da superposição de flechas de cálculos. (Presumimos aqui que o leitor esteja familiarizado com esses métodos de um curso anterior de *mecânica dos materiais*). Em seguida, apresentamos o método da área-momento para calcular rotações e flechas em vigas, a construção de diagramas de momento fletor por partes e, finalmente, o método da viga conjugada para calcular rotações e flechas em vigas.

6.1 Equação diferencial para flecha em vigas

Considere uma viga elástica reta inicialmente submetida a uma ação de carga arbitrária, atuando na perpendicular do seu eixo centroidal e no plano da simetria de seu corte transversal, como mostrado na Figura 6.1(a). A superfície neutra da viga no estado deformado é referida como *curva elástica*. Para derivar a equação diferencial que define a curva elástica, focalizamos em um elemento diferencial dx da viga. O elemento na posição deformada está na Figura 6.1(b). Como essa figura indica, presumimos que as seções planas perpendiculares à superfície neutra da viga, antes da curvatura, permaneçam planas e perpendiculares à superfície neutra após a flexão. A convenção de sinal para o momento fletor M permanece a mesma estabelecida no Capítulo 5, ou seja, um momento fletor positivo causa compressão nas fibras acima da superfície neutra (na direção y positiva). Forças e tensões de tração são consideradas positivas. A rotação da curva elástica, $\theta = dy/dx$, é presumida ser tão pequena que θ^2 é desprezível em comparação à unidade; sen $\theta \approx \theta$ e cos $\theta \approx 1$. Observe que $d\theta$ representa a variação na rotação acima do comprimento diferencial dx. Isso pode ser visto na Figura 6.1(b) que a deformação de uma fibra arbitrária ab localizada e uma distância y da superfície neutra pode ser expressa como

$$d\Delta = a'b' - ab = -2y\left(\frac{d\theta}{2}\right) = -y\,d\theta$$

Assim, a força na fibra ab é igual a

$$\varepsilon = \frac{d\Delta}{dx} = \frac{d\Delta}{ds} = -\frac{y\,d\theta}{R\,d\theta} = -\frac{y}{R} \tag{6.1}$$

em que R é o raio da curvatura. Substituindo-se a relação linear de tensão-deformação e $\varepsilon = \sigma/E$ na Equação (6,1), obtemos

$$\sigma = -\frac{Ey}{R} \tag{6.2}$$

em que σ é a tensão na fibra ab e E representam o módulo de elasticidade de Young. A Equação (6.2) indica que a tensão varia com a distância y da superfície neutra, como mostrado na Figura 6.1(c). Se σ_c indica a tensão na fibra superior localizada a uma distância c da superfície neutra (Figura 6.1(c)), então a tensão σ a uma distância y da superfície neutra pode ser escrita como

$$\sigma = \frac{y}{c}\sigma_c \tag{6.3}$$

Como o momento fletor M é igual à soma dos momentos sobre o eixo neutro das forças que atuam em todas as fibras da seção transversal da viga, escrevemos

$$M = \int_A -\sigma y\,dA \tag{6.4}$$

Substituindo-se a Equação (6.3) na Equação (6,4), obtemos

$$M = -\frac{\sigma_c}{c}\int_A y^2\,dA = -\frac{\sigma_c}{c}I$$

ou

$$\sigma_c = -\frac{Mc}{I}$$

Usando a Equação (6.3), obtemos

$$\sigma = -\frac{My}{I} \tag{6.5}$$

em que I é o momento de inércia da seção transversal da viga.

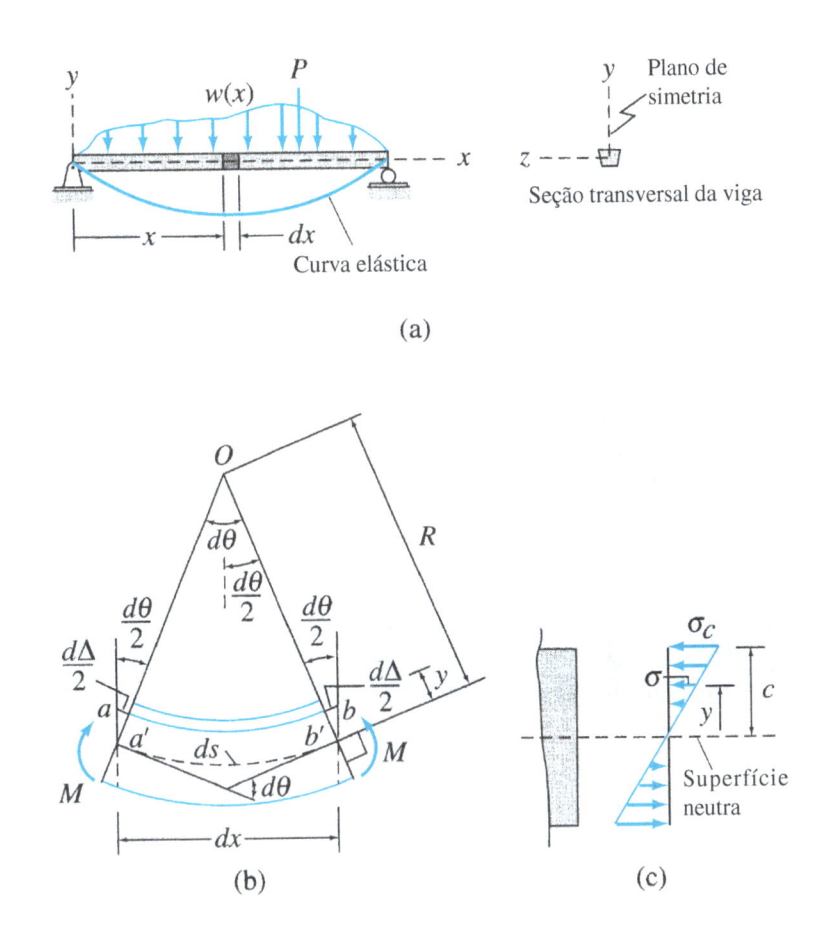

Figura 6.1

(a)

(b)   (c)

Em seguida, combinando as Equações (6.2) e (6.5), obtemos a relação momento-curvatura

$$\frac{1}{R} = \frac{M}{EI} \tag{6.6}$$

em que o produto EI normalmente é referido como a *rigidez à flexão* da viga. Para expressar a Equação (6.6) em coordenadas cartesianas, lembramo-nos (do *cálculo*) da relação

$$\frac{1}{R} = \frac{d^2y/dx^2}{[1+(dy/dx)^2]^{3/2}} \tag{6.7}$$

em que y representa a flecha. Conforme afirmado anteriormente, para as pequenas rotações, o quadrado da rotação, $(dy/dx)^2$, é insignificante em relação à unidade. Assim, a Equação (6.7) reduz-se a

$$\frac{1}{R} \approx \frac{d^2y}{dx^2} \tag{6.8}$$

Ao substituirmos a Equação (6.8) na Equação (6.6), obtemos a seguinte equação diferencial para a flecha em vigas:

$$\frac{d^2y}{dx^2} = \frac{M}{EI} \qquad (6.9)$$

Essa equação também é denominada como a equação da viga de Bernoulli-Euler. Como $\theta = dy/dx$, a Equação (6.9) também pode ser expressa por

$$\frac{d\theta}{dx} = \frac{M}{EI} \qquad (6.10)$$

6.2 Método da integração direta

O método da integração direta envolve a escrita de expressões para M/EI (momento fletor dividido pela rigidez à flexão da viga) em termos da distância x ao longo do eixo da viga e integrando esta expressão sucessivamente para obter equações para a rotação e flecha da curva elástica. As constantes da integração são determinadas a partir das condições limites. O método da integração direta se mostra ser o mais conveniente para o cálculo de rotações e flechas em vigas no qual M/EI pode ser expresso como uma única função contínua de x sobre o comprimento inteiro da viga. Entretanto, a aplicação do método para estruturas em que a função M/EI não é contínua pode tornar-se bastante complicada. Esse problema ocorre porque cada descontinuidade, devido a uma mudança na carga e/ou rigidez à flexão (EI), introduz duas constantes adicionais de integração na análise, que deve ser avaliada aplicando-se as condições de continuidade da curva elástica, um processo que pode ser bastante tedioso. A dificuldade pode, entretanto, ser contornada, e a análise pode ser um tanto simplificada empregando-se *funções de singularidade* definidas em muitos livros de *mecânica de materiais*.

EXEMPLO 6.1

Determine as equações para a rotação e para a flecha na viga mostrada na Figura 6.2(a) pelo método da integração direta. Também calcule a rotação de cada extremidade e a flecha no meio do vão da viga. O valor de EI é constante.

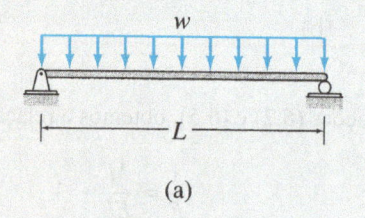

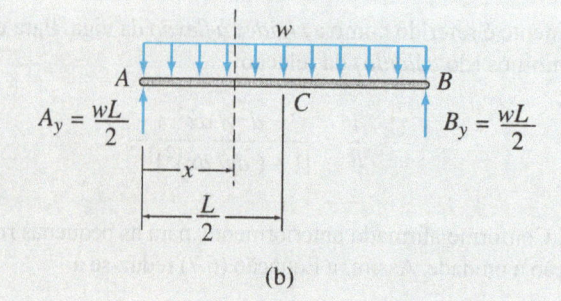

Figura 6.2

Solução

Reações. Veja a Figura 6.2(b).

$$+ \rightarrow \sum F_x = 0 \quad A_x = 0$$

$$+ \circlearrowleft \sum M_B = 0$$

$$-A_y(L) + w(L)\left(\frac{L}{2}\right) = 0 \quad A_y = \frac{wL}{2} \uparrow$$

$$+ \uparrow \sum F_y = 0$$

$$\left(\frac{wL}{2}\right) - (wL) + B_y = 0 \quad B_y = \frac{wL}{2} \uparrow$$

Equação para o momento fletor. Para determinar a equação para o momento fletor da viga, passamos uma seção a uma distância x a partir do apoio A, como mostrado na Figura 6.2(b). Considerando o corpo livre para a esquerda desta seção, obtemos

$$M = \frac{wL}{2}(x) - (wx)\left(\frac{x}{2}\right) = \frac{w}{2}(Lx - x^2)$$

Equação para M/EI. A rigidez à flexão, EI, da viga é constante, portanto a equação para M/EI pode ser escrita como

$$\frac{d^2y}{dx^2} = \frac{M}{EI} = \frac{w}{2EI}(Lx - x^2)$$

Equações para rotação e flecha. A equação para a rotação da curva elástica da viga pode ser obtida integrando-se a equação para M/EI como

$$\theta = \frac{dy}{dx} = \frac{w}{2EI}\left(\frac{Lx^2}{2} - \frac{x^3}{3}\right) + C_1$$

Integrando mais uma vez, obtemos a equação da flecha como

$$y = \frac{w}{2EI}\left(\frac{Lx^3}{6} - \frac{x^4}{12}\right) + C_1 x + C_2$$

As constantes da integração, C_1 e C_2, são avaliadas aplicando-se as condições limites a seguir:

Na extremidade A, $x = 0$, $y = 0$

Na extremidade B, $x = L$, $y = 0$

Aplicando-se a primeira condição limite, ou seja, pela definição $x = 0$ e $y = 0$ na equação para y, obtemos $C_2 = 0$. Em seguida, usando a segunda condição limite, ou seja, pela definição $x = L$ e $y = 0$ na equação para y, obtemos

$$0 = \frac{w}{2EI}\left(\frac{L^4}{6} - \frac{L^4}{12}\right) + C_1 L$$

do qual

$$C_1 = -\frac{wL^3}{24EI}$$

Assim, as equações para a rotação e para a flecha na viga são

$$\theta = \frac{w}{2EI}\left(\frac{Lx^2}{2} - \frac{x^3}{3} - \frac{L^3}{12}\right)$$

(1) **Resp.**

$$y = \frac{wx}{12EI}\left(Lx^2 - \frac{x^3}{2} - \frac{L^3}{2}\right) \qquad (2) \text{ Resp.}$$

Rotações nas extremidades A e B. Substituindo-se $x = 0$ e L, respectivamente, pela Equação (1), obtemos

$$\theta_A = -\frac{wL^3}{24EI} \quad \text{ou} \quad \theta_A = \frac{wL^3}{24EI} \qquad \text{Resp.}$$

$$\theta_B = \frac{wL^3}{24EI} \quad \text{ou} \quad \theta_B = \frac{wL^3}{24EI} \qquad \text{Resp.}$$

Flecha no meio do vão. Substituindo-se $x = L/2$ pela Equação (2), obtemos

$$y_C = -\frac{5wL^4}{384EI} \quad \text{ou} \quad y_C = \frac{5wL^4}{384EI} \downarrow \qquad \text{Resp.}$$

EXEMPLO 6.2

Determine a rotação e a flecha no ponto B da viga em balanço mostrada na Figura 6.3(a) pelo método da integração direta.

Solução

Equação para o momento da fletor. Escolhemos a seção a uma distância x do apoio A, como indica a Figura 6.3(b). Considerando-se o corpo livre à direita dessa seção, escrevemos a equação para o momento fletor como

$$M = -67(6{,}5 - x)$$

EI = constante
E = 200 GPa
I = 315×10^6 mm^4

(a)

$M_A = 435{,}5$ kN · m

$A_y = 67$ kN

(b)

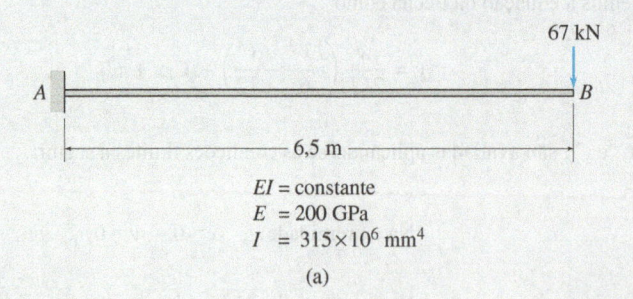

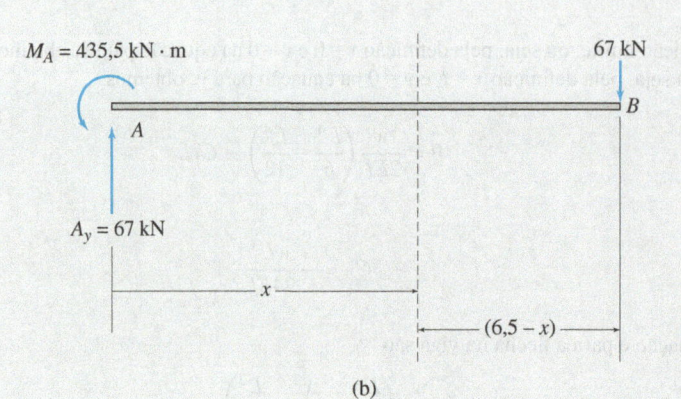

Figura 6.3

Equação para M/EI.

$$\frac{d^2y}{dx^2} = \frac{M}{EI} = -\frac{67}{EI}(6,5-x)$$

Equações para a rotação e para a flecha. Integrando a equação para $M = EI$, determinamos a equação para rotação como

$$\theta = \frac{dy}{dx} = -\frac{67}{EI}\left(6,5x - \frac{x^2}{2}\right) + C_1$$

Integrando mais uma vez, obtemos a equação de flecha como

$$y = -\frac{67}{EI}\left(3,25x^2 - \frac{x^3}{6}\right) + C_1 x + C_2$$

As constantes de integração, C_1 e C_2, são avaliadas usando-se as condições limites em que $\theta = 0$ em $x = 0$, e $y = 0$ em $x = 0$. Aplicando-se a primeira condição limite, ou seja, pela definição $\theta = 0$ e $x = 0$ na equação para θ, obtemos $C_1 = 0$. Da mesma forma, aplicando-se a segunda condição limite, ou seja, pela definição $y = 0$ e $x = 0$ na equação para y, obtemos $C_2 = 0$. Assim, as equações para a rotação e para a flecha na viga são

$$\theta = -\frac{67}{EI}\left(6,5x - \frac{x^2}{2}\right)$$

$$y = -\frac{67}{EI}\left(3,25x^2 - \frac{x^3}{6}\right)$$

Rotação e flecha na extremidade B. Ao substituirmos $x = 6,5$ m, $E = 200 \times 10^6$ kN/m^2 e $I = 315 \times 10^{-6}$ m^4 nas equações anteriores para a rotação e para a flecha, temos

$$\theta_B = -0,0224 \text{ rad} \quad \text{ou} \quad \theta_B = 0,0224 \text{ rad}$$

Resp.

$$y_B = -0,0974 \text{ m} = -97,4 \text{ m} \quad \text{ou} \quad y_B = 97,4 \text{ m} \downarrow$$

Resp.

6.3 Método da superposição

Quando uma viga é submetida a diversas cargas, geralmente é conveniente determinar a rotação ou a flecha causadas pelo efeito combinado de cargas, superpondo-se (incluindo algebricamente) as rotações ou as flechas devido a cada uma das cargas que atuam individualmente sobre a viga. A rotação e a flecha devido a cada carga podem ser calculadas usando-se o método da integração direta descrito anteriormente ou um dos outros métodos discutidos nas seções seguintes. Muitos livros de engenharia estrutural (por exemplo, o *Manual of Steel Construction*, publicado pelo *American Institute of Steel Construction*) contêm fórmulas de flecha em vigas com vários tipos de cargas e condições de apoio, que podem ser usadas para esse fim. Tais fórmulas para rotações e flechas em vigas com alguns tipos comuns de cargas e condições de apoio são fornecidas no final deste livro para facilitar a referência.

6.4 Método da área-momento

O método da área-momento para o cálculo de rotações e flechas em vigas foi desenvolvido por Charles E. Greene em 1873. O método baseia-se em dois teoremas, chamados *teoremas da área-momento*, relacionando a geometria da curva elástica de uma viga ao seu diagrama M/EI, que é construído dividindo-se as ordenadas do diagrama de momento fletor pela rigidez à flexão EI. O método utiliza interpretações gráficas das integrais envolvidas na solução da equação de diferencial da flecha (Equação (6.9)) em termos de áreas e momentos das áreas do diagrama M/EI. Portanto, seu uso é mais conveniente para vigas com descontinuidades de carga e a variável EI, quando comparado ao método da integração direta descrito anteriormente.

Para deduzir os teoremas da área-momento, consideramos uma viga submetida a uma carga arbitrária, mostrada na Figura 6.4. A curva elástica e o diagrama M/EI para a viga também são mostrados na figura. Concentrando nossa atenção em um elemento diferencial dx da viga, recordamo-nos da seção anterior (Equação (6.10)) que $d\theta$, que representa a mudança na rotação da curva elástica sobre o comprimento diferencial dx, é fornecido por

$$d\theta = \frac{M}{EI}dx \qquad (6.11)$$

Observe que o termo $(M/EI)\,dx$ representa uma área infinitesimal sob o diagrama M/EI, como mostrado na Figura 6.4. Para determinar a variação da rotação entre dois pontos arbitrários A e B na viga, integramos a Equação (6.11) de A para B para obtermos

$$\int_A^B d\theta = \int_A^B \frac{M}{EI}dx$$

ou

$$\theta_{BA} = \theta_B - \theta_A = \int_A^B \frac{M}{EI}dx \qquad (6.12)$$

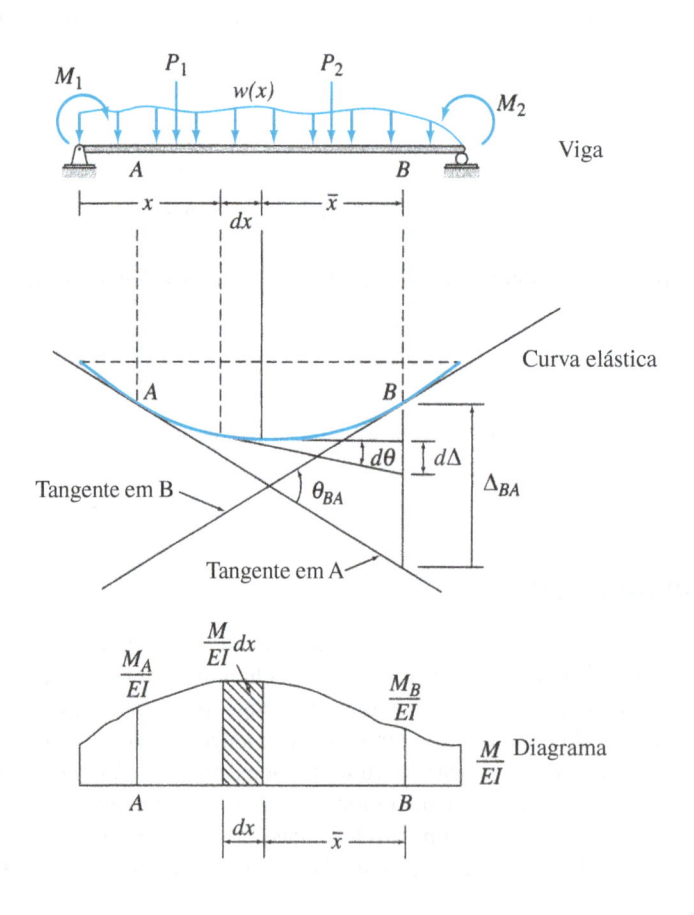

Figura 6.4

em que θ_A e θ_B são as rotações da curva elástica nos pontos A e B, respectivamente, com relação ao eixo da viga no estado não deformado (horizontal), θ_{BA} indica o ângulo entre as tangentes da curva elástica em A e B, e $\int_A^B (M/EI)dx$ representa a área sob o diagrama M/EI entre os pontos A e B.

A Equação (6.12) representa a expressão matemática do *primeiro* teorema da área-momento, que pode ser apresentado como se segue:

> A variação da rotação entre as tangentes da curva elástica em dois pontos é igual à área sob o diagrama M/EI entre os dois pontos, desde que a curva elástica seja contínua entre os dois pontos.

Conforme observamos, esse teorema aplica-se somente àquelas partes da curva elástica em que não há descontinuidades devido à presença de rótulas internas. Ao aplicarmos o primeiro teorema da área-momento, se a área do diagrama M/EI entre os dois pontos for positiva, então o ângulo a partir da tangente no ponto à esquerda até a tangente no ponto à direita será anti-horário, e essa variação da rotação é considerada positiva e vice-versa.

Considerando-se novamente a viga da Figura 6.4, observamos que o desvio $d\Delta$ entre as tangentes desenhadas nas extremidades do elemento diferencial dx em uma linha perpendicular ao eixo deformado da viga a partir do ponto B é fornecido por

$$d\Delta = \bar{x}\,(d\theta) \tag{6.13}$$

em que $\bar{x}$ é a distância de B ao elemento dx. A substituição da Equação (6.11) na Equação (6.13) leva a

$$d\Delta = \left(\frac{M}{EI}\right)\bar{x}\,dx \tag{6.14}$$

Observe que o termo no lado direito da Equação (6.14) representa o momento da área infinitesimal correspondente a dx sobre B. Integrando a Equação (6.14) entre dois pontos arbitrários A e B na viga, temos

$$\int_A^B d\Delta = \int_A^B \frac{M}{EI}\bar{x}\,dx$$

ou

$$\Delta_{BA} = \int_A^B \frac{M}{EI}\bar{x}\,dx \tag{6.15}$$

em que Δ_{BA} representa o *desvio tangencial de B* a partir da tangente em A, que é a flecha do ponto B na direção perpendicular ao eixo não deformado da viga a partir da tangente no ponto A, e $\int_A^B (M/EI)\,\bar{x}\,dx$ representa o momento da área sob o diagrama M/EI entre os pontos A e B sobre o ponto B.

A Equação (6.15) representa a expressão matemática do *segundo teorema da área-momento*, que pode ser apresentado como se segue:

> O desvio tangencial na direção perpendicular ao eixo não deformado da viga de um ponto na curva elástica a partir da tangente até a curva elástica em outro ponto é igual ao momento da área sob o diagrama M/EI entre os dois pontos sobre o ponto em que o desvio é desejado, desde que a curva elástica seja contínua entre os dois pontos.

É importante observar a ordem dos subscritos usados para Δ na Equação (6.15). O primeiro subscrito indica o ponto em que o desvio é determinado e sobre quais momentos são avaliados, ao passo que o segundo subscrito indica o ponto em que a tangente à curva elástica é desenhada. Também, como a distância $\bar{x}$ na Equação (6.15) é sempre tida como positiva, o sinal de Δ_{BA} é o mesmo que aquele da área do diagrama M/EI entre A e B. Se a área do diagrama M/EI entre A e B for positiva, então Δ_{BA} também é positivo, e o ponto B está acima (na direção y positiva) da tangente à curva elástica no ponto A e vice-versa.

Procedimento para a análise

Para aplicar os teoremas da área-momento para calcular as rotações e flechas em uma viga, é necessário desenhar a curva elástica da viga usando seu diagrama de momento fletor. Nesse sentido, veja na Seção 5.3 em que um momento fletor positivo cria na viga uma concavidade para cima, ao passo que um momento fletor negativo, uma concavidade para baixo. Também, em um apoio engaste, ambas a rotação e a flecha da viga devem ser nulas; portanto, a tangente à curva elástica nesse ponto está na direção do eixo não deformado, enquanto no apoio rotulado e sobre rolete a flecha é nula, mas a rotação pode não ser nula. Para facilitar o cálculo de áreas e momentos de áreas dos diagramas M/EI, as fórmulas para as áreas e centroides de formas geométricas comuns são listadas no Apêndice A.

Em vez de adotar uma convenção de sinal formal, é uma prática comum utiliza uma abordagem intuitiva na resolução dos problemas usando o método da área-momento. Nessa abordagem, as rotações e flechas em vários pontos são presumidas como positivas nas direções mostradas no esboço do formato fletido ou curva elástica da estrutura. Qualquer área do diagrama M/EI que tende a aumentar a quantidade em consideração é tida como positiva e vice-versa. Uma resposta positiva para uma rotação ou flecha indica que o sentido adotado para esta quantidade, conforme previsto na curva elástica, está correto. Por outro lado, uma resposta negativa indica que o sentido correto é oposto ao que foi inicialmente previsto na curva elástica.

Ao aplicar os teoremas de área-momento, é importante perceber que estes teoremas em geral não fornecem diretamente a rotação e flecha em um ponto com relação ao eixo não deformado da viga (o que geralmente é de interesse prático); em vez disso, fornecem a rotação e flecha de um ponto relativo à tangente à curva elástica em outro ponto. Portanto, antes da rotação ou flecha em um ponto arbitrário na viga ser calculada, um ponto deve ser identificado, ao passo que a rotação da tangente à curva elástica é inicialmente conhecida ou pode ser determinada usando-se condições de apoio. Depois de estabelecida essa *tangente de referência*, a rotação e flecha no ponto da viga podem ser calculadas aplicando-se os teoremas de área-momento. Nas vigas em balanço, como a rotação da tangente à curva elástica no apoio engaste é zero, essa tangente pode ser usada como tangente de referência. No caso de vigas para as quais uma tangente com rotação nula não pode ser localizada pela inspeção, normalmente é conveniente usar um dos apoios como tangente de referência. A rotação dessa tangente de referência pode ser determinada usando-se as condições de flecha nula no apoio de referência e em um apoio adjacente.

As magnitudes das rotações e flechas de estruturas geralmente são muito pequenas. Portanto, do ponto de vista computacional, é conveniente determinar a solução em termos de EI e depois substituir os valores numéricos de E e I na etapa final da análise para obter as magnitudes numéricas das rotações e flechas. Quando o movimento de inércia varia ao longo do comprimento de uma viga, é indicado expressar os momentos de inércia de vários segmentos da viga em termos de um único *momento de inércia de referência*, que é então conduzido simbolicamente na análise.

EXEMPLO 6.3

Determine as rotações e as flechas nos pontos B e C da viga em balanço mostrada na Figura 6.5(a) pelo método da área-momento.

Solução

Diagrama do momento fletor. O diagrama do momento fletor para a viga é representado na Figura 6.5(b).

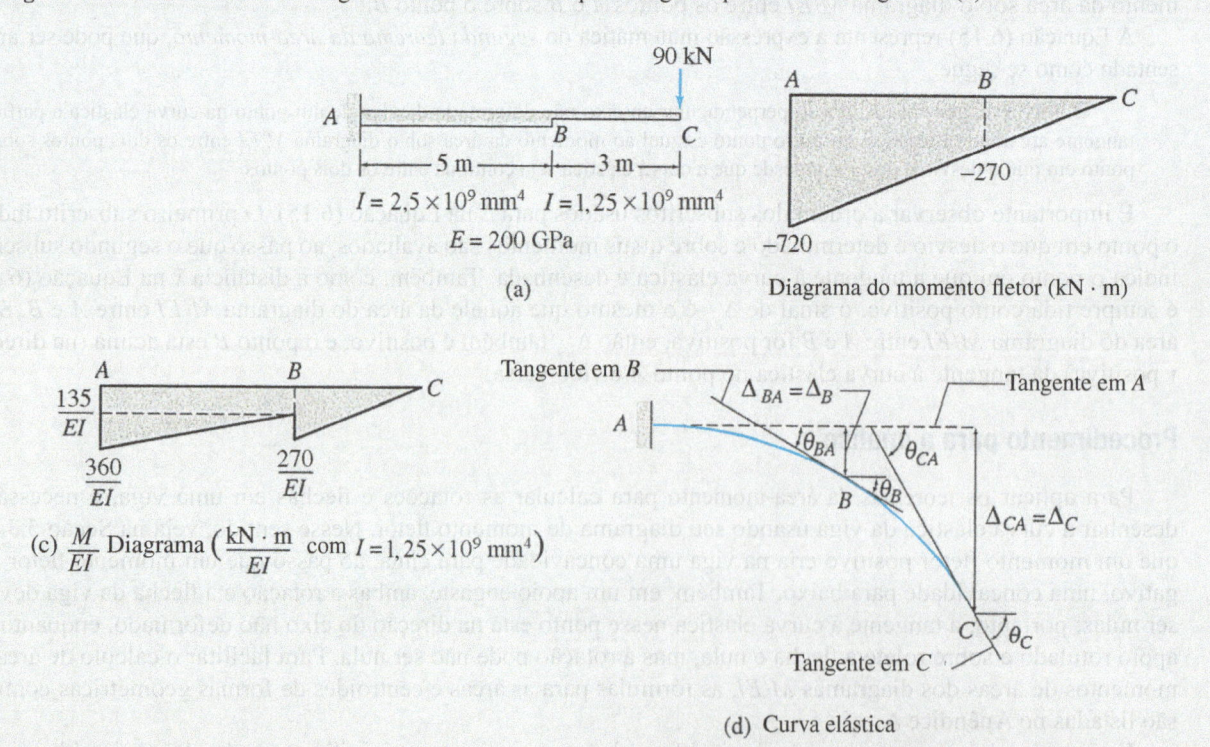

Figura 6.5

Diagrama M/EI. Como indicado na Figura 6.5(a), os valores do momento de inércia dos segmentos AB e BC da viga são $2{,}5 \times 10^9$ mm⁴ e $1{,}25 \times 10^9$ mm⁴, respectivamente. Usando $I = I_{BC} = 1{,}25 \times 10^9$ mm⁴ como o momento de inércia de referência, expressamos I_{AB} em termos de I como

$$I_{AB} = 2{,}5 \times 10^9 = 2(1{,}25 \times 10^9) = 2I$$

que indica que, para obtermos o diagrama M/EI em termos de EI, devemos dividir o diagrama do momento fletor para o segmento AB por 2, como apresentado na Figura 6.5(c).

Curva elástica. A curva elástica da viga é mostrada na Figura 6.5(d). Observe que, devido ao diagrama M/EI ser negativo, a viga tem uma linha côncava para baixo. Como o apoio em A é engaste, a rotação em A é nula ($\theta_A = 0$); ou seja, a tangente à curva elástica em A é horizontal, como mostrada na figura.

Rotação em B. Com a rotação em A conhecida, podemos determinar a rotação em B avaliando a variação da rotação θ_{BA} entre A e B (que é o ângulo entre as tangentes à curva elástica nos pontos A e B, como mostrado na Figura 6.5(d)). De acordo com o primeiro teorema de área-momento, θ_{BA} = área do diagrama M/EI entre A e B. Essa área pode ser convenientemente avaliada dividindo-se o diagrama M/EI nas partes triangular e retangular, como indicado na Figura 6.5(c). Assim,

$$\theta_{BA} = \frac{1}{EI}\left[(135)(5) + \frac{1}{2}(225)(5)\right] = \frac{1237{,}5 \text{ kN} \cdot \text{m}^2}{EI}$$

Da Figura 6.5(d), podemos ver que devido à tangente em A ser horizontal (na direção do eixo não deformado da viga), a rotação em $B(\theta_B)$ é igual ao ângulo θ_{BA} entre as tangentes em A e B; que é,

$$\theta_B = \theta_{BA} = \frac{1237{,}5 \text{ kN} \cdot \text{m}^2}{EI}$$

Substituindo-se os valores numéricos de $E = 200 \times 10^6$ kN/m² e $I = 1{,}25 \times 10^{-3}$ m⁴, temos

$$\theta_B = \frac{1237{,}5}{(200 \times 10^6)(1{,}25 \times 10^{-3})} \text{ rad} = 0{,}0049 \text{ rad}$$

$$\theta_B = 0{,}0049 \text{ rad}$$

Resp.

Flecha em B. Na Figura 6.5(d), pode-se ver que a flecha de B com relação ao eixo não deformado da viga é igual ao desvio tangencial de B a partir da tangente em A, que é,

$$\Delta_B = \Delta_{BA}$$

De acordo com o segundo teorema de área-momento,

$$\Delta_{BA} = \text{momento da área do diagrama } M/EI \text{ entre } A \text{ e } B \text{ sobre } B$$

$$= \frac{1}{EI}\left[(135)(5)(2{,}5) + \frac{1}{2}(225)(5)\left(\frac{10}{3}\right)\right] = \frac{3562{,}5 \text{ kN} \cdot \text{m}^3}{EI}$$

Portanto,

$$\Delta_B = \Delta_{BA} = \frac{3562{,}5 \text{ kN} \cdot \text{m}^3}{EI}$$

$$= \frac{3562{,}5}{(200 \times 10^6)(1{,}25 \times 10^{-3})} = 14{,}25 \text{ mm}$$

$$\Delta_B = 14{,}25 \text{ mm} \downarrow$$

Resp.

Rotação em C. Da Figura 6.5(d), podemos ver que

$$\theta_C = \theta_{CA}$$

em que

$$\theta_{CA} = \text{área do diagrama } M/EI \text{ entre } A \text{ e } C$$

$$= \frac{1}{EI}\left[(135)(5) + \frac{1}{2}(225)(5) + \frac{1}{2}(270)(3)\right] = \frac{1642{,}5 \text{ kN} \cdot \text{m}^2}{EI}$$

Portanto,

$$\theta_C = \theta_{CA} = \frac{1642{,}5 \text{ kN} \cdot \text{m}^2}{EI}$$

$$= \frac{1642{,}5}{(200 \times 10^6)(1{,}25 \times 10^{-3})} = 0{,}0067 \text{ rad}$$

$$\theta_C = 0{,}0067 \text{ rad} \qquad \textbf{Resp.}$$

Flecha em C. Pode ser visto na Figura 6.5(d) que

$$\Delta_C = \Delta_{CA}$$

em que

Δ_{CA} = momento da área do diagrama M/EI entre A e C sobre C

$$= \frac{1}{EI}\left[(135)(5)(2{,}5 + 3) + \frac{1}{2}(225)(5)\left(\frac{10}{3} + 3\right) + \frac{1}{2}(270)(3)(2)\right]$$

$$= \frac{8085 \text{ kN} \cdot \text{m}^3}{EI}$$

Portanto,

$$\Delta_C = \Delta_{CA} = \frac{8085 \text{ kN} \cdot \text{m}^3}{EI}$$

$$= \frac{8085}{(200 \times 10^6)(1{,}25 \times 10^{-3})} = 32 \text{ mm}$$

$$\Delta_C = 32 \text{ mm} \downarrow \qquad \textbf{Resp.}$$

EXEMPLO 6.4

Use o método da área-momento para determinar as rotações nas extremidades A e D e as flechas nos pontos B e C da viga mostrada na Figura 6.6(a).

Solução

Diagrama M/EI. Como EI é constante ao longo do comprimento da viga, o formato do diagrama M/EI é o mesmo que daquele para o diagrama do momento fletor. O diagrama M/EI é apresentado na Figura 6.6(b).

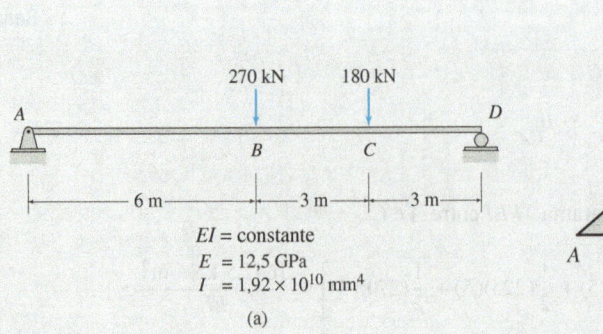

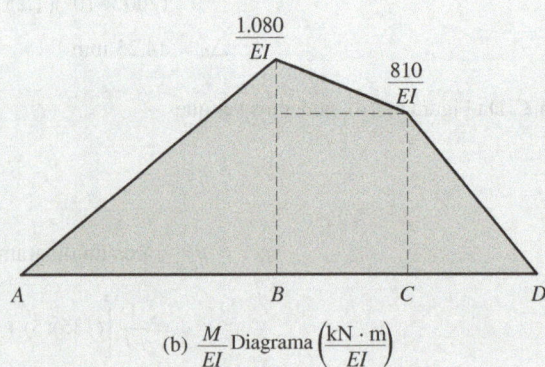

Figura 6.6 *(continua)*

Curva elástica. A curva elástica da viga é mostrada na Figura 6.6(c).

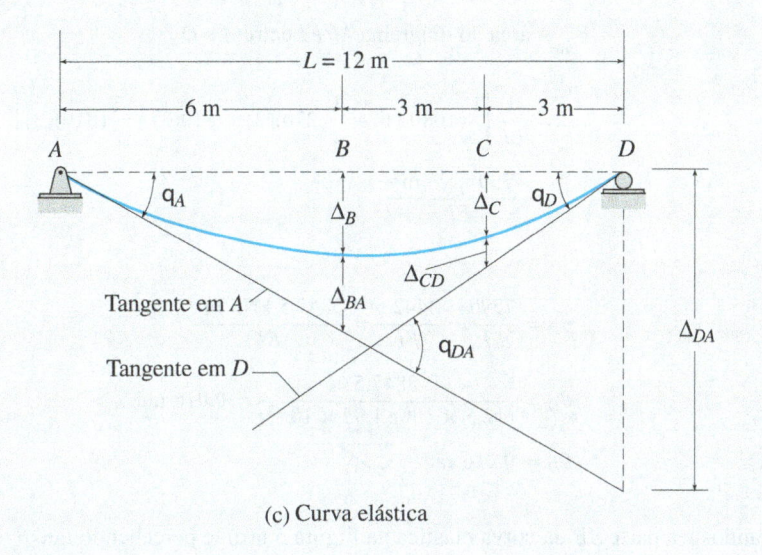

(c) Curva elástica

Figura 6.6

Rotação em A. A rotação da curva elástica não é conhecida em nenhum ponto da viga; assim usaremos a tangente no apoio A como a tangente de referência e determinaremos sua rotação, θ_A, a partir das condições de que as flechas nos pontos dos apoios A e D sejam nulas. Da Figura 6.6(c), podemos ver que

$$\theta_A = \frac{\Delta_{DA}}{L}$$

em que θ_A é suposto ser tão pequeno que a $\tan \theta_A \approx \theta_A$. Para avaliarmos o desvio tangencial Δ_{DA}, aplicamos o segundo teorema de área-momento:

Δ_{DA} = momento da área do diagrama M/EI entre A e D sobre D

$$\Delta_{DA} = \frac{1}{EI}\left[\frac{1}{2}(1080)(6)\left(\frac{6}{3}+6\right) + \frac{1}{2}(270)(3)\left(\frac{6}{3}+3\right)\right.$$
$$\left. + 810(3)(4,5) + \frac{1}{2}(810)(3)\left(\frac{6}{3}\right)\right]$$
$$= \frac{41310 \text{ kN} \cdot \text{m}^3}{EI}$$

Portanto, a rotação em A é

$$\theta_A = \frac{\Delta_{DA}}{L} = \frac{41310/EI}{12} = \frac{3442,5 \text{ kN} \cdot \text{m}^2}{EI}$$

Substituindo-se os valores numéricos de E e I, temos

$$\theta_A = \frac{3442,5}{(12,5 \times 10^6)(1,92 \times 10^{-2})} = 0,014 \text{ rad}$$

$$\theta_A = 0,014 \text{ rad}$$

Resp.

Rotação em D. Da Figura 6.6(c), podemos ver que

$$\theta_D = \theta_{DA} - \theta_A$$

em que, de acordo com o primeiro teorema de área-momento,

$$\theta_{DA} = \text{área do diagrama } M/EI \text{ entre } A \text{ e } D$$

$$= \frac{1}{EI}\left[\frac{1}{2}(1080)(6) + \frac{1}{2}(270)(3) + 810(3) + \frac{1}{2}(810)(3)\right]$$

$$= \frac{7290 \text{ kN} \cdot \text{m}^2}{EI}$$

Portanto,

$$\theta_D = \frac{7290}{EI} - \frac{3442{,}5}{EI} = \frac{3847{,}5 \text{ kN} \cdot \text{m}^2}{EI}$$

$$\theta_D = \frac{3847{,}5}{(12{,}5 \times 10^6)(1{,}92 \times 10^{-2})} = 0{,}016 \text{ rad}$$

$$\theta_D = 0{,}016 \text{ rad}$$

Resp.

Flecha em B. Considerando-se a parte AB da curva elástica na Figura 6.6(c), e percebendo que θ_A é tão pequeno que a tan $\theta_A \approx \theta_A$, escrevemos

$$\theta_A = \frac{\Delta_B + \Delta_{BA}}{6}$$

do qual

$$\Delta_B = 6\theta_A - \Delta_{BA}$$

em que

$$\Delta_{BA} = \text{momento da área do diagrama } M/EI \text{ entre } A \text{ e } B \text{ sobre } B$$

$$= \frac{1}{EI}\left[\frac{1}{2}(1080)(6)\left(\frac{6}{3}\right)\right]$$

$$= \frac{6480 \text{ kN} \cdot \text{m}^3}{EI}$$

Portanto,

$$\Delta_B = 6\left(\frac{3442{,}5}{EI}\right) - \frac{6480}{EI} = \frac{14175 \text{ kN} \cdot \text{m}^3}{EI}$$

$$\Delta_B = \frac{14175}{(12{,}5 \times 10^6)(1{,}92 \times 10^{-2})} = 59 \text{ mm}$$

$$\Delta_B = 59 \text{ mm} \downarrow$$

Resp.

Flecha em C. Por fim, considerando-se a parte CD da curva elástica na Figura 6.6(c), e percebendo que θ_D é pequeno (assim a tan $\theta_D \approx \theta_D$), escrevemos

$$\theta_D = \frac{\Delta_C + \Delta_{CD}}{3}$$

ou

$$\Delta_C = 3\theta_D - \Delta_{CD}$$

em que

$$\Delta_{CD} = \frac{1}{EI}\left[\frac{1}{2}(810)(3)\left(\frac{3}{3}\right)\right] = \frac{1215 \text{ kN} \cdot \text{m}^3}{EI}$$

Portanto,

$$\Delta_C = 3\left(\frac{3847,5}{EI}\right) - \frac{1215}{EI} = \frac{10327,5 \text{ kN} \cdot \text{m}^3}{EI}$$

$$\Delta_C = \frac{10327,5}{(12,5 \times 10^6)(1,92 \times 10^{-2})} = 43 \text{ mm}$$

$$\Delta_C = 43 \text{ mm} \downarrow \qquad \textbf{Resp.}$$

EXEMPLO 6.5

Determine a flecha máxima na viga da Figura 6.7(a) pelo método da área-momento.

Solução

Diagrama M/EI. O diagrama M/EI é mostrado na Figura 6.7(b).

Curva elástica. A curva elástica da viga está na Figura 6.7(c).

EI = constante
E = 200 GPa
I = 700(10^6) mm^4

(a)

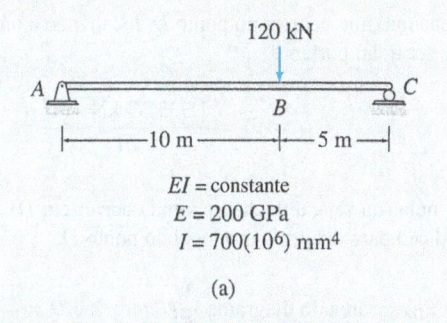

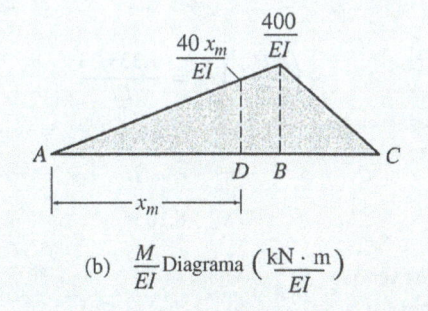

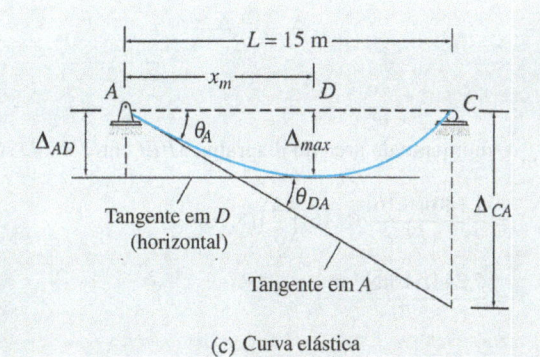

(b) $\frac{M}{EI}$ Diagrama $\left(\frac{\text{kN} \cdot \text{m}}{EI}\right)$

(c) Curva elástica

Figura 6.7

Rotação em A. A rotação da curva elástica não é conhecida em nenhum ponto da viga; assim usaremos a tangente no apoio A como a tangente de referência e determinaremos sua rotação, θ_A, a partir das condições de que as flechas nos pontos dos apoios A e C sejam nulas. Da Figura 6.7(c), podemos ver que

$$\theta_A = \frac{\Delta_{CA}}{15}$$

Para avaliarmos o desvio tangencial Δ_{CA}, aplicamos o segundo teorema de área-momento:

$$\Delta_{CA} = \text{momento da área do diagrama } M/EI \text{ entre } A \text{ e } C \text{ sobre } C$$

$$\Delta_{CA} = \frac{1}{EI}\left[\frac{1}{2}(400)(10)\left(\frac{10}{3} + 5\right) + \frac{1}{2}(400)(5)\left(\frac{10}{3}\right)\right]$$

$$= \frac{20.000 \text{ kN} \cdot \text{m}^3}{EI}$$

Portanto, a rotação em A é

$$\theta_A = \frac{20.000/EI}{15} = \frac{1.333,33 \text{ kN} \cdot \text{m}^2}{EI}$$

Localização da flecha máxima. Se a flecha máxima ocorrer no ponto D, localizado a uma distância x_m do apoio esquerdo A (veja a Figura 6.7(c)), então a rotação em D deve ser nula; portanto,

$$\theta_{DA} = \theta_A = \frac{1.333,33 \text{ kN} \cdot \text{m}^2}{EI}$$

o que indica que para a rotação em D ser nula (ou seja, a flecha máxima ocorrer em D), a área do diagrama M/EI entre A e D deve ser igual a $1.333,33/EI$. Usamos essa condição para determinar o local do ponto D:

$$\theta_{DA} = \text{área do diagrama } \frac{M}{EI} \text{ entre } A \text{ e } D = \frac{1.333,33}{EI}$$

ou

$$\frac{1}{2}\left(\frac{40x_m}{EI}\right)x_m = \frac{1.333,33}{EI}$$

do qual

$$x_m = 8,16 \text{ m}$$

Flecha máxima. Da Figura 6.7(c), podemos ver que

$$\Delta_{máx} = \Delta_{AD}$$

em que

$$\Delta_{AD} = \text{momento da área do diagrama } M/EI \text{ entre } A \text{ e } D \text{ sobre } A$$

$$= \frac{1}{2}\frac{(40)(8,16)}{EI}(8,16)\left(\frac{2}{3}\right)(8,16)$$

$$= \frac{7.244,51 \text{ kN} \cdot \text{m}^3}{EI}$$

Portanto,

$$\Delta_{máx} = \frac{7.244,51 \text{ kN} \cdot \text{m}^3}{EI}$$

Substituindo-se $E = 200$ GPa $= 200(10^6)$ kN/m$_2$ e $I = 700(10^6)$ mm$^4 = 700(10^{-6})$ m^4, obtemos

$$\Delta_{máx} = \frac{7.244,51}{200(10^6)(700)(10^{-6})} = 0,0517 \text{ m}$$

$$\Delta_{máx} = 51,7 \text{ mm} \downarrow$$

Resp.

EXEMPLO 6.6

Use o método da área-momento para determinar a rotação no ponto A e a flecha no ponto C da viga da Figura 6.8(a).

Solução

Diagrama M/EI. O diagrama do momento da rotação é mostrado na Figura 6.8(b), e o diagrama M/EI para um momento de inércia de referência $I = 1.040 \times 10^6$ mm^4 é exposto na Figura 6.8(c).

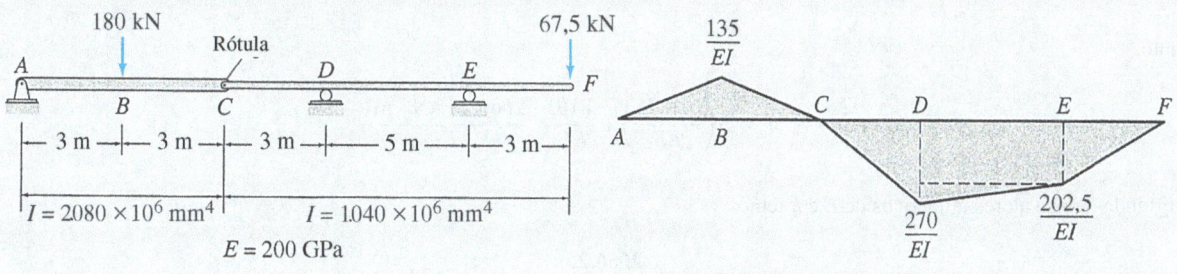

(a)

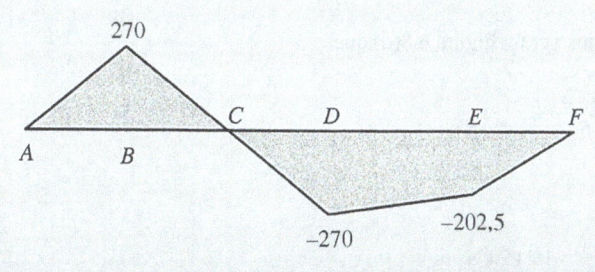

(c) Diagrama $\frac{M}{EI}\left(\frac{\text{kN} \cdot \text{m}}{EI} \text{ com } I = 1.040 \times 10^6 \text{ mm}^4\right)$

(b) Diagrama do momento fletor (kN · m)

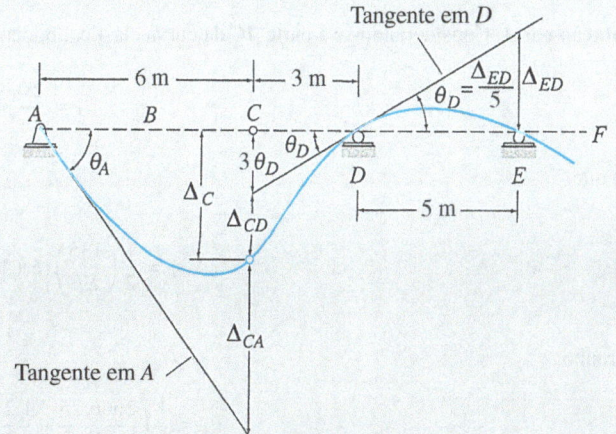

(d) Curva elástica

Figura 6.8

Curva elástica. A curva elástica da viga é mostrada na Figura 6.8(d). Observe que a curva elástica é descontínua na rótula interna C. Portanto, os teoremas de área-momento devem ser aplicados separadamente sobre as partes AC e CF da curva em cada lado da rótula.

Rotação em D. A tangente no apoio D é selecionada como a tangente de referência. Da Figura 6.8(d), podemos ver que a rotação dessa tangente é fornecida pela relação

$$\theta_D = \frac{\Delta_{ED}}{5}$$

em que, do segundo teorema de área-momento,

$$\Delta_{ED} = \frac{1}{EI}\left[202,5(5)(2,5) + \frac{1}{2}(67,5)(5)\left(\frac{10}{3}\right)\right] = \frac{3093,75 \text{ kN} \cdot \text{m}^3}{EI}$$

Portanto,

$$\theta_D = \frac{3093,75}{5(EI)} = \frac{618,75 \text{ kN} \cdot \text{m}^2}{EI}$$

Flecha em C. Da Figura 6.8(d), podemos ver que

$$\Delta_C = 3\theta_D + \Delta_{CD}$$

em que

$$\Delta_{CD} = \frac{1}{2}\left(\frac{270}{EI}\right)(3)(2) = \frac{810 \text{ kN} \cdot \text{m}^3}{EI}$$

Portanto,

$$\Delta_C = 3\left(\frac{618,75}{EI}\right) + \frac{810}{EI} = \frac{2666,25 \text{ kN} \cdot \text{m}^3}{EI}$$

Substituindo-se os valores numéricos de E e I, temos

$$\Delta_C = \frac{2666,25}{(200 \times 10^6)(1.040 \times 10^{-6})} = 12,8 \text{ mm}$$

$$\Delta_C = 12,8 \text{ mm} \downarrow \qquad \text{\textbf{Resp.}}$$

Rotação em A. Considerando-se a parte AC da curva elástica, podemos ver na Figura 6.8(d) que

$$\theta_A = \frac{\Delta_C + \Delta_{CA}}{6}$$

em que

$$\Delta_{CA} = \frac{1}{2}\left(\frac{135}{EI}\right)(6)(3) = \frac{1.215 \text{ kN} \cdot \text{m}^3}{EI}$$

Portanto,

$$\theta_A = \frac{1}{6}\left(\frac{2666,25}{EI} + \frac{1.215}{EI}\right) = \frac{646,875 \text{ kN} \cdot \text{m}^2}{EI}$$

$$\theta_A = \frac{646,875}{(200 \times 10^6)(1.040 \times 10^{-6})} = 0,003 \text{ rad}$$

$$\theta_A = 0,003 \text{ rad} \qquad \text{\textbf{Resp.}}$$

6.5 Diagramas de momento fletor por partes

Como ilustrado na seção anterior, a aplicação do método da área-momento envolve cálculo de áreas e momentos de diversas partes do diagrama M/EI. Isso mostrará na seção a seguir que o método da viga conjugada para determinar as flechas em vigas também requer o cálculo dessas quantidades. Quando uma viga é submetida a diferentes tipos de cargas, por exemplo, uma combinação de cargas distribuídas e concentradas, a determinação das propriedades do diagrama resultante M/EI, devido ao efeito combinado de todas as cargas, pode tornar-se uma tarefa muito trabalhosa. Essa dificuldade pode ser evitada construindo-se o diagrama do momento fletor em *partes* – ou seja, construindo um diagrama do momento fletor separado para cada uma das cargas. As ordenadas dos diagramas do momento fletor assim obtidas são então divididas por EI para obter os diagramas M/EI. Esses diagramas geralmente consistem em formas geométricas simples, portanto, suas áreas podem ser facilmente calculadas. As áreas necessárias e os momentos das áreas do diagrama resultante M/EI são então obtidos adicionando-se algebricamente (superpondo) as áreas correspondentes e os momentos de áreas, respectivamente, dos diagramas do momento fletor para cargas individuais.

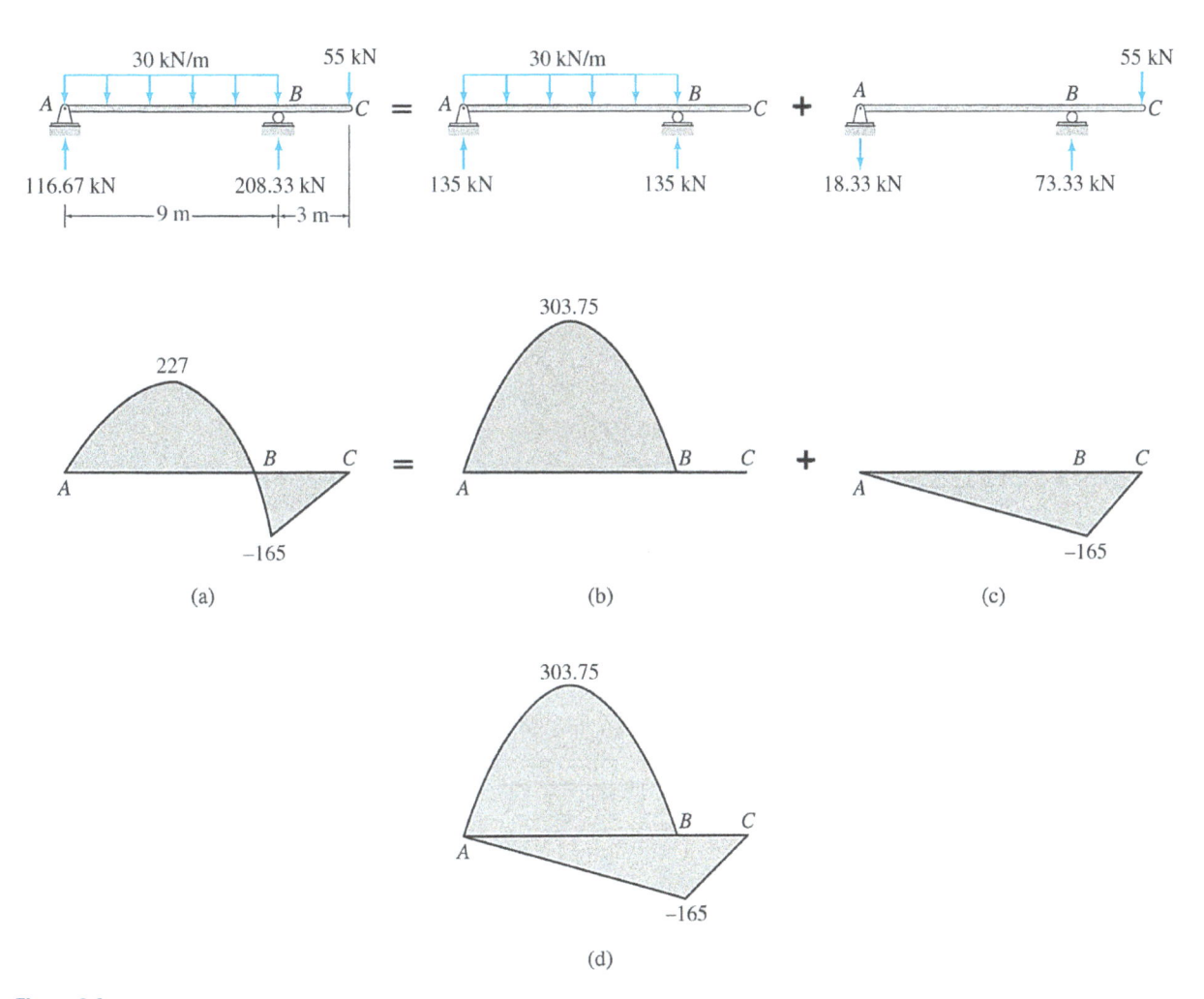

Figura 6.9

Dois procedimentos normalmente são utilizados para construir diagramas de momento fletor por partes. O primeiro procedimento simplesmente envolve a aplicação de cada uma das cargas separadamente sobre a viga e a construção de diagramas do momento fletor correspondentes. Considere, por exemplo, uma viga sujeita a uma combinação de uma carga distribuída uniformemente e uma carga concentrada, conforme a Figura 6.9(a). Para construirmos o diagrama do momento fletor em partes, aplicamos dois tipos de cargas separadamente sobre a viga, conforme mostrado na Figura 6.9(b) e (c), e desenhamos os diagramas do momento fletor correspondentes. Geralmente é conveniente desenhar duas partes do diagrama do momento fletor juntas, como mostrado na Figura 6.9(d). Embora isso não seja necessário para a aplicação dos métodos da área-momento e de viga conjugada, se assim desejado, o diagrama do momento fletor resultante, como o da Figura 6.9(a), pode ser obtido pela superposição das duas partes apresentadas na Figura 6.9(b) e (c).

220 Análise Estrutural   Parte 2

Um procedimento alternativo para construir diagrama do momento fletor por partes consiste em selecionar um ponto na viga (geralmente um ponto de apoio ou uma extremidade da viga), presumindo-se que a viga seja engastada, aplicando-se cada uma das cargas e reações de apoio separadamente sobre essa viga em balanço imaginária, e construindo os diagramas do momento fletor correspondentes. Esse procedimento normalmente é referido como construção do *diagrama do momento fletor por partes em balanço*. Para ilustrar esse procedimento, considere novamente a viga mostrada na Figura 6.9. A viga é ilustrada novamente na Figura 6.10(a), que também indica as cargas externas, bem como as reações de apoio determinadas pelas equações de equilíbrio. Para construirmos o diagrama do momento fletor por partes em balanço com relação ao ponto de apoio B, imaginamos a viga como uma viga em balanço com apoio engaste no ponto B. Em seguida, aplicamos as duas cargas e a reação no apoio A separadamente sobre essa viga em balanço imaginária, como mostrado na Figura 6.10(b)–(d), e desenhamos os diagramas do momento fletor, como representado nessas figuras. As partes do diagrama do momento fletor são muitas vezes desenhadas juntas, como apresentado na Figura 6.10(e). O diagrama do momento fletor resultante, como ilustrado na Figura 6.10(a), pode ser obtido, se desejado, por superposição das três partes mostradas na Figura 6.10(b)–(d).

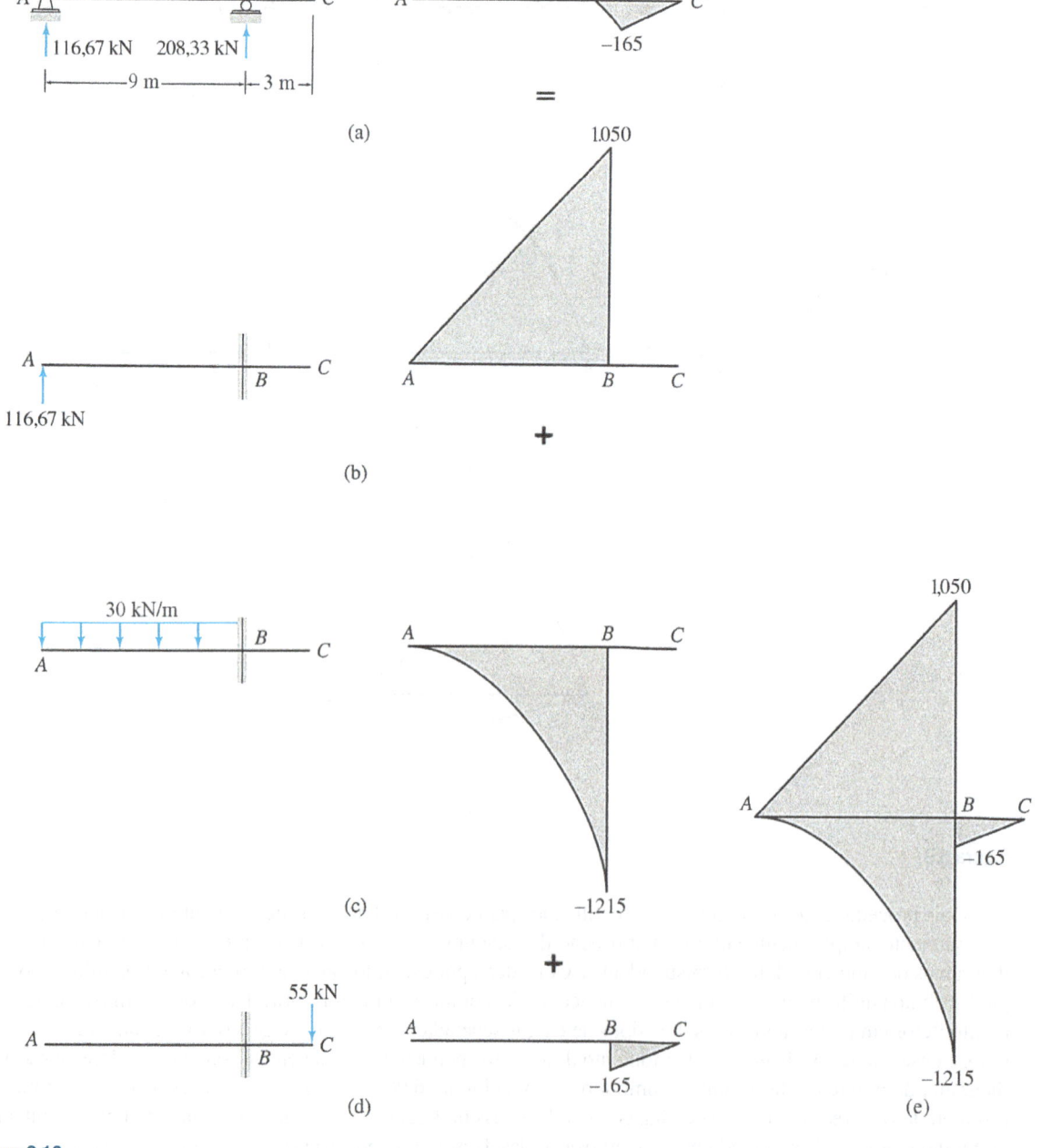

Figura 6.10

EXEMPLO 6.7

Determine a flecha no ponto C da viga da Figura 6.11(a) por meio do método da área-momento.

```
         30 kN/m              55 kN
      ↓↓↓↓↓↓↓↓↓↓
   A ▲━━━━━━━━━━━━B▲━━━━━C
      |←── 9 m ──→|←3 m→|
```

EI = constante
$E = 200$ GPa
$I = 830 \times 10^6$ mm^4

(a)

(b) Diagrama $\dfrac{M}{EI}\left(\dfrac{kN \cdot m}{EI}\right)$

Ordenadas: $\dfrac{1.050}{EI}$, $\dfrac{165}{EI}$, $\dfrac{1.215}{EI}$

(c) Curva elástica

$\theta_B = \dfrac{\Delta_{AB}}{9}$

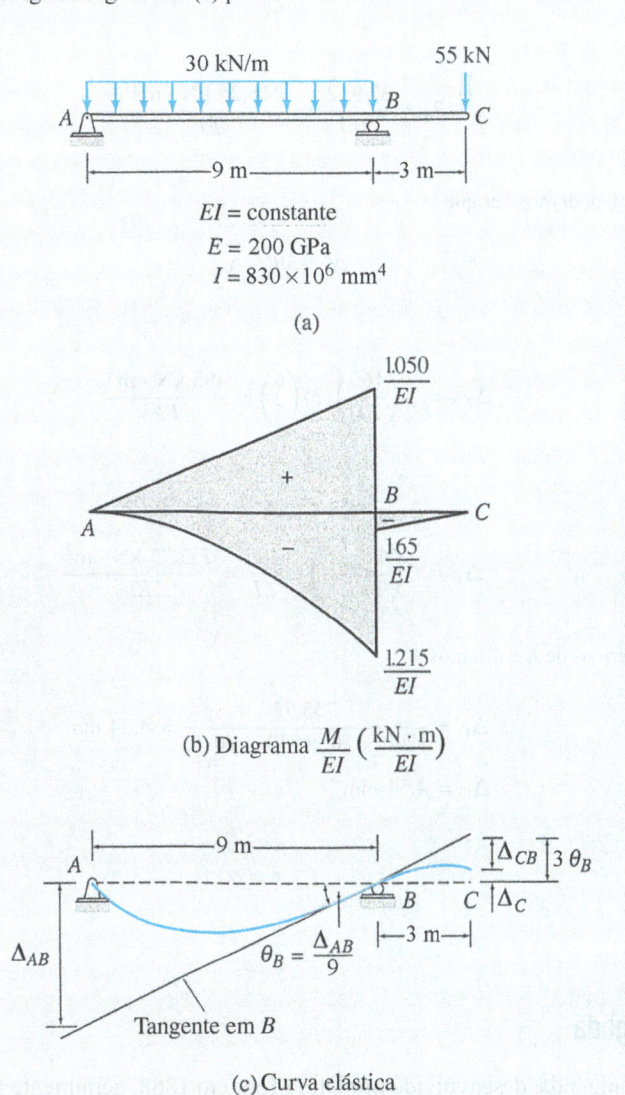

Figura 6.11

Solução

Diagrama M/EI. O diagrama do momento fletor para essa viga por partes em balanço com relação ao apoio do ponto B foi determinado na Figura 6.10. As ordenadas do diagrama do momento fletor são divididas por EI para obter o diagrama M/EI mostrado na Figura 6.11(b).

Curva elástica. Veja a Figura 6.11(c).

Rotação em B. Selecionando-se a tangente em B como tangente de referência, pode ser visto na Figura 6.11(c) que

$$\theta_B = \dfrac{\Delta_{AB}}{9}$$

Usando o diagrama M/EI (Figura 6.11(b)) e as propriedades das formas geométricas fornecidas no Apêndice A, calculamos

$$\Delta_{AB} = \frac{1}{EI}\left[\frac{1}{2}(1.050)(9)(6) - \frac{1}{3}(1.215)(9)\left(\frac{3}{4}\right)(9)\right]$$

$$= \frac{3746{,}25 \text{ kN} \cdot \text{m}^3}{EI}$$

Portanto,

$$\theta_B = \frac{3746{,}25}{9EI} = \frac{416{,}25 \text{ kN} \cdot \text{m}^2}{EI}$$

Flecha em C. Da Figura 6.11 (c), podemos ver que

$$\Delta_C = 3\theta_B - \Delta_{CB}$$

em que

$$\Delta_{CB} = \frac{1}{2}\left(\frac{165}{EI}\right)(3)\left(\frac{6}{3}\right) = \frac{495 \text{ kN} \cdot \text{m}^3}{EI}$$

Portanto,

$$\Delta_C = 3\left(\frac{416{,}25}{EI}\right) - \frac{495}{EI} = \frac{753{,}75 \text{ kN} \cdot \text{m}^3}{EI}$$

Substituindo-se os valores numéricos de E e I, temos

$$\Delta_C = \frac{753{,}75}{(200 \times 10^6)(830 \times 10^{-6})} = 4{,}54 \text{ mm}$$

$$\Delta_C = 4{,}54 \text{ mm} \uparrow$$

Resp.

6.6 Método da viga conjugada

O método de viga conjugada, desenvolvido por Otto Mohr em 1868, geralmente fornece meios mais convenientes para calcular a rotação e as flechas em vigas do que o método da área-momento. Embora os esforços computacionais de cálculos necessários pelos dois métodos sejam essencialmente os mesmos, o método da viga conjugada é preferido por muitos engenheiros por sua convenção de sinal sistemático e aplicação direta, que não requer esboço de curva elástica da estrutura.

O método da viga conjugada é baseado na analogia entre as relações entre carga, cortante e momento fletor e as relações entre M/EI, rotação e flecha. Esses dois tipos de relações foram derivadas nas Seções 5.4 e 6.1, respectivamente, e estão repetidas na Tabela 6.1 para fins de comparação. Como esta tabela indica, as relações entre M/EI, rotação e flecha possuem a mesma forma que aquela das relações entre carga, cortante e momento fletor. Portanto, a rotação e a flecha podem ser determinadas a partir de M/EI pelas mesmas operações daquelas executadas para calcular o cortante e o momento fletor, respectivamente, a partir da carga. Além disso, se o diagrama M/EI para a viga for aplicado como a carga sobre uma viga análoga fictícia, então, o cortante e o momento fletor em qualquer ponto da viga fictícia será igual à rotação e à flecha, respectivamente, no ponto correspondente na viga real original. A viga fictícia é referida como *viga conjugada*, e é definida como se segue:

Uma viga conjugada correspondente a uma viga real é uma viga fictícia do mesmo comprimento que o da viga real, mas externamente apoiada e internamente ligada de tal forma que se a viga conjugada estiver carregada com o diagrama M/EI da viga real, o cortante e o momento fletor em qualquer ponto na viga conjugada serão iguais, respectivamente, à rotação e à flecha no ponto correspondente na viga real.

Tabela 6.1

Relações entre carga – cortante – – momento fletor	Relações entre M/EI – rotação – – flecha
$\dfrac{dS}{dx} = w$	$\dfrac{d\theta}{dx} = \dfrac{M}{EI}$
$\dfrac{dM}{dx} = S$ ou $\dfrac{d^2M}{dx^2} = w$	$\dfrac{dy}{dx} = \theta$ ou $\dfrac{d^2y}{dx^2} = \dfrac{M}{EI}$

Como a discussão anterior indica, o método da viga conjugada envolve essencialmente o cálculo das rotações e flechas nas vigas calculando-se os cortantes e momento fletor nas vigas conjugadas correspondentes.

Apoios para vigas conjugadas

Os apoios externos e as ligações internas para as vigas conjugadas são determinados a partir das relações análogas entre vigas conjugadas e vigas reais correspondentes; ou seja, o cortante e o momento fletor em qualquer ponto na viga conjugada devem ser compatíveis com a rotação e a flecha nesse ponto na viga real. Os conjugados equivalentes de vários tipos de apoios reais assim determinados são mostrados na Figura 6.12. Como essa figura indica, uma rótula ou rolete de apoio na extremidade da viga real permanecem os mesmos na viga conjugada. Isso porque nesse apoio pode

Viga real			Viga conjugada
Tipo de apoio	Rotação e flecha	Cortante e momento fletor	Tipo de apoio
Apoio de extremidade simples 	$\theta \neq 0$ $\Delta = 0$	$S \neq 0$ $M = 0$	Apoio de extremidade simples 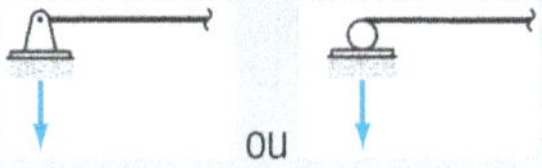
Apoio engaste 	$\theta = 0$ $\Delta = 0$	$S = 0$ $M = 0$	Extremidade em balanço 
Extremidade em balanço 	$\theta \neq 0$ $\Delta \neq 0$	$S \neq 0$ $M \neq 0$	Apoio engaste 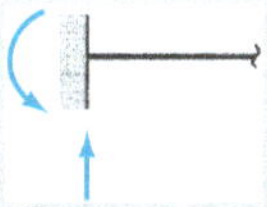
Apoio intermediário simples 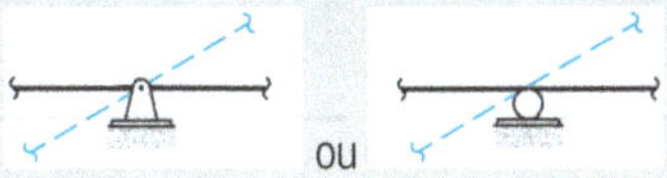	$\theta \neq 0$ e contínuo $\Delta = 0$	$S \neq 0$ e contínuo $M = 0$	Rótula interna 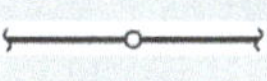
Rótula interna 	$\theta \neq 0$ e descontínuo $\Delta \neq 0$	$S \neq 0$ e descontínuo $M \neq 0$	Apoio intermediário simples 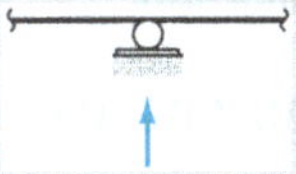

Figura 6.12 Apoios para vigas conjugadas.

haver uma rotação, mas não flecha, da viga real. Portanto, na extremidade correspondente da viga conjugada deve haver um cortante, mas nenhum momento fletor; e uma rótula ou rolete de apoio na extremidade atenderiam essas condições. Como em um apoio engaste da viga real não há rotação nem flecha, tanto o cortante quanto o momento fletor na extremidade da viga conjugada devem ser nulos; portanto, o conjugado de um apoio engaste é uma extremidade em balanço, como apresentado na Figura 6.12. Por outro lado, uma extremidade em balanço de uma viga real torna-se um apoio engaste na viga conjugada porque pode haver rotação e também flecha na extremidade da viga real; portanto, a viga conjugada deve desenvolver ambos, cortante e momento fletor, nesse ponto. Em um apoio intermediário de uma viga real não há flecha, mas a rotação é contínua (ou seja, não há variação brusca na rotação em um lado do apoio para outro), portanto, o ponto correspondente na viga conjugada torna-se uma rótula interna em que o momento fletor é nulo e o cortante é contínuo. Por fim, em uma rótula interna na viga real pode haver flecha, bem como rotação descontínua da viga real. Portanto, a viga conjugada possui momento fletor e variação brusca de cortante nesse ponto. Como um apoio intermediário atende a esses requisitos, uma rótula interna na viga real torna-se um apoio intermediário na viga conjugada, como mostrado na Figura 6.12.

Os conjugados de alguns tipos de vigas (reais) são ilustrados na Figura 6.13. Como a Figura 6.13(a)–(e) indica, as vigas conjugadas correspondentes a vigas reais estaticamente determinadas são sempre estaticamente determinadas, ao passo que as vigas estaticamente indeterminadas possuem vigas conjugadas instáveis, como mostrado na Figura 6.13(f)–(h). No entanto, como essas vigas conjugadas instáveis serão carregadas com diagramas M/EI de vigas reais estaticamente indeterminadas, que são autoequilibradas, as vigas conjugadas instáveis estarão em equilíbrio. Como os dois últimos exemplos na Figura 6.13 ilustram, as vigas reais estaticamente instáveis possuem vigas conjugadas estaticamente indeterminadas.

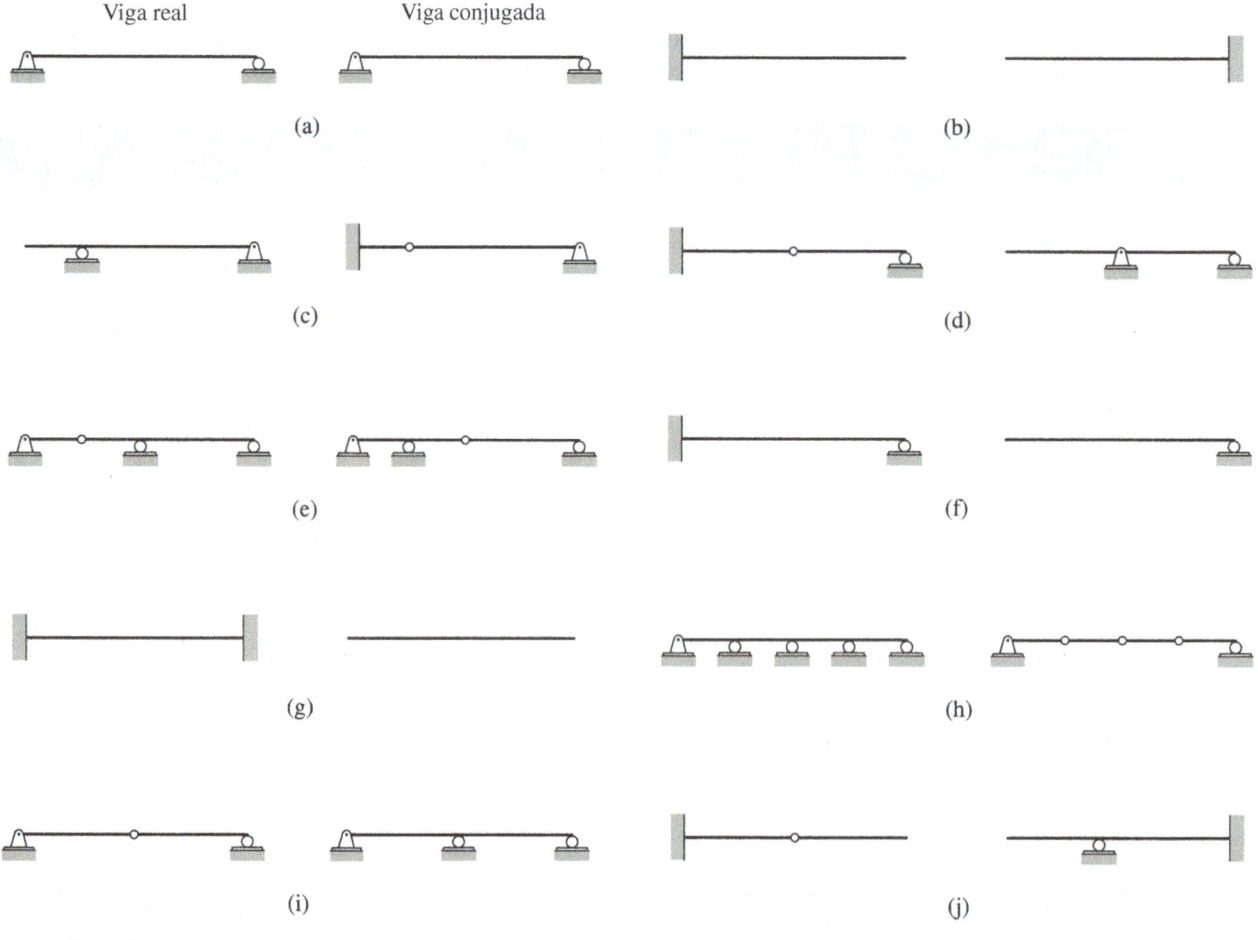

Figura 6.13

Convenção de sinal

Se as ordenadas positivas do diagrama M/EI forem aplicadas à viga conjugada como cargas ascendentes (na direção y positiva) e vice-versa, então um cortante positivo na viga conjugada indica uma rotação (sentido anti-horário) positiva da viga real com relação ao eixo não deformado da viga real; também, um momento fletor positivo na viga conjugada indica uma flecha positiva (ascendente ou na direção *y* positiva) da viga real com relação ao eixo não deformado da viga real e vice-versa.

Procedimento para a análise

O procedimento passo a passo a seguir pode ser usado para determinar as rotações e flechas em vigas pelo método da viga conjugada.

1. Construa o diagrama *M/EI* para a referida viga (real) submetida à carga especificada (real). Se a viga for submetida a uma combinação de diferentes tipos de cargas (por exemplo, cargas concentradas e cargas distribuídas), a análise pode ser consideravelmente acelerada construindo-se o diagrama *M/EI* em partes, como discutido na seção anterior.
2. Determine a viga conjugada correspondente à referida viga real. Os apoios externos e as ligações internas para a viga conjugada devem ser selecionados de forma que o cortante e o momento fletor em qualquer ponto na viga conjugada fiquem compatíveis com a rotação e a flecha, respectivamente, nesse ponto na viga real. Os conjugados de vários tipos de apoios reais são ilustrados na Figura 6.12.
3. Aplique o diagrama *M/EI* (da etapa 1) como a carga na viga conjugada. As ordenadas positivas do diagrama *M/EI* são aplicadas como cargas ascendentes na viga conjugada e vice-versa.
4. Calcule as reações dos apoios na viga conjugada aplicando-se as equações de equilíbrio e condição (se houver).
5. Determine os cortantes nesses pontos da viga conjugada em que as rotações são desejadas na viga real. Determine os momentos fletores nesses pontos da viga conjugada em que as flechas são desejadas na viga real. Os cortantes ou momentos fletores nas vigas conjugadas são considerados positivos ou negativos, de acordo com a convenção do sinal na viga (veja a Figura 5.2).
6. A rotação em um ponto da viga real com relação ao eixo não deformado da viga real é igual ao cortante nesse ponto da viga conjugada. Um cortante positivo na viga conjugada indica uma rotação positiva ou anti-horária na viga real e vice-versa.
7. A flecha em um ponto da viga real com relação ao eixo não deformado da viga real é igual ao momento fletor nesse ponto da viga conjugada. Um momento fletor positivo na viga conjugada indica uma flecha positiva ou ascendente na viga real e vice-versa.

EXEMPLO 6.8

Determine as rotações e as flechas nos pontos *B* e *C* da viga em balanço mostrada na Figura 6.14(a) pelo método da viga conjugada.

Solução

Diagrama *M/EI*. Essa viga foi analisada no Exemplo 6.3 pelo método da área-momento. O diagrama *M/EI* para um momento de referência de inércia $I = 1,25 \times 10^9$ mm^4 é mostrado na Figura 6.14(b).

Viga conjugada. A Figura 6.14(c) mostra a viga conjugada, carregada com o diagrama *M/EI* da viga real. Observe que o ponto *A*, que é um engaste na viga real, é um balanço na viga conjugada, ao passo que o ponto *C*, que é um balanço na viga real, torna-se um engaste na viga conjugada. Como o diagrama *M/EI* é negativo, ele é aplicado como uma carga descendente na viga conjugada.

Rotação em *B*. A rotação em *B* da viga real é igual ao cortante em *B* da viga conjugada. Usando o corpo livre da viga conjugada à esquerda de *B* e considerando-se as forças externas que atuam de maneira ascendente sobre o corpo livre como positivo, de acordo com a convenção de sinal da viga (veja a Figura 5.2), calculamos o cortante em *B* da viga conjugada como

$$+\uparrow S_B = \frac{1}{EI}\left[-135(5) - \frac{1}{2}(225)(5)\right] = -\frac{1237,5 \text{ kN} \cdot \text{m}^2}{EI}$$

Portanto, a rotação em *B* da viga real é

$$\theta_B = -\frac{1237,5 \text{ kN} \cdot \text{m}^2}{EI}$$

Substituindo-se os valores numéricos de E e I, temos

$$\theta_B = -\frac{1237,5}{(200 \times 10^6)(1,25 \times 10^{-3})} = -0,0049 \text{ rad}$$

$$\theta_B = 0,0049 \text{ rad} \quad \curvearrowright$$

Resp.

Figura 6.14

(a) Viga real

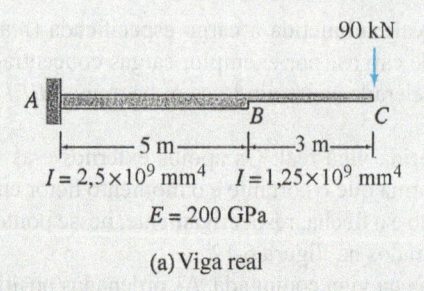

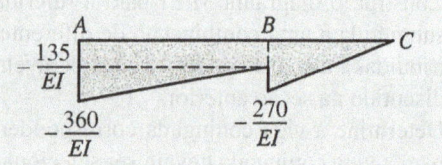

(b) Diagrama $\frac{M}{EI}\left(\frac{\text{kN} \cdot \text{m}}{EI} \text{ com } I = 1,25 \times 10^9 \text{ mm}^4\right)$

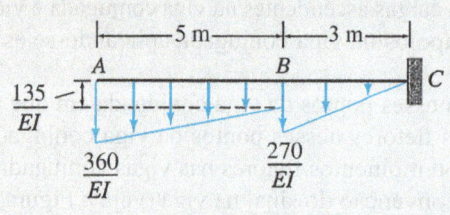

(c) Viga conjugada

Flecha em B. A flecha em B da viga real é igual ao momento fletor em B da viga conjugada. Usando o corpo livre da viga conjugada à esquerda de B e considerando-se os momentos das forças externas em sentido horário sobre B como positivo, de acordo com a convenção de sinal da viga (Figura 5.2), calculamos o momento fletor em B da viga conjugada como

$$+\curvearrowleft M_B = \frac{1}{EI}\left[-135(5)(2,5) - \frac{1}{2}(225)(5)\left(\frac{10}{3}\right)\right] = -\frac{3562,5 \text{ kN} \cdot \text{m}^3}{EI}$$

Portanto, a flecha em B da viga real é

$$\Delta_B = -\frac{3562,5 \text{ kN} \cdot \text{m}^3}{EI} = -\frac{3562,5}{(200 \times 10^6)(1,25 \times 10^{-3})} = -14,25 \text{ mm}$$

$$\Delta_B = 14,25 \text{ mm} \downarrow$$

Resp.

Rotação em C. Usando o corpo livre da viga conjugada à esquerda de C, determinamos o cortante em C como

$$+\uparrow S_C = \frac{1}{EI}\left[-135(5) - \frac{1}{2}(225)(5) - \frac{1}{2}(270)(3)\right] = -\frac{1642,5 \text{ kN} \cdot \text{m}^2}{EI}$$

Portanto, a rotação em C da viga real é

$$\theta_C = -\frac{1642,5 \text{ kN} \cdot \text{m}^2}{EI} = -\frac{1642,5}{(200 \times 10^6)(1,25 \times 10^{-3})} = -0,0067 \text{ rad}$$

$$\theta_C = 0,0067 \text{ rad} \quad \curvearrowright$$

Resp.

Flecha em C. Considerando-se o corpo livre da viga conjugada à esquerda de C, determinamos

$$+\curvearrowleft M_C = \frac{1}{EI}\left[-135(5)(2,5+3) - \frac{1}{2}(225)(5)\left(\frac{10}{3}+3\right) - \frac{1}{2}(270)(3)(2)\right]$$

$$= -\frac{8.085 \text{ kN} \cdot \text{m}^3}{EI}$$

Portanto, a flecha em C da viga real é

$$\Delta_C = -\frac{8{,}085 \text{ kN} \cdot \text{m}^3}{EI} = -\frac{8{,}085}{(200 \times 10^6)(1{,}25 \times 10^{-3})} = -32 \text{ mm}$$

$$\Delta_C = 32 \text{ mm} \downarrow \qquad \text{Resp.}$$

EXEMPLO 6.9

Determine a rotação e a flecha no ponto B da viga mostrada na Figura 6.15(a) pelo método da viga conjugada.

Solução

Diagrama M/EI. Veja a Figura 6.15(b).

Viga conjugada. A viga conjugada carregada com o digrama M/EI da viga real é apresentada na Figura 6.15(c).

Rotação em B. Considerando-se o corpo livre da viga conjugada à esquerda de B, determinamos o cortante em B como

$$+\uparrow S_B = \frac{M}{EI}(L) = \frac{ML}{EI}$$

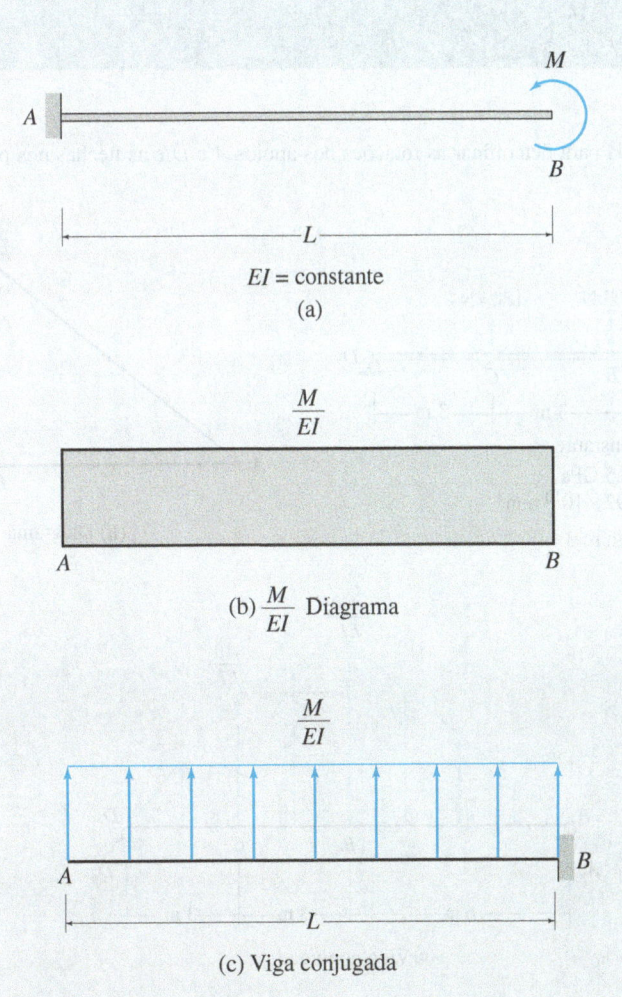

Figura 6.15

Portanto, a rotação em B da viga real é

$$\theta_B = \frac{ML}{EI}$$

$$\theta_B = \frac{ML}{EI} \quad \text{Resp.}$$

Flecha em B. Usando o corpo livre da viga conjugada à esquerda de B, determinamos o momento fletor em B como

$$+\circlearrowleft M_B = \frac{M}{EI}(L)\left(\frac{L}{2}\right) = \frac{ML^2}{2EI}$$

Portanto, a flecha em B da viga real é

$$\Delta_B = \frac{ML^2}{2EI}$$

$$\Delta_B = \frac{ML^2}{2EI} \uparrow \quad \text{Resp.}$$

EXEMPLO 6.10

Use o método da viga conjugada para determinar as rotações nos apoios A e D e as flechas nos pontos B e C da viga mostrada na Figura 6.16(a).

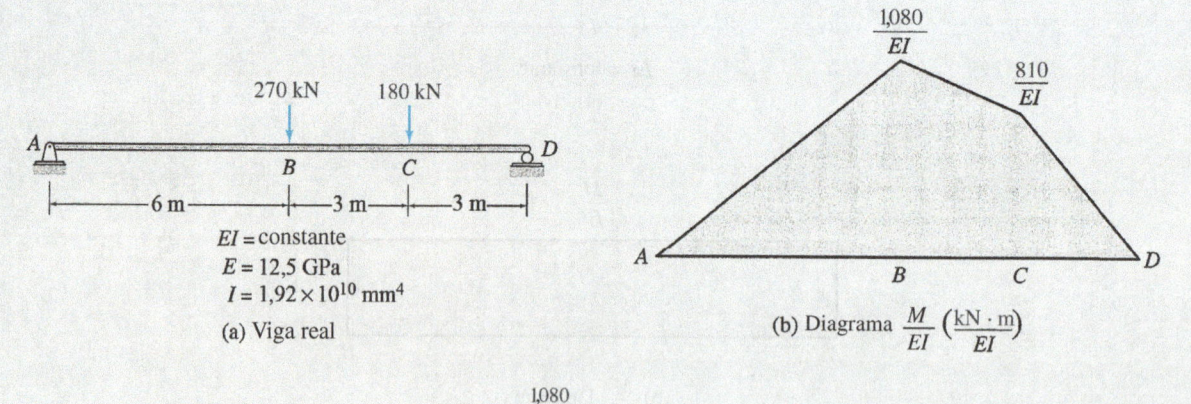

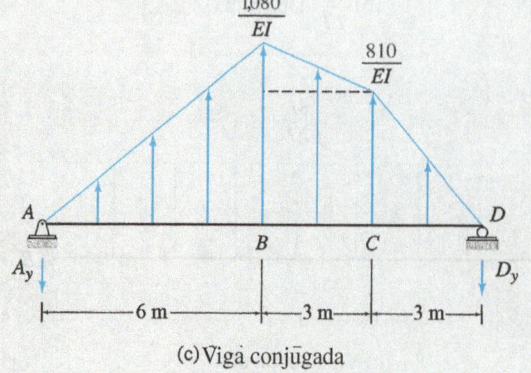

(a) Viga real
- 270 kN em B, 180 kN em C
- 6 m de A a B, 3 m de B a C, 3 m de C a D
- EI = constante
- $E = 12{,}5$ GPa
- $I = 1{,}92 \times 10^{10}$ mm^4

(b) Diagrama $\dfrac{M}{EI}\left(\dfrac{\text{kN} \cdot \text{m}}{EI}\right)$
- Pico em B: $\dfrac{1.080}{EI}$
- Pico em C: $\dfrac{810}{EI}$

(c) Viga conjugada

Figura 6.16

Solução

Diagrama M/EI. Essa viga foi analisada no Exemplo 6.4 pelo método da área-momento. O diagrama M/EI para essa viga é mostrado na Figura 6.16(b).

Viga conjugada. A Figura 6.16(c) exibe a viga conjugada, carregada com o diagrama M/EI da viga real. Os pontos A e D, que são apoios de extremidade simples na viga real, permanecem os mesmos na viga conjugada. Como o diagrama M/EI é positivo, ele é aplicado como uma carga ascendente na viga conjugada.

Reações para vigas conjugadas. Aplicando-se as equações para o corpo livre da viga conjugada inteira, obtemos o seguinte:

$$+ \circlearrowleft \sum M_D = 0$$

$$A_y(12) - \frac{1}{EI}\left[\frac{1}{2}(1.080)(6)\left(\frac{6}{3}+6\right) + 810(3)(4,5)\right.$$

$$\left. + \frac{1}{2}(270)(3)\left(\frac{6}{3}+3\right) + \frac{1}{2}(810)(3)\left(\frac{6}{3}\right)\right] = 0$$

$$A_y = \frac{3442,5 \text{ kN} \cdot \text{m}^2}{EI}$$

$$+ \uparrow \sum F_y = 0$$

$$\frac{1}{EI}\left[-3442,5 + \frac{1}{2}(1.080)(6) + 810(3) + \frac{1}{2}(270)(3)\right.$$

$$\left. + \frac{1}{2}(810)(3)\right] - D_y = 0$$

$$D_y = \frac{3847,5 \text{ kN} \cdot \text{m}^2}{EI}$$

Rotação em A. A rotação em A da viga real é igual ao cortante logo à direita de A na viga conjugada, que é

$$+ \circlearrowleft S_{A.R} = -A_y = -\frac{3442,5 \text{ kN} \cdot \text{m}^2}{EI}$$

Portanto, a rotação em A da viga real é

$$\theta_A = -\frac{3442,5 \text{ kN} \cdot \text{m}^2}{EI} = -\frac{3442,5}{(12,5 \times 10^6)(1,92 \times 10^{-2})} = -0,014 \text{ rad}$$

$$\theta_A = 0,014 \text{ rad} \quad \searrow \qquad \text{Resp.}$$

Rotação em D. A rotação em D da viga real é igual ao cortante logo à esquerda de D na viga conjugada, que é

$$+ \circlearrowleft S_{D.L} = +D_y = \frac{3847,5 \text{ kN} \cdot \text{m}^2}{EI}$$

Portanto, a rotação em D da viga real é

$$\theta_D = \frac{3847,5 \text{ kN} \cdot \text{m}^2}{EI} = \frac{3847,5}{(12,5 \times 10^6)(1,92 \times 10^{-2})} = 0,016 \text{ rad}$$

$$\theta_D = 0,016 \text{ rad} \quad \swarrow \qquad \text{Resp.}$$

Flecha em B. A flecha em B da viga real é igual ao momento fletor em B da viga conjugada. Considerando-se o corpo livre da viga conjugada à esquerda de B, calculamos

$$+ \circlearrowleft M_B = \frac{1}{EI}\left[-3442,5(6) + \frac{1}{2}(1.080)(6)\left(\frac{6}{3}\right)\right] = -\frac{14.175 \text{ kN} \cdot \text{m}^3}{EI}$$

Portanto, a flecha em B da viga real é

$$\Delta_B = -\frac{14.175 \text{ kN} \cdot \text{m}^3}{EI} = -\frac{14.175}{(12,5 \times 10^6)(1,92 \times 10^{-2})} = -59 \text{ mm}$$

$$\Delta_B = 59 \text{ mm} \downarrow$$

Resp.

Flecha em C. A flecha em C da viga real é igual ao momento fletor em C da viga conjugada. Usando o corpo livre da viga conjugada à direita de C, determinamos

$$+\circlearrowleft M_C = \frac{1}{EI}\left[-3847,5(3) + \frac{1}{2}(810)(3)\left(\frac{3}{3}\right)\right] = -\frac{10327,5 \text{ kN} \cdot \text{m}^3}{EI}$$

Portanto, a flecha em C da viga real é

$$\Delta_C = -\frac{10327,5 \text{ kN} \cdot \text{m}^3}{EI} = -\frac{10327,5}{(12,5 \times 10^6)(1,92 \times 10^{-2})} = -43 \text{ mm}$$

$$\Delta_C = 43 \text{ mm} \downarrow$$

Resp.

EXEMPLO 6.11

Determine a flecha máxima na viga apresentada na Figura 6.17(a) pelo método da viga conjugada.

Solução

Diagrama M/EI. Essa viga foi analisada anteriormente no Exemplo 6.5 pelo método da área-momento. O diagrama M/EI para a viga é mostrado na Figura 6.17(b).

Viga conjugada. A viga conjugada simplesmente apoiada, carregada com o digrama M/EI da viga real, é mostrada na Figura 6.17(c).

Reação no apoio A da viga conjugada. Aplicando-se a equação de equilíbrio de momento $\sum M_C = 0$ ao corpo livre da viga conjugada inteira, determinamos

$$+\circlearrowleft M_C = 0$$

$$A_y(15) - \frac{1}{EI}\left[\frac{1}{2}(400)(10)\left(\frac{10}{3}+5\right) + \frac{1}{2}(400)(5)\left(\frac{10}{3}\right)\right] = 0$$

$$A_y = \frac{1.333,33 \text{ kN} \cdot \text{m}^2}{EI}$$

Localização do momento fletor máximo na viga conjugada. Se o momento fletor máximo na viga conjugada (ou flecha máxima na viga real) ocorre no ponto D, localizado a uma distância x_m do apoio esquerdo A (veja a Figura 6.17(c)), então o cortante na viga conjugada em D deve ser nulo. Considerando-se o corpo livre da viga conjugada à esquerda de D, determinamos

$$+\uparrow S_D = \frac{1}{EI}\left[-1.333,33 + \frac{1}{2}(40 x_m)(x_m)\right] = 0$$

Do qual

$$x_m = 8,16 \text{ m}$$

Flecha máxima na viga real. A flecha máxima na viga real é igual ao momento fletor máximo na viga conjugada, que pode ser determinado considerando-se o corpo livre da viga conjugada à esquerda de D, com $x_m = 8,16$ m. Assim,

$$+\circlearrowleft M_{\text{máx}} = M_D = \frac{1}{EI}\left[-1.333,33(8,16) + \frac{1}{2}(40)(8,16)^2\left(\frac{8,16}{3}\right)\right]$$

$$= -\frac{7257,72 \text{ kN} \cdot \text{m}^3}{EI}$$

(a) Viga real

EI = constante
$E = 200$ GPa
$I = 700(10^6)$ mm^4

(b) Diagrama $\dfrac{M}{EI}$ $\left(\dfrac{\text{kN} \cdot \text{m}}{EI}\right)$

(c) Viga conjugada

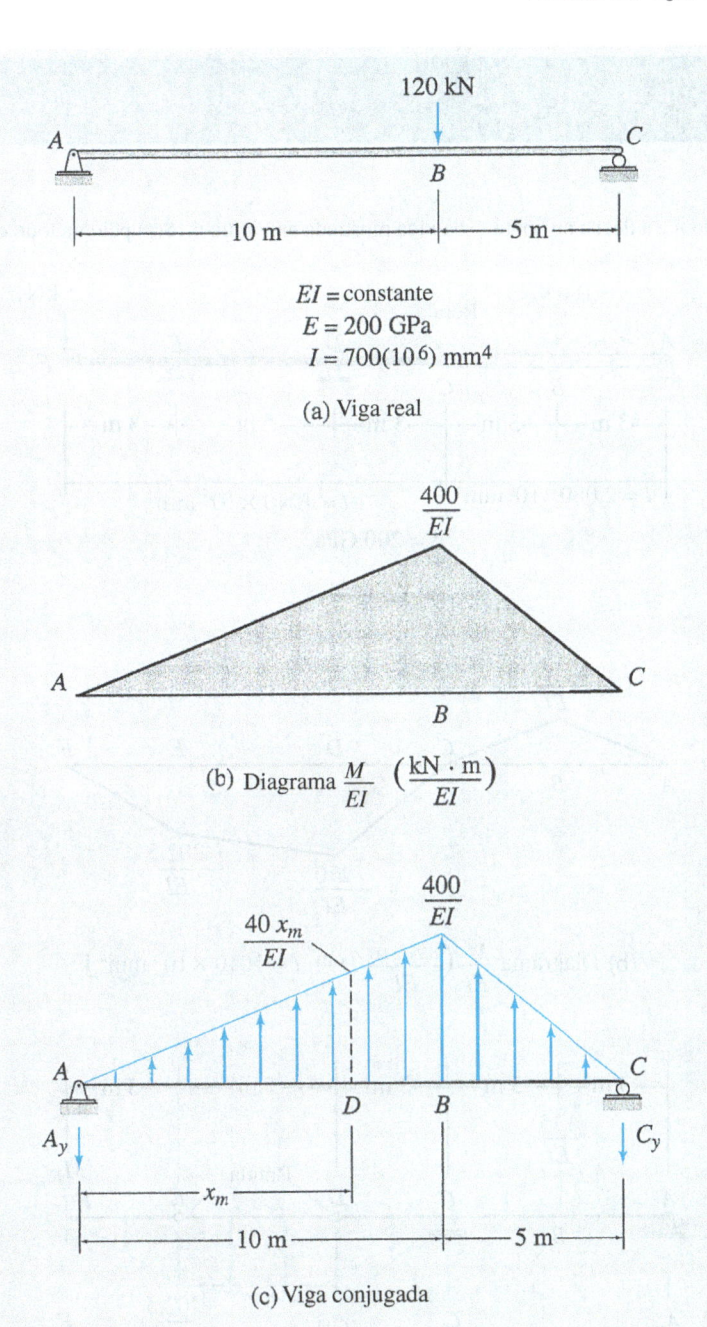

Figura 6.17

Portanto, a flecha em C da viga real é

$$\Delta_{\text{máx}} = -\dfrac{7257{,}72 \text{ kN} \cdot \text{m}^3}{EI} = -\dfrac{7257{,}72}{(200)(700)} = -0{,}0517 \text{ m} = -51{,}7 \text{ mm}$$

$\Delta_{\text{máx}} = 51{,}7$ mm ↓   **Resp.**

EXEMPLO 6.12

Determine a rotação no ponto A e a flecha no ponto C da viga mostrada na Figura 6.18(a) pelo método da viga conjugada.

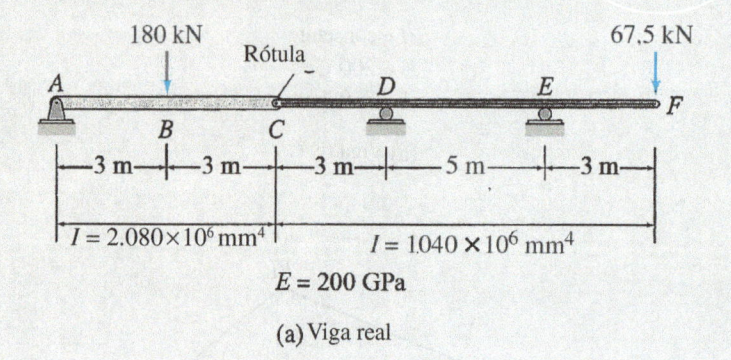

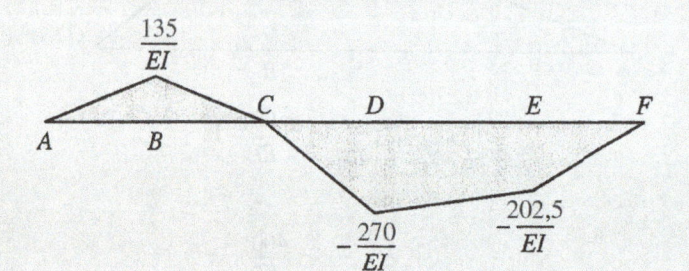

(a) Viga real

(b) Diagrama $\dfrac{M}{EI}\left(\dfrac{\text{kN} \cdot \text{m}}{EI} \text{ com } I = 1.040 \times 10^6 \text{ mm}^4\right)$

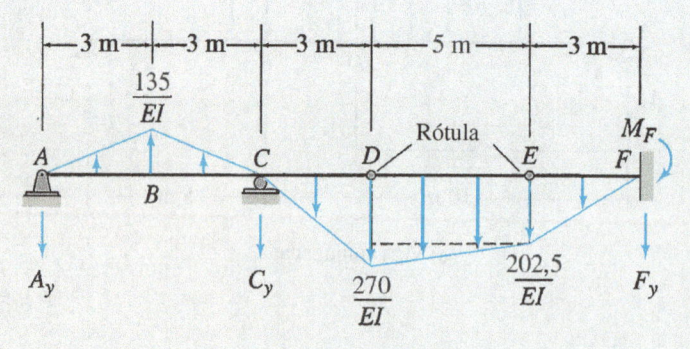

(c) Viga conjugada

Figura 6.18

Solução

Diagrama M/EI. Essa viga foi analisada no Exemplo 6.6 pelo método da área-momento. O diagrama M/EI para um momento de inércia de referência $I = 1.040 \times 10^6$ mm^4 é mostrado na Figura 6.18(b).

Viga conjugada. A Figura 6.18(c) exibe a viga conjugada carregada com o diagrama M/EI da viga real. Observe que os pontos D e E, que são apoios intermediários simples na viga real, tornam-se rótulas internas na viga conjugada; o ponto C, que é uma rótula interna na viga real, torna-se um apoio intermediário simples na viga conjugada. Também observe que a parte positiva do diagrama M/EI é aplicada como carga ascendente na viga conjugada, ao passo que a parte negativa do diagrama M/EI é aplicada como carga descendente.

Reação do apoio A na viga conjugada. Determinamos a reação A_y da viga conjugada aplicando-se as equações de condição como se segue:

$$+ \circlearrowleft \sum M_D^{AD} = 0$$

$$A_y(9) - \frac{1}{2}\left(\frac{135}{EI}\right)(6)(6) + C_y(3) + \frac{1}{2}\left(\frac{270}{EI}\right)(3)\left(\frac{3}{3}\right) = 0$$

ou

$$C_y = -3A_y + \frac{675}{EI} \tag{1}$$

$$+ \circlearrowleft \sum M_E^{AE} = 0$$

$$A_y(14) - \frac{1}{2}\left(\frac{135}{EI}\right)(6)(11) + C_y(8) + \frac{1}{2}\left(\frac{270}{EI}\right)(3)\left(\frac{3}{3} + 5\right)$$

$$+ \frac{202{,}5}{EI}(5)(2{,}5) + \frac{1}{2}\left(\frac{67{,}5}{EI}\right)(5)\left(\frac{10}{3}\right) = 0$$

ou

$$14A_y + 8C_y = -\frac{1068{,}75}{EI} \tag{2}$$

Substituindo-se a Equação (1) na Equação (2) e resolvendo para A_y, temos

$$A_y = \frac{646{,}875 \text{ kN} \cdot \text{m}^2}{EI}$$

Rotação em A. A rotação em A da viga real é igual ao cortante logo à direita de A na viga conjugada, que é

$$+ \uparrow S_{A.R} = -A_y = -\frac{646{,}875 \text{ kN} \cdot \text{m}^2}{EI}$$

Portanto, a rotação em A da viga real é

$$\theta_A = -\frac{646{,}875}{EI} = -\frac{646{,}875}{(200 \times 10^6)(1{,}040 \times 10^{-6})} = -0{,}003 \text{ rad}$$

$$\theta_A = 0{,}003 \text{ rad}$$

Resp.

Flecha em C. A flecha em C da viga real é igual ao momento fletor em C da viga conjugada. Considerando-se o corpo livre da viga conjugada à esquerda de C, determinamos

$$+ \circlearrowleft M_C = \frac{1}{EI}\left[-646{,}875(6) + \frac{1}{2}(135)(6)(3)\right] = -\frac{2666{,}25 \text{ kN} \cdot \text{m}^3}{EI}$$

Portanto, a flecha em C da viga real é

$$\Delta_C = -\frac{2666{,}25 \text{ kN} \cdot \text{m}^3}{EI} = -\frac{2666{,}25}{(200 \times 10^6)(1{,}040 \times 10^{-6})} = -12{,}8 \text{ mm}$$

$$\Delta_C = 12{,}8 \text{ mm} \downarrow$$

Resp.

EXEMPLO 6.13

Use o método da viga conjugada para determinar a flecha no ponto C da viga mostrada na Figura 6.19(a).

Solução

Diagrama M/EI. Essa viga foi analisada anteriormente no Exemplo 6.7 pelo método da área-momento. O diagrama M/EI por partes em balanço com relação ao ponto B é apresentado na Figura 6.19(b).

(a) Viga real

EI = constante
E = 200 GPa
$I = 8{,}30 \times 10^6 \text{ mm}^4$

(b) Diagrama $\dfrac{M}{EI} \left(\dfrac{\text{kN} \cdot \text{m}}{EI} \right)$

(c) Viga conjugada

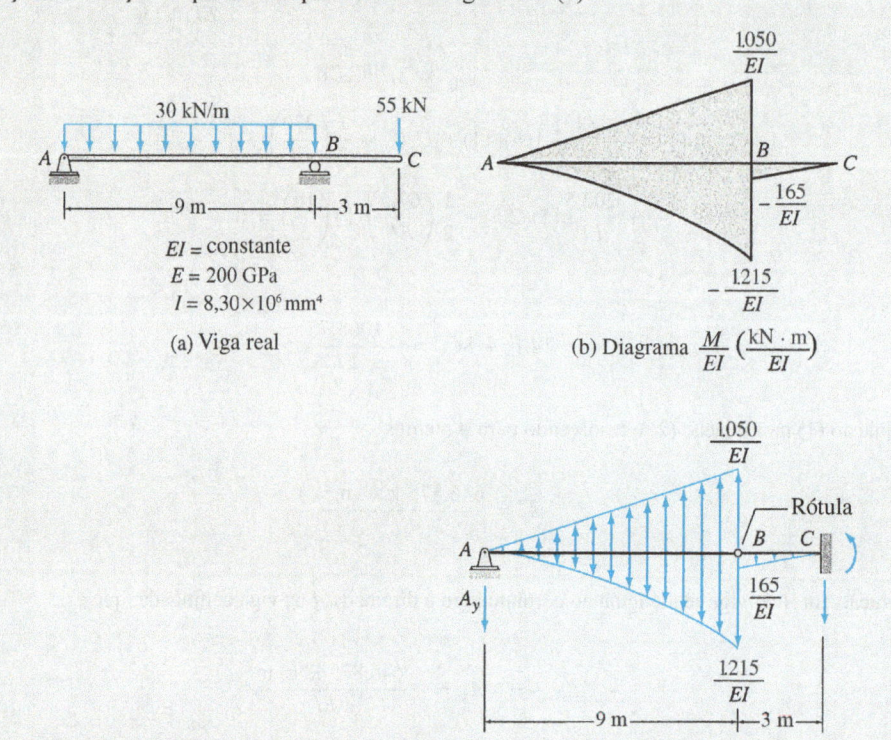

Figura 6.19

Viga conjugada. Veja a Figura 6.19(c).

Reação do apoio A na viga conjugada.

$$+ \circlearrowleft \sum M_B^{AB} = 0$$

$$A_y(9) + \frac{1}{EI}\left[\frac{1}{3}(1215)(9)\left(\frac{9}{4}\right) - \frac{1}{2}(1050)(9)\left(\frac{9}{3}\right)\right] = 0$$

$$A_y = \frac{663{,}75 \text{ kN} \cdot \text{m}^2}{EI}$$

Flecha em C. A flecha em C da viga real é igual ao momento fletor em C da viga conjugada. Considerando-se o corpo livre da viga conjugada à esquerda de C, determinamos

$$+ \circlearrowleft M_C = \frac{1}{EI}\left[-663{,}75(12) - \frac{1}{3}(1{,}215)(9)\left(\frac{9}{4}+3\right) + \frac{1}{2}(1{,}050)(9)(6)\right.$$

$$\left. - \frac{1}{2}(165)(3)\left(\frac{6}{3}\right)\right] = \frac{753{,}75 \text{ kN} \cdot \text{m}^3}{EI}$$

Portanto, a flecha em C da viga real é

$$\Delta_C = \frac{753{,}75 \text{ kN} \cdot \text{m}^3}{EI} = \frac{753{,}75}{(200 \times 10^6)(830 \times 10^{-6})} = 4{,}54 \text{ mm}$$

$$\Delta_C = 4{,}54 \text{ mm} \uparrow$$

Resp.

capítulo 6   Flechas em vigas: métodos geométricos   **235**

Resumo

Neste capítulo, discutimos os métodos geométricos para indicar as rotações e flechas de vigas estaticamente determinadas. A equação diferencial para flecha em vigas pode ser expressa como

$$\frac{d^2y}{dx^2} = \frac{M}{EI} \qquad (6.9)$$

O método de integração direta envolve essencialmente expressão(ões) escrita(s) para M/EI para viga em termos de x e integrando as expressões sucessivamente para obter equações para a rotação e flecha da curva elástica. As constantes de integração são determinadas a partir de condições limites e condições de continuidade da curva elástica. Se uma viga é submetida a diversas cargas, a rotação ou flecha causada pelos efeitos combinados das cargas pode ser determinada incluindo-se algebricamente as rotações ou flechas devido a cada uma das cargas que atuam individualmente sobre a viga.

O método da área-momento baseia-se em dois teoremas, que podem ser expressos matematicamente como a segue:

$$\text{Primeiro teorema da área-momento: } \theta_{BA} = \int_A^B \frac{M}{EI} dx \qquad (6.12)$$

$$\text{Segundo teorema da área-momento: } \Delta_{BA} = \int_A^B \frac{M}{EI} \bar{x}\, dx \qquad (6.15)$$

Dois procedimentos para construir diagramas do momento fletor por partes são apresentados na Seção 6.5.

Uma viga conjugada correspondente a uma viga real é uma viga fictícia do mesmo comprimento que a viga real, mas ela é externamente apoiada e internamente ligada como se a viga conjugada estivesse carregada com o diagrama M/EI da viga real; o cortante e o momento fletor em qualquer ponto da viga conjugada serão iguais, respectivamente, à rotação e à flecha no ponto correspondente da viga real. O método de viga conjugada envolve essencialmente a determinação das rotações e flechas nas vigas calculando-se os cortantes e momentos fletores nas vigas conjugadas correspondentes.

PROBLEMAS

Seção 6.2

6.1 a 6.6 Determine pelo método da integração direta as equações para a rotação e para a flecha na viga mostrada.
EI = constante.

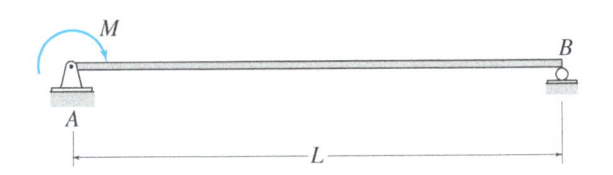

Figura P6.1

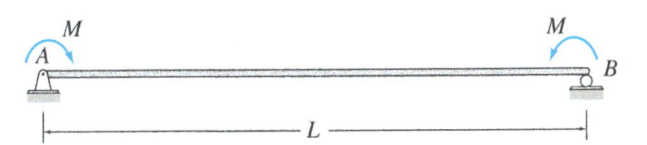

Figura P6.2

Figura P6.3

Figura P6.4

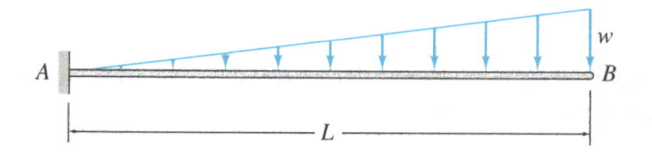

Figura P6.5

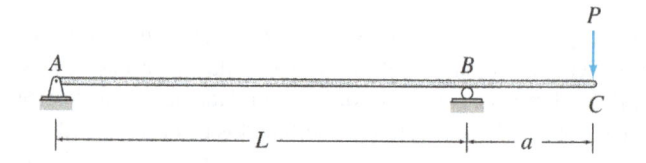

Figura P6.6

6.7 e 6.8 Determine pelo método da integração direta as equações para a rotação e para a flecha no ponto B da viga mostrada.

EI = constante
E = 70 GPa
I = 164 (10^6) mm^4

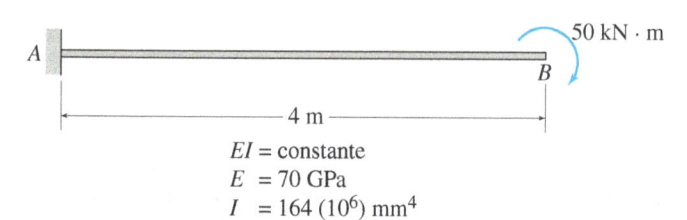

Figura P6.7

EI = constante
E = 70 GPa
I = 335 × 10^6 mm^4

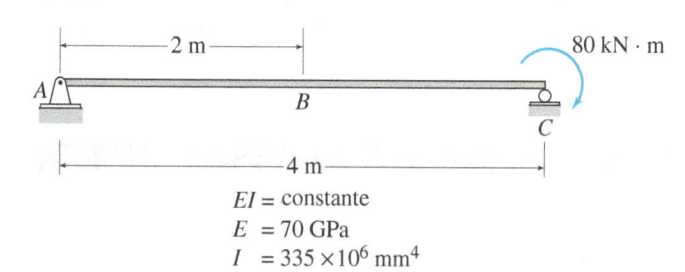

Figura P6.8

Seções 6.4 e 6.5

6.9 a 6.12 Determine pelo método da área-momento a rotação e a flecha no ponto B da viga mostrada.

EI = constante
E = 200 GPa
I = 800 (10^6) mm^4

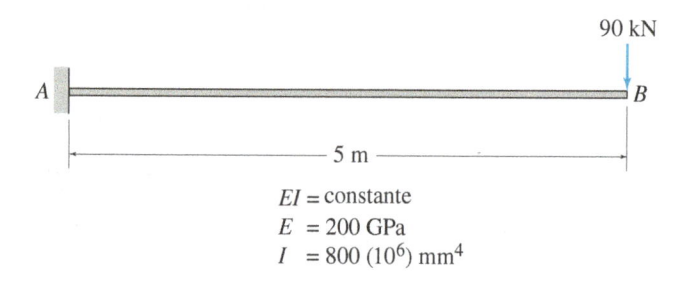

Figura P6.9, P6.35

EI = constante
E = 200 GPa
I = 1.250 × 10^6 mm^4

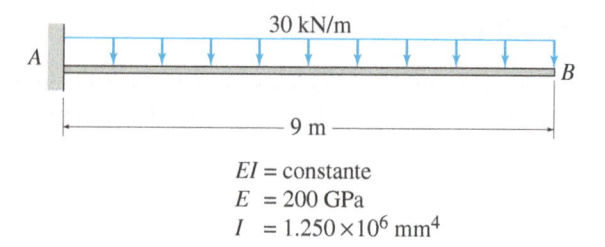

Figura P6.10, P6.36

EI = constante

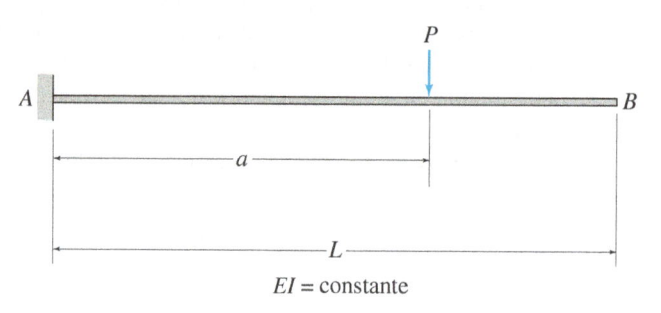

Figura P6.11, P6.37

EI = constante

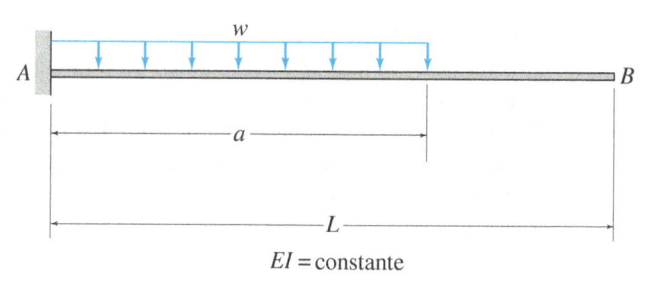

Figura P6.12, P6.38

6.13 e 6.14 Determine pelo método da área-momento a rotação e a flecha no ponto A da viga mostrada.

EI = constante

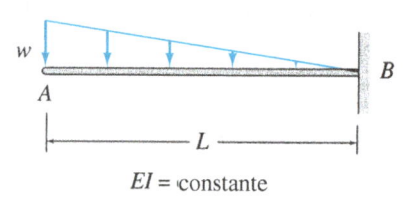

Figura P6.13, P6.39

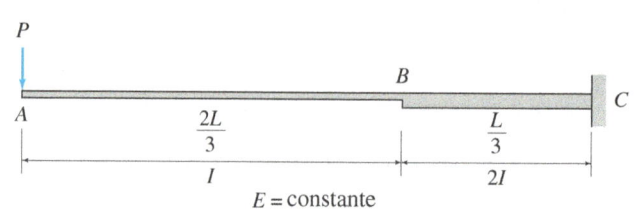

E = constante

Figura P6.14, P6.40

capítulo 6

6.15 e 6.17 Use o método da área-momento para determinar as rotações e as flechas nos pontos B e C da viga mostrada.

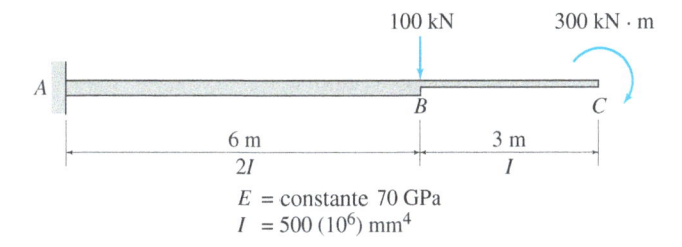

```
                    100 kN        300 kN · m
A|_____↓_____↷
                    B              C
  |——— 6 m ———|——— 3 m ———|
        2I            I
       E = constante 70 GPa
       I = 500 (10⁶) mm⁴
```

Figura P6.15, P6.41

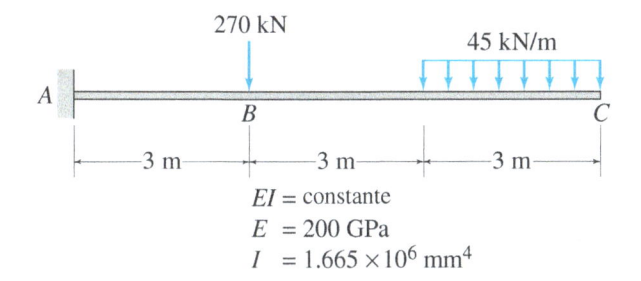

```
           270 kN
             ↓       45 kN/m
                    ↓↓↓↓↓↓↓↓↓
A|_____
             B                       C
  |— 3 m —|— 3 m —|— 3 m —|
         EI = constante
         E = 200 GPa
         I = 1.665 × 10⁶ mm⁴
```

Figura P6.16, P6.42

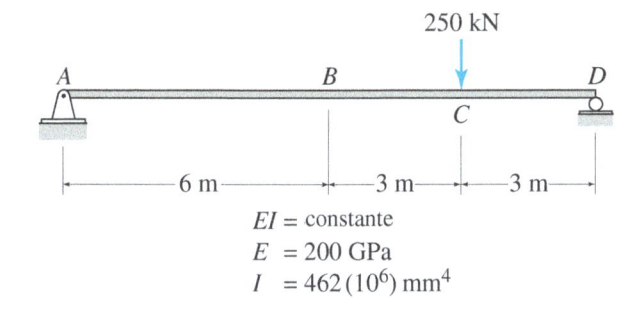

```
                     250 kN
                       ↓
A          B                    D
△_____○
                       C
  |——— 6 m ———|— 3 m —|— 3 m —|
         EI = constante
         E = 200 GPa
         I = 462 (10⁶) mm⁴
```

Figura P6.17, P6.43

6.18 a 6.22 Determine o menor momento de inércia I necessário para a viga mostrada, de forma que sua flecha máxima não exceda o limite de 1/360 do comprimento do vão da viga (ou seja, $\Delta_{máx} \leq L/360$). Use o método da área-momento.

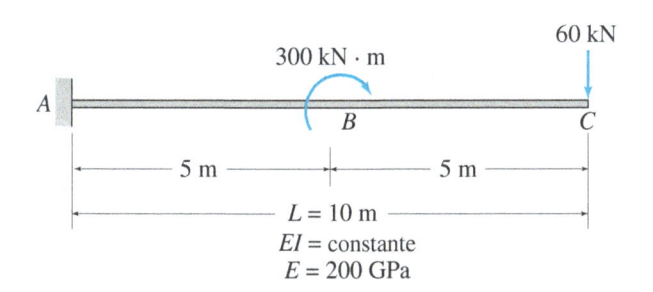

```
                              60 kN
              300 kN · m        ↓
A|_____↷_____
                B                C
  |——— 5 m ———|——— 5 m ———|
       |——— L = 10 m ———|
         EI = constante
         E = 200 GPa
```

Figura P6.18, P6.44

Flechas em vigas: métodos geométricos 237

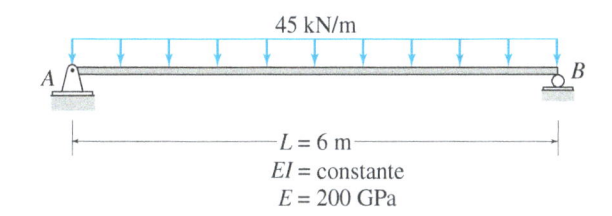

```
              45 kN/m
         ↓↓↓↓↓↓↓↓↓↓↓↓↓↓
A△_____B○
    |——————— L = 6 m ———————|
         EI = constante
         E = 200 GPa
```

Figura P6.19, P6.45

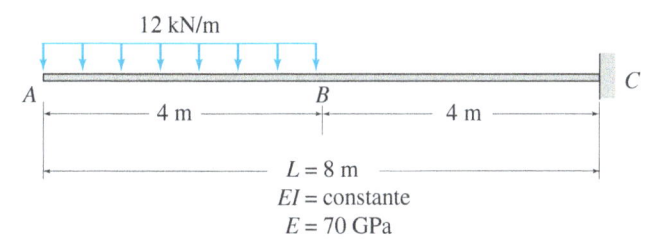

```
         12 kN/m
      ↓↓↓↓↓↓↓↓↓
A_____|C
            B
  |——— 4 m ———|——— 4 m ———|
       |——— L = 8 m ———|
         EI = constante
         E = 70 GPa
```

Figura P6.20, P6.46

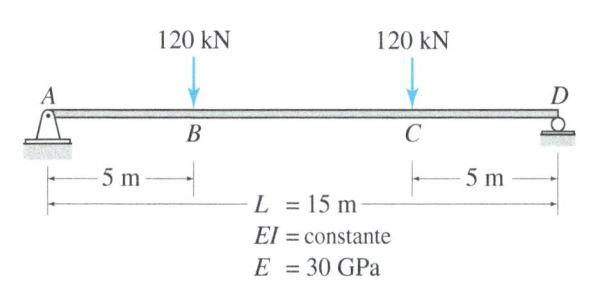

```
        120 kN           120 kN
          ↓                ↓
A_____D
△       B           C            ○
  |— 5 m —|           |— 5 m —|
       |——— L = 15 m ———|
         EI = constante
         E = 30 GPa
```

Figura P6.21, P6.47

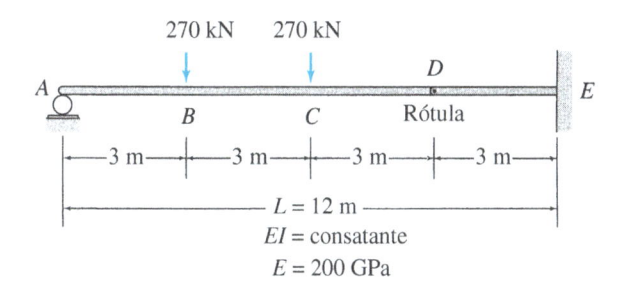

```
            270 kN   270 kN
              ↓        ↓              D
A△_____•_____|E
            B        C    Rótula
  |— 3 m —|— 3 m —|— 3 m —|— 3 m —|
       |——— L = 12 m ———|
         EI = consatante
         E = 200 GPa
```

Figura P6.22, P6.48

6.23 a 6.30 Determine pelo método da área-momento a flecha máxima para a viga mostrada.

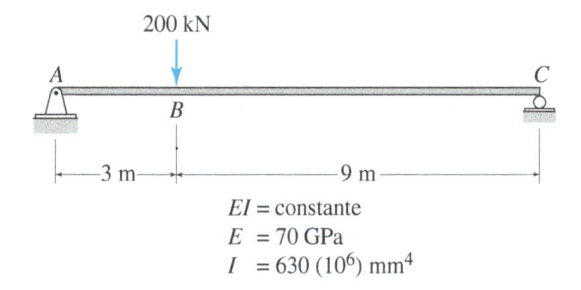

```
              200 kN
                ↓
A_____C
△        B                       ○
  |— 3 m —|———— 9 m ————|
         EI = constante
         E = 70 GPa
         I = 630 (10⁶) mm⁴
```

Figura P6.23, P6.49

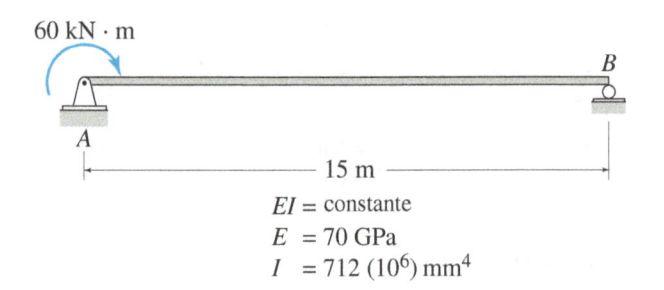

Figura P6.24, P6.50

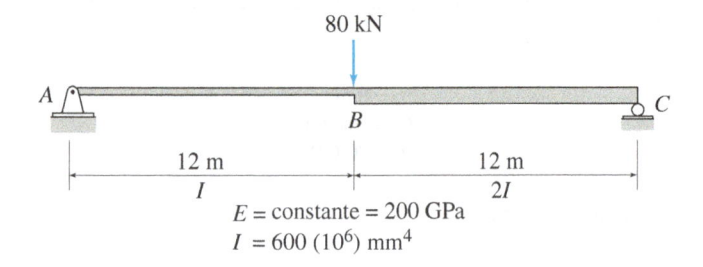

60 kN·m at A, simply supported beam AB, length 15 m.
EI = constante
E = 70 GPa
I = 712 (10⁶) mm⁴

Figura P6.25, P6.51

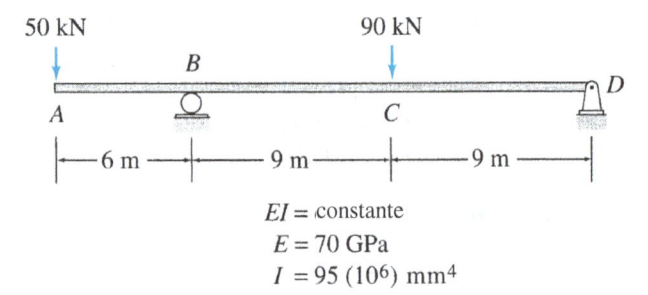

80 kN at B. Beam A–B–C, with AB = 12 m (I) and BC = 12 m (2I).
E = constante = 200 GPa
I = 600 (10⁶) mm⁴

Figura P6.26, P6.52

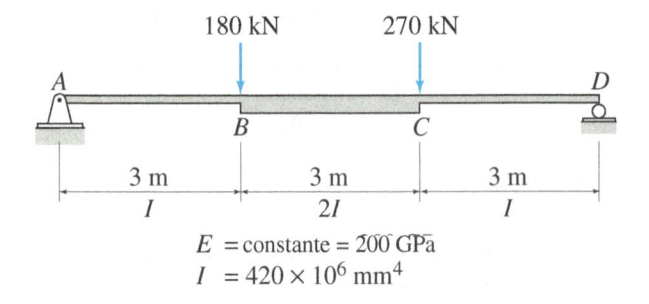

50 kN at A, 90 kN between C and D. Beam A–B–C–D with AB = 6 m, BC = 9 m, CD = 9 m. Supports at B and D.
EI = constante
E = 70 GPa
I = 95 (10⁶) mm⁴

Figura P6.27, P6.53

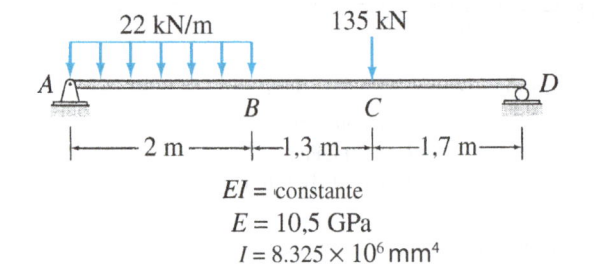

180 kN at B, 270 kN at C. Beam A–B–C–D with segments 3 m (I), 3 m (2I), 3 m (I). Supports at A and D.
E = constante = 200 GPa
I = 420 × 10⁶ mm⁴

Figura P6.28, P6.54

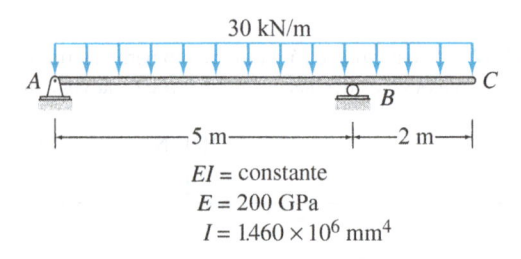

22 kN/m distributed over AB (2 m), 135 kN at C. Beam A–B–C–D with segments 2 m, 1,3 m, 1,7 m. Supports at A and D.
EI = constante
E = 10,5 GPa
I = 8.325 × 10⁶ mm⁴

Figura P6.29, P6.55

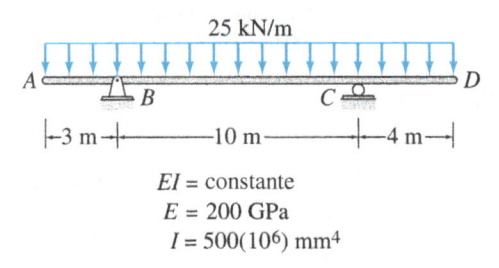

30 kN/m distributed over AB (5 m). Beam A–B–C, AB = 5 m, BC = 2 m. Supports at A and B.
EI = constante
E = 200 GPa
I = 1.460 × 10⁶ mm⁴

Figura P6.30, P6.56

25 kN/m distributed over full length. Beam A–B–C–D with AB = 3 m, BC = 10 m, CD = 4 m. Supports at B and C.
EI = constante
E = 200 GPa
I = 500(10⁶) mm⁴

6.31 e 6.32 Use o método da área-momento para determinar a rotação e a flecha no ponto D da viga mostrada.

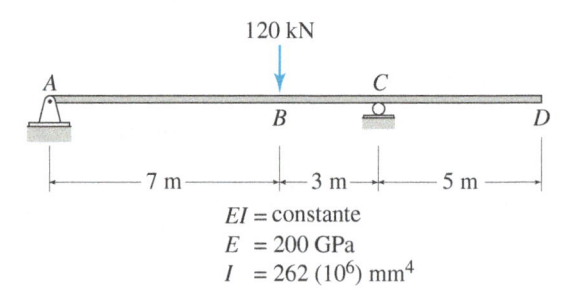

120 kN at C. Beam A–B–C–D with AB = 7 m, BC = 3 m, CD = 5 m. Supports at A and B.
EI = constante
E = 200 GPa
I = 262 (10⁶) mm⁴

Figura P6.31, P6.57

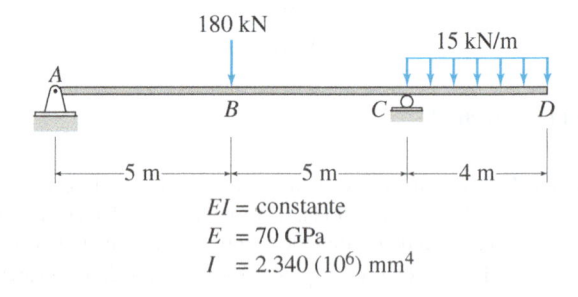

180 kN at B, 15 kN/m over CD. Beam A–B–C–D with AB = 5 m, BC = 5 m, CD = 4 m. Supports at A and C.
EI = constante
E = 70 GPa
I = 2.340 (10⁶) mm⁴

Figura P6.32, P6.58

6.33 e 6.34 Use o método da área-momento para determinar as rotações e as flechas nos pontos B e D da viga mostrada.

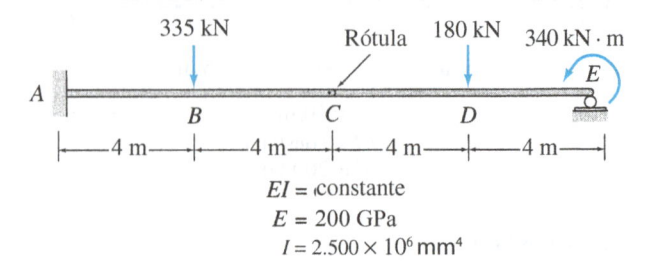

335 kN at B, Rótula at C, 180 kN at D, 340 kN·m at E. Beam A–B–C–D–E with segments 4 m, 4 m, 4 m, 4 m. Supports at A and E.
EI = constante
E = 200 GPa
I = 2.500 × 10⁶ mm⁴

Figura P6.33, P6.59

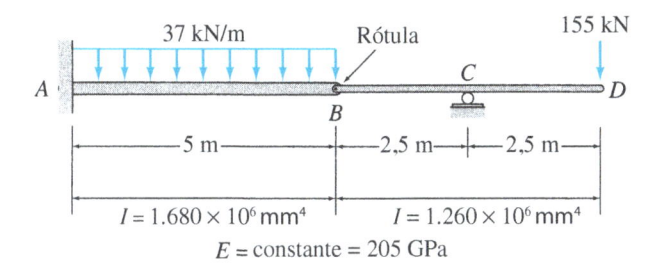

Figura P6.34, P6.60

Seção 6.6

6.35 a 6.38 Use o método de viga conjugada para determinar a rotação e a flecha no ponto B das vigas mostradas nas Figuras P6.9 a P6.12.

6.39 e 6.40 Determine a rotação e a flecha no ponto A da viga mostrada nas Figuras P6.13 e P6.14 com o uso do método da viga conjugada.

6.41 a 6.43 Use o método da viga conjugada para determinar as rotações e as flechas nos pontos B e C das vigas mostradas nas Figuras P6.15 a P6.17.

6.44 a 6.48 Usando o método da viga conjugada, determine os menores momentos de inércia I necessários para as vigas mostradas nas Figuras P6.18 a P6.22, de forma que a flecha máxima da viga não exceda o limite de 1/360 do comprimento do vão da viga (ou seja, $\Delta_{máx} \leq L/360$).

6.49 a 6.56 Determine por meio do método da viga conjugada a flecha máxima para as vigas mostradas nas Figuras P6.23 a P6.30.

6.57 a 6.58 Use o método da viga conjugada para determinar a rotação e a flecha no ponto D das vigas mostradas nas Figuras P6.31 e P6.32.

6.59 a 6.60 Use o método da viga conjugada para determinar as rotações e as flechas nos pontos B e D das vigas mostradas nas Figuras P6.33 e P6.34.

7

Flechas em treliças, vigas e pórticos: métodos de trabalho-energia

7.1 Trabalho
7.2 Princípio do trabalho virtual
7.3 Flechas em treliças pelo método do trabalho virtual
7.4 Flechas em vigas pelo método do trabalho virtual
7.5 Flechas em pórticos pelo método do trabalho virtual
7.6 Conservação de energia e energia de deformação
7.7 Segundo teorema de Castigliano
7.8 Lei de Betti e lei de Maxwell para flechas recíprocas
Resumo
Problemas

Colapso da ponte interestadual 35W em Minnesota (2007)

AP Photo/Pioneer Press, Brandi Jade Thomas.

Neste capítulo, desenvolvemos métodos para análise de flechas de estruturas determinadas estaticamente, usando alguns princípios básicos de energia e trabalho. Os métodos de trabalho-energia são mais gerais que os métodos geométricos considerados no capítulo anterior, no sentido de que eles são aplicados em vários tipos de estruturas, como treliças, vigas e pórticos. Uma desvantagem desses métodos é que, com cada aplicação, somente um parâmetro de flecha, ou rotação, em um ponto da estrutura pode ser calculado.

Começamos revendo o conceito básico do trabalho executado por forças e momentos durante uma deformação da estrutura; em seguida, discutimos o princípio do trabalho virtual. Este princípio é usado para formular o método do trabalho virtual para as flechas de treliças, vigas e pórticos. Demonstramos as expressões para energia de deformação de treliças, vigas e pórticos e depois consideramos o segundo teorema de Castigliano para calcular as flechas. Por fim, apresentamos a lei de Betti e a lei de Maxwell para flechas recíprocas.

7.1 Trabalho

O trabalho feito por uma força sobre uma estrutura é definido simplesmente como a força vezes o deslocamento de seu ponto de aplicação na direção da força. O trabalho é considerado positivo quando a força e o deslocamento na direção da força apresentam o mesmo sentido, negativo quando a força e o deslocamento apresentam o sentido oposto.

Consideremos o trabalho feito por uma força P, durante a deformação de uma estrutura sob ação de um sistema de forças (que inclui P), conforme mostrado na Figura 7.1(a). A magnitude de P pode variar na medida em que seu ponto de aplicação desloca de A na posição indeformada da estrutura para A' na posição deformada. O trabalho dW que P executa, assim como seu ponto de aplicação passa por um deslocamento infinitesimal, $d\Delta$ (Figura 7.1(a)), pode ser escrito como

$$dW = P(d\Delta)$$

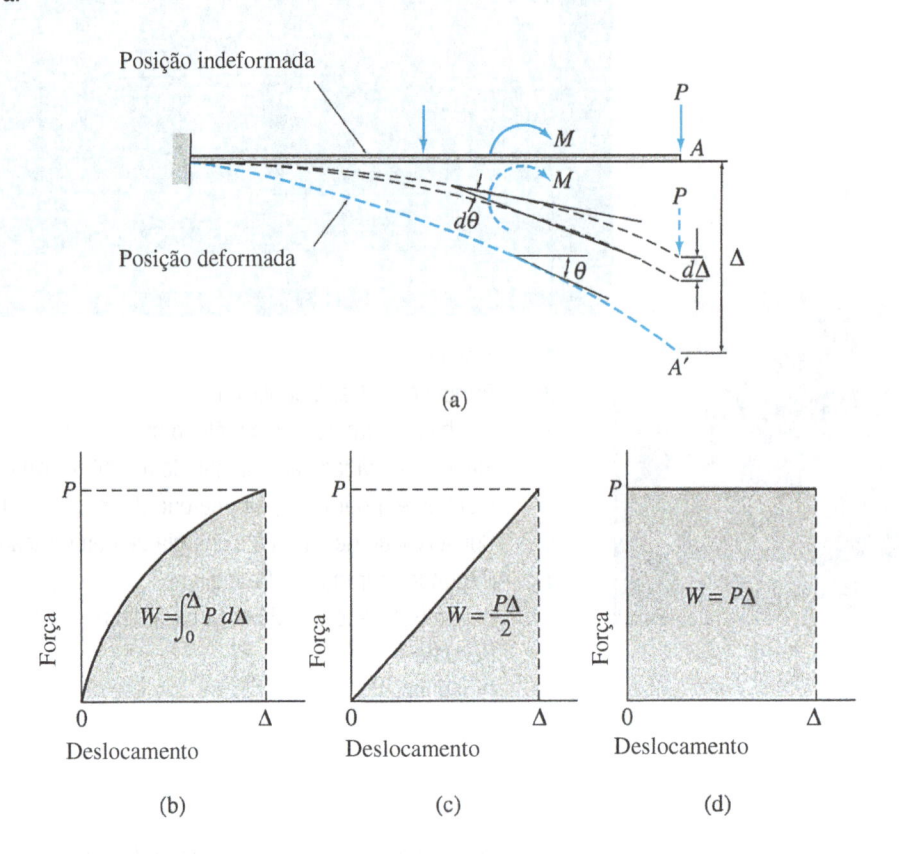

Figura 7.1

O trabalho total W que a força P exerce sobre todo o deslocamento Δ é obtido integrando-se a expressão de dW como

$$W = \int_0^\Delta P\,d\Delta \tag{7.1}$$

Como Equação (7.1) indica, o trabalho é igual à área sob o diagrama deslocamento-força, conforme mostrado na Figura7.1(b). Neste capítulo, focamos a atenção na análise de estruturas elásticas lineares, de modo que uma expressão de trabalho de maior interesse é para o caso em que a força varia linearmente com o deslocamento de zero para seu valor final, conforme mostrado na Figura 7.1(c). O trabalho neste caso é dado pela área triangular sob o diagrama deslocamento-força e é expresso como

$$W = \frac{1}{2}P\Delta \tag{7.2}$$

Outro caso de interesse é retratado na Figura 7.1(d). Nesse caso, a força permanece constante em P enquanto seu ponto de aplicação passa por um deslocamento Δ causado por outra ação independente de P. O trabalho que passa pela força P nesse caso é igual à área retangular sob o diagrama deslocamento-força e é expresso como

$$W = P\Delta \tag{7.3}$$

É importante distinguir entre as duas expressões de trabalho, conforme expressas nas Equações (7.2) e (7.3). Observe que a expressão de trabalho para o caso em que a força varia linearmente com o deslocamento (Equação 7.2) contém o fator de $\frac{1}{2}$, ao passo que a expressão de trabalho do caso de uma força constante (Equação 7.3) não contém este fator. Essas duas expressões de trabalho serão usadas, subsequentemente, no desenvolvimento dos diferentes métodos para cálculo das flechas em estruturas.

As expressões de trabalho de momentos são similares em forma às expressões de trabalho de forças. O trabalho feito por um momento que atua em uma estrutura é definido como o momento vezes o ângulo por meio do qual o momento gira. O trabalho dW que um momento M executa por meio de uma rotação infinitesimal $d\theta$ (veja a Figura 7.1(a)) é dado por

$$dW = M(d\theta)$$

capítulo 7   Flechas em treliças, vigas e pórticos: métodos de trabalho-energia   **243**

Portanto, o trabalho total W de um momento variável M com a rotação inteira θ pode ser expresso como

$$W = \int_0^\theta M\, d\theta \tag{7.4}$$

Quando o momento varia linearmente com a rotação de zero para seu valor final, o trabalho pode ser expresso como

$$W = \frac{1}{2} M\theta \tag{7.5}$$

e, se M permanece constante durante uma rotação θ, então o trabalho é dado por

$$W = M\theta \tag{7.6}$$

7.2 Princípio do trabalho virtual

O *princípio do trabalho virtual*, que foi introduzido por John Bernoulli em 1717, fornece uma ferramenta analítica poderosa para muitos problemas de mecânica estrutural. Nesta seção, estudamos duas fórmulas deste princípio, denominadas o *princípio de deslocamentos virtuais para corpos rígidos* e o *princípio de forças virtuais para corpos deformáveis*. A última formulação é usada nas seções subsequentes para desenvolver o *método do trabalho virtual*, que é considerado como o método mais abrangente para determinar flechas em estruturas.

Princípio dos deslocamentos virtuais para corpos rígidos

O princípio de deslocamentos virtuais para corpos rígidos pode ser descrito da seguinte maneira:

> Se um corpo rígido estiver em equilíbrio sob um sistema de forças e se for sujeito a um pequeno deslocamento de corpo rígido virtual, o trabalho virtual feito pelas forças externas será zero.

O termo *virtual* simplesmente significa imaginário, não real. Considere a viga mostrada na Figura 7.2(a). O diagrama de corpo livre da viga é mostrado na Figura 7.2(b), no qual P_x e P_y representam as componentes da carga externa P nas direções x e y, respectivamente.

Agora, suponha que a viga esteja sob um pequeno deslocamento de corpo rígido virtual arbitrário de sua posição em equilíbrio inicial ABC para outra posição $A'B'C'$, conforme apresentado na Figura 7.2(c). Como exposto nessa figura, o deslocamento de corpo rígido virtual total da viga pode ser decomposto em translações Δ_{vx} e Δ_{vy} nas direções

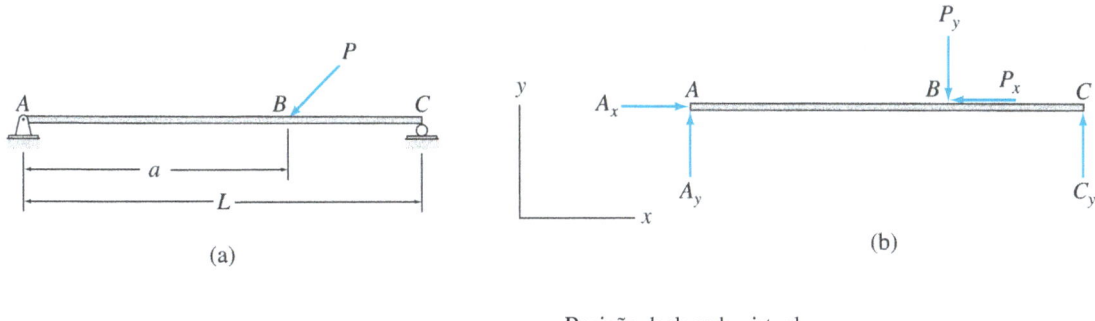

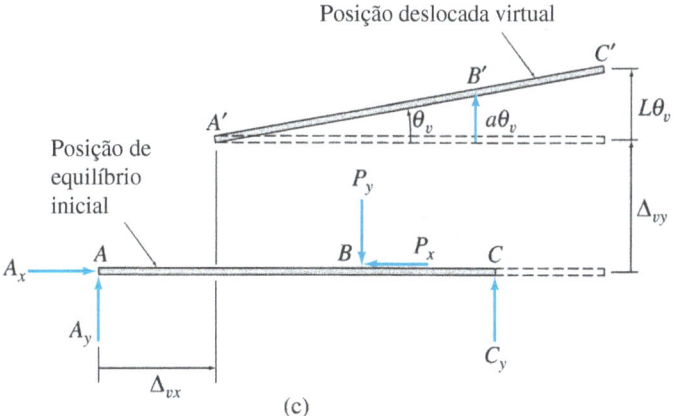

Figura 7.2

x e y, respectivamente, e uma rotação θ_v sobre o ponto A. Observe que o subscrito v é usado aqui para identificar os deslocamentos como quantidades virtuais. Na medida em que a viga passa pelo deslocamento virtual da posição ABC para a posição $A'B'C'$, as forças que atuam sobre ela executam o trabalho, que é chamado *trabalho virtual*. O trabalho virtual total, W_{ve}, executado por forças externas que atuam sobre a viga pode ser expresso como a soma do trabalho virtual W_{vx} e W_{vy} feito durante as translações nas direções x e y, respectivamente, e o trabalho virtual W_{vr}, feito durante a rotação; que é

$$W_{ve} = W_{vx} + W_{vy} + W_{vr} \tag{7.7}$$

Durante as translações virtuais Δ_{vx} e Δ_{vy} da viga, o trabalho virtual feito pelas forças é fornecido por

$$W_{vx} = A_x \Delta_{vx} - P_x \Delta_{vx} = (A_x - P_x)\Delta_{vx} = (\Sigma F_x)\Delta_{vx} \tag{7.8}$$

e

$$W_{vy} = A_y \Delta_{vy} - P_y \Delta_{vy} + C_y \Delta = (A_y - P_y + C_y)\Delta_{vy} = (\Sigma F_y)\Delta_{vy} \tag{7.9}$$

(veja a Figura 7.2(c)). O trabalho virtual feito pelas forças durante a pequena rotação virtual θ_v pode ser expresso como

$$W_{vr} = P_y(a\theta_v) + C_y(L\theta_v) = (-aP_y + LC_y)\,\theta_v = (\Sigma M_A)\,\theta_v \tag{7.10}$$

Substituindo-se as Equações (7.8) a (7.10) pela Equação (7.7), escrevemos o trabalho virtual total como

$$W_{ve} = (\Sigma F_x)\Delta_{vx} + (\Sigma F_y)\,\Delta_{vy} + (\Sigma M_A)\theta_v \tag{7.11}$$

Como a viga está em equilíbrio $\Sigma F_x = 0$, $\Sigma F_y = 0$ e $\Sigma M_A = 0$; portanto, Equação (7.11) se torna

$$W_{ve} = 0 \tag{7.12}$$

que é a base matemática para o princípio dos deslocamentos virtuais para corpos rígidos.

Princípio das forças virtuais para corpos deformáveis

O princípio das forças virtuais para corpos deformáveis pode ser descrito da seguinte maneira:

> Se uma estrutura deformável estiver em equilíbrio sob um sistema virtual de forças (e momentos) e se ela estiver sujeita a alguma pequena e deformação real compatível com o apoio e com as condições de continuidade da estrutura, então o trabalho virtual externo feito pelas forças virtuais externas (e momentos) que atuam por meio dos deslocamentos reais externos (e rotações) será igual ao trabalho virtual interno feito pelas forças virtuais internas (e momentos) que atuam por meio do deslocamento real interno (e rotações).

Nessa instrução, o termo *virtual* é associado às forças para indicar que o sistema de força é arbitrário e não depende da ação que causa a deformação real.

Para demonstrar a validade desse princípio, considere os dois elementos da treliça com duas barras indicada na Figura 7.3(a). A treliça está em equilíbrio sob a ação de uma força virtual externa P_v, conforme mostrada. O diagrama de corpo livre do nó C da treliça está exposto na Figura 7.3(b).

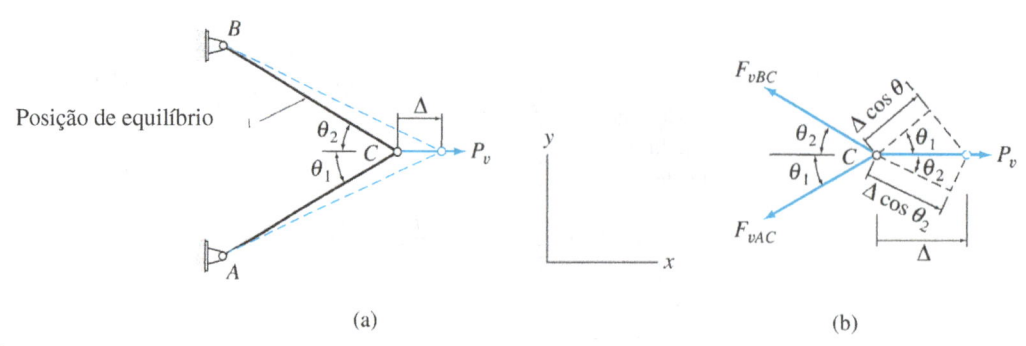

Figura 7.3

Como o nó C está em equilíbrio, as forças virtuais internas e externas que atuam sobre ela devem satisfazer às duas equações de equilíbrio a seguir:

$$\sum F_x = 0 \qquad P_v - F_{vAC} \cos\theta_1 - F_{vBC} \cos\theta_2 = 0$$
$$\sum F_y = 0 \qquad -F_{vAC} \operatorname{sen}\theta_1 + F_{vBC} \operatorname{sen}\theta_2 = 0$$
(7.13)

na qual F_{vAC} e F_{vBC} representam as forças virtuais internas nos elementos AC e BC, respectivamente, e θ_1 e θ_2 representam, respectivamente, os ângulos de inclinação desses elementos com relação à horizontal (Figura 7.3(a)).

Agora, vamos considerar que o nó C da treliça é resultante de um pequeno deslocamento real, Δ, para a direita de sua posição de equilíbrio, como mostrado na Figura 7.3(a). Observe que a deformação está compatível com as condições de apoio da treliça; ou seja, os nós A e B, que estão ligados aos apoios, não são exibidos. Como as forças virtuais que atuam nos nós A e B não realizam nenhum trabalho, o trabalho virtual total para a treliça (W_v) é igual à soma algébrica do trabalho das forças virtuais que atuam no nó C; ou seja,

$$W_v = P_v\Delta - F_{vAC}(\Delta \cos\theta_1) - F_{vBC}(\Delta \cos\theta_2)$$

ou

$$W_v = (P_v - F_{vAC}\cos\theta_1 - F_{vBC}\cos\theta_2)\Delta \qquad (7.14)$$

Conforme indicado pela Equação (7.13), o termo entre parênteses do lado direito da Equação (7.14) é nulo; portanto, o trabalho virtual total é $W_v = 0$. Assim, a Equação (7.14) pode ser expressa como

$$P_v\Delta = F_{vAC}(\Delta \cos\theta_1) - F_{vBC}(\Delta \cos\theta_2) \qquad (7.15)$$

na qual a quantidade do lado esquerdo representa o trabalho virtual externo (W_{ve}) feito pela força virtual externa, P_v, que atua por meio de deslocamento real externo, Δ. Também, percebendo que os termos Δ e θ_1 e $\Delta \cos\theta_2$ são iguais aos deslocamentos reais internos (alongamentos) dos elementos AC e BC, respectivamente, podemos concluir que o lado direito da Equação (7.15) representa o trabalho virtual interno (W_{vi}) feito pelas forças virtuais internas que atuam por meio dos deslocamentos reais internos; que é a base matemática do princípio das forças virtuais para corpos deformáveis.

$$W_{ve} = W_{vi} \qquad (7.16)$$

Deve-se perceber que o princípio das forças virtuais, conforme descrito aqui, é aplicável independentemente da causa das deformações reais; ou seja, deformações devido a cargas, variações de temperatura ou qualquer outro efeito que pode ser determinado pela aplicação do princípio. No entanto, as deformações devem ser pequenas o suficiente para que as forças virtuais permaneçam constantes em magnitude e direção enquanto executam o trabalho virtual. Além disso, embora a aplicação desse princípio nesse texto seja limitada às estruturas elásticas, o princípio é válido independentemente da estrutura ser ou não elástica.

O método do trabalho virtual é baseado no princípio de forças virtuais para corpos deformáveis, conforme expresso pela Equação (7.16), que pode ser escrito como

Trabalho virtual externo = trabalho virtual interno (7.17)

ou, mais especificamente, como

$$\sum \begin{pmatrix} \text{força virtual externa} \times \\ \text{deslocamento real interno} \end{pmatrix} = \sum \begin{pmatrix} \text{força virtual interna} \times \\ \text{deslocamento real externo} \end{pmatrix}$$
(7.18)

(Sistema virtual sobre o lado esquerdo; Sistema real sob o lado esquerdo)

no qual os termos *forças* e *deslocamentos* são usados em um sentido geral e incluem momentos e rotações, respectivamente. Observe que como as forças virtuais são independentes das ações que causam a deformação real e permanecem constantes durante a deformação real, as expressões de trabalho virtual externo e interno na Equação (7.18) não contêm o fator 1/2.

246 Análise Estrutural — Parte 2

Como a Equação (7.18) indica, o método do trabalho virtual utiliza dois sistemas separados: um sistema de força virtual e o sistema real de cargas (ou outros efeitos) que causam a deformação a ser determinada. Para determinar a flecha (ou rotação) em qualquer ponto de uma estrutura, um sistema de força virtual é selecionado para que a deformação desejada (ou rotação) seja a única incógnita na Equação (7.18). As expressões explícitas do método do trabalho virtual a serem usadas para calcular as flechas de treliças, vigas e pórticos são desenvolvidas nas três seções a seguir.

7.3 Flechas em treliças pelo método do trabalho virtual

Para desenvolver a expressão do método do trabalho virtual que pode ser usado para determinar as flechas em treliças, considere uma treliça arbitrária determinada estaticamente, conforme mostrado na Figura 7.4(a). Vamos assumir que desejamos determinar a flecha vertical, Δ, no nó B da treliça devido às cargas externas fornecidas, P_1 e P_2. A treliça é determinada estaticamente, portanto, as forças normais em seus elementos podem ser determinadas pelo método dos nós descrito anteriormente no Capítulo 4. Se F representa a força normal em um elemento arbitrário j (por exemplo, o elemento CD na Figura 7.4(a)) da treliça, então (a partir de *mecânica dos materiais*) a deformação normal, δ, desse elemento é dada por

$$\delta = \frac{FL}{AE} \tag{7.19}$$

em que L, A e E denotam, respectivamente, o comprimento, a área transversal e o módulo de elasticidade do elemento j.

Para determinarmos a flecha vertical, Δ, no nó B da treliça, selecionamos um sistema virtual que consiste em uma carga unitária agindo no nó e na direção da flecha desejada, conforme mostrado na Figura 7.4(b). Observe que o sentido (para baixo) da carga unitária na Figura 7.4(b) é o mesmo do sentido adotado para a flecha desejada Δ na Figura 7.4(a). As forças nos elementos da treliça devido à carga unitária virtual podem ser determinadas a partir do método dos nós. Considere F_v a força virtual no elemento j. A seguir, submetemos a treliça à carga virtual unitária agindo sobre ela (Figura 7.4(b)) para as deformações das cargas reais (Figura 7.4(a)). O trabalho virtual externo executado pela carga virtual unitária conforme passa pela flecha real Δ é igual a

$$W_{ve} = 1(\Delta) \tag{7.20}$$

Para determinarmos o trabalho virtual interno, focamos nossa atenção no elemento j (elemento CD na Figura 7.4). O trabalho virtual interno realizado no elemento j pela força virtual axial F_v, agindo por meio da deformação real normal δ, é igual a $F_v \delta$. Portanto, o trabalho virtual interno total realizado em todos os elementos da treliça pode ser escrito como

$$W_{vi} = \sum F_v(\delta) \tag{7.21}$$

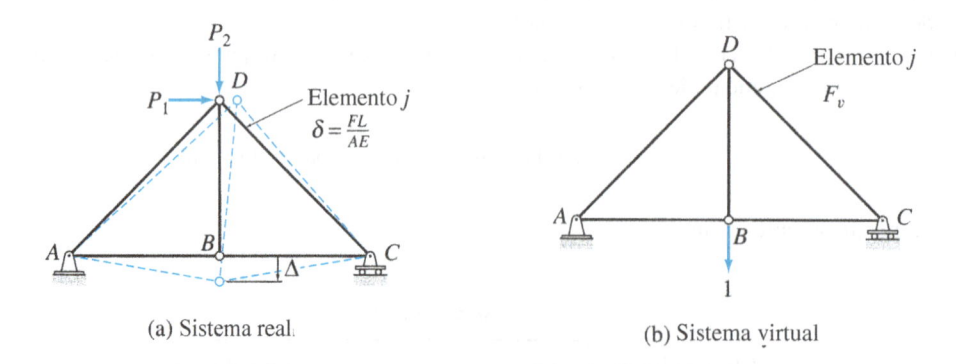

(a) Sistema real

(b) Sistema virtual

Figura 7.4

Ao equipararmos o trabalho virtual externo (Equação (7.20)) ao trabalho virtual interno (Equação (7.21)) de acordo com o princípio das forças virtuais para corpos deformáveis, obtemos a seguinte expressão do método do trabalho virtual para as flechas da treliça:

$$1(\Delta) = \sum F_v(\delta) \tag{7.22}$$

Quando as deformações são causadas por cargas externas, a Equação (7.19) pode ser substituída pela Equação (7.22) para se obter

$$1(\Delta) = \sum F_v \left(\frac{FL}{AE}\right) \tag{7.23}$$

Como a flecha desejada, Δ, é a única incógnita na Equação (7.23), seu valor pode ser determinado resolvendo-se essa equação.

Variações de temperatura e erros de montagem

A expressão do método do trabalho virtual, conforme fornecida pela Equação (7.22) é praticamente geral, no sentido de que ela pode ser usada para determinar as flechas em treliça devido a variações de temperatura, erros de montagem e qualquer outro efeito para o qual as deformações normais do elemento, δ, sejam conhecidas ou possam ser avaliadas previamente.

A deformação normal de um elemento da treliça j de comprimento L devido a uma mudança de temperatura (ΔT) é dada por

$$\delta = \alpha (\Delta T) L \tag{7.24}$$

em que α indica o coeficiente de dilatação térmica do elemento j. Substituindo-se a Equação (7.24) pela Equação (7.22), obtemos a seguinte expressão:

$$1(\Delta) = \sum F_v \alpha (\Delta T) L \tag{7.25}$$

que pode ser usada para calcular as flechas em treliça devido às variações de temperatura.

As flechas em treliça devido aos erros de montagem podem ser determinadas simplesmente substituindo-se as variações no comprimento do elemento devido aos erros de montagem para δ na Equação (7.22).

Procedimento para análise

O procedimento passo a passo a seguir pode ser usado para determinar as flechas em treliças pelo método do trabalho virtual.

1. *Sistema real* Se a flecha na treliça a ser determinada for causada por cargas externas, então, aplique o método dos nós e/ou o método das seções para calcular as forças normais (reais) (F) em todos os elementos da treliça. Nos exemplos fornecidos ao final desta seção, as forças de tração nos elementos são consideradas como positivas e vice-versa. Da mesma maneira, os aumentos de temperatura e os aumentos no comprimento do elemento devido aos erros de montagem são considerados como positivos e vice-versa.
2. *Sistema virtual* Remova todas as cargas externas (reais) na treliça; em seguida, aplique uma carga unitária no nó em que a flecha é desejada e na direção da flecha desejada para formar o sistema de força virtual. Usando o método dos nós e/ou o método das seções, calcule as forças virtuais normais (F_v) em todos os elementos da treliça. A referida convenção usada para as forças virtuais deve ser a mesma que a adotada para as forças reais na etapa 1; ou seja, se as forças de tração reais, aumentos de temperatura, ou alongamentos de elementos devido a erros de montagem forem considerados como positivos na etapa 1, então, as forças virtuais de tração também devem ser consideradas como positivas e vice-versa.
3. A flecha desejada na treliça pode agora ser determinada pela aplicação da Equação (7.23) se a flecha for devida a cargas externas; Equação (7.25) se a flecha for causada por variações de temperatura; ou Equação (7.22) no caso de a flecha ocorrer devido a erros de montagem. A aplicação dessas expressões do trabalho virtual pode ser facilitada pela organização das quantidades reais e virtuais, calculadas nas etapas 1 e 2, em um formato de tabela, conforme ilustrado nos exemplos a seguir. Uma resposta positiva para a flecha desejada significa que a flecha ocorre na mesma direção que a da carga unitária, enquanto uma resposta negativa indica que a flecha ocorre na direção oposta ao da carga unitária.

EXEMPLO 7.1

Determine a flecha horizontal no nó C das treliças da Figura 7.5(a) pelo método do trabalho virtual.

Solução

Sistema real. O sistema real consiste na carga fornecida no problema, conforme indicado na Figura 7.5(b). As forças normais do elemento devido às cargas reais (F) obtidas pelo uso do método dos nós também são ilustradas na Figura 7.5(b).

Sistema virtual. O sistema virtual consiste em uma carga unitária (1 kN) na direção horizontal no nó C, conforme mostrado na Figura 7.5(c). As forças normais do elemento devido à carga virtual 1 kN (F_v) são determinadas ao aplicar o método dos nós. Essas forças de elementos também são mostradas na Figura 7.5(c).

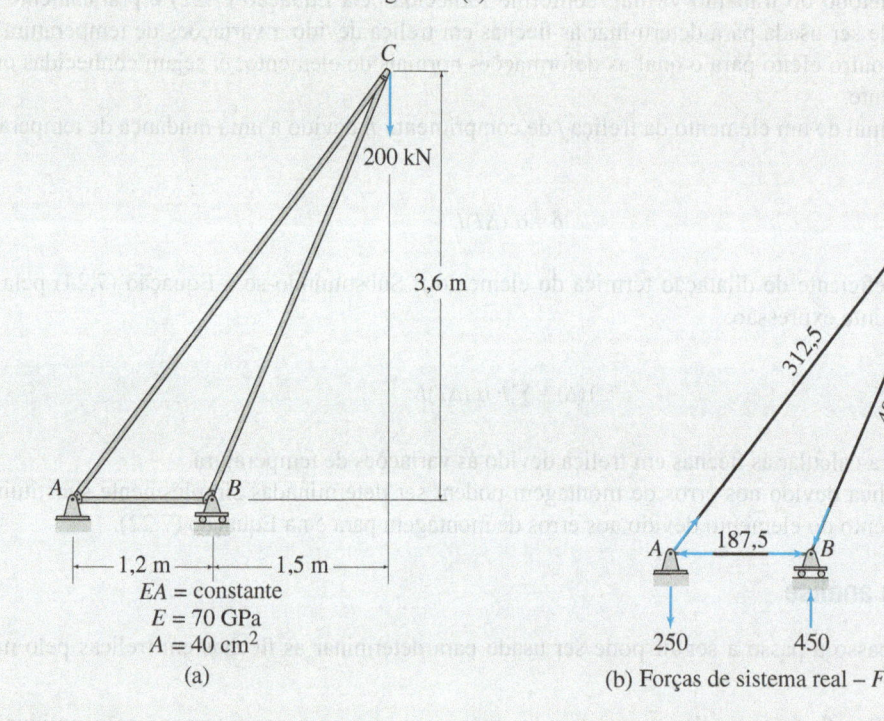

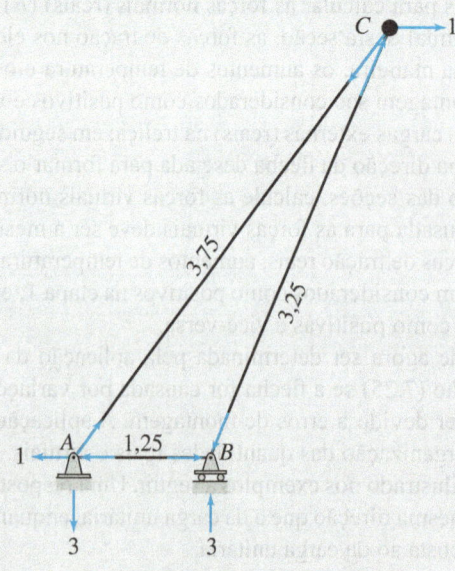

(a) EA = constante; E = 70 GPa; A = 40 cm²; 1,2 m; 1,5 m; 3,6 m; 200 kN

(b) Forças de sistema real – F

(c) Forças de sistema virtual – F_v

Figura 7.5

Flecha horizontal em C, Δ_C. Para facilitar o cálculo da flecha desejada, as forças reais e virtuais nos elementos são tabeladas junto com os comprimentos do elemento (L), conforme mostrado na Tabela 7.1. Como os valores da área transversal, A, e o módulo de elasticidade, E, são os mesmos para todos os elementos, esses não são incluídos na tabela. Observe que a mesma convenção de sinal é usada para os sistemas reais e virtuais; ou seja, tanto na terceira quanto na quarta coluna da tabela, as forças de tração são inseridas como números positivos e as forças compressivas, como números negativos. Em seguida, para cada elemento, a quantidade $F_v(FL)$ é calculada, e seu valor é inserido na quinta coluna da tabela.

A soma algébrica de todas as entradas na quinta coluna, $\sum F_v(FL)$, é então determinada, e seu valor é registrado na parte inferior na quinta coluna, conforme mostrado. O trabalho virtual interno total realizado em todos os elementos da treliça é dado por

$$W_{vi} = \frac{1}{EA} \sum F_v(FL)$$

O trabalho virtual externo realizado pela carga 1 kN que atua por meio da flecha horizontal desejada em C, Δ_C, é de

$$W_{ve} = (1 \text{ kN}) \Delta_c$$

Por fim, determinamos a flecha desejada Δ_C equiparando o trabalho virtual externo ao trabalho virtual interno e resolvendo-se a equação resultante para Δ_C, conforme mostrado na Tabela 7.1. Observe que a resposta positiva para Δ_C indica que o nó C se desloca para a direita, na direção da carga unitária.

Tabela 7.1

Elemento	L (m)	F (kN)	F_v (kN)	$F_v (FL)$ (kN² · m)
AB	1,2	−187,5	−1,25	281,25
AC	4,5	312,5	3,75	5.273,44
BC	3,9	−487,5	−3,25	6.179,06
				$\sum F_v (FL) = 11.733,75$

$$1(\Delta_C) = \frac{1}{EA} \sum F_v(FL)$$

$$(1 \text{ kN})\Delta_C = \frac{11.733,75}{70(10^6) \, 4.000(10^{-6})} \text{ kN} \cdot \text{m}$$

$$\Delta_C = 0,042 \text{ m}$$

$$\Delta_C = 42 \text{ mm} \rightarrow$$

Resp.

EXEMPLO 7.2

Determine a flecha horizontal no nó G das treliças da Figura 7.6(a) pelo método do trabalho virtual.

Solução

Sistema real. O sistema real consiste na carga fornecida no problema, conforme mostrado na Figura 7.6(b). As forças normais no elemento devido às cargas reais (F) obtidas pelo uso do método dos nós também são ilustradas na Figura 7.6(b).

Sistema virtual. O sistema virtual consiste em uma carga unitária (1 − kN) aplicada na direção horizontal no nó G, conforme mostrado na Figura 7.6(c). As forças normais do elemento devido à carga virtual 1 kN (F_v) também estão ilustradas na Figura 7.6(c).

250 Análise Estrutural — Parte 2

(a) — $E = 200$ GPa

(b) Forças do sistema real – F Forças

(c) Forças do sistema virtual – F_v Forças

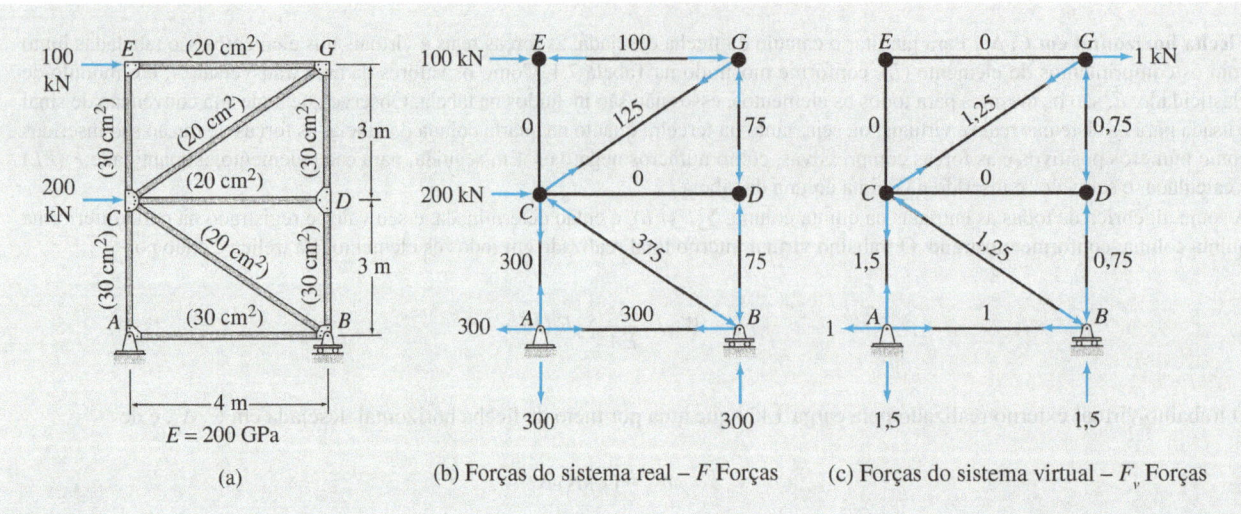

Figura 7.6

Flecha horizontal em G, Δ_G. Para facilitar o cálculo da flecha desejada, as forças reais e virtuais nos elementos são tabuladas com os comprimentos (L) e áreas transversais (A) dos elementos, conforme mostrado na Tabela 7.2. O módulo de elasticidade, E, é o mesmo para todos os elementos, portanto, seu valor não está incluído na tabela. Observe que a mesma convenção de sinal é usada para os sistemas reais e virtuais; ou seja, tanto na quarta quanto na quinta coluna da tabela, as forças de tração são inseridas como números positivos e as forças compressivas, como números negativos. Em seguida, para cada elemento, a quantidade $F_v(FL/A)$ é calculada, e seu valor é inserido na sexta coluna da tabela. A soma algébrica de todas as entradas na sexta coluna, $\sum F_v(FL/A)$, é então determinada, e seu valor é registrado na parte inferior da sexta coluna, conforme mostrado. Por fim, a flecha desejada Δ_G é determinada aplicando-se a expressão de trabalho virtual (Equação (7.23)), conforme indicado na Tabela 7.2. Observe que a resposta positiva para Δ_G indica que o nó G se desloca para a direita, na direção da carga unitária.

Tabela 7.2

Elemento	L(m)	A(m²)	F(kN)	F_v(kN)	$F_v(FL/A)$ (kN²/m)
AB	4	0,003	300	1	400.000
CD	4	0,002	0	0	0
EG	4	0,002	−100	0	0
AC	3	0,003	300	1,5	450.000
CE	3	0,003	0	0	0
BD	3	0,003	−75	−0,75	56.250
DG	3	0,003	−75	−0,75	56.250
BC	5	0,002	−375	−1,25	1.171.875
CG	5	0,002	125	1,25	390.625

$$\sum F_v\left(\frac{FL}{A}\right) = 2.525.000$$

$$1(\Delta_G) = \frac{1}{E}\sum F_v\left(\frac{FL}{A}\right)$$

$$(1 \text{ kN})\Delta_G = \frac{2.525.000}{200(10^6)}$$

$$\Delta_G = 0,0126 \text{ m}$$

$$\Delta_G = 12,6 \text{ mm} \rightarrow \quad \text{Resp.}$$

EXEMPLO 7.3

Determine as componentes horizontais e verticais da flecha no nó B da treliça mostrada na Figura 7.7(a) pelo método do trabalho virtual.

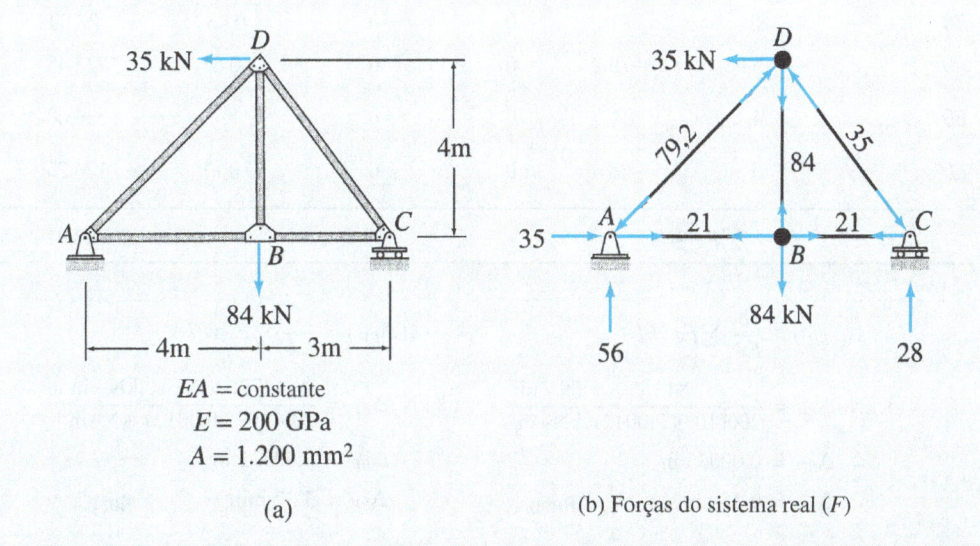

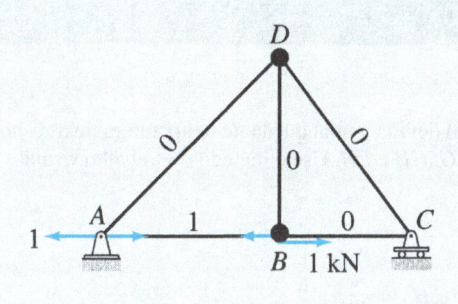

(a)
EA = constante
E = 200 GPa
A = 1.200 mm²

(b) Forças do sistema real (F)

(c) Sistema virtual para determinação de força Δ_{BH} (F_{v1})

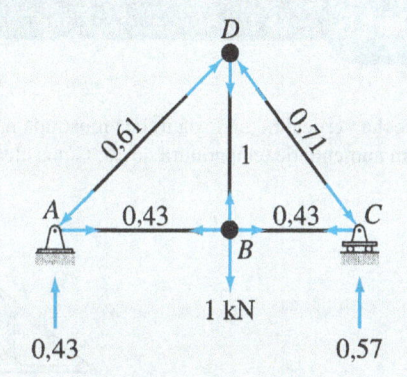

(d) Sistema virtual para determinação de força Δ_{BV} (F_{v2})

Figura 7.7

Solução

Sistema real. O sistema real e as forças normais do elemento correspondente (F) são apresentados na Figura 7.7(b).

Flecha horizontal em B, Δ_{BH}. O sistema virtual usado para determinar a flecha horizontal em B consiste em uma carga 1 – kN aplicada na direção horizontal no nó B, conforme mostrado na Figura 7.7(c). As forças normais do elemento (F_{v1}) devido a essa carga virtual também estão nessa figura. As forças normais do elemento devido ao sistema real (F) e esse sistema virtual (F_{v1}) são tabuladas, e a expressão de trabalho virtual dada pela Equação (7.23) é aplicada para determinar Δ_{BH}, conforme mostrado na Tabela 7.3.

Flecha vertical em B, Δ_{BV}. O sistema virtual usado para determinar a flecha vertical em B consiste em uma carga 1 – kN aplicada na direção vertical no nó B, conforme mostrado na Figura 7.7(d). As forças normais do elemento (F_{v1}) devido a essa carga virtual também são mostradas nessa figura. Essas forças no elemento são tabuladas na sexta coluna da Tabela 7.3 e Δ_{BV} é calculado aplicando-se a expressão de trabalho virtual (Equação (7.23)), conforme mostrado na tabela.

Tabela 7.3

Elemento	L(m)	F (kN)	F_{v1} (kN)	$F_{v1}(FL)$ (kN²·m)	F_{v2} (kN)	$F_{v2}(FL)$ (kN²·m)
AB	4	21	1	84	0,43	36,12
BC	3	21	0	0	0,43	27,09
AD	5,66	−79,2	0	0	−0,61	273,45
BD	4	84	0	0	1	336,00
CD	5	−35	0	0	−0,71	124,25
		$\sum F_v(FL)$		84		796,91

$$1(\Delta_{BH}) = \frac{1}{EA}\sum F_{v1}(FL)$$

$$(1\ \text{kN})\Delta_{BH} = \frac{84}{200(10^6)(0,0012)}\frac{\text{kN}\cdot\text{m}}{\text{kN–m}}$$

$$\Delta_{BH} = 0,00035\ \text{m}$$

$$\Delta_{BH} = 0,35\ \text{mm} \rightarrow \qquad \textbf{Resp.}$$

$$1(\Delta_{BV}) = \frac{1}{EA}\sum F_{v2}(FL)$$

$$(1\ \text{kN})\Delta_{BV} = \frac{796,91}{200(10^6)(0,0012)}\frac{\text{kN}\cdot\text{m}}{\text{kN–m}}$$

$$\Delta_{BV} = 0,00332\ \text{m}$$

$$\Delta_{BV} = 3,32\ \text{mm} \downarrow \qquad \textbf{Resp.}$$

EXEMPLO 7.4

Determine a flecha vertical no nó C da treliça mostrada na Figura 7.8(a) devido a uma queda de temperatura de 8 °C nos elementos AB e BC e a um aumento de temperatura de 30 °C nos elementos AF, FG, GH e EH. Use o método do trabalho virtual.

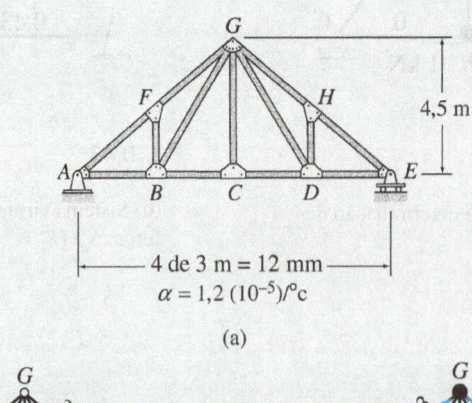

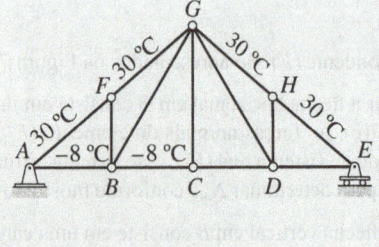

4,5 m

4 de 3 m = 12 mm
$\alpha = 1,2(10^{-5})/°c$

(a)

(b) Sistema real – Δ

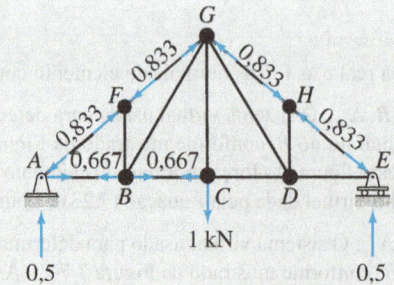

(c) Força do sistema virtual – F_v

Figura 7.8

Solução

Sistema real. O sistema real consiste em variações de temperatura (ΔT) fornecidas no problema, conforme mostrado na Figura 7.8(b).

Sistema virtual. O sistema virtual consiste em uma carga de 1 kN aplicada na direção vertical na nó C, conforme mostrado na Figura 7.8(c). Observe que as forças virtuais normais (F_v) são calculadas somente para os elementos que estão sujeitos a variações de temperatura. Como as variações de temperatura nos elementos restantes da treliça são nula, suas deformações normais são nulas; portanto, nenhum trabalho virtual interno é realizado nesses elementos.

Flecha vertical em C, Δ_C. As variações de temperatura (ΔT) e as forças virtuais nos elementos (F_v) são tabuladas junto com os comprimentos (L) dos elementos, na Tabela 7.4. O coeficiente de dilatação térmica, α, é o mesmo para todos os elementos, por isso seu valor não está incluído na tabela. A flecha desejada Δ_C é determinada aplicando-se a expressão de trabalho virtual dada pela Equação (7.25), conforme mostrado na tabela. Observe que a resposta negativa para Δ_C indica que o nó C se desloca para cima, na direção oposta à da carga unitária.

Tabela 7.4

Elemento	L(m)	ΔT (°C)	F_v(kN)	$F_v(\Delta T)L$ (kN-°C-m)
AB	3	−8	0,667	−16,0
BC	3	−8	0,667	−16,0
AF	3,75	30	−0,833	−93,7
FG	3,75	30	−0,833	−93,7
GH	3,75	30	−0,833	−93,7
EH	3,75	30	−0,833	−93,7
				$\sum F_v(\Delta T)L = -406,8$

$$1(\Delta_C) = \alpha \sum F_v(\Delta T)L$$

$$(1\text{ kN})\Delta_C = 1{,}2(10^{-5})(-406{,}8)$$

$$\Delta_C = -0{,}00488 \text{ m}$$

$$\Delta_C = 4{,}88 \text{ mm} \uparrow \qquad \textbf{Resp.}$$

EXEMPLO 7.5

Determine a flecha vertical no nó D da treliça mostrada na Figura 7.9(a), se o elemento CF tiver 15 mm a mais e o elemento EF tiver 10 mm a menos. Use o método do trabalho virtual.

Solução

Sistema real. O sistema real consiste em variações nos comprimentos (δ) dos elementos CF e EF da treliça, conforme mostrado na Figura 7.9(b).

Sistema virtual. O sistema virtual consiste em uma carga de 1 kN aplicada na direção vertical no nó D, conforme mostrado na Figura 7.9(c). As forças virtuais necessárias (F_v) nos elementos CF e EF podem ser facilmente calculadas usando o método das seções.

Flecha vertical em D, Δ_D. A flecha desejada é determinada aplicando-se a expressão do trabalho virtual dada pela Equação (7.22), conforme mostrado na Tabela 7.5.

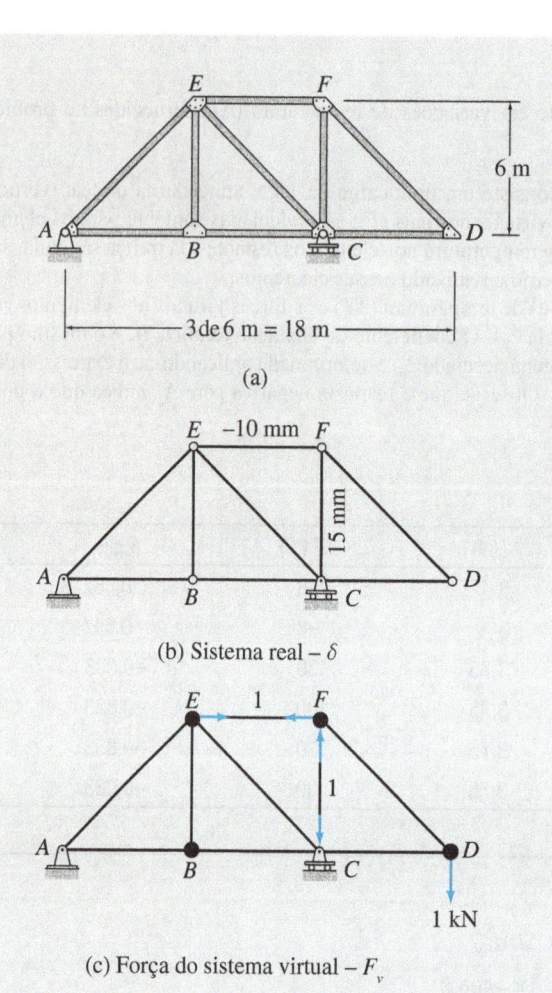

Figura 7.9

(a)

(b) Sistema real – δ

(c) Força do sistema virtual – F_v

Tabela 7.5

Elemento	δ (mm)	F_v (kN)	$F_v(\delta)$ (kN · mm)
CF	15	–1	–15
EF	–10	1	–10
			$\sum F_v(\delta) = -25$

$$1(\Delta_D) = \sum F_v(\delta)$$
$$(1 \text{ kN})\Delta_D = -25 \text{ kN} \cdot \text{mm}$$
$$\Delta_D = -25 \text{ mm}$$
$$\Delta_D = 25 \text{ mm} \uparrow \qquad \text{Resp.}$$

7.4 Flechas em vigas pelo método do trabalho virtual

Para desenvolver uma expressão do método do trabalho virtual para determinar as flechas em vigas, considere uma viga sujeita a uma carga arbitrária, conforme mostrado na Figura 7.10(a). Vamos considerar que se deseje calcular a flecha vertical, Δ, em um ponto B da viga. Para determinar esta flecha, selecionamos um sistema virtual que consiste em uma carga unitária agindo no ponto e na direção da flecha desejada, conforme mostrado na Figura 7.10(b). Agora, se submetermos a viga, com uma carga unitária virtual agindo sobre ela (Figura 7.10(b)), às deformações devido a cargas reais (Figura 7.10(a)), o trabalho virtual externo executado pela carga virtual unitária conforme passa pela flecha real Δ é $W_{ve} = 1(\Delta)$.

(a) Sistema real

(b) Sistema virtual para determinar Δ

(c)

(d) Sistema virtual para determinar θ

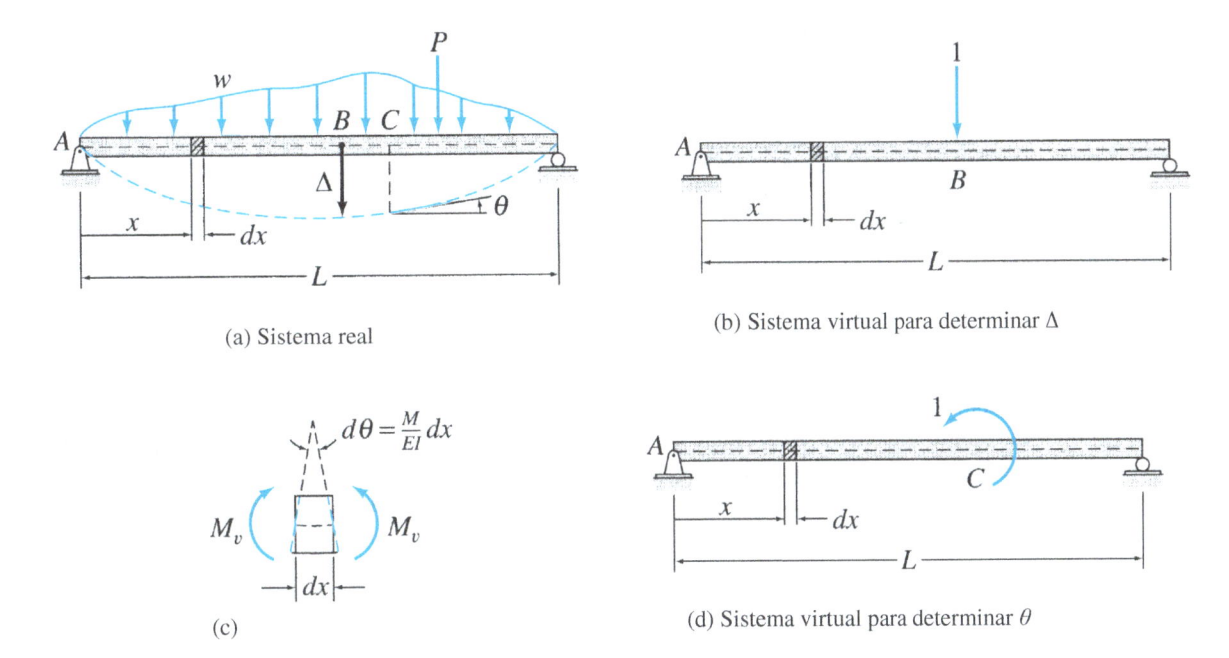

Figura 7.10

Para obtermos o trabalho virtual interno, focamos nossa atenção em um elemento diferencial dx da viga localizado a uma distância x do apoio esquerdo A, conforme mostrado nas Figuras 7.10(a) e (b). Como a viga com a carga virtual (Figura 7.10(b)) está sujeita à deformação devido à carga real (Figura 7.10(a)), o momento fletor virtual interno, M_v, agindo no elemento dx, realiza o trabalho virtual interno em função da rotação real $d\theta$, conforme mostrado na Figura 7.10(c). Assim, o trabalho interno virtual realizado no elemento dx é dado por

$$dW_{vi} = M_v(d\theta) \tag{7.26}$$

Observe que devido ao momento virtual M_v permanecer constante durante a rotação real $d\theta$, a Equação (7.26) não contém um fator de 1/2. Lembre-se da Equação (6.10) em que a variação da rotação $d\theta$ sobre o comprimento diferencial dx pode ser expressa como

$$d\theta = \frac{M}{EI}\,dx \tag{7.27}$$

na qual M = momento fletor devido à carga real causando a rotação $d\theta$. Ao substituirmos a Equação (7.27) pela Equação (7.26), escrevemos

$$dW_{vi} = M_v\left(\frac{M}{EI}\right)dx \tag{7.28}$$

O trabalho virtual interno total realizado em toda a viga pode agora ser determinado ao integrar a Equação (7.28) ao longo do comprimento L da viga como em

$$W_{vi} = \int_0^L \frac{M_v M}{EI}\,dx \tag{7.29}$$

Equiparando o trabalho virtual externo, $W_{ve} = 1\,(\Delta)$, ao trabalho virtual interno (Equação (7.29)), obtemos a seguinte expressão para o método do trabalho virtual para as flechas em viga:

$$1(\Delta) = \int_0^L \frac{M_v M}{EI}\,dx \tag{7.30}$$

Se desejarmos a rotação θ em um ponto C da viga (Figura 7.10(a)), usamos um sistema virtual que consiste em um momento unitário que atua sobre o ponto, conforme mostrado na Figura 7.10(d). Quando a viga com o momento virtual unitário for submetida a deformações devido à carga real, o trabalho virtual externo executado pelo momento virtual unitário, em função da rotação real θ, é $W_{ve} = 1\,(\theta)$. A expressão do trabalho virtual interno permanece a mesma, conforme dado na Equação (7.29), exceto M_v que agora indica o momento fletor devido ao momento virtual unitário. Ao definirmos $W_{ve} = W_{vi}$, obtemos a expressão a seguir para o método do trabalho virtual para as rotações em viga:

$$1(\theta) = \int_0^L \frac{M_v M}{EI} dx \tag{7.31}$$

Na dedução da Equação (7.29) para o trabalho virtual interno, temos desprezado o trabalho interno executado pelas forças virtuais cortantes através das deformações reais de cisalhamento. Portanto, as expressões do método do trabalho virtual, conforme dadas pelas Equações (7.30) e (7.31), não levam em conta as deformações de cisalhamento das vigas. No entanto, para a maioria das vigas (exceto para as vigas com elevada altura), as deformações de cisalhamento são muito pequenas se comparadas com as deformações de flexão, de modo que seu efeito pode ser ignorado na análise.

Procedimento para análise

O procedimento passo a passo a seguir pode ser usado para determinar as rotações e flechas em vigas pelo método do trabalho virtual.

1. **Sistema real** Desenhe um diagrama da viga mostrando todas as cargas reais (dadas) agindo sobre ela.
2. **Sistema virtual** Desenhe um diagrama da viga sem as cargas reais. Se a flecha precisar ser determinada, aplique uma carga unitária no ponto e na direção da flecha desejada. Se a rotação precisar ser calculada, aplique um momento unitário no ponto da viga em que se deseja calcular a rotação.
3. Ao examinar os sistemas real e virtual e a variação da rigidez à flexão EI especificada ao londo do comprimento da viga, divida a viga em segmentos para que as cargas reais e virtuais, bem como a rigidez EI, sejam contínuas em cada segmento.
4. Para cada segmento da viga, determine uma equação expressando a variação do momento fletor devido à carga real (M) com o comprimento do segmento em termos de uma coordenada de posição x. A origem para x pode estar localizada em qualquer lugar na viga e deve ser escolhida de tal forma que o número de termos na equação para M seja mínimo. Normalmente, é conveniente considerar os momentos fletores como positivos ou negativos de acordo com a *convenção de sinal da viga* (Figura 5.2).
5. Para cada segmento da viga, determine a equação para o momento fletor devido a carga virtual ou momento (M_v) usando a mesma coordenada x que foi utilizada para esse segmento na etapa 4 para estabelecer a expressão para o momento fletor real, M. A convenção de sinais para o momento fletor virtual (M_v) deve ser a mesma adotada para o momento fletor real na etapa 4.
6. Determine a flecha ou rotação desejada na viga aplicando-se a expressão de trabalho virtual apropriada, Equação (7.30) ou Equação (7.31). Se a viga tiver sido dividida em segmentos, a integral no lado direito da Equação (7.30) ou Equação (7.31) pode ser avaliada incluindo algebricamente as integrais para todos os segmentos da viga.

Avaliação gráfica dos integrais de trabalho virtual

As integrais nas equações de trabalho virtual (Equações (7.30) e (7.31)) normalmente são avaliadas integrando matematicamente as equações da quantidade ($M_v M/EI$) para cada segmento da estrutura. No entanto, se uma estrutura consistir em segmentos com EI constante, e estiver sujeita a uma carga relativamente simples, então um procedimento gráfico alternativo pode ser mais conveniente para avaliar essas integrais. O procedimento gráfico essencialmente envolve: (a) desenhar os diagramas do momento fletor da estrutura devido às cargas reais e virtuais; e (b) determinar as expressões da integral do trabalho virtual ($\int_0^L M_v M\, dx$) para cada segmento a partir de uma tabela de integrais, comparando os formatos dos diagramas M e M_v do segmento com aqueles dados na tabela. As expressões para essas integrais para os diagramas M e M_v de algumas formas geométricas simples são dadas na Tabela 7.6, e o procedimento gráfico é ilustrado pelo Exemplo 7.10 para vigas e (na seção a seguir) Exemplo 7.14 para pórticos.

Tabela 7.6 Integrais $\int_0^L M_v M\, dx$ para diagramas de momento de formas geométricas simples

M_v \ M	![rect] M_1, L (rectangle)	![tri1] M_1, L (triangle, peak left)	![tri2] M_1, L (triangle, peak right)	![trap] M_2, M_1, L (trapezoid)
M_v (triangle)	$\frac{1}{2} M_{v1} M_1 L$	$\frac{1}{3} M_{v1} M_1 L$	$\frac{1}{6} M_{v1} M_1 L$	$\frac{1}{6} M_{v1}(M_1 + 2M_2) L$
M_{v1} (rectangle)	$M_{v1} M_1 L$	$\frac{1}{2} M_{v1} M_1 L$	$\frac{1}{2} M_{v1} M_1 L$	$\frac{1}{2} M_{v1}(M_1 + M_2) L$
M_{v1} (triangle)	$\frac{1}{2} M_{v1} M_1 L$	$\frac{1}{3} M_{v1} M_1 L$	$\frac{1}{6} M_{v1} M_1 L$	$\frac{1}{6} M_{v1}(M_1 + 2M_2) L$
M_{v2}, M_{v1} (trapezoid)	$\frac{1}{2}(M_{v1} + M_{v2}) M_1 L$	$\frac{1}{6}(M_{v1} + 2M_{v2}) M_1 L$	$\frac{1}{6}(2M_{v1} + M_{v2}) M_1 L$	$\frac{1}{6}[M_{v1}(2M_1 + M_2) + M_{v2}(M_1 + 2M_2)] L$
M_{v1} (triangle with l_1, l_2)	$\frac{1}{2} M_{v1} M_1 L$	$\frac{1}{6} M_{v1} M_1 (L + l_1)$	$\frac{1}{6} M_{v1} M_1 (L + l_2)$	$\frac{1}{6} M_{v1}[M_1(L + l_2) + M_2(L + l_1)]$

(continua)

Tabela 7.6 (continuação)

Forma				
Parábola (M_1, L)	$\frac{2}{3}M_{v1}M_1 L$	$\frac{1}{3}M_{v1}M_1 L$	$\frac{1}{3}(M_{v1}+M_{v2})M_1 L$	$\frac{1}{3}M_{v1}M_1\left(L+\frac{l_2^2}{L}\right)$
Semiparábola (M_1, L)	$\frac{2}{3}M_{v1}M_1 L$	$\frac{5}{12}M_{v1}M_1 L$	$\frac{1}{12}(3M_{v1}+5M_{v2})M_1 L$	$\frac{1}{12}M_{v1}M_1\left(3L+3l_1-\frac{l_1^2}{L}\right)$
Curva parabólica (M_1, L)	$\frac{1}{3}M_{v1}M_1 L$	$\frac{1}{4}M_{v1}M_1 L$	$\frac{1}{12}(M_{v1}+3M_{v2})M_1 L$	$\frac{1}{12}M_{v1}M_1\left(L+l_1+\frac{l_1^2}{L}\right)$

EXEMPLO 7.6

Determine a rotação e a flecha no ponto A da viga mostrada na Figura 7.11(a) pelo método do trabalho virtual.

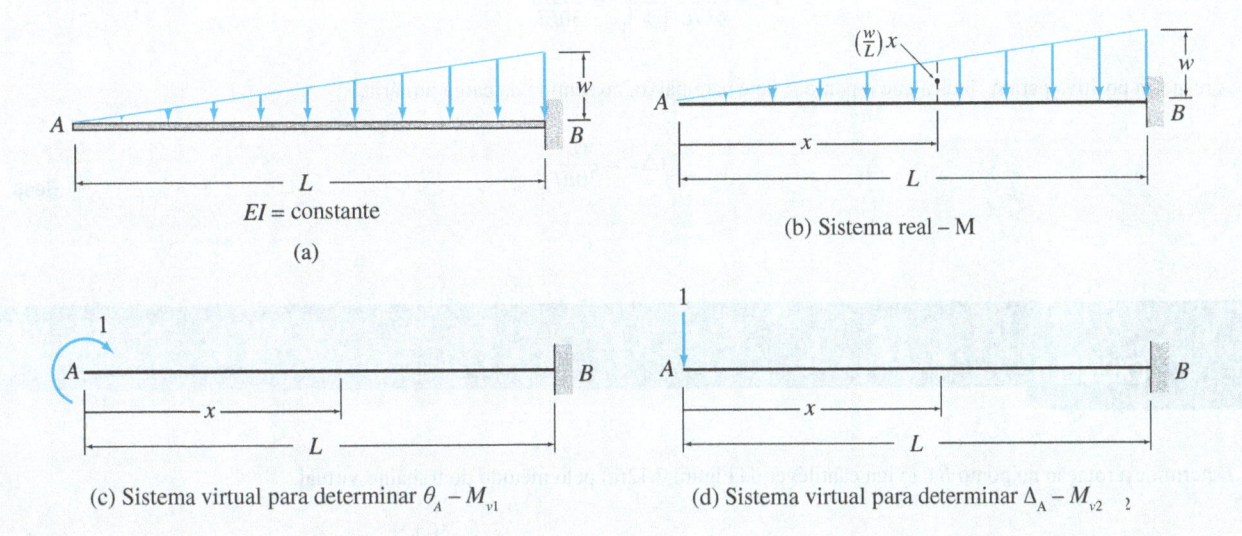

(a) EI = constante

(b) Sistema real – M

(c) Sistema virtual para determinar $\theta_A - M_{v1}$

(d) Sistema virtual para determinar $\Delta_A - M_{v2}$

Figura 7.11

Solução

Sistema real. Veja a Figura 7.11(b).

Rotação em A, θ_A. O sistema virtual consiste em um momento unitário aplicado em A, conforme indicado na Figura 7.11(c). Na Figura 7.11(a) por meio de (c), podemos ver que não há descontinuidades dos carregamentos reais e virtuais ou de EI ao longo do comprimento da viga. Portanto, não há necessidade de subdividir a viga em segmentos. Para determinarmos a equação para o momento fletor M devido a uma carga real, selecionamos uma abscissa x com origem no final A da viga, conforme mostrado na Figura 7.11(b). Ao aplicarmos o método das seções descrito na Seção 5.2, determinamos a equação para M como

$$0 < x < L \qquad M = -\frac{1}{2}(x)\left(\frac{wx}{L}\right)\left(\frac{x}{3}\right) = -\frac{wx^3}{6L}$$

Da mesma maneira, a equação para o momento fletor M_{v1} devido ao momento unitário virtual em termos da mesma abscissa x é de

$$0 < x < L \qquad M_{v1} = 1$$

Para determinarmos a rotação desejada θ_A, aplicamos a expressão do trabalho virtual dada pela Equação (7.31):

$$1(\theta_A) = \int_0^L \frac{M_{v1}M}{EI}dx = \int_0^L 1\left(-\frac{wx^3}{6LEI}\right)dx$$

$$\theta_A = -\frac{w}{6EIL}\left[\frac{x^4}{4}\right]_0^L = -\frac{wL^3}{24EI}$$

A resposta negativa para θ_A indica que o ponto A gira no sentido anti-horário, oposto ao do momento unitário.

$$\theta_A = \frac{wL^3}{24EI}$$

Resp.

Flecha em A, Δ_A. O sistema virtual consiste em uma carga unitária aplicada em A, conforme apresentado na Figura 7.11(d). Se usarmos a mesma abscissa x utilizada para calcular Δ_A, então a equação para M permanece a mesma de antes, e a equação para o momento fletor θ devido a uma carga unitária virtual (Figura 7.11(d)) é dada por

$$0 < x < L \qquad M_{v2} = -1(x) = -x$$

Ao aplicarmos a expressão de trabalho virtual dada pela Equação (7.30), determinamos a flecha desejada Δ_A como

$$1(\Delta_A) = \int_0^L \frac{M_{v2} M}{EI} dx = \int_0^L (-x)\left(-\frac{wx^3}{6LEI}\right) dx$$

$$\Delta_A = \frac{w}{6EIL}\left[\frac{x^5}{5}\right]_0^L = \frac{wL^4}{30EI}$$

A resposta positiva para Δ_A indica que o ponto A flete para baixo, no sentido da carga unitária.

$$\Delta_A = \frac{wL^4}{30EI} \downarrow$$

Resp.

EXEMPLO 7.7

Determine a rotação no ponto B da viga cantiléver da Figura 7.12(a) pelo método do trabalho virtual.

60 kN

A ———————————————— B

— 5 m —

EI = constante
E = 70 GPa
I = 600 (10^6) mm^4
(a)

60 kN

A ———————————————— B

— x —
(b) Sistema real – M

1 kN · m

A ———————————————— B

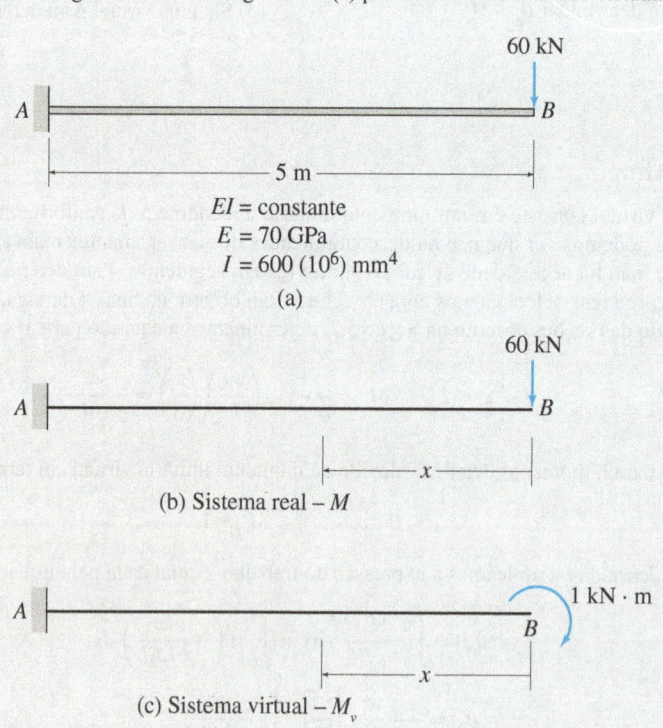

— x —
(c) Sistema virtual – M_v

Figura 7.12

Solução

Os sistemas reais e virtuais são mostrados nas Figuras 7.12(b) e (c), respectivamente. Conforme se pode observar nessas figuras, uma abscissa x com origem no final B da viga é selecionada para obter as equações de momento fletor. Na Figura 7.12(b), podemos ver que a equação para M em termos da abscissa x é

$$0 < x < 5 \text{ m} \qquad M = -60x$$

Da mesma maneira, a partir da Figura 7.12(c), obtemos a equação para M_v como

$$0 < x < 5 \text{ m} \qquad M_v = -1$$

A rotação em B pode agora ser calculada ao aplicarmos a expressão de trabalho virtual dada pela Equação (7.31), como a seguir:

$$1(\theta_B) = \int_0^L \frac{M_v M}{EI} dx$$

$$1(\theta_B) = \frac{1}{EI} \int_0^5 -1(-60x) \, dx$$

$$(1 \text{ kN} \cdot \text{m})\theta_B = \frac{750 \text{ kN}^2 \cdot \text{m}^3}{EI}$$

Portanto,

$$\theta_B = \frac{750 \text{ kN} \cdot \text{m}^3}{EI} = \frac{750}{70(10^6)600(10^{-6})} = 0{,}0179 \text{ rad}.$$

A resposta positiva para θ_B indica que o ponto B gira em sentido horário, igual ao do momento unitário.

$$\theta_B = 0{,}0179 \text{ rad}.$$

Resp.

EXEMPLO 7.8

Determine a flecha no ponto D da viga indicada na Figura 7.13(a) pelo método do trabalho virtual.

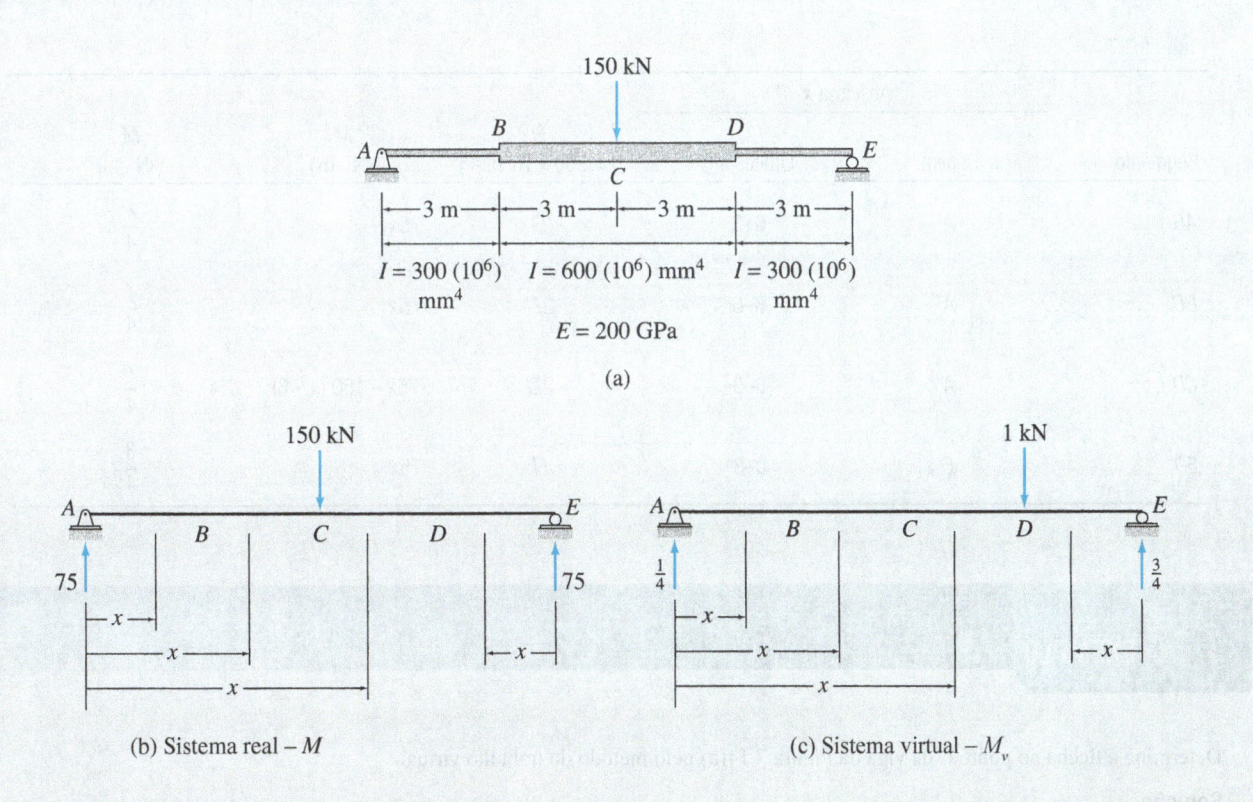

Figura 7.13

Solução

Os sistemas reais e virtuais são mostrados nas Figuras 7.13(b) e (c), respectivamente. Pode ser observado na Figura 7.13(a) que a rigidez à flexão da viga EI muda abruptamente nos pontos B e D. Além disso, as Figuras 7.13(b) e (c) indicam que as cargas reais e virtuais são descontínuas nos pontos C e D, respectivamente. Consequentemente, a variação da quantidade $(M_v M/EI)$ será descontínua nos pontos B, C e D. Assim, a viga deve ser dividida em quatro segmentos, AB, BC, CD e DE. Em cada segmento, a quantidade $(M_v M/EI)$ será contínua e, portanto, pode ser integrada.

As abscissas x selecionadas para determinar as equações de momento fletor são apresentadas nas Figuras 7.13(b) e (c). Observe que em nenhum segmento específico da viga, a mesma abscissa x deve ser usada para escrever as duas equações – ou seja, a equação para o momento fletor real (M) e a equação para o momento fletor virtual (M_v). As equações para M e M_v para os quatro segmentos da viga, determinadas usando-se o método das seções, são tabuladas na Tabela 7.7. A flecha em D pode agora ser calculada aplicando-se a expressão do trabalho virtual dada pela Equação (7.30).

$$1(\Delta_D) = \int_0^L \frac{M_v M}{EI} dx$$

$$1(\Delta_D) = \frac{1}{EI}\left[\int_0^3 \left(\frac{x}{4}\right)(75x)\,dx + \frac{1}{2}\int_3^6 \left(\frac{x}{4}\right)(75x)\,dx \right.$$

$$\left. + \frac{1}{2}\int_6^9 \left(\frac{x}{4}\right)(-75x+900)\,dx + \int_0^3 \left(\frac{3}{4}x\right)(75x)\,dx\right]$$

$$(1\text{ kN})\Delta_D = \frac{2.193,75\text{ kN}^2\cdot\text{m}^3}{EI}$$

Portanto,

$$\Delta_D = \frac{2.193,75\text{ kN}\cdot\text{m}^3}{EI} = \frac{2.193,75}{200(300)} = 0,0366\text{ m} = 36,6\text{ mm}$$

$$\Delta_D = 36,6\text{ mm} \downarrow$$

Resp.

Tabela 7.7

Segmento	Abscissa x Origem	Abscissa x Limites (m)	EI ($I = 300 \times 10^6\text{ mm}^4$)	M (kN · m)	M_v (kN · m)
AB	A	0–3	EI	$75x$	$\dfrac{x}{4}$
BC	A	3–6	$2EI$	$75x$	$\dfrac{x}{4}$
CD	A	6–9	$2EI$	$75x - 150(x-6)$	$\dfrac{x}{4}$
ED	E	0–3	EI	$75x$	$\dfrac{3}{4}x$

EXEMPLO 7.9

Determine a flecha no ponto C da viga da Figura 7.14(a) pelo método do trabalho virtual.

Solução

Essa viga foi previamente analisada pelos métodos da área-momento e da viga conjugada nos Exemplos 6.7 e 6.13, respectivamente.

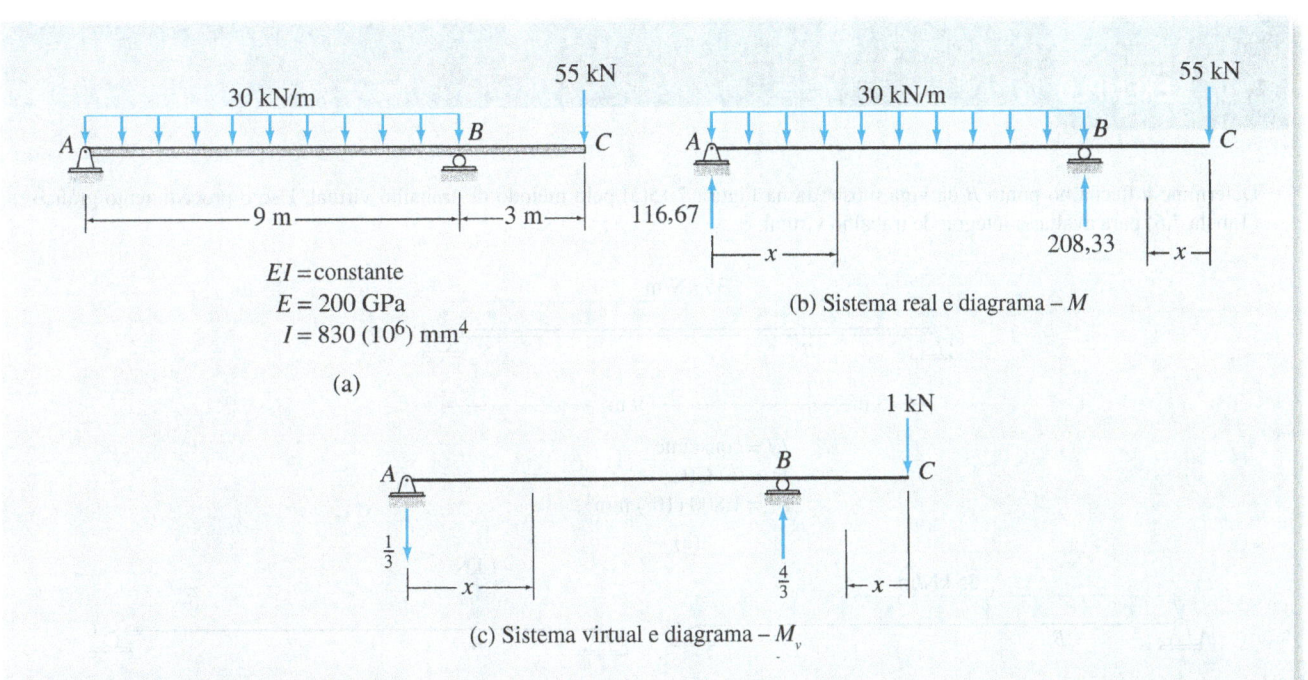

capítulo 7 — Flechas em treliças, vigas e pórticos: métodos de trabalho-energia

(a) Viga AB com carga distribuída 30 kN/m em 9 m e carga concentrada 55 kN em C (3 m além de B).
EI = constante
$E = 200$ GPa
$I = 830\,(10^6)\,\text{mm}^4$

(b) Sistema real e diagrama – M
Reações: 116,67 (em A) e 208,33 (em B)

(c) Sistema virtual e diagrama – M_v
Carga virtual de 1 kN em C; reações $\tfrac{1}{3}$ (para baixo em A) e $\tfrac{4}{3}$ (para cima em B).

Figura 7.14

Os sistemas reais e virtuais para este problema estão nas Figuras 7.14(b) e (c), respectivamente. As cargas reais e virtuais são descontínuas no ponto B. Portanto, a viga é dividida em dois segmentos, AB e BC. As abscissas x usadas para determinar as equações de momento fletor são mostradas nas Figuras 7.14(b) e (c), e as equações para M e M_v, obtidas para cada um dos dois segmentos da viga, são tabuladas na Tabela 7.8. A flecha em C pode agora ser determinada aplicando-se a expressão do trabalho virtual dada pela Equação (7.30), como a seguir:

Tabela 7.8

Segmento	Abscissa x Origem	Limites (m)	M (kN·m)	M_v (kN·m)
AB	A	0–9	$116{,}67x - 15x^2$	$-\dfrac{x}{3}$
CB	C	0–3	$-55x$	$-x$

$$1(\Delta_C) = \int_0^L \frac{M_v M}{EI}\,dx$$

$$1(\Delta_C) = \frac{1}{EI}\left[\int_0^9 \left(-\frac{x}{3}\right)(116{,}67x - 15x^2)\,dx + \int_0^3 (-x)(-55x)\,dx\right]$$

$$(1\,\text{kN})\Delta_C = -\frac{8228{,}75\,\text{kN}^2\cdot\text{m}^3}{EI}$$

Portanto,

$$\Delta_C = -\frac{754{,}02\,\text{kN}^2\cdot\text{m}^3}{EI} = -\frac{754{,}02}{200(10^6)\,830(10^{-6})} = -0{,}00454\,\text{m}$$

$$\Delta_C = 4{,}54\,\text{mm} \uparrow \qquad \textbf{Resp.}$$

EXEMPLO 7.10

Determine a flecha no ponto B da viga mostrada na Figura 7.15(a) pelo método do trabalho virtual. Use o procedimento gráfico (Tabela 7.6) para avaliar a integral de trabalho virtual.

EI = constante
E = 70 GPa
I = 1,800 (10^6) mm^4

(a)

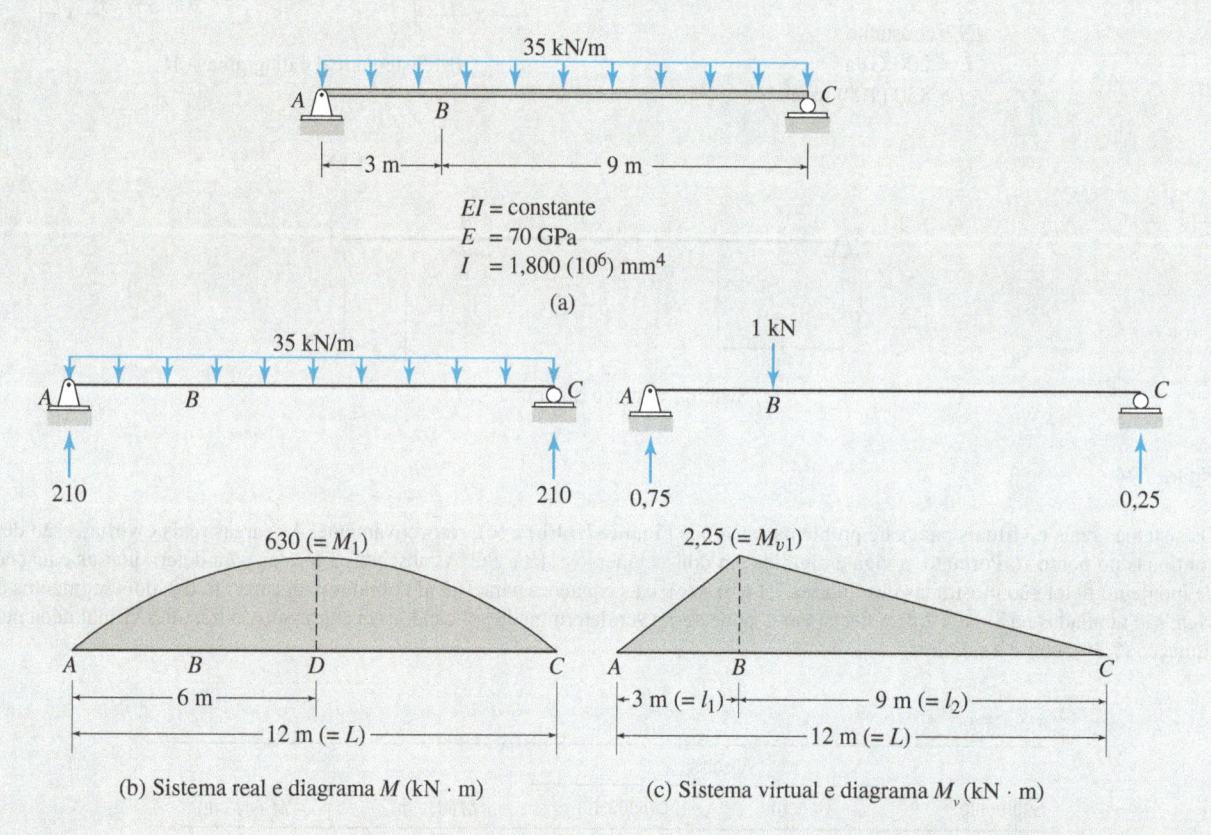

(b) Sistema real e diagrama M (kN · m)

(c) Sistema virtual e diagrama M_v (kN · m)

Figura 7.15

Solução

Os sistemas reais e virtuais, com seus diagramas de momento fletor (M e M_v), são indicados nas Figuras 7.15(b) e (c), respectivamente. Como a rigidez à flexão EI é constante ao longo do comprimento da viga, não há necessidade de subdividir a viga em segmentos, e a equação do trabalho virtual (Equação (7.30)) para a flecha em B pode ser expressa como

$$1(\Delta_B) = \frac{1}{EI}\int_0^L M_v M\, dx \quad (1)$$

Para avaliarmos a integral $\int_0^L M_v M\, dx$ graficamente, primeiro, comparamos o formato do diagrama M na Figura 7.15(b) com os formatos listados na coluna à esquerda da Tabela 7.6. Observe que o formato do diagrama M corresponde ao formato localizado na sexta linha da tabela. A seguir, comparamos o formato do diagrama M_v (Figura 7.15(c)) com os fornecidos na primeira linha da tabela e observamos que é semelhante ao formato na quinta coluna. Isso indica que a expressão para avaliar a integral $\int_0^L M_v M\, dx$, nesse caso, está localizada na interseção da sexta linha com a quinta coluna da Tabela 7.6, ou seja,

$$\int_0^L M_v M\, dx = \frac{1}{3} M_{v1} M_1 \left(L + \frac{l_1 l_2}{L}\right)$$

Ao substituirmos os valores numéricos de M_{v1} = 2,25 kN · m, M_1 = 630 kN · m, L = 12 m, l_1 = 3 m e l_2 = 9 m, na equação supracitada, calculamos a integral como

$$\int_0^{12} M_v M\, dx = \frac{1}{3}(2{,}25)(630)\left(12 + \frac{3(9)}{12}\right) = 6.733{,}13 \text{ kN}^2 \cdot \text{m}^3$$

A flecha desejada em B pode agora ser convenientemente determinada aplicando-se a equação do trabalho virtual (Equação 1) como

$$(1\text{ kN})\Delta_B = \frac{1}{EI}\int_0^{12} M_v M\, dx = \frac{6.733{,}13\text{ kN}^2 \cdot \text{m}^3}{EI}$$

Portanto,

$$\Delta_B = \frac{6.733{,}13\text{ kN}\cdot\text{m}^3}{EI} = \frac{6.733{,}13}{70(1.800)} = 0{,}0534\text{ m} = 53{,}4\text{ mm}$$

$$\Delta_B = 53{,}4\text{ mm} \downarrow$$

Resp.

7.5 Flechas em pórticos pelo método do trabalho virtual

A aplicação do método do trabalho virtual para determinar as rotações e flechas dos pórticos é semelhante à usada para as vigas. Para determinar a flecha, Δ, ou rotação, θ, em um ponto de um pórtico, uma carga unitária virtual ou momento unitário é aplicada nesse ponto. Quando o sistema virtual é sujeito a deformações do pórtico devido a cargas reais, o trabalho virtual externo executado pela carga unitária ou pelo momento unitário é de $W_{ve} = 1(\Delta)$ ou $W_{ve} = 1(\theta)$. Como as partes do pórtico podem sofrer deformações normais, além das deformações de flexão, o trabalho virtual interno total realizado no pórtico é igual à soma do trabalho virtual interno devido à rotação e às deformações normais. Conforme discutido na seção anterior, quando as cargas virtuais, reais e a rigidez à flexão EI são contínuas em um segmento do pórtico, o trabalho virtual interno devido à rotação para esse segmento pode ser obtido integrando-se a quantidade $M_v M / EI$ ao longo do comprimento do segmento. O trabalho virtual interno devido à rotação para todo o pórtico pode então ser obtido pela soma do trabalho dos segmentos individuais; ou seja,

$$W_{vib} = \sum \int \frac{M_v M}{EI}\, dx \tag{7.32}$$

Da mesma maneira, se as forças normais F e F_v devido às cargas virtuais e reais, respectivamente, e a rigidez axial AE forem constantes ao longo do comprimento L de um segmento do pórtico, então, conforme discutido na Seção 7.3, o trabalho virtual interno para esse segmento devido à deformação normal é igual a $F_v(FL/AE)$. Assim, o trabalho virtual interno devido a deformações normais para todo o pórtico pode ser expresso como

$$W_{via} = \sum F_v\left(\frac{FL}{AE}\right) \tag{7.33}$$

Ao adicionarmos as Equações (7.32) e (7.33), obtemos o trabalho interno virtual total para o pórtico devido às deformações de flexão e normais como

$$W_{vi} = \sum F_v\left(\frac{FL}{AE}\right) + \sum \int \frac{M_v M}{EI}\, dx \tag{7.34}$$

Equiparando-se o trabalho virtual externo ao trabalho virtual interno, obtemos as expressões para o método do trabalho virtual para flechas e rotações dos pórticos, respectivamente, como

$$1(\Delta) = \sum F_v\left(\frac{FL}{AE}\right) + \sum \int \frac{M_v M}{EI}\, dx \tag{7.35}$$

e

$$1(\theta) = \sum F_v\left(\frac{FL}{AE}\right) + \sum \int \frac{M_v M}{EI}\, dx \tag{7.36}$$

As deformações normais nos elementos dos pórticos compostas por materiais comuns de engenharia são, normalmente, muito menores que as deformações de flexão e são, portanto, muitas vezes desprezadas na análise. Neste texto, a menos que seja considerado de outra maneira, iremos desprezar o efeito das deformações normais na análise dos pórticos. As expressões do trabalho virtual que consideram apenas as deformações de flexão dos pórticos podem ser obtidas simplesmente desconsiderando o primeiro termo no lado direito das Equações (7.35) e (7.36), que são então reduzidas para

$$1(\Delta) = \sum \int \frac{M_v M}{EI} dx \quad (7.37)$$

e

$$1(\theta) = \sum \int \frac{M_v M}{EI} dx \quad (7.38)$$

Procedimento para análise

O procedimento passo a passo a seguir pode ser usado para determinar as rotações e as flechas dos pórticos pelo método do trabalho virtual.

1. *Sistema real* Determine as forças internas nas extremidades dos elementos dos pórticos devido à carga real usando-se o procedimento descrito na Seção 5.6.
2. *Sistema virtual* Se a flecha do pórtico precisar ser determinada, então, aplique uma carga unitária no ponto e na direção da flecha desejada. Se a rotação precisar ser calculada, aplique um momento unitário no ponto do pórtico em que a rotação é desejada. Determine as forças na extremidade do elemento devido à carga virtual.
3. Se necessário, divida os elementos do pórtico em segmentos para que as cargas reais, virtuais e EI sejam contínuas em cada segmento.
4. Para cada segmento do pórtico, determine uma equação expressando a variação do momento fletor devido à carga real (M) ao longo do comprimento do segmento em termos de uma coordenada de posição x.
5. Para cada segmento do pórtico, determine a equação para o momento fletor devido à carga virtual ou ao momento (M_v) usando-se a mesma coordenada x que foi usada para esse segmento na etapa 4 para estabelecer a expressão para o momento fletor real, M. Qualquer convenção de sinal conveniente pode ser usada para M e M_v. No entanto, é importante que a convenção de sinal seja a mesma para M e M_v em um segmento específico.
6. Se o efeito das deformações normais for incluído na análise, vá para a etapa 7. Caso contrário, determine a flecha desejada ou a rotação do pórtico aplicando-se a expressão de trabalho virtual apropriada, Equação (7.37) ou Equação (7.38). Finalize a análise nesta etapa.
7. Se necessário, divida os elementos do pórtico em segmentos para que as forças normais, virtuais e AE sejam constantes em cada segmento. Não é necessário que esses segmentos sejam os mesmos que os usados na etapa 3 para avaliar o trabalho virtual interno devido à rotação. No entanto, é importante que a mesma convenção de sinais seja usada para a força normal real, F, e a força normal virtual, F_v, em um segmento específico.
8. Determine a flecha desejada ou a rotação do pórtico aplicando-se a expressão de trabalho virtual apropriada, Equação (7.35) ou Equação (7.36).

EXEMPLO 7.11

Determine a rotação no nó C do pórtico mostrado na Figura 7.16(a) pelo método do trabalho virtual.

Solução

Os sistemas reais e virtuais são indicados nas Figuras 7.16(b) e (c), respectivamente. As coordenadas x usadas para determinar as equações de momento fletor para os três segmentos do pórtico, AB, BC e CD, também são mostradas nessas figuras. As equações para M e M_v obtidas para os três segmentos estão reunidas na Tabela 7.9. A rotação no nó C do pórtico pode agora ser determinada aplicando-se a expressão de trabalho virtual dada pela Equação (7.38).

$$1(\theta_C) = \sum \int \frac{M_v M}{EI} dx$$

$$= \frac{1}{EI} \int_0^{12} \left(\frac{x}{12}\right)\left(180x - 20\frac{x^2}{2}\right) dx$$

$$(1 \text{ kN} \cdot \text{m})\theta_C = \frac{4.320 \text{ kN}^2 \cdot \text{m}^3}{EI}$$

Portanto,

$$\theta_C = \frac{4.320 \text{ kN}^2 \cdot \text{m}^3}{EI} = \frac{4.320}{200(10^6)1.000(10^{-6})} = 0,0216 \text{ rad}$$

$$\theta_C = 0,0216 \text{ rad}$$

Resp.

EI = constante
E = 200 GPa
I = 1.000 (10^6) mm^4

(a)

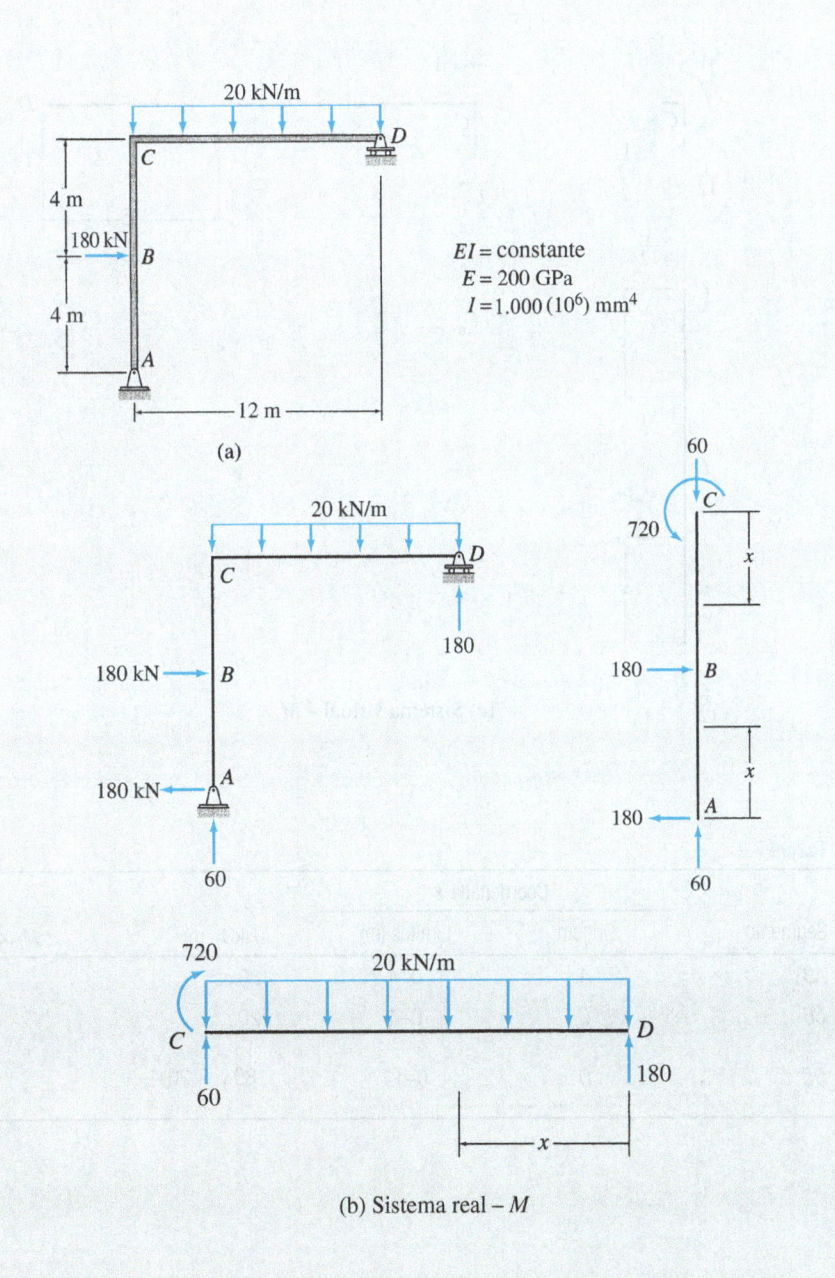

(b) Sistema real – M

Figura 7.16 (*continua*)

(c) Sistema virtual – M_v

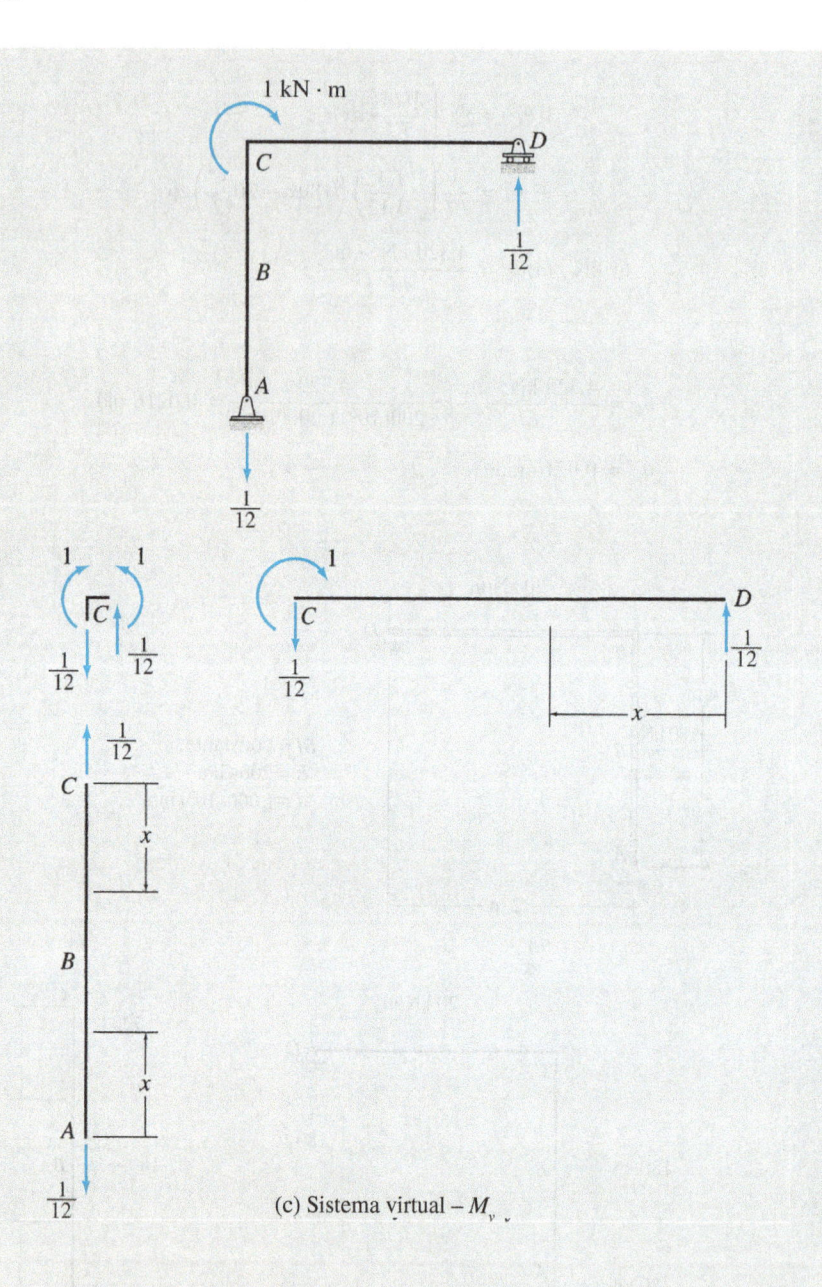

Figura 7.16

Tabela 7.9

Segmento	Coordenada x		M (kN · m)	M_v (kN · m)
	Origem	Limites (m)		
AB	A	0–4	$180x$	0
CB	C	0–4	720	0
DC	D	0–12	$180x - 20\dfrac{x^2}{2}$	$\dfrac{x}{12}$

EXEMPLO 7.12

Use o método do trabalho virtual para determinar o deslocamento vertical no nó C do pórtico indicado na Figura 7.17(a).

Solução

Os sistemas reais e virtuais são mostrados nas Figuras 7.17(b) e (c), respectivamente. As coordenadas x usadas para determinar as equações de momento fletor para os dois elementos do pórtico, AB e BC, também são mostradas nas figuras. As equações para M e M_v, obtidas para os dois elementos, estão reunidas na Tabela 7.10. O deslocamento vertical no nó C do pórtico pode agora ser calculado aplicando-se a expressão de trabalho virtual dada pela Equação (7.37):

$$1(\Delta_C) = \sum \int \frac{M_v M}{EI} dx$$

$$1(\Delta_C) = \frac{1}{EI}\left[\frac{1}{2}\int_0^5 (-4)(76x - 530)\, dx + \int_0^5 \left(-\frac{4}{5}x\right)(-6x^2)\, dx\right]$$

$$(1\ \text{kN})\Delta_C = \frac{4.150\ \text{kN}^2 \cdot \text{m}^3}{EI}$$

Portanto,

$$\Delta_C = \frac{4.150\ \text{kN} \cdot \text{m}^3}{EI} = \frac{4.150}{70(554)} = 0{,}107\ \text{m} = 107\ \text{mm}$$

$$\Delta_C = 107\ \text{mm} \downarrow$$

Resp.

(a)

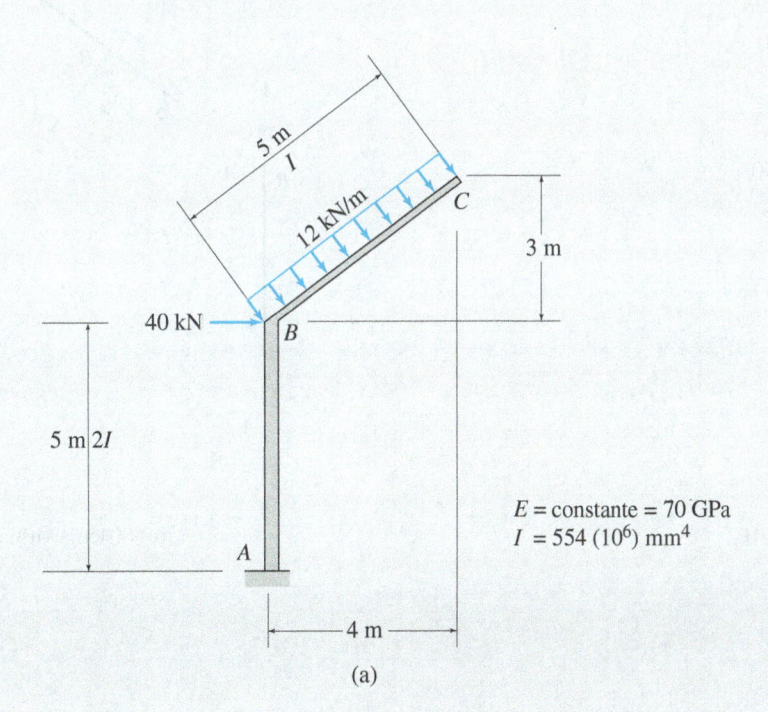

E = constante = 70 GPa
$I = 554\,(10^6)\ \text{mm}^4$

Figura 7.17 (*continua*)

(b) Sistema real – M

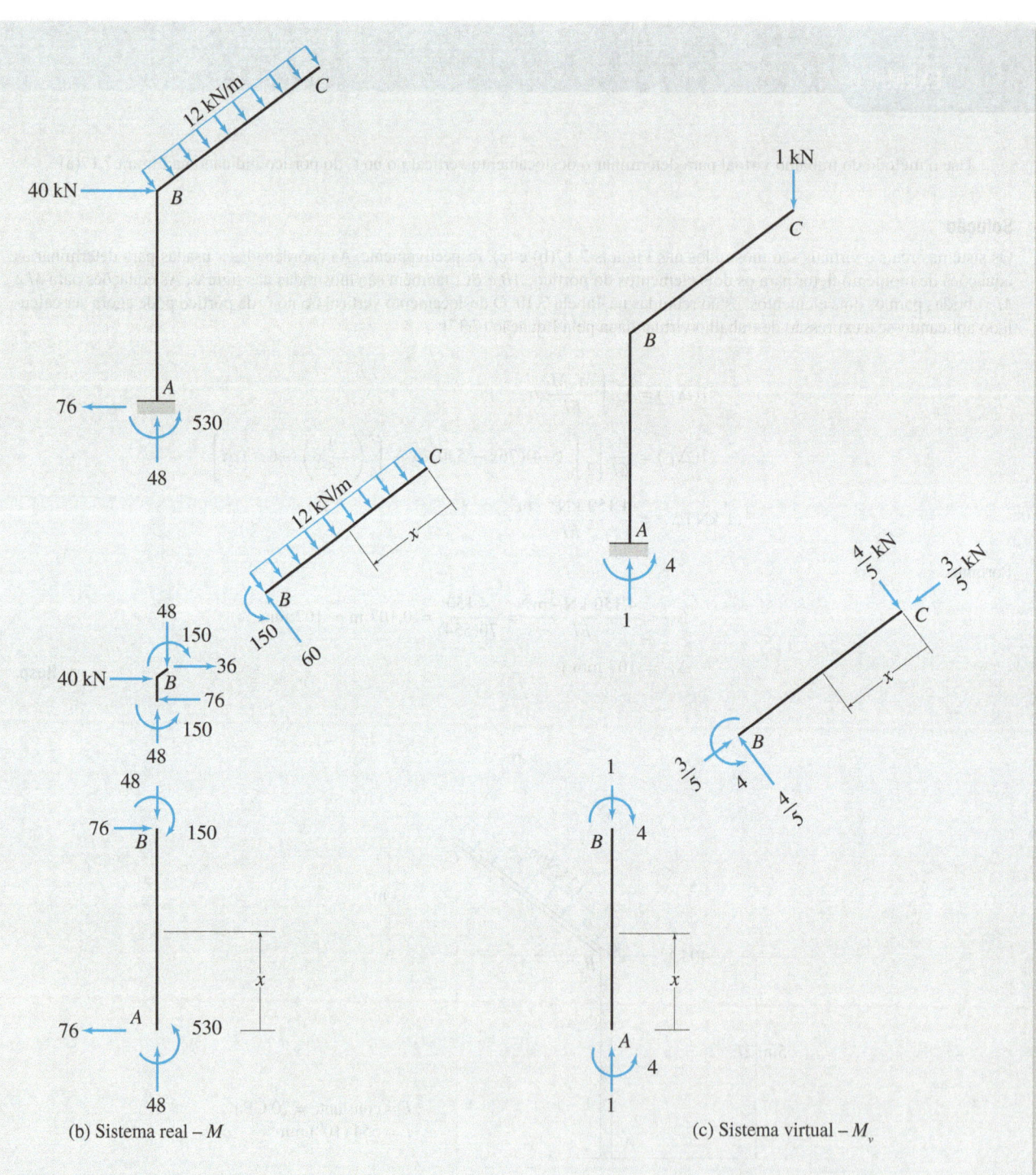

(c) Sistema virtual – M_v

Figura 7.17

Tabela 7.10

Segmento	Coordenada x				
	Origem	Limites (m)	EI ($I = 554 \times 10^6$ mm^4)	M (kN · m)	M_v (kN · m)
AB	A	0–5	$2EI$	$76x - 530$	-4
CB	C	0–5	EI	$-12\dfrac{x^2}{2}$	$-\dfrac{4}{5}x$

EXEMPLO 7.13

Determine o deslocamento horizontal no nó C do pórtico mostrado na Figura 7.18(a), incluindo o efeito das deformações normais, pelo método do trabalho virtual.

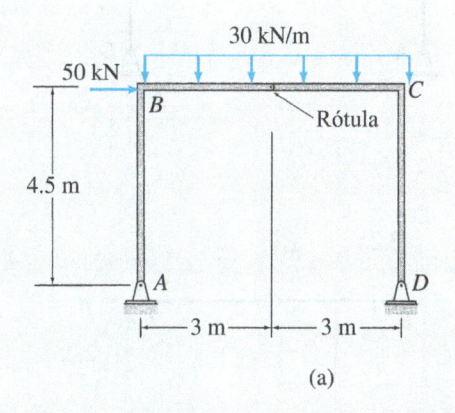

$E = 200$ GPa
$I = 400 \,(10^6)$ mm^4
$A = 225$ cm^2

(a)

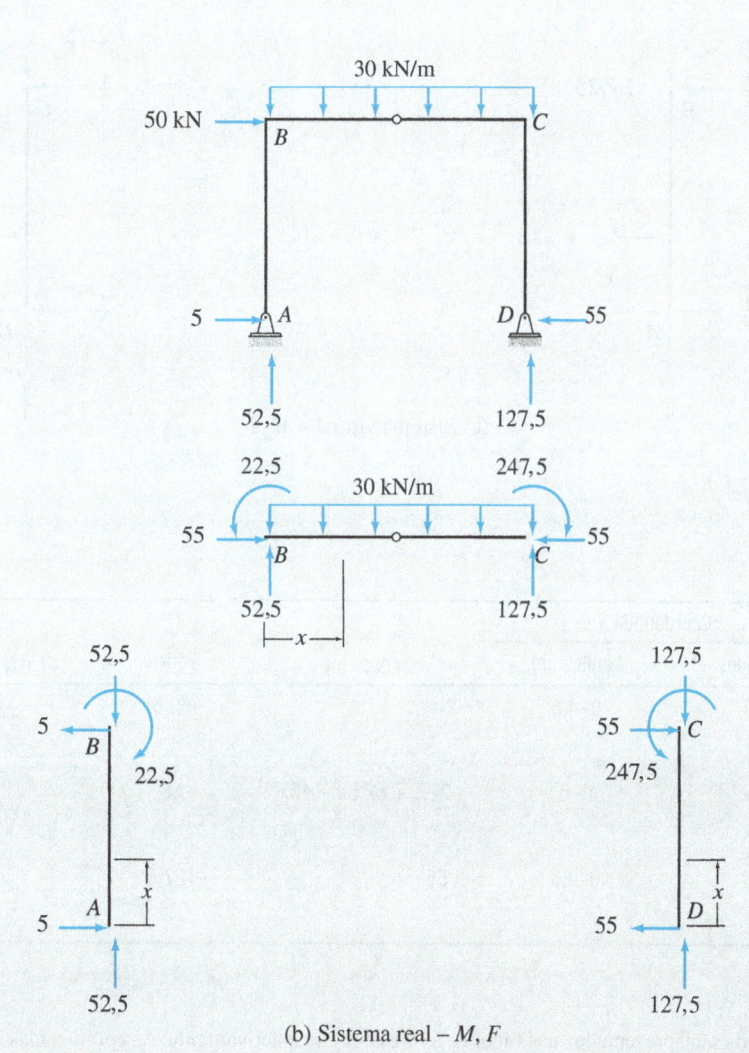

(b) Sistema real – M, F

Figura 7.18 (*continua*)

272 Análise Estrutural

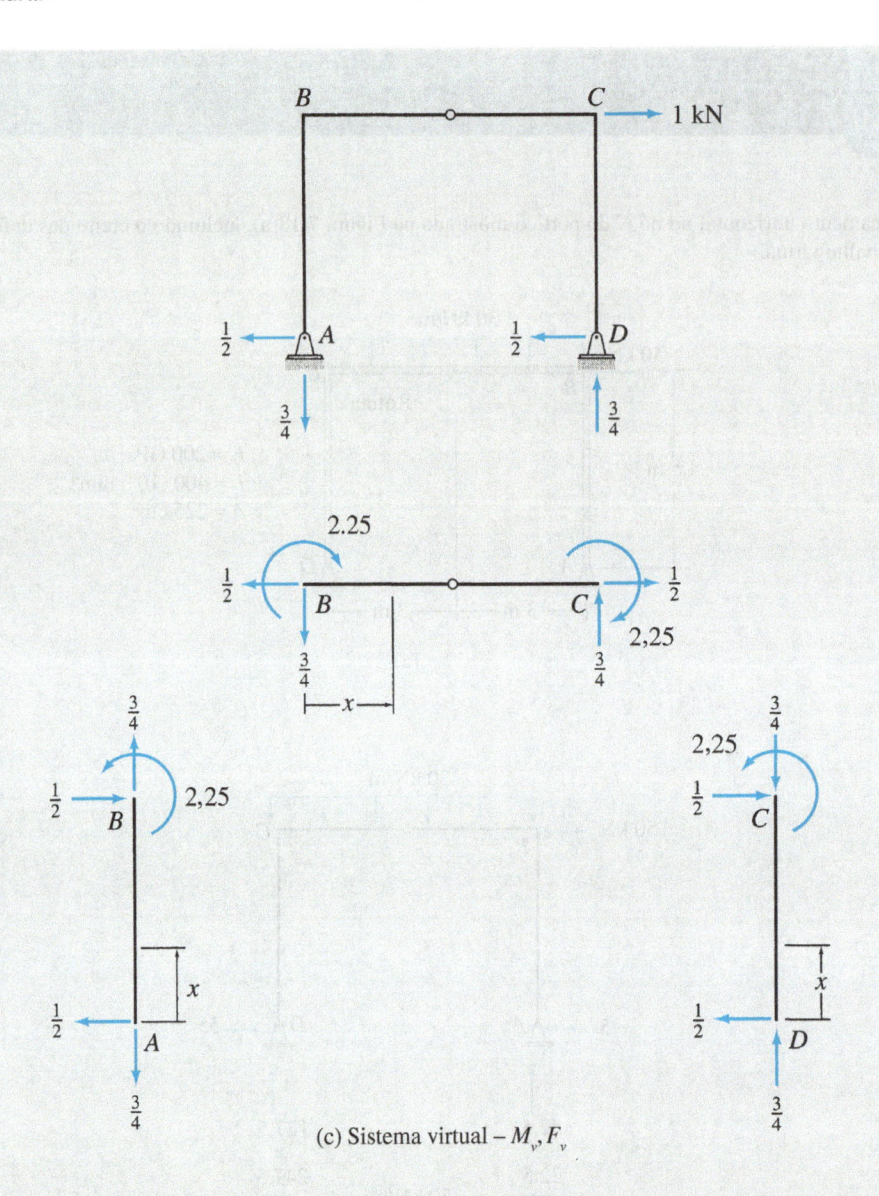

(c) Sistema virtual – M_v, F_v

Figura 7.18

Tabela 7.11

Segmento	Coordenada x Origem	Coordenada x Limites (m)	M (kN·m)	F (kN)	M_v (kN·m)	F_v (kN)
AB	A	0–4,5	$-5x$	$-52,5$	$\dfrac{x}{2}$	$\dfrac{3}{4}$
BC	B	0–6	$-22,5 + 52,5x - 15x^2$	-55	$2,25 - \dfrac{3}{4}x$	$\dfrac{1}{2}$
DC	D	0–4,5	$55x$	$-127,5$	$\dfrac{x}{2}$	$-\dfrac{3}{4}$

Solução

Os sistemas reais e virtuais são apresentados nas Figuras 7.18(b) e (c), respectivamente. As coordenadas x usadas para determinar as equações de momento fletor para os três elementos do pórtico, AB, BC e CD, também são indicadas nas figuras. As equações para M

e M_v, obtidas para os três elementos, se encontram na Tabela 7.11 junto com as forças normais F e F_v dos elementos. O deslocamento horizontal no nó C do pórtico pode agora ser determinado aplicando-se a expressão do trabalho virtual dada pela Equação (7.35):

$$1(\Delta_C) = \sum F_v \left(\frac{FL}{AE}\right) + \sum \int \frac{M_v M}{EI} dx$$

$$1(\Delta_C) = \frac{1}{AE}\left[\frac{3}{4}(-52,5)(4,5) + \frac{1}{2}(-55)(6) - \frac{3}{4}(-127,5)(4,5)\right]$$

$$+ \frac{1}{EI}\left[\int_0^{4,5} \frac{x}{2}(-5x)\,dx \right.$$

$$+ \int_0^6 \left(2,25 - \frac{3}{4}x\right)(-22,5 + 52,5x - 15x^2)\,dx + \left.\int_0^{4,5} \frac{x}{2}(55x)\,dx\right]$$

$$(1\text{ kN})\Delta_C = \frac{88,125 \text{ kN}^2 \cdot \text{m}}{AE} + \frac{1265,62 \text{ kN}^2 \cdot \text{m}^3}{EI}$$

Portanto,

$$\Delta_C = \frac{88,125 \text{ kN} \cdot \text{m}}{AE} + \frac{1265,62 \text{ kN} \cdot \text{m}^3}{EI}$$

$$= \frac{88,125}{225(10^{-4})200(10^6)} + \frac{1265,62}{200(10^6)400(10^{-6})}$$

$$= 0,00001958 + 0,01582$$

$$= 0,01586 \text{ m}$$

$$\Delta_C = 15,86 \text{ mm} \longrightarrow \qquad \textbf{Resp.}$$

Observe que a magnitude do termo de deformação normal é insignificante se comparada ao do termo de deformação de flexão.

EXEMPLO 7.14

Determine a flecha no nó A do pórtico mostrado na Figura 7.19(a) pelo método do trabalho virtual. Use o procedimento gráfico (Tabela 7.6) para avaliar a integral do trabalho virtual.

Solução

Os sistemas reais e virtuais, com seus diagramas de momento fletor (M e M_v), estão nas Figuras 7.19(b) e (c), respectivamente. Como a rigidez à flexão EI é constante, a equação do trabalho virtual (Equação (7.37)) pode ser expressa por

$$1(\Delta_A) = \frac{1}{EI} \sum \int_0^L M_v M\, dx \qquad (1)$$

Para avaliarmos as integrais $\int_0^L M_v M\, dx$ graficamente, comparamos os formatos dos diagramas M e M_v para o elemento AB com os fornecidos na Tabela 7.6, e obtemos a expressão adequada a partir da oitava linha e da segunda coluna da tabela.
Assim,

$$\int_0^L M_v M\, dx = \frac{1}{4} M_{v1} M_1 L$$

274 Análise Estrutural

EI = constante
E = 200 GPa
I = 945 (10⁶) mm⁴

(a)

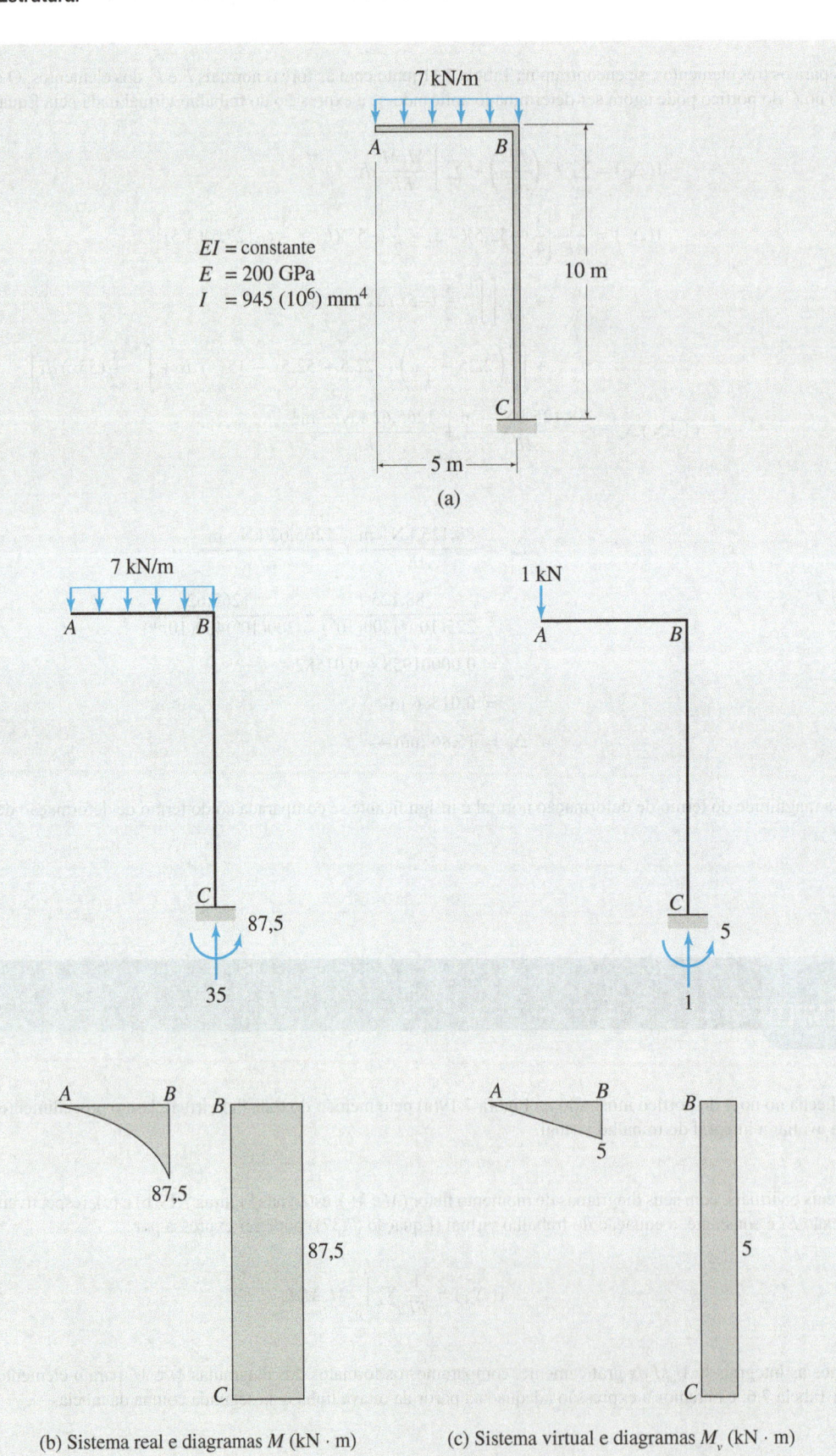

(b) Sistema real e diagramas M (kN · m)

(c) Sistema virtual e diagramas M_v (kN · m)

Figura 7.19

Ao substituirmos $M_{v1} = 5$ kN · m, $M_1 = 87,5$ kN · m e $L = 5$ m na equação supracitada, calculamos o valor da integral de trabalho virtual para o elemento AB a ser

$$\int_0^5 M_v M \, dx = \frac{1}{4}(5)(87,5)(5) = 546,9 \text{ kN}^2 \cdot \text{m}^3$$

Da mesma maneira, a expressão para a integral do elemento BC é obtida a partir da segunda linha e da segunda coluna da Tabela 7.6 como

$$\int_0^L M_v M \, dx = M_{v1} M_1 L$$

com $M_{v1} = 5$ kN · m, $M_1 = 87,5$ kN · m e $L = 10$ m, e o valor da integral para o elemento BC é calculado como

$$\int_0^{10} M_v M \, dx = (5)(87,5)(10) = 4.375 \text{ kN}^2 \cdot \text{m}^3$$

A flecha desejada no nó A pode agora ser determinada substituindo-se os valores numéricos das integrais para os dois elementos na equação do trabalho virtual (Equação 1) como

$$(1 \text{ kN}) \Delta_A = \frac{1}{EI}(546,9 + 4.375) = \frac{4.921,9 \text{ kN}^2 \cdot \text{m}^3}{EI}$$

Assim,

$$\Delta_A = \frac{4.921,9 \text{ kN} \cdot \text{m}^3}{EI} = \frac{4.921,9}{200(945)} = 0,026 \text{ m} = 26 \text{ mm}$$

$$\Delta_A = 26 \text{ mm} \downarrow$$

Resp.

7.6 Conservação de energia e energia de deformação

Antes de podermos desenvolver o próximo método para calcular as flechas em estruturas, é necessário entender os conceitos de conservação de energia e energia de deformação.

A *energia* de uma estrutura pode ser simplesmente definida como sua *capacidade de realizar o trabalho*. O termo *energia de deformação* é atribuído à *energia que uma estrutura possui devido à sua deformação*. A relação entre o trabalho e a energia de deformação de uma estrutura é baseada no *princípio de conservação de energia*, que pode ser indicado como a seguir:

> O trabalho executado em uma estrutura elástica em equilíbrio por forças externas aplicadas estaticamente (de maneira gradual) é igual ao trabalho realizado por forças internas ou a energia de deformação armazenada na estrutura.

Esse princípio pode ser expresso matematicamente como

$$W_e = W_i \quad (7.39)$$

ou

$$W_e = U \quad (7.40)$$

Nessas equações, W_e e W_i representam o trabalho realizado pelas forças internas e externas, respectivamente, e U denota a energia de deformação da estrutura. A expressão explícita para a energia de deformação de uma estrutura depende dos tipos de forças internas que podem se desenvolver nos elementos da estrutura. Tais expressões para a energia de deformação das treliças, vigas e pórticos são demonstradas a seguir.

Energia de deformação das treliças

Considere a treliça arbitrária indicadas na Figura 7.20. A treliça está sujeita a uma carga P, que aumenta gradativamente de zero até seu valor final, fazendo com que a estrutura sofra deformações, conforme mostrado na figura. Como estamos considerando estruturas elásticas lineares, a flecha da treliça Δ no ponto de aplicação de P aumenta linearmente com a carga; portanto, conforme discutido na Seção 7.1 (veja a Figura 7.1(c)), o trabalho externo executado por P durante a deformação Δ pode ser expresso por

$$W_e = \frac{1}{2}P\Delta$$

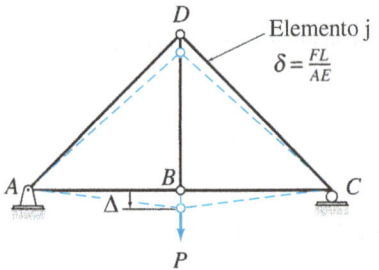

Figura 7.20

Para desenvolvermos a expressão para o trabalho interno ou energia de deformação da treliça, focaremos nossa atenção em um elemento arbitrário j (por exemplo, o elemento CD na Figura 7.20) da treliça. Se F representa a força normal nesse elemento devido à carga externa P, então conforme discutido na Seção 7.3, a deformação normal desse elemento é dada por $\delta = (FL)/(AE)$. Então, o trabalho interno ou a energia de deformação armazenada no elemento j, U_j, são dados por

$$U_j = \frac{1}{2}F\delta = \frac{F^2L}{2AE}$$

A energia de deformação de toda a treliça é simplesmente igual à soma das energias de deformação de todos os seus elementos e pode ser expressa como

$$U_j = \Sigma \frac{F^2L}{2AE} \tag{7.41}$$

Observe que um fator de $\frac{1}{2}$ aparece na expressão para a energia de deformação, porque a força normal F e a deformação normal δ causada por F em cada elemento da treliça são relacionadas à relação linear $\delta = (FL)/(AE)$

Energia de deformação das vigas

Para desenvolver a expressão para a energia de deformação das vigas, considere uma viga arbitrária, conforme mostrado na Figura 7.21(a). Como a carga P agindo na viga aumenta gradativamente de zero até seu valor final, o momento fletor interno M agindo em um elemento diferencial dx da viga (Figuras 7.21(a) e (b)) também aumenta gradativamente de zero até seu valor final, enquanto as transversais do elemento dx giram de um ângulo $d\theta$ em relação às outras. O trabalho interno ou energia de deformação armazenada no elemento dx é, portanto, dado por

$$dU = \frac{1}{2}M(d\theta) \tag{7.42}$$

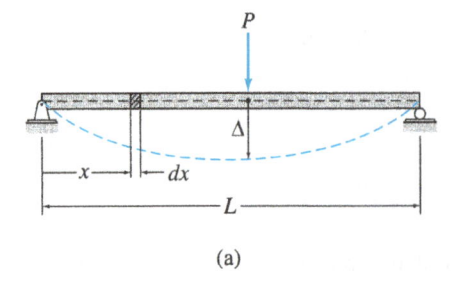

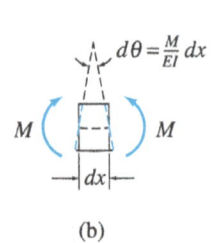

Figura 7.21

Relembrando a Seção 7.4 (Equação (7.27)) em que a variação na rotação, $d\theta$, pode ser expressa em termos do momento fletor, M, pela relação $d\theta = (M/EI)$, escrevemos a Equação (7.42) como

$$dU = \frac{M^2}{2EI}dx \qquad (7.43)$$

A expressão para a energia de deformação em toda a viga pode agora ser obtida ao integrar a Equação (7.43) ao longo do comprimento L da viga:

$$U = \int_0^L \frac{M^2}{2EI}dx \qquad (7.44)$$

Quando a quantidade M/EI não for uma função contínua de x em todo o comprimento da viga, então a viga deve ser dividida em segmentos para que M/EI seja contínuo em cada segmento. A integral no lado direito da Equação (7.44) é então avaliada somando-se as integrais de todos os segmentos da viga. Devemos perceber que a Equação (7.44) é baseada na consideração das deformações de flexão das vigas e não inclui o efeito das deformações de cisalhamento, que, conforme mencionado anteriormente, são insignificantes se comparadas às deformações de flexão para a maioria das vigas.

Energia de deformação dos pórticos

As partes dos pórticos podem estar sujeitas a forças normais, bem como a momentos fletores. Assim, a energia de deformação total (U) dos pórticos é expressa como a soma da energia de deformação devido às forças normais (U_a) e a energia de deformação devido à flexão (U_b); ou seja,

$$U = U_a + U_b \qquad (7.45)$$

Se um pórtico for dividido em segmentos para que a quantidade F/AE seja constante ao longo do comprimento L de cada segmento, então – conforme mostrado anteriormente no caso das treliças –, a energia de deformação armazenada em cada segmento devido à força normal F é igual a $(F^2L)/(2AE)$. Assim, a energia de deformação devido a forças normais para toda o pórtico pode ser expressa como

$$U_a = \sum \frac{F^2L}{2AE} \qquad (7.46)$$

Da mesma maneira, se o pórtico for dividido em segmentos para que a quantidade M/EI seja contínua em cada segmento, então a energia de deformação armazenada em cada segmento devido à flexão pode ser obtida ao integrar a quantidade M/EI ao longo do comprimento do segmento (Equação (7.44)). A energia de deformação devido à flexão para todo o pórtico é igual à soma das energias de deformação de flexão de todos os segmentos do pórtico e pode ser expressa como

$$U_b = \sum \int \frac{M^2}{2EI}dx \qquad (7.47)$$

Substituindo-se as Equações (7.46) e (7.47) pela Equação (7.45), obtemos a seguinte expressão para a energia de deformação dos pórticos devido às forças normais e à flexão:

$$U = \sum \frac{F^2L}{2AE} + \sum \int \frac{M^2}{2EI}dx \qquad (7.48)$$

Como explicado anteriormente, as deformações normais dos pórticos são normalmente muito menores que as deformações de flexão e, geralmente, são desprezadas na análise. A energia de deformação dos pórticos devido apenas à flexão é expressa por

$$U = \sum \int \frac{M^2}{2EI}dx \qquad (7.49)$$

7.7 Segundo teorema de Castigliano

Nesta seção, consideramos outro método de energia para determinar deslocamentos em estruturas. Esse método, que pode ser aplicado apenas em estruturas elásticas lineares, foi inicialmente apresentado por Alberto Castigliano em 1873 e é geralmente conhecido como o *segundo teorema de Castigliano*. (O primeiro teorema de Castigliano, que pode ser usado para estabelecer equações de equilíbrio de estruturas, não é considerado neste capítulo.) O segundo teorema de Castigliano pode ser escrito como a seguir:

> Para estruturas elásticas lineares, a derivada parcial da energia de deformação com relação a uma força aplicada (ou momento) é igual ao deslocamento (ou rotação) da força (ou momento) ao longo de sua linha de ação.

Na forma matemática, esse teorema pode ser escrito como:

$$\frac{\partial U}{\partial P_i} = \Delta_i \quad \text{ou} \quad \frac{\partial U}{\partial \overline{M}_i} = \theta_i \tag{7.50}$$

em que U = a energia de deformação; Δ_i = o deslocamento do ponto de aplicação da força P_i na direção de P_i; e a θ_i = rotação do ponto de aplicação do momento $\overline{M}_i$ na direção de $\overline{M}_i$.

Para provar esse teorema, considere a viga mostrada na Figura 7.22. A viga está sujeita a cargas externas, P_1, P_2 e P_3, que aumentam gradativamente de zero até seus valores finais, fazendo a viga fletir, como

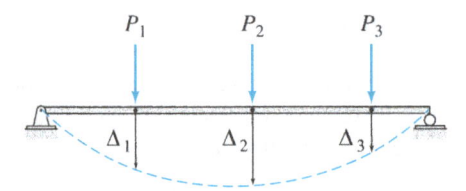

Figura 7.22

mostrado na figura. A energia de deformação (U) armazenada na viga devido ao trabalho externo (W_e) executada por essas forças é dada por

$$U = W_e = \frac{1}{2} P_1 \Delta_1 + \frac{1}{2} P_2 \Delta_2 + \frac{1}{2} P_3 \Delta_3 \tag{7.51}$$

em que Δ_1, Δ_2 e Δ_3 são as flechas da viga nos pontos de aplicação de P_1, P_2 e P_3, respectivamente, conforme mostrado na figura. Como a Equação (7.51) indica, a energia de deformação U é a função das cargas externas e pode ser expressa por

$$U = f(P_1, P_2, P_3) \tag{7.52}$$

Agora, considere que a flecha Δ_2 da viga no ponto de aplicação de P_2 deva ser determinada. Se P_2 for aumentado por uma quantidade quase insignificante de dP_2, então o aumento na energia de deformação da viga devido à aplicação de dP_2 pode ser escrito como

$$dU = \frac{\partial U}{\partial P_2} dP_2 \tag{7.53}$$

e a energia de deformação total, U_T, agora armazenada na viga é dada por

$$U_T = U + dU = U + \frac{\partial U}{\partial P_2} dP_2 \tag{7.54}$$

A viga é considerada como composta por material elástico linear. Portanto, independentemente da sequência em que as cargas P_1, $(P_2 + dP_2)$ e P_3 são aplicadas, a energia de deformação total armazenada na viga deve ser a mesma.

Considere, por exemplo, a sequência em que dP_2 é aplicada na viga antes da aplicação de P_1, P_2 e P_3. Se $d\Delta_2$ for a flecha da viga no ponto de aplicação de dP_2 devido a dP_2, então a energia de deformação armazenada na viga é dada por (1/2) $(dP_2)(d\Delta_2)$. As cargas P_1, P_2 e P_3 são aplicadas à viga, causando as flechas adicionais Δ_1, Δ_2 e Δ_3, respectivamente, em seus pontos de aplicação. Observe que, como a viga é linearmente elástica, as cargas P_1, P_2 e P_3 causam as mesmas flechas, Δ_1, Δ_2 e Δ_3, respectivamente, e executam a mesma quantidade de trabalho externo na viga, independentemente se existe alguma outra carga agindo ou não na viga. A energia de deformação total armazenada na viga durante a aplicação de dP_2 seguida por P_1, P_2 e P_3 é dada por

$$U_T = \frac{1}{2}(dP_2)(d\Delta_2) + dP_2(\Delta_2) + \frac{1}{2}P_1\Delta_1 + \frac{1}{2}P_2\Delta_2 + \frac{1}{2}P_3\Delta_3 \tag{7.55}$$

Como dP_2 permanece constante durante a flecha adicional, Δ_2, de seu ponto de aplicação, o termo $dP_2(\Delta_2)$ no lado direito da Equação (7.55) não contém o fator 1/2. O termo $(1/2)(dP_2)(d\Delta_2)$ representa uma pequena quantidade de segunda ordem, portanto, pode ser desprezado, e a Equação (7.55) pode ser escrita como

$$U_T = dP_2(\Delta_2) + \frac{1}{2}P_1\Delta_1 + \frac{1}{2}P_2\Delta_2 + \frac{1}{2}P_3\Delta_3 \tag{7.56}$$

Ao substituirmos as Equações (7.51) na Equação (7.56), obtemos

$$U_T = dP_2(\Delta_2) + U \tag{7.57}$$

e ao equipararmos as Equações (7.54) e (7.57), escrevemos

$$U + \frac{\partial U}{\partial P_2}dP_2 = dP_2(\Delta_2) + U$$

ou

$$\frac{\partial U}{\partial P_2} = \Delta_2$$

que é a equação matemática do segundo teorema de Castigliano.

Aplicação em treliças

Para desenvolvermos a expressão do segundo teorema de Castigliano, que pode ser usado para determinar as flechas em treliças, substituímos a Equação (7.41) pela energia de deformação (U) das treliças na expressão geral do segundo teorema de Castigliano para flechas, conforme dado pela Equação (7.50) para obtermos

$$\Delta = \frac{\partial}{\partial P}\sum \frac{F^2 L}{2AE} \tag{7.58}$$

Como a derivada parcial $\partial F^2/\partial P = 2F(\partial F/\partial P)$, a expressão do segundo teorema de Castigliano para treliças pode ser escrita como

$$\Delta = \sum \left(\frac{\partial F}{\partial P}\right)\frac{FL}{AE} \tag{7.59}$$

A expressão citada anteriormente é semelhante à forma da expressão do método do trabalho virtual para treliças (Equação (7.23)). Conforme ilustrado pelos exemplos solucionados no final desta seção, o procedimento para calcular as flechas pelo segundo teorema de Castigliano também é semelhante ao do método do trabalho virtual.

Aplicação em vigas

Ao substituirmos as Equações (7.44) pela energia de deformação (U) das vigas nas expressões gerais do segundo teorema de Castigliano (Equação (7.50)), obtemos as expressões a seguir para as flechas e rotações em vigas, respectivamente:

$$\Delta = \frac{\partial}{\partial P}\int_0^L \frac{M^2}{2EI}dx \quad \text{e} \quad \theta = \frac{\partial}{\partial \overline{M}}\int_0^L \frac{M^2}{2EI}dx$$

ou

$$\Delta = \int_0^L \left(\frac{\partial M}{\partial P}\right) \frac{M}{EI} dx \tag{7.60}$$

e

$$\theta = \int_0^L \left(\frac{\partial M}{\partial \overline{P}}\right) \frac{M}{EI} dx \tag{7.61}$$

Aplicação em pórticos

Da mesma maneira, ao substituirmos a Equação (7.48) pela energia de deformação (U) dos pórticos devido às forças normais e de flexão nas expressões gerais do segundo teorema de Castigliano (Equação (7.50)), obtemos as expressões a seguir para as flechas e rotações das pórticos, respectivamente:

$$\Delta = \sum \left(\frac{\partial F}{\partial P}\right) \frac{FL}{AE} + \sum \int \left(\frac{\partial M}{\partial P}\right) \frac{M}{EI} dx \tag{7.62}$$

e

$$\theta = \sum \left(\frac{\partial F}{\partial \overline{M}}\right) \frac{FL}{AE} + \sum \int \left(\frac{\partial M}{\partial \overline{M}}\right) \frac{M}{EI} dx \tag{7.63}$$

Quando o efeito das deformações normais dos elementos dos pórticos é desprezado na análise, as Equações (7.62) e (7.63) são reduzidas para

$$\Delta = \sum \int \left(\frac{\partial M}{\partial P}\right) \frac{M}{EI} dx \tag{7.64}$$

e

$$\theta = \sum \int \left(\frac{\partial M}{\partial \overline{M}}\right) \frac{M}{EI} dx \tag{7.65}$$

Procedimento para análise

Conforme citado anteriormente, o procedimento para calcular as flechas em estruturas pelo segundo teorema de Castigliano é semelhante ao para o método do trabalho virtual. O procedimento essencialmente envolve as seguintes etapas.

1. Se uma carga externa (ou momento) estiver agindo na estrutura fornecida no ponto e na direção da flecha desejada (ou rotação), então designe essa carga (ou momento) como a variável P (ou $\overline{M}$) e avance para a etapa 2. Caso contrário, aplique uma carga fictícia P (ou momento $\overline{M}$) no ponto e na direção da flecha desejada (ou rotação).
2. Determine a força normal F e/ou as equações para o momento de fletor $M(x)$ em cada elemento da estrutura em termos de P (ou $\overline{M}$).
3. Derive as forças normais do elemento F e/ou os momentos fletores $M(x)$ obtidos na etapa 2 com relação à variável P (ou $\overline{M}$) para calcular $\partial F/\partial P$ e/ou $\partial M/\partial P$ (ou $\partial F/\overline{M}$ e/ou $\partial M/\overline{M}$).
4. Substitua o valor numérico de P (ou $\overline{M}$) nas expressões de F e/ou $M(x)$ e suas derivadas parciais. Se P (ou $\overline{M}$) representar uma carga fictícia (ou momento), seu valor numérico é nulo.

capítulo 7   Flechas em treliças, vigas e pórticos: métodos de trabalho-energia   **281**

5. Aplique a expressão apropriada do segundo teorema de Castigliano (Equações (7.59) a (7.65)) para determinar a flecha ou rotação desejada da estrutura. Uma resposta positiva para a flecha (ou rotação) desejada indica que a flecha (ou rotação) ocorre na mesma direção de P (ou $\overline{M}$) e vice-versa.

EXEMPLO 7.15

Determine a flecha no ponto C da viga mostrada na Figura 7.23(a) por meio do segundo teorema de Castigliano.

EI = constante
$E = 200$ GPa
$I = 800 \, (10^6) \, \text{mm}^4$

(a)

(b)

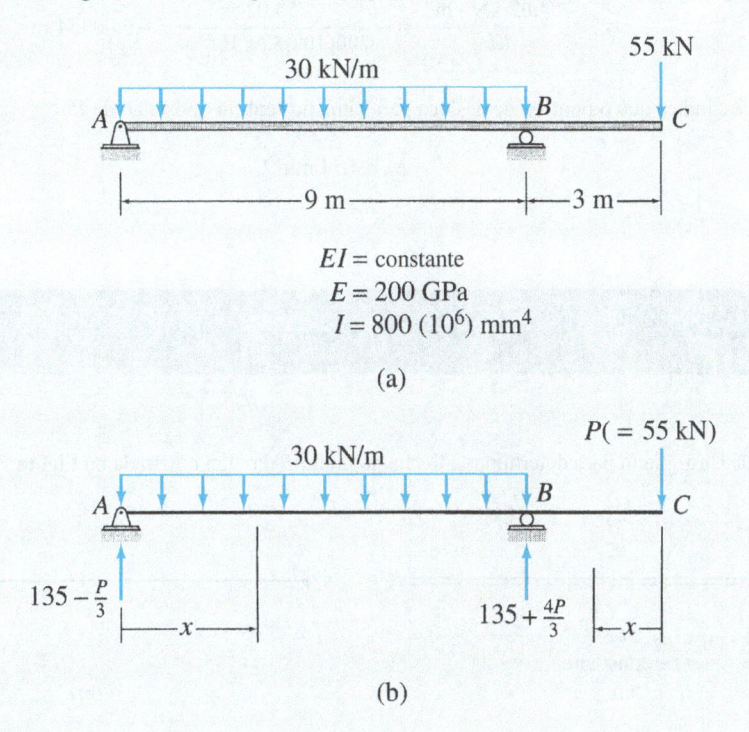

Figura 7.23

Solução

Essa viga foi previamente analisada pelos métodos de área-momento, da viga conjugada e do trabalho virtual nos Exemplos 6.7, 6.13 e 7.9, respectivamente.

A carga externa de 55 kN já está agindo no ponto C, no qual a flecha deverá ser determinada; portanto, designamos esta carga como a variável P, conforme mostrado na Figura 7.23(b). A seguir, calculamos as reações da viga em termos de P. Isso também é mostrado na Figura 7.23(b). Como a carga é descontinuada no ponto B, a viga é dividida em dois segmentos, AB e BC. As abscissas x usadas para determinar as equações para o momento fletor nos dois segmentos da viga são mostradas na Figura 7.23(b). As equações para M (em termos de P) obtidas para os segmentos da viga estão agrupadas na Tabela 7.12, junto com as derivadas parciais de M com relação à P.

Tabela 7.12

Segmento	Abscissa x		M (kN · m)	$\dfrac{\partial M}{\partial P}$ (kN · m/kN)
	Origem	Limites (m)		
AB	A	0–9	$\left(135 - \dfrac{P}{3}\right)x - x^2$	$-\dfrac{x}{3}$
CB	C	0–3	$-Px$	$-x$

A flecha em C pode agora ser determinada ao substituirmos P = 60 kN nas equações para M, (∂M/∂kN) e ao aplicarmos a expressão do segundo teorema de Castigliano, conforme dada pela Equação (7.60):

$$\Delta_C = \int_0^L \left(\frac{\partial M}{\partial P}\right)\left(\frac{M}{EI}\right) dx$$

$$\Delta_C = \frac{1}{EI}\left[\int_0^9 \left(-\frac{x}{3}\right)\left(135x - \frac{55x}{3} - 15x^2\right) dx + \int_0^3 (-x)(-55x)\, dx\right]$$

$$= \frac{1}{EI}\left[\int_0^9 \left(-\frac{x}{3}\right)(116{,}67x - 15x^2)\, dx + \int_0^3 (-x)(-55x)\, dx\right]$$

$$= -\frac{754{,}02 \text{ kN} \cdot \text{m}^3}{EI} = -\frac{754{,}02}{200(10^6)830(10^{-6})} = -0{,}00454 \text{ m}$$

A resposta negativa para Δ_C indica que o ponto C se desloca para cima no sentido oposto ao de P.

$$\Delta_C = 4{,}54 \text{ mm} \uparrow \qquad \text{Resp.}$$

EXEMPLO 7.16

Use o segundo teorema de Castigliano para determinar a flecha no ponto B da viga mostrada na Figura 7.24(a).

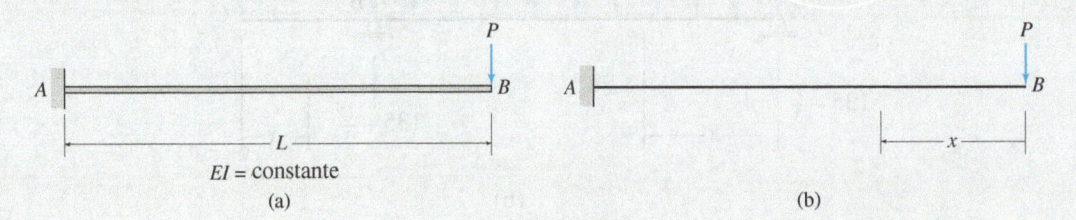

Figura 7.24

Solução

Usando a abscissa x da Figura 7.24(b), escrevemos a equação para o momento fletor da viga como

$$M = -Px$$

A derivada parcial de M com relação a P é dada por

$$\frac{\partial M}{\partial P} = -x$$

A flecha em B pode agora ser obtida aplicando-se a expressão do segundo teorema de Castigliano, conforme dada pela Equação (7.60), como a seguir:

$$\Delta_B = \int_0^L \left(\frac{\partial M}{\partial P}\right)\left(\frac{M}{EI}\right) dx$$

$$\Delta_B = \int_0^L (-x)\left(-\frac{Px}{EI}\right) dx$$

$$= \frac{P}{EI}\int_0^L x^2\, dx = \frac{PL^3}{3EI}$$

$$\Delta_B = \frac{PL^3}{3EI} \downarrow \qquad \text{Resp.}$$

EXEMPLO 7.17

Determine a rotação no nó C do pórtico mostrado na Figura 7.25(a) com o uso do segundo teorema de Castigliano.

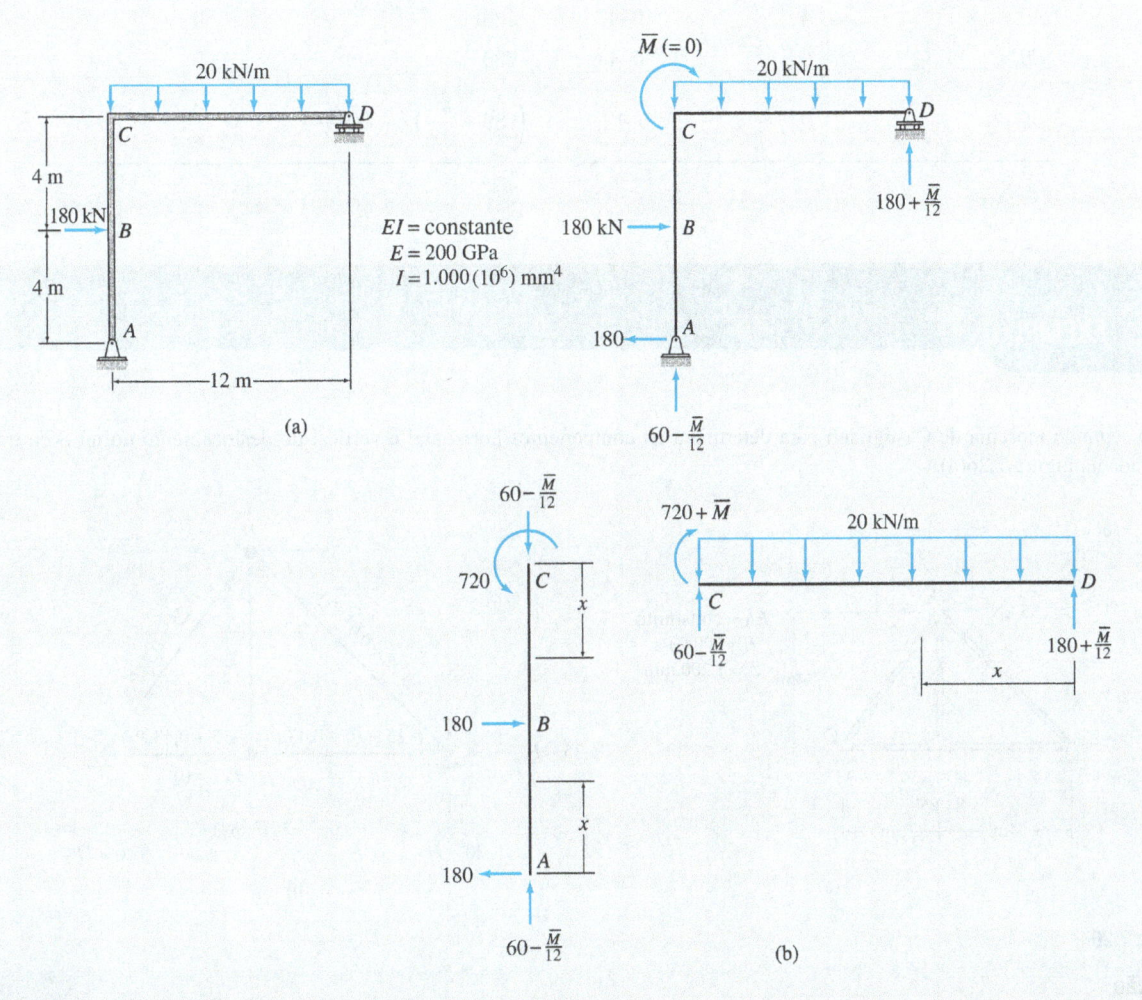

Figura 7.25

Solução

Este pórtico foi analisado anteriormente pelo método do trabalho virtual no Exemplo 7.11. Nenhum momento externo está agindo no nó C, em que a rotação é desejada; então aplicamos um momento fictício $\overline{M}$ (= 0) em C, conforme mostrado na Figura 7.25(b). As coordenadas x usadas para determinar as equações de momento fletor para os três segmentos do pórtico também são exibidas na Figura 7.25(b), e as equações para M em termos de $\overline{M}$ e $\partial M/\partial \overline{M}$ obtidas para os três segmentos são encontradas na Tabela 7.13. A rotação no nó C do pórtico pode agora ser determinada ao definirmos $\overline{M} = 0$ nas equações para M e $\partial M/\partial \overline{M}$ e ao aplicarmos a expressão do segundo teorema de Castigliano, conforme dada pela Equação (7.65):

$$\theta_C = \Sigma \int \left(\frac{\partial M}{\partial \overline{M}}\right) \frac{M}{EI} dx$$

$$= \int_0^{12} \left(\frac{x}{12}\right)\left(180x - 20\frac{x^2}{2}\right) dx$$

$$= \frac{4.320 \text{ kN} \cdot \text{m}^2}{EI} = \frac{4.320}{200(10^6)1.000(10^{-6})} = 0,0216 \text{ rad}$$

$$\theta_C = 0,0216 \text{ rad} \qquad \text{Resp.}$$

Tabela 7.13

Segmento	Coordenada x		M (kN · m)	$\dfrac{\partial M}{\partial \overline{M}}\left(\dfrac{\text{kN} \cdot \text{m}}{\text{kN} \cdot \text{m}}\right)$
	Origem	Limites (m)		
AB	A	0–4	$180x$	0
CB	C	0–4	720	0
DC	D	0–12	$\left(180 + \dfrac{\overline{M}}{12}\right)x - 20\dfrac{x^2}{2}$	$\dfrac{x}{2}$

EXEMPLO 7.18

Use o segundo teorema de Castigliano para determinar as componentes horizontal e vertical do deslocamento no nó B da treliça mostrada na Figura 7.26(a).

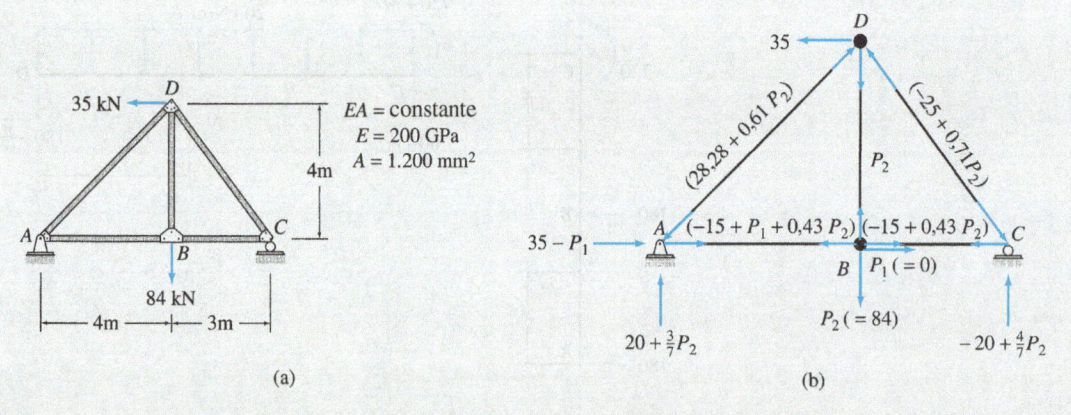

Figura 7.26

Solução

Essa treliça foi analisada anteriormente pelo método do trabalho virtual no Exemplo 7.3.

Tabela 7.14

					Para $P_1 = 0$ e $P_2 = 84$ kN	
Elemento	L (m)	F (kN)	$\dfrac{\partial F}{\partial P_1}$ (kN/kN)	$\dfrac{\partial F}{\partial P_2}$ (kN/kN)	$(\partial F/\partial P_1)\,FL$ (kN · m)	$(\partial F/\partial P_2)\,FL$ (kN · m)
AB	4	$-15 + P_1 + 0{,}43\,P_2$	1	0,43	84,48	36,32
BC	3	$-15 + 0{,}43\,P_2$	0	0,43	0	27,24
AD	5,66	$-28{,}28 - 0{,}61\,P_2$	0	$-0{,}61$	0	274,55
BD	4	P_2	0	1	0	336,00
CD	5	$25 - 0{,}71\,P_2$	0	$-0{,}71$	0	122,97
				$\sum\left(\dfrac{\partial F}{\partial P}\right)FL$	84,48	797,08

$$\Delta_{BH} = \frac{1}{EA} \sum \left(\frac{\partial F}{\partial P_1}\right) FL \qquad\qquad \Delta_{BV} = \frac{1}{EA} \sum \left(\frac{\partial F}{\partial P_2}\right) FL$$

$$= \frac{84{,}48}{EA} \text{ kN} \cdot \text{m} \qquad\qquad = \frac{797{,}08}{EA} \text{ kN} \cdot \text{m}$$

$$= \frac{84{,}48}{200(10^6)(0{,}0012)} = 0{,}00035 \text{ m} \qquad\qquad = \frac{797{,}08}{200(10^6)(0{,}0012)} = 0{,}00332 \text{ m}$$

$\Delta_{BH} = 0{,}35$ mm $\rightarrow$ **Resp.** $\qquad\qquad \Delta_{BV} = 3{,}32$ mm $\downarrow$ **Resp.**

Conforme mostrado na Figura 7.26(b), uma força horizontal fictícia P_1 (= 0) é aplicada no nó B para determinar a componente horizontal do deslocamento, enquanto a carga vertical de 84 kN é designada como a variável P_2 a ser usada para calcular a componente vertical do deslocamento no nó B. As forças normais do elemento, em termos de P_1 e P_2, são então determinadas aplicando-se o método dos nós. Essas forças do elemento F, junto com suas derivadas parciais com relação a P_1 e P_2, estão reunidas na Tabela 7.14. Observe que as forças normais de tração são consideradas positivas e as forças compressivas são negativas. Os valores numéricos de $P_1 = 0$ e $P_2 = 84$ kN são substituídos nas equações para F, e a expressão do segundo teorema de Castigliano, conforme dada pela Equação (7.59), é aplicada, como indicado na tabela, para determinar as componentes horizontal e vertical do deslocamento no nó B da treliça.

7.8 Lei de Betti e Lei de Maxwell para flechas recíprocas

A lei de Maxwell para flechas recíprocas, inicialmente desenvolvida por James C. Maxwell em 1864, tem uma função importante na análise de estruturas indeterminadas estaticamente a ser considerada na Parte 3 deste texto. A lei de Maxwell será discutida aqui como um caso especial da *lei de Betti* mais geral, que foi apresentada por E. Betti, no ano de 1872. A lei de Betti pode ser escrita como a seguir:

> Para uma estrutura elástica linear, o trabalho virtual realizado por um sistema P de forças e momentos agindo por meio da deformação causada por um sistema Q de forças e momentos é igual ao trabalho virtual do sistema Q agindo por meio da deformação devido ao sistema P.

Para mostrar a validade dessa lei, considere a viga exibida na Figura 7.27. A viga está sujeita a dois sistemas de forças diferentes, sistemas P e Q, conforme mostrado nas Figuras 7.27(a) e (b), respectivamente. Agora, vamos assumir que sujeitamos a viga que já possui as forças P agindo sobre ela (Figura 7.27(a)) às flechas causadas pelo sistema de forças Q (Figura 7.27(b)). O trabalho virtual externo (W_{ve}) realizado pode ser escrito como

$$W_{ve} = P_1 \Delta_{Q1} + P_2 \Delta_{Q2} + \cdots + P_n \Delta_{Qn}$$

ou

$$W_{ve} = \sum_{i=1}^{n} P_i \Delta_{Qi}$$

Ao aplicarmos o princípio de forças virtuais para corpos deformáveis, $W_{ve} = W_{vi}$, e ao usarmos a expressão para o trabalho virtual interno realizado nas vigas (Equação (7.29)), obtemos

$$\sum_{i=1}^{n} P_i \Delta_{Qi} = \int_0^L \frac{M_P M_Q}{EI} dx \tag{7.66}$$

A seguir, assumimos que a viga com as forças Q agindo sobre ela (Figura 7.27(b)) está sujeita às flechas causadas pelas forças P (Figura 7.27(a)). Igualando o trabalho virtual externo ao trabalho virtual interno, obtemos

$$\sum_{j=1}^{m} Q_j \Delta_{pj} = \int_0^L \frac{M_Q M_P}{EI} dx \tag{7.67}$$

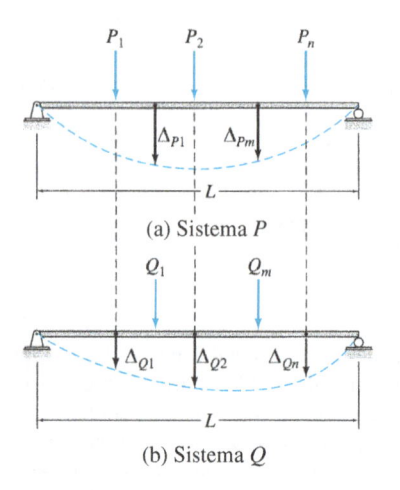

Figura 7.27

Observando-se que os lados direitos das Equações (7.66) e (7.67) são idênticos, equacionamos os lados esquerdos para obtermos

$$\sum_{i=1}^{n} P_i \Delta_{Qi} = \sum_{j=1}^{m} Q_j \Delta_{Pj} \tag{7.68}$$

A Equação (7.68) representa a afirmação matemática da lei de Betti. A lei de Maxwell para flechas recíprocas estabelece que *para uma estrutura elástica linear, a flecha em um ponto i devido a uma carga unitária aplicada em um ponto j é igual à flecha em j devido a uma carga unitária em i*.

Nessa afirmação, os termos *flecha* e *carga* são usados em um sentido geral e incluem rotação e momento, respectivamente. Conforme mencionado anteriormente, a lei de Maxwell pode ser considerada como um caso especial da lei de Betti.

Para provar a lei de Maxwell, considere a viga da Figura 7.28. A viga é separadamente sujeita aos sistemas P e Q, que consistem em cargas unitárias nos pontos i e j, respectivamente, como mostrado nas Figuras 7.28(a) e (b). Conforme indicado pelas figuras, f_{ij} representa a flecha em i devido à carga unitária em j, enquanto f_{ij} denota a flecha em j devido à carga unitária em i. Essas flechas por carga unitária são denominadas *coeficientes de flexibilidade*. Ao aplicarmos a lei de Betti (Equação (7.68)), obtemos

$$1(f_{ij}) = 1(f_{ji})$$

ou

$$f_{ij} = f_{ji} \tag{7.69}$$

que é a afirmação matemática da lei de Maxwell.

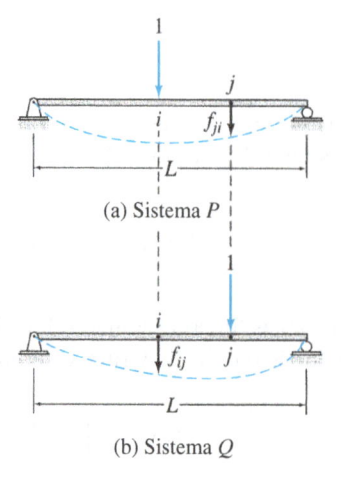

Figura 7.28

capítulo 7 — Flechas em treliças, vigas e pórticos: métodos de trabalho-energia

A relação recíproca permanece válida entre as rotações causadas por dois momentos unitários, bem como entre a flecha e a rotação causada por uma força unitária e um momento unitário, respectivamente.

Resumo

Neste capítulo, aprendemos que o trabalho realizado por uma força P (ou um par de M) durante um deslocamento Δ (ou rotação θ) de seu ponto de aplicação na direção de sua linha de ação é dado por

$$W = \int_0^\Delta P\,d\Delta \tag{7.1}$$

ou

$$W = \int_0^\theta M\,d\theta \tag{7.2}$$

O princípio do trabalho virtual para corpos rígidos afirma que se um corpo rígido estiver em equilíbrio em um sistema de forças e se for sujeito a qualquer pequeno deslocamento virtual de corpo rígido, o trabalho virtual realizado pelas forças externas será nulo.

O princípio de forças virtuais para corpos deformáveis pode ser matematicamente descrito como

$$W_{ve} = W_{vi} \tag{7.16}$$

em que W_{ve} = o trabalho virtual externo realizado pelas forças virtuais externas (e momentos) agindo pelos deslocamentos reais externos (e rotações) da estrutura; e W_{vi} = o trabalho virtual interno realizado pelas forças virtuais internas (e momentos) agindo pelos deslocamentos reais internos (e rotações) da estrutura.

O método do trabalho virtual para determinar as deformações em estruturas é baseado no princípio das forças virtuais para corpos deformáveis. O método utiliza dois sistemas separados: (1) um sistema real de cargas (ou outros efeitos) que causa a deformação a ser determinada e (2) um sistema virtual que consiste em uma carga unitária (ou momento unitário) aplicada no ponto e na direção da flecha desejada (ou rotação). As expressões explícitas do método do trabalho virtual a serem usadas para determinar as flechas de treliças, vigas e pórticos, são as seguintes:

$$\text{Treliças} \quad 1(\Delta) = \sum F_v\left(\frac{FL}{AE}\right) \tag{7.23}$$

$$\text{Vigas} \quad 1(\Delta) = \int_0^L \frac{M_v M}{EI}\,dx \tag{7.30}$$

$$\text{Pórticos} \quad 1(\Delta) = \sum F_v\left(\frac{FL}{AE}\right) + \sum \int \frac{M_v M}{EI}\,dx \tag{7.35}$$

O princípio da conservação de energia afirma que o trabalho executado por forças externas aplicadas estaticamente, em uma estrutura elástica em equilíbrio, é igual ao trabalho realizado por forças internas ou a energia de deformação armazenada na estrutura. As expressões para a energia de deformação das treliças, vigas e pórticos são

$$\text{Treliças} \quad U = \sum \frac{F^2 L}{2AE} \tag{7.41}$$

$$\text{Vigas} \quad U = \int_0^L \frac{M^2}{2EI}\,dx \tag{7.44}$$

$$\text{Pórticos} \quad U = \sum \frac{F^2 L}{2AE} + \sum \int \frac{M^2}{2EI}\,dx \tag{7.48}$$

288 Análise Estrutural — Parte 2

O segundo teorema de Castigliano para estruturas elásticas lineares pode ser matematicamente indicado como

$$\frac{\partial U}{\partial P_i} = \Delta_i \quad \text{ou} \quad \frac{\partial U}{\partial \overline{M}_i} = \theta_i \tag{7.50}$$

As expressões do segundo teorema de Castigliano, que pode ser usado para determinar as flechas, são como a seguir:

$$\text{Treliças} \quad \Delta = \sum \left(\frac{\partial F}{\partial P}\right) \frac{FL}{AE} \tag{7.59}$$

$$\text{Vigas} \quad \Delta = \int_0^L \left(\frac{\partial M}{\partial P}\right) \frac{M}{EI} dx \tag{7.60}$$

$$\text{Pórticos} \quad \Delta = \sum \left(\frac{\partial F}{\partial P}\right) \frac{FL}{AE} + \sum \int \left(\frac{\partial M}{\partial P}\right) \frac{M}{EI} dx \tag{7.62}$$

A lei de Maxwell para flechas recíprocas afirma que, para uma estrutura elástica linear, a flecha em um ponto i devido a uma carga unitária aplicada em um ponto j é igual à flecha em j devido a uma carga unitária em i.

PROBLEMAS

Seção 7.3

7.1 a 7.5 Use o método do trabalho virtual para determinar as componentes horizontal e vertical do deslocamento no nó B da treliça mostrada nas Figuras P7.1–P7.5.

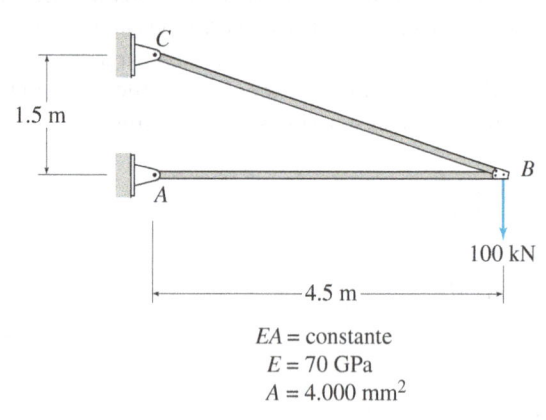

Figuras P7.1, P7.51
EA = constante
E = 70 GPa
A = 4.000 mm²

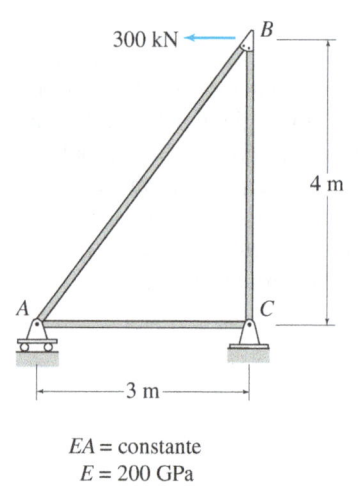

Figuras P7.3, P7.53
EA = constante
E = 200 GPa
A = 3.400 mm²

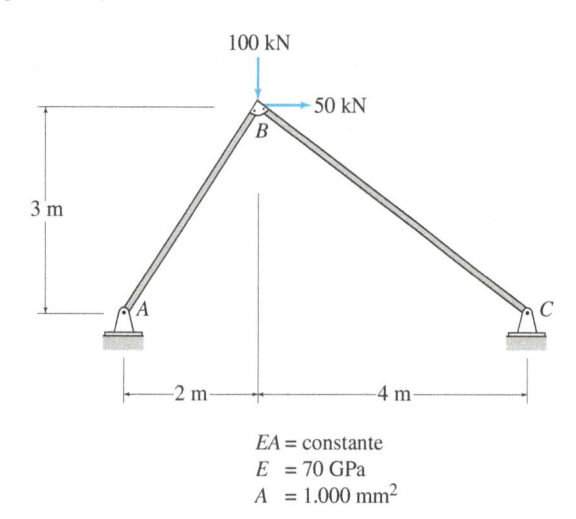

Figuras P7.2, P7.52
EA = constante
E = 70 GPa
A = 1.000 mm²

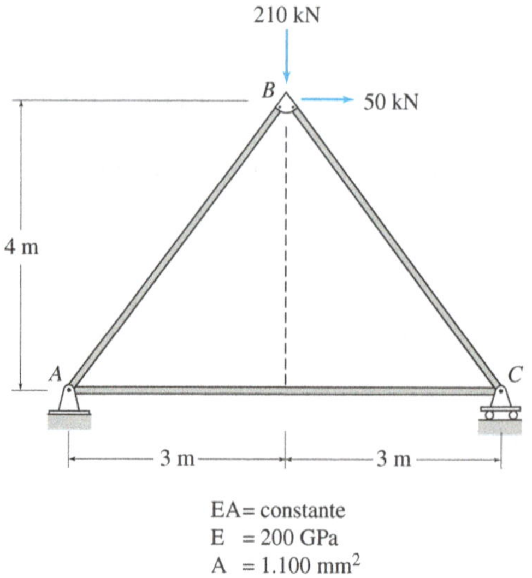

Figuras P7.4, P7.54
EA = constante
E = 200 GPa
A = 1.100 mm²

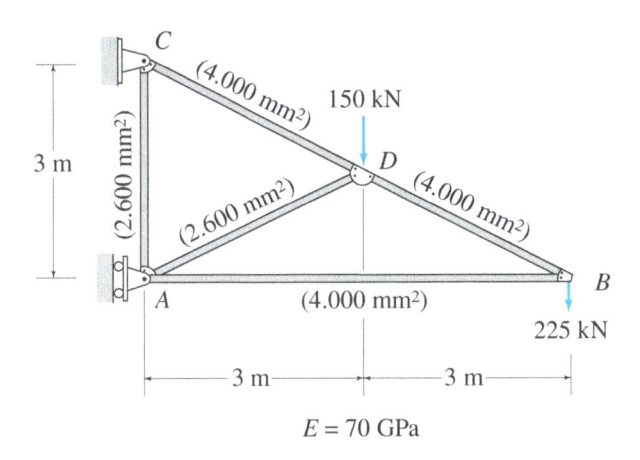

capítulo 7 — Flechas em treliças, vigas e pórticos: métodos de trabalho-energia

Figuras P7.5, P7.55

7.6 e 7.7 Use o método do trabalho virtual para determinar a flecha no nó C da treliça mostrada nas Figuras P7.6 e P7.7.

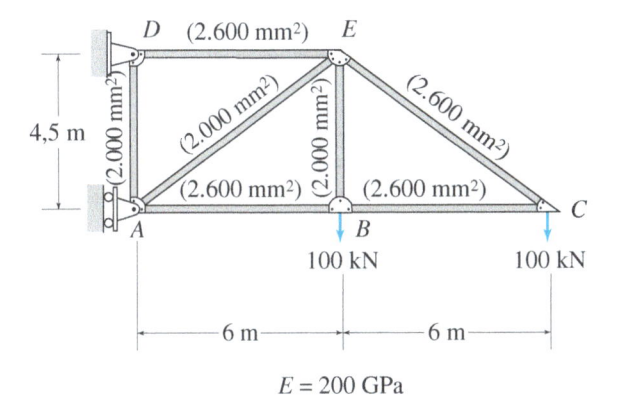

Figura P7.6

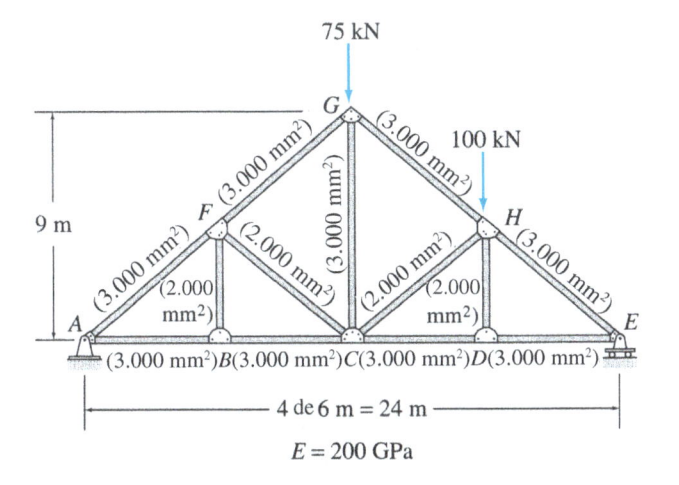

Figura P7.7

7.8 Use o método do trabalho virtual para determinar o deslocamento horizontal no nó E da treliça mostrada na Figura P7.8.

EA = constante
E = 200 GPa
A = 5.000 mm²

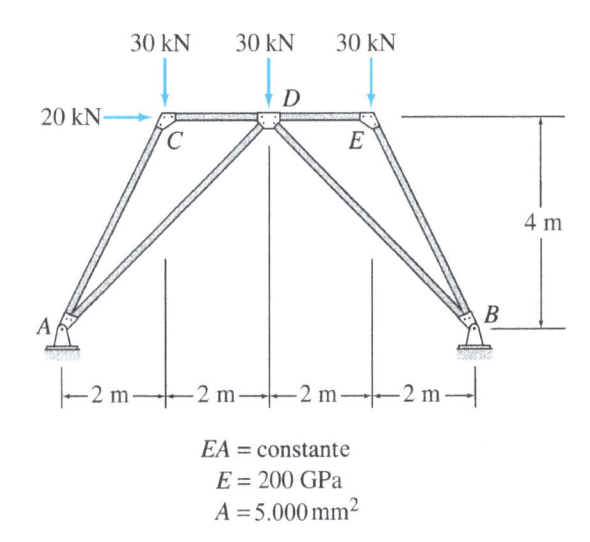

Figuras P7.8, P7.56

7.9 Use o método do trabalho virtual para determinar o deslocamento horizontal no nó H da treliça mostrada na Figura P7.9.

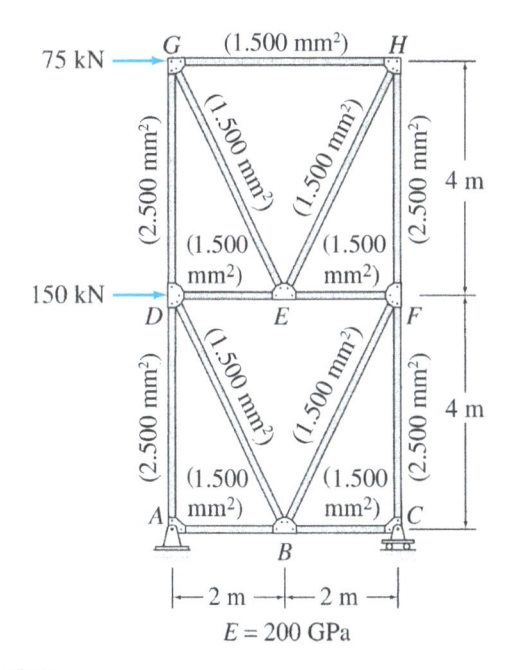

Figura P7.9

7.10 a 7.12 Determine a menor área da seção transversal A necessária para os elementos da treliça mostrada, de modo que o deslocamento horizontal no nó D não exceda 10 mm. Use o método do trabalho virtual.

7.13 a 7.15 Determine a menor área da seção transversal A para os elementos da treliça mostrada, de modo que a flecha no nó B não exceda 10 mm. Use o método do trabalho virtual.

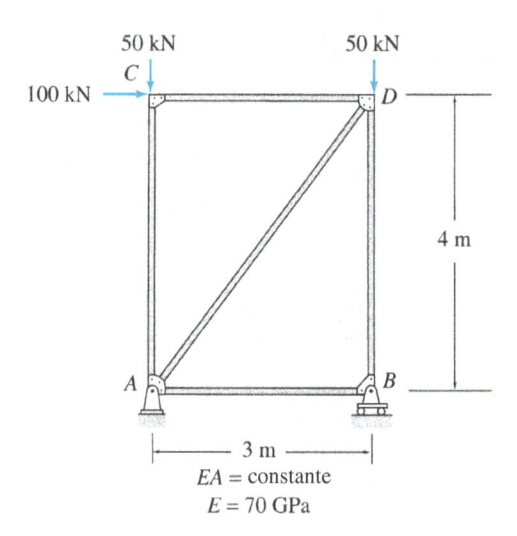

Figura P7.10

EA = constante
E = 70 GPa

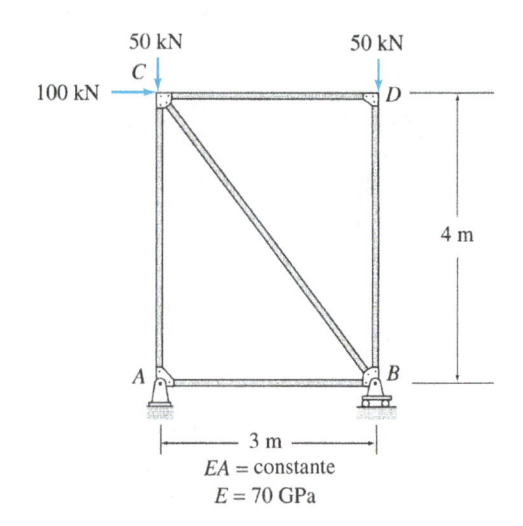

Figura P7.11

EA = constante
E = 70 GPa

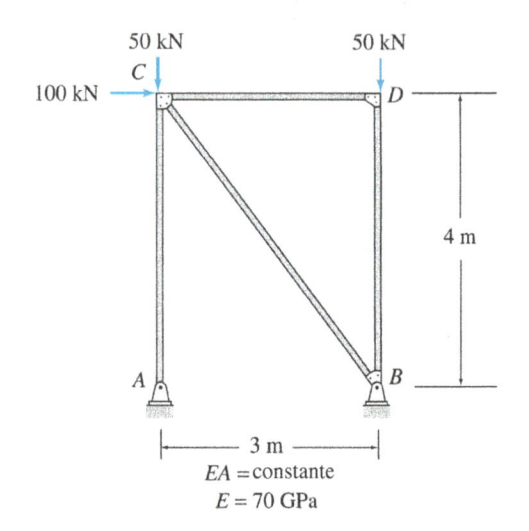

Figura P7.12

EA = constante
E = 70 GPa

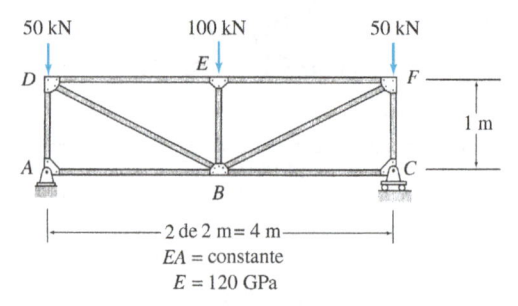

Figura P7.13

EA = constante
E = 120 GPa

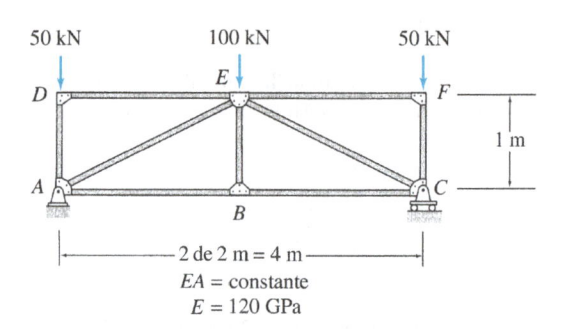

Figura P7.14

EA = constante
E = 120 GPa

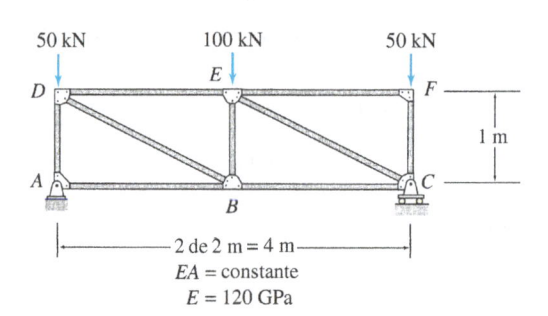

Figura P7.15

EA = constante
E = 120 GPa

7.16 Determine o deslocamento horizontal no nó E da treliça mostrada na Figura P7.16 devido a um aumento de temperatura de 50 °C nos elementos AC e CE. Use o método do trabalho virtual.

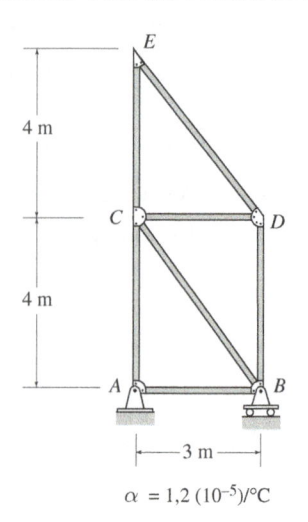

Figuras P7.16, P7.18

$\alpha = 1{,}2 \, (10^{-5})/°C$

capítulo 7 — Flechas em treliças, vigas e pórticos: métodos de trabalho-energia — 291

7.17 Determine a flecha no nó B da treliça mostrada na Figura P7.17 devido a um aumento de temperatura de 20 °C nos elementos AB e BC e a uma queda de temperatura de 10 °C nos elementos AD, DE, EF e CF. Use o método do trabalho virtual.

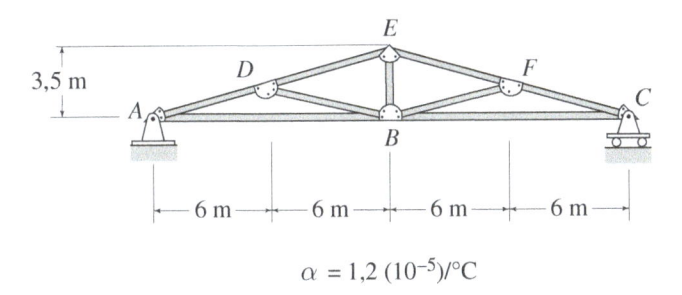

$\alpha = 1{,}2\,(10^{-5})/°C$

Figuras P7.17, P7.19

7.18 Determine o deslocamento horizontal no nó E da treliça mostrada na Figura P7.16 se o elemento BC for alongado em 18 mm e o elemento CE for encurtado em 15 mm. Use o método do trabalho virtual.

7.19 Determine a flecha no nó B da treliça mostrada na Figura P7.17, se os elementos AB e BE forem encurtados em 15 mm. Use o método do trabalho virtual.

Seção 7.4

7.20 e 7.21 Use o método do trabalho virtual para determinar a rotação e a flecha no ponto B da viga mostrada.

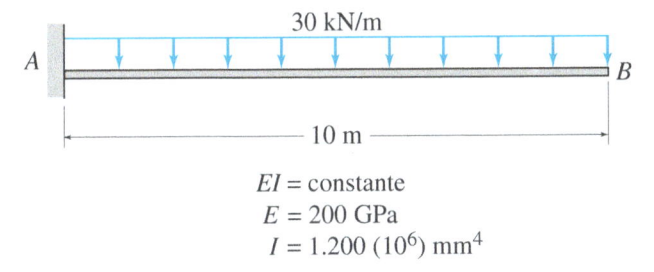

EI = constante
E = 200 GPa
I = 1.200 (10^6) mm^4

Figuras P7.20, P7.22, P7.57

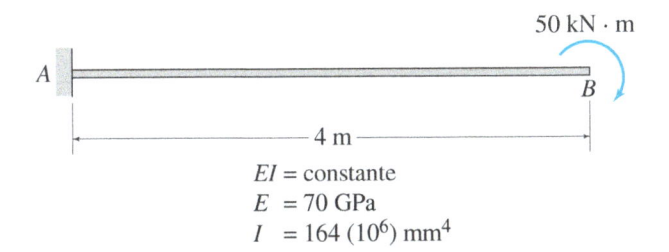

EI = constante
E = 70 GPa
I = 164 (10^6) mm^4

Figuras P7.21, P7.23, P7.58

7.22 e 7.23 Determine a flecha no ponto B da viga mostrada nas Figuras P7.20 e P7.21 pelo método do trabalho virtual. Use o procedimento gráfico (Tabela 7.6) para avaliar as integrais de trabalho virtual.

7.24 a 7.27 Use o método do trabalho virtual para determinar a flecha no ponto C da viga mostrada.

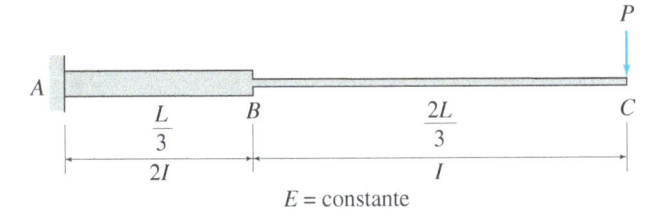

E = constante

Figuras P7.24, P7.28, P7.59

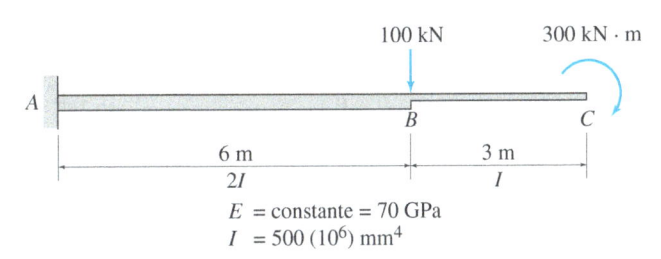

E = constante = 70 GPa
I = 500 (10^6) mm^4

Figuras P7.25, P7.29, P7.60

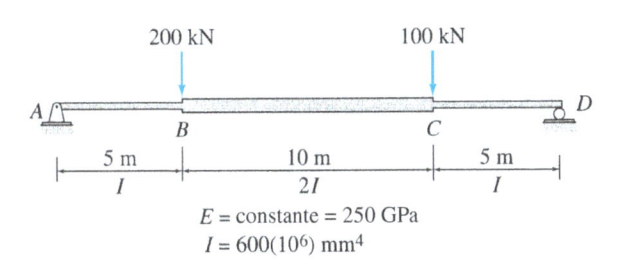

E = constante = 250 GPa
I = 600(10^6) mm^4

Figuras P7.26, P7.30, P7.61

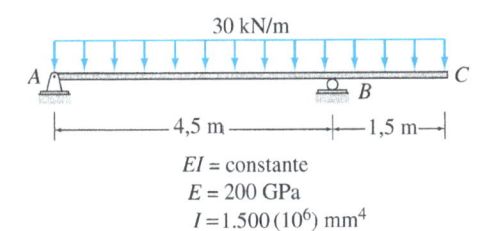

EI = constante
E = 200 GPa
I = 1.500 (10^6) mm^4

Figuras P7.27, P7.62

7.28 a 7.30 Determine a flecha no ponto C da viga mostrada nas Figuras P7.24–P7.26 pelo método do trabalho virtual. Use o procedimento gráfico (Tabela 7.6) para avaliar as integrais de trabalho virtual.

7.31 a 7.33 Determine o menor momento de inércia I necessário para a viga mostrada, de modo que sua flecha máxima não exceda o limite de 1/360 do comprimento do vão (isto é, $\Delta_{máx} \leq L/360$). Use o método do trabalho virtual.

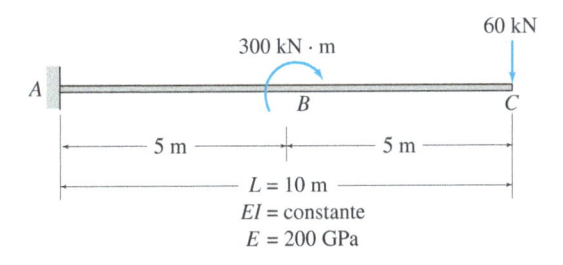

$L = 10$ m
EI = constante
E = 200 GPa

Figura P7.31

292 Análise Estrutural Parte 2

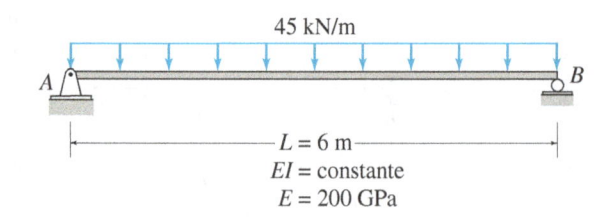

Figura P7.32

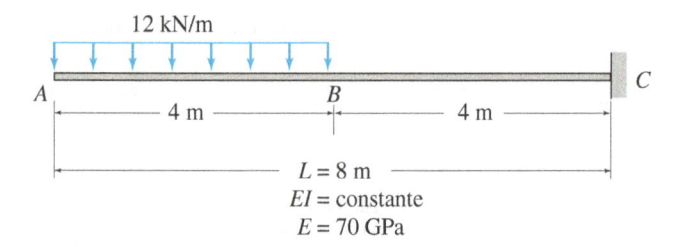

45 kN/m, L = 6 m, EI = constante, E = 200 GPa

Figura P7.33

12 kN/m sobre 4 m (A a B), 4 m (B a C), L = 8 m, EI = constante, E = 70 GPa

7.34 e 7.35 Use o método do trabalho virtual para determinar a rotação e a flecha no ponto D da viga mostrada.

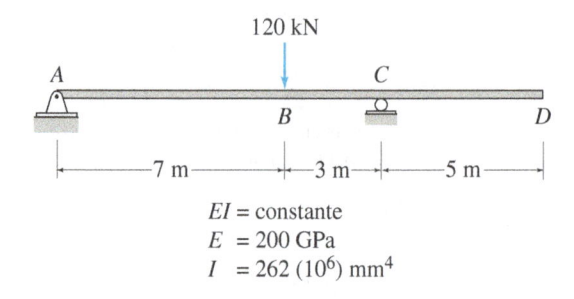

Figuras P7.34, P7.63

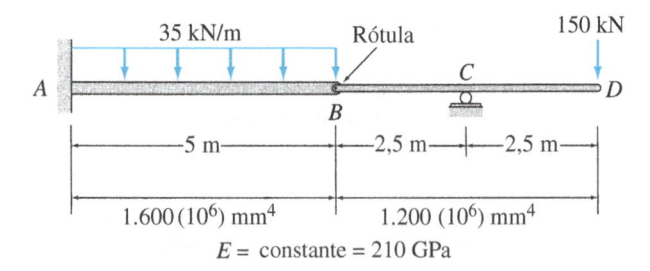

120 kN em C; A—7 m—B—3 m—C—5 m—D; EI = constante, E = 200 GPa, I = 262 (10^6) mm^4

Figuras P7.35, P7.64

35 kN/m, Rótula, 150 kN; A—5 m—B—2,5 m—C—2,5 m—D; 1.600 (10^6) mm^4, 1.200 (10^6) mm^4, E = constante = 210 GPa

Seção 7.5

7.36 e 7.37 Use o método do trabalho virtual para determinar a flecha do nó C do pórtico mostrado.

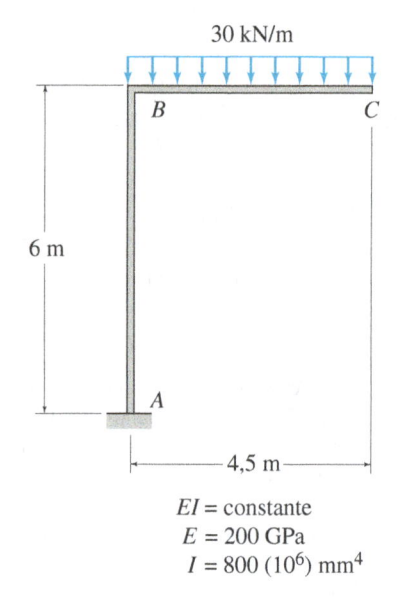

Figuras P7.36, P7.65

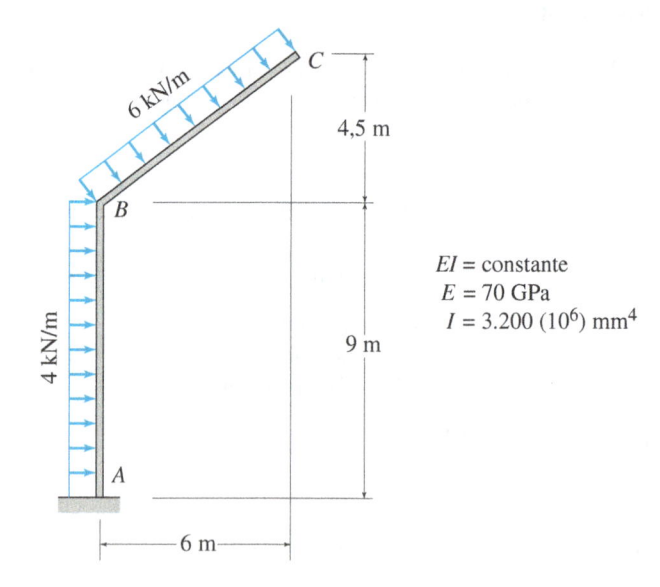

30 kN/m sobre BC (4,5 m); AB = 6 m; EI = constante, E = 200 GPa, I = 800 (10^6) mm^4

Figura P7.37

6 kN/m sobre BC (4,5 m); 4 kN/m sobre AB (9 m); base AB horizontal = 6 m; EI = constante, E = 70 GPa, I = 3.200 (10^6) mm^4

7.38 Use o método do trabalho virtual para determinar o deslocamento horizontal no nó C do pórtico mostrado.

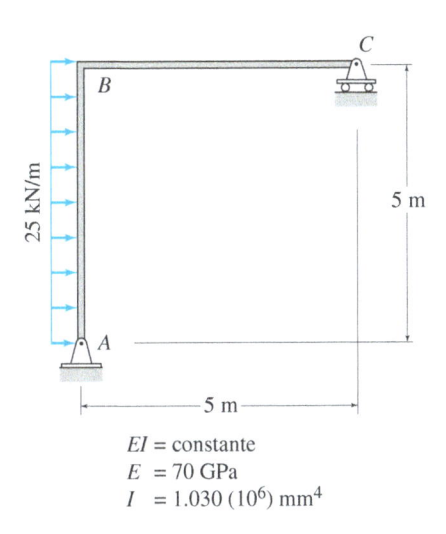

Figuras P7.38, P7.66

EI = constante
E = 70 GPa
I = 1.030 (10^6) mm^4

7.39 Use o método do trabalho virtual para determinar a rotação no nó D do pórtico mostrado.

7.40 Use o método do trabalho virtual para determinar o deslocamento horizontal no nó E do pórtico mostrado na Figura P7.39.

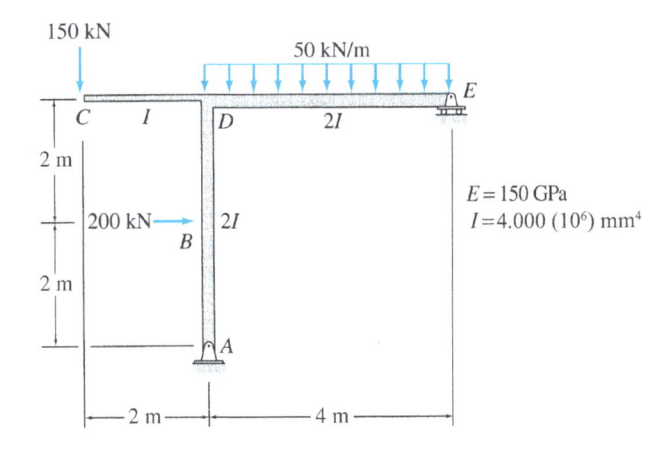

Figuras P7.39, P7.40

E = 150 GPa
I = 4.000 (10^6) mm^4

7.41 Use o método do trabalho virtual para determinar a rotação no nó B do pórtico mostrado.

7.42 Use o método do trabalho virtual para determinar a flecha no nó B do pórtico mostrado na Figura P7.41.

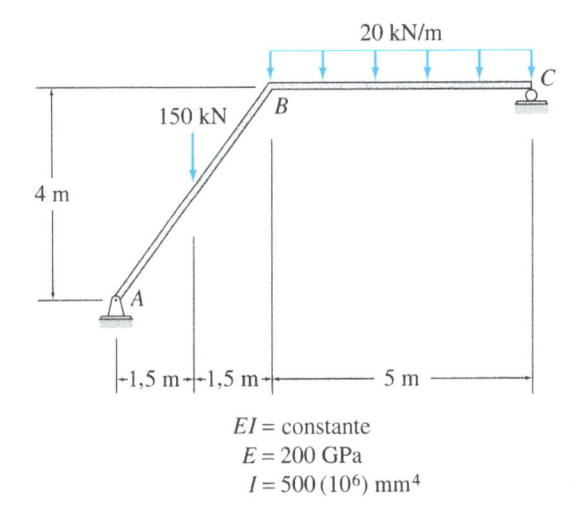

Figuras P7.41, P7.42

EI = constante
E = 200 GPa
I = 500 (10^6) mm^4

7.43 Use o método do trabalho virtual para determinar a rotação no nó D do pórtico mostrado.

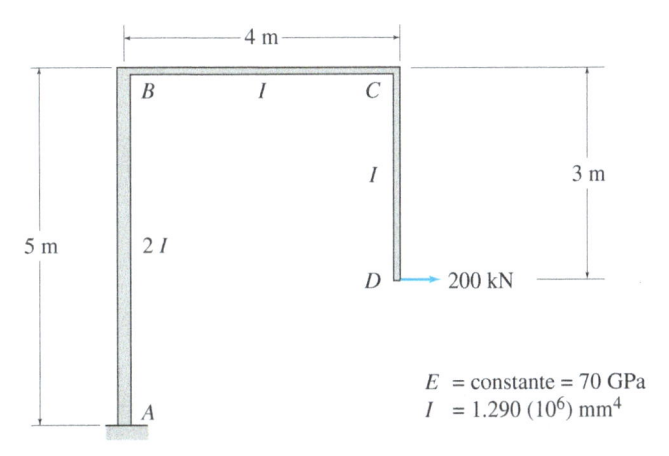

Figuras P7.43, P7.44, P7.67

E = constante = 70 GPa
I = 1.290 (10^6) mm^4

7.44 Determine a rotação no nó D do pórtico mostrado na Figura 7.43 com o uso do método do trabalho virtual. Use o procedimento gráfico (Tabela 7.6) para avaliar as integrais de trabalho virtual.

7.45 e 7.46 Use o método do trabalho virtual para determinar o deslocamento horizontal no nó C do pórtico mostrado.

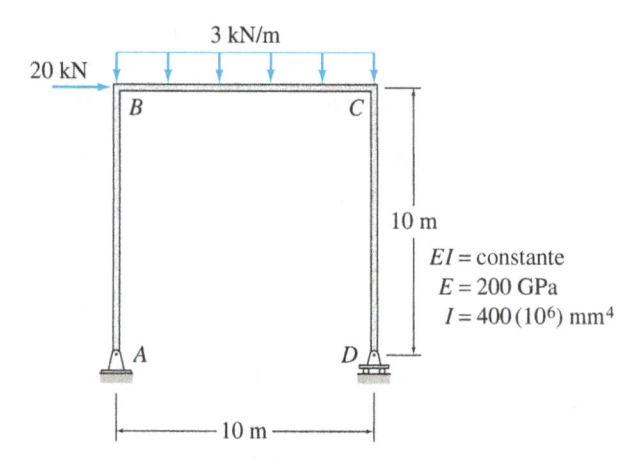

Figuras P7.45, P7.68

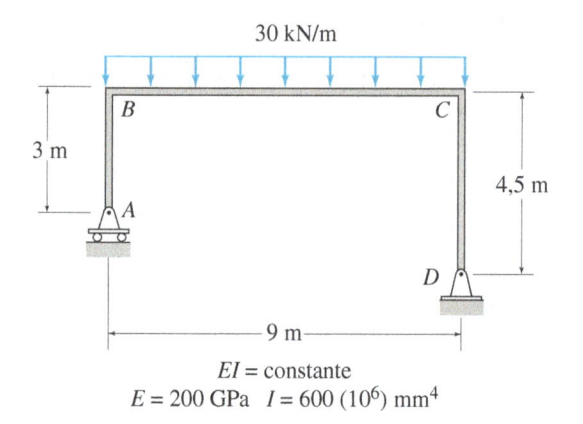

Figuras P7.46, P7.69

7.47 e 7.48 Determine o menor momento de inércia I necessário para os elementos do pórtico mostrado, de modo que o deslocamento horizontal no nó C não exceda 20 mm. Use o método do trabalho virtual.

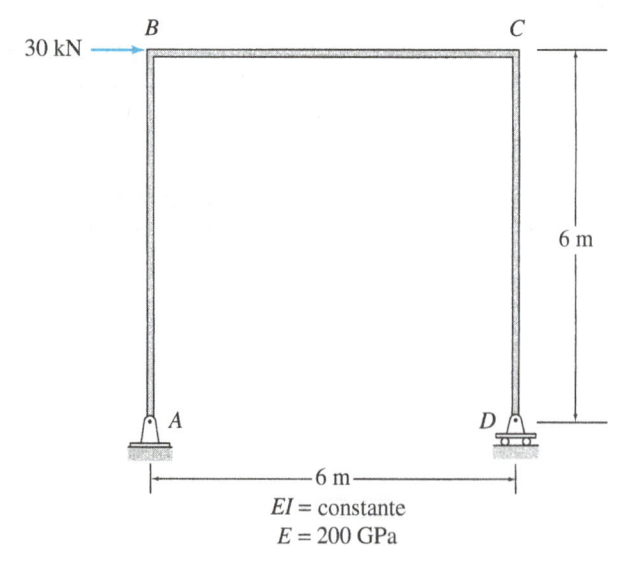

Figura P7.47

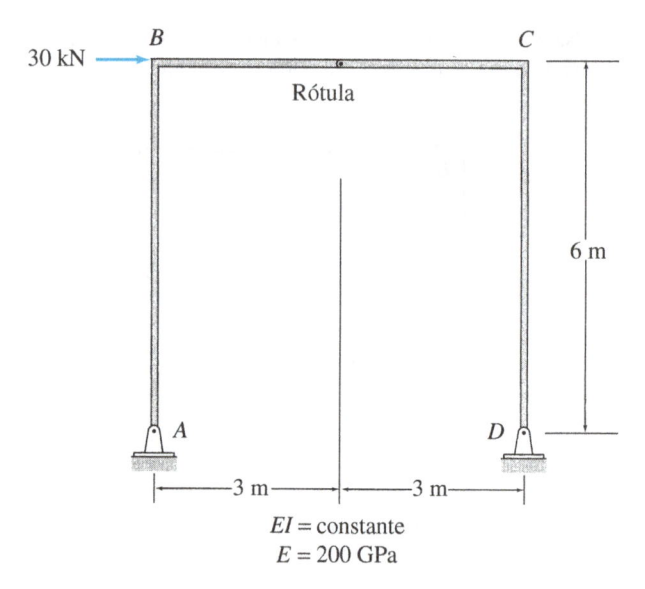

Figura P7.48

7.49 Use o método do trabalho virtual para determinar a rotação no nó D do pórtico mostrado.

7.50 Usando o método do trabalho virtual, determine a flecha no nó E do pórtico mostrado na Figura P7.49.

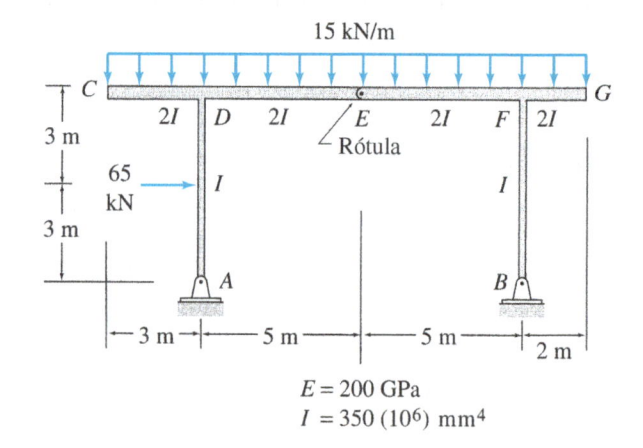

Figuras P7.49, P7.50

Seção 7.7

7.51 a 7.55 Use o segundo teorema de Castigliano para determinar as componentes horizontal e vertical e do deslocamento no nó B das treliças mostradas nas Figuras P7.1–P7.5.

7.56 Use o segundo teorema de Castigliano para determinar o deslocamento horizontal no nó E da treliça mostrada na Figura P7.8.

7.57 e 7.58 Use o segundo teorema de Castigliano para determinar a rotação e a flecha no ponto B da viga mostrada nas Figuras P7.20 e P7.21.

7.59 a 7.62 Use o segundo teorema de Castigliano para determinar a flecha no ponto *C* das vigas mostradas nas Figuras P7.24–P7.27.

7.63 e 7.64 Use o segundo teorema de Castigliano para determinar a rotação e a flecha no ponto *D* da viga mostrada nas Figuras P7.34 e P7.35.

7.65 Use o segundo teorema de Castigliano para determinar a flecha no nó *C* do pórtico mostrado na Figura P7.36.

7.66 Use o segundo teorema de Castigliano para determinar o deslocamento horizontal no nó *C* do pórtico mostrado na Figura P7.38.

7.67 Use o segundo teorema de Castigliano para determinar a rotação no nó *D* do pórtico mostrado na Figura P7.43.

7.68 e 7.69 Use o segundo teorema de Castigliano para determinar o deslocamento horizontal no nó *C* dos pórticos mostrados nas Figuras P7.45 e P7.46.

8
Linhas de influência

- 8.1 Linhas de influência em vigas e pórticos pelo método do equilíbrio
- 8.2 Princípio de Müller-Breslau e linhas de influência qualitativas
- 8.3 Linhas de influência em vigas com sistemas de piso
- 8.4 Linhas de influência em treliças
- 8.5 Linhas de influência de flechas
  Resumo
  Problemas

Uma ponte sujeita a cargas variáveis devido ao tráfego
Oliver Strewe/Lonely Planet Images/Getty Images.

Nos capítulos anteriores, consideramos a análise de estruturas sujeitas a cargas cujas posições foram fixadas nas estruturas. Um exemplo de carregamento estacionário é a carga permanente em razão do peso próprio da estrutura e de outro material e equipamento permanentemente apoiado sobre a estrutura. No entanto, as estruturas geralmente também estão sujeitas a cargas (assim como as cargas acidentais e as cargas ambientais) cujas posições podem variar na estrutura. Neste capítulo, estudamos a análise de estruturas estaticamente determinadas sujeitas a cargas variáveis.

Considere, por exemplo, a treliça de ponte mostrada na Figura 8.1. Na medida em que um carro se move cruzando a ponte, as forças nos elementos da treliça irão variar de acordo com a posição x do carro. Podemos perceber que as forças em diferentes elementos da treliça tornam-se máximas em diferentes posições do carro. Por exemplo, se a força em elemento AB torna-se máxima quando o carro está em determinada posição $x = x_1$, então a força em outro elemento – por exemplo, elemento CH – pode tornar-se máxima quando o carro estiver em uma posição diferente $x = x_2$. O projeto de cada elemento da treliça deve estar baseado na força máxima que se desenvolve nesse elemento, na medida em que o carro atravessa a ponte. Portanto, a análise da treliça deveria envolver, para cada elemento, a determinação da posição do carro na qual a força no elemento torna-se máxima, e depois o cálculo do valor da força máxima no elemento.

Da discussão referida anteriormente, podemos ver que a análise da estrutura para as cargas variáveis consistem em duas etapas: (1) determinar a(s) posição(ções) da carga(s) em que a função de resposta de interesse (exemplos: uma reação, momento fletor ou cortante em uma seção de uma viga ou a força em um elemento da treliça) torna-se máxima, e (2) calcular o valor máximo da função de resposta.

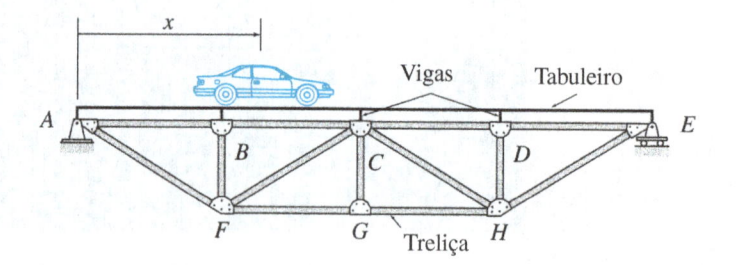

Figura 8.1

Um conceito importante usado na análise de estruturas sujeitas a cargas variáveis é o das *linhas de influência*, inicialmente introduzidas por E. Winkler em 1867. *Uma linha de influência é um gráfico de uma função de resposta de uma estrutura como uma função da posição de uma carga unitária para baixo sendo movida e cruzando a estrutura.*

Começamos este capítulo descrevendo o procedimento para construir linhas de influências de reações, cortantes e momentos fletores em vigas e pórticos usando-se as equações de equilíbrio. Em seguida, discutimos o *princípio de Müller-Breslau* e sua aplicação para determinar linhas de influências. Consideramos também as linhas de influência das funções de resposta da força em vigas com sistemas de piso e de treliças e, por fim, as linhas de influência de flechas. A aplicação de linhas de influência na determinação dos valores máximos de funções de resposta de estruturas devido a cargas variáveis é considerada no capítulo seguinte.

8.1 Linhas de influência para vigas e pórticos pelo método de equilíbrio

Considere a viga apoiada mostrada na Figura 8.2(a). A viga está sujeita a uma carga concentrada unitária para baixo, que se move da extremidade esquerda A da viga para a extremidade direita C. A posição da carga unitária é definida pela abscissa x medida da extremidade esquerda A da viga, como mostra a figura. Suponha que pretendamos desenhar as linhas de influência das reações verticais em apoios A e C e do cortante e do momento fletor no ponto B, que está localizado a uma distância a da extremidade esquerda da viga, de acordo com a figura.

Linhas de influência de reações

Para traçarmos a linha de influência da reação vertical A_y na viga, determinamos a expressão para A_y em termos da posição variável da carga unitária, x, aplicando a equação de equilíbrio:

$$+\circlearrowleft \sum M_C = 0$$

$$-A_y(L) + 1(L - x) = 0$$

$$A_y = \frac{1(L - x)}{L} = 1 - \frac{x}{L} \qquad (8.1)$$

A Equação (8.1) indica que A_y é uma função linear de x, com $A_y = 1$ em $x = 0$ e $A_y = 0$ em $x = L$.

A Equação (8.1) expressa a equação da linha de influência de A_y, que é construída compondo-se essa equação em função de A_y como ordenada com relação à posição da carga unitária, x, como abscissa, conforme indica a Figura 8.2(b). Observe que a linha de influência (Figura 8.2(b)) mostra graficamente como o movimento de uma carga unitária no comprimento da viga influencia a magnitude da reação A_y. Como essa linha de influência demonstra, $A_y = 1$ quando a carga unitária está localizada no apoio esquerdo A da viga (ou seja, quando $x = 0$). À medida que a carga unitária se move de A para C, a magnitude de A_y diminui linearmente até tornar-se nula, quando a carga unitária atinge o apoio direito C (ou seja, quando $x = L$). É importante perceber que a ordenada da linha de influência em qualquer posição x é igual à magnitude de A_y devido a uma carga unitária que atua na posição x na viga. Por exemplo, a partir da linha de influência de A_y (Figura 8.2(b)), podemos determinar que, quando a carga unitária é aplicada a uma distância de $0{,}25L$ da extremidade A da viga, a magnitude da reação A_y será $0{,}75$. Do mesmo modo, quando a carga unitária está atuando em $x = 0{,}6L$, a magnitude de A_y será $0{,}4$ e assim por diante.

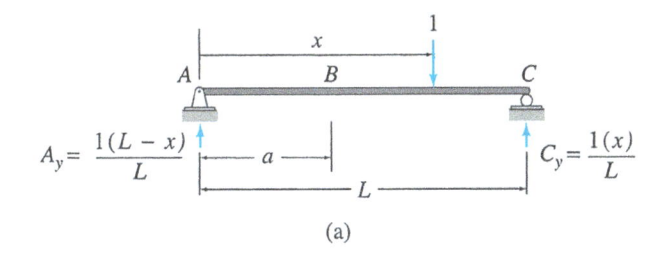

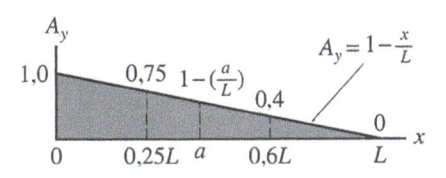

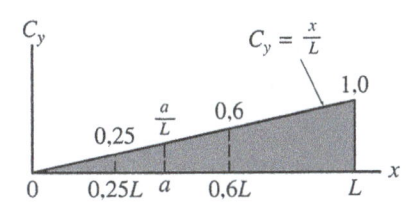

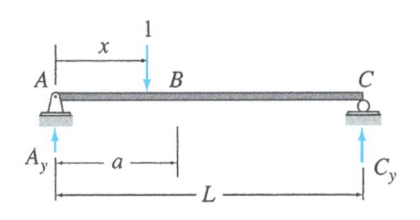

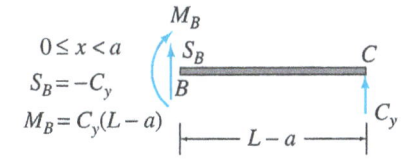

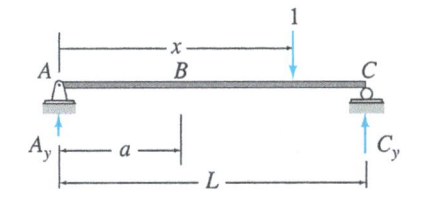

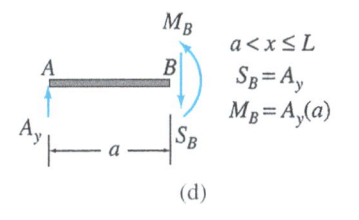

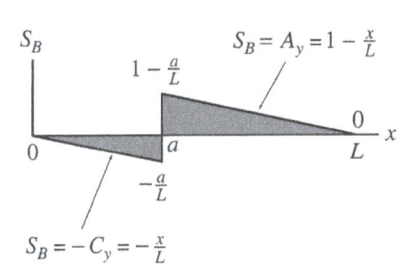

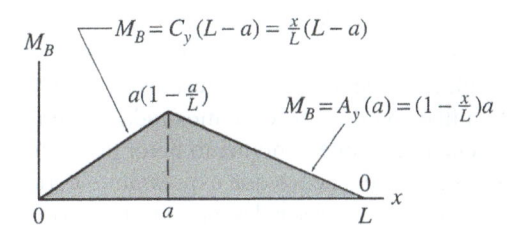

Figura 8.2

A linha de influência da reação vertical C_y na viga (Figura 8.2(a)) pode ser desenvolvida usando-se o procedimento destacado anteriormente. Para determinarmos a expressão para C_y em termos de x, aplicamos a equação de equilíbrio:

$$+\circlearrowleft \sum M_A = 0$$

$$-1(x) + C_y(L) = 0$$

$$C_y = \frac{1(x)}{L} = \frac{x}{L} \tag{8.2}$$

A Equação (8.2) representa a equação da linha de influência de C_y, que é construída compondo-se essa equação, conforme mostrado na Figura 8.2(c). Pode ser visto nas Figuras 8.2(b) e (c) que a soma das ordenadas das linhas de influência das reações A_y e C_y em qualquer posição da carga unitária, x, é igual a 1, indicando que a equação de equilíbrio $\sum F_y = 0$ é satisfeita.

Linha de influência do cortante em B

As linhas de influência dos cortantes e dos momentos fletores podem ser desenvolvidas empregando-se um procedimento similar ao usado para construir as linhas de influências das reações. Para desenvolvermos a linha de influência do cortante no ponto B da viga (Figura 8.2(d)), determinamos as expressões para S_B. Pode ser observado na Figura 8.2(d) que quando a carga unitária está localizada à esquerda do ponto B – ou seja, no segmento AB da viga ($0 \leq x < a$) –, o cortante em B pode ser convenientemente obtido usando-se o corpo livre da parte BC da viga que está à direita de B. Considerando-se as forças externas para baixo e as reações que atuam na parte BC como positivas de acordo com a *convenção de sinal da viga* (Seção 5.1), determinamos o cortante em B como

$$S_B = -C_y \qquad 0 \leq x < a$$

Quando a carga unitária está localizada à direita do ponto B – ou seja, no segmento BC da viga ($a < x \leq L$) –, é mais simples determinar S_B usando-se o corpo livre da parte AB, que está à esquerda de B. Considerando-se as forças externas para cima e as reações que atuam na parte AB como positivas, determinamos o cortante em B como

$$S_B = A_y \qquad a < x \leq L$$

Assim, as equações da linha de influência de S_B podem ser escritas como

$$S_B = \begin{cases} -C_y & 0 \leq x < a \\ A_y & a < x \leq L \end{cases} \tag{8.3}$$

Observe que a Equação (8.3) expressa a linha de influência de S_B em termos das linhas de influência das reações A_y e C_y. Essa equação indica que o segmento da linha de influência de S_B entre os pontos A e B ($0 \leq x < a$) pode ser obtido multiplicando-se as ordenadas do segmento da linha de influência de C_y entre A e B por -1. Também, de acordo com essa equação, o segmento da linha de influência de S_B entre os pontos B e C ($a < x \leq L$) é o mesmo que o segmento da linha de influência de A_y entre os mesmos dois pontos. A linha de influência de S_B, assim construída a partir das linhas de influência de A_y e C_y é mostrada na Figura 8.2(e). Geralmente é mais conveniente construir as linhas de influência do cortante e momento fletor (a ser discutido posteriormente) a partir das linhas de influência das reações, em vez das equações que expressam o cortante ou momento fletor explicitamente em termos da posição da carga unitária, x. Se desejadas, tais equações para a linha de influência de S_B em termos de x podem ser obtidas simplesmente substituindo-se as Equações (8.1) e (8.2) na Equação (8.3); ou seja,

$$S_B = \begin{cases} -C_y = -\dfrac{x}{L} & 0 \leq x < a \\ A_y = 1 - \dfrac{x}{L} & a < x \leq L \end{cases} \tag{8.4}$$

A linha de influência de S_B (Figura 8.2(e)) mostra que o cortante em B é nulo quando a carga unitária está localizada no apoio esquerdo A da viga. À medida que a carga unitária se move de A para B, o cortante em B diminui linearmente até tornar-se $-a/L$ quando a carga unitária atinge apenas a esquerda do ponto B. À medida que a carga unitária atravessa o ponto B, o cortante em B aumenta repentinamente para $1 - (a/L)$. Ele então diminui linearmente, à medida que a carga unitária se move para C até tornar-se nula, quando a carga unitária atinge o apoio direito C.

Linha de influência do momento fletor em *B*

Quando a carga unitária está localizada à esquerda do ponto B (Figura 8.2(d)), a expressão para o momento fletor em B pode ser convenientemente obtida usando-se o corpo livre da parte BC da viga à direita de B. Considerando os momentos em sentido anti-horário das forças e reações externas que atuam na parte BC como positivas de acordo com a *convenção de sinal da viga* (Seção 5.1), determinamos o momento fletor em B como

$$M_B = C_y(L - a) \qquad 0 \le x \le a$$

Quando a carga unitária está localizada à direita do ponto B, usamos o corpo livre da parte AB à esquerda de B para determinar M_B. Considerando os momentos em sentido horário das forças e reações externas que atuam na parte AB como positivas, determinamos o momento fletor em B como

$$M_B = A_y(a) \qquad a \le x \le L$$

Assim, as equações da linha de influência de M_B podem ser escritas como

$$M_B = \begin{cases} C_y(L - a) & 0 \le x \le a \\ A_y(a) & a \le x \le L \end{cases} \qquad (8.5)$$

A Equação (8.5) indica que o segmento da linha de influência de M_B entre os pontos A e B ($0 < x \le a$) pode ser obtido multiplicando-se as ordenadas do segmento da linha de influência de C_y entre A e B por $(L - a)$. Também de acordo com essa equação, o segmento da linha de influência de M_B entre os pontos B e C ($a \le x \le L$) pode ser obtido multiplicando-se as ordenadas do segmento da linha de influência de A_y entre B e C por a. A linha de influência de M_B, assim construída a partir das linhas de influência de A_y e C_y, é mostrada na Figura 8.2(f). As equações dessa linha de influência em termos da posição da carga unitária, x, podem ser obtidas substituindo-se as Equações (8.1) e (8.2) pela Equação (8.5). Ou seja,

$$M_B = \begin{cases} C_y(L - a) = \dfrac{x}{L}(L - a) & 0 \le x \le a \\ A_y(a) = \left(1 - \dfrac{x}{L}\right)a & a \le x \le L \end{cases} \qquad (8.6)$$

Embora a linha de influência de M_B (Figura 8.2(f)) se assemelhe, em formato, ao diagrama do momento fletor da viga para uma carga concentrada aplicada no ponto B, a linha de influência do momento fletor possui um significado completamente diferente do diagrama de momento fletor, e é essencial esclarecermos a diferença entre os dois. Um diagrama de momento fletor mostra como o momento fletor varia em *todas as seções* ao longo do comprimento de um elemento para uma condição de carga cuja posição esteja fixa no elemento, ao passo que uma linha de influência do momento fletor mostra como o momento fletor varia em *determinada seção*, à medida que a carga unitária se move ao longo do comprimento do elemento.

Observe na Figura 8.2 que as linhas de influência das reações, do cortante e do momento fletor da viga simplesmente apoiada consistem em segmentos de linha reta. Mostramos na seção a seguir que isso é verdadeiro para as linhas de influência de todas as funções de resposta que envolvem forças e momentos (exemplos: reações, cortantes, momentos fletores e forças nos elementos da treliça) em todas as estruturas estaticamente determinadas. Entretanto, as linhas de influência das flechas em estruturas estaticamente determinadas (discutidas na Seção 8.5) são compostas por linhas curvas.

Procedimento para análise

O procedimento para construir linhas de influência das reações, cortantes e momentos fletores em vigas e pórticos, usando-se o método do equilíbrio, pode ser resumido como se segue:

1. Selecione uma origem a partir da qual será medida a posição de um movimento para baixo concentrado de uma carga unitária. Geralmente é conveniente presumir que a carga unitária se mova da extremidade esquerda da estrutura para a extremidade direita, com essa posição definida por uma abscissa x medida na extremidade esquerda da estrutura.
2. Para construir uma linha de influência de uma reação de apoio:
   a. Coloque a carga unitária a uma distância x da extremidade esquerda da estrutura, e determine a expressão para a reação em termos de x aplicando-se uma equação de equilíbrio ou condição. Se a estrutura for composta por duas ou mais partes rígidas ligadas entre si por rótulas ou roletes internos, a expressão da reação pode variar à medida que a carga se move de uma parte rígida para a seguinte passando por rótulas ou roletes internos. Portanto, para tais estruturas, quando aplicarem-se as equações de condição, a carga unitária deve ser colocada sucessivamente em cada parte rígida da estrutura no caminho da carga unitária, e uma expressão para a reação deve ser determinada para cada posição da carga.
   b. Depois de determinada(s) a(s) expressão(ões) para a reação de todas as posições da carga unitária, construa a linha de influência retratando a(s) expressão(ões) com a magnitude da reação como ordenada com relação à posição x da carga unitária como abscissa. Uma ordenada positiva da linha de influência indica que a carga unitária aplicada nesse ponto causa a reação que atua na direção positiva (ou seja, a direção da reação inicialmente usada para deduzir a equação da linha de influência) e vice-versa.
   c. Repita a etapa 2 até que todas as linhas de influência desejadas das reações tenham sido determinadas.
3. Geralmente é conveniente construir as linhas de influência dos cortantes e momentos fletores usando-se as linhas de influência das reações de apoio. Assim, antes de continuar com a construção de uma linha de influência do cortante e momento fletor em um ponto na estrutura, certifique-se de que as linhas de influência de todas as reações, tanto do lado esquerdo quanto do lado direito do ponto em questão, estejam disponíveis. Caso contrário, desenhe as linhas de influência necessárias das reações usando o procedimento descrito na etapa anterior. Uma linha de influência do cortante (ou momento fletor) em um ponto na estrutura pode ser construída como se segue:
   a. Coloque a carga unitária sobre a estrutura em uma posição variável x à *esquerda* do ponto em questão e determine a expressão para o cortante (ou momento fletor). Se as linhas de influência de todas as reações foram mostradas, então geralmente é conveniente usar a parte da estrutura da *direita* do ponto para determinar a expressão para o cortante (ou momento fletor), que irá conter termos envolvendo somente as reações. O cortante (ou momento fletor) é considerado positivo ou negativo, de acordo com a *convenção de sinal da viga* estabelecida na Seção 5.1 (veja a Figura 5.2).
   b. Em seguida, coloque a carga unitária à *direita* do ponto em questão e determine a expressão para o cortante (ou momento fletor). Se as linhas de influência de todas as reações forem conhecidas, é conveniente usar a parte da estrutura da *esquerda* do ponto para determinar a expressão desejada, que irá conter termos envolvendo somente as reações.
   c. Se as expressões para o cortante (ou momento fletor) tiverem termos envolvendo somente reações, geralmente é mais simples construir a linha de influência do cortante (momento fletor) combinando os segmentos das linhas de influência da reação de acordo com essas expressões. Caso contrário, substitua as expressões para as reações nas expressões do cortante (ou momento fletor), e retrate as expressões resultantes, as quais agora serão em termos de x, para obter a linha de influência.
   d. Repita a etapa 3 até que todas as linhas de influência desejadas dos cortantes e momentos fletores tenham sido determinadas.

EXEMPLO 8.1

Desenhe as linhas de influência das reações verticais nos apoios A e C, e do cortante e momento fletor no ponto B, da viga simplesmente apoiada mostrada na Figura 8.3(a).

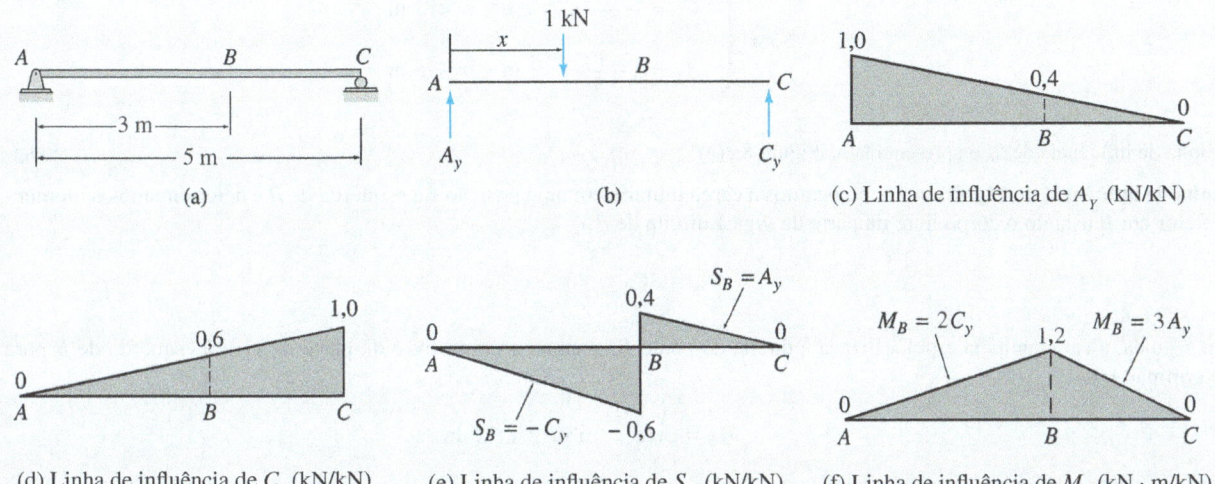

(a)

(b)

(c) Linha de influência de A_y (kN/kN)

(d) Linha de influência de C_y (kN/kN)

(e) Linha de influência de S_B (kN/kN)

(f) Linha de influência de M_B (kN · m/kN)

Figura 8.3

Solução

O diagrama de corpo livre da viga é apresentado na Figura 8.3(b). Esse diagrama mostra a viga sujeita a uma carga de 1 kN em movimento, cuja posição é definida pela abscissa x medida da extremidade esquerda A da viga. As duas reações verticais, A_y e C_y, são supostas positivas na direção para cima, conforme indicado no diagrama de corpo livre.

Linha de influência de A_y. Para determinarmos a expressão para A_y, aplicamos a equação de equilíbrio:

$$+\circlearrowleft \sum M_C = 0$$
$$-A_y(5) + 1(5-x) = 0$$
$$A_y = \frac{1(5-x)}{5} = 1 - \frac{x}{5}$$

A linha de influência de A_y, que é obtida desenhando-se essa equação, está indicada na Figura 8.3(c). Observe que as ordenadas da linha de influência são expressas nas unidades obtidas dividindo-se as unidades da função de resposta, A_y, pelas unidades da carga unitária – ou seja, (kN/kN). **Resp.**

Linha de influência de C_y.

$$+\circlearrowleft \sum M_A = 0$$
$$-1(x) + C_y(5) = 0$$
$$C_y = \frac{1(x)}{5} = \frac{x}{5}$$

A linha de influência de C_y, que é obtida desenhando-se essa equação, está na Figura 8.3(d). **Resp.**

Linha de influência de S_B. Primeiro, colocamos a carga unitária em uma posição variável x à esquerda do ponto B – ou seja, no segmento AB da viga – e determinamos o cortante em B usando o corpo livre da parte BC da viga, que está à direita de B:

$$S_B = -C_y \qquad 0 \leq x < 3 \text{ m}$$

Em seguida, a carga unitária está localizada à direita do ponto B – ou seja, no segmento BC da viga – e usamos o corpo livre da parte AB, que está à esquerda de B, para determinar S_B:

$$S_B = A_y \quad 3\text{ m} < x \leq 5\text{ m}$$

Assim, as equações da linha de influência de S_B são

$$S_B = \begin{cases} -C_y = -\dfrac{x}{5} & 0 \leq x < 3\text{ m} \\ A_y = 1 - \dfrac{x}{5} & 3\text{ m} < x \leq 5\text{ m} \end{cases}$$

A linha de influência de S_B é apresentada na Figura 8.3(e). **Resp.**

Linha de influência de M_B. Primeiro, colocamos a carga unitária em uma posição x à esquerda de B e determinamos o momento fletor em B usando o corpo livre da parte da viga à direita de B:

$$M_B = 2C_y \quad 0 \leq x \leq 3\text{ m}$$

Em seguida, a carga unitária está localizada à direita do ponto B, usamos o corpo livre da parte da viga à esquerda de B para determinar M_B:

$$M_B = 3A_y \quad 3\text{ m} \leq x \leq 5\text{ m}$$

Assim, as equações da linha de influência de M_B são

$$M_B = \begin{cases} 2C_y = \dfrac{2x}{5} & 0 \leq x \leq 5\text{ m} \\ 3A_y = 3 - \dfrac{3x}{5} & 3\text{ m} \leq x \leq 5\text{ m} \end{cases}$$

A linha de influência de M_B é mostrada na Figura 8.3(f). **Resp.**

EXEMPLO 8.2

Desenhe as linhas de influência da reação vertical e do momento de reação do apoio A, e do cortante e momento fletor no ponto B, da viga em balanço da Figura 8.4(a).

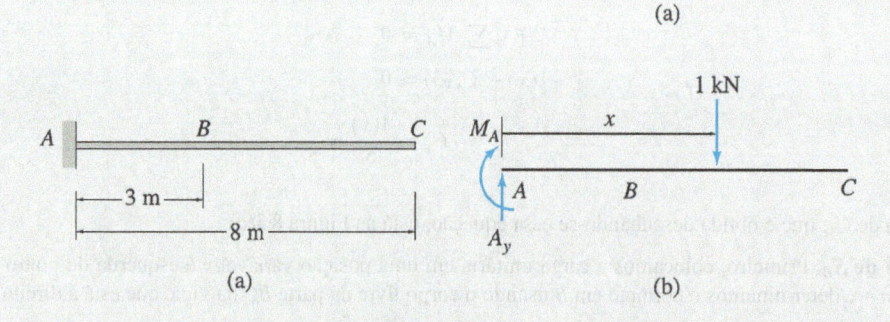

Figura 8.4 (*continua*)

Linhas de influência

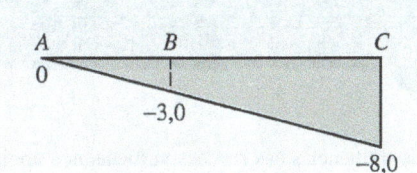

(c) Linha de influência de (kN/kN)

(d) Linha de influência de M_A (kN·m/kN)

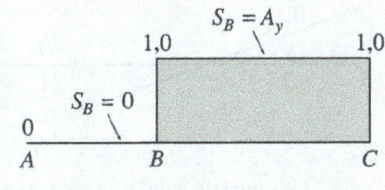

(e) Linha de influência de S_B (kN/kN)

(f) Linha de influência de M_B (kN·m/kN)

Figura 8.4

Solução

Linha de influência de A_y.

$$+\uparrow \sum F_y = 0$$
$$A_y - 1 = 0$$
$$A_y = 1 \qquad \text{Resp.}$$

A linha de influência de A_y é mostrada na Figura 8.4(c). Resp.

Linha de influência de M_A.

$$+\circlearrowleft \sum M_A = 0$$
$$-M_A - 1(x) = 0$$
$$M_A = -1(x) = -x$$

A linha de influência de M_A, que é obtida desenhando-se essa equação, está indicada na Figura 8.4(d). Como todas as ordenadas da linha de influência são negativas, isso indica que o sentido de M_A para todas as posições da carga unitária na viga é realmente no sentido anti-horário, em vez de ser no sentido horário como inicialmente adotado (veja a Figura 8.4(b)) na dedução da equação da linha de influência. Resp.

Linha de influência de S_B.

$$S_B = \begin{cases} 0 & 0 \leq x < 3 \text{ m} \\ A_y = 1 & 3 \text{ m} < x \leq 8 \text{ m} \end{cases}$$

A linha de influência de S_B é mostrada na Figura 8.4(e). Resp.

Linha de influência de M_B.

$$M_B = \begin{cases} 0 & 0 \leq x \leq 3 \text{ m} \\ M_A + 3A_y = -x + 3(1) = -x + 3 & 3 \text{ m} \leq x \leq 8 \text{ m} \end{cases}$$

A linha de influência de M_B é mostrada na Figura 8.4(f). Resp.

EXEMPLO 8.3

Desenhe as linhas de influências das reações verticais nos apoios A, C e E, do cortante imediatamente à direita do apoio C, e do momento fletor no ponto B da viga da Figura 8.5(a).

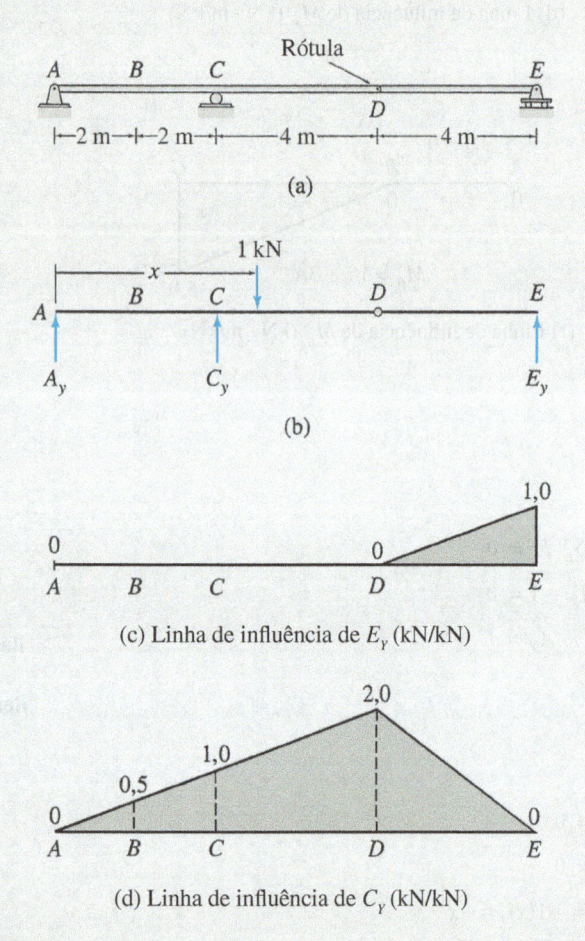

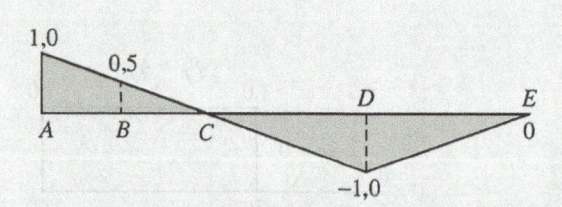

(a)

(b)

(c) Linha de influência de E_Y (kN/kN)

(d) Linha de influência de C_Y (kN/kN)

(e) Linha de influência de A_Y (kN/kN)

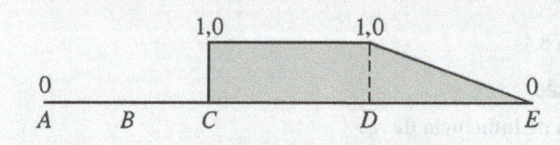

(f) Linha de influência de $S_{C,R}$ (kN/kN)

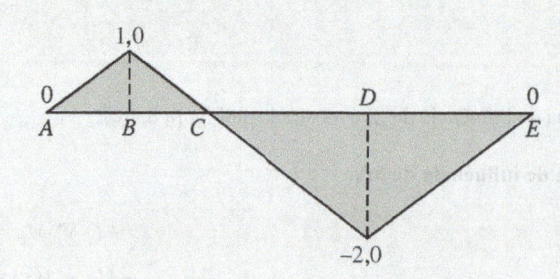

(g) Linha de influência de M_B (kN · m/kN)

Figura 8.5

Solução

A viga é composta por duas partes rígidas, AD e DE, ligadas por uma rótula interna em D. Para evitarmos resolver equações simultâneas ao determinarmos as expressões das reações, aplicaremos as equações de equilíbrio e condição, de forma que cada equação envolva somente uma incógnita.

Linha de influência de E_y. Aplicaremos a equação de condição, $\sum M_D^{DE} = 0$ para determinarmos a expressão de E_y. Primeiro, colocamos a carga unitária em uma posição variável x à esquerda da rótula D – ou seja, na parte rígida AD da viga – para obtermos

$$+\circlearrowleft \sum M_D^{DE} = 0$$

$$E_y(4) = 0$$

$$E_y = 0 \qquad 0 \leq x \leq 8 \text{ m}$$

Em seguida, a carga unitária é colocada à direita da rótula D – ou seja, na parte rígida DE da viga – para obtermos

$$+\circlearrowleft \sum M_D^{DE} = 0$$

$$-1(x-8) + E_y(4) = 0$$

$$E_y = \frac{1(x-8)}{4} = \frac{x}{4} - 2 \qquad 8 \text{ m} \leq x \leq 12 \text{ m}$$

Assim, as equações da linha de influência de E_y são

$$E_y = \begin{cases} 0 & 0 \le x \le 8 \text{ m} \\ \dfrac{x}{4} - 2 & 8 \text{ m} \le x \le 12 \text{ m} \end{cases}$$

A linha de influência de E_y é mostrada na Figura 8.5(c). **Resp.**

Linha de influência de C_y. Aplicando-se a equação de equilíbrio:

$$+\circlearrowleft \sum M_A = 0$$

$$-1(x) + C_y(4) + E_y(12) = 0$$

$$C_y = \dfrac{x}{4} - 3E_y$$

Substituindo-se as expressões de E_y, temos

$$C_y = \begin{cases} \dfrac{x}{4} - 0 = \dfrac{x}{4} & 0 \le x \le 8 \text{ m} \\ \dfrac{x}{4} - 3\left(\dfrac{x}{4} - 2\right) = 6 - \dfrac{x}{2} & 8 \text{ m} \le x \le 12 \text{ m} \end{cases}$$

A linha de influência de C_y, que é obtida retratando-se essas equações, está mostrada na Figura 8.5(d). **Resp.**

Linha de influência de A_y.

$$+\uparrow \sum F_y = 0$$

$$A_y - 1 + C_y + E_y = 0$$

$$A_y = 1 - C_y - E_y$$

Substituindo-se as expressões de C_y e E_y, obtemos as seguintes equações da linha de influência de A_y:

$$A_y = \begin{cases} 1 - \dfrac{x}{4} - 0 = 1 - \dfrac{x}{4} & 0 \le x \le 8 \text{ m} \\ 1 - \left(6 - \dfrac{x}{2}\right) - \left(\dfrac{x}{4} - 2\right) = \dfrac{x}{4} - 3 & 8 \text{ m} \le x \le 12 \text{ m} \end{cases}$$

A linha de influência de A_y é mostrada na Figura 8.5(e). **Resp.**

Linha de influência do cortante imediatamente à direita de C, $S_{C,R}$.

$$S_{C;R} = \begin{cases} -E_y & 0 \le x < 4 \text{ m} \\ 1 - E_y & 4 \text{ m} < x \le 12 \text{ m} \end{cases}$$

Substituindo-se as expressões de E_y, temos

$$S_{C;R} = \begin{cases} 0 & 0 \le x < 4 \text{ m} \\ 1 - 0 = 1 & 4 \text{ m} < x \le 8 \text{ m} \\ 1 - \left(\dfrac{x}{4} - 2\right) = 3 - \dfrac{x}{4} & 8 \text{ m} \le x \le 12 \text{ m} \end{cases}$$

A linha de influência de $S_{C,R}$ é mostrada na Figura 8.5(f). **Resp.**

Linha de influência de M_B.

$$M_B = \begin{cases} 2A_y - 1(2-x) & 0 \leq x \leq 2 \text{ m} \\ 2A_y & 2 \text{ m} \leq x \leq 12 \text{ m} \end{cases}$$

Substituindo-se as expressões de A_y, temos

$$M_B = \begin{cases} 2\left(1 - \dfrac{x}{4}\right) - 1(2-x) = \dfrac{x}{2} & 0 \leq x \leq 2 \text{ m} \\ 2\left(1 - \dfrac{x}{4}\right) = 2 - \dfrac{x}{2} & 2 \text{ m} \leq x \leq 8 \text{ m} \\ 2\left(\dfrac{x}{4} - 3\right) = \dfrac{x}{2} - 6 & 8 \text{ m} \leq x \leq 12 \text{ m} \end{cases}$$

A linha de influência de M_B é mostrada na Figura 8.5(g). **Resp.**

EXEMPLO 8.4

Desenhe as linhas de influência da reação vertical e do momento de reação no apoio A do pórtico da Figura 8.6(a).

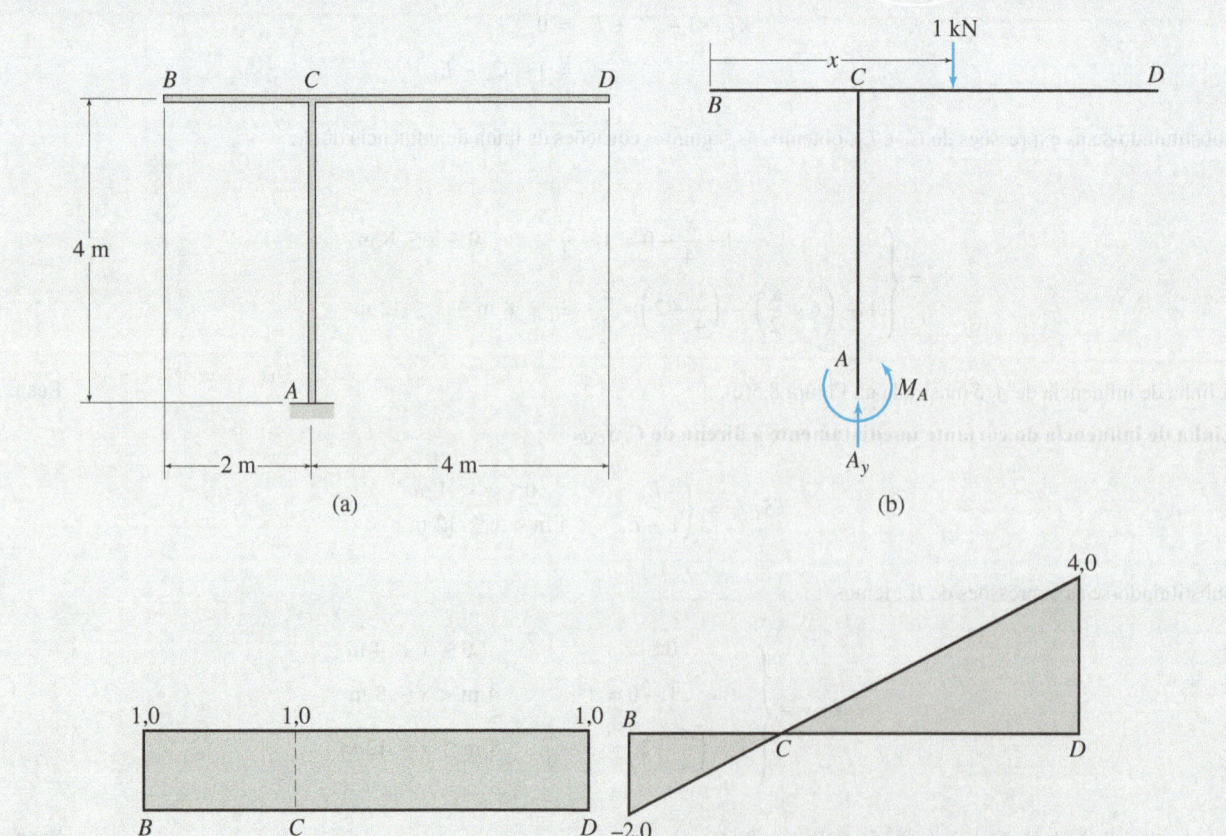

(a)

(b)

(c) Linha de influência de A_y (kN/kN)

(d) Linha de influência de M_A (kN · m/kN)

Figura 8.6

Solução

Linha de influência de A_y.

$$+\uparrow \sum F_y = 0$$
$$A_y - 1 = 0$$
$$A_y = 1$$

A linha de influência de A_y é mostrada na Figura 8.6(c). **Resp.**

Linha de influência de M_A.

$$+\circlearrowleft \sum M_A = 0$$
$$M_A - 1(x - 2) = 0$$
$$M_A = x - 2$$

A linha de influência de MA é indicada na Figura 8.6(d). **Resp.**

EXEMPLO 8.5

Desenhe as linhas de influência das reações horizontais e verticais nos apoios A e B, e do cortante na rótula E, do pórtico da ponte com três rótulas mostrada na Figura 8.7(a).

Solução

Linha de influência de A_y.

$$+\circlearrowleft \sum M_B = 0$$
$$-A_y(10) + 1(15 - x) = 0$$
$$A_y = \frac{1(15 - x)}{10} = 1{,}5 - \frac{x}{10}$$

A linha de influência de A_y é apresentada na Figura 8.7(c). **Resp.**

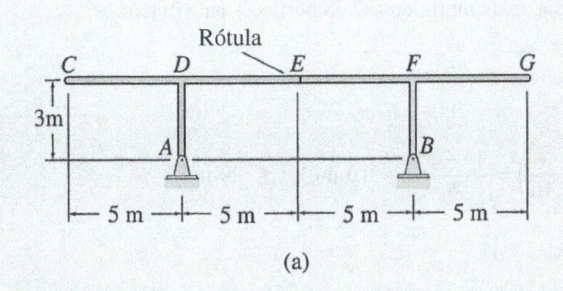

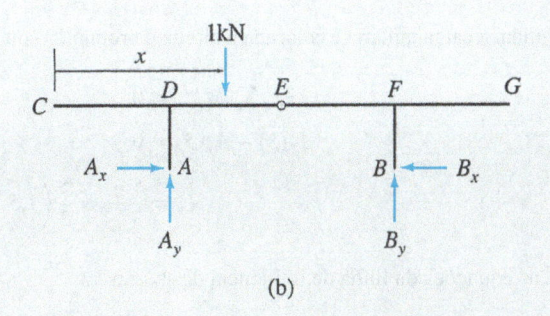

Figura 8.7 (continua)

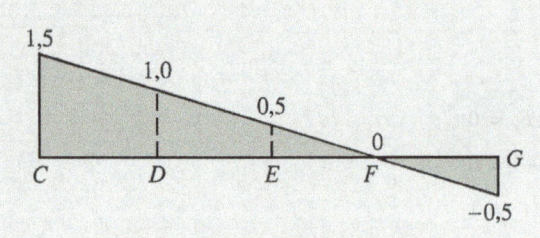

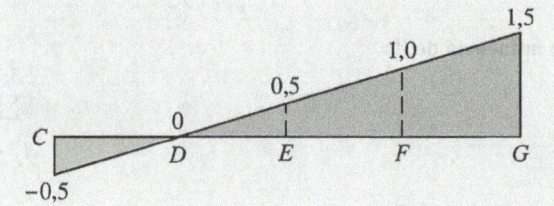

(c) Linha de influência de A_y (kN/kN)

(d) Linha de influência de B_Y (kN/kN)

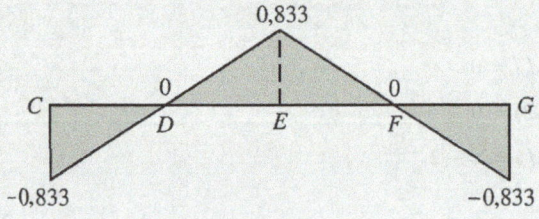

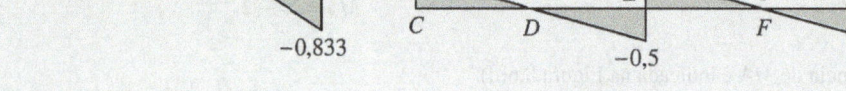

(e) Linha de influência de A_X e B_X (kN/kN)

(f) Linha de influência de S_E (kN/kN)

Figura 8.7

Linha de influência de B_y.

$$+\uparrow \sum F_y = 0$$
$$A_y - 1 + B_y = 0$$
$$B_y = 1 - A_y = 1 - \left(1{,}5 - \frac{x}{10}\right) = \frac{x}{10} - 0{,}5$$

A linha de influência de B_y é mostrada na Figura 8.7(d). **Resp.**

Linha de influência de A_x. Usaremos a equação de condição $\sum M_E^{CE} = 0$ para determinar as expressões de A_x. Primeiro, colocamos a carga unitária à esquerda da rótula E – ou seja, na parte rígida CE do pórtico – para obtermos

$$+\circlearrowleft \sum M_E^{CE} = 0$$
$$A_x(3) - A_y(5) + 1(10 - x) = 0$$
$$A_x = \frac{5}{3}A_y - \frac{1}{3}(10 - x) = \frac{5}{3}\left(1{,}5 - \frac{x}{10}\right) - \frac{1}{3}(10 - x)$$
$$= \frac{x - 5}{6} \qquad 0 \leq x \leq 10 \text{ m}$$

Em seguida, a carga unitária é colocada à direita da rótula E – ou seja, na parte rígida EG do pórtico – para obtermos

$$+\circlearrowleft \sum M_E^{CE} = 0$$
$$A_x(3) - A_y(5) = 0$$
$$A_x = \frac{5}{3}A_y = \frac{5}{3}\left(1{,}5 - \frac{x}{10}\right) = \frac{15 - x}{6} \qquad 10 \text{ m} \leq x \leq 20 \text{ m}$$

Assim, as equações da linha de influência de A_x são

$$A_x = \begin{cases} \dfrac{x - 5}{6} & 0 \leq x \leq 10 \text{ m} \\[2mm] \dfrac{15 - x}{6} & 10 \text{ m} \leq x \leq 20 \text{ m} \end{cases}$$

A linha de influência de A_x é mostrada na Figura 8.7(e). **Resp.**

Linha de influência de B_x.

$$+\rightarrow \sum F_x = 0$$
$$A_x - B_x = 0$$
$$B_x = A_x$$

que indica que a linha de influência de B_x é a mesma para A_x (Figura 8.7(e)).

Resp.

Linha de influência de S_E.

$$S_E = \begin{cases} -B_y = -\dfrac{x}{10} + 0{,}5 & 0 \le x < 10 \text{ m} \\ A_y = 1{,}5 - \dfrac{x}{10} & 10 \text{ m} < x \le 20 \text{ m} \end{cases}$$

A linha de influência de S_E é mostrada na Figura 8.7(f).

Resp.

8.2 Princípio de Müller-Breslau e linhas de influência qualitativas

A construção de linhas de influências das funções de resposta que envolvem forças e momentos pode ser consideravelmente agilizada aplicando-se um procedimento desenvolvido por Heinrich Müller-Breslau em 1886. O procedimento, que normalmente é conhecido como *princípio de Müller-Breslau*, pode ser descrito como se segue:

> A linha de influência de uma função de resposta de força (ou momento) é fornecida pelo formato da curva elástica da estrutura liberada, obtida pela remoção das restrições correspondentes à função de resposta da estrutura original e pelo fornecimento de estrutura liberada no deslocamento de uma unidade (ou rotação) no local e na direção da função de resposta, de forma que somente a função de resposta e a carga unitária executam o trabalho externo.

Esse princípio é válido somente para linhas de influência de funções de resposta que envolvam forças e momentos (exemplos: reações, cortantes, momentos fletores ou forças em elementos de treliça), e não se aplica às linhas de influência de flechas.

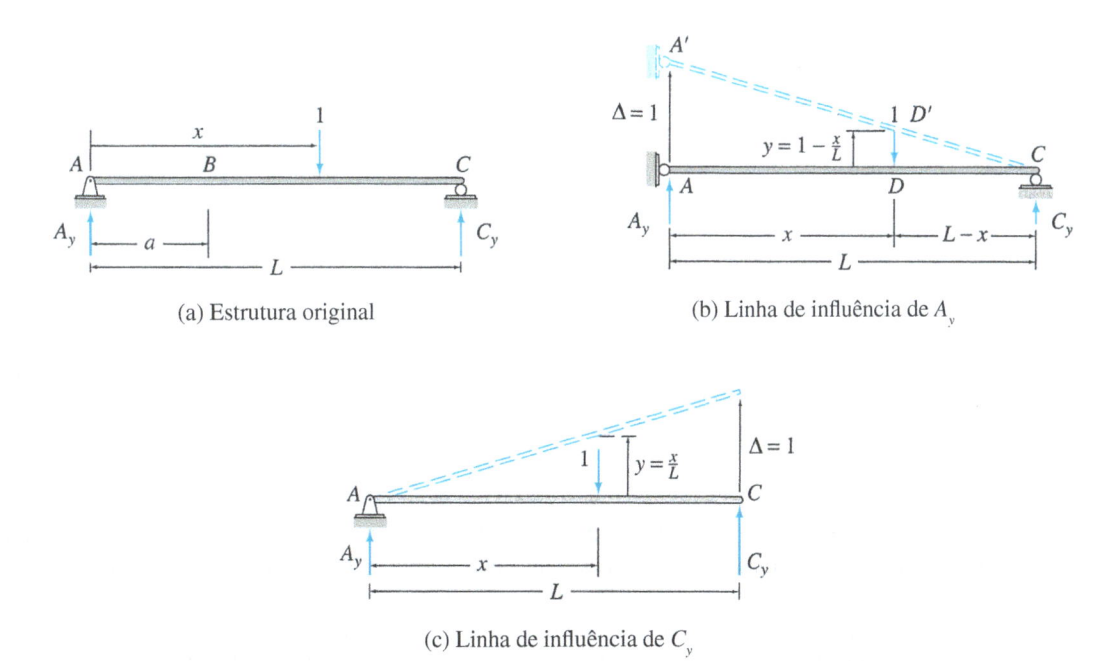

(a) Estrutura original

(b) Linha de influência de A_y

(c) Linha de influência de C_y

Figura 8.8 (*continua*)

(d) Linha de influência de S_B

(e) Linha de influência de M_B

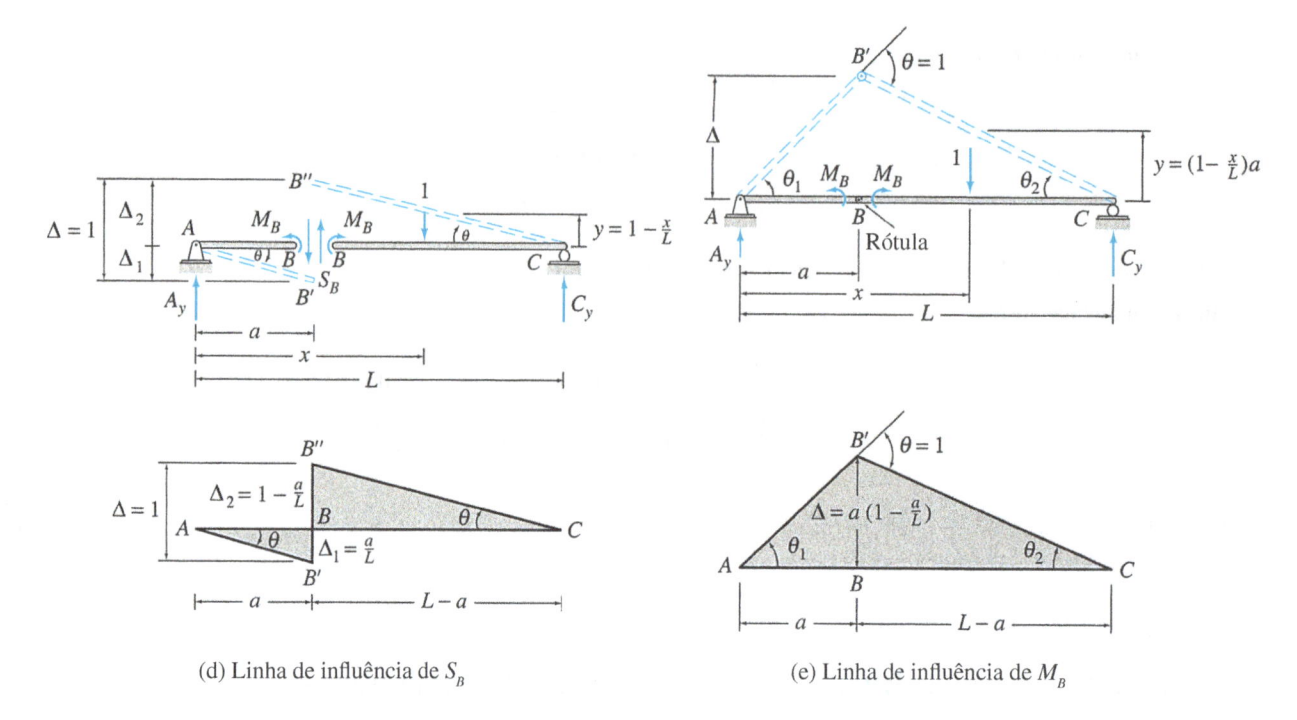

Figura 8.8

Para provar a validade do princípio de Müller-Breslau, considere a viga simplesmente apoiada sujeita a uma carga unitária em movimento, conforme a Figura 8.8(a). As linhas de influência das reações verticais nos apoios A e C e do cortante e momento fletor no ponto B dessa viga foram desenvolvidas nas seções anteriores aplicando-se as equações de equilíbrio (veja a Figura 8.2). Suponha agora que desejamos desenhar as linhas de influência das mesmas quatro funções de resposta usando o princípio de Müller-Breslau.

Para construirmos a linha de influência da reação vertical A_y, removemos a restrição correspondente a A_y substituindo o apoio da rótula em A por um apoio de rolete, que pode exercer somente uma reação horizontal, como mostra a Figura 8.8(b). Observe que esse ponto A da viga agora está livre para deslocar na direção de A_y. Embora a restrição correspondente a A_y tenha sido removida, a reação A_y ainda atua na viga, que permanece em equilíbrio na posição horizontal (indicada por linhas sólidas na figura) sob a ação da carga unitária e das reações A_y e C_y. Em seguida, o ponto A da viga liberada recebe um deslocamento virtual unitário, $\Delta = 1$, na direção positiva de A_y, fazendo com que ela se desloque, conforme mostrado pelas linhas pontilhadas na Figura 8.8(b). Observe que o padrão de deslocamento virtual aplicado é compatível com as condições de apoio da viga liberada; ou seja, os pontos A e C não podem se mover nas direções horizontal e vertical, respectivamente. Também, como a viga original é estaticamente determinada, a remoção de uma restrição dela a reduz a uma viga estaticamente instável. Assim, a viga liberada permanece reta (ou seja, ela não se curva) durante o deslocamento virtual. Como a viga está em equilíbrio, de acordo com o princípio dos deslocamentos virtuais para corpos rígidos (Seção 7.2), o trabalho virtual feito pelas forças reais externas que atuam por meio de deslocamentos virtuais externos deve ser nulo. Ou seja,

$$W_{ve} = A_y(1) - 1(y) = 0$$

do qual

$$A_y = y \qquad (8.7)$$

em que y representa o deslocamento do ponto de aplicação da carga unitária, conforme mostra a Figura 8.8(b). A Equação (8.7) indica que o deslocamento y da viga em qualquer posição x é igual à magnitude de A_y devido a uma carga unitária que atua na posição x na viga. Portanto, o deslocamento y em qualquer posição x é igual à ordenada da linha de influência de A_y nessa posição, conforme afirmado pelo princípio de Müller-Breslau. A Equação (8.7) pode ser expressa em termos de x considerando-se a geometria da curva elástica da viga. Na Figura 8.8(b), observamos que os triângulos $A'AC$ e $D'DC$ são semelhantes. Portanto,

$$\frac{y}{(L-x)} = \frac{1}{L} \quad \text{ou} \quad y = 1 - \frac{x}{L}$$

Substituindo-se essa expressão na Equação (8.7), temos a equação da linha de influência de A_y em termos de x como

$$A_y = 1 - \frac{x}{L}$$

que é o mesmo que a Equação (8.1), deduzida pela consideração de equilíbrio.

A linha de influência da reação vertical C_y é determinada de maneira similar, conforme indicado na Figura 8.8(c). Observe que essa linha de influência é idêntica àquela construída previamente pela consideração de equilíbrio (Figura 8.2(c)).

Para construirmos a linha de influência do cortante S_B no ponto B da viga, removemos a restrição correspondente ao S_B cortando a viga em B, como mostra a Figura 8.8(d). Observe que os pontos B das partes AB e BC da viga liberada estão agora livres para deslocar verticalmente uma em relação à outra. Para manter a viga liberada em equilíbrio, aplicamos em B as forças cortantes, S_B, e os momentos fletores, M_B, como mostrado na figura. Observe a probabilidade de S_B e M_B atuarem em direções positivas de acordo com a *convenção de sinal da viga*. Em seguida, em B ocorre um deslocamento relativo virtual unitário na viga liberada, $\Delta = 1$, na direção positiva de S_B (Figura 8.8(d)) movendo a extremidade B da parte AB para baixo por Δ_1 e a extremidade B da parte BC para cima por Δ_2, de maneira que $\Delta_1 + \Delta_2 = \Delta = 1$. Os valores de Δ_1 e Δ_2 dependem da necessidade de que as rotações, θ, das duas partes AB e BC sejam as mesmas (ou seja, os segmentos AB' e $B''C$ na posição deslocada devem estar paralelos entre si), de forma que o trabalho feito pelos dois momentos M_B seja nulo, e somente as forças cortantes S_B e a carga unitária realizem trabalho. Aplicando o princípio dos deslocamentos virtuais, escrevemos

$$\begin{aligned}W_{ve} &= S_B(\Delta_1) + S_B(\Delta_2) - M_B(\theta) + M_B(\theta) - 1(y) \\ &= S_B(\Delta_1 + \Delta_2) - 1(y) \\ &= S_B(\Delta) - 1(y) \\ &= S_B(1) - 1(y) = 0\end{aligned}$$

do qual

$$S_B = y$$

que indica que a curva elástica da viga (Figura 8.8(d)) é a linha de influência de S_B, conforme indicado pelo princípio de Müller-Breslau. Os valores das ordenadas Δ_1 e Δ_2 podem ser estabelecidos a partir da geometria da curva elástica da viga. Na Figura 8.8(d), observamos que os triângulos ABB' e BCB'' são semelhantes. Portanto,

$$\frac{\Delta_1}{a} = \frac{\Delta_2}{L-a} \quad \text{ou} \quad \Delta_2 = \left(\frac{L-a}{a}\right)\Delta_1 \tag{8.8}$$

Além disso,

$$\Delta_1 + \Delta_2 = 1 \quad \text{ou} \quad \Delta_2 = 1 - \Delta_1 \tag{8.9}$$

Ao equipararmos as Equações (8.8) e (8.9) e resolvendo para Δ_1, temos

$$\Delta_1 = \frac{a}{L}$$

Substituindo essa expressão para Δ_1 na Equação (8,9), obtemos

$$\Delta_2 = 1 - \frac{a}{L}$$

Essas ordenadas são as mesmas determinadas anteriormente pelo método do equilíbrio (Figura 8.2(e)).

Para construirmos a linha de influência do momento fletor M_B, movemos a restrição correspondente ao M_B inserindo uma rótula em B, conforme mostra a Figura 8.8(e). As partes AB e BC da viga liberada estão agora livres para girar uma em relação à outra. Para mantermos a viga liberada em equilíbrio, aplicamos os momentos M_B em B, como mostra a figura. O momento fletor é adotado ser positivo de acordo com a *convenção de sinal da viga*. Em seguida, uma rotação virtual unitária, $\theta = 1$, é introduzida em B (Figura 8.8(e)) girando a parte AB no θ_1 sentido anti-horário e a parte BC no θ_2 sentido horário, de forma que $\theta_1 + \theta_2 = 1$. Aplicando o princípio dos deslocamentos virtuais, temos

$$W_{ve} = M_B(\theta_1) + M_B(\theta_2) - 1(y)$$
$$= M_B(\theta_1 + \theta_2) - 1(y)$$
$$= M_B(\theta) - 1(y)$$
$$= M_B(1) - 1(y) = 0$$

do qual

$$M_B = y$$

que indica que a curva elástica da viga (Figura 8.8(e)) é a linha de influência de M_B, conforme indicado pelo princípio de Müller-Breslau. O valor da ordenada Δ pode ser estabelecido a partir da geometria da curva elástica da viga. Da Figura 8.8(e), podemos ver que

$$\Delta = a\theta_1 = (L - a)\theta_2 \tag{8.10}$$

ou

$$\theta_1 = \left(\frac{L - a}{a}\right)\theta_2 \tag{8.11}$$

Além disso,

$$\theta_1 + \theta_2 = 1 \quad \text{ou} \quad \theta_1 = 1 - \theta_2 \tag{8.12}$$

Ao igualarmos as Equações (8.11) e (8.12) e resolvendo para θ_2, temos

$$\theta_2 = \frac{a}{L}$$

Substituindo a expressão para θ_2 na Equação (8.10), obtemos

$$\Delta = (L - a)\frac{a}{L} = a\left(1 - \frac{a}{L}\right)$$

que é o mesmo obtido anteriormente pelo método do equilíbrio (Figura 8.2(f)).

Na seção anterior, afirmamos que as linhas de influência das funções de resposta de força e momento de todas as estruturas estaticamente determinadas consistem em segmentos de linha reta. Podemos explicar isso por meio do princípio de Müller-Breslau. Ao implementarmos esse princípio na construção de uma linha de influência, a restrição correspondente à função de resposta de força ou momento de interesse precisa ser removida da estrutura. No caso de uma estrutura estaticamente determinada, a remoção de alguma restrição da estrutura a reduz a uma estrutura estaticamente instável ou a um *mecanismo*. Quando a estrutura liberada estaticamente instável é sujeita a deslocamento unitário (ou rotação), nenhuma tensão é induzida nos elementos da estrutura, que permanece reta e translada e/ou gira como corpos rígidos, formando assim a curva elástica (e, portanto, uma linha de influência) que consiste em segmentos de linha reta. Como a remoção de uma restrição de força ou momento de uma estrutura estaticamente indeterminada para fins de construir uma linha de influência não a torna estaticamente instável, as linhas de influência para tais estruturas consistem em linhas curvas.

Linhas de influência qualitativa

Em muitas aplicações práticas, é necessário determinar somente o formato geral das linhas de influência, mas não os valores numéricos das ordenadas. Um *diagrama mostrando o formato geral de uma linha de influência sem valores numéricos de suas ordenadas é chamado linha de influência qualitativa*. Em comparação, uma linha de influência com valores numéricos de suas ordenadas conhecidas é referida como *linha de influência quantitativa*.

Embora o princípio de Müller-Breslau possa ser usado para determinar as linhas de influências quantitativas, como discutido anteriormente, em geral é mais utilizado para construir linhas de influência qualitativas. Os valores numéricos das ordenadas de linhas de influência, se desejados, são então calculados usando-se o método do equilíbrio.

Procedimento para análise

Um procedimento para se determinar as linhas de influência de força e momento para vigas e pórticos usando-se o método do equilíbrio foi apresentado na Seção 8.1. O procedimento alternativo a seguir, que é baseado em uma combinação do princípio de Müller-Breslau e o método do equilíbrio, pode agilizar consideravelmente a construção de tais linhas de influência.

1. Desenhe o formato geral da linha de influência aplicando o princípio de Müller-Breslau:
   a. A partir da estrutura dada, remova a restrição correspondente à função de resposta cuja linha de influência é desejada para obter a estrutura liberada.
   b. Aplique um pequeno deslocamento (ou rotação) para a estrutura liberada no local e na direção positiva da função de resposta. Desenhe uma curva elástica da estrutura liberada que seja compatível com o apoio e as condições de continuidade da estrutura liberada, para obter o formato geral da linha de influência. (Lembre-se de que as linhas de influência para estruturas estaticamente determinadas consistem somente em segmentos de linha reta). Se somente uma linha de influência qualitativa for desejada, finalize a análise neste estágio. Caso contrário, continue na próxima etapa.
2. Determine os valores numéricos das ordenadas da linha de influência usando o método do equilíbrio e a geometria da linha de influência.
   a. Coloque uma carga unitária sobre a estrutura dada (ou seja, não liberada) no local da função de resposta e estabeleça o valor numérico da ordenada da linha de influência no local, aplicando a(s) equação(ções) de equilíbrio e/ou condição. Se a função de resposta de interesse for um cortante, então a carga unitária deve ser colocada sucessivamente em dois locais, imediatamente à esquerda e imediatamente à direita do ponto em que o cortante é desejado, e os valores das ordenadas da linha de influência nesses locais devem ser calculados. Se a ordenada da linha de influência no local da função de resposta for nula, então coloque a carga unitária no local da ordenada máxima ou mínima, e determine o valor numérico dessa ordenada considerando o equilíbrio.
   b. Usando a geometria da linha de influência, determine os valores numéricos de todas as ordenadas restantes, onde as variações na inclinação ocorrem na linha de influência.

Uma vantagem deste procedimento é que nos permite construir diretamente a linha de influência para qualquer função de resposta de força ou momento de interesse, sem precisar determinar previamente as linhas de influência para outras funções, que podem ou não ser necessárias. Por exemplo, a construção de linhas de influência de cortantes e momentos fletores por este procedimento não exige o uso de linhas de influência de reações. O procedimento é ilustrado nos próximos exemplos. O leitor também é encorajado a verificar as linhas de influência desenvolvidas nos Exemplos 8.1 a 8.3 aplicando este procedimento.

EXEMPLO 8.6

Desenhe as linhas de influência das reações verticais nos apoios B e D, e do cortante e momento fletor no ponto C, da viga mostrada na Figura 8.9(a).

Solução

Linha de influência de B_y. Para determinarmos o formato geral da linha de influência de B_y, removemos o apoio de rolete em B da viga dada (Figura 8.9(a)) para obter a viga liberada da Figura 8.9(b). Em seguida, no ponto B da viga liberada ocorre um pequeno deslocamento, Δ, na direção positiva de B_y, e uma curva elástica da viga é desenhada, conforme mostrado pela linha pontilhada na figura. Observe que a curva elástica é compatível com as condições de apoio da estrutura liberada; ou seja, a extremidade direita da viga liberada, que é ligada à rótula no apoio D, não se desloca. O formato da linha de influência é o mesmo que o da curva elástica da estrutura liberada, como mostra a Figura 8.9(b).

Para obtermos o valor numérico da ordenada da linha de influência em B, colocamos uma carga de 1 kN no ponto B da viga original (Figura 8.9(b)) e aplicamos uma equação de equilíbrio para obter B_y,

$$+\circlearrowleft \sum M_D = 0 \qquad 1(9) - B_y(9) = 0 \qquad B_y = 1 \text{ kN}$$

Assim, o valor da ordenada em linha de influência em B é 1 kN/kN. O valor da ordenada em A agora pode ser determinado da geometria da linha de influência (Figura 8.9(b)). Observando que os triângulos $AA'D$ e $BB'D$ são semelhantes, escrevemos

$$AA' = \left(\frac{1}{9}\right)(12) = \frac{4}{3} \text{ kN/kN}$$

A linha de influência de B_y então obtida é apresentada na Figura 8.9(b). **Resp.**

Linha de influência de D_y. A linha de influência de D_y é construída de maneira similar e está na Figura 8.9(c). **Resp.**

Linha de influência de S_C. Para determinarmos o formato geral da linha de influência do cortante no ponto C, cortamos a referida viga em C para obter a estrutura liberada mostrada na Figura 8.9(d). Em seguida, na estrutura liberada ocorre um pequeno deslocamento relativo na direção positiva de S_C, movendo a extremidade C da parte AC para baixo por Δ_1, e a extremidade C da parte CD para cima por Δ_2, para obter a curva elástica da Figura 8.9(d). O formato da linha de influência é o mesmo que o da curva elástica da estrutura liberada, como indicado na figura.

Para obtermos os valores numéricos das ordenadas da linha de influência em C, colocamos a carga de 1 kN primeiro imediatamente à esquerda de C e, então, imediatamente à direita de C, como mostrado pelas setas sólida e pontilhada, respectivamente, na Figura 8.9(d). As reações B_y e D_y são determinadas aplicando-se as equações de equilíbrio:

$$+\circlearrowleft \sum M_D = 0 \qquad -B_y(9) + 1(6) = 0 \qquad B_y = \frac{2}{3} \text{ kN} \uparrow$$

$$+\uparrow \sum F_y = 0 \qquad \left(\frac{2}{3}\right) - 1 + D_y = 0 \qquad D_y = \frac{1}{3} \text{ kN} \uparrow$$

Observe que as magnitudes de B_y e D_y poderiam, como alternativa, ser obtidas das linhas de influência para essas reações construídas anteriormente. Isso pode ser visto nas Figuras 8.9(b) e (c) que as ordenadas em C (ou imediatamente à esquerda ou à direita de C) das linhas de influência para B_y e D_y são de fato 2/3 e 1/3, respectivamente. Quando a carga unitária está imediatamente à esquerda de C (veja a Figura 8.9(d)), o cortante em C é

$$S_C = -D_y = -\frac{1}{3} \text{ kN}$$

Quando a carga unitária está imediatamente à direita de C, o cortante em C é

$$S_C = B_y = \frac{2}{3} \text{ kN}$$

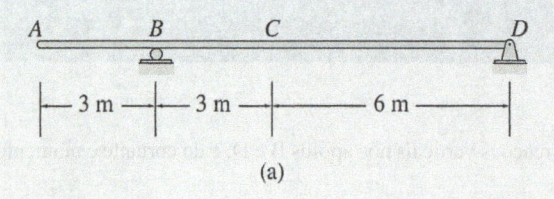

(a)

Figura 8.9 (*continua*)

capítulo 8 Linhas de influência 317

Estrutura liberada para B_y

Curva elástica

Linha de influência de B_y (kN/kN)

$A' \; \frac{4}{3}$, $1\,B'$, $\frac{2}{3}$, 0 em D

$B_y = 1$ kN, $D_y = 0$

(b)

Estrutura liberada para D_y

Curva elástica

Linha de influência de D_y (kN/kN)

$-\frac{1}{3}$ em A, 0 em B, $\frac{1}{3}$ em C, 1 em D

$B_y = 0$, $D_y = 1$ kN

(c)

Estrutura liberada para S_C

Curva elástica

Linha de influência de S_C (kN/kN)

$A' \; \frac{1}{3}$, 0 em B, $-\frac{1}{3}\,C'$, $\frac{2}{3}$, 0 em D

Imediatamente à esquerda de C — 1 kN — Imediatamente à direita de C

$B_y = \frac{2}{3}$, $D_y = \frac{1}{3}$

$$S_C = \begin{cases} -\frac{1}{3}\text{ kN} & \text{Quando 1 kN está imediatamente à esquerda de } C \\ +\frac{2}{3}\text{ kN} & \text{Quando 1 kN está imediatamente à direita de } C \end{cases}$$

(d)

Estrutura liberada para M_C

Curva elástica

Linha de influência de M_C (kN · m/kN)

$A' \; -2$, 0 em B, $2\,C'$, 0 em D

1 kN aplicado em C; $\frac{2}{3}$ kN em B, $\frac{1}{3}$ kN em D

$M_C = 2$ kN · m

(e)

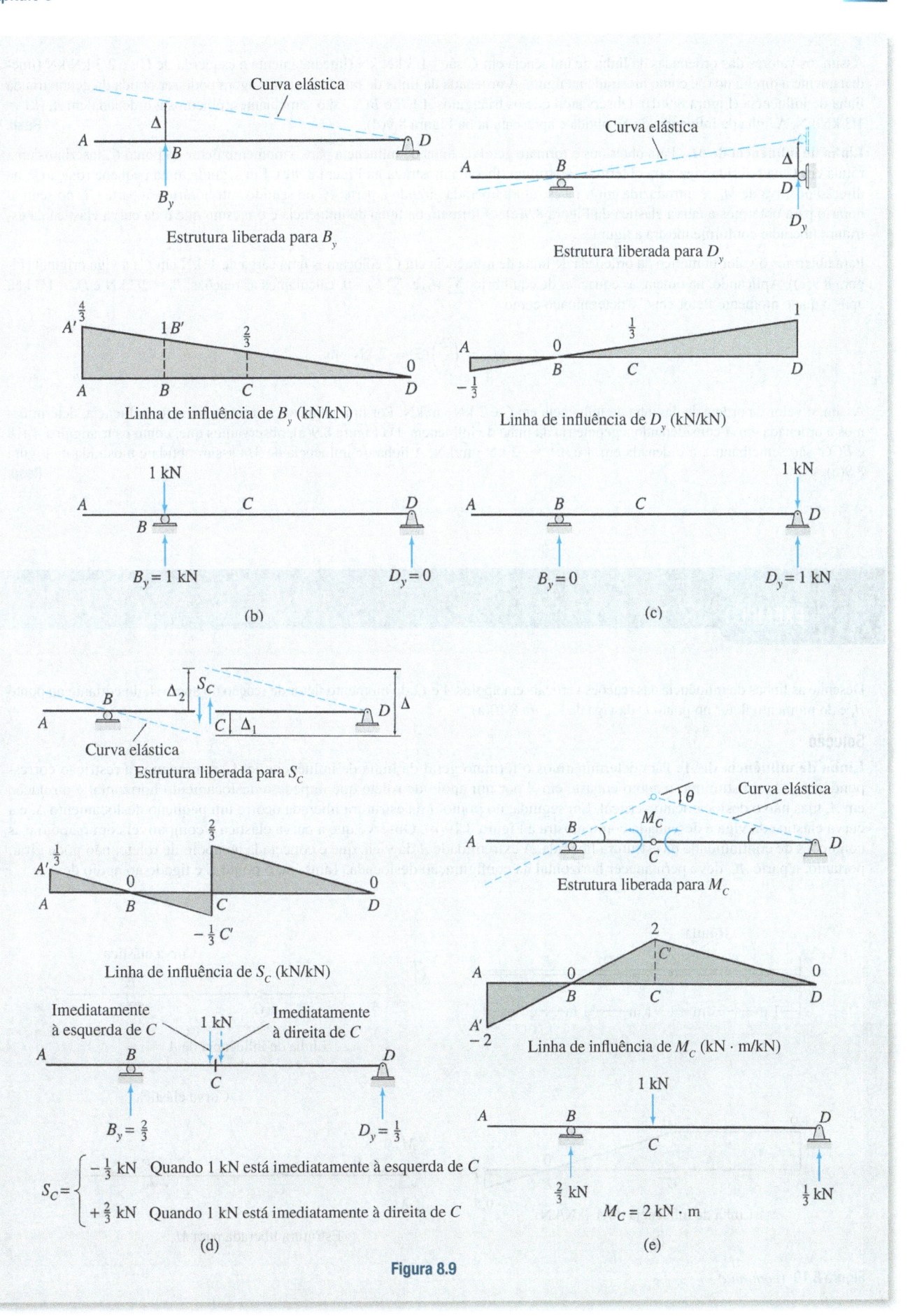

Figura 8.9

Assim, os valores das ordenadas da linha de influência em C são $-1/3$ kN/kN (imediatamente à esquerda de C), e $2/3$ kN/kN (imediatamente à direita de C), como mostrado na figura. A ordenada da linha de influência em A agora pode ser obtida da geometria da linha de influência (Figura 8.9(d)). Observando que os triângulos $AA'B$ e BCC' são semelhantes, obtemos a ordenada em A, $AA' = 1/3$ kN/kN. A linha de influência de S_C obtida é apresentada na Figura 8.9(d). **Resp.**

Linha de influência de M_C. Para obtermos o formato geral da linha de influência para o momento fletor no ponto C, inserimos uma rótula em C na referida viga para obtermos a estrutura liberada mostrada na Figura 8.9(e). Em seguida, uma pequena rotação θ, na direção positiva de M_C, é introduzida em C na estrutura liberada girando a parte AC no sentido anti-horário e a parte CD no sentido horário para obtermos a curva elástica da Figura 8.9(e). O formato da linha de influência é o mesmo que o da curva elástica da estrutura liberada, conforme mostra a figura.

Para obtermos o valor numérico da ordenada de linha de influência em C, colocamos uma carga de 1 kN em C na viga original (Figura 8.9(e)). Aplicando, na ordem, as equações de equilíbrio $\sum M_D$ e $\sum F_y = 0$, calculamos as reações, $B_y = 2/3$ kN e $D_y = 1/3$ kN, após o que o momento fletor em C é determinado como

$$M_C = \left(\frac{2}{3}\right)(3) = 2 \text{ kN} \cdot \text{m}$$

Assim, o valor da ordenada da linha de influência em C é 2 kN $\cdot$ m/kN. Por fim, para concluirmos a linha de influência, determinamos a ordenada em A considerando a geometria da linha de influência. Da Figura 8.9(e), observamos que, como os triângulos $AA'B$ e BCC' são semelhantes, a ordenada em A é $AA' = -2$ kN $\cdot$ m/kN. A linha de influência de M_C assim obtida é mostrada na Figura 8.9(e). **Resp.**

EXEMPLO 8.7

Desenhe as linhas de influência das reações verticais em apoios A e E, do momento fletor de reação no apoio A, do cortante no ponto B, e do momento fletor no ponto D da viga da Figura 8.10(a).

Solução

Linha de influência de A_y. Para determinarmos o formato geral da linha de influência de A_y, removemos a restrição correspondente a A_y substituindo o apoio engaste em A por um apoio de rolete que impede o deslocamento horizontal e a rotação em A, mas não o deslocamento vertical. Em seguida, no ponto A da estrutura liberada ocorre um pequeno deslocamento Δ, e a curva elástica da viga é desenhada como mostra a Figura 8.10(b). Observe que a curva elástica é compatível com o apoio e as condições de continuidade da estrutura liberada. A extremidade A da viga, que é conectada ao apoio de rolete, não pode girar, portanto, a parte AC deve permanecer horizontal na configuração deslocada. Também, o ponto E é ligado ao apoio de

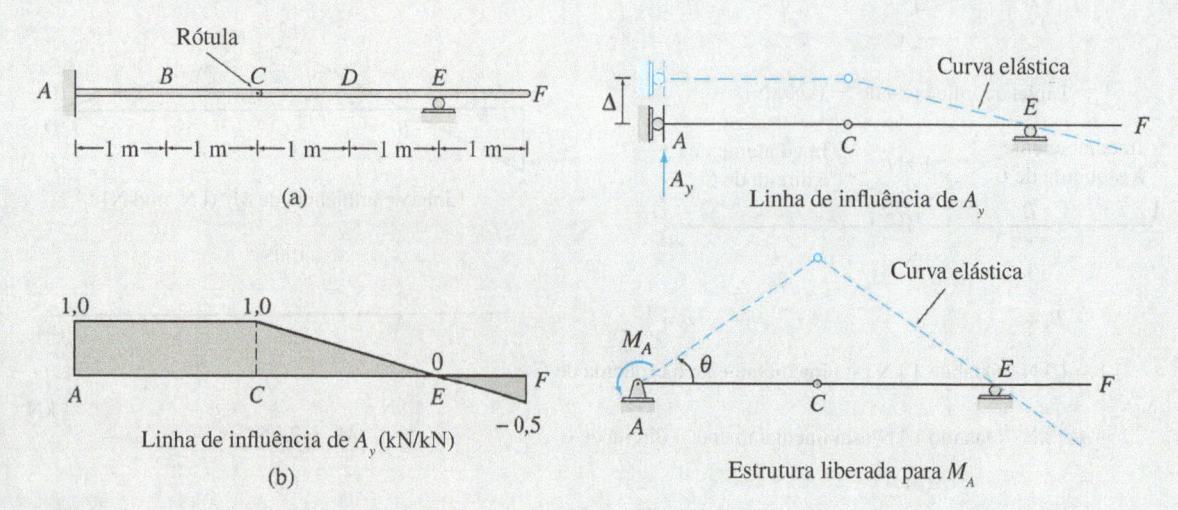

Figura 8.10 (*continua*)

Linhas de influência

[Figura 8.10 – diagramas (a) a (f):]

(a) Estrutura liberada para E_y — Curva elástica, apoio engaste em A, rótula em C, deslocamento Δ em E.

(b) Linha de influência de M_A (kN·M/Kn): ordenadas $A=0$, $C=2{,}0$, $E=0$, $F=-1{,}0$.

(c) Linha de influência de E_y (kN/kN): ordenadas $A=0$, $C=0$, $E=1{,}0$, $F=1{,}5$.

(d) $1\ \text{kN}$ aplicado em C; $M_A = 2\ \text{kN}\cdot\text{m}$; $E_y = 0$.

(e) Estrutura liberada para S_B — Curva elástica com deslocamento Δ em B.
Linha de influência de S_B (kN/kN): ordenadas $A=0$, $B=1{,}0$, $C=1{,}0$, $E=0$, $F=-0{,}5$.

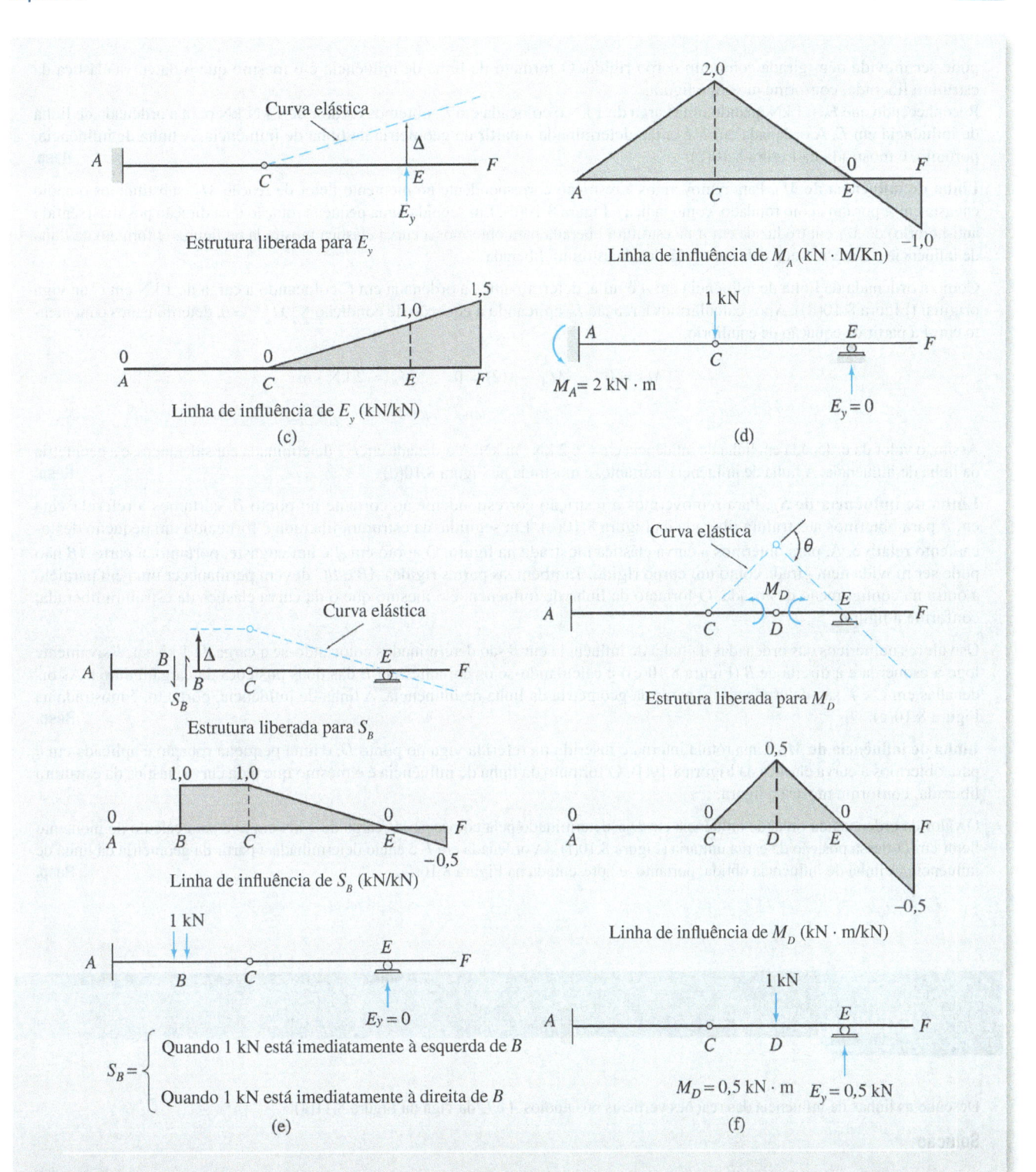

$$S_B = \begin{cases} \text{Quando 1 kN está imediatamente à esquerda de } B \\ \text{Quando 1 kN está imediatamente à direita de } B \end{cases}$$

$1\ \text{kN}$ aplicado entre B; $E_y = 0$.

(f) Estrutura liberada para M_D — Curva elástica com ângulo θ, momento M_D em D.
Linha de influência de M_D (kN·m/kN): ordenadas $A=0$, $C=0$, $D=0{,}5$, $E=0$, $F=-0{,}5$.

$1\ \text{kN}$ aplicado em D; $M_D = 0{,}5\ \text{kN}\cdot\text{m}$; $E_y = 0{,}5\ \text{kN}$.

Figura 8.10

rolete; portanto, não pode deslocar-se na direção vertical. Assim, a parte CF gira sobre E, conforme mostrado na figura. As duas partes rígidas, AC e CF, da viga permanecem retas na configuração deslocada e giram uma em relação à outra na rótula interna em C, que permite tal rotação. O formato da linha de influência é o mesmo que o da curva elástica da estrutura liberada, conforme mostrado na Figura 8.10(b).

Reconhecendo que $A_y = 1\ \text{kN}$ quando uma carga de 1 kN é colocada em A, obtemos o valor de 1 kN/kN para a ordenada de linha de influência em A. As ordenadas em pontos C e F são então determinadas da geometria da linha de influência. A linha de influência de A_y então obtida é mostrada na Figura 8.10(b).
Resp.

Linha de influência de E_y. O apoio de rolete em E é removido da referida estrutura e um pequeno deslocamento, Δ, é aplicado em E para obter a curva elástica mostrada na Figura 8.10(c). Devido ao apoio engaste em A, a parte AC da viga liberada não pode ser movida nem girada como um corpo rígido. O formato da linha de influência é o mesmo que o da curva elástica da estrutura liberada, conforme mostra a figura.

Reconhecendo que $E_y = 1$ kN quando uma carga de 1 kN é colocada em E, obtemos o valor de 1 kN/kN para a ordenada de linha de influência em E. A ordenada em F é então determinada a partir da geometria da linha de influência. A linha de influência, portanto, é mostrada na Figura 8.10(c).
Resp.

Linha de influência de M_A. Para removermos a restrição correspondente no momento fletor de reação M_A, substituímos o apoio engaste em A por um apoio rotulado, como indica a Figura 8.10(d). Em seguida, uma pequena rotação θ na direção positiva (sentido anti-horário) de M_A é introduzida em A na estrutura liberada para obtermos a curva elástica mostrada na figura. O formato da linha de influência é o mesmo que o da curva elástica da estrutura liberada.

Como a ordenada da linha de influência em A é nula, determinamos a ordenada em C colocando a carga de 1 kN em C na viga original (Figura 8.10(d)). Após calcularmos a reação E_y aplicando a equação de condição $\sum M_E^{CE} = 0$, determinamos o momento em A a partir da equação de equilíbrio:

$$+\circlearrowleft \sum M_A = 0 \qquad M_A - 1(2) = 0 \qquad M_A = 2 \text{ kN} \cdot \text{m}$$

Assim, o valor da ordenada em linha de influência em C é 2 kN · m/kN. A ordenada em F é determinada considerando-se a geometria da linha de influência. A linha de influência, portanto, é mostrada na Figura 8.10(d).
Resp.

Linha de influência de S_B. Para removermos a restrição correspondente ao cortante no ponto B, cortamos a referida viga em B para obtermos a estrutura liberada da Figura 8.10(e). Em seguida, na estrutura liberada é fornecido um pequeno deslocamento relativo, Δ, para obtermos a curva elástica mostrada na figura. O apoio em A é um engaste, portanto, a parte AB não pode ser movida nem girada como um corpo rígido. Também, as partes rígidas AB e BC devem permanecer uma em paralelo à outra na configuração deslocada. O formato da linha de influência é o mesmo que o da curva elástica da estrutura liberada, conforme a figura.

Os valores numéricos das ordenadas da linha de influência em B são determinados colocando-se a carga de 1 kN sucessivamente logo à esquerda e à direita de B (Figura 8.10(e)) e calculando-se os cortantes em B das duas posições da carga unitária. As ordenadas em C e F são determinadas a partir da geometria da linha de influência. A linha de influência, portanto, é mostrada na Figura 8.10(e).
Resp.

Linha de influência de M_D. Uma rótula interna é inserida na referida viga no ponto D, e uma pequena rotação é aplicada em θ para obtermos a curva elástica da Figura 8.10(f). O formato da linha de influência é o mesmo que o da curva elástica da estrutura liberada, conforme mostra a figura.

O valor da ordenada da linha de influência em D é determinado pela colocação da carga de 1 kN em D e pelo cálculo do momento fletor em D dessa posição da carga unitária (Figura 8.10(f)). A ordenada em F é então determinada a partir da geometria da linha de influência. A linha de influência obtida, portanto, é apresentada na Figura 8.10(f).
Resp.

EXEMPLO 8.8

Desenhe as linhas de influência das reações verticais nos apoios A e C da viga da Figura 8.11(a).

Solução

Linha de influência de A_y. Para obtermos o formato geral da linha de influência de A_y, o apoio de rolete em A é removido da referida viga, e um pequeno deslocamento, Δ, ocorre no ponto A da viga liberada de acordo com a Figura 8.11(b). O formato da linha de influência é o mesmo que o da curva elástica da estrutura liberada, conforme mostra a figura. Percebendo que $A_y = 1$ kN quando a carga de 1 kN é colocada em A, obtemos o valor de 1 kN/kN para a ordenada de linha de influência em A. A linha de influência obtida, portanto, é indicada na Figura 8.11(b).
Resp.

Linha de influência de C_y. O apoio de rolete em C é removido da referida viga e um pequeno deslocamento, Δ, é aplicado em C para obtermos a curva elástica da Figura 8.11(c). Observe que a curva elástica é compatível com as condições de apoio da viga liberada. O formato da linha de influência é o mesmo que o da curva elásticada estrutura liberada, conforme mostrado na figura. Reconhecendo que $C_y = 1$ kN quando a carga de 1 kN é colocada em C, obtemos o valor de 1 kN/kN para a ordenada de linha de influência em C. As ordenadas em B e E são então determinadas da geometria da linha de influência. A linha de influência de C_y então obtida é apresentada na Figura 8.11(c).
Resp.

capítulo 8   Linhas de influência

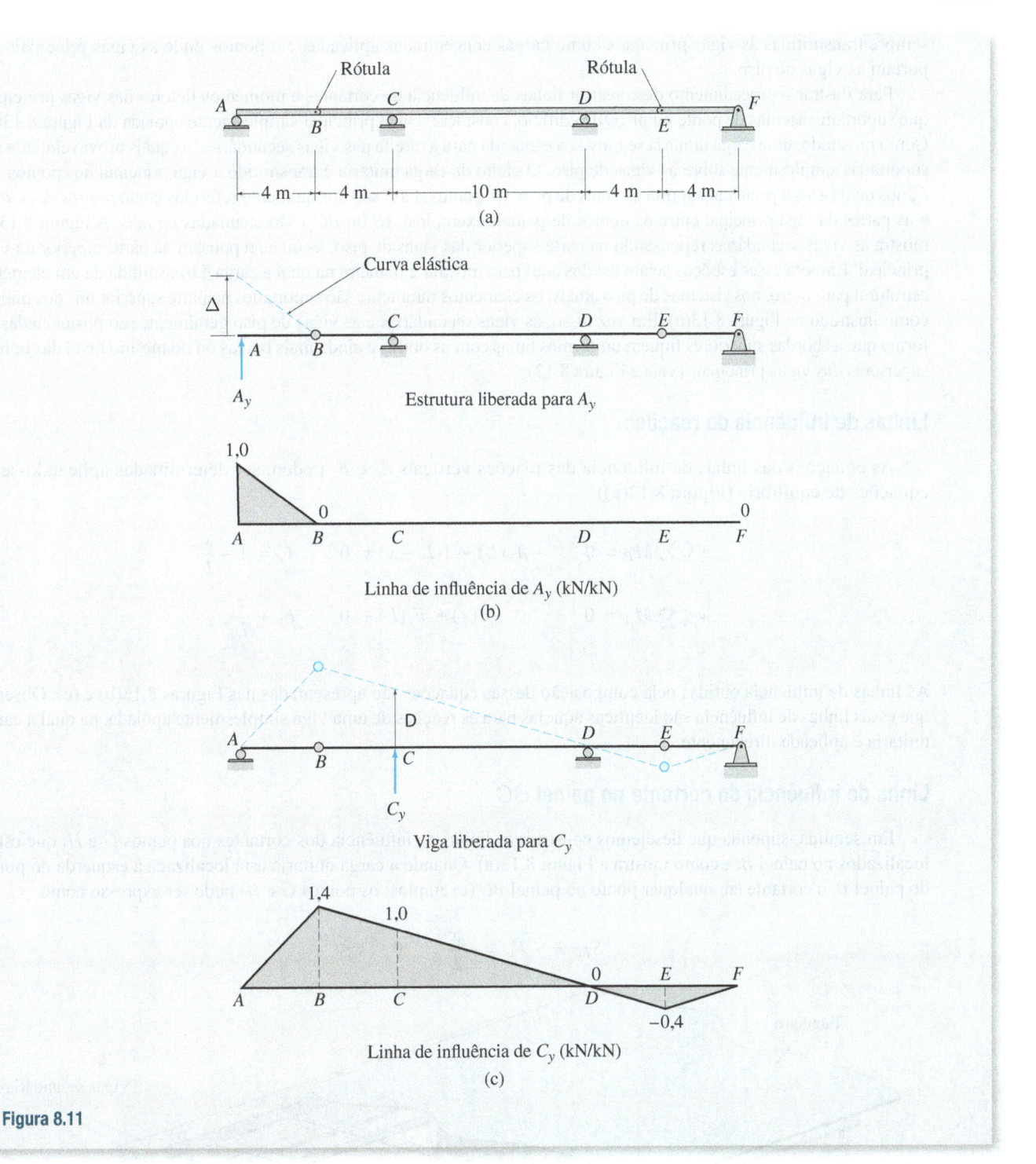

Figura 8.11

8.3 Linhas de influência em vigas principais com sistemas de piso

Nas seções anteriores, consideramos as linhas de influência em vigas que foram sujeitas a uma carga unitária em movimento aplicada diretamente nas vigas. Em muitas pontes e edifícios, existem alguns elementos estruturais que não são sujeitos a cargas móveis, mas nos quais as cargas móveis são transmitidas por meio dos sistemas construtivos do piso. Os sistemas construtivos típicos usados em pontes e edifícios foram descritos na Seção 1.4 (Figuras 1.16 e 1.17, respectivamente). Outro exemplo de sistema construtivo de uma ponte é mostrado na Figura 8.12. O tabuleiro da ponte repousa sobre vigas chamadas *secundárias*, que são apoiadas por *vigas de piso ou transversinas*, que, por sua vez, são apoiadas pelas *vigas principais ou longarinas*. Portanto, quaisquer cargas móveis (exemplo: o peso do tráfego), independentemente de onde estão localizadas no tabuleiro e se são cargas concentradas ou distribuídas, são sempre transmitidas às vigas principais como cargas concentradas aplicadas em pontos onde as vigas principais suportam as vigas de piso.

Para ilustrar o procedimento de construir linhas de influência de cortantes e momentos fletores nas vigas principais que suportam sistemas de ponte ou pisos de edifício, considere a viga principal simplesmente apoiada da Figura 8.13(a). Como mostrado, uma carga unitária se move da esquerda para a direita nas vigas secundárias, as quais provavelmente são suportadas simplesmente sobre as vigas de piso. O efeito da carga unitária é transmitido à viga principal nos pontos A a F, nos quais a viga principal suporta as vigas de piso. Os pontos A a F são normalmente referidos como *pontos de painel*, e as partes da viga principal entre os pontos de painel (exemplos: AB ou BC) são chamadas *painéis*. A Figura 8.13(a) mostra as vigas secundárias repousando na parte superior das vigas de piso, as quais repousam na parte superior da viga principal. Embora esses esboços sejam usados aqui para mostrar a maneira na qual a carga é transmitida de um elemento estrutural para outro, nos sistemas de piso atuais, os elementos raramente são suportados na parte superior uns dos outros, como ilustrado na Figura 8.13(a). Em vez disso, as vigas secundárias e as vigas de piso geralmente são posicionadas de forma que as bordas superiores fiquem uniformes umas com as outras e ainda mais baixas ou no mesmo nível das bordas superiores das vigas principais (veja a Figura 8.12).

Linhas de influência de reações

As equações das linhas de influência das reações verticais A_y e F_y podem ser determinadas aplicando-se as equações de equilíbrio (Figura 8.13(a)):

$$+\circlearrowleft \sum M_F = 0 \qquad -A_y(L) + 1(L-x) = 0 \qquad A_y = 1 - \frac{x}{L}$$

$$+\circlearrowleft \sum M_A = 0 \qquad -1(x) + F_y(L) + 0 \qquad F_y + \frac{x}{L}$$

As linhas de influência obtidas pela composição dessas equações são apresentadas nas Figuras 8.13(b) e (c). Observe que essas linhas de influência são idênticas àquelas para as reações de uma viga simplesmente apoiada, na qual a carga unitária é aplicada diretamente.

Linha de influência do cortante no painel BC

Em seguida, suponha que desejemos construir as linhas de influência dos cortantes nos pontos G e H, que estão localizados no painel BC, como mostra a Figura 8.13(a). Quando a carga unitária está localizada à esquerda do ponto do painel B, o cortante em qualquer ponto no painel BC (exemplos: os pontos G e H) pode ser expresso como

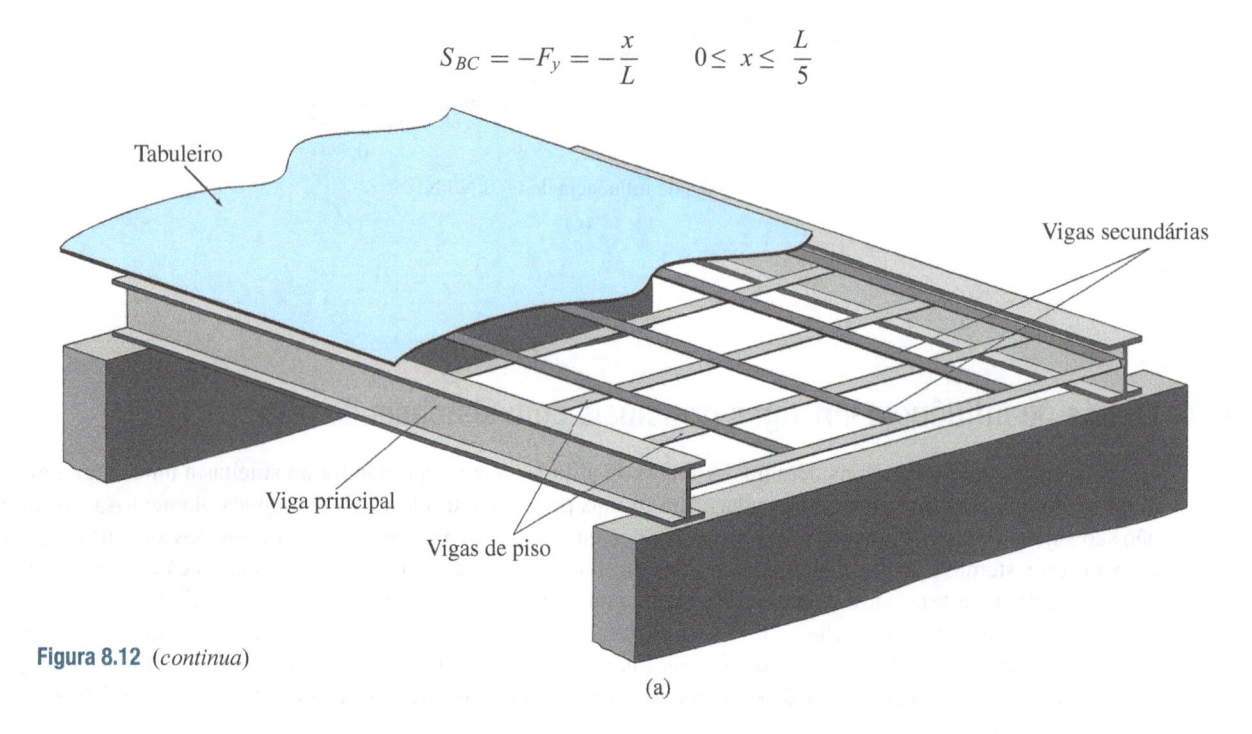

$$S_{BC} = -F_y = -\frac{x}{L} \qquad 0 \le x \le \frac{L}{5}$$

Figura 8.12 (*continua*)

(a)

capítulo 8

Linhas de influência **323**

Seção b-b

Viga principal
Viga de piso
Tabuleiro
Viga secundária
Viga principal

Viga principal — b
Vigas secundárias
Viga de piso — b
Viga principal

Planta (tabuleiro não mostrado)

Tabuleiro
Viga secundária — Viga principal — Viga de piso

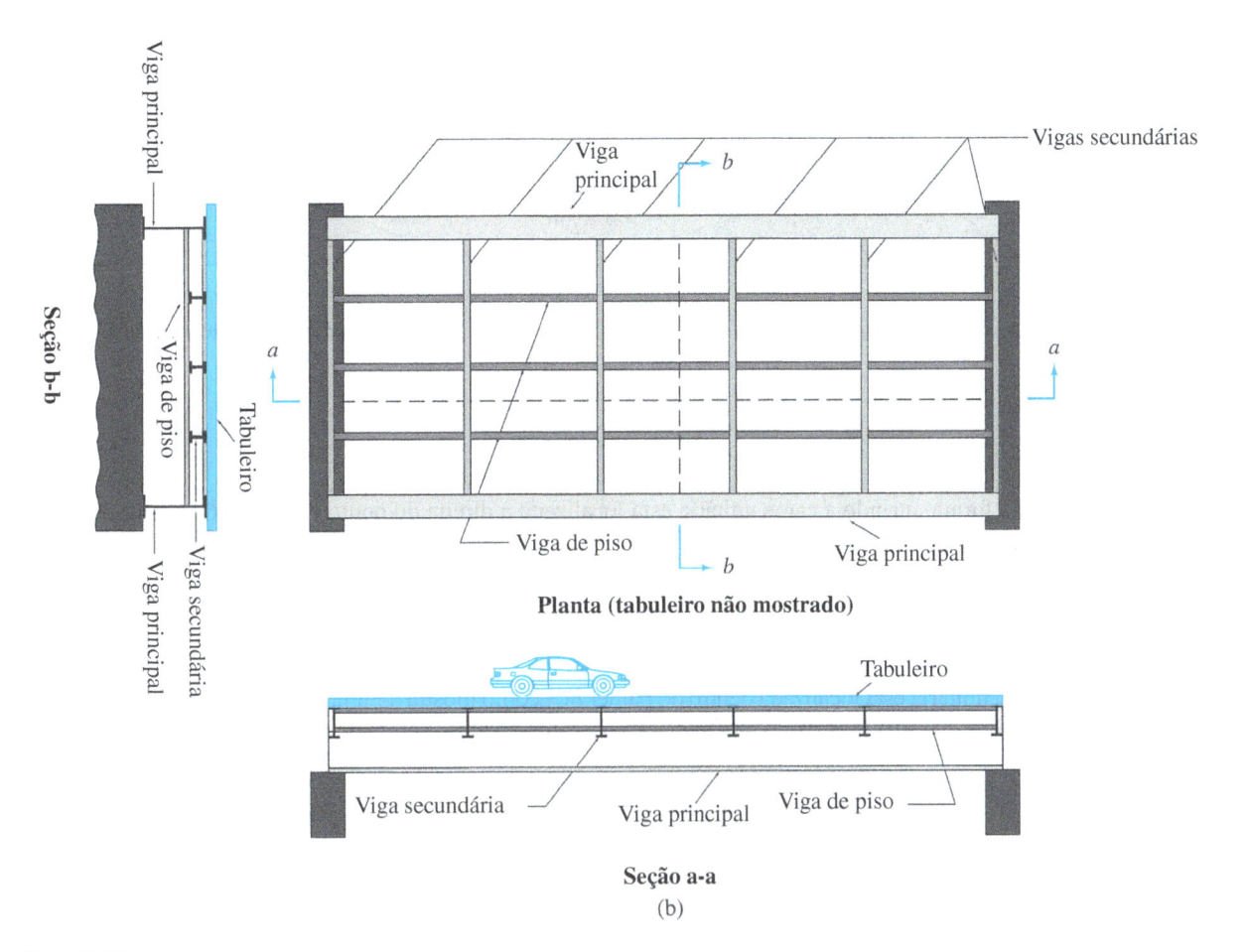

Seção a-a
(b)

Figura 8.12

(a) Viga secundária, Viga de piso, Viga principal
A, B, C, D, E, F; G, H
A_y, F_y; segmentos $\frac{L}{5}$; distância a; comprimento L

(b) Linha de influência de A_y
$A_y = 1 - \dfrac{x}{L}$

(c) Linha de influência de F_y
$F_y = \dfrac{x}{L}$

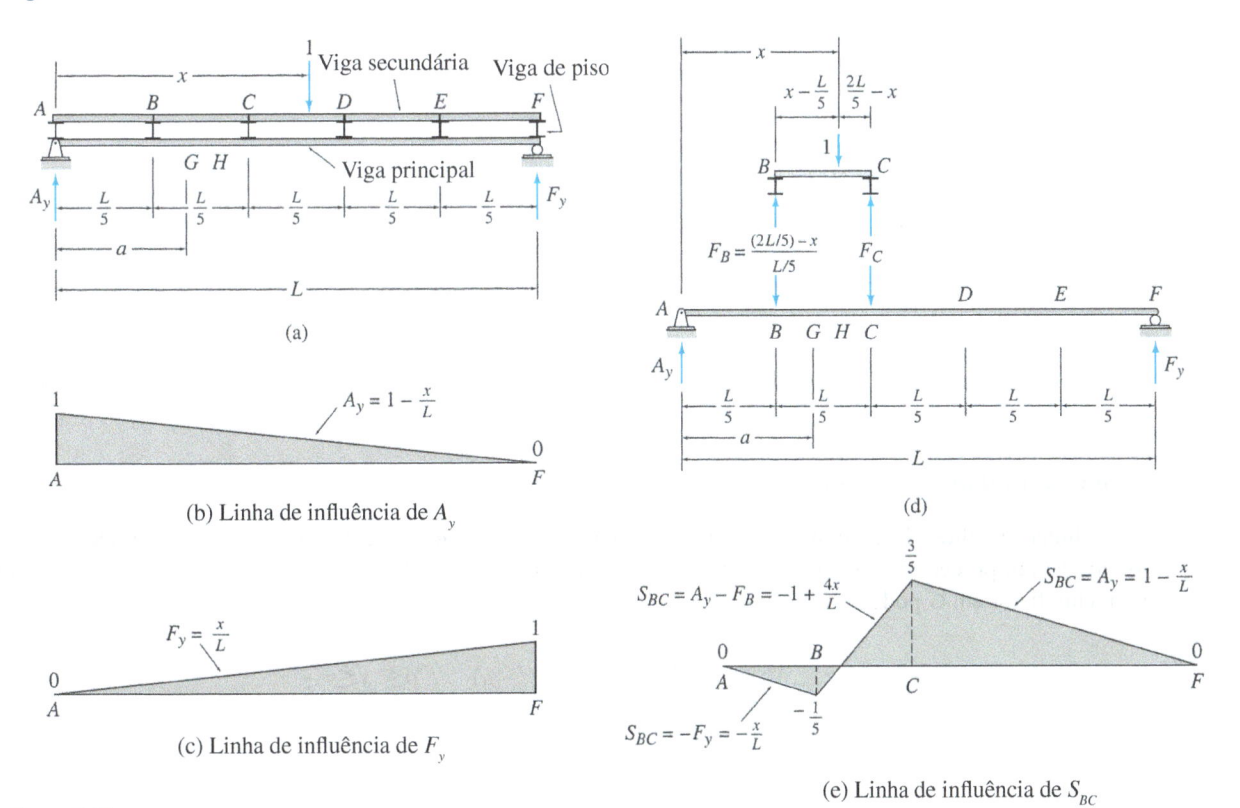

(d)
$x - \dfrac{L}{5}$, $\dfrac{2L}{5} - x$
B, C, carga 1
$F_B = \dfrac{(2L/5) - x}{L/5}$, F_C
A, B, G, H, C, D, E, F; A_y, F_y

(e) Linha de influência de S_{BC}
$S_{BC} = A_y - F_B = -1 + \dfrac{4x}{L}$
$S_{BC} = A_y = 1 - \dfrac{x}{L}$
$S_{BC} = -F_y = -\dfrac{x}{L}$
valores: $\dfrac{3}{5}$, $-\dfrac{1}{5}$

Figura 8.13

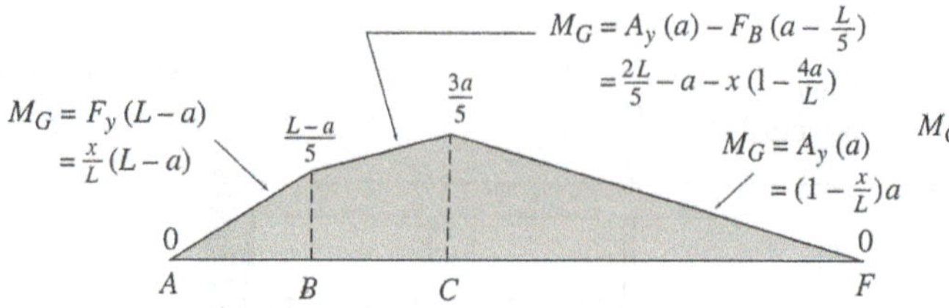

324 Análise Estrutural — Parte 2

(f) Linha de influência de M_G

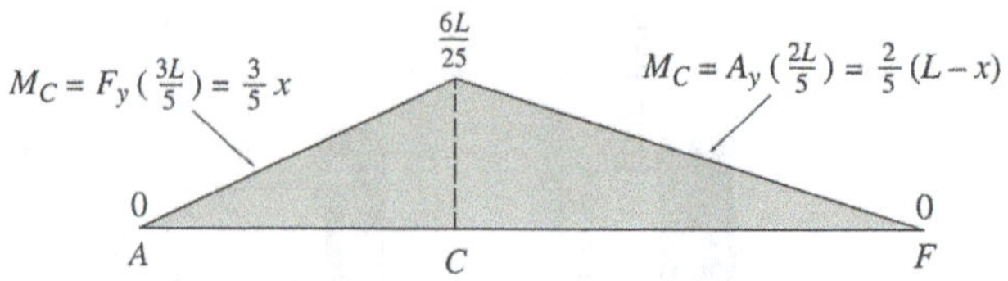

$M_G = F_y(L-a) = \frac{x}{L}(L-a)$

$M_G = A_y(a) - F_B(a - \frac{L}{5}) = \frac{2L}{5} - a - x(1 - \frac{4a}{L})$

$M_G = A_y(a) = (1 - \frac{x}{L})a$

Pontos: A, B, C, F; picos $\frac{L-a}{5}$, $\frac{3a}{5}$

(g) Linha de influência de M_C

$M_C = F_y(\frac{3L}{5}) = \frac{3}{5}x$

$M_C = A_y(\frac{2L}{5}) = \frac{2}{5}(L-x)$

pico $\frac{6L}{25}$ em C; pontos A, C, F

Figura 8.13

Da mesma forma, quando a carga unitária está localizada à direita do ponto do painel C, o cortante em qualquer ponto no painel BC é expresso como

$$S_{BC} = A_y = 1 - \frac{x}{L} \qquad \frac{2L}{5} \leq x \leq L$$

Quando a carga unitária está localizada dentro do painel BC, como mostra a Figura 8.13(d), a força F_B exercida na viga principal pela viga de piso em B deve estar incluída na expressão para o cortante no painel BC:

$$S_{BC} = A_y - F_B = \left(1 - \frac{x}{L}\right) - \left(2 - \frac{5x}{L}\right) = -1 + \frac{4x}{L} \qquad \frac{L}{5} \leq x \leq \frac{2L}{5}$$

Assim, as equações da linha de influência de S_{BC} podem ser escritas como

$$S_{BC} = \begin{cases} -F_y = -\dfrac{x}{L} & 0 \leq x \leq \dfrac{L}{5} \\[4pt] A_y - F_B = -1 + \dfrac{4x}{L} & \dfrac{L}{5} \leq x \leq \dfrac{2L}{5} \\[4pt] A_y = 1 - \dfrac{x}{L} & \dfrac{2L}{5} \leq x \leq L \end{cases} \qquad (8.13)$$

Essas expressões para cortante não dependem do local exato de um ponto dentro do painel. Ou seja, essas expressões permanecem as mesmas para todos os pontos localizados dentro do painel BC. As expressões não mudam porque as cargas são transmitidas para a viga principal nos pontos do painel somente. Portanto, *o cortante em qualquer painel da viga principal permanece constante em toda a extensão desse painel*. Assim, para as vigas principais com sistema de piso, as linhas de influência de cortantes geralmente são construídas para painéis, em vez de pontos específicos ao longo das vigas principais. A linha de influência do cortante no painel BC, obtida pelo desenho da Equação (8.13), é mostrada na Figura 8.13(e).

Linha de influência do momento fletor em G

A linha de influência do momento fletor no ponto G, localizado no painel BC (Figura 8.13(a)), pode ser construída usando-se um procedimento similar. Quando a carga unitária está localizada à esquerda do ponto do B do painel, o momento fletor em G pode ser expresso como

$$M_G = F_y(L - a) = \frac{x}{L}(L - a) \qquad 0 \leq x \leq \frac{L}{5}$$

Quando a carga unitária está localizada à direita do ponto do C do painel, o momento fletor em G pode ser expresso como

$$M_G = A_y(a) = \left(1 - \frac{x}{L}\right)a \qquad \frac{2L}{5} \leq x \leq L$$

Quando a carga unitária está localizada dentro do painel BC, como mostra a Figura 8.13(d), o momento da força F_B exercida na viga principal pela viga de piso em B, aproximadamente G, deve estar incluída na expressão para momento fletor em G:

$$M_G = A_y(a) - F_B\left(a - \frac{L}{5}\right) = \left(1 - \frac{x}{L}\right)a - \left(2 - \frac{5x}{L}\right)\left(a - \frac{L}{5}\right)$$

$$= \frac{2L}{5} - a - x\left(1 - \frac{4a}{L}\right) \qquad \frac{L}{5} \leq x \leq \frac{2L}{5}$$

Assim, as equações da linha de influência de M_G podem ser escritas como

$$M_G = \begin{cases} F_y(L - a) = \dfrac{x}{L}(L - a) & 0 \leq x \leq \dfrac{L}{5} \\ A_y(a) - F_B\left(a - \dfrac{L}{5}\right) = \dfrac{2L}{5} - a - x\left(1 - \dfrac{4a}{L}\right) & \dfrac{L}{5} \leq x \leq \dfrac{2L}{5} \\ A_y(a) = \left(1 - \dfrac{x}{L}\right)a & \dfrac{2L}{5} \leq x \leq L \end{cases}$$

(8.14)

A Equação (8.14) indica que diferentemente do cortante, que permanece constante em todo o painel, a expressão para o momento fletor depende do local específico do ponto G dentro do painel BC. A linha de influência de M_G, obtida pela composição da Equação (8.14), é indicada na Figura 8.13(f). Pode ser visto nessa figura que a linha de influência de M_G, bem como a linha de influência do cortante construído anteriormente (Figura 8.13(e)), consiste em três segmentos em linha reta, com descontinuidades nas extremidades do painel que contém a função de resposta em consideração.

Linha de influência do momento fletor no ponto do painel C

Quando a carga unitária está localizada à esquerda de C (veja a Figura 8.13(a)), o momento fletor em C é dado por

$$M_C = F_y\left(\frac{3L}{5}\right) = \frac{x}{L}\left(\frac{3L}{5}\right) = \frac{3}{5}x \qquad 0 \leq x \leq \frac{2L}{5}$$

Quando a carga unitária está localizada à direita de C,

$$M_C = A_y\left(\frac{2L}{5}\right) = \left(1 - \frac{x}{L}\right)\frac{2L}{5} = \frac{2}{5}(L - x) \qquad \frac{2L}{5} \leq x \leq L$$

Assim, as equações da linha de influência de M_C podem ser escritas como

$$M_C = \begin{cases} F_y\left(\dfrac{3L}{5}\right) = \dfrac{3}{5}x & 0 \leq x \leq \dfrac{2L}{5} \\ A_y\left(\dfrac{2L}{5}\right) = \dfrac{2}{5}(L - x) & \dfrac{2L}{5} \leq x \leq L \end{cases}$$

(8.15)

A linha de influência obtida pela composição dessas equações é mostrada na Figura 8.13(g). Observe que essa linha de influência é idêntica àquela do momento fletor de uma viga correspondente sem o sistema de piso.

Procedimento para análise

Como o exemplo anterior indica, as linhas de influência de vigas principais, que suportam sistemas de piso com vigas secundárias simplesmente apoiadas, consistem em segmentos em linha reta com descontinuidades ou variações nas inclinações que ocorrem somente nos pontos de painel. Nas linhas de influências de cortantes e momentos fletores nos pontos localizados dentro desses painéis, as variações na inclinação ocorrem nos pontos do painel nas extremidades do painel que contém a função de resposta (Figuras 8.13(e) e (f)), ao passo que nas linhas de influência de momentos fletores nos pontos de painel, a alteração na inclinação ocorre no ponto do painel em que o momento fletor é avaliado. As linhas de influência de vigas principais podem, portanto, ser convenientemente construídas como se segue.

Determine as ordenadas de linha de influência nos pontos de apoio e nos pontos de painel em que as variações na inclinação ocorrem, colocando uma carga unitária sucessivamente em cada um desses pontos e aplicando as equações de equilíbrio. No caso de uma linha de influência de momento fletor em um ponto de painel de uma viga principal em balanço, a ordenada da linha de influência no local do momento fletor será nula. Nesse caso, torna-se necessário determinar uma ordenada de linha de influência (geralmente a extremidade livre da viga principal em balanço) que não seja nula para concluir a linha de influência.

Se a viga principal contém rótulas internas, suas linhas de influência serão descontínuas nos pontos de painel, em que as rótulas estão localizadas. Se uma rótula interna estiver localizada dentro de um painel, então as descontinuidades ocorrerão nos pontos do painel nas extremidades desse painel. Determine as ordenadas da linha de influência nos pontos do painel em que as descontinuidades ocorrem devido à presença de rótulas internas, colocando a carga unitária nesses pontos e aplicando as equações de equilíbrio e/ou condição.

Conclua a linha de influência ligando as ordenadas calculadas previamente por linhas retas e determinando quaisquer ordenadas restantes usando a geometria da linha de influência.

EXEMPLO 8.9

Desenhe as linhas de influência do cortante no painel BC e momento fletor em B da viga principal com sistema de piso como mostrado na Figura 8.14(a).

Solução

Linha de influência de S_{BC}. Para determinarmos a linha de influência do cortante no painel BC, colocamos uma carga de 1 kN sucessivamente nos pontos do painel A, B, C e D. Para cada posição da carga unitária, as reações de apoio apropriadas são primeiro determinadas por proporções e o cortante no painel BC é calculado. Assim, quando

$$1 \text{ kN está em } A, \quad D_y = 0 \quad S_{BC} = 0$$

$$1 \text{ kN está em } B, \quad D_y = \frac{1}{3} \text{ kN} \quad S_{BC} = -\frac{1}{3} \text{ kN}$$

$$1 \text{ kN está em } C, \quad A_y = \frac{1}{3} \text{ kN} \quad S_{BC} = \frac{1}{3} \text{ kN}$$

$$1 \text{ kN está em } D, \quad A_y = 0 \quad S_{BC} = 0$$

A linha de influência de S_{BC} é construída desenhando-se essas ordenadas e ligando-as em linhas retas, conforme indica a Figura 8.14(c).

Resp.

3 painéis de 6 m = 18 m

(a)

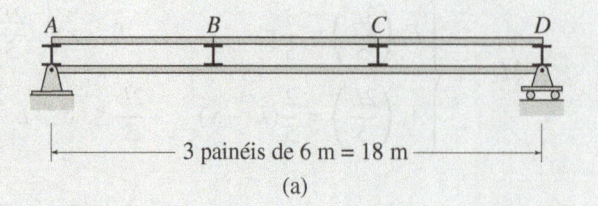

Figura 8.14 (*continua*)

(b)

(c) Linha de influência de S_{BC} (kN/kN)

(d) Linha de influência de M_B (kN · m/kN)

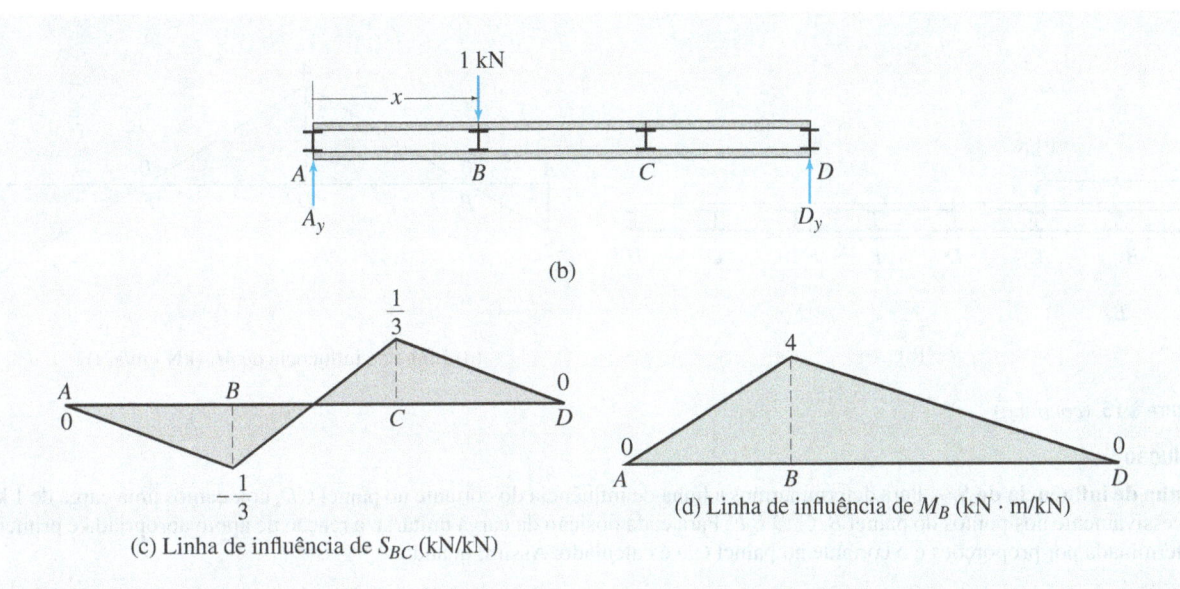

Figura 8.14

Linha de influência de M_B. Para determinarmos a linha de influência do momento fletor no ponto B do painel, colocamos uma carga de 1 kN sucessivamente nos pontos do painel A, B e D. Para cada posição da carga unitária, o momento fletor em B é determinado como se segue: quando

$$1 \text{ kN está em } A, \quad D_y = 0 \quad M_B = 0$$

$$1 \text{ kN está em } B, \quad A_y = \frac{2}{3} \text{ kN} \quad M_B = \left(\frac{2}{3}\right)6 = 4 \text{ kN} \cdot \text{m}$$

$$1 \text{ kN está em } D, \quad A_y = 0 \quad M_B = 0$$

A linha de influência de M_B então obtida é apresentada na Figura 8.14(d). **Resp.**

EXEMPLO 8.10

Desenhe as linhas de influência do cortante no painel CD e do momento fletor em D da viga principal com sistema de piso como mostra a Figura 8.15(a).

(a)

(c) Linha de influência de S_{CD} (kN/kN)

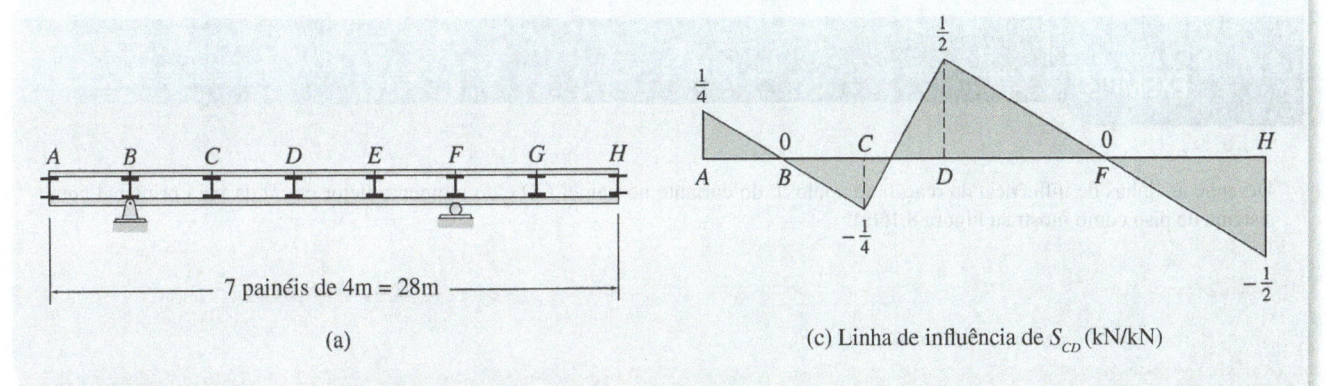

Figura 8.15 (*continua*)

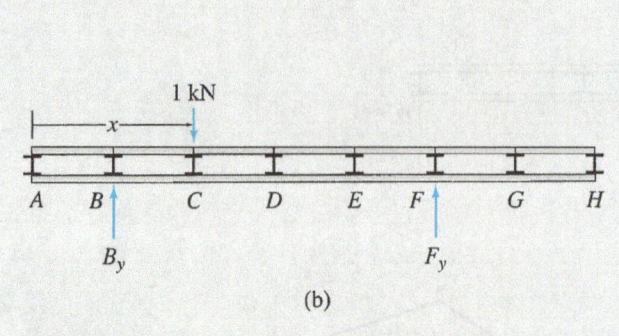

(b)

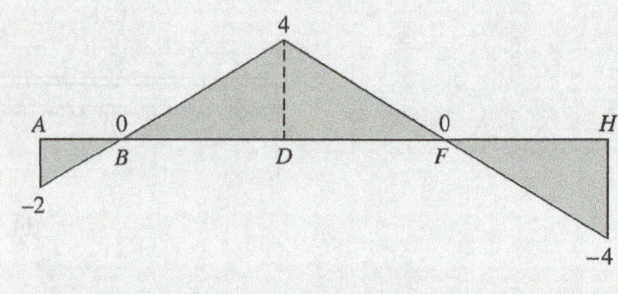

(d) Linha de influência de M_D (kN · m/kN)

Figura 8.15 (*continua*)

Solução

Linha de influência de S_{CD}. Para determinarmos a linha de influência do cortante no painel CD, colocamos uma carga de 1 kN sucessivamente nos pontos do painel B, C, D e F. Para cada posição da carga unitária, a reação de apoio apropriada é primeiro determinada por proporções e o cortante no painel CD é calculado. Assim, quando

$$1 \text{ kN está em } B, \quad F_y = 0 \quad S_{CD} = 0$$

$$1 \text{ kN está em } C, \quad F_y = \frac{1}{4} \text{ kN} \quad S_{CD} = -\frac{1}{4} \text{ kN}$$

$$1 \text{ kN está em } D, \quad B_y = \frac{2}{4} = \frac{1}{2} \text{ kN} \quad S_{CD} = \frac{1}{2} \text{ kN}$$

$$1 \text{ kN está em } F, \quad B_y = 0 \quad S_{CD} = 0$$

A linha de influência de S_{CD} é construída desenhando-se essas ordenadas e ligando-as em linhas retas, conforme indica a Figura 8.15(c). As ordenadas nas extremidades A e H da viga principal são então determinadas da geometria da linha de influência. **Resp.**

Linha de influência de M_D. Para determinarmos a linha de influência do momento fletor no ponto D do painel, colocamos a carga de 1 kN sucessivamente nos pontos do painel B, D e F. Para cada posição da carga unitária, o momento fletor em D é determinado como se segue: quando

$$1 \text{ kN está em } B, \quad F_y = 0 \quad M_D = 0$$

$$1 \text{ kN está em } D, \quad B_y = \frac{1}{2} \text{ kN} \quad M_D = \left(\frac{1}{2}\right) 8 = 4 \text{ kN} \cdot \text{m}$$

$$1 \text{ kN está em } F, \quad B_y = 0 \quad M_D = 0$$

A linha de influência de M_D então obtida é mostrada na Figura 8.15(d). **Resp.**

EXEMPLO 8.11

Desenhe as linhas de influência da reação no apoio A, do cortante no painel CD e do momento fletor em D da viga principal com sistema de piso como mostra a Figura 8.16(a).

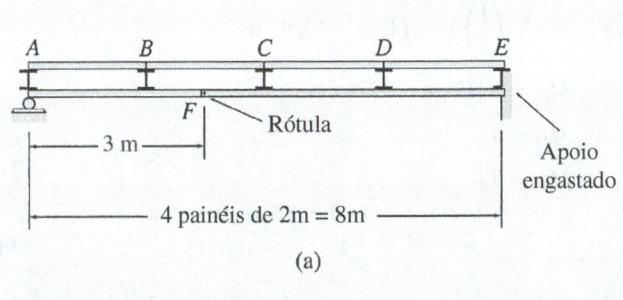

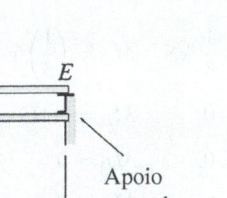

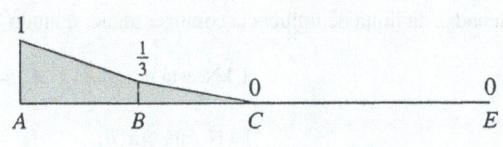

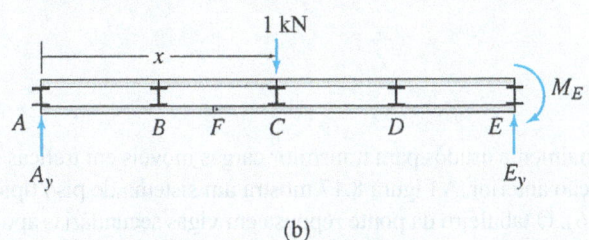

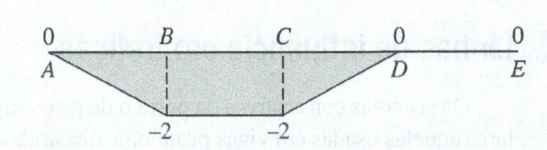

Figura 8.16

Solução

Linha de influência de A_y. Para determinarmos a linha de influência da reação A_y, colocamos uma carga de 1 kN, sucessivamente, nos pontos do painel A, B e C. Para cada posição na carga unitária, a magnitude de A_y é calculada aplicando-se a equação de condição $\sum M_F^{AF} = 0$. Assim, quando

$$1 \text{ kN está em } A, \qquad A_y = 1 \text{ kN}$$

$$1 \text{ kN está em } B, \qquad +\zeta \sum M_F^{AF} = 0$$

$$-A_y(3) + 1(1) = 0 \qquad A_y = \frac{1}{3} \text{ kN}$$

$$1 \text{ kN está em } C, \qquad +\zeta \sum M_F^{AF} = 0$$

$$-A_y(3) = 0$$

$$A_y = 0$$

A linha de influência de A_y então obtida é mostrada na Figura 8.16(c). **Resp.**

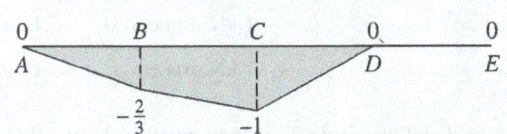

Linha de influência de S_{CD}. Colocamos a carga de 1 kN sucessivamente em cada um dos cinco pontos do painel e determinamos as ordenadas da linha de influência como se segue: quando

$$1 \text{ kN está em } A, \quad A_y = 1 \text{ kN} \quad S_{CD} = 0$$

$$1 \text{ kN está em } B, \quad A_y = \frac{1}{3} \text{ kN} \quad S_{CD} = \left(\frac{1}{3}\right) - 1 = -\frac{2}{3} \text{ kN}$$

$$1 \text{ kN está em } C, \quad A_y = 0 \quad S_{CD} = -1 \text{ kN}$$

$$1 \text{ kN está em } D, \quad A_y = 0 \quad S_{CD} = 0$$

$$1 \text{ kN está em } E, \quad A_y = 0 \quad S_{CD} = 0$$

A linha de influência de S_{CD} então obtida é indicada na Figura 8.16(d). **Resp.**

Linha de influência de M_D. Colocamos a carga de 1 kN sucessivamente em cada um dos cinco pontos do painel e determinamos as ordenadas da linha de influência como se segue: quando

$$1 \text{ kN está em } A, \quad A_y = 1 \text{ kN} \quad M_D = 0$$

$$1 \text{ kN está em } B, \quad A_y = \frac{1}{3} \text{ kN} \quad M_D = \left(\frac{1}{3}\right)6 - 1(4) = -2 \text{ kN} \cdot \text{m}$$

$$1 \text{ kN está em } C, \quad A_y = 0 \quad M_D = -1(2) = -2 \text{ kN} \cdot \text{m}$$

$$1 \text{ kN está em } D, \quad A_y = 0 \quad M_D = 0$$

$$1 \text{ kN está em } E, \quad A = 0 \quad M = 0$$

A linha de influência de S_{CD} é apresentada na Figura 8.16(e). **Resp.**

8.4 Linhas de influência em treliças

Os sistemas construtivos de pórtico de pisos são normalmente usados para transmitir cargas móveis em treliças similares àquelas usadas em vigas principais discutidas na seção anterior. A Figura 8.17 mostra um sistema de piso típico de uma ponte com treliças, descrito na Seção 1.4 (Figura 1.16). O tabuleiro da ponte repousa em vigas secundárias apoiadas sobre as vigas de piso, as quais, por sua vez, são ligadas em suas extremidades aos nós nos banzos inferiores das duas treliças longitudinais. Portanto, quaisquer cargas móveis (exemplo: o peso do tráfego), independentemente de onde estão localizadas no tabuleiro e se são cargas concentradas ou distribuídas, são sempre transmitidas às treliças como cargas concentradas aplicadas nos nós. As cargas móveis são transmitidas às treliças de cobertura de maneira similar. Como no caso dos sistemas de piso da viga principal, provavelmente as vigas secundárias dos sistemas de piso de treliças são apoiadas simplesmente em suas extremidades, nas vigas de piso adjacentes. Assim, as linhas de influência em treliças também contêm segmentos de linha reta entre os pontos do painel.

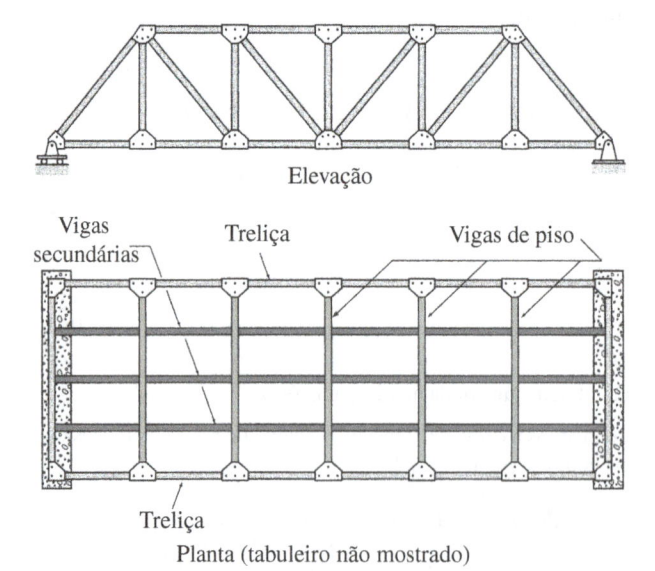

Figura 8.17

Para ilustrar a construção de linhas de influência em treliças, considere a treliça de ponte Pratt apresentada na Figura 8.18(a). Uma carga unitária (1 kN) move-se da esquerda para a direita nas vigas secundárias de um sistema de piso ligado por banzos na parte inferior AG das treliças. O efeito da carga unitária é transmitido para a treliça nos nós (ou pontos do painel) A a G, em que as vigas de piso são ligadas à treliça. Suponha que desejemos desenhar as linhas de influência das reações verticais nos apoios A e E e das forças normais nos elementos CI, CD, DI, IJ e FL da treliça.

Linhas de influência das reações

As equações das linhas de influência das reações verticais, A_y e E_y, podem ser determinadas aplicando-se as equações de equilíbrio (Figura 8.18(b)):

$$+\circlearrowleft \sum M_E = 0 \qquad -A_y(12) + 1(12-x) = 0 \qquad A_y = 1 - \frac{x}{12}$$

$$+\circlearrowleft \sum M_A = 0 \qquad -1(x) + E_y(12) = 0 \qquad E_y = \frac{x}{12}$$

As linhas de influência obtidas pela composição dessas equações são mostradas nas Figuras 8.18(c) e (d). Observe que essas linhas de influência são idênticas àquelas das reações de uma viga correspondente, na qual a carga unitária é aplicada diretamente.

Linha de influência da força no elemento vertical CI

As expressões para a força no elemento F_{CI} podem ser determinadas pela passagem de uma seção imaginária aa pelos elementos CD, CI e HI, como mostra a Figura 8.18(e), e aplicando-se a equação de equilíbrio $\sum F_y = 0$ em uma das duas porções da treliça. Pode ser visto na Figura 8.18(e) que, quando a carga de 1 kN está localizada à esquerda do nó C – ou seja, na parte AC da treliça –, então F_{CI} pode ser convenientemente determinado considerando-se o equilíbrio do corpo livre da parte direita de DG como

$$+\uparrow \sum F_y = 0 \qquad -F_{CI} + E_y = 0 \qquad F_{CI} = E_y \qquad 0 \leq x \leq 6 \text{ m}$$

que indica que o segmento da linha de influência para F_{CI} entre A e C é idêntico ao segmento correspondente da linha de influência para E_y. Quando a carga de 1 kN está localizada à direita do nó D, é conveniente determinar F_{CI} usando-se o corpo livre da parte esquerda AC:

$$+\uparrow \sum F_y = 0 \qquad A_y + F_{CI} = 0 \qquad F_{CI} = -A_y \qquad 9 \text{ m} \leq x \leq 18 \text{ m}$$

que indica que o segmento da linha de influência de F_{CI} entre D e G pode ser obtido multiplicando-se o segmento correspondente da linha de influência de A_y por -1. Os segmentos da linha de influência de F_{CI} entre A e C e entre D e G então construídos das linhas de influência de E_y e A_y, respectivamente, usando-se as expressões mostradas na Figura 8.18(f). Quando a carga de 1 kN está localizada entre C e D, a parte da carga transmitida para treliça pela

(a)

(b)

(c) Linha de influência de A_y (kN/kN)

(d) Linha de influência de E_y (kN/kN)

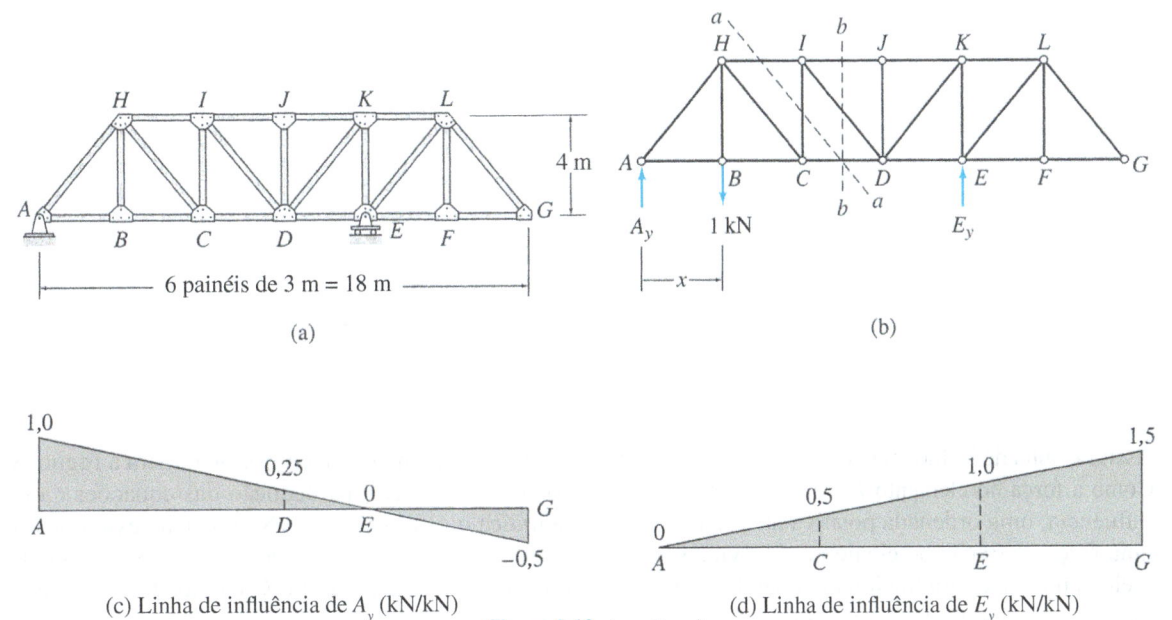

Figura 8.18 (*continua*)

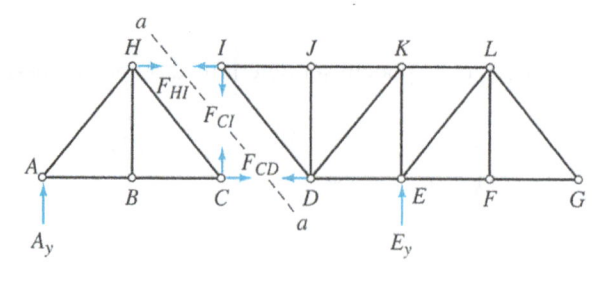

(e) Seção aa

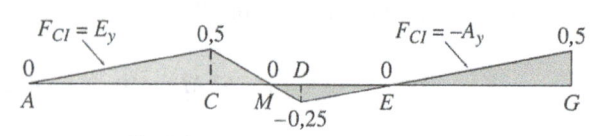

(f) Linha de influência de F_{CI} (kN/kN)

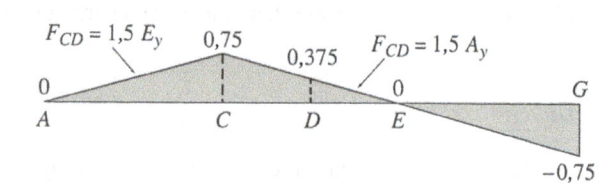

(g) Linha de influência de F_{CD} (kN/kN)

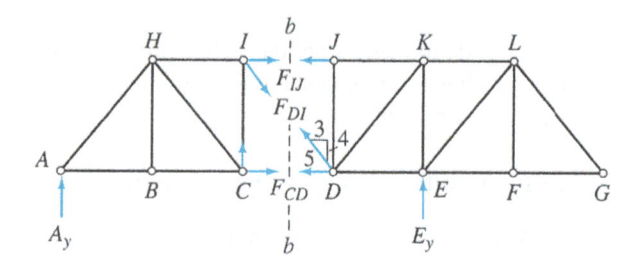

(h) Seção bb

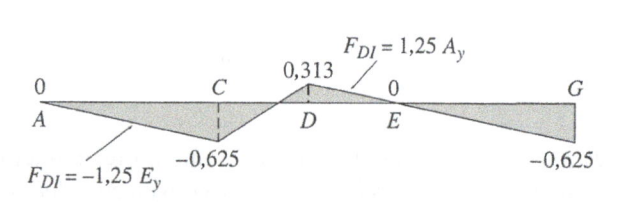

(i) Linha de influência de F_{DI} (kN/kN)

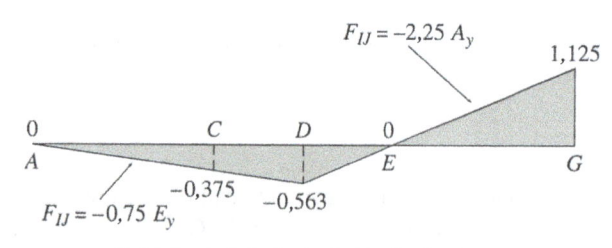

(j) Linha de influência de F_{IJ} (kN/kN)

(k)

(l) Linha de influência de F_{FL} (kN/kN)

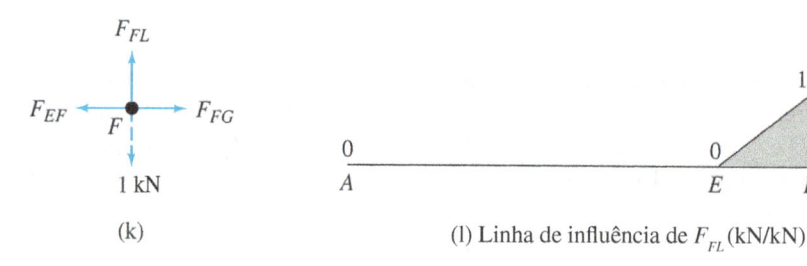

Figura 8.18

viga de piso em C, $F_C = (9 - x)/3$, deve ser incluída na equação de equilíbrio $\sum F_y$ para parte esquerda AC para obter F_{CI}:

$$+\uparrow \sum F_y = 0 \qquad A_y - \left(\frac{9-x}{3}\right) + F_{CI} = 0$$

$$F_{CI} = -A_y + \left(\frac{9-x}{3}\right)$$

$$6\text{ m} \leq x \leq 9\text{ m}$$

Assim a linha de influência de F_{CI} é composta por três segmentos de linha reta, conforme mostra a Figura 8.18(f). Como a força no elemento F_{CI} foi prevista ser de tração (Figura 8.18(e)) na dedução das equações da linha de influência, uma ordenada positiva da linha de influência indica que a força de 1 kN aplicada nesse ponto produz uma força de tração no elemento CI e vice-versa. Assim, a linha de influência de F_{CI} (Figura 8.18(f)) indica que o elemento CI estará tracionado quando a carga de 1 kN for localizada entre A e M e entre E e G, ao passo que ela estará em compressão quando a carga unitária for colocada entre M e E.

Linha de influência da força no elemento *CD* do banzo inferior

As expressões para a força no elemento F_{CD} podem ser determinadas considerando-se a mesma seção aa usada para F_{CI}, mas aplicando-se a equação de equilíbrio de momento, $\Sigma M_I = 0$. Pode ser visto na Figura 8.18(e) que, quando a carga de 1 kN estiver localizada à esquerda do nó C, então F_{CD} pode ser convenientemente determinado considerando-se o equilíbrio do corpo livre da parte direita DG da treliça:

$$+\circlearrowleft \sum M_I = 0 \qquad -F_{CD}(4) + E_y(6) = 0$$

$$F_{CD} = 1{,}5E_y \qquad 0 \le x \le 6 \text{ m}$$

que indica que o segmento da linha de influência de F_{CD} entre A e C pode ser obtido multiplicando-se o segmento correspondente da linha de influência de E_y por 1,5. Quando a carga de 1 kN está localizada à direita de C, é conveniente determinar F_{CD} usando-se o corpo livre da parte esquerda AC:

$$+\circlearrowleft \sum M_I = 0 \qquad -A_y(6) + F_{CD}(4) = 0$$

$$F_{CD} = 1{,}5A_y \qquad 6 \text{ m} \le x \le 18 \text{ m}$$

que indica que o segmento da linha de influência de F_{CD} entre C e G pode ser obtido multiplicando-se o segmento correspondente da linha de influência de A_y por 1,5. A linha de influência de F_{CD} assim construída a partir das linhas de influência de A_y e E_y é mostrada na Figura 8.18(g).

A linha de influência de F_{CD} poderia alternativamente ter sido determinada considerando-se a seção vertical bb passando pelos elementos CD, DI e IJ, como mostra a Figura 8.18(h), em vez da seção inclinada aa.

Linha de influência da força no elemento diagonal *DI*

As expressões para F_{DI} podem ser determinadas considerando-se a seção bb (Figura 8.18(h)) e aplicando-se a equação de equilíbrio $\sum F_y = 0$ a uma das duas partes da treliça. Quando a carga unitária está localizada à esquerda do nó C, a aplicação da equação de equilíbrio $\sum F_y = 0$ na parte direita de DG da treliça resulta em

$$+\uparrow \sum F_y = 0 \qquad \frac{4}{5}F_{DI} + E_y = 0$$

$$F_{DI} = -1{,}25E_y \qquad 0 \le x \le 6 \text{ m}$$

Quando a carga de 1 kN está localizada à direita do nó D, temos

$$+\uparrow \sum F_y = 0 \qquad A_y - \frac{4}{5}F_{DI} = 0$$

$$F_{DI} = 1{,}25A_y \qquad 9 \text{ m} \le x \le 18 \text{ m}$$

Os segmentos da linha de influência de F_{DI} entre A e C e entre D e G então construídos a partir das linhas de influência de E_y e A_y, respectivamente, são mostrados na Figura 8.18(i). As ordenadas em C e D são então ligadas em uma linha reta para concluir a linha de influência de F_D, como mostra a figura.

Linha de influência da força no elemento *IJ* do banzo superior

Considerando-se a seção bb (Figura 8.18(h)) e colocando-se a carga unitária primeiro à esquerda e depois à direita do nó D, obtemos as seguintes expressões para F_{IJ}:

$$+\circlearrowleft \sum M_D = 0$$

$$F_{IJ}(4) + E_y(3) = 0$$

$$F_{IJ} = -0{,}75E_y \qquad 0 \le x \le 9 \text{ m}$$

$$+\circlearrowleft \sum M_D = 0$$
$$-A_y(9) - F_{IJ}(4) = 0$$
$$F_{IJ} = -2{,}25A_y \qquad 9\text{ m} \leq x \leq 18\text{ m}$$

A linha de influência de F_{IJ} então obtida é apresentada na Figura 8.18(j).

Linha de influência da força no elemento vertical *FL*

A linha de influência de F_{FL} pode ser construída considerando-se o equilíbrio do nó F. O diagrama de corpo livre desse nó é mostrado na Figura 8.18(k). Aplicando a equação de equilíbrio $\sum F_y = 0$ para corpo livre do nó F, determinamos que F_{FL} é nulo quando a carga de 1 kN está localizada nos nós A a E e no nó G e que F_{FL} = 1kN quando a carga unitária é aplicada no nó F. Assim, a ordenada da linha de influência em F é igual a 1, ao passo que as ordenadas em A a E e G são nulas. A linha de influência de F_{FL}, obtida ligando-se as ordenadas em linhas retas, é mostrada na Figura 8.18(1). Como essa linha de influência indica, a força no elemento FL será não nula somente quando a carga unitária estiver localizada nos painéis EF e FG da treliça.

Procedimento para análise

As linhas de influência das reações em treliças podem ser construídas usando-se o mesmo procedimento utilizado para as reações de vigas descritas nas Seções 8.1 e 8.2.

Talvez o procedimento mais direto para construir as linhas de influências de forças normais nos elementos de treliças seja aplicar uma carga unitária sucessivamente em cada nó no banzo carregado da treliça e, em cada posição da carga unitária, determinar a magnitude da força no elemento levando-se em consideração o uso do método dos nós e/ou o método das seções. As ordenadas da linha de influência assim calculadas são então ligadas em linhas retas para obter a linha de influência desejada. Esse procedimento geralmente demonstra consumir muito tempo para construir linhas de influências na maior parte dos elementos de treliça, exceto nos elementos verticais que são ligados na extremidade a dois elementos horizontais (exemplo: elementos BH, DJ e FL da treliça mostrada na Figura 8.18(a)), cujas forças podem ser determinadas por inspeção.

O procedimento alternativo a seguir pode agilizar consideravelmente a construção das linhas de influência de forças normais em elementos de muitos tipos comuns de treliças:

1. Desenhe as linhas de influência das reações nas treliças dadas.
2. Usando o método das seções ou o método dos nós, obtenha a equação de equilíbrio que será usada para determinar as expressões da força no elemento cuja linha de influência se deseja. A força do elemento desejado deve ser a única incógnita na equação de equilíbrio. Se essa equação de equilíbrio não for encontrada, então pode ser necessário construir as linhas de influência para outras forças no elemento que aparecem na equação para depois ser possível construir a linha de influência desejada (veja os Exemplos 8.12 e 8.13).
3. Caso use o método das seções, então aplique uma carga unitária na esquerda da extremidade esquerda do painel, pelo qual passa a seção, e determine a expressão para a força no elemento aplicando-se a equação de equilíbrio no corpo livre da treliça à direita da seção. Em seguida, aplique a carga unitária na direita da extremidade direita do painel seccionado, e determine a expressão de força no elemento com o uso da equação de equilíbrio no corpo livre à esquerda da seção. Construa a linha de influência desenhando as expressões de força no elemento e ligando as ordenadas nas extremidades do painel seccionado por uma linha reta.
4. Quando usar o método dos nós, se o nó a ser considerado não estiver localizado no banzo carregado da treliça, então determine a expressão da força no elemento desejado aplicando diretamente a equação de equilíbrio no corpo livre do nó. Caso contrário, aplique a carga unitária no nó em consideração, e determine a magnitude da força no elemento considerando o equilíbrio do nó. Em seguida, determine a expressão para a força no elemento para uma posição da carga unitária fora dos painéis adjacentes ao nó em consideração. Por fim, ligue os segmentos de linha de influência e ordenadas obtidas em linhas retas para concluir a linha de influência.

Se a força no elemento foi inicialmente considerada de tração na dedução das equações da linha de influência, uma ordenada positiva da linha de influência indica que a carga unitária aplicada nesse ponto produz uma força de tração no elemento e vice-versa.

EXEMPLO 8.12

Desenhe as linhas de influência das forças nos elementos AF, CF e CG da treliça Parker mostrada na Figura 8.19(a). As cargas móveis são transmitidas ao banzo inferior da treliça.

Solução

Linhas de influência das reações. As linhas de influência das reações A_y e E_y (Figura 8.19(b)), obtidas aplicando-se as equações de equilíbrio, $\sum M_E = 0$ e $\sum M_E = 0$ respectivamente, ao corpo livre da treliça inteira, são mostradas nas Figuras 8.19(c) e (d).

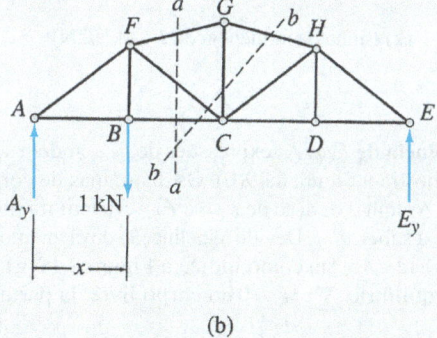

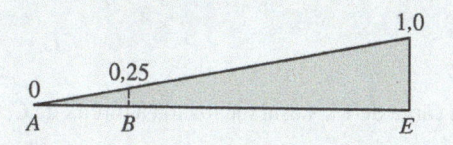

Linha de influência de F_{AF}. As expressões de F_{AF} podem ser determinadas aplicando-se a equação de equilíbrio $\sum F_y$ para o diagrama de corpo livre do nó A mostrado na Figura 8.19(e). Quando a carga de 1 kN está localizada no nó A, escrevemos

$$+\uparrow \sum F_y = 0 \qquad A_y - 1 + \frac{3}{5}F_{AF} = 0$$

Como $A_y = 1$ kN (veja a Figura 8.19(c)), obtemos

$$F_{AF} = 0 \qquad \text{para} \quad x = 0$$

Quando a carga de 1 kN está localizada à direita do nó B, escrevemos

$$+\uparrow \sum F_y = 0 \qquad A_y + \frac{3}{5}F_{AF} = 0$$

$$F_{AF} = -1{,}667 A_y \qquad 4\ \text{m} \leq x \leq 16\ \text{m}$$

Assim, o segmento da linha de influência de F_{AF} entre B e E pode ser obtido multiplicando-se o segmento correspondente da linha de influência de A_y por $-1{,}667$, como mostra a Figura 8.19(f). As ordenadas em A e B são então ligadas em uma linha reta para finalizar a linha de influência, como indicado na figura.

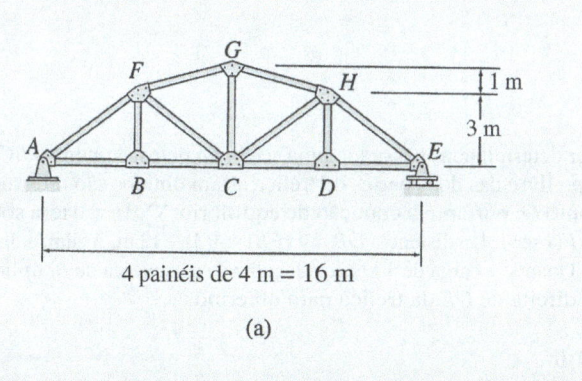

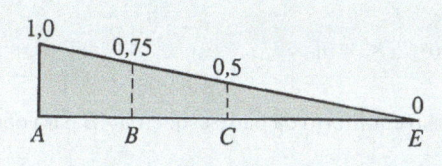

Figura 8.19 (*continua*)

(e)

(f) Linha de influência de F_{AF} (kN/kN)
$-1,25$
$F_{AF} = -1,667 A_y$

(g) Seção aa

(h) Linha de influência de F_{CF} (kN/kN)
$0,417$
$F_{CF} = 0,833 A_y$
$-0,625$
$F_{CF} = -2,5 E_y$

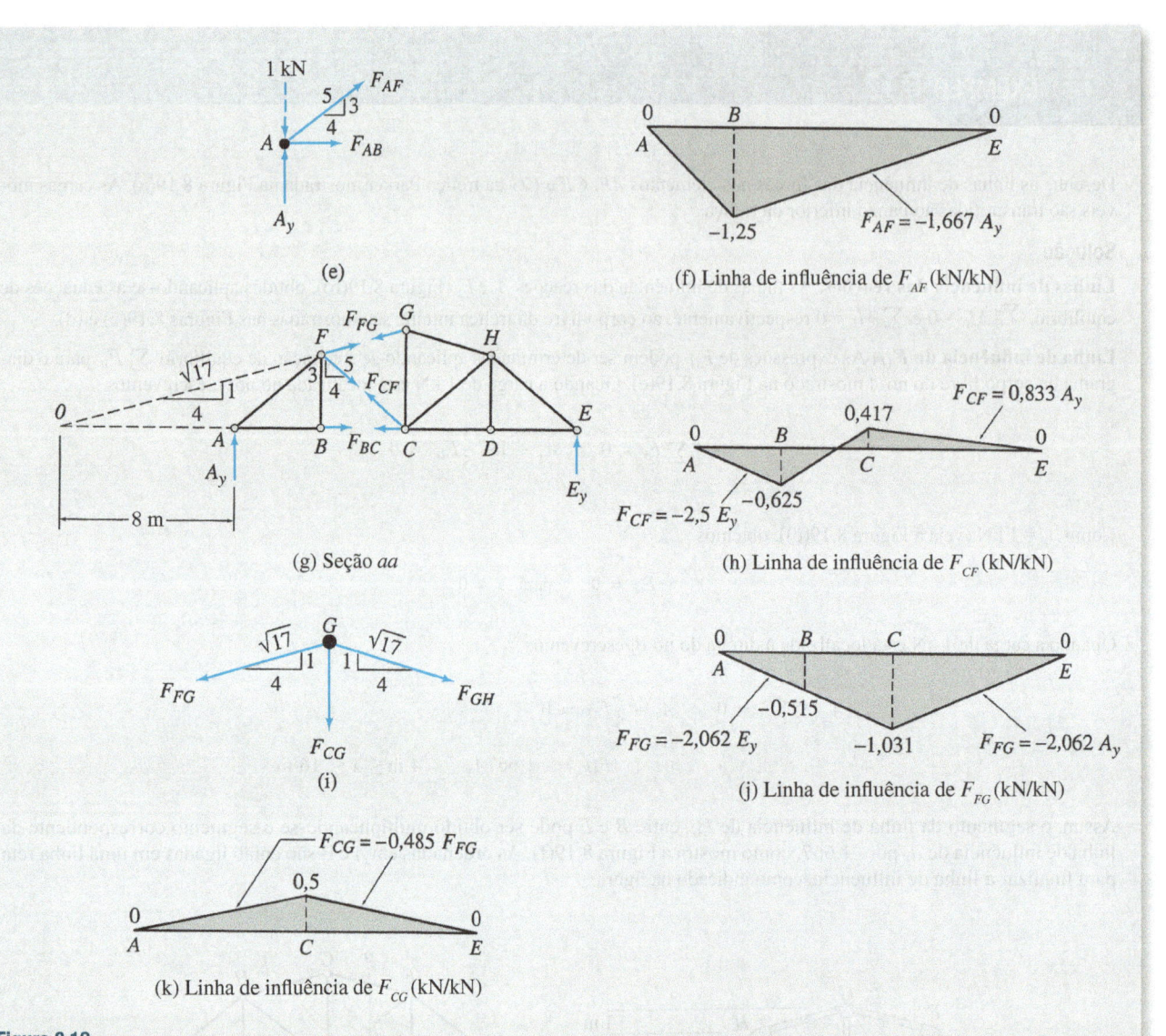

(i)

(j) Linha de influência de F_{FG} (kN/kN)
$-0,515$
$F_{FG} = -2,062 E_y$
$-1,031$
$F_{FG} = -2,062 A_y$

(k) Linha de influência de F_{CG} (kN/kN)
$F_{CG} = -0,485 F_{FG}$
$0,5$

Figura 8.19

Linha de influência de F_{CF}. As expressões de F_{CF} podem ser determinadas passando uma seção aa pelos elementos BC, CF e FG conforme mostra a Figura 8.19(b). Os diagramas de corpo livre das duas partes da treliça assim obtidos são mostrados na Figura 8.19(g). As linhas de ação de F_{FG} e F_{BC} cruzam no ponto O; portanto a equação de equilíbrio $\sum M_O = 0$ terá somente uma incógnita, a saber, F_{CF}. Devido à inclinação do elemento FG ser 1:4, a distância $OB = 4(FB) = 4(3) = 12$ m. Assim, a distância $OA = OB - AB = 12 - 4 = 8$m como indica a Figura 8.19(g). Quando a carga de 1 kN está localizada à esquerda de B, aplicamos a equação de equilíbrio $\sum M_O = 0$ ao corpo livre da parte direita de CE da treliça para obtermos

$$+\zeta \sum M_O = 0$$

$$\frac{3}{5}F_{CF}(16) + E_y(24) = 0$$

$$F_{CF} = -2,5E_y \qquad 0 \leq x \leq 4 \text{ m}$$

Quando a carga de 1 kN está localizada à direita de C, consideramos o equilíbrio da parte esquerda AB para obtermos

$$+\zeta \sum M_O = 0$$

$$A_y(8) - \frac{4}{5}F_{CF}(3) - \frac{3}{5}F_{CF}(12) = 0$$

$$F_{CF} = 0,833A_y \qquad 8 \text{ m} \leq x \leq 16 \text{ m}$$

Os segmentos da linha de influência de F_{CF} entre A e B e entre C e E são construídos usando-se as linhas de influência de E_y e A_y, respectivamente, de acordo com as expressões precedentes. As ordenadas em B e C são então ligadas em uma linha reta para finalizar a linha de influência, como mostra a Figura 8.19(h).
Resp.

Linha de influência de F_{CG}. Determinaremos a linha de influência de F_{CG} considerando-se o equilíbrio do nó G. Aplicando-se as equações de equilíbrio ao diagrama de corpo livre do nó G (Figura 8.19(i)), temos

$$+\uparrow \sum F_y = 0$$

$$-F_{CG} - \left(\frac{1}{\sqrt{17}}\right)F_{FG} - \left(\frac{1}{\sqrt{17}}\right)F_{GH} = 0$$

$$F_{CG} = -\left(\frac{1}{\sqrt{17}}\right)(F_{FG} + F_{GH}) \qquad (1)$$

$$+\rightarrow \sum F_x = 0$$

$$-\left(\frac{4}{\sqrt{17}}\right)F_{FG} + \left(\frac{4}{\sqrt{17}}\right)F_{GH} = 0$$

$$F_{GH} = F_{FG} \qquad (2)$$

Ao substituirmos a Equação (2) na Equação (1), obtemos

$$F_{CG} = -\left(\frac{2}{\sqrt{17}}\right)F_{FG} = -0{,}485 F_{FG} \qquad (3)$$

Observe que a Equação (3), que é válida para qualquer posição da carga unitária, indica que a linha de influência de F_{CG} pode ser obtida multiplicando-se a linha de influência de F_{FG} por $-0{,}485$. Assim, primeiro construímos a linha de influência de F_{FG} usando a seção aa (Figura 8.19(g)) e depois aplicamos a Equação (3) para obtermos a linha de influência desejada de F_{CG}. Pode ser visto na Figura 8.19(g) que, quando a carga de 1 kN está localizada à esquerda de B, a expressão de F_{FG} pode ser determinada aplicando-se a equação de equilíbrio $\sum M_C = 0$ ao corpo livre da parte direita CE da treliça. Assim,

$$+\circlearrowleft \sum M_C = 0$$

$$\left(\frac{4}{\sqrt{17}}\right)F_{FG}(4) + E_y(8) = 0$$

$$F_{FG} = -2{,}062 E_y \qquad 0 \leq x \leq 4 \text{ m}$$

Quando a carga de 1 kN está localizada à direita de C, consideramos o equilíbrio da parte esquerda AB para obtermos

$$+\circlearrowleft \sum M_C = 0$$

$$-\left(\frac{1}{\sqrt{17}}\right)F_{FG}(4) - \left(\frac{4}{\sqrt{17}}\right)F_{FG}(3) - A_y(8) = 0$$

$$F_{FG} = -2{,}062 A_y \qquad 8 \text{ m} \leq x \leq 16 \text{ m}$$

A linha de influência de F_{FG}, construída usando-se as expressões precedentes, é mostrada na Figura 8.19(j).
A linha de influência desejada de F_{CG} agora pode ser obtida multiplicando-se a linha de influência de F_{FG} por $-0{,}485$, de acordo com Equação (3). A linha de influência de F_{CG} então obtida é mostrada na Figura 8.19(k).
Resp.
A linha de influência de F_{CG} também pode ser construída considerando-se a seção bb mostrada na Figura 8.19(b). Resumindo os momentos em torno do ponto de interseção dos eixos dos elementos BC e GH, podemos determinar as expressões para F_{CG} em termos de F_{CF} e A_y ou E_y, cujas linhas de influência são conhecidas. A linha de influência de F_{CG} então pode ser construída pela composição dessas expressões. O leitor é encorajado a verificar a linha de influência de F_{CG} mostrada na Figura 8.19(k) empregando essa abordagem alternativa.

EXEMPLO 8.13

Desenhe a linha de influência da força no elemento HL da treliça K mostrada na Figura 8.20(a). As cargas móveis são transmitidas ao banzo inferior da treliça.

Solução

Linhas de influência das reações. Veja as Figuras 8.20(c) e (d).

Linha de influência de F_{HL}. Da Figura 8.20(b), podemos observar que qualquer seção, como a seção aa, passando pelo elemento HL corta três ou mais elementos adicionais, liberando assim quatro ou mais incógnitas, que não podem ser determinadas pelas três equações de equilíbrio. Iremos, portanto, primeiro construir a linha de influência de F_{LM} considerando a seção fletida bb, conforme mostra a Figura 8.20(b). Então usaremos a seção aa para determinar a linha de influência desejada de F_{HL}.

Os diagramas de corpo livre das duas partes da treliça, obtidos pela passagem da seção bb, são mostrados na Figura 8.20(e).

Pode-se ver que, embora a seção bb tenha cortado quatro elementos, CD, DH, HM e LM, a força no elemento LM pode ser determinada somando-se os momentos em torno do ponto D, por causa das linhas de ação das três incógnitas remanescentes que passam por esse ponto. Quando a carga de 1 kN está localizada à esquerda de C, a expressão para F_{LM} pode ser obtida como

$$+\circlearrowleft \sum M_D = 0$$

$$F_{LM}(12) + E_y(8) = 0$$

$$F_{LM} = -0{,}667 E_y \qquad 0 \le x \le 16 \text{ m} \tag{1}$$

Quando a carga unitária está localizada à direita de D, temos

$$+\circlearrowleft \sum M_D = 0$$

$$-F_{LM}(12) - A_y(24) = 0$$

$$F_{LM} = -2 A_y \qquad 24 \text{ m} \le x \le 32 \text{ m} \tag{2}$$

A linha de influência de F_{LM} então obtida é mostrada na Figura 8.20(f).

(a)

(b)

(c) Linha de influência de A_y (kN/kN)

(d) Linha de influência de E_y (kN/kN)

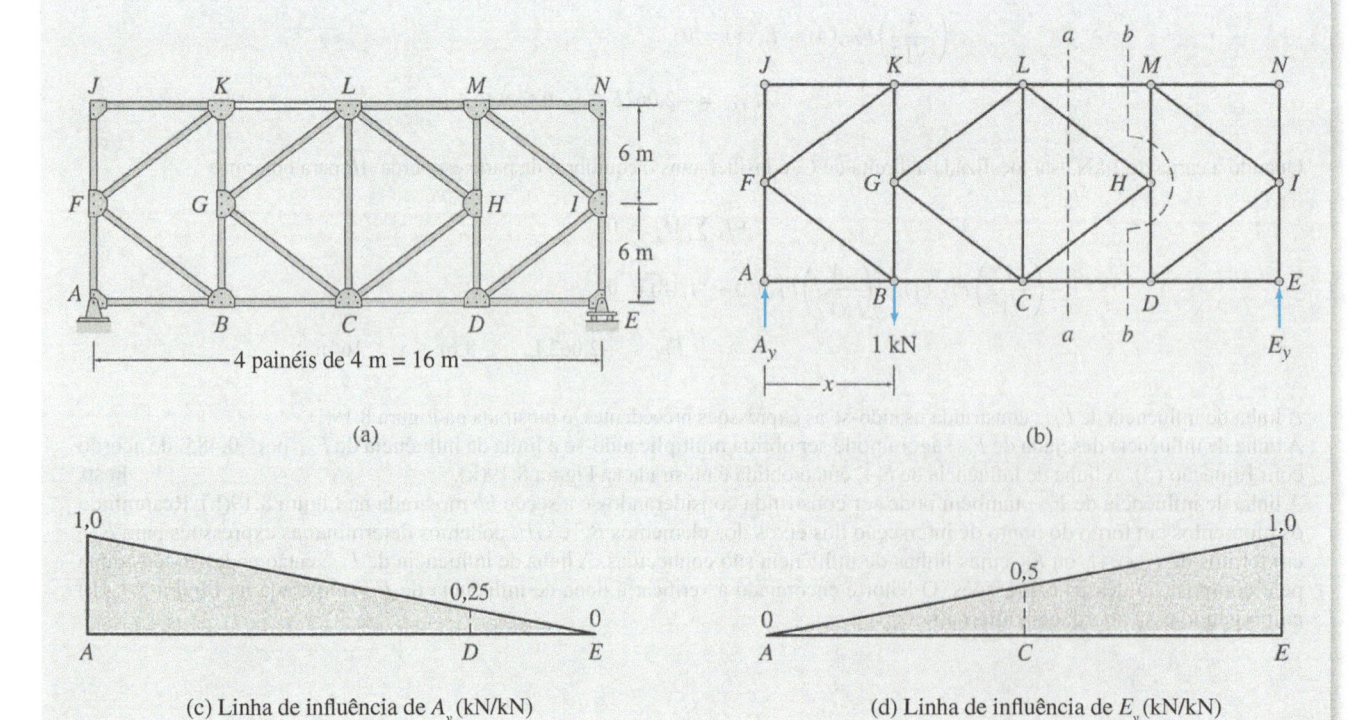

Figura 8.20 (continua)

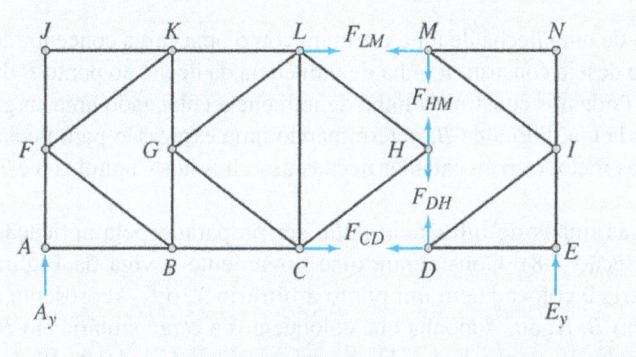

(e) Seção bb

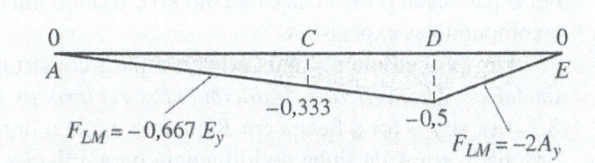

(f) Linha de influência de F_{LM} (kN/kN)

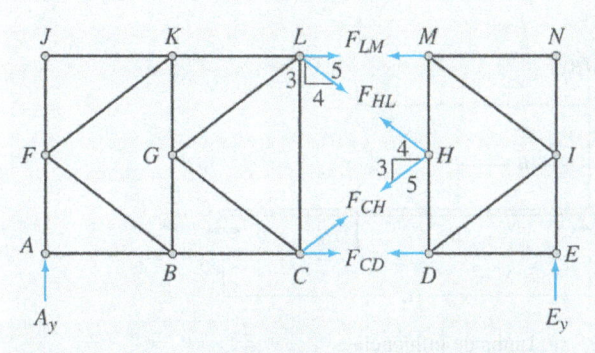

$F_{LM} = -0{,}667\,E_y$
$F_{LM} = -2A_y$

(g) Seção aa

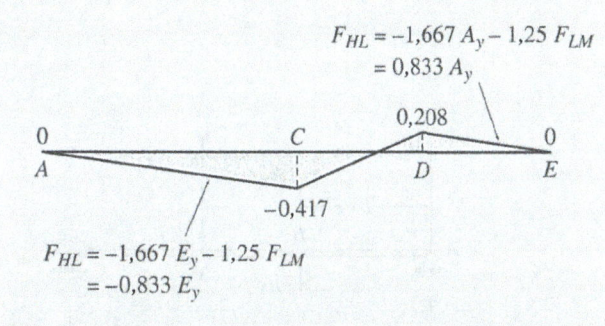

(h) Linha de influência de F_{HL} (kN/kN)

$F_{HL} = -1{,}667\,A_y - 1{,}25\,F_{LM}$
$= 0{,}833\,A_y$

$F_{HL} = -1{,}667\,E_y - 1{,}25\,F_{LM}$
$= -0{,}833\,E_y$

Figura 8.20

A linha de influência desejada de F_{HL} agora pode ser construída considerando-se a seção *aa*. Os diagramas de corpo livre das duas partes da treliça, obtidos pela passagem da seção *aa*, são mostrados na Figura 8.20(g). Quando a carga de 1 kN está localizada à esquerda de C, a expressão para F_{HL} pode ser determinada aplicando-se a equação de equilíbrio $\Sigma M_C = 0$:

$$+\circlearrowleft \sum M_C = 0$$

$$F_{LM}(12) + \frac{4}{5}F_{HL}(6) + \frac{3}{5}F_{HL}(8) + E_y(16) = 0$$

$$F_{HL} = -1{,}667 E_y - 1{,}25 F_{LM} \qquad 0 \le x \le 16 \text{ m} \qquad (3)$$

Quando a carga de 1 kN está localizada à direita de D, temos

$$+\circlearrowleft \sum M_C = 0$$

$$-A_y(16) - F_{LM}(12) - \frac{4}{5}F_{HL}(12) = 0$$

$$F_{HL} = -1{,}667 A_y - 1{,}25 F_{LM} \qquad 24 \text{ m} \le x \le 32 \text{ m} \qquad (4)$$

Para obtermos as expressões de F_{HL} em termos das reações somente, substituímos as Equações (1) e (2) nas Equações (3) e (4), respectivamente, para obtermos

$$F_{HL} = -0{,}833 E_y \qquad 0 \le x \le 16 \text{ m} \qquad (5)$$

$$F_{HL} = 0{,}833 A_y \qquad 24 \text{ m} \le x \le 32 \text{ m} \qquad (6)$$

A linha de influência de F_{HL} agora pode ser construída considerando-se ambas as Equações (3) e (4) nas Equações (5) e (6). A linha de influência obtida, portanto, é mostrada na Figura 8.20(h). **Resp.**

8.5 Linhas de influência de flechas

Uma linha de influência de flecha ilustra a variação de uma flecha de uma estrutura como uma carga concentrada unitária que se move pela estrutura. Vamos supor que se deseje construir a linha de influência da flecha no ponto B da viga simplesmente apoiada conforme a Figura 8.21(a). Podemos construir a linha de influência colocando uma carga unitária sucessivamente em pontos arbitrários à esquerda e à direita de B; determinando uma expressão para flecha em B para cada posição da carga unitária, usando um dos métodos para calcular flechas descritos nos Capítulos 6 e 7; e compondo as expressões.

Um procedimento mais eficiente para construir as linhas de influência pode ser preparado pela aplicação da *lei de Maxwell dos deslocamentos recíprocos* (Seção 7.8). Considerando-se novamente a viga da Figura 8.21(a), se f_{BX} for a flecha em B quando a carga unitária é colocada em um ponto arbitrário X, o f_{BX} representa a ordenada em X da linha de influência para a flecha em B. Agora, suponha que coloquemos a carga unitária em B, como mostrado na Figura 8.21(b), e calculemos a flecha no ponto X, f_{XB}. De acordo com a *lei de Maxwell dos deslocamentos recíprocos*,

$$f_{XB} = f_{BX}$$

(a)

(b)

(c) Linha de influência para flecha em B

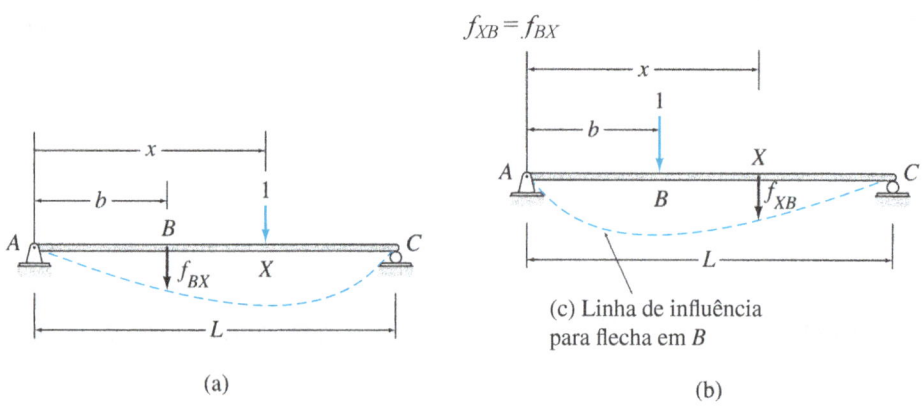

Figura 8.21

que indica que a flecha em X devido à carga unitária em B, f_{XB}, também representa a ordenada em X da linha de influência da flecha em B. Como o ponto X foi escolhido arbitrariamente, podemos concluir que o *formato fletido (curva elástica) de uma estrutura devido a uma carga unitária aplicada em um ponto representa a linha de influência da flecha no ponto em que a carga unitária é aplicada*. Assim, uma linha de influência da flecha em um ponto de uma estrutura pode ser construída colocando uma carga unitária no ponto em que a flecha é desejada; determinando o formato fletido correspondente (curva elástica) da estrutura usando um dos métodos para calcular flechas descritas em Capítulos 6 e 7; e compondo a curva elástica. O procedimento é ilustrado pelo seguinte exemplo.

EXEMPLO 8.14

Desenhe a linha de influência da flecha na extremidade B da viga em balanço indicada na Figura 8.22(a).

Solução

Para determinarmos a linha de influência para flecha em B, colocamos uma carga de 1 kN em B, como mostra a Figura 8.22(b), e determinamos a expressão para o formato fletido da viga usando o método de viga conjugada descrito na Seção 6.6.
O diagrama M/EI da viga real devido à carga de 1 kN aplicada em B é mostrada na Figura 8.22(c), e a viga conjugada, carregada com o diagrama M/EI da viga real, é mostrada na Figura 8.22(d). A flecha em um ponto arbitrário X localizado a uma distância x de A na viga real é igual ao momento fletor em X na viga conjugada. Da Figura 8.22(d), podemos ver que o momento fletor em X na viga conjugada é fornecido por

$$M_X = \frac{1}{EI}\left\{-3\left(1-\frac{x}{3}\right)x\left(\frac{x}{2}\right) - \left(\frac{1}{2}\right)\left[3 - 3\left(1-\frac{x}{3}\right)\right]x\left(\frac{2x}{3}\right)\right\}$$

$$= \frac{1}{6EI}(x^3 - 9x^2)$$

capítulo 8 — Linhas de influência

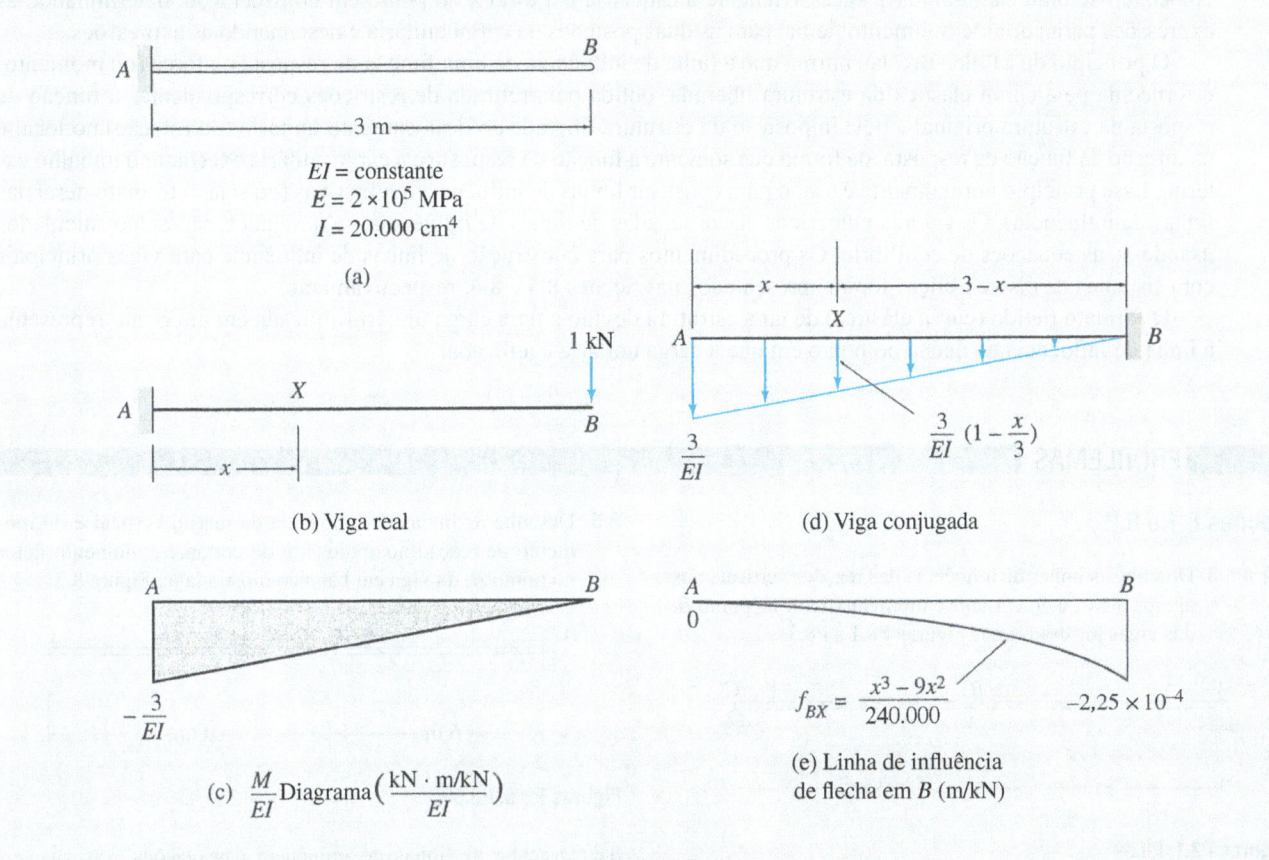

Figura 8.22

(a) EI = constante; $E = 2 \times 10^5$ MPa; $I = 20.000$ cm^4; comprimento 3 m

(b) Viga real — carga de 1 kN em B

(c) Diagrama $\dfrac{M}{EI}$ $\left(\dfrac{\text{kN} \cdot \text{m/kN}}{EI}\right)$ — valor $-\dfrac{3}{EI}$

(d) Viga conjugada — carregamento triangular com ordenada $\dfrac{3}{EI}\left(1 - \dfrac{x}{3}\right)$ e valor máximo $\dfrac{3}{EI}$

(e) Linha de influência de flecha em B (m/kN): $f_{BX} = \dfrac{x^3 - 9x^2}{240.000}$, valor em B $= -2{,}25 \times 10^{-4}$

Portanto, a flecha em X na viga real é

$$f_{XB} = \frac{1}{6EI}(x^3 - 9x^2)$$

que representa a expressão para o formato fletido da viga devido à carga de 1 kN em B (Figura 8.22(b)). Aplicando a *lei de Maxwell dos deslocamentos recíprocos*, $f_{BX} = f_{XB}$, temos a equação da linha de influência da flecha em B como

$$f_{BX} = \frac{1}{6EI}(x^3 - 9x^2)$$

Substituindo os valores numéricos de E e I, temos

$$f_{BX} = \frac{x^3 - 9x^2}{240.000}$$

A linha de influência da flecha em B, obtida desenhando a equação anterior, é mostrada na Figura 8.22(e).   **Resp.**

Resumo

Neste capítulo aprendemos que uma linha de influência é um gráfico de uma função de resposta de uma estrutura como uma função da posição de uma carga unitária para baixo sendo movida e cruzando a estrutura. As linhas de influência das funções respostas de força e de momento de todas as estruturas estaticamente determinadas consistem em segmentos de linha reta.

A linha de influência de uma reação pode ser construída colocando-se uma carga unitária em uma posição variável x na estrutura, aplicando uma equação de equilíbrio para determinar a expressão em termos de x, e desenhando a expressão. A linha de influência de cortante (ou momento fletor) em um ponto de uma viga pode ser construída colocando-se uma carga unitária sucessivamente à esquerda e à direita do ponto em consideração, determinando as expressões para cortante (momento fletor) para as duas posições da carga unitária e desenhando as expressões.

O princípio de Müller-Breslau afirma que a linha de influência de uma função de resposta de força (ou momento) é fornecida pela curva elástica da estrutura liberada, obtida pela retirada de restrições correspondentes à função de resposta da estrutura original e pela imposição da estrutura liberada ao deslocamento unitário (ou rotação) no local e na direção da função de resposta, de forma que somente a função de resposta e a carga unitária executam o trabalho externo. Esse princípio normalmente é usado para construir linhas de influência qualitativas (ou seja, o formato geral das linhas de influência). Os valores numéricos das ordenadas de linhas de influência, se desejados, são então calculados usando-se as equações de equilíbrio. Os procedimentos para construção de linhas de influência para vigas principais com sistemas de piso e treliças foram apresentados nas Seções 8.3 e 8.4, respectivamente.

O formato fletido (curva elástica) de uma estrutura devido a uma carga unitária aplicada em um ponto representa a linha de influência da flecha no ponto em que a carga unitária é aplicada.

PROBLEMAS

Seções 8.1 e 8.2

8.1 a 8.3 Desenhe as linhas de influência das reações verticais nos apoios A e C, e do cortante e momento fletor no ponto B, das vigas mostradas nas Figuras P8.1 a P8.3.

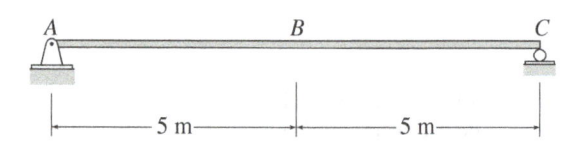

Figuras P8.1, P8.59

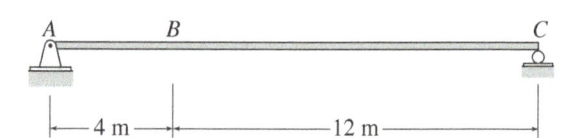

Figuras P8.2, P8.60

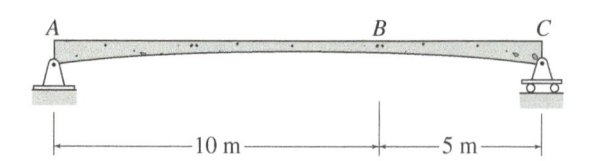

Figura P8.3

8.4 Desenhe a linha de influência do cortante e momento fletor no ponto B da viga em balanço mostrada na Figura P8.4.

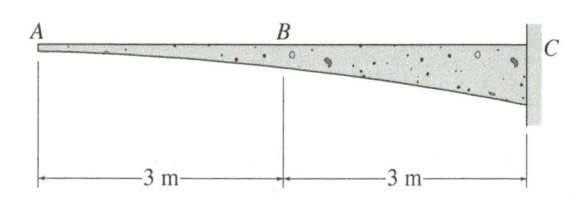

Figura P8.4

8.5 Desenhe as linhas de influência da reação vertical e do momento de reação no apoio A, e do cortante e momento fletor no ponto B, da viga em balanço mostrada na Figura 8.5.

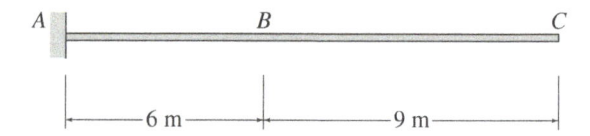

Figuras P8.5, P8.58

8.6 Desenhe as linhas de influência das reações verticais nos apoios A e C e do cortante e momento fletor no ponto B da viga mostrada na Figura P8.6.

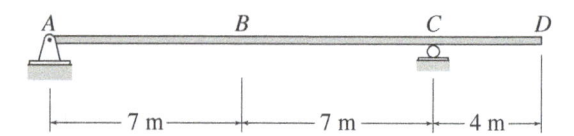

Figuras P8.6, P8.61

8.7 e 8.8 Desenhe as linhas de influência das reações verticais nos apoios B e D, e do cortante e momento fletor no ponto C, das vigas mostradas nas Figuras P8.7 e P8.8.

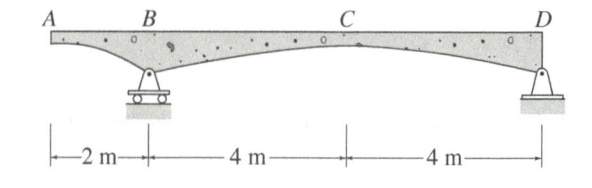

Figura P8.7

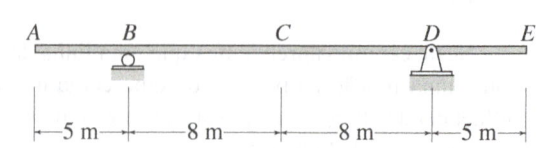

Figura P8.8

capítulo 8

8.9 Desenhe as linhas de influência das reações verticais nos apoios A e C, do cortante imediatamente à direita de A, e do momento fletor no ponto B da viga mostrada na Figura 8.9.

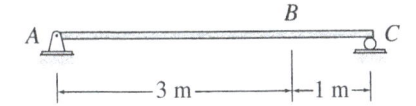

Figura P8.9

8.10 Desenhe as linhas de influência do cortante e momento fletor no ponto C e dos cortantes imediatamente à esquerda e imediatamente à direita do apoio D da viga mostrada na Figura P8.10.

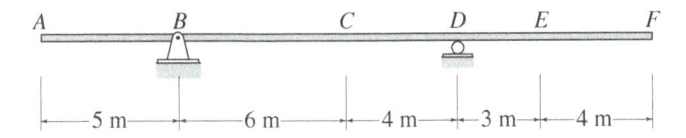

Figuras P8.10, P8.11

8.11 Desenhe as linhas de influência do cortante e momento fletor no ponto E da viga mostrada na Figura P8.10.

8.12 Desenhe as linhas de influência do cortante e momento fletor no ponto B e dos cortantes imediatamente à esquerda e imediatamente à direita do apoio C da viga mostrada na Figura P8.12.

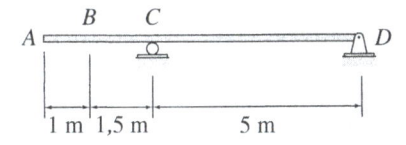

Figura P8.12

8.13 Desenhe as linhas de influência das reações verticais nos apoios A e E, e do momento de reação no ponto E, da viga mostrada na Figura P8.13.

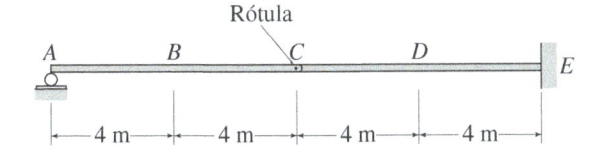

Figuras P8.13, P8.14, P8.15

8.14 Desenhe as linhas de influência do cortante e momento fletor no ponto B da viga mostrada na Figura P8.13.

8.15 Desenhe as linhas de influência do cortante e momento fletor no ponto D da viga mostrada na Figura P8.13.

8.16 Desenhe as linhas de influência das reações verticais nos apoios A e E, e o do cortante e momento fletor no ponto D do pórtico mostrado na Figura 8.16.

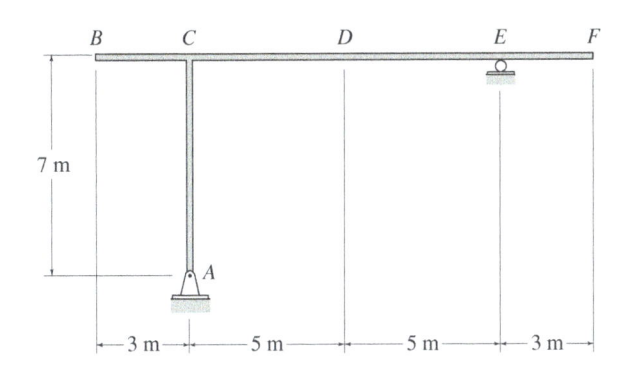

Figura P8.16

8.17 Desenhe as linhas de influência das reações verticais nos apoios A e B, e do cortante e momento fletor no ponto D do pórtico mostrado na Figura 8.17.

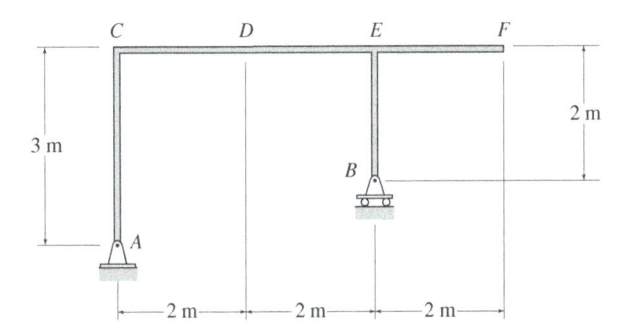

Figura P8.17

8.18 Desenhe as linhas de influência da reação vertical e do momento de reação no apoio A, e do cortante e momento fletor no ponto C do pórtico mostrado na Figura P8.18.

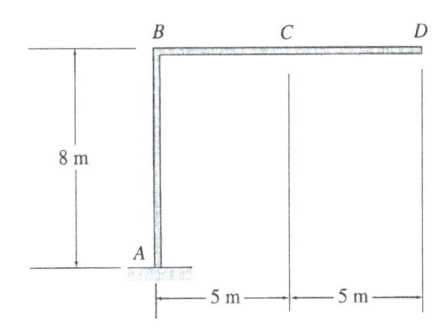

Figura P8.18

8.19 Desenhe as linhas de influência das reações verticais nos apoios A, B e E, e do cortante na rótula interna D, do pórtico mostrado na Figura 8.19.

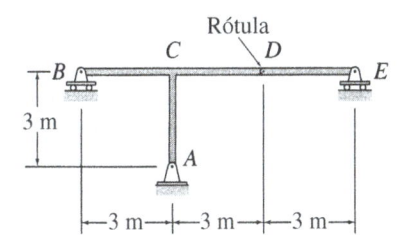

Figura P8.19

8.20 Desenhe as linhas de influência das reações verticais no apoio B, E e G da viga mostrada na Figura 8.20.

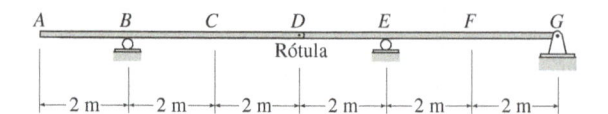

Figuras P8.20, P8.21, P8.22

8.21 Desenhe as linhas de influência do cortante e momento fletor no ponto C e do cortante na rótula interna D da viga mostrada na Figura P8.20.

8.22 Desenhe as linhas de influência do cortante e momento fletor no ponto F da viga mostrada na Figura P8.20.

8.23 e 8.24 Desenhe as linhas de influência das reações verticais nos apoios A, C, E e G das vigas mostradas nas Figuras P8.23 e P8.24.

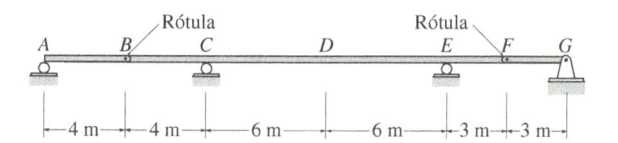

Figuras P8.23, P8.25

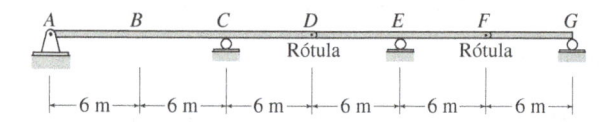

Figuras P8.24, P8.26

8.25 Desenhe as linhas de influência do cortante e momento fletor no ponto D da viga mostrada na Figura P8.23.

8.26 Desenhe as linhas de influência do cortante e momento fletor no ponto B da viga mostrada na Figura P8.24.

8.27 Desenhe as linhas de influência das reações verticais nos apoios B, D e G, e do momento de reação no ponto G da viga mostrada na Figura P8.27.

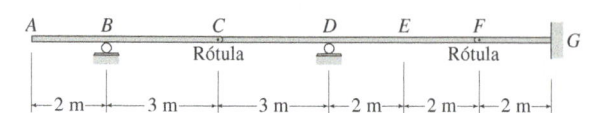

Figuras P8.27, P8.28

8.28 Desenhe as linhas de influência do cortante e momento fletor no ponto E da viga mostrada na Figura P8.27.

8.29 Desenhe as linhas de influência do momento de reação no apoio A e das reações verticais nos apoios A, E e G da viga mostrada na Figura P8.29.

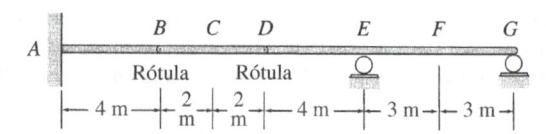

Figuras P8.29, P8.30

8.30 Desenhe as linhas de influência dos cortantes e momentos fletores nos pontos C e F da viga mostrada na Figura P8.29.

8.31 Desenhe as linhas de influência dos momentos de reação e das reações verticais nos apoios A e F da viga mostrada na Figura P8.31.

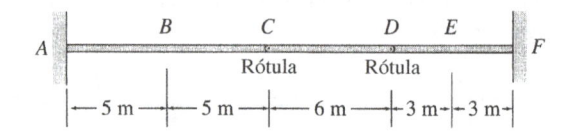

Figuras P8.31, P8.32

8.32 Desenhe as linhas de influência dos cortantes e momentos fletores nos pontos B e E da viga mostrada na Figura P8.31.

8.33 Desenhe as linhas de influência das reações verticais nos apoios A e B da viga mostrada na Figura P8.33.

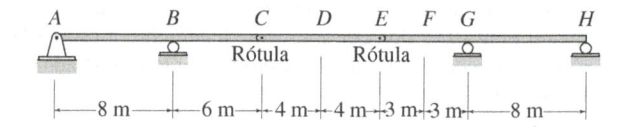

Figuras P8.33, P8.34

8.34 Desenhe as linhas de influência dos cortantes e momentos fletores nos pontos D e F da viga mostrada na Figura P8.33.

8.35 e 8.36 Desenhe as linhas de influência das reações horizontais e verticais nos apoios A e B dos pórticos mostrados nas Figuras P8.35 e P8.36.

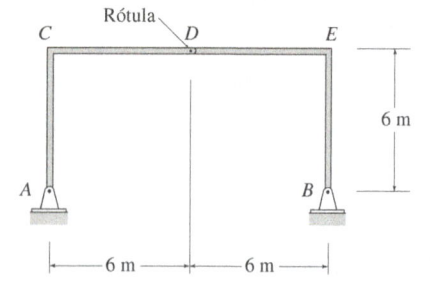

Figura P8.35

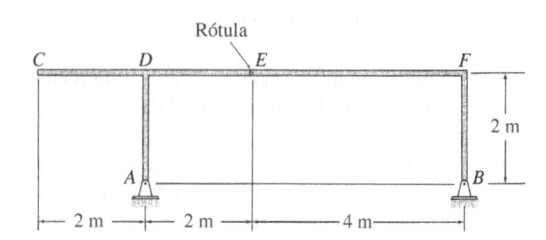

Figura P8.36

capítulo 8

8.37 Desenhe as linhas de influência do momento de reação em apoio A, das reações verticais nos apoios A e F, e do cortante e momento fletor no ponto E do pórtico mostrado na Figura P8.37.

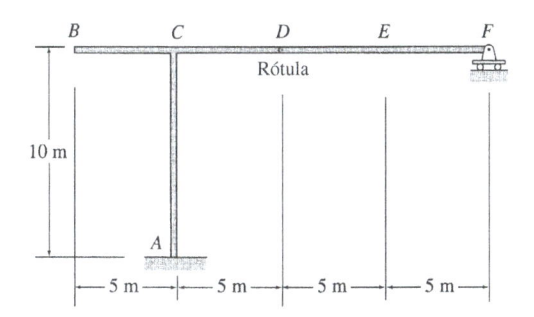

Figura P8.37

8.38 Desenhe as linhas de influência do momento de reação no apoio A, das reações verticais nos apoios A e B, e do cortante na rótula interna C do pórtico mostrado na Figura P8.38.

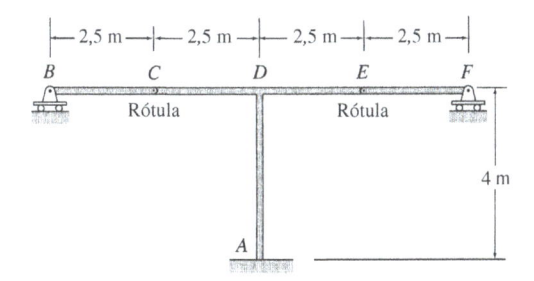

Figura P8.38

8.39 Desenhe as linhas de influência das reações verticais nos apoios A, B, C e do cortante e momento fletor no ponto E, do pórtico mostrado na Figura P8.39.

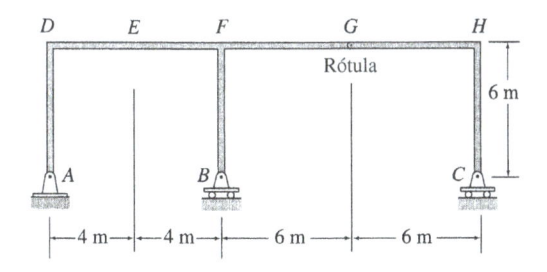

Figura P8.39

Seção 8.3

8.40 Desenhe as linhas de influência do cortante no painel CD e do momento fletor em D da viga principal com sistema de piso mostrada na Figura P8.40.

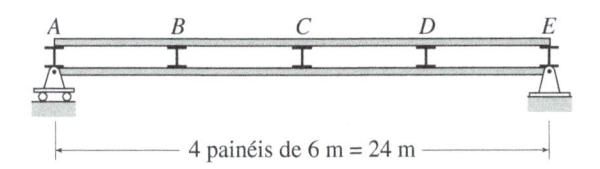

Figura P8.40

Linhas de influência 345

8.41 Desenhe as linhas de influência do cortante no painel DE e do momento fletor em E da viga principal com sistema de piso mostrada na Figura P8.41.

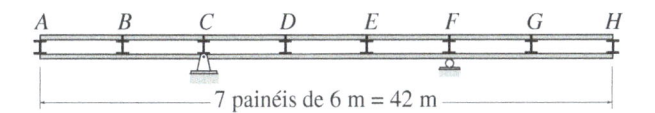

Figuras P8.41, P8.42

8.42 Desenhe as linhas de influência do cortante no painel BC e do momento fletor em F da viga principal com sistema de piso mostrada na Figura P8.41.

8.43 Desenhe as linhas de influência do cortante no painel BC e do momento fletor em C da viga principal com sistema de piso mostrada na Figura P8.43.

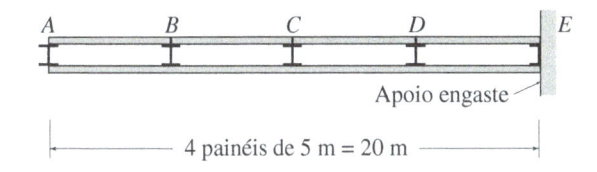

Figura P8.43

8.44 Desenhe a linha de influência do cortante no painel CD e do momento fletor em D da viga principal com sistema de piso mostrada na Figura P8.44.

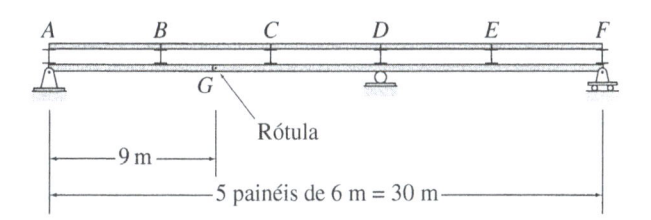

Figura P8.44

Seção 8.4

8.45 a 8.52 Desenhe as linhas de influência das forças nos elementos identificados por um "X" das treliças mostradas nas Figuras P8.45 a P8.52. As cargas móveis são transmitidas aos banzos inferiores das treliças.

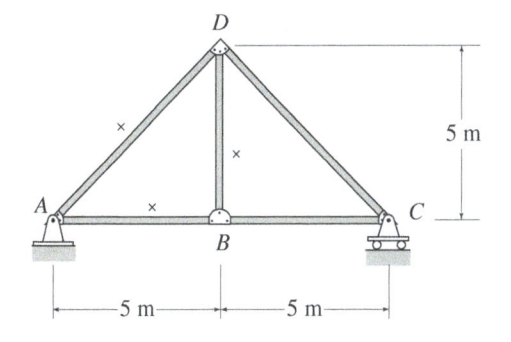

Figura P8.45

346 Análise Estrutural Parte 2

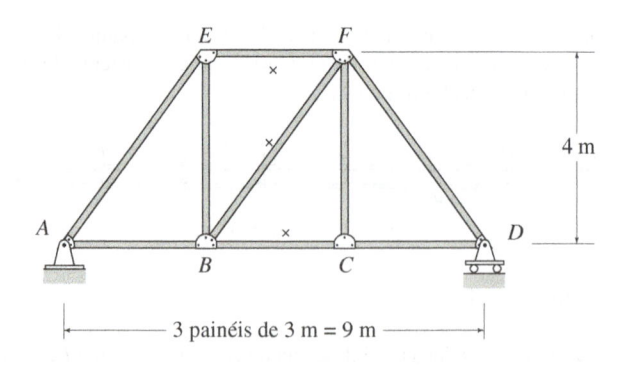

Figura P8.46

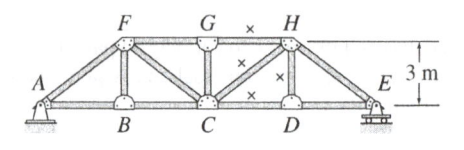

Figura P8.47

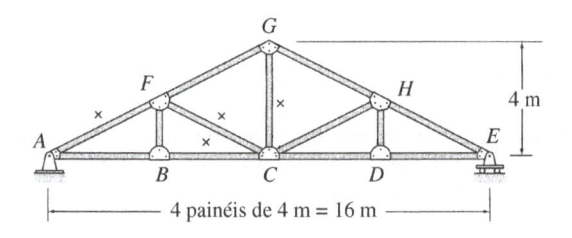

Figura P8.48

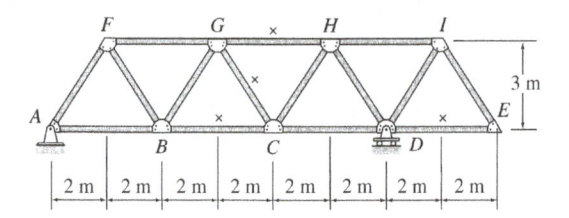

Figura P8.49

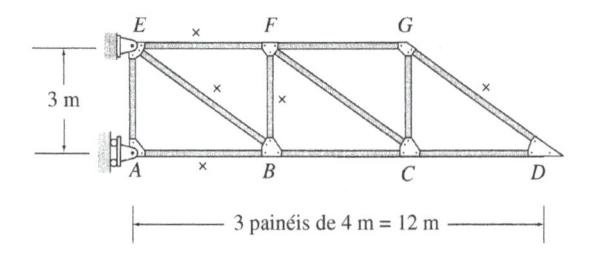

Figura P8.50

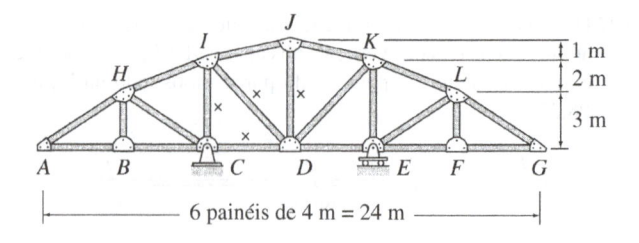

Figura P8.51

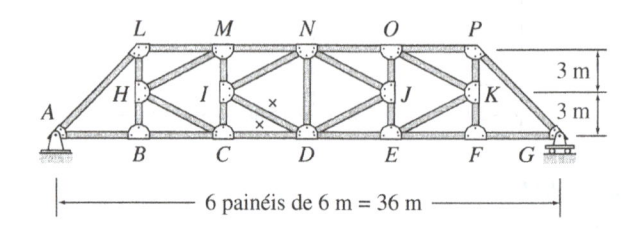

Figura P8.52

8.53 a 8.57 Desenhe as linhas de influência das forças nos elementos identificados por um "X" das treliças mostradas nas Figuras P8.53 a P8.57. As cargas móveis são transmitidas aos banzos superiores das treliças.

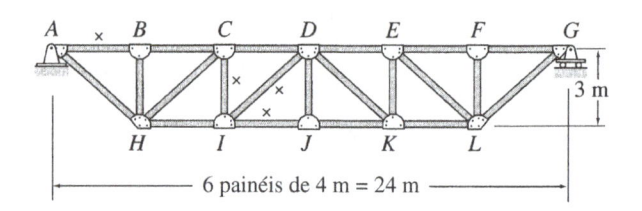

Figura P8.53

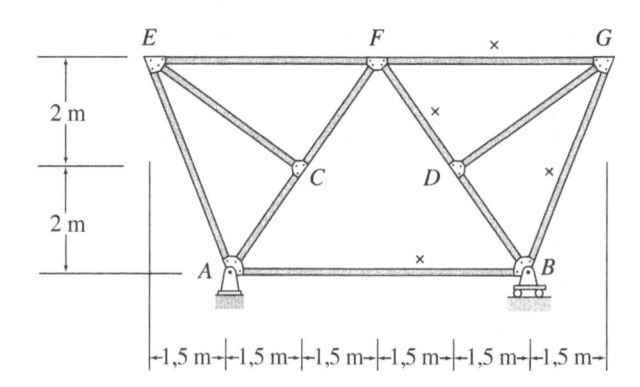

Figura P8.54

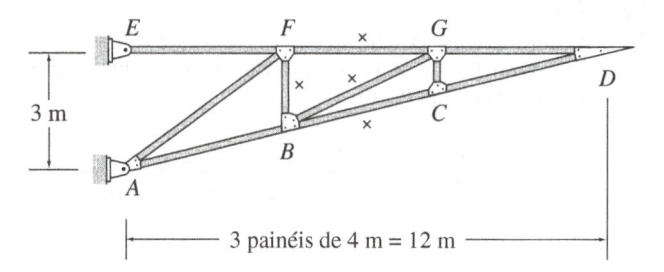

Figura P8.55

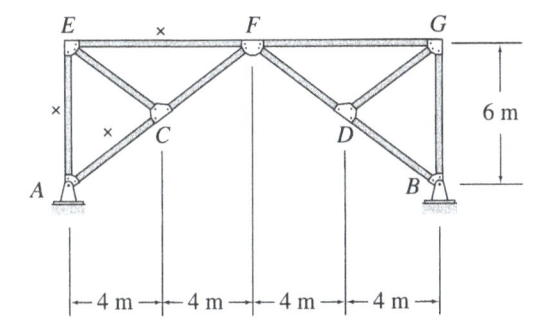

Figura P8.56

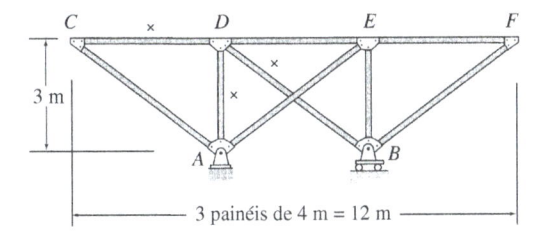

Figura P8.57

Seção 8.5

8.58 Desenhe a linha de influência da flecha no ponto B da viga em balanço mostrada no Problema 8.5. EI = constante. Veja a Figura P8.5.

8.59 e 8.60 Desenhe a linha de influência da flecha no ponto B das vigas simplesmente apoiadas dos Problemas 8.1 e 8.2. EI = constante. Veja as Figuras P8.1 e P8.2.

8.61 Desenhe a linha de influência da flecha no ponto D da viga do Problema 8.6. EI = constante. Veja a Figura P8.6.

9

Aplicação das linhas de influência

9.1 Resposta em uma posição particular devido a uma única carga concentrada em movimento
9.2 Resposta em uma posição particular devido a uma carga móvel uniformemente distribuída
9.3 Resposta em uma posição particular devido a uma série de cargas concentradas em movimento
9.4 Resposta máxima absoluta
Resumo
Problemas

Uma ponte de uma rodovia sujeita a cargas em movimento
Departamento de Fotografia Distrito Caltrans 4, fotográfo John Huseby. © 2005 Departamento de Transporte da Califórnia.

No capítulo anterior, aprendemos a construir linhas de influência para várias funções de resposta de estruturas. Neste capítulo, consideramos a aplicação de linhas de influência na determinação de valores máximos de funções de resposta em determinados pontos das estruturas devido a cargas variáveis. Também discutimos os procedimentos para avaliar o valor máximo absoluto de uma função de resposta que pode ocorrer em qualquer parte de uma estrutura.

9.1 Resposta em uma posição particular devido a uma única carga concentrada em movimento

Conforme discutido no capítulo anterior, cada ordenada de uma linha de influência fornece o valor da função de resposta devido a uma única carga concentrada unitária colocada sobre a estrutura no local dessa ordenada. Assim, podemos afirmar o seguinte.

1. O valor de uma função de resposta devido a uma única carga concentrada pode ser obtido multiplicando-se a magnitude da carga pela ordenada da linha de influência da função de resposta na posição da carga.
2. Para determinar o valor máximo positivo de uma função de resposta devido a uma única carga concentrada em movimento, a carga deve ser colocada no local da ordenada máxima positiva da linha de influência da função de resposta, enquanto, para determinar o valor máximo negativo da função de resposta, a carga deve ser colocada no local da ordenada máxima negativa da linha de influência.

350 Análise Estrutural — Parte 2

Considere, por exemplo, uma viga sujeita a uma carga concentrada em movimento de magnitude P, conforme mostrado na Figura 9.1(a). Suponha que desejemos determinar o momento fletor em B quando a carga P está localizada a uma distância x do apoio esquerdo A. A linha de influência de M_B, mostrada na Figura 9.1(a), apresenta uma ordenada y na posição da carga P, indicando que uma unidade colocada na posição P causa um momento fletor $M_B = y$. Como o princípio da superposição é válido, a carga de magnitude P deve causar um momento fletor em B, que é P vezes maior do que aquele causado pela carga unitária. Portanto, o momento fletor em B devido à carga P é $M_B = Py$.

Em seguida, suponha que nosso objetivo seja determinar os momentos fletores máximos positivo e negativo em B devido à carga P. Da linha de influência de M_B (Figura 9.1(a)), observamos que o máximo positivo e o máximo negativo nas ordenadas da linha de influência ocorrem nos pontos B e D, respectivamente. Portanto, para obter o momento fletor máximo em B, coloque a carga P no ponto B, como mostrado na Figura 9.1(b), e calcule a magnitude do momento fletor máximo positivo como $M_B = Py_B$, em que y_B é a ordenada da linha de influência em B (Figura 9.1(a)). Da mesma forma, para obter o momento fletor máximo em B, colocamos a carga P no ponto D, como mostrado na Figura 9.1(c), e calculamos a magnitude do momento fletor máximo negativo como $M_B = -Py_D$.

(a) Linha de influência de M_B

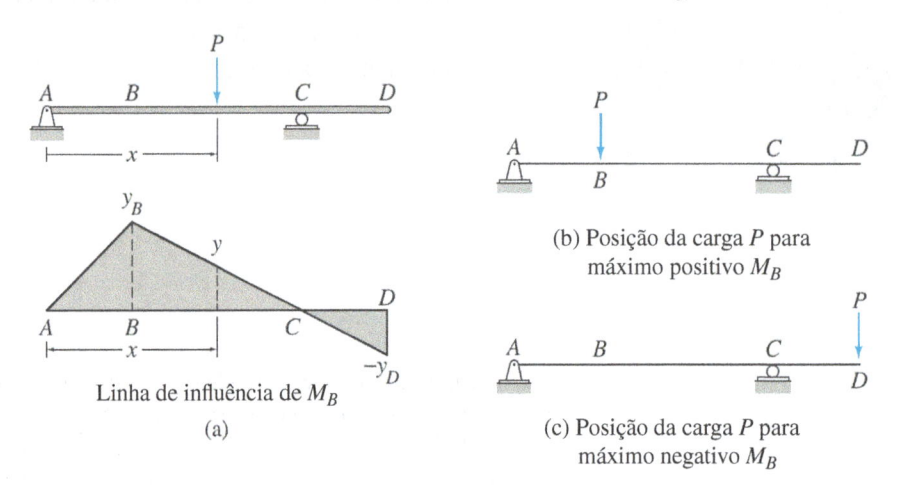

(b) Posição da carga P para máximo positivo M_B

(c) Posição da carga P para máximo negativo M_B

Figura 9.1

EXEMPLO 9.1

Para a viga mostrada na Figura 9.2(a), determine a reação ascendente máxima no apoio C devido a uma carga móvel concentrada de 50 kN.

Solução

Linha de influência. A linha de influência da reação vertical no apoio C dessa viga foi construída anteriormente no Exemplo 8.8 e é mostrada na Figura 9.2(b). Lembre-se de que C_y foi presumido como positivo na direção ascendente na construção dessa linha de influência.

Reação ascendente máxima em C. Para obtermos o valor máximo positivo de C_y para a carga móvel concentrada de 50 kN, colocamos a carga em B (Figura 9.2(c)), onde ocorre a ordenada máxima positiva (1,4 kN/kN) da linha de influência. Multiplicando a magnitude da carga pelo valor dessa ordenada, determinamos a reação ascendente máxima em C como

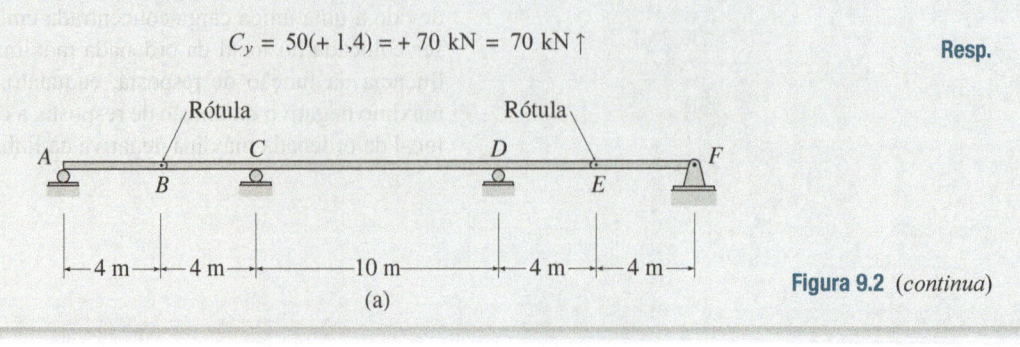

$$C_y = 50(+1,4) = +70 \text{ kN} = 70 \text{ kN} \uparrow$$

Resp.

Figura 9.2 (*continua*)

Aplicação das linhas de influência 351

(b) Linha de influência de C_y (kN/kN)

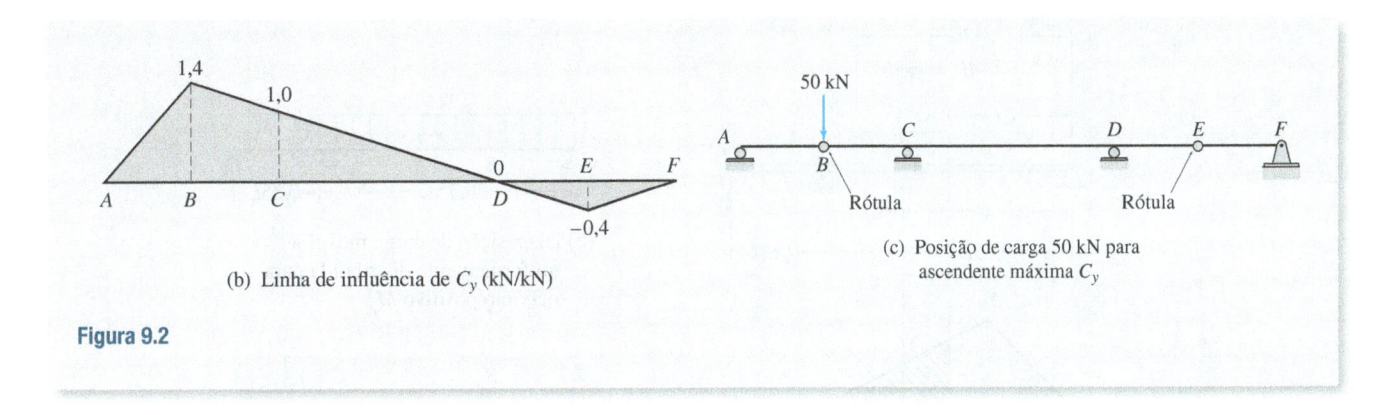

(c) Posição de carga 50 kN para ascendente máxima C_y

Figura 9.2

9.2 Resposta em uma posição particular devido a uma carga móvel uniformemente distribuída

As linhas de influência podem ser implantadas para determinar os valores de funções de resposta das estruturas devido às cargas distribuídas. Considere, por exemplo, uma viga sujeita a uma carga móvel uniformemente distribuída com intensidade w_ℓ, conforme mostrada na Figura 9.3(a). Suponha que desejemos determinar o momento fletor em B, quando a carga é colocada sobre a viga, de $x = a$ a $x = b$, conforme mostrado na figura. A linha de influência de M_B também é fornecida na figura. Tratando a carga distribuída aplicada sobre um comprimento diferencial dx da viga como uma carga concentrada de magnitude $dP = w_\ell\, dx$, conforme mostrado na figura, podemos expressar o momento fletor em B devido à carga dP como

$$dM_B = dP\,y = w_\ell\,dx\,y \tag{9.1}$$

em que y é a ordenada da linha de influência em x, que é o ponto de aplicação de dP, conforme mostrado na figura. Para determinarmos o momento fletor total em B devido à carga distribuída de $x = a$ a $x = b$, integramos a Equação (9.1) entre esses limites para obter

$$M_B = \int_a^b w_\ell y\,dx = w_\ell \int_a^b y\,dx \tag{9.2}$$

em que a integral $\int_a^b y\,dx$ representa a área sob o segmento da linha da influência, que corresponde à porção da viga carregada. Essa área é mostrada com um tom sombreado na linha de influência de M_B na Figura 9.3(a).

A Equação (9.2) também indica que o momento fletor em B será o máximo positivo da carga uniformemente distribuída, colocada sobre todas aquelas porções da viga, em que as ordenadas da linha de influência são positivas e vice-versa. Na Figura 9.3(a), podemos ver que as ordenadas da linha de influência para M_B são positivas entre os pontos A e C, e negativas entre C e D. Portanto, para obtermos o momento fletor máximo positivo em B, colocamos a carga uniformemente distribuída w_ℓ de A a C, conforme mostrado na Figura 9.3(b), e calculamos a magnitude do momento fletor positivo máximo como

$$M_B = w_\ell \text{ (área sob a linha de influência entre } A \text{ e } C\text{)}$$

$$= w_\ell \left(\frac{1}{2}\right)(0{,}75L)(y_B) = 0{,}375 w_\ell y_B L$$

Portanto, para obter o momento fletor negativo máximo em B, coloque a carga de C para D, como mostrado na Figura 9.3(c), e calcule a magnitude do momento fletor máximo negativo como

$$M_B = w_\ell \text{ (área sob a linha de influência entre } C \text{ e } D\text{)}$$

$$= w_\ell \left(\frac{1}{2}\right)(0{,}25L)(-y_D) = -0{,}125 w_\ell y_D L$$

352 Análise Estrutural

Figura 9.3

(a) Linha de influência de S_C

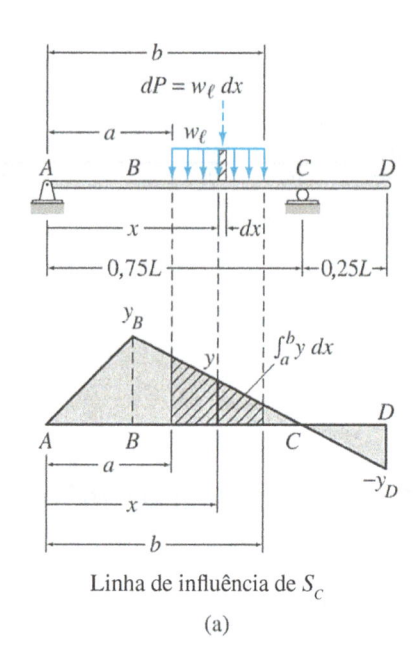

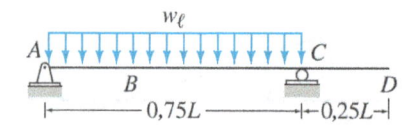

(b) Disposição de carga móvel w_ℓ uniformemente distribuída para máximo positivo M_B

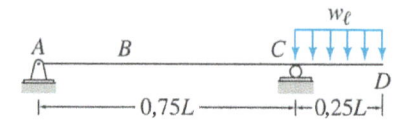

(c) Disposição de carga móvel w_ℓ uniformemente distribuída para máximo negativo M_B

Com base na discussão supracitada, podemos afirmar o seguinte:

1. O valor de uma função de resposta devido à carga móvel uniformemente distribuída sobre uma porção da estrutura pode ser obtida multiplicando-se a intensidade da carga pela área líquida sob a porção correspondente da linha de influência da função de resposta.
2. Para determinar o valor máximo positivo (ou negativo) da função de resposta devido a uma carga móvel uniformemente distribuída, a carga deve ser colocada sobre essas porções da estrutura, e as ordenadas da linha de influência da função de resposta são positivas (ou negativas).

EXEMPLO 9.2

Para a viga mostrada na Figura 9.4(a), determine a reação ascendente máxima no apoio C devido a uma carga móvel uniformemente distribuída de 15 kN/m.

Solução

Linha de influência. A linha de influência da reação vertical no apoio C dessa viga foi construída anteriormente no Exemplo 8.8 e é mostrada na Figura 9.4(b). Lembre-se de que C_y foi presumido como positivo na direção ascendente na construção dessa linha de influência.

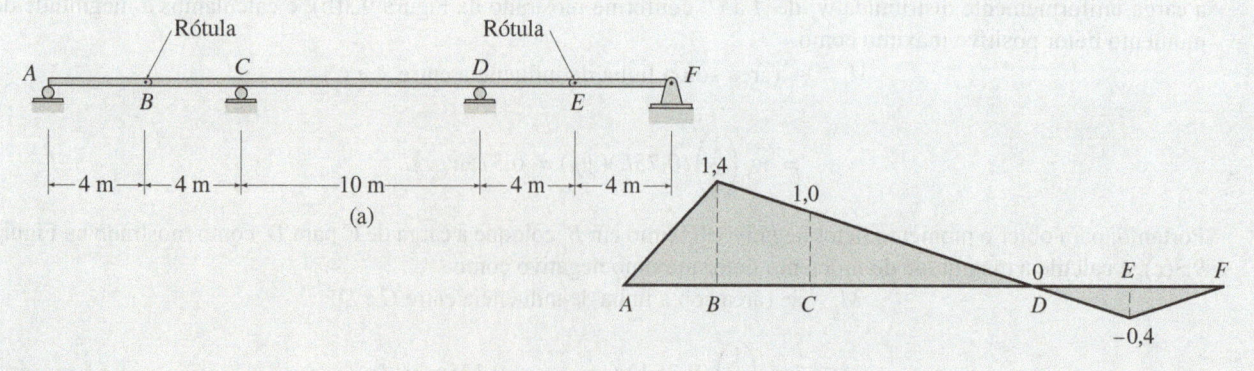

Figura 9.4 (*continua*)

(b) Linha de influência de C_y (kN/kN)

capítulo 9 — Aplicação das linhas de influência

(c) Disposição de carga de 15 kN/m
para a reação máxima ascendente C_y

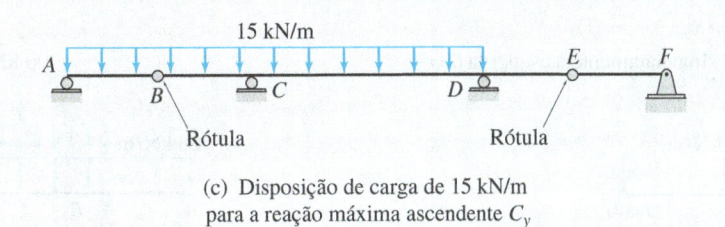

Figura 9.4

Reação ascendente máxima em C. Da Figura 9.4(b), observamos que as ordenadas da linha de influência de C_y são positivas entre os pontos A e D. Portanto, para obtermos o valor máximo positivo de C_y, colocamos a carga móvel uniformemente distribuída de 15 kN/m sobre a porção AD da viga, como mostrado na Figura 9.4(c). Multiplicando a intensidade da carga pela área sob a porção AD da linha de influência, determinamos a reação ascendente máxima em C como

$$C_y = 15\left[\frac{1}{2}(+1,4)(18)\right] = +189 \text{ kN} = 189 \text{ kN} \uparrow$$

Resp.

EXEMPLO 9.3

Da viga mostrada na Figura 9.5(a), determine os cortantes máximos positivos e negativos e os momento fletores máximos positivo e negativo no ponto C devido a uma carga móvel concentrada de 90 kN, uma carga móvel uniformemente distribuída de 40 kN/m, e uma carga permanente uniformemente distribuída de 20 kN/m.

Solução

Linhas de influência. As linhas de influência do cortante e do momento fletor no ponto C dessa viga foram construídas anteriormente no Exemplo 8.6 e estão mostradas nas Figuras 9.5(b) e (e), respectivamente.

Cortante máximo positivo em C. Para obtermos o cortante máximo positivo de C devido à carga móvel concentrada de 90 kN, colocamos a carga imediatamente à direita de C (Figura 9.5(c)), em que a ordenada máxima positiva (2/3 kN/kN) da linha de influência

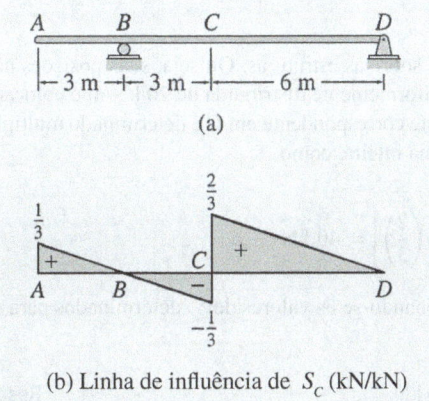

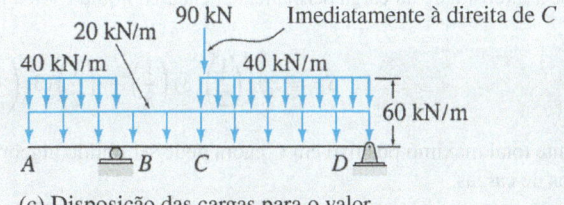

(b) Linha de influência de S_C (kN/kN)

(c) Disposição das cargas para o valor máximo positivo S_C

Figura 9.5 (*continua*)

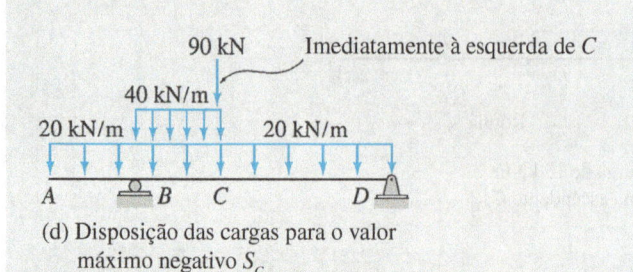

(d) Disposição das cargas para o valor máximo negativo S_C

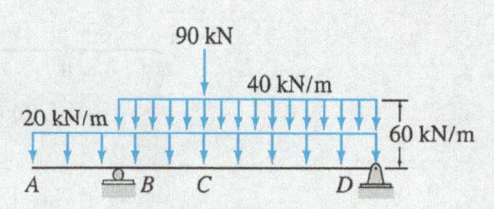

(f) Disposição das cargas para o valor máximo positivo M_C

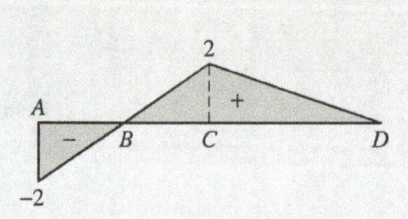

(e) Linha de influência de M_C (kN · m/kN)

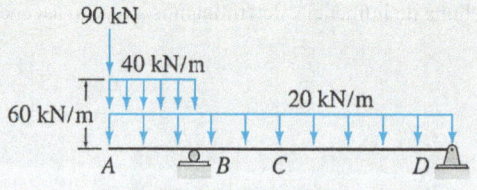

(g) Disposição das cargas para o valor máximo negativo M_C

Figura 9.5

de S_C ocorre. Multiplicando-se a magnitude da carga pelo valor dessa ordenada, determinamos o valor máximo positivo de S_C devido à carga móvel concentrada como

$$S_C = 90\left(\frac{2}{3}\right) = 60 \text{ kN}$$

Da Figura 9.5(b), observamos que as ordenadas da linha de influência de S_C são positivas entre os pontos A e B e entre os pontos C e D. Portanto, para obtermos o cortante máximo positivo em C devido à carga móvel uniformemente distribuída de 40 kN/m, colocamos a carga sobre as porções AB e CD da viga, como mostrado na Figura 9.5(c), e calculamos o valor máximo positivo de S_C dessa carga multiplicando-se a intensidade da carga pela área sob as porções AB e CD da linha de influência. Assim,

$$S_C = 40\left[\left(\frac{1}{2}\right)(3)\left(\frac{1}{3}\right) + \left(\frac{1}{2}\right)(6)\left(\frac{2}{3}\right)\right] = 100 \text{ kN}$$

Diferentemente das cargas móveis, as cargas permanentes atuam em posições fixas sobre as estruturas. Ou seja, suas posições não podem variar para maximizar funções de resposta. Portanto, a carga permanente uniformemente distribuída de 20 kN/m é colocada sobre o comprimento inteiro da viga, conforme mostrado na Figura 9.5(c), e o cortante correspondente em C é determinado multiplicando-se a intensidade da carga permanente pela área líquida sob a linha de influência inteira, como

$$S_C = 20\left[\left(\frac{1}{2}\right)(3)\left(\frac{1}{3}\right) + \left(\frac{1}{2}\right)(3)\left(-\frac{1}{3}\right) + \left(\frac{1}{2}\right)(6)\left(\frac{2}{3}\right)\right] = 40 \text{ kN}$$

O cortante total máximo positivo em C agora pode ser obtido algebricamente adicionando-se os valores de S_C determinados para os três tipos de cargas.

Máximo positivo $S_c = 60 + 100 + 40 = 200$ kN **Resp.**

Cortante máximo negativo em C. A disposição das cargas para obter o cortante máximo negativo em C é mostrada na Figura 9.5(d). O cortante máximo negativo em C é fornecido por

$$\text{Máximo negativo } S_C = 90\left(-\frac{1}{3}\right) + 40\left(\frac{1}{2}\right)(3)\left(-\frac{1}{3}\right) + 20\left[\left(\frac{1}{2}\right)(3)\left(\frac{1}{3}\right)\right.$$

$$\left. + \left(\frac{1}{2}\right)(3)\left(-\frac{1}{3}\right) + \left(\frac{1}{2}\right)(6)\left(\frac{2}{3}\right)\right]$$

$$= -10 \text{ kN}$$
Resp.

Momento fletor máximo positivo em C. A disposição das cargas para se obter o momento fletor máximo positivo em C é mostrada na Figura 9.5(f). Observe que a carga móvel concentrada de 90 kN é colocada no local da ordenada máxima positiva da linha de influência de M_C (Figura 9.5(e)); a carga móvel uniformemente distribuída de 40 kN/m é colocada sobre a posição BD da viga, e as ordenadas da linha de influência são positivas; ao passo que a carga permanente uniformemente distribuída de 20 kN/m é colocada sobre o comprimento inteiro da viga. O momento fletor máximo positivo em C é fornecido por

$$\text{Máximo negativo } M_C = 90(2) + 40\left(\frac{1}{2}\right)(9)(2)$$

$$+ 20\left[\left(\frac{1}{2}\right)(3)(-2) + \left(\frac{1}{2}\right)(9)(2)\right]$$

$$= 660 \text{ kN} \cdot \text{m}$$
Resp.

Momento fletor máximo negativo em C. A disposição das cargas para se obter o momento fletor máximo negativo em C é mostrada na Figura 9.5(g). O momento máximo negativo M_C é fornecido por

$$\text{Máximo negativo } M_C = 90(-2) + 40\left(\frac{1}{2}\right)(3)(-2)$$

$$+ 20\left[\left(\frac{1}{2}\right)(3)(-2) + \left(\frac{1}{2}\right)(9)(2)\right]$$

$$= -180 \text{ kN} \cdot \text{m}$$
Resp.

9.3 Resposta em uma posição particular devido a uma série de cargas concentradas em movimento

Conforme discutido na Seção 2.2, as cargas móveis devido ao tráfego de veiculos sobre as pontes de rodovias e ferrovias são representadas por uma série de cargas concentradas em movimento com espaçamento específico entre as cargas (veja as Figuras 2.2 e 2.3). As linhas de influência fornecem meios convenientes de analisar estruturas sujeitas a tais cargas em movimento. Nesta seção, discutimos como a linha de influência de uma função de resposta pode ser usada para determinar (1) o valor da função de resposta para determinada posição de uma série de cargas concentradas em movimento e (2) o valor máximo da função de resposta devido a uma série de cargas concentradas em movimento.

Considere, por exemplo, a viga da ponte mostrada na Figura 9.6. Suponha que desejemos determinar o cortante no ponto B da viga devido às cargas das rodas de um caminhão HS20-44 quando o eixo frontal do caminhão está localizado a uma distância de 4,88 m do apoio esquerdo A, como mostrado na figura. A linha de influência do cortante em B também é mostrado na figura. As distâncias entre as três cargas, bem como o local da carga de 17,8 kN são conhecidos, de modo que os locais de outras duas cargas podem ser facilmente encontrados. Embora as ordenadas da linha de influência correspondentes às cargas possam ser obtidas usando-se as propriedades dos triângulos semelhantes formadas pela linha de influência, geralmente é conveniente avaliar essa ordenada multiplicando-se a inclinação do segmento da linha de influência onde a carga é localizada pela distância da carga com relação ao ponto em que o segmento da linha de influência cruza com o eixo horizontal (ou seja, torna-se nulo). O sinal (de mais ou de menos) da ordenada é obtido por inspeção. Por exemplo, a ordenada da linha de influência correspondente à carga 17,8 kN (Figura 9.6) pode ser calculada multiplicando-se a inclinação (1:30,5) do segmento da linha de influência da porção AB pela distância (4,88 m) da carga do ponto A. Assim, a ordenada da linha de influência de S_B correspondente à carga de 17,8 kN igual a $-(1/30,5)(4,88) = -0,16$ kN/kN. As ordenadas correspondentes às três cargas assim obtidas são mostradas em Figura 9.6.

356 Análise Estrutural Parte 2

Podemos nos lembrar de que o cortante em B devido a uma única carga concentrada ocorre pelo produto da magnitude da carga e a ordenada da linha de influência no local da carga. Por causa da superposição ser válida, o cortante total em B causado pelas três cargas concentradas pode ser determinado somando-se algebricamente os cortantes devido a cargas individuais, ou seja, somando os produtos das magnitudes da carga e as respectivas ordenadas da linha de influência. Assim,

$$S_B = -17,8(0,16) - 71,2\,(0,3) + 71,2\,(0,4) = 4,272 \text{ kN}$$

O procedimento anterior pode ser empregado para se determinar o valor da função de reposta de uma força ou momento de uma estrutura em determinada posição de uma série de cargas concentradas.

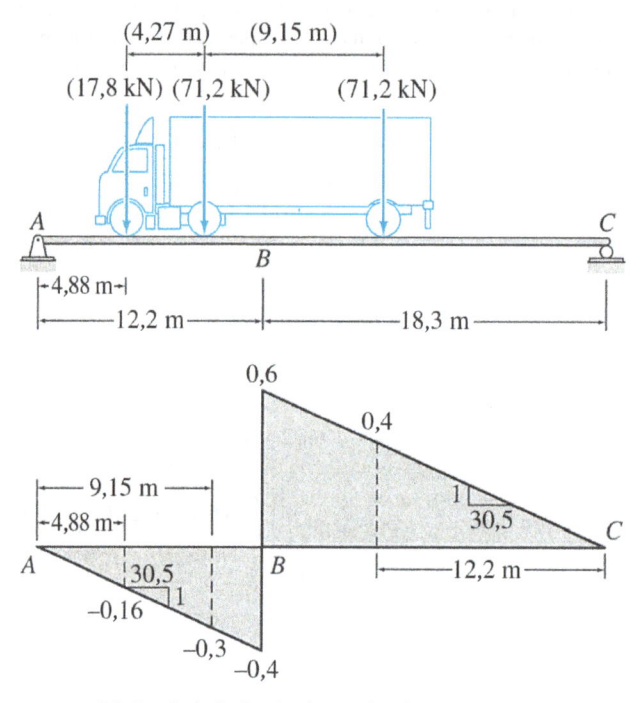

Figura 9.6

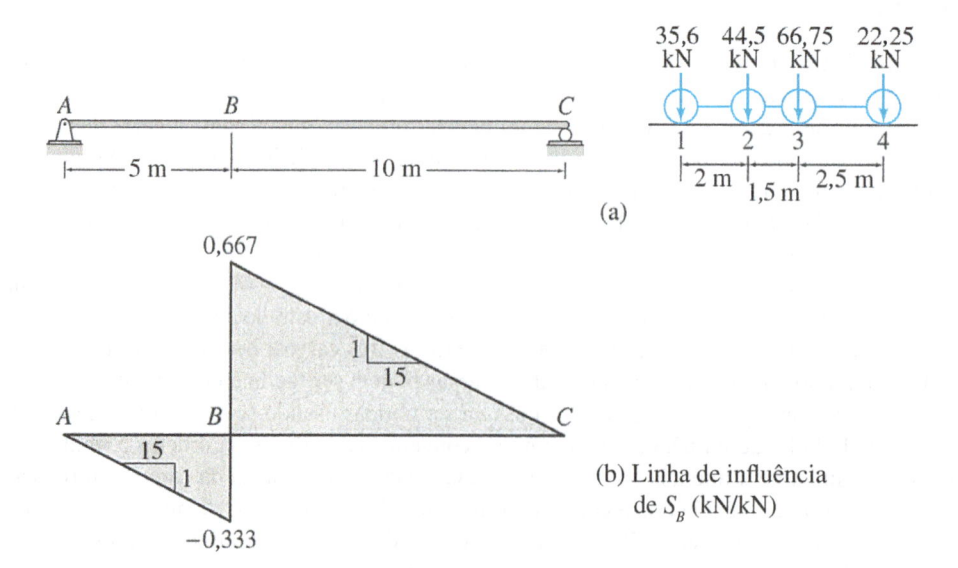

Figura 9.7 (*continua*)

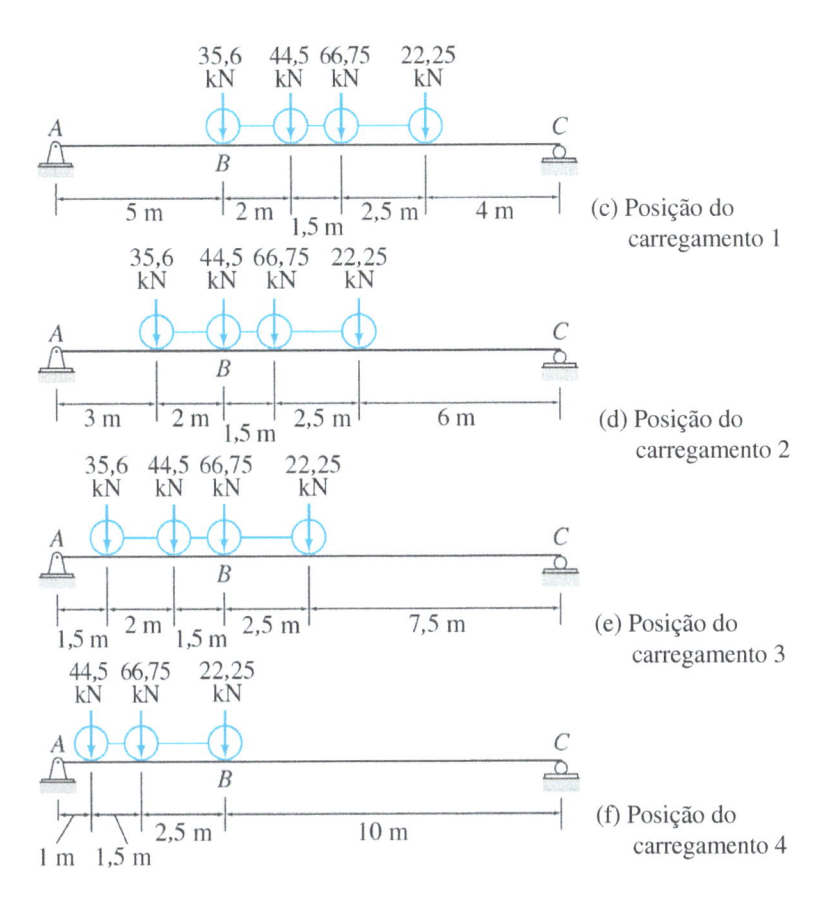

capítulo 9 — Aplicação das linhas de influência 357

Figura 9.7

(c) Posição do carregamento 1
(d) Posição do carregamento 2
(e) Posição do carregamento 3
(f) Posição do carregamento 4

As linhas de influência também podem ser usadas para se determinar os valores máximos de funções de resposta em certos lugares das estruturas devido a uma série de cargas concentradas. Considere a viga mostrada na Figura 9.7(a), e suponha que nosso objetivo seja determinar o cortante máximo positivo no ponto B devido à série de quatro cargas concentradas mostradas na figura. A linha de influência de S_B é mostrada na Figura 9.7(b). Considerando que a série de carga se mova da direita para a esquerda na viga, podemos observar nessas figuras que como a série se move da extremidade C da viga em direção ao ponto B, o cortante em B aumenta continuamente à medida que as ordenadas da linha de influência sob as cargas aumenta. O cortante em B atinge um máximo relativo quando a primeira carga de uma série, a carga 35,6 kN, atinge a direita de B, em que a ordenada máxima positiva da linha de influência está localizada. Como a carga 35,6 kN cruza o ponto B, o cortante em B diminui drasticamente para uma quantidade igual a $-35,6(0,667 + 0,333) = -35,6$ kN. Com a série de cargas que continuamente se movem para a esquerda, S_B aumenta novamente e atinge outro máximo relativo, quando a segunda carga da série, a carga de 44,5 kN, atinge a direita de B, e assim por diante. Como S_B torna-se um máximo relativo sempre que uma das cargas da série atinge a ordenada da linha de influência máxima positiva, podemos concluir que durante o movimento da série de cargas que cruza todo o comprimento da viga, o cortante máximo (absoluto) em B ocorre quando uma das cargas da série está no local da ordenada máxima positiva da linha de influência de S_B. Como não é possível identificarmos por inspeção a carga que causará o máximo positivo S_B quando colocada na ordenada da linha de influência máxima, podemos usar um procedimento de tentativa e erro para determinar o valor máximo positivo do cortante em B. Como mostrado na Figura 9.7(c), a série de cargas é inicialmente posicionada sobre a viga com sua primeira carga, a carga de 35,6 kN, colocada imediatamente à direita de B, em que a ordenada máxima positiva da linha de influência está localizada. Observando que a curvatura do segmento da linha de influência da porção BC é 1:15 (Figura 9.7(b)), calculamos o valor de S_B para essa posição de carga como

$$S_B = 35,6(10)\left(\frac{1}{15}\right) + 44,5(8)\left(\frac{1}{15}\right) + 66,75(6,5)\left(\frac{1}{15}\right) + 22,25(4)\left(\frac{1}{15}\right)$$

$$= 82,32 \text{ kN}$$

Em seguida, toda a série de cargas é movida para esquerda a 2 m para colocar a segunda carga da série, a carga de 44,5 kN, no local da ordenada máxima positiva da linha de influência, como mostrado na Figura 9.7(d). O cortante em B para essa posição de carga é fornecido por

$$S_B = -35,6(3)\left(\frac{1}{15}\right) + 44,5(10)\left(\frac{1}{15}\right) + 66,75(8,5)\left(\frac{1}{15}\right) + 22,25(6)\left(\frac{1}{15}\right)$$

$$= 69,28 \text{ kN}$$

A série de cargas é então movida um pouco mais à esquerda por 1,5 m para colocação da terceira carga da série, a carga 66,75 kN, imediatamente à direita de B (Figura 9.7(e)). O cortante em B é fornecido por

$$S_B = -35,6(1,5)\left(\frac{1}{15}\right) - 44,5(3,5)\left(\frac{1}{15}\right) + 66,75(10)\left(\frac{1}{15}\right) + 22,25(7,5)\left(\frac{1}{15}\right)$$

$$= 41,68 \text{ kN}$$

Por fim, a série é posicionada de forma que sua última carga, a carga 22,25 kN, fica imediatamente à direita de B, conforme mostrado na Figura 9.7(f). Observe que a carga 35,6 kN moveu o vão da viga; portanto, isso não contribui para o cortante em B, que é fornecido por

$$S_B = -44,5(1)\left(\frac{1}{15}\right) - 66,75(2,5)\left(\frac{1}{15}\right) + 22,25(10)\left(\frac{1}{15}\right) = 0,742 \text{ kN}$$

Comparando os valores de S_B determinados para quatro posições de carga, calculamos que o cortante máximo positivo de B ocorre para a primeira posição de carregamento – ou seja, quando a carga 35,6 kN é colocada imediatamente à direita de B (Figura 9.7(c)):

$$\text{Máximo positivo de } S_B = 82,33 \text{ kN}$$

Procedimento para a análise

O procedimento para se determinar o valor máximo de uma função de resposta de força ou momento em determinado local na estrutura, devido a uma série de cargas concentradas em movimento, pode ser resumido como se segue.

1. Construa uma linha de influência para a função de resposta cujo valor máximo é desejado, e localize sua ordenada positiva e negativa máxima, dependendo se for desejado o valor positivo ou negativo máximo da função de resposta. (Essa ordenada é referida como simples, como a *ordenada máxima* na sequência.)
2. Selecione a direção (da direita para a esquerda ou vice-versa) na qual a série da carga será movimentada na estrutura. Se a série é para ser movida da direita para a esquerda, então a carga da extremidade esquerda da série será considerada a primeira carga, ao passo que se a série for da esquerda para a direita, então a carga na extremidade direita será considerada a primeira carga. Começando com a primeira carga, numere sequencialmente (como 1, 2, 3, . . .) todas as cargas da série. A posição da série de carga inteira é referida pelo número da carga, que é colocado no local da ordenada da linha de influência máxima; por exemplo, quando a terceira carga da série é colocada no local da ordenada de linha de influência máxima, então a posição da série de carga é referida como a posição de carregamento 3 e assim por diante (para obter um exemplo, veja a Figura 9.7).
3. Posicione a referida série de cargas concentradas sobre a estrutura, com a primeira carga da série no local da ordenada máxima da linha de influência. Estabeleça os locais do restante das cargas da série.
4. Avalie as ordenadas da linha de influência correspondentes às cargas da série e determine o valor da função de resposta resumindo algebricamente os produtos entre as magnitudes de carga e as respectivas ordenadas da linha de influência. Se o valor da função de resposta determinado aqui for para a última posição de carregamento (com a última carga da série colocada no local da ordenada máxima da linha de influência), então vá para a etapa 6. Caso contrário, continue na próxima etapa.
5. Mova a série de carga na direção selecionada na etapa 2 até a próxima carga da série chegar ao local da ordenada máxima da linha de influência. Estabeleça as posições do restante das cargas da série e retorne à etapa 4.
6. Comparando as magnitudes da função de resposta determinadas para todas as posições de carregamento consideradas, obtenha o valor máximo das funções de resposta.

Se a disposição das cargas for tal que todas ou a maioria das cargas de maior intensidade ficam localizadas próximas de uma extremidade da série, então a análise pode ser agilizada selecionando-se a direção do movimento da série, de forma que as cargas de maior intensidade atingirão a ordenada de linha de influência máxima antes das cargas de menor intensidade da série. Por exemplo, uma série de carga em que as cargas de maior intensidade ficam à esquerda deve ser movida na estrutura da direita para a esquerda e vice-versa. Nesse caso, pode ser necessário examinar todas as posições de carregamento obtidas pela colocação sucessiva de cada carga da série no local da ordenada máxima da linha de influência. Em vez disso, a análise pode ser finalizada quando o valor da função de resposta começa a diminuir; ou seja, se o valor da função de resposta para uma posição de carregamento for encontrado como menor do que a posição de carregamento anterior, então o valor da função de resposta para a posição de carregamento anterior será considerado como o valor máximo. Embora esse critério também possa funcionar para série de cargas de maior intensidade próximas do meio do grupo, ele não é válido para nenhuma série de carga geral. Em geral, dependendo das magnitudes e espaçamento das cargas, e o aspecto da linha de influência, o valor da função de resposta, após diminuir para algumas posições de carregamento, pode começar a aumentar novamente para posições de carregamento subsequentes e pode atingir o seu máximo.

EXEMPLO 9.4

Determine a força normal máxima no elemento B_C da treliça Warren devido à serie de quatro cargas móveis concentradas mostrada na Figura 9.8(a).

Solução

Linha de influência de F_{BC}. Veja a Figura 9.8(b).

Força máxima no elemento BC. Para determinarmos o valor máximo de F_{BC}, movemos a série de carga da direita para a esquerda, em seguida, colocamos cada carga da série no ponto B, em que a ordenada máxima da linha de influência de F_{BC} está localizada (veja a Figura 9.8(c) a (f)). O valor de F_{BC} é então calculado para cada posição de carregamento como se segue.

- Para posição do carregamento 1 (Figura 9.8(c)):

$$F_{BC} = [71{,}2(12) + 142{,}4(10) + 35{,}6(7) + 142{,}4(3)]\left(\frac{1}{16}\right) = 184{,}68 \text{ kN (T)}$$

- Para posição do carregamento 2 (Figura 9.8(d)):

$$F_{BC} = 71{,}2(2)\left(\frac{3}{16}\right) = [142{,}4(12) + 35{,}6(9) + 142{,}4(5)]\left(\frac{1}{16}\right) = 198{,}03 \text{ kN (T)}$$

- Para posição do carregamento 3 (Figura 9.8(e)):

$$F_{BC} = 142{,}4(1)\left(\frac{3}{16}\right) + [35{,}6(12) + 142{,}4(8)]\left(\frac{1}{16}\right) = 124{,}6 \text{ kN (T)}$$

- Para posição do carregamento 4 (Figura 9.8(f)):

$$F_{BC} = 142{,}4(12)\left(\frac{1}{16}\right) = 106{,}8 \text{ (T)}$$

Comparando os valores de F_{BC} para as quatro posições de carregamento, concluímos que a magnitude da força normal máxima que se desenvolve no elemento BC é $F_{BC} = 198{,}03$ kN de tração. Essa força máxima ocorre quando a segunda carga da série é colocada no nó B da treliça, conforme mostrado na Figura 9.8(d).

$$\text{Máximo } F_{BC} = 198{,}03 \text{ kN (T)}$$

Resp.

360 Análise Estrutural

(a)

(b) Linha de influência de F_{BC} (kN/kN)

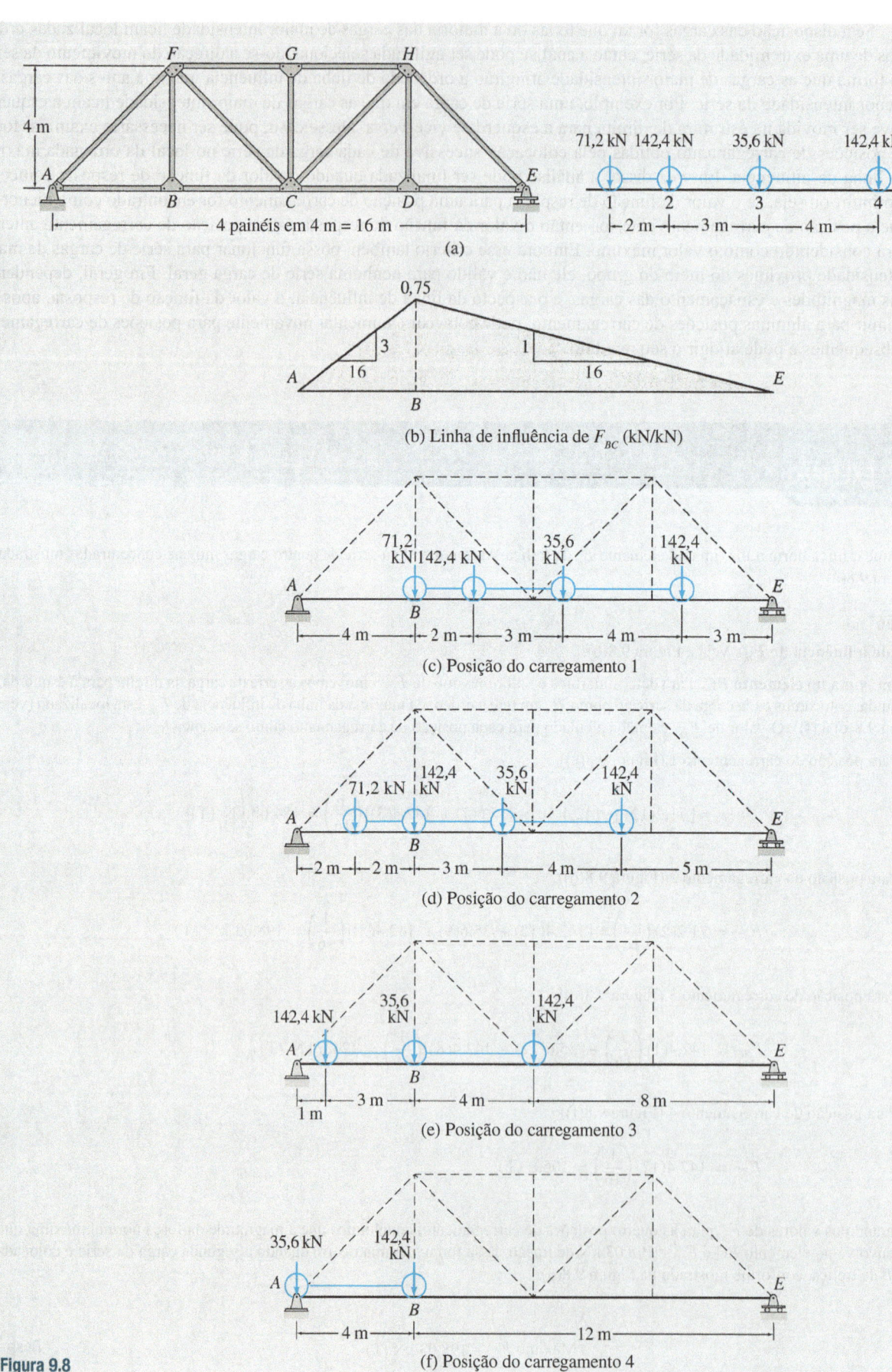

(c) Posição do carregamento 1

(d) Posição do carregamento 2

(e) Posição do carregamento 3

(f) Posição do carregamento 4

Figura 9.8

capítulo 9 — Aplicação das linhas de influência — 361

9.4 Resposta máxima absoluta

Até agora, consideramos a resposta máxima que pode ocorrer em *determinado local* na estrutura. Nesta seção, discutimos como determinar o valor *máximo absoluto* de uma função de resposta que pode ocorrer em qualquer local por toda a estrutura. Embora somente vigas apoiadas sejam consideradas nesta seção, os conceitos apresentados aqui podem ser usados para desenvolver procedimentos para análise de respostas máximas absolutas de outros tipos de estruturas.

Carga concentrada única

Considere a viga simplesmente apoiada mostrada na Figura 9.9(a). As linhas de influência do cortante e do momento fletor em uma seção arbitrária $a'a'$ a uma distância a da esquerda do apoio A são mostradas na Figura 9.9 (b) e (c), respectivamente. Lembre-se de que essas linhas de influência foram inicialmente desenvolvidas na Seção 8.1 (Figuras 8.2(e) e (f)).

Suponha que se deseje determinar o cortante máximo absoluto na viga devido a uma única carga concentrada em movimento de magnitude P.

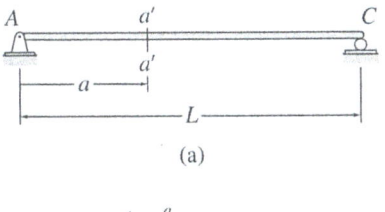

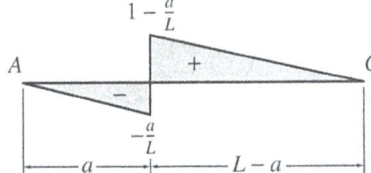

(a)

(b) Linha de influência do cortante na seção $a'a'$

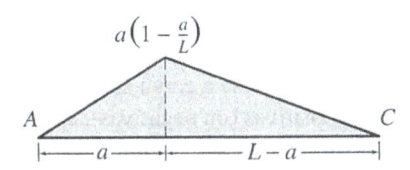

(c) Linha de influência do momento fletor na seção $a'a'$

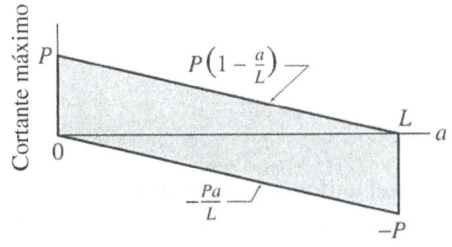

(d) Envoltória de cortantes máximos – carga concentrada única

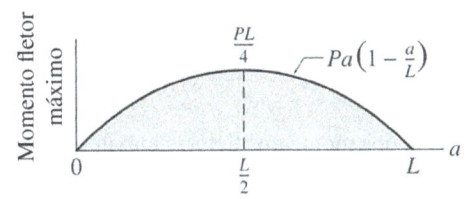

(e) Envoltória de momentos fletores máximos – carga concentrada única

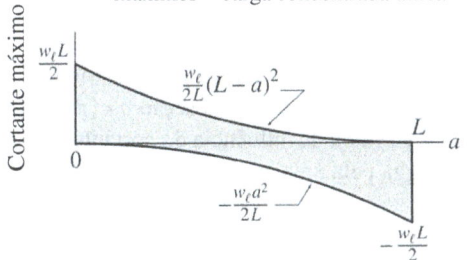

(f) Envoltória de cortantes máximos – carga uniformemente distribuída

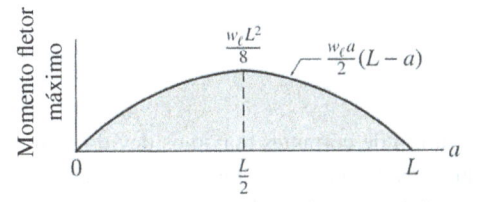

(g) Envoltória de momentos fletores máximos – carga uniformemente distribuída

Figura 9.9

Conforme discutido na Seção 9.1, o cortante máximo positivo na seção $a'a'$ é determinado pelo produto entre a magnitude de carga, P, e a ordenada positiva máxima, $1 - (a/L)$, da linha de influência do cortante na seção $a'a'$ (Figura 9.9(b)). Assim,

$$\text{o cortante máximo positivo} = P\left(1 - \frac{a}{L}\right) \tag{9.3}$$

Do mesmo modo, o cortante máximo negativo na seção $a'a'$ é fornecido por

$$\text{o cortante máximo positivo} = -\frac{Pa}{L} \tag{9.4}$$

Essas equações indicam que os cortantes máximos positivo e negativo em uma seção devido a uma única carga concentrada em movimento variam linearmente com a distância a da seção do apoio esquerdo A da viga. Uma composição de Equações (9.3) e (9.4), com o cortante máximo como ordenada, em função da distância a da seção como abscissa, é mostrada na Figura 9.9(d). Esse gráfico, ilustrando a variação do valor máximo de uma função de resposta como uma função da posição da seção, é referido como a *envoltória dos valores máximos de uma função de resposta*. Uma envoltória de valores máximos de uma função de resposta fornece um meio conveniente de determinar o valor máximo absoluto da função de resposta, bem como sua localização. Pode-se observar na envoltória de cortantes máximos (Figura 9.9(d)) que em uma viga simplesmente apoiada submetida à carga concentrada móvel em P, o cortante máximo absoluto se desenvolve nas seções apenas dentro dos apoios e apresenta a magnitude de P.

A envoltória dos momentos fletores máximos devido a uma única carga concentrada em movimento P pode ser gerada de maneira semelhante. Usando a linha de influência do momento fletor na seção arbitrária $a'a'$ fornecida na Figura 9.9(c), determinamos a expressão para o momento fletor máximo na seção $a'a'$ como

$$\text{momento fletor máximo} = Pa\left(1 - \frac{a}{L}\right) \tag{9.5}$$

A envoltória dos momentos fletores máximos construída pelo desenho da Equação (9.5) é mostrada na Figura 9.9(e). Pode-se observar que o momento fletor máximo absoluto ocorre no meio do vão da viga e apresenta a magnitude $PL/4$.

Carga distribuída uniformemente

Em seguida, determinemos o cortante e o momento fletor máximos absolutos na viga apoiada da Figura 9.9(a) devido à carga móvel uniformemente distribuída de intensidade w_ℓ. Conforme discutido na Seção 9.2, o cortante máximo positivo (ou negativo) na seção $a'a'$ pode ser obtido posicionando-se a carga sobre a porção da viga em que as ordenadas da linha de influência do cortante (Figura 9.9(b)) são positivas (ou negativas), e multiplicando-se a intensidade da carga pela área da linha de influência sob a porção carregada da viga. Assim,

$$\text{o cortante máximo positivo} = \frac{w_\ell}{2L}(L - a)^2 \tag{9.6}$$

$$\text{o cortante máximo positivo} = -\frac{w_\ell a^2}{2L} \tag{9.7}$$

A envoltória de cortantes máximos devido a uma carga móvel uniformemente distribuída, construída desenhando-se as Equações (9.6) e (9.7), é mostrada na Figura 9.9(f). Pode-se observar que o cortante máximo absoluto se desenvolve nas seções mais internas dos apoios e apresenta uma magnitude $w_\ell L/2$.

Para determinarmos a expressão do momento fletor máximo na seção $a'a'$, multiplicamos a intensidade da carga, w_ℓ, pela área da linha de influência do momento fletor (Figura 9.9(c)), para obtermos

$$\text{momento fletor máximo} = \frac{w_\ell a}{2}(L - a) \tag{9.8}$$

capítulo 9 Aplicação das linhas de influência   363

A envoltória dos momentos fletores máximos devido a uma carga móvel uniformemente distribuída, construída desenhando-se a Equação (9.8), é mostrada na Figura 9.9(g). Pode-se observar que o momento fletor máximo absoluto ocorre no meio do vão da viga e apresenta a magnitude $w_\ell L^2/8$.

Séries de cargas concentradas

O valor máximo absoluto de uma função de resposta em qualquer estrutura sujeita a uma série de cargas concentradas em movimento ou qualquer outra condição de carga móvel pode ser determinado a partir da envoltória de valores máximos da função de resposta. Esse tipo de envoltória pode ser construído avaliando-se os valores máximos da função de resposta em algumas porções ao longo do comprimento da estrutura usando os procedimentos descritos nas Seções 9.1 a 9.3, e desenhando-se os valores máximos. Devido à quantidade considerável de cálculo e esforço envolvido, exceto para algumas estruturas simples, a análise de resposta máxima absoluta geralmente é executada com o uso de computadores. Na seção seguinte, discutimos os métodos diretos que geralmente são empregados para determinar os cortantes e momentos fletores máximos absolutos em vigas apoiadas sujeitas a uma série de cargas concentradas em movimento.

Como no caso da carga concentrada única e cargas uniformemente distribuídas, o cortante máximo absoluto em uma viga apoiada devido a uma série de cargas concentradas em movimento sempre ocorre em seções justamente dentro dos apoios. Da linha de influência do cortante em uma seção arbitrária $a'a'$ de uma viga apoiada mostrada na Figura 9.9(b), podemos ver que para encontrar o cortante máximo positivo na seção, precisamos colocar o máximo possível de cargas da série na parte da viga em que a linha de influência está positiva e o mínimo possível de cargas na parte em que a linha de influência está negativa. Além disso, como a seção $a'a'$ é deslocada na direção do apoio esquerdo da viga, o valor do cortante máximo positivo aumentará continuamente, porque o comprimento e a ordenada da parte positiva da linha de influência aumentarão, ao passo que os da parte negativa diminuirão. Assim, o cortante máximo positivo absoluto ocorrerá quando a seção $a'a'$ estiver localizada imediatamente à direita do apoio esquerdo A. Usando o mesmo raciocínio, isso pode mostrar que o cortante máximo negativo absoluto ocorre em uma seção localizada imediatamente à esquerda do apoio direito C da viga apoiada. Já que o local do cortante máximo absoluto é conhecido, o procedimento para calcular a resposta máxima em uma seção, devido a uma série de cargas concentradas, desenvolvido na Seção 9.3, pode ser empregado para determinar a magnitude do cortante máximo absoluto. Como a linha de influência do cortante dentro do apoio esquerdo é idêntica à linha de influência da reação no apoio esquerdo, este último pode ser convenientemente usado para determinar a magnitude do cortante máximo absoluto.

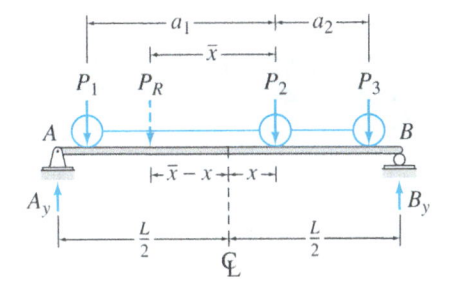

Figura 9.10

Para determinar o local do momento fletor máximo absoluto, considere a viga simplesmente apoiada submetida a uma série arbitrária de cargas concentradas móveis P_1, P_2, e P_3, como mostrado na Figura 9.10. A resultante das cargas P_1, P_2 e P_3 é indicada por P_R, que fica localizada a uma distância x da carga P_2, como mostrado na figura. O diagrama do momento fletor da viga consiste em segmentos de linha reta entre os pontos de carga, independentemente da posição das cargas, de modo que o momento fletor máximo absoluto ocorre sob uma das cargas. Considerando que o momento fletor máximo absoluto ocorra sob a carga P_2, nosso objetivo é determinar sua posição x a partir do meio do vão da viga, como mostrado na figura. Aplicando-se a equação de equilíbrio $\sum M_B = 0$ e usando a resultante P_R em vez das cargas individuais na equação de equilíbrio, determinamos a reação vertical A_y

$$+\circlearrowleft \sum M_B = 0$$

$$-A_y(L) + P_R\left(\frac{L}{2} + \bar{x} - x\right) = 0$$

$$A_y = P_R\left(\frac{1}{2} + \frac{\bar{x}}{L} - \frac{x}{L}\right)$$

Portanto, o momento fletor sob a carga P_2 é dado por

$$M_2 = A_y\left(\frac{L}{2} + x\right) - P_1 a_1$$

$$= P_R\left(\frac{1}{2} + \frac{\bar{x}}{L} - \frac{x}{L}\right)\left(\frac{L}{2} + x\right) - P_1 a_1$$

$$= P_R\left(\frac{L}{4} + \frac{\bar{x}}{2} + \frac{x\bar{x}}{L} - \frac{x^2}{L}\right) - P_1 a_1$$

Para M_2 ser máximo, sua derivada com relação a x deve ser nula; ou seja,

$$\frac{dM_2}{dx} = P_R\left(\frac{\bar{x}}{L} - \frac{2x}{L}\right) = 0$$

do qual obtemos

$$x = \frac{\bar{x}}{2} \tag{9.9}$$

Com base na Equação (9.9), podemos concluir que *em uma viga apoiada sujeita a uma série de cargas concentradas móveis, o momento fletor máximo se desenvolve sob a carga quando o meio do vão da viga fica localizado na metade da distância entre a carga e a resultante de todas as cargas na viga.* Aplicando esse critério, um momento fletor máximo pode ser calculado para cada carga que atua sobre a viga. O maior dos momentos fletores máximos obtidos é, portanto, o momento fletor máximo absoluto. Entretanto, em geral, não é necessário examinar todas as cargas que atuam sobre a viga, já que o momento fletor máximo absoluto geralmente ocorre sob a carga mais próxima da resultante, desde que ela seja de magnitude igual ou superior à próxima carga adjacente. Caso contrário, os momentos fletores máximos devem ser calculados para as duas cargas adjacentes à resultante e comparados entre si para se obter o momento fletor máximo absoluto.

EXEMPLO 9.5

Determine o momento fletor máximo absoluto na viga apoiada devido às cargas da roda de um caminhão HS2-44 mostrado na Figura 9.11(a).

Solução

Resultado da série de cargas. A magnitude da resultante é obtida somando-se as magnitudes das cargas da série. Assim,

$$P_R = \sum P_i = 18 + 72 + 72 = 160{,}2 \text{ kN}$$

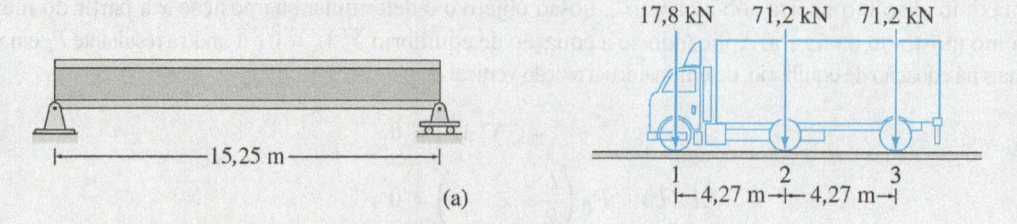

Figura 9.11 (*continua*)

capítulo 9 Aplicação das linhas de influência 365

$P_R = 160,2$ kN

17,8 kN 71,2 kN 71,2 kN

1   2   3

|— 4,27 m —|— 2,85 m —|

1,42 m

(b)

₵ 0,71 m
|— 6,91 m —|
$P_R = 160,2$ kN

17,8 kN 71,2 kN   71,2 kN

A   1   2   3   B

A_y ↑2,64 m   0,71 m
|— 4,27 m —|— 3,56 m —|— 4,08 m —|
|—— 7,63 m ——|—— 7,63 m ——|

(c)

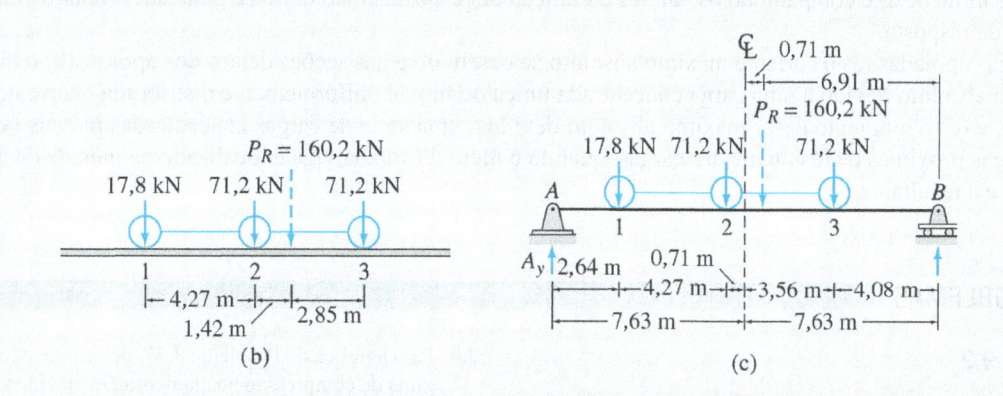

Figura 9.11

A posição da resultante pode ser determinada usando-se a condição de que o momento da resultante sobre um ponto se iguala à soma dos momentos das cargas individuais sobre o mesmo ponto. Assim, somando o momento sobre a carga da roda do caminhão de 71,2 kN, temos

$$P_R(\bar{x}) = \sum P_i x_i$$

$$160,2(\bar{x}) = 17,8(8,54) + 71,2(4,27)$$

$$\bar{x} = 2,85 \text{ m}$$

Momento fletor máximo absoluto. Na Figura 9.11(b), observamos que a segunda carga das séries (a carga da roda de trás de 71,2 kN) fica localizada mais próxima do resultado. Assim, o momento fletor máximo absoluto ocorre sob a segunda carga, quando a série é posicionada sobre a viga de forma que o meio do vão da viga fica localizado na metade da distância entre a carga e a resultante. A resultante está localizada a 1,42 m da direita da segunda carga (Figura 9.11(b)), de modo que posicionamos esta carga a uma distância de 1,42/2 = 0,71 m à esquerda do meio do vão da viga, como mostrado na Figura 9.11(c). Em seguida, calculamos a reação vertical em A como

$$A_y = 160,2 \left(\frac{6,91}{15,25} \right) = 72,59 \text{ kN}$$

Portanto, o momento fletor máximo absoluto, que ocorre sob a segunda carga da série, é

momento fletor máximo absoluto = M_2 = 72,59(2,64 + 4,27) − 17,8(4,27)

= 425,59 kN · m   **Resp.**

Resumo

Neste capítulo, aprendemos que o valor de uma função de resposta devido a uma carga concentrada única pode ser obtido multiplicando-se a magnitude da carga pela ordenada da linha de influência da função de resposta na posição da carga. Para determinar o valor máximo positivo (ou negativo) de uma função de resposta devido a uma carga concentrada única móvel, a carga deve ser colocada no local da ordenada máxima positiva (ou negativa) da linha de influência da função de resposta.

O valor de uma função de resposta devido à carga móvel uniformemente distribuída sobre uma porção da estrutura pode ser obtida multiplicando-se a intensidade da carga pela área líquida sob a porção correspondente da linha de influência da função de respostas. Para se determinar o valor máximo positivo (ou negativo) da função de resposta devido a uma carga móvel uniformemente distribuída, a carga deve ser colocada sobre essas porções da estrutura, sendo as ordenadas da linha de influência da função de resposta positivas (ou negativas).

O valor máximo de uma função de resposta em determinado local na estrutura, devido a uma série de cargas concentradas móveis, pode ser determinado colocando-se sucessivamente cada carga da série sobre a estrutura no local da ordenada máxima da linha de influência da função de resposta, calculando o valor da função de resposta para cada posição da série, somando algebricamente os produtos entre as magnitudes da carga e as respectivas ordenadas da linha de influência, e comparando os valores da função de resposta então obtidos, para determinar o valor máximo da função de resposta.

Nas vigas apoiadas (a) o cortante máximo absoluto se desenvolve nas seções dentro dos apoios, (b) o momento fletor máximo absoluto devido a uma carga concentrada única ou móvel uniformemente distribuída ocorre no meio do vão da viga, e (c) o momento fletor máximo absoluto devido a uma série de cargas concentradas móveis ocorre sob uma das cargas próximas da resultante das cargas, quando o meio do vão da viga é localizado na metade da distância entre a carga e a resultante.

PROBLEMAS

Seções 9.1 e 9.2

9.1 Para a viga do Problema 8.6, determine o momento fletor negativo máximo no ponto B devido a uma carga móvel concentrada de 75 kN.

9.2 Para a viga do Problema 8.6, determine a reação ascendente máxima do apoio A devido a uma carga móvel uniformemente distribuída de 35 kN/m.

9.3 Para a viga do Problema 8.6, determine o cortante máximo negativo no ponto B devido a uma carga móvel uniformemente distribuída de 35 kN/m.

9.4 Para a viga do Problema 8.7, determine os cortantes máximos positivo e negativo e os momentos fletores máximos positivo e negativo no ponto C devido a uma carga móvel concentrada de 100 kN, uma carga móvel uniformemente distribuída de 50 kN/m, e uma carga permanente uniformemente distribuída de 20 kN/m.

9.5 Para a viga em balanço do Problema 8.5, determine a reação vertical ascendente máxima e o momento de reação máximo no sentido anti-horário no apoio A devido a uma carga móvel concentrada de 100 kN, uma carga móvel uniformemente distribuída de 50 kN/m, e uma carga permanente uniformemente distribuída de 20 kN/m.

9.6 Para a viga do Problema 8.10, determine os cortantes máximos positivo e negativo e os momentos fletores máximos positivo e negativo no ponto C devido a uma carga móvel concentrada de 150 kN, uma carga móvel uniformemente distribuída de 50 kN/m, e uma carga permanente uniformemente distribuída de 25 kN/m.

9.7 Para a viga do Problema 8.23, determine os cortantes máximos positivo e negativo e os momentos fletores máximos positivo e negativo no ponto D devido a uma carga móvel concentrada de 120 kN, uma carga móvel uniformemente distribuída de 42 kN/m, e uma carga permanente uniformemente distribuída de 14 kN/m.

9.8 Para a viga do Problema 8.27, determine os cortantes máximos positivo e negativo e os momentos fletores máximos positivo e negativo no ponto E devido a uma carga móvel concentrada de 160 kN, uma carga móvel uniformemente distribuída de 28 kN/m, e uma carga permanente uniformemente distribuída de 14 kN/m.

9.9 Para a treliça do Problema 8.47, determine a força normal máxima de compressão no elemento GH devido a uma carga móvel concentrada de 120 kN, uma carga móvel uniformemente distribuída de 28 kN/m, e uma carga permanente uniformemente distribuída de 14 kN/m.

9.10 Para a treliça do Problema 8.50, determine a força normal máxima de tração no elemento BE e a força normal máxima de compressão no elemento BF devido a uma carga móvel concentrada de 120 kN, uma carga móvel uniformemente distribuída de 40 kN/m, e uma carga permanente uniformemente distribuída de 20 kN/m.

9.11 Para a treliça do Problema 8.51, determine as forças normais máximas de tração e de compressão no elemento DI devido a uma carga móvel concentrada de 160 kN, uma carga móvel uniformemente distribuída de 56 kN/m, e uma carga permanente uniformemente distribuída de 28 kN/m.

Seção 9.3

9.12 Para a viga do Problema 8.2, determine o cortante máximo positivo e o momento fletor máximo positivo no ponto B devido a cargas de roda do caminhão H20–44 em movimento mostradas na Figura P9.12.

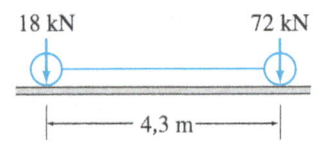

Figuras P9.12, P9.20

9.13 Para a viga do Problema 8.3, determine o cortante máximo positivo e o momento fletor máximo positivo no ponto B devido à série de três cargas concentradas móveis mostrada na Figura P9.13.

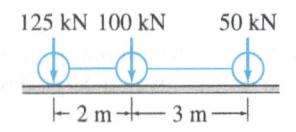

Figuras P9.13, P9.17, P9.18, P9.22

9.14 Para a viga do Problema 8.9, determine o momento fletor máximo positivo no ponto B devido à série de quatro cargas concentradas móveis mostrada na Figura P9.14.

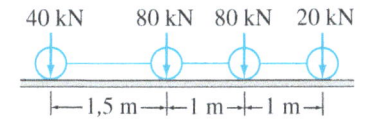

Figuras P9.14, P9.16, P9.19. P9.23

40 kN   80 kN   80 kN   20 kN
|—1,5 m—|—1 m—|—1 m—|

9.15 Para a viga do Problema 8.23, determine o momento fletor máximo positivo no ponto D devido às cargas de roda do caminhão HS15–44 em movimento mostrado na Figura P9.15.

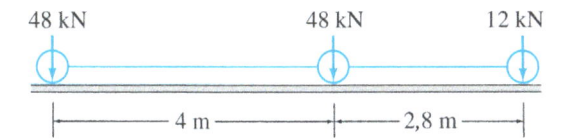

48 kN   48 kN   12 kN
|———4 m———|———2,8 m———|

Figuras P9.15, P9.21

9.16 Para a treliça do Problema 8.49, determine a força normal máxima de compressão no elemento GH devido à série de quatro cargas concentradas móveis mostrada na Figura P9.14.

9.17 Para a treliça do Problema 8.53, determine a força normal máxima de tração no elemento DI devido à série de três cargas concentradas móveis mostrada na Figura P9.13.

Seção 9.4

9.18 Determine o cortante máximo absoluto em uma viga apoiada com 15 m de comprimento devido à série de três cargas concentradas móveis mostrada na Figura P9.13.

9.19 Determine o cortante máximo absoluto em uma viga apoiada de 6 m de comprimento devido à série de quatro cargas concentradas móveis mostrada na Figura P9.14.

9.20 Determine o momento fletor máximo absoluto em uma viga apoiada de 12 m de comprimento devido a cargas da roda do caminhão H20–44 em movimento mostradas na Figura P9.12.

9.21 Determine o momento fletor máximo absoluto em uma viga apoiada de 15 m de comprimento devido a cargas da roda do caminhão HS15–44 em movimento mostrada na Figura P9.15.

9.22 Determine o momento fletor máximo absoluto em uma viga apoiada com 15 m de comprimento devido à série de três cargas concentradas móveis mostrada na Figura P9.13.

9.23 Determine o momento fletor máximo absoluto em uma viga apoiada com 6 m de comprimento devido à série de quatro cargas concentradas móveis mostrada na Figura P9.14.

10

Análise de estruturas simétricas

10.1 Estruturas simétricas
10.2 Componentes simétricas e antissimétricas dos carregamentos
10.3 Comportamento de estruturas simétricas sob carregamentos simétricos e antissimétricos
10.4 Procedimento para análise de estruturas simétricas
Resumo
Problemas

Taj Mahal, construído no século XVII em Agra, Índia
Luciano Mortula/Shutterstock.com.

Muitas estruturas, devido às considerações estéticas e/ou funcionais, são dispostas em formas simétricas. Desde que uma estrutura simétrica seja linearmente elástica, a resposta (ou seja, forças e deformações no elemento) da estrutura inteira sob carregamento geral, pode ser obtida a partir da resposta de uma de suas partes separadas pelos eixos de simetria. Assim, somente uma parte (geralmente a metade) da estrutura simétrica precisa ser analisada.

Neste capítulo, discutimos como reconhecer uma estrutura simétrica e como usá-la para reduzir o esforço computacional necessário na análise das estruturas simétricas.

Primeiro, definimos estruturas simétricas e depois discutimos carregamentos simétricos e antissimétricos. Nessa apresentação, desenvolvemos um procedimento para decompor um carregamento geral em componentes simétricas e antissimétricas. Em seguida, examinamos o comportamento das estruturas simétricas sob carregamentos simétricos e antissimétricos; por fim, apresentamos um procedimento passo a passo para análise de estruturas simétricas.

Embora a discussão neste capítulo se refira às estruturas com um único eixo de simetria, os conceitos desenvolvidos aqui podem ser estendidos para a análise de estruturas com vários eixos de simetria.

10.1 Estruturas simétricas

Reflexão

A definição de simetria pode ser desenvolvida usando-se o conceito de *reflexão* ou imagem de espelho. Considere uma estrutura localizada no plano xy, como mostrado na Figura 10.1(a). A reflexão da estrutura em torno do eixo y é obtida girando-se a estrutura 180° em torno do eixo y, como mostrado na Figura 10.1(b). Pode ser visto nas Figuras 10.1(a) e (b) que se as coordenadas de um ponto D da estrutura forem x_1 e y_1, então, as coordenadas desse ponto na reflexão da estrutura sobre o eixo y tornam-se $-x_1$ e y_1. A reflexão da estrutura em torno do eixo x pode ser obtida de maneira similar – ou seja, girando-se a estrutura em 180° em torno do eixo x, com mostrado na Figura 10.1(c). Observe que as coordenadas do ponto D na reflexão da estrutura com relação ao eixo x tornam-se x_1 e $-y_1$.

(b) Reflexão em torno do eixo y

(a) Estrutura real

(c) Reflexão em torno do eixo x

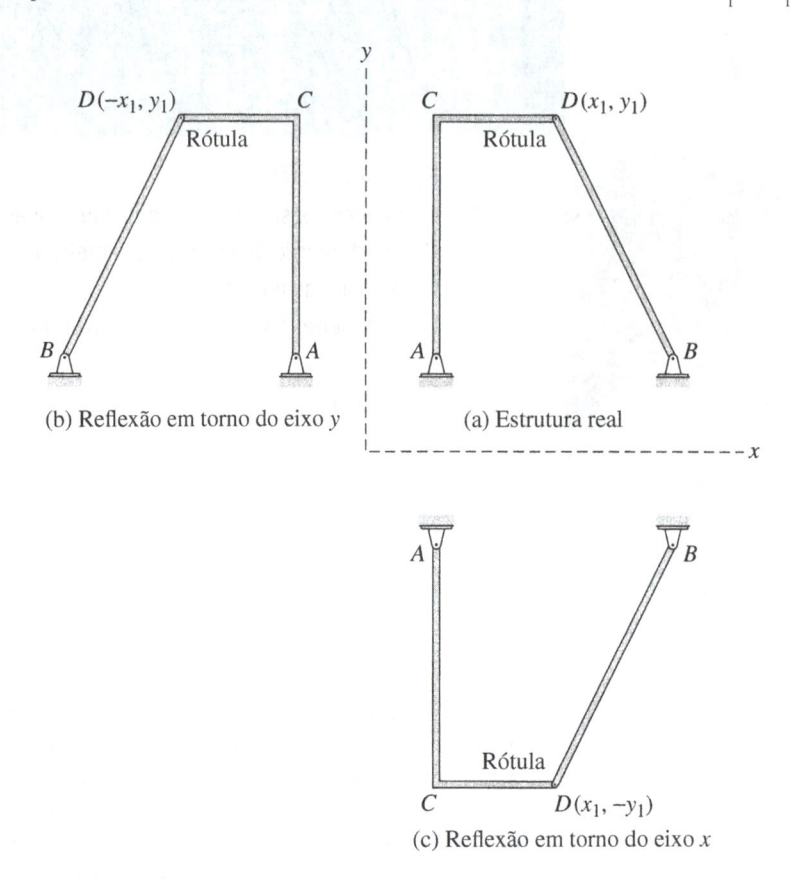

Figura 10.1

Com base na discussão apresentada, podemos perceber que a reflexão de uma estrutura em torno de um eixo s arbitrário pode ser obtida girando-se a estrutura em 180° em torno do eixo s. Alternativamente, a reflexão da estrutura pode ser obtida unindo-se as reflexões de seus diversos nós e/ou extremidades, as quais são obtidas alterando-se os sinais de suas coordenadas na direção perpendicular ao eixo s. Para ilustrar a última abordagem, considere a treliça mostrada na Figura 10.2(a). Suponha que desejemos determinar sua reflexão em torno do eixo y. Como mostrado na Figura 10.2(b), as reflexões dos cinco nós da treliça são primeiro determinadas alterando-se os sinais das coordenadas x dos nós. As reflexões dos nós estão, então, ligadas por linhas retas para obter a reflexão da treliça inteira. Observe que a reflexão do nó C, que está localizada sobre o eixo y, está na mesma posição do próprio nó C.

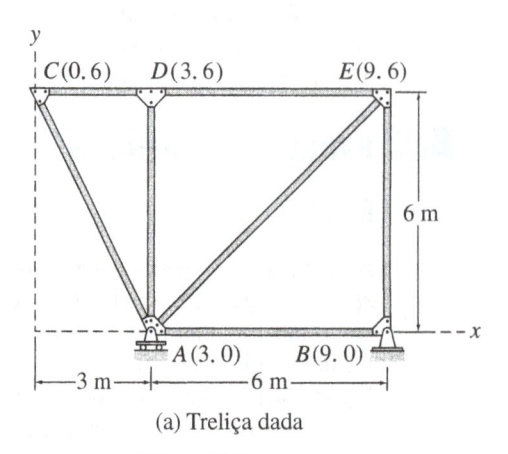

(a) Treliça dada

Figura 10.2 (*continua*)

E(–9. 6)   D(–3. 6)   C(0. 6)

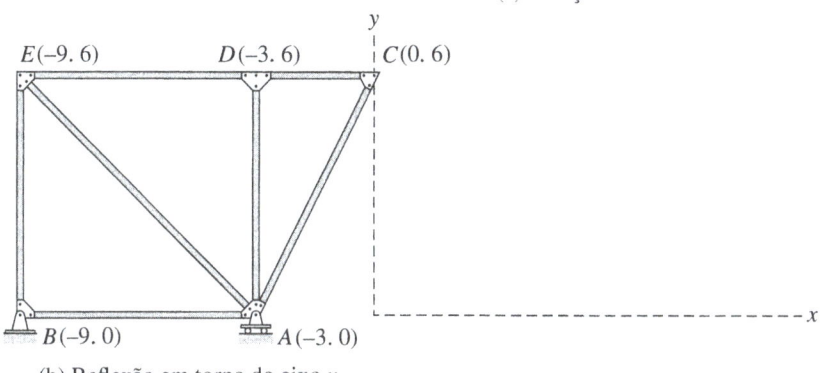

B(–9. 0)   A(–3. 0)

(b) Reflexão em torno do eixo y

Figura 10.2

Estruturas simétricas

Uma estrutura plana é considerada simétrica com relação a um eixo de simetria em seu plano se a reflexão da estrutura em torno do eixo for idêntica na geometria, apoios e propriedades do material da própria estrutura.

Alguns exemplos de estruturas simétricas estão mostrados na Figura 10.3. Para cada estrutura, o eixo de simetria é identificado como o eixo s. Observe que a reflexão de cada estrutura em torno do seu eixo de simetria é idêntica em geometria, apoios e propriedades do material da própria estrutura.

Embora o conceito de reflexão forneça meios matematicamente precisos para definir simetria, geralmente não é necessário desenhar a reflexão de uma estrutura para determinar se ela é simétrica ou não. Em vez disso, a maior parte das estruturas simétricas pode ser identificada pela inspeção – ou seja, simplesmente comparando a geometria, apoios e propriedades do material das duas metades da estrutura em cada lado do eixo de simetria. Considerando-se uma das estruturas da Figura 10.3, se imaginarmos que uma metade dela em ambos os lados do eixo de simetria seja girada em 180° em torno do eixo de simetria, ela irá sobrepor exatamente a outra metade da estrutura, indicando que a estrutura é simétrica.

Como afirmado anteriormente, uma estrutura, em geral, é considerada simétrica se sua geometria, apoios e propriedade do material forem simétricos com relação ao eixo de simetria. Entretanto, quando examinamos a simetria estrutural para fins de análise, é necessário considerar a simetria somente das propriedades estruturais que possuem um efeito sobre os resultados desse determinado tipo de análise. Em outras palavras, uma estrutura pode ser considerada simétrica para fins de análise se suas propriedades estruturais que apresentam efeito sobre os resultados da análise forem simétricas.

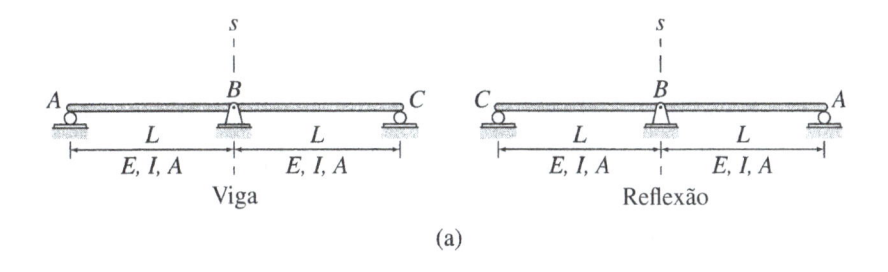

(a) Viga / Reflexão

Figura 10.3 Exemplos de estrututas simétricas. (*continua*)

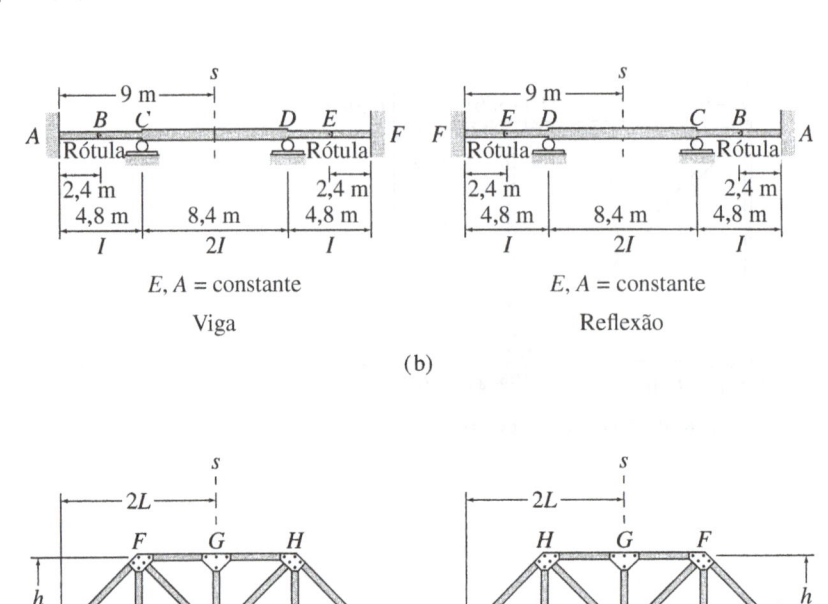

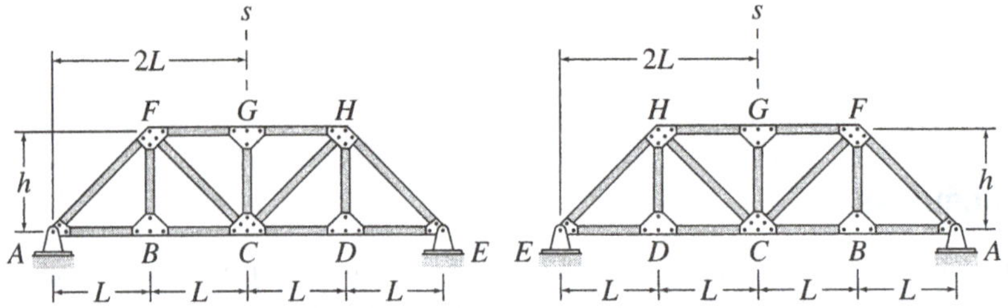

372 Análise Estrutural

E, A = constante
Viga

E, A = constante
Reflexão

(b)

E, A = constante
Treliça

E, A = constante
Reflexão

(c)

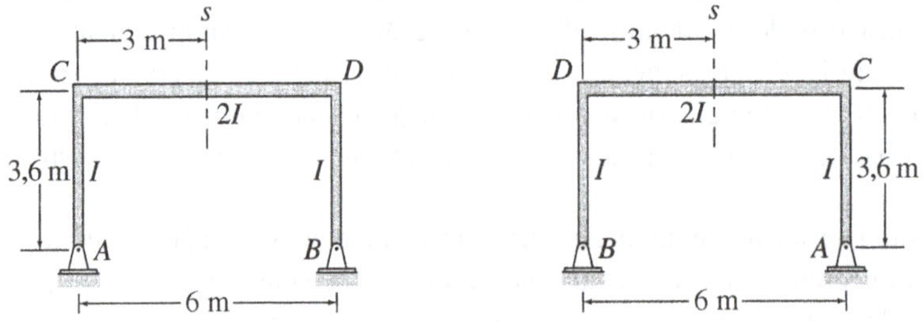

E, A = constante
Momentos fletores (M)

E, A = constante
Reflexão

(d)

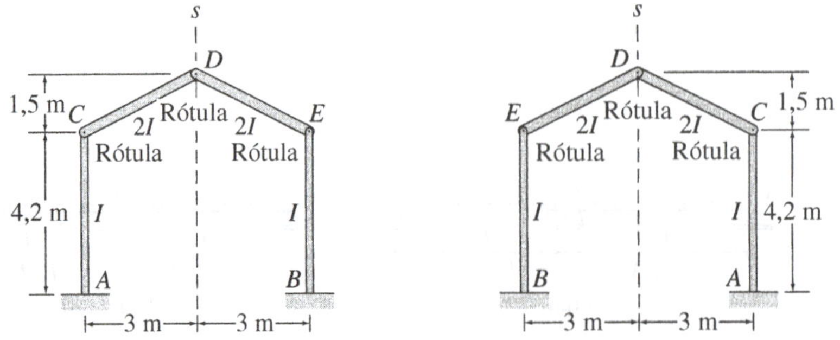

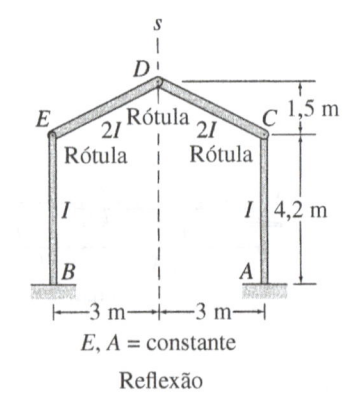

E, A = constante
Pórtico

E, A = constante
Reflexão

(e)

Figura 10.3 (*continua*)

capítulo 10   Análise de estruturas simétricas

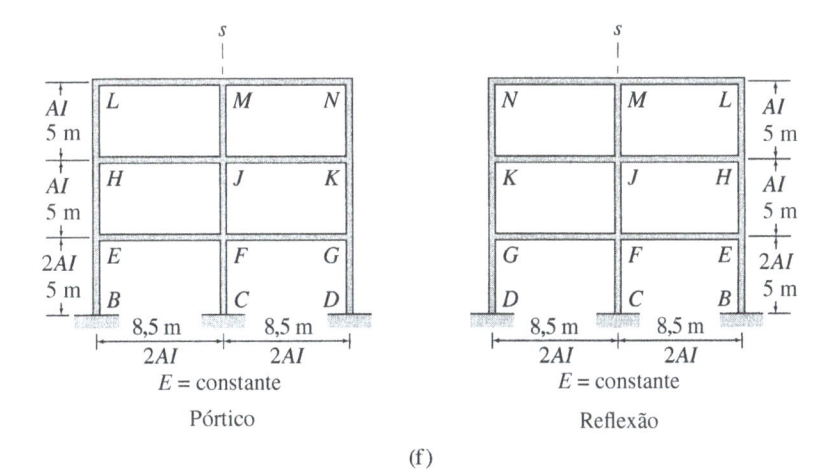

Figura 10.3 (f)

Considere, por exemplo, a treliça estaticamente determinada sujeita a cargas verticais, como mostrado na Figura 10.4. Podemos ver na figura que a geometria da treliça (ou seja, as dimensões da treliça e a disposição dos elementos da treliça) e suas propriedades dos materiais e da seção transversal (E e A) são simétricas com relação ao eixo s, mas os apoios violam a simetria porque o apoio rotulado em A pode exercer reações horizontais e verticais, ao passo que o apoio de rolete em C pode exercer somente uma reação vertical. No entanto, a treliça pode ser considerada simétrica quando sujeita a cargas verticais somente porque, sob tais cargas, a reação horizontal no apoio rotulado será ($A_x = 0$); portanto, não terá efeito algum sobre a resposta (ou seja, forças normais no elemento e flechas) da treliça. Todavia, essa treliça não pode ser considerada simétrica quando sujeita a qualquer carga horizontal.

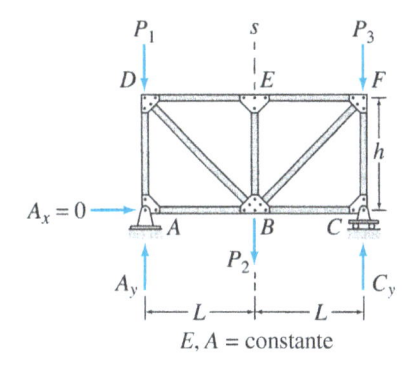

Figura 10.4

EXEMPLO 10.1

A treliça mostrada na Figura 10.5(a) deve ser analisada para se determinar suas forças normais no elemento e flechas devido a um sistema geral de cargas que atuam nos nós. A treliça pode ser considerada simétrica para essa análise?

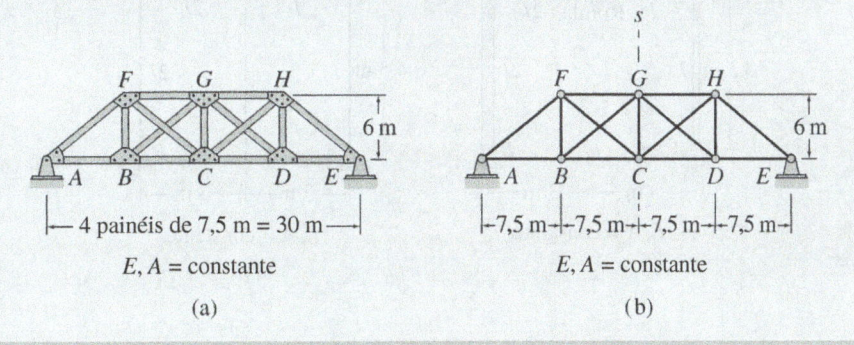

Figura 10.5

Análise Estrutural

Solução
Podemos ver na Figura 10.5(b) que as dimensões, a disposição dos elementos, as propriedades materiais e da seção transversal (E e A), e os apoios da respectiva treliça são todos simétricos com relação ao eixo s vertical por todo o elemento CG da treliça. Assim, a treliça é simétrica com relação ao eixo s.

Resp.

EXEMPLO 10.2

A treliça mostrada na Figura 10.6(a) deve ser analisada para se determinar as forças na extremidade dos elementos e flechas devido a uma carga vertical mostrada. A treliça pode ser considerada simétrica para a análise?

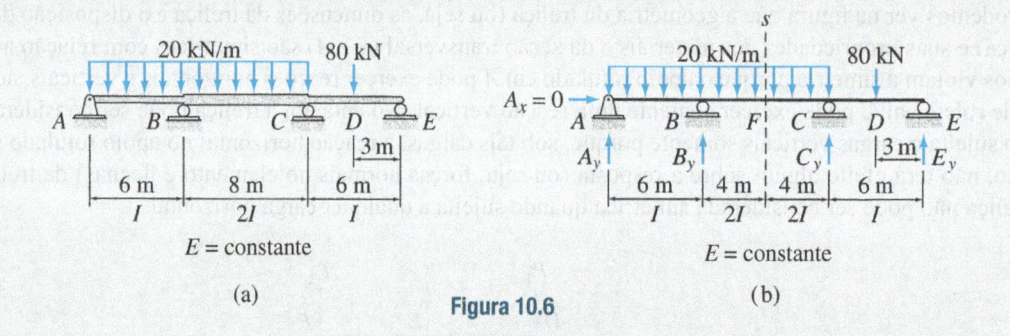

Figura 10.6

Solução
Podemos ver na Figura 10.6(b) que as dimensões e propriedades (E e I) da viga são simétricas em relação ao eixo s vertical, que passa pelo ponto no meio do vão da viga F, mas os apoios não são simétricos porque o apoio rotulado em A pode desenvolver reações horizontais e verticais, ao passo que os apoios de roletes em B, C e E podem desenvolver somente reações verticais. Entretanto, a viga pode ser considerada simétrica sob cargas verticais porque a reação horizontal em A é nula ($A_x = 0$); portanto, ela não terá efeito algum sobre as forças na extremidade do elemento e flechas na viga.

Resp.

EXEMPLO 10.3

O pórtico mostrado na Figura 10.7(a) deve ser analisado para se determinar suas forças na extremidade dos elemento e flechas devido a um sistema geral de cargas. O pórtico pode ser considerado simétrico?

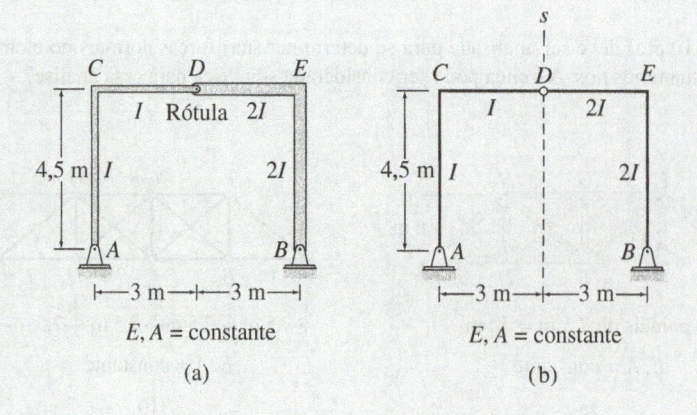

Figura 10.7

Solução

Da Figura 10.7(b) podemos ver que, embora a geometria e apoios do pórtico sejam simétricos com relação ao eixo *s* vertical que passa pela rótula interna *D*, seu momento de inércia (*I*) não é simétrico. Como o pórtico é estaticamente determinado, suas forças na extremidade dos elementos são independentes das propriedades materiais e da seção transversal (*E*, *I* e *A*); portanto, o pórtico pode ser considerado simétrico para fins de análise de suas forças nos elementos. Entretanto, esse pórtico não pode ser considerado simétrico para análise de flechas, que dependem dos momentos de inércia dos elementos do pórtico. **Resp.**

10.2 Componentes simétricas e antissimétricas dos carregamentos

Com discutido na seção anterior de estruturas, a reflexão de um sistema de forças (ou flechas) em torno de um eixo pode ser obtida girando-se o sistema de força (ou flechas) em 180° em torno do eixo. Considere um sistema de forças e momentos, F_x, F_y e M, que atua em um ponto *A* no plano *xy*, como mostrado na Figura 10.8(a). As reflexões do sistema de força sobre os eixos *y* e *x* estão nas Figuras 10.8(b) e (c), respectivamente. Como mostrado nessas figuras, as reflexões do momento *M* de sentido anti-horário estão em sentido horário. Em contrapartida, as reflexões de um momento em sentido horário sempre aparecerão em sentido anti-horário. As reflexões das flechas Δ_x e Δ_y e a rotação θ do ponto *A* (Figura 10.8(a)) podem ser obtidas de maneira semelhante e também estão indicadas nas Figuras 10.8(b) e (c).

Carregamentos simétricos

Uma estrutura plana é considerada simétrica com relação a um eixo em seu plano se a reflexão da carga em torno do eixo for idêntica na própria estrutura.

Alguns exemplos de carregamentos simétricos estão mostrados na Figura 10.9. A reflexão de cada carga em torno do seu eixo de simetria também está na figura para verificação. Entretanto, geralmente não é necessário desenhar as reflexões, já que a maioria dos carregamentos pode ser identificada como simétrica, ou não, por inspeção.

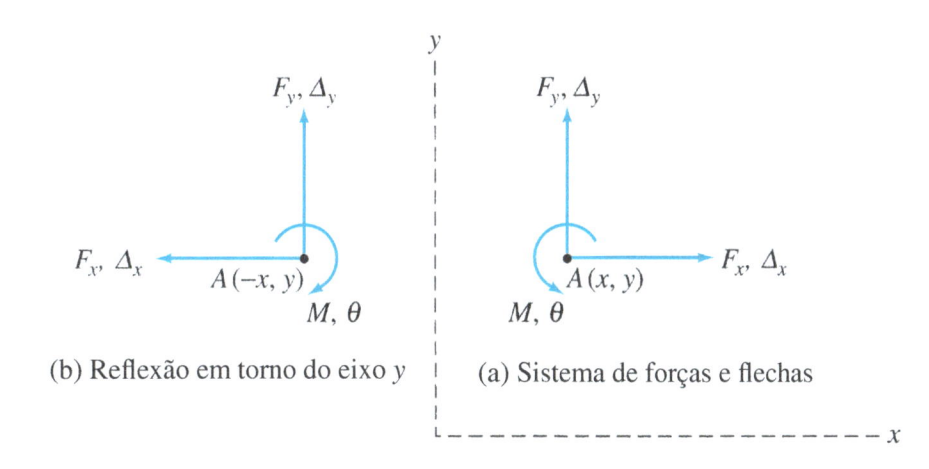

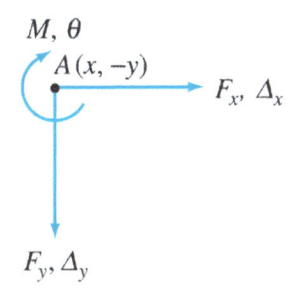

(b) Reflexão em torno do eixo *y*

(a) Sistema de forças e flechas

(c) Reflexão em torno do eixo *x*

Figura 10.8

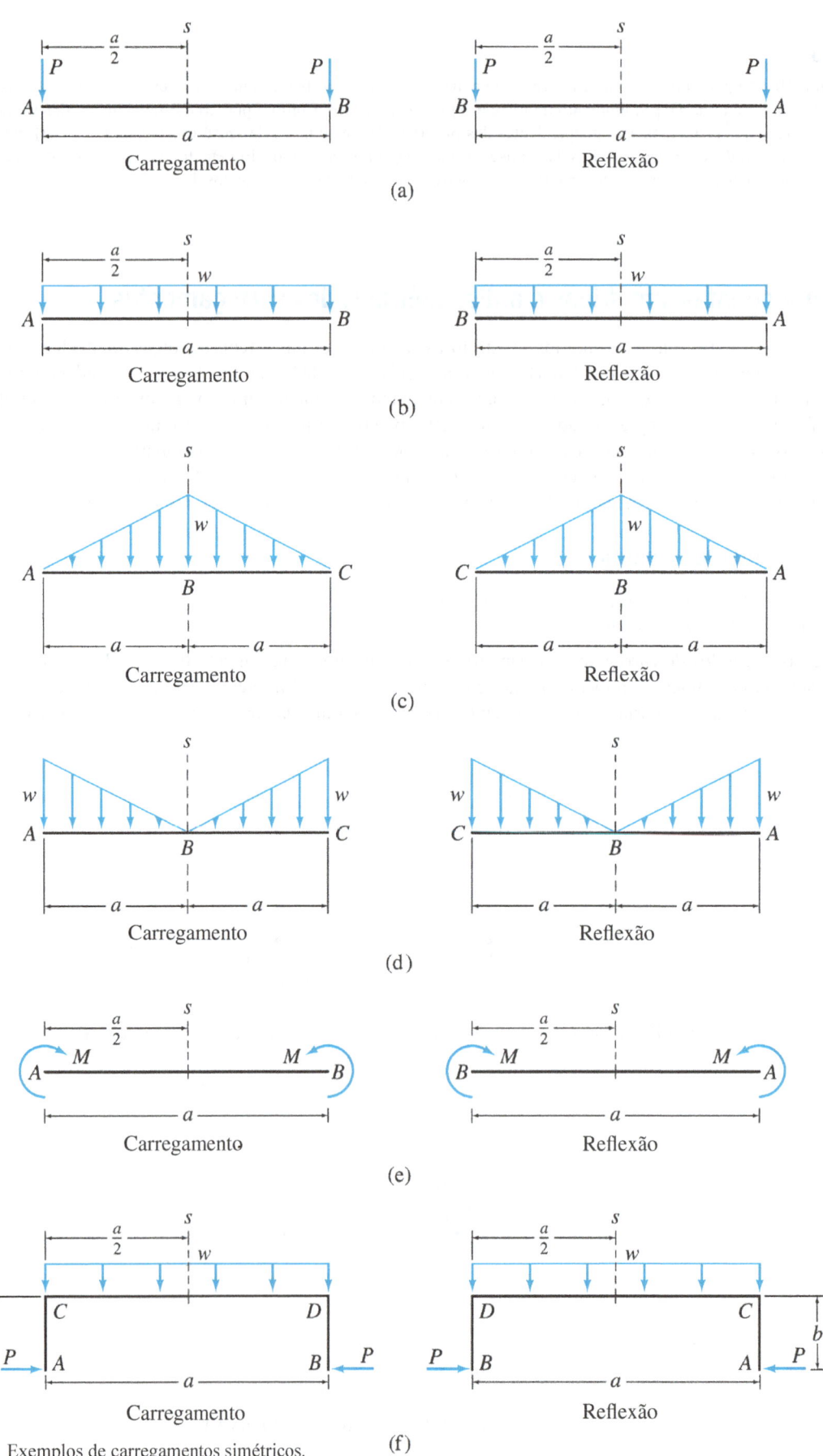

Figura 10.9 Exemplos de carregamentos simétricos.

Carregamentos antissimétricos

Um carregamento é considerado antissimétrico com relação a um eixo em seu plano se o inverso da reflexão da carga em torno do eixo for idêntico na própria estrutura.

Alguns exemplos de carregamentos antissimétricos estão mostrados na Figura 10.10. Para cada caso de carga, a reflexão e o inverso da reflexão também estão na figura. O inverso de uma reflexão é obtido simplesmente revertendo as direções de todas as forças e os momentos na reflexão. Pode ser visto na figura que o inverso da reflexão de cada carga em torno de seu eixo s é idêntico à carga em si.

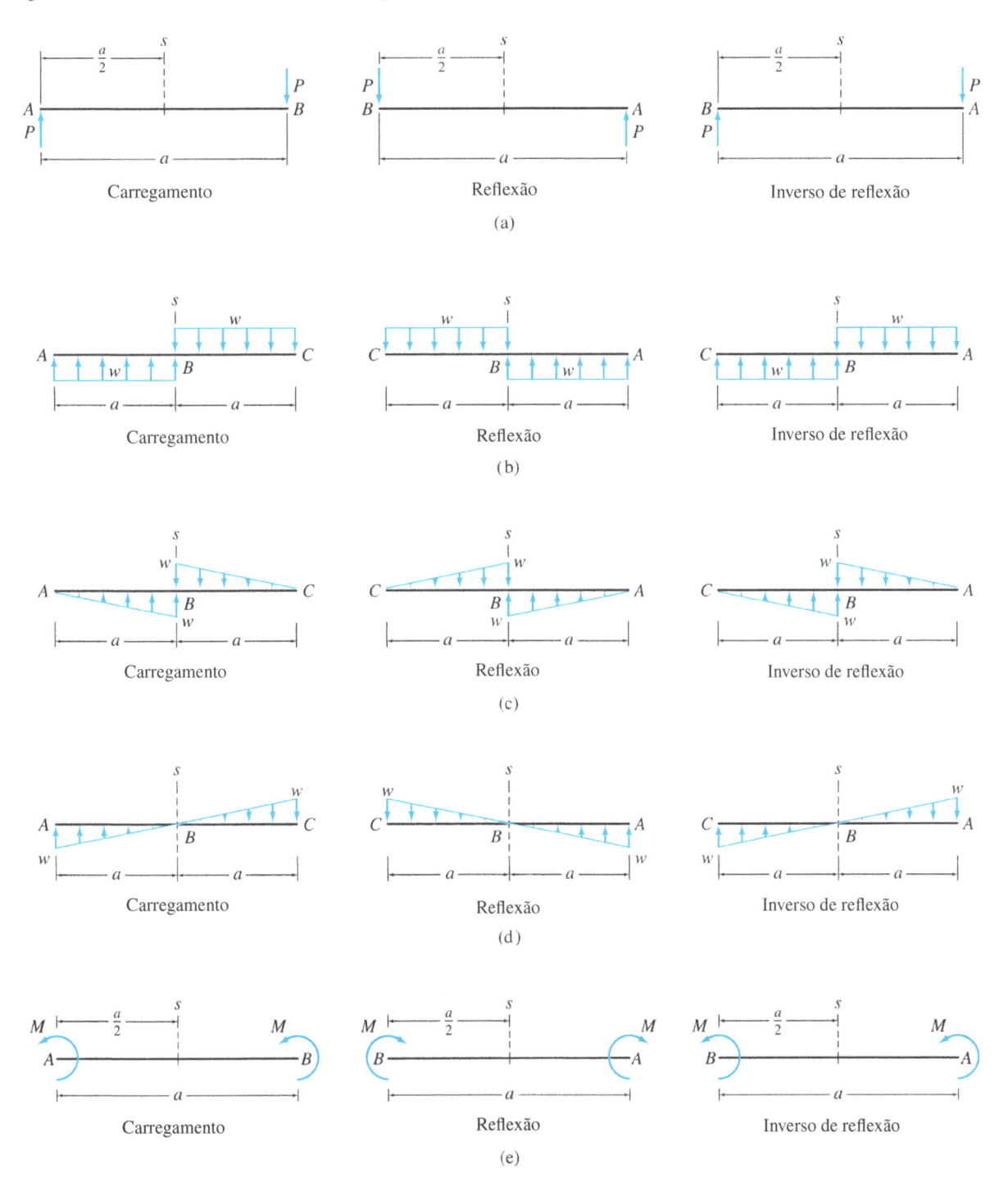

Figura 10.10 Exemplos de carregamentos antissimétricos. (*continua*).

[Figuras - Carregamento / Reflexão / Inverso de reflexão]

(f)

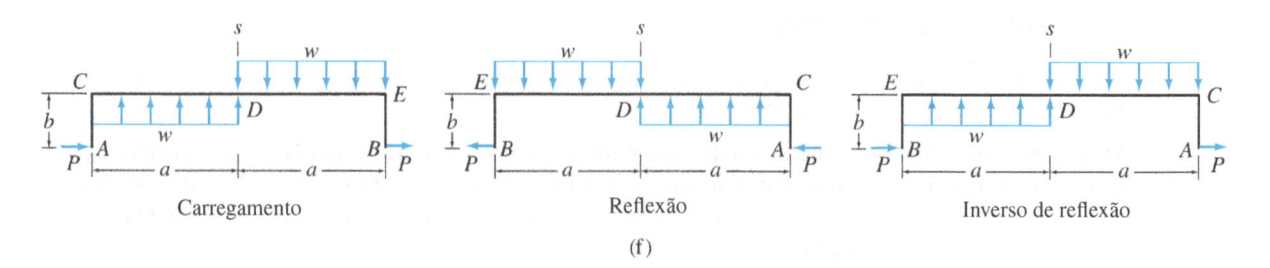

Figura 10.10

Decomposição de um carregamento geral em componentes simétricas e antissimétricas

Qualquer carregamento geral pode ser decomposto em componentes simétricas e antissimétricas com relação a um eixo aplicando-se o seguinte procedimento:

1. Divida as magnitudes das forças e/ou momentos do carregamento dado por 2 para obter a metade de carga.
2. Desenhe uma reflexão da metade da carga sobre o eixo especificado.
3. Determine a componente simétrica do carregamento dado adicionando a metade da carga à sua reflexão.
4. Determine a componente antissimétrica do carregamento dado subtraindo a componente simétrica do carregamento do carregamento dado.

Para ilustrar esse procedimento, considere o carregamento não simétrico mostrado na Figura 10.11(a). Suponha que desejemos determinar as componentes dessa carga, que são simétricas e antissimétricas com relação a um eixo s localizado de forma arbitrária como mostrado na figura. Desejamos calcular a metade da carga dividindo as magnitudes das cargas distribuídas e concentradas por 2 (Figura 10.11(b)). A reflexão dessa metade da carga em torno do eixo s é então representada, como mostra a Figura 10.11(c). A componente simétrica do carregamento dado é determinada adicionando-se a metade da carga (Figura 10.11(b)) à sua reflexão (Figura 10.11(c)). A componente simétrica do carregamento, portanto, é mostrada na Figura 10.11(d). Por fim, a componente antissimétrica é calculada pela subtração da componente simétrica (Figura 10.11(d)) do carregamento dado (Figura 10.11(a)). A componente antissimétrica do carregamento obtido, portanto, é mostrada na Figura 10.11(e). Observe que a soma das componentes simétricas e antissimétricas é igual à do carregamento dado.

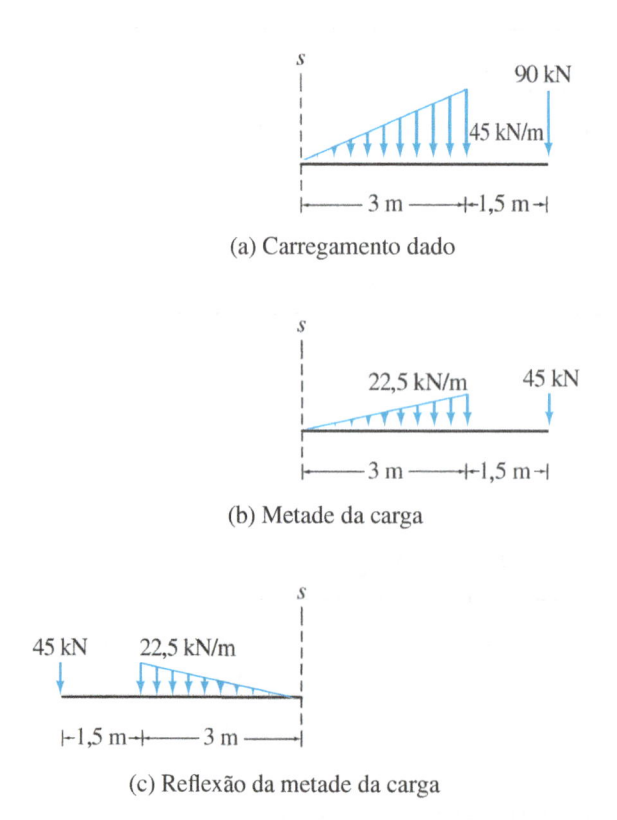

(a) Carregamento dado

(b) Metade da carga

(c) Reflexão da metade da carga

Figura 10.11 (*continua*)

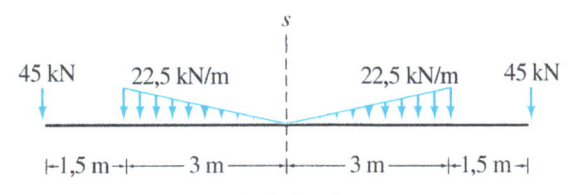

capítulo 10 — Análise de estruturas simétricas

(d) Componente simétrica do carregamento

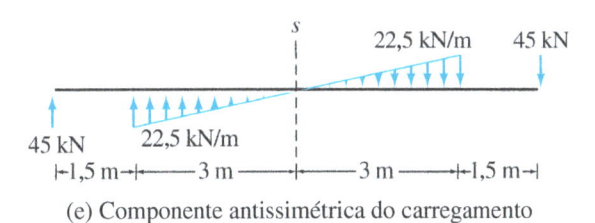

(e) Componente antissimétrica do carregamento

Figura 10.11

EXEMPLO 10.4

Uma treliça de ponte Pratt é submetida à carga mostrada na Figura 10.12(a). Determine as componentes simétricas e antissimétricas do carregamento com relação ao eixo de simetria da treliça.

(a) Carregamento dado

(b) Metade da carga

(c) Reflexão da metade da carga

(d) Componente simétrica do carregamento

(e) Componente antissimétrica do carregamento

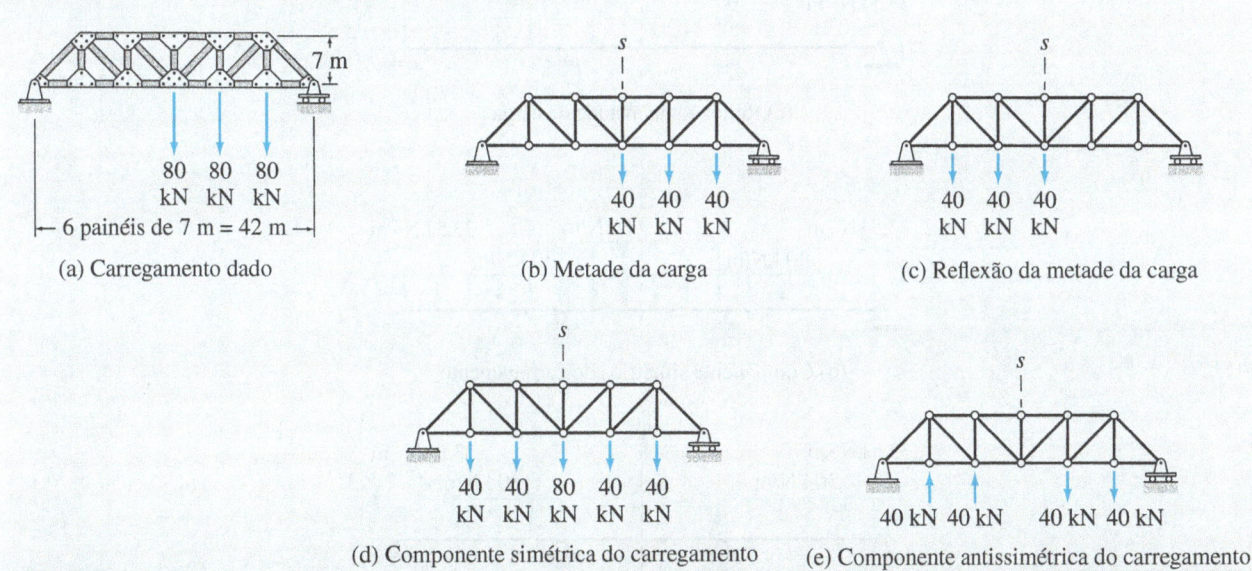

Figura 10.12

Solução

Componente simétrica do carregamento. O eixo de simetria (eixo s) da treliça e a metade da carga são mostrados na Figura 10.12(b); a reflexão da metade da carga em torno do eixo s é desenhada na Figura 10.12(c). A componente simétrica do carregamento dado é determinada adicionando-se a metade da carga (Figura 10.12(b)) à sua reflexão (Figura 10.12(c)), conforme mostrado na Figura 10.12(d). **Resp.**

Componente antissimétrica do carregamento. A componente antissimétrica do carregamento é obtida subtraindo-se a componente simétrica do carregamento (Figura 10.12(d)) da carga total (Figura 10.12(a)) e é mostrada na Figura 10.12(e). **Resp.**

Observe que a soma das componentes simétricas e antissimétricas é igual à do carregamento dado.

EXEMPLO 10.5

Uma viga é submetida à carga mostrada na Figura 10.13(a). Determine as componentes simétricas e antissimétricas do carregamento com relação ao eixo de simetria da viga.

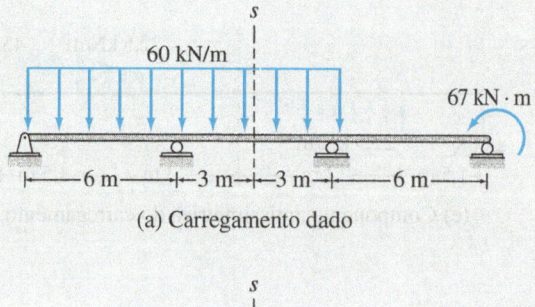

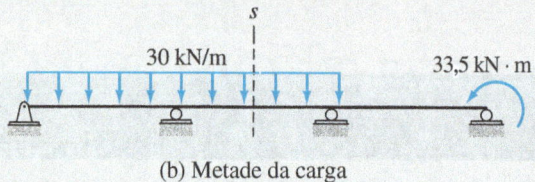

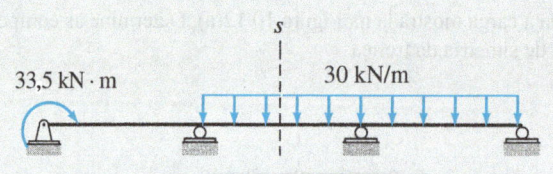

(a) Carregamento dado — 60 kN/m sobre o trecho central; momento 67 kN·m na extremidade direita; vãos: 6 m — 3 m — 3 m — 6 m.

(b) Metade da carga — 30 kN/m; 33,5 kN·m.

(c) Reflexão da metade da carga — 33,5 kN·m; 30 kN/m.

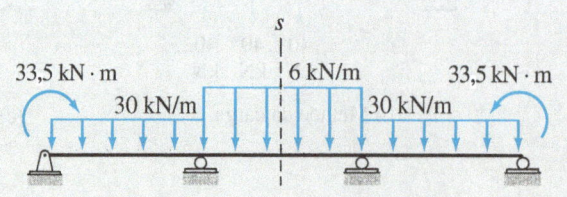

(d) Componente simétrica do carregamento — 33,5 kN·m; 6 kN/m; 33,5 kN·m; 30 kN/m; 30 kN/m.

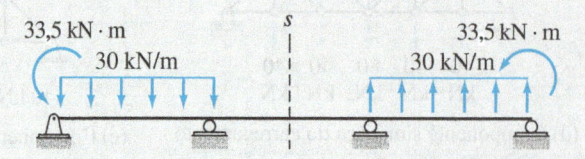

(e) Componente antissimétrica do carregamento — 33,5 kN·m; 30 kN/m; 33,5 kN·m; 30 kN/m.

Figura 10.13

Solução

Componente simétrica do carregamento. O eixo de simetria (eixo s) da viga e a metade da carga são mostrados na Figura 10.13(b); e a reflexão da metade da carga em torno do eixo s é desenhada na Figura 10.13(c). A componente simétrica do carregamento dado é determinada adicionando-se a metade da carga (Figura 10.13(b)) à sua reflexão (Figura 10.13(c)), conforme mostrado na Figura 10.13(d). **Resp.**

Componente antissimétrica do carregamento. A componente antissimétrica é obtida subtraindo-se a componente simétrica do carregamento (Figura 10.13(d)) da carga total (Figura 10.13(a)) e está mostrada na Figura 10.13(e). **Resp.**

Observe que a soma das componentes simétricas e antissimétricas é igual à do carregamento dado.

EXEMPLO 10.6

Uma viga contínua de quatro vãos é submetida à carga mostrada na Figura 10.14(a). Determine as componentes simétricas e antissimétricas do carregamento com relação ao eixo de simetria da viga.

(a) Carregamento dado

(b) Metade da carga

(c) Reflexão da metade da carga

(d) Componente simétrica do carregamento

(e) Componente antissimétrica do carregamento

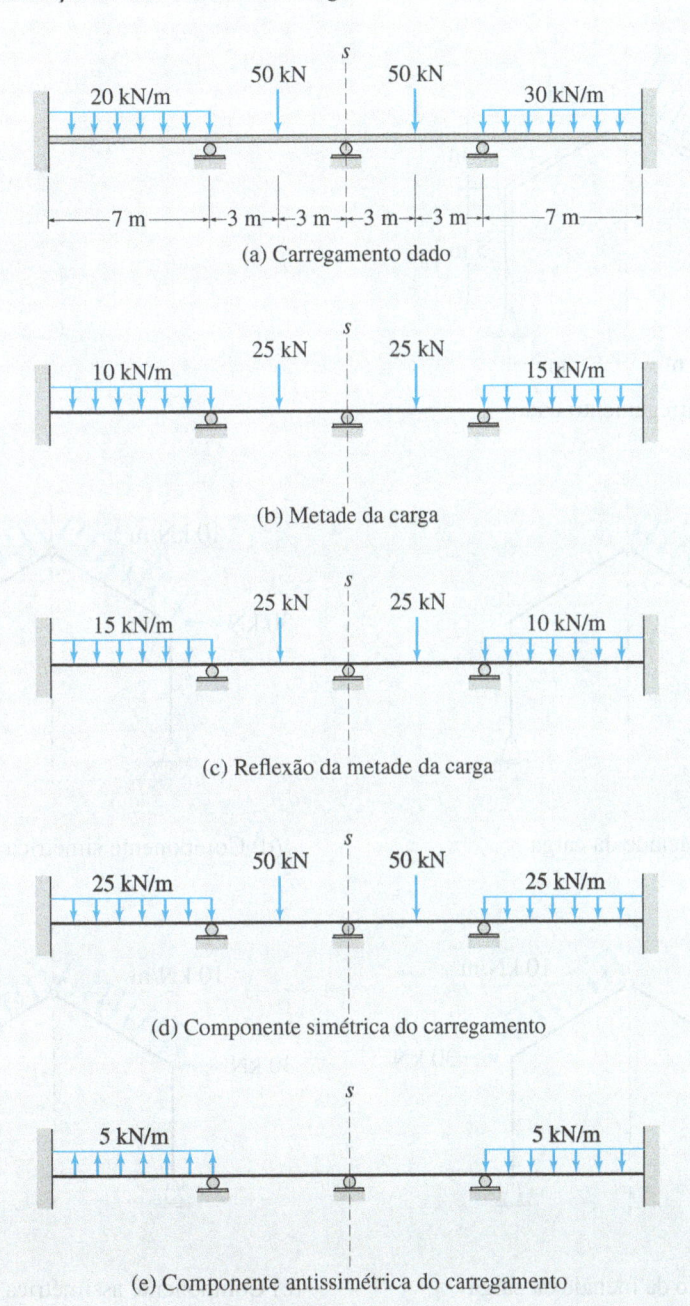

Figura 10.14

Solução

Componente simétrica da carga. A metade da carga e sua reflexão são mostradas nas Figuras 10.14(b) e (c), respectivamente. A componente simétrica do carregamento dado é determinada adicionando-se a metade da carga à sua reflexão, conforme mostrado na Figura 10.14(d). **Resp.**

Componente antissimétrica do carregamento. Subtraindo a componente simétrica do carregamento total (Figura 10.14(a)), determinamos a componente antissimétrica como mostrada na Figura 10.14(e). **Resp.**

EXEMPLO 10.7

Um pórtico com duas águas inclinadas é submetido à carga mostrada na Figura 10.15(a). Determine as componentes simétricas e antissimétricas do carregamento com relação ao eixo de simetria do pórtico.

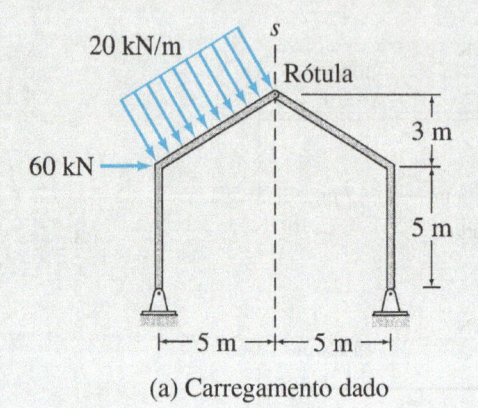

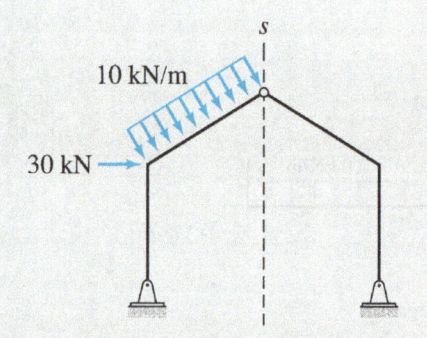

(a) Carregamento dado

(b) Metade da carga

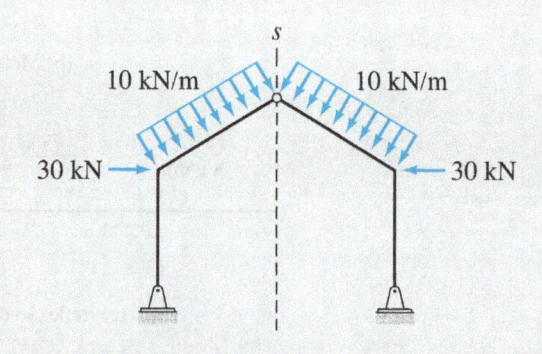

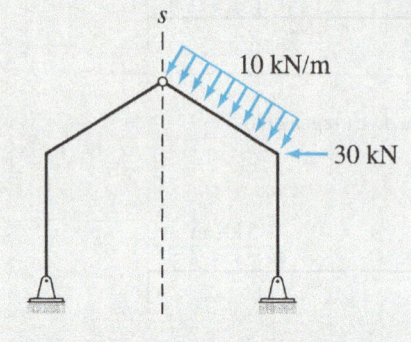

(c) Reflexão da metade da carga

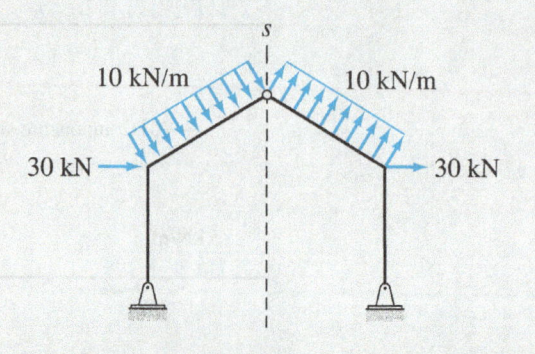

(d) Componente simétrica do carregamento

(e) Componente assimétrica do carregamento

Figura 10.15

Componente simétrica da carga. A metade da carga e sua reflexão são mostradas nas Figuras 10.15(b) e (c), respectivamente. A componente simétrica do carregamento dado é determinado adicionando-se a metade da carga à sua reflexão, conforme mostrado na Figura 10.15(d). **Resp.**

Componente antissimétrica do carregamento. Subtraindo a componente simétrica do carregamento total (Figura 10.15(a)), determinamos a componente antissimétrica como mostrado na Figura 10.15(e). **Resp.**

capítulo 10 | Análise de estruturas simétricas | 383

EXEMPLO 10.8

Um pórtico de dois andares é submetido à carga mostrada na Figura 10.16(a). Determine as componentes simétricas e antissimétricas do carregamento com relação ao eixo de simetria do pórtico.

Solução

Metade da carga e sua reflexão. Veja as Figuras 10.16(b) e (c), respectivamente.

Componente simétrica do carregamento. Veja a Figura 10.16(d).   **Resp.**

Componente antissimétrica do carregamento. Veja a Figura 10.16(e).   **Resp.**

(a) Carregamento dado

(b) Metade da carga

(c) Reflexão da metade da carga

(d) Componente simétrica do carregamento

(e) Componente antissimétrica do carregamento

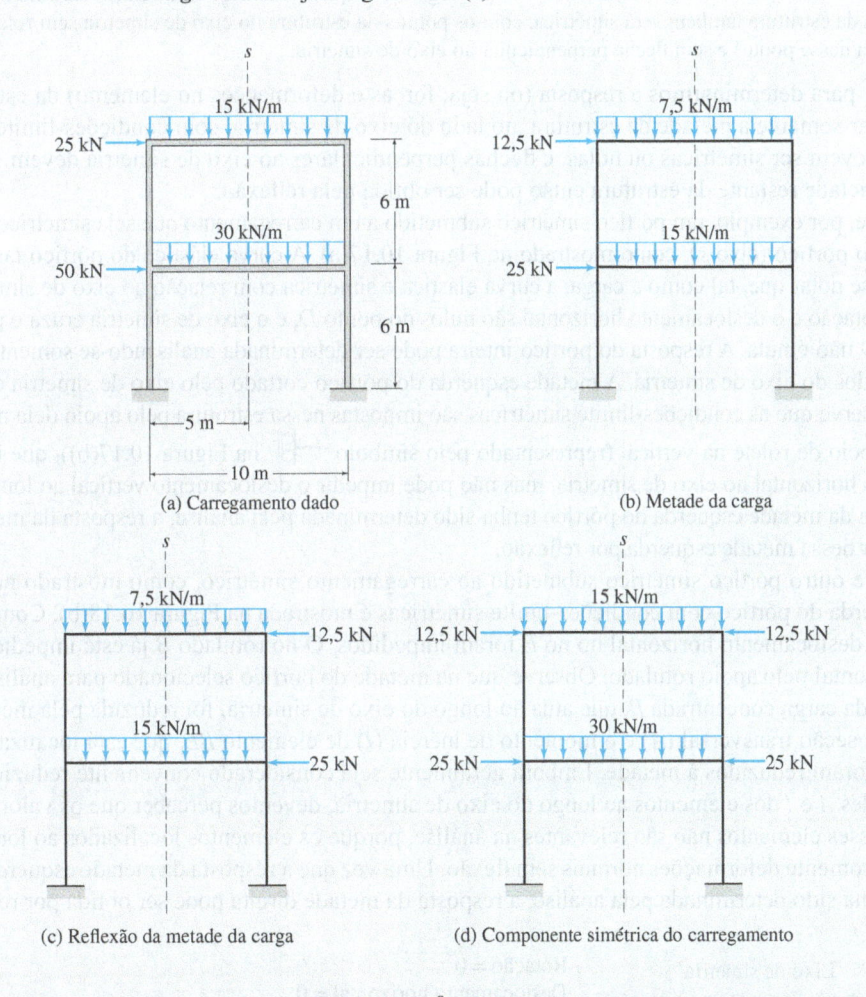

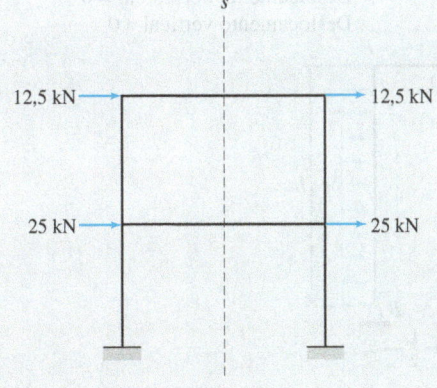

Figura 10.16

10.3 Comportamento de estruturas simétricas sob carregamentos simétricos e antissimétricos

Na seção anterior, discutimos como um carregamento não simétrico geral pode ser decomposto em componentes simétricas e antissimétricas. Nesta seção, examinamos as características de resposta de estruturas simétricas sob condições de carregamentos simétricos e antissimétricos. O conhecimento adquirido no comportamento de estruturas simétricas nos permitirá desenvolver, nas seções seguintes, um procedimento geral que pode agilizar consideravelmente a análise de tais estruturas.

Estruturas simétricas submetidas a carregamentos simétricos

Quando uma estrutura simétrica é submetida a um carregamento que é simétrico com relação ao eixo da estrutura de simetria, a resposta da estrutura também será simétrica, com os pontos da estrutura no eixo de simetria sem rotação (a menos que haja uma rótula nesse ponto) e sem flecha perpendicular ao eixo de simetria.

Portanto, para determinarmos a resposta (ou seja, forças e deformações no elemento) da estrutura inteira, precisamos analisar somente a metade da estrutura, no lado do eixo de simetria, com condições-limite simétricas (ou seja, inclinações devem ser simétricas ou nulas, e flechas perpendiculares ao eixo de simetria devem ser nulas) no eixo. A resposta da metade restante da estrutura então pode ser obtida pela reflexão.

Considere, por exemplo, um pórtico simétrico submetido a um carregamento que seja simétrico com relação ao eixo de simetria do pórtico (eixo s), como mostrado na Figura 10.17(a). A curva elástica do pórtico também é mostrada na figura. Pode-se notar que, tal como a carga, a curva elástica é simétrica com relação ao eixo de simetria do pórtico. Observe que a rotação e o deslocamento horizontal são nulos no ponto D, e o eixo de simetria cruza o pórtico, ao passo que a flecha em D não é nula. A resposta do pórtico inteira pode ser determinada analisando-se somente metade do pórtico, ou um dos lados do eixo de simetria. A metade esquerda do pórtico cortado pelo eixo de simetria é mostrada na Figura 10.17(b). Observe que as condições-limite simétricas são impostas nessa estrutura pelo apoio dela na extremidade D por um tipo de apoio de rolete na vertical (representado pelo símbolo ⊣⊟ na Figura 10.17(b)), que impede a rotação e o deslocamento horizontal no eixo de simetria, mas não pode impedir o deslocamento vertical ao longo do eixo. Uma vez que a resposta da metade esquerda do pórtico tenha sido determinada pela análise, a resposta da metade direita pode ser obtida a partir dessa metade esquerda por reflexão.

Considere outro pórtico simétrico submetido ao carregamento simétrico, como mostrado na Figura 10.18(a). A metade esquerda do pórtico com condições-limite simétricas é mostrada na Figura 10.18(b). Como essa figura indica, a rotação e o deslocamento horizontal no nó E foram impedidos. O nó rotulado B já está impedido de movimento na direção horizontal pelo apoio rotulado. Observe que na metade do pórtico selecionado para análise (Figura 10.18(b)), a magnitude da carga concentrada P, que atua ao longo do eixo de simetria, foi reduzida pela metade. Da mesma forma, a área da seção transversal (A) e o momento de inércia (I) de elemento BE, que está localizado ao longo do eixo de simetria, foram reduzidos à metade. Embora geralmente seja considerado conveniente reduzir pela metade ambas as propriedades A e I dos elementos ao longo do eixo de simetria, devemos perceber que os valores dos momentos de inércia (I) desses elementos não são relevantes na análise, porque os elementos localizados ao longo do eixo de simetria sofrerão somente deformações normais sem flexão. Uma vez que a resposta da metade esquerda do pórtico (Figura 10.18(b)) tenha sido determinada pela análise, a resposta da metade direita pode ser obtida por reflexão.

Figura 10.17

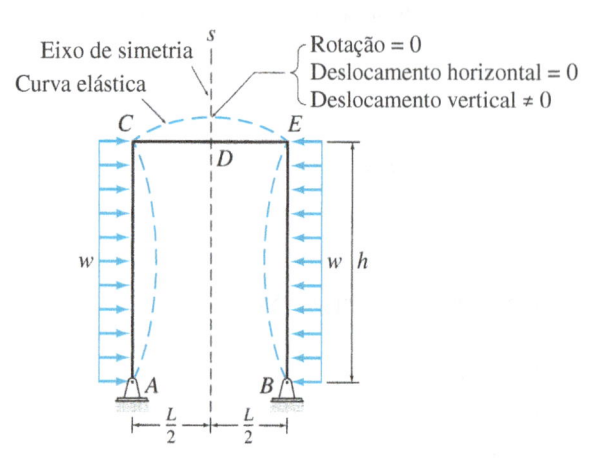

(a) Pórtico simétrico submetido a carregamento simétrico

(b) Metade do pórtico com condições-limite simétricas

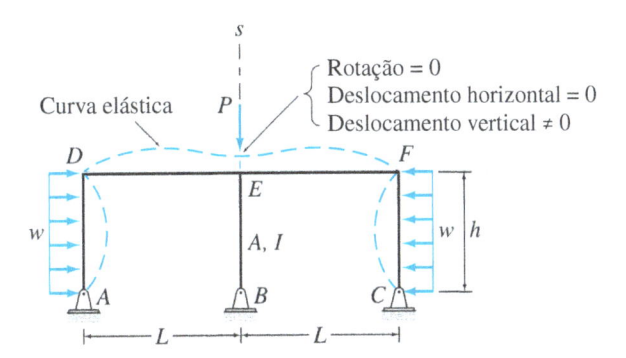

Figura 10.18

Estruturas simétricas submetidas a carregamentos antissimétricos

Quando uma estrutura simétrica é submetida a um carregamento que é antissimétrico com relação ao eixo da estrutura de simetria, a resposta da estrutura também será antissimétrica, com os pontos da estrutura no eixo de simetria sem flexão na direção do eixo de simetria.

Portanto, para determinarmos a resposta da estrutura inteira, precisamos analisar somente metade da estrutura, no lado do eixo de simetria, com condições-limite simétricas (ou seja, flechas na direção do eixo de simetria devem ser nulas) no eixo. A resposta da metade restante é fornecida pelo inverso da reflexão da resposta da metade da estrutura que é analisada.

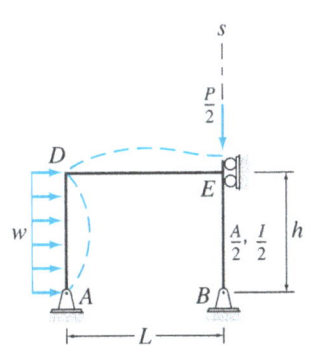

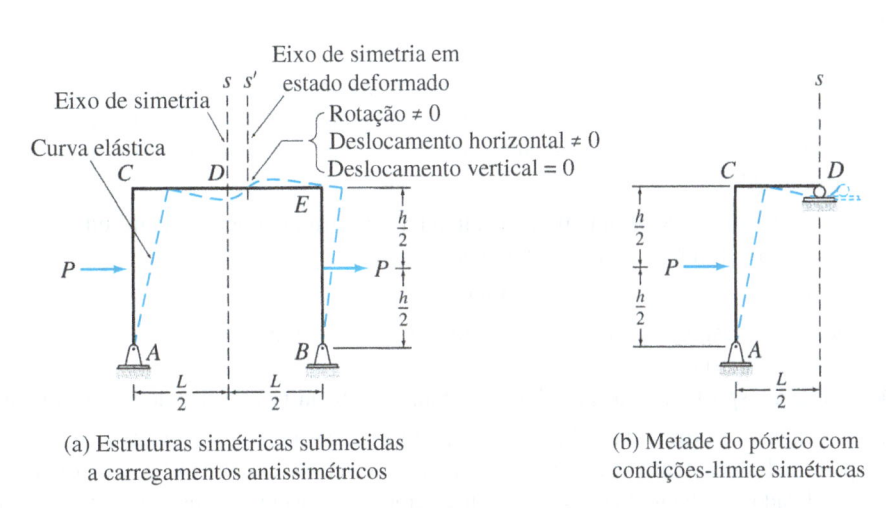

Figura 10.19

Considere um pórtico simétrico submetido a uma carga que seja antissimétrica com relação ao eixo de simetria do pórtico (eixo *s*), como mostrado na Figura 10.19(a). Pode-se notar que, como a carga, a curva elástica do pórtico é antissimétrica com relação ao eixo de simetria do pórtico. Observe que a flecha é nula no ponto *D*, e o eixo de simetria cruza o pórtico, ao passo que o deslocamento horizontal e a rotação em *D* não são nulos. A resposta do pórtico inteiro pode ser determinada analisando-se somente metade do pórtico, ou um dos lados do eixo de simetria. A metade esquerda do pórtico cortado pelo eixo de simetria é mostrada na Figura 10.19(b). Observe que as condições-limite antissimétricas são impostas nessa subestrutura por meio do apoio na extremidade *D* por um apoio de rolete, que impede o deslocamento vertical no eixo de simetria, mas não pode impedir o deslocamento horizontal e a rotação em *D*. Uma vez que a resposta da metade esquerda do pórtico tenha sido determinada pela análise, a resposta da metade direita é obtida pelo inverso da reflexão da resposta da metade esquerda.

Se uma estrutura tiver um elemento ao longo do eixo de simetria, as propriedades do elemento, *I* e *A*, devem ser reduzidas pela metade na metade da estrutura selecionada para análise. Observe que os elementos ao longo do eixo de simetria não podem sofrer nenhuma deformação normal, mas podem fletir. Assim, as forças normais nos elementos de treliças localizadas ao longo do eixo de simetria serão nulas, e esses elementos podem ser removidos da metade da estrutura para simplificar sua análise. As magnitudes de quaisquer cargas e momentos que atuam sobre a estrutura no eixo de simetria devem estar pela metade, na metade da estrutura a ser analisada.

Estruturas simétricas submetidas a carregamentos gerais

Como mostrado na Seção 10.2, qualquer carregamento geral não simétrico que atua sobre uma estrutura simétrica pode ser decomposto em componentes simétricas e antissimétricas com relação ao eixo de simetria da estrutura. As respostas da estrutura devido às componentes de carga simétricas e antissimétricas são então determinadas analisando-se a metade da estrutura, com as condições-limite simétricas e antissimétricas, respectivamente, conforme discutido nos parágrafos anteriores. As respostas simétricas e antissimétricas assim determinadas são então somadas para obter a resposta total da estrutura devido ao carregamento dado não simétrico.

10.4 Procedimento para análise de estruturas simétricas

O procedimento passo a passo a seguir pode ser usado para tirar vantagem da simetria estrutural na análise de estruturas.

1. Verifique a referida estrutura quanto à simetria, conforme discutido na Seção 10.1. Se a estrutura for simétrica, então continue na etapa 2. Caso contrário, termine a análise nesta fase.
2. Selecione uma subestrutura (metade da estrutura) em cada lado do eixo de simetria para análise. As áreas da seção transversal e os momentos de inércia dos elementos da subestrutura, que estão localizados ao longo do eixo de simetria, devem ser reduzidos pela metade, ao passo que os valores integrais dessas propriedades devem ser usados para todos os outros elementos.
3. Decomponha o carregamento dado em componentes simétricas e antissimétricas com relação ao eixo de simetria da estrutura usando o procedimento descrito na Seção 10.2.
4. Determine a resposta da estrutura devido à componente simétrica do carregamento como se segue:
    a. Em cada nó e extremidade da subestrutura, que estão localizados no eixo de simetria, aplique restrições para impedir a rotação e o deslocamento perpendicular ao eixo de simetria. Se houver uma rótula nesse nó ou extremidade, então somente o deslocamento, mas não a rotação, deve ser impedido nesse nó ou extremidade.
    b. Aplique a componente simétrica da carga na subestrutura com as magnitudes das cargas concentradas no eixo de simetria reduzidas pela metade.
    c. Analise a subestrutura para determinar sua resposta.
    d. Obtenha a resposta simétrica da estrutura inteira refletindo a resposta da subestrutura ao outro lado do eixo de simetria.
5. Determine a resposta da estrutura devido à componente antissimétrica do carregamento como se segue:
    a. Em cada nó e extremidade da subestrutura localizados no eixo de simetria, aplique uma restrição para impedir o deslocamento na direção do eixo de simetria. No caso de treliças, as forças normais nos elementos localizados ao longo do eixo de simetria serão nulas. Remova tais elementos da subestrutura.

capítulo 10   Análise de estruturas simétricas   387

     b. Aplique a componente antissimétrica da carga na subestrutura com as magnitudes das cargas e os momentos, aplicados ao eixo de simetria reduzidos pela metade.

     c. Analise a subestrutura para determinar sua resposta.

     d. Obtenha a resposta antissimétrica da estrutura completa refletindo o inverso da resposta da subestrutura ao outro lado do eixo de simetria.

6. Determine a reposta total da estrutura devido ao carregamento dado sobrepondo as respostas simétricas e antissimétricas obtidas nas etapas 4 e 5, respectivamente.

O procedimento anterior pode ser aplicado em estruturas simétricas estaticamente determinadas, bem como indeterminadas. Ficará claro nos capítulos subsequentes que a utilização de simetria estrutural reduz consideravelmente o esforço computacional necessário na análise de estruturas estaticamente indeterminadas.

EXEMPLO 10.9

Determine a força em cada elemento da treliça Warren mostrada na Figura 10.20(a).

Solução

Essa treliça foi analisada no Exemplo 4.4 sem tirar vantagem de sua simetria.

Simetria. Essa treliça é simétrica com relação ao eixo s vertical que passa pelo elemento CG, como mostrado na Figura 10.20(b). A treliça é submetida a carregamentos verticais somente, portanto, a reação horizontal no apoio A é nula ($A_x = 0$). A metade da treliça à direita do eixo de simetria, $CEHG$, será usada para análise.

Componentes simétricas e antissimétricas dos carregamentos. As componentes simétricas e antissimétricas do referido carregamento com relação ao eixo de simetria da treliça são determinadas usando-se o procedimento descrito na Seção 10.2. Essas componentes de carga são mostradas nas Figuras 10.20(b) e (c). Observe que a soma de duas componentes é igual à do carregamento total fornecida em Figura 10.20(a).

Forças no elemento devido à componente simétrica do carregamento. A subestrutura (metade direita do pórtico) com condições-limite simétricas é mostrada na Figura 10.20(d). Observe que os nós C e G, que estão localizados no eixo de simetria, são apoiados por roletes que impedem seus movimentos na direção horizontal (perpendicular ao eixo s). A componente simétrica de carga (Figura 10.20(b)) é aplicada à subestrutura, com a magnitude da carga concentrada de 150 kN que atua ao longo do eixo de simetria reduzida pela metade, como mostrado na Figura 10.20(d). As reações da subestrutura são obtidas aplicando-se as equações de equilíbrio:

$+\uparrow \sum F_y = 0$ $-75 - 90 + E_y = 0$ $E_y = 165$ kN $\uparrow$

$+\circlearrowleft \sum M_C = 0$ $-G_x(4,5) - 90(6) + 165(12) = 0$ $G_x = 320$ kN $\rightarrow$

$+\rightarrow \sum F_x = 0$ $-C_x + 320 = 0$ $C_x = 320$ kN $\leftarrow$

As forças normais nos elementos da subestrutura são determinadas ao se aplicar o método dos nós. Essas forças nos elementos também são mostradas na Figura 10.20(d).

As forças normais no elemento da metade esquerda da treliça agora podem ser obtidas por meio da rotação das forças no elemento da metade direita (Figura 10.20(d)) em 180° em torno do eixo s, como mostrado na Figura 10.20(e).

Forças no elemento devido à componente antissimétrica do carregamento. A subestrutura com condições-limite antissimétricas é mostrada na Figura 10.20(f). Observe que os nós C e G, que estão localizados no eixo de simetria, são apoiados por roletes que impedem suas flechas na direção vertical. Também, o elemento CG, que fica localizado ao longo do eixo de simetria, é removido da subestrutura, conforme mostrado na figura. (A força no elemento CG será nula sob carga antissimétrica.) A componente antissimétrica do carregamento (Figura 10.20(c)) é aplicada à subestrutura, e suas reações e forças normais no elemento são calculadas aplicando-se as equações de equilíbrio e o método dos nós (veja a Figura 10.20(f)).

As forças normais no elemento da metade esquerda da treliça são então obtidas refletindo-se os inversos (ou seja, as forças de tração são alteradas para forças compressíveis e vice-versa) das forças no elemento da metade direita do lado esquerdo do eixo de simetria, como mostrado na Figura 10.20(g).

Forças totais no elemento. Por fim, as forças normais totais nos elementos da treliça são obtidas por superposição das forças, devido às componentes simétricas e antissimétricas do carregamento, conforme fornecido nas Figuras 10.20(e) e (g), respectivamente. Essas forças nos elementos também são mostradas na Figura 10.20(h).

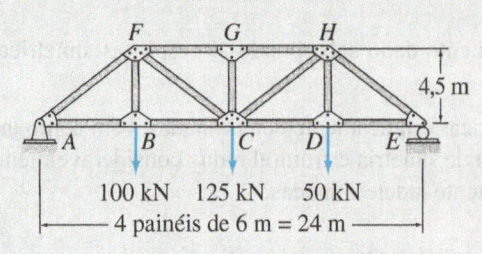

Resp.

(a) Treliça e carregamento dados

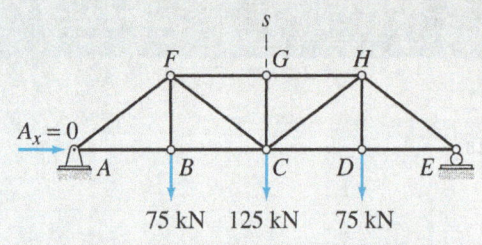

(b) Componente simétrica do carregamento

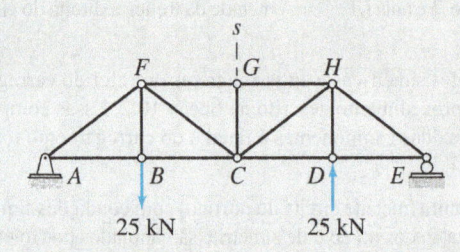

(c) Componente antissimétrica do carregamento

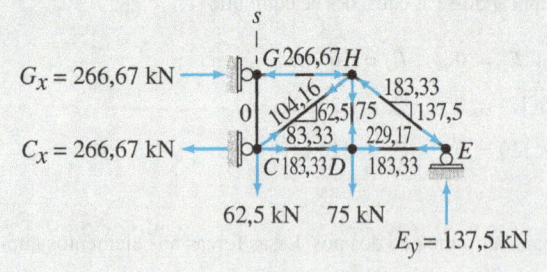

(d) Subestrutura com condições-limite simétricas

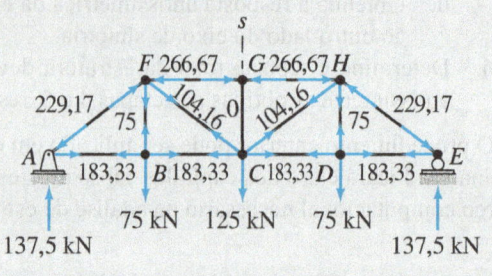

(e) Forças no elemento devido à componente simétrica do carregamento

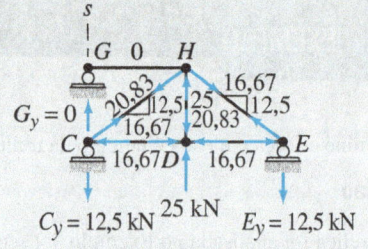

(f) Subestrutura com condições-limite antissimétricas

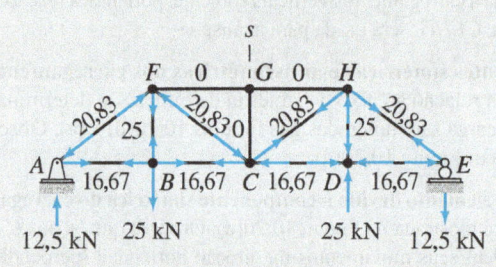

(g) Forças no elemento devido à componente de carga antissimétrica

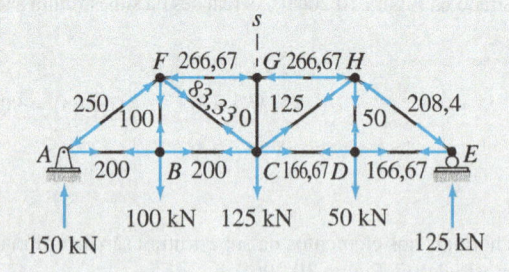

(h) Forças no elemento devido ao carregamento total

Figura 10.20

EXEMPLO 10.10

Determine a força na extremidade dos elementos do pórtico mostrado na Figura 10.21(a).

Solução

Simetria. Esse pórtico é simétrico com relação ao eixo *s* vertical que passa pela rótula em *D*, como mostrado na Figura 10.21(b). A metade esquerda do pórtico, *ACD*, será usada para análise.

Componentes simétricas e antissimétricas dos carregamentos. Veja as Figuras 10.21(b) e (c).

Forças no elemento devido à componente simétrica do carregamento. A subestrutura com condições-limite simétricas é mostrada na Figura 10.21(d). As reações e forças na extremidade dos elementos da subestrutura, como determinado a partir das considerações de equilíbrio, são mostradas na Figura 10.21(d) e à esquerda do eixo *s* na Figura 10.21(e), respectivamente. As forças na extremidade dos elementos à direita do eixo *s* são então obtidas por reflexão (consulte a Figura 10.21(e)).

Forças no elemento devido à componente antissimétrica do carregamento. A subestrutura com condições-limite antissimétricas é mostrada na Figura 10.21(f). As forças no elemento são determinadas analisando-se a subestrutura e refletindo os inversos das forças calculadas e momentos em torno do eixo de simetria (veja a Figura 10.21(g)).

Força no elemento total. As forças totais na extremidade dos elementos, obtidas por superposição das forças no elemento devido às componentes simétricas e antissimétricas do carregamento, são mostradas na Figura 10.21(h). **Resp.**

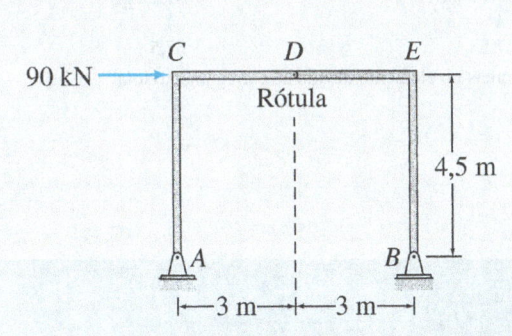

(a) Pórtico e carregamento dados

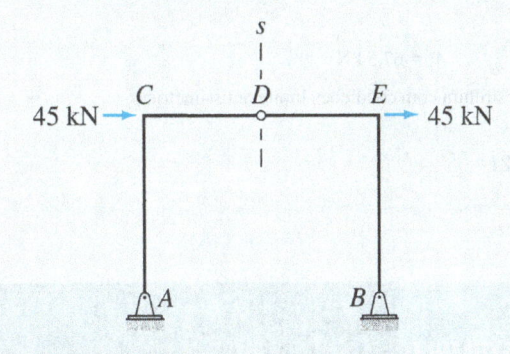

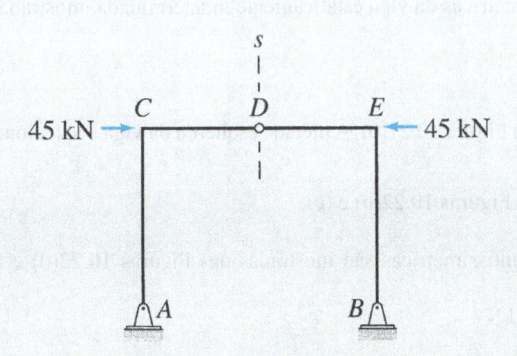

(b) Componente simétrica do carregamento

(c) Componente antissimétrica do carregamento

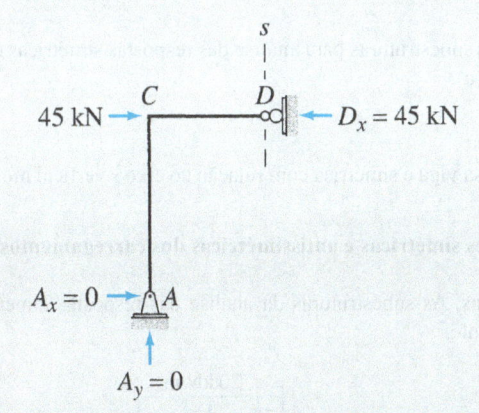

(d) Subestrutura com condições-limite simétricas

Figura 10.21 (*continua*)

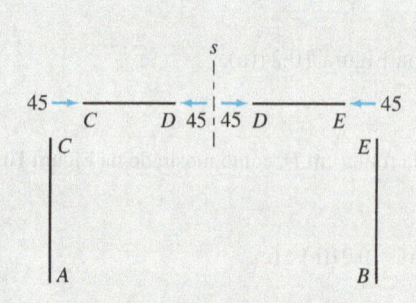

(e) Forças no elemento devido à componente simétrica do carregamento

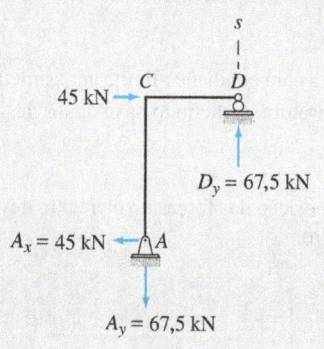

(f) Subestrutura com condições-limite antissimétricas

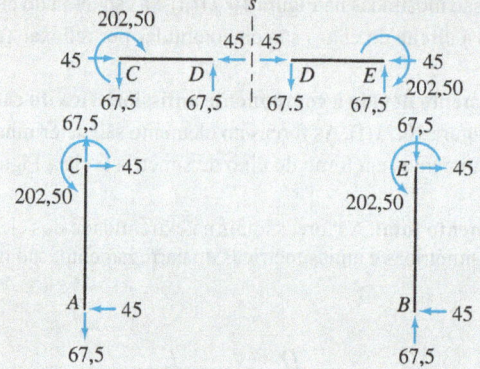

$A_x = 45$ kN
$A_y = 67,5$ kN
$D_y = 67,5$ kN
45 kN

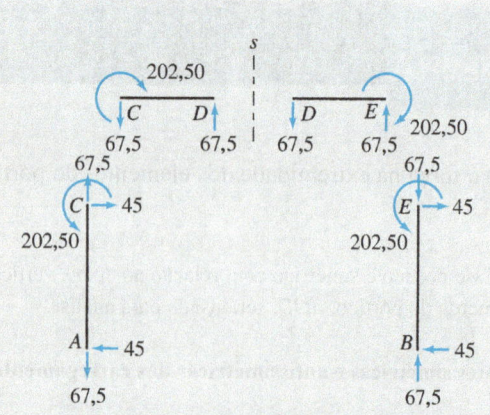

(g) Forças no elemento devido à componente antissimétrica do carregamento

(h) Forças no elemento devido ao carregamento total

Figura 10.21

EXEMPLO 10.11

Determine as subestruturas para análise das respostas simétricas e antissimétricas da viga estaticamente indeterminada, mostrada na Figura 10.22(a).

Solução

Simetria. Essa viga é simétrica com relação ao eixo s vertical mostrado na Figura 10.22(b). A metade esquerda da viga é selecionada para análise.

Componentes simétricas e antissimétricas dos carregamentos. Veja as Figuras 10.22(b) e (c).

Subestruturas. As subestruturas da análise das respostas simétricas e antissimétricas são mostradas nas Figuras 10.22(d) e (e), respectivamente.

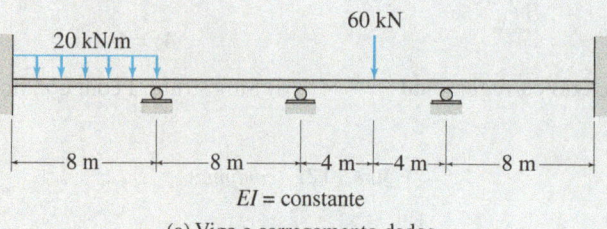

(a) Viga e carregamento dados
EI = constante

Figura 10.22 (*continua*)

(b) Componente simétrica do carregamento

(c) Componente antissimétrica do carregamento

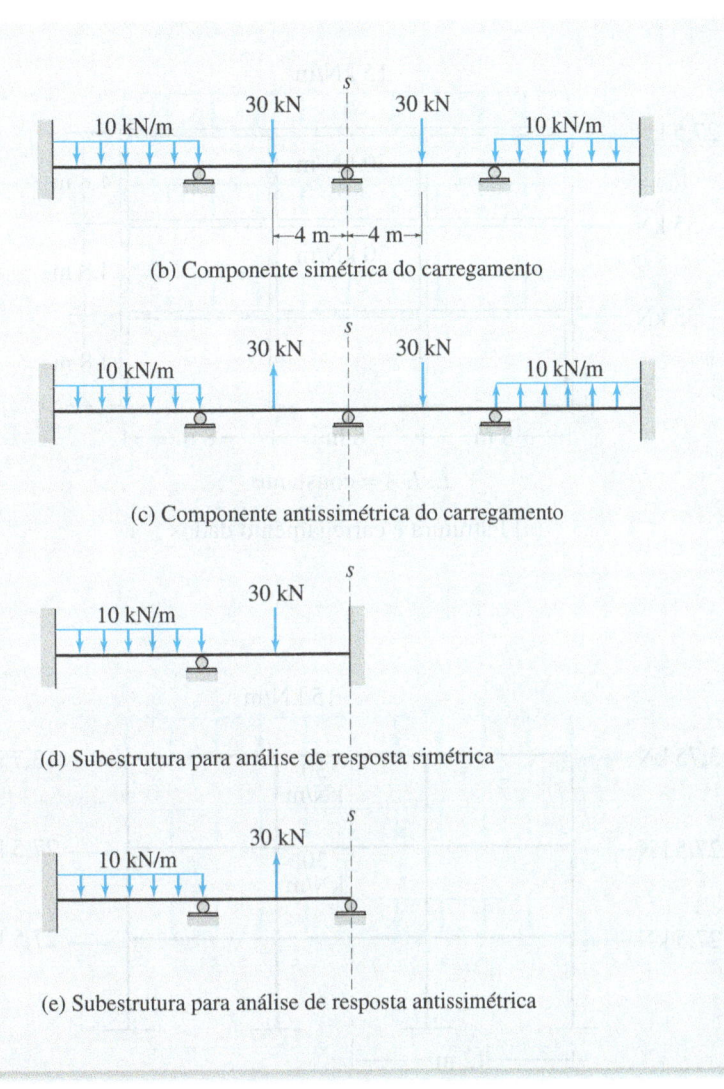

(d) Subestrutura para análise de resposta simétrica

(e) Subestrutura para análise de resposta antissimétrica

Figura 10.22

EXEMPLO 10.12

Determine as subestruturas para análise das respostas simétricas e antissimétricas do pórtico estaticamente indeterminado, mostrado na Figura 10.23(a).

Solução

Simetria. Esse pórtico é simétrico com relação ao eixo s vertical mostrado na Figura 10.23(b). A metade esquerda do pórtico é selecionada para análise.

Componentes simétricas e antissimétricas dos carregamentos. Veja as Figuras 10.23(b) e (c).

Subestruturas. As subestruturas da análise das respostas simétricas e antissimétricas são mostradas nas Figuras 10.23(d) e (e), respectivamente.
Resp.

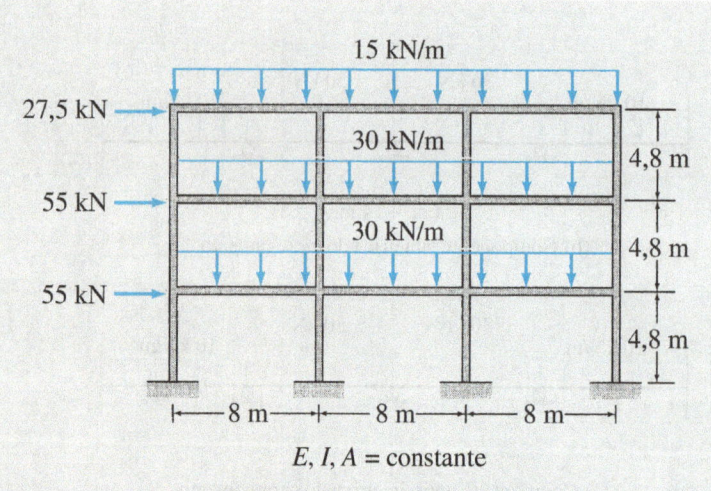

(a) Estrutura e carregamento dados

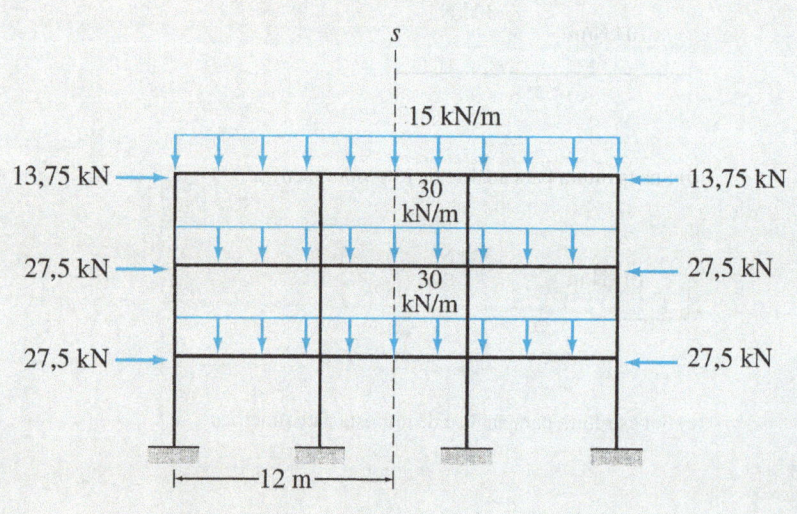

E, I, A = constante

(b) Componente simétrica do carregamento

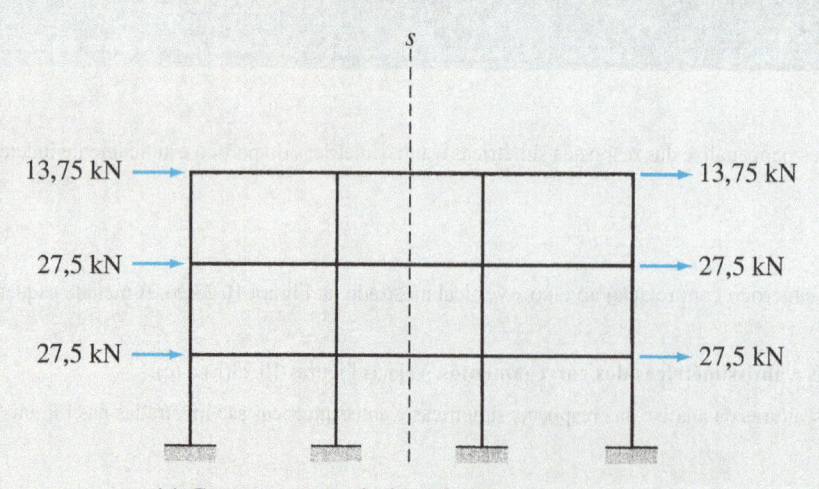

(c) Componente antissimétrica do carregamento

Figura 10.23 (*continua*)

(d) Subestrutura para análise de resposta simétrica

(e) Subestrutura para análise de resposta antissimétrica

Figura 10.23

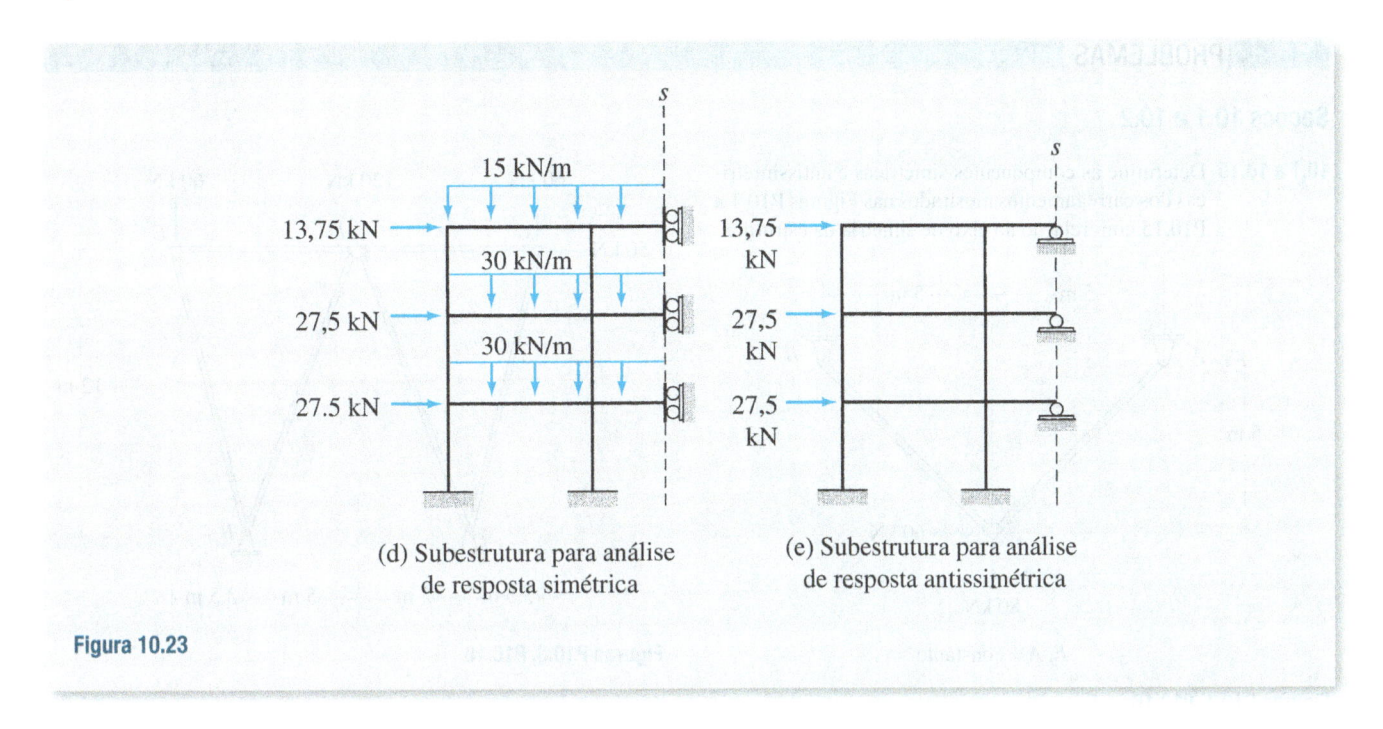

Resumo

Neste capítulo, aprendemos que uma estrutura plana é considerada simétrica com relação a um eixo em seu plano se a reflexão da estrutura em torno do eixo for idêntica na geometria, apoios e propriedades do material da própria estrutura.

Uma estrutura plana é considerada simétrica com relação a um eixo em seu plano se a reflexão do carregamento em torno do eixo for idêntica na própria estrutura. Um carregamento é considerado antissimétrico com relação a um eixo em seu plano se o inverso da reflexão do carregamento em torno do eixo for idêntico na própria estrutura. Qualquer carregamento não simétrico geral pode ser decomposto em componentes simétricas e antissimétricas com relação a um eixo.

Quando uma estrutura simétrica é submetida a um carregamento que é simétrico com relação ao eixo de simetria da estrutura, a resposta da estrutura também é simétrica. Assim, podemos obter a resposta da estrutura inteira analisando-se a metade da estrutura, em qualquer um dos lados do eixo de simetria, com condições-limite simétricas; e refletindo a resposta calculada em torno do eixo de simetria.

Quando uma estrutura simétrica é submetida a um carregamento que é antissimétrico com relação ao eixo da estrutura de simetria, a resposta da estrutura também é antissimétrica. Assim, a resposta da estrutura inteira pode ser obtida analisando-se a metade da estrutura, em qualquer um dos lados do eixo de simetria, com condições-limite antissimétricas; e refletindo o inverso da resposta calculada em torno do eixo de simetria.

A resposta de uma estrutura simétrica devido a um carregamento geral não simétrico pode ser obtida determinando as respostas da estrutura devido às componentes simétricas e antissimétricas do carregamento não simétrico, e sobrepondo as duas respostas.

PROBLEMAS

Seções 10.1 e 10.2

10.1 a 10.15 Determine as componentes simétricas e antissimétricas dos carregamentos mostrados nas Figuras P10.1 a P10.15 com relação ao eixo de simetria da estrutura.

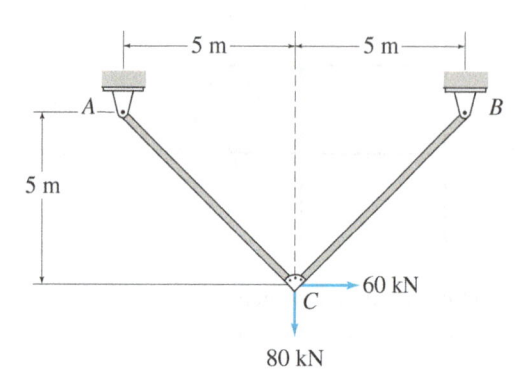

Figuras P10.1, P10.16

E, A = constante

Figuras P10.3, P10.18

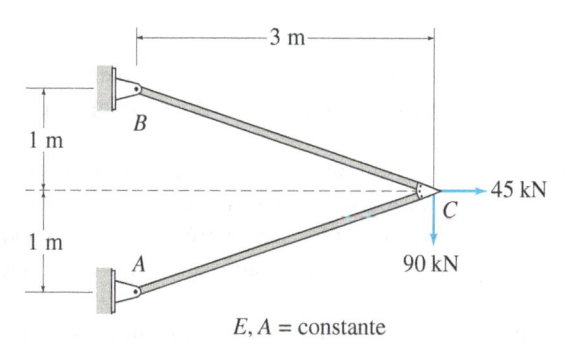

Figuras P10.2 e P10.17

E, A = constante

Seções 10.3 e 10.4

10.16 a 10.20 Determine a força em cada elemento das treliças mostradas nas Figuras P10.1 a P10.5 utilizando a simetria estrutural.

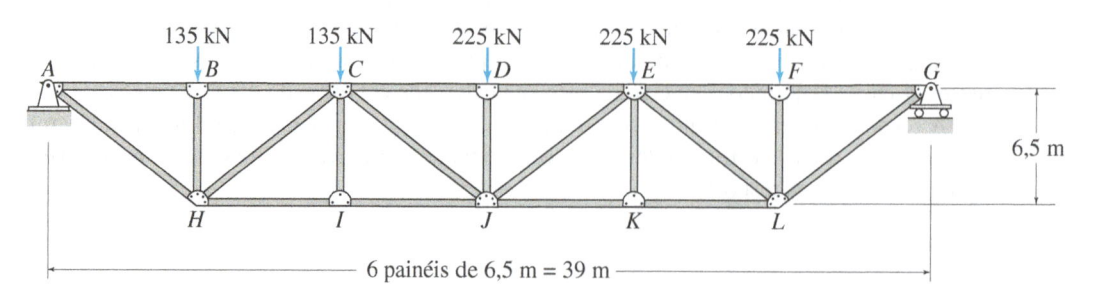

Figuras P10.4, P10.19

capítulo 10

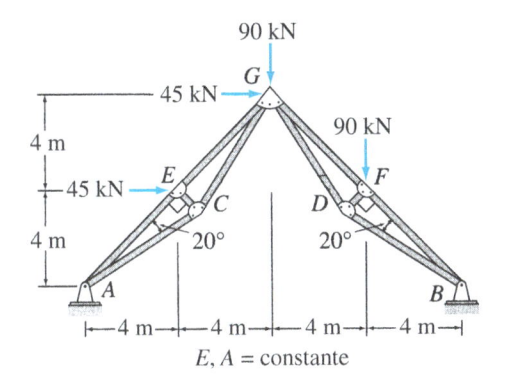

Figuras P10.5, P10.20

10.21 a 10.23 Determine as forças na extremidade dos elementos dos pórticos mostrados nas Figuras P10.6 a P10.8 utilizando simetria estrutural.

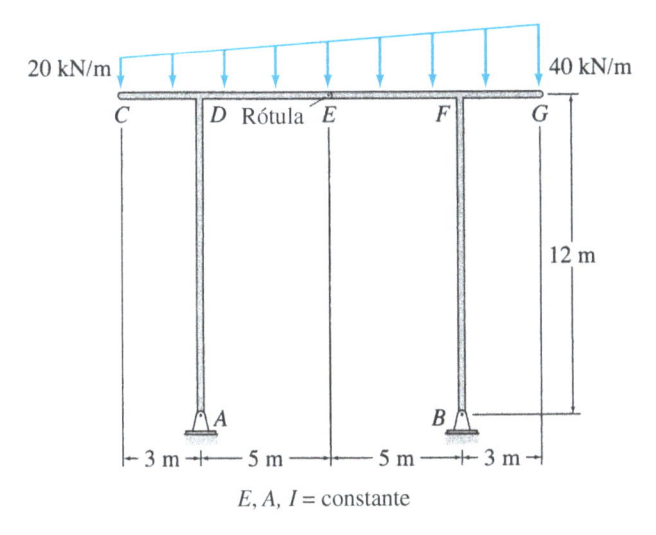

Figuras P10.6, P10.21

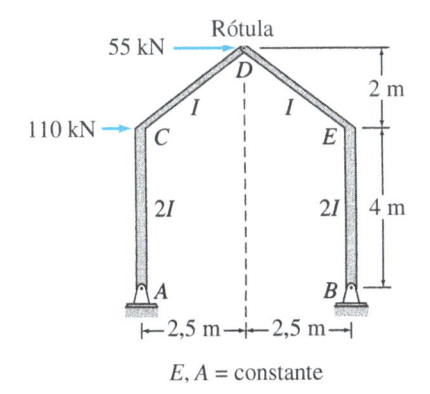

Figuras P10.7, P10.22

Análise de estruturas simétricas

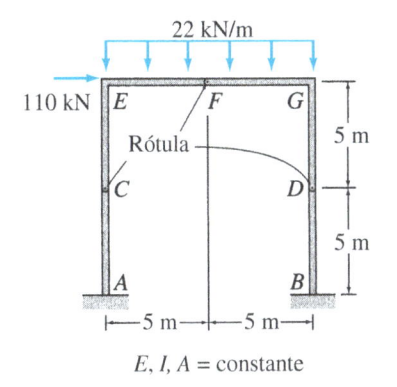

Figuras P10.8, P10.23

10.24 a 10.30 Determine as subestruturas para análise das respostas simétricas e antissimétricas das estruturas mostrada nas Figuras P10.9 a P10.15.

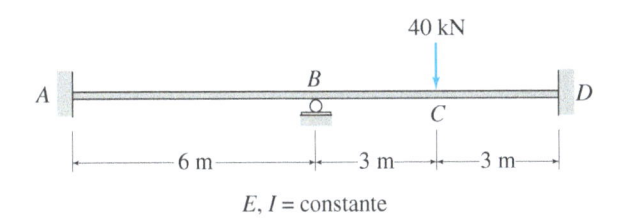

Figuras P10.9 e P10.24

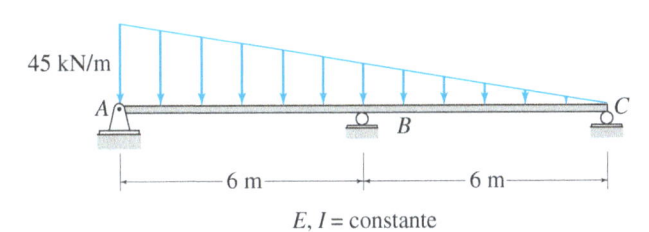

Figuras P10.10, P10.25

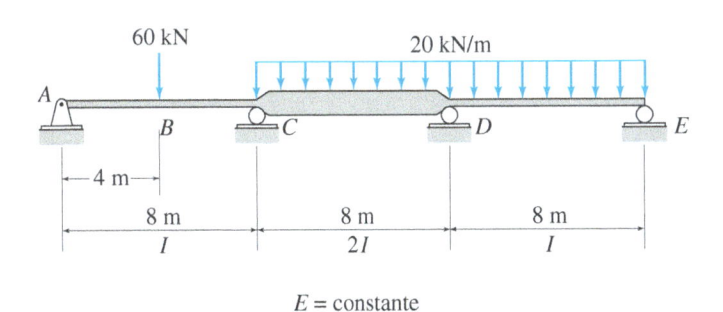

Figuras P10.11 e P10.26

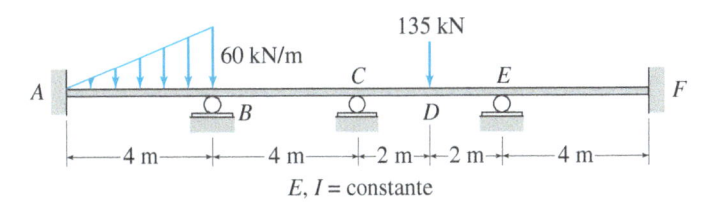

Figuras P10.12 e P10.27

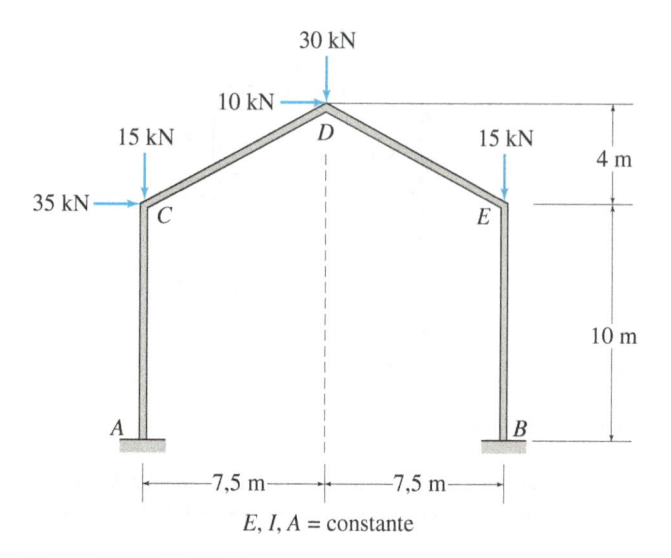

Figuras P10.13 e P10.28

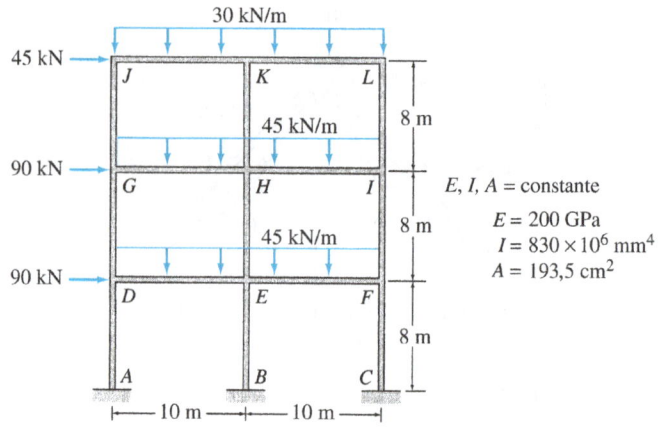

E, I, A = constante

Figuras P10.14, P10.29

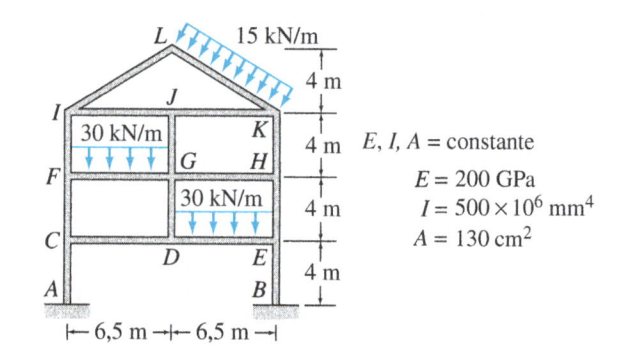

E, I, A = constante
$E = 200$ GPa
$I = 830 \times 10^6$ mm^4
$A = 193{,}5$ cm^2

Figuras P10.15, P10.30

E, I, A = constante
$E = 200$ GPa
$I = 500 \times 10^6$ mm^4
$A = 130$ cm^2

Parte 3

Análise de estruturas estaticamente indeterminadas

11
Introdução a estruturas estaticamente indeterminadas

Baía de Sydney, Austrália
Aliciahh/Shutterstock.com.

11.1 Vantagens e desvantagens de estruturas indeterminadas
11.2 Análise de estruturas indeterminadas
Resumo
Problemas

Na Parte Dois deste livro, consideramos a análise das estruturas estaticamente determinadas. Nesta parte (Capítulos 11 a 17), focamos na análise de estruturas estaticamente indeterminadas.

Conforme discutido anteriormente, as reações de apoio e forças internas de estruturas estaticamente determinadas podem ser estabelecidas a partir de equações de equilíbrio (incluindo equações de condição, se houver). Entretanto, como as estruturas indeterminadas possuem mais reações de apoio e/ou elementos do que o necessário para a estabilidade estática, somente as equações de equilíbrio não são suficientes para determinar as reações e forças internas de tais estruturas, e devem ser complementadas por relações adicionais com base na geometria de deformação das estruturas.

Essas relações adicionais, que são denominadas *condições de compatibilidade*, asseguram que a continuidade dos deslocamentos seja mantida por toda a estrutura e que as diversas partes da estrutura se encaixem. Por exemplo, em um nó rígido, as flechas e rotações de todos os elementos que se encontram no nó devem ser as mesmas. Assim, a análise de uma estrutura indeterminada envolve, além das dimensões e disposições dos elementos da estrutura, suas propriedades dos materiais e da seção transversal (como áreas da seção transversal, momentos de inércia, módulos de elasticidade etc.), que, por sua vez, dependem das forças internas da estrutura. O projeto de uma estrutura indeterminada é, portanto, conduzido de maneira iterativa, e os tamanhos (relativos) dos elementos estruturais são inicialmente presumidos e usados para analisar a estrutura, e as forças internas obtidas são utilizadas para revisar os tamanhos dos elementos; se os tamanhos dos elementos revisados não estiverem próximos daqueles inicialmente adotados, então a estrutura será analisada novamente usando-se os últimos tamanhos dos elementos. A iteração continua até os tamanhos dos elementos, com base nos resultados de uma análise, chegarem perto daqueles adotados para essa análise.

Apesar da dificuldade supracitada para projetar estruturas indeterminadas, em sua maioria, as estruturas que são construídas hoje são estaticamente indeterminadas; por exemplo, muitos edifícios modernos de concreto armado são estaticamente indeterminados. Neste capítulo, discutimos algumas das importantes vantagens e desvantagens de estruturas indeterminadas quando comparadas às estruturas determinadas e introduzimos os conceitos fundamentais da análise de estruturas indeterminadas.

11.1 Vantagens e desvantagens de estruturas indeterminadas

As vantagens de estruturas estaticamente indeterminadas sobre estruturas determinadas incluem o que se segue.

1. **Menores tensões** As tensões máximas nas estruturas estaticamente indeterminadas geralmente são menores do que aquelas nas estruturas determinadas semelhantes. Considere, por exemplo, as vigas estaticamente determinadas e indeterminadas mostradas nas Figuras 11.1(a) e (b), respectivamente. Os diagramas de momento fletor para as vigas, devido a uma carga uniformemente distribuída, w, também são mostrados nessa figura. (Os procedimentos para analisar vigas indeterminadas são considerados nos capítulos subsequentes.) Pode-se observar na figura que o momento fletor máximo – e consequentemente a tensão normal máxima devido à flexão – na viga indeterminada é significativamente menor do que o na viga determinada.

Viga estaticamente determinada $\quad$ Viga estaticamente indeterminada

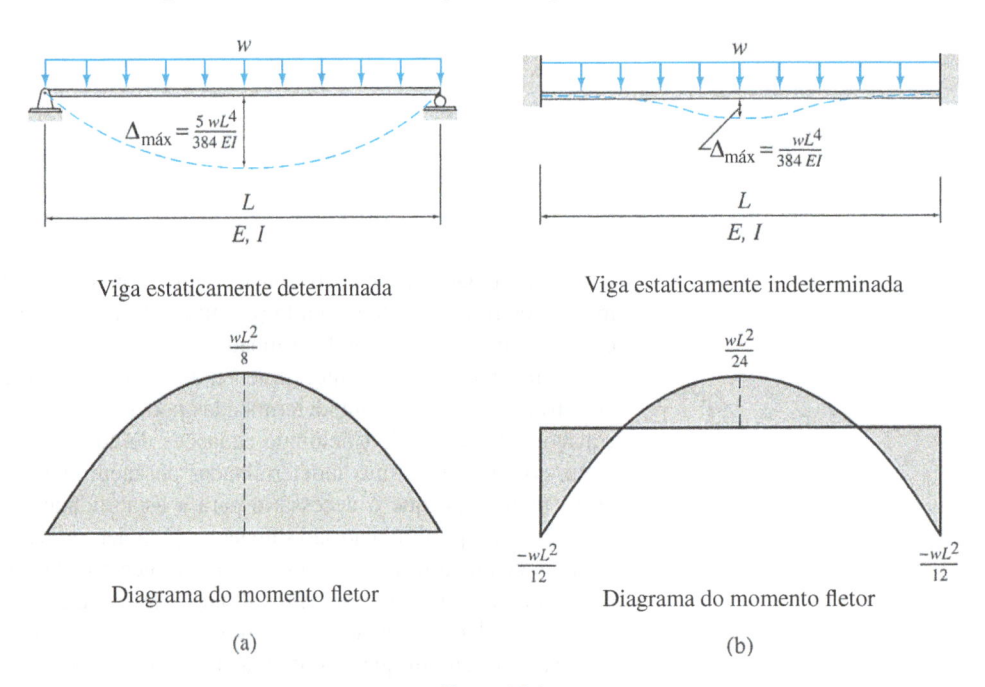

$\Delta_{máx} = \frac{5\,wL^4}{384\,EI}$ $\qquad$ $\Delta_{máx} = \frac{wL^4}{384\,EI}$

Diagrama do momento fletor: $\frac{wL^2}{8}$ (a); $\frac{wL^2}{24}$ e $\frac{-wL^2}{12}$ (b)

Figura 11.1

2. **Maiores rigidezes** As estruturas estaticamente indeterminadas geralmente possuem maiores rigidezes (ou seja, menores deformações) do que aquelas estruturas determinadas semelhantes. Na Figura 11.1, observamos que a flecha máxima da viga indeterminada é somente um quinto da flecha máxima da viga determinada.

3. **Hiperestáticos** As estruturas estaticamente indeterminadas, caso projetadas apropriadamente, possuem a capacidade de redistribuir as cargas quando algumas de suas regiões ficam sobrecarregadas ou entram em colapso no caso de sobrecargas devido a terremotos, tornados, impactos (por exemplo, explosões de gás ou impactos de veículos), e outros eventos deste tipo. As estruturas indeterminadas possuem mais elementos e/ou reações de apoio do que o necessário para estabilidade estática, de modo que se uma parte (ou elemento ou apoio) de tal estrutura romper, a estrutura toda não necessariamente estará em colapso, e as cargas serão redistribuídas nas regiões adjacentes da estrutura. Considere, por exemplo, as vigas estaticamente determinadas e indeterminadas mostradas nas Figuras 11.2(a) e (b), respectivamente. Suponha que as vigas apoiem pontes sobre um rio e que o pilar do meio, B, é destruído quando uma embarcação acidentalmente se choca contra ele. Como a viga estaticamente determinada é apoiada por um número suficiente de reações necessárias para estabilidade estática, a remoção do apoio B causará o colapso da estrutura toda, conforme mostrado na Figura 11.2(a). Entretanto, a viga indeterminada (Figura 11.2(b)) apresenta uma reação extra na direção vertical; portanto, a estrutura não necessariamente entrará em colapso e pode permanecer estável, mesmo depois do apoio B rompido. Considerando que a viga tenha sido projetada para suportar de cargas permanentes somente em caso de um acidente, a ponte será fechada para tráfego até que o pilar B seja reparado e, então, será reaberta.

As principais desvantagens das estruturas estaticamente indeterminadas sobre estruturas determinadas incluem o seguinte:

1. **Tensões devido a recalques do apoio** Os recalques de apoio não causam tensões em estruturas determinadas; eles podem, entretanto, induzir tensões significativas em estruturas indeterminadas, as quais devem ser levadas em consideração ao se projetarem estruturas indeterminadas. Considere as vigas determinadas e indeterminadas mostradas na Figura 11.3. Pode-se observar na Figura 11.3(a) que, quando o apoio B da viga determinada está submetido a um pequeno recalque Δ_B, as partes AB e BC da viga, que estão ligadas por uma rótula interna em B, movem-se como corpos rígidos sem flexão – ou seja, elas permanecem retas. Assim, tensões não ocorrem na viga determinada. No entanto, quando a viga contínua indeterminada da Figura 11.3(b) é sujeita a um recalque de apoio similar, ela flete, conforme mostrado na figura; portanto, momentos fletores se desenvolvem na viga.

Figura 11.2

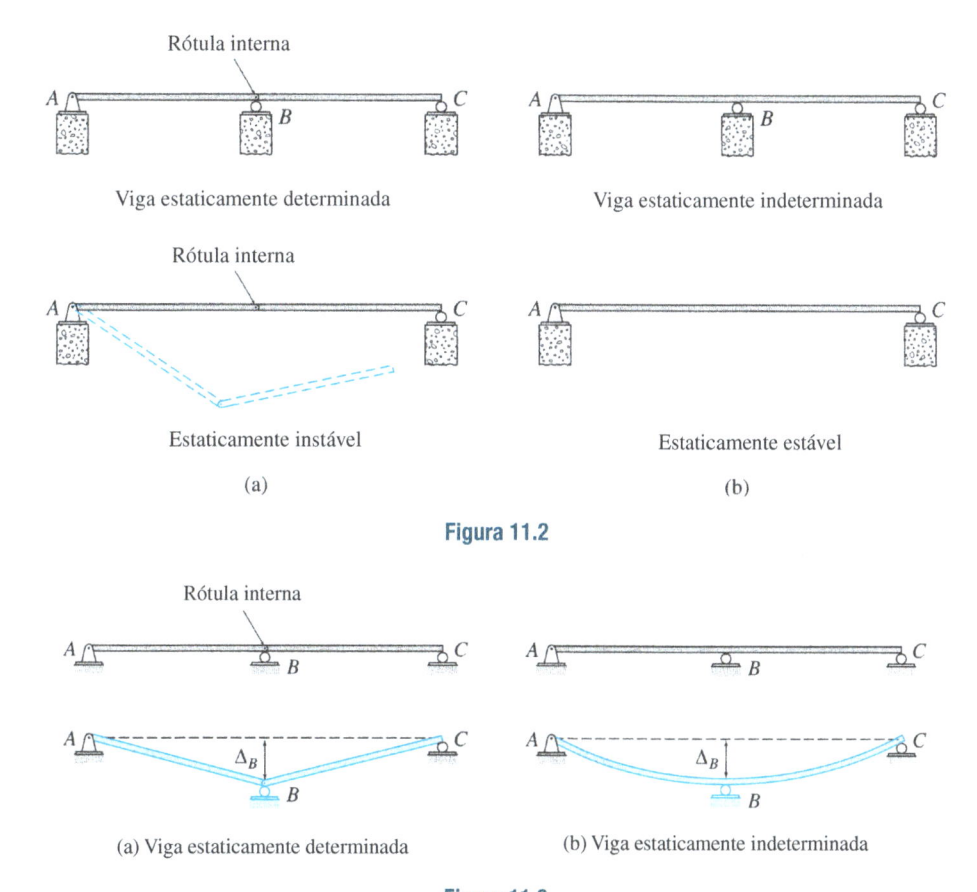

Figura 11.3

2. **Tensões devido a variações de temperatura e erros de montagem** Igualmente aos recalques de apoio, esses efeitos não causam tensões em determinadas estruturas, mas podem induzir tensões significativas nas indeterminadas. Considere as vigas determinadas e indeterminadas mostradas na Figura 11.4.

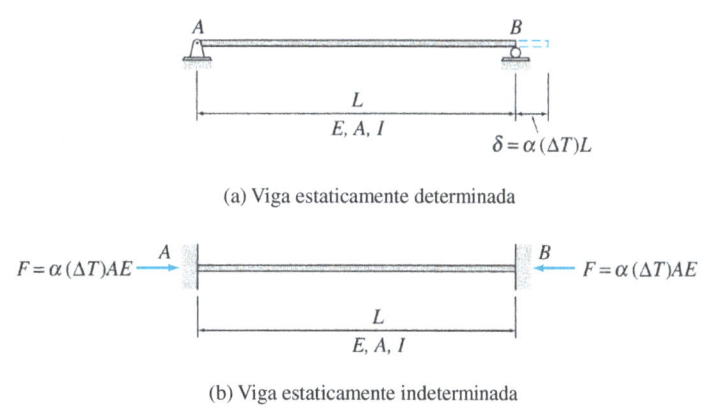

Figura 11.4

Pode-se ver na Figura 11.4(a) que, quando a viga determinada é sujeita a um aumento de temperatura uniforme ΔT, ela simplesmente se alonga, com a deformação axial fornecida por $\delta = \alpha(\Delta T)L$ (Equação 7.24). Tensões não se desenvolvem na viga determinada, pois ela está livre para alongar-se. Entretanto, quando a viga indeterminada da Figura 11.4(b), que é impedida de se deformar axialmente por conta dos apoios engastados, é sujeita a uma variação de temperatura similar, ΔT, uma força axial compressiva, desenvolve-se na viga, conforme mostrado na figura. Os efeitos dos erros de montagem são similares aos de variações de temperatura em estruturas determinadas e indeterminadas.

11.2 Análise de estruturas indeterminadas

Relações fundamentais

Independentemente da estrutura ser estaticamente determinada ou indeterminada, sua análise completa requer o uso de três tipos de relações:

- Equações de equilíbrio.
- Condições de compatibilidade.
- Relações entre força-deformação do elemento.

As equações de equilíbrio são relacionadas às forças que atuam sobre a estrutura (ou suas partes), assegurando que a estrutura toda, bem como suas partes, permaneçam em equilíbrio; as condições de compatibilidade relacionam os deslocamentos da estrutura, de forma que suas diversas partes se encaixem, e as relações entre força-deformação do elemento, que envolvem as propriedades do material e da seção transversal (E, I e A) dos elementos, fornecem o vínculo necessário entre as forças e os deslocamentos da estrutura.

Na análise de estruturas estaticamente determinadas, as equações de equilíbrio são inicialmente usadas para se obter as reações e as forças internas da estrutura; em seguida, as relações entre força-deformação do elemento e as condições de compatibilidade são empregadas para se determinar os deslocamentos da estrutura. Por exemplo, considere a treliça estaticamente determinada mostrada na Figura 11.5(a). As forças normais nos elementos da treliça podem ser determinadas considerando-se o equilíbrio da nó A (veja a Figura 11.5(b)):

$$+\rightarrow \sum F_x = 0 \quad -0{,}6F_{AB} + 0{,}6F_{AC} = 0 \quad F_{AB} = F_{AC}$$

$$+\uparrow \sum F_y = 0 \quad 2(0{,}8F_{AB}) - 2.000 = 0 \quad F_{AB} = F_{AC} = 1.250 \text{ kN (T)}$$

(11.1)

Do mesmo modo, as reações dos apoios B e C podem ser obtidas considerando-se o equilíbrio dos nós B e C, respectivamente (Figura 11.5(c)). Para se determinar o deslocamento Δ no nó A da treliça, primeiro empregamos a relação entre força-deformação do elemento, $\delta = F(L/AE)$ para calcular as deformações normais do elemento:

$$\delta_{AB} = \delta_{AC} = 1.250\left(\frac{5}{90.000}\right) = 0{,}069 \text{ m}$$

(11.2)

Então, essas deformações normais do elemento são relacionadas ao deslocamento do nó Δ usando-se a condição de compatibilidade (veja a Figura 11.5(d)):

$$\delta_{AB} = \delta_{AC} = \Delta \operatorname{sen} \theta = 0{,}8\Delta$$

(11.3)

Figura 11.5

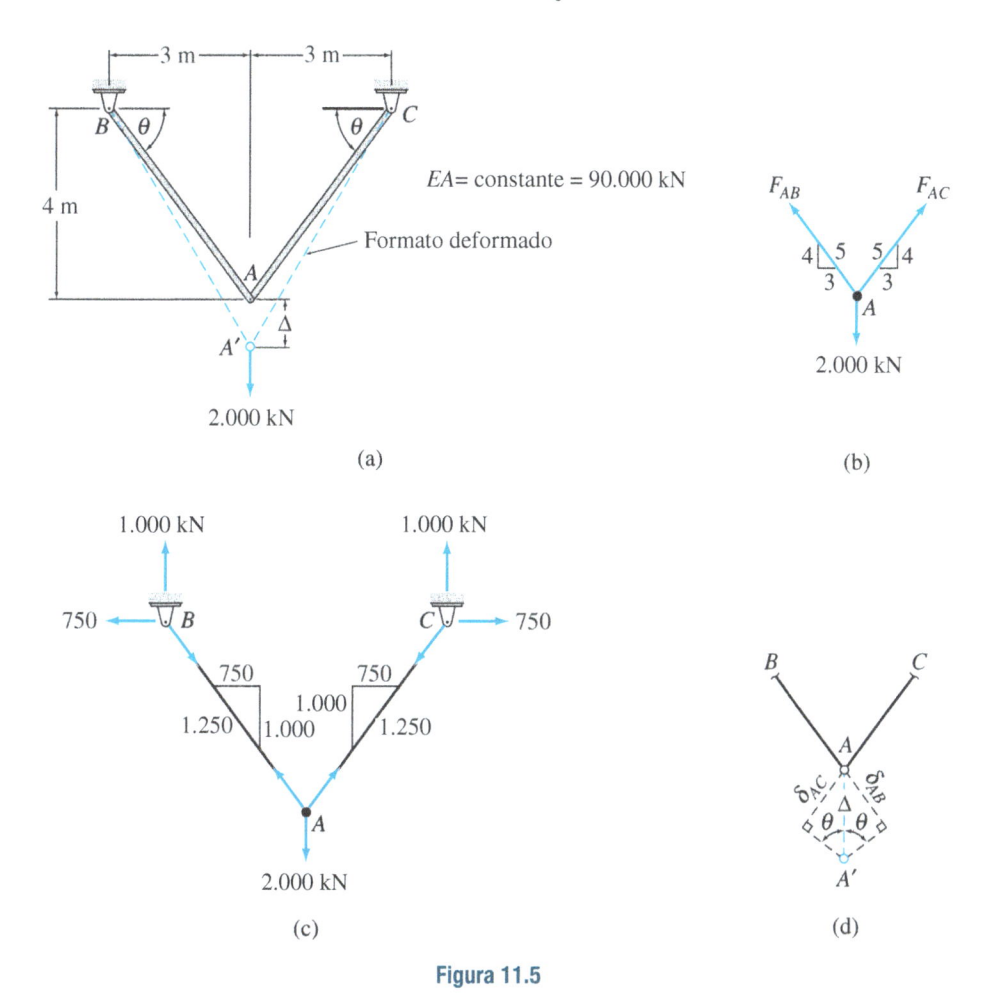

em que Δ é considerado pequeno. Observe que a Equação (11.3) afirma a necessidade de compatibilidade que os deslocamentos verticais das extremidades A dos elementos AB e AC devem ser iguais ao deslocamento vertical, Δ, da nó A. Substituindo-se a Equação (11.2) na Equação (11.3), encontramos que o deslocamento da nó A é

$$\Delta = \frac{0{,}069}{0{,}8} = 0{,}086 \text{ m} = 86 \text{ mm}$$

(11.4)

O deslocamento Δ também poderia ser calculado empregando-se o *método do trabalho virtual* formulado no Capítulo 7, que satisfaz automaticamente as relações entre força-deformação do elemento e as condições de compatibilidade necessárias.

Estruturas indeterminadas

Na análise de estruturas estaticamente indeterminadas, somente as equações de equilíbrio não são suficientes para se determinarem as reações e forças internas. Portanto, torna-se necessário resolver as equações de equilíbrio em conjunto com as condições de compatibilidade da estrutura para determinar sua resposta. Como as equações de equilíbrio contêm as forças desconhecidas, ao passo que as condições de compatibilidade envolvem deslocamentos como as incógnitas, as relações entre força-deformação do elemento são usadas para expressar as forças desconhecidas em termos de deslocamentos desconhecidos ou vice-versa. O sistema resultante de equações que contém somente um tipo de incógnita é então resolvido para as forças ou deslocamentos desconhecidos, que são então substituídos pelas relações fundamentais para se determinar as características de resposta restantes da estrutura.

Considere, por exemplo, a treliça indeterminada mostrada na Figura 11.6(a). A treliça é obtida adicionando-se um elemento vertical AD à treliça determinada da Figura 11.5(a), considerada anteriormente. O diagrama de corpo livre do nó A da treliça está mostrado na Figura 11.6(b). As equações de equilíbrio para este nó são fornecidas por

$$+\rightarrow \sum F_x = 0 \qquad F_{AB} = F_{AC} \tag{11.5}$$

$$+\uparrow \sum F_y = 0 \qquad 1{,}6F_{AB} + F_{AD} = 2.000 \tag{11.6}$$

Observe que as duas equações de equilíbrio não são suficientes para se determinarem as três forças normais desconhecidas nos elementos. As condições de compatibilidade são baseadas na necessidade de que os deslocamentos verticais das extremidades A dos três elementos conectados ao nó A devam ser iguais ao deslocamento vertical Δ do nó A. O diagrama de deslocamento do nó A é mostrado na Figura 11.6(c). Considerando que o deslocamento Δ seja menor, escrevemos as condições de compatibilidade como

$$\delta_{AB} = \delta_{AC} = \Delta \operatorname{sen}\theta = 0{,}8\Delta \tag{11.7}$$

$$\delta_{AD} = \Delta \tag{11.8}$$

Ao substituirmos as Equações (11.8) na Equação (11.7), obtemos a relação desejada entre as deformações normais dos elementos:

$$\delta_{AB} = \delta_{AC} = 0{,}8\delta_{AD} \tag{11.9}$$

o que indica que as deformações normais dos elementos inclinados AB e AC são iguais a 0,8 vezes a deformação normal do elemento vertical AD. Para expressarmos a Equação (11.9) em termos de forças normais nos elementos, usamos as relações entre força-deformação do elemento:

$$\delta_{AB} = F_{AB}\left(\frac{L_{AB}}{EA}\right) = F_{AB}\left(\frac{5}{90.000}\right) = 5{,}55(10^{-5})F_{AB} \tag{11.10}$$

$$\delta_{AC} = F_{AC}\left(\frac{L_{AC}}{EA}\right) = F_{AC}\left(\frac{5}{90.000}\right) = 5{,}55(10^{-5})F_{AC} \tag{11.11}$$

$$\delta_{AD} = F_{AD}\left(\frac{L_{AD}}{EA}\right) = F_{AD}\left(\frac{3}{90.000}\right) = 3{,}33(10^{-5})F_{AD} \tag{11.12}$$

A substituição das Equações (11.10) a (11.12) na Equação (11.9) fornece

$$5{,}55(10^{-5})F_{AB} = 5{,}55(10^{-5})F_{AC} = 0{,}8(3{,}33(10^{-5})F_{AD}) \tag{11.13}$$

ou

$$F_{AB} = F_{AC} = 0{,}48F_{AD}$$

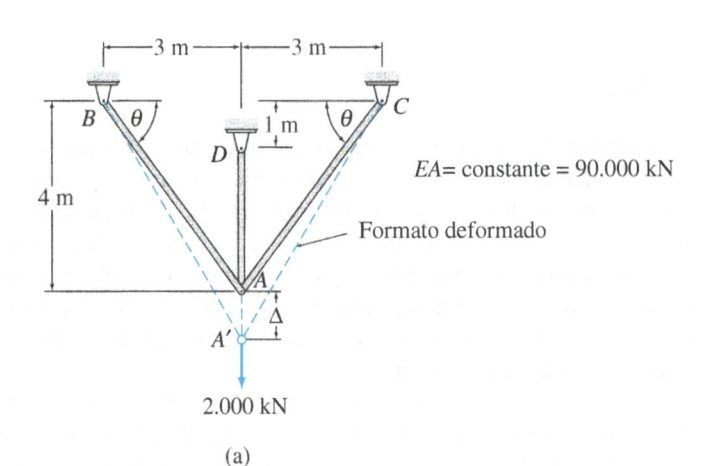

(a)

Figura 11.6 (*continua*)

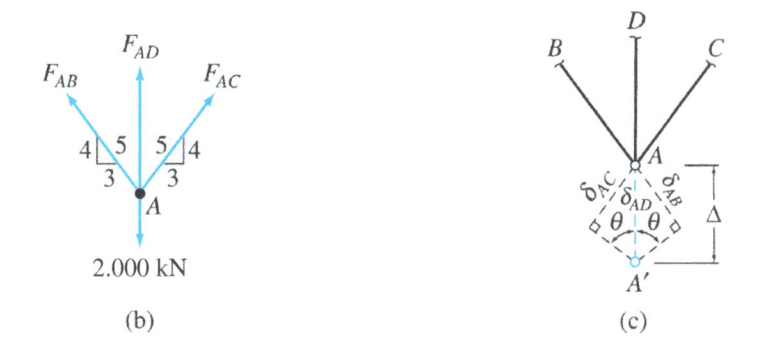

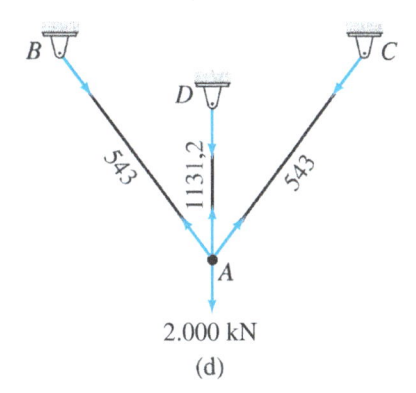

Figura 11.6

Agora, podemos determinar as forças normais nos três elementos da treliça resolvendo a Equação (11.13) simultaneamente com as duas equações de equilíbrio (Equações (11.5) e (11.6)). Assim (Figura 11.6(d)),

$$F_{AB} = F_{AC} = 543 \text{ kN (T)} \quad \text{e} \quad F_{AD} = 1131,2 \text{ kN (T)}$$

As deformações normais nos elementos agora podem ser calculadas substituindo esses valores das forças axiais nos elementos nas relações entre força-deformação do elemento (Equações (11.10) a (11.12)) para obtermos

$$\delta_{AB} = \delta_{AC} = 0,0301 \text{ m} = 30,1 \text{ mm} \quad \text{e} \quad \delta_{AD} = 0,0377 \text{ m} = 37,7 \text{ mm}$$

Por fim, substituindo os valores de deformações normais nos elementos nas condições de compatibilidade (Equações (11.7) e (11.8)), determinamos o deslocamento do nó A como

$$\Delta = 0,0377 \text{ m} = 37,7 \text{ mm}$$

Métodos de análise

Desde meados dos anos 1800, muitos métodos foram desenvolvidos para analisar estruturas estaticamente indeterminadas. Esses métodos podem ser amplamente classificados em duas categorias, denominadas, *métodos das forças (flexibilidade)* e *métodos dos deslocamentos* (*rigidez*), dependendo do tipo de incógnita (forças ou deslocamentos, respectivamente) envolvida na solução das equações de controle. Os métodos das forças, que são apresentados nos Capítulos 13 e 14, são em geral convenientes para se analisarem pequenas estruturas com alguns hiperestáticos (por exemplo, poucos elementos e/ou reações excedentes necessários para a estabilidade estática). Esses métodos também são usados para obter as relações entre força-deformação do elemento necessárias para se desenvolverem os métodos dos deslocamentos. Os métodos dos deslocamentos são considerados nos Capítulos 15 a 17. Esses métodos são mais sistemáticos, podem ser facilmente implantados nos computadores, e são, portanto, preferidos para análise de estruturas grandes e altamente hiperestáticas.

Resumo

Neste capítulo, aprendemos que as vantagens das estruturas estaticamente indeterminadas sobre estruturas determinadas incluem menores tensões máximas, maiores rigidezes e hiperestáticos. Recalques de apoio, variações de temperatura e erros de montagem podem induzir tensões significativas em estruturas indeterminadas, que devem ser consideradas ao se projetarem tais estruturas.

A análise das estruturas envolve o uso de três relações fundamentais: equações de equilíbrio, condições de compatibilidade e relações entre força-deformação do elemento. Na análise de estruturas indeterminadas, as equações de equilíbrio devem ser suplementadas pelas condições de compatibilidade com base na geometria da deformação da estrutura. O vínculo entre as equações de equilíbrio e as condições de compatibilidade é estabelecido por meio das relações entre força-deformação do elemento da estrutura.

Os métodos para análise de estruturas indeterminadas podem ser classificados em duas categorias, denominadas *métodos das forças (flexibilidade)* e *métodos dos deslocamentos* (*rigidez*). Os métodos das forças são em geral convenientes para se analisarem estruturas com alguns hiperestáticos (por exemplo, poucos elementos e/ou reações excedentes necessários para a estabilidade estática). Os métodos dos deslocamentos, que podem ser implantados em computadores, são preferidos para se analisarem estruturas grandes e altamente hiperestáticas.

12

Análise aproximada de pórticos retangulares

12.1 Considerações para análise aproximada
12.2 Análise para cargas verticais
12.3 Análise para cargas laterais – método do pórtico
12.4 Análise para cargas laterais – método do balanço
Resumo
Problemas

Arco do portal de St. Louis e antigo tribunal
R. Gino Santa Maria/shutterstock.com

A análise de estruturas estaticamente indeterminadas usando os métodos das forças e dos deslocamentos apresentados no capítulo anterior pode ser considerada *exata* no sentido de que as condições de compatibilidade e equilíbrio da estrutura são satisfeitas de maneira exata neste tipo de análise. Contudo, os resultados desta análise exata representam a resposta real estrutural apenas na medida em que o modelo analítico da estrutura representa a estrutura real. Resultados experimentais demonstraram que é possível prever de maneira confiável a resposta dos tipos mais comuns de estruturas submetidas a cargas em serviço usando os métodos das forças e dos deslocamentos, contanto que na análise se use um modelo analítico preciso da estrutura.

A análise exata de estruturas indeterminadas envolve o cálculo dos deslocamentos e a resolução de equações simultâneas, o que pode levar bastante tempo. Além disso, esse tipo de análise depende dos tamanhos relativos (áreas transversais e/ou momentos de inércia) dos elementos da estrutura. Por causa dessas dificuldades associadas às análises exatas, muitas vezes os projetos preliminares de estruturas indeterminadas baseiam-se nos resultados da *análise aproximada*, na qual se estimam as forças internas fazendo algumas considerações sobre as deformações e/ou a distribuição de forças entre os elementos das estruturas, evitando assim a necessidade de calcular os deslocamentos.

A análise aproximada provou ser muito conveniente na fase de planejamento de projetos, quando em geral se avaliam vários projetos alternativos da estrutura para averiguar sua economia. Os resultados da análise aproximada também podem ser usados para estimar os tamanhos de diversos elementos estruturais necessários para iniciar a análise exata. Em seguida, os projetos dos elementos são inteiramente revisados, usando-se os resultados de análises exatas sucessivas para chegar aos seus projetos finais. Além disso, às vezes a análise aproximada é usada para estimar os resultados da análise exata, que em razão de sua complexidade podem estar sujeitas a erros. Por fim, nos últimos anos, tem havido uma tendência crescente para renovar e readaptar estruturas mais antigas. Muitas dessas estruturas construídas antes de 1960, inclusive diversos edifícios altos, foram projetados apenas com base na análise aproximada, de modo que conhecer e entender os métodos aproximados usados pelos projetistas originais pode ser muito útil em um trabalho de renovação.

Diferentemente dos métodos exatos, que são genéricos no sentido de que podem ser aplicados a vários tipos de estruturas submetidas a diversas condições de carregamento, em geral a análise aproximada de determinado tipo de estrutura para um carregamento específico exige um método específico. Por exemplo, é preciso usar um método aproximado diferente para analisar um pórtico retangular sob cargas verticais (gravidade) do que para analisar a mesma estrutura sujeita a cargas laterais. Muitos métodos foram desenvolvidos para a análise aproximada de estruturas indeterminadas. Neste capítulo, apresentamos alguns dos métodos aproximados mais comuns para pórticos retangulares. Estes métodos produzem resultados dentro da margem de 20% das soluções exatas.

Os objetivos deste capítulo são considerar a análise aproximada de pórticos retangulares e entender as técnicas usadas na análise aproximada de estruturas em geral. Apresentaremos uma discussão geral das considerações de simplificação necessárias para a análise aproximada e, então, examinaremos a análise aproximada dos pórticos retangulares sob cargas verticais (gravidade). Por fim, apresentaremos os dois métodos comuns usados para a análise aproximada de pórticoss retangulares sujeitos a cargas laterais.

12.1 Considerações para análise aproximada

Como discutimos nos Capítulos 3 a 5, as estruturas estaticamente indeterminadas possuem mais reações de apoio e/ou elementos do que o necessário para a sua estabilidade estática; portanto, não é possível determinar todas as reações e forças internas (inclusive eventuais momentos) destas estruturas a partir das equações de equilíbrio. As reações e forças internas em excesso de uma estrutura indeterminada são denominadas *hiperestáticos*, e o número de hiperestático (isto é, a diferença entre o número total de incógnitas e o número de equações de equilíbrio) é chamado *grau hiperestático* da estrutura. Assim, para determinar as reações e forças internas de uma estrutura indeterminada, as equações de equilíbrio devem ser complementadas com equações adicionais, cujo número deve ser igual ao grau hiperestático da estrutura. Numa análise aproximada, definimos estas equações adicionais por meio de uma avaliação técnica para fazer hipóteses mais simples a respeito da resposta da estrutura. O número total de incógnitas deve ser igual ao grau hiperestático da estrutura, e cada incógnita oferecerá uma relação independente entre as incógnitas reações e/ou forças internas. Em seguida, resolvemos as equações com base nas hipóteses simplificadoras junto com as equações de equilíbrio da estrutura para determinar os valores aproximados de suas reações e forças internas.

Em geral, usam-se dois tipos de hipóteses na análise aproximada.

Hipóteses sobre o local dos pontos de inflexão

Na primeira abordagem, desenha-se uma curva elástica da estrutura indeterminada para pressupor o local dos pontos de inflexão, isto é, os pontos onde a curvatura da curva elástica muda os sinais ou passa a ser igual a nulo. Como os momentos fletores devem ser nulos nos pontos de inflexão, inserem-se rótulas internas na estrutura indeterminada nos locais presumidos de pontos de inflexão, a fim de obter uma estrutura determinada simplificada. Cada uma das rótulas internas oferece uma equação de condição, de modo que o número de pontos de inflexão presumidos deve ser igual ao grau hiperestático da estrutura. Além disso, os pontos de inflexão devem ser selecionados de modo que a estrutura determinada resultante seja estática e geometricamente estável. A seguir, analisa-se a estrutura determinada simplificada obtida dessa maneira, a fim de determinar os valores aproximados das reações e forças internas da estrutura indeterminada original.

Considere, por exemplo, um pórtico simples sujeito a uma carga lateral P, conforme ilustra a Figura 12.1(a). Como o pórtico é apoiado por quatro componentes de reação e como há somente três equações de equilíbrio, ele é estaticamente indeterminado em primeiro grau. Portanto, precisamos fazer uma hipótese simplificadora sobre a resposta do pórtico. Ao examinarmos a curva elástica do pórtico desenhado na Figura 12.1(a), observamos que existe um ponto de inflexão próximo ao meio da viga CD. Embora o local exato do ponto de inflexão dependa das propriedades (ainda desconhecidas) dos dois pilares do pórtico, e só possa ser determinado com uma análise exata, para fins de análise aproximada, podemos *presumir* que o ponto de inflexão localiza-se no meio da viga CD. Visto que o momento fletor em um ponto de inflexão precisa ser nulo, inserimos uma rótula interna no ponto médio E da viga CD para obter o pórtico determinado ilustrado na Figura 12.1(b). Agora é possível determinar as quatro reações do pórtico aplicando-se as três equações de equilíbrio, $\sum F_X = 0$, $\sum F_Y = 0$ e $\sum M = 0$, e uma equação de condição, $\sum M_E^{AE} = 0$ ou $\sum M_E^{BE} = 0$, para o pórtico determinado (Figura 12.1 (b)):

Análise aproximada de pórticos retangulares

$$+ \circlearrowleft \sum M_B = 0 \qquad A_Y(L) - Ph = 0 \qquad A_Y = \frac{Ph}{L} \downarrow$$

$$+ \uparrow \sum F_Y = 0 \qquad -\frac{Ph}{L} + B_Y = 0 \qquad B_Y = \frac{Ph}{L} \uparrow$$

$$+ \circlearrowleft \sum M_E^{BE} = 0 \qquad \frac{Ph}{L}\left(\frac{L}{2}\right) - B_X(h) = 0 \qquad B_X = \frac{P}{2} \leftarrow$$

$$+ \rightarrow \sum F_X = 0 \qquad P - A_X - \frac{P}{2} = 0 \qquad A_X = \frac{P}{2} \leftarrow$$

Usando essas reações aproximadas, é possível construir os diagramas aproximados de cortante, momento fletor e força normal para o pórtico, considerando-se o equilíbrio de seus elementos e nós. A Figura 12.1(c) ilustra os diagramas de momentos fletores dos elementos do pórtico.

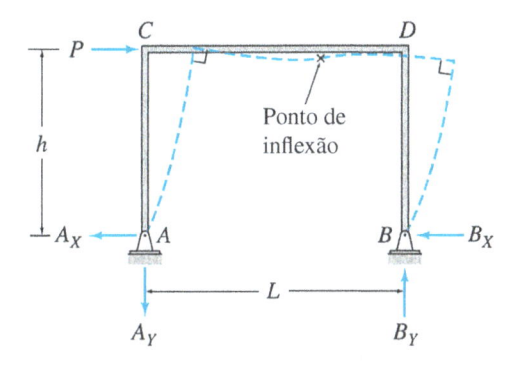

(a) Pórtico indeterminado

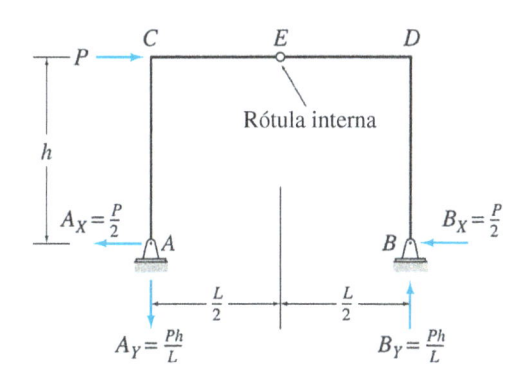

(b) Pórtico simplificado determinado

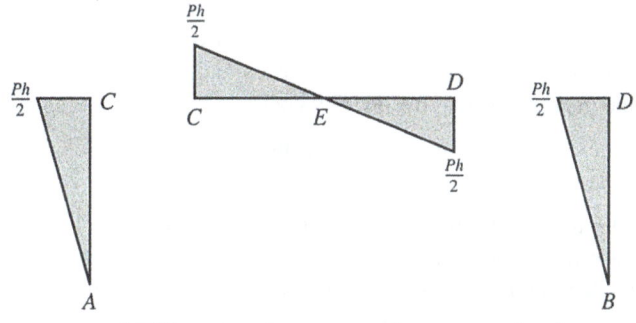

(c) Diagramas de momentos fletores aproximados

Figura 12.1

Hipóteses sobre a distribuição de forças entre os elementos e/ou reações

Às vezes, é possível fazer a análise aproximada de estruturas indeterminadas estabelecendo-se hipóteses sobre a distribuição de forças e/ou reações entre os elementos das estruturas. O número dessas hipóteses necessárias para a análise de uma estrutura é igual ao grau hiperestático da estrutura, e cada hipótese fornece uma equação independente, relativa às forças incógnitas e/ou reações dos elementos. Em seguida, as equações baseadas nessas hipóteses são resolvidas simultaneamente com as equações de equilíbrio da estrutura, a fim de determinar suas reações e forças internas aproximadas. Por exemplo, o pórtico simples da Figura 12.1(a) também pode ser analisado considerando que as reações horizontais A_X e B_X são iguais, ou seja, $A_X = B_X$. Ao resolvermos essa equação simultaneamente com as três equações de equilíbrio da estrutura, obtemos as mesmas reações determinadas anteriormente, pressupondo um ponto de inflexão no ponto médio da viga CD do pórtico.

Os dois tipos de hipóteses descritos nesta seção podem ser usados individualmente ou podem ser combinados entre si e/ou com outros tipos de hipóteses baseados na análise técnica da resposta estrutural, para desenvolver métodos de análise aproximada de vários tipos de estruturas. No restante deste capítulo, concentraremos nossa atenção na análise aproximada de pórticos retangulares de edifícios.

12.2 Análise para cargas verticais

Na Seção 5.5, afirmamos que o grau hiperestático de um pórtico retangular de edifício com apoios engastados é igual a *três vezes o número de vigas* na estrutura, desde que ela não contenha rótulas ou apoios de rolete internos. Portanto, em uma análise aproximada desse tipo de pórtico rígido, o número total de hipóteses necessárias é igual a três vezes o seu número de vigas.

Um procedimento comumente usado para a análise aproximada de pórticos retangulares de edifício sujeitos a cargas verticais (gravidade) envolve três hipóteses sobre o comportamento de cada viga do pórtico. Considere um pórtico submetido a cargas uniformemente distribuídas w, como mostra a Figura 12.2(a). A Figura 12.2(b) ilustra o diagrama de corpo livre de uma viga típica DE da estrutura. Pela curva elástica da viga ilustrada na figura, observamos que existem dois pontos de inflexão próximos às duas extremidades da viga. Esses pontos de inflexão se desenvolvem porque os pilares e a viga adjacente unidos às extremidades da viga DE oferecem uma restrição parcial ou resistência à rotação, por exercer momentos negativos M_{DE} e M_{ED} nas extremidades D e E da viga, respectivamente. Embora o local exato dos pontos de inflexão dependa da rigidez relativa dos elementos do pórtico e só possa ser determinado com uma análise exata, podemos definir as regiões ao longo da viga nas quais se encontram esses pontos ao examinarmos as duas condições extremas de restrição rotacional nas extremidades da viga ilustradas nas Figuras 12.2(c) e (d). Se as extremidades da viga estivessem livres para rotacionar, como no caso de uma viga com apoio simples (Figura 12.2(c)), os momentos fletor nulo – e, consequentemente, os pontos de inflexão – ocorreriam nas extremidades. No outro extremo, se as extremidades da viga estivessem completamente engastadas e impedidas de rotacionar, a análise exata apresentada nos capítulos subsequentes nos mostra que os pontos de inflexão ocorreriam a uma distância de $0{,}211L$ de cada extremidade da viga, conforme a Figura 12.2(d). Portanto, quando as extremidades da viga estão apenas parcialmente impedidas de rotacionar (Figura 12.2(b)), os pontos de inflexão devem ocorrer em algum ponto dentro de uma distância de $0{,}211L$ de cada extremidade. Para o propósito da análise aproximada, uma prática comum é admitir que os pontos de inflexão se encontram aproximadamente no meio dos dois extremos – isto é, a uma distância de $0{,}1L$ de cada extremidade da viga. Estimar o local de dois pontos de inflexão significa fazer duas hipóteses sobre o comportamento da viga. A terceira hipótese baseia-se na experiência adquirida com a análise exata de pórticos retangulares sujeitos apenas a cargas verticais, o que indica que as forças normais nas vigas desse tipo de estrutura geralmente são muito pequenas. Portanto, em uma análise aproximada, é razoável supor que as forças normais da viga sejam nulas.

Para resumirmos a discussão anterior, na análise aproximada de um pórtico retangular sujeito a cargas verticais, usamos as seguintes hipóteses para cada uma de suas vigas:

1. Os pontos de inflexão encontram-se a um décimo do vão a partir de cada extremidade da viga.
2. A força normal na viga é nula.

O resultado dessas hipóteses simplificadoras é que podemos considerar que o trecho de oito décimos central do vão ($0{,}8L$) de cada viga está simplesmente apoiado sobre as duas porções finais da viga, cada uma delas com um comprimento igual a um décimo do vão da viga ($0{,}1L$), como indica a Figura 12.2(e). Observe que agora as vigas são estaticamente determinadas, e que suas forças e os momentos nas extremidades podem ser determinados pela estática, como mostra a figura. Observe que ao estabelecermos três hipóteses sobre o comportamento de cada viga do pórtico, fizemos um número total de hipóteses igual ao grau hiperestático do pórtico, resultando no pórtico todo estaticamente determinado, como mostra a Figura 12.2(f). Uma vez que se calcularam as forças nas extremidades das vigas, é possível determinar as forças nas extremidades dos pilares e as reações de apoio a partir de considerações de equilíbrio.

capítulo 12 Análise aproximada de pórticos retangulares 411

(a) Pórtico do edifício

(b) Viga típica

(c) Viga simplesmente apoiada

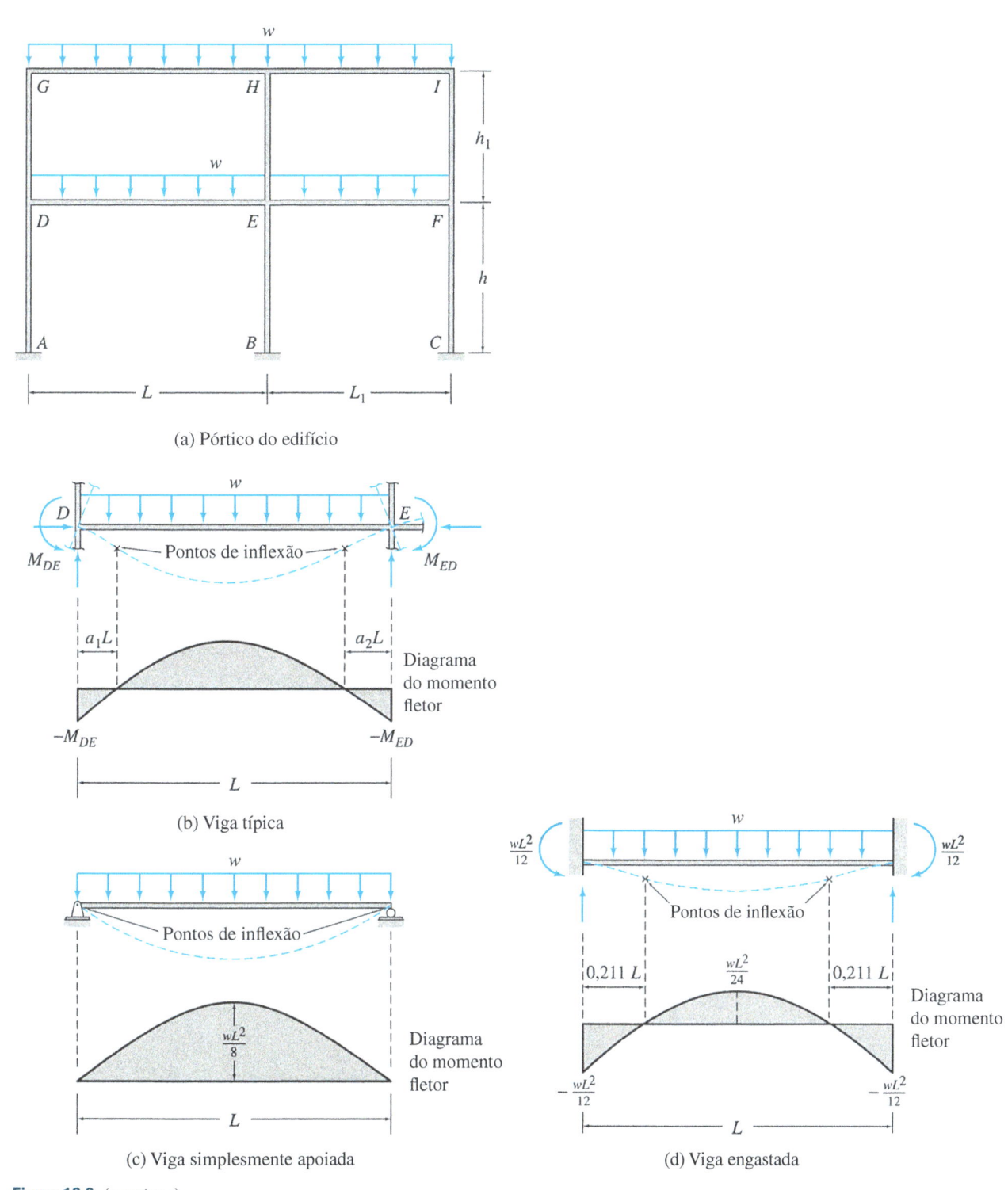

(d) Viga engastada

Figura 12.2 (*continua*)

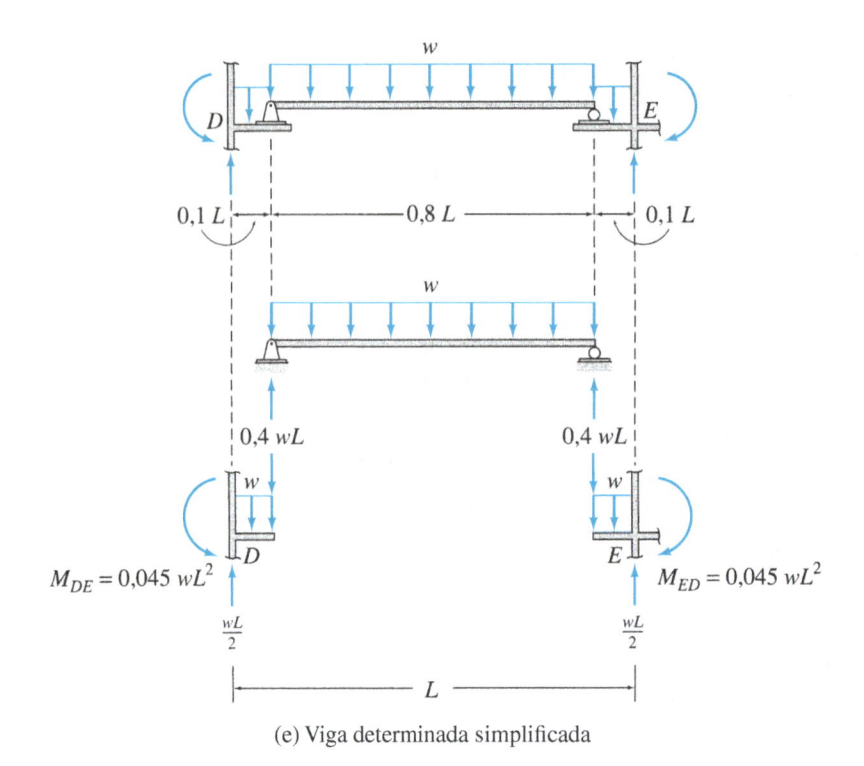

(e) Viga determinada simplificada

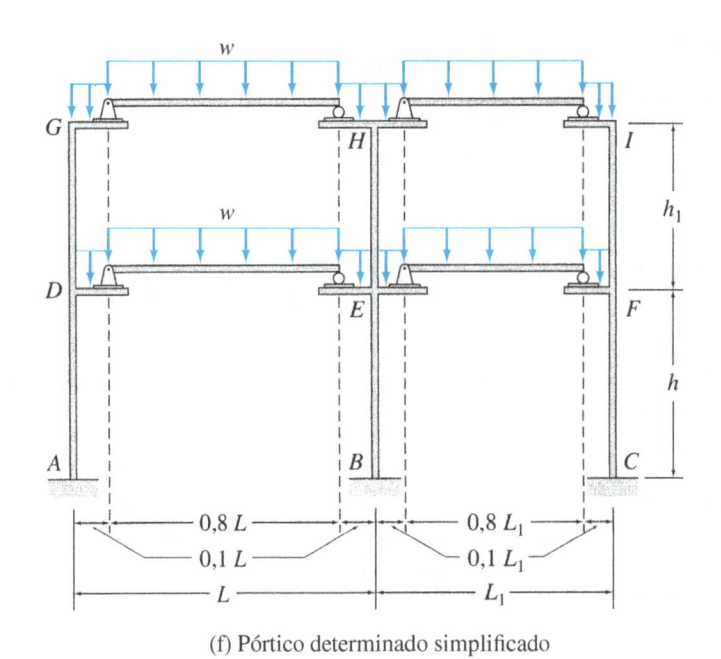

(f) Pórtico determinado simplificado

Figura 12.2

EXEMPLO 12.1

Desenhe os diagramas aproximados de cortante e de momento fletor para as vigas do pórtico ilustrado na Figura 12.3(a).

Solução

Como os comprimentos dos vãos e cargas para as quatro vigas do pórtico são os mesmos (Figura 12.3(a)), os diagramas aproximados de cortante e momento fletor das vigas também serão os mesmos. Se aplicarmos as hipóteses discutidas nesta seção a qualquer uma das vigas do pórtico, obteremos a viga estaticamente determinada ilustrada na Figura 12.3(b). Observe que a porção no meio da viga, com um comprimento de $0,8L = 0,8(10) = 8$ m, está apoiada simplesmente sobre as duas porções finais, cada uma com um comprimento de $0,1L = 0,1(10) = 1$ m.

Ao considerarmos o equilíbrio da porção central simplesmente apoiada da viga, obtemos as reações verticais nas extremidades desta porção: $22(8/2) = 88$ kN. Em seguida, aplicamos essas forças nas direções opostas (lei da ação e reação de Newton) das duas porções nas extremidades, como ilustra a figura. Agora é possível determinar as forças verticais (cortantes) e momentos nas extremidades da viga ao considerarmos o equilíbrio das extremidades. Aplicando as equações de equilíbrio à porção na extremidade esquerda, obtemos

$$+ \uparrow \sum F_Y = 0 \qquad S_L - 22(1) - 88 = 0 \qquad S_L = 110 \text{ kN} \uparrow$$

$$+ \circlearrowleft \sum M_L = 0 \qquad M_L - 22(1)\left(\frac{1}{2}\right) - 88(1) = 0 \qquad M_L = 99 \text{ kN} \cdot \text{m} \circlearrowright$$

Do mesmo modo, aplicando as equações de equilíbrio à porção na extremidade direita, obtemos

$$S_R = 110 \text{ kN} \uparrow \quad \text{e} \quad M_R = 99 \text{ kN} \cdot \text{m} \circlearrowright$$

Ao usarmos esses valores aproximados das forças e momentos nas extremidades da viga, elaboramos os diagramas de cortante e momento fletor para a viga, como ilustra a Figura 2.3(b).

Resp.

(a)

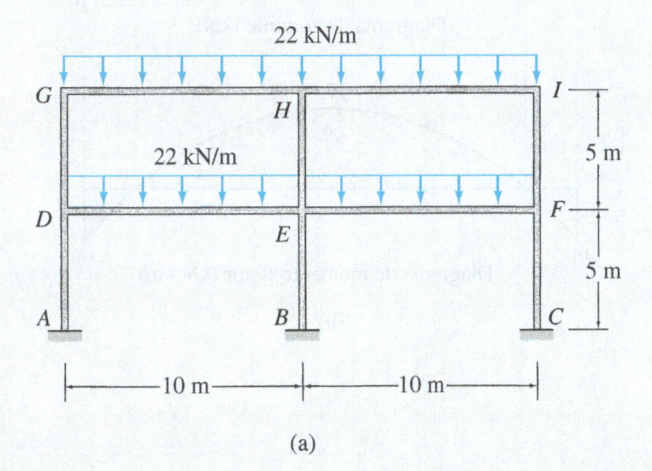

Figura 12.3 (*continua*)

Figura 12.3

(b)

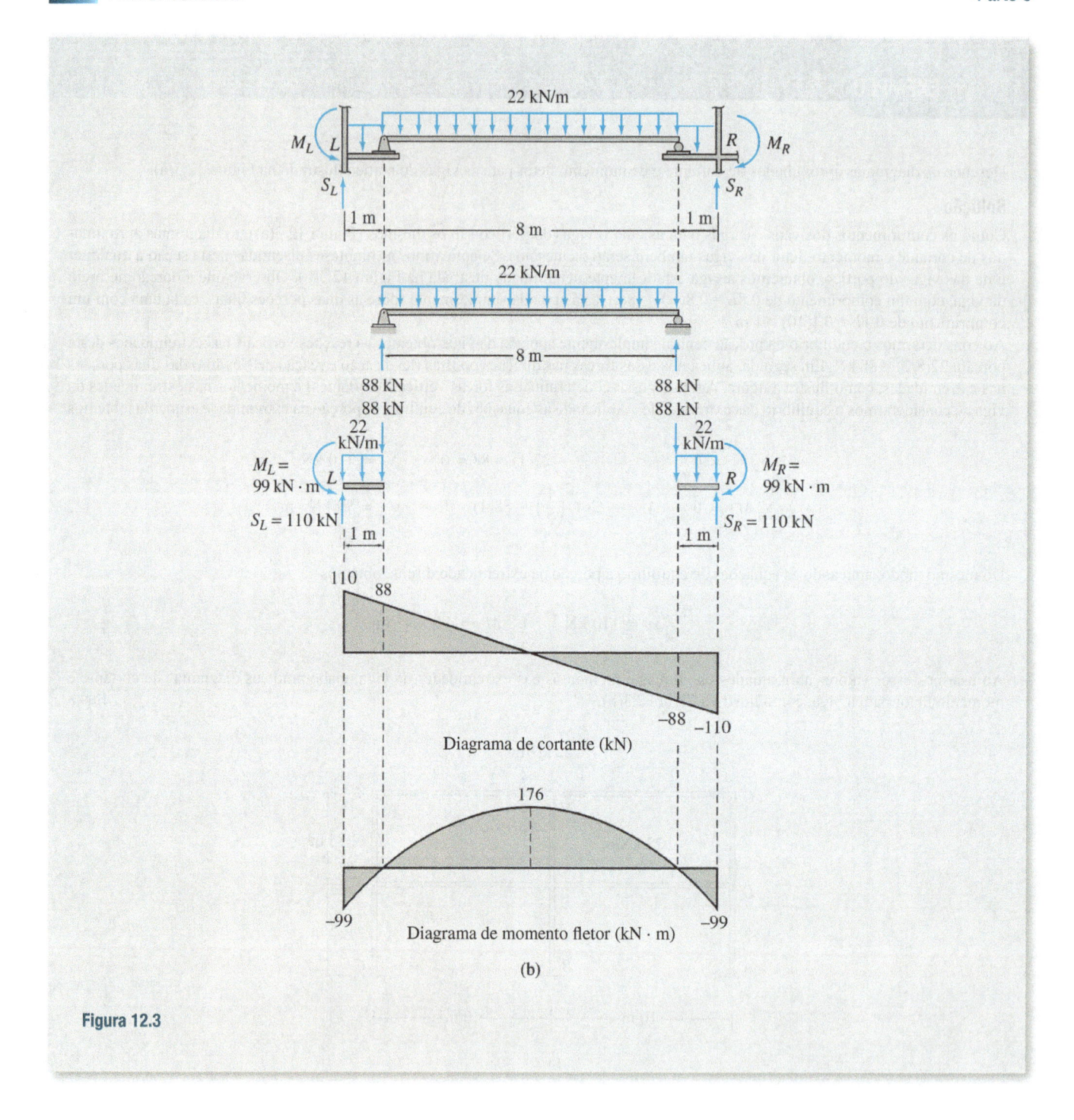

12.3 Análise para cargas laterais – método do pórtico

O comportamento dos pórticos de edifício retangulares sob cargas laterais (horizontais) é diferente do que o sob cargas verticais, de modo que é preciso usar hipóteses diferentes na análise aproximada de cargas laterais do que as usadas no caso de cargas verticais, examinadas anteriormente. Em geral, empregam-se dois métodos para a análise aproximada de pórticos retangulares sujeitos a cargas laterais. São eles (1) *o método do pórtico* e (2) *o método do balanço*. Esta seção descreve o método do pórtico, ao passo que o método do balanço será discutido na próxima seção.

Inicialmente, o método do pórtico foi desenvolvido por A. Smith em 1915, e de modo geral é considerado apropriado para a análise aproximada de pórticos de edifícios relativamente baixos. Antes de considerarmos a análise de pórticos de múltiplos andares e vários vãos usando o método do pórtico, vamos examinar o comportamento de um pórtico simples com apoios engastados sujeito a cargas laterais, como mostra a Figura 12.4(a). O grau hiperestático

capítulo 12 — Análise aproximada de pórticos retangulares

desse pórtico é três; portanto, é preciso fazer três hipóteses para sua análise aproximada. A partir da curva elástica do pórtico esquematizada na Figura 12.4(a), observamos que há um ponto de inflexão próximo ao meio de cada elemento do pórtico. Assim, na análise aproximada, é razoável considerar que os pontos de inflexão encontram-se nos pontos médios dos elementos. Como os momentos fletores nos pontos de inflexão devem ser nulos, inserimos rótulas internas nos pontos médios dos três elementos do pórtico para obter o pórtico estaticamente determinado ilustrado na Figura 12.4(b). Para determinarmos as seis reações, traçamos um corte horizontal aa nas rótulas E e G, como mostra a Figura 12.4(b), e aplicamos as equações de equilíbrio (e condição, se houver) às três porções do pórtico. Ao aplicarmos as três equações de equilíbrio e uma equação de condição à porção $ECDG$ (Figura 12.4(c)), calculamos que as forças nas rótulas internas E e G são

$$+\circlearrowleft \sum M_G = 0 \qquad E_Y(L) - P\left(\frac{h}{2}\right) = 0 \qquad E_Y = \frac{Ph}{2L} \downarrow$$

$$+\uparrow \sum F_Y = 0 \qquad -\frac{Ph}{2L} + G_Y = 0 \qquad G_Y = \frac{Ph}{2L} \uparrow$$

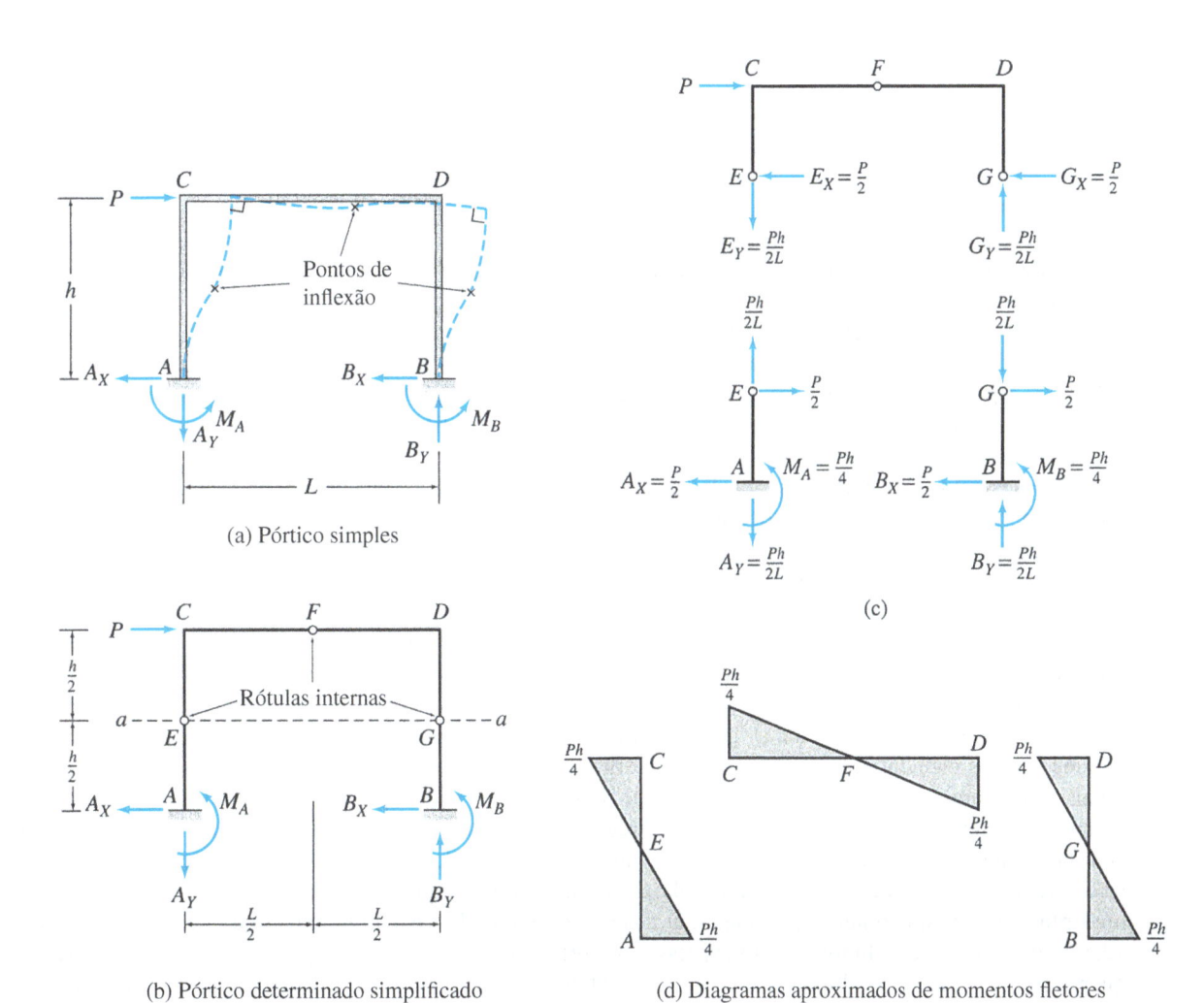

Figura 12.4

(a) Pórtico simples

(b) Pórtico determinado simplificado

(c)

(d) Diagramas aproximados de momentos fletores

$$+\circlearrowleft \sum M_F^{EF} = 0 \qquad \frac{Ph}{2L}\left(\frac{L}{2}\right) - E_X\left(\frac{h}{2}\right) = 0 \qquad E_X = \frac{P}{2} \leftarrow$$

$$+\rightarrow \sum F_X = 0 \qquad P - \frac{P}{2} - G_X = 0 \qquad G_X = \frac{P}{2} \leftarrow$$

Agora, é possível determinar as reações dos apoios *A* e *B* considerando as porções de equilíbrio *AE* e *BG*, respectivamente. Para a porção *AE* (Figura 12.4(c)):

$$+ \rightarrow \sum F_X = 0 \qquad\qquad A_X = \frac{P}{2} \leftarrow$$

$$+ \uparrow \sum F_Y = 0 \qquad\qquad A_Y = \frac{Ph}{2L} \downarrow$$

$$+ \circlearrowleft \sum M_A = 0 \qquad -\frac{P}{2}\left(\frac{h}{2}\right) + M_A = 0 \qquad M_A = \frac{Ph}{4} \circlearrowright$$

Do mesmo modo, para a porção *BG* (Figura 12.4(c)):

$$+ \rightarrow \sum F_X = 0 \qquad\qquad B_X = \frac{P}{2} \leftarrow$$

$$+ \uparrow \sum F_Y = 0 \qquad\qquad B_Y = \frac{Ph}{2L} \downarrow$$

$$+ \circlearrowleft \sum M_B = 0 \qquad -\frac{P}{2}\left(\frac{h}{2}\right) + M_B = 0 \qquad M_B = \frac{Ph}{4} \circlearrowright$$

Observe que as reações horizontais dos apoios *A* e *B* são iguais (isto é, $A_x = B_x$), indicando que os cortantes nos dois pilares da estrutura também precisam ser iguais. A Figura 12.4(d) ilustra os diagramas de momentos fletor para os elementos do pórtico simples.

Para desenvolver o método do pórtico para a análise aproximada de pórticos, considere um pórtico de edifício de dois andares e três vãos na Figura 12.5(a). A estrutura contém seis vigas, de modo que seu grau hiperestático é 3(6) = 18. A partir da curva elástica do pórtico esquematizado na Figura 12.5(a), observamos que o comportamento da flecha deste pórtico é semelhante ao da estrutura em pórtico analisada anteriormente (Figura 12.4(a)), no sentido de que há um ponto de inflexão próximo ao meio de cada elemento do pórtico. No método do pórtico, pressupõe-se que esses pontos de inflexão se localizam nos pontos médios dos elementos e, portanto, inserimos uma rótula interna no meio de cada elemento do pórtico para obter um pórtico simplificado, de acordo com a Figura 12.5(b). Observe que este pórtico simplificado não é estaticamente determinado, porque é obtido ao se inserirem somente 14 rótulas internas (isto é, uma rótula em cada um dos 14 elementos) da estrutura original, que é indeterminado no 18º grau. Assim, o grau hiperestático do pórtico simplificado na Figura 12.5(b) é 18 – 14 = 4; consequentemente, é preciso fazermos quatro hipóteses adicionais antes de conduzirmos uma análise aproximada envolvendo apenas a estática. No método do pórtico, pressupõe-se também que o pórtico se componha de várias estruturas em pórtico, como mostra a Figura 12.5(c), e cada pilar interno do pórtico original com múltiplos vãos representa dois apoios do pórtico. Mostramos anteriormente (Figura 12.4) que, quando um pórtico simples com rótulas internas nos pontos médios de seus elementos é submetido a uma carga lateral, nos dois apoios do pórtico desenvolvem-se cortantes iguais. Como um pilar interno do pórtico original com múltiplos vãos representa dois apoios do pórtico, e um pilar externo representa apenas um apoio, podemos presumir que o cortante de um pilar interno em um andar do pórtico com múltiplos vãos é duas vezes o cortante de um pilar externo desse andar (Figura 12.5(c)). A hipótese anterior referente à distribuição de cortante entre pilares resulta em uma equação a mais para cada andar do pórtico com múltiplos vãos do que o necessário para a análise aproximada. Por exemplo, para cada vão do pórtico na Figura 12.5, podemos usar essa hipótese para expressar os cortantes em quaisquer três pilares em termos do que ocorre no quarto pilar. Portanto, essa hipótese oferece um total de seis equações para o pórtico todo – ou seja, duas equações a mais do que o necessário para a análise aproximada. Contudo, como essas equações adicionais são compatíveis com as demais, elas não causam nenhuma dificuldade nos cálculos da análise.

A partir da discussão anterior, concluímos que as hipóteses feitas no método do pórtico são as seguintes:

1. No meio de cada elemento do pórtico há um ponto de inflexão.
2. Em cada vão do pórtico, os pilares internos suportam duas vezes o cortante dos pilares externos.

capítulo 12 — Análise aproximada de pórticos retangulares

(a) Pórtico do edifício

Ponto de inflexão x

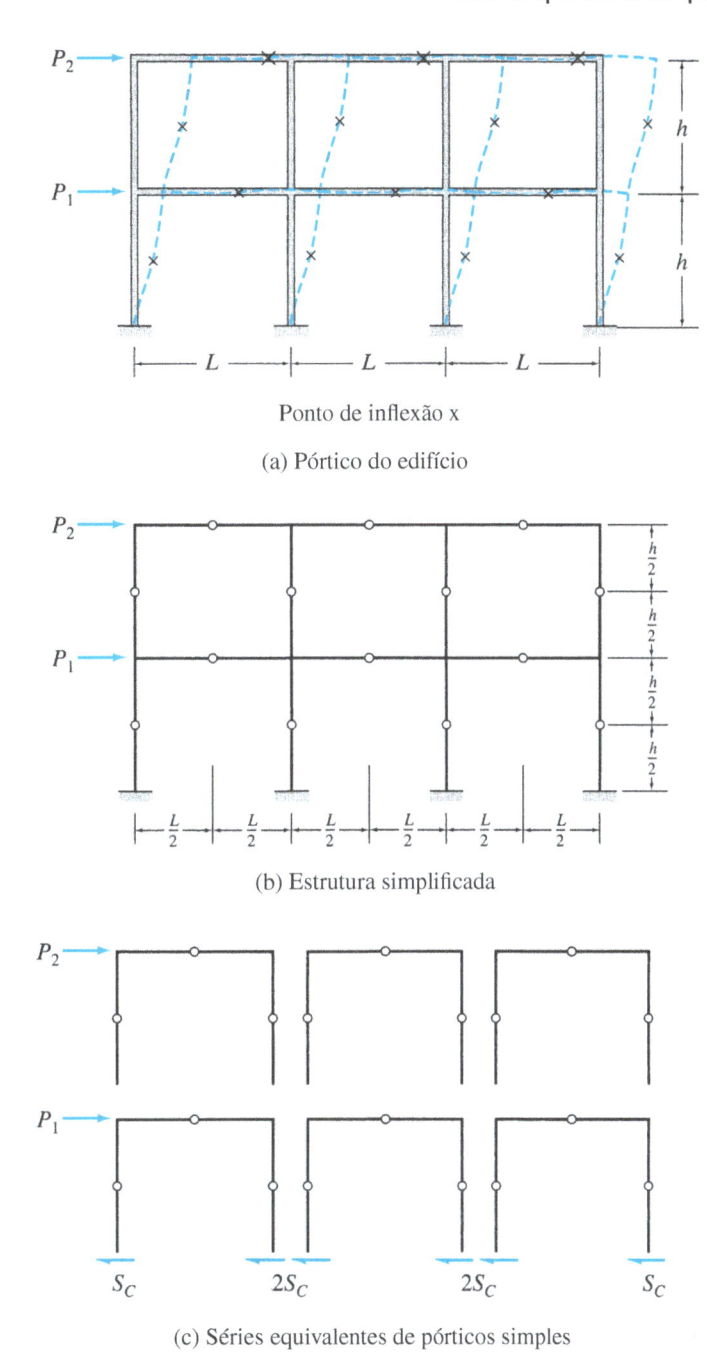

(b) Estrutura simplificada

(c) Séries equivalentes de pórticos simples

Figura 12.5

Procedimento para análise

O procedimento passo a passo seguinte pode ser usado para a análise aproximada de pórticos de edifícios pelo método do pórtico.

1. Faça um esboço do pórtico simplificado obtido inserindo uma rótula interna no ponto médio de cada elemento do pórtico dado.
2. Determine os cortantes nos pilares. Para cada andar do pórtico:
   a. Trace um corte horizontal por todos os pilares do andar, dividindo o pórtico em duas partes.
   b. Considerando que os cortantes nos pilares internos sejam duas vezes maiores do que os dos pilares externos, determine os cortantes nos pilares aplicando a equação de equilíbrio horizontal ($\sum F_x = 0$) ao corpo livre na parte superior do pórtico.
3. Desenhe os diagramas de corpo livre de todos os elementos e nós do pórtico, indicando as cargas externas e os cortantes nas extremidades dos pilares calculados na etapa anterior.

418 Análise Estrutural Parte 3

4. Determine os momentos nos pilares. Determine os momentos nas extremidades de cada pilar aplicando as equações de condição a meia altura do pilar de modo que o momento fletor seja nulo, onde presumimos um ponto de inflexão (rótula interna). Conforme indica a Figura 12.6(a), ao aplicarmos as equações de condição, $\sum M_H^{BH} = 0$ e $\sum M_H^{TH} = 0$, ao corpo livre de um pilar de altura h, verificamos que os momentos nas duas extremidades do pilar são iguais em magnitude e têm o mesmo sentido (isto é, ou os momentos nas duas extremidades estão em sentido horário ou ambos estão no sentido anti-horário).

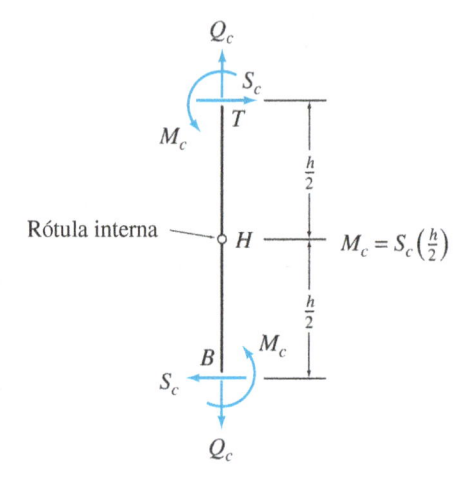

(a) Forças e momentos nas extremidades dos pilares

(b) Forças e momentos nas extremidades das vigas

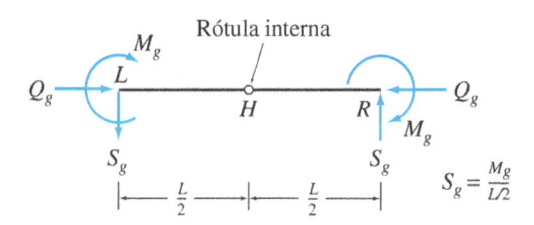

Figura 12.6

A magnitude dos momentos nas extremidades dos pilares (M_C) é igual à magnitude dos cortantes nos pilares (S_C) vezes a metade da altura do pilar, ou seja,

$$M_C = S_C \left(\frac{h}{2}\right) \tag{12.1}$$

Determine os momentos nas extremidades de todos as pilares da estrutura.

5. Determine as forças normais, os momentos e os cortantes da viga. Partindo do andar superior do pórtico para o inferior, calcule as forças normais, momentos e cortantes nas extremidades das vigas de cada andar sucessivo, começando no nó distante à esquerda do andar e avançando para a direita, como se segue:
   a. Aplique as equações de equilíbrio, $\sum F_X = 0$ e $\sum M = 0$, ao corpo livre do nó em questão para calcular a força normal e o momento, respectivamente, na extremidade esquerda (adjacente) da viga no lado direito do nó.
   b. Considerando o corpo livre do nó, determine o cortante na extremidade esquerda da viga dividindo o momento da viga pela metade de seu comprimento (veja a Figura 12.6(b)); isto é,

$$S_g = \frac{M_g}{(L/2)} \tag{12.2}$$

A Equação (12.2) baseia-se na condição de que o momento fletor no ponto médio da viga seja nulo.

capítulo 12　　　　　　　　　　　　　　　　　　　　　　　　　Análise aproximada de pórticos retangulares　**419**

　　c. Ao aplicar as equações de equilíbrio, $\sum F_X = 0$ $\sum F_Y = 0$, e $\sum M = 0$ ao corpo livre da viga, determine a força normal, o cortante e o momento, respectivamente, na extremidade direita. Como indica a Figura 12.6(b), as forças normais e os cortantes nas extremidades da viga devem ser iguais, porém opostos, e os dois momentos nas extremidades devem ser iguais em magnitude e direção.
　　d. Selecione o nó da viga considerada anteriormente e repita as etapas 5(a) a 5(c) até que as forças normais, os momentos e os cortantes em todas as vigas do andar tenham sido determinados. As equações de equilíbrio $\sum F_X = 0$ e $\sum M = 0$ e para a extremidade direita do nó ainda não foram utilizadas, de modo que podemos usar essas equações para verificar os cálculos.
　　e. Começando no nó esquerdo distante do andar abaixo daquele considerado anteriormente, repita as etapas 5(a) a 5(d) até que as forças normais, os momentos e os cortantes em todas as vigas do pórtico tenham sido determinados.
6. Determine as forças normais nos pilares. Começando no andar superior, aplique a equação de equilíbrio $\sum F_Y = 0$, sucessivamente, ao corpo livre de cada nó para determinar as forças normais nos pilares do andar. Repita o procedimento para cada andar, de cima para baixo, até que as forças normais em todas os pilares do pórtico tenham sido determinadas.
7. Considerando que as forças e os momentos nas extremidades inferiores dos pilares do andar inferior representam as reações de apoio, use as três equações de equilíbrio do pórtico inteiro para verificar os cálculos. Se a análise tiver sido realizada corretamente, essas equações de equilíbrio devem ser satisfeitas.

Nas etapas 5 e 6 do procedimento anterior, se quisermos calcular as forças e os momentos do elemento a partir da extremidade direita do andar à esquerda, então a palavra *esquerda* deve ser substituída por *direita* e vice-versa.

EXEMPLO 12.2

Determine as forças normais, os cortantes e os momentos aproximados para todos os elementos do pórtico ilustrado na Figura 12.7(a) usando o método do pórtico.

Solução

Estrutura simplificada. Obtemos o pórtico simplificado para a análise aproximada ao inserirmos rótulas internas nos pontos médios de todos os elementos do pórtico dado, como indica a Figura 12.7(b).

Cortantes nos pilares. Para calcularmos os cortantes nos pilares do pórtico, traçamos uma seção imaginária *aa* pelos pilares diretamente acima do nível de apoio, como mostra a Figura 12.7(b). A Figura 12.7(c) ilustra o diagrama de corpo livre da porção do pórtico acima da seção *aa*. Observe que consideramos que o cortante no pilar interno *BE* seja duas vezes maior que o nos pilares externos *AD* e *CF*. Ao aplicarmos a equação de equilíbrio $\sum F_Y = 0$, obtemos (veja a Figura 12.7 (c))

$$+ \rightarrow \sum F_X = 0 \qquad 60 - S - 2S - S = 0 \qquad S = 15 \text{ kN}$$

Assim, as forças cortantes nas extremidades inferiores dos pilares são

$$S_{AD} = S_{CF} = S = 15 \text{ kN} \leftarrow \qquad S_{BE} = 2S = 30 \text{ kN} \leftarrow$$

Obtemos as forças cortantes nas extremidades superiores dos pilares aplicando a equação de equilíbrio $\sum F_X = 0$ ao corpo livre de cada pilar. Por exemplo, a partir do diagrama de corpo livre do pilar *AD* ilustrado na Figura 12.7(d), observamos que para satisfazer $\sum F_X = 0$, a força cortante na extremidade superior, S_{DA}, precisa atuar para a direita com uma magnitude de 15 kN a fim de equilibrar a força cortante na extremidade inferior, $S_{AD} = 15$ kN, para a esquerda. Assim, $S_{DA} = 15$ kN $\rightarrow$. As forças cortantes nas extremidades superiores dos pilares restantes são determinadas de modo semelhante e ilustradas na Figura 12.7(e), que mostra os diagramas de corpo livre de todos os elementos e nós do pórtico.

Momentos nos pilares. Conhecendo agora os cortantes nos pilares, podemos calcular os momentos nas extremidades dos pilares multiplicando os cortantes pela metade da altura dos pilares. Por exemplo, como o pilar *AD* (veja a Figura 12.7(d)) tem 8 m de altura e cortantes de 15 kN em suas extremidades, os momentos nas extremidades são

$$M_{AD} = M_{DA} = 15\left(\frac{8}{2}\right) = 60 \text{ kN} \cdot \text{m} \circlearrowleft$$

Observe que os momentos nas duas extremidades, M_{AD} e M_{DA}, são em sentido anti-horário – isto é, opostos aos momentos em sentido horário dos cortantes de 15 kN nas extremidades sobre a rótula interna a meia altura do pilar. Os momentos nas extremidades dos demais pilares do pórtico são calculados de maneira semelhante e estão indicados na Figura 12.7(e).

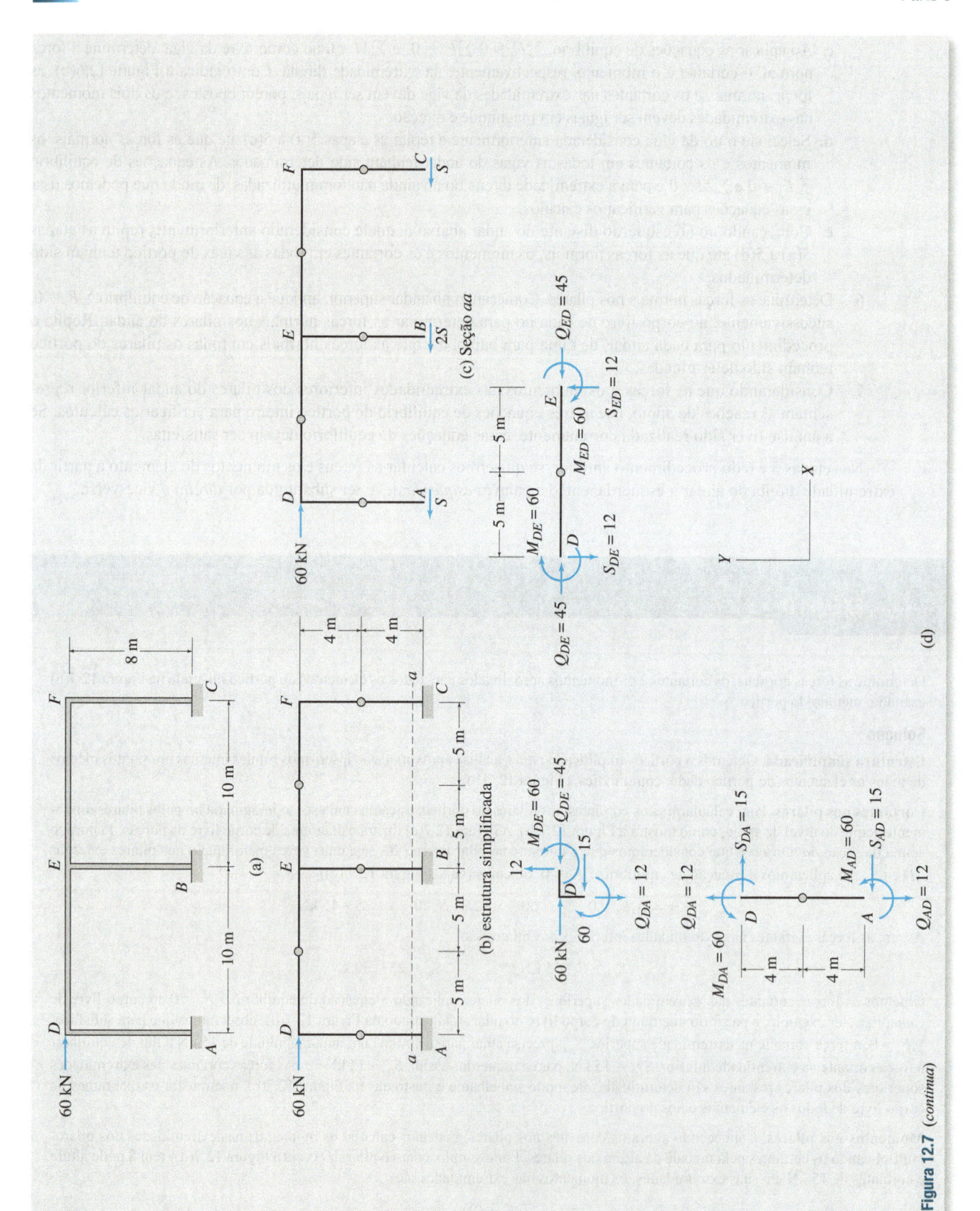

Figura 12.7 (continua)

capítulo 12 — Análise aproximada de pórticos retangulares — 421

(e) Forças e momentos nas extremidades dos elementos

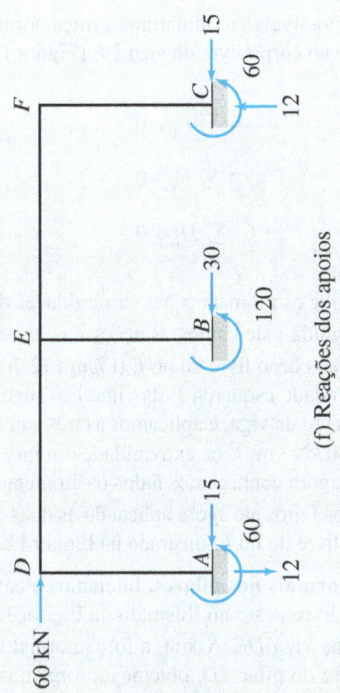

(f) Reações dos apoios

Figura 12.7

Forças normais, momentos e cortantes nas vigas. Iniciamos o cálculo das ações sobre as extremidades da viga pelo nó superior esquerdo D. O cortante no pilar S_{DA} e o momento M_{DA}, calculados anteriormente, são aplicados ao diagrama de corpo livre do nó D em direções opostas, de acordo com a terceira lei de Newton, como indica a Figura 12.7(d). Ao aplicarmos a equação de equilíbrio $\Sigma F_X = 0$, obtemos a força normal da viga $Q_{DE} = 45$ kN ← sobre o nó D. Observe que Q_{DE} precisa atuar na direção oposta, isto é, à direita – na extremidade D da viga DE. A partir do diagrama de corpo livre do nó D (Figura 12.7(d)), podemos ver também que, para satisfazer a equação de equilíbrio de momentos, ($\Sigma M = 0$), o momento na extremidade M_{DE} da viga deve ser igual e oposto ao momento de 60 kN · m na extremidade do pilar. Assim, $M_{DE} = 60$ kN · m, com um sentido anti-horário no nó D, porém, em sentido horário na extremidade D do nó DE.

Para avaliarmos o cortante S_{DE} na viga, consideramos o equilíbrio do momento na metade do lado esquerdo da viga DE. A partir do diagrama de corpo livre da viga DE na Figura 12.7(d), vemos que a força cortante S_{DE} deve atuar para baixo com uma magnitude $M_{DE} = (L/2)$ de modo que possa desenvolver um momento em sentido anti-horário, M_{DE}, sobre a rótula interna para balancear o momento em sentido horário, M_{DE}, na extremidade. Assim,

$$S_{DE} = \frac{M_{DE}}{(L/2)} = \frac{60}{(10/2)} = 12 \text{ kN} \downarrow$$

Agora, é possível determinarmos a força normal, o cortante e o momento na extremidade direita E, aplicando as três equações de equilíbrio ao corpo livre da viga DE (Figura 12.7(d)):

$+ \rightarrow \Sigma F_X = 0$	$45 - Q_{ED} = 0$	$Q_{ED} = 45$ kN ←
$+ \uparrow \Sigma F_Y = 0$	$-12 + S_{ED} = 0$	$S_{ED} = 12$ kN ↑
$+ \circlearrowleft \Sigma M_D = 0$	$-60 - M_{ED} + 12(10) = 0$	$M_{ED} = 60$ kN · m ↩

Observe que os momentos nas extremidades da viga, M_{DE} e M_{ED}, têm a mesma magnitude e direção.

Em seguida calculamos as ações nas extremidades da viga EF. Primeiro, aplicamos as equações de equilíbrio $\Sigma F_X = 0$ e $\Sigma M = 0$ ao corpo livre do nó E (Figura 12.7(e)) a fim de obter a força normal $Q_{EF} = 15$ kN → e o momento $M_{EF} = 60$ kN · m ↩ na extremidade esquerda E da viga. Em seguida, obtemos o cortante $S_{EF} = 12$ kN ↓ dividindo o momento M_{EF} pela metade do comprimento da viga, e aplicamos as três equações de equilíbrio ao corpo livre da viga para obter $Q_{FE} = 15$ kN ←, $S_{FE} = 12$ kN ↑, e $M_{FE} = 60$ kN · m ↩ na extremidade direita F da viga (veja a Figura 12.7(e)).

Como agora conhecemos todos os momentos e forças horizontais que atuam sobre o nó direito superior F, podemos confirmar os cálculos feitos até agora aplicando as duas equações de equilíbrio $\Sigma F_X = 0$ e $\Sigma M = 0$ ao corpo livre deste nó. Pelo diagrama de corpo livre do nó F, ilustrado na Figura 12.7(e), fica claro que essas equações de equilíbrio foram satisfeitas.

Forças normais nos pilares. Iniciamos o cálculo das forças normais nos pilares pelo nó superior esquerdo D. Pelo diagrama de corpo livre deste nó ilustrado na Figura 12.7(d), observamos que a força normal no pilar AD precisa ser igual e oposta ao cortante na viga DE. Assim, a força normal na extremidade superior D do pilar AD é $Q_{DA} = 12$ kN ↑. Aplicando $\Sigma F_Y = 0$ ao corpo livre do pilar AD, obtemos a força normal na extremidade inferior A do pilar sendo $Q_{AD} = 12$ kN ↓. Assim, o pilar AD está sujeito a uma força normal de tração de 12 kN. As forças normais para os demais pilares BE e CF são calculadas de modo semelhante, levando-se em conta o equilíbrio dos nós E e F, respectivamente. A Figura 12.7(e) ilustra as forças normais obtidas desse modo. **Resp.**

Reações. As forças e momentos nas extremidades inferiores dos pilares AD, BE e CF representam as reações nos apoios engastados A, B e C, respectivamente, como indica a Figura 12.7(f) **Resp.**

Verificando Cálculos. Para confirmarmos nossos cálculos, aplicamos as três equações de equilíbrio ao corpo livre de todo pórtico (Figura 12.7(f)):

$+ \rightarrow \Sigma F_X = 0$	$60 - 15 - 30 - 15 = 0$	**Verificações**
$+ \uparrow \Sigma F_Y = 0$	$-12 + 12 = 0$	**Verificações**
$+ \circlearrowleft \Sigma M_C = 0$	$-60(8) + 12(20) + 60 + 120 + 60 = 0$	**Verificações**

EXEMPLO 12.3

Determine as forças normais, os cortantes e os momentos aproximados para todos os elementos do pórtico ilustrado na Figura 12.8(a) usando o método do pórtico.

Solução

Pórtico simplificado. Obtemos o pórtico simplificado ao inserirmos rótulas internas nos pontos médios de todos os elementos do pórtico dado, como mostra a Figura 12.8(b).

Cortantes nos pilares. Para calcularmos os cortantes nos pilares do segundo andar do pórtico, traçamos uma seção imaginária aa pelos pilares DG, EH e FI diretamente acima do nível do piso, como indica a Figura 12.8(b). A Figura 12.8(c) ilustra o diagrama de corpo livre da porção do pórtico acima da seção aa. Observe que foi considerado que o cortante no pilar interno EH seja duas vezes maior do que nos pilares externos DB e FI. Aplicando a equação de equilíbrio $\Sigma F_X = 0$, obtemos (Figura 12.8(c))

$$+\rightarrow \Sigma F_X = 0 \qquad 45 - S_2 - 2S_2 - S_2 = 0 \qquad S_2 = 11{,}25 \text{ kN}$$

Assim, as forças cortantes nas extremidades inferiores dos pilares do segundo andar são

$$S_{DG} = S_{FI} = S_2 = 11{,}25 \text{ kN} \leftarrow \qquad S_{EH} = 2S_2 = 22{,}5 \text{ kN} \leftarrow$$

Do mesmo modo, se usarmos a seção bb (Figura 12.8(b)), determinamos que as forças cortantes nas extremidades inferiores dos pilares do primeiro andar AD, BE e CF são (veja a Figura 12.8(d)):

$$S_{AD} = S_{CF} = S_1 = 33{,}75 \text{ kN} \leftarrow \qquad S_{BE} = 2S_1 = 67{,}5 \text{ kN} \leftarrow$$

Determinamos as forças cortantes nas extremidades superiores dos pilares aplicando a equação de equilíbrio $\Sigma F_X = 0$ ao corpo livre de cada pilar. Por exemplo, no diagrama de corpo livre do pilar DG indicado na Figura 12.8(e), vemos que para satisfazer $\Sigma F_X = 0$, a força cortante na extremidade superior, S_{GD}, deve atuar para a direita com uma magnitude de 11,25 kN. Portanto $S_{GD} = 11{,}25$ kN $\rightarrow$. Obtemos as forças cortantes nas extremidades superiores dos demais pilares do mesmo modo, conforme a Figura 12.8(f), que apresenta os diagramas de corpo livre de todos os elementos e nós do pórtico.

Momentos nos Pilares. Conhecendo os cortantes nos pilares, agora podemos calcular os momentos nas suas extremidades multiplicando os cortantes pela metade da altura dos pilares. Por exemplo, como o pilar DG (veja a Figura 12.8(e)) tem 4 m de altura e cortantes nas extremidades de 11,25 kN, os momentos em suas extremidades são

$$M_{DG} = M_{GD} = 11{,}25\left(\frac{4 \text{ m}}{2}\right) = 22{,}5 \text{ kN} \cdot \text{m} \circlearrowleft$$

Observe que os momentos nas extremidades, M_{DG} e M_{GD}, atuam em sentido anti-horário, isto é, opostos aos momentos em sentido horário dos cortantes de 11,25 kN nas extremidades acima da rótula interna a meia altura da pilar. Os momentos nas extremidades dos demais pilares são calculados do mesmo modo e estão indicados na Figura 12.8(f).

(a)

(b) Pórtico simplificado

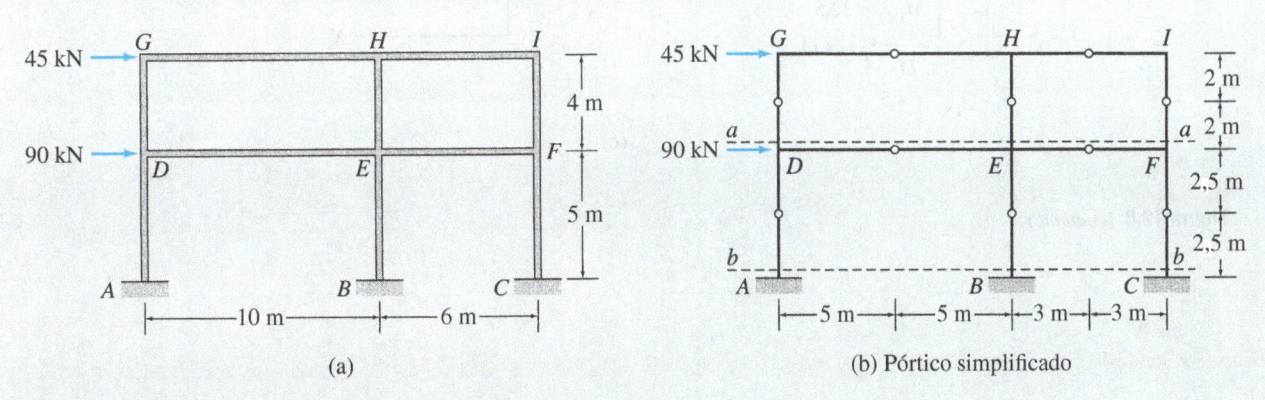

Figura 12.8 (*continua*)

45 kN → G —————— H —————— I
              | | |
              D   E   F
              ← S₂   ← 2S₂   ← S₂

(c) Seção aa

45 kN → G —————— H —————— I
              | | |
90 kN → D —————— E —————— F
              | | |
              A   B   C
              ← S₁   ← 2S₁   ← S₁

(d) Seção bb

$M_{GH} = 22{,}5$ $Q_{GH} = 33{,}75$ $M_{GH} = 22{,}5$ H $Q_{HG} = 33{,}75$
45 → G $Q_{GH} = 33{,}75$ G $M_{HG} = 22{,}5$
22,5   11,25 $S_{GH} = 4{,}5$ $S_{HG} = 4{,}5$

|← 5 m →|← 5 m →|

$Q_{GD} = 4{,}5$
$Q_{GD} = 4{,}5$

$M_{GD} = 22{,}5$ G $S_{GD} = 11{,}25$
2 m
2 m $M_{DG} = 22{,}5$
       $S_{DG} = 11{,}25$
       D
$Q_{DG} = 4{,}5$

Y
|
|____ X

(e)

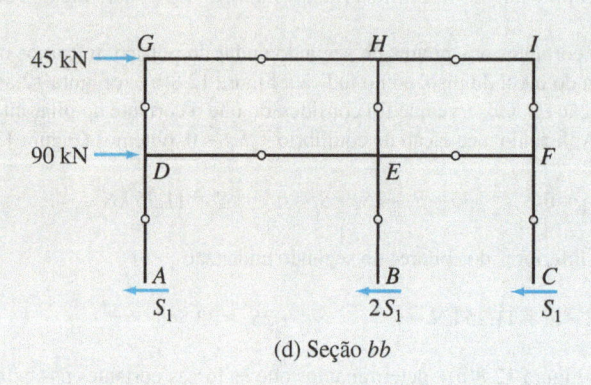

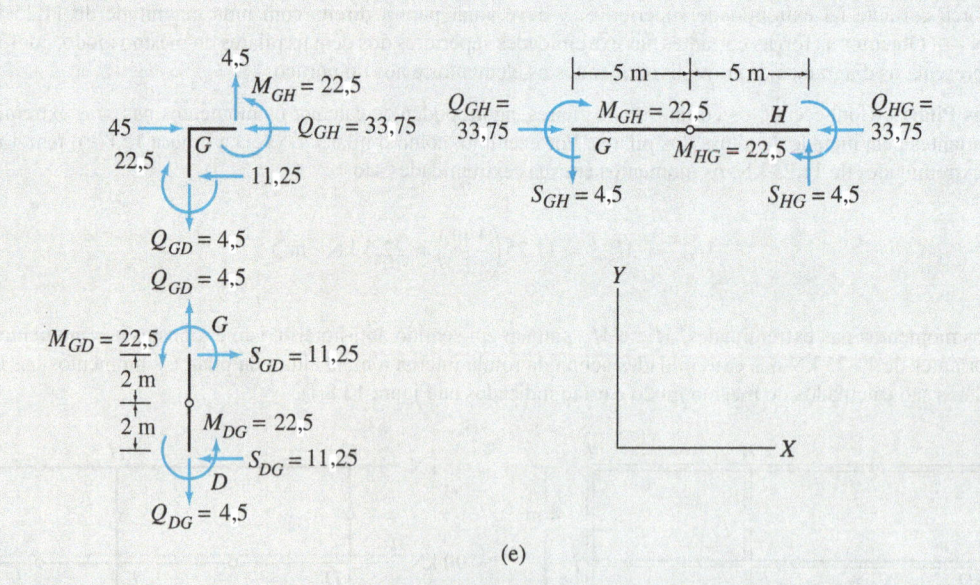

Figura 12.8 (continua)

Análise aproximada de pórticos retangulares

(f) Forças e momentos nas extremidades dos elementos

Figura 12.8 (*continua*)

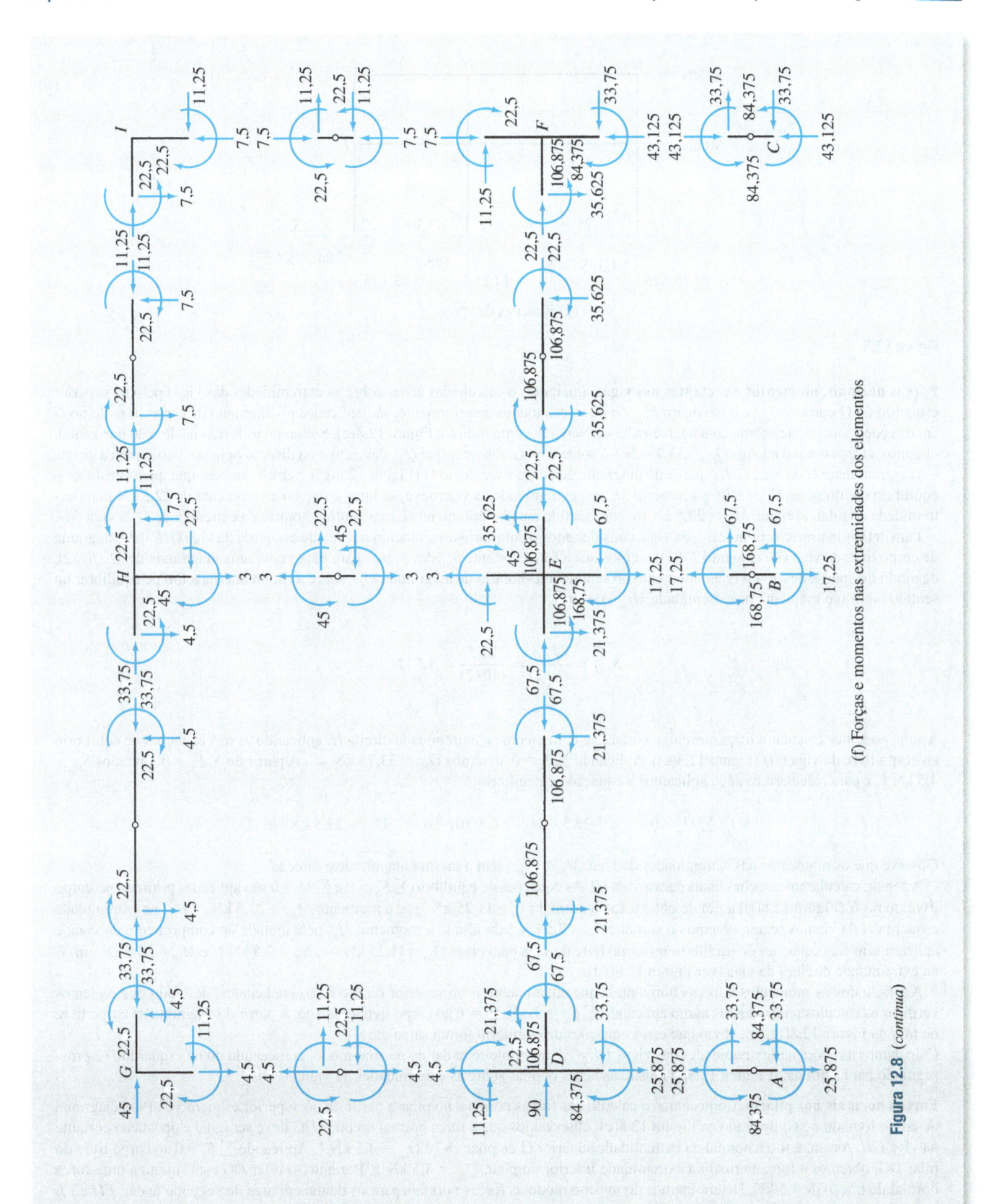

426 Análise Estrutural

Parte 3

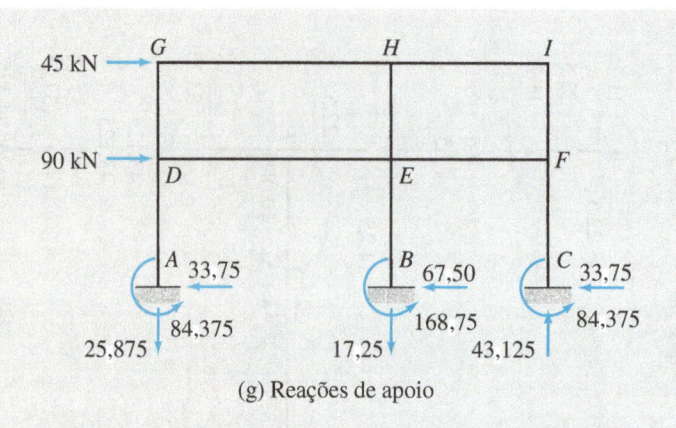

```
        G              H              I
45 kN ──►┌──────────────┬──────────────┐
         │              │              │
         │              │              │
90 kN ──►├──────────────┼──────────────┤F
         D              E
         │              │              │
         │              │              │
         A  33,75       B  67,50       C  33,75
         ◄──            ◄──            ◄──
           84,375         168,75         84,375
       25,875 ↓         17,25 ↓        43,125 ↓
```

(g) Reações de apoio

Figura 12.8

Forças normais, momentos e cortantes nas vigas. Iniciamos o cálculo das ações sobre as extremidades das vigas pelo nó superior esquerdo G. O cortante S_{GD} e o momento M_{GD} do pilar, calculados anteriormente, são aplicados ao diagrama de corpo livre do nó G em direções opostas, de acordo com a terceira lei de Newton, como indica a Figura 12.8(e). Somando as forças na direção horizontal, obtemos a força normal na viga Q_{GH} = 33,75 kN ← sobre o nó G. Observe que Q_{GH} deve atuar na direção oposta – isto é, para a direita – na extremidade G da viga GH. A partir do diagrama de corpo livre do nó G (Figura 12.8(e)), vemos também que, para satisfazer o equilíbrio do momento ($\Sigma M = 0$), o momento M_{GH} na extremidade da viga deve ser igual e oposto ao momento de 22,5 kN·m na extremidade do pilar. Portanto M_{GH} = 22,5 kN·m, com sentido anti-horário no nó G, mas sentido horário na extremidade G da viga GH.

Para determinarmos o cortante S_{GH} da viga, consideramos o equilíbrio do momento na metade esquerda da viga GH. Pelo diagrama de corpo livre da viga GH (Figura 12.8(e)), vemos que a força cortante S_{GH} deve atuar para baixo com uma magnitude de $M_{GH}/(L/2)$, de modo que possa desenvolver um momento no sentido anti-horário de magnitude M_{GH} sobre a rótula interna a fim de equilibrar no sentido horário o momento na extremidade M_{GH}. Assim

$$S_{GH} = \frac{M_{GH}}{(L/2)} = \frac{22,5}{(10/2)} = 4,5 \text{ kN} \downarrow$$

Agora, podemos calcular a força normal, o cortante e o momento na extremidade direita H, aplicando as três equações de equilíbrio ao corpo livre da viga GH (Figura 12.8(e)). Aplicando $\Sigma F_X = 0$, obtemos Q_{HG} = 33,75 kN ←. A partir de $\Sigma F_Y = 0$, obtemos S_{HG} = 4,5 kN ↑, e para calcularmos M_{HG}, aplicamos a equação de equilíbrio:

$$+ \circlearrowleft \Sigma M_G = 0 \qquad -22,5 - M_{HG} + 4,5(10) = 0 \qquad M_{HG} = 22,5 \text{ kN} \cdot \text{m} \circlearrowright$$

Observe que os momentos nas extremidades da viga, M_{GH} e M_{HG}, têm a mesma magnitude e direção.

A seguir, calculamos as ações finais para a viga HI. As equações de equilíbrio $\Sigma F_X = 0$ e $\Sigma M = 0$ são aplicadas primeiro no corpo livre do nó H (Figura 12.8(f)) a fim de obter a força normal Q_{HI} = 11,25 kN → e o momento M_{HI} = 22,5 kN · m ↻ na extremidade esquerda H da viga. A seguir, obtemos o cortante S_{HI} = 7,5 kN ↓ dividindo o momento M_{HI} pela metade do comprimento da viga, e aplicamos as três equações de equilíbrio no corpo livre da viga para obter Q_{IH} = 11,25 kN ←, S_{IH} = 7,5 kN ↑, e M_{IH} = 22,5 kN · m ↻ na extremidade direita I da viga (ver Figura 12.8(f)).

Agora, todos os momentos e forças horizontais que atuam sobre o nó superior direito I são conhecidos, de modo que podemos verificar os cálculos realizados até agora aplicando $\Sigma F_X = 0$ e $\Sigma M = 0$ ao corpo livre desse nó. A partir do diagrama de corpo livre do nó I na Figura 12.8(f), fica óbvio que essas equações de equilíbrio foram satisfeitas.

Calculamos as ações nas extremidades das vigas DE e EF no primeiro andar do mesmo modo, começando no nó esquerdo D e prosseguindo para a direita. A Figura 12.8(f) mostra as ações obtidas sobre as extremidades da viga.

Forças normais nos pilares. Começamos o cálculo das forças normais no pilar a partir da nó superior esquerdo G. Pelo diagrama de corpo livre do nó G, ilustrado na Figura 12.8(e), observamos que a força normal no pilar DG deve ser igual e oposta ao cortante na viga GH. Assim, a força normal na extremidade superior G do pilar DG é Q_{GD} = 4,5 kN ↑. Aplicando $\Sigma F_Y = 0$ ao corpo livre do pilar DG, obtemos a força normal na extremidade inferior do pilar, Q_{DG} = 4,5 kN ↓. Portanto, o pilar DG está sujeito a uma força normal de tração de 4,5 kN. Determinamos do mesmo modo as forças normais para os demais pilares do segundo andar, EH e FI, considerando o equilíbrio dos nós H e I, respectivamente. Em seguida, calculamos as forças normais para os pilares do primeiro andar AD, BE e CF, a partir da consideração do equilíbrio dos nós D, E e F, respectivamente. A Figura 12.8(f) ilustra as forças normais obtidas.

Resp.

Reações. As forças e momentos nas extremidades inferiores dos pilares do primeiro andar, *AD*, *BE* e *CF*, representam as reações nos apoios engastados *A*, *B* e *C*, respectivamente, conforme a Figura 12.8(g). **Resp.**

Verificando os cálculos. Para confirmarmos nossos cálculos, aplicamos as três equações de equilíbrio ao corpo livre do pórtico inteiro (Figura 12.8(g)):

$+ \rightarrow \Sigma F_X = 0 \qquad 45 + 90 - 33{,}75 - 67{,}5 - 33{,}75 = 0$ **Verificações**

$+ \uparrow \Sigma F_Y = 0 \qquad -22{,}875 - 17{,}25 + 43{,}125 = 0$ **Verificações**

$+ \circlearrowleft \Sigma M_C = 0$

$-45(9) - 90(5) + 84{,}375 + 25{,}875(16) + 168{,}75 + 17{,}25(6) + 84{,}375 = 0$ **Verificações**

12.4 Análise para cargas laterais – método do balanço

O método do balanço foi desenvolvido inicialmente por A. C. Wilson em 1908 e, de modo geral, é considerado adequado para a análise aproximada dos pórticos de edifícios relativamente altos. O método do balanço baseia-se na hipótese de que sob cargas laterais, os pórticos dos edifícios comportam-se como vigas em balanço, como mostra a Figura 12.9. Lembre-se (da *mecânica de materiais*) de que a tensão normal sobre uma seção transversal de uma viga em balanço sujeita a cargas laterais varia linearmente conforme a distância do eixo centroidal (superfície neutra), de modo que as fibras longitudinais da viga no lado côncavo da superfície neutra estão sob compressão, enquanto aquelas no lado convexo estão sob tração. No método do balanço, pressupõe-se que a distribuição da tensão normal entre os pilares de um pórtico na altura média do pilar é análoga à distribuição da tensão normal entre as fibras longitudinais de uma viga em balanço. Em outras palavras, considera-se que a tensão normal na altura média de cada pilar seja linearmente proporcional à distância do pilar a partir do centroide das áreas de todos os pilares daquele andar. Se também presumirmos que as áreas transversais de todos os pilares de cada andar do pórtico são iguais, então, a força normal em cada pilar também será linearmente proporcional à distância do pilar a partir do centroide de todos os pilares daquele andar. Quando as cargas laterais atuam sobre a estrutura para a direita, conforme a Figura 12.9, então os pilares à direita do eixo centroidal estarão sob compressão, ao passo que os do lado esquerdo estarão sob tração e vice-versa.

Além da hipótese anterior, o método do balanço adota a mesma hipótese quanto ao local dos pontos de inflexão usado no método do pórtico. Assim, podemos descrever as hipóteses no método do balanço como:

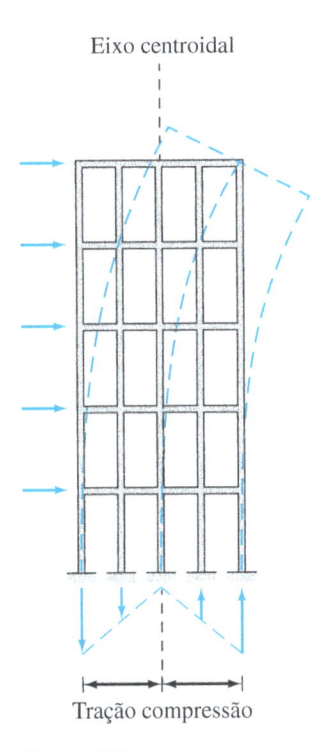

Figura 12.9

1. No meio de cada elemento do pórtico há um ponto de inflexão.
2. Em cada andar do pórtico, as forças normais nas pilares são linearmente proporcionais às suas distâncias do centroide das áreas transversais de todos os pilares daquele andar.

Procedimento para análise

O procedimento passo a passo abaixo pode ser usado para a análise aproximada de pórticos de edifícios pelo método do balanço.

1. Faça o esboço do pórtico simplificado obtido inserindo uma rótula interna no ponto médio de cada elemento do pórtico dado.
2. Determine as forças normais nos pilares. Para cada andar do pórtico:
   a. Trace um corte horizontal pelas rótulas internas a meia altura do pilar, dividindo o pórtico em duas partes.
   b. Desenhe um diagrama de corpo livre da parte do pórtico acima da seção. Como o corte passa pelos pilares nas rótulas internas, somente cortantes e forças normais internos (mas não momentos internos) atuam sobre o corpo livre nos pontos onde os pilares foram cortados.

c. Determine o local do centroide de todos os pilares do andar em questão.

d. Pressupondo-se que as forças normais nos pilares sejam proporcionais à sua distância do centroide, determine as forças normais nos pilares aplicando a equação de equilíbrio de momentos, $\sum M = 0$, ao corpo livre do pórtico acima do corte. Para eliminar os cortantes desconhecidos nos pilares na equação de equilíbrio, devem-se somar os momentos sobre uma das rótulas internas a meia altura dos pilares que o corte foi feito.

3. Desenhe os diagramas de corpos livres de todos os elementos e nós do pórtico, indicando as cargas externas e forças normais dos pilares calculadas na etapa anterior.

4. Determine os cortantes e os momentos das vigas. Para cada andar do pórtico, os cortantes e momentos nas extremidades das vigas são calculados a partir do nó mais distante à esquerda em direção à direita (ou vice-versa), como se segue:

    a. Aplique a equação de equilíbrio $\sum F_Y = 0$ ao corpo livre do nó em questão para calcular o cortante na extremidade esquerda da viga que está no lado direito do nó.

    b. Considerando o corpo livre da viga, determine o momento na extremidade esquerda da viga multiplicando o cortante da viga pela metade do seu comprimento, ou seja,

$$M_g = S_g \left(\frac{L}{2}\right) \quad (12.3)$$

A Equação (12.3) baseia-se na condição de que o momento fletor no ponto médio da viga seja nulo.

   c. Aplicando as equações de equilíbrio $\sum F_Y = 0$ e $\sum M = 0$ ao corpo livre da viga, determine o cortante e o momento, respectivamente, na extremidade da viga.

   d. Selecione o nó à direita da viga considerada anteriormente, e repita as etapas 4(a) a 4(c) até que os cortantes e os momentos em todas as vigas daquele andar tenham sido determinados. Como a equação de equilíbrio $\sum F_Y = 0$ para o nó na extremidade direita ainda não foi utilizada, ela pode ser usada para confirmar os cálculos.

5. Determine os momentos e os cortantes nos pilares. Começando no andar superior, aplique a equação de equilíbrio $\sum M = 0$ ao corpo livre de cada nó do andar para determinar o momento na extremidade superior do pilar abaixo do nó. Em seguida, para cada pilar do andar, calcule o cortante na extremidade superior do pilar, dividindo o momento do pilar pela metade da altura do pilar, isto é,

$$S_C = \frac{M_C}{(h/2)} \quad (12.4)$$

Determine o cortante e o momento na extremidade inferior do pilar ao aplicar as equações de equilíbrio $\sum F_X = 0$ e $\sum M = 0$, respectivamente, ao corpo livre do pilar. Repita o procedimento para cada andar sucessivamente, de cima para baixo, até determinar os momentos e cortantes de todos os pilares do pórtico.

6. Determine as forças normais nas vigas. Para cada andar do pórtico, determine as forças normais nas vigas começando no nó distante à esquerda e aplicando a equação de equilíbrio $\sum F_X = 0$ sucessivamente ao corpo livre de cada nó do pórtico.

7. Considerando que as forças e momentos nas extremidades inferiores dos pilares do andar inferior representam as reações de apoio, use as três equações de equilíbrio do pórtico inteiro para confirmar os cálculos. Se a análise tiver sido realizada corretamente, essas equações de equilíbrio devem ser satisfeitas.

EXEMPLO 12.4

Determine as forças normais, os cortantes e os momentos aproximados para todos os elementos do pórtico da Figura 12.10(a) usando o método do balanço.

Solução

Esse pórtico foi analisado pelo método do pórtico no Exemplo 12.3.

Estrutura simplificada. A Figura 12.10(b) mostra o pórtico simplificado, obtido na inserção de rótulas internas nos pontos médios de todos os elementos do pórtico dado.

Forças normais nos pilares. Para calcularmos forças normais nos pilares do segundo andar do pórtico, traçamos uma seção imaginária *aa* pelas rótulas internas a meia altura dos pilares *DG*, *EH* e *FI*, como mostra a Figura 12.10(b). A Figura 12.10(c) apresenta o diagrama de corpo livre da parte do pórtico acima dessa seção. Como a seção corta os pilares nas rótulas internas, somente cortantes e forças normais internos (mas não momentos internos) atuam sobre o corpo livre nos pontos em que os pilares foram cortados. Considerando que as áreas transversais dos pilares sejam iguais, determinamos o local do centroide dos três pilares a partir do pilar esquerdo *DG* usando a relação

$$\bar{x} = \frac{\sum Ax}{\sum A} = \frac{A(0) + A(10) + A(16)}{3A} = 8,67 \text{ m}$$

As cargas laterais agem sobre a estrutura pela direita, de modo que a força normal no pilar *DG*, que está à esquerda do centroide, deve ser de tração, e as forças normais nos pilares *EH* e *FI*, localizados à direita do centroide, devem ser de compressão, conforme a Figura 12.10(c).

Além disso, visto que admitimos que as forças normais nos pilares sejam linearmente proporcionais às suas distâncias do centroide, a relação entre elas pode ser estabelecida pelos triângulos semelhantes mostrados na Figura 12.10(c), isto é,

$$Q_{EH} = \frac{1,33}{8,67} Q_{DG} = 0,1534 Q_{DG} \tag{1}$$

$$Q_{FI} = \frac{7,33}{8,67} Q_{DG} = 0,8454 Q_{DG} \tag{2}$$

Ao somarmos os momentos na rótula interna esquerda *J*, escrevemos

$$+\circlearrowleft \sum M_J = 0 \qquad -45(2) + Q_{EH}(10) + Q_{FI}(16) = 0$$

Substituindo as Equações (1) e (2) na equação anterior e resolvendo Q_{DG}, obtemos

$$+90 + (0,1534 Q_{DG})(10) + (0,8454 Q_{DG})(16) = 0$$
$$Q_{DG} = 5,98 \text{ kN}$$

Consequentemente, das Equações (1) e (2),

$$Q_{EH} = 0,1534(5,98) = 0,92 \text{ kN}$$
$$Q_{FI} = 0,8454(5,98) = 5,06 \text{ kN}$$

Podemos determinar as forças normais nos pilares do primeiro andar da mesma maneira, empregando a seção *bb* ilustrada na Figura 12.10(b). A Figura 12.10(d) mostra o diagrama de corpo livre da parte do pórtico acima dessa seção. A disposição dos pilares nos dois andares da estrutura é a mesma, de modo que o local do centroide – bem como as relações entre as forças normais – dos pilares nos dois andares também é o mesmo. Assim

$$Q_{BE} = 0,1534 Q_{AD} \tag{3}$$

$$Q_{CF} = 0,8454 Q_{AD} \tag{4}$$

430 Análise Estrutural   Parte 3

(a)

(b) Centroide dos pilares

$\bar{x} = 8{,}67$ m, 1,33 m, 6 m

$Q_{FI} = 0{,}8454\, Q_{DG}$
$Q_{EH} = 0{,}1534\, Q_{DG}$

(c) Seção aa

(b) Pórtico simplificado

Centroide dos pilares
$\bar{x} = 8{,}67$ m

$Q_{BE} = 0{,}1534\, Q_{AD}$ $Q_{CF} = 0{,}8454\, Q_{AD}$

(d) Seção bb

$S_{GH} = 5{,}98$
29,9
45 kN → G $Q_{GH} = 30{,}05$
$M_{GD} = 29{,}9$ 14,95
5,98
$Q_{GD} = 5{,}98$

$M_{GD} = 29{,}9$ G
2 m $S_{GD} = 14{,}95$
2 m $M_{DG} = 29{,}9$
       $S_{DG} = 14{,}95$
D
$Q_{DG} = 5{,}98$

|—5 m—|—5 m—|
$M_{GH} = 29{,}9$ H
$Q_{GH} = 30{,}05$ G $M_{HG} = 29{,}9$ $Q_{HG} = 30{,}05$
$S_{GH} = 5{,}98$ $S_{HG} = 5{,}98$

Y
|
|———— X

(e)

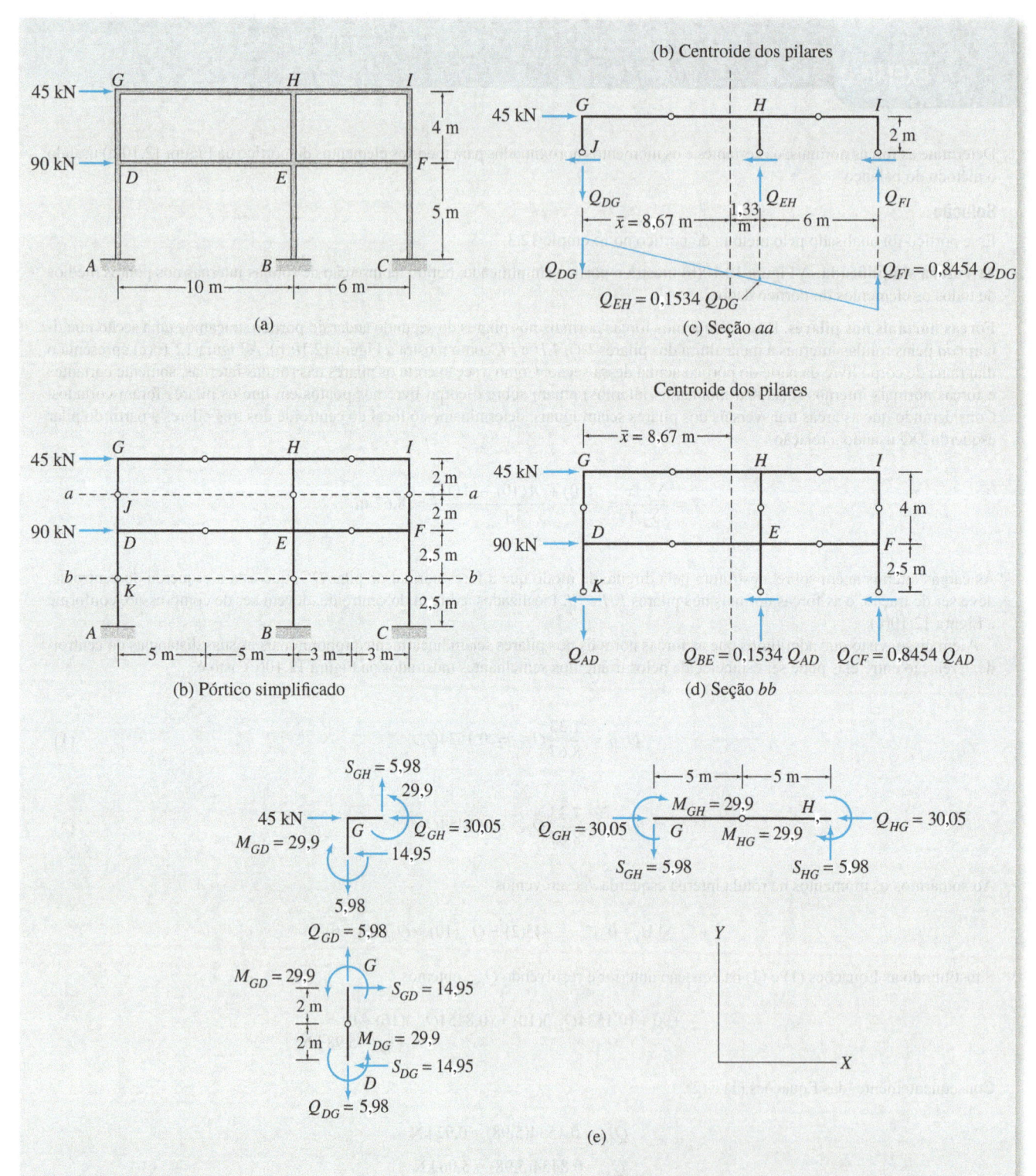

Figura 12.10 (continua)

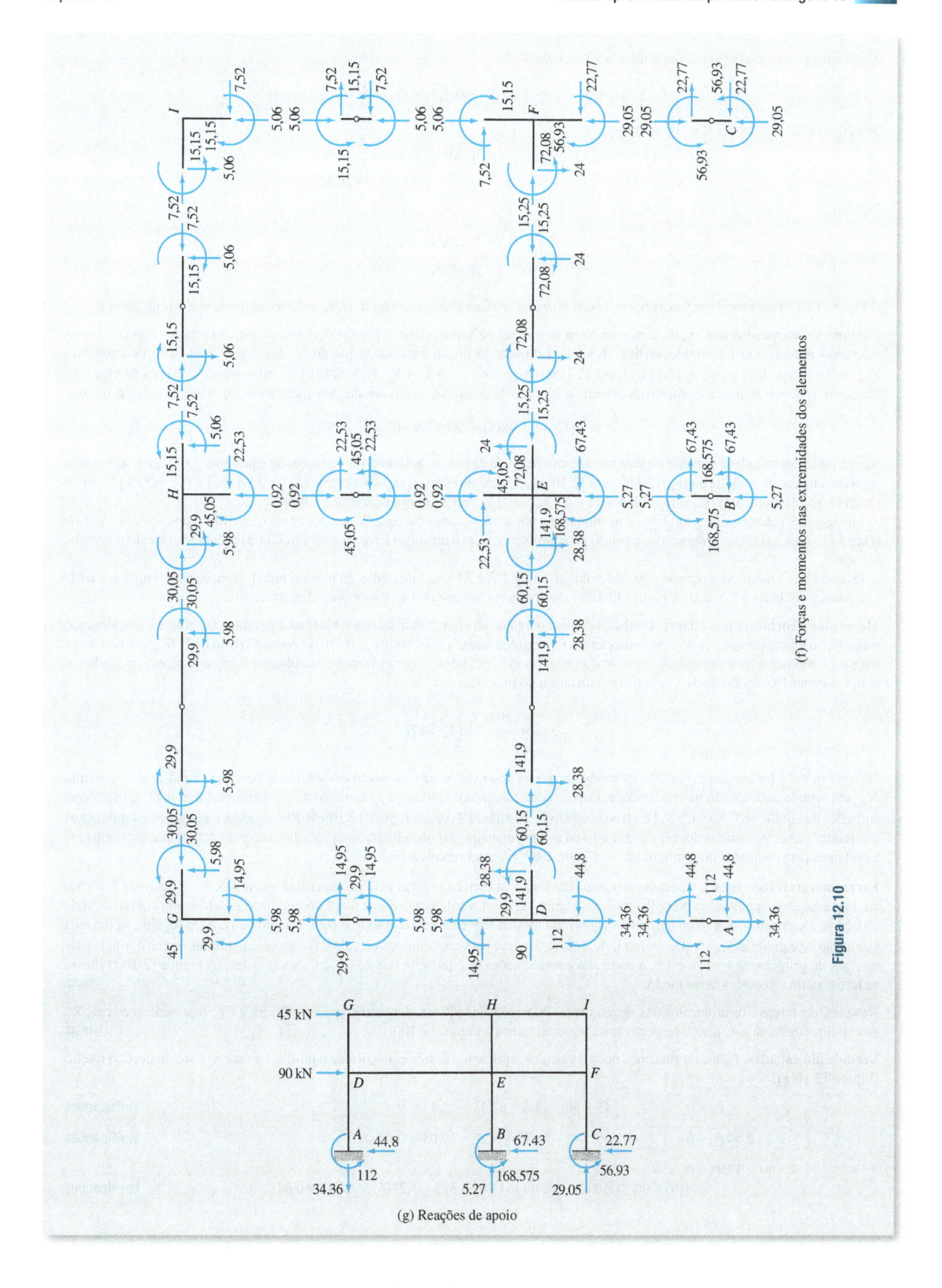

capítulo 12 — Análise aproximada de pórticos retangulares

(f) Forças e momentos nas extremidades dos elementos

(g) Reações de apoio

Figura 12.10

Ao somarmos os momentos na rótula interna K, escrevemos

$$+\circlearrowleft \; \sum M_K = 0 \qquad -45(6,5) - 90(2,5) + Q_{BE}(10) + Q_{CF}(16) = 0$$

Substituindo as Equações (3) e (4), vemos que

$$-517,5 + (0,1534 Q_{AD})(10) + (0,8454 Q_{AD})(16) = 0$$

$$Q_{AD} = 34,36 \text{ kN}$$

Portanto,

$$Q_{BE} = 5,27 \text{ kN}$$

$$Q_{CF} = 29,05 \text{ kN}$$

A Figura 12.10(f) apresenta as forças normais nos pilares e os diagramas de corpo livre de todos os elementos e nós do pórtico.

Cortantes e momentos nas vigas. Conhecendo as forças normais nos pilares, agora podemos calcular os cortantes das vigas considerando o equilíbrio no sentido vertical dos nós. Começando no nó superior esquerdo G, aplicamos a equação de equilíbrio $\sum F_Y = 0$ ao corpo livre desse nó (veja a Figura 12.10(e)) para obter o cortante $S_{GH} = 5,98$ kN ↓ na extremidade esquerda da viga GH. Em seguida, determinamos o momento na extremidade esquerda multiplicando o cortante pela metade do comprimento da viga, ou seja,

$$M_{GH} = 5,98(5) = 29,9 \text{ kN} \cdot \text{m} \circlearrowright$$

Agora, podemos calcular o cortante e o momento na extremidade direita, H, aplicando as equações de equilíbrio $\sum F_Y = 0$ e $\sum M = 0$, respectivamente, ao corpo livre da viga GH (Figura 12.10(e)). Aplicando essas equações, obtemos $S_{HG} = 5,98$ kN ↑ e $M_{HG} = 29,9$ kN $\cdot$ m $\circlearrowright$. Observe que os momentos nas extremidades da viga, M_{GH} e M_{HG}, têm a mesma magnitude e direção.

Em seguida, calculamos os cortantes e os momentos nas extremidades da viga HI considerando o equilíbrio dos nós H e viga HI (veja a Figura 12.10(f)), e aplicamos a equação de equilíbrio $\sum F_Y = 0$ ao corpo livre no nó à direita I para conferir os cálculos feitos até aqui.

Os cortantes e momentos para as vigas do primeiro andar DE e EF são calculados do mesmo modo, começando no nó à esquerda D e prosseguindo para a direita. A Figura 12.10(f) mostra os cortantes e momentos obtidos dessa maneira.

Momentos e cortantes nos pilares. Conhecendo os momentos na viga, podemos determinar os momentos nos pilares considerando o equilíbrio de momentos nos nós. Se começarmos no segundo andar e aplicarmos $\sum M = 0$ ao corpo livre do nó G (Figura 12.10(e)), teremos o momento na extremidade superior do pilar DG, $M_{GD} = 29,9$ kN $\cdot$ m $\circlearrowright$. Depois, calculamos o cortante na extremidade superior do pilar DG dividindo M_{GD} pela metade da altura do pilar, isto é,

$$S_{GD} = \frac{29,9}{2} = 14,95 \text{ kN} \rightarrow$$

Observe que S_{GD} precisa atuar à direita, de modo que possa desenvolver um momento em sentido horário para equilibrar o momento M_{GD} em sentido anti-horário na extremidade. Depois determinamos o cortante e o momento na extremidade inferior D, aplicando as equações de equilíbrio $\sum F_X = 0$ e $\sum M = 0$ ao corpo livre do pilar DG (veja a Figura 12.10(e)). Em seguida, calculamos os momentos e cortantes nas extremidades dos pilares EH e FI da mesma maneira; depois repetimos o procedimento para determinar os momentos e cortantes para os pilares no primeiro andar AD, BE e CF (veja a Figura 12.10(f)).

Forças normais nas vigas. Começamos o cálculo de forças normais nas vigas pelo nó superior esquerdo G. Se aplicarmos $\sum F_X = 0$ ao diagrama de corpo livre do nó G ilustrado na Figura 12.10(e), verificamos que a força normal na viga GH é uma compressão de 30,05 kN. Determinamos a força normal da viga HI da mesma maneira, considerando o equilíbrio do nó H, e em seguida, aplicamos a equação de equilíbrio $\sum F_X = 0$ ao corpo livre do nó à direita I para confirmar os cálculos. Então, calculamos as forças normais para as vigas do primeiro andar, DE e EF, a partir das considerações de equilíbrio nos nós D e E, nessa ordem. A Figura 12.10(f) ilustra as forças normais obtidas desse modo. **Resp.**

Reações. As forças e os momentos nas extremidades inferiores dos pilares no primeiro andar, AD, BE e CF, representam as reações nos apoios engastados A, B e C, respectivamente, como indica a Figura 12.10(g). **Resp.**

Verificando cálculos. Para confirmarmos nossos cálculos, aplicamos as três equações de equilíbrio ao corpo livre do pórtico inteiro (Figura 12.10(g)):

$+ \rightarrow \sum F_X = 0 \qquad 45 + 90 - 44,8 - 67,43 - 22,77 = 0$ **Verificações**

$+ \uparrow \sum F_Y = 0 \qquad -34,36 + 5,27 + 29,05 = 0,04 \approx 0$ **Verificações**

$+ \circlearrowleft \sum M_C = 0$
$\qquad -45(9) - 90(5) + 112 + 34,36(16) + 168,575 - 5,27(6) + 56,93 = 0,645 \approx 0$ **Verificações**

capítulo 12 Análise aproximada de pórticos retangulares 433

Resumo

Neste capítulo, aprendemos que, na análise aproximada de estruturas estaticamente indeterminadas, em geral, aplicam-se dois tipos de hipóteses simplificadoras: (1) hipóteses sobre o local dos pontos de inflexão e (2) hipóteses sobre a distribuição de forças entre elementos e/ou reações. O número total de hipóteses necessárias é igual ao grau hiperestático da estrutura.

A análise aproximada de pórticos retangulares sujeitos a cargas verticais baseia-se nas seguintes hipóteses para cada viga do pórtico: (1) os pontos de inflexão localizam-se a um décimo do vão para cada extremidade da viga e (2) a força normal na viga é nula.

Dois métodos comumente usados na análise aproximada de pórticos retangulares sujeitos a cargas laterais são o método do pórtico e o método do balanço.

No método do pórtico, admitimos que haja um ponto de inflexão no meio de cada elemento e que, em cada andar, pilares internos suportem o dobro do cortante nos pilares externos.

No método do balanço, as hipóteses sobre o comportamento do pórtico são as seguintes: há um ponto de inflexão no meio de cada elemento e, em cada andar, as forças normais nos pilares são linearmente proporcionais às suas distâncias do centroide das áreas transversais de todos os pilares naquele andar.

PROBLEMAS

Seção 12.2

12.1 a 12.5 Desenhe os diagramas de cortante e momento fletor aproximados para as vigas dos pórticos das Figuras P12.1 a P12.5.

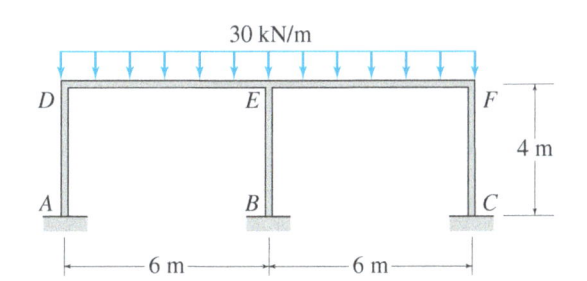

Figura P12.1

Figura P12.2

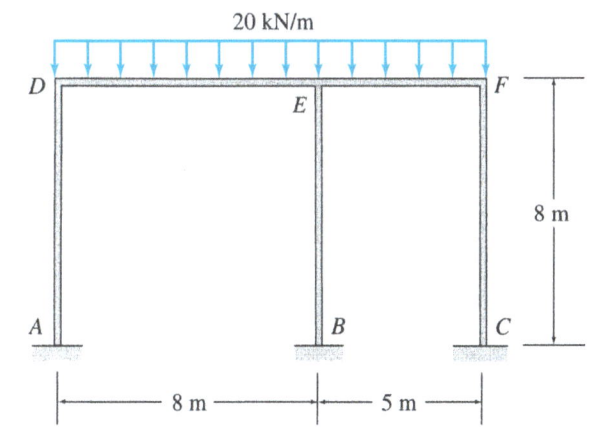

Figura P12.3

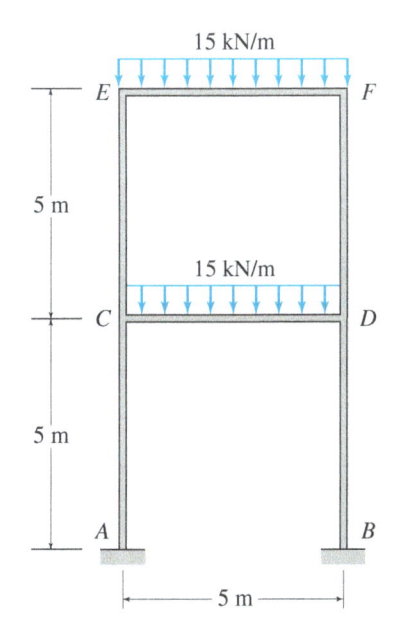

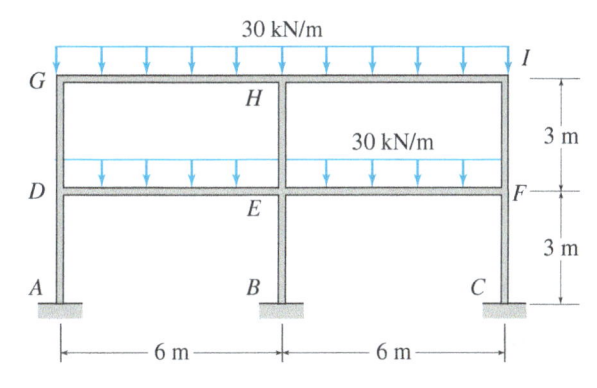

Figura P12.4

434 Análise Estrutural   Parte 3

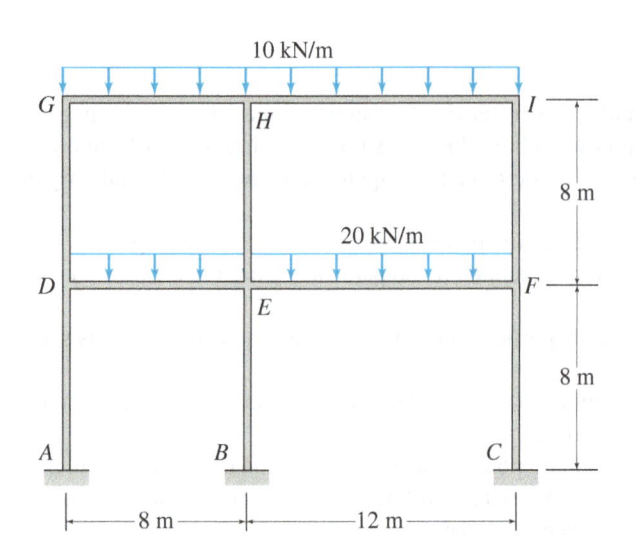

Figura P12.5

Seção 12.3

12.6 a 12.13 Determine as forças normais, os cortantes e os momentos aproximados para todos os elementos dos pórticos nas Figuras P12.6 a P12.13 usando o método do pórtico.

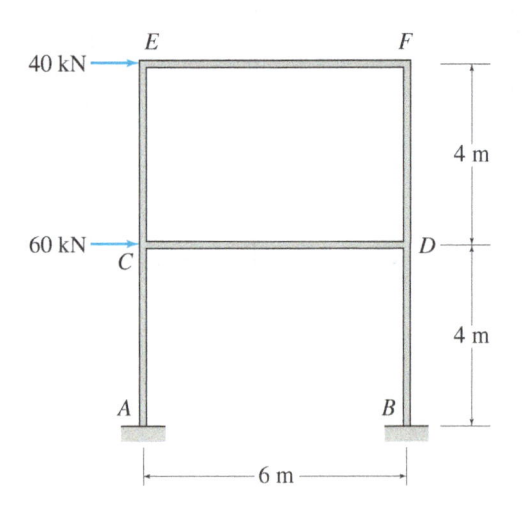

Figuras P12.6, P12.14

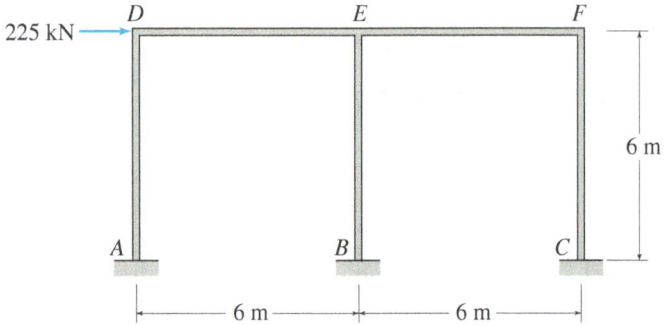

Figuras P12.7, P12.15

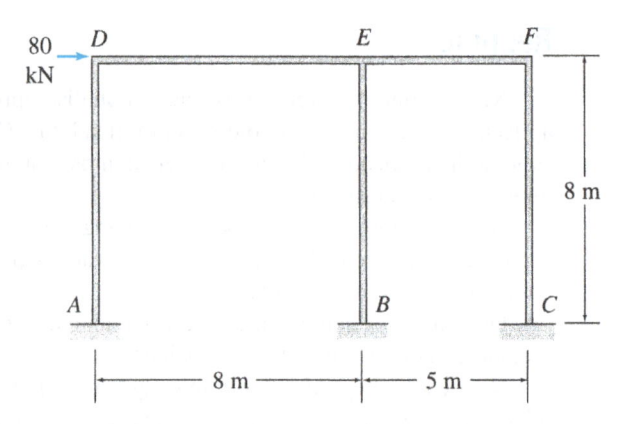

Figuras P12.8, P12.16

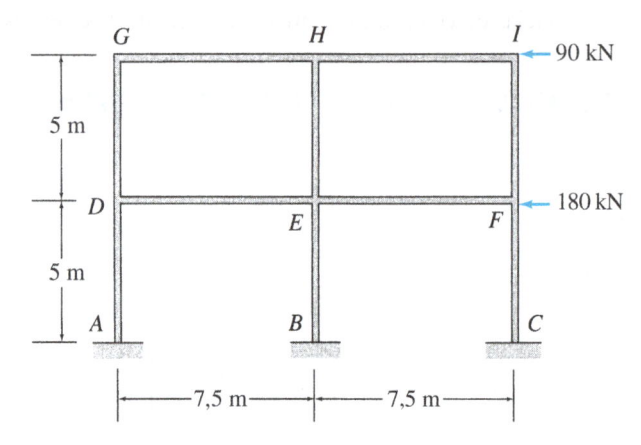

Figuras P12.9, P12.17

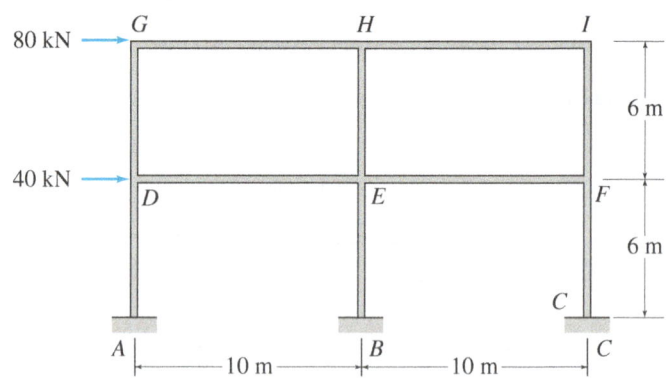

Figuras P12.10, P12.18

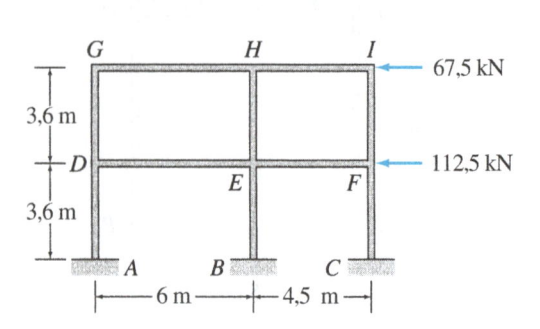

Figuras P12.11, P12.19

Seção 12.4

12.14 a 12.21 Determine as forças normais, os cortantes e os momentos aproximados para todos os elementos dos pórticos nas Figuras P12.6 a P12.13 usando o método do balanço.

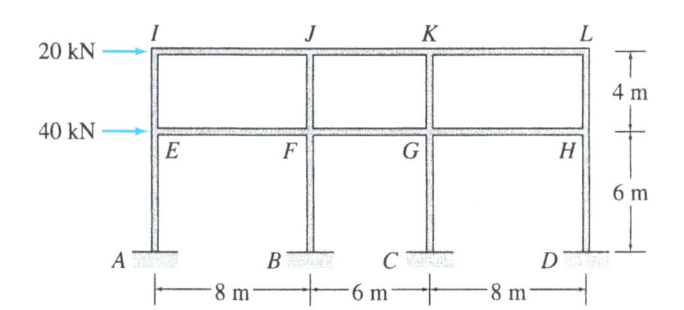

Figuras P12.12, P12.20

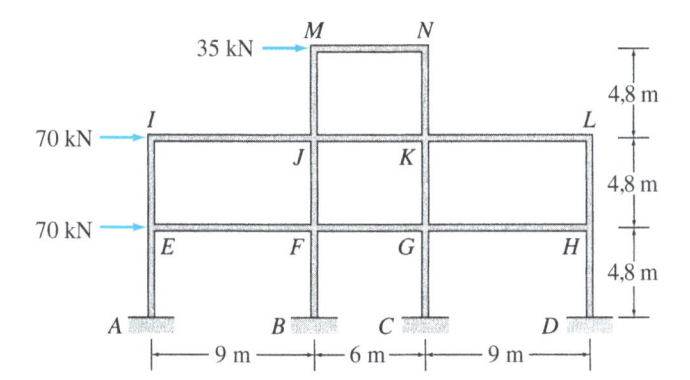

Figuras P12.13, P12.21

13

Método das deformações compatíveis – método das forças

13.1 Estruturas com um único grau hiperestático
13.2 Forças internas e momentos como hiperestáticos
13.3 Estruturas com múltiplos graus hiperestáticos
13.4 Recalques de apoio, variações de temperatura e erros de montagem
13.5 Método dos mínimos trabalhos
Resumo
Problemas

Ponte da Baía de Chesapeake
JoMo333/Shutterstock.com.

Neste capítulo, estudamos uma formulação geral do método (flexibilidade) das forças chamado *método das deformações compatíveis* para a análise das estruturas estaticamente indeterminadas. O método, que foi introduzido por James C. Maxwell, em 1864, essencialmente envolve a remoção de restrições suficientes da estrutura indeterminada para torná-la estaticamente determinada. Essa estrutura determinada, que deve ser estaticamente (e geometricamente) estável, é referida como a *estrutura principal*. As restrições em excesso removidas da estrutura indeterminada dada para convertê-la em uma estrutura principal determinada são chamadas *restrições redundantes* e as reações ou forças internas associadas com essas restrições são denominadas *hiperestáticos*. Os hiperestáticos são então aplicados como cargas desconhecidas sobre a estrutura principal, e seus valores são determinados resolvendo-se as equações de compatibilidade com base na condição de que as deformações da estrutura principal, em razão do efeito combinado dos hiperestáticos e das cargas externas dadas, devem ser as mesmas que as deformações da estrutura indeterminada original.

Uma vez que as variáveis independentes ou incógnitas no método das deformações compatíveis são as forças hiperestáticas (e/ou momentos), que devem ser determinadas antes que as outras características de resposta (por exemplo, deslocamentos) posam ser avaliadas, o método é classificado como *método das forças*.

Uma formulação alternativa do método das forças, chamado *método dos mínimos trabalhos*, também é discutida neste capítulo. Esse método alternativo, que é baseado no segundo teorema de Castigliano, é essencialmente semelhante ao método das deformações compatíveis, com exceção de que as equações de compatibilidade no método dos mínimos trabalhos são estabelecidas pela minimização da energia de deformação da estrutura, expressa em termos dos hiperestáticos desconhecidos, em vez de por superposição de deformação, tal como no método das deformações compatíveis.

Neste capítulo, primeiro desenvolvemos a análise das vigas, pórticos e treliças com um único grau hiperestático, utilizando o método das deformações compatíveis. Depois, aplicamos esse método para estruturas com vários graus hiperestáticos. Em seguida, consideramos a análise para os efeitos de recalques de apoio, variações de temperatura e erros de montagem e, por fim, apresentamos o método dos mínimos trabalhos.

13.1 Estruturas com um único grau hiperestático

Para ilustrar o conceito básico do método das deformações compatíveis, considere a viga em balanço apoiada, submetida a uma carga concentrada *P*, como mostrado na Figura 13.1(a). Uma vez que a viga é suportada por quatro reações de apoio (A_x, A_y, M_A e C_y), as três equações de equilíbrio ($\sum F_x = 0$, $\sum F_y = 0$ e $\sum M = 0$) não são suficientes para determinar todas as reações. Portanto, a viga é estaticamente indeterminada. O grau hiperestático da viga é igual ao número de reações desconhecidas, menos o número de equações de equilíbrio, isto é, 4 – 3 = 1, o que indica que a viga tem mais uma, ou *hiperestático*, reação que o necessário para a estabilidade estática. Assim, se podemos determinar uma das quatro reações utilizando uma equação de compatibilidade com base na geometria da deformação da viga, as três reações restantes podem ser obtidas a partir das três equações de equilíbrio.

Para estabelecermos a equação de compatibilidade, selecionamos uma das reações da viga para ser o hiperestático. Suponha que selecionemos a reação vertical C_y exercida pelo apoio de rolete *C* para ser o hiperestático. Da Figura 13.1(a), podemos ver que se o apoio de rolete *C* é removido da viga, ela ficará determinada enquanto ainda permanecer estaticamente estável, porque o apoio engaste *A* sozinho pode impedir que ela translade e/ou gire, como um corpo rígido. Assim, o apoio de rolete *C* não é necessário para a estabilidade estática da viga e a sua reação C_y pode ser designada como o hiperestático. Note, no entanto, que a presença do apoio *C* impõe a condição de compatibilidade na curva elástica da viga de que a flecha em *C* deve ser nula (Figura 13.1(a)); isto é,

$$\Delta_C = 0 \tag{13.1}$$

Para determinarmos o hiperestático C_y usando essa condição de compatibilidade, removemos o apoio de rolete *C* da viga indeterminada para convertê-la na viga em balanço determinada, mostrada na Figura 13.1(b). Essa viga determinada é referida como a *viga principal*. O hiperestático C_y é então aplicado como uma carga desconhecida na viga principal, junto com a carga externa dada *P* = 160 kN, como mostrado na Figura 13.1(b). O hiperestático C_y pode ser determinado utilizando-se o raciocínio de que se o valor da carga desconhecida C_y agindo sobre a viga principal (Figura 13.1(b)) é para ser o mesmo que o da reação C_y exercido sobre a viga indeterminada pelo apoio de rolete *C* (Figura 13.1(a)), então a flecha na extremidade livre *C* da viga principal, em razão do efeito combinado da carga externa *P* e o hiperestático C_y, deve ser a mesma que a flecha da viga indeterminada no apoio *C*. Devido à flecha Δ_C no apoio *C* da viga indeterminada ser nula (Equação 13.1), a flecha na extremidade *C* da viga principal, em razão do efeito combinado da carga externa *P* e o hiperestático C_y, deve também ser nula.

A flecha total Δ_C na extremidade *C* da viga principal em razão do efeito combinado de *P* e C_y pode ser convenientemente expressa pela superposição (adicionando algebricamente) das flechas em razão da carga externa *P* e o hiperestático C_y agindo individualmente na viga; isto é,

$$\Delta_C = \Delta_{CO} + \Delta_{CC} \tag{13.2}$$

na qual Δ_{CO} e Δ_{CC} representam, respectivamente, as flechas na extremidade *C* da viga principal em razão da carga externa *P* e o hiperestático C_y, cada um agindo sozinho na viga. Observe que dois índices são utilizados para designar as flechas Δ_{CO} e Δ_{CC} da viga principal. O primeiro subscrito *C* indica a localização dessas flechas; o segundo subscrito *O* é usado para indicar que Δ_{CO} é causado pelo carregamento externo dado, enquanto o segundo índice, *C*, de Δ_{CC} implica que ele ocorre em razão do hiperestático C_y. Ambas as flechas são consideradas positivas se elas ocorrem na direção do hiperestático C_y, o qual é presumido para cima, como mostrado na Figura 13.1(b).

Uma vez que o hiperestático C_y é desconhecido, é conveniente determinar Δ_{CC} avaliando primeiro a flecha em Δ_C em razão de um valor unitário dao hiperestático C_y, como mostrado na Figura 13.1(d) e então multiplicando a flecha obtida pela magnitude desconhecida do hiperestático. Assim,

$$\Delta_{CC} = f_{CC} C_y \tag{13.3}$$

em que f_{CC} denota a flecha no ponto *C* da viga principal, em razão do valor unitário do hiperestático C_y. Recorde-se da Seção 7.8 que f_{CC}, que tem unidades de flecha por força unitária, é mencionado como um *coeficiente de flexibilidade*. Substituindo as Equações (13.1) e (13.3) na Equação (13.2), obtemos a equação de compatibilidade

$$\Delta_C = \Delta_{CO} + f_{CC} C_y = 0 \tag{13.4}$$

capítulo 13   Método das deformações compatíveis – método das forças

$P = 160$ kN

(a) Viga indeterminada
$E = 210$ GPa, $I = 200 \, (10^6)$ mm^4
$L = 5$ m

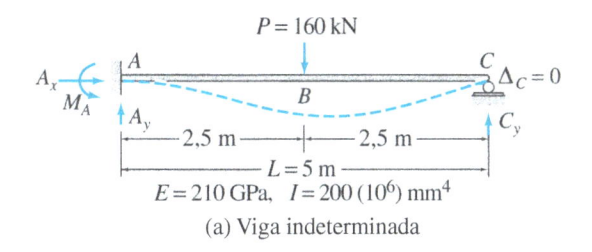

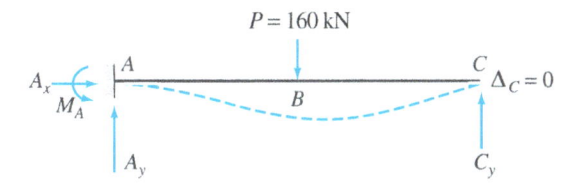

(b) Viga principal sujeita a uma carga externa e hiperestático C_y

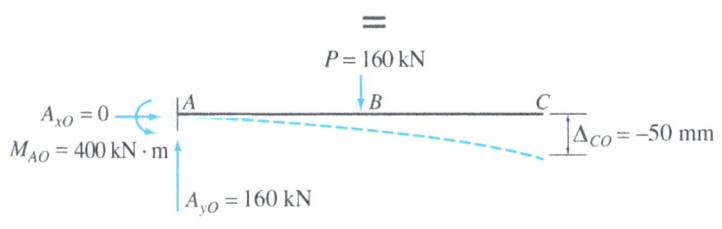

=

(c) Viga principal sujeita a uma carga externa
$A_{xO} = 0$, $M_{AO} = 400$ kN·m, $A_{yO} = 160$ kN, $\Delta_{CO} = -50$ mm

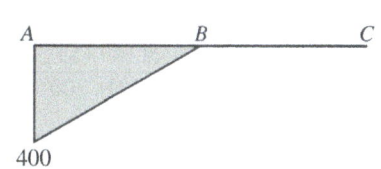

Diagrama do momento fletor para viga indeterminada principal em razão da carga externa (kN · m)

+

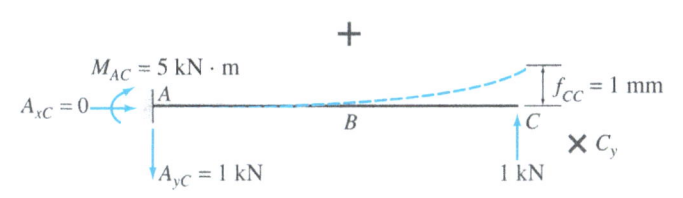

(d) Viga principal carregada com o hiperestático C_y
$M_{AC} = 5$ kN·m, $A_{xC} = 0$, $A_{yC} = 1$ kN, $f_{CC} = 1$ mm, $\times C_y$

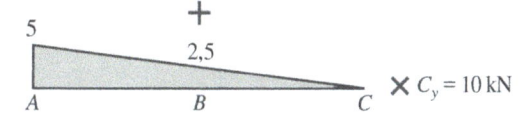

Diagrama do momento fletor para viga principal em razão do valor unitário de C_y (kN · m/kN)
$\times C_y = 10$ kN

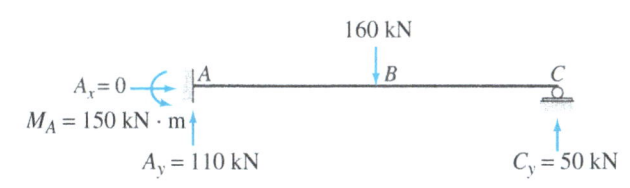

=

(e) Reações de apoio para viga indeterminada
$A_x = 0$, $M_A = 150$ kN·m, $A_y = 110$ kN, $C_y = 50$ kN

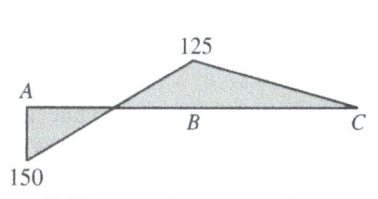

(f) Diagrama do momento fletor para viga indeterminada (kN · m)

Figura 13.1

a qual pode ser resolvida para expressar o hiperestático C_y em termos das flechas Δ_{CO} e f_{CC} da viga principal:

$$C_y = -\frac{\Delta_{CO}}{f_{CC}} \quad (13.5)$$

As Equações (13.4) e (13.5) podem também ser estabelecidas intuitivamente relacionando-se o hiperestático C_y como a força necessária para corrigir a forma deformada da estrutura principal, para que ela corresponda à curva elástica da estrutura indeterminada original. Quando o apoio C é imaginado sendo removido da viga indeterminada da Figura 13.1(a), a carga externa P provoca uma flecha para baixo de Δ_{CO} na extremidade C, como mostrado na Figura 13.1(c). Uma vez que a flecha em C na viga indeterminada original é nula, a força do hiperestático C_y deve ser de magnitude suficiente para empurrar a extremidade C de volta para a sua posição original, produzindo uma flecha para cima de Δ_{CO} na extremidade C da viga principal. Para avaliarmos o efeito de C_y na viga, calculamos o coeficiente de flexibilidade f_{CC}, que é a flecha em C em razão de um valor unitário do hiperestático (Figura 13.1(d)). Desde que a superposição seja válida, a flecha é diretamente proporcional à carga; ou seja, se uma unidade de carga causa uma flecha de f_{CC}, então uma carga dez vezes maior causará uma flecha de $10 f_{CC}$. Assim, o hiperestático ascendente de magnitude C_y provoca uma flecha para cima de $C_y f_{CC}$ na extremidade C da viga principal. Uma vez que a flecha para cima ($C_y f_{CC}$) causada pelo hiperestático C_y deve ser igual à flecha descendente (Δ_{CO}) em razão da carga externa P, escrevemos

$$C_y f_{CC} = -\Delta_{CO} \qquad (13.6)$$

em que ambas as flechas, f_{CC} e Δ_{CO}, são consideradas positivas, para cima. Observe que a Equação (13.6) é equivalente às Equações (13.4) e (13.5) previamente derivadas.

Uma vez que a viga principal é estaticamente determinada, as flechas Δ_{CO} e f_{CC} podem ser computadas, seja utilizando os métodos anteriormente descritos nos Capítulos 6 e 7 ou utilizando as fórmulas de flecha de viga fornecidas no final do livro. Usando as fórmulas de flecha de viga, determinamos a flecha na extremidade C da viga principal, em razão da carga externa $P(= 160 \text{ kN})$ sendo

$$\Delta_{CO} = -\frac{5PL^3}{48EI} = -\frac{5(160)(5)^3}{48(210 \times 10^6)(200 \times 10^{-6})} = -0{,}05 \text{ m} = -50 \text{ mm}$$

(veja a Figura 13.1(c)) na qual um sinal negativo foi atribuído à magnitude de Δ_{CO}, para indicar que a flecha ocorre na direção descendente – isto é, na direção oposta à do hiperestático C_y. Da mesma forma, o coeficiente de flexibilidade f_{CC} é avaliado como

$$f_{CC} = \frac{L^3}{3EI} = \frac{(5)^3}{3(210 \times 10^6)(200 \times 10^{-6})} = 0{,}001 \text{ m} = 0{,}001 \text{ m/kN}$$

(veja a Figura 13.1(d)). Substituindo as expressões ou os valores numéricos de Δ_{CO} e f_{CC} na Equação (13.5), determinamos o hiperestático C_y sendo

$$C_y = -\left(-\frac{5PL^3}{48EI}\right)\left(\frac{3EI}{L^3}\right) = \frac{5}{16}P = 50 \text{ kN} \uparrow$$

A resposta positiva para C_y indica que nossa hipótese inicial sobre a direção ascendente de C_y estava correta.

Com a reação C_y conhecida, as três reações restantes podem agora ser determinadas pela aplicação das três equações de equilíbrio para o corpo livre da viga indeterminada (Figura 13.1(e)):

$$+\rightarrow \sum F_x = 0 \qquad A_x = 0$$
$$+\uparrow \sum F_y = 0 \qquad A_y - 160 + 50 = 0 \qquad A_y = 110 \text{ kN} \uparrow$$
$$+\circlearrowleft \sum M_A = 0 \qquad M_A - 160(2{,}5) + 50(5) = 0 \qquad M_A = 150 \text{ kN} \cdot \text{m} \circlearrowright$$

Após o hiperestático C_y ter sido calculado, as reações e todas as outras características de resposta da viga também podem ser determinadas empregando-se as relações de superposição semelhantes na forma para a relação de superposição da flecha expressa na Equação (13.4). Assim, as reações podem, alternativamente, ser determinadas usando-se as relações de superposição (veja as Figuras 13.1(a), (c) e (d)):

$$+\rightarrow A_x = A_{xO} + A_{xC}(C_y) = 0$$
$$+\uparrow A_y = A_{yO} + A_{yC}(C_y) = 160 - 1(50) = 110 \text{ kN} \uparrow$$
$$+\circlearrowleft M_A = M_{AO} + M_{AC}(C_y) = 400 - 5(50) = 150 \text{ kN} \cdot \text{m} \circlearrowright$$

capítulo 13   Método das deformações compatíveis – método das forças   **441**

Observe que o segundo subscrito O é utilizado para designar as reações em razão da carga externa apenas (Figura 13,1 (c)), enquanto o segundo subscrito C denota as reações em razão de um valor unitário do hiperestático C_y (Figura 13.1(d)).

Do mesmo modo, o diagrama do momento fletor para a viga indeterminada pode ser obtido por meio da superposição do diagrama do momento fletor da viga principal, em razão de uma carga externa apenas, no diagrama do momento fletor da viga principal, em razão de um valor unitário do hiperestático C_y multiplicado pelo valor de C_y. O diagrama do momento fletor para a viga indeterminada assim construído é mostrado na Figura 13.1(f).

Momento como o hiperestático

Na análise anterior do balanço apoiado da Figura 13.1(a), selecionamos arbitrariamente a reação vertical no apoio de rolete C para ser o hiperestático. *Ao analisarmos uma estrutura pelo método das deformações compatíveis, podemos escolher qualquer reação de apoio ou forças internas (ou momento) como o hiperestático, desde que a remoção da restrição correspondente da estrutura indeterminada dada resulte em uma estrutura principal que é determinada estaticamente e estável.*

Considerando novamente o balanço apoiado da Figura 13.1(a), que é redesenhado na Figura 13.2(a), podemos ver que a remoção da restrição correspondente à reação horizontal A_x tornará a viga estaticamente instável. Portanto, A_x não pode ser utilizada como o hiperestático. No entanto, qualquer das outras duas reações do apoio A pode ser utilizada como o hiperestático.

Consideremos a análise da viga utilizando o momento de reação M_A como o hiperestático. O verdadeiro sentido M_A não é conhecido e é arbitrariamente assumido como anti-horário, como mostrado na Figura 13.2(a). Para obtermos a viga principal, removemos a restrição contra a rotação na extremidade A, substituindo o apoio engaste por um apoio rotulado, como mostrado na Figura 13.2(b). Observe que a viga simplesmente apoiada obtida é estaticamente determinada e estável. O hiperestático M_A é agora tratado como uma carga desconhecida na viga principal, e a sua magnitude pode ser determinada pela condição de compatibilidade da rotação em A em razão do efeito combinado da carga externa P e o hiperestático M_A deve ser nulo.

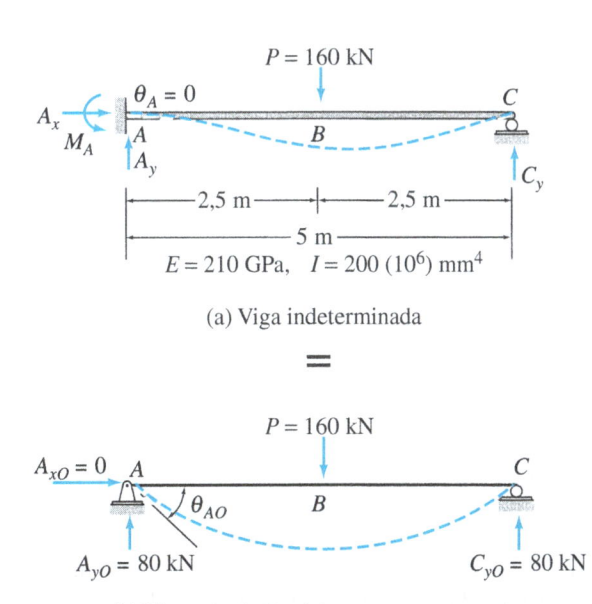

(a) Viga indeterminada

(b) Viga principal sujeita a carregamento externo

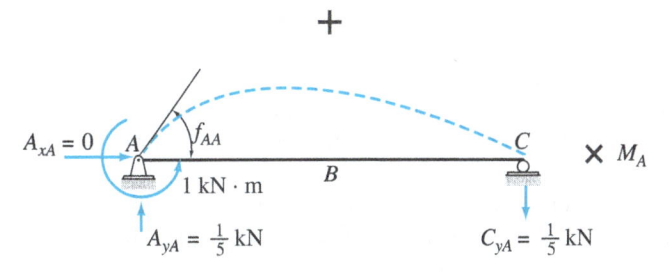

(c) Viga principal carregada com hiperestático M_A

Figura 13.2

A viga principal é submetida separadamente à carga externa $P = 160$ kN e um valor unitário do hiperestático desconhecido M_A, como mostrado nas Figuras 13.2 (b) e (c), respectivamente. Como visto nessas figuras, θ_{AO} representa a rotação na extremidade A em razão da carga externa P, enquanto f_{AA} indica o coeficiente de flexibilidade – isto é, a rotação em A em razão de um valor unitário do hiperestático M_A. Assim, a rotação em A em razão de M_A é igual a $\theta_{AA} = f_{AA} M_A$. Como a soma algébrica das rotações na extremidade A em razão da carga externa P e o hiperestático M_A deve ser nulo, podemos expressar a equação de compatibilidade como

$$\theta_{AO} + f_{AA} M_A = 0 \qquad (13.7)$$

As rotações θ_{AO} e f_{AA} podem ser facilmente calculadas usando-se as fórmulas de flecha de viga apresentadas no final do livro. Assim,

$$\theta_{AO} = -\frac{PL^2}{16EI} = -\frac{160(5)^2}{16(210 \times 10^6)(200 \times 10^{-6})} = -0{,}006 \text{ rad}$$

$$f_{AA} = \frac{L}{3EI} = \frac{5}{3(210 \times 10^6)(200 \times 10^{-6})} = 0{,}00004 \text{ rad/kN} \cdot \text{m}$$

Observe que um sinal negativo foi atribuído à magnitude de θ_{AO}, porque essa rotação ocorre no sentido horário – isto é, oposto ao sentido anti-horário assumido para o hiperestático M_A (Figura 13.2(a)). Substituindo-se os valores numéricos de θ_{AO} e f_{AA} na equação de compatibilidade (Equação 13.7), escrevemos

$$-0{,}006 + (0{,}00004) M_A = 0$$

a partir do qual

$$M_A = \frac{0{,}006}{0{,}00004} = 150 \text{ kN} \cdot \text{m} \circlearrowleft$$

A resposta positiva confirma que o sentido anti-horário inicialmente assumido para M_A estava correto. Observe que o valor do momento da reação $M_A = 150$ kN $\cdot$ m $\circlearrowleft$ calculado aqui é idêntico ao obtido previamente usando-se a reação vertical C_y como o hiperestático (Figura 13.1). Uma vez que o hiperestático M_A é conhecido, as reações restantes, bem como as outras características de resposta da viga, podem ser determinadas quer por meio das considerações de equilíbrio quer por superposição, como discutido anteriormente.

Procedimento para análise

Com base na discussão anterior, podemos desenvolver o seguinte procedimento, passo a passo, para a análise de estruturas externamente indeterminadas, com um único grau hiperestático.

1. Determine o grau hiperestático da estrutura dada. Se o grau hiperestático é maior que 1 e/ou se a estrutura é internamente indeterminada, então termine a análise nesta fase. A análise das estruturas internamente indeterminadas e das estruturas com vários graus hiperestáticos é considerada nas seções subsequentes.
2. Selecione uma das reações de apoio como o hiperestático. A escolha do hiperestático é meramente uma questão de conveniência, e qualquer reação pode ser selecionada como o hiperestático, desde que as remoções da restrição correspondente dos resultados na estrutura indeterminada apresentada resultem em uma estrutura principal que é estaticamente determinada e estável. O sentido do hiperestático não é conhecido e pode ser assumido arbitrariamente. O verdadeiro sentido do hiperestático será conhecido após a sua magnitude ter sido determinada, por meio da resolução da equação de compatibilidade. Uma grandeza positiva para o hiperestático implica que o sentido inicialmente assumido era correto, enquanto um valor negativo da magnitude indica que o sentido real é oposto ao inicialmente assumido.
3. Remova a restrição correspondente ao hiperestático da estrutura indeterminada fornecida, para obter a estrutura determinada principal.
4. a. Desenhe um diagrama da estrutura principal com apenas a carga externa aplicada nela. Desenhe uma curva elástica da estrutura e mostre a flecha (ou rotação) no ponto de aplicação e na direção do hiperestático com um símbolo apropriado.

capítulo 13 — Método das deformações compatíveis – método das forças

b. Em seguida, desenhe um diagrama da estrutura principal apenas com o valor unitário do hiperestático aplicado nela. A força unitária (ou momento) deve ser aplicada na direção positiva do hiperestático. Desenhe uma curva elástica da estrutura e mostre através de um símbolo adequado o coeficiente de flexibilidade representando a flecha (ou rotação) no ponto de aplicação e na direção do hiperestático. Para indicar que a carga, bem como a resposta da estrutura, deve ser multiplicada pelo hiperestático, mostre o hiperestático precedido por um sinal de multiplicação (×) próximo do diagrama da estrutura. A flecha (ou rotação) no local do hiperestático em razão do hiperestático desconhecido é igual ao coeficiente de flexibilidade multiplicado pela magnitude desconhecida do hiperestático.

5. Escreva a equação de compatibilidade, definindo a soma algébrica das flechas (ou rotações) da estrutura principal no local do hiperestático em razão da carga externa e do hiperestático, igual ao deslocamento fornecido (ou rotação) do apoio do hiperestático da estrutura indeterminada real. Uma vez que consideramos que os apoios são inflexíveis, a soma algébrica das flechas em razão da carga externa e do hiperestático pode ser simplesmente definida como nula para se obter a equação de compatibilidade. (O caso dos movimentos do apoio é considerado em uma seção posterior.)

6. Calcule as deformações da estrutura principal no local do hiperestático em razão da carga externa e em razão do valor unitário do hiperestático. Uma flecha é considerada positiva se ela tem o mesmo sentido que o assumido para o hiperestático. As flechas podem ser determinadas usando-se qualquer um dos métodos discutidos nos Capítulos 6 e 7. Para as vigas com rigidez à flexão constante EI, geralmente é conveniente determinar essas quantidades utilizando as fórmulas de flecha fornecidas no final do livro, enquanto as flechas de treliças e pórticos podem ser convenientemente calculadas pelo método dos trabalhos virtuais.

7. Substitua os valores das flechas (ou rotações) calculados na etapa 6 na equação de compatibilidade e resolva para o hiperestático desconhecido.

8. Determine as reações de apoio restantes da estrutura indeterminada ou pela aplicação das três equações de equilíbrio para o corpo livre da estrutura indeterminada ou pela superposição das reações da estrutura principal, em razão da carga externa e em razão do hiperestático.

9. Uma vez que as reações foram avaliadas, as outras características de resposta (por exemplo, diagrama de momento fletor e cortante e/ou forças no elemento) da estrutura indeterminada podem ser determinadas por meio das considerações de equilíbrio ou pela superposição das respostas da estrutura principal em razão da carga externa e em razão do hiperestático.

EXEMPLO 13.1

Determine as reações e desenhe os diagramas do momento fletor e cortante para a viga mostrada na Figura 13.3(a) pelo método das deformações compatíveis.

Solução

Grau hiperestático. A viga é suportada por quatro reações, A_x, A_y, M_A e B_y (Figura 13.3(a)); isto é, $r = 4$. Uma vez que existem apenas três equações de equilíbrio, o grau hiperestático da viga é igual a $r - 3 = 1$.

Viga principal. A reação vertical B_y no apoio de rolete B é selecionada para ser o hiperestático. O sentido de B_y é assumido para cima, como mostrado na Figura 13.3(a). A viga principal obtida pela remoção do apoio de rolete B da viga indeterminada fornecida é mostrada na Figura 13.3(b). Observe que a viga em balanço principal é estaticamente determinada e estável. Em seguida, a viga principal é submetida separadamente ao momento externo M e a um valor unitário do hiperestático desconhecido B_y, como mostrado nas Figuras 13.3(b) e (c), respectivamente. Como visto na figura, Δ_{BO} indica a flecha em B em razão do momento externo M, enquanto f_{BB} indica o coeficiente de flexibilidade que representa a flecha em B em razão do valor unitário do hiperestático B_y. Desse modo, a flecha em B em razão do hiperestático desconhecido B_y é igual a $f_{BB} B_y$.

Equação de compatibilidade. A flecha no apoio B da viga indeterminada real é nula, de modo que a soma algébrica das flechas da viga principal em B em razão do momento externo M e o hiperestático B_y deve também ser nula. Assim, a equação de compatibilidade pode ser escrita como

$$\Delta_{BO} + f_{BB} B_y = 0 \qquad (1)$$

444 Análise Estrutural

(a) Viga indeterminada

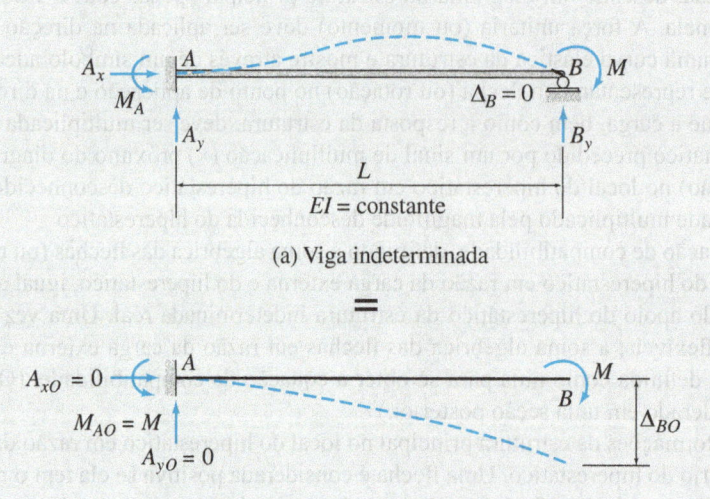

EI = constante

(b) Viga principal sujeita a momento externo M

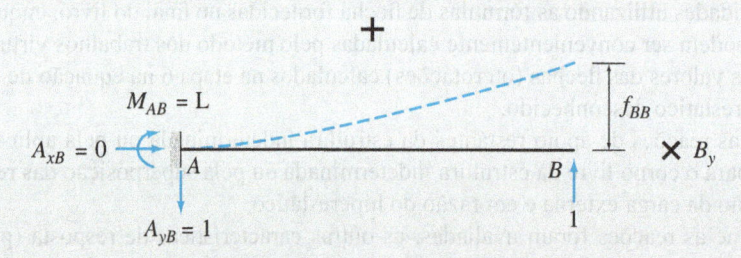

$A_{xO} = 0$, $M_{AO} = M$, $A_{yO} = 0$, Δ_{BO}

(c) Viga principal carregada com hiperestático B_y

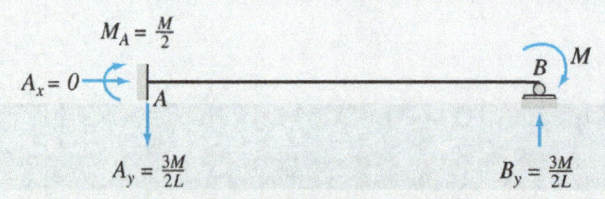

$M_{AB} = L$, $A_{xB} = 0$, $A_{yB} = 1$, f_{BB}, $\times B_y$

(d) Reações de apoio para viga indeterminada

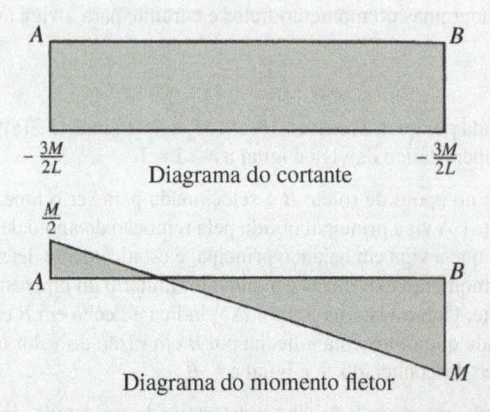

$M_A = \dfrac{M}{2}$, $A_x = 0$, $A_y = \dfrac{3M}{2L}$, $B_y = \dfrac{3M}{2L}$, M

(e) Diagramas do momento fletor e cortante para viga indeterminada

Diagrama do cortante: $-\dfrac{3M}{2L}$

Diagrama do momento fletor: $\dfrac{M}{2}$, M

Figura 13.3

Flechas da viga principal. Usando as fórmulas de flecha de viga, obtemos as flechas Δ_{BO} e f_{BB}, sendo

$$\Delta_{BO} = -\frac{ML^2}{2EI} \quad \text{e} \quad f_{BB} = \frac{L^3}{3EI}$$

em que o sinal negativo para Δ_{BO} indica que essa deformação ocorre na direção descendente – isto é, oposta à direção ascendente assumida para o hiperestático B_y.

Magnitude do hiperestático. Substituindo as expressões para Δ_{BO} e f_{BB} na equação de compatibilidade (Equação (1)), determinamos o hiperestático B_y como

$$-\frac{ML^2}{2EI} + \left(\frac{L^3}{3EI}\right)B_y = 0 \qquad B_y = \frac{3M}{2L}\uparrow \qquad \textbf{Resp.}$$

A resposta positiva para B_y indica que nossa hipótese inicial sobre a direção ascendente de B_y estava correta.

Reações. As reações restantes da viga indeterminada podem agora ser determinadas pela superposição das reações da viga principal, em razão do momento externo M e o hiperestático B_y, mostradas nas Figuras 13.3(b) e (c), respectivamente:

$$+ \rightarrow A_x = 0 \qquad\qquad A_x = 0 \qquad \textbf{Resp.}$$

$$+\uparrow A_y = -1\left(\frac{3M}{2L}\right) = -\frac{3M}{2L} \qquad A_y = \frac{3M}{2L}\downarrow \qquad \textbf{Resp.}$$

$$+ \circlearrowleft M_A = M - L\left(\frac{3M}{2L}\right) = -\frac{M}{2} \qquad M_A = \frac{M}{2}\circlearrowright \qquad \textbf{Resp.}$$

As reações são apresentadas na Figura 13.3(d).

Diagramas do momento fletor e cortante. Usando-se as reações, os diagramas do momentos fletor e cortante para a viga indeterminada são construídos. Esses diagramas são mostrados na Figura 13.3(e). **Resp.**

EXEMPLO 13.2

Determine as reações e desenhe os diagramas do momento fletor e cortante para a viga mostrada na Figura 13.4(a) pelo método das deformações compatíveis. Escolha o momento de reação no apoio engaste para ser o hiperestático.

Solução

Grau hiperestático. A viga é suportada por quatro reações (Figura 13.4(a)), de modo que o seu grau hiperestático é igual a $4 - 3 = 1$.

Viga principal. O momento da reação M_A no apoio engaste A é selecionado para ser o hiperestático. O sentido de M_A é assumido sendo anti-horário, como mostrado na Figura 13.4(a). Para obtermos a viga principal, removemos a restrição contra a rotação na extremidade A, substituindo o apoio engaste por um apoio rotulado, como mostrado na Figura 13.4(b). A viga principal é então submetida separadamente à carga externa e a um valor unitário do hiperestático desconhecido M_A, como mostrado nas Figuras 13.4(b) e (c), respectivamente. Como visto nessas figuras, θ_{AO} representa a rotação em A em razão da carga externa, ao passo que f_{AA} indica o coeficiente de flexibilidade que representa a rotação em A em razão do valor unitário do hiperestático M_A.

Equação de compatibilidade. Ao definirmos a soma algébrica das rotações da viga principal em A em razão da carga externa e o hiperestático M_A igual à rotação no apoio engaste A da viga indeterminada real, que é nula, podemos escrever a equação de compatibilidade:

$$\theta_{AO} + f_{AA}M_A = 0 \qquad (1)$$

Rotações da viga principal. A partir das fórmulas de flecha de viga,

$$\theta_{AO} = -\frac{1.000 \text{ kN} \cdot \text{m}^2}{EI} \quad \text{e} \quad f_{AA} = \frac{3,33 \text{ kN} \cdot \text{m}^2/\text{kN} \cdot \text{m}}{EI}$$

Magnitude do hiperestático. Substituindo os valores de θ_{AO} e f_{AA} na equação de compatibilidade (Equação (1)), obtemos

$$-\frac{1.000}{EI} + \left(\frac{3,33}{EI}\right) M_A = 0 \quad M_A = 300 \text{ kN} \cdot \text{m} \circlearrowright \quad \text{Resp.}$$

Reações. Para determinarmos as reações restantes da viga indeterminada, aplicamos as equações de equilíbrio (Figura 13.4(d)):

$$+\rightarrow \Sigma F_x = 0 \qquad\qquad\qquad\qquad\qquad A_x = 0 \qquad\qquad \text{Resp.}$$
$$+\circlearrowleft M_B = 0 \qquad 300 - A_y(10) + 24(10)(5) = 0 \qquad A_y = 150 \text{ kN} \uparrow \qquad \text{Resp.}$$
$$+\uparrow \Sigma F_y = 0 \qquad 150 - 24(10) + B_y = 0 \qquad B_y = 90 \text{ kN} \uparrow \qquad \text{Resp.}$$

Diagramas de momento fletor e cortante. Veja a Figura 13.4(e). Resp.

EI = constante
(a) Viga indeterminada

=

(b) Viga principal sujeita a carregamento externo

+

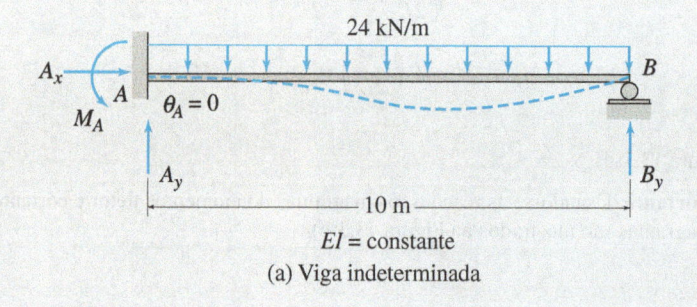

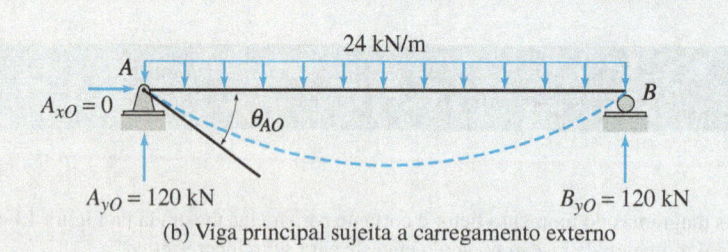

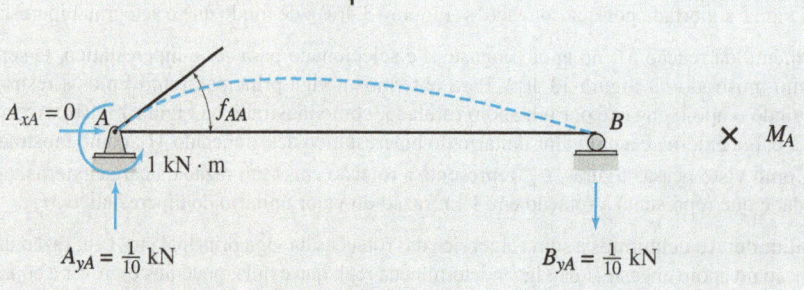

(c) Viga principal carregada com hiperestático M_A

Figura 13.4 (*continua*)

capítulo 13 — Método das deformações compatíveis – método das forças

$A_x = 0$
$M_A = 300\ kN \cdot m$
$A_y = 150\ kN$
$B_y = 90\ kN$
24 kN·m

(d) Reações de apoio para viga indeterminada

150
A
C
B
6,25 m
−90

Diagrama do cortante (kN)

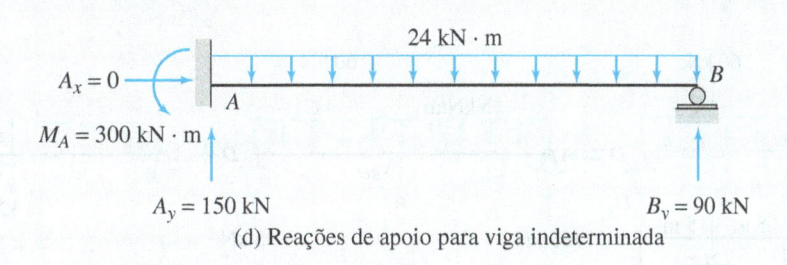

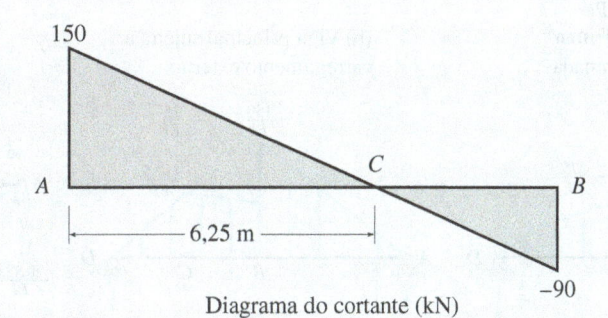

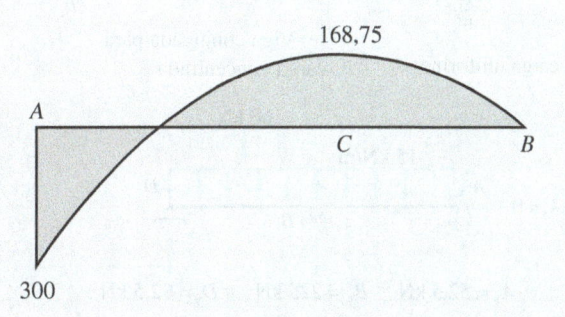

168,75
A
C
B
300

Diagrama do momento fletor (kN·m)

(e) Diagramas do cortante e do momento fletor para viga indeterminada

Figura 13.4

EXEMPLO 13.3

Determine as reações e desenhe os diagramas do momento fletor e cortante para o viga contínua com dois vãos mostrada na Figura 13.5(a) utilizando o método das deformações compatíveis.

Solução

Grau hiperestático. A viga é suportada por quatro reações, assim o grau hiperestático é igual a 4 − 3 = 1.

Viga principal. A reação vertical B_y no apoio de rolete B é selecionada para ser o hiperestático, e a viga principal é obtida por meio da remoção do apoio de rolete B da viga indeterminada dada, como mostrado na Figura 13.5(b). Em seguida, a viga principal é submetida separadamente à carga externa e a um valor unitário do hiperestático desconhecido B_y, como mostrado nas Figuras 13.5(b) e (c), respectivamente. Como visto nestas figuras, Δ_{BO} indica a flecha em B em razão da carga externa, ao passo que f_{BB} denota o coeficiente de flexibilidade que representa a flecha em B em razão do valor unitário do hiperestático B_y.

448 Análise Estrutural

(a) Viga indeterminada
- 15 kN/m, 60 kN em C
- 10 m | 5 m | 5 m
- I | 2I
- $E = 200$ GPa
- $I = 700(10^6)$ mm^4

(b) Viga principal sujeita a carregamento externo
- 165 kN ; 195 kN ; Δ_{BO}

(c) Viga principal carregada com o hiperestático B_y
- 1 kN ; $\frac{1}{2}$; $\frac{1}{2}$; f_{BB} ; $\times B_y$

(d) Viga conjugada para carga uniforme
- $\frac{750}{EI}$; $\frac{375}{EI}$; $\frac{4.218,75}{EI}$; $\frac{3.281,25}{EI}$

(e) Viga conjugada para carga concentrada
- $\frac{150}{EI}$; $\frac{75}{EI}$; $\frac{112,5}{EI}$; $\frac{718,75}{EI}$; $\frac{781,25}{EI}$

(f) Viga conjugada para valor unitário do hiperestático B_y
- $\frac{20.833}{EI}$; $\frac{2,5}{EI}$; $\frac{16.567}{EI}$; $\frac{5}{EI}$

(g) Reações de apoio para viga indeterminada
- $A_x = 0$; 15 kN/m ; 60 kN
- $A_y = 52,5$ kN ; $B_y = 225$ kN ; $D_y = 82,5$ kN

(h) Diagramas do cortante e do momento fletor para viga indeterminada
- Diagrama do cortante (kN): 52,5 ; 127,5 ; 52,5 ; −7,5 ; −97,5 ; −82,5 ; 3,5 m
- Diagrama do momento fletor (kN·m): 91,88 ; 225 ; 225

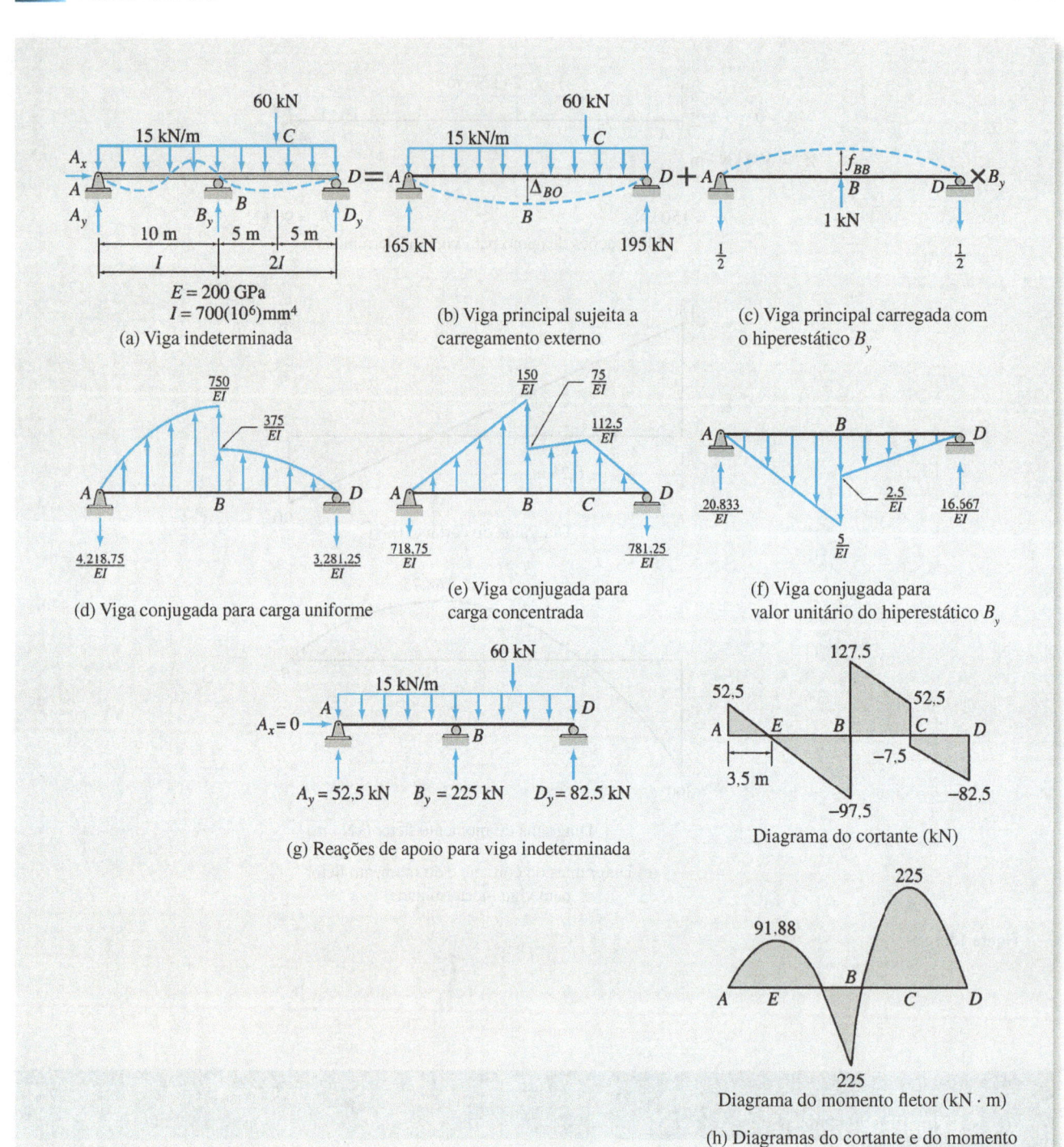

Figura 13.5

Equação de compatibilidade. Como a flecha no apoio B da viga indeterminada real é nula, a soma algébrica das flechas da viga principal em B em razão da carga externa e do hiperestático B_y também deve ser nula. Assim, a equação de compatibilidade pode ser escrita como

$$\Delta_{BO} + f_{BB} B_y = 0 \qquad (1)$$

Flechas da viga principal. A rigidez à flexão EI da viga principal não é constante (uma vez que o momento de inércia da metade direita da viga, BD, é duas vezes o momento de inércia da metade esquerda AB), por isso não podemos usar as fórmulas dadas no final do livro para calcular as flechas. Portanto, usaremos o método da viga conjugada, discutido no Capítulo 6, para a determinação das flechas da viga principal.

Para determinarmos a flecha Δ_{BO} em razão da carga externa, desenhamos as vigas conjugadas para a carga uniformemente distribuída de 15 kN/m e a carga concentrada de 60 kN, como mostrado nas Figuras 13.5(d) e (e), respectivamente. Recordando-nos de que a flecha em um ponto de uma viga real é igual ao momento fletor neste ponto da viga conjugada correspondente, determinamos a flecha Δ_{BO} em razão do efeito combinado das cargas distribuídas e concentradas como

$$EI\,\Delta_{BO} = \left[-4.218{,}75(10) + \left(\frac{2}{3}\right)(10)(750)\left(\frac{30}{8}\right)\right] + \left[-718{,}75(10) + \left(\frac{1}{2}\right)(10)(150)\left(\frac{10}{3}\right)\right]$$

$$\Delta_{BO} = -\frac{28.125 \text{ kN} \cdot \text{m}^3}{EI}$$

na qual o sinal negativo indica que a deformação ocorre na direção descendente. Observe que, embora os valores numéricos de E e I sejam dados, é geralmente conveniente realizar a análise em termos de EI. O coeficiente de flexibilidade f_{BB} pode ser calculado de modo semelhante, utilizando-se a viga conjugada mostrada na Figura 13.5(f). Assim,

$$EI f_{BB} = 20{,}833(10) - \left(\frac{1}{2}\right)(10)(5)\left(\frac{10}{3}\right) = 125 \text{ kN} \cdot \text{m}^3/\text{kN}$$

$$f_{BB} = \frac{125 \text{ kN} \cdot \text{m}^3/\text{kN}}{EI}$$

Magnitude do hiperestático. Substituindo os valores de Δ_{BO} e f_{BB} na equação de compatibilidade (Equação (1)), obtemos

$$-\frac{28.125}{EI} + \left(\frac{125}{EI}\right)B_y = 0 \qquad B_y = 225 \text{ kN} \uparrow \qquad \textbf{Resp.}$$

Reações. Para determinarmos as reações restantes da viga indeterminada, aplicamos as equações de equilíbrio (Figura 13.5(g)):

$$+ \rightarrow \sum F_x = 0 \qquad A_x = 0 \qquad \textbf{Resp.}$$

$$+ \circlearrowleft \sum M_D = 0 \qquad -A_y(20) - 225(10) + 15(20)(10) + 60(5) = 0$$

$$A_y = 52{,}5 \text{ kN} \uparrow \qquad \textbf{Resp.}$$

$$+ \uparrow \sum F_y = 0 \qquad 52{,}5 + 225 - 15(20) - 60 + D_y = 0$$

$$D_y = 82{,}5 \text{ kN} \uparrow \qquad \textbf{Resp.}$$

Diagramas do cortante e do momento fletor. Veja a Figura 13.5(h). **Resp.**

EXEMPLO 13.4

Determine as reações e a força em cada elemento da treliça mostrada na Figura 13.6(a) utilizando o método das deformações compatíveis.

Solução

Grau hiperestático. A treliça é indeterminada para o primeiro grau.

450 Análise Estrutural

$E = 200$ GPa

(a) Treliça indeterminada

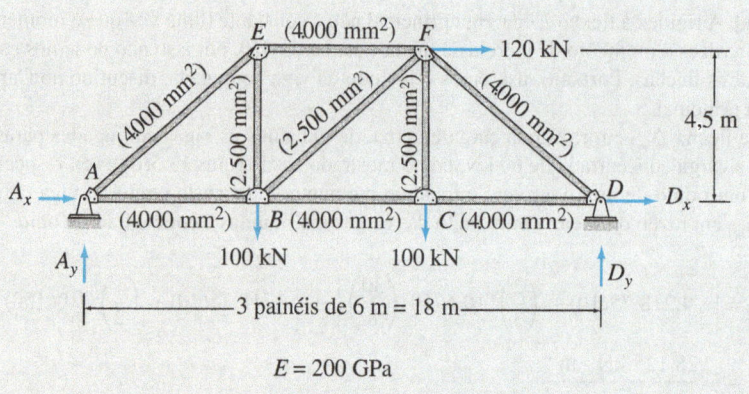

=

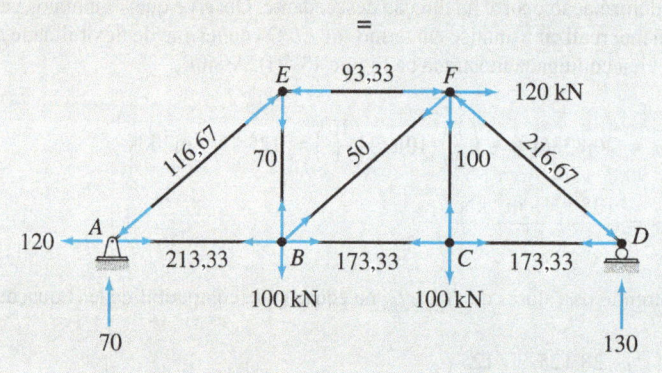

(b) Treliça principal submetida a cargas externas – forças F_0

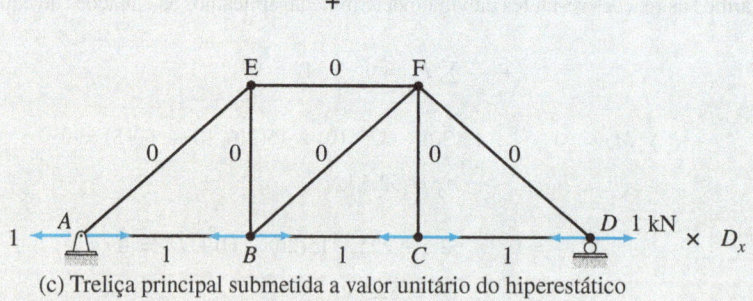

+

(c) Treliça principal submetida a valor unitário do hiperestático D_x – forças u_D

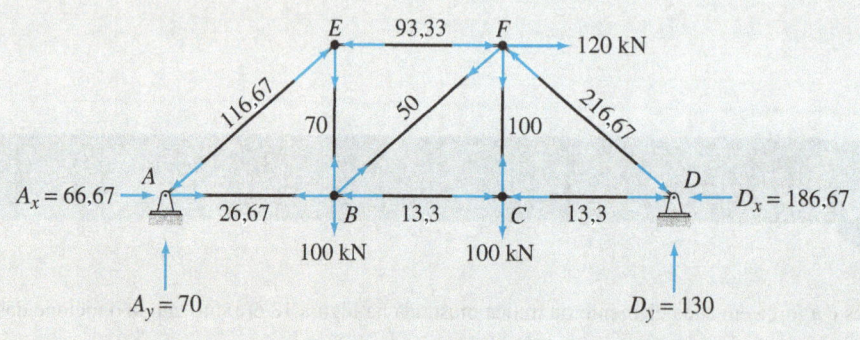

(d) Reações de apoio e forças no elemento para treliça indeterminada

Figura 13.6

Treliça principal. A reação horizontal D_x no apoio rotulado D é selecionada para ser o hiperestático. A direção de D_x é arbitrariamente assumida para a direita, como mostrado na Figura 13.6(a). A treliça principal é obtida pela remoção da restrição contra o deslocamento horizontal no nó D, substituindo-se o apoio rotulado por um apoio de rolete, como mostrado na Figura 13.6(b). Em seguida, a treliça principal é submetida separadamente à carga externa e a um valor unitário do hiperestático desconhecido D_x, como mostrado nas Figuras 13.6(b) e (c), respectivamente.

Equação de compatibilidade. Se Δ_{DO} denota a flecha horizontal no nó D da treliça principal em razão da carga externa e se f_{DD} indica o coeficiente de flexibilidade que representa a flecha horizontal em D em razão do valor unitário do hiperestático D_x, então a equação de compatibilidade pode ser escrita como

$$\Delta_{DO} + f_{DD}D_x = 0 \tag{1}$$

Flechas da treliça principal. As flechas Δ_{DO} e f_{DD} podem ser avaliadas pela utilização do método dos trabalhos virtuais. Lembre-se do Capítulo 7, em que a expressão dos trabalhos virtuais para flechas em treliça é dada pela (Equação (7.23))

$$\Delta = \sum \frac{FF_v L}{AE} \tag{2}$$

na qual F simbolicamente representa as forças normais nos elementos da treliça, em razão da carga real que causa a flecha Δ e F_v representa as forças normais nos elementos da treliça, em razão de uma carga unitária virtual agindo no nó e na direção da flecha desejada Δ.

Para calcularmos a flecha Δ_{DO} da treliça principal, o sistema real consiste no carregamento externo dado, como mostrado na Figura 13.6(b). As forças normais no elemento devidas a essa carga são simbolicamente indicadas como forças F_O, e seus valores numéricos, obtidos pelo método dos nós, são mostrados na Figura 13.6(b). O sistema virtual para Δ_{DO} consiste em uma carga unitária aplicada no local e na direção do hiperestático D_x, que é a mesma do sistema mostrado na Figura 13.6(c) (sem o multiplicador D_x). As forças normais no elemento em razão do valor unitário do hiperestático D_x são simbolicamente indicadas como forças u_D e seus valores numéricos, obtidos pelo método dos nós, são mostrados na Figura 13.6(c). Assim, a expressão dos trabalhos virtuais para Δ_{DO} pode ser escrita como

$$\Delta_{DO} = \sum \frac{F_O u_D L}{AE} \tag{3}$$

As forças F_O e u_D no elemento são então tabuladas e a Equação (3) é aplicada para determinar Δ_{DO}, como mostrado na Tabela 13.1. Assim,

$$\Delta_{DO} = \frac{840.000 \text{ kN/m}}{E}$$

A magnitude positiva de Δ_{DO} indica que o deslocamento ocorre para a direita – isto é, na mesma direção que a assumida para o hiperestático D_x.

Para calcularem o coeficiente de flexibilidade f_{DD}, tanto o sistema real quanto o virtual consistem em um valor unitário do hiperestático D_x aplicado na treliça principal, como mostrado na Figura 13.6(c) (sem o multiplicador D_x). Assim, a expressão dos trabalhos virtuais para f_{DD} se torna

$$f_{DD} = \sum \frac{u_D^2 L}{AE} \tag{4}$$

A Equação (4) é aplicada para determinar f_{DD}, como mostrado na Tabela 13.1. Assim,

$$f_{DD} = \frac{4.500(1/\text{m})}{E}$$

Magnitude do hiperestático. Substituindo os valores de Δ_{DO} e f_{DD} na equação de compatibilidade (Equação (1)), determinamos o hiperestático D_x, sendo

$$\frac{840.000}{E} + \left(\frac{4.500}{E}\right)D_x = 0$$

$$D_x = -186,67 \text{ kN}$$

Tabela 13.1

Elemento	L (m)	A (m²)	F_O (kN)	u_D (kN/kN)	$\dfrac{F_O u_D L}{A}$ (kN/m)	$\dfrac{u_D^2 L}{A}$ (1/m)	$F = F_O + u_D D x$ (kN)
AB	6	0,0040	213,33	1	320.000	1.500	26,67
BC	6	0,0040	173,33	1	260.000	1.500	–13,33
CD	6	0,0040	173,33	1	260.000	1.500	–13,33
EF	6	0,0040	–93,33	0	0	0	–93,33
BE	4,5	0,0025	70	0	0	0	70
CF	4,5	0,0025	100	0	0	0	100
AE	7,5	0,0040	–116,67	0	0	0	–116,67
BF	7,5	0,0025	50	0	0	0	50
DF	7,5	0,0040	–216,67	0	0	0	–216,67
				Σ	840.000	4.500	

$$\Delta_{DO} = \frac{1}{E} \sum \frac{F_O u_D L}{A} = \frac{840.000 \text{ kN/m}}{E} \qquad f_{DD} = \frac{1}{E} \sum \frac{u_D^2 L}{A} = \frac{4.500 \, (1/\text{m})}{E}$$

$$D_x = -\frac{\Delta_{DO}}{f_{DD}} = -186,67 \text{ kN}$$

A resposta negativa para D_x indica que nossa hipótese inicial sobre D_x agindo para a direita estava incorreta e que D_x, na verdade, age para a esquerda.

$$D_x = 186,67 \text{ kN} \leftarrow \qquad \text{Resp.}$$

Reações. As reações restantes da treliça indeterminada podem agora ser determinadas pela superposição das reações da treliça principal em razão das cargas externas (Figura 13.6(b)) e em razão do hiperestático D_x (Figura 13.6(c)).

$$A_x = -120 - 1(-186,67) = 66,67 \text{ kN} \rightarrow \qquad \text{Resp.}$$
$$A_y = 70 \text{ kN} \uparrow \qquad \text{Resp.}$$
$$D_y = 130 \text{ kN} \uparrow \qquad \text{Resp.}$$

As reações são apresentadas na Figura 13.6(d).

Forças normais no elemento. As forças normais nos elementos da treliça indeterminada podem ser determinadas pela superposição das forças no elemento da treliça principal em razão das cargas externas e em razão do hiperestático D_x; isto é,

$$F = F_O + u_D D_x \qquad (5)$$

O cálculo das forças no elemento final pode ser convenientemente realizado em uma forma tabular, como mostrado na Tabela 13.1. Para cada elemento, a força final F é calculada adicionando algebricamente a entrada na quarta coluna (F_O) à entrada correspondente na quinta coluna (u_D) multiplicada pela magnitude do hiperestático $D_x = -186,67$ kN. O valor da força final assim calculado é então gravado na oitava coluna, como mostrado na Tabela 13.1. As forças no elemento assim obtidas também são mostradas na Figura 13.6(d). **Resp.**

capítulo 13 — Método das deformações compatíveis – método das forças

EXEMPLO 13.5

Determine as reações e desenhe os diagramas do momento fletor e cortante para o pórtico mostrado na Figura 13.7(a) pelo método das deformações compatíveis.

Solução

Grau hiperestático. O pórtico é indeterminado para o primeiro grau.

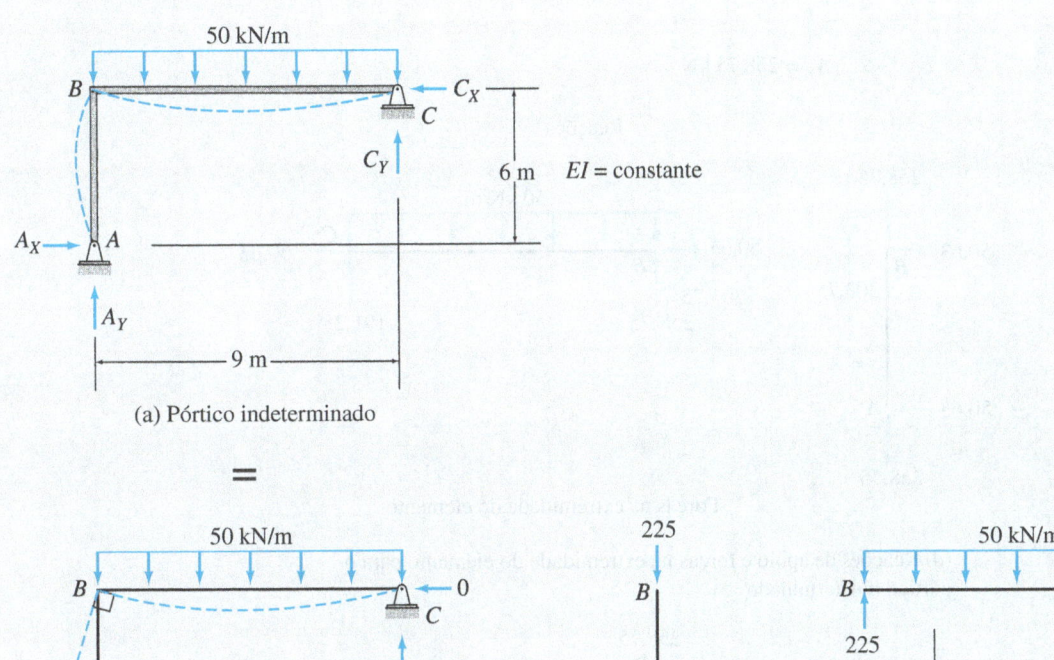

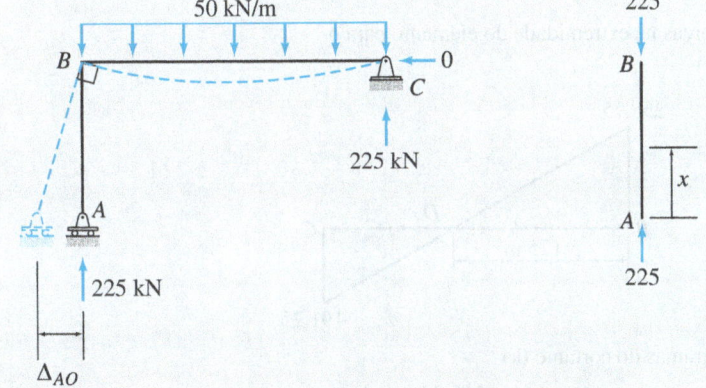

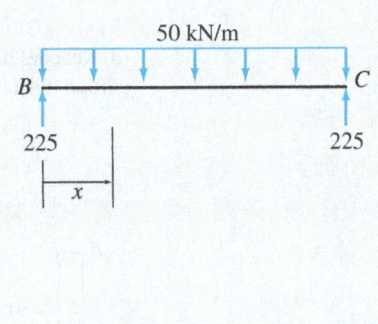

(a) Pórtico indeterminado

(b) Pórtico principal submetido à carga externa – momentos M_O

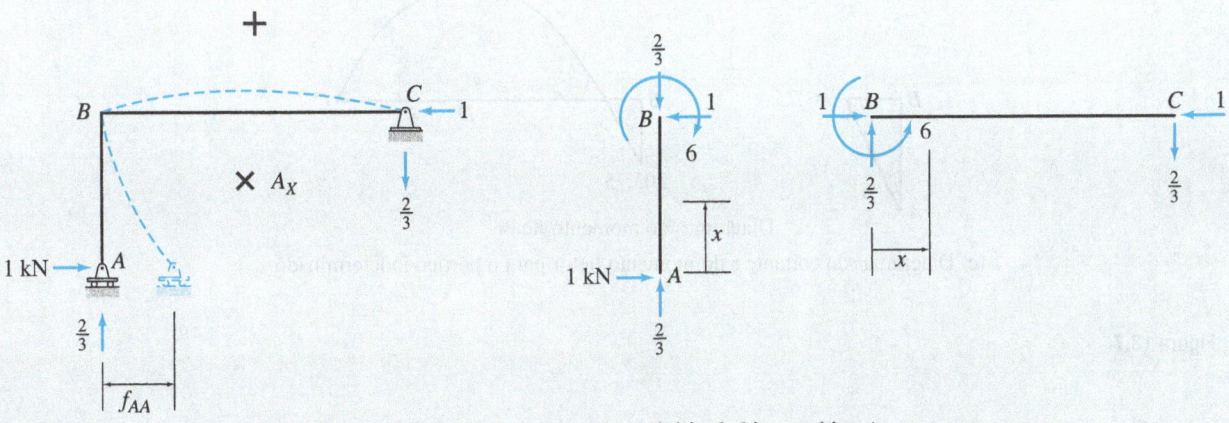

(c) Pórtico principal submetido ao valor unitário do hiperestático A_X – momentos m_A

Figura 13.7 (*continua*)

continuação

454 Análise Estrutural

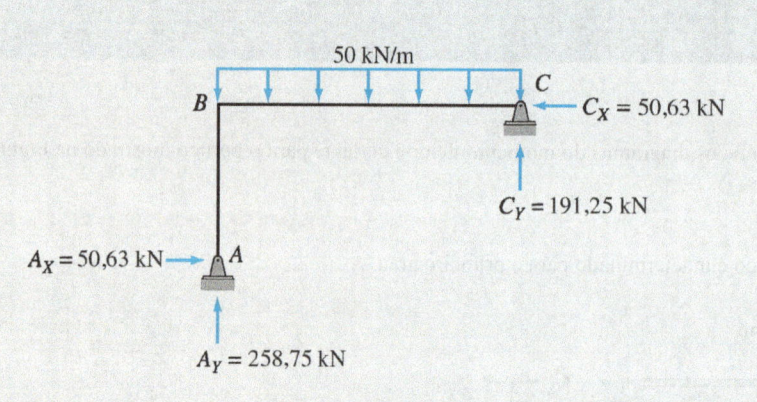

$A_X = 50{,}63$ kN → A

$A_Y = 258{,}75$ kN

$C_X = 50{,}63$ kN

$C_Y = 191{,}25$ kN

Reações

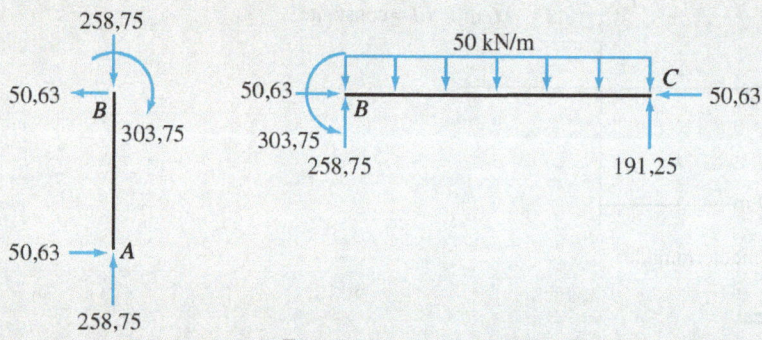

Forças na extremidade do elemento

(d) Reações de apoio e forças na extremidade do elemento para o pórtico indeterminado

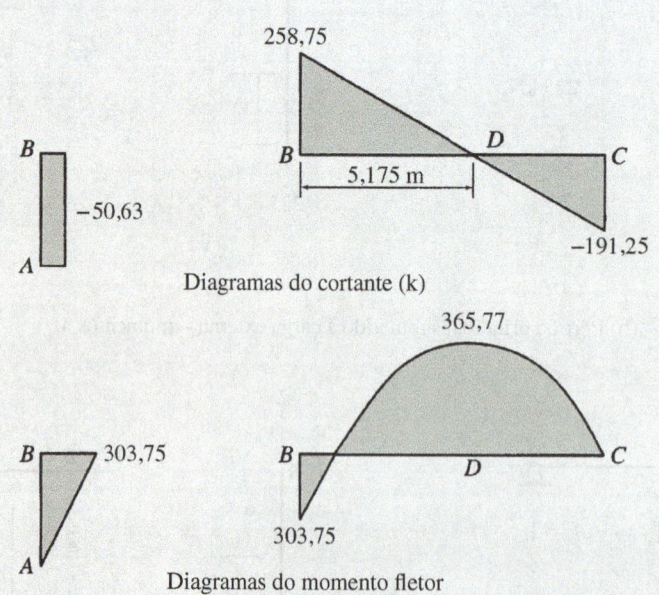

Diagramas do cortante (k)

Diagramas do momento fletor

(e) Diagramas do cortante e do momento fletor para o pórtico indeterminado

Figura 13.7

Tabela 13.2

Elemento	Coordenada x		M_O (kN · m)	M_A(kN · m/kN)
	Origem	Limites (m)		
AB	A	0 – 6	0	$-1x$
BC	B	0 – 9	$225x - \dfrac{50}{2}x^2$	$-6 + \dfrac{2}{3}x$

Pórtico principal. A reação horizontal A_X no apoio rotulado A é selecionada para ser o hiperestático. O pórtico principal é obtido pela remoção da restrição contra o deslocamento horizontal no nó A, o que é feito por meio da substituição do apoio rotulado por um apoio de rolete, como mostrado na Figura 13.7(b). Em seguida, o pórtico principal é submetido separadamente à carga externa e a um valor unitário do hiperestático desconhecido A_X, como mostrado nas Figuras 13.7(b) e (c), respectivamente.

Equação de compatibilidade. A partir das Figuras 13.7(a), (b) e (c), observamos que

$$\Delta_{AO} + f_{AA} A_X = 0 \qquad (1)$$

Flechas da estrutura principal. Os deslocamentos Δ_{AO} e f_{AA} da estrutura principal serão avaliados usando-se o método dos trabalhos virtuais discutido no Capítulo 7. A expressão dos trabalhos virtuais para Δ_{AO}, que representa o deslocamento horizontal no nó A do pórtico principal, em razão de carga externa, pode ser escrita como

$$\Delta_{AO} = \sum \int \frac{M_O m_A}{EI} dx \qquad (2)$$

na qual M_O indica os momentos fletores devidos ao carregamento externo (real) (Figura 13.7(b)) e M_A indica os momentos fletores devidos a uma carga unitária (virtual) no local e na direção do hiperestático (Figura 13.7(c)). As coordenadas x utilizadas para determinar as equações do momento fletor para os elementos AB e BC da estrutura principal são apresentadas nas Figuras 13.7(b) e (c) e as equações para M_O e m_A estão tabuladas na Tabela 13.2. Ao aplicarmos a Equação (2), obtemos

$$\Delta_{AO} = \frac{1}{EI} \int_0^9 \left(225x - \frac{50}{2}x^2\right)\left(-6 + \frac{2}{3}x\right) dx = -\frac{9112{,}5 \text{ kN} \cdot \text{m}^3}{EI}$$

Para calcular o coeficiente de flexibilidade f_{AA}, ambos os sistemas, o real e o virtual, consistem em um valor unitário do hiperestático A_X aplicado na estrutura principal, como mostrado na Figura 13.7(c) (sem o multiplicador A_X). Assim, a expressão dos trabalhos virtuais para f_{AA} se torna

$$f_{AA} = \sum \int \frac{m_A^2}{EI} dx \qquad (3)$$

Substituindo as equações para m_A da Tabela 13.2, obtemos

$$f_{AA} = \frac{1}{EI}\left[\int_0^6 (-x)^2 dx + \int_0^9 \left(-6 + \frac{2}{3}x\right)^2 dx\right] = \frac{180 \text{ m}^3}{EI}$$

Magnitude do hiperestático. Substituindo os valores de Δ_{AO} e f_{AA} na equação de compatibilidade (Equação (1)), determinamos o hiperestático A_X, sendo

$$-\frac{9112{,}5}{EI} + \left(\frac{180}{EI}\right) A_X = 0$$

$$A_X = 50{,}63 \text{ kN} \rightarrow \qquad \text{Resp.}$$

Reações. As reações restantes e as forças na extremidade do elemento do pórtico indeterminado podem agora ser determinadas a partir do equilíbrio. As reações e as forças na extremidade do elemento assim obtidas são apresentadas na Figura 13.7(d). **Resp.**

Diagramas do cortante e do momento fletor. Veja a Figura 13.7(e). **Resp.**

13.2 Forças internas e momentos como hiperestáticos

Até o momento, analisamos as estruturas externamente indeterminadas com um único grau hiperestático, pela seleção de uma reação de apoio como hiperestático. A análise de tais estruturas pode também ser realizada, escolhendo uma força interna ou momento como hiperestático, desde que a remoção da restrição interna correspondente da estrutura indeterminada resulte em uma estrutura principal, que seja estaticamente determinada e estável.

Considere a viga contínua com dois vãos mostrada na Figura 13.8(a). A viga é indeterminada para o primeiro grau. Como discutido na seção anterior, essa viga pode ser analisada pelo tratamento de uma das reações verticais como o hiperestático. No entanto, é geralmente mais conveniente analisar as vigas contínuas (especialmente aquelas com vãos desiguais), selecionando momentos fletores internos como hiperestáticos. Consideremos a análise da viga da Figura 13.8(a), utilizando o momento fletor M_B, no apoio intermediário B como o hiperestático. A partir da Figura 13.8(a), podemos ver que a rotação da curva elástica da viga indeterminada é contínua em B. Em outras palavras, não há alteração de rotação das tangentes para a curva elástica logo à esquerda de B e logo à direita de B; isto é, o ângulo entre as tangentes é nulo. Quando a restrição correspondente ao momento fletor hiperestático M_B é removida por meio da inserção de uma rótula interna em B, como mostrado na Figura 13.8(b), uma descontinuidade se desenvolve na rotação da curva elástica em B, no sentido de que a tangente à curva elástica logo à esquerda de B gira em relação à tangente logo à direita de B. A mudança de rotação (ou do ângulo) entre as duas tangentes em razão das cargas externas é denotada por $\theta_{BO\ rel.}$ e pode ser expressa como

$$\theta_{BO\ rel.} = \theta_{BL} + \theta_{BR} \qquad (13.8)$$

(veja a Figura 13.8 (b)) na qual θ_{BL} e θ_{BR} denotam as rotações nas extremidades B dos vãos da esquerda e da direita da viga, respectivamente, em razão da carga externa dada.

Desde que o momento fletor hiperestático M_B assegure a continuidade da rotação da curva elástica em B na viga indeterminada real, ele deve ser de magnitude suficiente para remover a descontinuidade $\theta_{BO\ rel.}$ da viga principal aproximando as tangentes. Para avaliarmos o efeito de M_B na viga principal, vamos determinar o coeficiente de flexibilidade $f_{BB\ rel.}$ representando a variação da rotação (ou do ângulo) entre as tangentes para a curva elástica logo à esquerda de B e logo à direita de B, em razão do valor unitário de M_B, como mostrado na Figura 13.8(c). Um momento fletor interno é definido por um *par* de conjugados iguais, mas opostos. Assim, dois momentos opostos de magnitude unitária devem ser aplicados na viga principal para determinar o coeficiente de flexibilidade, como mostrado na Figura 13.8(c). Observe que o hiperestático M_B é considerado positivo, de acordo com a *convenção da viga* – isto é, quando ela causa compressão nas fibras superiores e tração nas fibras inferiores da viga. Da Figura 13.8(c), podemos ver que o coeficiente de flexibilidade pode ser expresso como

$$f_{BB\ rel.} = f_{BBL} + f_{BBR} \qquad (13.9)$$

no qual f_{BBL} e f_{BBR} denotam as rotações nas extremidades B dos vãos direito e esquerdo da viga, respectivamente, em razão do valor unitário do hiperestático M_B.

A equação de compatibilidade é baseada no requisito de que a rotação da curva elástica da viga indeterminada real é contínua em B; isto é, não há mudança de rotação a partir do ponto logo à esquerda de B ao ponto logo à direita de B. Por conseguinte, a soma algébrica dos ângulos entre as tangentes logo à esquerda e logo à direita de B em razão da carga externa e do hiperestático M_B deve ser nula. Assim,

$$\theta_{BO\ rel.} + f_{BB\ rel.}\ M_B = 0 \qquad (13.10)$$

o que pode ser resolvido para o momento fletor do hiperestático M_B após as variações das rotações $\theta_{BO\ rel.}$ e $f_{BB\ rel.}$ terem sido avaliadas.

Uma vez que cada um dos vãos da viga principal pode ser tratado como uma viga simplesmente apoiada, as rotações nas extremidades B dos vãos da esquerda e da direita podem ser facilmente calculadas, utilizando-se o método de viga conjugada. As vigas conjugadas para o carregamento externo são mostradas na Figura 13.8(d). Lembrando que a rotação em um ponto de uma viga real é igual ao cortante naquele ponto da viga conjugada correspondente, determinamos as rotações θ_{BL} e θ_{BR} nas extremidades B dos vãos da esquerda e da direita, respectivamente, como

$$\theta_{BL} = \frac{189\ kN \cdot m^2}{EI} \qquad e \qquad \theta_{BR} = \frac{240\ kN \cdot m^2}{EI}$$

capítulo 13   Método das deformações compatíveis – método das forças   **457**

EI = constante
(a) Viga indeterminada

=

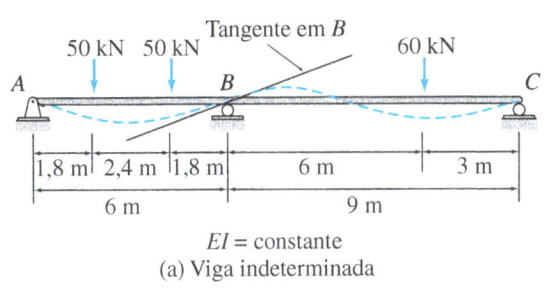

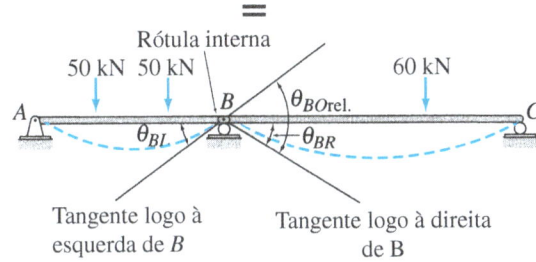

(b) Viga principal sujeita a carregamento externo

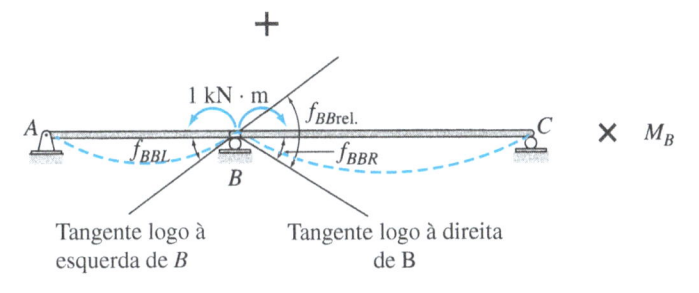

+

(c) Viga principal carregada com hiperestático M_B × M_B

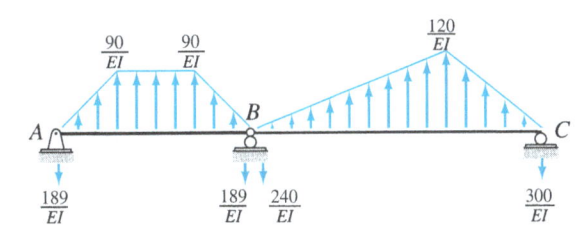

(d) Vigas conjugadas para carga externa

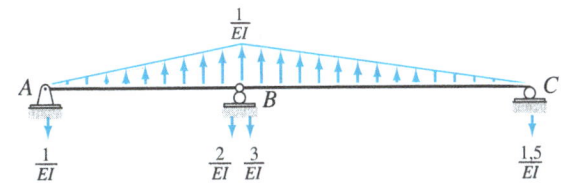

(e) Viga conjugada para valor unitário do hiperestático M_B

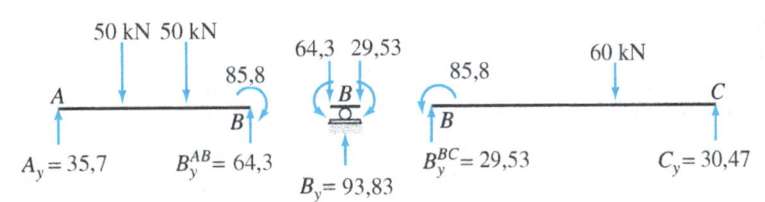

$A_y = 35{,}7$ $B_y^{AB} = 64{,}3$ $B_y = 93{,}83$ $B_y^{BC} = 29{,}53$ $C_y = 30{,}47$

Figura 13.8 (*continua*)   (f) Forças na extremidade de elemento e reações de apoio para viga indeterminada

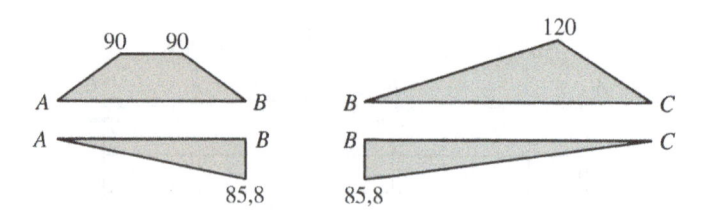

(g) Diagramas do momento fletor para os elementos AB e BC (kN · m)

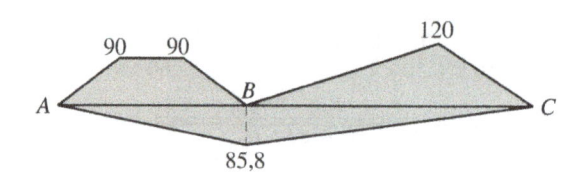

Figura 13.8 (h) Diagramas do momento fletor para viga contínua (kN · m)

Assim, da Equação (13,8), obtemos

$$\theta_{BO\,\text{rel:}} = \theta_{BL} + \theta_{BR} = \frac{189 + 240}{EI} = \frac{429\ \text{kN} \cdot \text{m}^2}{EI}$$

O coeficiente de flexibilidade $f_{BB\,\text{rel.}}$ pode ser calculado de modo semelhante, usando-se a viga conjugada para um valor unitário do hiperestático M_B mostrado na Figura 13.8(e). Assim,

$$f_{BBL} = \frac{2\ \text{kN} \cdot \text{m}^2/\text{kN} \cdot \text{m}}{EI} \quad \text{e} \quad f_{BBR} = \frac{3\ \text{kN} \cdot \text{m}^2/\text{kN} \cdot \text{m}}{EI}$$

Da Equação (13,9), obtemos

$$f_{BB\,\text{rel:}} = f_{BBL} + f_{BBR} = \frac{2 + 3}{EI} = \frac{5\ \text{kN} \cdot \text{m}^2/\text{kN} \cdot \text{m}}{EI}$$

Substituindo os valores de $\theta_{BO\,\text{rel.}}$ e $f_{BB\,\text{rel.}}$ na equação de compatibilidade (Equação (13.10)), determinamos a magnitude do hiperestático M_B como

$$\frac{429}{EI} + \left(\frac{5}{EI}\right)M_B = 0$$

ou

$$M_B = -85{,}8\ \text{kN} \cdot \text{m}$$

Com o hiperestático M_B conhecido, as forças nas extremidades dos elementos, assim como as reações de apoio, podem ser determinadas considerando-se o equilíbrio dos corpos livres dos elementos AB e BC e do nó B, como mostrado na Figura 13.8(f). Observe que o momento fletor negativo M_B é aplicado nas extremidades B dos elementos AB e BC de modo que ele causa tração nas fibras superiores e compressão nas fibras inferiores dos elementos.

Quando os momentos nas extremidades dos elementos de uma viga contínua são conhecidos, é geralmente conveniente construir o seu diagrama do momento fletor em duas partes; uma para a carga externa e outra para os momentos da extremidade do elemento. Esse procedimento é comumente referido como a construção do *diagrama do momento fletor por partes da viga simples*, porque cada elemento da viga contínua é tratado como uma viga simplesmente apoiada, para a qual as cargas externas e os momentos na extremidade são aplicados separadamente, e os diagramas do momento fletor correspondentes são desenhados. Esses diagramas para os elementos AB e BC da viga contínua sob consideração estão representados na Figura 13.8(g). Os diagramas do momento fletor do elemento podem ser desenhados em conjunto, como mostrado na Figura 13.8(h), para se obter o diagrama do momento fletor para a viga contínua inteira.

Estruturas internamente indeterminadas

Como a discussão anterior indica, as estruturas com um único grau hiperestático, que são externamente indeterminadas, podem ser analisadas pela seleção de uma reação ou uma força interna ou um momento como o hiperestático. No entanto, se uma estrutura é internamente indeterminada, mas externamente determinada, então apenas uma força interna ou um momento pode ser utilizado como o hiperestático, porque a remoção de uma reação externa de uma estrutura desse tipo produzirá uma estrutura principal estaticamente instável.

Considere, por exemplo, a treliça mostrada na Figura 13.9(a). A treliça é composta por seis elementos conectados entre si por quatro nós e é suportada por três componentes de reação. Assim, como discutido na Seção 4.4, o grau hiperestático da treliça é igual a $(m + r) - 2j = (6 + 3) - 2(4) = 1$. Como as três reações podem ser determinadas a partir das três equações de equilíbrio da treliça completa, a treliça é internamente indeterminada para o primeiro grau; isto é, ela contém um elemento a mais que o necessário para a estabilidade interna.

Para analisarmos a treliça, devemos selecionar a força normal em um dos seus elementos para ser o hiperestático. Suponha que selecionemos a força F_{AD} no elemento diagonal AD para ser o hiperestático. A restrição correspondente a F_{AD} é então removida da treliça por cortar o elemento AD para obter a treliça principal mostrada na Figura 13.9(b). Observe que, como o elemento AD não pode mais sustentar uma força, a treliça principal é estaticamente determinada.

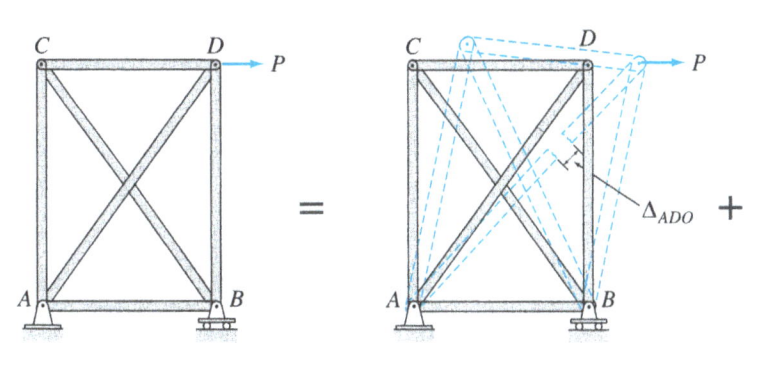

(a) Treliça indeterminada

(b) Estrutura principal submetida à carga externa – forças F_O

(c) Treliça principal submetida a valor unitário de hiperestático F_{AD} – forças u_{AD}

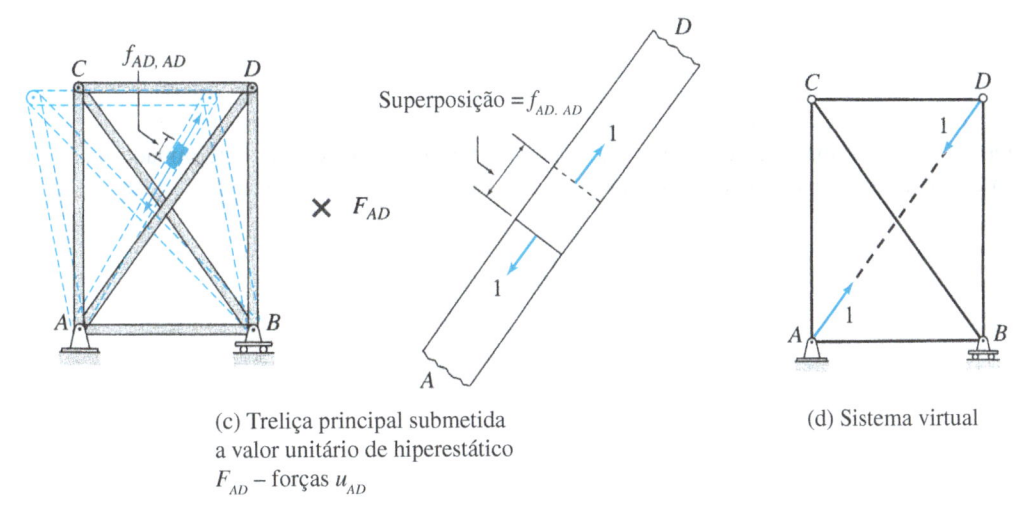

(d) Sistema virtual

Figura 13.9

Quando a treliça principal é submetida à carga externa P, ela deforma e uma abertura Δ_{ADO} se abre entre as extremidades das duas partes do elemento AD, como mostrado na Figura 13.9(b). Uma vez que não existe tal abertura na treliça indeterminada real, concluímos que a força hiperestática F_{AD} deve ser de magnitude suficiente para trazer as extremidades das duas partes do elemento AD de volta aos nós para fechar o vão. Para avaliarmos o efeito de F_{AD} no fechamento da abertura, submetemos a treliça principal a um valor unitário de F_{AD} aplicando cargas normais unitárias iguais e opostas nas duas partes do elemento AD, como mostrado na Figura 13.9(c). Observe que o sentido real do hiperestático F_{AD} não é ainda conhecido e é arbitrariamente assumido como de tração, com as forças normais unitárias tendendo alongar as partes de elemento AD, como mostrado na figura. O valor unitário de F_{AD} deforma a treliça principal e faz as extremidades das duas partes do elemento AD se sobreporem por uma quantidade $f_{AD,AD}$, como mostrado na Figura 13.9(c). Assim, a superposição no elemento AD em razão da força normal de magnitude F_{AD} é igual a $f_{AD,AD}F_{AD}$.

Uma vez que nem uma abertura nem uma superposição existem no elemento AD da treliça indeterminada real, podemos expressar a equação de compatibilidade como

$$\Delta_{ADO} + f_{AD,AD}F_{AD} = 0 \tag{13.11}$$

que pode ser resolvida para a força normal hiperestática F_{AD} após as magnitudes de Δ_{ADO} e $f_{AD,AD}$ terem sido determinadas.

Observe que Δ_{ADO} e $f_{AD,AD}$ são, na verdade, deslocamentos relativos entre os nós A e D da treliça principal. Esses deslocamentos podem ser convenientemente calculados usando-se o método dos trabalhos virtuais, empregando um sistema virtual que consiste em duas unidades de carga aplicadas com sentidos opostos, na direção do elemento AD, nos nós A e D, como mostrado na Figura 13.9(d). Uma comparação das Figuras 13.9(c) e (d) indica que as forças normais nos elementos da treliça principal em razão das cargas unitárias virtuais (Figura 13.9(d)) serão as mesmas que as forças u_{AD} em razão da força normal unitária no elemento AD (Figura 13.9(c)). Assim, a treliça com uma força unitária normal no elemento AD pode ser usada como o sistema virtual para calcular os deslocamentos relativos. Se as forças normais no elemento em razão da carga externa P são simbolicamente indicadas como forças F_O (Figura 13.9 (b)), então a expressão dos trabalhos virtuais para Δ_{ADO} pode ser escrita como

$$\Delta_{ADO} = \sum \frac{F_O u_{AD} L}{AE} \tag{13.12}$$

Para calcular-se o coeficiente de flexibilidade $f_{AD,AD}$, ambos os sistemas, o real e o virtual, consistem em uma força normal unitária no elemento AD, como mostrado na Figura 13.9(c). Assim, a expressão dos trabalhos virtuais para $f_{AD,AD}$ é dada por

$$f_{AD,AD} = \sum \frac{u_{AD}^2 L}{AE} \tag{13.13}$$

na qual a força no elemento hiperestático AD deve ser incluída no somatório, para levar em consideração a deformação desse elemento.

Uma vez que os deslocamentos relativos Δ_{ADO} e $f_{AD,AD}$ foram avaliados, seus valores são substituídos na equação de compatibilidade (Equação (13.11)), a qual é então resolvida para o hiperestático F_{AD}. Com o hiperestático F_{AD} conhecido, as forças normais nos elementos da treliça indeterminada podem ser determinadas pela superposição das forças no elemento da treliça principal em razão da carga externa P e do hiperestático F_{AD}; isto é,

$$F = F_O + u_{AD}F_{AD} \tag{13.14}$$

EXEMPLO 13.6

Determine as reações e desenhe o diagrama do momento fletor para a viga contínua com dois vãos, mostrada na Figura 13.10(a) pelo método das deformações compatíveis. Selecione o momento fletor no apoio intermediário B para ser o hiperestático.

Solução

Essa viga foi analisada no Exemplo 13.3, selecionando-se a reação vertical no apoio B como o hiperestático.

Viga principal. A viga principal é obtida pela remoção da restrição correspondente ao momento fletor hiperestático M_B pela inserção de uma rótula interna em B na viga indeterminada dada, como mostrado na Figura 13.10(b). Em seguida, a viga principal é submetida separadamente à carga externa e a um valor unitário da hiperestático M_B, como mostrado nas Figuras 13.10(b) e (c), respectivamente.

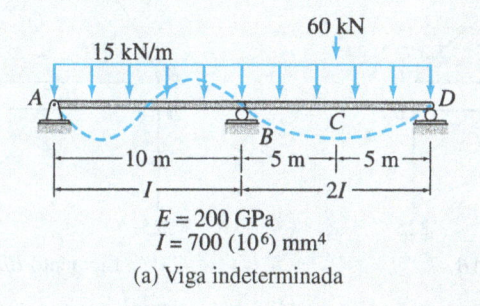

(a) Viga indeterminada

(b) Viga principal sujeita a carregamento externo

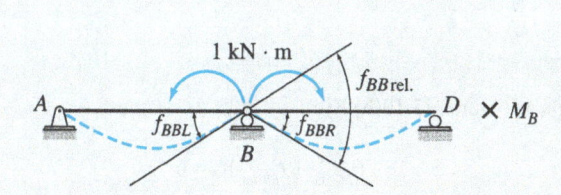

(c) Viga principal carregada com hiperestático M_B

Figura 13.10 (*continua*)

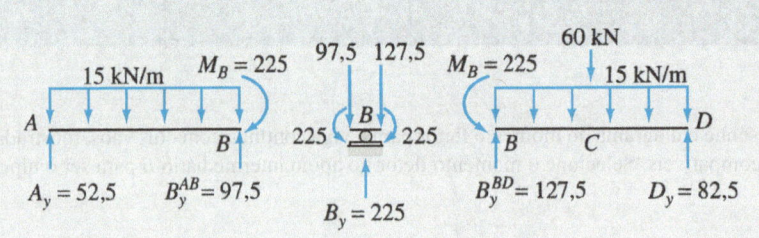

(d) Forças na extremidade de elemento e reações de apoio para viga indeterminada

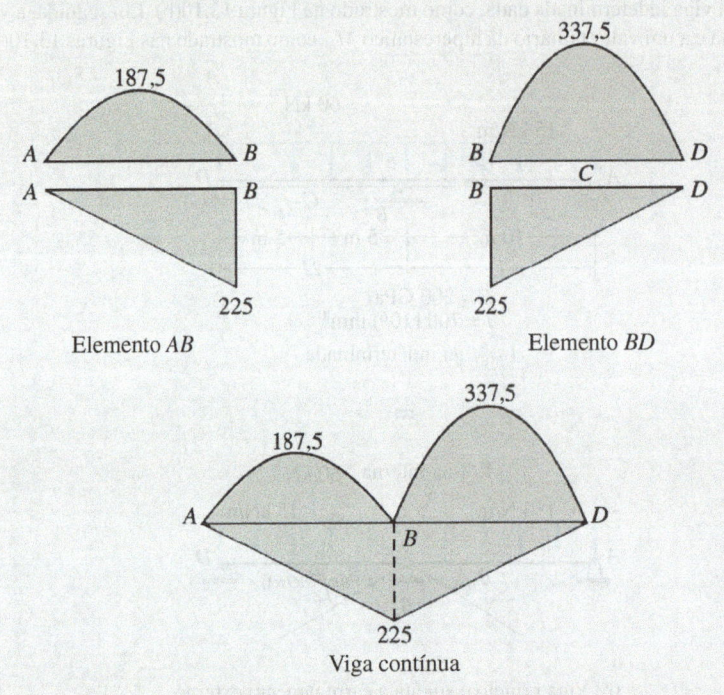

Elemento AB

Elemento BD

Viga contínua

(e) Diagramas do momento fletor (kN · m)

Figura 13.10

Equação de compatibilidade. Veja as Figuras 13.10(b) e (c):

$$\theta_{BO\ rel.} + f_{BB\ rel.} M_B = 0 \tag{1}$$

Rotações na viga principal. Cada um dos vãos da viga principal pode ser tratado como uma viga simplesmente apoiada de rigidez à flexão constante EI, de modo que podemos usar as fórmulas de flecha de viga apresentadas nas páginas finais do livro para avaliação das variações das rotações $\theta_{BO\ rel.}$ e $f_{BB\ rel.}$. Da Figura 13.10 (b), podemos ver que

$$\theta_{BO\ rel.} = \theta_{BL} + \theta_{BR}$$

na qual θ_{BL} e θ_{BR} são as rotações nas extremidades B dos vãos direito e esquerdo da viga principal, respectivamente, em razão do carregamento externo. Utilizando as fórmulas de flecha, obtemos

$$\theta_{BL} = \frac{15(10)^3}{24EI} = \frac{625\ kN \cdot m^2}{EI}$$

$$\theta_{BR} = \frac{15(10)^3}{24E(2I)} + \frac{60(10)^2}{16E(2I)} = \frac{500\ kN \cdot m^2}{EI}$$

Assim,

$$\theta_{BO \text{ rel.}} = \frac{625}{EI} + \frac{500}{EI} = \frac{1.125 \text{ kN} \cdot \text{m}^2}{EI}$$

O coeficiente de flexibilidade $f_{BB \text{ rel.}}$ pode ser calculado de um modo semelhante. Da Figura 13.10 (c), podemos ver que

$$f_{BBL \text{ rel.}} = f_{BBL} + f_{BBR}$$

em que

$$f_{BBL} = \frac{10}{3EI} = \frac{3{,}33 \text{ m}}{EI} \quad \text{e} \quad f_{BBR} = \frac{10}{3E(2I)} = \frac{1{,}67 \text{ m}}{EI}$$

Assim,

$$f_{BB \text{ rel.}} = \frac{3{,}33}{EI} + \frac{1{,}67}{EI} = \frac{5 \text{ m}}{EI}$$

Magnitude do hiperestático. Substituindo os valores de $\theta_{BO \text{ rel.}}$ e $f_{BB \text{ rel.}}$ na equação de compatibilidade (Equação (1)), obtemos

$$\frac{1.125}{EI} + \left(\frac{5}{EI}\right) M_B = 0$$

$$M_B = -225 \text{ kN} \cdot \text{m}$$

Resp.

Reações. As forças nas extremidades dos elementos AB e BD da viga contínua podem agora ser determinadas aplicando-se a equação de equilíbrio nos corpos livres dos elementos mostrados na Figura 13.10 (d). Ao considerarmos o equilíbrio do elemento AB, obtemos

$$A_y = \left(\frac{1}{2}\right)(15)(10) - \left(\frac{225}{10}\right) = 52{,}5 \text{ kN} \uparrow$$

$$B_y^{AB} = \left(\frac{1}{2}\right)(15)(10) + \left(\frac{225}{10}\right) = 97{,}5 \text{ kN} \uparrow$$

Resp.

Da mesma forma, para o elemento BD,

$$B_y^{BD} = \left(\frac{1}{2}\right)(15)(10) + \left(\frac{60}{2}\right) + \left(\frac{225}{10}\right) = 127{,}5 \text{ kN} \uparrow$$

$$D_y = \left(\frac{1}{2}\right)(15)(10) + \left(\frac{60}{2}\right) - \left(\frac{225}{10}\right) = 82{,}5 \text{ kN} \uparrow$$

Resp.

Ao considerarmos a equilíbrio do nó B na direção vertical, obtemos

$$B_y = B_y^{AB} + B_y^{BD} = 97{,}5 + 127{,}5 = 225 \text{ kN} \uparrow$$

Resp.

Diagrama do momento fletor. O diagrama do momento fletor para a viga contínua, construído por partes de vigas simples, é mostrado na Figura 13.10(e). As duas partes do diagrama, em razão do carregamento externo e dos momentos na extremidade do elemento, podem ser sobrepostas se assim desejado, para obter o diagrama do momento fletor resultante, mostrado no Exemplo 13.3.

EXEMPLO 13.7

Determine as reações e a força em cada elemento da treliça mostrada na Figura 13.11(a) pelo método das deformações compatíveis.

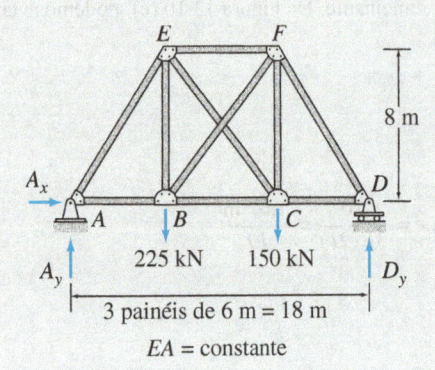

(a) Treliça indeterminada

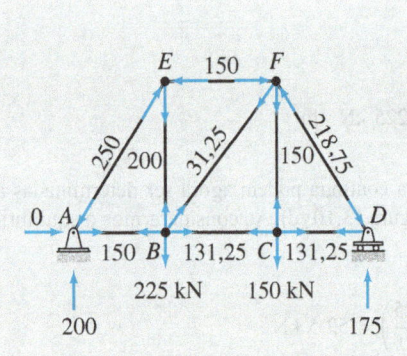

(b) Treliça principal submetida a cargas externas – forças F_O

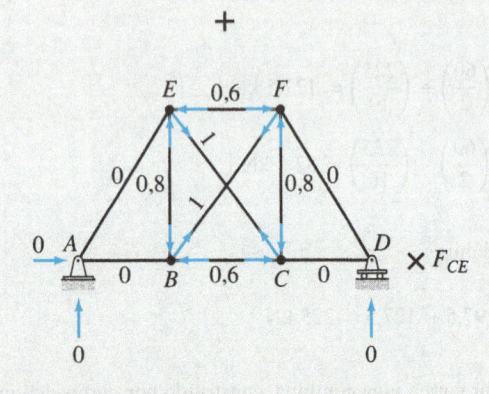

(c) Treliça principal submetida à força de tração unitária no elemento CE – forças u_{CE}

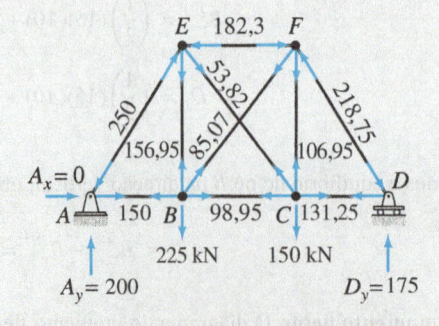

(d) Reações de apoio e forças no elemento para treliça indeterminada

Figura 13.11

Solução

Grau hiperestático. A treliça consiste em dez elementos conectados por seis nós e é suportada por três componentes de reação. Assim, o grau hiperestático da treliça é igual a $(m + r) - 2j = (10 + 3) - 2(6) = 1$. As três reações podem ser determinadas pelas três equações de equilíbrio externo, de modo que a treliça é indeterminada internamente para o primeiro grau.

Treliça principal. A força normal F_{CE} no elemento diagonal CE é selecionada para ser o hiperestático. O sentido de F_{CE} é arbitrariamente assumido como de tração. A treliça principal obtida pela remoção de elemento CE é mostrada na Figura 13.11(b). Em seguida, a treliça principal é submetida separadamente à carga externa e a uma força de tração unitária no elemento hiperestático CE, como mostrado nas Figuras 13.11(b) e (c), respectivamente.

Equação de compatibilidade. A equação de compatibilidade pode ser expressa como

$$\Delta_{CEO} + f_{CE,CE} F_{CE} = 0 \qquad (1)$$

na qual Δ_{CEO} indica o deslocamento relativo entre os nós C e E da treliça principal em razão das cargas externas, e o coeficiente de flexibilidade $f_{CE,CE}$ indica o deslocamento relativo entre os mesmos nós, em razão de um valor unitário do hiperestático F_{CE}.

Deslocamentos da treliça principal. A expressão dos trabalhos virtuais para Δ_{CEO} pode ser escrita como

$$\Delta_{CEO} = \sum \frac{F_O u_{CE} L}{AE} \qquad (2)$$

na qual F_O e u_{CE} representam, respectivamente, as forças no elemento em razão das cargas externas e da força de tração unitária no elemento CE. Os valores numéricos dessas forças são calculados pelo método dos nós (Figuras 13.11(b) e (c)) e são tabulados na Tabela 13.3. A Equação (2) é então aplicada, como mostrado na Tabela 13.3, para obter

$$\Delta_{CEO} = -\frac{1.860 \text{ kN} \cdot \text{m}}{AE}$$

Em seguida, o coeficiente de flexibilidade $f_{CE,CE}$ é calculado usando-se a expressão dos trabalhos virtuais (veja a Tabela 13.3):

$$f_{CE,CE} = \sum \frac{u_{CE}^2 L}{AE} = \frac{34,56 \text{ m}}{AE}$$

Tabela 13.3

Elemento	L (m)	F_O (kN)	u_{CE} (kN/kN)	$F_O u_{CE} L$ (kN·m)	$u_{CE}^2 L$ (m)	$F = F_O + u_{CE} F_{CE}$ (kN)
AB	6	150	0	0	0	150
BC	6	131,25	−0,6	−472,5	2,16	98,95
CD	6	131,25	0	0	0	131,25
EF	6	−150	−0,6	540	2,16	−182,3
BE	8	200	−0,8	−1.280	5,12	156,95
CF	8	150	−0,8	−960	5,12	106,95
AE	10	−250	0	0	0	−250
BF	10	31,25	1	312,5	10	85,07
CE	10	0	1	0	10	53,82
DF	10	−218,75	0	0	0	−218,75
			Σ	−1.860	34,56	

$$\Delta_{CEO} = \frac{1}{AE} \sum F_O u_{CE} L = -\frac{1.860 \text{ kN} \cdot \text{m}}{AE}$$

$$f_{CE,CE} = \frac{1}{AE} \sum u_{CE}^2 L = \frac{34,56 \text{ m}}{AE}$$

$$F_{CE} = -\frac{\Delta_{CEO}}{f_{CE,CE}} = 53,82 \text{ kN (T)}$$

Magnitude do hiperestático. Substituindo os valores de Δ_{CEO} e $f_{CE,\,CE}$ na equação de compatibilidade (Equação (1)), determinamos o hiperestático F_{CE}, sendo

$$-\frac{1.860}{AE} + \left(\frac{34,56}{AE}\right) F_{CE} = 0$$

$$F_{CE} = 53,82 \text{ kN (T)} \qquad \textbf{Resp.}$$

Reações. Veja a Figura 13.11(d). Observe que as reações em razão do hiperestático F_{CE} são nulas, como mostrado na Figura 13.11(c). **Resp.**

Forças normais no elemento. As forças nos elementos restantes da treliça indeterminada podem agora ser determinadas usando-se a relação de superposição:

$$F = F_O + u_{CE} F_{CE}$$

As forças no elemento assim obtidas são apresentadas na Tabela 13.3 e Figura 13.11(d). **Resp.**

13.3 Estruturas com múltiplos graus hiperestáticos

O método das deformações compatíveis desenvolvido nas seções anteriores para a análise de estruturas com um único grau hiperestático pode ser facilmente estendido para a análise de estruturas com vários graus hiperestáticos. Considere, por exemplo, a viga contínua com quatro vãos submetida a uma carga uniformemente distribuída w, como mostrado na Figura 13.12(a). A viga é suportada por seis reações de apoio; assim o seu grau hiperestático é igual a 6 – 3 = 3. Para analisarmos a viga, devemos selecionar três reações de apoio como hiperestáticos. Suponha que selecionemos as reações verticais B_y, C_y e D_y nos apoios intermediários B, C e D, respectivamente, para serem os hiperestáticos. Os apoios de rolete em B, C e D são então removidos da viga indeterminada dada para se obter a viga principal estável e estaticamente determinada, como mostrado na Figura 13.12(b). Os três hiperestáticos são agora tratados como cargas desconhecidas na viga principal e suas grandezas podem ser determinadas a partir das condições de compatibilidade que as flechas da viga principal nos locais B, C e D dos hiperestáticos em razão do efeito combinado da carga externa conhecida w e dos hiperestáticos desconhecidos B_y, C_y e D_y devem ser nulos. Isso ocorre porque as flechas da viga indeterminada, dada nos apoios de rolete B, C e D, são nulas.

Para estabelecermos as equações de compatibilidade, submetemos a viga principal separadamente à carga externa w (Figura 13.12(b)) e a um valor unitário de cada uma dos hiperestáticos B_y, C_y e D_y (Figuras 13.12(c), (d) e (e), respectivamente). Como mostrado na Figura 13.12(b), as flechas da viga principal nos pontos B, C e D em razão da carga externa w estão indicadas por Δ_{BO}, Δ_{CO} e Δ_{DO}, respectivamente. Observe que o primeiro índice de uma flecha Δ indica o local da deformação, enquanto o segundo índice, O, é usado para indicar que a flecha é em razão da carga externa. Os coeficientes de flexibilidade representando as flechas da viga principal, em razão de valores unitários dos hiperestáticos são também definidos usando-se subscrito duplo, como mostrado na Figura 13.12(c) a (e). O primeiro índice de um coeficiente de flexibilidade indica o local da flecha e o segundo índice mostra o local da unidade de carga que causa a flecha. Por exemplo, o coeficiente de flexibilidade f_{CB} indica a flecha no ponto C da viga principal, em razão de uma carga unitária no ponto B (Figura 13.12(c)), enquanto f_{BC} indica a flecha em B em razão de uma carga unitária em C (Figura 13.12(d)) e assim por diante. Alternativamente, um coeficiente de flexibilidade f_{ij} também pode ser interpretado como a flecha correspondente a um hiperestático i em razão de um valor unitário de um hiperestático j; por exemplo, f_{CB} indica a flecha correspondente ao hiperestático C_y em razão de um valor unitário do hiperestático B_y (Figura 13.12(c)), f_{BC} indica a flecha correspondente ao hiperestático B_y em razão de um valor unitário do hiperestático C_y e assim por diante. Uma flecha ou coeficiente flexibilidade no local de um hiperestático é considerada sendo positiva se ela tem o mesmo sentido assumido para o hiperestático.

Concentrando a nossa atenção no ponto B da viga principal, vemos que a flecha neste ponto, em razão da carga externa é Δ_{BO} (Figura 13.12(b)), a flecha em razão da B_y é $f_{BB} B_y$ (Figura 13.12(c)), a flecha em razão da C_y é $f_{BC} C_y$ (Figura 13.12(d)) e a flecha em razão da D_y é $f_{BD} D_y$ (Figura 13.12(e)). Assim, a flecha total em B em razão do efeito combinado da carga externa e de todos os hiperestáticos é $\Delta_{BO} + f_{BB} B_y + f_{BC} C_y + f_{BD} D_y$. Uma vez que a flecha da viga indeterminada real (Figura 13.12(a)) no apoio B é nula, definimos a soma algébrica das flechas da viga principal em B igual a zero, para obter a equação de compatibilidade, $\Delta_{BO} + f_{BB} B_y + f_{BC} C_y + f_{BD} D_y = 0$. Em seguida, concentramos a nossa atenção no ponto C da viga principal; pela soma algébrica das flechas em C em razão da carga externa e dos hiperestáticos e ajustando a soma igual a zero, obtemos a segunda equação de compatibilidade, $\Delta_{CO} + f_{CB}B_y + f_{CC}C_y + f_{CD}D_y = 0$. Do mesmo modo, por meio da fixação igual a zero da soma algébrica das flechas da viga principal em D em razão da carga externa e dos hiperestáticos, obtemos a terceira equação de compatibilidade, $\Delta_{DO} + f_{DB}B_y + f_{DC}C_y + f_{DD}D_y = 0$. As três equações de compatibilidade assim obtidas são

$$\Delta_{BO} + f_{BB}B_y + f_{BC}C_y + f_{BD}D_y = 0 \tag{13.15}$$

$$\Delta_{CO} + f_{CB}B_y + f_{CC}C_y + f_{CD}D_y = 0 \tag{13.16}$$

$$\Delta_{DO} + f_{DB}B_y + f_{DC}C_y + f_{DD}D_y = 0 \tag{13.17}$$

Uma vez que o número de equações de compatibilidade é igual ao número de hiperestáticos desconhecidos, essas equações podem ser resolvidas para os hiperestáticos. Como as Equações (13.15) a (13.17) indicam, as equações de compatibilidade de estruturas com vários graus hiperestáticos são em geral *acopladas*, no sentido de que cada uma das equações pode conter mais de um hiperestático desconhecido. O acoplamento ocorre porque a flecha no local de um hiperestático pode ser causada não só por esse hiperestático em particular (e a carga externa), mas também por algumas ou todos os hiperestáticos restantes. Em razão desse acoplamento, as equações de compatibilidade devem ser resolvidas simultaneamente para determinar os hiperestáticos desconhecidos.

A viga principal é estaticamente determinada, de modo que suas flechas em razão da carga externa, bem como os coeficientes de flexibilidade, podem ser avaliadas usando-se os métodos discutidos anteriormente, neste capítulo. O número total de flechas (incluindo os coeficientes de flexibilidade) envolvidas em um sistema de equações de compatibilidade depende do grau hiperestático da estrutura.

Das Equações (13.15) a (13.17), podemos ver que, para a viga sob consideração, que é indeterminada até o terceiro grau, as equações de compatibilidade contêm um total de 12 flechas (ou seja, três flechas em razão do carregamento externo mais 9 coeficientes de flexibilidade). Entretanto, de acordo com a *lei de Maxwell dos deslocamentos recíprocos* (Seção 7.8), $f_{CB} = f_{BC}$, $f_{DB} = f_{BD}$ e $f_{DC} = f_{CD}$. Assim, três dos coeficientes de flexibilidade podem ser obtidos pela aplicação da lei de Maxwell, reduzindo-se assim o número de flechas a ser computado para 9. Usando um raciocínio semelhante, pode ser mostrado que o número total de deslocamentos necessários para a análise de uma estrutura com o grau hiperestático de i é igual a $(i + i^2)$, da qual $(3i + i^2)/2$ deslocamentos devem ser calculados, enquanto os restantes podem ser obtidos pela aplicação da lei de Maxwell dos deslocamentos recíprocos.

Uma vez que os hiperestáticos foram determinados resolvendo-se as equações de compatibilidade, as outras características de resposta da estrutura podem ser avaliadas, quer por meio do equilíbrio que da superposição.

Procedimento para a análise

Com base na discussão anterior, podemos desenvolver o seguinte procedimento, passo a passo, para a análise das estruturas pelo método das deformações compatíveis:

1. Determine o grau hiperestático da estrutura.
2. Selecione as forças e/ou momentos hiperestáticos. O número total de hiperestáticos deve ser igual ao grau hiperestático da estrutura. Além disso, os hiperestáticos devem ser escolhidos de modo que a remoção das restrições correspondentes da estrutura indeterminada dada resulte em uma estrutura principal, isso é estaticamente determinado e estável. Os sentidos dos hiperestáticos não são conhecidos e podem ser arbitrariamente assumidos. Uma resposta positiva para um hiperestático confirma que o sentido inicialmente assumido para o hiperestático estava correto.
3. Remova as restrições correspondentes aos hiperestáticos da estrutura indeterminada dada para obter a estrutura (determinada) principal.
4. **a.** Desenhe um diagrama da estrutura principal, com apenas a carga externa aplicada nela. Desenhe uma curva elástica da estrutura e mostre o deslocamento (ou rotação) no ponto de aplicação e na direção de cada hiperestático com um símbolo apropriado.
   b. Em seguida, para cada hiperestático, desenhe um diagrama da estrutura principal com apenas o valor unitário do hiperestático aplicado nela. A força unitária (ou momento) deve ser aplicada na direção positiva do hiperestático. Desenhe uma curva elástica da estrutura e mostre por meio de símbolos apropriados os coeficientes de flexibilidade nos locais de todos os hiperestáticos. Para indicar que a carga, bem como a resposta estrutural, deve ser multiplicada pelo hiperestático sob consideração, mostre o hiperestático precedido por um sinal de multiplicação (×) ao lado do diagrama da estrutura. O deslocamento (ou rotação),

Figura 13.12

(a) Viga indeterminada

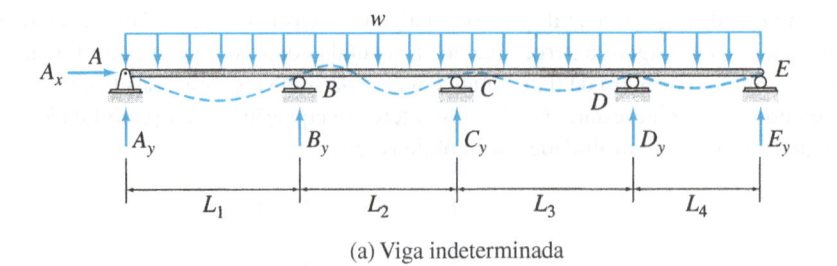

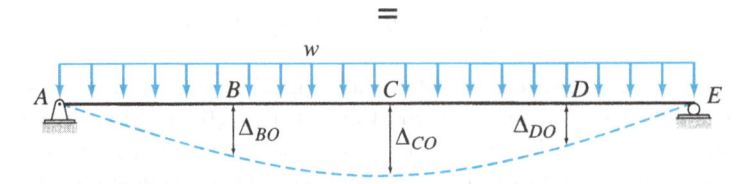

(b) Viga principal sujeita a carregamento externo

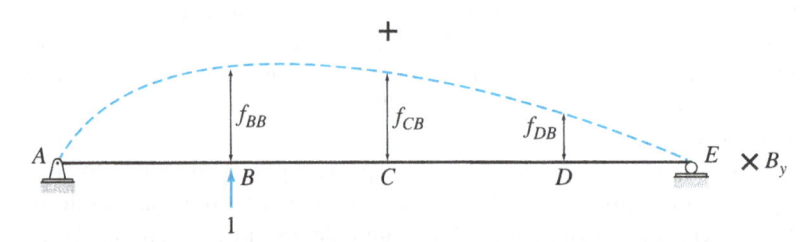

(c) Viga principal carregada com o hiperestático B_y

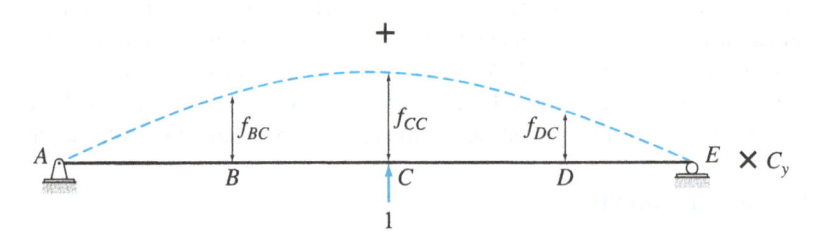

(d) Viga principal carregada com o hiperestático C_y

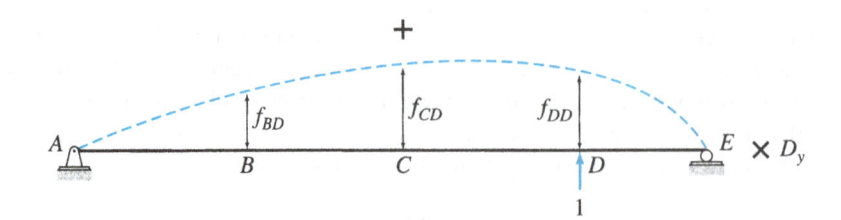

(e) Viga principal carregada com o hiperestático D_y

no local de qualquer hiperestático em razão do hiperestático sob consideração é igual ao coeficiente de flexibilidade nesse local multiplicado pela magnitude desconhecida do hiperestático.

5. Escreva uma equação de compatibilidade para a localização de cada hiperestático, definindo a soma algébrica dos deslocamentos (ou rotações) da estrutura principal em razão da carga externa e cada um dos hiperestáticos igual ao deslocamento conhecido (ou rotação) no local correspondente, na estrutura indeterminada real. O número total de equações de compatibilidade obtido deve ser igual ao número de hiperestáticos.

capítulo 13 Método das deformações compatíveis – método das forças 469

6. Calcule os deslocamentos (e os coeficientes de flexibilidade) envolvidos nas equações de compatibilidade usando os métodos discutidos anteriormente, neste capítulo, e pela aplicação da lei de Maxwell dos deslocamentos recíprocos. O deslocamento (ou o coeficiente de flexibilidade) no local de um hiperestático é considerado positivo se ele tem o mesmo sentido que o assumido para o hiperestático.
7. Substitua os valores dos deslocamentos computados na etapa 6 nas equações de compatibilidade e resolva as equações para os hiperestáticos desconhecidos
8. Uma vez que os hiperestáticos tenham sido determinados, as outras características de resposta (por exemplo, reações, diagramas do momento fletor e cortante e/ou forças no elemento) da estrutura indeterminada podem ser avaliadas, seja pelas considerações de equilíbrio, seja pela superposição das respostas da estrutura principal, em razão da carga externa e em razão de cada um dos hiperestáticos.

EXEMPLO 13.8

Determine as reações e desenhe os diagramas do momento fletor e cortante para a viga contínua com três vãos mostrada na Figura 13.13(a), utilizando o método das deformações compatíveis.

Solução

Grau hiperestático. $i = 2$.

Viga principal. As reações verticais B_y e C_y nos apoios intermediários B e C, respectivamente, são selecionadas como os hiperestáticos. Os apoios de rolete em B e C são então removidos para se obter a viga principal mostrada na Figura 13.13(b). Em seguida, a viga principal é submetida separadamente à carga externa de 30 kN/m e aos valores unitários dos hiperestáticos B_y e C_y, como mostrado nas Figuras 13.13(b), (c) e (d), respectivamente.

Equações de compatibilidade. Uma vez que as flechas da viga indeterminada real nos apoios B e C são nulas, definimos igual a zero a soma algébrica das flechas nos pontos B e C, respectivamente, da viga principal, em razão da carga externa de 30 kN/m e a cada um dos hiperestáticos, para se obter as equações de compatibilidade:

$$\Delta_{BO} + f_{BB}B_y + f_{BC}C_y = 0 \quad (1)$$
$$\Delta_{CO} + f_{CB}B_y + f_{CC}C_y = 0 \quad (2)$$

Flechas na viga principal. Utilizando as fórmulas de flecha de viga, obtemos

$$\Delta_{BO} = \Delta_{CO} = -\frac{35.640 \text{ kN} \cdot \text{m}^3}{EI}$$

$$f_{BB} = f_{CC} = \frac{96 \text{ m}^3}{EI}$$

$$f_{CB} = \frac{84 \text{ m}^3}{EI}$$

Aplicando a lei de Maxwell,

$$f_{BC} = \frac{84 \text{ m}^3}{EI}$$

Magnitudes dos hiperestáticos. Substituindo os valores das flechas e dos coeficientes de flexibilidade da viga principal agora calculados nas equações de compatibilidade (Equações (1) e (2)), obtemos

$$-35.640 + 96B_y + 84C_y = 0$$
$$-35.640 + 84B_y + 96C_y = 0$$

ou

$$96B_y + 84C_y = 35.640 \quad (1a)$$

$$84B_y + 96C_y = 35.640 \quad (2a)$$

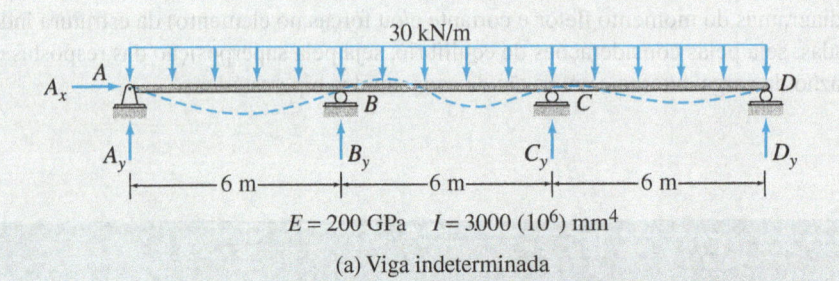

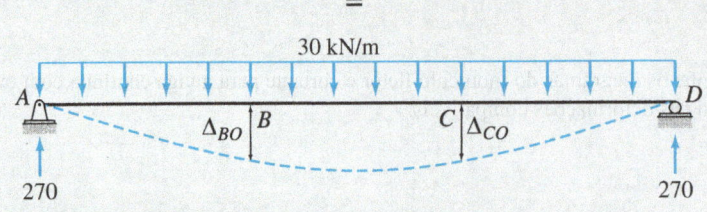

$E = 200$ GPa $I = 3.000 (10^6)$ mm^4

(a) Viga indeterminada

=

(b) Viga principal sujeita a carga externa

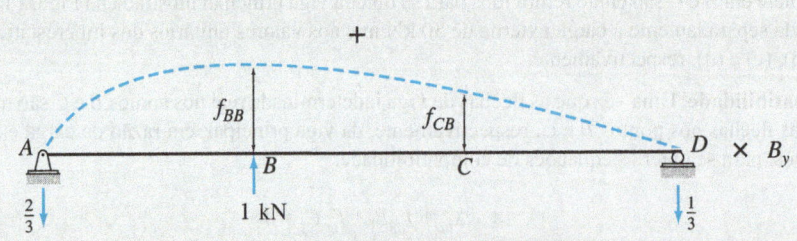

+

(c) Viga principal carregada com o hiperestático B_y

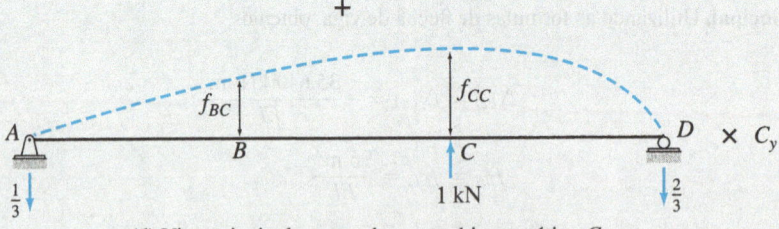

+

(d) Viga principal carregada com o hiperestático C_y

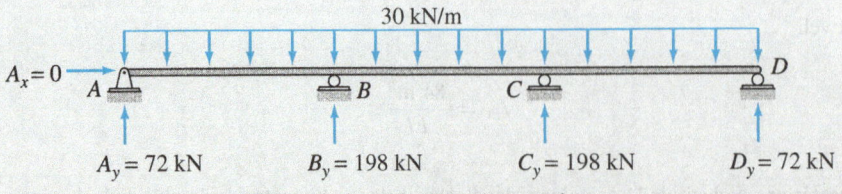

$A_y = 72$ kN $B_y = 198$ kN $C_y = 198$ kN $D_y = 72$ kN

(e) Reações de apoio para viga contínua

Figura 13.13 (continua)

capítulo 13 — Método das deformações compatíveis – método das forças

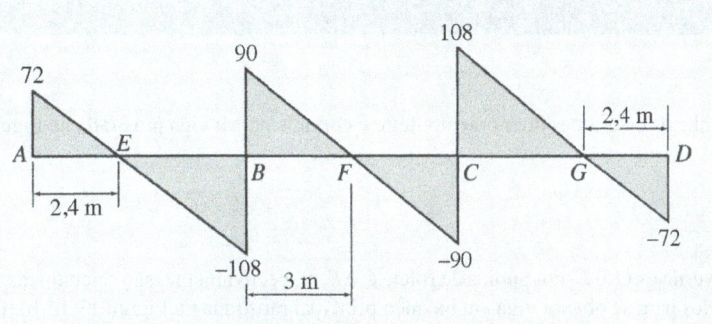

Diagrama do cortante (kN)

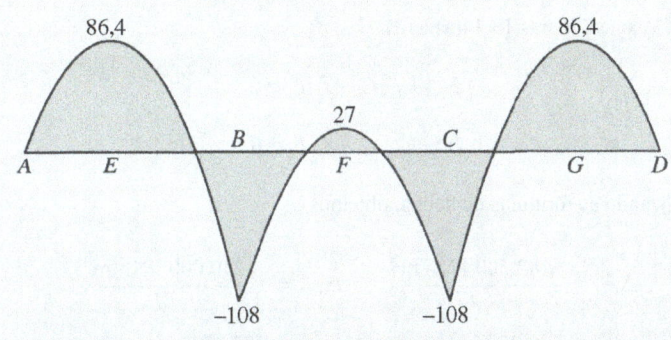

Diagrama do momento fletor (kN · m)

(f) Diagramas do cortante e do momento fletor para a viga contínua

Figura 13.13

Resolvendo as Equações (1a) e (2a) simultaneamente para B_y e C_y, obtemos

$$B_y = C_y = 198 \text{ kN} \uparrow \qquad \textbf{Resp.}$$

Reações. As reações restantes podem agora ser determinadas pela aplicação das três equações de equilíbrio ao corpo livre da viga contínua da seguinte forma (Figura 13.13(e)):

$$+ \rightarrow \sum F_x = 0 \qquad A_x = 0 \qquad \textbf{Resp.}$$

$$+ \circlearrowleft \sum M_D = 0 \qquad -A_y(18) + 30(18)(9) - 198(6 + 12) = 0$$

$$A_y = 72 \text{ kN} \uparrow \qquad \textbf{Resp.}$$

$$+ \uparrow \sum F_y = 0 \qquad 72 - 30(18) + 198 + 198 + D_y = 0$$

$$D_y = 72 \text{ kN} \uparrow \qquad \textbf{Resp.}$$

Diagramas cortante e do momento fletor. Os diagramas cortante e do momento fletor para a viga são mostrados na Figura 13.13(f). **Resp.**

As formas dos diagramas do momentos fletor e cortante para as vigas contínuas, em geral, são semelhantes àquelas para a viga contínua com três vãos, mostrada na Figura 13.13(f). Como mostrado nessa figura, os momentos fletores negativos geralmente se desenvolvem nos apoios intermediários das vigas contínuas, ao passo que o diagrama do momento fletor é normalmente positivo nas partes médias dos vãos. O momento fletor em um apoio rotulado de uma extremidade da viga deve ser nulo, e ele é geralmente negativo em um apoio de extremidade engastada. Além disso, a forma do diagrama do momento fletor é parabólica para os vãos sujeitos a cargas uniformemente distribuídas e ela consiste em segmentos lineares para vãos submetidos a cargas concentradas. Os valores reais dos momentos fletores, é claro, dependem da magnitude da carga, bem como dos comprimentos e da rigidez à flexão dos vãos da viga contínua.

EXEMPLO 13.9

Determine as reações e desenhe os diagramas do momento fletor e cortante para a viga mostrada na Figura 13.14(a) pelo método das deformações compatíveis.

Solução

Grau hiperestático. $i = 2$.

Viga principal. As reações verticais C_y e E_y nos apoios de rolete C e E, respectivamente, são selecionadas como os hiperestáticos. Estes apoios são então removidos para se obter a viga em balanço principal mostrada na Figura 13.14(b). Em seguida, a viga principal é submetida separadamente ao carregamento externo e aos valores unitários dos hiperestáticos C_y e E_y, como mostrado nas Figuras 13.14(b), (c) e (d), respectivamente.

Equações de compatibilidade. Veja as Figuras 13.14(a) a (d).

$$\Delta_{CO} + f_{CC}C_y + f_{CE}E_y = 0 \tag{1}$$

$$\Delta_{EO} + f_{EC}C_y + f_{EE}E_y = 0 \tag{2}$$

Flechas da viga principal. Utilizando as fórmulas de flecha, obtemos

$$\Delta_{CO} = -\frac{82.500 \text{ kN} \cdot \text{m}^3}{EI} \qquad \Delta_{EO} = -\frac{230.000 \text{ kN} \cdot \text{m}^3}{EI}$$

$$f_{CC} = \frac{333,333 \text{ m}^3}{EI} \qquad f_{EC} = \frac{833,333 \text{ m}^3}{EI}$$

$$f_{EE} = \frac{2.666,667 \text{ m}^3}{EI}$$

Aplicando a lei de Maxwell,

$$f_{CE} = \frac{833,333 \text{ m}^3}{EI}$$

Magnitudes dos hiperestáticos. Substituindo as flechas da viga principal nas equações de compatibilidade, obtemos

$$-82.500 + 333,333 C_y + 833,333 E_y = 0$$

$$-230.000 + 833,333 C_y + 2.666,667 E_y = 0$$

ou

$$333,333 C_y + 833,333 E_y = 82.500 \tag{1a}$$

$$833,333 C_y + 2.666,667 E_y = 230.000 \tag{2a}$$

capítulo 13 — Método das deformações compatíveis – método das forças

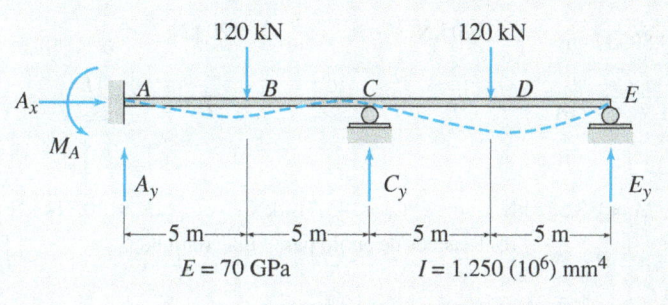

(a) Viga indeterminada

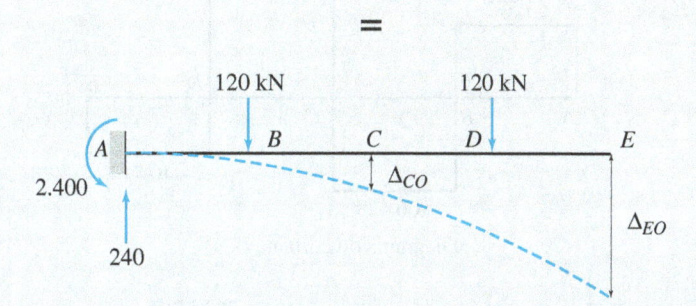

- 120 kN em B, 120 kN em D
- Apoios: A_x, M_A, A_y (engaste em A), C_y, E_y
- Distâncias: 5 m – 5 m – 5 m – 5 m
- $E = 70$ GPa, $I = 1.250\,(10^6)\,\text{mm}^4$

=

(b) Viga principal sujeita a carregamento externo

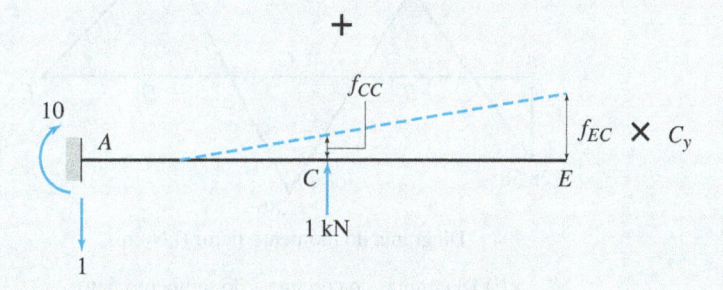

- 120 kN em B, 120 kN em D
- 2.400 ; 240
- Δ_{CO}, Δ_{EO}

+

(c) Viga principal carregada com o hiperestático C_y

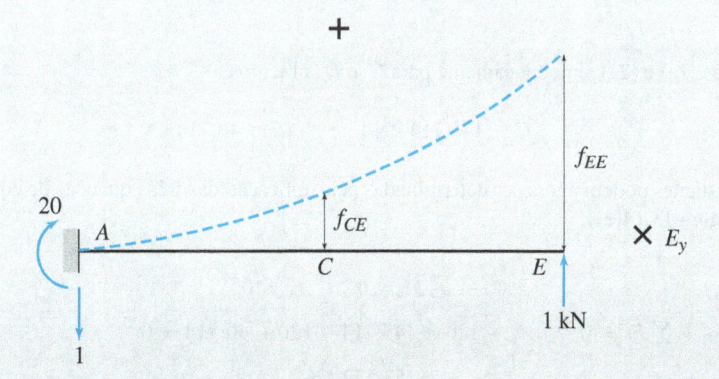

- 10 ; 1
- 1 kN em C
- f_{CC}, f_{EC} × C_y

+

(d) Viga principal carregada com o hiperestático E_y

- 20 ; 1
- 1 kN em E
- f_{CE}, f_{EE} × E_y

Figura 13.14 (*continua*)

$M_A = 128{,}58$ kN·m, 120 kN em B, 120 kN em D

$A_x = 0$

$A_y = 53{,}572$ kN $C_y = 145{,}714$ kN $E_y = 40{,}714$ kN

(e) Reações de apoio para viga contínua

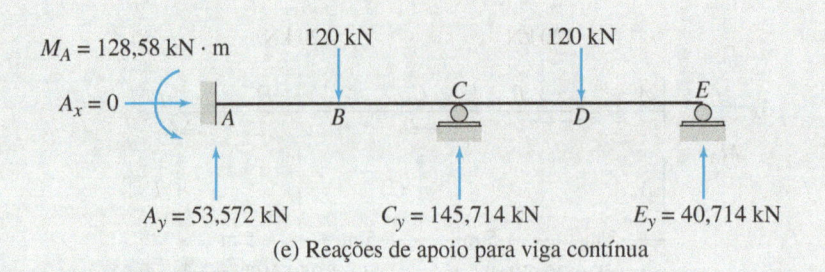

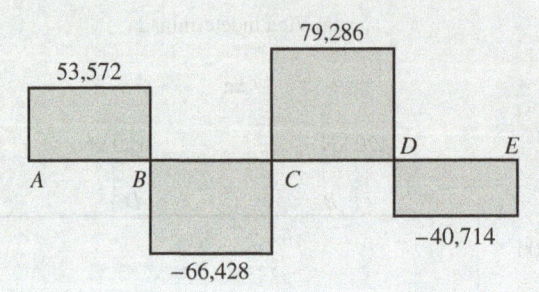

Diagrama do cortante (kN): 53,572; −66,428; 79,286; −40,714

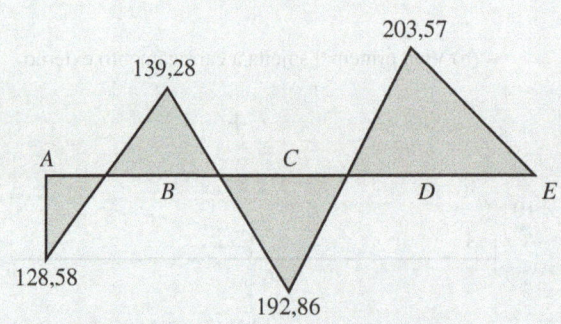

Diagrama do momento fletor (kN·m): 139,28; 203,57; −128,58; −192,86

(f) Diagramas do cortante e do momento fletor para a viga contínua

Figura 13.14

Resolvendo as Equações (1a) e (2a) simultaneamente para C_y e E_y, obtemos

$$C_y = 145{,}714 \text{ kN} \uparrow \qquad E_y = 40{,}714 \text{ kN} \uparrow$$ **Resp.**

Reações. As reações restantes podem agora ser determinadas pela aplicação das três equações de equilíbrio para o corpo livre da viga indeterminada (Figura 13.14(e)):

$$+\rightarrow \Sigma F_x = 0 \qquad A_x = 0$$ **Resp.**

$$+\uparrow \Sigma F_y = 0 \quad A_y - 120 + 145{,}714 - 120 + 40{,}714 = 0$$

$$A_y = 53{,}572 \text{ kN}$$ **Resp.**

$$+\circlearrowleft \Sigma M_A = 0 \quad M_A - 120(5) + 145{,}714(10) - 120(15) + 40{,}714(20) = 0$$

$$M_A = 128{,}58 \text{ kN} \cdot \text{m}$$ **Resp.**

Diagramas do cortante e do momento fletor. Veja a Figura 13.14(f). **Resp.**

EXEMPLO 13.10

Determine os momentos nos apoios da viga biengastada mostrada na Figura 13.15(a) pelo método das deformações compatíveis. Além disso, desenhe o diagrama do momento fletor para a viga.

Solução

Grau hiperestático. A viga é suportada por seis reações de apoio; assim seu grau hiperestático é $i = 6 - 3 = 3$. No entanto, uma vez que a viga está sujeita apenas a uma carga vertical, as reações horizontais A_x e C_x devem ser nulas. Portanto, para analisarmos essa viga, precisamos selecionar apenas duas das quatro reações restantes como os hiperestáticos.

Viga principal. Os momentos M_A e M_C nos apoios engastes A e C, respectivamente, são selecionados como os hiperestáticos. As restrições contra rotação nas extremidades A e C da viga biengastada são então removidas para se obter a viga principal simplesmente apoiada mostrada na Figura 13.15(b). Em seguida, a viga principal é submetida separadamente à carga externa P e aos valores unitários dos hiperestáticos M_A e M_C, como mostrado nas Figuras 13.15(b), (c) e (d), respectivamente.

Equações de compatibilidade. Observando-se que as rotações da viga indeterminada real nos apoios engastes A e C são nulas, escrevemos as equações de compatibilidade:

$$\theta_{AO} + f_{AA}M_A + f_{AC}M_C = 0 \tag{1}$$

$$\theta_{CO} + f_{CA}M_A + f_{CC}M_C = 0 \tag{2}$$

Rotações da viga principal. As rotações nas extremidades A e C da viga principal, em razão da carga externa P e em razão do valor unitário de cada um dos hiperestáticos obtidos usando-se ou as fórmulas de flecha ou o método da viga conjugada, são

$$\theta_{AO} = -\frac{Pb(L^2 - b^2)}{6EIL}$$

$$\theta_{CO} = -\frac{Pa(L^2 - a^2)}{6EIL}$$

$$f_{AA} = f_{CC} = \frac{L}{3EI}$$

$$f_{CA} = \frac{L}{6EI}$$

Aplicando a lei de Maxwell,

$$f_{AC} = \frac{L}{6EI}$$

Magnitudes dos hiperestáticos. Substituindo as expressões para as rotações nas equações de compatibilidade (Equações (1) e (2)), obtemos

$$-\frac{Pb(L^2 - b^2)}{6EIL} + \left(\frac{L}{3EI}\right)M_A + \left(\frac{L}{6EI}\right)M_C = 0 \tag{1a}$$

$$-\frac{Pa(L^2 - a^2)}{6EIL} + \left(\frac{L}{6EI}\right)M_A + \left(\frac{L}{3EI}\right)M_C = 0 \tag{2a}$$

a qual pode ser simplificada como

$$2M_A + M_C = \frac{Pb(L^2 - b^2)}{L^2} \tag{1a}$$

$$M_A + 2M_C = \frac{Pa(L^2 - a^2)}{L^2} \tag{2a}$$

476 Análise Estrutural

EI = constante
(a) Viga indeterminada

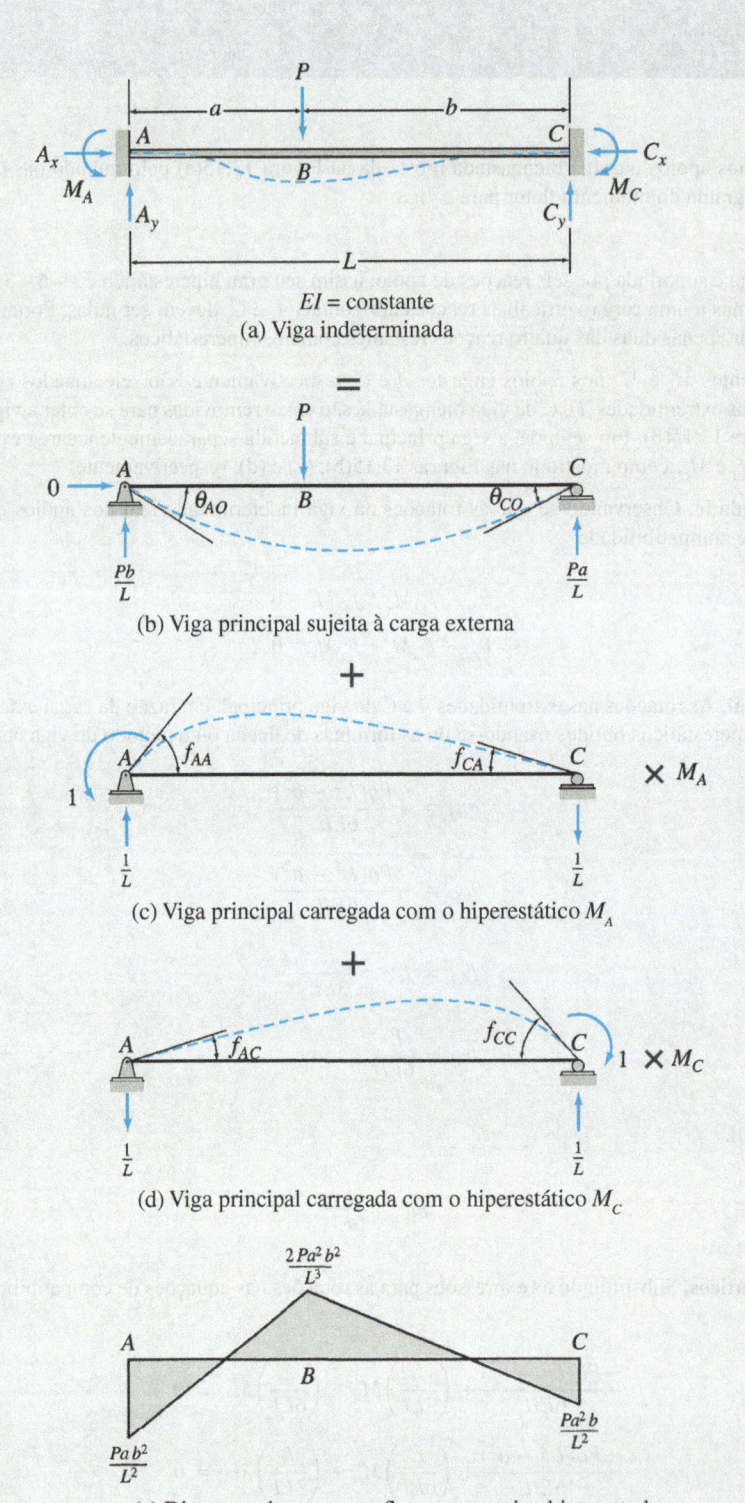

(b) Viga principal sujeita à carga externa

(c) Viga principal carregada com o hiperestático M_A

(d) Viga principal carregada com o hiperestático M_C

(e) Diagrama do momento fletor para a viga biengastada

Figura 13.15

Para resolvermos as Equações (1b) e (2b) para M_A e M_C, multiplicamos a Equação (1b) por 2 e a subtraímos da Equação (2b):

$$M_A = -\frac{P}{3L^2}[a(L^2 - a^2) - 2b(L^2 - b^2)]$$

$$= -\frac{P}{3L^2}[a(L - a)(L + a) - 2b(L - b)(L + b)]$$

$$= -\frac{Pab}{3L^2}[(L + a) - 2(L + b)]$$

$$= \frac{Pab^2}{L^2}$$

$$M_A = \frac{Pab^2}{L^2} \;\circlearrowleft$$

Resp.

Substituindo a expressão para M_A na Equação (1b) ou Equação (2b) e resolvendo para M_C, obtemos o seguinte.

$$M_C = \frac{Pa^2b}{L^2} \;\circlearrowright$$

Resp.

Diagrama do momento fletor. As reações verticais A_y e C_y agora podem ser determinadas pela superposição das reações da viga principal, em razão da carga externa P e em razão de cada um dos hiperestáticos (Figura 13.15(b) a (d)). Assim,

$$A_y = \frac{Pb}{L} + \frac{1}{L}(M_A - M_C) = \frac{Pb^2}{L^3}(3a + b)$$

$$C_y = \frac{Pa}{L} - \frac{1}{L}(M_A - M_C) = \frac{Pa^2}{L^3}(a + 3b)$$

Resp.

O diagrama do momento fletor da viga é mostrado na Figura 13.15(e).

Os momentos nas extremidades das vigas cujas extremidades são engastadas contra rotação são geralmente referidos como *momentos de engastamento perfeito*. Esses momentos desempenham papel importante na análise das estruturas pelo método dos deslocamentos, a ser considerado nos capítulos subsequentes. Conforme ilustrado, as expressões para os momentos de engastamento perfeito, em razão das várias condições de carga, podem ser convenientemente derivadas utilizando o método das deformações compatíveis. As expressões de momento de engastamento perfeito para alguns tipos comuns de condições de carga são apresentadas no final do livro para consulta prática.

EXEMPLO 13.11

Determine as reações e desenhe os diagramas do momento fletor e cortante para a viga contínua com quatro vãos, mostrada na Figura 13.16(a), utilizando o método das deformações compatíveis.

Solução

Simetria. Como a viga e a carga são simétricas no que diz respeito ao eixo vertical s, que passa pelo apoio de rolete C (Figura 13.16(a)), analisaremos apenas a metade direita da viga com condições-limite simétricas, como mostrado na Figura 13.16(b). A resposta da metade esquerda da viga será obtida por meio da reflexão da resposta da metade direita, para o outro lado do eixo de simetria.

Grau hiperestático. O grau hiperestático da subestrutura (Figura 13.16 (b)) é 2. Observe que, uma vez que o grau hiperestático da viga contínua inteira (Figura 13.16(a)) é três, a utilização da simetria estrutural reduzirá o esforço de cálculo exigido na análise.

(a) Viga indeterminada

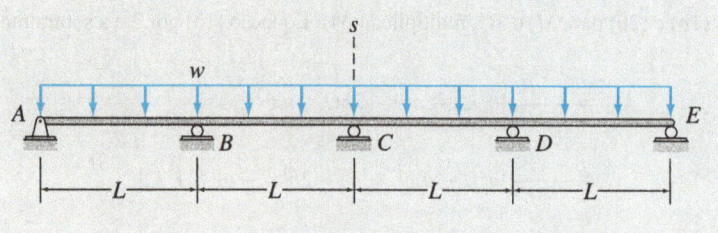

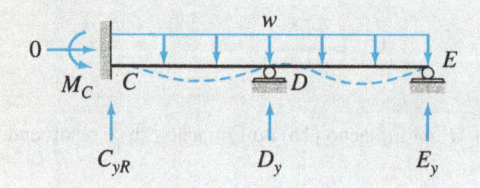

EI = constante

(b) Subestrutura para análise

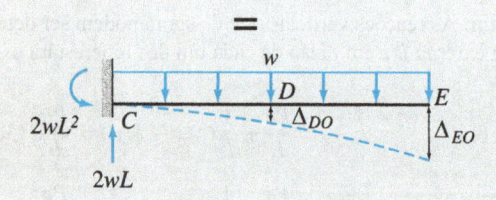

(c) Viga principal sujeita à carga externa

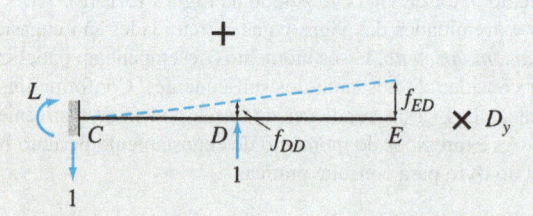

+

(d) Viga principal carregada com o hiperestático D_y

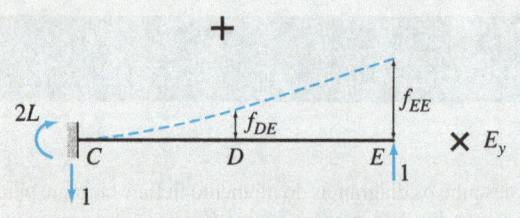

+

(e) Viga principal carregada com o hiperestático E_y

Figura 13.16 (*continua*)

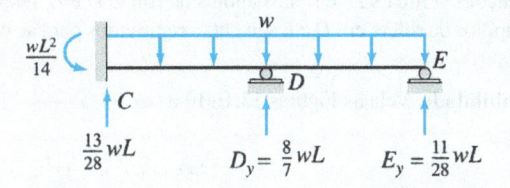

capítulo 13 — Método das deformações compatíveis – método das forças

(f) Reações para a subestrutura

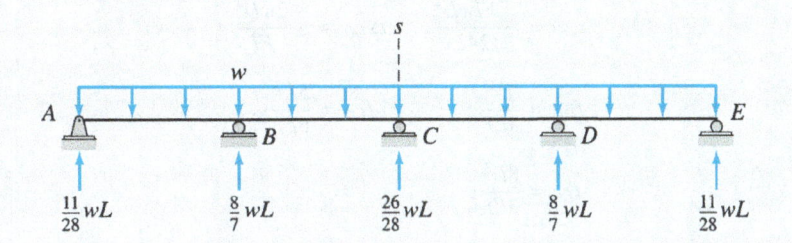

Momento em C: $\dfrac{wL^2}{14}$

Reações: $\dfrac{13}{28}wL$; $D_y = \dfrac{8}{7}wL$; $E_y = \dfrac{11}{28}wL$

(g) Reações de apoio para viga contínua

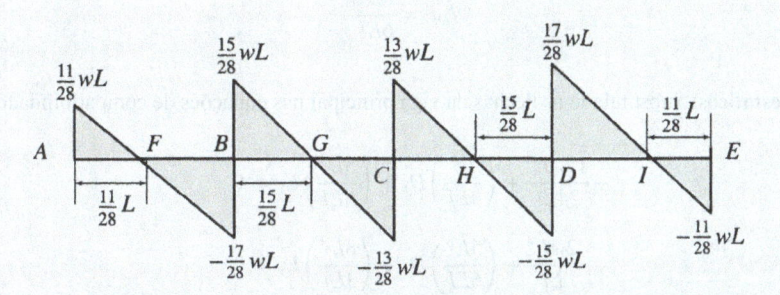

$\dfrac{11}{28}wL$; $\dfrac{8}{7}wL$; $\dfrac{26}{28}wL$; $\dfrac{8}{7}wL$; $\dfrac{11}{28}wL$

Diagrama do cortante

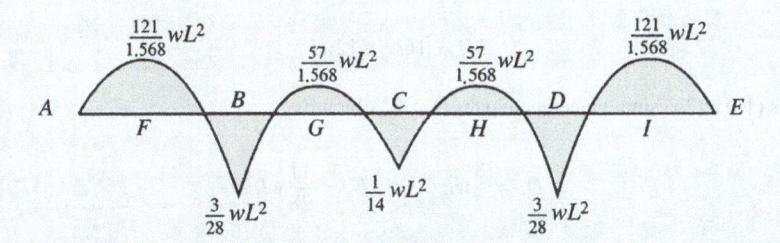

Valores: $\dfrac{11}{28}wL$, $\dfrac{15}{28}wL$, $\dfrac{13}{28}wL$, $\dfrac{17}{28}wL$; negativos: $-\dfrac{17}{28}wL$, $-\dfrac{13}{28}wL$, $-\dfrac{15}{28}wL$, $-\dfrac{11}{28}wL$

Posições: $\dfrac{11}{28}L$, $\dfrac{15}{28}L$, $\dfrac{15}{28}L$, $\dfrac{11}{28}L$

Diagrama do momento fletor

Máximos positivos: $\dfrac{121}{1.568}wL^2$, $\dfrac{57}{1.568}wL^2$, $\dfrac{57}{1.568}wL^2$, $\dfrac{121}{1.568}wL^2$

Mínimos (apoios): $\dfrac{3}{28}wL^2$, $\dfrac{1}{14}wL^2$, $\dfrac{3}{28}wL^2$

(h) Diagramas do cortante e do momento fletor e cortante para viga contínua

Figura 13.16

Viga principal. As reações verticais D_y e E_y nos apoios de rolete D e E, respectivamente, da subestrutura são selecionadas como os hiperestáticos. Os apoios de rolete em D e E são então removidos para se obter a viga principal em balanço, mostrada na Figura 13.16(c).

Equações de compatibilidade. Veja as Figuras 13.16(b) a (e).

$$\Delta_{DO} + f_{DD}D_y + f_{DE}E_y = 0 \tag{1}$$

$$\Delta_{EO} + f_{ED}D_y + f_{EE}E_y = 0 \tag{2}$$

Flechas na viga principal. Utilizando as fórmulas de flecha, obtemos

$$\Delta_{DO} = -\frac{17wL^4}{24EI} \qquad \Delta_{EO} = -\frac{2wL^4}{EI}$$

$$f_{DD} = \frac{L^3}{3EI} \qquad f_{ED} = \frac{5L^3}{6EI}$$

$$f_{EE} = \frac{8L^3}{3EI}$$

Aplicando a lei de Maxwell,

$$f_{DE} = \frac{5L^3}{6EI}$$

Magnitudes dos hiperestáticos. Substituindo as flechas da viga principal nas equações de compatibilidade, obtemos

$$-\frac{17wL^4}{24EI} + \left(\frac{L^3}{3EI}\right)D_y + \left(\frac{5L^3}{6EI}\right)E_y = 0 \tag{1a}$$

$$-\frac{2wL^4}{EI} + \left(\frac{5L^3}{6EI}\right)D_y + \left(\frac{8L^3}{3EI}\right)E_y = 0 \tag{2a}$$

a qual pode ser simplificada para

$$8D_y + 20E_y = 17wL \tag{1b}$$

$$5D_y + 16E_y = 12wL \tag{2b}$$

Resolvendo as Equações (1b) e (2b) simultaneamente para D_y e E_y, obtemos

$$D_y = \frac{8}{7}wL \uparrow \qquad E_y = \frac{11}{28}wL \uparrow$$

Resp.

Reações. As reações restantes da subestrutura, obtidas pela aplicação das equações de equilíbrio, são mostradas na Figura 13.16(f). As reações à esquerda do eixo s são então obtidas por reflexão, como mostrado na Figura 13.16(g). **Resp.**

Diagramas do momento fletor e cortante. Usando-se as reações da viga contínua, seus diagramas do momento fletor e cortante são construídos. Esses diagramas são mostrados na Figura 13.16(h). **Resp.**

EXEMPLO 13.12

Determine as reações e a força em cada elemento da treliça mostrada na Figura 13.17(a) pelo método das deformações compatíveis.

Solução

Grau hiperestático. $i = (m + r) - 2j = (14 + 4) - 2(8) = 2$.

Treliça principal. A reação vertical D_y no apoio de rolete D e a força normal F_{BG} no elemento diagonal BG são selecionadas como os hiperestáticos. O apoio de rolete D e o elemento BG são então removidos da treliça indeterminada dada para se obter a treliça principal mostrada na Figura 13.17(b). A treliça principal é submetida separadamente ao carregamento externo (Figura 13.17(b)), a um valor unitário do hiperestático D_y (Figura 13.17(c)) e a uma força de tração unitária no elemento hiperestático BG (Figura 13.17(d)).

Equações de compatibilidade. As equações de compatibilidade podem ser expressas como

$$\Delta_{DO} + f_{DD}D_y + f_{D,BG}F_{BG} = 0 \tag{1}$$

$$\Delta_{BGO} + f_{BG,D}D_y + f_{BG,BG}F_{BG} = 0 \tag{2}$$

nas quais Δ_{DO} = deslocamento vertical no nó D da treliça principal em razão da carga externa; Δ_{BGO} = deslocamento relativo entre os nós B e G devido à carga externa; f_{DD} = deslocamento vertical no nó D em razão de uma carga unitária no nó D; $f_{BG,D}$ = deslocamento relativo entre os nós B e G em razão de uma carga unitária no nó D; $f_{BG,BG}$ = deslocamento relativo entre os nós B e G em razão de uma força de tração unitária no elemento BG e $f_{D,BG}$ = deslocamento vertical no nó D em razão de uma força de tração unitária no elemento BG.

Flechas da treliça principal. As expressões dos trabalhos virtuais para os deslocamentos anteriores são

$$\Delta_{DO} = \sum \frac{F_O u_D L}{AE} \qquad \Delta_{BGO} = \sum \frac{F_O u_{BG} L}{AE}$$

$$f_{DD} = \sum \frac{u_D^2 L}{AE} \qquad f_{BG,BG} = \sum \frac{u_{BG}^2 L}{AE}$$

$$f_{BG,D} = f_{D,BG} = \sum \frac{u_D u_{BG} L}{AE}$$

na qual F_O, u_D e u_{BG} representam as forças no elemento em razão do carregamento externo, uma carga unitária no nó D e uma força de tração unitária no elemento BG, respectivamente. Os valores numéricos das forças no elemento, como calculados pelo método das ligações

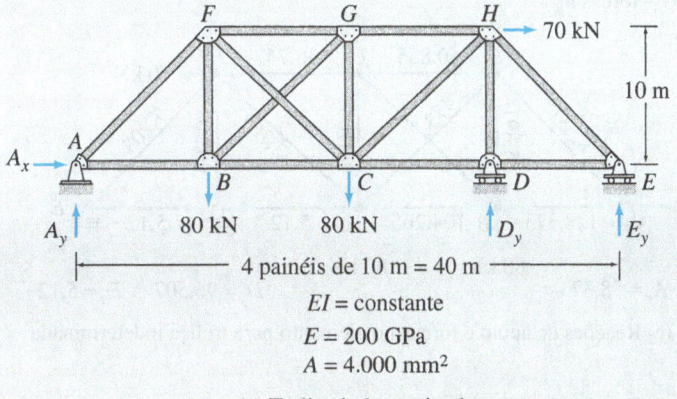

EI = constante
E = 200 GPa
A = 4.000 mm²

(a) Treliça indeterminada

Figura 13.17 (*continua*)

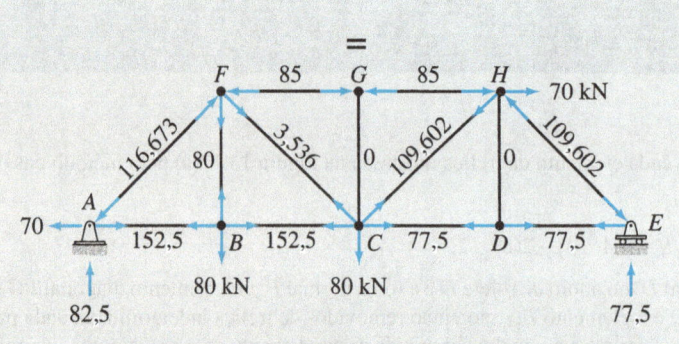

(b) Treliça principal submetida a cargas externas – forças F_O

+

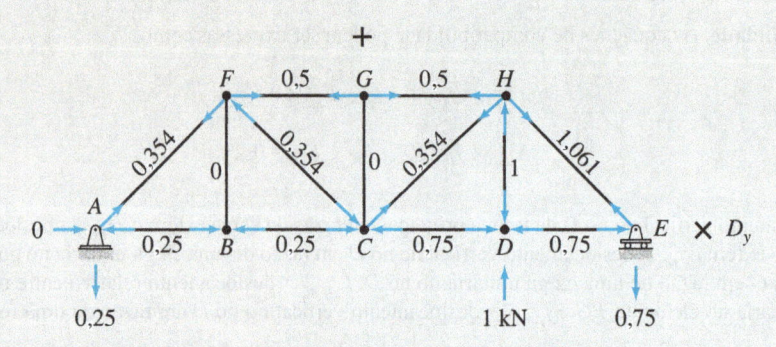

(c) Treliça principal submetida ao valor unitário do hiperestático D_Y – forças u_D

+

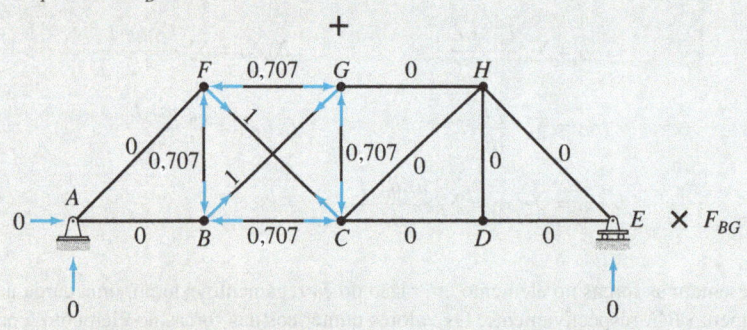

(d) Treliça principal submetida à força de tração unitária no elemento BG – forças u_{BG}

=

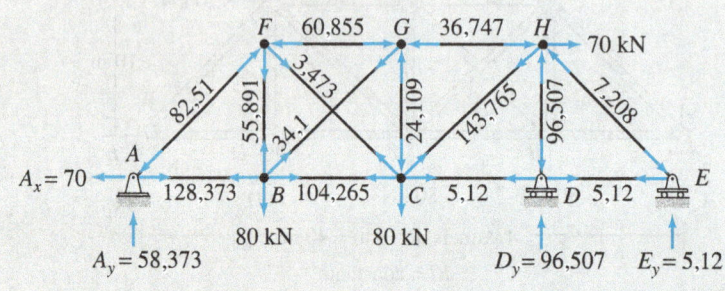

(e) Reações de apoio e forças no elemento para treliça indeterminada

Figura 13.17

(Figuras 13.17(b) a (d)), são indicados na Tabela 13.4. Observe que, como a rigidez ao esforço normal *EA* é a mesma para todos os elementos, apenas os numeradores das expressões dos trabalhos virtuais são avaliados na Tabela 13.4. Assim,

$$\Delta_{DO} = -\frac{4.472,642 \text{ kN} \cdot \text{m}}{AE} \qquad \Delta_{BGO} = -\frac{992,819 \text{ kN} \cdot \text{m}}{AE}$$

$$f_{DD} = \frac{48,736 \text{ m}}{AE} \qquad f_{BG,BG} = \frac{48,284 \text{ m}}{AE}$$

$$f_{BG,D} = f_{D,BG} = -\frac{6,773 \text{ m}}{AE}$$

Magnitudes dos hiperestáticos. Substituindo essas flechas e os coeficientes de flexibilidade nas equações de compatibilidade (Equações (1) e (2)), escrevemos

$$-4.472,642 + 48,736 D_y - 6,773 F_{BG} = 0 \qquad (1a)$$

$$-992,819 - 6,773 D_y + 48,284 F_{BG} = 0 \qquad (2a)$$

Resolvendo as Equações (1a) e (2a) simultaneamente para D_y e F_{BG}, obtemos

$$D_y = 96,507 \text{ kN} \uparrow \qquad F_{BG} = 34,1 \text{ kN (T)} \qquad \textbf{Resp.}$$

Reações. As reações restantes da treliça indeterminada podem agora ser determinadas pela superposição das reações da treliça principal em razão da carga externa e de cada um dos hiperestáticos. As reações assim obtidas, mostradas na Figura 13.17(e). **Resp.**

Forças normais no elemento. As forças nos elementos restantes da treliça indeterminada podem ser determinadas usando-se a relação de superposição:

$$F = F_O + u_D D_y + u_{BG} F_{BG}$$

As forças no elemento assim obtidas são apresentadas na Tabela 13.4 e Figura 13.17(e). **Resp.**

Tabela 13.4

Elemento	L (m)	F_O (kN)	u_D (kN/kN)	u_{BG} (kN/kN)	$F_O u_D L$ (kN · m)	$F_O u_{BG} L$ (kN · m)	$u_D^2 L$ (m)	$u_{BG}^2 L$ (m)	$u_D u_{BG} L$ (m)	$F = F_O + U_D D y + u_{BG} F_{BG}$ (kN)
AB	10	152,5	−0,25	0	−381,25	0	0,625	0	0	128,373
BC	10	152,5	−0,25	−0,707	−381,25	−1.078,175	0,625	5	1,768	104,265
CD	10	77,5	−0,75	0	−581,25	0	5,625	0	0	5,12
DE	10	77,5	−0,75	0	−581,25	0	5,625	0	0	5,12
FG	10	−85	0,5	−0,707	−425	600,95	2,5	5	−3,535	−60,855
GH	10	−85	0,5	0	−425	0	2,5	0	0	−36,747
BF	10	80	0	−0,707	0	−565,60	0	5	0	55,891
CG	10	0	0	−0,707	0	0	0	5	0	−24,109
DH	10	0	−1	0	0	0	10	0	0	−96,507
AF	14,142	−116,673	0,354	0	−584.096	0	1,772	0	0	−82,51
BG	14,142	0	0	1	0	0	0	14,142	0	34,1
CF	14,142	3,536	−0,354	1	−17,702	50,006	1,772	14,142	−5,006	3,473
CH	14,142	109,602	0,354	0	548,697	0	1,772	0	0	143,765
EH	14,142	−109,602	1,061	0	−1.644,541	0	15,92	0	0	−7,208
				Σ	−4.472,642	−992,819	48,736	48,284	−6,773	

EXEMPLO 13.13

Determine as reações e desenhe os diagramas dos momento fletor e cortante para o pórtico mostrado na Figura 13.18(a) pelo método das deformações compatíveis.

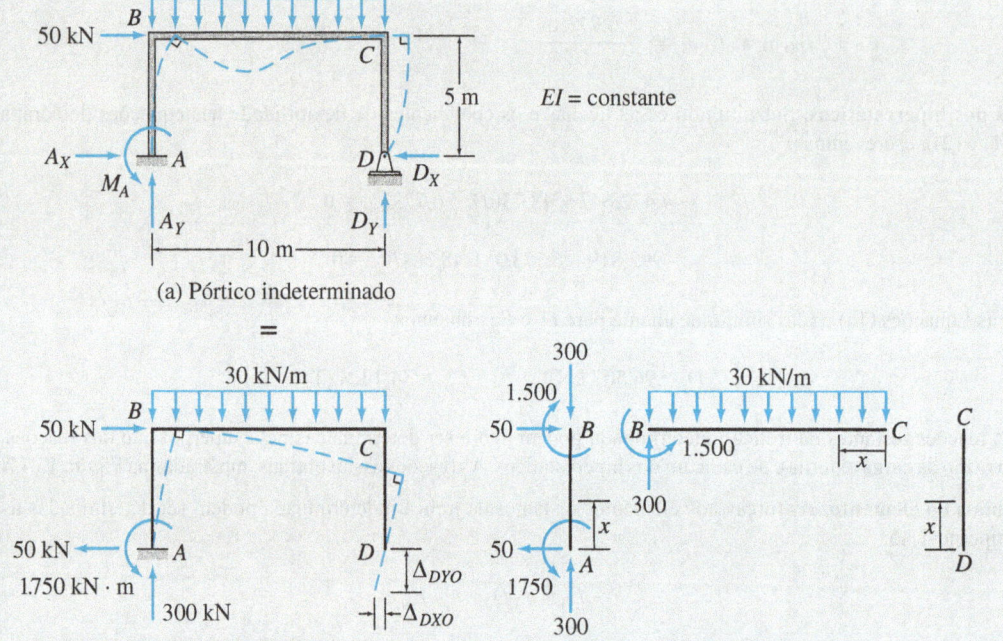

(a) Pórtico indeterminado

(b) Pórtico principal submetido à carga externa – Momentos M_O

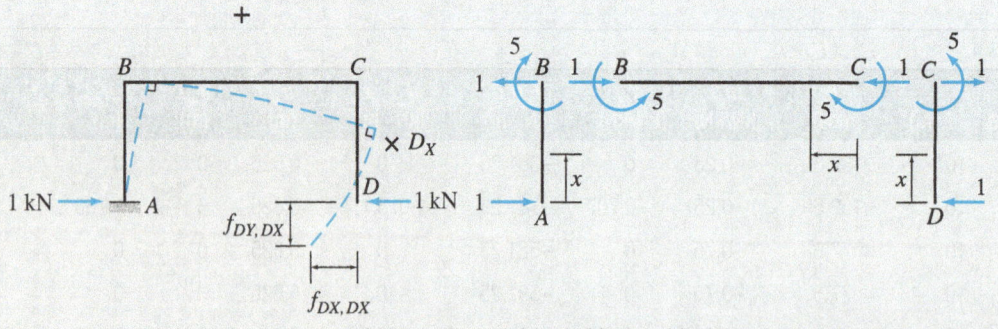

(c) Pórtico principal submetido ao valor unitário do hiperestático D_X – Momentos m_{DX}

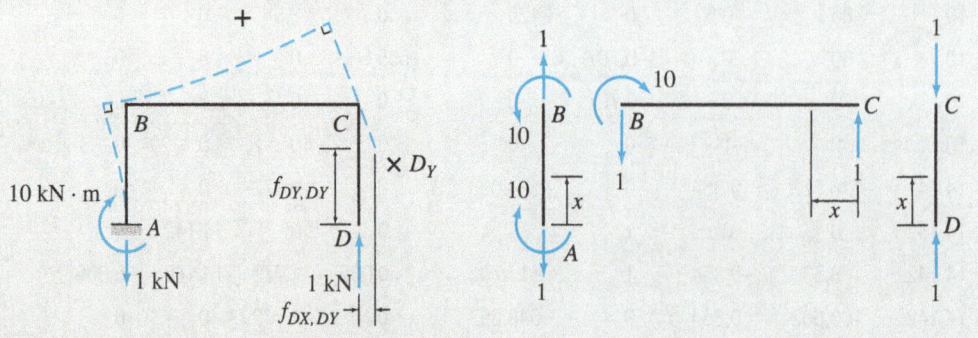

(d) Pórtico principal submetido ao valor unitário do hiperestático D_Y – Momentos m_{DY}

Figura 13.18 (*continua*)

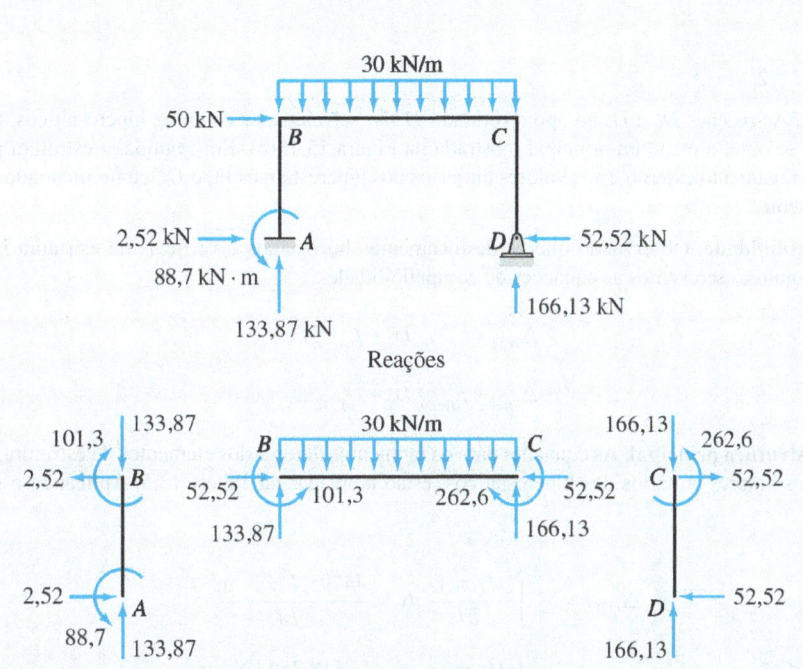

Capítulo 13 — Método das deformações compatíveis – método das forças

(e) Reação de apoio e forças na extremidade de elemento para estrutura indeterminada

Forças na extremidade de elemento

Diagrama do cortante (kN)

Diagrama do momento fletor (kN · m)

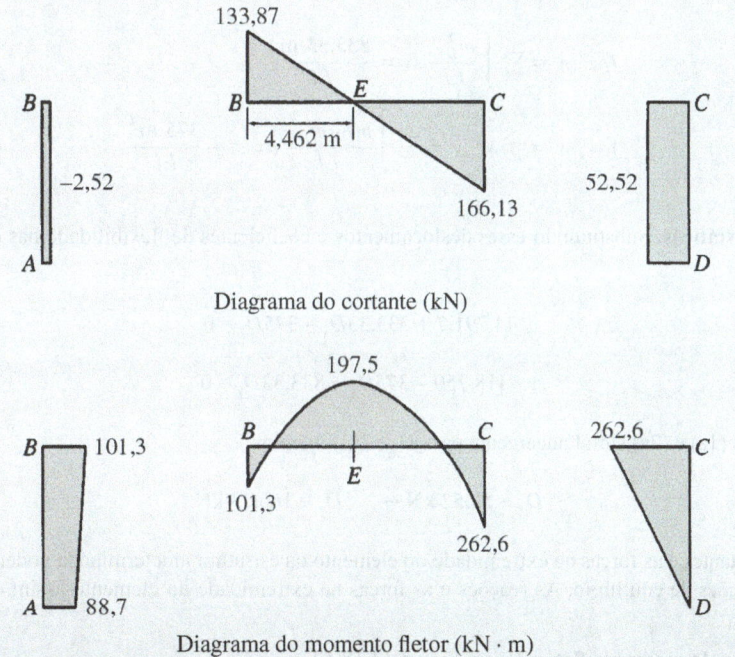

(f) Diagramas do cortante e do momento fletor para estrutura indeterminada

Figura 13.18

Solução

Grau hiperestático. $i = 2$.

Estrutura principal. As reações D_X e D_Y no apoio rotulado D são selecionadas como os hiperestáticos. O apoio rotulado D é então removido para se obter a estrutura principal mostrada na Figura 13.18(b). Em seguida, a estrutura principal é submetida separadamente ao carregamento externo e aos valores unitários dos hiperestáticos D_X e D_Y, como mostrado nas Figuras 13.18(b), (c) e (d), respectivamente.

Equações de compatibilidade. Observando que os deslocamentos horizontais e verticais da estrutura indeterminada real no apoio rotulado D são nulos, escrevemos as equações de compatibilidade

$$\Delta_{DXO} + f_{DX,DX} D_X + f_{DX,DY} D_Y = 0 \quad (1)$$

$$\Delta_{DYO} + f_{DY,DX} D_X + f_{DY,DY} D_Y = 0 \quad (2)$$

Deslocamentos na estrutura principal. As equações para os momentos fletores dos elementos da estrutura, em razão dos valores da carga externa e dos valores unitários dos hiperestáticos, estão tabuladas na Tabela 13.5. Aplicando o método dos trabalhos virtuais, obtemos

$$\Delta_{DXO} = \sum \int \frac{M_O m_{DX}}{EI} dx = \frac{44791{,}7 \text{ kN} \cdot \text{m}^3}{EI}$$

$$\Delta_{DYO} = \sum \int \frac{M_O m_{DY}}{EI} dx = -\frac{118.750 \text{ kN} \cdot \text{m}^3}{EI}$$

$$f_{DX,DX} = \sum \int \frac{m_{DX}^2}{EI} dx = \frac{333{,}33 \text{ m}^3}{EI}$$

$$f_{DY,DY} = \sum \int \frac{m_{DY}^2}{EI} dx = \frac{833{,}33 \text{ m}^3}{EI}$$

$$f_{DX,DY} = f_{DY,DX} = \sum \int \frac{m_{DX} m_{DY}}{EI} dx = -\frac{375 \text{ m}^3}{EI}$$

Magnitudes dos hiperestáticos. Substituindo esses deslocamentos e coeficientes de flexibilidade nas equações de compatibilidade, escrevemos

$$44.791{,}7 + 333{,}33 D_X - 375 D_Y = 0 \quad (1a)$$

$$-118.750 - 375 D_X + 833{,}33 D_Y = 0 \quad (2a)$$

Resolvendo as Equações (1a) e (2a) simultaneamente para D_X e D_Y, obtemos

$$D_X = 52{,}52 \text{ kN} \leftarrow \quad D_Y = 166{,}13 \text{ kN} \uparrow \qquad \textbf{Resp.}$$

Reações. As reações restantes e as forças na extremidade do elemento da estrutura indeterminada podem agora ser determinadas pela aplicação das equações de equilíbrio. As reações e as forças na extremidade do elemento assim obtidas são mostradas na Figura 13.18(e). **Resp.**

Diagramas do cortante e do momento fletor. Veja a Figura 13.18(f).

Tabela 13.5

| Elemento | Coordenada x | | M_0 (kN · m) | m_{DX} (kN · m/kN) | m_{DY} (kN · m/kN) |
	Origem	Limites (m)			
AB	A	0 – 5	$-1.750 + 50x$	$-x$	10
CB	C	0 – 10	$-15x^2$	-5	x
DC	D	0 – 5	0	x	0

13.4 Recalques de apoio, variações de temperatura e erros de montagem

Recalques de apoio

Até agora, consideramos a análise de estruturas com apoios inflexíveis. Como discutido no Capítulo 11, os movimentos de apoio em razão de fundações fracas e similares podem induzir tensões significativas nas estruturas externamente indeterminadas e devem ser considerados em seus projetos. Os recalques de apoio, no entanto, não têm qualquer efeito sobre as condições de tensão nas estruturas que são internamente indeterminadas mas externamente determinadas. Essa falta de efeito é em razão do fato de que os recalques fazem tais estruturas se deslocar e/ou girar como corpos rígidos, sem alterar as suas formas. O método das deformações compatíveis, como desenvolvido nas seções anteriores, pode ser facilmente modificado para incluir o efeito dos recalques de apoio na análise.

Considere por exemplo, uma viga contínua com dois vãos submetida a uma carga uniformemente distribuída w, como mostrado na Figura 13.19(a). Suponha que os apoios B e C da viga passem por pequenos recalques ΔB e ΔC respectivamente, conforme mostrado na figura. Para analisar a viga, consideramos as reações verticais B_y e C_y sendo os hiperestáticos. Os apoios B e C são removidos da viga indeterminada para se obter a viga principal, que é então submetida separadamente à carga externa w e aos valores unitários dos hiperestáticos B_y e C_y, como mostrado nas Figuras 13.19(b), (c) e (d), respectivamente. Ao percebermos que as flechas da viga indeterminada real nos apoios B e C são iguais aos recalques Δ_B e Δ_C, respectivamente, obtemos as equações de compatibilidade

$$\Delta_{BO} + f_{BB}B_y + f_{BC}C_y = \Delta_B \qquad (13.18)$$

$$\Delta_{CO} + f_{CB}B_y + f_{CC}C_y = \Delta_C \qquad (13.19)$$

que podem ser resolvidas para os hiperestáticos B_y e C_y. Observe que os lados direitos das equações de compatibilidade (Equações (13.18) e (13.19)) já não são nulos, como no caso dos apoios inflexíveis considerados nas seções anteriores, mas são iguais aos valores prescritos dos recalques nos apoios B e C, respectivamente. Uma vez que os hiperestáticos foram determinados resolvendo-se as equações de compatibilidade, as outras características de resposta da viga podem ser avaliadas, quer pelo equilíbrio, quer pela superposição.

Embora os recalques de apoio sejam geralmente especificados com respeito à posição não deformada da estrutura indeterminada, as grandezas de tais deslocamentos a serem usadas nas equações de compatibilidade devem ser medidas a partir da corda que conecta as posições deformadas dos apoios da estrutura principal às posições deformadas dos apoios hiperestáticos. Qualquer deslocamento de apoio é considerado como positivo, se ele tem o mesmo sentido que o assumido para o hiperestático. No caso da viga da Figura 13.19(a), desde que os apoios da extremidade A e D não sejam objeto de qualquer recalque, a corda AD da viga principal coincide com a posição deformada da viga indeterminada; portanto, os recalques dos apoios B e C em relação a corda da viga principal são iguais aos recalques prescritos Δ_B e Δ_C, respectivamente.

Suponhamos agora que todos os apoios de uma viga sofram recalque, como mostrado na Figura 13.20. Se considerarmos as reações B_y e C_y sendo os hiperestáticos, então os deslocamentos Δ_{BR} e Δ_{CR} dos apoios B e C, respectivamente, em relação à corda da viga principal, devem ser usados nas equações de compatibilidade, em vez dos deslocamentos previstos Δ_B e Δ_C. Isso acontece apenas porque os deslocamentos em relação à corda causam tensões na viga. Em outras palavras, se os apoios da viga tivessem sido determinados ou por quantidades iguais ou por quantidades de maneira que as posições deformadas de todos os apoios estariam em uma linha reta, então a viga permaneceria em linha reta sem flexão e nenhuma tensão se desenvolveria na viga.

(a) Viga indeterminada

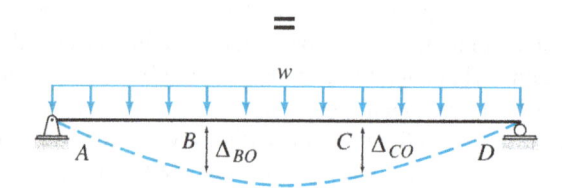

(b) Viga principal sujeita ao carregamento externo

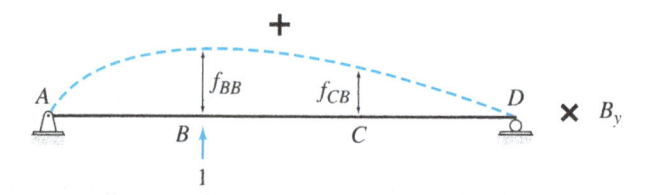

(c) Viga principal carregada com o hiperestático B_y

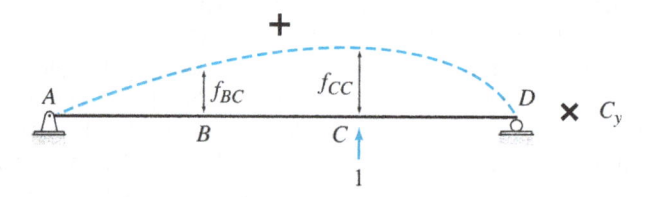

(d) Viga principal carregada com o hiperestático C_y

Figura 13.19

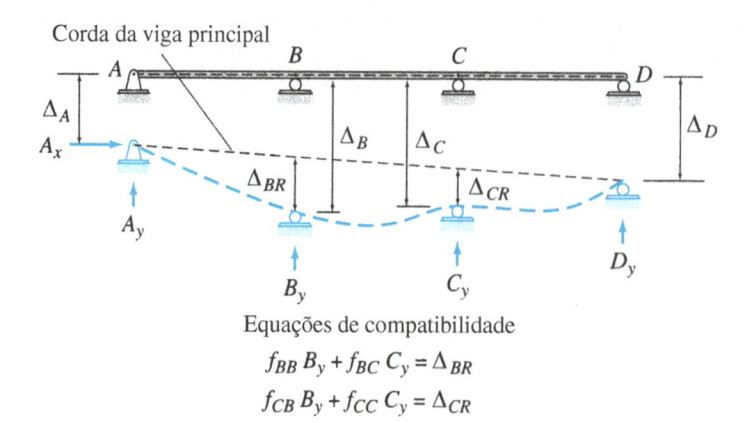

Equações de compatibilidade

$$f_{BB} B_y + f_{BC} C_y = \Delta_{BR}$$
$$f_{CB} B_y + f_{CC} C_y = \Delta_{CR}$$

Figura 13.20

EXEMPLO 13.14

Determine as reações e desenhe os diagramas do momento fletor e cortante para a viga contínua com três vãos mostrada na Figura 13.21(a) em razão da carga uniformemente distribuída e em razão dos recalques de apoio de 15 mm em B, 37 mm em C e 18 mm em D. Use o método das deformações compatíveis.

Solução

Essa viga foi previamente analisada no Exemplo 13.8 para a carga distribuída uniformemente de 30 kN/m, selecionando as reações verticais dos apoios intermediários B e C como os hiperestáticos. Usaremos a mesma viga principal utilizada anteriormente.

Recalques relativos. Os recalques de apoio especificados estão representados na Figura 13.21(b), utilizando uma escala aumentada. Pode ser visto nesta figura que os recalques dos apoios B e C relativos à corda da viga principal (que é a linha que conecta as posições deslocadas dos apoios A e D) são

$$\Delta_{BR} = -9 \text{ mm e } \Delta_{CR} = -25 \text{ mm}$$

na qual os sinais negativos para as magnitudes Δ_{BR} e Δ_{CR} indicam que esses recalques ocorrem na direção descendente, isto é, oposta à direção ascendente assumida para as hiperestáticos B_y e C_y.

Equações de compatibilidade. As equações de compatibilidade para a viga permanecem as mesmas que no Exemplo 13.8, exceto que os lados direitos das equações devem agora ser iguais aos recalques Δ_{BR} e Δ_{CR}. Assim,

$$\Delta_{BO} + f_{BB}B_y + f_{BC}C_y = \Delta_{BR} \qquad (1)$$

$$\Delta_{CO} + f_{CB}B_y + f_{CC}C_y = \Delta_{CR} \qquad (2)$$

Flechas na viga principal. No Exemplo 13.8, as flechas e os coeficientes de flexibilidade da viga foram expressos em termos de EI. Uma vez que os lados direitos das equações de compatibilidade são nulos, os termos EI simplesmente foram cancelados dos cálculos. No presente exemplo, no entanto, por causa da presença dos recalques de apoio nos lados direitos das equações de compatibilidade, os termos EI não podem ser anulados; portanto, os valores numéricos reais das flechas e dos coeficientes de flexibilidade devem ser calculados.

$$\Delta_{BO} = \Delta_{CO} = -\frac{35640 \text{ kN} \cdot \text{m}^3}{EI} = -\frac{35640}{(200(10^6)3000(10^{-6}))} = -0{,}0594 \text{ m}$$

$$f_{BB} = f_{CC} = \frac{96 \text{ m}^3}{EI} = \frac{96}{(200(10^6)3000(10^{-6}))} = 0{,}00016 \text{ m}$$

$$f_{CB} = f_{BC} = \frac{84 \text{ m}^3}{EI} = \frac{84}{(200(10^6)3000(10^{-6}))} = 0{,}00014 \text{ m}$$

Magnitudes dos hiperestáticos. Substituindo os valores numéricos nas equações de compatibilidade, escrevemos

$$-0{,}0594 + 0{,}00016B_y + 0{,}00014C_y = -0{,}009 \qquad (1a)$$

$$-0{,}0594 + 0{,}00014B_y + 0{,}00016C_y = -0{,}025 \qquad (2a)$$

Resolvendo as Equações (1a) e (2a) simultaneamente para B_y e C_y, obtemos

$$B_y = 541{,}3 \text{ kN} \uparrow \quad \text{e} \quad C_y = -258{,}6 \text{ kN} = 258{,}6 \text{ kN} \downarrow \qquad \textbf{Resp.}$$

Reações e diagramas do momento fletor e cortante. As reações restantes da viga contínua podem agora ser determinadas pelo equilíbrio. As reações e os diagramas do momentos fletor e cortante da viga são mostrados na Figura 13.21(c). A comparação desses resultados com os do Exemplo 13.8 (sem recalques) indica que mesmo pequenos recalques de apoio podem ter um efeito significativo sobre as reações e sobre os diagramas do momento fletor das estruturas indeterminadas. **Resp.**

490 Análise Estrutural

(a) Viga indeterminada
- 30 kN/m carga distribuída de A a D
- Vãos: 6 m + 6 m + 6 m
- $E = 200$ GPa, $I = 3000\,(10^6)\,\text{mm}^4$

(b) Recalques de apoio
- 15 mm (A), 6 mm, 9 mm, 37 mm (B), 12 mm, 25 mm (C), 18 mm (D)
- Corda da viga principal

Reação:
- $A_x = 0$
- $A_y = 4{,}67$ kN
- $B_y = 541{,}3$ kN
- $C_y = 258{,}6$ kN
- $D_y = 261{,}97$ kN

Diagrama do cortante (kN):
- −4,67 ; 356,63 ; −184,67 ; 176,63 ; −81,97 ; −261,97

Diagrama do momento fletor (kN · m):
- 1031,8 ; −568

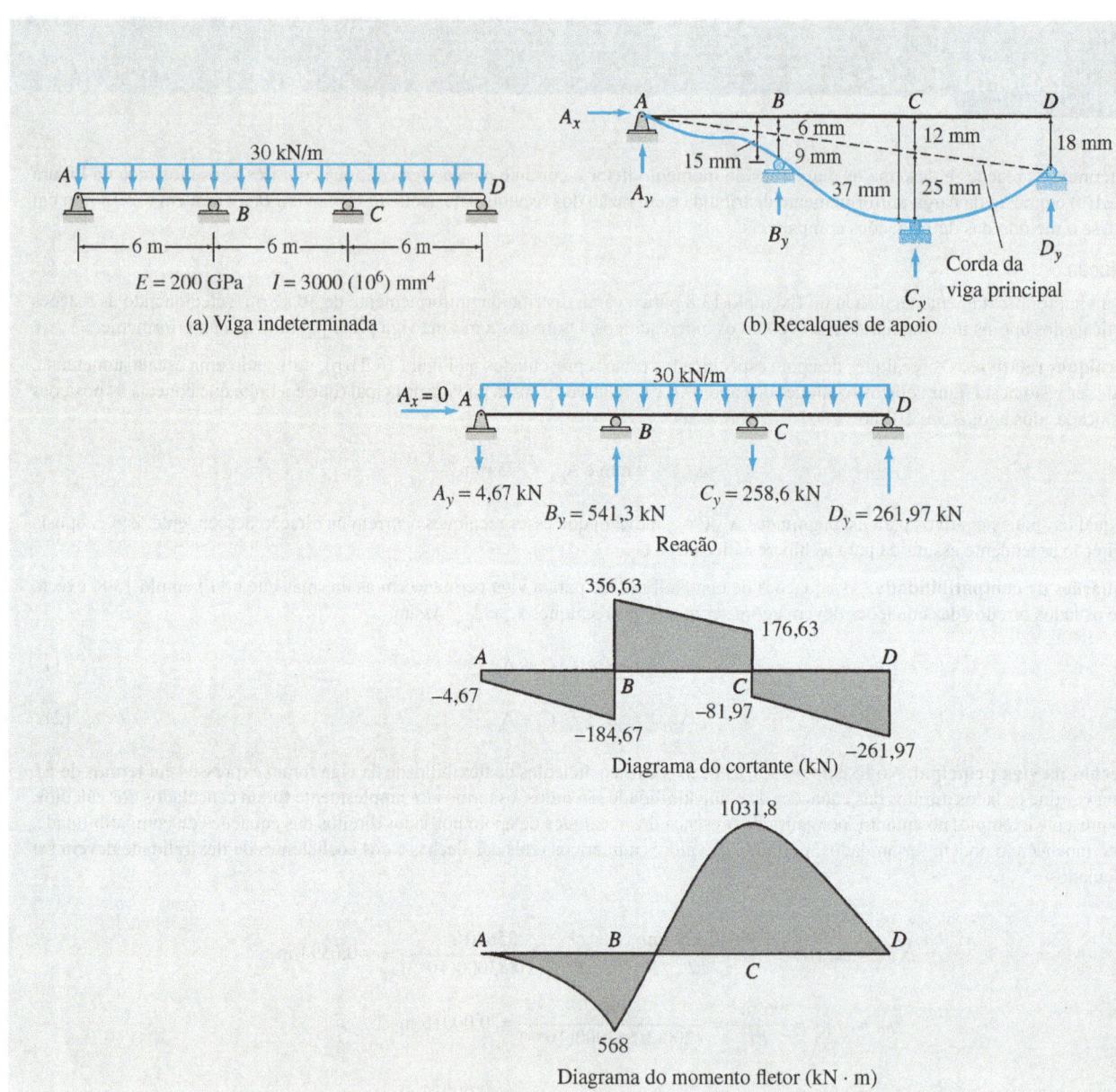

(c) Reações de apoio e diagramas do momento fletor e cortante para viga contínua

Figura 13.21

EXEMPLO 13.15

Determine as reações e desenhe os diagramas do momento fletor e cortante para a viga mostrada na Figura 13.22(a) em razão do carregamento mostrado e dos recalques de apoio de 40 mm em C e 25 mm em E. Use o método das deformações compatíveis.

Solução

Essa viga foi previamente analisada no Exemplo 13.9 para o carregamento externo, selecionando as reações verticais dos apoios de rolete C e E como os hiperestáticos. Usaremos a mesma viga principal utilizada anteriormente.

Recalques de apoio. Os recalques de apoio especificados estão representados na Figura 13.22(b), a partir da qual pode ser visto que a corda AE da viga principal coincide com a posição não deformada da viga indeterminada; portanto, os recalques de apoio C e E relativos à corda da viga principal são iguais aos recalques prescritos, isto é

$$\Delta_{CR} = \Delta_C = -0,04 \text{ m} \quad \text{e} \quad \Delta_{ER} = \Delta_E = -0,025 \text{ m}$$

Equações de compatibilidade.

$$\Delta_{CO} + f_{CC}C_y + f_{CE}E_y = \Delta_{CR} \qquad (1)$$

$$\Delta_{EO} + f_{EC}C_y + f_{EE}E_y = \Delta_{ER} \qquad (2)$$

Flechas na viga principal. A partir do Exemplo 13.9,

$$\Delta_{CO} = -\frac{82.500 \text{ kN} \cdot \text{m}^3}{EI} = -\frac{82.500}{70(10^6)(1.250)(10^{-6})} = -0,943 \text{ m}$$

$$\Delta_{EO} = -\frac{230.000 \text{ kN} \cdot \text{m}^3}{EI} = -\frac{230.000}{70(10^6)(1.250)(10^{-6})} = -2,629 \text{ m}$$

$$f_{CC} = \frac{333,333 \text{ m}^3}{EI} = \frac{333,333}{70(10^6)(1.250)(10^{-6})} = 0,00381 \text{ m/kN}$$

$$f_{EC} = f_{CE} = \frac{833,333 \text{ m}^3}{EI} = \frac{833,333}{70(10^6)(1.250)(10^{-6})} = 0,00952 \text{ m/kN}$$

$$f_{EE} = \frac{2.666,667 \text{ m}^3}{EI} = \frac{2.666,667}{70(10^6)(1.250)(10^{-6})} = 0,0305 \text{ m/kN}$$

Magnitudes dos hiperestáticos. Substituindo os valores numéricos nas equações de compatibilidade, escrevemos

$$-0,943 + 0,00381C_y + 0,00952E_y = -0,04 \qquad (1a)$$

$$-2,629 + 0,00952C_y + 0,0305E_y = -0,025 \qquad (2a)$$

Resolvendo as Equações (1a) e (2a) simultaneamente para C_y e E_y, obtemos

$$C_y = 107,6 \text{ kN} \uparrow \quad \text{e} \quad E_y = 51,8 \text{ kN} \uparrow \qquad \textbf{Resp.}$$

Reações e diagramas do momento fletor e cortante. As reações restantes da viga indeterminada podem agora ser determinadas pelo equilíbrio. As reações e os diagramas do momento fletor e cortante são mostrados na Figura 13.22 (c). **Resp.**

$E = 70$ GPa $\quad I = 1.250 (10^6)$ mm^4

(a) Viga indeterminada

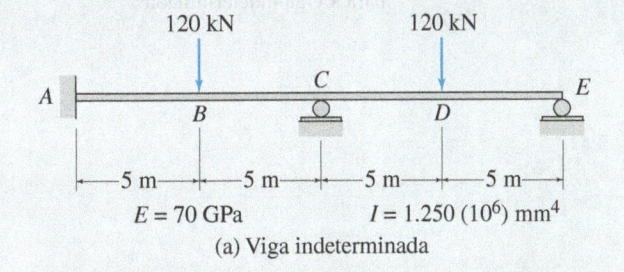

Figura 13.22 (*continua*)

(b) Recalques de apoio

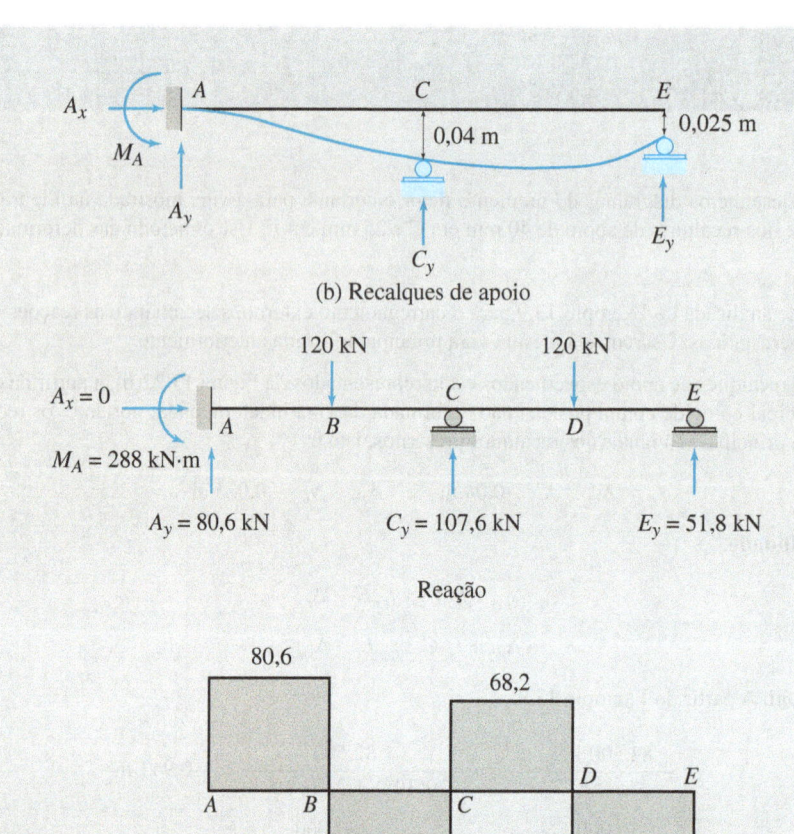

$A_x = 0$
$M_A = 288$ kN·m
$A_y = 80{,}6$ kN
$C_y = 107{,}6$ kN
$E_y = 51{,}8$ kN

Reação

Diagrama do cortante (kN)

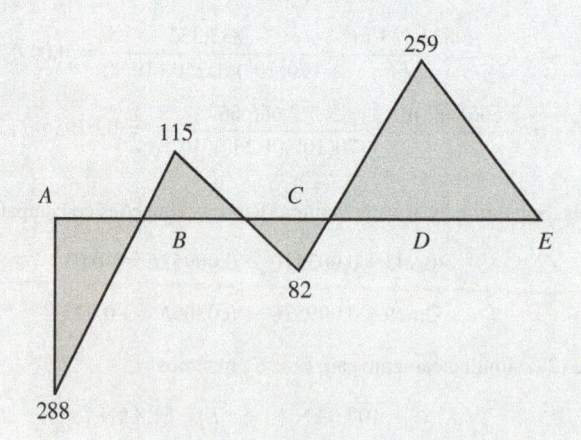

80,6 · −39,4 · 68,2 · −51,8

Diagrama do momento fletor (kN · m)

288 · 115 · 82 · 259

(c) Reações de apoio e diagramas do cortante e momento fletor para a viga indeterminada

Figura 13.22

capítulo 13 Método das deformações compatíveis – método das forças 493

Variações de temperatura e erros de montagem

Ao contrário dos recalques de apoio, que afetam apenas as estruturas externamente indeterminadas, as variações de temperatura e os erros de montagem podem afetar as condições de tensão das estruturas externamente e/ou internamente indeterminadas. O procedimento para a análise das estruturas submetidas a variações de temperatura e/ou erros de montagem é o mesmo que o utilizado anteriormente para o caso das cargas externas. A única diferença é que a estrutura principal é agora submetida a alterações de temperatura prescritas e/ou erros de montagem (em vez de cargas externas) para avaliar o seu deslocamento nos locais dos hiperestáticos em razão desses efeitos. Os hiperestáticos são então determinados pela aplicação das condições usuais de compatibilidade dos deslocamentos da estrutura principal nos locais dos hiperestáticos em razão do efeito combinado das variações de temperatura e/ou erros de montagem, e os hiperestáticos devem ser iguais aos deslocamentos conhecidos nos locais correspondentes, na estrutura indeterminada real. O procedimento é ilustrado pelo seguinte exemplo.

EXEMPLO 13.16

Determine as reações e a força em cada elemento da treliça mostrada na Figura 13.23(a) em razão de um aumento da temperatura de 45 °C no elemento AB e uma queda de temperatura de 20 °C no elemento CD. Use o método das deformações compatíveis.

Solução

Grau hiperestático. $i = (m + r) - 2j = (6 + 3) - 2(4) = 1$. A treliça é indeterminada internamente para o primeiro grau.

Treliça principal. A força normal F_{AD} no elemento diagonal AD é selecionada para ser o hiperestático. A treliça principal obtida por meio da remoção do elemento AD é mostrada na Figura 13.23(b). Em seguida, a treliça principal é submetida separadamente às variações de temperatura prescritas e a uma força de tração de 1 kN no elemento hiperestático AD, como mostrado nas Figuras 13.23(b) e (c), respectivamente.

Equação de compatibilidade. A equação de compatibilidade pode ser expressa como

$$\Delta_{ADO} + f_{AD,AD} F_{AD} = 0 \qquad (1)$$

na qual Δ_{ADO} indica o deslocamento relativo entre os nós A e D da treliça principal em razão das variações de temperatura, e o coeficiente de flexibilidade $f_{AD,AD}$ indica o deslocamento relativo entre os mesmos nós, devido a um valor unitário do hiperestático F_{AD}.

Flechas na treliça principal. Como discutido na Seção 7.3, a expressão dos trabalhos virtuais para Δ_{ADO} pode ser escrita como

$$\Delta_{ADO} = \Sigma \alpha (\Delta T) L u_{AD}$$

na qual o produto $\alpha(\Delta T)L$ é igual à deformação normal de um elemento da treliça principal, em razão de uma variação da temperatura ΔT e u_{AD} representa a força normal no mesmo elemento em razão de uma força de tração de 1 kN no elemento AD. Os valores numéricos dessas quantidades estão tabelados na Tabela 13.6, a partir da qual Δ_{ADO} é determinado, sendo

$$\Delta_{ADO} = -1,92 \text{ mm}$$

Em seguida, o coeficiente de flexibilidade $f_{AD,AD}$ é calculado usando a expressão dos trabalhos virtuais (veja a Tabela 13.6)

$$f_{AD,AD} = \Sigma \frac{u_{AD}^2 L}{AE} = 0,0479 \text{ mm}$$

494 Análise Estrutural

Figura 13.23

(a) Treliça indeterminada

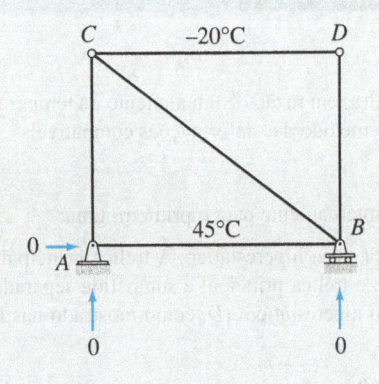

$E = 200$ GPa
$\alpha = 1,2\,(10^{-5})/°C$

(b) Treliça principal submetida a variações de temperatura

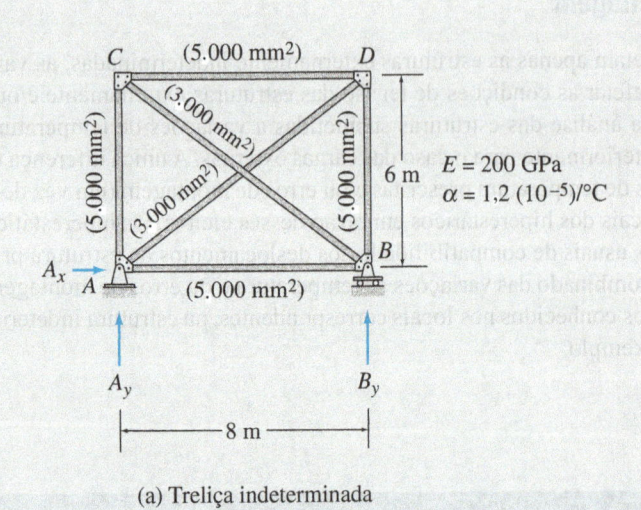

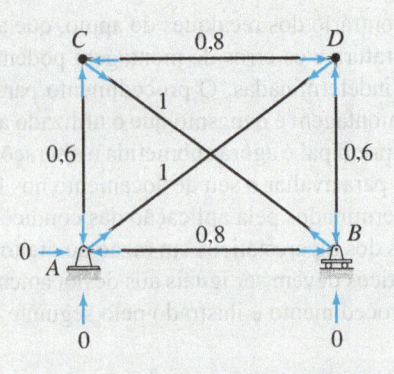

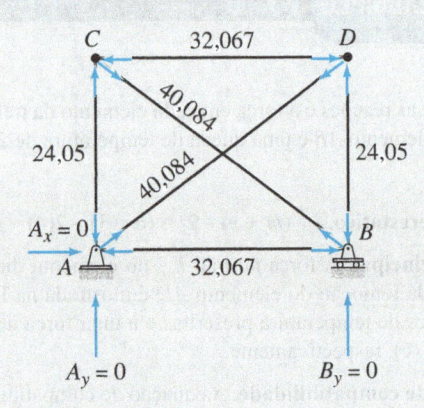

(c) Treliça principal submetida à força de tração unitária no elemento AD – forças u_{AD} (kN)

(d) Forças no elemento para treliça indeterminada

Tabela 13.6

Elemento	L (m)	A (m²)	ΔT (°C)	u_{AD} (kN/kN)	$(\Delta T) L u_{AD}$ (°C · m)	$u_{AD}^2 L/A$ (1/m)	$F = u_{AD} F_{AD}$ (kN)
AB	8	0,005	45	–0,8	–288	1.024	–32,067
CD	8	0,005	–20	–0,8	128	1.024	–32,067
AC	6	0,005	0	–0,6	0	432	–24,05
BD	6	0,005	0	–0,6	0	432	–24,05
AD	10	0,003	0	1,0	0	3.333,333	40,084
BC	10	0,003	0	1,0	0	3.333,333	40,084
				Σ	–160	9.578,667	

$$\Delta_{ADO} = \alpha \sum (\Delta T) L u_{AD} = 1,2(10^{-5})(-160) = -0,00192 \text{ m} = -1,92 \text{ mm}$$

$$f_{AD,AD} = \frac{1}{E} \sum \frac{u_{AD}^2 L}{A} = \frac{9.578,667}{200(10^6)} = 47,893(10^{-6}) \text{ m/kN} = 0,0479 \text{ mm/kN}$$

$$F_{AD} = -\frac{\Delta_{ADO}}{f_{AD,AD}} = 40,084 \text{ kN (T)}$$

Magnitude do hiperestático. Substituindo os valores de Δ_{ADO} e $f_{AD,\,AD}$ na equação de compatibilidade (Equação (1)), obtemos

$$-1{,}92 + (0{,}04779)F_{AD} = 0$$

$$F_{AD} = 40{,}084 \text{ kN (T)} \qquad \textbf{Resp.}$$

Reações. Uma vez que a treliça é estaticamente externamente determinada, suas reações em razão das variações de temperatura são nulas. **Resp.**

Forças normais no elemento. As forças nos elementos da treliça principal em razão das variações de temperatura são nulas, de modo que as forças nos elementos da treliça indeterminada podem ser expressas como

$$F = u_{AD}F_{AD}$$

As forças no elemento assim obtidas são apresentadas na Tabela 13.6 e Figura 13.23(d). **Resp.**

13.5 Método dos mínimos trabalhos

Nesta seção, consideramos uma formulação alternativa do método das forças chamado de *método dos mínimos trabalhos*. Neste método, as equações de compatibilidade são estabelecidas usando o *segundo teorema de Castigliano*, em vez da superposição de deslocamento, como no método das deformações compatíveis consideradas nas seções anteriores. Com essa exceção, os dois métodos são semelhantes e exigem essencialmente a mesma quantidade de esforço computacional. O método dos mínimos trabalhos geralmente revela-se mais conveniente para a análise de estruturas compostas que contêm elementos com força normal e elementos de flexão (por exemplo, vigas ancoradas por cabos). No entanto, o método não é tão geral como o das deformações compatíveis no sentido que, na sua forma original (conforme apresentado), o método dos mínimos trabalhos não pode ser utilizado para analisar os efeitos dos recalques de apoio, as variações de temperatura e os erros de montagem.

Para desenvolvermos o método dos mínimos trabalhos, vamos considerar uma viga estaticamente indeterminada com apoios inflexíveis, submetida a um carregamento externo w, como mostrado na Figura 13.24. Suponha que selecionemos a reação vertical B_y no apoio intermediário B para ser o hiperestático. Ao tratar o hiperestático como uma carga desconhecida aplicada na viga em conjunto com a carga prescrita w, uma expressão para a energia de deformação pode ser escrita em termos da carga conhecida w e do hiperestático desconhecido B_y como

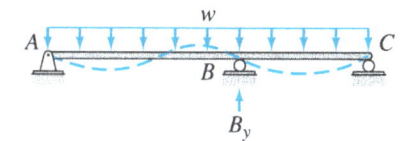

Figura 13.24

$$U = f(w, B_y) \qquad (13.20)$$

A equação (13.20) indica simbolicamente que a energia de deformação para a viga é expressa como uma função da carga externa conhecida w e do hiperestático desconhecido B_y.

De acordo com o segundo teorema de Castigliano (Seção 7.7), a derivada parcial da energia de deformação com relação a uma força é igual ao deslocamento do ponto de aplicação da força ao longo de sua linha de ação. Uma vez que o deslocamento no ponto de aplicação do hiperestático B_y é nulo, pela aplicação do segundo teorema de Castigliano, podemos escrever

$$\frac{\partial U}{\partial B_y} = 0 \qquad (13.21)$$

Deve-se compreender que a Equação (13.21) representa a equação de compatibilidade na direção do hiperestático B_y e ela pode ser resolvida para o hiperestático.

Como a Equação (13.21) indica, a primeira derivada parcial da energia de deformação com relação ao hiperestático deve ser nula. Isso implica que, para o valor do hiperestático que satisfaça às equações de equilíbrio e compatibilidade, a energia de deformação da estrutura é um mínimo ou um máximo. Uma vez que para uma estrutura elástica linearmente não existe um valor máximo da energia de deformação, pois ela pode ser aumentada indefinidamente elevando o valor do hiperestático, concluímos que para o valor verdadeiro do hiperestático a energia de deformação deve ser um mínimo. Essa conclusão é conhecida como o *princípio dos mínimos trabalhos*:

As magnitudes dos hiperestáticos de uma estrutura estaticamente indeterminada devem ser tais que a energia de deformação armazenada na estrutura é um mínimo (isto é, o trabalho interno realizado é o mínimo).

O método dos mínimos trabalhos, como descrito, pode ser facilmente estendido para a análise de estruturas com vários graus hiperestáticos. Se uma estrutura é indeterminada para o n-ésimo grau, então n hiperestáticos são selecionados e a energia de deformação para a estrutura é expressa em termos da carga externa conhecida e os n hiperestáticos conhecidos como

$$U = f(w, R_1, R_2, ..., R_n) \tag{13.22}$$

em que w representa todas as cargas conhecidas e $R_1, R_2, ..., R_n$ denotam os n hiperestáticos. Em seguida, o princípio dos mínimos trabalhos é aplicado separadamente para cada hiperestático, diferenciando parcialmente a expressão da energia de deformação (Equação (13.22)) com respeito a cada um dos hiperestáticos e definindo cada derivada parcial igual a zero; isto é,

$$\frac{\partial U}{\partial R_1} = 0$$

$$\frac{\partial U}{\partial R_2} = 0 \tag{13.23}$$

$$\vdots$$

$$\frac{\partial U}{\partial R_n} = 0$$

o que representa um sistema de n equações simultâneas em termos de n hiperestáticos e pode ser resolvido para os hiperestáticos.

O procedimento para a análise de estruturas indeterminadas pelo método dos mínimos trabalhos é ilustrado pelos seguintes exemplos.

EXEMPLO 13.17

Determine as reações para a viga mostrada na Figura 13.25 pelo método dos mínimos trabalhos.

Solução
Esta viga foi analisada no Exemplo 13.2 pelo método das deformações compatíveis.

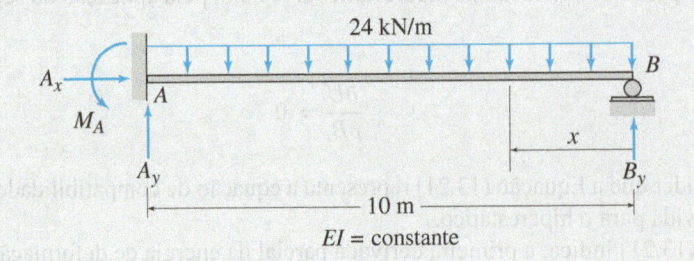

Figura 13.25

A viga é suportada por quatro reações, assim o grau hiperestático é igual a 1. A reação vertical B_y, no apoio de rolete B é selecionada como o hiperestático. Avaliaremos a magnitude do hiperestático, minimizando a energia de deformação da viga com relação a B_y.

Como discutido na Seção 7.6, a energia de deformação de uma viga sujeita apenas à flexão pode ser expressa como

$$U = \int_0^L \frac{M^2}{2EI} dx \qquad (1)$$

De acordo com o princípio dos mínimos trabalhos, a derivada parcial de energia de deformação com relação a B_y deve ser nula; isto é,

$$\frac{\partial U}{\partial B_y} = \int_0^L \left(\frac{\partial M}{\partial B_y}\right) \frac{M}{EI} dx = 0 \qquad (2)$$

Usando a coordenada x mostrada na Figura 13.25, escrevemos a equação para o momento fletor M, em termos de B_y, como

$$M = B_y(x) - 12x^2$$

Em seguida, diferenciamos parcialmente a expressão para M com relação a B_y para obter

$$\frac{\partial M}{\partial B_y} = x$$

Substituindo as expressões para M e $\partial M/\partial B_y$ na Equação (2), escrevemos

$$\frac{1}{EI}\left[\int_0^{10} x(B_y x - 12x^2)\, dx\right] = 0$$

Integrando, obtemos

$$333{,}33 B_y - 30.000 = 0$$

a partir do qual

$$B_y = 90 \text{ kN} \uparrow \qquad \text{Resp.}$$

Para determinarmos as reações restantes da viga indeterminada, aplicamos as equações de equilíbrio (Figura 13.25):

$+ \rightarrow \sum F_x = 0 \qquad\qquad\qquad\qquad A_x = 0$ **Resp.**

$+ \uparrow \sum F_y = 0 \qquad A_y - 24(10) + 90 = 0 \qquad A_y = 150 \text{ kN} \uparrow$ **Resp.**

$+ \circlearrowleft \sum M_A = 0 \qquad M_A - 24(10)(5) + 90(10) = 0 \qquad M_A = 300 \text{ kN} \cdot \text{m} \circlearrowright$ **Resp.**

EXEMPLO 13.18

Determine a reações da viga contínua com dois vãos mostrada na Figura 13.26, pelo método dos mínimos trabalhos.

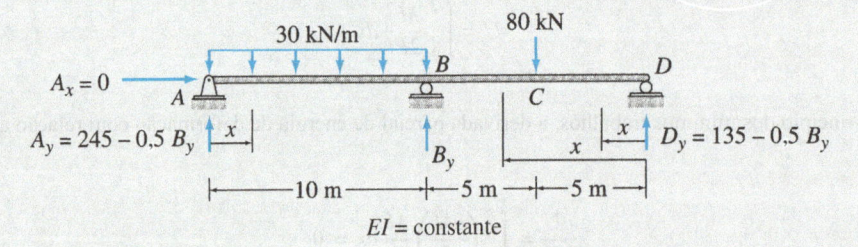

Figura 13.26

Solução

A viga é suportada por quatro reações, A_x, A_y, B_y e D_y. Uma vez que existem apenas três equações de equilíbrio, o grau hiperestático da viga é igual a 1. Vamos selecionar a reação B_y para ser o hiperestático. A magnitude do hiperestático será determinada pela minimização da energia de deformação da viga com relação a B_y.

A energia de deformação de uma viga sujeita apenas à flexão é expressa como

$$U = \int_0^L \frac{M^2}{2EI} dx \qquad (1)$$

De acordo com o princípio dos mínimos trabalhos,

$$\frac{\partial U}{\partial B_y} = \int_0^L \left(\frac{\partial M}{\partial B_y}\right) \frac{M}{EI} dx = 0 \qquad (2)$$

Antes que possamos obter as equações para os momentos fletores M, devemos expressar as reações dos apoios A e D na viga em termos do hiperestático B_y. Aplicando as três equações de equilíbrio, escrevemos

$$+\rightarrow \sum F_x = 0 \qquad A_x = 0 \qquad \textbf{Resp.}$$

$$+\circlearrowleft \sum M_D = 0$$

$$-A_y(20) + 30(10)(15) - B_y(10) + 80(5) = 0$$

$$A_y = 245 - 0,5B_y \qquad (3)$$

$$+\uparrow \sum F_y = 0$$

$$(245 - 0,5B_y) - 30(10) + B_y - 80 + D_y = 0$$

$$D_y = 135 - 0,5B_y \qquad (4)$$

Para determinar as equações para os momentos fletores M, a viga é dividida em três segmentos, AB, BC e CD. As coordenadas x utilizadas para determinar as equações são mostradas na Figura 13.26 e as equações do momento fletor, em termos de B_y, estão tabuladas na Tabela 13.7. Em seguida, as derivadas dos momentos fletores com relação a B_y são avaliadas. Essas derivadas estão listadas na última coluna da Tabela 13.7.

Tabela 13.7

Segmento	coordenada x Origem	Limites (m)	M	$\partial M/\partial B_y$
AB	A	0 – 10	$(245 - 0,5B_y)x - 15x^2 - 0,5x^2$	$-0,5x$
DC	D	0 – 5	$(135 - 0,5B_y)x$	$-0,5x$
CB	D	5 – 10	$(135 - 0,5B_y)x - 80(x-5)$	$-0,5x$

Substituindo as expressões por M e $\partial M/\partial B_y$ na Equação (2), escrevemos

$$\frac{1}{EI}\left[\int_0^{10}(-0{,}5x)(245x - 0{,}5B_y x - 15x^2)\,dx\right.$$

$$+ \int_0^5 (-0{,}5x)(135x - 0{,}5B_y x)\,dx$$

$$\left. + \int_5^{10}(-0{,}5x)(55x - 0{,}5B_y x + 400)\,dx\right] = 0$$

Integrando, obtemos

$$-40.416{,}667 + 166{,}667 B_y = 0$$

a partir do qual

$$B_y = 242{,}5 \text{ kN} \uparrow \qquad \text{Resp.}$$

Ao substituirmos a valor de B_y nas Equações (3) e (4), respectivamente, determinamos as reações verticais dos apoios A e D.

$$A_y = 123{,}75 \text{ kN} \uparrow \qquad \text{Resp.}$$

$$D_y = 13{,}75 \text{ kN} \uparrow \qquad \text{Resp.}$$

EXEMPLO 13.19

Determine a força em cada um dos elementos da treliça mostrada na Figura 13.27(a) pelo método dos mínimos trabalhos.

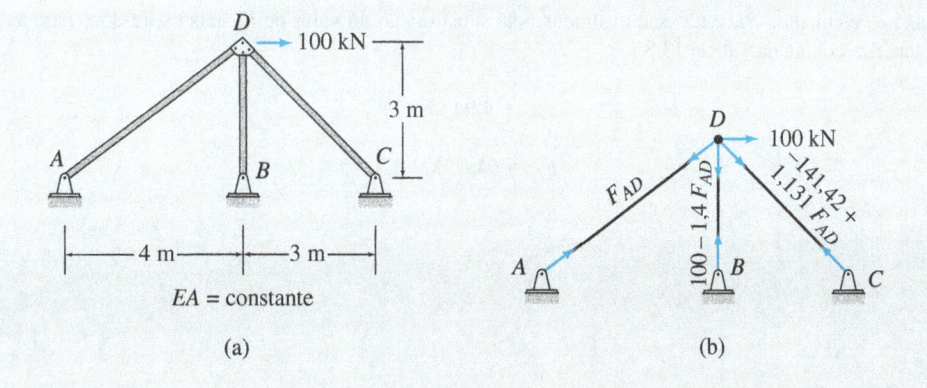

Figura 13.27

Solução

A treliça contém um elemento mais que o necessário para a estabilidade interna; por conseguinte, seu grau hiperestático é igual a 1. Vamos selecionar a força F_{AD} no elemento AD para ser o hiperestático. Vamos determinar a magnitude de F_{AD} minimizando a energia de deformação da treliça com relação a F_{AD}.

Como discutido na Secção 7.6, a energia de deformação de uma treliça pode ser expressa como

$$U = \sum \frac{F^2 L}{2AE} \qquad (1)$$

De acordo com o princípio dos mínimos trabalhos, a derivada parcial de energia de deformação com relação a F_{AD} deve ser nula; isto é,

$$\frac{\partial U}{\partial F_{AD}} = \sum \left(\frac{\partial F}{\partial F_{AD}} \right) \frac{FL}{AE} = 0 \qquad (2)$$

Tabela 13.8

Elemento	L (m)	F	$\frac{\partial F}{\partial F_{AD}}$	$\left(\frac{\partial F}{\partial F_{AD}}\right) FL$	F (kN)
AB	5	F_{AD}	1	$5F_{AD}$	67,4
DC	3	$100 - 1,4 F_{AD}$	$-1,4$	$-420 + 5,88 F_{AD}$	5,64
CB	4,243	$-141,42 + 1,131 F_{AD}$	1,131	$-678,65 + 5,429 F_{AD}$	$-65,19$
			Σ	$-1.098,65 + 16,31 F_{AD}$	

$$\frac{1}{AE} \sum \left(\frac{\partial F}{\partial F_{AD}} \right) FL = 0$$
$$-1.098,65 + 16,31 F_{AD} = 0$$
$$F_{AD} = 67,4 \text{ kN (T)}$$

As forças normais nos elementos BD e CD são expressas em termos do hiperestático F_{AD} considerando-se o equilíbrio do nó D (Figura 13.27(b)). Essas forças no elemento F, junto com as suas derivadas parciais com relação a F_{AD}, estão tabuladas na Tabela 13.8. Para aplicar a Equação (2), os termos $(\partial F/\partial F_{AD})FL$ são calculados para os elementos individuais e adicionados, como mostrado na Tabela 13.8. Observe que, desde que EA seja constante, não é incluído no somatório. A Equação (2) é então resolvida, como mostrado na Tabela 13.8, para determinar a magnitude do hiperestático.

$$F_{AD} = 67,4 \text{ kN (T)} \qquad \textbf{Resp.}$$

Por fim, as forças nos elementos BD e CD são avaliadas pela substituição do valor de F_{AD} nas expressões para as forças no elemento dadas na terceira coluna da Tabela 13.8.

$$F_{BD} = 4,94 \text{ kN (T)} \qquad \textbf{Resp.}$$

$$F_{CD} = 64,63 \text{ kN (C)} \qquad \textbf{Resp.}$$

EXEMPLO 13.20

Uma viga é suportada por um apoio engastado A e um cabo BD, como mostrado na Figura 13.28(a). Determine a tensão no cabo pelo método dos mínimos trabalhos.

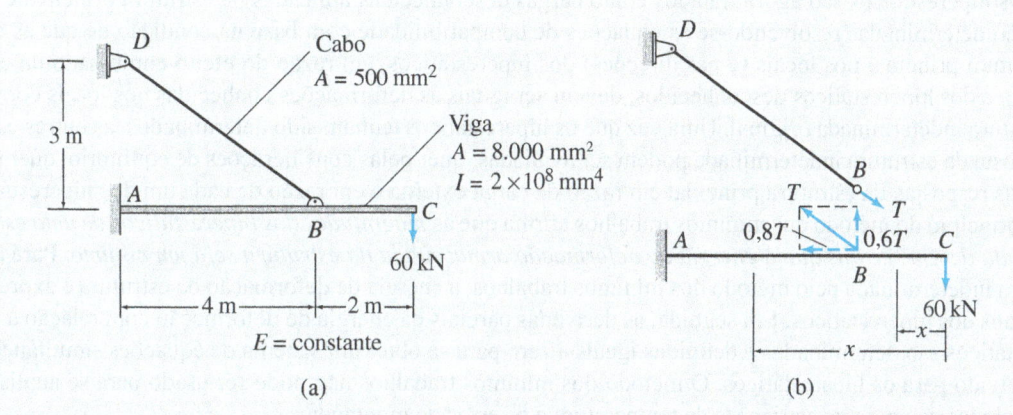

Figura 13.28

Tabela 13.9

Segmento	coordenada x		M	F	$\dfrac{\partial M}{\partial T}$	$\dfrac{\partial F}{\partial T}$
	Origem	Limites (m)				
CB	C	0 – 2	–60x	0	0	0
BA	C	2 – 6	–60x + 0,6T(x – 2)	–0,8T	0,6(x – 2)	–0,8
BD	–	–	0	T	0	1

Solução

Vamos analisar a estrutura, considerando a tensão T no cabo BD para ser o hiperestático. A magnitude do hiperestático será determinada pela minimização da energia de deformação da estrutura com relação a T.

Como a estrutura contém elementos carregados axialmente e à flexão, a energia total de deformação é expressa como a soma da energia de deformação em razão das forças normais e da energia de deformação em razão da flexão; isto é,

$$U = \sum \frac{F^2 L}{2AE} + \sum \int \frac{M^2}{2EI} dx \tag{1}$$

De acordo com o princípio dos mínimos trabalhos,

$$\frac{\partial U}{\partial T} = \sum \left(\frac{\partial F}{\partial T}\right) \frac{FL}{AE} + \sum \int \left(\frac{\partial M}{\partial T}\right) \frac{M}{EI} dx = 0 \tag{2}$$

As expressões para os momentos fletor M e as forças normais F em termos do hiperestático T e suas derivadas com relação a T estão tabuladas na Tabela 13.9. Substituindo estas expressões e derivadas na Equação (2), escrevemos

$$\frac{1}{E}\left[\frac{(-0,8)(-0,8T)(4)}{8 \times 10^{-3}} + \frac{1(T)(5)}{5 \times 10^{-4}} + \frac{1}{2 \times 10^{-4}}\int_{2}^{6} 0,6(x-2)(-60x + 0,6Tx - 1,2T)\,dx\right] = 0$$

$$-6,72 \times 10^6 + 48.720T = 0$$

$$T = 137,93 \text{ kN} \quad \text{Resp.}$$

Resumo

Neste capítulo, discutimos duas formulações do método das forças (flexibilidade) de análise de estruturas indeterminadas: (1) o método das deformações compatíveis e (2) o método dos mínimos trabalhos.

O método das deformações compatíveis envolve a retirada de restrições em excesso da estrutura indeterminada para torná-la estaticamente determinada. A estrutura determinada é chamada estrutura principal e as reações ou as forças internas associadas às restrições em excesso removidas da estrutura indeterminada são denominadas hiperestáticos. Os hiperestáticos são agora tratados como cargas desconhecidas aplicadas na estrutura principal e suas magnitudes são determinadas resolvendo-se as equações de compatibilidade com base na condição de que as deformações da estrutura principal nos locais (e nas direções) dos hiperestáticos, em razão do efeito combinado da carga externa prescrita e dos hiperestáticos desconhecidos, devem ser iguais às deformações conhecidas nos locais correspondentes da estrutura indeterminada original. Uma vez que os hiperestáticos tenham sido determinados, as outras características de resposta da estrutura indeterminada podem ser avaliadas, quer pelas considerações de equilíbrio, quer por superposição das respostas da estrutura principal em razão da carga externa e em razão de cada um dos hiperestáticos.

O princípio do método dos mínimos trabalhos afirma que as *magnitudes dos hiperestáticos de uma estrutura indeterminada devem ser tais que a energia de deformação armazenada na estrutura seja um mínimo*. Para analisar uma estrutura indeterminada pelo método dos mínimos trabalhos, a energia de deformação da estrutura é expressa primeiro em termos dos hiperestáticos. Em seguida, as derivadas parciais da energia de deformação com relação a cada um dos hiperestáticos são determinadas e definidas iguais a zero para se obter um sistema de equações simultâneas que possa ser resolvido para os hiperestáticos. O método dos mínimos trabalhos não pode ser usado para se analisar os efeitos dos recalques de apoio, as variações de temperatura e os erros de montagem.

PROBLEMAS

Seção 13.1

13.1 a 13.4 Determine as reações e desenhe os diagramas dos momento fletor e cortante para as vigas mostradas nas Figuras P13.1 a P13.4, utilizando o método das deformações compatíveis. Selecione a reação do apoio de rolete para ser o hiperestático.

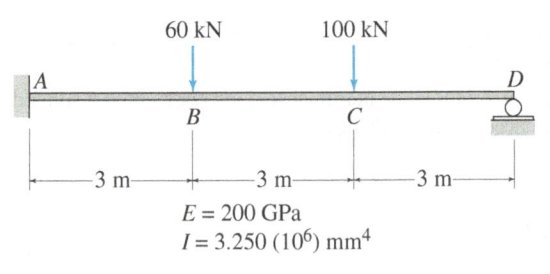

Figuras P13.1, P13.5, P13.49

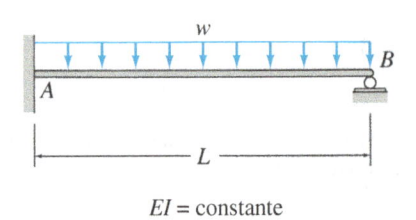

Figuras P13.2, P13.6

13.5 a 13.8 Determine as reações e desenhe os diagramas dos momento fletor e cortante para as vigas mostradas nas Figuras P13.1 a P13.4, utilizando o método das deformações compatíveis. Escolha o momento de reação do apoio engastado para ser o hiperestático.

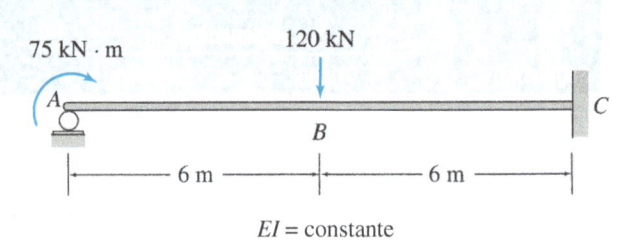

Figuras P13.3, P13.7

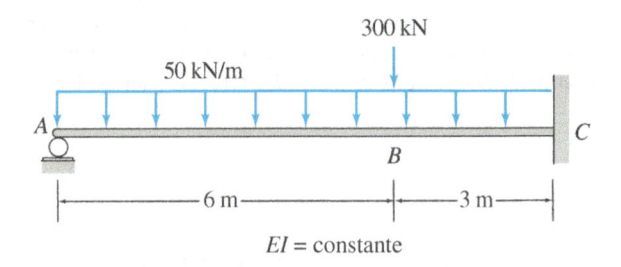

Figuras P13.4, P13.8

13.9 a 13.12 Determine as reações e desenhe os diagramas dos momento fletor e cortante para as vigas mostradas nas Figuras P13.9 a P13.12, usando o método das deformações compatíveis. Selecione a reação do apoio interior para ser o hiperestático.

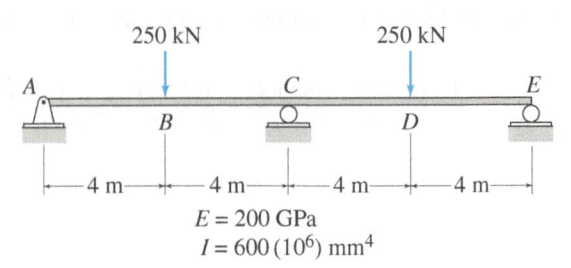

Figuras P13.9, P13.30, P13.50

capítulo 13

Método das deformações compatíveis – método das forças

EI = constante

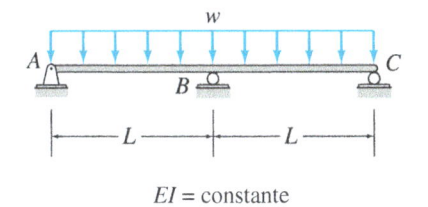

Figuras P13.10, P13.31

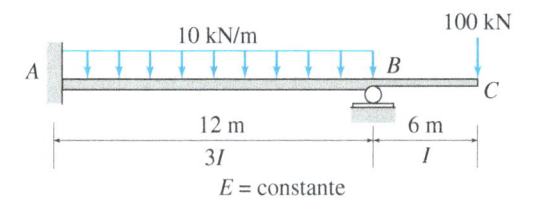

E = constante

Figuras P13.16, P13.59

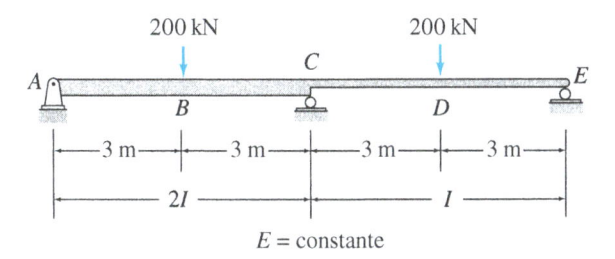

E = constante

Figuras P13.11, P13.32

EI = constante

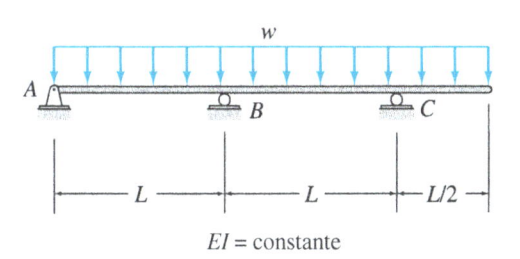

Figura P13.17

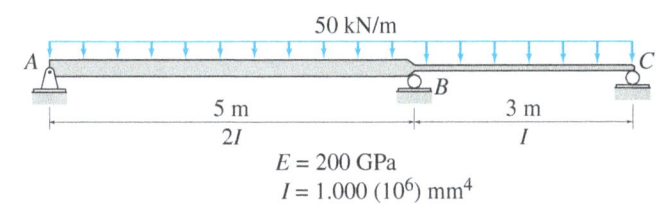

E = 200 GPa
I = 1.000 (10^6) mm^4

Figuras P13.12, P13.33, P13.51

13.13 a 13.25 Determine as reações e desenhe os diagramas do momento fletor e cortante para as estruturas mostradas nas Figuras P13.13 a P13.25, usando o método das deformações compatíveis.

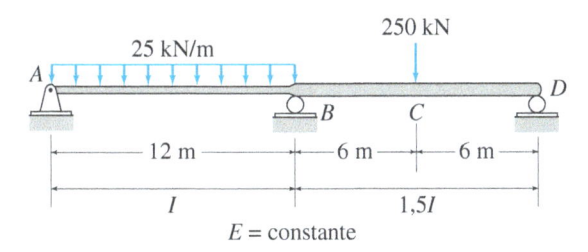

E = constante

Figura P13.13

EI = constante

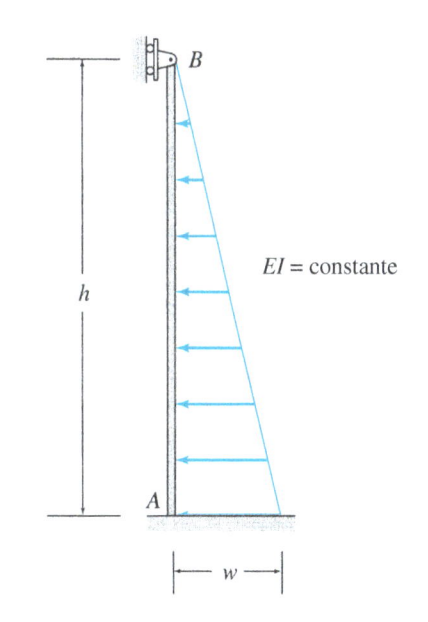

Figura P13.18

EI = constante

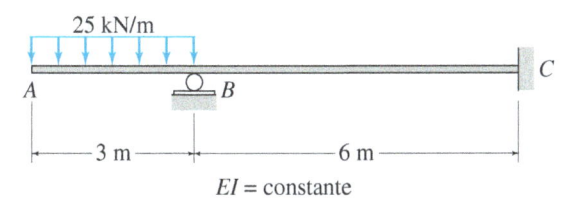

Figura P13.14

EI = constante

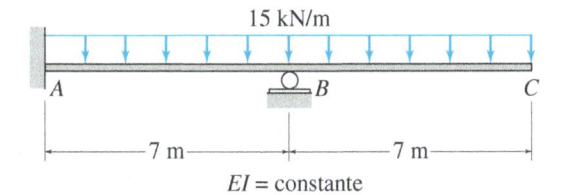

Figuras P13.15, P13.58

EI = constante

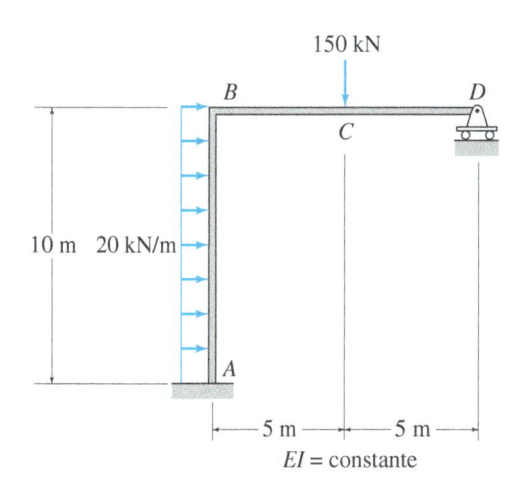

Figura P13.19

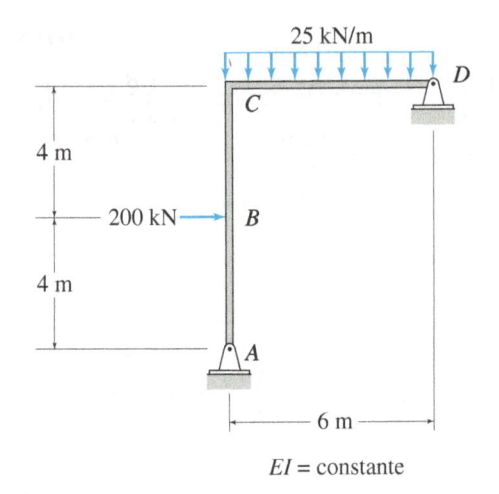

Figura P13.20

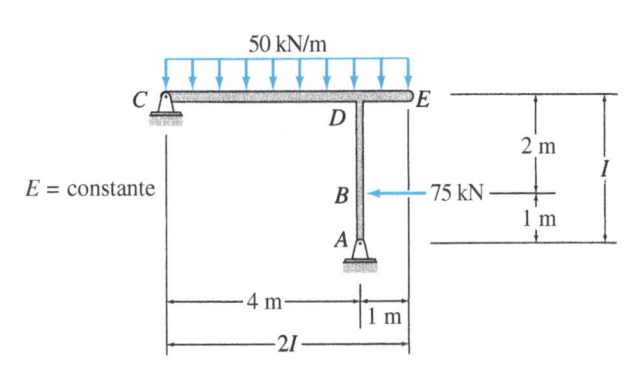

Figura P13.21

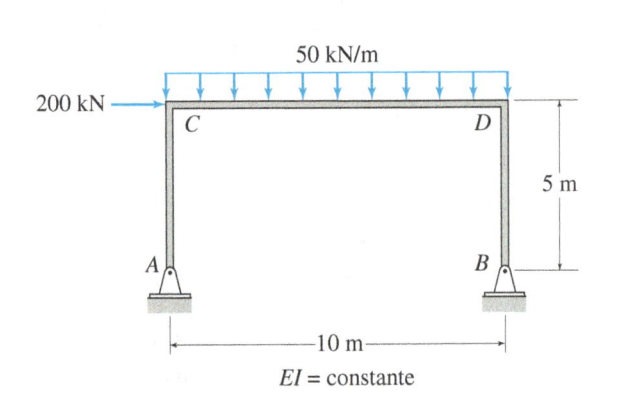

Figura P13.22

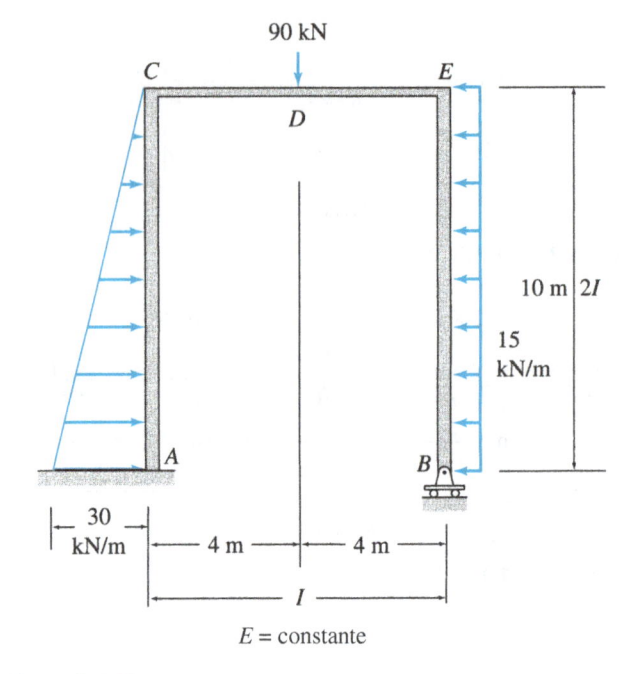

Figura P13.23

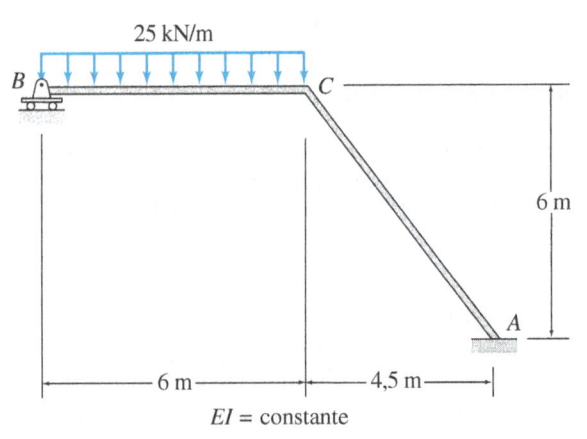

Figura P13.24

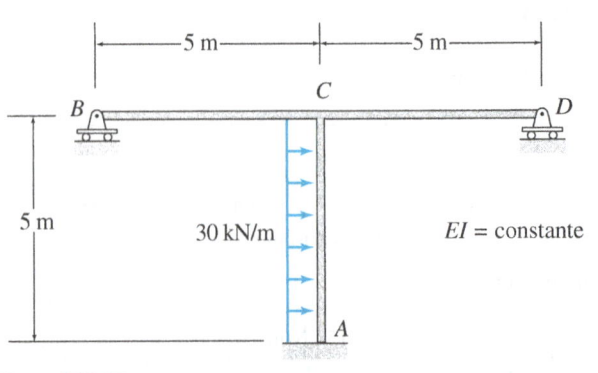

Figura P13.25

13.26 a 13.29 Determine as reações e a força em cada elemento das treliças mostradas nas Figuras P13.26 a P13.29, usando o método das deformações compatíveis.

capítulo 13

Método das deformações compatíveis – método das forças

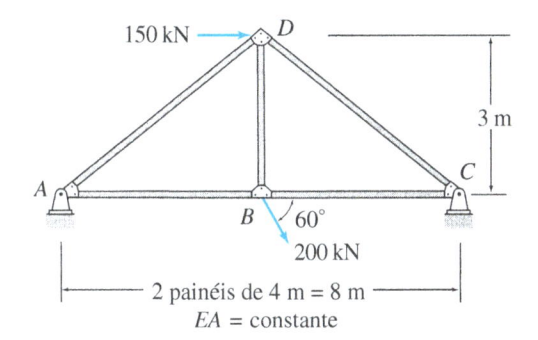

Figura P13.26

Seção 13.2

13.30 a 13.33 Resolva os Problemas de 13.9 a 13.12 selecionando o momento fletor no apoio intermediário para ser o hiperestático. Veja as Figuras P13.9 a P13.12.

13.34 a 13.36 Determine a reações e a força em cada elemento das treliças mostradas nas Figuras P13.34 a P13.36, usando o método das deformações compatíveis.

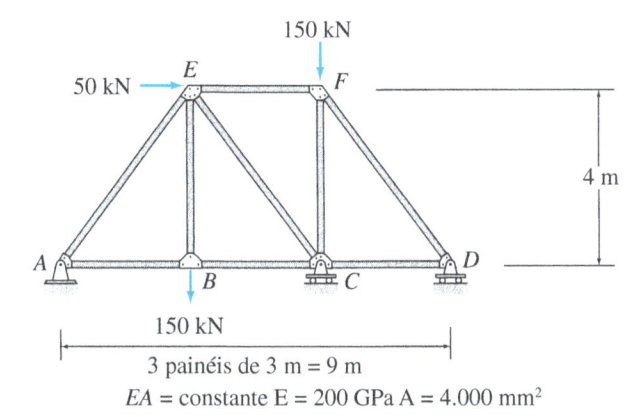

Figuras P13.27, P13.52

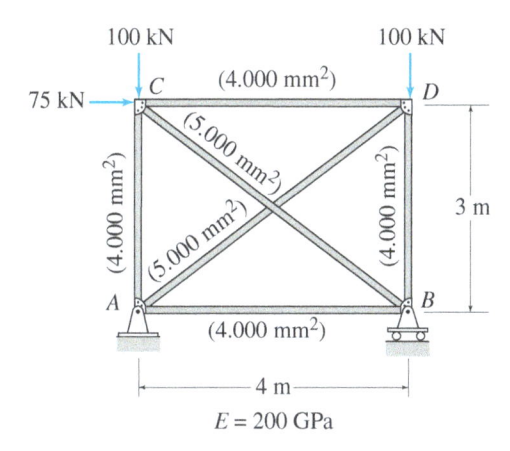

Figura P13.34

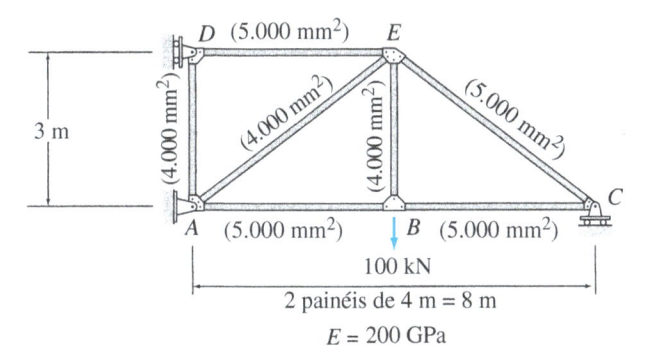

Figura P13.28

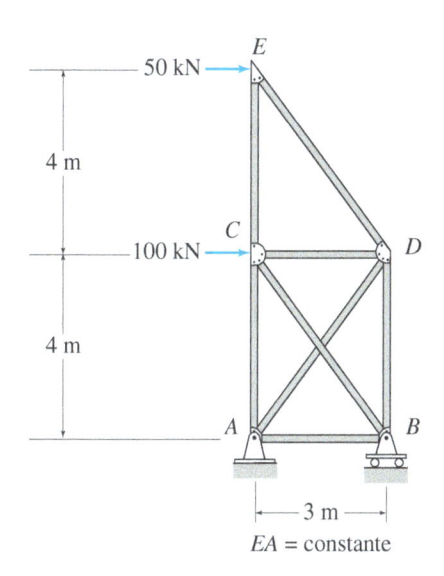

Figuras P13.35, P13.60

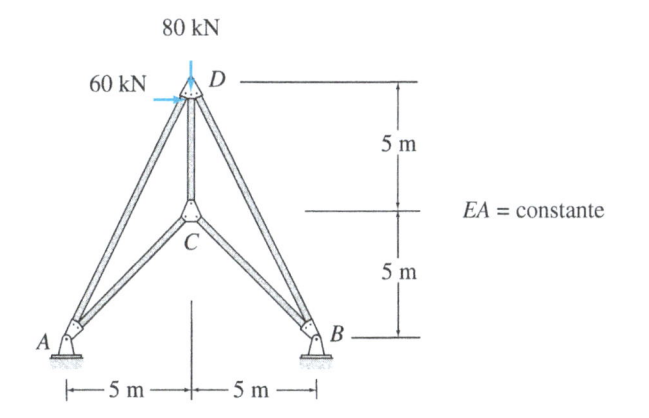

Figura P13.29

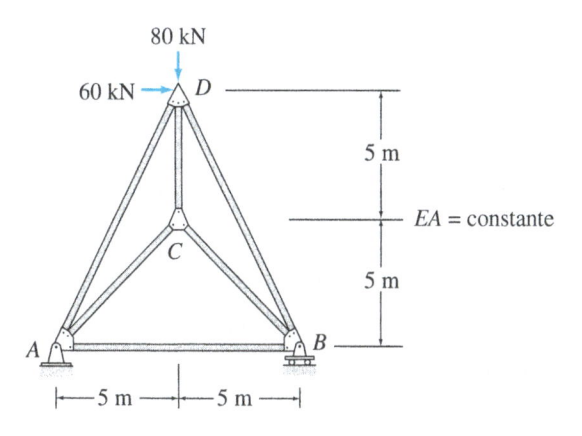

Figura P13.36

Seção 13.3

13.37 a 13.45 Determine as reações e desenhe os diagramas dos momento fletor e cortante para as estruturas mostradas nas Figuras P13.37 a P13.45, usando o método das deformações compatíveis.

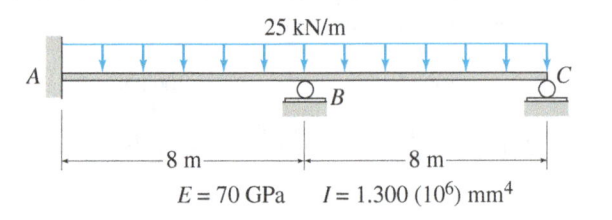

Figuras P13.37, P13.53
25 kN/m, A—B—C, 8 m, 8 m, $E = 70$ GPa, $I = 1.300 \,(10^6)$ mm^4

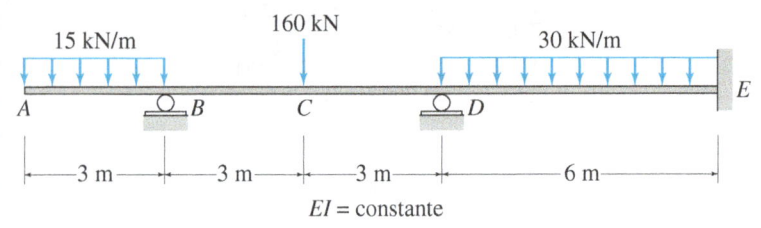

Figura P13.38
15 kN/m, 160 kN, 30 kN/m, A—B—C—D—E, 3 m, 3 m, 3 m, 6 m, EI = constante

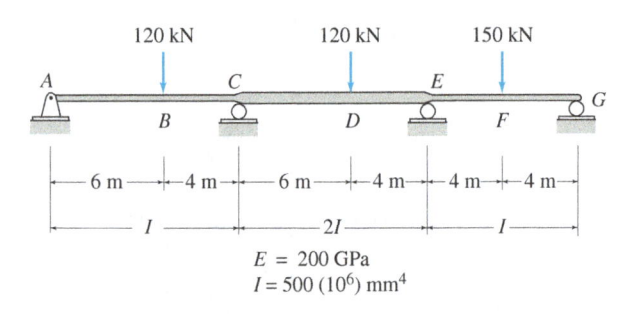

Figuras P13.39, P13.54
120 kN, 120 kN, 150 kN, A—B—C—D—E—F—G, 6 m, 4 m, 6 m, 4 m, 4 m, 4 m, I, $2I$, I, $E = 200$ GPa, $I = 500\,(10^6)$ mm^4

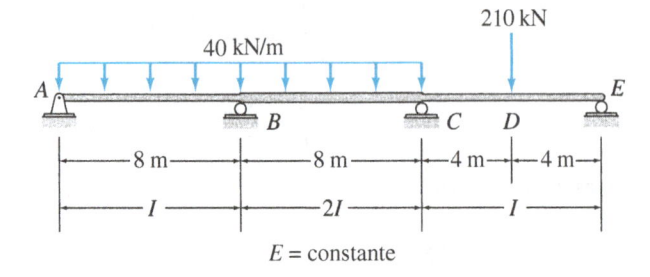

Figura P13.40
40 kN/m, 210 kN, A—B—C—D—E, 8 m, 8 m, 4 m, 4 m, I, $2I$, I, E = constante

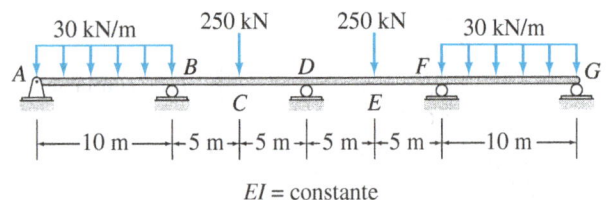

Figura P13.41
30 kN/m, 250 kN, 250 kN, 30 kN/m, A—B—C—D—E—F—G, 10 m, 5 m, 5 m, 5 m, 5 m, 10 m, EI = constante

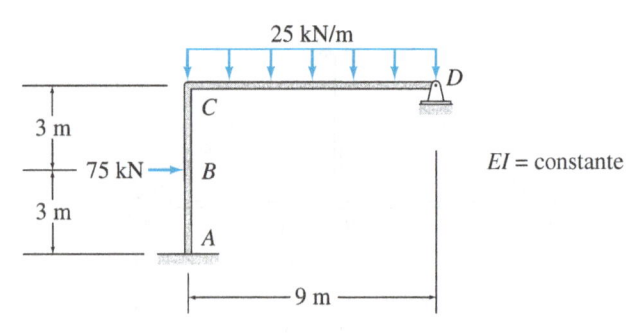

Figura P13.42
25 kN/m, 75 kN, 3 m, 3 m, 9 m, EI = constante

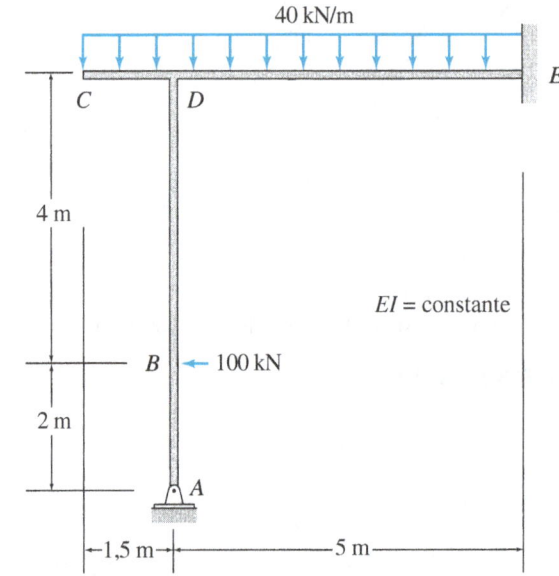

Figura P13.43
40 kN/m, 100 kN, 4 m, 2 m, 1,5 m, 5 m, EI = constante

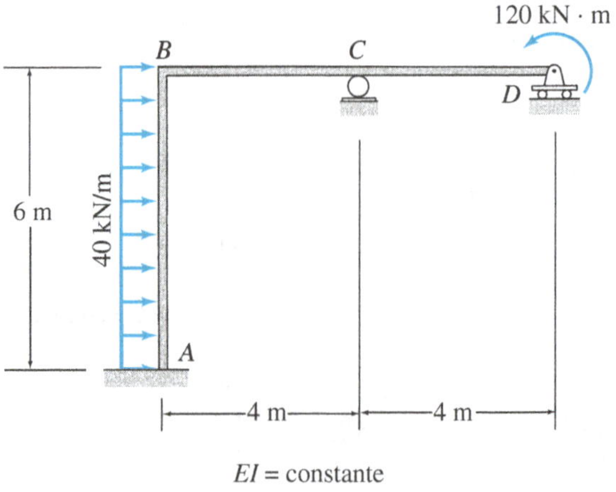

Figura P13.44
120 kN·m, 40 kN/m, 6 m, 4 m, 4 m, EI = constante

capítulo 13
Método das deformações compatíveis – método das forças **507**

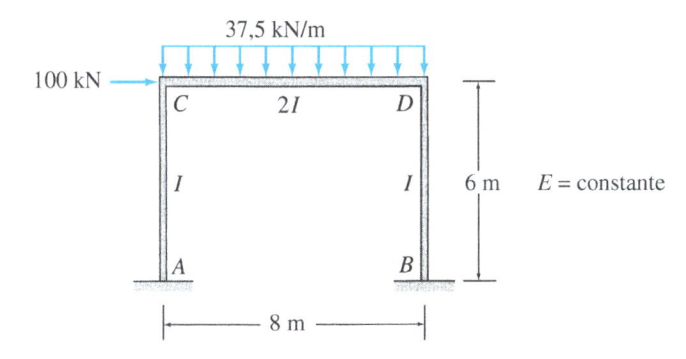

Figura P13.45

Pórtico com carga distribuída de 37,5 kN/m em CD, carga horizontal de 100 kN em C, alturas I nas colunas AC e BD (6 m), 2I na viga CD (8 m), E = constante.

13.46 e 13.47 Determine as reações e a força em cada elemento das treliças mostradas nas Figuras P13.46 e P13.47, usando o método das deformações compatíveis.

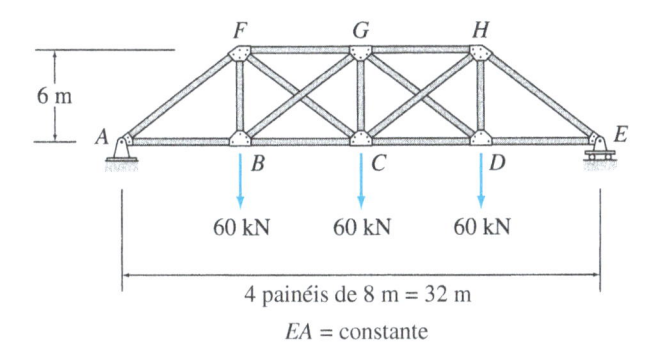

Figura P13.46

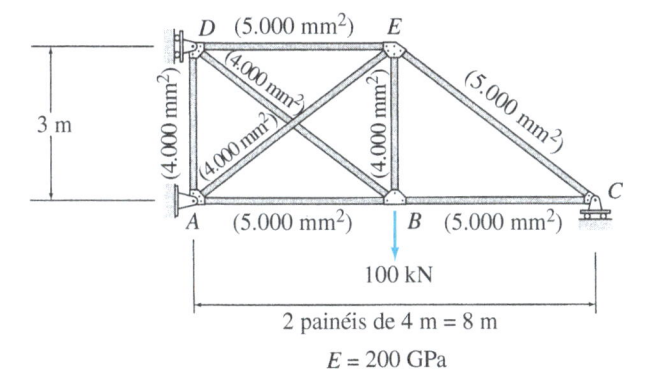

Treliça com altura 6 m, 4 painéis de 8 m = 32 m, cargas de 60 kN em B, C e D. EA = constante.

Figura P13.47

Treliça com 3 m de altura, 2 painéis de 4 m = 8 m, carga de 100 kN em B. Áreas das barras: 4.000 mm² e 5.000 mm². E = 200 GPa.

Seção 13.4

13.48 Determine as reações para a viga mostrada na Figura P13.48, em razão de um pequeno recalque Δ no apoio de rolete C.

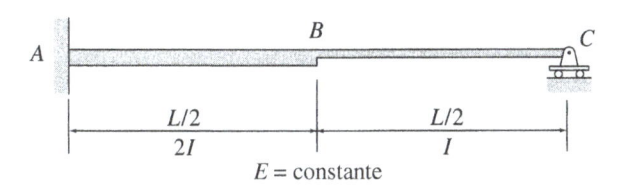

Figura P13.48

Viga ABC com trecho AB de comprimento L/2 e rigidez 2I, e trecho BC de comprimento L/2 e rigidez I. E = constante.

13.49 Resolva o Problema 13.1 para o carregamento mostrado e um recalque de apoio de 30 mm em D. Veja a Figura P13.1.

13.50 Resolva o Problema 13.9 para o carregamento mostrado na Figura P13.9 e um recalque de 30 mm no apoio C.

13.51 Resolva o Problema 13.12 para o carregamento mostrado na Figura P13.12 e os recalques de apoio de 6 mm em A, 16 mm em B e 18 mm em C.

13.52 Resolva o Problema 13.27 para o carregamento mostrado na Figura P13.27 e os recalques de apoio de 25 mm em A, 50 mm em C e 40 mm em D.

13.53 Resolva o Problema 13.37 para o carregamento mostrado na Figura P13.37 e os recalques de apoio de 50 mm em B e 25 mm em C.

13.54 Resolva o Problema 13.39 para o carregamento mostrado na Figura P13.39 e os recalques de apoio de 10 mm em A, 65 mm em C, 40 mm em E e 25 mm em G.

13.55 Determine as reações e a força em cada elemento da treliça mostrada na Figura P13.55, em razão de uma diminuição de temperatura de 25 °C nos elementos AB, BC e CD e um aumento de temperatura de 60 °C no elemento EF. Use o método das deformações compatíveis.

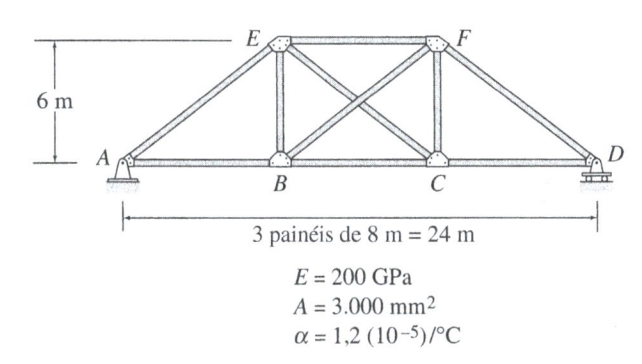

Figuras P13.55, P13.56

Treliça com altura 6 m, 3 painéis de 8 m = 24 m.
E = 200 GPa
A = 3.000 mm²
α = 1,2 (10^{-5})/°C

13.56 Determine as reações e a força em cada elemento da treliça mostrada na Figura P13.55 se o elemento EF for encurtado em 30 mm. Use o método das deformações compatíveis.

13.57 Determine as reações e a força em cada elemento da treliça mostrada na Figura P13.57 em razão de um aumento de temperatura de 40 °C no elemento AB. Use o método das deformações compatíveis.

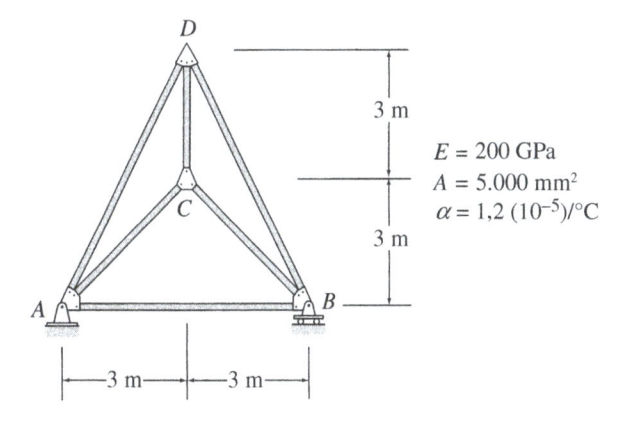

Figura P13.57

Treliça triangular com vértice D no alto, C interno, apoios A e B na base. Dimensões: 3 m + 3 m na base, altura dividida em 3 m + 3 m.
E = 200 GPa
A = 5.000 mm²
α = 1,2 (10^{-5})/°C

Seção 13.5

13.58 Resolva o Problema 13.15 pelo método dos mínimos trabalhos. Veja a Figura P13.15.

13.59 Resolva o Problema 13.16 pelo método dos mínimos trabalhos. Veja a Figura P13.16.

13.60 Resolva o Problema 13.35 pelo método dos mínimos trabalhos. Veja a Figura P13.35.

13.61 Uma viga é suportada por um apoio engastado B e um cabo AC, como mostrado na Figura P13.61. Determine a tensão no cabo pelo método dos mínimos trabalhos.

Cabo $A_C = 300$ mm²

3 m

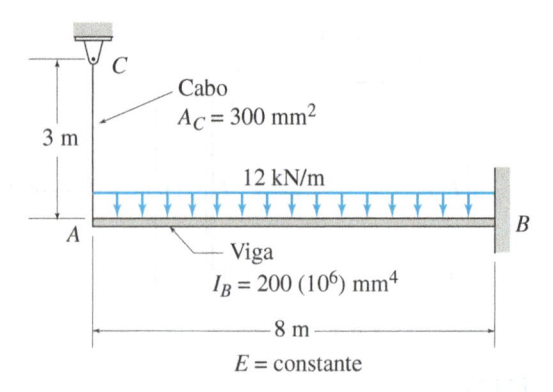

12 kN/m

Viga
$I_B = 200 \, (10^6)$ mm⁴

8 m

E = constante

Figura P13.61

14

Linhas de influência de estruturas estaticamente indeterminadas

14.1 Linhas de influência de vigas e treliças
14.2 Representação esquemática de linhas de influência pelo princípio de Müller-Breslau
Resumo
Problemas

A Ponte Golden Gate, São Francisco
Acoi/shutterstock.com

Neste capítulo, discutiremos os procedimentos para construir as linhas de influência das estruturas estaticamente indeterminadas. Podemos nos lembrar do Capítulo 8 que *uma linha de influência é um gráfico de função de resposta de uma estrutura que expressa uma função da posição de uma carga de unidade descendente movendo através da estrutura*.

O procedimento básico para construir linhas de influência das estruturas indeterminadas é o mesmo para estruturas determinadas considerado no Capítulo 8. O procedimento envolve essencialmente computar os valores da função resposta de interesse para várias posições de uma carga unitária na estrutura e compor os valores da função de resposta como ordenadas contra a posição da carga unitária como a abscissa para obter a linha de influência. Como as linhas de influência das forças e momentos de estruturas determinadas consistem em segmentos de linhas retas, tais linhas de estrutura foram construídas no Capítulo 8 ao se avaliarem as ordenadas para somente algumas posições da carga unitária e ao conectá-las com linhas retas. As linhas de influência das estruturas indeterminadas, entretanto, são geralmente linhas curvas. (Para vigas indeterminadas com sistemas de piso e treliças e para outras estruturas indeterminadas para as quais cargas em movimento são transmitidas por sistemas construtivos, as linhas de influência geralmente consistem em cordas de linhas curvas.) Assim, a construção de linhas de influência das estruturas indeterminadas exige a computação de muito mais ordenadas do que as necessárias em caso de estruturas determinadas.

Embora qualquer dos métodos de análise de estruturas indeterminadas apresentados na Parte Três possa ser usado para computar as ordenadas das linhas de influência, utilizaremos o método das deformações compatíveis, discutido no Capítulo 13, para tais finalidades. Uma vez que as linhas de influência das estruturas indeterminadas tenham sido construídas, podem ser usadas da mesma forma que aquelas para estruturas determinadas discutidas no Capítulo 9. Neste capítulo, o procedimento para construir linhas de influência de vigas e treliças estaticamente indeterminadas é desenvolvido, e a aplicação

14.1 Linhas de influência de vigas e treliças

Considere a viga contínua exibida na Figura 14.1(a). Suponha que desejemos desenhar a linha de influência da reação vertical no apoio intermediário B da viga. A viga está sujeita a uma carga concentrada de magnitude unitária descendente se movendo, cuja posição é definida pela coordenada x medida da extremidade esquerda A da viga, como mostrado na figura.

Para desenvolvermos a linha de influência da reação B_y, precisamos determinar a expressão para B_y em termos da posição variável x da carga unitária. Notando que a viga é estaticamente indeterminada em primeiro grau, selecionamos a reação B_y como hiperestático. O apoio de rolete em B é então removido da viga indeterminada real para obter a viga primária estaticamente determinada, mostrada na Figura 14.1(b). Depois, a viga primária é sujeita, separadamente, à carga unitária posicionada em um ponto arbitrário X na distância x da extremidade esquerda, e o hiperestático B_y, como exibido nas Figuras 14.1(b) e (c), respectivamente. A expressão para B_y pode agora ser determinada usando-se a condição de compatibilidade que a flecha da viga primária em B, devido ao efeito combinado da carga unitária externa e do hiperestático desconhecido B_y, deve ser nula. Assim,

$$f_{BX} + f_{BB}B_y = 0$$

em que

$$B_y = -\frac{f_{BX}}{f_{BB}} \qquad (14.1)$$

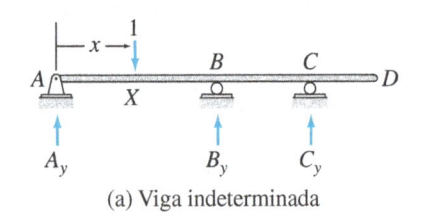

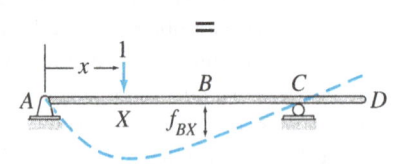

em que o coeficiente de flexibilidade f_{BX} denota a flecha da viga primária em B devido à carga unitária em X (Figura 14.1(b)), o coeficiente de flexibilidade f_{BB} denota a flecha em B devido ao valor unitário do hiperestático B_y (Figura 14.1(c)).

Podemos usar a Equação (14.1) para construir a linha de influência de B_y ao colocarmos a carga unitária de forma sucessiva em uma série de posições X ao longo da viga, avaliando o f_{BX} para cada posição da carga unitária e marcando os valores da razão $-f_{BX}/f_{BB}$. Entretanto, um procedimento mais eficiente pode ser obtido aplicando-se a *lei de Maxwell dos deslocamentos recíprocos* (Seção 7.8), de acordo com a qual a flecha em B, por cauda da carga unitária em X deve ser igual à flecha em X, por causa da carga unitária B; isto é, $f_{BX} = f_{XB}$. Assim, a Equação (14.1) pode ser reescrita da seguinte forma:

$$B_y = -\frac{f_{XB}}{f_{BB}} \qquad (14.2)$$

que representa a equação da linha de influência de B_y. Observe que as flechas f_{XB} e f_{BB} são consideradas positivas quando estão ascendentes (ou seja, na direção positiva do hiperestático B_y) de acordo com a convenção de sinais adotada para o método das deformações compatíveis no Capítulo 13.

A Equação (14.2) é mais conveniente de aplicar do que a Equação (14.1) na construção da linha de influência, pois, de acordo com a Equação (14.2), a carga unitária precisa ser colocada na viga primária somente em B, e as flechas f_{XB} em vários pontos X ao longo da viga serão computadas. A linha de influência pode então ser construída marcando-se os valores da razão $-f_{XB}/f_{BB}$ como ordenadas contra a distância x, que representa a posição do ponto X, como abscissa.

(a) Viga indeterminada

(b) Viga primária sujeita à carga unitária

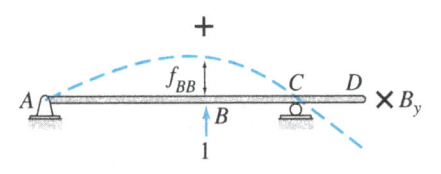

(c) Viga primária carregada com o hiperestático B_y

(d) Linha de influência de B_y

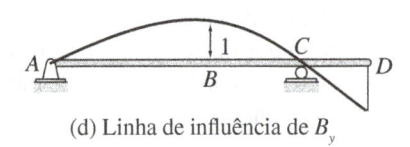

Figura 14.1

A equação de uma linha de influência, quando expressa na forma da Equação (14.2), mostra a validade do *princípio de Müller-Breslau* para estruturas estaticamente indeterminadas. Podemos ver a partir da Equação (14.2) para a linha de influência de B_y, como f_{BB} é uma constante, a ordenada da linha de influência em qualquer ponto X é proporcional à flecha f_{XB} da viga primária naquele ponto devido à carga unitária em B. Além disso, essa equação indica que a linha de influência de B_y pode ser obtida ao multiplicar-se a curva elástica da viga primária, devido à carga unitária em B, pelo fator de escala $-1/f_{BB}$. Note que esta escala fornece uma curva elástica, com um deslocamento unitário em B, como mostrado na Figura 14.1(d). As observações acima mostram a validade do princípio de Müller-Breslau para estruturas indeterminadas. Lembre-se da Seção 8.2 que, de acordo com esse princípio, a linha de influência de B_y pode ser obtida removendo-se o apoio B da viga original e dando à viga liberada um deslocamento unitário na direção de B_y. Também vale notar na Figura 14.1(d) que, diferentemente do caso de estruturas estaticamente determinadas consideradas no Capítulo 8, a remoção do apoio B da viga indeterminada não a torna estaticamente instável; portanto, a linha de influência de sua reação B_y é uma linha curva. Uma vez que a linha de influência do hiperestático B_y foi determinada, as linhas de influência das reações remanescentes e os momentos fletores e cortantes da viga podem ser obtidos por meio de considerações de equilíbrio.

Linhas de influência de estruturas com vários graus de indeterminação

O procedimento para construir as linhas de influência de estruturas com vários graus de indeterminação é semelhante àquele para estruturas com um único grau de indeterminação. Considere, por exemplo, a viga contínua com três vãos exibida na Figura 14.2(a). Como a viga está estaticamente indeterminada em segundo grau, selecionamos as reações B_y e C_y como hiperestáticos. Para determinarmos as linhas de influência dos hiperestáticos, colocamos uma carga unitária sucessivamente em uma série de posições X ao longo da viga; e para cada posição da carga unitária, as ordenadas das linhas de influência de B_y e C_y são avaliadas ao se aplicarem as equações de compatibilidade (veja a Figura 14.2(a) a (d))

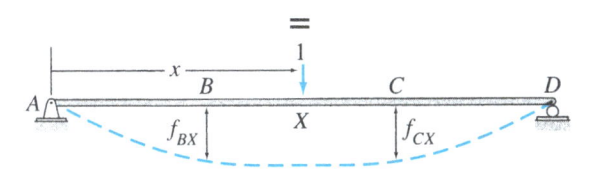

$$f_{BX} + f_{BB}B_y + f_{BC}C_y = 0 \qquad (14.3)$$

$$f_{CX} + f_{CB}B_y + f_{CC}C_y = 0 \qquad (14.4)$$

Uma vez que as linhas de influência dos hiperestáticos tenham sido obtidas, as linhas de influência das reações remanescentes e os momentos fletores e cortantes da viga podem ser determinados pela estática.

Como discutido anteriormente, a análise pode ser consideravelmente acelerada pela aplicação da *lei de Maxwell dos deslocamentos recíprocos*, em que $f_{BX} = f_{XB}$ e $f_{CX} = f_{XC}$. Assim, a carga unitária precisa ser colocada sucessivamente somente nos pontos B e C, e as flechas f_{XB} e f_{XC} em uma série de pontos X ao longo da viga são calculadas em vez de computar as flechas f_{BX} e f_{CX} nos pontos B e C, respectivamente, para cada uma das posições da carga unitária.

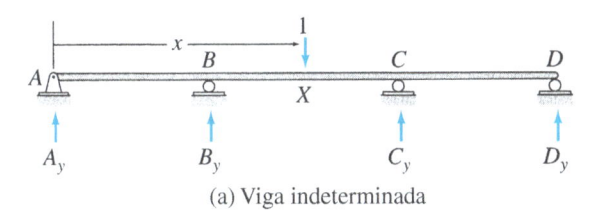

Procedimento para análise

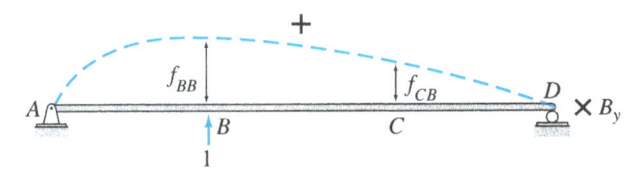

O procedimento para construir linhas de influência de estruturas estaticamente indeterminadas pelo método das deformações compatíveis pode ser resumido como se segue:

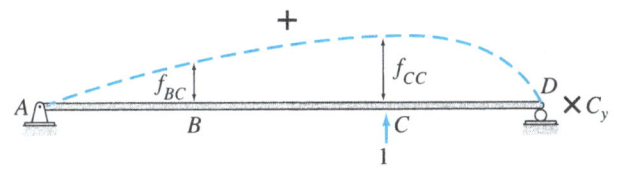

1. Determine o grau de indeterminação da estrutura e selecione os hiperestáticos.
2. Selecione uma série de pontos junto ao comprimento da estrutura na qual os valores numéricos das ordenadas das linhas de influência serão avaliados.

Figura 14.2

512 Análise Estrutural   Parte 3

3. Para construir as linhas de influência dos hiperestáticos, coloque uma carga unitária sucessivamente em cada um dos pontos selecionados na etapa 2; e para cada posição da carga unitária, aplique o método das deformações compatíveis para computar os valores dos hiperestáticos. Assinale os valores dos hiperestáticos, obtendo assim as ordenadas sobre a posição da carga unitária como a abscissa, para construir as linhas de influência dos hiperestáticos. (A avaliação das flechas envolvidas nas equações de compatibilidade pode ser consideravelmente acelerada pela aplicação da *lei de Maxwell dos deslocamentos recíprocos*, como ilustrado nos Exemplos 14.1 até 14.3.)
4. Uma vez que as linhas de influência dos hiperestáticos tenham sido determinadas, as linhas de influência das outras funções de reposta de força e/ou momento da estrutura podem ser obtidas pelas considerações de equilíbrio.

EXEMPLO 14.1

Desenhe as linhas de influência da reação no apoio B e o momento fletor no ponto C da viga mostrada na Figura 14.3(a).

Solução

A viga possui um grau de indeterminação. Selecionamos a reação vertical B_y no apoio de rolete B como hiperestático. As ordenadas das linhas de influência serão computadas em intervalos de 3 m nos pontos A até E, como exibido na Figura 14.3(a).

Linha de influência do hiperestático B_y. O valor do hiperestático B_y para uma posição arbitrária X da carga unitária pode ser determinado resolvendo-se a equação de compatibilidade (veja as Figuras 14.3(b) e (c))

$$f_{BX} + \bar{f}_{BB} B_y = 0$$

em que

$$B_y = -\frac{f_{BX}}{\bar{f}_{BB}} \quad (1)$$

Como pela lei de Maxwell dos deslocamentos recíprocos, $f_{BX} = f_{XB}$, colocamos a carga unitária em B na viga primária (Figura 14.3(d)) e calculamos as flechas nos pontos A até E usando as fórmulas de deslocamentos de vigas fornecidos no final do livro. Assim,

$$f_{BA} = f_{AB} = -\frac{364{,}5 \text{ kN} \cdot \text{m}^3/\text{kN}}{EI}$$

$$f_{BB} = -\frac{243 \text{ kN} \cdot \text{m}^3/\text{kN}}{EI}$$

$$f_{BC} = f_{CB} = -\frac{126 \text{ kN} \cdot \text{m}^3/\text{kN}}{EI}$$

$$f_{BD} = f_{DB} = -\frac{36 \text{ kN} \cdot \text{m}^3/\text{kN}}{EI}$$

$$f_{BE} = f_{EB} = 0$$

em que os sinais negativos indicam que essas flechas estão na direção descendente. Note que o coeficiente de flexibilidade $\bar{f}_{BB}$ na Equação (1) denota a flecha ascendente (positiva) da viga primária em B devido ao valor unitário do hiperestático B_y (Figura 14.3(c)), enquanto a flecha f_{BB} representa a flecha descendente (negativa) em B devido à carga unitária externa em B (Figura 14.3(d)). Assim,

$$\bar{f}_{BB} = -f_{BB} = +\frac{243 \text{ kN} \cdot \text{m}^3/\text{kN}}{EI}$$

As ordenadas da linha de influência de B_y podem agora ser avaliadas ao se aplicar a Equação (1) sucessivamente para cada posição da carga unitária. Por exemplo, quando a carga unitária está localizada em A, o valor de B_y é obtido como

$$B_y = -\frac{f_{BA}}{\bar{f}_{BB}} = \frac{364,5}{243} = 1,5 \text{ kN/kN}$$

As ordenadas remanescentes da linha de influência de B_y são calculadas de forma semelhante. Essas ordenadas estão tabuladas na Tabela 14.1, e a linha de influência de B_y é exibida na Figura 14.3(e).

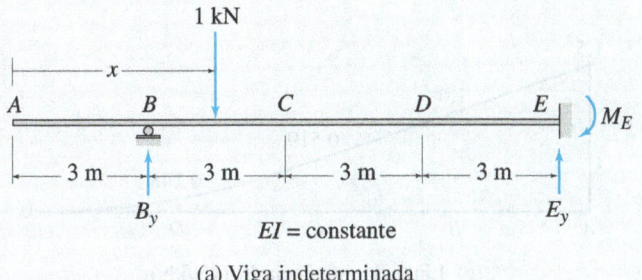

Resp.

(a) Viga indeterminada

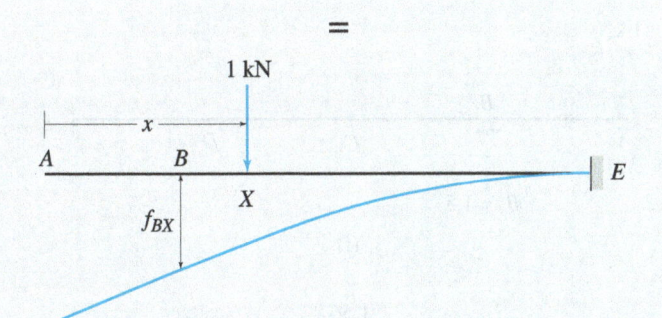

(b) Viga primária sujeita à carga unitária

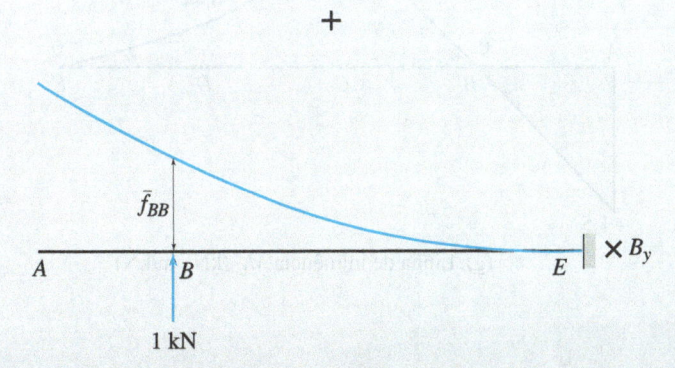

(c) Viga primária carregada com o hiperestático B_y

Figura 14.3 (*continua*)

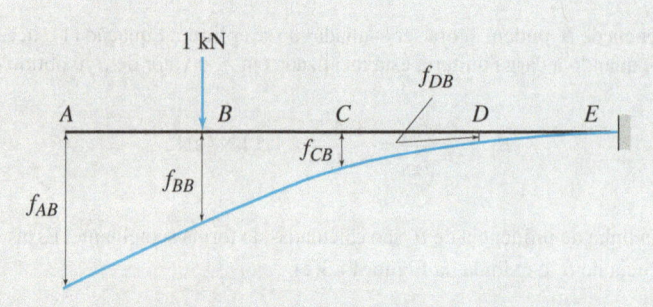

(d) Viga primária carregada com hiperestático em B

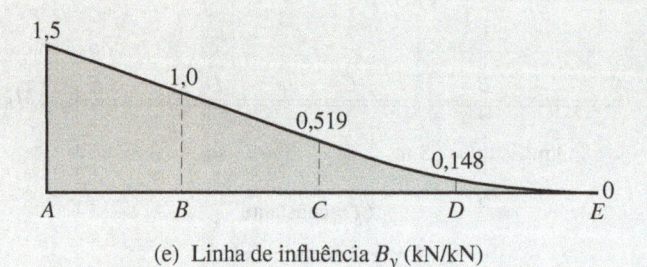

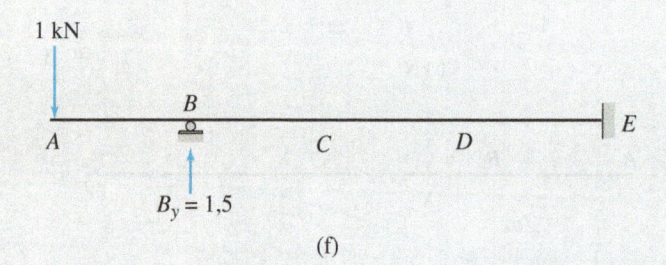

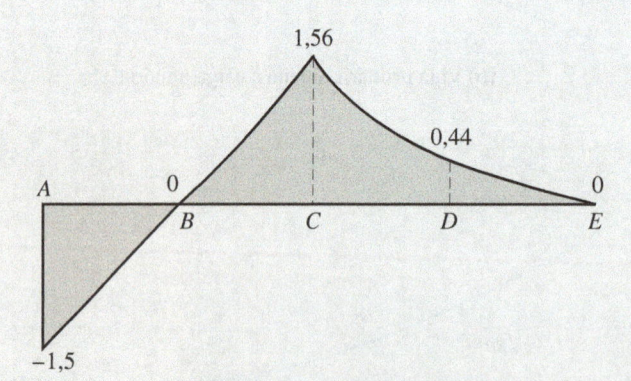

(e) Linha de influência B_y (kN/kN)

(f)

(g) Linha de influência M_C (kN · m/kN)

Figura 14.3

Linha de influência de M_c. Com a linha de influência de B_y conhecida, as ordenadas da linha de influência do momento fletor em C podem agora ser avaliadas colocando-se a carga unitária sucessivamente nos pontos A a E na viga indeterminada e ao usarmos os valores correspondentes de B_y computados anteriormente. Por exemplo, como mostrado na Figura 14.3(f), quando a carga unitária está localizada no ponto A, o valor da reação em B é B_y = 1,5 kN/kN. Ao considerarmos o equilíbrio do corpo livre da porção da viga à esquerda de C, obtemos

$$M_C = -1(6) + 1,5(3) = 1,5 \text{ kN} \cdot \text{m/kN}$$

Tabela 14.1

Carga unitária em	Ordenadas da linha de influência	
	B_y (kN/kN)	M_C (kN · m/kN)
A	1,5	−1,5
B	1,0	0
C	0,519	1,56
D	0,148	0,44
E	0	0

Os valores das ordenadas remanescentes da linha de influência são calculados de forma semelhante. Essas ordenadas estão listadas na Tabela 14.1, e a linha de influência de M_C é exibida na Figura 14.3(g).

EXEMPLO 14.2

Desenhe as linhas de influência das reações verticais nos apoios e o momento fletor e cortante no ponto C da viga contínua com dois vãos mostrados na Figura 14.4(a).

Solução

A viga é indeterminada no primeiro grau. Selecionamos a reação vertical D_y no apoio intermediário D como o hiperestático. As ordenadas da linha de influência serão avaliadas em intervalos de 2 m nos pontos A a F mostrados na Figura 14.4(a).

Linha de influência do hiperestático D_y. O valor do hiperestático D_y para uma posição arbitrária X da carga unitária pode ser determinado resolvendo-se a equação de compatibilidade (veja as Figuras 14.4(b) e (c))

$$f_{DX} + f_{DD}D_y = 0$$

em que

$$D_y = -\frac{f_{DX}}{f_{DD}} \qquad (1)$$

Como $f_{DX} = f_{XD}$ de acordo com a lei de Maxwell dos deslocamentos recíprocos, colocamos a carga unitária em D na viga primária (Figura 14.4(d)) e calculamos as flechas nos pontos A a F usando o método da viga conjugada. A viga conjugada é mostrada na Figura 14.4(e), de onde obtemos o seguinte:

$$f_{DA} = f_{AD} = 0$$

$$f_{DB} = f_{BD} = -\frac{1}{EI}\left[3,44(2) - \frac{1}{2}(2)(0,4)\left(\frac{2}{3}\right)\right] = -\frac{6,613 \text{ kN} \cdot \text{m}^3/\text{kN}}{EI}$$

$$f_{DC} = f_{CD} = -\frac{1}{EI}\left[3,44(4) - \frac{1}{2}(4)(0,8)\left(\frac{4}{3}\right)\right] = -\frac{11,627 \text{ kN} \cdot \text{m}^3/\text{kN}}{EI}$$

$$f_{DD} = -\frac{1}{EI}\left[3,44(6) - \frac{1}{2}(6)(1,2)\left(\frac{6}{3}\right)\right] = -\frac{13,44 \text{ kN} \cdot \text{m}^3/\text{kN}}{EI}$$

$$f_{DE} = f_{ED} = -\frac{1}{EI}\left[4,96(2) - \frac{1}{2}(2)(1,2)\left(\frac{2}{3}\right)\right] = -\frac{9,12 \text{ kN} \cdot \text{m}^3/\text{kN}}{EI}$$

$$f_{DF} = f_{FD} = 0$$

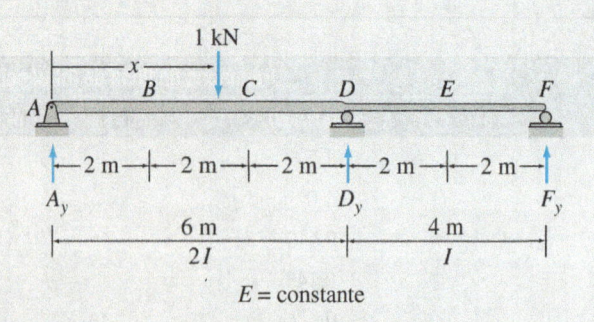

1 kN applied at distance x from A, on beam A–B–C–D–E–F with spans 2 m each (total: 6 m with $2I$ from A to D, and 4 m with I from D to F). Supports at A_y, D_y, F_y. E = constante.

(a) Viga indeterminada

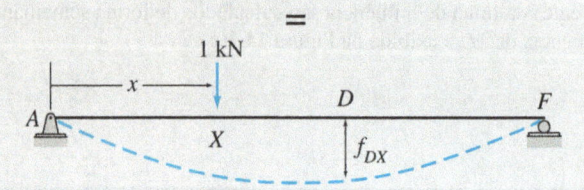

=

(b) Viga primária sujeita à carga unitária X, with deflection f_{DX} at D.

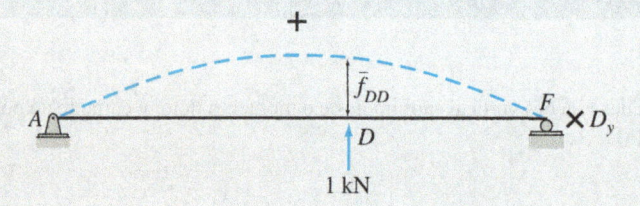

+

(c) Viga primária carregada com o hiperestático D_y; deflection $\bar{f}_{DD}$ under 1 kN at D.

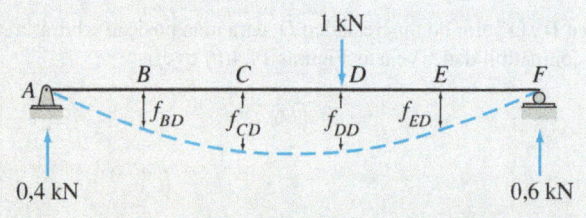

(d) Viga primária carregada com o hiperestático em D: 1 kN at D, reactions $0{,}4$ kN at A and $0{,}6$ kN at F; deflections $f_{BD},\ f_{CD},\ f_{DD},\ f_{ED}$.

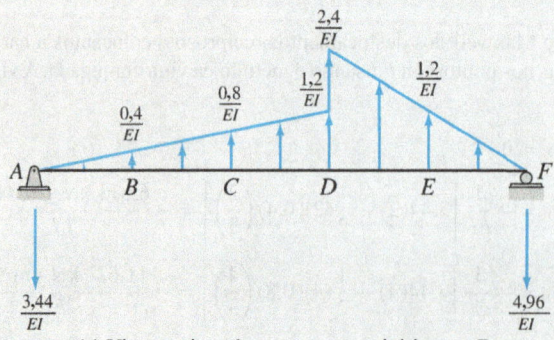

(e) Viga conjugada para carga unitária em D: distributed ordinates $\dfrac{0{,}4}{EI},\ \dfrac{0{,}8}{EI},\ \dfrac{1{,}2}{EI},\ \dfrac{2{,}4}{EI},\ \dfrac{1{,}2}{EI}$ at B,C,D (peak $2{,}4/EI$), E; end reactions $\dfrac{3{,}44}{EI}$ at A and $\dfrac{4{,}96}{EI}$ at F.

Figura 14.4 (*continua*)

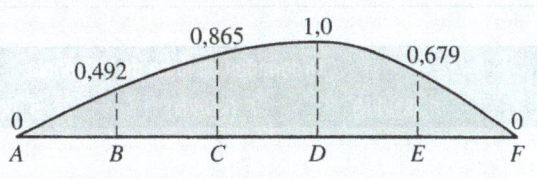

(f) Linha de influência de D_y (kN/kN)

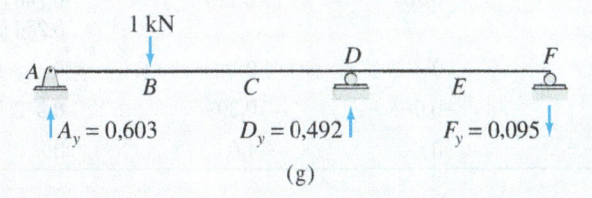

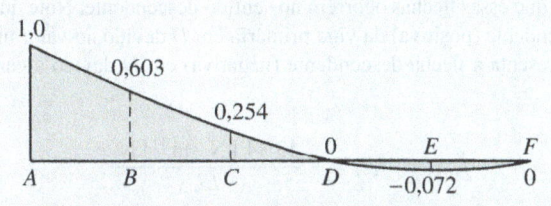

$A_y = 0{,}603$ $D_y = 0{,}492$ $F_y = 0{,}095$

(g)

(h) Linha de influência de A_y (kN/kN)

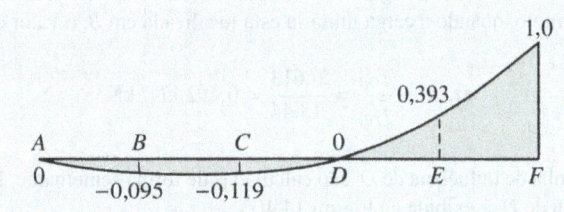

(i) Linha de influência de F_y (kN/kN)

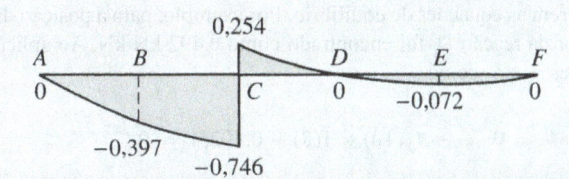

(j) Linha de influência de S_c (kN/kN)

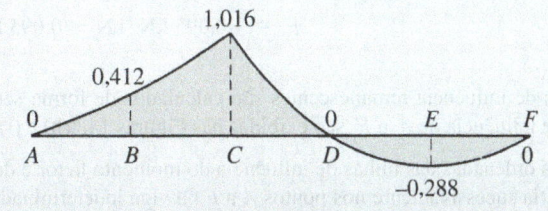

(k) Linha de influência de M_c (kN·m/kN)

Figura 14.4

Tabela 14.2

Carga unitária em	D_y (kN/kN)	A_y (kN/kN)	F_y (kN/kN)	S_C (kN/kN)	M_C (kN · m/kN)
			Ordenadas da linha de influência		
A	0	1,0	0	0	0
B	0,492	0,603	–0,095	–0,397	0,412
C	0,865	0,254	–0,119	–0,746 (à esquerda) 0,254 (à direita)	1,016
D	1,0	0	0	0	0
E	0,679	–0,072	0,393	–0,072	–0,288
F	0	0	1,0	0	0

em que os sinais negativos indicam que essas flechas ocorrem no sentido descendente. Note que o coeficiente de flexibilidade f_{DD} na Equação (1) denota a flecha ascendente (positiva) da viga primária em D devido ao valor unitário do hiperestático D_y (Figura 14.4(c)), enquanto a flecha f_{DD} representa a flecha descendente (negativa) em D devido à carga unitária externa em D (Figura 14.4(d)). Assim,

$$\bar{f}_{DD} = -f_{DD} = +\frac{13{,}44 \text{ kN} \cdot \text{m}^3/\text{kN}}{EI}$$

As ordenadas da linha de influência de D_y podem agora ser computadas ao se aplicar a Equação (1) sucessivamente para cada posição da carga unitária. Por exemplo, quando a carga unitária está localizada em B, o valor de D_y é dado por

$$D_y = -\frac{f_{DB}}{\bar{f}_{DD}} = \frac{6{,}613}{13{,}44} = 0{,}492 \text{ kN/kN}$$

As ordenadas remanescentes da linha de influência de D_y são calculadas de forma semelhante. Essas ordenadas estão tabuladas na Tabela 14.2, e a linha de influência de D_y é exibida na Figura 14.4(f). **Resp.**

Linhas de influência de A_y e F_y. Com a linha de influência de D_y conhecida, as linhas de influência das outras reações podem agora ser determinadas ao se aplicarem as equações de equilíbrio. Por exemplo, para a posição da carga unitária no ponto B como mostrado na Figura 14.4(g), o valor da reação D_y foi encontrado como 0,492 kN/kN. Ao aplicarmos as equações de equilíbrio, determinamos os valores das reações A_y e F_y como

$$+\circlearrowleft \sum M_F = 0 \qquad -A_y(10) + 1(8) - 0{,}492(4) = 0$$

$$A_y = 0{,}603 \text{ kN/kN} \uparrow$$

$$+\uparrow \sum F_y = 0 \qquad 0{,}603 - 1 + 0{,}492 + F_y = 0$$

$$F_y = -0{,}095 \text{ kN/kN} = 0{,}095 \text{ kN/kN} \downarrow$$

Os valores das ordenadas das linhas de influência remanescentes são calculados de forma semelhante. Essas ordenadas estão listadas na Tabela 14.2, e as linhas de influência de A_y e F_y são exibidas nas Figuras 14.4(h) e (i), respectivamente. **Resp.**

Linhas de influência de S_C e M_C. As ordenadas das linhas de influência do momento fletor e do cortante em C podem agora ser avaliadas ao se colocar a carga unitária sucessivamente nos pontos A a F na viga indeterminada, e ao se usarem os valores correspondentes das reações computadas anteriormente. Por exemplo, como mostrado na Figura 14.4(g), quando a carga unitária é localizada no ponto B, os valores das reações são $A_y = 0{,}603$ kN/kN; $D_y = 0{,}492$ kN/kN; e $F_y = -0{,}095$ kN/kN. Ao considerarmos o equilíbrio do corpo livre da porção da viga à esquerda de C, obtemos

$$S_C = 0{,}603 - 1 = -0{,}397 \text{ kN/kN}$$
$$M_C = 0{,}603(4) - 1(2) = 0{,}412 \text{ kN} \cdot \text{m/kN}$$

Os valores das ordenadas remanescentes das linhas de influência são calculados de forma semelhante. Essas ordenadas estão listadas na Tabela 14.2, e as linhas de influência do momento fletor e do cortante em C são exibidas nas Figuras 14.4(j) e (k), respectivamente. **Resp.**

EXEMPLO 14.3

Desenhe as linhas de influência das reações dos apoios para as vigas mostradas na Figura 14.5(a).

Solução

A viga é indeterminada no segundo grau. Selecionamos as reações verticais D_y e G_y nos apoios de roletes D e G, respectivamente, como os hiperestáticos. As ordenadas da linha de influência serão avaliadas em intervalos de 5 m nos pontos A a G mostrados na Figura 14.5(a).

Linhas de influência dos hiperestáticos D_y e G_y. Os valores dos hiperestáticos D_y e G_y para uma posição arbitrária X da carga unitária podem ser determinados resolvendo-se as equações de compatibilidade (veja as Figuras 14.5(b) a (d)):

$$f_{DX} + \bar{f}_{DD} D_y + \bar{f}_{DG} G_y = 0 \tag{1}$$

$$f_{GX} + \bar{f}_{GD} D_y + \bar{f}_{GG} G_y = 0 \tag{2}$$

Como pela lei de Maxwell dos deslocamentos recíprocos, $f_{DX} = f_{XD}$, colocamos a carga unitária em D na viga primária (Figura 14.5(e)) e computamos as flechas nos pontos A até G usando as fórmulas de deslocamentos de vigas dadas no final deste livro. Assim,

$$f_{DA} = f_{AD} = 0$$

$$f_{DB} = f_{BD} = -\frac{166{,}667 \text{ kN} \cdot \text{m}^3/\text{kN}}{EI}$$

$$f_{DC} = f_{CD} = -\frac{583{,}333 \text{ kN} \cdot \text{m}^3/\text{kN}}{EI}$$

$$f_{DD} = -\frac{1.125 \text{ kN} \cdot \text{m}^3/\text{kN}}{EI}$$

$$f_{DE} = f_{ED} = -\frac{1.687{,}5 \text{ kN} \cdot \text{m}^3/\text{kN}}{EI}$$

$$f_{DF} = f_{FD} = -\frac{2.250 \text{ kN} \cdot \text{m}^3/\text{kN}}{EI}$$

$$f_{DG} = f_{GD} = -\frac{2.812{,}5 \text{ kN} \cdot \text{m}^3/\text{kN}}{EI}$$

De forma semelhante, as flechas $f_{GX} = f_{XG}$ são computadas ao se colocar a carga unitária em G (Figura 14.5(f)):

$$f_{GA} = f_{AG} = 0$$

$$f_{GB} = f_{BG} = -\frac{354{,}167 \text{ kN} \cdot \text{m}^3/\text{kN}}{EI}$$

$$f_{GC} = f_{CG} = -\frac{1.333{,}333 \text{ kN} \cdot \text{m}^3/\text{kN}}{EI}$$

$$f_{GE} = f_{EG} = -\frac{4.666{,}667 \text{ kN} \cdot \text{m}^3/\text{kN}}{EI}$$

$$f_{GF} = f_{FG} = -\frac{6.770{,}833 \text{ kN} \cdot \text{m}^3/\text{kN}}{EI}$$

$$f_{GG} = -\frac{9.000 \text{ kN} \cdot \text{m}^3/\text{kN}}{EI}$$

Nessas equações, os sinais negativos indicam que essas flechas estão na direção descendente.

520 Análise Estrutural

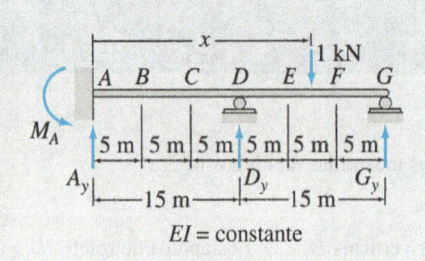

(a) Viga indeterminada
EI = constante

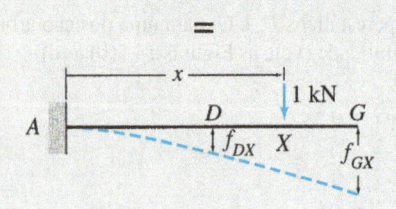

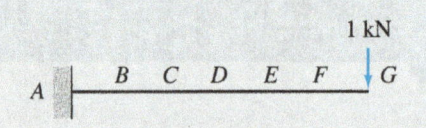

(b) Viga primária sujeita à carga unitária

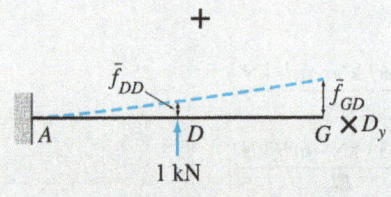

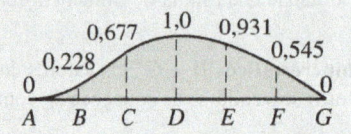

(c) Viga primária sujeita ao hiperestático D_y

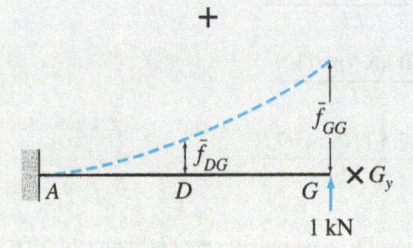

(d) Viga primária sujeita ao hiperestático G_y

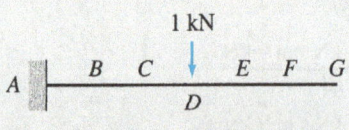

(e) Viga primária sujeita ao hiperestático em D

(f) Viga primária sujeita à carga unitária em G

(g) Linha de influência de D_y (kN/kN)

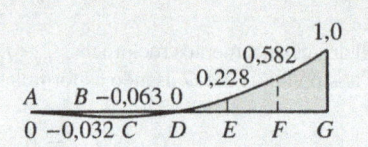

(h) Linha de influência de G_y (kN/kN)

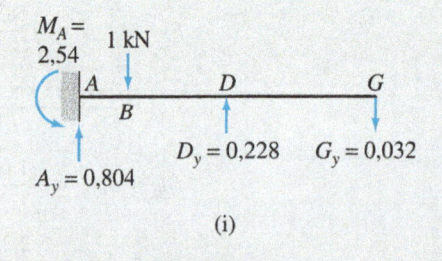

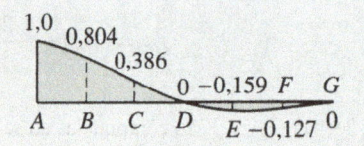

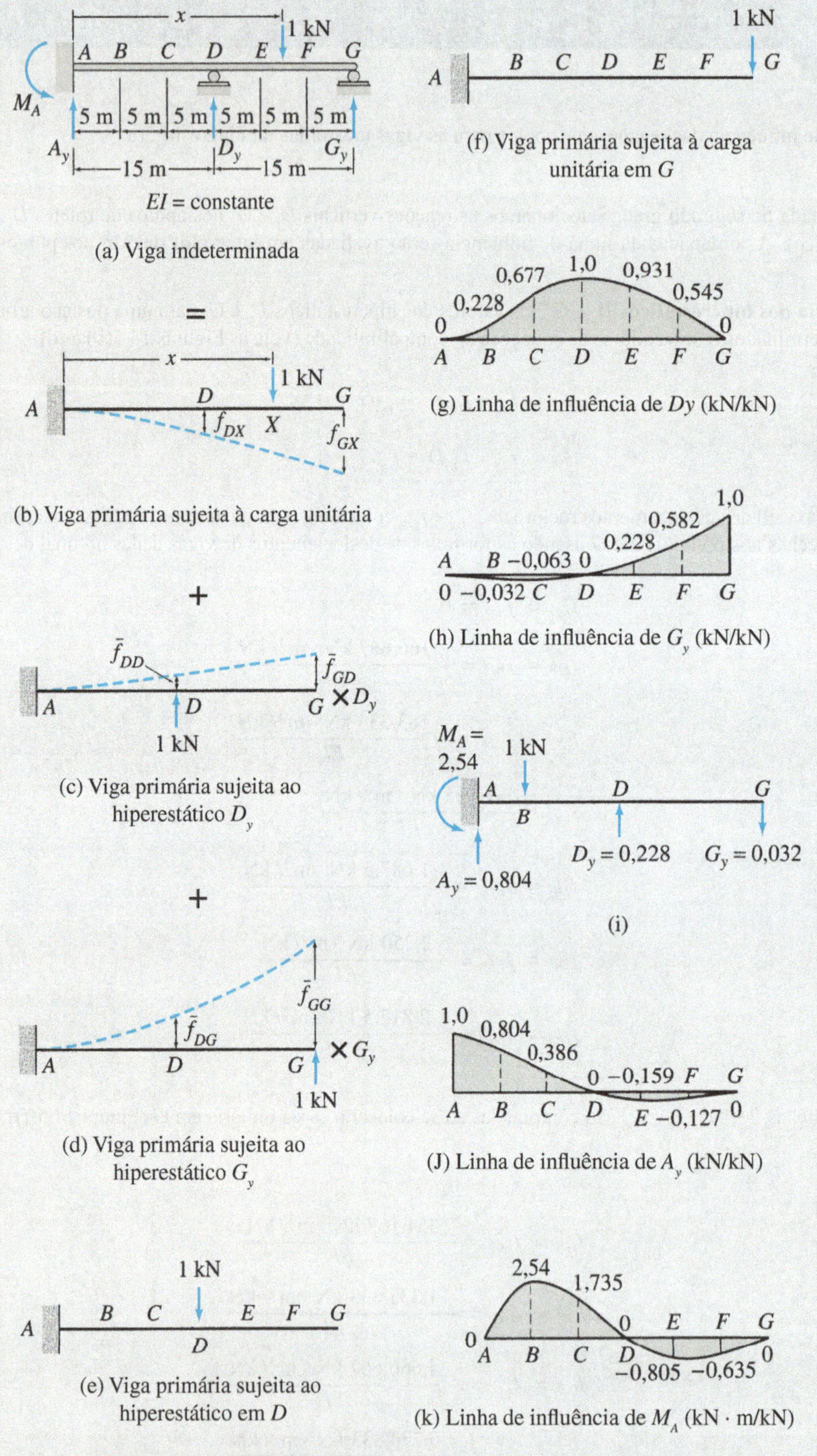

(i)
$M_A = 2{,}54$
$A_y = 0{,}804$
$D_y = 0{,}228$
$G_y = 0{,}032$

(J) Linha de influência de A_y (kN/kN)

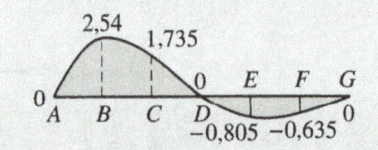

(k) Linha de influência de M_A (kN · m/kN)

Figura 14.5

Tabela 14.3

Carga unitária em	Ordenadas da linha de influência			
	D_y (kN/kN)	G_y (kN/kN)	A_y (kN/kN)	M_A (kN · m/kN)
A	0	0	1,0	0
B	0,228	–0,032	0,804	2,540
C	0,677	–0,063	0,386	1,735
D	1,0	0	0	0
E	0,931	0,228	–0,159	–0,805
F	0,545	0,582	–0,127	–0,635
G	0	1,0	0	0

As flechas ascendentes, devido aos valores unitários dos hiperestáticos (Figuras 14.5(c) e (d)), são dadas por

$$\bar{f}_{DD} = + \frac{1.125 \text{ kN} \cdot \text{m}^3/\text{kN}}{EI}$$

$$\bar{f}_{DG} = \bar{f}_{GD} = + \frac{2.812,5 \text{ kN} \cdot \text{m}^3/\text{kN}}{EI}$$

$$\bar{f}_{GG} = + \frac{9.000 \text{ kN} \cdot \text{m}^3/\text{kN}}{EI}$$

Ao substituirmos os valores numéricos desses coeficientes de flexibilidade nas equações de compatibilidade (Equações (1) e (2)) e resolvendo para D_y e G_y, temos

$$D_y = \frac{EI}{1.968,75}(-8f_{DX} + 2,5f_{GX}) \tag{3}$$

$$G_y = \frac{EI}{1.968,75}(2,5f_{DX} - f_{GX}) \tag{4}$$

Os valores dos hiperestáticos D_y e G_y para cada posição da carga unitária podem agora ser determinados substituindo-se os valores correspondentes das flechas f_{DX} e f_{GX} nas Equações (3) e (4). Por exemplo, as ordenadas das linhas de influência de D_y e G_y para a posição da carga unitária em B podem ser computadas ao se substituirem $f_{DX} = f_{DB} = 166,667/EI$ e $f_{GX} = f_{GB} = 354,167/EI$ nas Equações (3) e (4),

$$D_y = \frac{EI}{1.968,75}\left[-8\left(-\frac{166,667}{EI}\right) + 2,5\left(-\frac{354,167}{EI}\right)\right] = 0,228 \text{ kN/kN} \uparrow$$

$$G_y = \frac{EI}{1.968,75}\left[2,5\left(-\frac{166,667}{EI}\right) + \frac{354,167}{EI}\right] = -0,032 \text{ kN/kN}$$

$$= 0,032 \text{ kN/kN} \downarrow$$

As ordenadas remanescentes das linhas de influência dos hiperestáticos são calculadas de forma semelhante. Essas ordenadas estão tabuladas na Tabela 14.3, e as linhas de influência de D_y e G_y são exibidas nas Figuras 14.5(g) e (h), respectivamente **Resp.**

Linhas de influência de A_y e M_A. As ordenadas das linhas de influência das reações remanescentes podem agora ser avaliadas ao se colocar a carga unitária sucessivamente nos pontos A a G na viga indeterminada e ao se aplicarem as equações de equilíbrio. Por exemplo, para a posição da carga unitária em B (Figura 14.5(i)), os valores das reações D_y e G_y foram encontrados como 0,228 kN/kN e –0,032 kN/kN, respectivamente. Ao considerarmos o equilíbrio da viga, determinamos os valores das reações A_y e M_A como:

$$+\uparrow \sum F_y = 0 \quad A_y - 1 + 0,228 - 0,032 = 0$$

$$A_y = 0,804 \text{ kN/kN} \uparrow$$

$$+ \zeta \sum M_A = 0 \quad M_A - 1(5) + 0{,}228(15) - 0{,}032(30) = 0$$

$$M_A = 2{,}54 \text{ kN} \cdot \text{m=kN} \circlearrowright$$

Os valores das ordenadas das linhas de influência remanescentes são calculados de forma semelhante. Essas ordenadas estão listadas na Tabela 14.3, e as linhas de influência de A_y e M_A são exibidas nas Figuras 14.5(j) e (k), respectivamente. **Resp.**

EXEMPLO 14.4

Desenhe as linhas de influência das forças nos elementos BC, BE, e CE da treliça mostradas na Figura 14.6(a). As cargas móveis são transmitidas ao banzo superior da treliça.

Solução

A treliça é internamente indeterminada no primeiro grau. Selecionamos a força normal F_{CE} no elemento diagonal CE para ser o hiperestático.

Linha de influência do hiperestático F_{CE}. Para determinarmos a linha de influência de F_{CE}, colocamos uma carga unitária sucessivamente nos nós B e C da treliça, e para cada posição da carga unitária, aplicamos o método das deformações compatíveis para computar o valor de F_{CE}. A treliça primária, obtida pela remoção do elemento CE, está separadamente sujeita à carga unitária em B e C, como mostrado nas Figuras 14.6(b) e (c), respectivamente, e uma força de tração unitária no elemento hiperestático CE, como exibido na Figura 14.6(d).

Quando a carga unitária está localizada em B, a equação de compatibilidade pode ser expressa como

$$f_{CE,B} + f_{CE,CE} F_{CE} = 0$$

em que $f_{CE,B}$ denota o deslocamento relativo entre os nós C e E da treliça primária devido à carga unitária em B e $f_{CE,CE}$ denota os deslocamentos relativos entre os mesmos nós devido ao valor unitário do hiperestático F_{CE}. Aplicando o método dos trabalhos virtuais (veja as Figuras 14.6(b) e (d) e a Tabela 14.4), obtemos

$$f_{CE,B} = \frac{1}{E} \sum \frac{u_B u_{CE} L}{A} = -\frac{1004{,}49}{E}$$

$$f_{CE,CE} = \frac{1}{E} \sum \frac{u_{CE}^2 L}{A} = \frac{6211{,}36}{E}$$

Ao substituirmos esses valores numéricos na equação de compatibilidade, determinamos a ordenada da linha de influência de F_{CE} em B como

$$F_{CE} = 0{,}162 \text{ kN/kN (T)}$$

De forma semelhante, quando a carga unitária está localizada em C, a equação de compatibilidade é dada por

$$f_{CE,C} + f_{CE,CE} F_{CE} = 0$$

(veja as Figuras 14.6(c) e (d) e a Tabela 14.4), em que

$$f_{CE,C} = \frac{1}{E} \sum \frac{u_C u_{CE} L}{A} = \frac{2444{,}53}{E}$$

Ao substituirmos os valores numéricos de $f_{CE,C}$ e $f_{CE,CE}$ na equação de compatibilidade, determinamos a ordenada da linha de influência de F_{CE} em C como

$$F_{CE} = 0{,}393 \text{ kN/kN} = 0{,}393 \text{ kN/kN (C)}$$

A linha de influência de F_{CE} é mostrada na Figura 14.6(e). **Resp.**

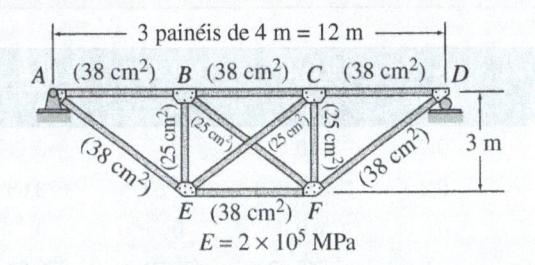

capítulo 14 — Linhas de influência de estruturas estaticamente indeterminadas

(a) Treliça indeterminada
$E = 2 \times 10^5$ MPa

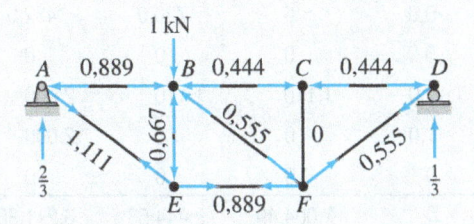

(b) Treliça primária sujeita à carga unitária em B – forças u_B

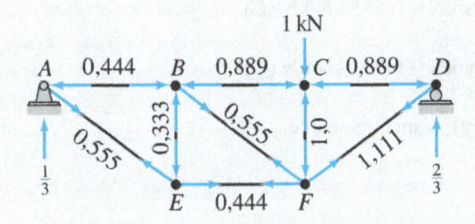

(c) Treliça primária sujeita à carga unitária em C – forças u_C

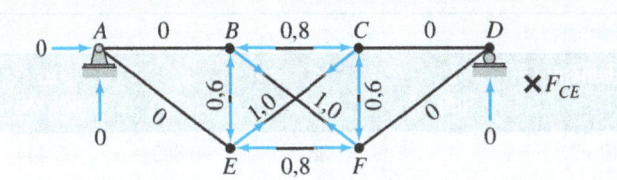

(d) Treliça primária sujeita à carga unitária em CE – forças u_{CE}

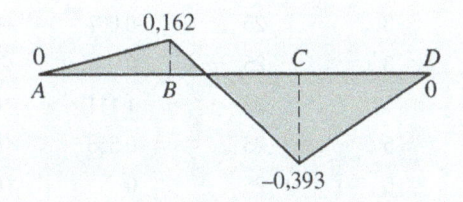

(e) Linha de influência de F_{CE} (kN/kN)

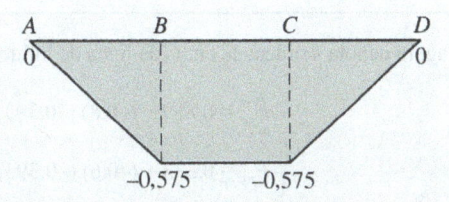

(f) Linha de influência de F_{BC} (kN/kN)

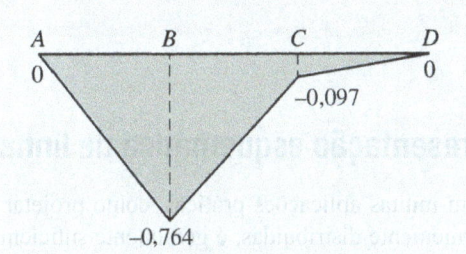

(g) Linha de influência de F_{BE} (kN/kN)

Figura 14.6

Linhas de influência de F_{BC} e F_{BE}. A ordenada em B da linha de influência da força em qualquer elemento da treliça pode então ser determinada pela relação de superposição (veja as Figuras 14.6(b) e (d) e a Tabela 14.4)

$$F = u_B + u_{CE} F_{CE}$$

em que F_{CE} denota a ordenada em B da linha de influência do hiperestático F_{CE}. Assim, as ordenadas em B das linhas de influência de F_{BC} e F_{BE} são

$$F_{BC} = 0{,}444 + (-0{,}8)(0{,}162) = 0{,}575 \text{ kN/kN} = 0{,}575 \text{ kN/kN (C)}$$

$$F_{BE} = 0{,}667 + (-0{,}6)(0{,}162) = 0{,}764 \text{ kN/kN} = 0{,}764 \text{ kN/kN (C)}$$

De forma semelhante, as ordenadas das linhas de influência de F_{BC} e F_{BE} em C podem ser determinadas usando-se a relação de superposição (veja as Figuras 14.6(c) e (d) e a Tabela 14.4)

$$F = u_C + u_{CE} F_{CE}$$

Tabela 14.4

Elemento	L (m)	A (cm²)	u_B (kN/kN)	u_C (kN/kN)	u_{CE} (kN/kN)	$\dfrac{u_B u_{CE} L}{A}$	$\dfrac{u_C u_{CE} L}{A}$	$\dfrac{u_{CE}^2 L}{A}$
AB	4	38	−0,889	−0,444	0	0	0	0
BC	4	38	−0,444	−0,889	−0,8	373,9	748,63	673,68
CD	4	38	−0,444	−0,889	0	0	0	0
EF	4	38	0,889	0,444	−0,8	−748,63	−373,9	673,68
BE	3	25	−0,667	−0,333	−0,6	480,24	239,8	432,0
CF	3	25	0	−1,0	−0,6	0	720,0	432,0
AE	5	38	1,111	0,555	0	0	0	0
BF	5	25	−0,555	0,555	1,0	−1.110	1.110	2.000
CE	5	25	0	0	1,0	0	0	2.000
DF	5	38	0,555	1,111	0	0	0	0
					Σ	−1.004,49	2.444,53	6.211,36

em que F_{CE} agora denota a ordenada em C da linha de influência do hiperestático F_{CE}. Assim,

$$F_{BC} = 0{,}889 + (-0{,}8)(-0{,}393) = -0{,}575 \text{ kN/kN} = 0{,}575 \text{ kN/kN (C)}$$

$$F_{BE} = 0{,}333 + (-0{,}6)(-0{,}393) = -0{,}097 \text{ kN/kN} = 0{,}097 \text{ kN/kN (C)}$$

As linhas de influência de F_{BC} e F_{BE} são mostradas nas Figuras 14.6(f) e (g), respectivamente. **Resp.**

14.2 Representação esquemática de linhas de influência pelo princípio de Müller-Breslau

Em muitas aplicações práticas, como projetar vigas contínuas ou pórticos de edifício sujeitos a cargas móveis uniformemente distribuídas, é geralmente suficiente desenhar esquematicamente apenas as linhas de influência para decidir onde colocar as cargas móveis para maximizar as funções de resposta de interesse. Como no caso de estruturas estaticamente determinadas (Seção 8.2), o *princípio de Müller-Breslau* fornece um meio conveniente de representar esquematicamente as linhas de influência para estruturas indeterminadas.

Lembre-se da Seção 8.2 que o princípio de Müller-Breslau pode ser declarado como se segue:

A linha de influência de uma função de resposta de força (ou momento) é dada pela curva elástica da estrutura liberada, obtida pela remoção da restrição correspondente à função de resposta da estrutura original, e ao impor à estrutura liberada um deslocamento unitário (ou rotação) no local e na direção da função de resposta, para que somente a função de resposta e a carga unitária realizem o trabalho externo.

O procedimento para construir de forma esquemática linhas de influência para estruturas indeterminadas é o mesmo que aquele para estruturas determinadas discutidas na Seção 8.2. O procedimento envolve essencialmente: (1) remover da estrutura dada a restrição correspondente à função de resposta de interesse para obter a estrutura liberada; (2) aplicar um pequeno deslocamento (ou rotação) para a estrutura liberada na localização e na direção positiva da função de resposta; e (3) desenhar uma curva elástica da estrutura liberada consistente com as condições de apoio e continuidade. As linhas de influência de estruturas indeterminadas são geralmente linhas curvas.

Uma vez que uma representação esquemática da linha de influência para uma função de resposta estrutural tenha sido construída, pode ser usada para decidir onde colocar as cargas móveis para maximizar o valor da função de resposta. Conforme discutido na Seção 9.2, o valor da função de resposta devido à carga móvel uniformemente distribuída é um máximo positivo (ou negativo), quando a carga é colocada sobre essas porções de estrutura em que as ordenadas da linha de influência da função de resposta são positivas (ou negativas). Como as ordenadas das linhas de influência tendem a diminuir rapidamente com a distância do ponto de aplicação da função de resposta, cargas móveis

capítulo 14   Linhas de influência de estruturas estaticamente indeterminadas   **525**

colocadas em mais de três vãos de distância do local da função de resposta geralmente têm um efeito desprezível sobre o valor da função de resposta. Com o padrão de carga móvel conhecido, uma análise indeterminada da estrutura pode ser realizada para determinar o valor máximo da função de resposta.

EXEMPLO 14.5

Desenhe as linhas de influência das reações verticais nos apoios A e B, do momento fletor no ponto B e do momento fletor e do cortante no ponto C da viga contínua com quatro vãos mostrada na Figura 14.7(a). Mostre também os arranjos de uma carga móvel descendente uniformemente distribuída w_ℓ para causar as reações positivas máximas nos apoios A e B, o momento fletor negativo máximo em B, o cortante máxima negativo em C, e o momento fletor positivo máximo em C.

Solução

Linha de influência de A_y. Para determinarmos esquematicamente a linha de influência da reação vertical A_y no apoio A, removemos a restrição vertical em A da viga real e permitimos um pequeno deslocamento à viga liberada na direção positiva de A_y. A curva elástica da viga liberada assim obtida (Figura 14.7(b)) representa o formato geral da linha de influência (ou seja, uma representação esquemática da linha de influência) de A_y. Note que a curva elástica é compatível com as condições de apoio da viga liberada, isto é, os pontos B, D, E e F da viga liberada, que se referem aos apoios de roletes, não se deslocam.   **Resp.**

(a)

Representação esquemática da linha de influência de A_y

Arranjo de carga móvel para positivo máximo de A_y

(b)

Representação esquemática da linha de influência de B_y

Arranjo de carga móvel para positivo máximo de B_y

(c)

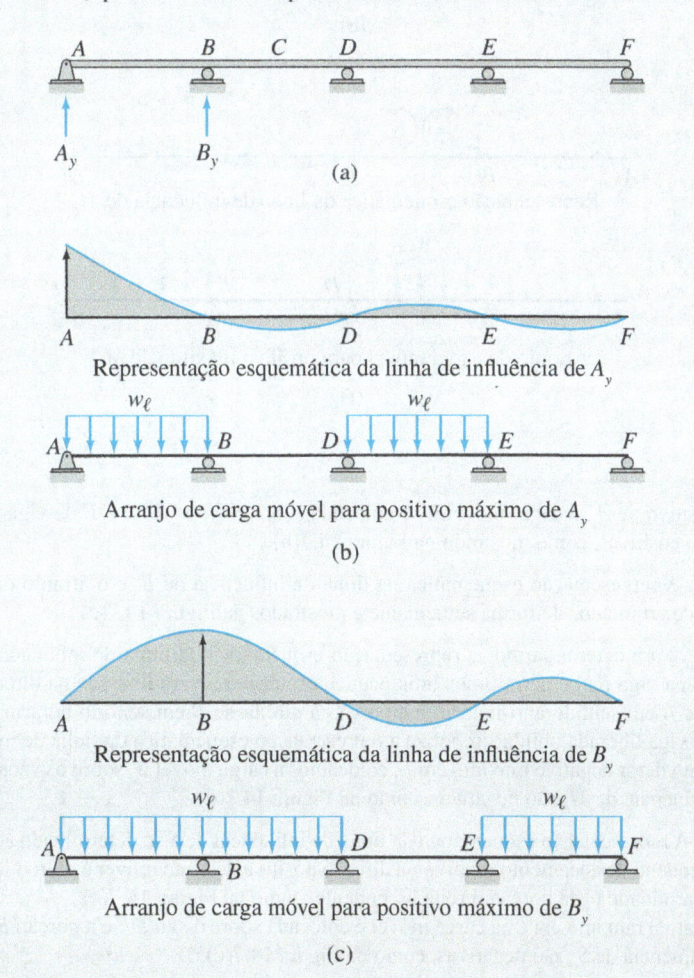

Figura 14.7 (*continua*)

Representação esquemática da linha de influência de M_B

Arranjo de carga móvel para positivo máximo de M_B

(d)

Representação esquemática da linha de influência de S_C

Arranjo de carga móvel para positivo máximo de S_C

(e)

Representação esquemática da linha de influência de M_C

Arranjo de carga móvel para positivo máximo de M_C

(f)

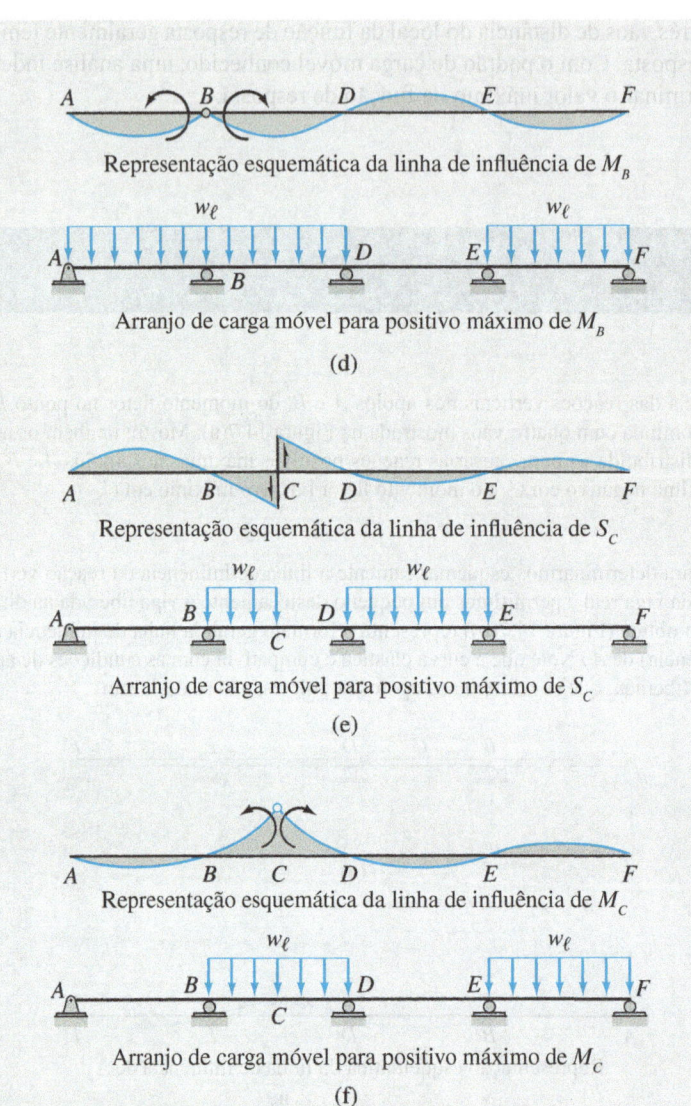

Figura 14.7

Para maximizar o valor positivo de A_y, a carga móvel w_ℓ é colocada sobre os vãos AB e DE da viga, em que as coordenadas da linha de influência de A_y são positivas, como mostrado na Figura 14.7(b). **Resp.**

Linha de influência de B_y. A representação esquemática da linha de influência de B_y e o arranjo de carga móvel para o valor positivo máximo de B_y são determinados de forma semelhante e mostrados na Figura 14.7(c). **Resp.**

Linha de influência de M_B. Para determinarmos a representação esquemática da linha de influência do momento fletor em B, inserimos uma rótula em B na viga real e permitimos uma pequena rotação na viga liberada na direção positiva de M_B ao girar a porção para a esquerda de B em sentido anti-horário e a porção à direita de B em sentido horário, como mostrado na Figura 14.7(d). A curva elástica da viga liberada obtida simboliza a representação esquemática da linha de influência de M_B. **Resp.**

Para causarmos o momento fletor negativo máximo em B, colocamos a carga móvel w_ℓ sobre os vãos AB, BD e EF da viga, onde as ordenadas da linha de influência de M_B são negativas, como na Figura 14.7(d). **Resp.**

Linha de influência de S_C. A representação esquemática da linha de influência de S_C é determinada ao se cortar a viga em C e ao impor à viga liberada um pequeno deslocamento relativo na direção positiva de S_C ao mover a extremidade C da posição esquerda da viga descendente e a extremidade C da porção direita ascendente, como na Figura 14.7(e). **Resp.**

Para obter o cortante negativo máximo em C, a carga móvel é colocada sobre o vão DE e a porção BC do vão BD da viga, onde as ordenadas da linha de influência de S_C são negativas, como na Figura 14.7(e). **Resp.**

Linha de influência de M_C. A representação esquemática da linha de influência do momento fletor em C e o arranjo de carga móvel para o valor positivo máximo de M_C são mostrados na Figura 14.7(f). **Resp.**

EXEMPLO 14.6

Desenhe as representações esquemáticas das linhas de influência do momento fletor e do cortante no ponto A do pórtico de edifício mostrado na Figura 14.8(a). Também mostre os arranjos de uma carga móvel descendente uniformemente distribuída w_ℓ, que causarão o momento fletor positivo máximo e o cortante negativo máximo em A.

Solução

Linha de influência de M_A. A representação esquemática da linha de influência do momento fletor em A é mostrada na Figura 14.8(b). Note que, como os elementos da estrutura estão ligados pelos nós rígidos, os ângulos originais entre os elementos que se interceptam em um nó devem ser mantidos na curva elástica da estrutura. Para se obter o momento fletor positivo máximo em A, a carga móvel w_ℓ é colocada sobre os vãos da estrutura em que as ordenadas da linha de influência de M_A são positivas, como na Figura 14.8(b). Esse tipo de padrão de carga móvel é algumas vezes chamado *padrão de carga de tabuleiro de xadrez*. **Resp.**

Linha de influência de S_A. A representação esquemática da linha de influência do cortante em A e o arranjo de carga móvel para o valor negativo máximo de S_A são mostrados na Figura 14.8(c). **Resp.**

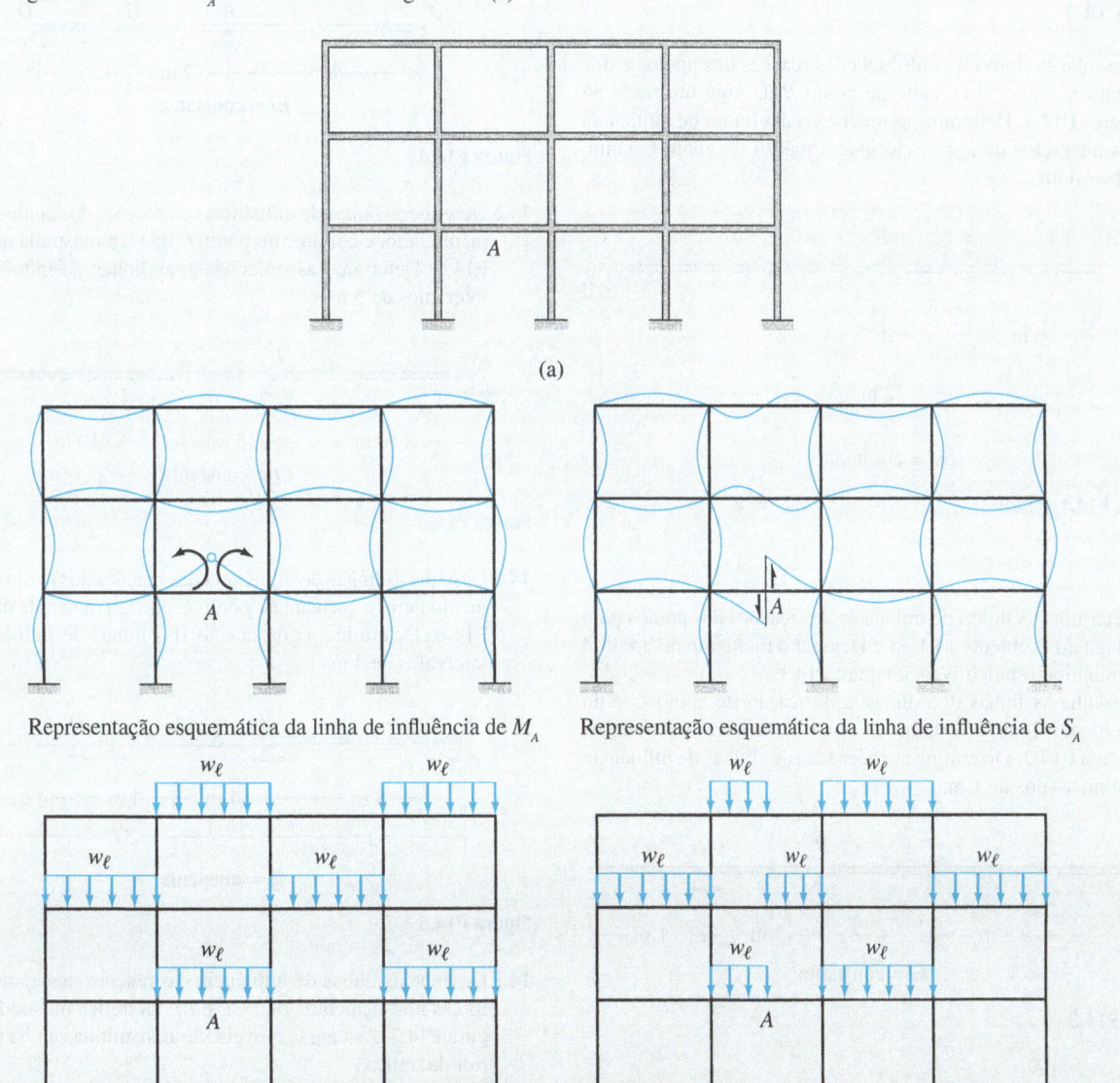

Figura 14.8

Resumo

Neste capítulo, discutimos as linhas de influência de estruturas estaticamente indeterminadas. O procedimento para construir tais linhas de influência pelo método das deformações compatíveis envolve essencialmente (1) construir as linhas de influência dos hiperestáticos ao se colocar uma carga unitária sucessivamente em uma série de pontos ao longo do comprimento da estrutura e, para cada posição da carga unitária, calcular os valores dos hiperestáticos aplicando-se o método das deformações compatíveis e (2) usando-se as linhas de influência dos hiperestáticos e, ao se aplicarem as equações de equilíbrio, determinar as linhas de influência das outras funções de resposta da estrutura.

A avaliação dos deslocamentos envolvidos na aplicação do método das deformações compatíveis pode ser consideravelmente agilizada usando-se a lei de Maxwell dos deslocamentos recíprocos. O procedimento para representar esquematicamente as linhas de influência de estruturas indeterminadas pelo princípio de Müller-Breslau é apresentado na Seção 14.2.

PROBLEMAS

Seção 14.1

14.1 Desenhe as linhas de influência das reações dos apoios e dos momento fletor e cortante no ponto B da viga mostrada na Figura P14.1. Determine as ordenadas das linhas de influência em intervalos de 3 m. Selecione a reação do apoio C como hiperestático.

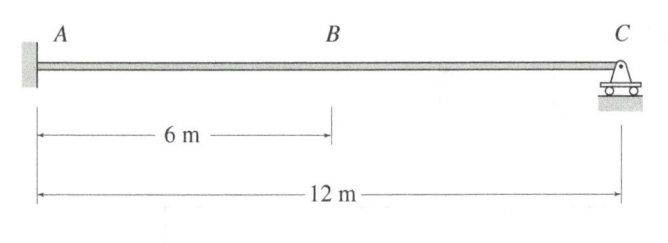

Figuras P14.1, P14.2

14.2 Determine as linhas de influência das reações dos apoios para a viga do Problema 14.1 ao selecionar o momento no apoio A como hiperestático. Veja a Figura P14.1.

14.3 Desenhe as linhas de influência da reação do apoio C e do momento fletor e cortante no ponto B da viga mostrada na Figura P14.3. Determine as ordenadas das linhas de influência em intervalos de 1 m.

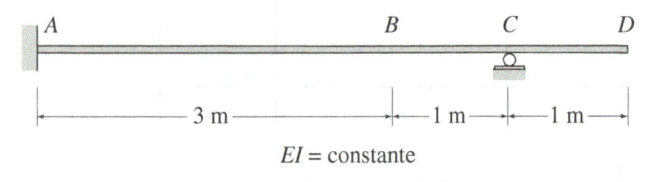

Figura P14.3

14.4 Desenhe as linhas de influência das reações dos apoios e do momento fletor e cortante no ponto C da viga mostrada na Figura P14.4. Determine as ordenadas das linhas de influência em intervalos de 2 m.

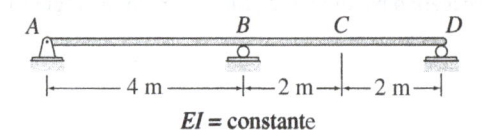

Figura P14.4

14.5 Desenhe as linhas de influência das reações dos apoios do momento fletor e cortante no ponto C da viga mostrada na Figura P14.5. Determine as ordenadas das linhas de influência em intervalos de 5 m.

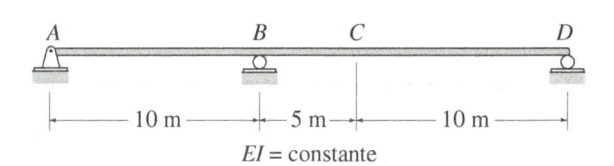

Figura P14.5

14.6 Desenhe as linhas de influência das reações dos apoios do momento fletor e cortante no ponto C da viga mostrada na Figura P14.6. Determine as ordenadas das linhas de influência em intervalos de 4 m.

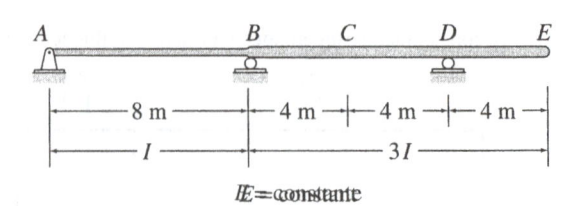

Figura P14.6

14.7 Desenhe as linhas de influência das reações dos apoios e das forças nos elementos BC, CE e EF da treliça mostrada na Figura P14.7. As cargas móveis são transmitidas ao banzo inferior da treliça.

capítulo 14

Linhas de influência de estruturas estaticamente indeterminadas

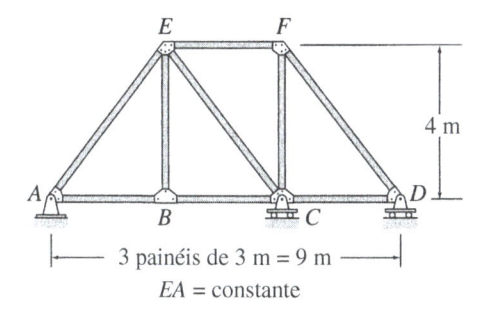

Figura P14.7

14.8 Desenhe as linhas de influência das reações dos apoios e das forças nos elementos CD, CH e GH da treliça mostrada na Figura P14.8. As cargas móveis são transmitidas ao banzo inferior da treliça.

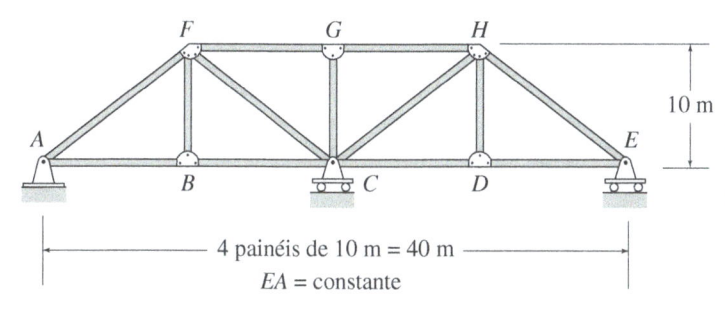

Figura P14.8

14.9 Desenhe as linhas de influência das forças nos elementos BC e CD da treliça mostrada na Figura P14.9. As cargas móveis são transmitidas ao banzo superior da treliça.

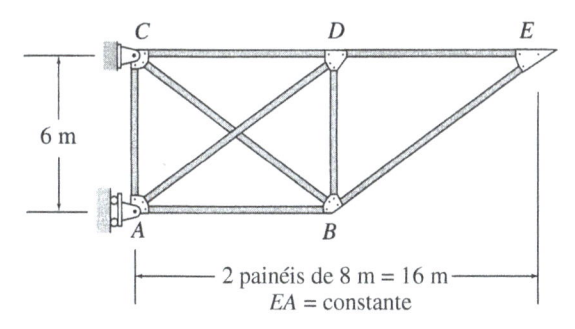

Figura P14.9

14.10 Desenhe as linhas de influência das forças nos elementos BC, BF e CF da treliça mostrada na Figura P14.10. As cargas móveis são transmitidas ao banzo inferior da treliça.

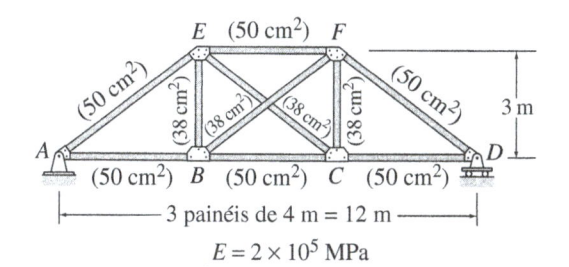

Figura P14.10

14.11 Desenhe as linhas de influência das reações dos apoios B e D e do momento fletor e cortante no ponto C da viga mostrada na Figura P14.11. Determine as ordenadas das linhas de influência em intervalos de 1 m.

Figura P14.11

14.12 Desenhe as linhas de influência das reações dos apoios para a viga mostrada na Figura P14.12. Determine as ordenadas das linhas de influência em intervalos de 3 m.

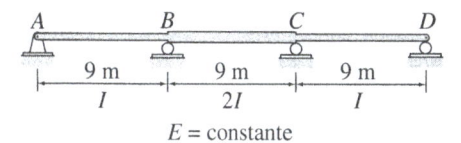

Figura P14.12

14.13 Desenhe as linhas de influência das reações do apoio C e das forças nos elementos BC, CE e EF da treliça mostrada na Figura P14.13. As cargas móveis são transmitidas ao banzo inferior da treliça.

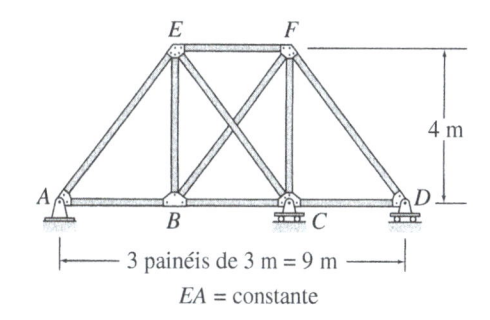

Figura P14.13

14.14 Desenhe as linhas de influência das forças nos elementos BG, CD e DG da treliça mostrada na Figura P14.14. As cargas móveis são transmitidas ao banzo inferior da treliça.

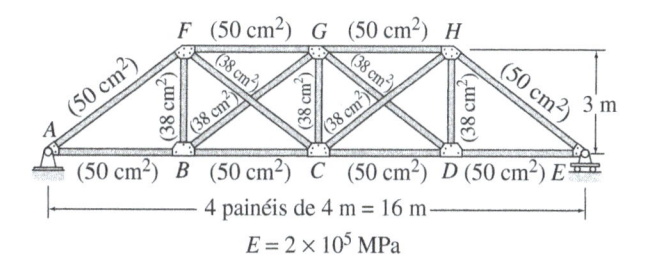

Figura P14.14

Seção 14.2

14.15 a 14.18 Desenhe esquematicamente as linhas de influência das reações verticais dos apoios A e B, do momento fletor no ponto B e do momento fletor e cortante no ponto C das vigas mostradas nas Figuras P14.15 a P14.18. Também, mostre os arranjos de uma carga móvel descendente uniformemente distribuída w_ℓ para causar as reações ascendentes máximas dos apoios A e B, o momento fletor negativo máximo em B, o cortante máximo negativo em C, e o momento fletor positivo máximo em C.

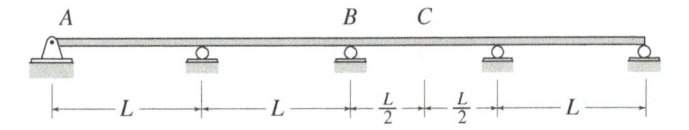

Figura P14.15

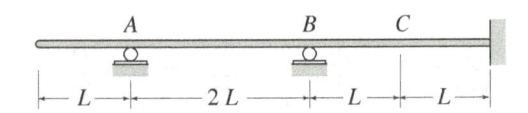

Figura P14.16

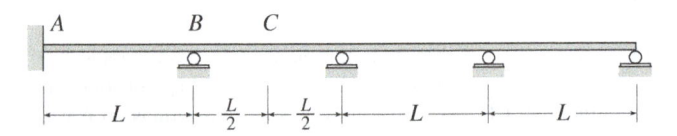

Figura P14.17

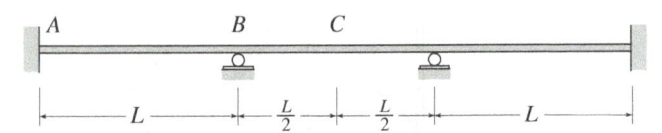

Figura P14.18

14.19 Desenhe esquematicamente as linhas de influência do momento fletor e cortante no ponto A do pórtico de edifício mostrado na Figura P14.19. Também mostre os arranjos de uma carga móvel descendente uniformemente distribuída w_ℓ que causa o momento fletor positivo máximo e cortante negativo máximo em A.

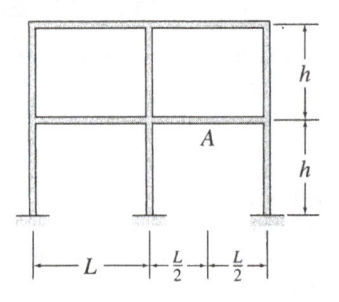

Figura P14.19

14.20 Para o pórtico de edifício da Figura P14.20, determine os arranjos de uma carga móvel descendente uniformemente distribuída w_ℓ que causará o momento fletor negativo máximo no ponto A e o momento fletor positivo máximo no ponto B.

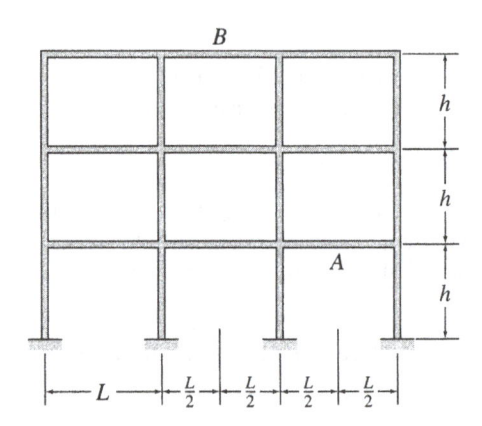

Figura P14.20

15

Método da rotação-flecha

15.1 Equações da rotação-flecha
15.2 Conceito básico do método da rotação-flecha
15.3 Análise de vigas contínuas
15.4 Análise de pórticos indeslocáveis
15.5 Análise de pórticos deslocáveis
Resumo
Problemas

Torres Petronas, Kuala Lumpur, Malásia
Andrea Seemann/Shutterstock.com.

No Capítulo 13, consideramos o método das forças (flexibilidade) para análise de estruturas estaticamente indeterminadas. Lembre-se de que no método das forças, as *forças* redundantes desconhecidas são determinadas, primeiro, ao se resolverem as equações de compatibilidade da estrutura, depois, as outras características de resposta da estrutura são avaliadas pelas equações de equilíbrio ou superposição. Uma abordagem alternativa que pode ser usada para analisar estruturas indeterminadas é chamada *método dos deslocamentos (rigidez)*. Diferentemente do método das forças, no método dos deslocamentos, os deslocamentos desconhecidos são determinados, primeiro, ao se resolverem as equações de equilíbrio da estrutura, depois, as outras características de resposta são avaliadas pelas considerações de compatibilidade e relações entre força-deslocamento do elemento.

Neste capítulo, consideramos uma formulação clássica do método dos deslocamentos, chamado *método da rotação-flecha*. Uma formulação clássica alternativa, o *método da distribuição dos momentos*, é apresentada no próximo capítulo, seguida da introdução do moderno *método da matriz de rigidez* no Capítulo 17.

O método da rotação-flecha para a análise de vigas e pórticos indeterminados foi apresentado por George A. Maney em 1915. O método considera somente as deformações de flexão das estruturas. Embora o método da rotação-flecha seja considerado uma ferramenta útil para analisar vigas e pórticos indeterminados, entender os fundamentos desse método fornece uma valiosa introdução ao método da matriz de rigidez, que forma a base da maioria dos softwares de computador atualmente usados para a análise estrutural.

Primeiro, deduzimos as relações fundamentais necessárias para a aplicação do método da rotação-flecha e, depois, desenvolvemos o conceito básico dele. Consideramos a aplicação do método para a análise de vigas contínuas e apresentamos a análise de pórticos onde os deslocamentos dos nós são impedidos. Por fim, consideramos a análise das estruturas com deslocamentos dos nós.

15.1 Equações da rotação-flecha

Quando uma viga contínua ou um pórtico está submetido a cargas externas, momentos internos geralmente se desenvolvem nas extremidades de seus elementos individuais.

> As equações da rotação-flecha relacionam os momentos nas extremidades de um elemento às rotações e deslocamentos nas suas extremidades e às cargas externas aplicadas no elemento.

Para deduzirmos as equações da rotação-flecha, vamos focar nossa atenção em um elemento arbitrário AB da viga contínua mostrada na Figura 15.1(a). Quando a viga é submetida a cargas externas e recalques de apoios, o elemento AB se deforma, como mostrado na figura, e os momentos internos são induzidos em suas extremidades. O diagrama de corpo livre e a curva elástica para o elemento AB são mostrados usando-se uma escala aumentada na Figura 15.1(b). Como indicado nesta figura, a notação com subscritos duplos é utilizada para momentos nas extremidades dos elementos, com o primeiro subscrito identificando a extremidade do elemento no qual o momento age e o segundo subscrito indicando a outra extremidade do elemento. Assim, M_{AB} denota o momento na extremidade A do elemento AB, enquanto M_{BA} representa o momento na extremidade B do elemento AB. Também, como mostrado na Figura 15.1(b), θ_A e θ_B denotam, respectivamente, as rotações nas extremidades A e B do elemento com relação à posição não deformada (horizontal) do elemento; Δ denota o deslocamento relativo entre as duas extremidades do elemento na direção perpendicular ao eixo não deformado; e o ângulo ψ denota a rotação da corda do elemento (ou seja, a linha reta conectando as posições deformadas das extremidades dos elementos) devido ao deslocamento relativo Δ. Como se adota que as deformações sejam pequenas, a rotação da corda pode ser expressa por

$$\psi = \frac{\Delta}{L} \tag{15.1}$$

A convenção do sinal usada neste capítulo é a seguinte:

> Os momentos na extremidade, as rotações nas extremidades e a rotação da corda dos elementos são positivos quando estão no sentido anti-horário.

Note que todos os momentos e rotações são mostrados no sentido positivo na Figura 15.1(b).

As equações da rotação-flecha podem ser derivadas ao se relacionarem os momentos na extremidade dos elementos às rotações na extremidade e da corda ao se aplicar o segundo teorema da área-momento (Seção 6.4). Na Figura 15.1(b), podemos ver que

$$\theta_A = \frac{\Delta_{BA} + \Delta}{L} \qquad \theta_B = \frac{\Delta_{AB} + \Delta}{L} \tag{15.2}$$

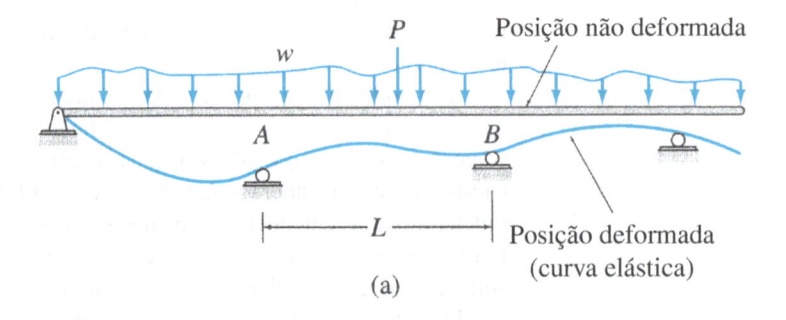

Figura 15.1 (*continua*)

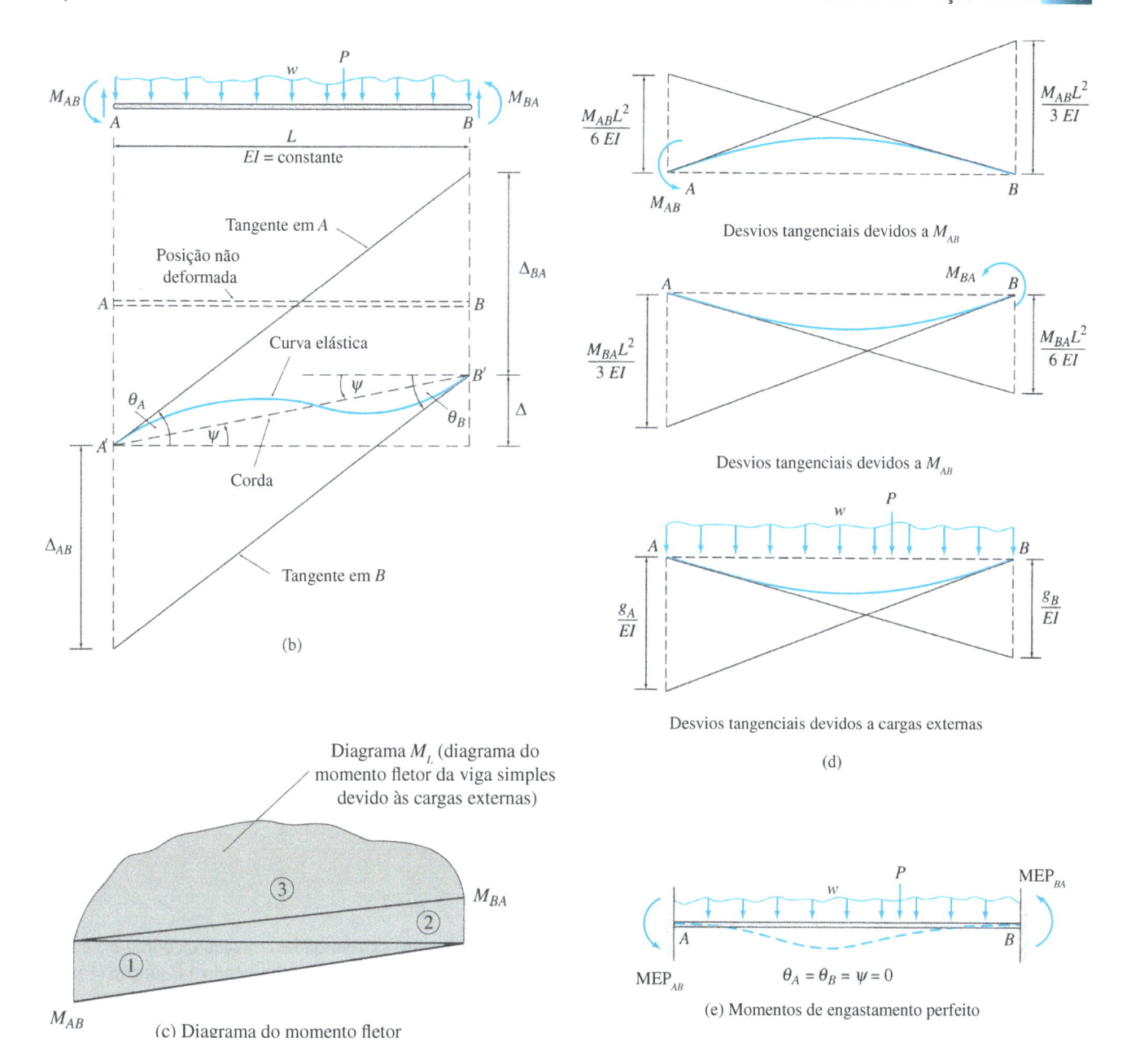

Figura 15.1

Ao substituirmos $\Delta/L = \psi$ nas equações anteriores, escrevemos

$$\theta_A - \psi = \frac{\Delta_{BA}}{L} \qquad \theta_B - \psi = \frac{\Delta_{AB}}{L} \tag{15.3}$$

em que, como mostrado na Figura 15.1(b), Δ_{BA} é o desvio tangencial na extremidade B da tangente à curva elástica na extremidade A e Δ_{AB} é o desvio tangencial na extremidade A da tangente à curva elástica na extremidade B. De acordo com o segundo teorema da área-momento, as expressões para os desvios tangenciais Δ_{BA} e Δ_{AB} podem ser obtidas ao somarmos os momentos nas extremidades B e A, respectivamente, da área sob o diagrama M/EI entre as duas extremidades.

O diagrama do momento fletor para o elemento é construído em partes aplicando M_{AB}, M_{BA} e o carregamento externo separadamente no elemento com extremidades apoiadas. Os três *diagramas do momento fletor da viga simples* assim obtidos são mostrados na Figura 15.1(c). Supondo que o elemento seja prismático – isto é, EI é constante ao longo do comprimento do elemento –, somamos os momentos da área sob o diagrama M/EI entre extremidades B e A, respectivamente, para determinar os desvios tangenciais:

$$\Delta_{BA} = \frac{1}{EI}\left[\left(\frac{M_{AB}L}{2}\right)\left(\frac{2L}{3}\right) - \left(\frac{M_{BA}L}{2}\right)\left(\frac{L}{3}\right) - g_B\right]$$

ou

$$\Delta_{BA} = \frac{M_{AB}L^2}{3EI} - \frac{M_{BA}L^2}{6EI} - \frac{g_B}{EI} \qquad (15.4a)$$

e

$$\Delta_{AB} = \frac{1}{EI}\left[-\left(\frac{M_{AB}L}{2}\right)\left(\frac{L}{3}\right) + \left(\frac{M_{BA}L}{2}\right)\left(\frac{2L}{3}\right) + g_A\right]$$

ou

$$\Delta_{AB} = -\frac{M_{AB}L^2}{6EI} + \frac{M_{BA}L^2}{3EI} + \frac{g_A}{EI} \qquad (15.4b)$$

em que g_B e g_A são os momentos nas extremidades B e A, respectivamente, da área sob o diagrama do momento fletor da viga simples devido à carga externa (diagrama M_L na Figura 15.1(c)). Os três termos nas Equações (15.4a) e (15.4b) representam os desvios tangenciais devidos ao M_{AB}, M_{BA}, e à carga externa, agindo separadamente no elemento (Figura 15.1(d)), com um termo negativo indicando que o desvio tangencial correspondente está na direção oposta daquela mostrada na curva elástica do elemento na Figura 15.1(b).

Ao substituirmos as expressões por Δ_{BA} e Δ_{AB} (Equações (15.4)) na Equação (15.3), escrevemos

$$\theta_A - \psi = \frac{M_{AB}L}{3EI} - \frac{M_{BA}L}{6EI} - \frac{g_B}{EIL} \qquad (15.5a)$$

$$\theta_B - \psi = -\frac{M_{AB}L}{6EI} + \frac{M_{BA}L}{3EI} + \frac{g_A}{EIL} \qquad (15.5b)$$

Para expressarmos os elementos e os momentos em termos das rotações nas extremidades, rotação da corda e a carga externa, resolvemos as Equações (15.5a) e (15.5b) simultaneamente para M_{AB} e M_{BA}. Reescrevendo a Equação (15.5a) como

$$\frac{M_{BA}L}{3EI} = \frac{2M_{AB}L}{3EI} - \frac{2g_B}{EIL} - 2(\theta_A - \psi)$$

Ao substituirmos essa equação na Equação (15.5b) e resolvendo a equação resultante para M_{AB}, obtemos

$$M_{AB} = \frac{2EI}{L}(2\theta_A + \theta_B - 3\psi) + \frac{2}{L^2}(2g_B - g_A) \qquad (15.6a)$$

e ao substituirmos a Equação (15.6a) na Equação (15.5a) ou na Equação (15.5b), obtemos a expressão para M_{BA}:

$$M_{BA} = \frac{2EI}{L}(\theta_A + 2\theta_B - 3\psi) + \frac{2}{L^2}(g_B - 2g_A) \qquad (15.6b)$$

Como as Equações (15.6) indicam, os momentos que se desenvolvem nas extremidades de um elemento dependem das rotações e deslocamentos nas extremidades do elemento, além da carga externa aplicada entre as extremidades.

Agora, suponha que o elemento considerado, em vez de ser parte de uma estrutura maior, fosse uma viga isolada com ambas as extremidades completamente fixas contra rotações e deslocamentos, como mostrado na Figura 15.1(e).

Os momentos que se desenvolveriam nas extremidades de tal *viga biengastada* são chamados *momentos de engastamento perfeito*, e suas expressões podem ser obtidas das Equações (15.6) ao se definir $\theta_A = \theta_B = \psi = 0$, isto é,

$$\text{MEP}_{AB} = \frac{2}{L^2}(2g_B - g_A) \tag{15.7a}$$

$$\text{MEP}_{BA} = \frac{2}{L^2}(g_B - 2g_A) \tag{15.7b}$$

em que MEP_{AB} e MEP_{BA} denotam os momentos de engastamento perfeitos devido à carga externa nas extremidades A e B, respectivamente, da viga biengastada AB (veja a Figura 15.1(e)).

Ao compararmos as Equações (15.6) e (15.7), descobrimos que os segundos termos dos lados direitos das Equações (15.6) são iguais aos momentos de engastamento perfeito que se desenvolveriam se as extremidades do elemento fossem fixas contra as rotações e deslocamentos. Assim, ao substituirmos as Equações (15.7) nas Equações (15,6), obtemos

$$M_{AB} = \frac{2EI}{L}(2\theta_A + \theta_B - 3\psi) + \text{MEP}_{AB} \tag{15.8a}$$

$$M_{BA} = \frac{2EI}{L}(\theta_A + 2\theta_B - 3\psi) + \text{MEP}_{BA} \tag{15.8b}$$

As equações (15.8), que expressam os momentos nas extremidades de um elemento em termos das rotações e deslocamentos de suas extremidades para uma carga externa especificada, são chamadas *equações da rotação-flecha*. Essas equações são válidas somente para os elementos prismáticos compostos de material linearmente elástico e sujeitos a pequenas deformações. Também, embora as equações considerem as deformações da flexão dos elementos, as deformações devido às forças normais e aos cortantes são desprezadas.

Das Equações (15.8), observamos que as duas equações da rotação-flecha têm a mesma forma e que qualquer uma das equações pode ser obtida a partir da outra simplesmente alterando-se os subscritos A e B. Assim, geralmente é conveniente expressar essas equações seguindo uma única equação da rotação-flecha:

$$M_{nf} = \frac{2EI}{L}(2\theta_n + \theta_f - 3\psi) + \text{MEP}_{nf} \tag{15.9}$$

em que o subscrito n se refere à extremidade *próxima* ao elemento em que o momento M_{nf} age e o subscrito f identifica a extremidade *distante* (outra) do elemento.

Momentos de engastamento perfeito

As expressões para momentos de engastamento perfeito devido a qualquer condição de carga podem ser derivadas usando-se o método de deformações compatíveis, como discutido no Capítulo 13 (veja o Exemplo 13.10). Entretanto, é geralmente mais conveniente determinar as expressões do momento de engastamento perfeito ao se aplicarem as Equações (15.7), que necessitam somente do cálculo dos momentos da área sob o diagrama do momento fletor da viga simples entre as extremidades da viga.

Para ilustrar a aplicação das Equações (15.7), considere uma viga biengastada submetida à carga concentrada P, como apresentada na Figura 15.2(a). Os momentos de engastamento perfeito desta viga foram previamente determinados no Exemplo 13.10 pelo método de deformações compatíveis. Para aplicarmos as Equações (15.7), substituímos as extremidades engastadas da viga por apoios simples e construímos o diagrama do momento fletor da viga biapoiada, como na Figura 15.2(b). Os momentos da área sob o diagrama do momento fletor da viga biapoiada entre as extremidades A e B são dados por

$$g_A = \frac{1}{2}a\left(\frac{Pab}{L}\right)\left(\frac{2a}{3}\right) + \frac{1}{2}b\left(\frac{Pab}{L}\right)\left(a + \frac{b}{3}\right)$$

$$g_B = \frac{1}{2}a\left(\frac{Pab}{L}\right)\left(\frac{a}{3} + b\right) + \frac{1}{2}b\left(\frac{Pab}{L}\right)\left(\frac{2b}{3}\right)$$

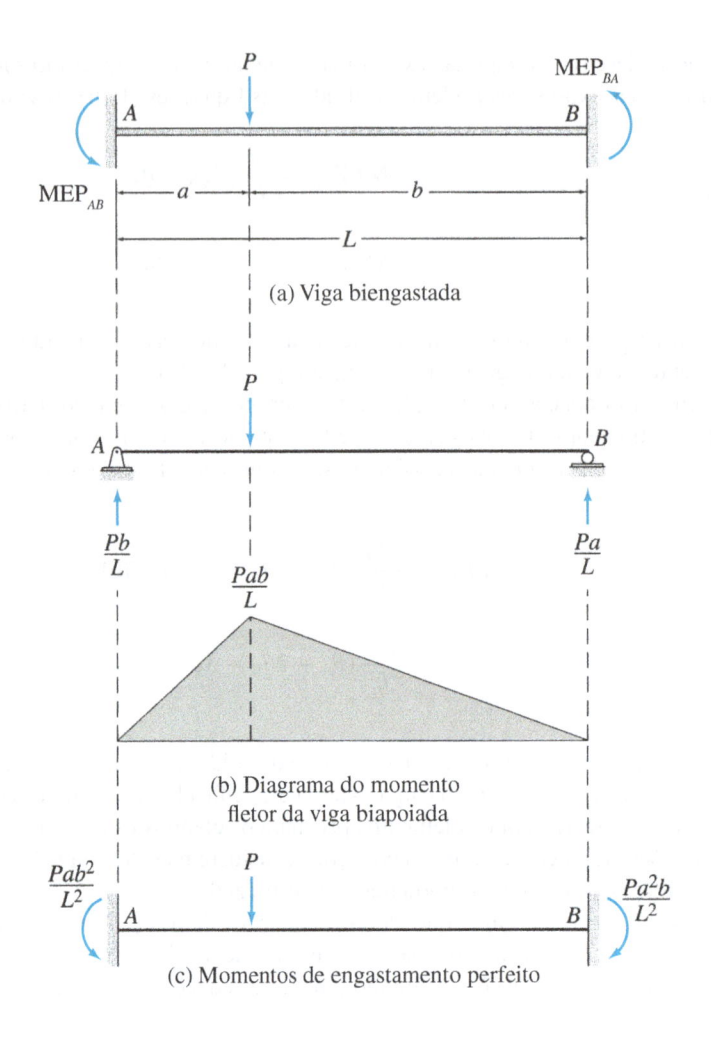

Figura 15.2

(a) Viga biengastada

(b) Diagrama do momento fletor da viga biapoiada

(c) Momentos de engastamento perfeito

Ao substituirmos $L = a + b$ nessas equações e simplificando-as, obtemos

$$g_A = \frac{Pab}{6}(2a + b) \qquad g_B = \frac{Pab}{6}(a + 2b)$$

Ao substituirmos as expressões por g_A e g_B nas Equações (15.7), determinamos os momentos de engastamento perfeito como

$$\text{MEP}_{AB} = \frac{2}{L^2}\left[\frac{2Pab}{6}(a + 2b) - \frac{Pab}{6}(2a + b)\right] = \frac{Pab^2}{L^2} \circlearrowright$$

$$\text{MEP}_{BA} = \frac{2}{L^2}\left[\frac{Pab}{6}(a + 2b) - \frac{2Pab}{6}(2a + b)\right] = -\frac{Pa^2b}{L^2}$$

Lembre-se de que as Equações (15.7) baseiam-se na convenção de sinais de que os momentos na extremidade em sentidos anti-horários são positivos. Assim, a resposta negativa para MEP_{BA} indica que seu sentido correto é horário, isto é,

$$\text{MEP}_{BA} = \frac{Pa^2b}{L^2} \circlearrowleft$$

como mostrado na Figura 15.2(c).

As expressões do momento de engastamento perfeito para alguns tipos comuns de condições de carga são apresentadas no final do livro para consulta prática.

Elementos com somente uma extremidade rotulada

As equações da rotação-flecha derivadas anteriormente (Equações (15.8) ou Equação (15.9)) são baseadas na condição de que o elemento está rigidamente conectado com os nós em ambas as extremidades, para que as rotações nas extremidades do elemento θ_A e θ_B sejam iguais às rotações nos nós adjacentes. Quando uma das extremidades do elemento está conectada ao nó adjacente por uma ligação rotulada, o momento na extremidade rotulada deve ser nulo. As equações da rotação-flecha podem ser facilmente modificadas para refletir essa condição. Com relação à Figura 15.1(b), se a extremidade B do elemento AB tiver rótulas, o momento em B deve ser nulo. Ao substituirmos $M_{BA} = 0$ nas Equações (15.8), escrevemos

$$M_{AB} = \frac{2EI}{L}(2\theta_A + \theta_B - 3\psi) + \text{MEP}_{AB} \tag{15.10a}$$

$$M_{BA} = 0 = \frac{2EI}{L}(\theta_A + 2\theta_B - 3\psi) + \text{MEP}_{BA} \tag{15.10b}$$

Resolvendo a Equação (15.10b) para θ_B, obtemos

$$\theta_B = -\frac{\theta_A}{2} + \frac{3}{2}\psi - \frac{L}{4EI}(\text{MEP}_{BA}) \tag{15.11}$$

Para eliminarmos θ_B das equações da rotação-flecha, substituímos a Equação (15.11) na Equação (15.10a), obtendo assim as *equações da rotação-flecha modificadas* para o elemento AB com rótula na extremidade B:

$$M_{AB} = \frac{3EI}{L}(\theta_A - \psi) + \left(\text{MEP}_{AB} - \frac{\text{MEP}_{BA}}{2}\right) \tag{15.12a}$$

$$M_{BA} = 0 \tag{15.12b}$$

De forma semelhante, podemos mostrar que, para o elemento AB com uma rótula na extremidade A, a rotação na extremidade rotulada é dada por

$$\theta_A = -\frac{\theta_B}{2} + \frac{3}{2}\psi - \frac{L}{4EI}(\text{MEP}_{AB}) \tag{15.13}$$

e as equações da rotação-flecha modificadas podem ser expressas por

$$M_{BA} = \frac{3EI}{L}(\theta_B - \psi) + \left(\text{MEP}_{BA} - \frac{\text{MEP}_{AB}}{2}\right) \tag{15.14a}$$

$$M_{AB} = 0 \tag{15.14b}$$

Como as equações da rotação-flecha modificadas dadas pelas Equações (15.12) e (15.14) são semelhantes na forma, podem ser convenientemente resumidas como

$$M_{rh} = \frac{3EI}{L}(\theta_r - \psi) + \left(\text{MEP}_{rh} - \frac{\text{MEP}_{hr}}{2}\right) \tag{15.15a}$$

$$M_{hr} = 0 \tag{15.15b}$$

538 Análise Estrutural Parte 3

em que o subscrito *r* se refere à extremidade *rigidamente conectada* ao elemento em que o momento M_{rh} age e o subscrito *h* identifica a extremidade com *rótula* do elemento. A rotação na extremidade rotulada agora pode ser escrita como

$$\theta_h = -\frac{\theta_r}{2} + \frac{3}{2}\psi - \frac{L}{4EI}(\text{MEP}_{hr}) \tag{15.16}$$

15.2 Conceito básico do método da rotação-flecha

Para ilustrar o conceito básico do método da rotação-flecha, considere a viga contínua com três vãos na Figura 15.3(a). Embora a estrutura realmente tenha uma única viga contínua entre os apoios engastados *A* e *D*, para fins de análise, é considerada como composta por

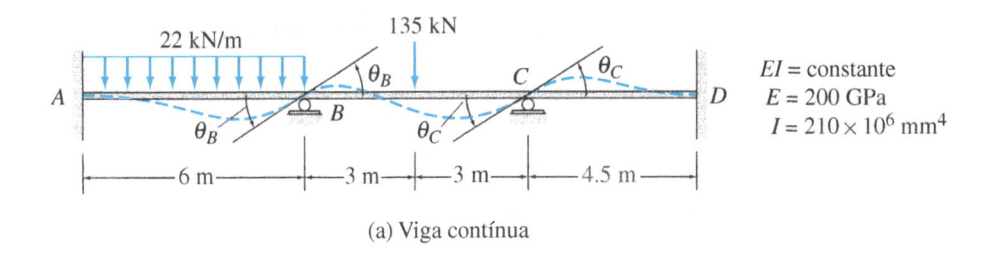

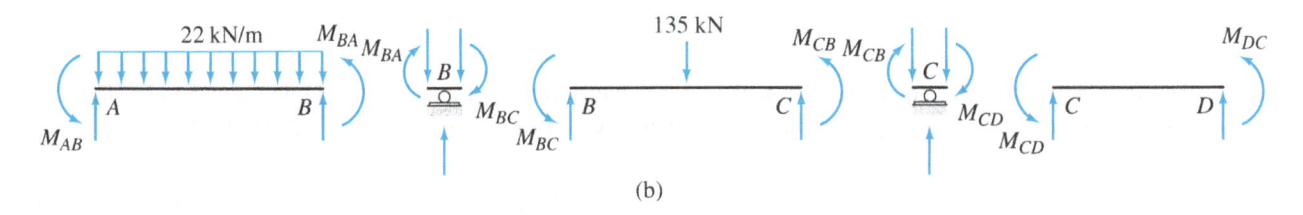

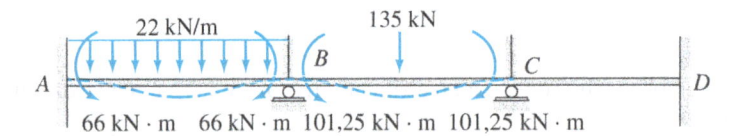

(a) Viga contínua

(b)

(c) Momentos de engastamento perfeito

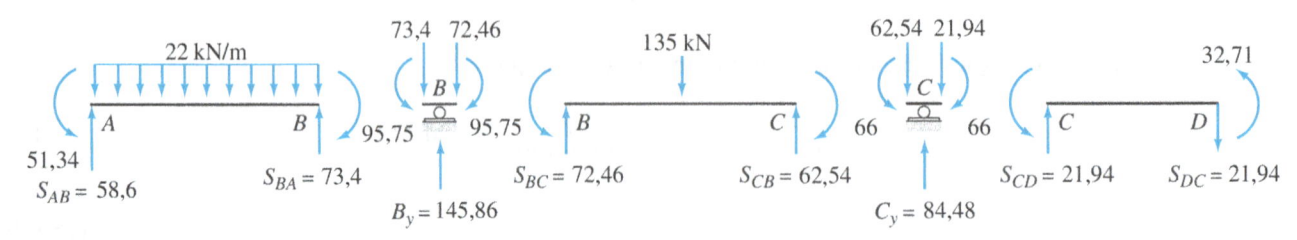

(d) Momentos e cortantes nas extremidade dos elementos

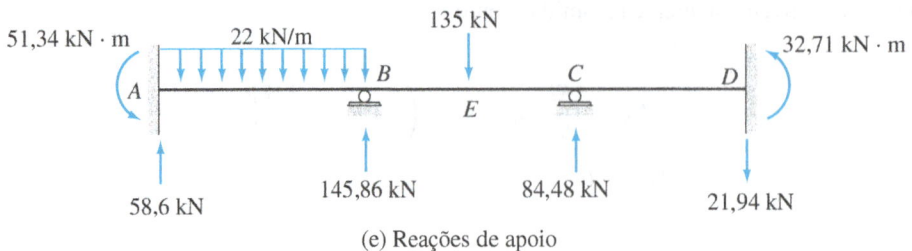

(e) Reações de apoio

Figura 15.3 (*continua*)

(f) Diagrama do cortante (kN)

(g) Diagrama do momento fletor (kN · m)

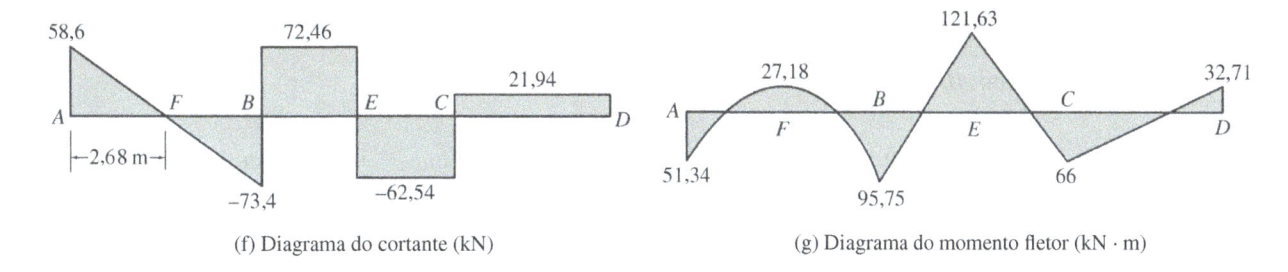

Figura 15.3

três elementos, *AB*, *BC* e *CD*, rigidamente conectados nos nós *A*, *B*, *C* e *D* localizados nos apoios da estrutura. Note que a viga contínua foi dividida em elementos e nós, para que as reações externas desconhecidas ajam somente nos nós.

Graus de liberdade

Com as localizações dos nós agora estabelecidas, identificamos os deslocamentos independentes desconhecidos (translações e rotações) dos nós das estruturas. Esses deslocamentos dos nós desconhecidos são chamados *graus de liberdade* da estrutura. A partir da representação esquemática da curva elástica da viga contínua mostrada na Figura 15.3(a), podemos ver que nenhum dos nós pode se transladar. Além disso, os nós engastados *A* e *D* não podem girar, enquanto os nós *B* e *C* estiverem livres para girar. Assim, a viga contínua possui dois graus de liberdade, θ_B e θ_C, que representam as rotações desconhecidas dos nós *B* e *C*, respectivamente.

O número de graus de liberdade às vezes é chamado *grau de indeterminação cinemática* da estrutura. Como a viga da Figura 15.3(a) possui dois graus de liberdade, é considerada cinematicamente indeterminada em segundo grau. Uma estrutura sem nenhum grau de liberdade é denominada *cinematicamente determinada*. Em outras palavras, se os deslocamentos de todos os nós de uma estrutura forem nulos ou conhecidos, a estrutura é considerada cinematicamente determinada.

Equações de equilíbrio

As rotações desconhecidas dos nós são determinadas resolvendo-se as equações de equilíbrio dos nós que estão livres para girar. Os diagramas de corpo livre dos elementos e nós *B* e *C* da viga contínua são mostrados na Figura 15.3(b). Além das cargas externas, cada elemento está sujeito a um momento interno em cada uma de suas extremidades. Como os sentidos corretos dos momentos na extremidade dos elementos ainda não são conhecidos, assumimos que os momentos nas extremidades de todos os elementos são positivos (sentido anti-horário) de acordo com a convenção de sinais da rotação-flecha adotado no capítulo anterior. Note que os diagramas de corpo livre dos nós mostram que os momentos na extremidade do elemento agem em uma direção contrária (sentido horário), de acordo com a lei de Newton de ação e reação.

Como a estrutura toda está em equilíbrio, cada um dos elementos e nós também deve estar equilíbrio. Ao aplicarmos as equações de equilíbrio do momento $\Sigma M_B = 0$ e $\Sigma M_C = 0$, respectivamente, aos corpos livres dos nós *B* e *C*, obtemos as equações de equilíbrio

$$M_{BA} + M_{BC} = 0 \tag{15.17a}$$

$$M_{CB} + M_{CD} = 0 \tag{15.17b}$$

Equações da rotação-flecha

As equações de equilíbrio anteriores (Equações (15.17)) podem ser expressas em termos de rotações desconhecidas dos nós, θ_B e θ_C, usando-se as equações da rotação-flecha que relacionam os momentos na extremidade dos elementos às rotações desconhecidas dos nós. Entretanto, antes que possamos escrever as equações da rotação-flecha, precisamos computar os momentos de engastamento perfeito devido às cargas externas agindo nos elementos da viga contínua.

Para calcularmos os momentos de engastamento perfeito, aplicamos chapas imaginárias nos nós *B* e *C* para evitar que girem, como mostrado na Figura 15.3(c). Os momentos de engastamento perfeito que se desenvolvem nas extremidades dos elementos dessa estrutura totalmente presa ou cinematicamente determinada podem facilmente ser avaliados ao se aplicarem as Equações (15.7) ou utilizando-se as expressões de momento de engastamento perfeito fornecidas no final deste livro. Ao usarmos as expressões de momentos de engastamento perfeito, calculamos os momentos de engastamento perfeito como se segue:

Para o elemento AB:

$$\text{MEP}_{AB} = \frac{wL^2}{12} = \frac{22(6)^2}{12} = 66 \text{ kN} \cdot \text{m} \; \circlearrowleft \quad \text{ou} \quad +66 \text{ kN} \cdot \text{m}$$

$$\text{MEP}_{BA} = 66 \text{ kN} \cdot \text{m} \; \circlearrowright \quad \text{ou} \quad -66 \text{ kN} \cdot \text{m}$$

Para o elemento BC:

$$\text{MEP}_{BC} = \frac{PL}{8} = \frac{135(6)}{8} = 101{,}25 \text{ kN} \cdot \text{m} \; \circlearrowleft \quad \text{ou} \quad +101{,}25 \text{ kN} \cdot \text{m}$$

$$\text{MEP}_{CB} = 101{,}25 \text{ kN} \cdot \text{m} \; \circlearrowright \quad \text{ou} \quad -101{,}25 \text{ kN} \cdot \text{m}$$

Note que, de acordo com a convenção do sinal da rotação-flecha, os momentos de engastamento perfeito em sentido anti-horário são considerados positivos. Como nenhuma carga externa age no elemento CD, seus momentos de engastamento perfeito são nulos, isto é,

$$\text{MEP}_{CD} = \text{MEP}_{DC} = 0$$

Os momentos de engastamento perfeito são mostrados no diagrama da estrutura restringida na Figura 15.3(c).

As equações da rotação-flecha para os três elementos da viga contínua podem agora ser escritas usando-se a Equação (15.9). Como nenhum dos apoios da viga contínua se translada, as rotações da corda dos três elementos são nulas (isto é, $\psi_{AB} = \psi_{BC} = \psi_{CD} = 0$). Também, como os apoios A e D são engastados, as rotações $\theta_A = \theta_D = 0$. Aplicando-se a Equação (15.9) para o elemento AB, com A na extremidade próxima e B na extremidade distante, obtemos a equação da rotação-flecha

$$M_{AB} = \frac{2EI}{6}(0 + \theta_B - 0) + 66 = 0{,}33EI\,\theta_B + 66 \tag{15.18a}$$

Depois, ao considerarmos B como a extremidade próxima e A como a extremidade distante, escrevemos

$$M_{BA} = \frac{2EI}{6}(2\theta_B + 0 - 0) - 66 = 0{,}67EI\,\theta_B - 66 \tag{15.18b}$$

De forma semelhante, ao aplicarmos a Equação (15.9) para o elemento BC, obtemos

$$M_{BC} = \frac{2EI}{6}(2\theta_B + \theta_C) + 101{,}25 = 0{,}67EI\,\theta_B + 0{,}33EI\,\theta_C + 101{,}25 \tag{15.18c}$$

$$M_{CB} = \frac{2EI}{6}(2\theta_C + \theta_B) - 101{,}25 = 0{,}67EI\,\theta_C + 0{,}33EI\,\theta_B - 101{,}25 \tag{15.18d}$$

e para o elemento CD,

$$M_{CD} = \frac{2EI}{4{,}5}(2\theta_C) = 0{,}89EI\,\theta_C \tag{15.18e}$$

$$M_{DC} = \frac{2EI}{4{,}5}(\theta_C) = 0{,}44EI\,\theta_C \tag{15.18f}$$

As equações da rotação-flecha automaticamente satisfazem às condições de compatibilidade da estrutura. Como as extremidades dos elementos estão rigidamente conectadas aos nós adjacentes, as rotações nas extremidades dos elementos são iguais às rotações dos nós adjacentes. Assim, os termos θ nas equações da rotação-flecha (Equações (15.18)) representam as rotações nas extremidades dos elementos além daquelas dos nós.

Rotações dos nós

Para determinarmos as rotações desconhecidas dos nós θ_B e θ_C, substituímos as equações da rotação-flecha (Equações (15.18)) nas equações de equilíbrio dos nós (Equações (15.17)) e resolvemos o sistema resultante das equações simultaneamente para θ_B e θ_C. Assim, ao substituirmos as Equações (15.18b) e (15.18c) na Equação (15.17a), obtemos

$$(0{,}67EI\theta_B - 66) + (0{,}67EI\theta_B + 0{,}33EI\theta_C + 101{,}25) = 0$$

ou

$$1{,}34EI\theta_B + 0{,}33EI\theta_C = -35{,}25 \tag{15.19a}$$

e ao substituirmos as Equações (15.18d) e (15.18e) na Equação (15.17b), temos

$$(0{,}67EI\theta_C + 0{,}33EI\theta_B - 101{,}25) + 0{,}89EI\theta_C = 0$$

ou

$$0{,}33EI\theta_B + 1{,}56EI\theta_C = 101{,}25 \tag{15.19b}$$

Resolvendo as Equações (15.19a) e (15.19b) simultaneamente para $EI\theta_B$ e $EI\theta_C$, obtemos

$$EI\theta_B = 44{,}41 \text{ kN} \cdot \text{m}^2$$

$$EI\theta_C = 74{,}34 \text{ kN} \cdot \text{m}^2$$

Ao substituirmos os valores numéricos de $E = 200$ GPa e $I = 210 \times 10^6$ mm^4, determinamos as rotações dos nós B e C como

$$\theta_B = 0{,}0011 \text{ rad} \quad \text{ou} \quad 0{,}0011 \text{ rad} \;\circlearrowright$$

$$\theta_C = 0{,}0018 \text{ rad} \;\circlearrowright$$

Momentos na extremidade dos elementos

Os momentos nas extremidades dos três elementos da viga contínua podem agora ser determinados ao substituirmos os valores numéricos de $EI\theta_B$ e $EI\theta_C$ nas equações da rotação-flecha (Equações (15.18)). Assim,

$$M_{AB} = 0{,}33(-44{,}41) + 66 = 51{,}34 \text{ kN} \;\circlearrowright$$

$$M_{BA} = 0{,}67(-44{,}41) - 66 = -95{,}75 \text{ kN} \cdot \text{m} \quad \text{ou} \quad -95{,}75 \text{ kN} \cdot \text{m} \;\circlearrowright$$

$$M_{BC} = 0{,}67(-44{,}41) + 0{,}33(74{,}34) + 101{,}25 = 95{,}75 \text{ kN} \cdot \text{m} \;\circlearrowright$$

$$M_{CB} = 0{,}67(74{,}34) + 0{,}33(-44{,}41) - 101{,}25$$

$$= 66 \text{ kN} \cdot \text{m} \quad \text{ou} \quad 66 \text{ kN} \cdot \text{m} \;\circlearrowright$$

$$M_{CD} = 0{,}89(74{,}34) = 66 \text{ kN} \cdot \text{m} \;\circlearrowright$$

$$M_{DC} = 0{,}44(74{,}34) = 32{,}71 \text{ kN} \cdot \text{m} \;\circlearrowright$$

Note que uma resposta positiva para um momento na extremidade indica que seu sentido é anti-horário, enquanto uma resposta negativa para um momento na extremidade implica sentido horário.

Para verificar se a solução das equações simultâneas (Equações (15.19)) foram realizadas corretamente, os valores numéricos dos momentos na extremidade dos elementos devem ser substituídos nas equações de equilíbrio dos nós (Equações (15.17)). Se a solução estiver correta, as equações de equilíbrio devem ser satisfeitas.

$$M_{BA} + M_{BC} = -95{,}75 + 95{,}75 = 0 \qquad \text{Verificações}$$

$$M_{CB} + M_{CD} = 66 + 66 = 0 \qquad \text{Verificações}$$

Cortantes na extremidade dos elementos

Os momentos na extremidade dos elementos que acabaram de ser calculados estão mostrados nos diagramas de corpos livres dos elementos e nós na Figura 15.3(d). As forças cortantes na extremidade dos elementos podem agora ser determinadas ao se aplicarem as equações de equilíbrio aos corpos livres dos elementos. Assim, para o elemento AB,

$$+\circlearrowleft \sum M_B = 0 \qquad 51{,}34 - S_{AB}(6) + 22(6)(3) - 95{,}75 = 0$$

$$S_{AB} = 58{,}6 \text{ kN} \uparrow$$

$$+\uparrow \sum F_y = 0 \qquad 58{,}6 - 22(6) + S_{BA} = 0$$

$$S_{BA} = 73{,}4 \text{ kN} \uparrow$$

De forma semelhante, para o elemento BC,

$$+\circlearrowleft \sum M_C = 0 \qquad 95{,}75 - S_{BC}(6) + 135(3) - 66 = 0$$

$$S_{BC} = 72{,}46 \text{ kN} \uparrow$$

$$+\uparrow \sum F_y = 0 \qquad 72{,}46 - 135 + S_{CB} = 0$$

$$S_{CB} = 62{,}54 \text{ kN} \uparrow$$

e para o elemento CD,

$$+\circlearrowleft \sum M_D = 0 \qquad 66 - S_{CD}(4{,}5) + 32{,}71 = 0 \qquad S_{CD} = 21{,}94 \text{ kN} \uparrow$$

$$+\uparrow \sum F_y = 0 \qquad\qquad S_{DC} = 21{,}94 \text{ kN} \downarrow$$

Os cortantes na extremidade dos elementos anteriores podem, alternativamente, ser avaliados pela superposição deles na extremidade devido à carga externa e cada um dos momentos na extremidade agindo separadamente no elemento. Por exemplo, o cortante na extremidade A do elemento AB é dado por

$$S_{AB} = \frac{22(6)}{2} + \frac{51{,}34}{6} - \frac{95{,}75}{6} = 58{,}6 \text{ kN} \uparrow$$

em que o primeiro termo é igual ao cortante devido à carga uniformemente distribuída de 22 kN/m, enquanto o segundo e o terceiro termos são os cortantes devidos aos momentos 51,34 kN · m e 95,75 kN · m, respectivamente, nas extremidades A e B do elemento.

Reações de apoio

A partir do diagrama do corpo livre do nó B na Figura 15.3(d), podemos ver que a reação vertical do apoio de rolete B é igual à soma dos cortantes nas extremidades B dos elementos AB e BC; isto é,

$$B_y = S_{BA} + S_{BC} = 73{,}4 + 72{,}46 = 145{,}86 \text{ kN} \uparrow$$

De forma semelhante, a reação vertical do apoio de rolete C é igual à soma dos cortantes nas extremidades C dos elementos BC e CD. Assim,

$$C_y = S_{CB} + S_{CD} = 62{,}54 + 21{,}94 = 84{,}48 \text{ kN} \uparrow$$

As reações do apoio engastado A são iguais ao cortante e ao momento na extremidade A do elemento AB, isto é,

$$A_y = S_{AB} = 58{,}6 \text{ kN} \uparrow$$

$$M_A = M_{AB} = 51{,}34 \text{ kN} \cdot \text{m} \circlearrowleft$$

De forma semelhante, as reações do apoio engastado D são iguais ao cortante e ao momento na extremidade D do elemento CD. Assim,

$$D_y = S_{DC} = 21{,}94 \text{ kN} \downarrow$$

$$M_D = M_{DC} = 32{,}71 \text{ kN} \cdot \text{m} \circlearrowleft$$

As reações de apoio são apresentadas na Figura 15.3(e).

Verificação do equilíbrio

Para verificarmos nossos cálculos de cortantes na extremidade dos elementos e reações de apoio, aplicamos as equações de equilíbrio ao corpo livre da estrutura toda. Assim, (Figura 15.3(e)),

$$+\uparrow \sum F_y = 0$$

$$58{,}6 - 22(6) + 145{,}86 - 135 + 84{,}48 - 21{,}94 = 0 \quad \textbf{Verificações}$$

$$+ \circlearrowleft \sum M_D = 0$$

$$51{,}34 - 58{,}6(16{,}5) + 22(6)(13{,}5) - 145{,}86(10{,}5) + 135(7{,}5)$$

$$- 84{,}48(4{,}5) + 32{,}71 = -0{,}04 \approx 0 \quad \textbf{Verificações}$$

Essa verificação do equilíbrio, além da verificação realizada anteriormente na solução das equações simultâneas, não detecta nenhum erro envolvido nas equações da rotação-flecha. Portanto, as equações da rotação-flecha devem ser desenvolvidas com muito cuidado e sempre serem verificadas antes de prosseguir com o resto da análise.

Diagramas do momento fletor e do cortante

Com as reações de apoio conhecidas, os diagramas do momento fletor e cortante podem agora ser construídos da forma comum, usando a *convenção de sinal da viga* descrita na Seção 5.1. Os diagramas do momento fletor e cortante assim obtidos para a viga contínua são mostrados nas Figuras 15.3(f) e (g), respectivamente.

15.3 Análise de vigas contínuas

Baseando-se na discussão apresentada na seção anterior, o procedimento para a análise das vigas contínuas pelo método da rotação-flecha pode ser resumido a seguir:

1. Identifique os graus de liberdade da estrutura. Para vigas contínuas, os graus de liberdade consistem em rotações desconhecidas nos nós.
2. Calcule os momentos de engastamento perfeito. Para cada elemento da estrutura, avalie os momentos de engastamento perfeito devido a cargas externas usando as expressões fornecidas no final deste livro. Os momentos de engastamento perfeito em sentido anti-horário são considerados positivos.
3. No caso de recalques de apoio, determine as rotações das cordas dos elementos adjacentes aos apoios que sofrem recalque ao dividir o deslocamento relativo entre as duas extremidades do elemento pelo comprimento do elemento ($\psi = \Delta/L$). As rotações das cordas são medidas a partir das posições não deformadas (horizontais) dos elementos, com rotações no sentido anti-horário consideradas positivas.
4. Escreva as equações da rotação-flecha. Para cada elemento, aplique a Equação (15.9) para escrever duas equações da rotação-flecha relacionadas aos momentos na extremidade dos elementos para as rotações desconhecidas dos nós adjacentes.
5. Escreva as equações de equilíbrio. Para cada nó livre para girar, escreva uma equação de equilíbrio do momento, $\sum \Delta M = 0$, nos termos dos momentos nas extremidades dos elementos conectados ao nó. O número total de tais equações de equilíbrio deve ser igual ao número de graus de liberdade da estrutura.

6. Determine as rotações desconhecidas do nó. Substitua as equações da rotação-flecha nas equações de equilíbrio, e resolva o sistema de equações resultante para as rotações desconhecidas do nó.
7. Calcule os momentos na extremidade dos elementos ao substituir os valores numéricos das rotações do nó determinadas na etapa 6 nas equações da rotação-flecha. Uma resposta positiva para um momento na extremidade indica que seu sentido é anti-horário, enquanto uma resposta negativa para um momento de extremidade implica sentido horário.
8. Para verificar se a solução das equações simultâneas foi realizada corretamente na etapa 6, substitua os valores numéricos dos momentos na extremidade dos elementos nas equações de equilíbrio dos nós desenvolvidas na etapa 5. Se a solução estiver correta, as equações de equilíbrio devem ser satisfeitas.
9. Calcule os cortantes nas extremidades dos elementos. Para cada elemento, (a) desenhe um diagrama de corpo livre mostrando as cargas externas e momentos de extremidade e (b) aplique as equações de equilíbrio para calcular as forças de cortante nas extremidades do elemento.
10. Determine as reações de apoio considerando o equilíbrio dos nós da estrutura.
11. Para verificar o cálculo dos cortantes nas extremidades dos elementos e reações de apoio, aplique as equações de equilíbrio ao corpo livre da estrutura toda. Se os cálculos foram realizados de forma correta, as equações de equilíbrio devem ser satisfeitas.
12. Desenhe os diagramas do momento fletor e do cortante da estrutura usando a *convenção de sinais da viga*.

Vigas com apoios simples em suas extremidades

Embora o procedimento anterior possa ser usado para analisar vigas contínuas que são simplesmente apoiadas em uma ou ambas as extremidades, a análise de tais estruturas pode ser consideravelmente agilizada utilizando-se as equações da rotação-flecha modificadas (Equações (15.15)) para vãos adjacentes aos apoios de extremidade simples, eliminando-se assim as rotações dos apoios simples da análise (veja o Exemplo 15.3). Entretanto, essa abordagem simplificada somente pode ser usada para aqueles apoios de extremidade simples onde nenhum momento externo é aplicado. Isso ocorre porque as equações da rotação-flecha modificadas para um elemento com uma rótula na extremidade (Equações (15.15)) baseiam-se na condição de que o momento na extremidade com rótula é nulo.

Estruturas com balanços

Considere uma viga contínua com um balanço, como na Figura 15.4(a). Como o vão em balanço CD da viga é estaticamente determinado no sentido de que o cortante e o momento em sua extremidade C podem ser obtidos ao se

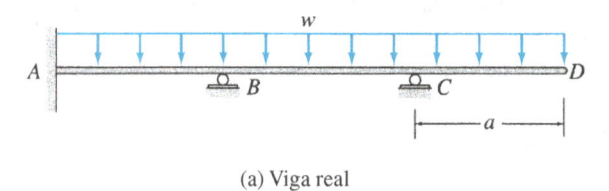

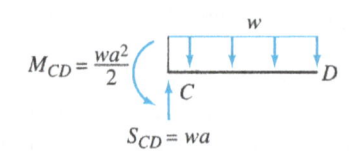

(a) Viga real

$M_{CD} = \dfrac{wa^2}{2}$

$S_{CD} = wa$

(b) Vão do balanço estaticamente determinado

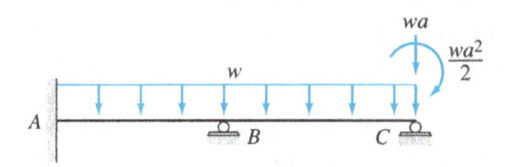

(c) Parte estaticamente indeterminada a ser analisada

Figura 15.4

capítulo 15   Método da rotação-flecha   **545**

aplicarem as equações de equilíbrio (Figura 15.4(b)), não é necessário incluir este vão na análise. Assim, para fins de análise, o vão em balanço *CD* pode ser removido da estrutura, contanto que o momento e a força exercidos pelo balanço no resto da estrutura sejam incluídos na análise. A parte indeterminada *AC* da estrutura, que precisa ser analisada, é mostrada na Figura 15.4(c).

EXEMPLO 15.1

Determine as reações e desenhe os diagramas do momento fletor e do cortante para a viga contínua com dois vãos na Figura 15.5(a) pelo método da rotação-flecha.

Solução

Graus de liberdade. Da Figura 15.5(a), podemos ver que somente o nó *B* da viga está livre para girar. Assim, a estrutura tem somente um grau de liberdade, que é a rotação desconhecida do nó, θ_B.

Momentos de engastamento perfeito. Ao usarmos as expressões do momento de engastamento perfeito fornecidas no final deste livro, avaliamos os momentos de engastamento perfeito devido às cargas externas para cada elemento:

$$\text{MEP}_{AB} = \frac{Pab^2}{L^2} = \frac{90(2)(3)^2}{(5)^2} = 64{,}8 \text{ kN}\cdot\text{m} \curvearrowright \quad \text{ou} \quad +64{,}8 \text{ kN}\cdot\text{m}$$

$$\text{MEP}_{BA} = \frac{Pa^2b}{L^2} = \frac{90(2)^2(3)}{(5)^2} = 43{,}2 \text{ kN}\cdot\text{m} \curvearrowleft \quad \text{ou} \quad -43{,}2 \text{ kN}\cdot\text{m}$$

$$\text{MEP}_{BC} = \frac{wL^2}{12} = \frac{50(6)^2}{12} = 150 \text{ kN}\cdot\text{m} \curvearrowright \quad \text{ou} \quad +150 \text{ kN}\cdot\text{m}$$

$$\text{MEP}_{CB} = 150 \text{ kN}\cdot\text{m} \curvearrowleft \quad \text{ou} \quad -150 \text{ kN}\cdot\text{m}$$

Note que, de acordo com as convenções de sinal da rotação-flecha, os momentos de engastamento perfeito em sentido anti-horário são considerados positivos, enquanto os momentos de engastamento perfeito em sentido horário são considerados negativos.

Rotações das cordas. Como não ocorreu nenhum recalque de apoio, as rotações das cordas de ambos os elementos são nulas, isto é, $\psi_{AB} = \psi_{BC} = 0$.

Equações da rotação-flecha. Para relacionarmos os momentos na extremidade dos elementos com a rotação desconhecida do nó, θ_B, escrevemos as equações da rotação-flecha para os dois elementos da estrutura ao aplicarmos a Equação (15.9). Observe que, como os apoios *A* e *C* são engastados, as rotações $\theta_A = \theta_C = 0$. Assim, as equações da rotação-flecha para o elemento *AB* podem ser expressas por

$$M_{AB} = \frac{2EI}{5}(\theta_B) + 64{,}8 = 0{,}4EI\theta_B + 64{,}8 \tag{1}$$

$$M_{BA} = \frac{2EI}{5}(2\theta_B) - 43{,}2 = 0{,}8EI\theta_B - 43{,}2 \tag{2}$$

De forma semelhante, ao aplicarmos a Equação (15.9) para o elemento *BC*, obtemos as equações da rotação-flecha

$$M_{BC} = \frac{2EI}{6}(2\theta_B) + 150 = 0{,}67EI\theta_B + 150 \tag{3}$$

$$M_{CB} = \frac{2EI}{6}(\theta_B) - 150 = 0{,}33EI\theta_B - 150 \tag{4}$$

546 Análise Estrutural

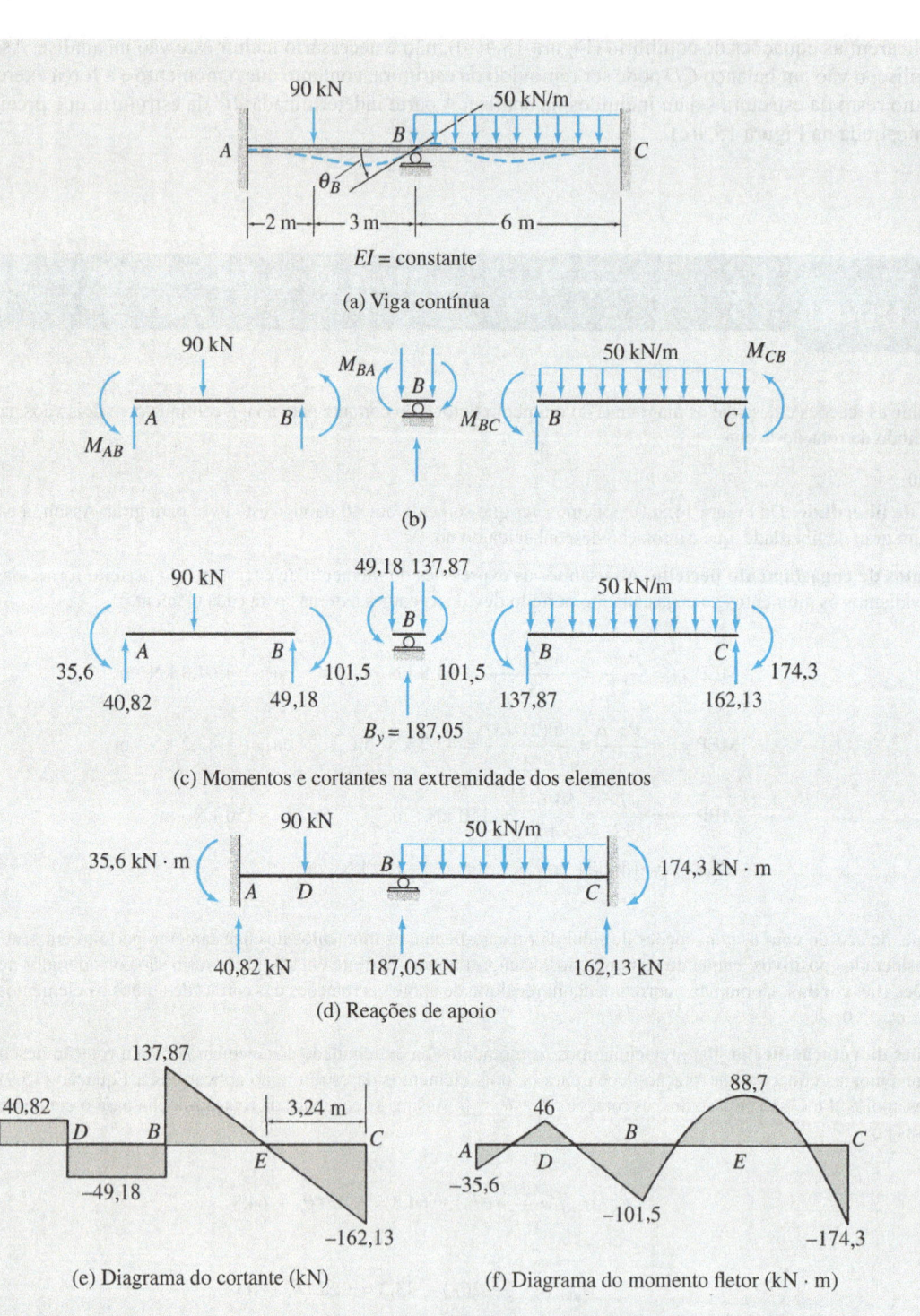

Figura 15.5

(a) Viga contínua

(b)

(c) Momentos e cortantes na extremidade dos elementos

(d) Reações de apoio

(e) Diagrama do cortante (kN)

(f) Diagrama do momento fletor (kN · m)

Equação de equilíbrio. O diagrama de corpo livre do nó B é mostrado na Figura 15.5(b). Note que os momentos de extremidade dos elementos, assumidos como estando em sentido anti-horário nas extremidades dos elementos, devem ser aplicados na direção horária (oposta) ao corpo livre do nó, de acordo com a terceira lei de Newton. Ao aplicarmos a equação de equilíbrio do momento $\Sigma M_B = 0$ ao corpo livre do nó B, obtemos a equação de equilíbrio

$$M_{BA} + M_{BC} = 0 \tag{5}$$

Rotação dos nós. Para determinarmos a rotação desconhecida dos nós θ_B, substituímos as equações da rotação-flecha (Equações (2) e (3)) na equação de equilíbrio (Equação (5)), para obtermos

$$(0,8EI\theta_B - 43,2) + (0,67EI\theta_B + 150) = 0$$

Ou

$$1,47EI\theta_B = -106,8$$

em que

$$EI\theta_B = 72,65 \text{ kN} \cdot \text{m}^2$$

Momentos na extremidade dos elementos. Os momentos na extremidade dos elementos podem agora ser calculados ao substituirmos o valor numérico de $EI\theta_B$ novamente nas equações da rotação-flecha (Equações (1) a (4)). Assim,

$$M_{AB} = 0,4(-72,65) + 64,8 = 35,6 \text{ kN} \cdot \text{m} \circlearrowright$$
$$M_{BA} = 0,8(-72,65) - 43,2 = -101,5 \text{ kN} \cdot \text{m} \quad \text{ou} \quad 101,5 \text{ kN} \cdot \text{m} \circlearrowleft$$
$$M_{BC} = 0,67(-72,65) + 150 = 101,5 \text{ kN} \cdot \text{m} \circlearrowright$$
$$M_{CB} = 0,33(-72,65) - 150 = -174,3 \text{ kN} \cdot \text{m} \quad \text{ou} \quad 174,3 \text{ kN} \cdot \text{m} \circlearrowleft$$

Observe que uma resposta positiva para um momento de extremidade indica que seu sentido é anti-horário, enquanto uma resposta negativa para um momento de extremidade implica sentido horário. Como os momentos na extremidade M_{BA} e M_{BC} são iguais na magnitude, mas opostos no sentido, a equação de equilíbrio, $M_{BA} + M_{BC} = 0$, é então satisfeita.

Cortantes nas extremidades dos elementos. Os cortantes nas extremidades dos elementos, obtidos ao se considerar o equilíbrio de cada elemento, são mostrados na Figura 15.5(c).

Reações de apoio. As reações nos apoios engastados A e C são iguais às forças e momentos nas extremidades dos elementos conectados a esses nós. Para determinarmos a reação no apoio de rolete B, consideramos o equilíbrio do corpo livre do nó B na direção vertical (consulte a Figura 15.5(c)), para obter

$$B_y = S_{BA} + S_{BC} = 49,18 + 137,87 = 187,05 \text{ kN} \uparrow$$

As reações de apoio são mostradas na Figura 15.5(d). **Resp.**

Verificação de equilíbrio. Para verificarmos nossos cálculos de cortantes nas extremidades dos elementos e reações de apoio, aplicamos as equações de equilíbrio ao corpo livre da estrutura toda. Assim, a (Figura 15.5(d)),

$$+\uparrow \sum F_y = 0$$
$$40,82 - 90 + 187,05 - 50 \times 6 + 162,13 = 0 \quad \textbf{Verificações}$$

$$+\circlearrowleft \sum M_C = 0$$
$$35,6 - 40,82(11) + 90(9) - 187,05(6) + 50(6)(3) - 174,3 = -0,02 \approx 0 \quad \textbf{Verificações}$$

Diagramas do momento fletor e do cortante. Os diagramas do momento fletor e do cortante podem agora ser construídos usando-se a *convenção de sinal de viga* descrita na Seção 5.1. Esses diagramas são exibidos nas Figuras 15.5(e) e (f). **Verificações**

EXEMPLO 15.2

Determine as reações e desenhe os diagramas do momento fletor e do cortante para a viga contínua com três vãos na Figura 15.6(a) pelo método da rotação-flecha.

Solução
Graus de liberdade. θ_B e θ_C
Momentos de engastamento perfeito.

$$\text{MEP}_{AB} = \frac{27(6)^2}{30} = 32,4 \text{ kN} \cdot \text{m} \circlearrowright \quad \text{ou} \quad +32,4 \text{ kN} \cdot \text{m}$$

$$\text{MEP}_{BA} = \frac{27(6)^2}{20} = 48,6 \text{ kN} \cdot \text{m} \circlearrowleft \quad \text{ou} \quad -48,6 \text{ kN} \cdot \text{m}$$

$$\text{MEP}_{BC} = \frac{27(6)^2}{12} = 81 \text{ kN} \cdot \text{m} \circlearrowright \quad \text{ou} \quad +81 \text{ kN} \cdot \text{m}$$

$$\text{MEP}_{CB} = 81 \text{ kN} \cdot \text{m} \circlearrowleft \quad \text{ou} \quad -81 \text{ kN} \cdot \text{m}$$

(a) Viga contínua

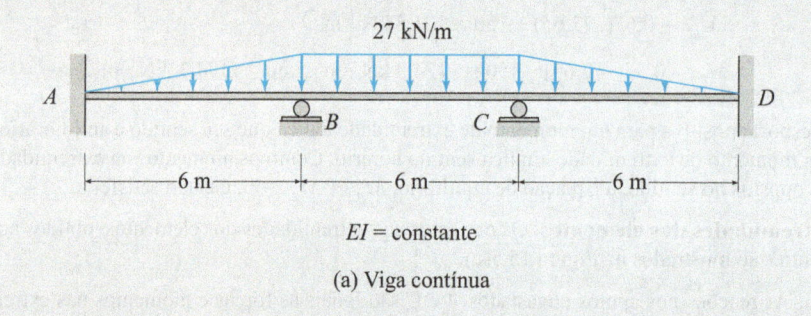

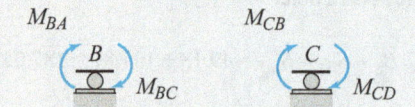

(b) Diagramas de corpo livre dos nós B e C

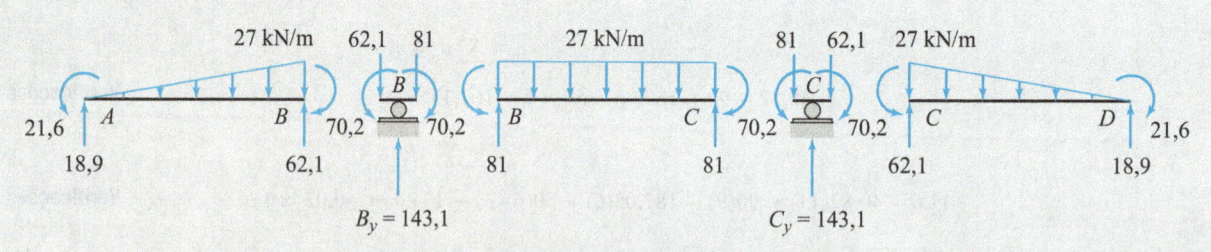

(c) Momentos e cortantes na extremidade dos elementos

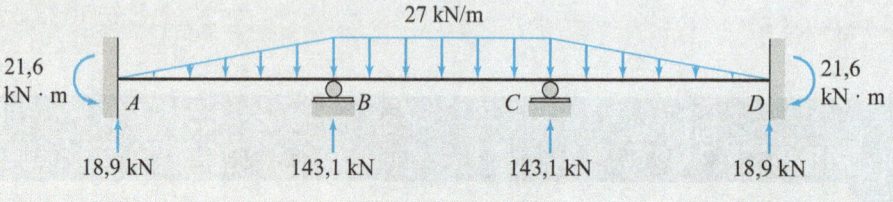

(d) Reações de apoio

Figura 15.6 *(continua)*

capítulo 15 — Método da rotação-flecha

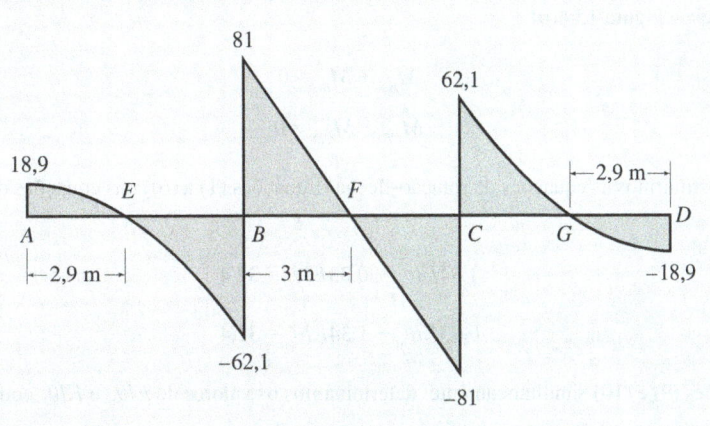

(e) Diagrama do cortante (kN)

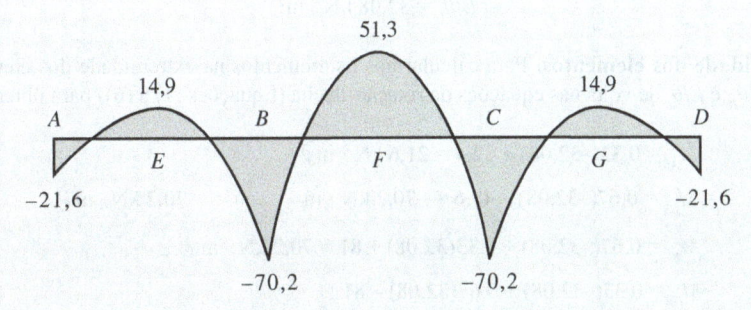

(f) Diagrama do momento fletor (kN · m)

Figura 15.6

$$\text{MEP}_{CD} = \frac{27(6)^2}{20} = 48,6 \text{ kN} \cdot \text{m} \circlearrowright \quad \text{ou} \quad +48,6 \text{ kN} \cdot \text{m}$$

$$\text{MEP}_{DC} = \frac{27(6)^2}{30} = 32,4 \text{ kN} \cdot \text{m} \circlearrowleft \quad \text{ou} \quad -32,4 \text{ kN} \cdot \text{m}$$

Equações da rotação-flecha. Usando-se a Equação (15.9) para elementos AB, BC e CD, escrevemos

$$M_{AB} = \frac{2EI}{6}(\theta_B) + 32,4 = 0,33 EI\,\theta_B + 32,4 \tag{1}$$

$$M_{BA} = \frac{2EI}{6}(2\theta_B) - 48,6 = 0,67 EI\,\theta_B - 48,6 \tag{2}$$

$$M_{BC} = \frac{2EI}{6}(2\theta_B + \theta_C) + 81 = 0,67 EI\,\theta_B + 0,33 EI\,\theta_C + 81 \tag{3}$$

$$M_{CB} = \frac{2EI}{6}(\theta_B + 2\theta_C) - 81 = 0,33 EI\,\theta_B + 0,67 EI\,\theta_C - 81 \tag{4}$$

$$M_{CD} = \frac{2EI}{6}(2\theta_C) + 48,6 = 0,67 EI\,\theta_C + 48,6 \tag{5}$$

$$M_{DC} = \frac{2EI}{6}(\theta_C) - 32,4 = 0,33 EI\,\theta_C - 32,4 \tag{6}$$

Equações de equilíbrio. Veja a Figura 15.6(b).

$$M_{BA} + M_{BC} = 0 \quad (7)$$

$$M_{CB} + M_{CD} = 0 \quad (8)$$

Rotações dos nós. Ao substituirmos as equações da rotação-flecha (Equações (1) a (6)) nas equações de equilíbrio (Equações (7) e (8)), obtemos

$$1{,}34EI\theta_B + 0{,}33EI\theta_C = 32{,}4 \quad (9)$$

$$0{,}33EI\theta_B + 1{,}34EI\theta_C = 32{,}4 \quad (10)$$

Ao resolvermos as Equações (9) e (10) simultaneamente, determinamos os valores de $EI\theta_B$ e $EI\theta_C$ como

$$EI\theta_B = 32{,}08 \text{ kN} \cdot \text{m}^2$$

$$EI\theta_C = 32{,}08 \text{ kN} \cdot \text{m}^2$$

Momentos na extremidade dos elementos. Para calcularmos os momentos na extremidade dos elementos, substituímos os valores numéricos de $EI\theta_B$ e $EI\theta_C$ de volta nas equações da rotação-flecha (Equações (1) a (6)) para obtermos

$M_{AB} = 0{,}33(-32{,}08) + 32{,}4 = 21{,}6 \text{ kN} \cdot \text{m} \circlearrowright$ **Resp.**

$M_{BA} = 0{,}67(-32{,}08) - 48{,}6 = -70{,}2 \text{ kN} \cdot \text{m}$ ou $70{,}2 \text{ kN} \cdot \text{m} \circlearrowleft$ **Resp.**

$M_{BC} = 0{,}67(-32{,}08) + 0{,}33(32{,}08) + 81 = 70{,}2 \text{ kN} \cdot \text{m} \circlearrowright$ **Resp.**

$M_{CB} = 0{,}33(-32{,}08) + 0{,}67(32{,}08) - 81$
$\phantom{M_{CB}} = -70{,}2 \text{ kN} \cdot \text{m}$ ou $70{,}2 \text{ kN} \cdot \text{m} \circlearrowleft$ **Resp.**

$M_{CD} = 0{,}67(32{,}08) + 48{,}6 = 70{,}2 \text{ kN} \cdot \text{m} \circlearrowright$ **Resp.**

$M_{DC} = 0{,}33(32{,}08) - 32{,}4 = -21{,}6 \text{ kN} \cdot \text{m}$ ou $21{,}6 \text{ kN} \cdot \text{m} \circlearrowleft$ **Resp.**

Note que os valores numéricos de M_{BA}, M_{BC}, M_{CB} e M_{CD} satisfazem às equações de equilíbrio (Equações (7) e (8)).

Reações de apoio e cortantes nas extremidades dos elementos. Veja as Figuras 15.6(c) e (d). **Resp.**

Verificação de equilíbrio. As equações de equilíbrio são verificadas.

Diagramas do momento fletor e do cortante. Veja as Figuras 15.6(e) e (f). **Resp.**

EXEMPLO 15.3

Determine os momentos na extremidade do elemento e reações para a viga contínua da Figura 15.7(a) pelo método da rotação-flecha.

Solução

Essa viga foi previamente analisada no Exemplo 13.6 pelo método das deformações compatíveis.

Da Figura 15.7(a), podemos ver que todos os três nós da viga estão livres para girar. Assim, a viga pode ser considerada como tendo três graus de liberdade, θ_A, θ_B e θ_D, e pode ser analisada usando-se as equações da rotação-flecha comuns (Equação (15.9)) para os elementos rigidamente conectados em ambas as extremidades. Entretanto, essa abordagem é muito longa, pois exige a resolução de três equações simultâneas para determinar as três rotações desconhecidas do nó.

Como os apoios de extremidade A e D da viga são apoios simples nos quais nenhum momento externo é aplicado, os momentos na extremidade A do elemento AB e na extremidade D do elemento BD devem ser nulo. (Isso pode ser facilmente verificado ao se considerar o equilíbrio do momento dos corpos livres dos nós A e D mostrados na Figura 15.7(b).) Assim, a extremidade A do elemento AB

e a extremidade D do elemento BD podem ser consideradas extremidades com rótulas, e as equações da rotação-flecha modificadas (Equações (15.15)) podem ser usadas para esses elementos. Além disso, como as equações da rotação-flecha modificadas não contêm as rotações das extremidades com rótulas, ao usarmos essas equações, as rotações θ_A e θ_D dos apoios simples podem ser eliminadas da análise, que então envolverão somente uma rotação desconhecida do nó, θ_B. Devemos notar que uma vez que θ_B tenha sido avaliada, os valores das rotações θ_A e θ_D, se desejados, podem ser calculados usando-se a Equação (15.16). A seguir, utilizamos essa abordagem simplificada para analisar a viga contínua.

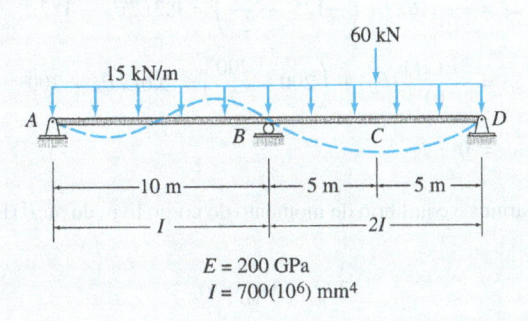

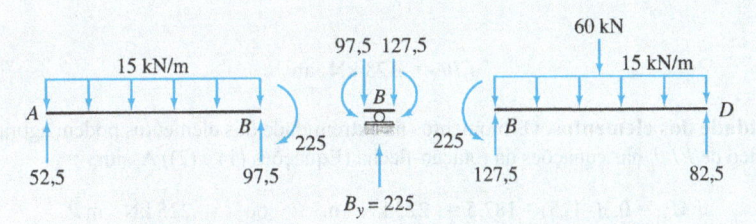

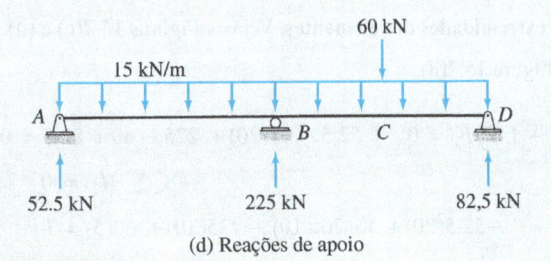

Figura 15.7

Graus de liberdade. θ_B
Momentos de engastamento perfeito.

$$\text{MEP}_{AB} = \frac{15(10)^2}{12} = 125 \text{ kN} \cdot \text{m} \quad \text{ou} \quad +125 \text{ kN} \cdot \text{m}$$

$$\text{MEP}_{BA} = 125 \text{ kN} \cdot \text{m} \quad \text{ou} \quad -125 \text{ kN} \cdot \text{m}$$

$$\text{MEP}_{BD} = \frac{60(10)}{8} + \frac{15(10)^2}{12} = 200 \text{ kN} \cdot \text{m} \quad \text{ou} \quad +200 \text{ kN} \cdot \text{m}$$

$$\text{MEP}_{DB} = 200 \text{ kN} \cdot \text{m} \quad \text{ou} \quad -200 \text{ kN} \cdot \text{m}$$

Equações da rotação-flecha. Como ambos os elementos da viga possuem uma extremidade com rótulas, usamos as Equações (15.15) para obter as equações da rotação-flecha para ambos os elementos. Assim,

$$M_{AB} = 0 \qquad \text{Resp.}$$

$$M_{BA} = \frac{3EI}{10}(\theta_B) + \left(-125 - \frac{125}{2}\right) = 0{,}3EI\,\theta_B - 187{,}5 \qquad (1)$$

$$M_{BD} = \frac{3E(2I)}{10}(\theta_B) + \left(200 + \frac{200}{2}\right) = 0{,}6EI\,\theta_B + 300 \qquad (2)$$

$$M_{DB} = 0 \qquad \text{Resp.}$$

Equação de equilíbrio. Ao considerarmos o equilíbrio do momento do corpo livre do nó B (Figura 15.7(b)), obtemos a equação de equilíbrio

$$M_{BA} + M_{BD} = 0$$

Rotação dos nós. Para determinarmos a rotação desconhecida dos nós θ_B, substituímos as equações da rotação-flecha (Equações (1) e (2)) na equação de equilíbrio (Equação (3)), para obtermos

$$(0{,}3EI\theta_B - 187{,}5) + (0{,}6EI\theta_B + 300) = 0$$

ou

$$0{,}9EI\theta_B = -112{,}5$$

em que

$$EI\theta_B = -125 \text{ kN} \cdot \text{m}^2$$

Momentos na extremidade dos elementos. Os momentos na extremidade dos elementos podem agora ser calculados ao substituirmos o valor numérico de $EI\,\theta_B$ nas equações da rotação-flecha (Equações (1) e (2)) Assim,

$$M_{BA} = 0{,}3(-125) - 187{,}5 = -225 \text{ kN} \cdot \text{m} \quad \text{ou} \quad 225 \text{ kN} \cdot \text{m} \circlearrowright \qquad \text{Resp.}$$

$$M_{BD} = 0{,}6(-125) + 300 = 225 \text{ kN} \cdot \text{m} \circlearrowleft \qquad \text{Resp.}$$

Reações de apoio e cortantes nas extremidades dos elementos. Veja as Figuras 15.7(c) e (d).

Verificação de equilíbrio. Veja a Figura 15.7(d).

$$+\uparrow \sum F_y = 0 \qquad 52{,}5 - 15(20) + 225 - 60 + 82{,}5 = 0 \qquad \text{Verificações}$$

$$+\circlearrowleft \sum M_D = 0$$

$$-52{,}5(20) + 15(20)(10) - 225(10) + 60(5) = 0 \qquad \text{Verificações}$$

EXEMPLO 15.4

Determine os momentos na extremidade dos elementos e reações para a viga contínua da Figura 15.8(a) pelo método da rotação-flecha.

Solução

Como o momento e o cortante na extremidade C do elemento do balanço CD da viga podem ser calculados diretamente ao se aplicarem as equações de equilíbrio (veja a Figura 15.8(b)), não é necessário incluir esse elemento na análise. Assim, somente a parte indeterminada AC da viga, mostrada na Figura 15.8(c), precisa ser analisada. Note que, como mostrado nessa figura, o momento 120 kN · m e a força de 30 kN exercida no nó C pelo balanço CD devem ser incluídos na análise.

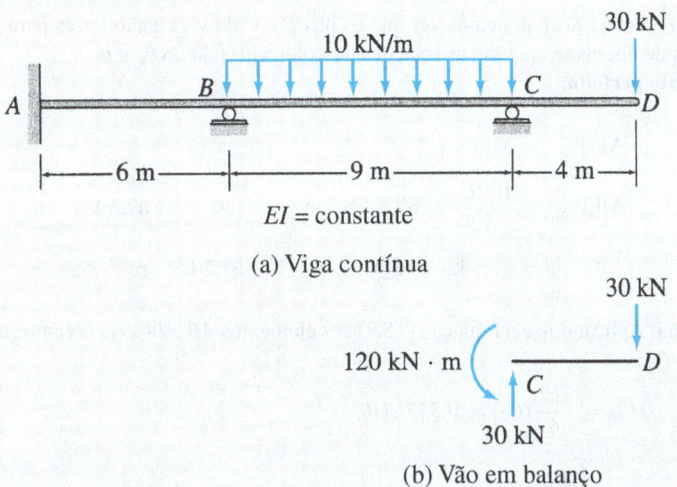

Método da rotação-flecha

10 kN/m distribuído entre B e C; **30 kN** em D

A────B▽────────C▽────D
|──6 m──|──9 m──|─4 m─|

EI = constante

(a) Viga contínua

120 kN · m ↶ C ──── D ← 30 kN
          ↑30 kN

(b) Vão em balanço estaticamente determinado

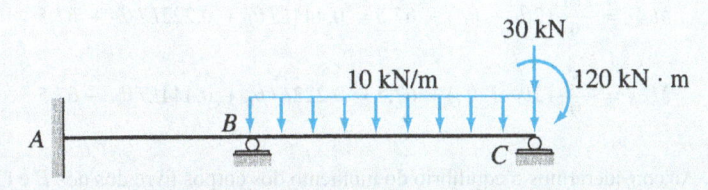

A▓────B▽──────10 kN/m──────C▽ ↶120 kN·m
                              30 kN ↓

(c) Parte estaticamente indeterminada a ser analisada

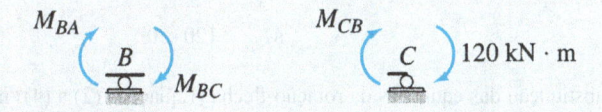

M_{BA} ↶ B ↷ M_{BC} M_{CB} ↶ C ↷ 120 kN·m

(d) Diagramas do corpo livre dos nós B e C

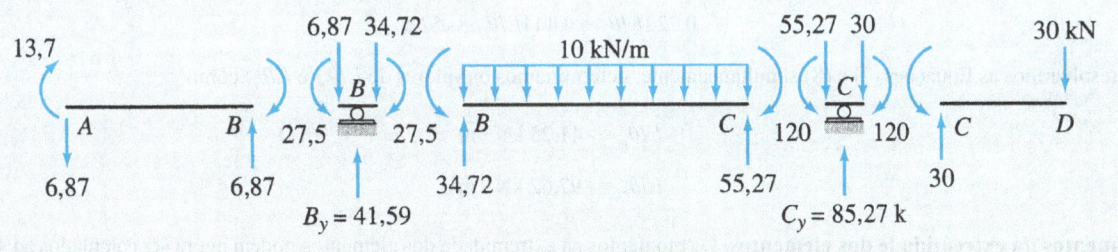

13,7 ↶ A───B 6,87 ↓ 34,72 ↓ B─────10 kN/m─────C 55,27 ↶ 30 ↓ C────D 30 kN ↓
6,87↓   6,87↑ 27,5↑ B 27,5↑   34,72↑   55,27↑ 120 120   30↑

$B_y = 41{,}59$ $C_y = 85{,}27$ k

(e) Momentos e cortantes na extremidade dos elementos

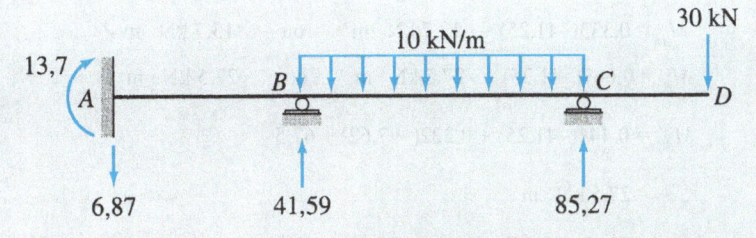

13,7 ↶ A▓────B▽──────10 kN/m──────C▽────D ↓30 kN
       6,87↓   41,59↑   85,27↑

(f) Reações de apoio

Figura 15.8

Graus de liberdade. Da Figura 15.8(c), podemos ver que os nós B e C da viga estão livres para girar. Assim, a estrutura a ser analisada possui dois graus de liberdade, que são as rotações desconhecidas do nó θ_B e θ_C.

Momentos de engastamento perfeito.

$$\text{MEP}_{AB} = \text{MEP}_{BA} = 0$$

$$\text{MEP}_{BC} = \frac{10(9)^2}{12} = 67{,}5 \text{ kN} \cdot \text{m} \circlearrowright \quad \text{ou} \quad +67{,}5 \text{ kN} \cdot \text{m}$$

$$\text{MEP}_{CB} = 67{,}5 \text{ kN} \cdot \text{m} \circlearrowleft \quad \text{ou} \quad -67{,}5 \text{ kN} \cdot \text{m}$$

Equações da rotação-flecha. Aplicando-se a Equação (15.9) aos elementos AB e BC, escrevemos as equações da rotação-flecha:

$$M_{AB} = \frac{2EI}{6}(\theta_B) = 0{,}333 EI\, \theta_B \tag{1}$$

$$M_{BA} = \frac{2EI}{6}(2\theta_B) = 0{,}667 EI\, \theta_B \tag{2}$$

$$M_{BC} = \frac{2EI}{9}(2\theta_B + \theta_C) + 67{,}5 = 0{,}444 EI\, \theta_B + 0{,}222 EI\, \theta_C + 67{,}5 \tag{3}$$

$$M_{CB} = \frac{2EI}{9}(2\theta_C + \theta_B) - 67{,}5 = 0{,}222 EI\, \theta_B + 0{,}444 EI\, \theta_C - 67{,}5 \tag{4}$$

Equações de equilíbrio. Ao considerarmos o equilíbrio do momento dos corpos livre dos nós B e C (Figura 15.8(d)), obtemos as equações de equilíbrio

$$M_{BA} + M_{BC} = 0 \tag{5}$$

$$M_{CB} + 120 = 0 \tag{6}$$

Rotações dos nós. A substituição das equações da rotação-flecha (Equações (2) a (4)) nas equações de equilíbrio (Equações (5) e (6)) resulta em

$$1{,}111 EI\theta_B + 0{,}222 EI\theta_C = -67{,}5 \tag{7}$$

$$0{,}222 EI\theta_B + 0{,}444 EI\theta_C = -52{,}5 \tag{8}$$

Ao resolvermos as Equações (7) e (8) simultaneamente, determinamos os valores de $EI\theta_B$ e $EI\theta_C$ como

$$EI\theta_B = -41{,}25 \text{ kN} \cdot \text{m}^2$$

$$EI\theta_C = -97{,}62 \text{ kN} \cdot \text{m}^2$$

Momentos na extremidade dos elementos. Os momentos na extremidade dos elementos podem agora ser calculados ao substituirmos os valores numéricos de $EI\theta_B$ e $EI\theta_C$ nas equações da rotação-flecha (Equações (1) a (4)):

$M_{AB} = 0{,}333(-41{,}25) = -13{,}7 \text{ kN} \cdot \text{m} \quad$ ou $\quad 13{,}7 \text{ kN} \cdot \text{m} \circlearrowleft \quad$ **Resp.**

$M_{BA} = 0{,}667(-41{,}25) = -27{,}5 \text{ kN} \cdot \text{m} \quad$ ou $\quad 27{,}5 \text{ kN} \cdot \text{m} \circlearrowleft \quad$ **Resp.**

$M_{BC} = 0{,}444(-41{,}25) + 0{,}222(-97{,}62) + 67{,}5$

$\qquad = 27{,}5 \text{ kN} \cdot \text{m} \quad$ **Resp.**

$M_{CB} = 0{,}222(-41{,}25) + 0{,}444(-97{,}63) - 67{,}5$

$\qquad = -120 \text{ kN} \cdot \text{m ou } 120 \text{ kN} \cdot \text{m} \circlearrowleft \quad$ **Resp.**

capítulo 15 — Método da rotação-flecha

Note que os valores numéricos de M_{BA}, M_{BC} e M_{CB} satisfazem às equações de equilíbrio (Equações (5) e (6)).

Reações de apoio e cortantes nas extremidades dos elementos. Veja as Figuras 15.8(e) e (f). **Resp.**

Verificação do equilíbrio. As equações de equilíbrio são verificadas.

EXEMPLO 15.5

Determine as reações e desenhe os diagramas do momento fletor e do cortante para a viga contínua da Figura 15.9(a) devido ao recalque de 20 mm no apoio B. Use o método da rotação-flecha.

Solução

Graus de liberdade. θ_B e θ_C

Momentos de engastamento perfeito. Como nenhuma carga externa age na viga, os momentos de engastamento perfeito são nulos.

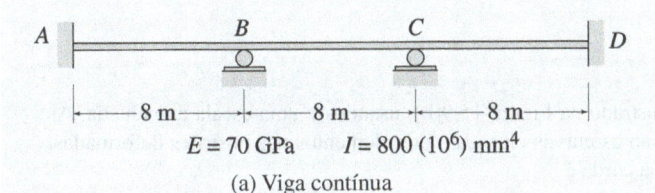

(a) Viga contínua
- 8 m, 8 m, 8 m
- $E = 70$ GPa $I = 800 \,(10^6)$ mm^4

(b) Rotações da corda devido ao recalque de apoio
- ψ_{AB}, 0,02 m, ψ_{BC}, B'

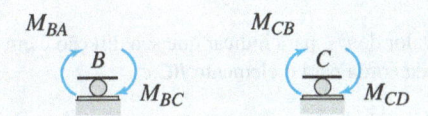

(c) Diagrama do corpo livre dos nós B e C
- M_{BA}, M_{BC}, M_{CB}, M_{CD}

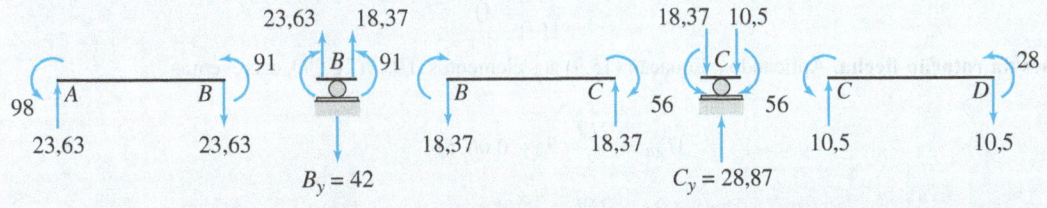

(d) Momentos e cortantes na extremidade dos elementos
- A: 98, 23,63 | B: 23,63, 91
- B: 23,63, 18,37, 91 | C: 18,37, 56
- C: 18,37, 10,5, 56 | D: 10,5, 28
- $B_y = 42$, $C_y = 28{,}87$

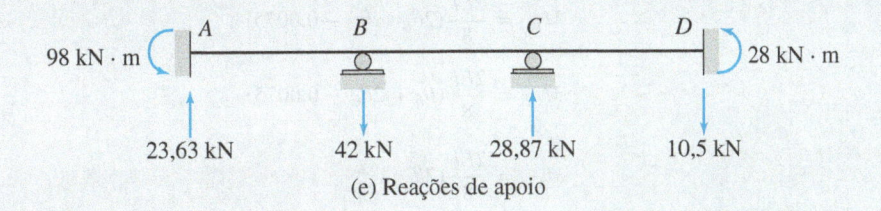

(e) Reações de apoio
- 98 kN·m, 23,63 kN, 42 kN, 28,87 kN, 10,5 kN, 28 kN·m

Figura 15.9 (*continua*)

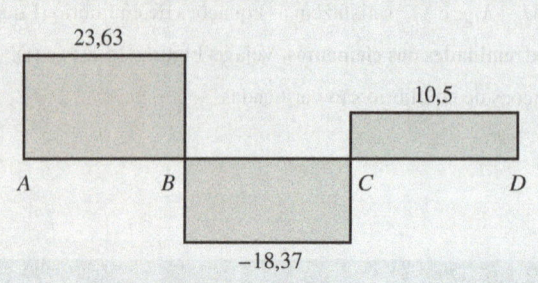

(f) Diagrama do cortante (kN)

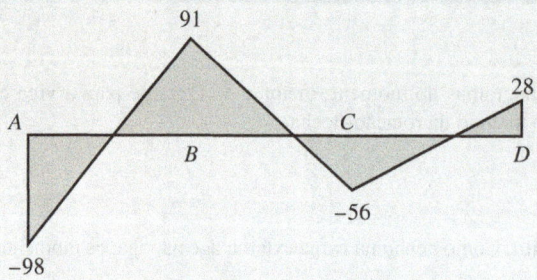

Valores: 23,63; −18,37; 10,5 (trechos A-B, B-C, C-D)

(g) Diagrama do momento fletor (kN·m)

Valores: −98 (A), 91 (pico entre A e B), −56 (próximo a C), 28 (D)

Figura 15.9

Rotações das cordas. O recalque de apoio especificado é mostrado na Figura 15.9(b), usando-se uma escala aumentada. As linhas pontilhadas inclinadas nessa figura indicam as cordas (não as curvas elásticas) dos elementos nas posições deformadas. Como o comprimento do elemento *AB* é de 8 m, a rotação de sua corda é

$$\psi_{AB} = -\frac{0,02}{8} = -0,0025$$

em que o sinal negativo foi atribuído ao valor de ψ_{AB} para indicar que sua direção é em sentido horário, como mostrado na Figura 15.9(b). De forma semelhante, a rotação da corda para o elemento *BC* é

$$\psi_{BC} = \frac{0,02}{8} = 0,0025$$

Na Figura 15.9(b), podemos ver que

$$\psi_{CD} = 0$$

Equações da rotação-flecha. Aplicando a Equação (15.9) aos elementos *AB*, *BC* e *CD*, escrevemos

$$M_{AB} = \frac{2EI}{8}(\theta_B + 0,0075) \tag{1}$$

$$M_{BA} = \frac{2EI}{8}(2\theta_B + 0,0075) \tag{2}$$

$$M_{BC} = \frac{2EI}{8}(2\theta_B + \theta_C - 0,0075) \tag{3}$$

$$M_{CB} = \frac{2EI}{8}(\theta_B + 2\theta_C - 0,0075) \tag{4}$$

$$M_{CD} = \frac{2EI}{8}(2\theta_C) \tag{5}$$

$$M_{DC} = \frac{2EI}{8}(\theta_C) \tag{6}$$

Equações de equilíbrio. Veja a Figura 15.9(c).

$$M_{BA} + M_{BC} = 0 \qquad (7)$$

$$M_{CB} + M_{CD} = 0 \qquad (8)$$

Rotações dos nós. A substituição das equações da rotação-flecha (Equações (1) a (6)) nas equações de equilíbrio (Equações (7) e (8)) resulta em

$$4\theta_B + \theta_C = 0 \qquad (9)$$

$$\theta_B + 4\theta_C = 0{,}0075 \qquad (10)$$

Ao resolvermos as Equações (9) e (10) simultaneamente, obtemos

$$\theta_B = 0{,}0005 \text{ rad}$$

$$\theta_C = 0{,}002 \text{ rad}$$

Momentos na extremidade dos elementos. Para calcularmos os momentos na extremidade dos elementos, substituímos os valores numéricos de θ_B, θ_C, e nos lados direitos das equações da rotação-flecha (Equações (1) a (6)) para obtermos

$M_{AB} = 98$ kN · m ↺ **Resp.**

$M_{BA} = 91$ kN · m ↺ **Resp.**

$M_{BC} = -91$ kN · m ou 91 kN · m ↻ **Resp.**

$M_{CB} = -56$ kN · m ou 56 kN · m ↻ **Resp.**

$M_{CD} = 56$ kN · m ↺ **Resp.**

$M_{DC} = 28$ kN · m ↺ **Resp.**

Reações de apoio e cortantes nas extremidades dos elementos. Veja as Figuras 15.9(d) e (e). **Resp.**
Verificação de equilíbrio. Veja a Figura 15.9(e).

$+\uparrow \Sigma F_y = 0 \qquad 23{,}63 - 42 + 28{,}87 - 10{,}5 = 0$ **Verificações**

$+ \curvearrowleft \Sigma M_A = 0$

$98 - 42(8) + 28{,}87(16) - 10{,}5(24) + 28 = -0{,}08 \approx 0$ **Verificações**

Diagramas do momento fletor e do cortante. Veja as Figuras 15.9(f) e (g). **Resp.**

EXEMPLO 15.6

Determine os momentos na extremidade dos elementos e reações para a viga contínua com três vãos mostrada na Figura 15.10(a) devido à carga uniformemente distribuída e devido aos recalques de apoio de 15 mm em B, 36 mm em C, e 18 mm em D. Use o método da rotação-flecha.

Solução

Graus de liberdade. Embora todos os quatro nós da viga estejam livres para girar, iremos eliminar as rotações dos apoios simples nas extremidades A e D da análise ao usarmos as equações da rotação-flecha modificadas para os elementos AB e CD, respectivamente. Assim, a análise envolverá somente duas rotações desconhecidas do nó, θ_B e θ_C.

Figura 15.10

(a) Viga contínua

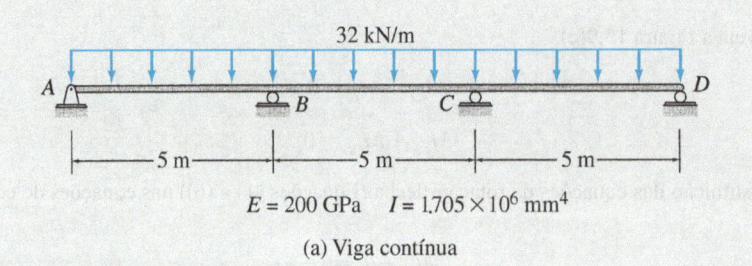

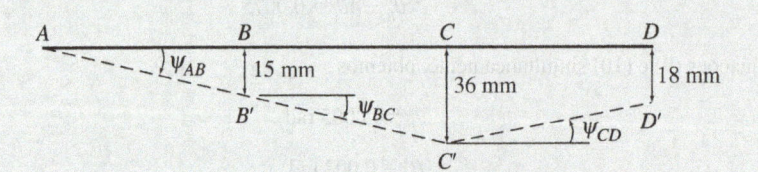

Carga distribuída de 32 kN/m sobre viga ABCD com vãos de 5 m, 5 m e 5 m.
$E = 200$ GPa, $I = 1{,}705 \times 10^6$ mm^4

(b) Rotação da corda devido ao recalque de apoio

Recalques: B = 15 mm, C = 36 mm, D = 18 mm. Rotações ψ_{AB}, ψ_{BC}, ψ_{CD}.

(c) Diagrama do corpo livre dos nós B e C

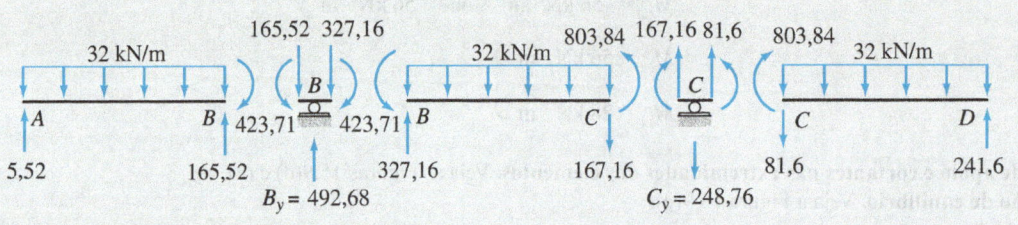

Momentos M_{BA}, M_{BC} no nó B e M_{CB}, M_{CD} no nó C.

(d) Momentos e cortantes na extremidade dos elementos

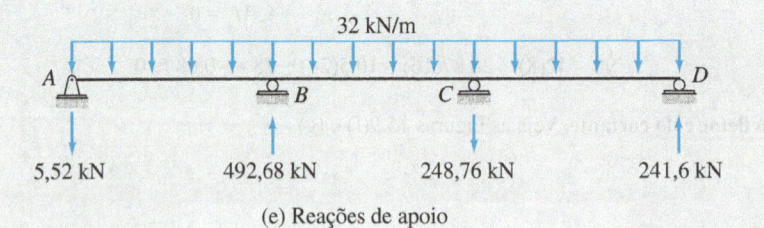

Trecho AB: 32 kN/m, momento 165,52 em B; reações 5,52 (A) e 165,52 (B).
Trecho BC (lado B): momento 327,16; reações 423,71 e 423,71.
Trecho BC (lado C): 32 kN/m, momentos 803,84 e 167,16; reações 327,16 e 167,16.
$B_y = 492{,}68$
Trecho CD: momentos 81,6 e 803,84; 32 kN/m; reações 81,6 e 241,6.
$C_y = 248{,}76$

(e) Reações de apoio

32 kN/m sobre ABCD; reações: 5,52 kN (A), 492,68 kN (B), 248,76 kN (C), 241,6 kN (D).

Figura 15.10

Momentos de engastamento perfeito.

$$\text{MEP}_{AB} = \text{MEP}_{BC} = \text{MEP}_{CD} = \frac{32(5)^2}{12} = 66{,}7 \text{ kN}\cdot\text{m} \circlearrowright \quad \text{ou} \quad +66{,}7 \text{ kN}\cdot\text{m}$$

$$\text{MEP}_{BA} = \text{MEP}_{CB} = \text{MEP}_{DC} = 66{,}7 \text{ kN}\cdot\text{m} \circlearrowleft \quad \text{ou} \quad -66{,}7 \text{ kN}\cdot\text{m}$$

Rotações das cordas. Os recalques de apoio especificados são mostrados na Figura 15.10(b), usando-se uma escala aumentada. As linhas pontilhadas inclinadas nessa figura indicam as cordas (não as curvas elásticas) dos elementos nas posições deformadas. Podemos ver dessa figura que, como o apoio A não sofre recalque, mas o apoio B recalca 15 mm, o recalque relativo entre as duas extremidades do elemento AB é de 15 mm = 0,015 m. Como o comprimento do elemento AB é de 5 m, a rotação da corda do elemento AB é

$$\psi_{AB} = -\frac{0,015}{5} = -0,003$$

em que o sinal negativo foi atribuído ao valor de ψ_{AB} para indicar que sua direção é em sentido horário, como mostrado na Figura 15.10(b). A rotação da corda para o elemento BC pode ser computada de forma semelhante usando-se o recalque dos apoios B e C. A partir da Figura 15.10(b), observamos que o recalque relativo entre as extremidades do elemento BC é de 36 mm – 15 mm = 21 mm = 0,021 m e, portanto,

$$\psi_{BC} = -\frac{0,021}{5} = -0,0042$$

De forma semelhante, a rotação da corda para o elemento CD é

$$\psi_{CD} = \frac{0,036 - 0,018}{5} = 0,0036$$

Equações da rotação-flecha.

$M_{AB} = 0$ **Resp.**

$$M_{BA} = \frac{3EI}{5}(\theta_B + 0,003) - 100 = 0,6EI\,\theta_B + 0,0018EI - 100 \quad (1)$$

$$M_{BC} = \frac{2EI}{5}[2\theta_B + \theta_C - 3(-0,0042)] + 66,7$$

$$= 0,8EI\,\theta_B + 0,4EI\,\theta_C + 0,00504EI + 66,7 \quad (2)$$

$$M_{CB} = \frac{2EI}{5}[2\theta_C + \theta_B - 3(-0,0042)] - 66,7$$

$$= 0,4EI\,\theta_B + 0,8EI\,\theta_C + 0,00504EI - 66,7 \quad (3)$$

$$M_{CD} = \frac{3EI}{5}(\theta_C - 0,0036) + 100 = 0,6EI\,\theta_C - 0,00216EI + 100 \quad (4)$$

$M_{DC} = 0$ **Resp.**

Equações de equilíbrio. Veja a Figura 15.10(c).

$$M_{BA} + M_{BC} = 0 \quad (5)$$

$$M_{CB} + M_{CD} = 0 \quad (6)$$

Rotações dos nós. Ao substituirmos as equações da rotação-flecha (Equações (1) a (4)) nas equações de equilíbrio (Equações (5) e (6)), obtemos

$$1,4EI\theta_B + 0,4EI\theta_C = 0,00684EI + 33,3$$

$$0,4EI\theta_B + 1,4EI\theta_C = 0,00288EI - 33,3$$

Substituindo $EI = 341.000$ kN · m² nos lados direitos das equações anteriores, temos

$$1,4EI\theta_B + 0,4EI\theta_C = 2.299,14 \quad (7)$$

$$0,4EI\theta_B + 1,4EI\theta_C = 1.015,4 \quad (8)$$

Ao resolvermos as Equações (7) e (8) simultaneamente, determinamos os valores de $EI\theta_B$ e $EI\theta_C$ como

$$EI\theta_B = 1.562,6 \text{ kN} \cdot \text{m}^2$$

$$EI\theta_C = 278,8 \text{ kN} \cdot \text{m}^2$$

560 Análise Estrutural Parte 3

Para calcularmos os momentos de extremidade dos elementos, substituímos os valores numéricos de $EI\theta_B$ e $EI\theta_c$ novamente nas equações da rotação-flecha (Equações (1) a (4)) para obtermos

$$M_{BA} = -423{,}71 \text{ kN} \cdot \text{m} \quad \text{ou} \quad 423{,}71 \text{ kN} \cdot \text{m} \circlearrowleft \qquad \text{Resp.}$$

$$M_{BC} = 423{,}71 \text{ kN} \cdot \text{m} \circlearrowleft \qquad \text{Resp.}$$

$$M_{CB} = 803{,}84 \text{ kN} \cdot \text{m} \circlearrowleft \qquad \text{Resp.}$$

$$M_{CD} = 803{,}84 \text{ kN} \cdot \text{m} \quad \text{ou} \quad 803{,}84 \text{ kN} \cdot \text{m} \circlearrowleft \qquad \text{Resp.}$$

Reações de apoio e cortantes nas extremidades dos elementos. Veja as Figuras 15.10(d) e (e).

Verificação de equilíbrio. As equações de equilíbrio são verificadas.

Teoricamente, o método da rotação-flecha e o método das deformações compatíveis devem fornecer resultados idênticos para a mesma estrutura.

EXEMPLO 15.7

Determine as reações e desenhe os diagramas do momento fletor e do cortante para a viga contínua com quatro vãos na Figura 15.11(a).

Solução

Como a viga e a carga são simétricas com relação ao eixo vertical *s* que corta o apoio de rolete *C* (Figura 15.11(a)), a resposta da viga completa pode ser determinada ao se analisar somente a metade esquerda, *AC*, da viga, com condições-limite simétricas, como na Figura 15.11(b). Além disso, a partir da Figura 15.11(b), podemos ver que a outra metade da viga com condições-limite simétricas também é simétrica com relação ao eixo *s'* que corta o apoio de rolete B.

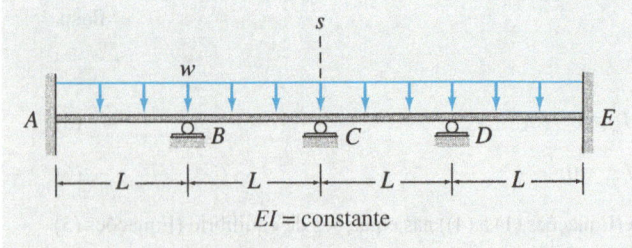

(a) Viga contínua

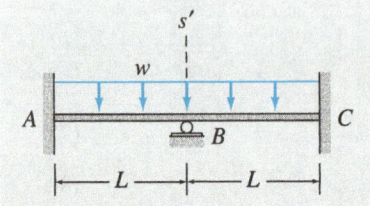

(b) Metade da viga com condições-limite simétricas

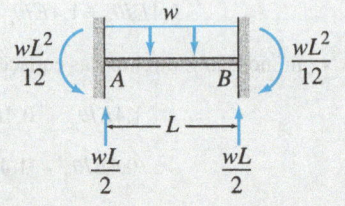

(c) Um quarto da viga com condições-limite simétricas

Figura 15.11 (*continua*)

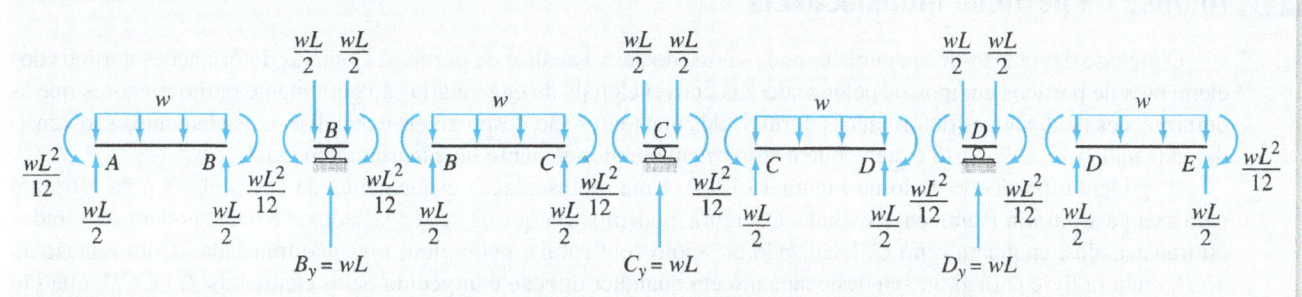

(d) Momentos e cortantes na extremidade dos elementos

(e) Reações de apoio

(f) Diagrama do cortante

(g) Diagrama do momento fletor

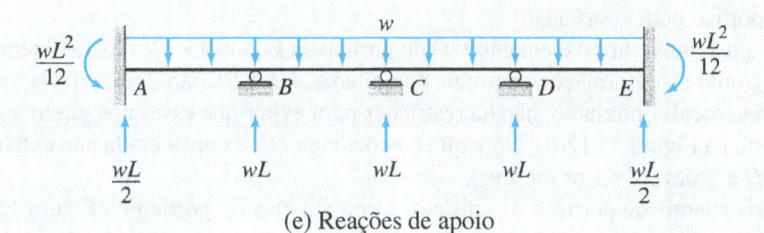

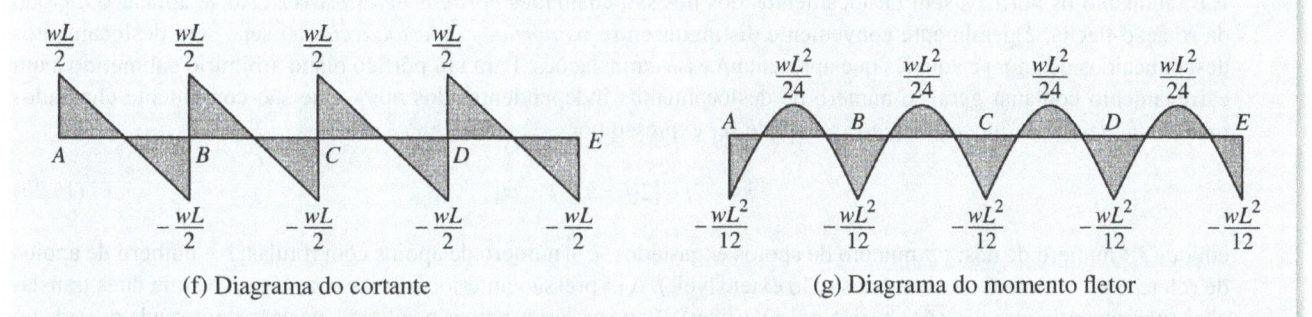

Figura 15.11

Portanto, precisamos analisar somente um quarto da viga – isto é, a porção AB – com condições-limite simétricas, como na Figura 15.11(c).

Como a subestrutura a ser analisada consiste simplesmente em uma viga fixa AB (Figura 15.11(c)), seus momentos na extremidade podem ser obtidos diretamente das expressões do momento de engastamento perfeito apresentadas no final deste livro. Assim,

$$M_{AB} = \text{MEP}_{AB} = \frac{wL^2}{12} \circlearrowleft$$

$$M_{BA} = \text{MEP}_{BA} = \frac{wL^2}{12} \circlearrowright$$

Os cortantes nas extremidades do elemento AB são determinados ao se considerar o equilíbrio do elemento.

Os cortantes e momentos nas extremidades do elemento BC podem agora ser obtidos ao refletirmos as respostas correspondentes do elemento AB para o lado direito do eixo s', e os momentos e cortantes na extremidade do elemento à direita da viga podem ser determinados ao refletirmos as respostas correspondentes na metade esquerda ao outro lado do eixo s. Os momentos e cortantes na extremidade dos elementos assim obtidos são mostrados na Figura 15.11(d), e as reações de apoio são dadas na Figura 15.11(e).

Os diagramas do momento fletor e do cortante para a viga são mostrados nas Figuras 15.11(f) e (g), respectivamente. **Resp.**

Como mostrado neste exemplo, a utilização da simetria estrutural pode reduzir consideravelmente o esforço computacional necessário na análise. A viga considerada neste exemplo (Figura 15.11(a)) tem três graus de liberdade, θ_B, θ_C e θ_D. Entretanto, ao usarmos a simetria da estrutura, podemos eliminar todos os graus de liberdade da análise.

15.4 Análise de pórticos indeslocáveis

O método da rotação-flecha também pode ser usado para a análise de pórticos. Como as deformações normais dos elementos de pórticos compostos pelos materiais convencionais da engenharia são geralmente muito menores que as deformações de flexão, as deformações normais dos elementos são desprezíveis na análise, e os elementos são considerados *não extensíveis* (isto é, não podem sofrer nenhum alongamento ou encurtamento axial).

Considere o pórtico exibido na Figura 15.12(a). Uma representação esquemática da curva elástica da estrutura para a carga arbitrária P também é exibida. Da figura, podemos ver que os nós engastados A e B não podem ser girados ou transladados, enquanto o nó C, localizado no apoio com rótula, pode girar, mas não transladar. Com relação ao nó D, embora livre para girar, seu deslocamento em qualquer direção é impedido pelos elementos AD e CD, que são considerados não extensíveis. De forma semelhante, o nó E está livre para girar, mas como os elementos BE e DE não podem se deformar axialmente, e como os nós B e D não transladam, o nó E também não pode transladar. Assim, nenhum dos nós do pórtico pode transladar.

Agora, suponha que removemos o elemento CD do pórtico da Figura 15.12(a) para obtermos a estrutura mostrada na Figura 15.12(b). Como as deformações normais dos pilares AD e BE são desprezíveis, os nós D e E não podem transladar na direção vertical. Entretanto, não há restrições para evitar que esses nós girem, e se desloquem para a direção horizontal, como na Figura 15.12(b). Note que como a viga DE é considerada não extensível, os deslocamentos horizontais dos nós D e E devem ser os mesmos.

Os deslocamentos laterais de pórticos de edifício, como aqueles do pórtico na Figura 15.12(b), são comumente chamados de *translações laterais*, e os pórticos cujos nós sofrem deslocamento são denominados *pórticos deslocáveis*, enquanto os pórticos sem deslocamentos dos nós são chamadas *pórticos indeslocáveis*. Ao se aplicar o método da rotação-flecha, é geralmente conveniente distinguir entre os *pórticos indeslocáveis* (ou seja, sem deslocamentos desconhecidos dos nós) e aqueles que apresentam essas translações. Para um pórtico plano arbitrário submetido a um carregamento coplanar geral, o número de deslocamentos independentes dos nós – que são comumente chamados *número de deslocabilidades laterais*, ss – pode ser expresso por

$$ss = 2j - [2(f + h) + r + m] \tag{15.20}$$

em que j = número de nós; f = número de apoios engastados; h = número de apoios com rótulas; r = número de apoios de rolete, e m = número de elementos (não extensíveis). A expressão anterior baseia-se na lógica de que duas translações (por exemplo, nas direções horizontal e vertical) são necessárias para especificar a posição deformada de cada nó livre em um pórtico plano; e que cada apoio engastado e rotulado impede ambas as translações, cada apoio de rolete evita o deslocamento em uma direção (do nó anexo a ela) e cada elemento não extensível conectando a dois nós evita um deslocamento do nó em sua direção axial. O número de deslocamentos independentes do nó, ss, é então obtido ao extrairmos do número total de possíveis deslocamentos dos nós livres j o número de deslocamentos restringidos pelos apoios e elementos do pórtico. Podemos confirmar nossas conclusões sobre os pórticos das Figuras 15.12(a)

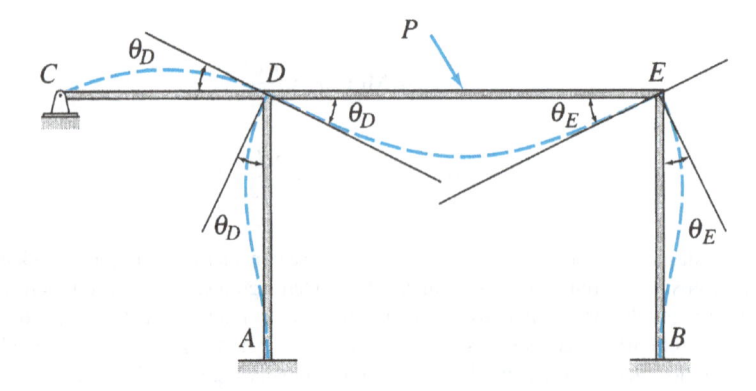

(a) Pórtico sem translação lateral

Figura 15.12 (*continua*)

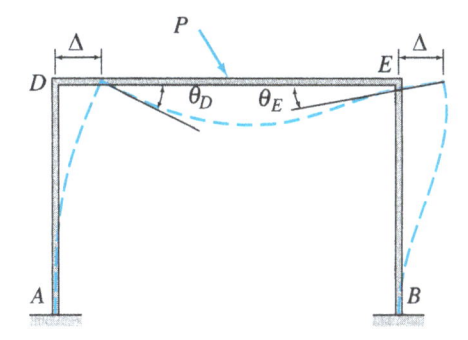

(b) Pórtico com translação lateral

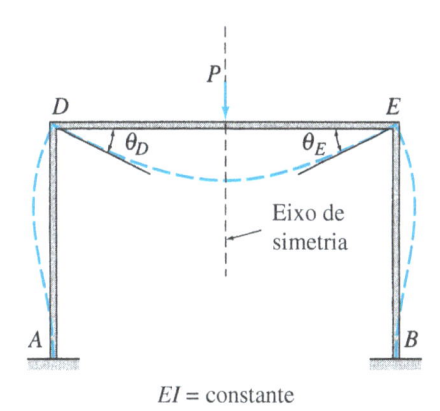

EI = constante

(c) Pórtico simétrico submetido à carga simétrica – sem translação lateral

Figura 15.12

e (b) ao aplicarmos a Equação (15.20). Como o pórtico da Figura 15.12(a) consiste em cinco nós ($j = 5$), quatro elementos ($m = 4$), dois apoios engastados ($f = 2$), e um apoio com rótula ($h = 1$), a aplicação da Equação (15.20) resulta em $ss = 2(5) - [2(2 + 1) + 4] = 0$, que indica que essa estrutura pode ser considerada como não tendo translação lateral. Para o pórtico da Figura 15.12(b), como ele possui $j = 4$, $m = 3$, e $f = 2$, o seu número de deslocabilidade lateral é dado por $ss = 2(4) - [2(2) + 3] = 1$, que indica que o pórtico pode ser submetido a um deslocamento independente do nó. Note que esse deslocamento independente do nó é identificado como o deslocamento horizontal Δ dos nós D e E na Figura 15.12(b).

É importante perceber que um pórtico pode conter nós que são livres para transladar, mas ainda podem ser considerados para fins analíticos como não tendo translações laterais sob condição de carga específica se nenhum deslocamento do nó ocorrer quando o pórtico estiver submetido a essa condição de carga. Um exemplo de tal pórtico é mostrado na Figura 15.12(c). Embora os nós D e E do pórtico simétrico estejam livres para transladarem horizontalmente, não irão transladar quando o pórtico estiver submetido a uma carga simétrica com relação ao eixo de simetria do pórtico. Assim, esse pórtico, quando submetido a uma carga simétrica, pode ser analisado como um pórtico sem translações laterais. A seguir, discutiremos a aplicação do método da rotação-flecha para a análise de pórticos indeslocáveis. A análise de pórticos deslocáveis é considerada na próxima seção.

O procedimento para a análise de pórtico sem translações é quase idêntico àquele para a análise das vigas contínuas apresentadas na seção anterior. Essa semelhança ocorre porque, como as vigas contínuas, os graus de liberdade de pórticos sem translações consistem somente nas rotações desconhecidas dos nós, com os deslocamentos dos nós sendo nulos ou conhecidos (no caso dos elementos de apoio). Entretanto, diferentemente das vigas contínuas, mais de dois elementos podem estar conectados a um nó de um pórtico, e a equação de equilíbrio para tal nó envolveria mais de dois momentos na extremidade dos elementos. A análise dos pórticos indeslocáveis é ilustrada nos exemplos a seguir.

EXEMPLO 15.8

Determine os momentos na extremidade dos elementos e reações para o pórtico mostrado na Figura 15.13(a) pelo método da rotação-flecha.

Solução

Graus de liberdade. Os nós C, D e E do pórtico estão livres para girar. Entretanto, eliminaremos a rotação de apoio simples na extremidade E usando as equações da rotação-flecha modificadas para o elemento DE. Assim, a análise envolverá somente duas rotações desconhecidas dos nós, θ_C e θ_D.

Momentos de engastamento perfeito. Usando as expressões do momento de engastamento perfeito apresentadas no final deste livro, obtemos

$$\text{MEP}_{AC} = \frac{200 \times 4}{8} = 100 \text{ kN} \cdot \text{m} \circlearrowleft \quad \text{ou} \quad +100 \text{ kN} \cdot \text{m}$$

$$\text{MEP}_{CA} = 100 \text{ kN} \cdot \text{m} \circlearrowright \quad \text{ou} \quad -100 \text{ kN} \cdot \text{m}$$

$$\text{MEP}_{BD} = \text{MEP}_{DB} = 0$$

$$\text{MEP}_{CD} = \text{MEP}_{DE} = \frac{50(6)^2}{12} = 150 \text{ kN} \cdot \text{m} \circlearrowleft \quad \text{ou} \quad +150 \text{ kN} \cdot \text{m}$$

$$\text{MEP}_{DC} = \text{MEP}_{ED} = 150 \text{ kN} \cdot \text{m} \circlearrowright \quad \text{ou} \quad -150 \text{ kN} \cdot \text{m}$$

Equações da rotação-flecha. Como indicado na Figura 15.13(a), os momentos de inércia dos pilares e vigas do pórtico são 300×10^6 mm⁴ e 600×10^6 mm⁴, respectivamente. Utilizando $I = I_{pilar} = 300 \times 10^6$ mm⁴ como o momento de inércia de referência, expressamos a I_{viga} em termos de I como

$$I_{viga} = 600 \times 10^6 = 2(300 \times 10^6) = 2I$$

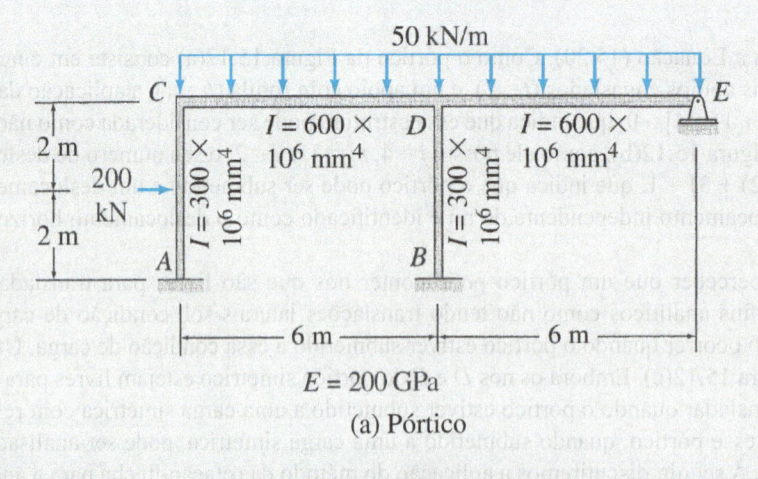

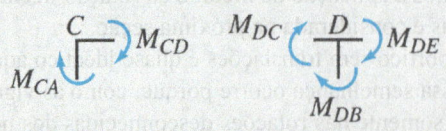

(a) Pórtico

(b) Diagrama do corpo livre dos nós C e D

Figura 15.13 (*continua*)

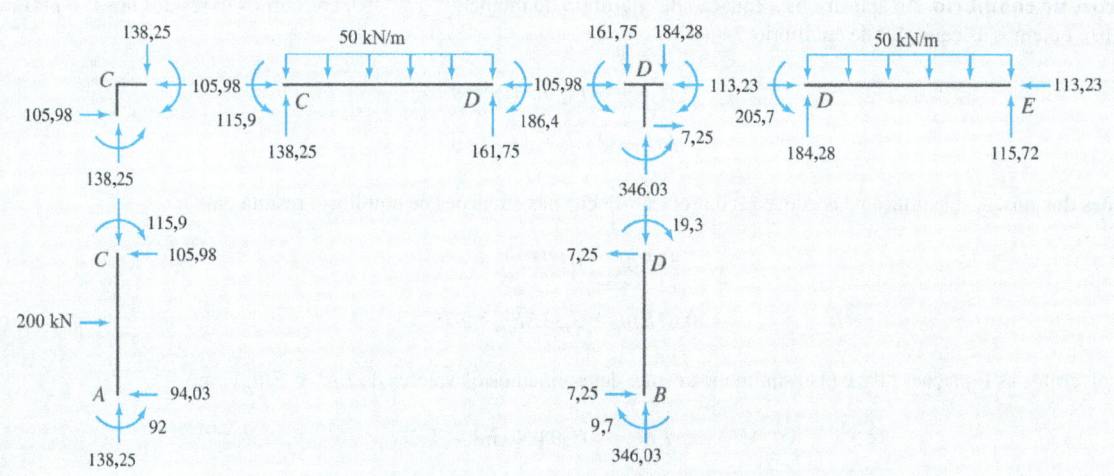

(c) Momentos, forças cortantes e normais na extremidade dos elementos

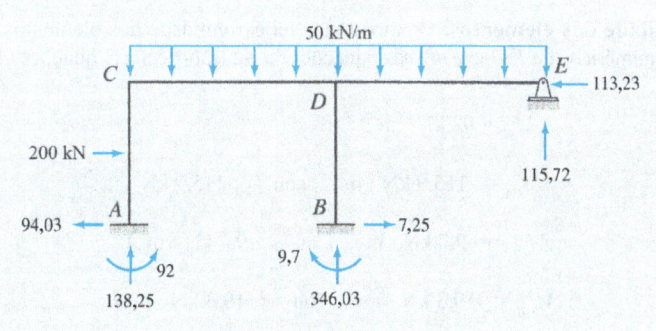

(d) Reações de apoio

Figura 15.13

Agora, escrevemos as equações da rotação-flecha ao aplicarmos a Equação (15.9) aos elementos *AC*, *BD* e *CD*, e as Equações (15.15) ao elemento *DE*. Assim,

$$M_{AC} = \frac{2EI}{4}(\theta_C) + 100 = 0{,}5EI\,\theta_C + 100 \tag{1}$$

$$M_{CA} = \frac{2EI}{4}(2\theta_C) - 100 = EI\,\theta_C - 100 \tag{2}$$

$$M_{BD} = \frac{2EI}{4}(\theta_D) = 0{,}5EI\,\theta_D \tag{3}$$

$$M_{DB} = \frac{2EI}{4}(2\theta_D) = EI\,\theta_D \tag{4}$$

$$M_{CD} = \frac{2E(2I)}{6}(2\theta_C + \theta_D) + 150 = 1{,}33EI\,\theta_C + 0{,}67EI\,\theta_D + 150 \tag{5}$$

$$M_{DC} = \frac{2E(2I)}{6}(2\theta_D + \theta_C) - 150 = 0{,}67EI\,\theta_C + 1{,}33EI\,\theta_D - 150 \tag{6}$$

$$M_{DE} = \frac{3E(2I)}{6}(\theta_D) + \left(150 + \frac{150}{2}\right) = EI\,\theta_D + 225 \tag{7}$$

$$M_{ED} = 0$$

Resp.

Equações de equilíbrio. Ao aplicarmos a equação de equilíbrio do momento, $\Sigma M = 0$, aos corpos livres dos nós C e D (Figura 15.13(b)), obtemos as equações de equilíbrio

$$M_{CA} + M_{CD} = 0 \tag{8}$$

$$M_{DB} + M_{DC} + M_{DE} = 0 \tag{9}$$

Rotações dos nós. A substituição das equações da rotação-flecha nas equações de equilíbrio resulta em

$$2{,}33 EI\theta_C + 0{,}67 EI\theta_D = -50 \tag{10}$$

$$0{,}67 EI\theta_C + 3{,}33 EI\theta_D = -75 \tag{11}$$

Ao resolvermos as Equações (10) e (11) simultaneamente, determinamos os valores de $EI\theta_C$ e $EI\theta_D$ como

$$EI\theta_C = -15{,}9 \text{ kN} \cdot \text{m}^2$$

$$EI\theta_D = -19{,}32 \text{ kN} \cdot \text{m}^2$$

Momentos na extremidade dos elementos. Os momentos na extremidade dos elementos podem agora ser computados ao substituirmos os valores numéricos de $EI\theta_C$ e $EI\theta_D$ nas equações da rotação-flecha (Equações (1) a (7)).

$M_{AC} = 92 \text{ kN} \cdot \text{m}\,\circlearrowright$ **Resp.**

$M_{CA} = -115{,}9 \text{ kN} \cdot \text{m}$ ou $115{,}9 \text{ kN} \cdot \text{m}\,\circlearrowleft$ **Resp.**

$M_{BD} = -9{,}7 \text{ kN} \cdot \text{m}$ ou $9{,}7 \text{ kN} \cdot \text{m}\,\circlearrowleft$ **Resp.**

$M_{DB} = -19{,}3 \text{ kN} \cdot \text{m}$ ou $19{,}3 \text{ kN} \cdot \text{m}\,\circlearrowleft$ **Resp.**

$M_{CD} = 115{,}9 \text{ kN} \cdot \text{m}\,\circlearrowright$ **Resp.**

$M_{DC} = -186{,}4 \text{ kN} \cdot \text{m}$ ou $186{,}4 \text{ kN} \cdot \text{m}\,\circlearrowleft$ **Resp.**

$M_{DE} = 205{,}7 \text{ kN} \cdot \text{m}\,\circlearrowright$ **Resp.**

Para verificarmos se a solução das equações simultâneas (Equações (10) e (11)) foram realizadas corretamente, substituímos os valores numéricos dos momentos na extremidade dos elementos nas equações de equilíbrio (Equações (8) a (9)) para obtermos

$$M_{CA} + M_{CD} = -115{,}9 + 115{,}9 = 0 \quad \textbf{Verificações}$$

$$M_{DB} + M_{DC} + M_{DE} = -19{,}3 - 186{,}4 + 205{,}7 = 0 \quad \textbf{Verificações}$$

Cortantes nas extremidades dos elementos. Os cortantes nas extremidades dos elementos, obtidos ao se considerar o equilíbrio de cada elemento, são mostrados na Figura 15.13(c).

Forças normais nos elementos. Com os cortantes na extremidade conhecidos, as forças normais nos elementos podem agora ser avaliadas ao se considerar o equilíbrio dos nós C e D nessa ordem. As forças normais assim obtidas são mostradas na Figura 15.13(c).

Reações de apoio. Veja a Figura 15.13(d). **Verificações**

Verificação de equilíbrio. As equações de equilíbrio são verificadas.

EXEMPLO 15.9

Determine os momentos na extremidade dos elementos e reações para o pórtico do Exemplo 15.8 devido ao recalque de 18 mm no apoio B. Use o método da rotação-flecha.

Solução

A estrutura é exibida na Figura 15.14(a).

Graus de liberdade. θ_C e θ_D são os graus de liberdade.

Rotações das cordas. Como a deformação normal do elemento BD é desprezível, o recalque de 18 mm no apoio B faz o nó D se deslocar para baixo na mesma quantidade, como mostrado na Figura 15.14(b). As linhas pontilhadas inclinadas nessa figura indicam as cordas (não as curvas elásticas) dos elementos CD e DE nas posições deformadas. A rotação da corda do elemento CD é

$$\psi_{CD} = -\frac{0,018}{6} = -0,003$$

em que o sinal negativo foi atribuído ao valor de ψ_{CD} para indicar que sua direção é em sentido horário. De forma semelhante, para o elemento DE,

$$\psi_{DE} = 0,003$$

Equações da rotação-flecha.

$$M_{AC} = 0,5EI\,\theta_C \qquad (1)$$

$$M_{CA} = EI\,\theta_C \qquad (2)$$

$$M_{BD} = 0,5EI\,\theta_D \qquad (3)$$

$$M_{DB} = EI\,\theta_D \qquad (4)$$

$$M_{CD} = \frac{2E(2I)}{6}[2\theta_C + \theta_D - 3(-0,003)]$$

$$= 1,33EI\,\theta_C + 0,67EI\,\theta_D + 0,006EI \qquad (5)$$

(a) Pórtico

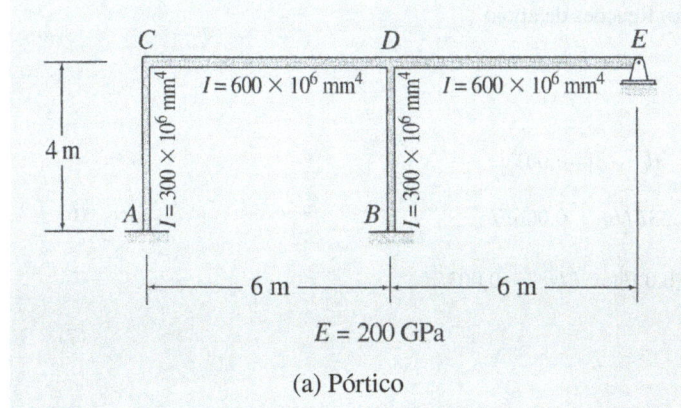

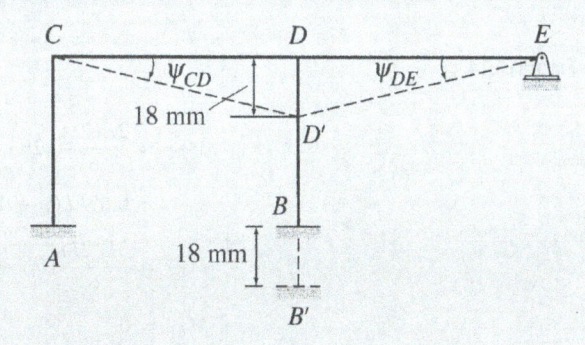

(b) Rotações das cordas devido ao recalque de apoio

Figura 15.14 (*continua*)

(c) Diagramas do corpo livre dos nós C e D

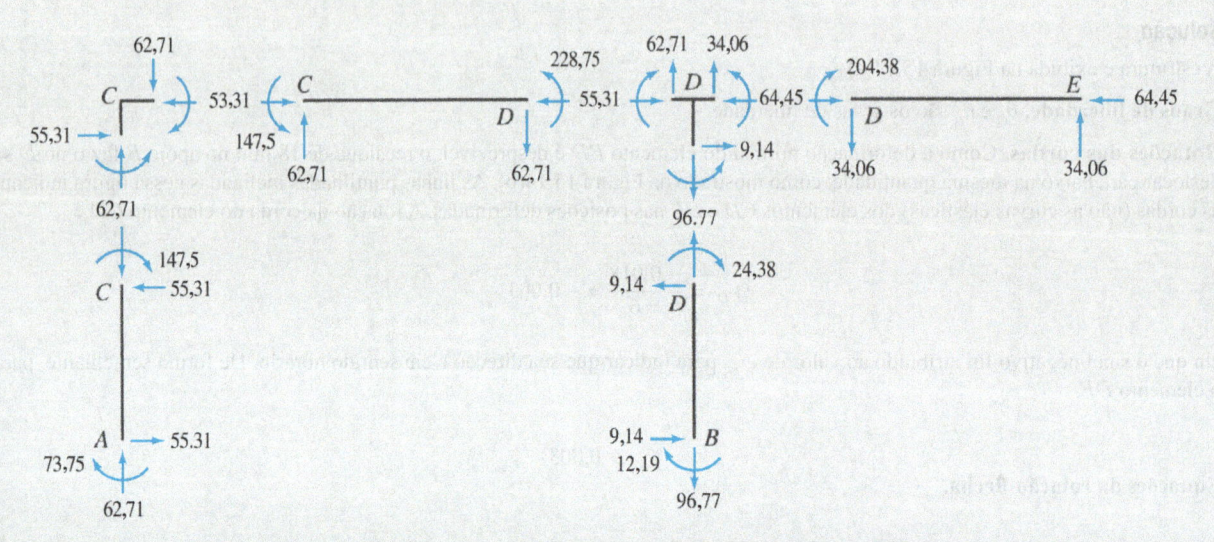

(d) Momentos, forças cortantes e normais na extremidade dos elementos

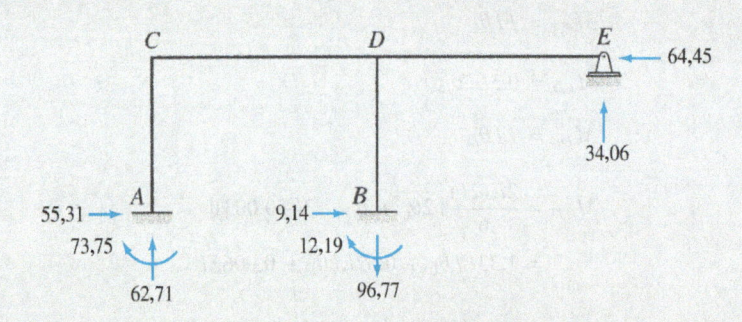

(e) Reações de apoio

Figura 15.14

$$M_{DC} = \frac{2E(2I)}{6}[2\theta_D + \theta_C - 3(-0{,}003)]$$

$$= 0{,}67EI\,\theta_C + 1{,}33EI\,\theta_D + 0{,}006EI \tag{6}$$

$$M_{DE} = \frac{3E(2I)}{6}(\theta_D - 0{,}003) = EI\,\theta_D - 0{,}003EI$$

$$M_{ED} = 0 \tag{7}$$

Equações de equilíbrio. Veja a Figura 15.14(c).

$$M_{CA} + M_{CD} = 0 \tag{8}$$

$$M_{DB} + M_{DC} + M_{DE} = 0 \tag{9}$$

Rotações dos nós. Ao substituirmos as equações da rotação-flecha nas equações de equilíbrio, obtemos

$$2{,}33EI\theta_C + 0{,}67EI\theta_D = -0{,}006EI$$

$$0{,}67EI\theta_C + 3{,}33EI\theta_D = -0{,}003EI$$

Substituindo $EI = 6 \times 10^4$ kN · m² nos lados direitos das equações anterior, temos

$$2{,}33EI\theta_C + 0{,}67EI\theta_D = -360 \qquad (10)$$

$$0{,}67EI\theta_C + 3{,}33EI\theta_D = -180 \qquad (11)$$

Resolvendo as Equações (10) e (11) simultaneamente, obtemos

$$EI\theta_C = -147{,}5 \text{ kN} \cdot \text{m}^2$$

$$EI\theta_D = -24{,}38 \text{ kN} \cdot \text{m}^2$$

Momentos na extremidade dos elementos. Ao substituirmos os valores numéricos de $EI\theta_C$ e $EI\theta_D$ nas equações da rotação--flecha, obtemos

$M_{AC} = -73{,}75$ kN · m ou 73,75 kN · m ↶ **Resp.**

$M_{CA} = -147{,}5$ kN · m ou 147,5 kN · m ↶ **Resp.**

$M_{BD} = -12{,}19$ kN · m ou 12,19 kN · m ↶ **Resp.**

$M_{DB} = -24{,}38$ kN · m ou 24,38 kN · m ↶ **Resp.**

$M_{CD} = 147{,}5$ kN · m ↷ **Resp.**

$M_{DC} = 228{,}75$ kN · m ↷ **Resp.**

$M_{DE} = -204{,}38$ kN · m ou 204,38 kN · m ↶ **Resp.**

A substituição reversa dos valores numéricos dos momentos na extremidade dos elementos nas equações de equilíbrio (Equações (8) e (9)) resulta em

$$M_{CA} + M_{CD} = -147{,}5 + 147{,}5 = 0 \qquad \textbf{Verificações}$$

$$M_{DB} + M_{DC} + M_{DE} = -24{,}38 + 228{,}75 - 204{,}38 = 0 \qquad \textbf{Verificações}$$

Forças cortantes e normais nas extremidades dos elementos. Veja a Figura 15.14(d).

Reações de apoio. Veja a Figura 15.14(e).

Verificação do equilíbrio. As equações de equilíbrio são verificadas.

15.5 Análise de pórticos deslocáveis

Um pórtico, em geral, sofrerá translações laterais se seus nós não estiverem restringidos contra o deslocamento, a menos que seja um pórtico simétrico submetido ao carregamento simétrico. Para desenvolver a análise dos pórticos deslocáveis, considere o pórtico retangular na Figura 15.15(a). Uma representação esquemática da curva elástica do pórtico para um carregamento arbitrário também é mostrada na figura em uma escala aumentada. Embora os nós engastados A e B do pórtico estejam completamente restringidos contra a rotação e o deslocamento, os nós C e D são livres para girar e transladar. Entretanto, como os pilares AC e BD são considerados não extensíveis e as deformações do pórtico são consideradas pequenas, os nós C e D podem transladar somente na direção horizontal – isto é, na direção perpendicular aos pilares AC e BD, respectivamente. Além disso, como a viga CD também é considerada não extensível, os deslocamentos horizontais dos nós C e D devem ser os mesmos. Assim, o pórtico possui três deslocamentos desconhecidos dos nós ou graus de liberdade, as rotações θ_C e θ_D dos nós C e D, respectivamente, e o deslocamento horizontal Δ de ambos os nós C e D.

Como mostrado na Figura 15.15(a), os deslocamentos Δ dos nós C e D fazem com que as cordas dos pilares AC e BD girem, e essas rotações da corda podem ser expressas em termos de deslocamento desconhecido Δ como

$$\psi_{AC} = \psi_{BD} = -\frac{\Delta}{h} \qquad (15.21)$$

(a) Pórtico retangular com translação lateral

(b) Diagramas do corpo livre dos nós C e D

(c) Diagrama de corpo livre do pórtico inteiro

(d) Diagramas de corpo livre dos pilares AC e BD

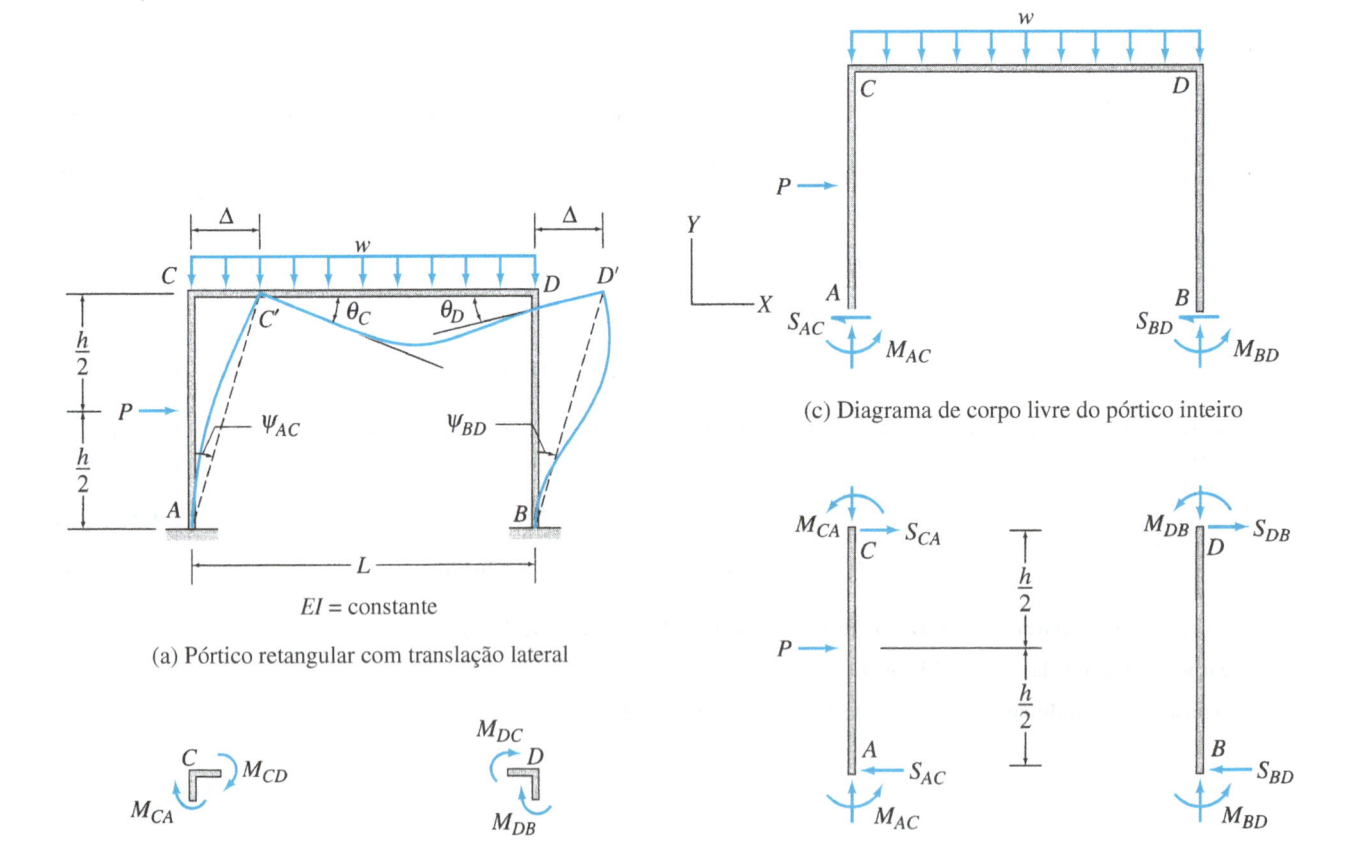

Figura 15.15

em que o sinal negativo indica que as rotações de corda são em sentido horário. Como os nós C e D não podem se deslocar verticalmente, a rotação da corda da viga CD é nula; isto é, $\psi_{CD} = 0$.

Para relacionarmos os momentos na extremidade dos elementos aos deslocamentos desconhecidos do nó, θ_C, θ_D e Δ, escrevemos as equações da rotação-flecha para os três elementos da estrutura. Assim, ao aplicarmos a Equação (15,9), obtemos

$$M_{AC} = \frac{2EI}{h}\left(\theta_C + \frac{3\Delta}{h}\right) + \text{MEP}_{AC} \tag{15.22a}$$

$$M_{CA} = \frac{2EI}{h}\left(2\theta_C + \frac{3\Delta}{h}\right) + \text{MEP}_{CA} \tag{15.22b}$$

$$M_{BD} = \frac{2EI}{h}\left(\theta_D + \frac{3\Delta}{h}\right) \tag{15.22c}$$

$$M_{DB} = \frac{2EI}{h}\left(2\theta_D + \frac{3\Delta}{h}\right) \tag{15.22d}$$

$$M_{CD} = \frac{2EI}{L}(2\theta_C + \theta_D) + \text{MEP}_{CD} \tag{15.22e}$$

$$M_{DC} = \frac{2EI}{L}(2\theta_D + \theta_C) + \text{MEP}_{DC} \tag{15.22f}$$

Note que as equações da rotação-flecha anteriores contêm três incógnitas, θ_C, θ_D e Δ, que devem ser determinadas ao se resolverem as três equações independentes de equilíbrio antes que os valores dos momentos na extremidade de elemento possam ser calculados. Duas das três equações de equilíbrio necessárias para a solução dos deslocamentos desconhecidos do nó são obtidas ao se considerar o equilíbrio do momento dos nós C e D (Figura 15.15(b)):

$$M_{CA} + M_{CD} = 0 \tag{15.23a}$$

$$M_{DB} + M_{DC} = 0 \tag{15.23b}$$

A terceira equação de equilíbrio, geralmente chamada *equação de cortante*, baseia-se na condição de que a soma de todas as forças horizontais agindo no corpo livre do pórtico inteiro deve ser nula. O diagrama de corpo livre do pórtico, obtido ao passar uma seção imaginária logo acima do nível do apoio, é mostrado na Figura 15.15(c). Ao aplicarmos a equação de equilíbrio $\Sigma F_X = 0$, escrevemos

$$P - S_{AC} - S_{BD} = 0 \tag{15.23c}$$

em que S_{AC} e S_{BD} são os cortantes nas extremidades inferiores dos pilares AC e BD, respectivamente, como apresentado na Figura 15.15(c). Para expressarmos a terceira equação de equilíbrio (Equação (15.23c)) em termos de momentos na extremidade do pilar, consideramos o equilíbrio dos corpos livres dos pilares AC e BD mostrado na Figura 15.15(d). Ao somarmos os momentos acima do topo de cada pilar, obtemos:

$$+\circlearrowleft \sum M_C^{AC} = 0 \qquad M_{AC} - S_{AC}(h) + P\left(\frac{h}{2}\right) + M_{CA} = 0$$

$$S_{AC} = \frac{M_{AC} + M_{CA}}{h} + \frac{P}{2} \tag{15.24a}$$

$$+\circlearrowleft \sum M_D^{BD} = 0 \qquad M_{BD} + M_{DB} - S_{BD}(h) = 0$$

$$S_{BD} = \frac{M_{BD} + M_{DB}}{h} \tag{15.24b}$$

Ao substituirmos as Equações (15.24a) e (15.24b) na Equação (15.23c), obtemos a terceira equação de equilíbrio em termos de momentos na extremidade dos elementos:

$$P - \left(\frac{M_{AC} + M_{CA}}{h} + \frac{P}{2}\right) - \left(\frac{M_{BD} + M_{DB}}{h}\right) = 0$$

que se reduz a

$$M_{AC} + M_{CA} + M_{BD} + M_{DB} - \frac{Ph}{2} = 0 \qquad (15.25)$$

Com as três equações de equilíbrio (Equações (15.23a), (15.23b) e (15.25)) agora estabelecidas, podemos prosseguir com o resto da análise como de costume. Ao substituirmos as equações da rotação-flecha (Equações (15.22)) nas equações de equilíbrio, obtemos o sistema de equações que pode ser resolvido para os deslocamentos desconhecidos dos nós θ_C, θ_D e Δ. Os deslocamentos dos nós assim obtidos podem então ser substituídos novamente nas equações da rotação-flecha para determinar os momentos na extremidade dos elementos, a partir dos quais as forças cortantes e normais nas extremidades dos elementos e as reações de apoio podem ser calculadas, como discutido anteriormente.

Pórticos com barras inclinadas

A análise de pórticos com barras inclinadas é semelhante àquela dos pórticos retangulares considerada anteriormente, exceto quando os pórticos com barras inclinadas são submetidos à translação lateral, seus elementos horizontais também sofrem rotações de cordas, que devem ser incluídas na análise. Lembre-se de nossa discussão anterior que as rotações das cordas dos elementos horizontais dos pórticos retangulares, submetidos a translações laterais, são nulas.

Considere o pórtico com barras inclinadas exibido na Figura 15.16(a). Para analisarmos este pórtico utilizando o método da rotação-flecha, devemos relacionar as rotações da corda de seus três elementos entre si ou a um deslocamento independente do nó. Para isso, submetemos o nó C do pórtico a um deslocamento horizontal arbitrário Δ e desenhamos uma representação gráfica da curva elástica do pórtico, que é compatível com suas condições de apoio, além de nossa suposição de que os elementos do pórtico não são extensíveis. Para desenharmos uma curva elástica, mostrada na Figura 15.16(b), primeiro imaginamos que os elementos BD e CD estão desconectados no nó D. Como o elemento AC é considerado não extensível, o nó C somente pode se mover em um arco sobre o ponto A. Além disso, como o deslocamento do nó C é assumido como pequeno, podemos considerar o arco como uma linha reta perpendicular ao elemento AC.

Assim, para movermos o nó C horizontalmente na distância Δ, precisamos deslocá-lo em uma direção perpendicular ao elemento AC por uma distância CC' (Figura 15.16(b)), para que a componente horizontal de CC' seja igual a Δ. Observe que, embora o nó C esteja livre para girar, sua rotação é ignorada neste estágio da análise, e a curva elástica AC' do elemento AC é desenhada com a tangente em C' paralela à direção não deformada do elemento.

O elemento CD permanece horizontal e translada como um corpo rígido para a posição $C'D_1$ com o deslocamento DD_1 igual a CC', como mostrado na figura. Como o elemento horizontal CD é considerado não extensível e o deslocamento do nó D é considerado pequeno, a extremidade D

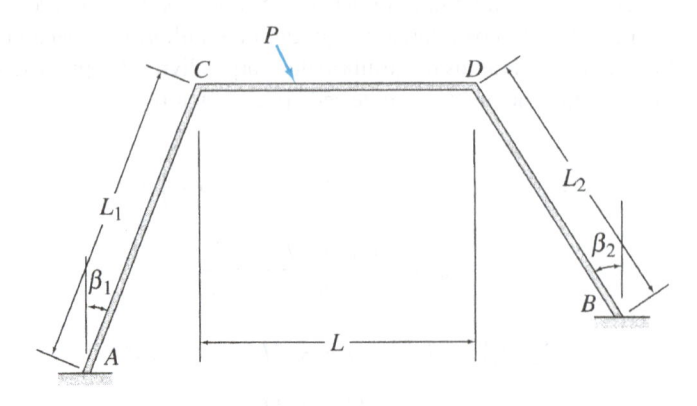

(a) Pórtico com barras inclinadas

Figura 15.16 (*continua*)

capítulo 15 — Método da rotação-flecha

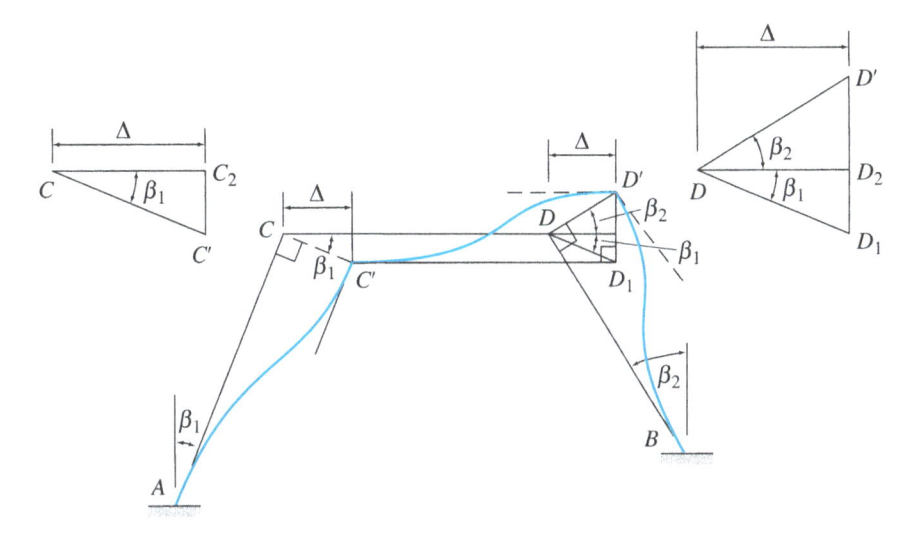

(b) Curva elástica do pórtico devido ao deslocamento lateral

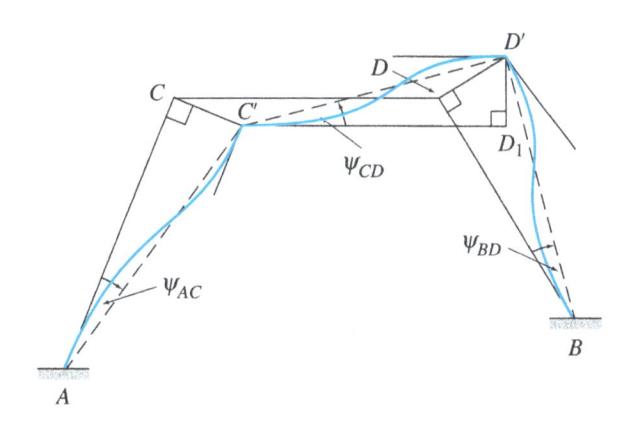

(c) Rotações da corda devido ao deslocamento lateral

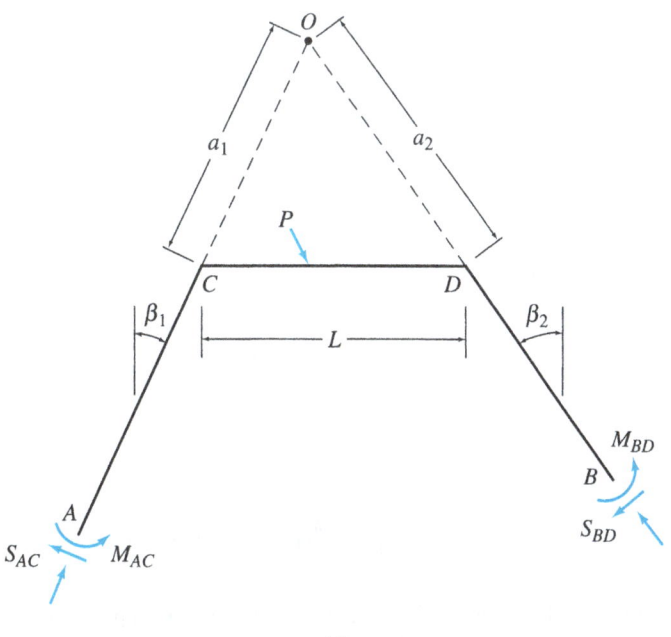

(d)

Figura 15.16

desse elemento pode ser movida de sua posição deformada D_1 somente na direção vertical. De forma semelhante, como o elemento BD também é considerado não extensível, sua extremidade D pode ser movida somente na direção perpendicular ao elemento. Portanto, para obtermos a posição deformada do nó D, movemos a extremidade D do elemento CD de sua posição deformada D_1 na direção vertical e a extremidade D do elemento BD na direção perpendicular a BD, até que as duas extremidades se encontrem no ponto D', onde são reconectadas para obter a posição de deslocamento D' do nó D. Ao considerarmos que o nó D não gira, desenhamos as curvas elásticas $C'D'$ e BD', respectivamente, dos elementos CD e BD, para completar a curva elástica do pórtico todo.

A rotação da corda de um elemento pode ser obtida dividindo-se o deslocamento relativo entre as duas extremidades do elemento na direção perpendicular a ele, pelo comprimento do elemento. Assim, podemos ver pela Figura 15.16(b) que as rotações da corda dos três elementos do pórtico são dadas por

$$\psi_{AC} = -\frac{CC'}{L_1} \qquad \psi_{BD} = -\frac{DD'}{L_2} \qquad \psi_{CD} = \frac{D_1 D'}{L} \tag{15.26}$$

em que as rotações da corda dos elementos AC e BD são consideradas negativas por estarem em sentido horário (Figura 15.16(c)). As três rotações da corda podem ser expressas em termos de deslocamento do nó Δ ao considerarmos os diagramas de deslocamento dos nós C e D, mostrados na Figura 15.16(b). Como CC' é perpendicular a AC, que está inclinada em um ângulo β_1 com a vertical, CC' deve formar o mesmo ângulo β_1 com a horizontal. Assim, a partir do diagrama de deslocamento do nó C (triângulo $CC'C_2$), vemos que

$$CC' = \frac{\Delta}{\cos \beta_1} \tag{15.27}$$

Agora, vamos considerar o diagrama de deslocamento do nó D (triângulo DD_1D'). Foi mostrado anteriormente que DD_1 é igual em magnitude e paralelo a CC'. Portanto,

$$DD_2 = DD_1 \cos \beta_1 = \Delta$$

Como DD' está perpendicular ao elemento BD, ele faz um ângulo β_2 com a horizontal. Assim, a partir do diagrama de deslocamento do nó D,

$$DD' = \frac{DD_2}{\cos \beta_2} = \frac{\Delta}{\cos \beta_2} \tag{15.28}$$

e

$$D_1D' = DD_1 \operatorname{sen} \beta_1 + DD' \operatorname{sen} \beta_2 = \frac{\Delta}{\cos \beta_1} \operatorname{sen} \beta_1 + \frac{\Delta}{\cos \beta_2} \operatorname{sen} \beta_2$$

ou

$$D_1D' = \Delta(\tan \beta_1 + \tan \beta_2) \tag{15.29}$$

Ao substituirmos as Equações (15.27) a (15.29) na Equação (15.26), obtemos as rotações da corda dos três elementos em termos de Δ:

$$\psi_{AC} = -\frac{\Delta}{L_1 \cos \beta_1} \tag{15.30a}$$

$$\psi_{BD} = -\frac{\Delta}{L_2 \cos \beta_2} \tag{15.30b}$$

$$\psi_{CD} = \frac{\Delta}{L}(\tan \beta_1 + \tan \beta_2) \tag{15.30c}$$

As expressões anteriores das rotações das cordas podem ser usadas para escrever as equações da rotação-flecha, e assim relacionar os momentos de extremidade dos elementos aos três deslocamentos desconhecidos dos nós, θ_C, θ_D, e Δ. Como no caso dos pórticos retangulares considerados anteriormente, as três equações de equilíbrio necessárias para resolver os deslocamentos desconhecidos dos nós podem ser estabelecidas pela soma dos momentos agindo nos nós C e D e ao somarmos as forças horizontais agindo no pórtico todo. Entretanto, para pórticos com barras inclinadas, é geralmente mais conveniente estabelecer a terceira equação de equilíbrio ao somarmos os momentos de todas as forças e momentos agindo no pórtico inteiro no centro de um momento O, que está localizado na interseção dos eixos longitudinais dos dois elementos inclinados, como mostrado na Figura 15.16(d). A localização do centro do momento O pode ser determinada usando-se as condições (veja a Figura 15.16(d))

$$a_1 \cos \beta_1 = a_2 \cos \beta_2 \tag{15.31a}$$

$$a_1 \operatorname{sen} \beta_1 + a_2 \operatorname{sen} \beta_{12} = L \tag{15.31b}$$

Ao resolvermos as Equações (15.31a) e (15.31b) simultaneamente para a_1 e a_2, obtemos

$$a_1 = \frac{L}{\cos \beta_1 (\tan \beta_1 + \tan \beta_2)} \tag{15.32a}$$

$$a_2 = \frac{L}{\cos \beta_2 (\tan \beta_1 + \tan \beta_2)} \tag{15.32b}$$

Uma vez que as equações de equilíbrio tenham sido estabelecidas, a análise pode ser concluída como de costume, como discutido anteriormente.

Estruturas com múltiplos andares

O método anterior pode ser estendido para a análise de estruturas com múltiplos andares submetidas a deslocamentos laterais, como ilustrado no Exemplo 15.12. Entretanto, devido a considerável quantia de esforço computacional envolvido, a análise de tais estruturas hoje é realizada em computadores usando-se a formulação de matriz do método dos deslocamentos apresentado no Capítulo 17.

EXEMPLO 15.10

Determine os momentos na extremidade do elemento e reações para o pórtico mostrado na Figura 15.17(a) pelo método da rotação-flecha.

Solução

Graus de liberdade. Os graus de liberdade são θ_C, θ_D e Δ (veja a Figura 15.17(b)).

Momentos de engastamento perfeito. Usando as expressões do momento de engastamento perfeito dadas na contracapa deste livro, obtemos

$$\text{MEP}_{CD} = \frac{40(3)(4)^2}{(7)^2} = 39{,}2 \text{ kN} \cdot \text{m} \;\circlearrowright \quad \text{ou} \quad +39{,}2 \text{ kN} \cdot \text{m}$$

$$\text{MEP}_{DC} = \frac{40(3)^2(4)}{(7)^2} = 29{,}4 \text{ kN} \cdot \text{m} \;\circlearrowleft \quad \text{ou} \quad -29{,}4 \text{ kN} \cdot \text{m} \tag{15.32b}$$

$$\text{MEP}_{AC} = \text{MEP}_{CA} = \text{MEP}_{BD} = \text{MEP}_{DB} = 0$$

Rotações das cordas. Na Figura 15.17(b), podemos ver que

$$\psi_{AC} = -\frac{\Delta}{7} \qquad \psi_{BD} = -\frac{\Delta}{5} \qquad \psi_{CD} = 0$$

Equações da rotação-flecha.

$$M_{AC} = \frac{2EI}{7}\left[\theta_C - 3\left(-\frac{\Delta}{7}\right)\right] = 0{,}286EI\,\theta_C + 0{,}122EI\,\Delta \tag{1}$$

$$M_{CA} = \frac{2EI}{7}\left[2\theta_C - 3\left(-\frac{\Delta}{7}\right)\right] = 0{,}571EI\,\theta_C + 0{,}122EI\,\Delta \tag{2}$$

$$M_{BD} = \frac{2EI}{5}\left[\theta_D - 3\left(-\frac{\Delta}{5}\right)\right] = 0{,}4EI\,\theta_D + 0{,}24EI\,\Delta \tag{3}$$

$$M_{DB} = \frac{2EI}{5}\left[2\theta_D - 3\left(-\frac{\Delta}{5}\right)\right] = 0{,}8EI\,\theta_D + 0{,}24EI\,\Delta \tag{4}$$

$$M_{CD} = \frac{2EI}{7}(2\theta_C + \theta_D) + 39{,}2 = 0{,}571EI\,\theta_C + 0{,}286EI\,\theta_D + 39{,}2 \tag{5}$$

$$M_{DC} = \frac{2EI}{7}(\theta_C + 2\theta_D) - 29{,}4 = 0{,}286EI\,\theta_C + 0{,}571EI\,\theta_D - 29{,}4 \tag{6}$$

Equações de equilíbrio. Ao considerarmos o equilíbrio do momento dos nós C e D, obtemos as equações de equilíbrio

$$M_{CA} + M_{CD} = 0 \tag{7}$$

$$M_{DB} + M_{DC} = 0 \tag{8}$$

(a) Pórtico

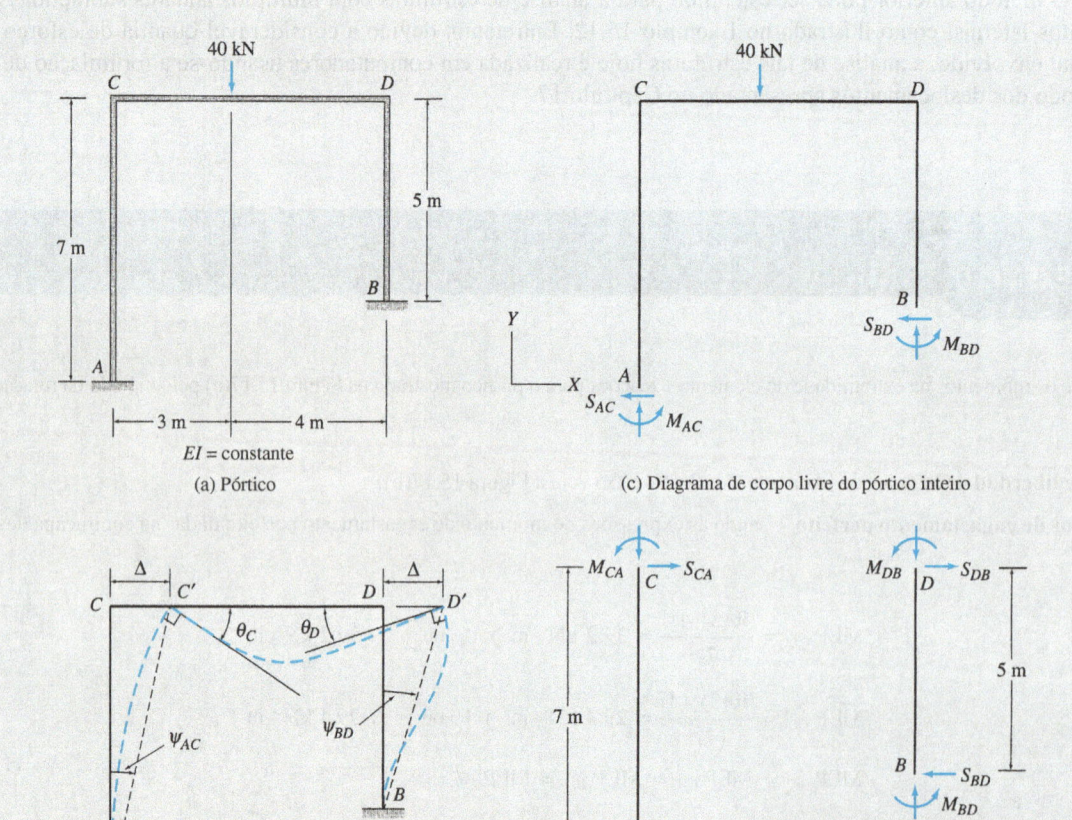

(b) Representação gráfica da curva elástica do pórtico

(c) Diagrama de corpo livre do pórtico inteiro

(d) Diagrama de corpo livre dos pilares AC e BD

Figura 15.17 (*continua*)

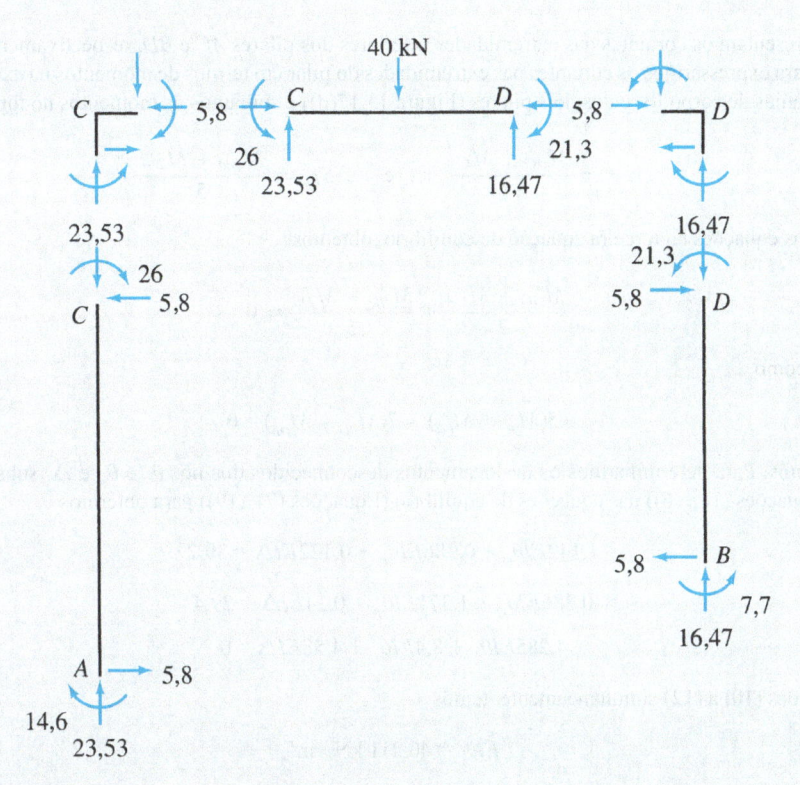

(e) Momentos, forças cortantes e normais nas extremidades dos elementos

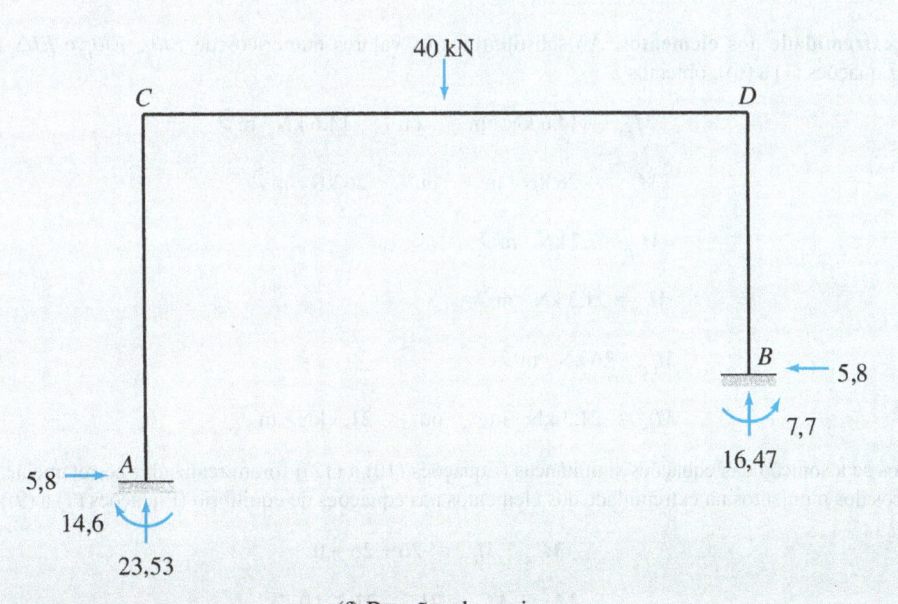

(f) Reações de apoio

Figura 15.17

Para estabelecermos a terceira equação de equilíbrio, aplicamos a equação de equilíbrio entre as forças $\Sigma_{FX} = 0$ ao corpo livre do pórtico todo (Figura 15.17(c)), para obtermos

$$S_{AC} + S_{BD} = 0$$

em que S_{AC} e S_{BD} representam os cortantes nas extremidades inferiores dos pilares AC e BD, respectivamente, como apresentado na Figura 15.17(c). Para expressarmos os cortantes nas extremidades do pilar em termos de momentos na extremidade dos pilares, desenhamos os diagramas de corpo livre dos dois pilares (Figura 15.17(d)) e somamos os momentos no topo de cada pilar:

$$S_{AC} = \frac{M_{AC} + M_{CA}}{7} \quad \text{e} \quad S_{BD} = \frac{M_{BD} + M_{DB}}{5}$$

Ao substituirmos essas equações na terceira equação de equilíbrio, obtemos

$$\frac{M_{AC} + M_{CA}}{7} + \frac{M_{BD} + M_{DB}}{5} = 0$$

que pode ser escrito como

$$5(M_{AC} + M_{CA}) + 7(M_{BD} + M_{DB}) = 0 \tag{9}$$

Deslocamentos dos nós. Para determinarmos os deslocamentos desconhecidos dos nós θ_C e θ_D e Δ, substituímos as equações da rotação-flecha (Equações (1) a (6)) nas equações de equilíbrio (Equações (7) a (9)) para obtermos

$$1{,}142EI\theta_C + 0{,}286EI\theta_D + 0{,}122EI\Delta = 39{,}2 \tag{10}$$

$$0{,}286EI\theta_C + 1{,}371EI\theta_D + 0{,}24EI\Delta = 29{,}4 \tag{11}$$

$$4{,}285EI\theta_C + 8{,}4EI\theta_D + 4{,}58EI\Delta = 0 \tag{12}$$

Resolvendo as Equações (10) a (12) simultaneamente, temos

$$EI\theta_C = 40{,}211 \text{ kN} \cdot \text{m}^2$$

$$EI\theta_D = 34{,}24 \text{ kN} \cdot \text{m}^2$$

$$EI\Delta = 25{,}177 \text{ kN} \cdot \text{m}^3$$

Momentos na extremidade dos elementos. Ao substituirmos os valores numéricos de $EI\theta_C$, $EI\theta_D$ e $EI\Delta$ nas equações da rotação-flecha (Equações (1) a (6)), obtemos

$M_{AC} = -14{,}6$ kN · m   ou   14,6 kN · m ↻   **Resp.**

$M_{CA} = -26$ kN · m   ou   26 kN · m ↻   **Resp.**

$M_{BD} = 7{,}7$ kN · m ↺   **Resp.**

$M_{DB} = 21{,}3$ kN · m ↺   **Resp.**

$M_{CD} = 26$ kN · m ↺   **Resp.**

$M_{DC} = -21{,}3$ kN · m   ou   21,3 kN · m ↻   **Resp.**

Para verificarmos se a solução das equações simultâneas (Equações (10) a (12)) foram realizadas corretamente, substituímos os valores numéricos dos momentos na extremidade dos elementos nas equações de equilíbrio (Equações (7) a (9)):

$M_{CA} + M_{CD} = -26 + 26 = 0$ **Verificações**

$M_{DB} + M_{DC} = 21{,}3 - 21{,}3 = 0$ **Verificações**

$5(M_{AC} + M_{CA}) + 7(M_{BD} + M_{DB}) = 5(-14{,}6 - 26) + 7(7{,}7 + 21{,}3) = 0$ **Verificações**

Cortantes nas extremidades dos elementos. Os cortantes nas extremidades dos elementos, obtidos ao se considerar o equilíbrio de cada elemento, são mostrados na Figura 15.17(e).

Forças normais nos elementos. Com os cortantes na extremidade conhecidos, as forças normais dos elementos podem agora ser avaliadas ao se considerar o equilíbrio dos nós C e D. As forças normais assim obtidas são mostradas na Figura 15.17(e).

Reações de apoio. Veja a Figura 15.17(f).   **Resp.**

Verificação de equilíbrio. As equações de equilíbrio são verificadas.

EXEMPLO 15.11

Determine os momentos na extremidade do elemento e reações para o pórtico mostrado na Figura 15.18(a) pelo método da rotação-flecha.

Solução

Graus de liberdade. Os graus de liberdade são θ_C, θ_D e Δ.

Momentos de engastamento perfeito. Como nenhuma carga externa age nos elementos, os momentos de engastamento perfeito são nulos.

Rotações de cordas. Na Figura 15.18(b), podemos ver que

$$\psi_{AC} = -\frac{CC'}{5} = -\frac{\left(\frac{5}{4}\right)\Delta}{5} = -0{,}25\Delta$$

$$\psi_{BD} = -\frac{DD'}{4} = -\frac{\Delta}{4} = -0{,}25\Delta$$

$$\psi_{CD} = \frac{C'C_1}{5} = \frac{\left(\frac{3}{4}\right)\Delta}{5} = 0{,}15\Delta$$

Equações da rotação-flecha.

$$M_{AC} = \frac{2EI}{5}[\theta_C - 3(-0{,}25\Delta)] = 0{,}4EI\,\theta_C + 0{,}3EI\,\Delta \tag{1}$$

$$M_{CA} = \frac{2EI}{5}[2\theta_C - 3(-0{,}25\Delta)] = 0{,}8EI\,\theta_C + 0{,}3EI\,\Delta \tag{2}$$

$$M_{BD} = \frac{2EI}{4}[\theta_D - 3(-0{,}25\Delta)] = 0{,}5EI\,\theta_D + 0{,}375EI\,\Delta \tag{3}$$

$$M_{DB} = \frac{2EI}{4}[2\theta_D - 3(-0{,}25\Delta)] = EI\,\theta_D + 0{,}375EI\,\Delta \tag{4}$$

$$M_{CD} = \frac{2EI}{5}[2\theta_C + \theta_D - 3(0{,}15\Delta)] = 0{,}8EI\,\theta_C + 0{,}4EI\,\theta_D - 0{,}18EI\,\Delta \tag{5}$$

$$M_{DC} = \frac{2EI}{5}[2\theta_D + \theta_C - 3(0{,}15\Delta)] = 0{,}8EI\,\theta_D + 0{,}4EI\,\theta_C - 0{,}18EI\,\Delta \tag{6}$$

Equações de equilíbrio. Ao considerarmos o equilíbrio de momentos nos nós C e D, obtemos as equações de equilíbrio

$$M_{CA} + M_{CD} = 0 \tag{7}$$

$$M_{DB} + M_{DC} = 0 \tag{8}$$

A terceira equação de equilíbrio é estabelecida ao somarmos os momentos de todas as forças e conjugados agindo no corpo livre de todo o pórtico no ponto O, localizado na interseção dos eixos longitudinais dos dois pilares, como mostrado na Figura 15.18(c). Assim,

$$+\circlearrowleft \Sigma M_O = 0 \quad M_{AC} - S_{AC}(13{,}33) + M_{BD} - S_{BD}(10{,}67) + 120(6{,}67) = 0$$

em que os cortantes nas extremidades inferiores dos pilares podem ser expressos em termos de momentos na extremidade dos pilares como (veja a Figura 15.18(d))

$$S_{AC} = \frac{M_{AC} + M_{CA}}{5} \quad \text{e} \quad S_{BD} = \frac{M_{BD} + M_{DB}}{4}$$

Ao substituirmos essas expressões na terceira equação de equilíbrio, obtemos

$$1{,}67M_{AC} + 2{,}67M_{CA} + 1{,}67M_{BD} + 2{,}67M_{DB} = 800 \qquad (9)$$

Deslocamentos dos nós. A substituição das equações da rotação-flecha (Equações (1) a (6)) nas equações de equilíbrio (Equações (7) a (9)) resulta em

$$1{,}6EI\theta_C + 0{,}4EI\theta_D + 0{,}12EI\theta = 0 \qquad (10)$$

$$0{,}4EI\theta_C + 1{,}8EI\theta_D + 0{,}195EI\theta = 0 \qquad (11)$$

$$2{,}804EI\theta_0 + 3{,}505EI\theta_D + 2{,}93EI\theta = 800 \qquad (12)$$

Ao resolvermos as Equações (10) a (12) simultaneamente, determinamos

$$EI\theta_C = 16{,}59 \text{ kN} \cdot \text{m}^2$$

$$EI\theta_D = 31{,}73 \text{ kN} \cdot \text{m}^2$$

$$EI\theta = 326{,}96 \text{ kN} \cdot \text{m}^3$$

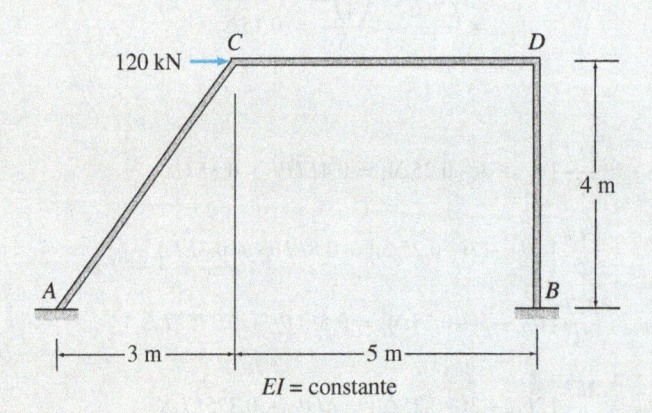

(a) Pórtico

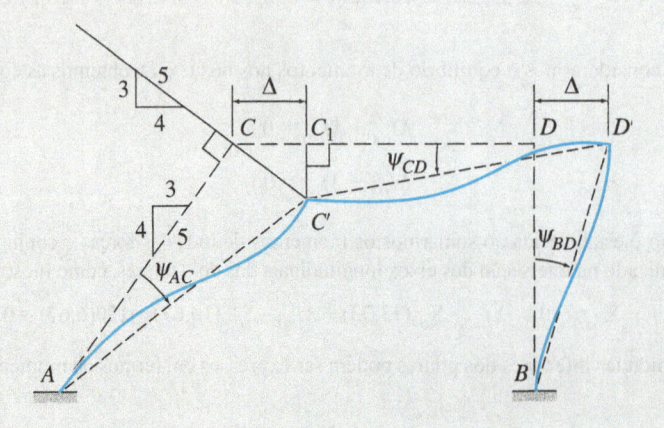

(b) Rotação da corda devido às translações laterais

Figura 15.18 (*continua*)

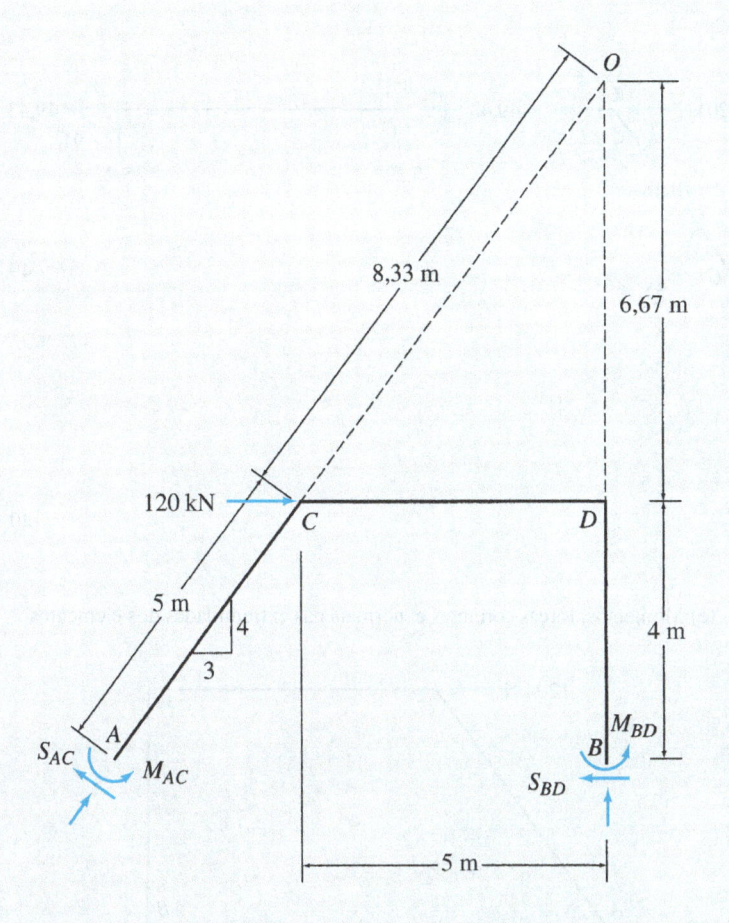

capítulo 15   Método da rotação-flecha   581

(c) Diagrama de corpo livre do pórtico inteiro

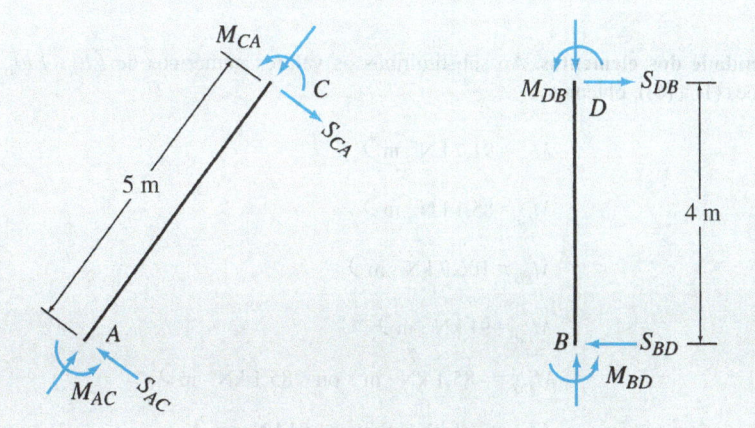

(d) Diagrama de corpo livre dos pilares AC e BD

Figura 15.18 (*continua*)

582 Análise Estrutural   Parte 3

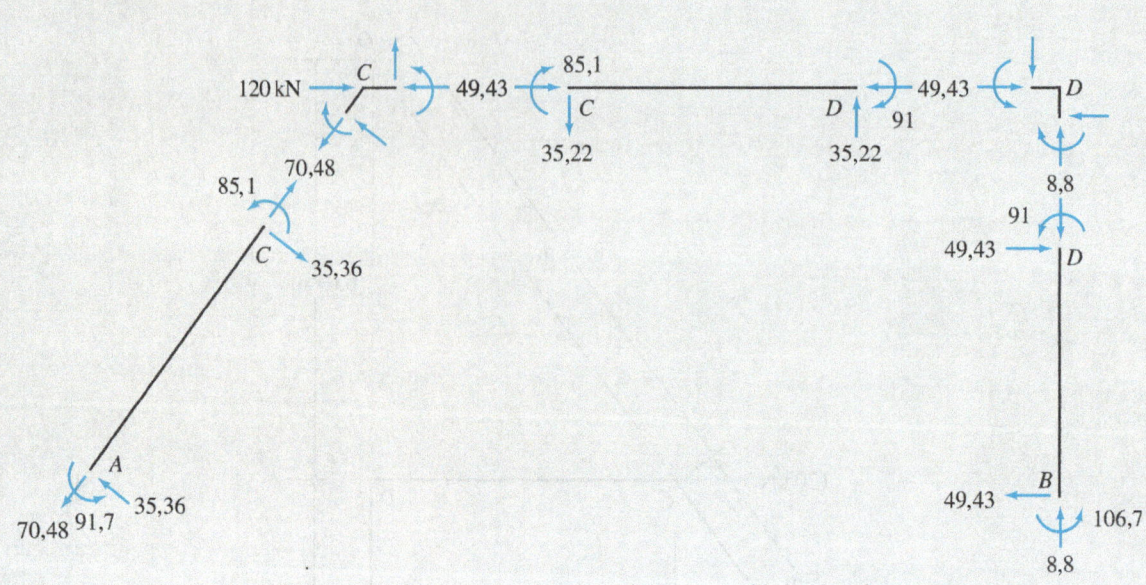

(e) Momentos, forças cortantes e normais nas extremidades dos elementos

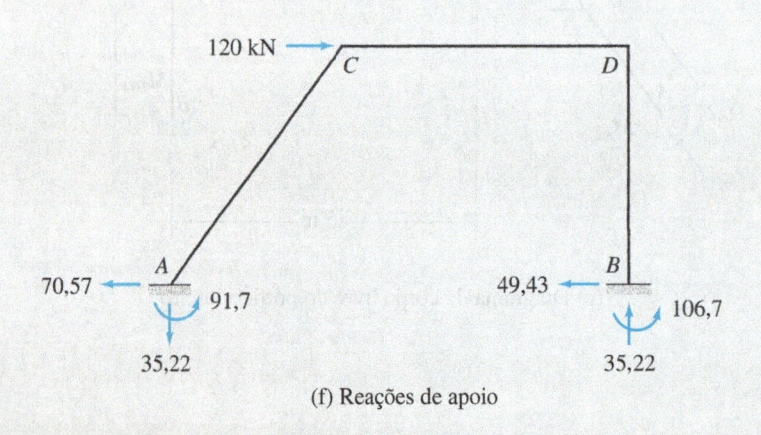

(f) Reações de apoio

Figura 15.18

Momentos na extremidade dos elementos. Ao substituirmos os valores numéricos de $EI\theta_C$, $EI\theta_D$ e $EI\Delta$ nas equações da rotação-flecha (Equações (1) a (6)), obtemos

$$M_{AC} = 91,7 \text{ kN} \cdot \text{m} \circlearrowright \qquad \text{Resp.}$$

$$M_{CA} = 85,1 \text{ kN} \cdot \text{m} \circlearrowright \qquad \text{Resp.}$$

$$M_{BD} = 106,7 \text{ kN} \cdot \text{m} \circlearrowright \qquad \text{Resp.}$$

$$M_{DB} = 91 \text{ kN} \cdot \text{m} \circlearrowright \qquad \text{Resp.}$$

$$M_{CD} = -85,1 \text{ kN} \cdot \text{m} \quad \text{ou} \quad 85,1 \text{ kN} \cdot \text{m} \circlearrowleft \qquad \text{Resp.}$$

$$M_{DC} = -91 \text{ kN} \cdot \text{m} \quad \text{ou} \quad 91 \text{ kN} \cdot \text{m} \circlearrowleft \qquad \text{Resp.}$$

A substituição reversa dos valores numéricos dos momentos nas extremidades dos elementos nas equações de equilíbrio resulta em

$$M_{CA} + M_{CD} = 85,1 - 85,1 = 0 \qquad \text{Verificações}$$

$$M_{DB} + M_{DC} = 91 - 91 = 0 \qquad \text{Verificações}$$

$$1{,}67M_{AC} + 2{,}67\,M_{CA} + 1{,}67M_{BD} + 2{,}67M_{DB} = 1{,}67(91{,}7) + 2{,}67\,(85{,}1)$$
$$+ 1{,}67(106{,}7) + 2{,}67(91)$$
$$= 801{,}5 \approx 800 \qquad \textbf{Verificações}$$

Forças normais e cortantes nas extremidades dos elementos. Veja a Figura 15.18(e).

Reações de apoio. Veja a Figura 15.18(f). **Resp.**

Verificação de equilíbrio. As equações de equilíbrio são verificadas.

EXEMPLO 15.12

Determine os momentos na extremidade dos elementos, as reações de apoio e o deslocamento horizontal do nó F do pórtico com dois andares mostrado na Figura 15.19(a) pelo método da rotação-flecha.

Solução

Graus de liberdade. Da Figura 15.19(a), podemos ver que os nós C, D, E e F do pórtico estão livres para girar e transladar na direção horizontal. Como mostrado na Figura 15.19(b), o deslocamento horizontal dos nós do primeiro nível C e D é definido como Δ_1, enquanto o deslocamento horizontal dos nós do segundo nível E e F é expresso como $\Delta_1 + \Delta_2$, com Δ_2 representando o deslocamento dos nós do segundo nível relativo ao dos nós do primeiro nível. Assim, o pórtico possui seis graus de liberdade – isto é, θ_C, θ_D, θ_E, θ_F, Δ_1 e Δ_2.

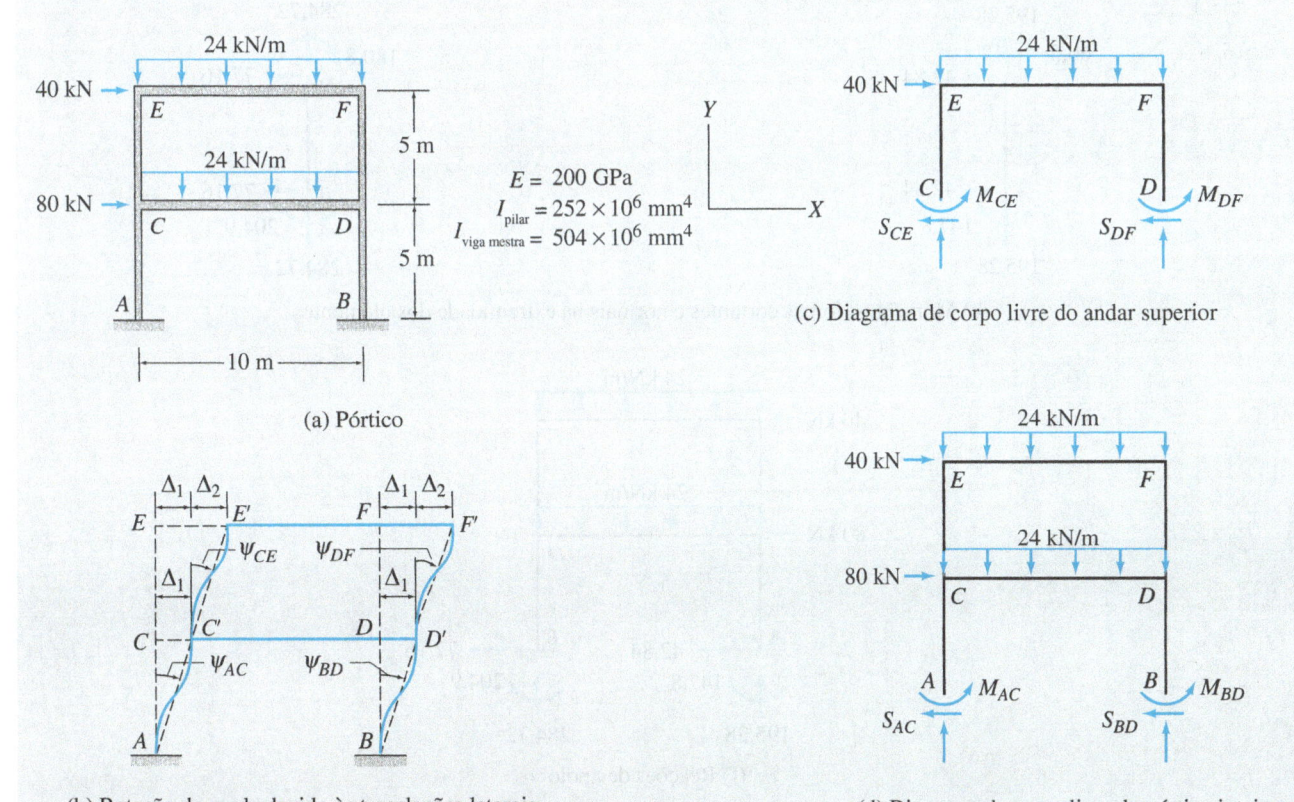

$E = 200$ GPa
$I_{\text{pilar}} = 252 \times 10^6$ mm^4
$I_{\text{viga mestra}} = 504 \times 10^6$ mm^4

(a) Pórtico

(b) Rotação da corda devido às translações laterais

(c) Diagrama de corpo livre do andar superior

(d) Diagrama de corpo livre do pórtico inteiro

Figura 15.19 (*continua*)

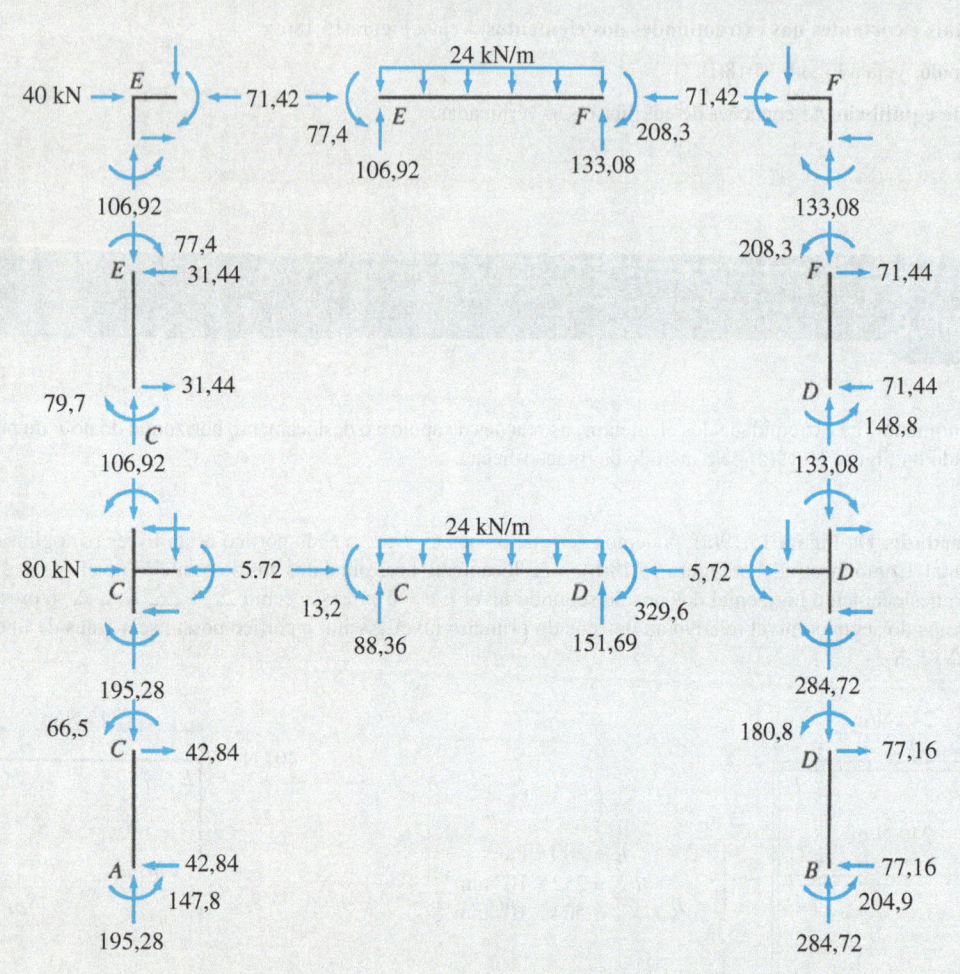

(e) Momentos, forças cortantes e normais na extremidade dos elementos

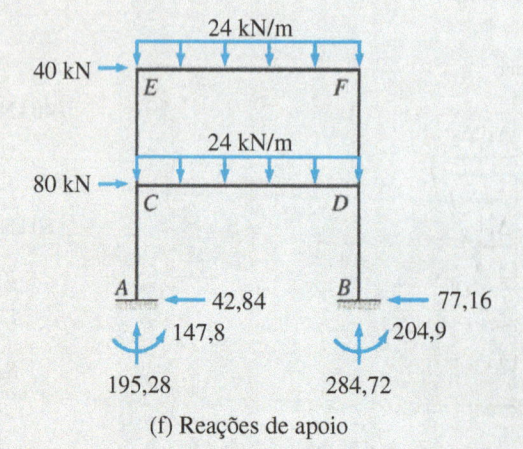

(f) Reações de apoio

Figura 15.19

Momentos de engastamento perfeito. Os momentos de engastamento perfeito não nulos são

$$\text{MEP}_{CD} = \text{MEP}_{EF} = 200 \text{ kN} \cdot \text{m}$$

$$\text{MEP}_{DC} = \text{MEP}_{FE} = -200 \text{ kN} \cdot \text{m}$$

Rotações das cordas. Veja a Figura 15.19(b).

$$\psi_{AC} = \psi_{BD} = -\frac{\Delta_1}{5}$$

$$\psi_{CE} = \psi_{DF} = -\frac{\Delta_2}{5}$$

$$\psi_{CD} = \psi_{EF} = 0$$

Equações da rotação-flecha. Usando $I_{\text{pilar}} = I$ e $I_{\text{viga mestra}} = 2I$, escrevemos

$$M_{AC} = 0{,}4EI\theta_C + 0{,}24EI\Delta_1 \tag{1}$$

$$M_{CA} = 0{,}8EI\theta_C + 0{,}24EI\Delta_1 \tag{2}$$

$$M_{BD} = 0{,}4EI\theta_D + 0{,}24EI\Delta_1 \tag{3}$$

$$M_{DB} = 0{,}8EI\theta_D + 0{,}24EI\Delta_1 \tag{4}$$

$$M_{CE} = 0{,}8EI\theta_C + 0{,}4EI\theta_E + 0{,}24EI\Delta_2 \tag{5}$$

$$M_{EC} = 0{,}8EI\theta_E + 0{,}4EI\theta_C + 0{,}24EI\Delta_2 \tag{6}$$

$$M_{DF} = 0{,}8EI\theta_D + 0{,}4EI\theta_F + 0{,}24EI\Delta_2 \tag{7}$$

$$M_{FD} = 0{,}8EI\theta_F + 0{,}4EI\theta_D + 0{,}24EI\Delta_2 \tag{8}$$

$$M_{CD} = 0{,}8EI\theta_C + 0{,}4EI\theta_D + 200 \tag{9}$$

$$M_{DC} = 0{,}8EI\theta_D + 0{,}4EI\theta_C - 200 \tag{10}$$

$$M_{EF} = 0{,}8EI\theta_E + 0{,}4EI\theta_F + 200 \tag{11}$$

$$M_{FE} = 0{,}8EI\theta_F + 0{,}4EI\theta_E - 200 \tag{12}$$

Equações de equilíbrio. Ao considerarmos o equilíbrio do momento dos nós C, D, E e F, obtemos

$$M_{CA} + M_{CD} + M_{CE} = 0 \tag{13}$$

$$M_{DB} + M_{DC} + M_{DF} = 0 \tag{14}$$

$$M_{EC} + M_{EF} = 0 \tag{15}$$

$$M_{FD} + M_{FE} = 0 \tag{16}$$

Para estabelecermos as outras duas equações de equilíbrio, passamos sucessivamente uma seção horizontal logo acima das extremidades inferiores dos pilares de cada nível do pórtico e aplicamos a equação de equilíbrio horizontal ($\Sigma F_X = 0$) ao corpo livre da porção do pórtico acima da seção. Os diagramas de corpo livre assim obtidos são mostrados nas Figuras 15.19(c) e (d). Ao aplicarmos a equação de equilíbrio $\Sigma F_X = 0$ no nível superior do pórtico (Figura 15.19(c)), obtemos

$$S_{CE} + S_{DF} = 40$$

De forma semelhante, ao aplicarmos $\Sigma F_x = 0$ no pórtico todo (Figura 15.19(d)), escrevemos

$$S_{AC} + S_{BD} = 120$$

Ao expressarmos os cortantes na extremidade dos pilares em termos de momentos na extremidade dos pilares como

$$S_{AC} = \frac{M_{AC} + M_{CA}}{5} \qquad S_{BD} = \frac{M_{BD} + M_{DB}}{5}$$

$$S_{CE} = \frac{M_{CE} + M_{EC}}{5} \qquad S_{DF} = \frac{M_{DF} + M_{FD}}{5}$$

e ao substituirmos essas expressões nas equações de equilíbrio entre forças, obtemos

$$M_{CE} + M_{EC} + M_{DF} + M_{FD} = 200 \tag{17}$$

$$M_{AC} + M_{CA} + M_{BD} + M_{DB} = 600 \tag{18}$$

Deslocamentos dos nós. A substituição das equações da rotação-flecha (Equações (1) a (12)) nas equações de equilíbrio (Equações (13) a (18)) resulta em

$$2{,}4EI\theta_C + 0{,}4EI\theta_D + 0{,}4EI\theta_E + 0{,}24EI\Delta_1 + 0{,}24EI\Delta_2 = -200 \tag{19}$$

$$0{,}4EI\theta_C + 2{,}4EI\theta_D + 0{,}4EI\theta_F + 0{,}24EI\Delta_1 + 0{,}24EI\Delta_2 = 200 \tag{20}$$

$$0{,}4EI\theta_C + 1{,}6EI\theta_E + 0{,}4EI\theta_F + 0{,}24EI\Delta_2 = -200 \tag{21}$$

$$0{,}4EI\theta_D + 0{,}4EI\theta_E + 1{,}6EI\theta_F + 0{,}24EI\Delta_2 = 200 \tag{22}$$

$$1{,}2EI\theta_C + 1{,}2EI\theta_D + 1{,}2EI\theta_E + 1{,}2EI\theta_F + 0{,}96EI\Delta_2 = 200 \tag{23}$$

$$0{,}4EI\theta_C + 0{,}4EI\theta_D + 0{,}32EI\Delta_1 = 200 \tag{24}$$

Ao resolvermos as Equações (19) a (24) pelo método de eliminação de Gauss-Jordan (Apêndice B), determinamos

$$EI\theta_C = -203{,}25 \text{ kN} \cdot \text{m}^2$$

$$EI\theta_D = -60{,}389 \text{ kN} \cdot \text{m}^2$$

$$EI\theta_E = -197{,}4 \text{ kN} \cdot \text{m}^2$$

$$EI\theta_F = 88{,}31 \text{ kN} \cdot \text{m}^2$$

$$EI\Delta_1 = 954{,}55 \text{ kN} \cdot \text{m}^3 \qquad \text{ou} \qquad \Delta_1 = 18{,}95 \text{ mm} \rightarrow$$

$$EI\Delta_2 = 674{,}24 \text{ kN} \cdot \text{m}^3 \qquad \text{ou} \qquad \Delta_2 = 13{,}4 \text{ mm} \rightarrow$$

Assim, o deslocamento horizontal do nó F da pórtico é:

$$\Delta_F = \Delta_1 + \Delta_2 = 18{,}95 + 13{,}4 = 32{,}35 \text{ mm} \rightarrow \qquad \textbf{Resp.}$$

Momentos na extremidade dos elementos. Ao substituirmos os valores numéricos dos deslocamentos dos nós nas equações de compatibilidade (Equações (1) a (12)), obtemos

$$M_{AC} = 147{,}8 \text{ kN} \cdot \text{m} \;\circlearrowright \qquad \textbf{Resp.}$$

$$M_{CA} = 66{,}5 \text{ kN} \cdot \text{m} \;\circlearrowright \qquad \textbf{Resp.}$$

$M_{BD} = 204,9$ kN · m ↻   Resp.

$M_{DB} = 180,8$ kN · m ↻   Resp.

$M_{CE} = -79,7$ kN · m   ou   79,7 kN · m ↺   Resp.

$M_{EC} = -77,4$ kN · m   ou   77,4 kN · m ↺   Resp.

$M_{DF} = 148,8$ kN · m ↻   Resp.

$M_{FD} = 208,3$ kN · m ↻   Resp.

$M_{CD} = 13,2$ kN · m ↻   Resp.

$M_{DC} = -329,6$ kN · m   ou   329,6 kN · m ↺   Resp.

$M_{EF} = 77,4$ kN · m ↻   Resp.

$M_{FE} = -208,3$ kN · m   ou   208,3 kN · m ↺   Resp.

A substituição reversa dos valores numéricos dos momentos de extremidade dos elementos nas equações de equilíbrio resulta em

$M_{CA} + M_{CD} + M_{CE} = 66,5 + 13,2 - 79,7 = 0$ **Verificações**

$M_{DB} + M_{DC} + M_{DF} = 180,8 - 329,6 + 148,8 = 0$ **Verificações**

$M_{EC} + M_{EF} = -77,4 + 77,4 = 0$ **Verificações**

$M_{FD} + M_{FE} = 208,3 - 208,3 = 0$ **Verificações**

$M_{CE} + M_{EC} + M_{DF} + M_{FD} = 79,7 - 77,4 + 148,8 + 208,3 = 200$ **Verificações**

$M_{AC} + M_{CA} + M_{BD} + M_{DB} = 147,8 + 66,5 + 204,9 + 180,8 = 600$ **Verificações**

Forças normais e cortantes nas extremidades dos elementos. Veja a Figura 15.19(e).

Reações de apoio. Veja a Figura 15.19(f).   Resp.

Verificação de equilíbrio. As equações de equilíbrio são verificadas.

Resumo

Neste capítulo, estudamos uma formulação clássica do método dos deslocamentos (rigidez) chamado de método da rotação-flecha para a análise de vigas e pórticos. O método é baseado na equação da rotação-flecha:

$$M_{nf} = \frac{2EI}{L}(2\theta_n + \theta_f - 3\psi) + \text{MEP}_{nf} \tag{15.9}$$

que relaciona os momentos nas extremidades de um elemento às rotações e deslocamentos de suas extremidades e às cargas externas aplicadas ao elemento.

O procedimento para a análise envolve essencialmente (1) identificar os deslocamentos desconhecidos dos nós (graus de liberdade) do pórtico; (2) para cada elemento, escrever as equações de rotação-flecha relativas aos momentos na extremidade do elemento para os deslocamentos desconhecidos do nó; (3) estabelecer as equações de equilíbrio do pórtico em termos dos momentos na extremidade do elemento; (4) substituir as equações de rotação-flecha nas equações de equilíbrio e resolver o sistema resultante das equações para determinar os deslocamentos desconhecidos do nó; e (5) calcular os momentos na extremidade do elemento, substituindo os valores dos deslocamentos do nó novamente nas equações de rotação-flecha. Uma vez que os momentos na extremidade dos elementos forem avaliados, os cortantes e forças normais nas extremidades dos elementos e reações de apoio podem ser determinados por meio das considerações de equilíbrio.

PROBLEMAS

Seção 15.3

15.1 a 15.5 Determine as reações de apoio e desenhe os diagramas do cortante e momento fletor para as vigas mostradas nas Figuras P15.1 a P15.5 usando o método da rotação-flecha.

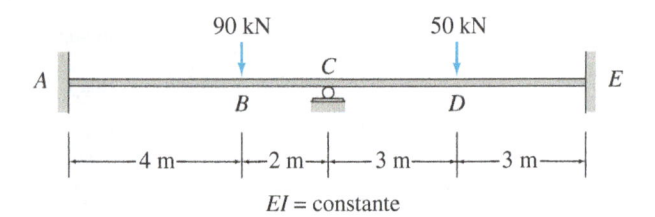

Figura P15.1

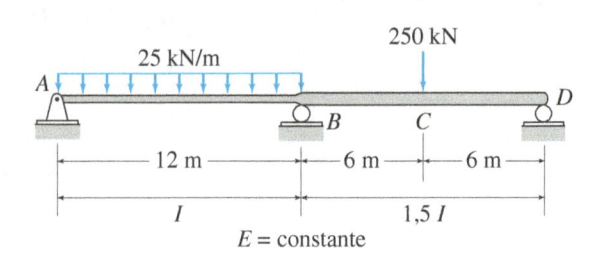

EI = constante

Figura P15.5

E = constante

15.6 Resolva o Problema 15.2 para a carga mostrada na Figura P15.2 e um recalque de 12 mm no apoio B.

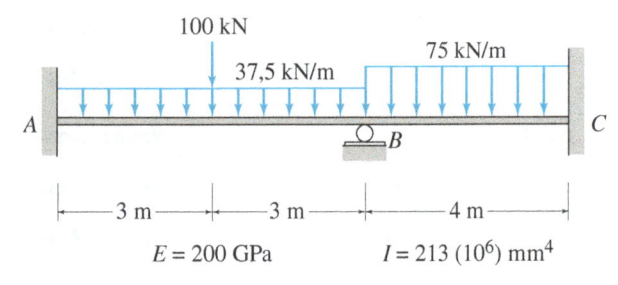

Figuras P15.2, P15.6

$E = 200$ GPa $I = 213\,(10^6)$ mm^4

15.7 Resolva o Problema 15.4 para a carga mostrada na Figura P15.4 e os recalques de apoio de 24 mm em B e 6 mm em C.

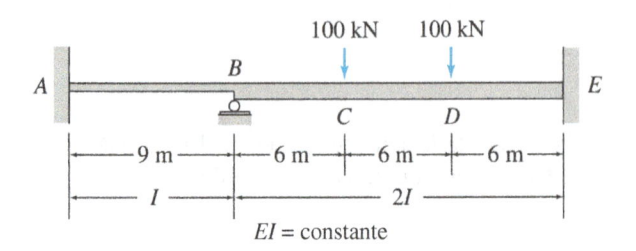

Figura P15.3

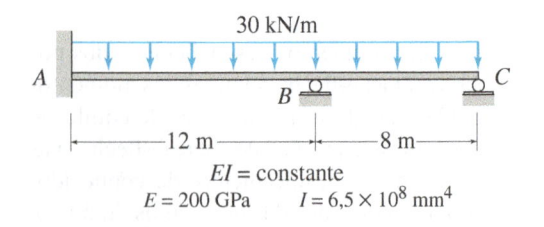

EI = constante

Figuras P15.4, P15.7

EI = constante
$E = 200$ GPa $I = 6{,}5 \times 10^8$ mm^4

15.8 a 15.14 Determine as reações de apoio e desenhe os diagramas do cortante e momento fletor para as vigas mostradas nas Figuras P15.8 a P15.14 usando o método da rotação-flecha.

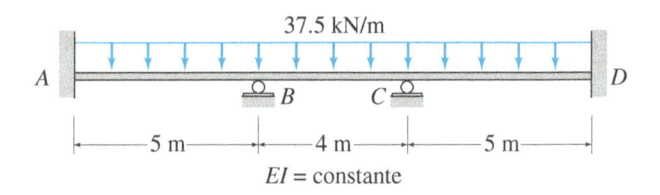

Figura P15.8

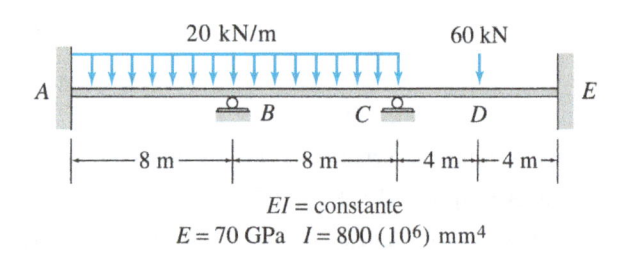

EI = constante

Figuras P15.9, P15.15

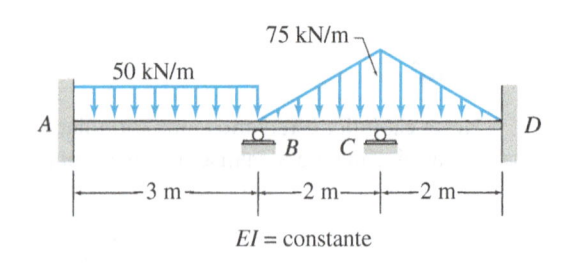

EI = constante
$E = 70$ GPa $I = 800\,(10^6)$ mm^4

Figura P15.10

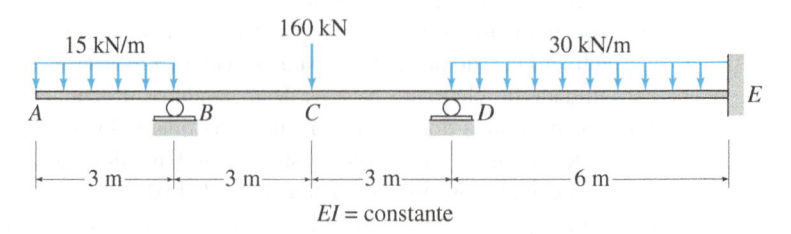

EI = constante

Figura P15.11

EI = constante

capítulo 15
Método da rotação-flecha

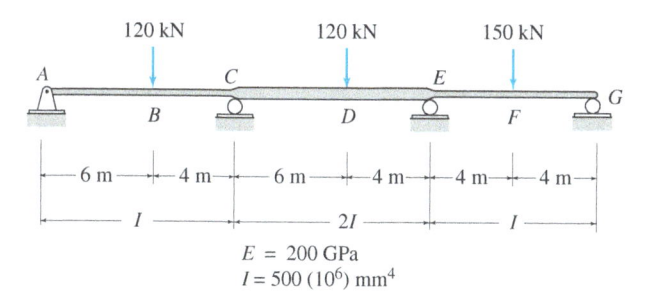

Figuras P15.12, P15.16

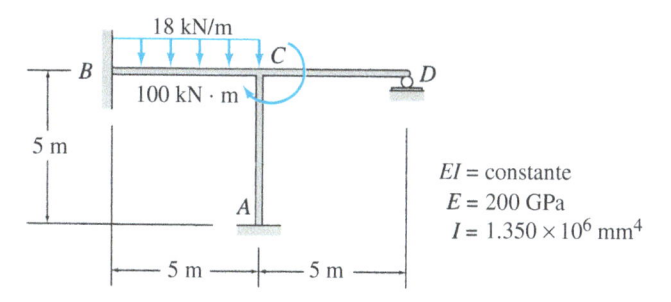

Viga contínua com cargas: 120 kN em B, 120 kN em D, 150 kN em F. Apoios em A, C, E, G. Vãos: A–B = 6 m, B–C = 4 m, C–D = 6 m, D–E = 4 m, E–F = 4 m, F–G = 4 m. Rigidez: I (A–C), 2I (C–E), I (E–G). $E = 200$ GPa, $I = 500(10^6)$ mm^4.

Figuras P15.18, P15.22

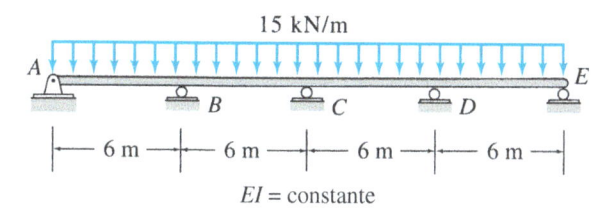

Pórtico: coluna de 5 m de A (engaste) até B, viga BCD horizontal com carga 18 kN/m e momento aplicado 100 kN·m em C. Distâncias: B–C = 5 m, C–D = 5 m. Apoio em D. $EI =$ constante, $E = 200$ GPa, $I = 1{,}350 \times 10^6$ mm^4.

Figura P15.13

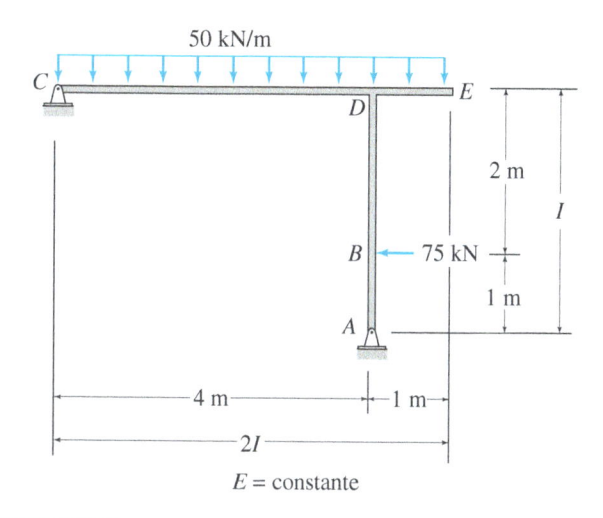

Viga contínua A–B–C–D–E com carga distribuída 15 kN/m. Vãos de 6 m cada. $EI =$ constante.

Figura P15.19

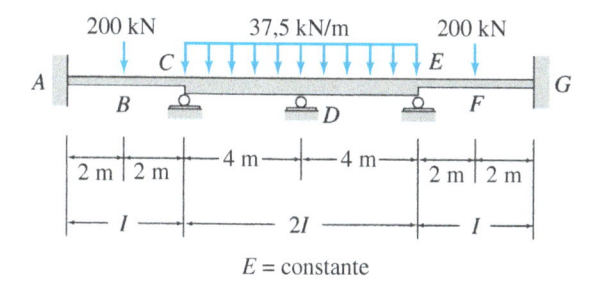

Pórtico com viga CDE com carga 50 kN/m, coluna vertical AB–D, carga horizontal 75 kN em B. Dimensões: 4 m (horizontal), 1 m, trecho vertical 2 m acima e 1 m abaixo. Rigidez I e 2I conforme indicado. $E =$ constante.

Figura P15.14

Viga A–B–C–D–E–F–G com cargas: 200 kN em C, 37,5 kN/m entre C e E, 200 kN em E. Apoio engastado em G. Distâncias: A–B = 2 m, B–C = 2 m, C–D = 4 m, D–E = 4 m, E–F = 2 m, F–G = 2 m. Rigidez I, 2I, I. $E =$ constante.

15.15 Resolva o Problema 15.9 para a carga mostrada na Figura P15.9 e um recalque de 25 mm no apoio C.

15.16 Resolva o Problema 15.12 para a carga mostrada na Figura P15.12 e recalques de apoio de 10 mm em A; 65 mm em C; 40 mm em E; e 25 mm em G.

Seção 15.4

15.17 a 15.20 Determine os momentos na extremidade dos elementos e reações de apoio para os pórticos mostrados nas Figuras P15.17 a P15.20 usando o método da rotação-flecha.

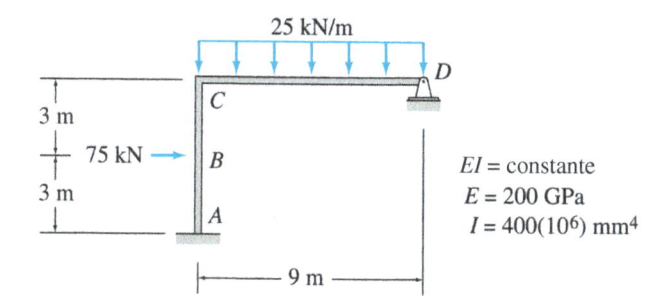

Figuras P15.17, P15.21

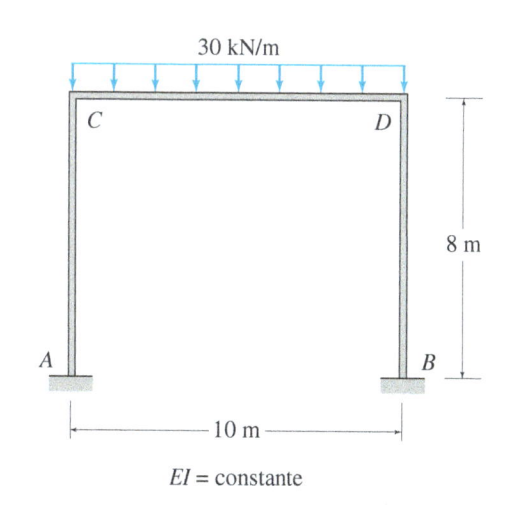

Pórtico: coluna A–B–C de 3 m + 3 m, com carga horizontal 75 kN em B. Viga C–D com carga 25 kN/m, comprimento 9 m. Apoio em D. $EI =$ constante, $E = 200$ GPa, $I = 400(10^6)$ mm^4.

Figura P15.20

Pórtico: colunas AC e BD de 8 m (engastadas em A e B), viga CD de 10 m com carga 30 kN/m. $EI =$ constante.

15.21 Resolva o Problema 15.17 para a carga mostrada na Figura P15.17 e um recalque de 50 mm no apoio D.

15.22 Resolva o Problema 15.18 para a carga mostrada na Figura P15.18 e um recalque de 7 mm no apoio A.

15.23 Determine os momentos na extremidade dos elementos e as reações de apoio para o pórtico na Figura P15.23 com a carga mostrada e os recalques de apoio de 17 mm em A e 25 mm em D. Use o método da rotação-flecha.

590 Análise Estrutural

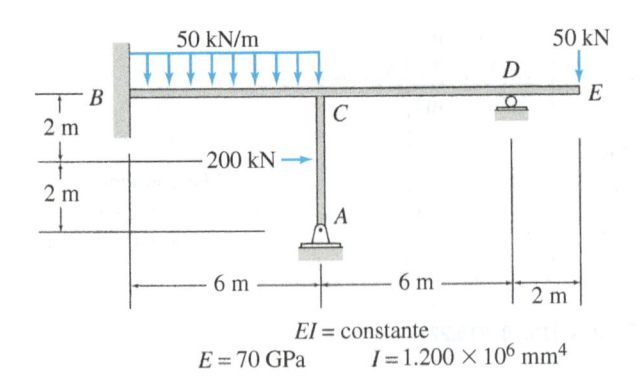

Figura P15.23

Seção 15.5

15.24 a 15.31 Determine os momentos na extremidade dos elementos e reações de apoio para os pórticos mostrados nas Figuras P15.24 a P15.31 usando o método da rotação-flecha.

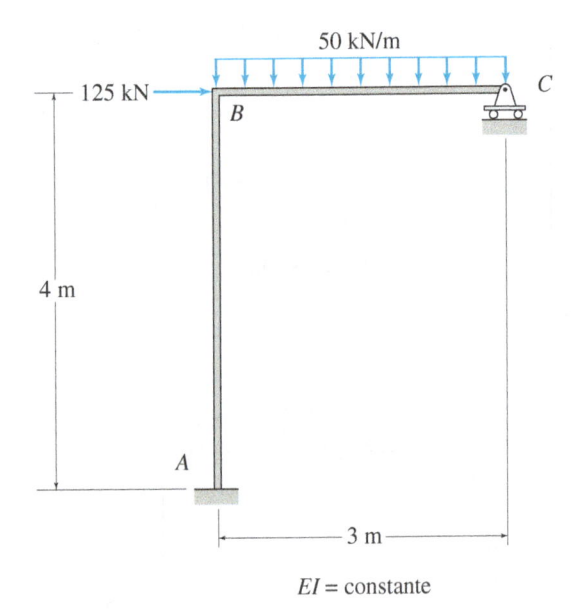

Figura P15.24

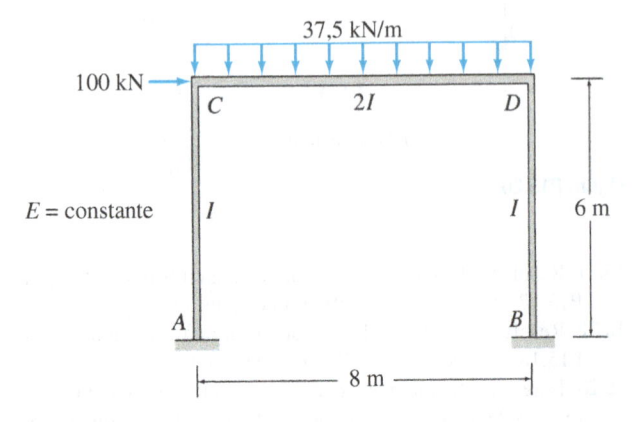

Figura P15.25

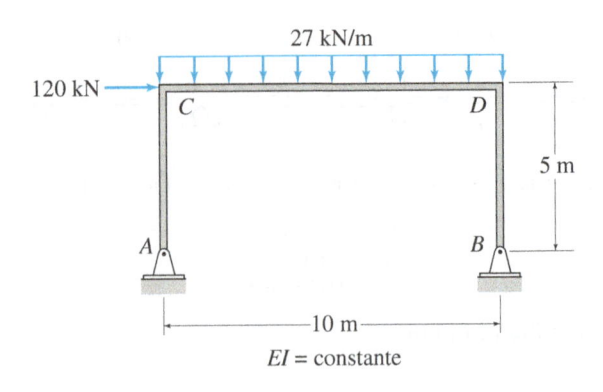

Figura P15.26

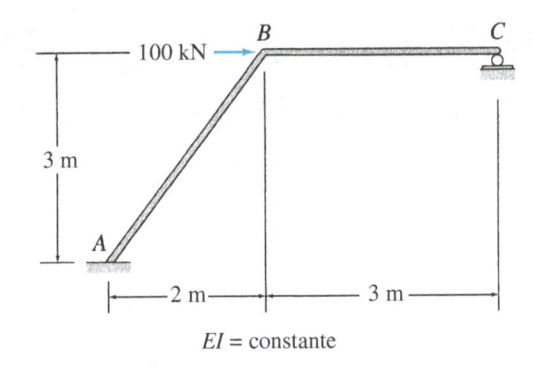

Figura P15.27

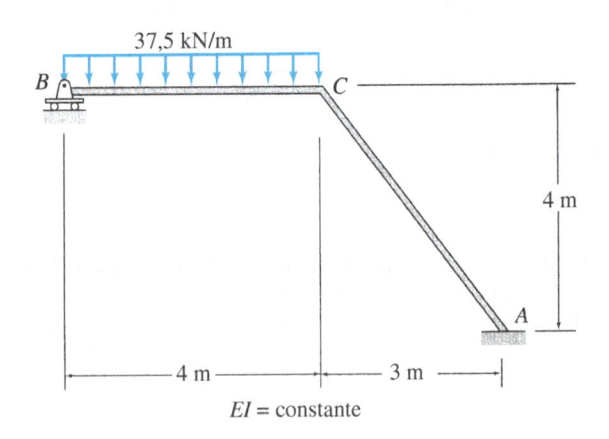

Figura P15.28

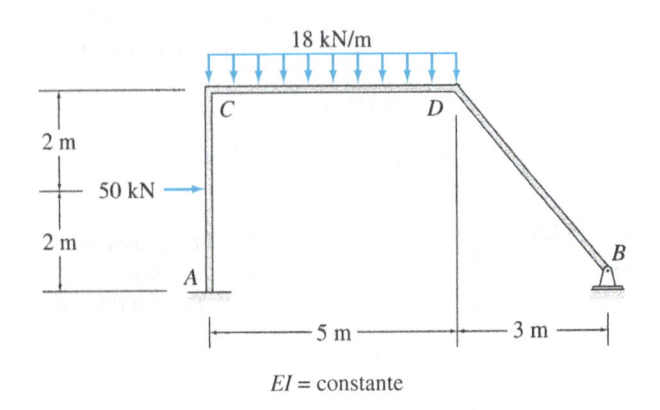

Figura P15.29

Figura P15.30

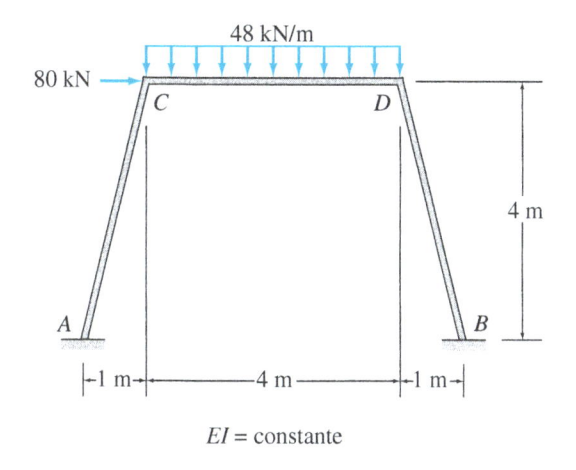

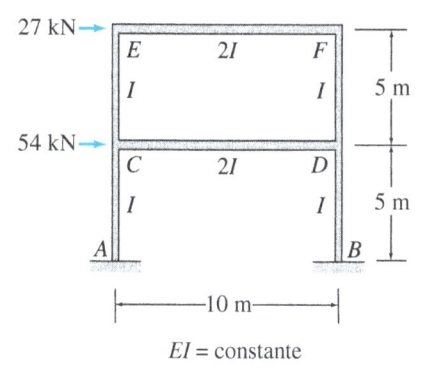

EI = constante

Figura P15.31

EI = constante

# 16

Método da distribuição dos momentos

16.1 Definições e terminologia
16.2 Conceito básico do método da distribuição dos momentos
16.3 Análise de vigas contínuas
16.4 Análise de pórticos indeslocáveis
16.5 Análise de pórticos deslocáveis
Resumo
Problemas

Empire State Building, Nova York
Keith Levit/Shutterstock.com.

Neste capítulo, examinaremos outra formulação clássica do método dos deslocamentos, o *método da distribuição dos momentos*. Como no método da rotação-flecha, o método da distribuição dos momentos pode ser usado apenas para a análise de vigas continuas e pórticos, levando em conta somente sua deformação na flexão. Este método, inicialmente desenvolvido por Hardy Cross em 1924, passou a ser o mais usado para análise de estruturas a partir de 1930, quando foi publicado pela primeira vez, até a década de 1960. Desde o início dos anos 1970, com a crescente disponibilidade de computadores, o uso do método da distribuição dos momentos foi sendo substituído pelos computadorizados de análise estrutural baseados em matrizes. Não obstante, muitos engenheiros ainda preferem o método da distribuição dos momentos para analisar estruturas menores, já que ele oferece uma visão melhor do comportamento das estruturas. Além disso, também pode ser usado para projetos preliminares, bem como para verificar os resultados das análises por computador.

A razão principal para a popularidade do método da distribuição dos momentos na era pré-computador foi o fato de que ele não envolve a solução de tantas equações simultâneas quanto exigido pelos outros métodos clássicos. Na análise de vigas contínuas e pórticos indeslocáveis, o método da distribuição dos momentos evita completamente a solução de equações simultâneas, e no caso de pórticos deslocáveis, o número de equações simultâneas envolvidas, em geral, é igual ao número de translações independentes dos nós.

O método da distribuição dos momentos é classificado como um método dos deslocamentos e, do ponto de vista teórico, é muito semelhante ao da rotação-flecha estudado no capítulo anterior. Contudo, diferentemente do método da rotação-flecha, no qual todas as equações de equilíbrio da estrutura são resolvidas simultaneamente, no método da distribuição dos momentos as equações de equilíbrio de momentos dos nós são resolvidas iterativamente, ao

594 Análise Estrutural   Parte 3

se analisar sucessivamente o equilíbrio do momento de um nó por vez, enquanto se considera que os demais nós da estrutura estão impedidos de se deslocar.

Primeiro, deduzimos as relações fundamentais necessárias para a aplicação do método da distribuição dos momentos e, logo após, desenvolvemos o conceito básico do método. Em seguida, consideramos a aplicação do método na análise de vigas contínuas e pórticos indeslocáveis e, por fim, discutimos a análise de pórticos deslocáveis.

16.1 Definições e terminologia

Antes de podermos desenvolver o método da distribuição dos momentos, é necessário adotarmos uma convenção de sinais e definir os vários termos usados na análise.

Convenção de sinais

Ao aplicarmos o método da distribuição dos momentos, adotaremos a mesma convenção de sinais usada anteriormente para o método da rotação-flecha:

> Momentos na extremidade dos elementos em sentido anti-horário são considerados positivos.

Como um momento em sentido anti-horário na extremidade de um elemento precisa atuar no sentido horário sobre o nó adjacente, a convenção de sinais anterior significa que *momentos em sentido horário sobre os nós são considerados positivos*.

Rigidez dos elementos

Considere uma viga prismática AB, rotulada na extremidade A e engastada na extremidade B, como indica a Figura 16.1(a). Se aplicarmos um momento M na extremidade A, a viga girará num ângulo θ na extremidade rotulada A, e desenvolverá um momento M_{BA} na extremidade engastada B, conforme mostra a figura. É possível estabelecer a relação entre o momento aplicado M e a rotação θ usando a equação da rotação-flecha deduzida na Seção 15.1. Ao substituirmos $M_{nf} = M$, $\theta_n = \theta$ e $\theta_f = \psi = \text{MEP}_{nf} = 0$ na equação da rotação-flecha (Equação (15,9)), obtemos

$$M = \left(\frac{4EI}{L}\right)\theta \tag{16.1}$$

A *rigidez à flexão*, $\overline{K}$, *de um elemento é definida como o momento que deve ser aplicado na extremidade do elemento a fim de provocar uma rotação unitária naquela extremidade*. Assim, ao definirmos $\theta = 1$ rad na Equação (16.1), obtemos a expressão para a rigidez de flexão da viga na Figura 16.1(a), que será

$$\overline{K} = \frac{4EI}{L} \tag{16.2}$$

M = momento aplicado M_{BA} = momento de transmissão M = momento aplicado

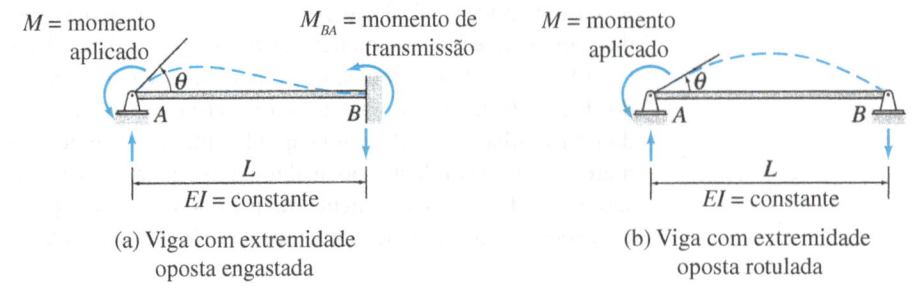

(a) Viga com extremidade oposta engastada   (b) Viga com extremidade oposta rotulada

Figura 16.1

Quando o módulo de elasticidade para todos os elementos de uma estrutura for o mesmo (isto é, E = constante), em geral convém trabalhar com a *rigidez à flexão relativa* dos elementos na análise. *Obtém-se a rigidez à flexão relativa, K, de um elemento ao dividir-se sua rigidez à flexão, $\overline{K}$, por 4E*. Assim, a rigidez à flexão relativa da viga na Figura 16.1(a) é dada por

$$K = \frac{\overline{K}}{4E} = \frac{I}{L} \tag{16.3}$$

Agora, suponha que a extremidade oposta B da viga na Figura 16.1(a) seja rotulada, como mostra a Figura 16.1(b). A relação entre o momento aplicado M e a rotação θ na extremidade A da viga agora pode ser determinada usando-se a equação da rotação-flecha modificada (Equações (15.15)) derivada na Seção 15.1. Ao substituirmos $M_{rh} = M$, $\theta_r = \theta$ e $\psi = \text{MEP}_{rh} = \text{MEP}_{hr} = 0$ na Equação 15.15(a), obtemos

$$M = \left(\frac{3EI}{L}\right)\theta \tag{16.4}$$

Se estabelecermos $\theta = 1$ rad, obtemos a expressão para a rigidez à flexão da viga na Figura 16.1(b) como

$$\overline{K} = \frac{3EI}{L} \tag{16.5}$$

Uma comparação entre as Equações (16.2) e (16.5) indica que a rigidez da viga é reduzida em 25% quando se substitui o apoio engaste em B por um apoio rotulado. Agora podemos obter a rigidez à flexão relativa da viga, dividindo sua rigidez à flexão por $4E$:

$$K = \frac{3}{4}\left(\frac{I}{L}\right) \tag{16.6}$$

A partir das Equações (16.1) e (16.4), podemos ver que a relação entre o momento M aplicado à extremidade e a rotação θ na extremidade correspondente de um elemento pode ser resumida como se segue:

$$M = \begin{cases} \left(\dfrac{4EI}{L}\right)\theta & \text{se a extremidade oposta do elemento for engastada} \\ \left(\dfrac{3EI}{L}\right)\theta & \text{se a extremidade oposta do elemento for rotulada} \end{cases} \tag{16.7}$$

Do mesmo modo, com base nas Equações (16.2) e (16.5), a rigidez à flexão de um elemento é dada por

$$\overline{K} = \begin{cases} \dfrac{4EI}{L} & \text{se a extremidade oposta do elemento for engastada} \\ \dfrac{3EI}{L} & \text{se a extremidade oposta do elemento for rotulada} \end{cases} \tag{16.8}$$

e a rigidez à flexão relativa de um elemento pode ser expressa como (veja as Equações (16.3) e (16.6))

$$K = \begin{cases} \dfrac{I}{L} & \text{se a extremidade distante do elemento for engastada} \\ \dfrac{3}{4}\left(\dfrac{I}{L}\right) & \text{se a extremidade distante do elemento for rotulada} \end{cases} \tag{16.9}$$

Momento de transmissão

Examinemos mais uma vez a viga apoiada-engastada da Figura 16.1(a). Quando se aplica um momento M na extremidade apoiada A da viga, desenvolve-se um momento M_{BA} na extremidade engastada B, como mostra a figura. O momento M_{BA} é chamado *momento de transmissão*. Para estabelecermos a relação entre o momento aplicado M e o momento de transmissão M_{BA}, escrevemos a equação da rotação-flecha para M_{BA} substituindo $M_{nf} = M_{BA}$, $\theta_f = \theta$ e $\theta_n = \psi = \text{MEP}_{nf} = 0$ na Equação (15.9):

$$M_{BA} = \left(\frac{2EI}{L}\right)\theta \qquad (16.10)$$

Se substituirmos $\theta = ML/(4EI)$ da Equação (16.1) na Equação (16.10), obtemos

$$M_{BA} = \frac{M}{2} \qquad (16.11)$$

Como indica a Equação (16.11), quando se aplica um momento de magnitude M à extremidade apoiada de uma viga, metade do momento aplicado é *transferida* para a extremidade oposta, desde que essa extremidade seja engastada. Observe que a direção do momento de transmissão, M_{BA}, é a mesma do momento aplicado, M.

Quando a extremidade oposta da viga é simplesmente apoiada, como mostra a Figura 16.1(b), o momento de transmissão M_{BA} é zero. Assim, podemos expressar o momento de transmissão como

$$M_{BA} = \begin{cases} \dfrac{M}{2} & \text{se a extremidade oposta do elemento for engastada} \\ 0 & \text{se a extremidade oposta do elemento for apoiada} \end{cases} \qquad (16.12)$$

A razão entre momento de transmissão e o momento aplicado (M_{BA}/M) é chamada *fator de transmissão* do elemento. Ele representa a fração do momento aplicado M que é *transferida* para a extremidade oposta do elemento. Ao dividirmos a Equação (16.12) por M, podemos expressar o fator de transmissão (FTM) como

$$\text{FTM} = \begin{cases} \dfrac{1}{2} & \text{se a extremidade oposta do elemento for engastada} \\ 0 & \text{se a extremidade oposta do elemento for rotulada} \end{cases} \qquad (16.13)$$

Dedução da rigidez do elemento e do momento de transmissão pelo método da área-momento

Também é possível deduzir as expressões acima para rigidez à flexão de elementos e momento de transmissão aplicando-se o método da área-momento discutido no Capítulo 6.

A viga apoiada-engastada da Figura 16.1(a) está redesenhada na Figura 16.2(a), que também indica o diagrama M/EI da viga. Como a extremidade direita B da viga é engastada, a tangente da curva elástica em B é horizontal e passa pela extremidade esquerda A. Portanto, o desvio tangencial da extremidade A em relação à tangente na extremidade B é igual a zero (isto é, $\Delta_{AB} = 0$). Visto que, de acordo com o segundo teorema da área-momento, esse desvio tangencial é igual ao momento do diagrama M/EI entre A e B sobre A, podemos escrever

$$\Delta_{AB} = \frac{1}{2}\left(\frac{M}{EI}\right)L\left(\frac{L}{3}\right) - \frac{1}{2}\left(\frac{M_{BA}}{EI}\right)L\left(\frac{2L}{3}\right) = 0$$

a partir do que

$$M_{BA} = \frac{M}{2}$$

(a) Viga com extremidade oposta engastada

(b) Viga com extremidade oposta apoiada

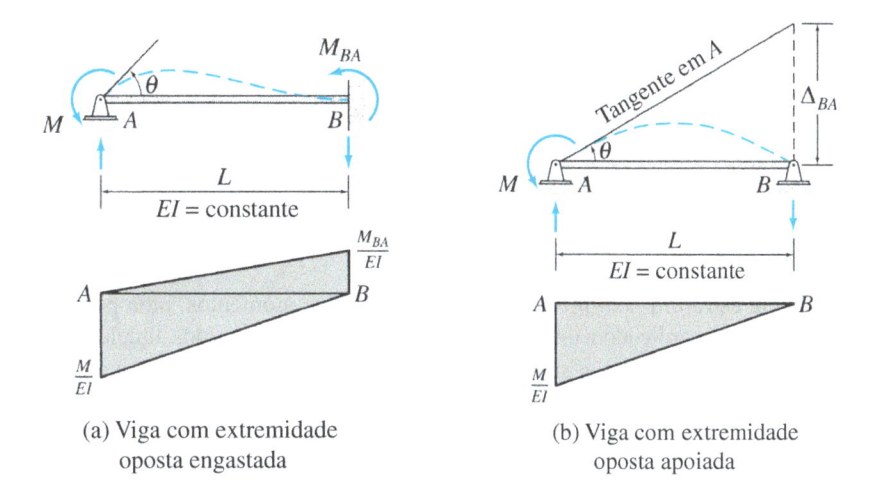

Figura 16.2

Observe que a expressão anterior para o momento de transmissão é igual à Equação (16.11), que foi deduzida anteriormente com uso de equações da rotação-flecha.

Com a tangente em B horizontal, o ângulo θ em A é igual à mudança na inclinação θ_{BA} entre A e B. Visto que, de acordo com o primeiro teorema da área-momento, θ_{BA} é igual à área do diagrama M/EI entre A e B, escrevemos

$$\theta = \frac{1}{2}\left(\frac{M}{EI}\right)L - \frac{1}{2}\left(\frac{M_{BA}}{EI}\right)L$$

Ao substituirmos $M_{BA} = M/2$, obtemos

$$\theta = \left(\frac{L}{4EI}\right)M$$

do qual

$$M = \left(\frac{4EI}{L}\right)\theta$$

que é igual à Equação (16.1), derivada anteriormente.

A Figura 16.2(b) mostra a curva elástica e o diagrama M/EI para a viga, quando sua extremidade distante B é apoiada. A partir da curva elástica, podemos ver que

$$\theta = \frac{\Delta_{BA}}{L}$$

em que, de acordo com o segundo teorema da área-momento,

Δ_{BA} = momento do diagrama M/EI entre A e B sobre B

$$= \frac{1}{2}\left(\frac{M}{EI}\right)L\left(\frac{2L}{3}\right) = \left(\frac{L^2}{3EI}\right)M$$

Portanto,

$$\theta = \frac{\Delta_{BA}}{L} = \left(\frac{L}{3EI}\right)M$$

do qual

$$M = \left(\frac{3EI}{L}\right)\theta$$

que é idêntica à Equação (16.4), deduzida anteriormente com uso das equações da rotação-flecha.

Fatores de distribuição

Ao se analisar uma estrutura pelo método da distribuição dos momentos, uma pergunta importante que surge é como distribuir um momento aplicado a um nó entre os vários elementos unidos àquele nó. Considere o pórtico de três elementos ilustrado na Figura 16.3(a), e suponha que se aplique um momento M ao nó B, fazendo com que ele gire em um ângulo θ, conforme mostra a figura. Para determinarmos qual fração do momento aplicado M sofre resistência de cada um dos três elementos unidos ao nó, desenhamos diagramas de corpo livre do nó B e dos três elementos AB, BC e BD, como indica a Figura 16.3(b). Considerando o equilíbrio de momentos do corpo livre do nó B (isto é, $\Sigma M_B = 0$), escrevemos

$$M + M_{BA} + M_{BC} + M_{BD} = 0$$

ou

$$M = -(M_{BA} + M_{BC} + M_{BD}) \tag{16.14}$$

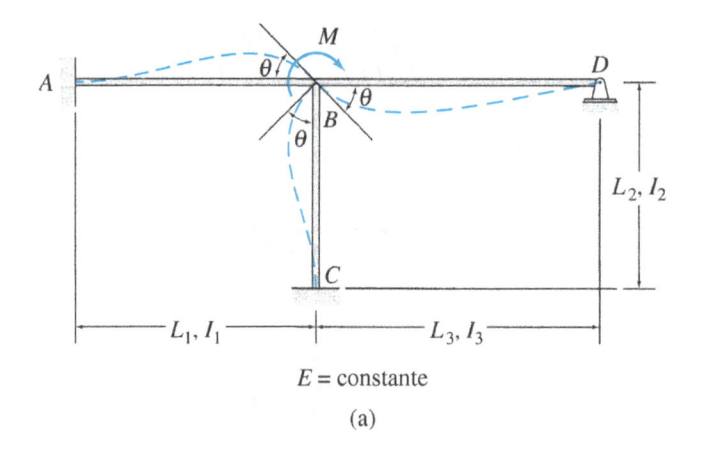

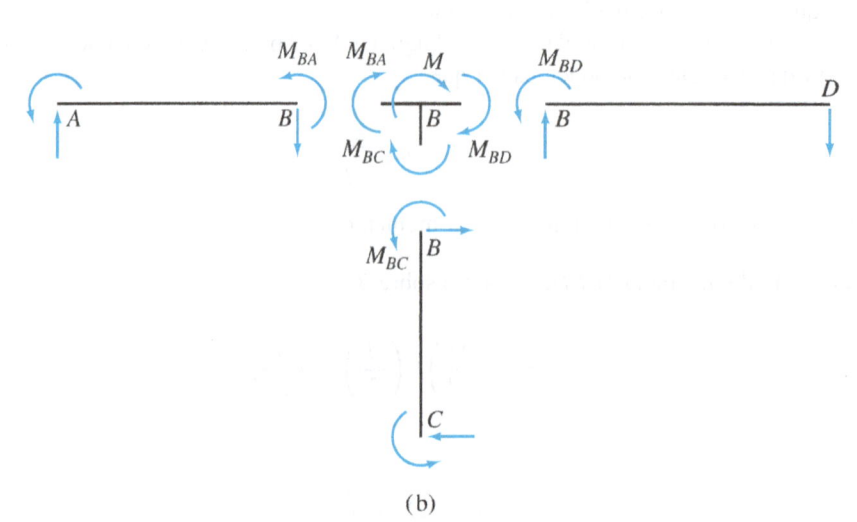

Figura 16.3

Como os elementos AB, BC e BD estão unidos rigidamente ao nó B, as rotações nas extremidades B desses elementos são as mesmas do nó. É possível expressar os momentos nas extremidades B dos elementos em termos da rotação θ do nó aplicando a Equação (16.7). Levando em conta que as extremidades distantes A e C, respectivamente, dos elementos AB e BC são engastadas e que a extremidade distante D do elemento BD é apoiada, aplicamos as Equações (16.7) a (16.9) a cada elemento para obtermos

$$M_{BA} = \left(\frac{4EI_1}{L_1}\right)\theta = \bar{K}_{BA}\theta = 4EK_{BA}\theta \tag{16.15}$$

$$M_{BC} = \left(\frac{4EI_2}{L_2}\right)\theta = \bar{K}_{BC}\theta = 4EK_{BC}\theta \tag{16.16}$$

$$M_{BD} = \left(\frac{3EI_3}{L_3}\right)\theta = \bar{K}_{BD}\theta = 3EK_{BD}\theta \tag{16.17}$$

A substituição das Equações (16.15) a (16.17) na equação de equilíbrio (Equação (16.14)) resulta em

$$\begin{aligned} M &= -\left(\frac{4EI_1}{L_1} + \frac{4EI_2}{L_2} + \frac{3EI_3}{L_3}\right)\theta \\ &= -(\bar{K}_{BA} + \bar{K}_{BC} + \bar{K}_{BD})\theta = -(\sum \bar{K}_B)\theta \end{aligned} \tag{16.18}$$

em que $\Sigma\bar{K}_B$ representa a soma da rigidez à flexão de todos os elementos unidos ao nó B.

A rigidez rotacional de um nó é definida como o momento necessário para provocar uma rotação unitária do nó. A partir da Equação (16.18), podemos ver que a rigidez rotacional de um nó é igual à soma das rigidezes à flexão de todos os elementos unidos rigidamente ao nó. O sinal negativo na Equação (16.18) aparece por causa da convenção de sinais que adotamos, segundo a qual os momentos na extremidade dos elementos são considerados positivos quando ocorrem em sentido anti-horário, ao passo que os momentos que agem sobre os nós são considerados negativos quando atuam em sentido horário.

Para expressarmos os momentos na extremidade dos elementos em termos do momento aplicado M, primeiro reescrevemos a Equação (16.18) em termos das rigidezes relativas à flexão dos elementos como

$$M = -4E(K_{BA} + K_{BC} + K_{BD})\theta = -4E(\Sigma K_B)\theta$$

do qual

$$\theta = -\frac{M}{4E\sum K_B} \tag{16.19}$$

Ao substituirmos as Equações (16.19) nas Equações (16.15) a (16.17), obtemos

$$M_{BA} = -\left(\frac{K_{BA}}{\sum K_B}\right)M \tag{16.20}$$

$$M_{BC} = -\left(\frac{K_{BC}}{\sum K_B}\right)M \tag{16.21}$$

$$M_{BD} = -\left(\frac{K_{BD}}{\sum K}\right)M \tag{16.22}$$

Das Equações (16.20) a (16.22), podemos ver que o momento aplicado M está distribuído entre os três elementos de forma proporcional às suas rigidezes relativas à flexão. A razão $K/\Sigma K_B$ para um elemento é chamada *fator de distribuição* daquele elemento para a extremidade B, e representa a fração do momento aplicado M que é distribuída para a extremidade B do elemento. Assim, as Equações (16.20) a (16.22) podem se expressas como

$$M_{BA} = -\text{FD}_{BA}M \qquad (16.23)$$

$$M_{BC} = -\text{FD}_{BC}M \qquad (16.24)$$

$$M_{BD} = -\text{FD}_{BD}M \qquad (16.25)$$

em que $\text{FD}_{BA} = K_{BA}/\Sigma K_B$, $\text{FD}_{BC} = K_{BC}/\Sigma K_B$ e $\text{FD}_{BD} = K_{BD}/\Sigma K_B$ são os fatores de distribuição para as extremidades B dos elementos AB, BC e BD, respectivamente.

Por exemplo, se o nó B do pórtico da Figura 16.3 (a) for submetido a um momento de 200 kN · m (isto é, $M = 200$ kN · m) em sentido horário e se $L_1 = L_2 = 6$ m, $L_3 = 9$ m, e $I_1 = I_2 = I_3 = I$, de modo que

$$K_{BA} = K_{BC} = \frac{I}{6} = 0,167I$$

$$K_{BD} = \frac{3}{4}\left(\frac{I}{9}\right) = 0,083I$$

então, os fatores de distribuição para as extremidades B dos elementos AB, BC e BD são dados por

$$\text{FD}_{BA} = \frac{K_{BA}}{K_{BA} + K_{BC} + K_{BD}} = \frac{0,167I}{(0,167 + 0,167 + 0,083)I} = 0,40$$

$$\text{FD}_{BC} = \frac{K_{BC}}{K_{BA} + K_{BC} + K_{BD}} = \frac{0,167I}{0,4167I} = 0,40$$

$$\text{FD}_{BD} = \frac{K_{BD}}{K_{BA} + K_{BC} + K_{BD}} = \frac{0,083I}{0,4167I} = 0,20$$

Esses fatores de distribuição indicam que 40% do momento de 200 kN · m aplicado ao nó B são exercidos na extremidade B do elemento AB, 40% na extremidade B do elemento BC, e os 20% restantes na extremidade B do elemento BD. Assim, os momentos de extremidades B dos três elementos são

$$M_{BA} = -\text{FD}_{BA}M = -0,4(200) = -80 \text{ kN} \cdot \text{m} \quad \text{ou} \quad 80 \text{ kN} \cdot \text{m} \circlearrowright$$

$$M_{BC} = -\text{FD}_{BC}M = -0,4(200) = -80 \text{ kN} \cdot \text{m} \quad \text{ou} \quad 80 \text{ kN} \cdot \text{m} \circlearrowright$$

$$M_{BD} = -\text{FD}_{BD}M = -0,2(200) = -40 \text{ kN} \cdot \text{m} \quad \text{ou} \quad 40 \text{ kN} \cdot \text{m} \circlearrowright$$

Com base na discussão anterior, podemos afirmar que, em geral, o fator de distribuição (FD) para a extremidade de um elemento rigidamente unido ao nó adjacente é igual à razão entre a rigidez à flexão relativa do elemento e à soma das rigidezes à flexão relativas de todos os elementos unidos no nó, isto é,

$$\text{FD} = \frac{K}{\Sigma K} \qquad (16.26)$$

Além disso, o momento distribuído (ou que sofre resistência) à extremidade rigidamente unida de um elemento é igual ao fator de distribuição para aquele elemento vezes o valor negativo do momento aplicado ao nó adjacente.

Momentos de engastamento perfeito

As expressões de momentos de engastamento perfeito para alguns tipos comuns de condições de carregamento, bem como para deslocamentos relativos de extremidades de elementos, estão no final deste livro para consulta. No método da distribuição dos momentos, os efeitos de translações dos nós decorrentes de recalques de apoio e translação lateral são levados em conta por meio de momentos de engastamento perfeito.

Considere a viga biengastada da Figura 16.4(a). Conforme mostra essa figura, um pequeno recalque Δ da extremidade esquerda A da viga em relação à extremidade direita B faz com que a corda da viga gire em sentido anti-horário

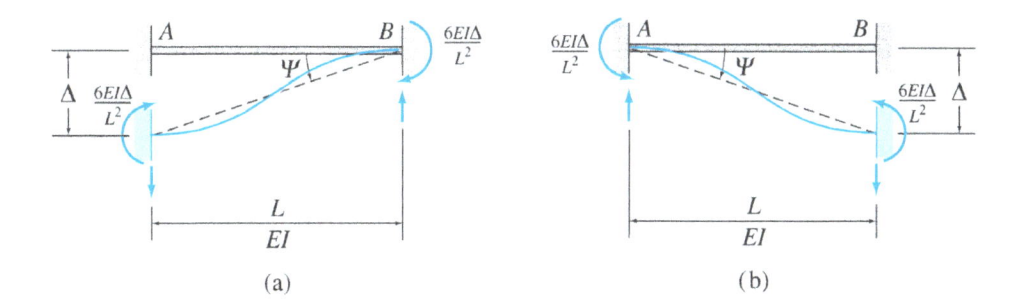

Figura 16.4

num ângulo $\psi = \Delta/L$. Se escrevermos as equações da rotação-flecha (Equação (15.9)) para dois momentos na extremidade com $\psi = \Delta/L$ e estabelecermos θ_A, θ_B e momentos de engastamento perfeito MEP_{AB} e MEP_{BA} em razão de carga externa iguais a zero, obtemos

$$\text{MEP}_{AB} = \text{MEP}_{BA} = -\frac{6EI\,\Delta}{L^2}$$

em que MEP_{AB} e MEP_{BA} agora denotam os momentos de engastamento perfeito devidos à translação relativa Δ entre as duas extremidades da viga. Observe que as magnitudes e as direções dos dois momentos de engastamento perfeito são as mesmas. A Figura 16.4(a) mostra que, quando um deslocamento relativo causa uma rotação de corda no sentido anti-horário, os dois momentos de engastamento perfeito atuam no sentido horário (negativo) para manter inclinações nulas nas duas extremidades da viga. Inversamente, se a rotação da corda devida a um deslocamento relativo acontece em sentido horário, como mostra a Figura 16.4(b), então os dois momentos de engastamento perfeito atuam no sentido anti-horário (positivo) para impedir que as extremidades da viga girem.

16.2 Conceito básico do método da distribuição dos momentos

O método da distribuição dos momentos é um procedimento iterativo, no qual, inicialmente, se pressupõe que todos os nós da estrutura que estão livres para girar estejam, temporariamente, impedidos de girar por chapas imaginárias. Posteriormente, aplicam-se cargas externas e eventuais translações dos nós (se algum) a essa estrutura hipotética engastada, calculando-se os momentos de engastamento de perfeito dos seus elementos. De modo geral, esses momentos de engastamento perfeito não estão em equilíbrio nos nós da estrutura que estão de fato livres para girar. Em seguida, as condições de equilíbrio desses nós são satisfeitas iterativamente ao soltarmos um nó por vez, supondo-se que os demais nós permaneçam presos. Seleciona-se um nó cujos momentos não estejam em equilíbrio e avalia-se seu momento em desequilíbrio. Depois, liberamos o nó ao retirarmos a chapa, permitindo que ele gire sob o momento em desequilíbrio até atingir o estado de equilíbrio. A rotação do nó induz momentos na extremidade dos elementos que estão ligados a ele. Esses momentos na extremidade dos elementos são chamados *momentos distribuídos*, e seus valores são determinados multiplicando-se o valor negativo do momento do nó em desequilíbrio, pelos fatores de distribuição para as extremidades dos elementos unidas ao nó. A flexão desses elementos em razão dos momentos distribuídos faz com que momentos de transmissão se desenvolvam nas extremidades distantes dos elementos, que podem ser avaliados com facilidade por meio dos fatores de transmissão dos elementos. O nó, que agora está em equilíbrio, é preso novamente em sua posição rotacionada. Em seguida, seleciona-se outro nó com momento em desequilíbrio, que é solto, equilibrado e preso novamente da mesma maneira. Repete-se o procedimento até que os momentos em desequilíbrio em todos os nós da estrutura sejam desprezíveis. Para obtermos os momentos finais nas extremidades dos elementos, somamos algebricamente o momento na extremidade engastada e todos os momentos de distribuição e transmissão na extremidade de cada elemento. Esse processo iterativo de determinar os momentos na extremidade dos elementos distribuindo sucessivamente o momento em desequilíbrio em cada nó é chamado *processo da distribuição dos momentos*.

Conhecendo os momentos na extremidade dos elementos, podemos determinar os cortantes nas extremidades, as forças normais nos elementos e as reações dos apoios pelas considerações de equilíbrio, conforme discutimos no Capítulo 15.

Para ilustrar o método da distribuição dos momentos, considere a viga contínua com três vãos apresentada na Figura 16.5(a). Essa estrutura já foi analisada na Seção 15.2 pelo método da rotação-flecha. De modo geral, convém realizar a análise de distribuição dos momentos de maneira tabular, como indica a Figura 16.5(a). Observe que a tabela, às vezes chamada *tabela de distribuição dos momentos*, consiste em seis colunas, uma para cada extremidade do elemento da estrutura. Todos os cálculos para determinado momento na extremidade do elemento são registrados na coluna correspondente àquela extremidade.

Fatores de distribuição

O primeiro passo na análise é calcular os fatores de distribuição nesses nós da estrutura que estão livres para girar.

Conforme discutimos na Seção 16.1 (Equação (16.26)), o fator de distribuição para a extremidade de um elemento é igual à rigidez relativa à flexão do elemento dividida pela soma das rigidezes relativas à flexão de todos os elementos unidos àquele nó. Na Figura 16.5(a), podemos ver que apenas os nós B e C da viga contínua estão livres para girar. Os fatores de distribuição no nó B são

$$\text{FD}_{BA} = \frac{K_{BA}}{K_{BA} + K_{BC}} = \frac{I/6}{2I/6} = 0,5$$

$$\text{FD}_{BC} = \frac{K_{BC}}{K_{BA} + K_{BC}} = \frac{I/6}{2I/6} = 0,5$$

Do mesmo modo, no nó C,

$$\text{FD}_{CB} = \frac{K_{CB}}{K_{CB} + K_{CD}} = \frac{I/6}{(I/6)+(I/5)} = 0,455$$

$$\text{FD}_{CD} = \frac{K_{CD}}{K_{CB} + K_{CD}} = \frac{I/5}{(I/6)+(I/5)} = 0,545$$

Observe que a soma dos fatores de distribuição em cada nó sempre deve ser igual a 1. Os fatores de distribuição são registrados nas caixas imediatamente abaixo da extremidade correspondente no topo da tabela de distribuição dos momentos, como mostra a Figura 16.5(a).

Momentos de engastamento perfeito

Em seguida, pressupondo que os nós B e C estejam impedidos de girar por chapas imaginárias (Figura 16.5(b)), calculamos os momentos de engastamento perfeito que se desenvolvem nas extremidades de cada elemento. Usando as expressões dos momentos de engastamento perfeito indicadas no final deste livro, obtemos

$$\text{MEP}_{AB} = \frac{25(6)^2}{12} = 75 \text{ kN} \cdot \text{m} \circlearrowleft \quad \text{ou} \quad +75 \text{ kN} \cdot \text{m}$$

$$\text{MEP}_{BA} = 75 \text{ kN} \cdot \text{m} \circlearrowright \quad \text{ou} \quad -75 \text{ kN} \cdot \text{m}$$

$$\text{MEP}_{BC} = \frac{150(6)}{8} = 112,5 \text{ kN} \cdot \text{m} \circlearrowleft \quad \text{ou} \quad +112,5 \text{ kN} \cdot \text{m}$$

$$\text{MEP}_{CB} = 112,5 \text{ kN} \cdot \text{m} \circlearrowright \quad \text{ou} \quad -112,5 \text{ kN} \cdot \text{m}$$

$$\text{MEP}_{CD} = \text{MEP}_{DC} = 0$$

Observe que, de acordo com a convenção de sinais para a distribuição de momentos, os momentos de engastamento perfeito em sentido anti-horário são considerados positivos. Os momentos de engastamento perfeito são registrados na primeira linha da tabela de distribuição de momentos, conforme indica a Figura 16.5(a).

Método da distribuição dos momentos

EI = constante
$E = 200$ GPa
$I = 2 \times 10^8$ mm^4

Fatores de distribuição

		0,50	0,50		0,455	0,545	
1. Momentos de engastamento perfeito	+75	−75	+112,5	−112,5			
2. Equilíbrio do nó C e transmissão			+ 25,57	+ 51,14	+61,36	+30,68	
3. Equilíbrio do nó B e transmissão	−15,77	−31,54	− 31,54	− 15,77			
4. Equilíbrio do nó C e transmissão			+ 3,59	+ 7,17	+ 8,60	+ 4,30	
5. Equilíbrio do nó B e transmissão	− 0,90	− 1,79	− 1,79	− 0,90			
6. Equilíbrio do nó C e transmissão			+ 0,21	+ 0,41	+ 0,49	+ 0,25	
7. Equilíbrio do nó B		− 0,10	− 0,10				
8. Momentos finais	+58,33	−108,43	+108,44	− 70,45	+70,45	+35,23	

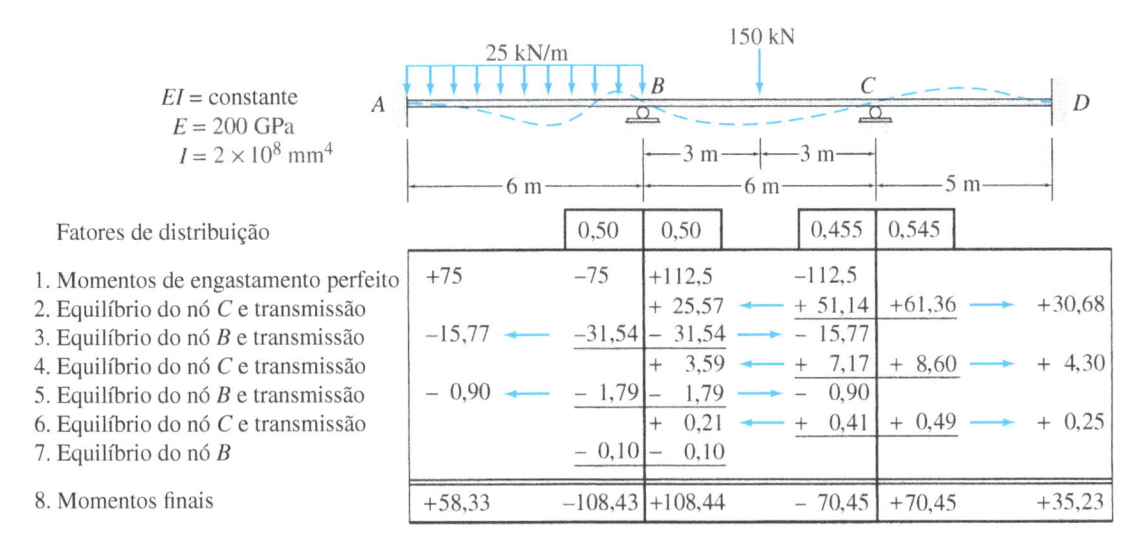

(a) Viga contínua e tabela para distribuição dos momentos

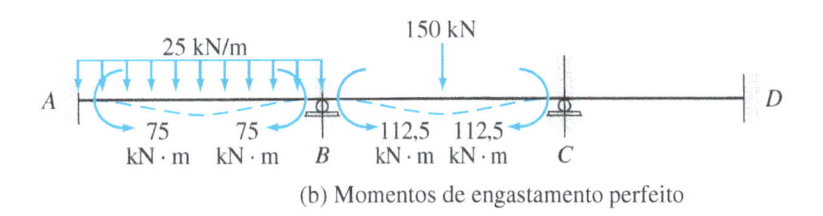

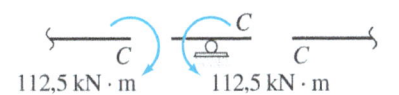

(b) Momentos de engastamento perfeito

(c) Momento no nó C em desequilíbrio

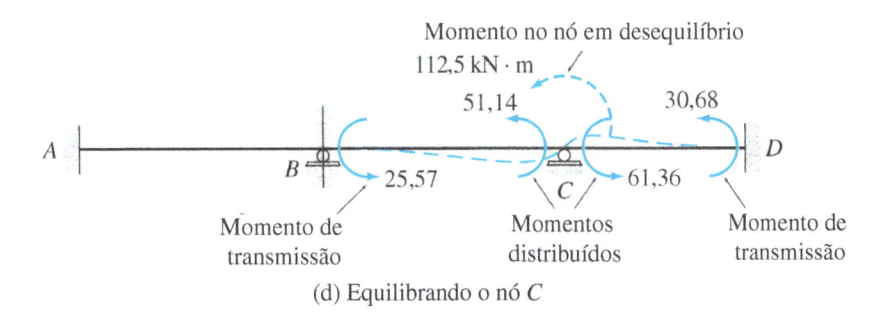

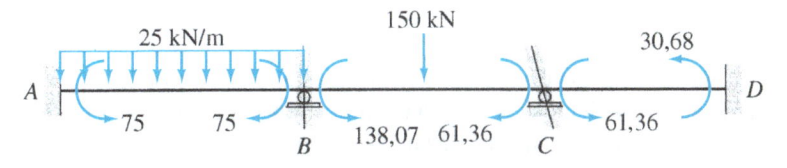

(d) Equilibrando o nó C

(e) Momentos nas extremidades do elemento com o nó C equilibrado

Figura 16.5 (*continua*)

(f) Equilíbrio do nó B

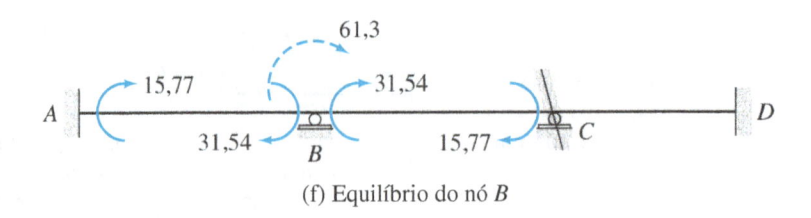

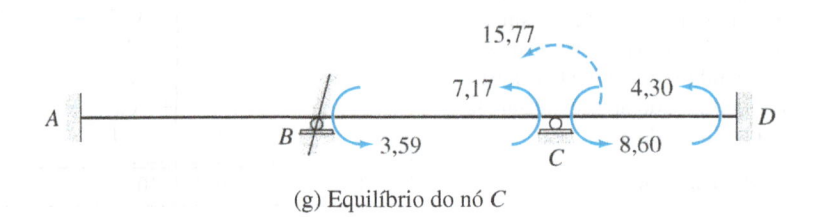

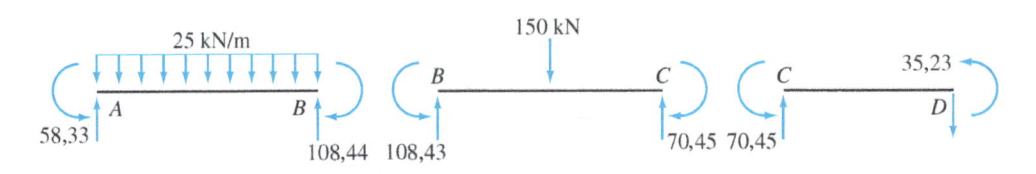

(g) Equilíbrio do nó C

(h) Momentos finais na extremidade dos elementos (kN · m)

Extremidades dos elementos	AB	BA	BC	CB	CD	DC
Fatores de distribuição		0,50	0,50	0,455	0,545	
1. Momentos de engastamento perfeito	+75	−75	+112,5	−112,5		
		−18,75	− 18,75	+ 51,14	+61,36	
2. Equilíbrio dos nós	− 9,38		+ 25,57	− 9,38		+30,68
3. Transmissão		−12,79	− 12,79	+ 4,26	+ 5,12	
4. Equilíbrio dos nós	− 6,39		+ 2,13	− 6,39		+ 2,56
5. Transmissão		− 1,07	− 1,07	+ 2,90	+ 3,49	
6. Equilíbrio dos nós	− 0,53		+ 1,45	− 0,54		+ 1,74
7. Transmissão		− 0,73	− 0,73	+ 0,24	+ 0,30	
8. Equilíbrio dos nós	− 0,36		+ 0,12	− 0,36		+ 0,15
9. Transmissão		− 0,06	− 0,06	+ 0,16	+ 0,20	
10. Equilíbrio dos nós						
11. Momentos finais	+58,34	−108,40	+180,37	− 70,47	+70,47	+35,13

(i)

Figura 16.5

Equilibrando o nó C

Como os nós *B* e *C* não estão presos, nós os soltamos um a um. Podemos soltar o nó *B* ou o nó *C*; vamos começar com o nó *C*. Na Figura 16.5(b), podemos ver que há um momento −112,5 kN · m (sentido horário) de engastamento perfeito em *C* do elemento *BC*, ao passo que não há nenhum momento na extremidade *C* do elemento *CD*. Enquanto o nó *C* não puder girar por causa da chapa, o momento em desequilíbrio de −112,5 kN · m é absorvido por ela. Entretanto, quando removemos a chapa imaginária para soltar o nó, o momento em desequilíbrio de −112,5 kN · m atua sobre o nó, conforme indica a Figura 16.5(c), fazendo com que ela gire em sentido anti-horário até estar em equilíbrio (Figura 16.5(d)). A rotação do nó *C* faz com que os momentos distribuídos, MD_{CB} e MD_{CD}, se desenvolvam nas extremidades C dos elementos BC e CD, que podem ser avaliados ao multiplicarmos o valor negativo do momento em desequilíbrio (isto é, +112,5 kN · m) pelos fatores de distribuição FD_{CB} e FD_{CD}, respectivamente. Portanto,

$$MD_{CB} = 0{,}455(+112{,}5) = +51{,}14 \text{ kN} \cdot \text{m}$$

$$MD_{CD} = 0{,}545(+112{,}5) = +61{,}36 \text{ kN} \cdot \text{m}$$

Esses momentos distribuídos estão registrados na linha 2 da tabela de distribuição dos momentos (Figura 16.5(a)), com uma linha abaixo deles para indicar que agora o nó C está em equilíbrio. Observe que a soma dos três momentos acima da linha no nó C é nula (isto é, $-112{,}5 + 51{,}14 + 61{,}36 = 0$).

O momento distribuído na extremidade C do elemento BC induz um momento de transmissão na extremidade distante B (Figura 16.5(d)), o qual pode ser determinado ao multiplicarmos o momento distribuído pelo fator de transmissão do elemento. Como o nó B continua preso, o fator de transmissão do elemento BC é $\frac{1}{2}$ (Equação (16.13)). Assim, o momento de transmissão na extremidade B do elemento BC é

$$MFT_{BC} = FTM_{CB}(MD_{CB}) = 0{,}5\,(+51{,}14) = +25{,}57 \text{ kN} \cdot \text{m}$$

Do mesmo modo, o momento de transmissão na extremidade D do elemento CD é calculado como

$$MFT_{DC} = FTM_{CD}(MD_{CB}) = 0{,}5(+61{,}36) = +30{,}68 \text{ kN} \cdot \text{m}$$

Esses momentos de transmissão são registrados na tabela de distribuição dos momentos na mesma linha que os momentos distribuídos, com uma seta horizontal de cada momento distribuído para seu momento de transmissão, como indica a Figura 16.5(a).

A Figura 16.5(e) ilustra os momentos totais na extremidade do elemento neste ponto da análise. Pela figura, podemos ver que agora o nó C está em equilíbrio, pois está sujeito a dois momentos iguais, porém opostos. O nó B, contudo, não está em equilíbrio e precisa ser equilibrado. Antes de soltarmos o nó B, aplicamos uma chapa imaginária ao nó C em sua posição rotacionada, como mostra a Figura 16.5(e).

Equilibrando o nó B

Agora, soltamos o nó B. Para obtermos o momento não equilibrado nesse nó, somamos todos os momentos que atuam nas extremidades B dos elementos AB e BC, unidos rigidamente ao nó B. Na tabela de distribuição dos momentos (linhas 1 e 2), vemos que há um momento de engastamento perfeito -75 kN · m na extremidade B do elemento AB, e a extremidade B do elemento BC está sujeita a um momento de engastamento perfeito +112,5 kN · m e um momento de transmissão de +25,57 kN · m. Assim, o momento não equilibrado no nó B é

$$MNE_B = -75 + 112{,}5 + 25{,}57 = 63{,}07 \text{ kN} \cdot \text{m}$$

Esse momento não equilibrado faz com que o nó B gire, como mostra a Figura 16.5(f), e induz momentos distribuídos nas extremidades B dos elementos AB e BC. Conforme já discutimos anteriormente, os momentos distribuídos são avaliados ao se multiplicar o valor negativo do momento não equilibrado pelos fatores de distribuição:

$$MD_{BA} = 0{,}5(-63{,}07) = -31{,}54 \text{ kN} \cdot \text{m}$$

$$MD_{BC} = 0{,}5(-63{,}07) = -31{,}54 \text{ kN} \cdot \text{m}$$

Esses momentos distribuídos estão registrados na linha 3 da tabela de distribuição dos momentos, sublinhados, a fim de indicar que agora o nó B está equilibrado. Em seguida, os momentos distribuídos são transferidos para as extremidades opostas A e C dos elementos AB e BC, respectivamente, como indicam as setas horizontais na linha 3 da tabela. Depois disso, prendemos novamente o nó B em sua posição rotacionada.

Equilibrando o nó C

Agora que o nó B está equilibrado, podemos ver na tabela de distribuição dos momentos (linha 3) que, em razão do efeito de transmissão, existe um momento não equilibrado de $-15{,}77$ kN · m no nó C. Lembre-se de que os momentos acima da linha horizontal do nó C já foram equilibrados. Assim, soltamos novamente o nó C e distribuímos o momento não equilibrado para as extremidades C dos elementos BC e CD como (Figura 16.5(g))

$$MD_{CB} = 0{,}455(+15{,}77) = +7{,}17 \text{ kN} \cdot \text{m}$$

$$MD_{CD} = 0{,}545(+15{,}77) = +8{,}60 \text{ kN} \cdot \text{m}$$

Esses momentos distribuídos são registrados na linha 4 da tabela de distribuição dos momentos, e metade desses momentos é transferida para as extremidades B e D dos elementos BC e CD, respectivamente, conforme indica a tabela. Em seguida prendemos novamente o nó C.

Equilibrando o nó B

O momento não equilibrado de $+3{,}59$ kN $\cdot$ m no nó B (linha 4 da tabela de distribuição dos momentos) é equilibrado de maneira semelhante. A linha 5 da tabela indica os momentos distribuídos e de transmissão calculados desse modo. Em seguida, prendemos novamente o nó B.

Pela linha 5 da tabela de distribuição dos momentos, podemos ver que agora o momento não equilibrado no nó C foi reduzido a somente $-0{,}90$ kN $\cdot$ m. Mais um equilíbrio do nó C produz um momento não equilibrado ainda menor de $+0{,}21$ kN $\cdot$ m no nó B, como mostra a linha 6 da tabela de distribuição dos momentos. Como os momentos distribuídos induzidos por esse momento não equilibrado são desprezíveis, concluímos o processo da distribuição dos momentos. Para obtermos os momentos finais na extremidade dos elementos, somamos algebricamente os valores em cada coluna da tabela de distribuição dos momentos. Os momentos finais obtidos desse modo estão registrados na linha 8 da tabela e nos diagramas de corpo livre dos elementos na Figura 16.5(h). Observe que os momentos finais satisfazem às equações de equilíbrio de momentos nos nós B e C.

Conhecendo os momentos finais dos elementos, agora é possível determinar o cortante e as reações de apoio nas extremidades dos elementos, levando em conta o equilíbrio dos corpos livres dos elementos e nós da viga contínua, conforme discutimos na Seção 15.2. Assim, podemos construir os diagramas de momento fletor e de cortante de maneira usual, usando a *convenção de sinais para vigas* (veja a Figura 15.3).

Aplicação prática do processo da distribuição dos momentos

Na discussão anterior, determinamos os momentos nas extremidades dos elementos equilibrando sucessivamente um nó da estrutura de cada vez. Embora esse método ofereça uma compreensão melhor do conceito básico do processo da distribuição dos momentos, do ponto de vista prático geralmente é mais conveniente usar um procedimento alternativo, no qual todos os nós da estrutura que estão livres para girar são equilibrados simultaneamente na mesma etapa. Em seguida, todos os momentos de transmissão induzidos nas extremidades opostas dos elementos são calculados simultaneamente no próximo passo, e repetimos o processo de equilibrar os nós e momentos de transmissão até que os momentos não equilibrados nos nós sejam desprezíveis.

Para ilustrarmos esse método alternativo, examinemos novamente a viga contínua com três vãos da Figura 16.5(a). A Figura 16.5(i) mostra a tabela de distribuição dos momentos usada para transferir os cálculos. Os fatores de distribuição e momentos de engastamento perfeito calculados anteriormente são registrados no topo e na primeira linha da tabela, respectivamente, como mostra a figura. Começamos o processo da distribuição dos momentos equilibrando os nós B e C. Na linha 1 da tabela de distribuição dos momentos (Figura 16.5(i)), podemos ver que o momento não equilibrado no nó B é

$$MNE_B = -75 + 112{,}5 = +37{,}5 \text{ kN} \cdot \text{m}$$

Conforme já observamos, o equilíbrio do nó B induz momentos distribuídos nas extremidades B dos elementos AB e BC, que podem ser calculados ao multiplicarmos o valor negativo do momento não equilibrado pelos fatores de distribuição. Assim,

$$MD_{BA} = 0{,}5(-37{,}5) = -18{,}75 \text{ kN} \cdot \text{m}$$

$$MD_{BC} = 0{,}5(-37{,}5) = -18{,}75 \text{ kN} \cdot \text{m}$$

A seguir, equilibramos o nó C da mesma maneira. Na linha 1 da tabela de distribuição dos momentos, vemos que o momento não equilibrado no nó C é

$$MNE_C = -112{,}5 \text{ kN} \cdot \text{m}$$

Assim, o equilíbrio do nó C induz os seguintes momentos distribuídos nas extremidades C dos elementos BC e CD, respectivamente:

$$MD_{CB} = 0{,}455\,(+112{,}5) = +51{,}14 \text{ kN} \cdot \text{m}$$

$$MD_{CD} = 0{,}545(+112{,}5) = +61{,}36 \text{ kN} \cdot \text{m}$$

Os quatro momentos distribuídos estão registrados na linha 2 da tabela de distribuição dos momentos, e há uma linha, traçada abaixo deles por toda a largura da tabela, para indicar que agora todos os nós estão equilibrados.

Na etapa seguinte da análise, calculamos os momentos de transmissão desenvolvidos nas extremidades dos elementos, multiplicando-se os momentos distribuídos pelos fatores de transmissão:

$$MFT_{AB} = \frac{1}{2}\,(MD_{BA}) = 0{,}5(-18{,}75) = -9{,}38 \text{ kN} \cdot \text{m}$$

$$MFT_{CB} = \frac{1}{2}\,(MD_{BC}) = 0{,}5(-18{,}75) = -9{,}38 \text{ kN} \cdot \text{m}$$

$$MFT_{BC} = \frac{1}{2}\,(MD_{CB}) = 0{,}5\,(+51{,}14) = +25{,}57 \text{ kN} \cdot \text{m}$$

$$MFT = \frac{1}{2}\,(MD_{CD}) = 0{,}5(+61{,}3) = +30{,}68 \text{ kN} \cdot \text{m}$$

Esses momentos de transmissão estão registrados na linha seguinte (linha 3) da tabela de distribuição dos momentos, com uma seta inclinada apontando cada momento distribuído para o seu momento de transmissão, como mostra a Figura 16.5(i). Na linha 3 da tabela de distribuição dos momentos, podemos ver que, em razão do momento de transmissão, agora há momentos não equilibrados de +25,57 kN · m e –9,38 kN · m nos nós B e C, respectivamente. Assim, esses nós estão novamente equilibrados e a linha 4 da tabela de distribuição dos momentos registra os momentos distribuídos obtidos desse modo. Em seguida, metade dos momentos distribuídos são transferidos para as extremidades opostas dos elementos (linha 5), prosseguindo com o processo até que os momentos não equilibrados sejam desprezíveis. A linha 11 da tabela (Figura 16.5(i)) indica os momentos finais na extremidade dos elementos, obtidos ao somarmos algebricamente os dados em cada coluna da tabela de distribuição dos momentos. Observe que esses momentos finais estão em concordância com aqueles que foram determinados anteriormente na Figura 16.5(a) e na Seção 15.2 pelo método da rotação-flecha. As pequenas diferenças entre os resultados obtidos por métodos diferentes devem-se aos arredondamentos.

16.3 Análise de vigas contínuas

Com base na discussão apresentada na seção anterior, podemos resumir o procedimento para análise de vigas contínuas pelo método da distribuição dos momentos como se segue:

1. Calcule os fatores de distribuição. Em cada nó que está livre para girar, calcule o fator de distribuição para cada um dos elementos unidos rigidamente ao nó. Para calcularmos o fator de distribuição para a extremidade de um elemento, dividimos a rigidez relativa à flexão (I/L) do elemento pela soma das rigidezes relativas à flexão de todos os elementos unidos rigidamente ao nó. A soma de todos os fatores de distribuição em um nó deve ser igual a 1.
2. Calcule os momentos de engastamento perfeito. Supondo que todos os nós livres estejam presos para impedir sua rotação, avalie para cada elemento os momentos de engastamento perfeito decorrentes das cargas externas e recalques de apoio (se houver) usando as expressões de momentos de engastamento perfeito indicadas no final deste livro. Os momentos de engastamento perfeito em sentido anti-horário são considerados positivos.
3. Equilibre os momentos em todos os nós livres para girar aplicando o processo da distribuição dos momentos como se segue:
    a. Em cada nó, avalie o momento não equilibrado e distribua-o aos elementos unidos ao nó. Para obtermos o momento distribuído em cada extremidade do elemento unida rigidamente ao nó, multiplicamos o valor negativo do momento não equilibrado pelo fator de distribuição para a extremidade do elemento.
    b. Transmita metade de cada momento distribuído para a extremidade oposta (distante) do elemento.

608 Análise Estrutural   Parte 3

   c. Repita as etapas 3(a) e 3(b) até que todos os nós livres estejam equilibrados ou até que os momentos não equilibrados nesses nós sejam desprezíveis.
4. Determine os momentos finais na extremidade do elemento somando algebricamente o momento de engastamento perfeito e todos os momentos distribuídos e de transmissão em cada extremidade do elemento. Se o momento de distribuição foi transferido corretamente, então os momentos finais devem satisfazer às equações de equilíbrio de momento em todos os nós da estrutura que estão livres para girar.
5. Calcule o cortante nas extremidades dos elementos considerando o equilíbrio dos elementos da estrutura.
6. Determine as reações de apoio ao considerar o equilíbrio dos nós da estrutura.
7. Desenhe os diagramas do momento fletor e do cortante usando a *convenção de sinais para vigas*.

Vigas com apoios simples nas extremidades

Embora o procedimento anterior possa ser usado para analisar vigas contínuas apoiadas simplesmente em uma ou em ambas as extremidades, é possível simplificar consideravelmente a análise dessas estruturas ao usar as rigidezes às flexões relativas reduzidas, $K = 3I/(4L)$, para vãos adjacentes aos apoios simples das extremidades, em conformidade com a Equação (16.9). Se usarmos rigidezes reduzidas, os nós nos apoios simples das extremidades são equilibrados apenas uma vez durante o processo da distribuição dos momentos, após o que eles são deixados soltos, de modo que os momentos possam ser transferidos a eles à medida que os nós interiores da estrutura são equilibrados (veja o Exemplo 16.3).

Estruturas com vãos em balanços

Considere uma viga contínua com vão em balanço, como mostra a Figura 16.6(a). Como o vão CD em balanço não contribui para a rigidez rotacional do nó C, o fator de distribuição para sua extremidade C é zero ($FD_{CD} = 0$). Assim, na análise o nó C pode ser tratado como um apoio simples de extremidade. O momento na extremidade C do balanço, porém, afeta o momento não equilibrado no nó C e precisa ser incluído na análise junto com os outros momentos de engastamento perfeito (Figura 16.6(b)). Observe que o vão CD em balanço é estaticamente determinado; por conseguinte, é fácil calcular o momento em sua extremidade C aplicando-se a equação de equilíbrio de momento (Figura 16.6(c)).

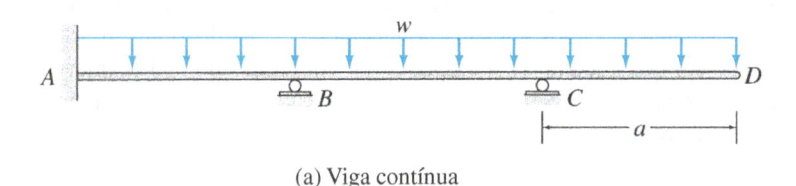

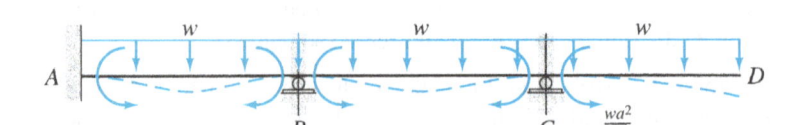

(a) Viga contínua

(b) Momentos de engastamento perfeito

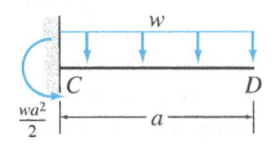

(c) Região do balanço estaticamente determinada

Figura 16.6

capítulo 16 — Método da distribuição dos momentos

EXEMPLO 16.1

Determine os momentos na extremidade do elemento para a viga contínua com dois vãos ilustrada na Figura 16.7(a), usando o método da distribuição dos momentos.

Solução

Essa viga já foi analisada no Exemplo 15.1 pelo método da rotação-flecha.

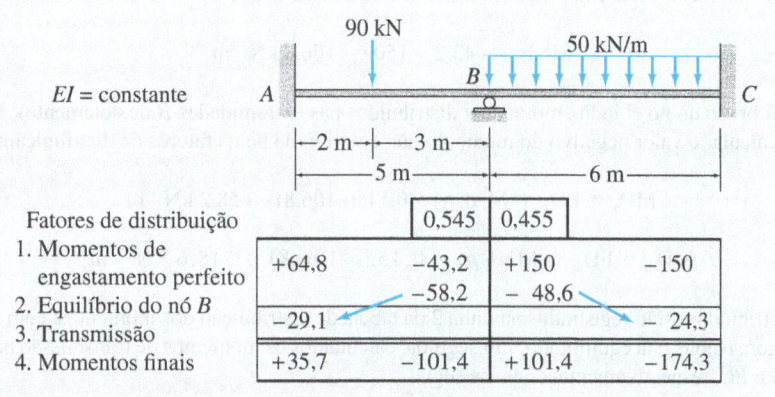

EI = constante

Viga: A engastado, apoio em B, C engastado. Carga 90 kN em vão AB (a 2 m de A, 3 m de B), vão AB = 5 m. Vão BC = 6 m com carga distribuída 50 kN/m.

Fatores de distribuição		0,545	0,455	
1. Momentos de engastamento perfeito	+64,8	−43,2	+150	−150
2. Equilíbrio do nó B		−58,2	−48,6	
3. Transmissão	−29,1			−24,3
4. Momentos finais	+35,7	−101,4	+101,4	−174,3

(a) Viga contínua e tabela de distribuição dos momentos

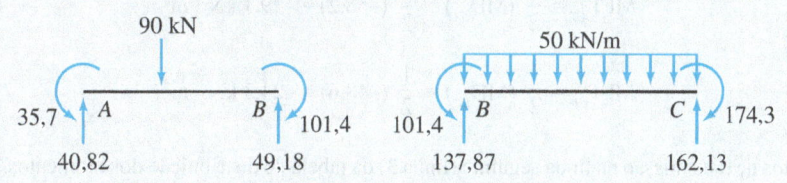

Reações (b): A: 35,7 ; 40,82 ↑ ; B (esq): 101,4 ; 49,18 ↑ ; B (dir): 101,4 ; 137,87 ↑ ; C: 174,3 ; 162,13 ↑

(b) Momentos finais na extremidade do elemento (kN · m)

Figura 16.7

Fatores de distribuição. Apenas o nó B está livre para girar. Os fatores de distribuição nesse nó são

$$\text{FD}_{BA} = \frac{K_{BA}}{K_{BA} + K_{BC}} = \frac{I/5}{(I/5) + (I/6)} = 0{,}545$$

$$\text{FD}_{BC} = \frac{K_{BC}}{K_{BA} + K_{BC}} = \frac{I/6}{(I/5) + (I/6)} = 0{,}455$$

Observe que a soma dos fatores de distribuição no nó B é igual a 1, isto é,

$$\text{FD}_{BA} + \text{FD}_{BC} = 0{,}545 + 0{,}455 = 1 \qquad \textbf{Verificações}$$

Os fatores de distribuição são registrados nas caixas abaixo da extremidade correspondente do elemento no topo da tabela de distribuição dos momentos, conforme indica a Figura 16.7(a).

Momentos de engastamento perfeito. Supondo que o nó B está preso para impedir sua rotação, calculamos os momentos de engastamento perfeito decorrentes das cargas externas usando as expressões para momentos de engastamento perfeito indicadas no final deste livro:

$$\text{MEP}_{AB} = \frac{90(2)(3)^2}{(5)^2} = 64{,}8 \text{ kN} \cdot \text{m} \curvearrowleft \quad \text{ou} \quad +64{,}8 \text{ kN} \cdot \text{m}$$

$$\text{MEP}_{BA} = \frac{90(2)^2(3)}{(5)^2} = 43{,}2 \text{ kN} \cdot \text{m} \curvearrowright \quad \text{ou} \quad -43{,}2 \text{ kN} \cdot \text{m}$$

$$\text{MEP}_{BC} = \frac{50(6)^2}{12} = 150 \text{ kN} \cdot \text{m} \circlearrowright \quad \text{ou} \quad +150 \text{ kN} \cdot \text{m}$$

$$\text{MEP}_{CB} = 150 \text{ kN} \cdot \text{m} \circlearrowright \quad \text{ou} \quad -150 \text{ kN} \cdot \text{m}$$

Esses momentos de engastamento perfeito estão registrados na primeira linha da tabela de distribuição dos momentos, como indica a Figura 16.7(a).

Distribuição dos momentos. Como, na verdade, o nó B não está preso, soltamos o nó e calculamos o momento não equilibrado que atua sobre ele somando os momentos nas extremidades B dos elementos AB e BC:

$$\text{MNE}_B = -43{,}2 + 150 = +106{,}8 \text{ kN} \cdot \text{m}$$

Esse momento não equilibrado no nó B induz momentos distribuídos nas extremidades B dos elementos AB e BC, os quais podem ser determinados ao se calcular o valor negativo do momento não equilibrado pelos fatores de distribuição:

$$\text{MD}_{BA} = \text{FD}_{BA}(-\text{MNE}_B) = 0{,}545(-106{,}8) = -58{,}2 \text{ kN} \cdot \text{m}$$

$$\text{MD}_{BC} = \text{FD}_{BC}(-\text{MNE}_B) = 0{,}455(-106{,}8) = -48{,}6 \text{ kN} \cdot \text{m}$$

Esses momentos não distribuídos estão registrados na linha 2 da tabela de distribuição dos momentos, com uma linha traçada abaixo deles para indicar que agora o nó B está equilibrado. Em seguida, calculamos os momentos de transmissão nas extremidades distantes A e C dos elementos AB e BC, respectivamente, como se segue

$$\text{MFT}_{AB} = \frac{1}{2}(\text{MD}_{BA}) = \frac{1}{2}(-58{,}2) = -29{,}1 \text{ kN} \cdot \text{m}$$

$$\text{MFT}_{CB} = \frac{1}{2}(\text{MD}_{BC}) = \frac{1}{2}(-48{,}6) = -24{,}3 \text{ kN} \cdot \text{m}$$

Registramos os momentos de transmissão na linha seguinte (linha 3) da tabela de distribuição dos momentos, com uma seta inclinada apontando cada momento distribuído para seu momento de transmissão, como mostra a Figura 16.7(a).

O nó B é o único nó da estrutura que está livre para girar, e como ele foi equilibrado, concluímos o processo da distribuição dos momentos.

Momentos finais. Para obtermos os momentos finais nas extremidades dos elementos, somamos todos os momentos em cada coluna da tabela de distribuição dos momentos. Os momentos finais obtidos desse modo são registrados na última linha da tabela na Figura 16.7(a). Observe que esses momentos finais satisfazem a equação de equilíbrio de momento no nó B. Uma resposta positiva para um momento final indica que seu sentido é anti-horário, já que uma resposta negativa para um momento final significa um sentido horário. A Figura 16.7(b) ilustra os momentos finais na extremidade do elemento. **Resp.**

Agora, é possível determinar os cortante e reações de apoio nas extremidades dos elementos considerando-se o equilíbrio dos elementos e nós da viga contínua, conforme discute o Exemplo 15.1. Os diagramas do momento fletor e do cortante da viga também se baseiam no Exemplo 15.1.

EXEMPLO 16.2

Determine os momentos na extremidade dos elementos da viga contínua com três vãos ilustrada na Figura 16.8(a), utilizando o método da distribuição dos momentos.

Solução

Essa viga foi analisada anteriormente no Exemplo 15.2 pelo método da rotação-flecha.

Fatores de distribuição. Pela Figura 16.8(a), podemos ver que os nós B e C da viga estão livres para girar. Os fatores de distribuição no nó B são

Método da distribuição dos momentos

$$\text{FD}_{BA} = \frac{K_{BA}}{K_{BA} + K_{BC}} = \frac{I/6}{(I/6)+(I/6)} = 0.5$$

$$\text{FD}_{BC} = \frac{K_{BC}}{K_{BA} + K_{BC}} = \frac{I/6}{(I/6)+(I/6)} = 0.5$$

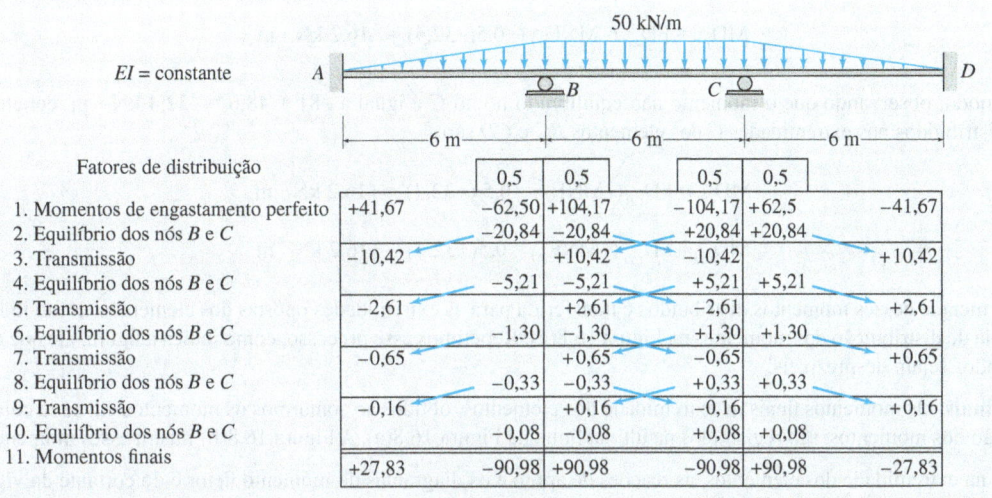

Fatores de distribuição		0,5	0,5		0,5	0,5	
1. Momentos de engastamento perfeito	+41,67	−62,50	+104,17		−104,17	+62,5	−41,67
2. Equilíbrio dos nós B e C		−20,84	−20,84		+20,84	+20,84	
3. Transmissão	−10,42		+10,42		−10,42		+10,42
4. Equilíbrio dos nós B e C		−5,21	−5,21		+5,21	+5,21	
5. Transmissão	−2,61		+2,61		−2,61		+2,61
6. Equilíbrio dos nós B e C		−1,30	−1,30		+1,30	+1,30	
7. Transmissão	−0,65		+0,65		−0,65		+0,65
8. Equilíbrio dos nós B e C		−0,33	−0,33		+0,33	+0,33	
9. Transmissão	−0,16		+0,16		−0,16		+0,16
10. Equilíbrio dos nós B e C		−0,08	−0,08		+0,08	+0,08	
11. Momentos finais	+27,83	−90,98	+90,98		−90,98	+90,98	−27,83

(a) Viga contínua e tabela de distribuição dos momentos

(b) Momentos finais na extremidade do elemento (kN · m)

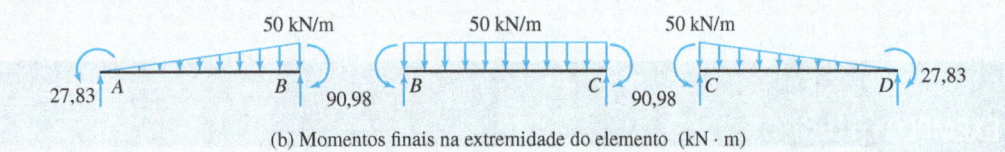

Figura 16.8

Do mesmo modo, no nó C,

$$\text{FD}_{CB} = \frac{K_{CB}}{K_{CB} + K_{CD}} = \frac{I/6}{(I/6)+(I/6)} = 0.5$$

$$\text{FD}_{CD} = \frac{K_{CD}}{K_{CB} + K_{CD}} = \frac{I/6}{(I/6)+(I/6)} = 0.5$$

Momentos de engastamento perfeito.

$$\text{MEP}_{AB} = + \frac{27(6)^2}{30} = +32,4 \text{ kN} \cdot \text{m}$$

$$\text{MEP}_{BA} = - \frac{27(6)^2}{20} = -48,6 \text{ kN} \cdot \text{m}$$

$$\text{MEP}_{BC} = + \frac{27(6)^2}{12} = +81 \text{ kN} \cdot \text{m}$$

$$\text{MEP}_{CB} = -81 \text{ kN} \cdot \text{m}$$

$$\text{MEP}_{CD} = + \frac{27(6)^2}{20} = +48,6 \text{ kN} \cdot \text{m}$$

$$\text{MEP}_{DC} = - \frac{27(6)^2}{30} = -32,4 \text{ kN} \cdot \text{m}$$

Distribuição dos momentos. Depois de registrar os fatores de distribuição e os momentos de engastamento perfeito na tabela de distribuição dos momentos ilustrada na Figura 16.8(a), iniciamos o processo da distribuição dos momentos ao equilibrarmos os nós B e C. O momento não equilibrado no nó B é igual a $-48,6 + 81 = +32,4$ kN · m. Portanto, os momentos distribuídos nas extremidades B dos elementos AB e BC são

$$\text{MD}_{BA} = \text{FD}_{BA}(-\text{MNE}_B) = 0,5(-32,4) = -16,2 \text{ kN} \cdot \text{m}$$

$$\text{MD}_{BC} = \text{FD}_{BC}(-\text{MNE}_B) = 0,5(-32,4) = -16,2 \text{ kN} \cdot \text{m}$$

Do mesmo modo, observando que o momento não equilibrado no nó C é igual a $-81 + 48,6 = -32,4$ kN · m, concluímos que os momentos distribuídos nas extremidades C dos elementos BC e CD são

$$\text{MD}_{CB} = \text{FD}_{CB}(-\text{MNE}_C) = 0,5(+32,4) = +16,2 \text{ kN} \cdot \text{m}$$

$$\text{MD}_{CD} = \text{FD}_{CD}(-\text{MNE}_C) = 0,5(+32,4) = +16,2 \text{ kN} \cdot \text{m}$$

Em seguida, metade desses momentos distribuídos é transferida para as extremidades opostas dos elementos, como indica a terceira linha da tabela de distribuição dos momentos na Figura 16.8(a). Repetimos esse processo, como indica a figura, até que os momentos não equilibrados sejam desprezíveis.

Momentos finais. Os momentos finais na extremidade dos elementos, obtidos ao somarmos os momentos em cada coluna da tabela de distribuição dos momentos, são registrados na última linha na Figura 16.8(a). A Figura 16.8(b) ilustra esses momentos. **Resp.**

Os cortantes na extremidade dos elementos, as reações de apoio e os diagramas do momento fletor e do cortante da viga foram calculados no Exemplo 15.2.

EXEMPLO 16.3

Determine as reações e desenhe os diagramas do momento fletor e do cortante para a viga contínua com dois vãos ilustrada na Figura 16.9(a), usando o método da distribuição dos momentos.

Solução

Fatores de distribuição. Pela Figura 16.9(a), vemos que os nós B e C da viga contínua estão livres para girar. Os fatores de distribuição no nó B são

$$\text{FD}_{BA} = \frac{K_{BA}}{K_{BA} + K_{BC}} = \frac{1,5I/10}{(1,5I/10) + (I/10)} = 0,6$$

$$\text{FD}_{BC} = \frac{K_{BC}}{K_{BA} + K_{BC}} = \frac{I/10}{(1,5I/10) + (I/10)} = 0,4$$

Do mesmo modo, no nó C,

$$\text{FD}_{CB} = \frac{K_{CB}}{K_{CB}} = \frac{0,1I}{0,1I} = 1$$

Momentos de engastamento perfeito.

$$\text{MEP}_{AB} = + \frac{80(10)}{8} = +100 \text{ kN} \cdot \text{m}$$

$$\text{MEP}_{BA} = -100 \text{ kN} \cdot \text{m}$$

capítulo 16   Método da distribuição dos momentos

$$\text{MEP}_{BC} = + \frac{40(10)}{8} = +50 \text{ kN} \cdot \text{m}$$

$$\text{MEP}_{CB} = -50 \text{ kN} \cdot \text{m}$$

Distribuição dos momentos. Depois de registrarmos os fatores de distribuição e os momentos de engastamento perfeito na tabela de distribuição dos momentos ilustrada na Figura 16.9(b), iniciamos o processo da distribuição dos momentos equilibrando os nós B e C. O momento não equilibrado no nó B é igual a $-100 + 50 = -50$ kN $\cdot$ m. Portanto, os momentos distribuídos nas extremidades B dos elementos AB e BC são

$$\text{MD}_{BA} = \text{FD}_{BA}(-\text{MNE}_B) = 0{,}6(+50) = +30 \text{ kN} \cdot \text{m}$$

$$\text{MD}_{BC} = \text{FD}_{BC}(-\text{MNE}_B) = 0{,}4(+50) = +20 \text{ kN} \cdot \text{m}$$

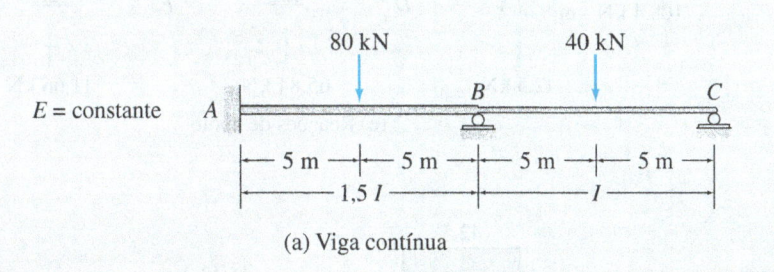

(a) Viga contínua

Fatores de distribuição		0,6	0,4		1,0
1. Momentos de engastamento perfeito	+100	−100	+50		−50
		+ 30	+20		+50
2. Equilíbrio dos nós B e C	+ 15		+25		+10
3. Transmissão		− 15	−10		−10
4. Equilíbrio dos nós B e C	− 7,5		− 5		− 5
5. Transmissão		+ 3	+ 2		+ 5
6. Equilíbrio dos nós B e C	+ 1,5		+ 2,5		+ 1
7. Transmissão		− 1,5	− 1		− 1
8. Equilíbrio dos nós B e C	− 0,8		− 0,5		− 0,5
9. Transmissão		+ 0,3	+ 0,2		+ 0,5
10. Equilíbrio dos nós B e C	+ 0,2		+ 0,3		+ 0,1
11. Transmissão		− 0,2	− 0,1		− 0,1
12. Equilíbrio dos nós B e C					
13. Momentos finais	+108,4	− 83,4	+83,4		0

(b) Tabela de distribuição dos momentos: $K_{BC} = \frac{I}{10}$

Fatores de distribuição		$\frac{2}{3}$	$\frac{1}{3}$	1
1. Momentos de engastamento perfeito	+100	−100	+50	−50
		+ 33,3	+16,7	+50
2. Equilíbrio dos nós B e C	+ 16,7		+25	
3. Transmissão		− 16,7	− 8,3	
4. Equilíbrio do nó B	− 8,3			
5. Transmissão				
6. Momentos finais	+108,4	− 83,4	+83,4	0

(c) Tabela de distribuição dos momentos: $K_{BC} = \frac{3}{4}\left(\frac{I}{10}\right)$

Figura 16.9 (*continua*)

614 Análise Estrutural   Parte 3

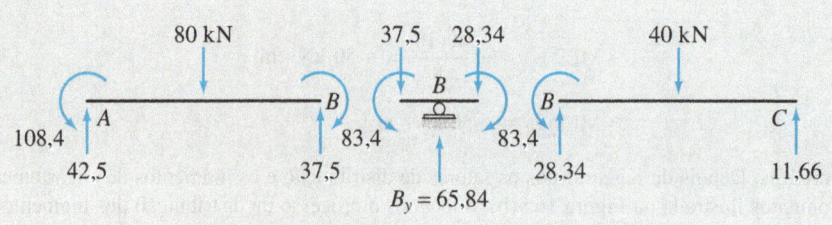

(d) Momentos e cortantes nas extremidades dos elementos

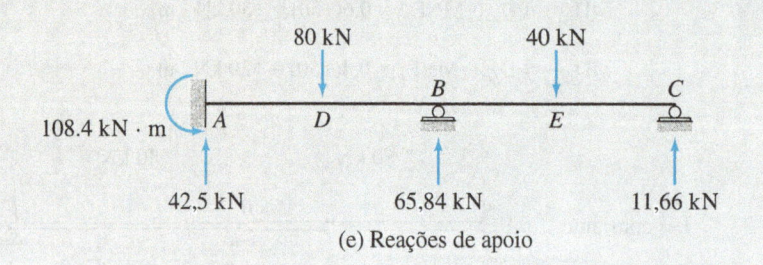

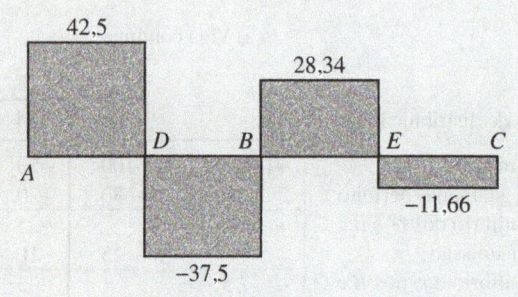

(e) Reações de apoio

(f) Diagrama do cortante (kN)

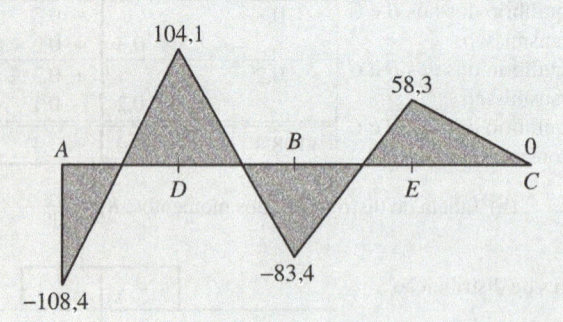

(g) Diagrama do momento fletor (kN · m)

Figura 16.9

Do mesmo modo, observando que o momento não equilibrado no nó C é -50 kN · m, determinamos que o momento distribuído na extremidade C do elemento BC é

$$\text{MD}_{CB} = \text{FD}_{CB}(-\text{MNE}_C) = 1(+50) = +50 \text{ kN} \cdot \text{m}$$

Em seguida, metade desses momentos distribuídos é transferida para as extremidades opostas, como mostra a terceira linha da tabela de distribuição dos momentos na Figura 16.9(b). Repetimos esse processo, como indica a figura, até que os momentos não equilibrados sejam desprezíveis.

Momentos finais. Os momentos finais na extremidade dos elementos, obtidos ao somarmos os momentos em cada coluna da tabela de distribuição dos momentos, são registrados na última linha da tabela na Figura 16.9(b). **Resp.**

Método alternativo. Como o apoio C da viga contínua é um apoio simples, podemos simplificar a análise usando a rigidez à flexão relativa reduzida para o elemento BC, que é adjacente ao apoio simples C:

$$K_{BC} = \frac{3}{4}\left(\frac{I}{10}\right)$$

Observe que a rigidez relativa à flexão do elemento AB continua a mesma de antes. Agora, os fatores de distribuição no nó B são dados por

$$\text{FD}_{BA} = \frac{K_{BA}}{K_{BA} + K_{BC}} = \frac{1{,}5I/10}{(1{,}5I/10) + (3I/40)} = \frac{2}{3}$$

$$\text{FD}_{BC} = \frac{K_{BC}}{K_{BA} + K_{BC}} = \frac{3I/40}{(1{,}5I/10) + (3I/40)} = \frac{1}{3}$$

No nó C, $\text{FD}_{CB} = K_{CB}/K_{CB} = 1$. Esses fatores de distribuição e os momentos de engastamento perfeito, que continuam os mesmos de antes, são registrados na tabela de distribuição dos momentos, conforme indica a Figura 16.9(c).

Como estamos usando a rigidez à flexão relativa reduzida para o elemento BC, o nó C precisa ser equilibrado apenas uma vez no processo da distribuição dos momentos. Assim, podemos equilibrar os nós B e C e calcular os momentos distribuídos de maneira usual, conforme indica a segunda linha da tabela de distribuição dos momentos (Figura 16.9(c)). Entretanto, como indica a terceira linha da tabela na Figura 16.9(c), nenhum momento é transferido para a extremidade C do elemento BC. O nó B é equilibrado mais uma vez, e o momento é transferido para a extremidade A do elemento AB (linhas 4 e 5). Como agora os nós B e C estão equilibrados, podemos concluir o processo da distribuição dos momentos somando os momentos em cada coluna da tabela de distribuição dos momentos. **Resp.**

Cortantes nas extremidades dos elementos. A Figura 16.9(d) indica os cortantes nas extremidades dos elementos, obtidos ao se levar em conta o equilíbrio de cada elemento. **Resp.**

Reações de apoio. Veja a Figura 16.9(b). **Resp.**

Diagramas do momento fletor e do cortante. Veja as Figuras 16.9(f) e (g). **Resp.**

EXEMPLO 16.4

Calcule os momentos nas extremidades dos elementos para a viga contínua ilustrada na Figura 16.10(a), usando o método da distribuição de momentos.

Solução

Essa viga já foi analisada no Exemplo 15.4 pelo método da rotação-flecha.

Fatores de distribuição. Como o vão em balanço CD não contribui para a rigidez rotacional do nó C, podemos tratar o nó C como um simples apoio de extremidade e usar a rigidez relativa reduzida à flexão do elemento BC nas análises:

$$K_{BA} = \frac{I}{6} \quad \text{e} \quad K_{BC} = \frac{3}{4}\left(\frac{I}{9}\right) = \frac{I}{12}$$

No nó B,

$$\text{FD}_{BA} = \frac{I/6}{(I/6) + (I/12)} = \frac{2}{3}$$

$$\text{FD}_{BC} = \frac{I/12}{(I/6) + (I/12)} = \frac{1}{3}$$

No nó C,

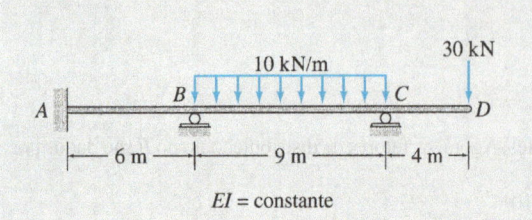

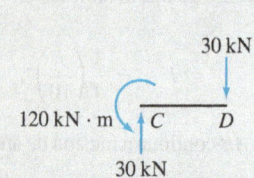

$$FD_{CB} = 1$$

(a) Viga contínua — EI = constante

(b) Vão em balanço estaticamente determinado

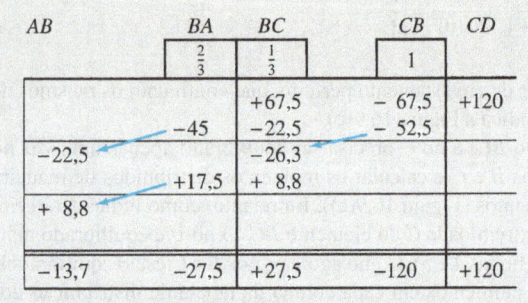

AB	BA	BC	CB	CD
	$\frac{2}{3}$	$\frac{1}{3}$	1	
		+67,5	−67,5	+120
	−45	−22,5	−52,5	
−22,5		−26,3		
	+17,5	+8,8		
+8,8				
−13,7	−27,5	+27,5	−120	+120

(c) Tabela de distribuição dos momentos

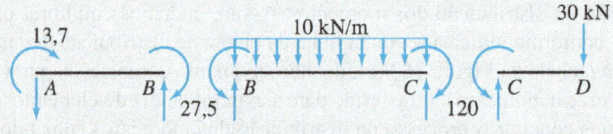

(d) Momentos finais na extremidade dos elementos (kN · m)

Figura 16.10

Momentos de engastamento perfeito. Usando as expressões de momentos de engastamento perfeito e a Figura 16.10(b), obtemos

$$MEP_{AB} = MEP_{BA} = 0$$

$$MEP_{BC} = +67,5 \text{ kN} \cdot \text{m} \qquad MEP_{CB} = -67,5 \text{ kN} \cdot \text{m}$$

$$MEP_{CD} = +30(4) = +120 \text{ kN} \cdot \text{m}$$

Distribuição dos momentos. A distribuição dos momentos é realizada conforme mostra a tabela de distribuição dos momentos na Figura 16.10(c).

Momentos finais. Veja a tabela de distribuição dos momentos e a Figura 16.10(d). **Resp.**

EXEMPLO 16.5

Determine os momentos na extremidade dos elementos para a viga contínua ilustrada na Figura 16.11(a) resultantes de um recalque de 20 mm no apoio B. Use o método da distribuição dos momentos.

Solução

Essa viga foi analisada anteriormente no Exemplo 15.5 pelo método da rotação-flecha.

Capítulo 16 — Método da distribuição dos momentos

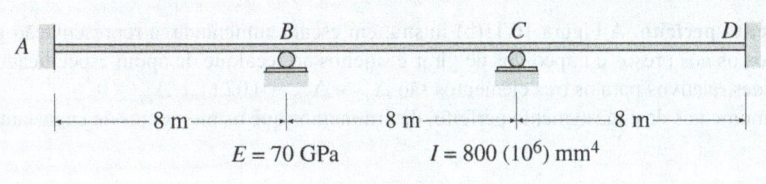

(a) Viga contínua

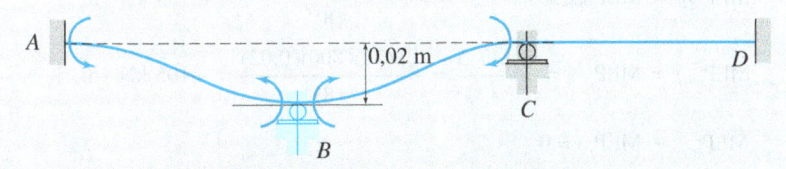

$E = 70$ GPa $I = 800\,(10^6)\,\text{mm}^4$

(b) Momentos de engastamento perfeito resultantes do recalque de apoio

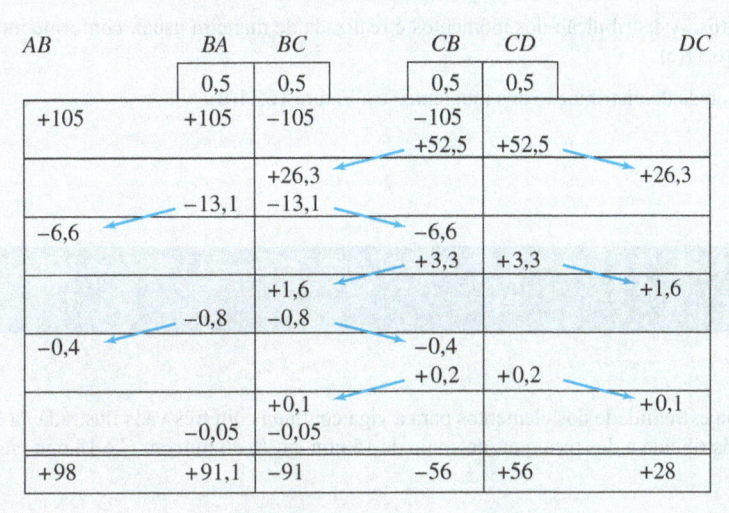

AB	BA	BC	CB	CD	DC
	0,5	0,5	0,5	0,5	
+105	+105	−105	−105		
			+52,5	+52,5	
		+26,3			+26,3
	−13,1	−13,1			
−6,6			−6,6		
			+3,3	+3,3	
		+1,6			+1,6
	−0,8	−0,8			
−0,4			−0,4		
			+0,2	+0,2	
		+0,1			+0,1
	−0,05	−0,05			
+98	+91,1	−91	−56	+56	+28

(c) Tabela de distribuição dos momentos

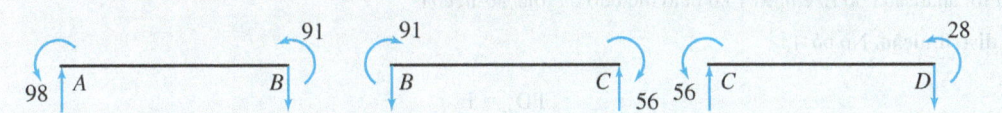

(d) Momentos finais na extremidade dos elementos (kN · m)

Figura 16.11

Fatores de distribuição. No nó B,

$$\text{FD}_{BA} = \frac{I/8}{(I/8)+(I/8)} = 0{,}5$$

$$\text{FD}_{BC} = \frac{I/8}{(I/8)+(I/8)} = 0{,}5$$

No nó C,

$$\text{FD}_{CB} = \frac{I/8}{(I/8)+(I/8)} = 0{,}5$$

$$\text{FD}_{CD} = \frac{I/8}{(I/8)+(I/8)} = 0{,}5$$

Momentos de engastamento perfeito. A Figura 16.11(b) ilustra, em escala aumentada, a representação gráfica da curva elástica da viga contínua com todos os nós presos e impedidos de girar e sujeitos ao recalque de apoio especificado. A partir dessa figura é possível ver que os recalques relativos para os três elementos são $\Delta_{AB} = \Delta_{BC} = 0{,}02$ m, e $\Delta_{CD} = 0$.

Usando as expressões de momentos de engastamento perfeito, determinamos que os momentos de engastamento perfeito resultantes do recalque de apoio são

$$\text{MEP}_{AB} = \text{MEP}_{BA} = +\frac{6EI\Delta}{L^2} = +\frac{6(70)(800)(0{,}02)}{(8)^2} = +105 \text{ kN} \cdot \text{m}$$

$$\text{MEP}_{BC} = \text{MEP}_{CB} = -\frac{6EI\Delta}{L^2} = -\frac{6(70)(800)(0{,}02)}{(8)^2} = -105 \text{ kN} \cdot \text{m}$$

$$\text{MEP}_{CD} = \text{MEP}_{DC} = 0$$

Distribuição dos momentos. A distribuição dos momentos é realizada de maneira usual, conforme indica a tabela de distribuição dos momentos na Figura 16.11(c)

Momentos finais. Veja a tabela de distribuição dos momentos e a Figura 16.11(d). **Resp.**

EXEMPLO 16.6

Determine os momentos na extremidade dos elementos para a viga contínua com três vãos ilustrada na Figura 16.12(a) decorrentes da carga uniformemente distribuída e dos recalques de apoio de 15 mm em B, 36 mm em C e 18 mm em D. Use o método da distribuição dos momentos.

Solução

Essa viga já foi analisada no Exemplo 15.6 pelo método da rotação-flecha.

Fatores de distribuição. No nó A,

$$FD_{AB} = 1$$

No nó B,

$$FD_{BA} = \frac{3I/20}{(3I/20) + (I/5)} = 0{,}429$$

$$FD_{BC} = \frac{I/5}{(3I/20) + (I/5)} = 0{,}571$$

No nó C,

$$FD_{CB} = \frac{I/5}{(3I/20) + (I/5)} = 0{,}571$$

$$FD_{CD} = \frac{3I/5}{(3I/20) + (I/5)} = 0{,}429$$

No nó D,

$$FD_{DC} = 1$$

capítulo 16 | Método da distribuição dos momentos

Momentos de engastamento perfeito. A Figura 16.12(b) ilustra, em escala aumentada, uma representação gráfica da curva elástica da viga contínua com todos os nós presos e impedidos de girar e sujeitos aos recalques de apoio especificados. Pela figura, vemos que os recalques relativos para os três elementos são $\Delta_{AB} = 15$ mm, $\Delta_{BC} = 36 - 15 = 21$ mm, e

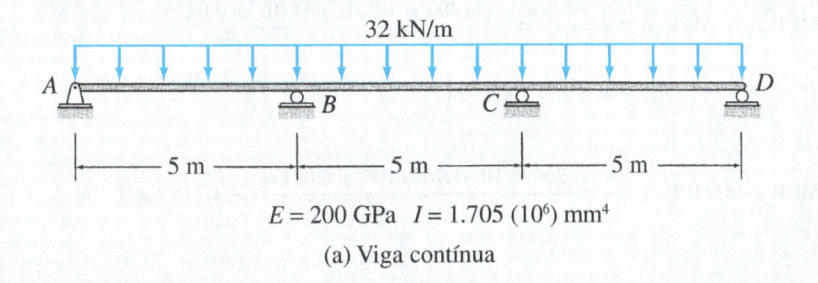

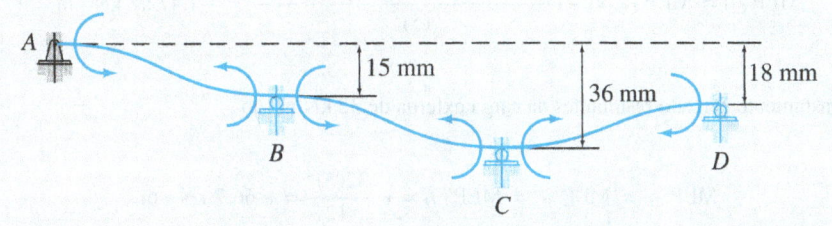

$E = 200$ GPa $I = 1.705 (10^6)$ mm^4

(a) Viga contínua

(b) Momentos de engastamento perfeito resultantes dos recalques de apoio

AB	BA	BC	CB	CD	DC
1	0,429	0,571	0,571	0,429	1
+1.823,33	+1.643,33	+2.256,67	+2.076,67	−1.860	−2.040
−1.823,33	−1.671,43	−2.228,57	−123,81	−92,86	+2.040
		−911,67	−61,91	−1.114,29	+1.020
		+417,25	+556,33	+53,88	+40,41
		+26,94	+278,17		
	−11,55	−15,39	−158,95	−119,22	
		−79,48	−7,70		
	+34,06	+45,42	+4,40	+3,30	
		+2,20	+22,71		
	−0,94	−1,26	−12,98	−9,73	
		−6,49	−0,63		
	+2,78	+3,71	+0,36	+0,27	
		+0,18	+1,85		
	−0,08	−0,10	−1,06	−0,79	
		−0,53			
	+0,23	+0,30			
0	−498,02	+498,02	+1.018,62	−1.018,62	0

(c) Tabela de distribuição dos momentos

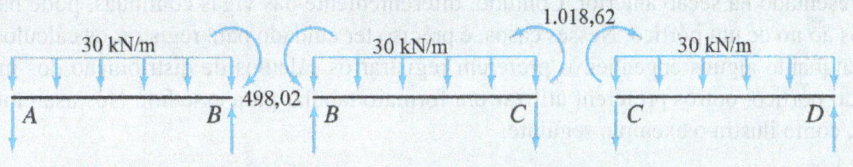

(d) Momentos finais na extremidade do elemento (kN · m)

Figura 16.12

$\Delta_{CD} = 36 - 18 = 18$ mm. Usando as expressões para momentos de engastamento perfeito, determinamos que os momentos nas extremidades engastadas resultantes dos recalques de apoio são

$$\text{MEP}_{AB} = \text{MEP}_{BA} = + \frac{6EI\Delta}{L^2} = + \frac{6(200 \times 10^6)1.705(10^{-6})(0,015)}{(5)^2}$$

$$= +1.227,2 \text{ kN} \cdot \text{m}$$

$$\text{MEP}_{BC} = \text{MEP}_{CB} = + \frac{6(200 \times 10^6)1.705(10^{-6})(0,021)}{(5)^2} = +1.718,1 \text{ kN} \cdot \text{m}$$

$$\text{MEP}_{CD} = \text{MEP}_{DC} = - \frac{6(200 \times 10^6)1.705(10^{-6})(0,018)}{(5)^2} = -1.472,7 \text{ kN} \cdot \text{m}$$

Os momentos de engastamento perfeito resultantes da carga externa de 32 kN/m são

$$\text{MEP}_{AB} = \text{MEP}_{BC} = \text{MEP}_{CD} = + \frac{32(5)^2}{12} = +66,7 \text{ kN} \cdot \text{m}$$

$$\text{MEP}_{BA} = \text{MEP}_{CB} = \text{MEP}_{DC} = -66,7 \text{ kN} \cdot \text{m}$$

Assim, os momentos totais nas extremidades engastadas resultantes do efeito combinado da carga externa e dos recalques de apoio são

$$\text{MEP}_{AB} = +1.293,9 \text{ kN} \cdot \text{m} \qquad \text{MEP}_{BA} = +1.160,5 \text{ kN} \cdot \text{m}$$

$$\text{MEP}_{BC} = +1.784,8 \text{ kN} \cdot \text{m} \qquad \text{MEP}_{CB} = +1.651,4 \text{ kN} \cdot \text{m}$$

$$\text{MEP}_{CD} = -1.406 \text{ kN} \cdot \text{m} \qquad \text{MEP}_{DC} = -1.539,4 \text{ kN} \cdot \text{m}$$

Distribuição dos momentos. A distribuição dos momentos é realizada de maneira usual, conforme indica a tabela de distribuição dos momentos na Figura 16.12(c) Observe que os nós A e D nas extremidades do apoio simples são equilibrados apenas uma vez e que nenhum momento é transferido para elas.

Momentos finais. Veja a tabela de distribuição dos momentos e a Figura 16.12(d). **Resp.**

16.4 Análise de pórticos indeslocáveis

O procedimento para a análise de pórticos sem translação lateral é semelhante ao usado para a análise de vigas contínuas apresentado na seção anterior. Contudo, diferentemente das vigas contínuas, pode haver mais de dois elementos unidos ao nó de um pórtico. Nesses casos, é preciso ter cuidado para registrar os cálculos de uma maneira que evite erros. Enquanto alguns engenheiros preferem registrar os cálculos de distribuição dos momentos diretamente num esboço do pórtico, outros preferem utilizar um formato tabular para esse fim. Nós usaremos uma forma tabular para cálculos, como ilustra o exemplo seguinte.

EXEMPLO 16.7

Determine os momentos nas extremidades dos elementos do pórtico ilustrado na Figura 16.13(a) usando o método da distribuição dos momentos.

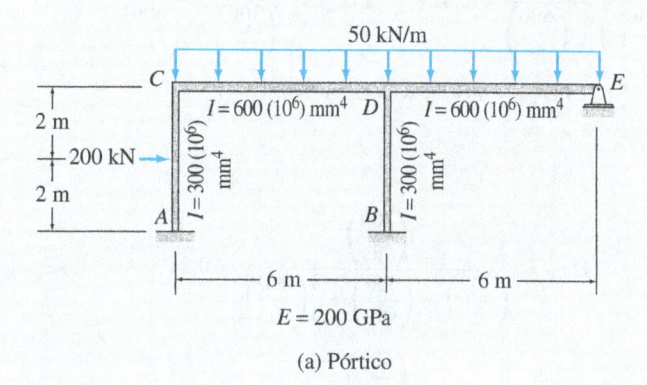

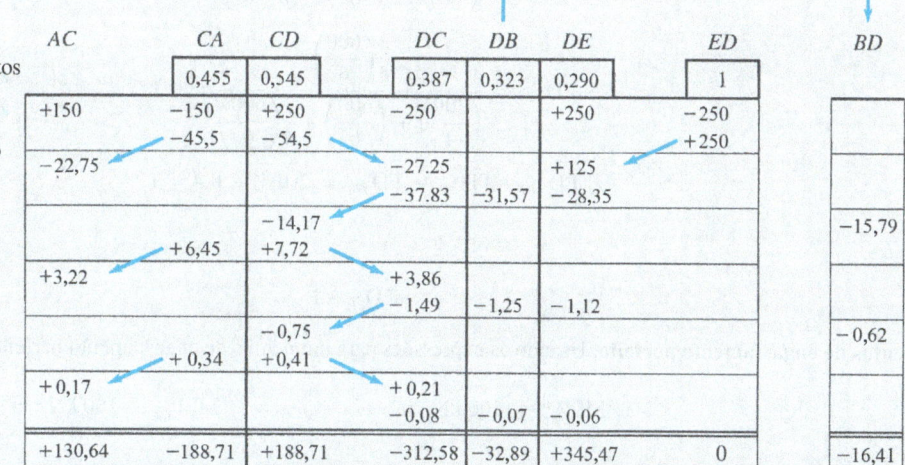

(a) Pórtico

Extremidades de elementos	AC	CA	CD	DC	DB	DE	ED	BD
Fatores de distribuição		0,455	0,545	0,387	0,323	0,290	1	
1. Momentos de engastamento perfeito	+150	−150	+250	−250		+250	−250	
		−45,5	−54,5				+250	
2. Equilíbrio dos nós	−22,75			−27,25		+125		
3. Transmissão				−37,83	−31,57	−28,35		
4. Equilíbrio dos nós			−14,17					−15,79
5. Transmissão		+6,45	+7,72					
6. Equilíbrio dos nós	+3,22			+3,86				
7. Transmissão				−1,49	−1,25	−1,12		
8. Equilíbrio dos nós			−0,75					−0,62
9. Transmissão		+0,34	+0,41					
10. Equilíbrio dos nós	+0,17			+0,21				
11. Transmissão				−0,08	−0,07	−0,06		
12. Equilíbrio dos nós								
13. Momentos finais	+130,64	−188,71	+188,71	−312,58	−32,89	+345,47	0	−16,41

(b) Tabela de distribuição dos momentos

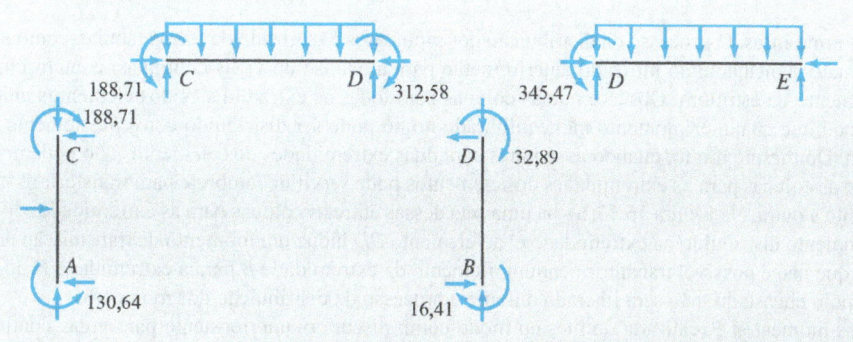

(c) Momentos finais na extremidade do elemento (kN · m)

Figura 16.13

Solução

Esse pórtico foi analisado no Exemplo 15.8 pelo método da rotação-flecha.

Fatores de distribuição. No nó C,

$$FD_{CA} = \frac{\left(\dfrac{300}{4}\right)}{\left(\dfrac{300}{4}\right)+\left(\dfrac{600}{6}\right)} = 0{,}429 \qquad FD_{CD} = \frac{\left(\dfrac{600}{6}\right)}{\left(\dfrac{300}{4}\right)+\left(\dfrac{600}{6}\right)} = 0{,}571$$

$$FD_{CA} + FD_{CD} = 0{,}429 + 0{,}571 = 1 \qquad \textbf{Verificações}$$

No nó D,

$$FD_{DB} = \frac{\left(\dfrac{300}{4}\right)}{\left(\dfrac{300}{4}\right)+\left(\dfrac{600}{6}\right)+\dfrac{3}{4}\left(\dfrac{600}{6}\right)} = 0{,}3$$

$$FD_{DC} = \frac{\left(\dfrac{600}{6}\right)}{\left(\dfrac{300}{4}\right)+\left(\dfrac{600}{6}\right)+\dfrac{3}{4}\left(\dfrac{600}{6}\right)} = 0{,}4$$

$$FD_{DE} = \frac{\dfrac{3}{4}\left(\dfrac{600}{6}\right)}{\left(\dfrac{300}{4}\right)+\left(\dfrac{600}{6}\right)+\dfrac{3}{4}\left(\dfrac{600}{6}\right)} = 0{,}3$$

$$FD_{DB} + FD_{DE} + FD_{DC} = 2(0{,}3) + 0{,}4 = 1 \qquad \textbf{Verificações}$$

No nó E,

$$FD_{ED} = 1$$

Momentos de engastamento perfeito. Usando as expressões para momentos de engastamento perfeito, obtemos

$$MEP_{AC} = +100 \text{ kN} \cdot \text{m} \qquad MEP_{CA} = -100 \text{ kN} \cdot \text{m}$$

$$MEP_{BD} = MEP_{DB} = 0$$

$$MEP_{CD} = MEP_{DE} = +150 \text{ kN} \cdot \text{m} \qquad MEP_{DC} = MEP_{ED} = -150 \text{ kN} \cdot \text{m}$$

Distribuição dos momentos. O processo da distribuição dos momentos é realizado de forma tabular, como indica a Figura 16.13(b). A tabela, em formato semelhante ao utilizado anteriormente para a análise de vigas contínuas, contém uma coluna para cada extremidade do elemento da estrutura. Observe que as colunas para todas as extremidades dos elementos unidas ao mesmo nó estão agrupadas, de modo que qualquer momento não equilibrado no nó pode ser distribuído convenientemente entre os elementos que estão unidos a ela. Do mesmo modo, quando as colunas para duas extremidades dos elementos não podem ser adjacentes, uma seta acima conectando as colunas para as extremidades dos elementos pode servir de lembrete para transferir os momentos de uma extremidade de elemento a outra. Na Figura 16.13(b), há uma seta dessas entre as colunas para as extremidades do elemento BD. Essa seta indica que um momento distribuído na extremidade D do elemento BD induz um momento de transmissão na extremidade oposta B. Observe, porém, que não é possível transferir nenhum momento da extremidade B para a extremidade D do elemento BD, porque o nó B, que é um apoio engastado, não será liberado durante o processo da distribuição dos momentos.

A distribuição dos momentos é realizada do mesmo modo como discutido anteriormente para vigas contínuas. Observe que todo momento não equilibrado no nó D precisa ser distribuído para as extremidades D dos três elementos unidos a ela de acordo com seus fatores de distribuição.

Momentos finais. Obtemos os momentos finais nas extremidades dos elementos ao somarmos todos os momentos em cada coluna da tabela de distribuição dos momentos. Observe que os momentos finais, registrados na última linha da tabela de distribuição dos momentos e ilustrados na Figura 16.13(c), satisfazem às equações de equilíbrio de momentos nos nós C e D do pórtico. **Resp.**

16.5 Análises de pórticos deslocáveis

Até aqui, consideramos a análise de estruturas nas quais as translações dos nós eram zero ou conhecidas (como no caso dos recalques de apoio). Nesta seção, aplicaremos o método da distribuição dos momentos para analisar pórticos cujos nós podem ser submetidos a rotações e translações que não foram determinadas. Como discutimos na Seção 15.4, em geral nós nos referimos a esses pórticos como pórticos com deslocabilidade lateral.

Considere, por exemplo, o pórtico retangular ilustrado na Figura 16.14(a). A figura também ilustra em escala aumentada uma representação gráfica da curva elástica do pórtico para uma carga arbitrária. Enquanto os nós engastados A e B do pórtico estão totalmente impedidos de girar ou transladar, os nós C e D podem fazer as duas coisas. Entretanto, como presumimos que os elementos do pórtico são inextensíveis e que as deformações são pequenas, os nós C e D sofrem o mesmo deslocamento, Δ, apenas na direção horizontal, como mostra a figura.

A análise de distribuição dos momentos desse tipo de pórtico, com deslocabilidade lateral, é realizada em duas etapas. Na primeira etapa, impede-se a translação lateral do pórtico acrescentando um rolete imaginário à estrutura, conforme ilustra a Figura 16.14(b). Em seguida, submetemos o pórtico a cargas externas e calculamos os momentos na extremidade dos elementos aplicando o processo da distribuição dos momentos da maneira usual. Conhecendo os momentos na extremidade dos elementos, aplicamos as equações de equilíbrio para calcular força de restrição (reação) R desenvolvida no apoio imaginário.

(a) Pórtico real — Momentos M

(b) Pórtico com translação lateral impedida — Momentos M_O

(c) Pórtico submetido a R — Momentos M_R

(d) Pórtico submetido a uma translação arbitrária Δ' — Momentos M_O

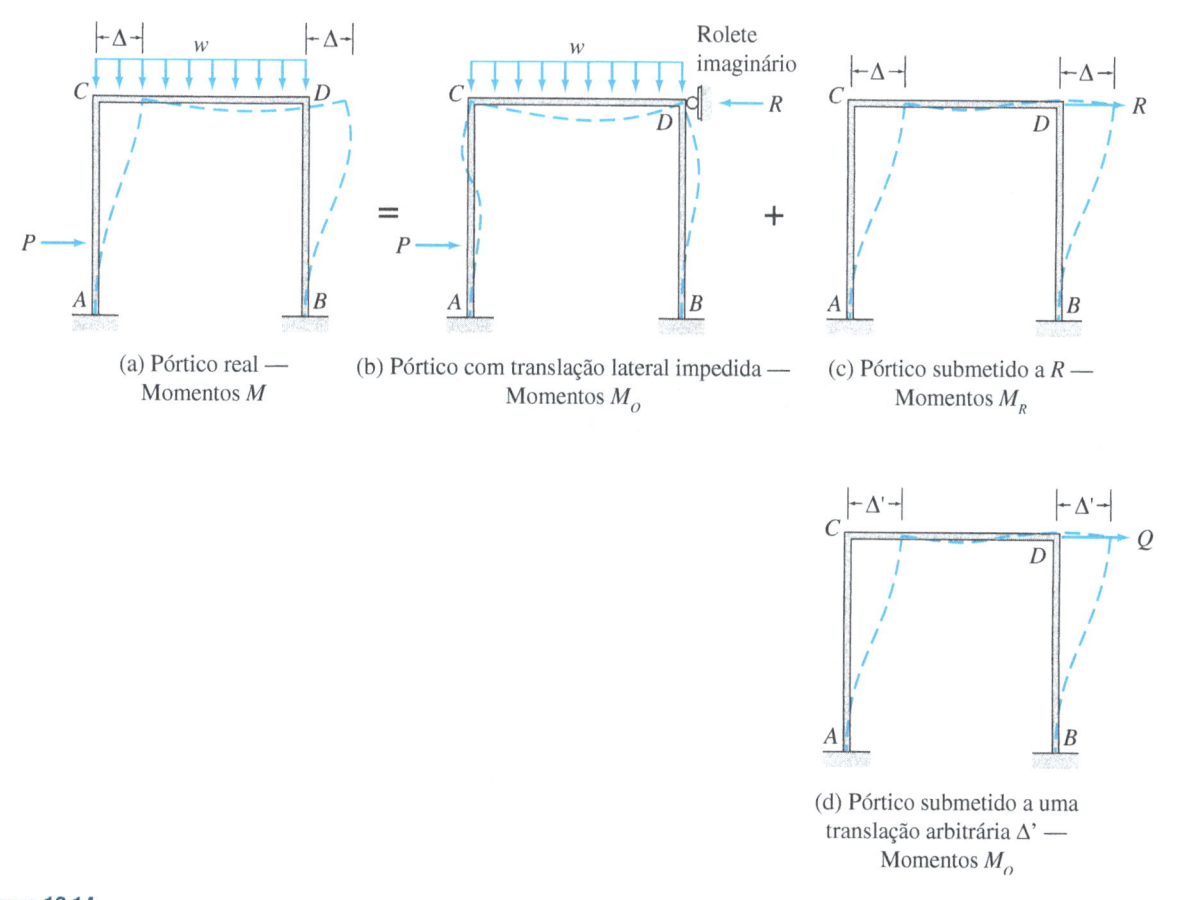

Figura 16.14

Na segunda parte da análise, o pórtico é submetido à força R, aplicada na direção oposta, como indica a Figura 16.14(c). Determinamos os momentos que se desenvolvem nas extremidades dos elementos e os sobrepomos aos momentos calculados na primeira etapa (Figura 16.14(b)) para obtermos os momentos na extremidade dos elementos do pórtico real (Figura 16.14(a)). Se M, M_O e M_R denotam, respectivamente, os momentos na extremidade dos elementos no pórtico real, no pórtico impedido de deslocar lateralmente e o pórtico submetido a R, então podemos escrever (veja as Figuras 16.14(a), (b) e (c))

$$M = M_O + M_R \tag{16.27}$$

Uma pergunta importante que surge na segunda parte da análise é como determinar os momentos M_R nas extremidades dos elementos que se desenvolvem quando o pórtico sofre translação lateral sob a ação de R (Figura 16.14(c)). Como não é possível usar diretamente o método da distribuição dos momentos para calcular os momentos em razão da carga lateral conhecida R, usamos uma abordagem indireta na qual o pórtico é submetido a uma translação arbitrária conhecida dos nós, Δ', causada por uma carga desconhecida Q atuando no local e na direção de R, como indica a Figura 16.14(d). A partir da translação conhecida dos nós, Δ', determinamos a translação relativa entre as extremidades de cada elemento e calculamos os momentos de engastamento perfeito do mesmo modo usado anteriormente no caso dos recalques de apoios. Os momentos de engastamento perfeito obtidos dessa maneira são distribuídos de acordo com o método da distribuição dos momentos para determinar os momentos M_Q nas extremidades engastadas causados pela carga ainda desconhecida Q. Assim que determinarmos os momentos M_Q nas extremidades dos elementos, poderemos calcular a magnitude de Q aplicando as equações de equilíbrio.

Conhecendo a carga Q e os momentos correspondentes M_Q, agora podemos determinar facilmente os momentos desejados M_R resultantes da carga lateral R ao multiplicarmos M_Q pela razão R/Q; isto é,

$$M_R = \left(\frac{R}{Q}\right) M_Q \tag{16.28}$$

Substituindo a Equação (16.28) pela Equação (16.27), podemos expressar os momentos de extremidades finais dos elementos no pórtico real (Figura 16.14(a)) como

$$M = M_O + \left(\frac{R}{Q}\right) M_Q \tag{16.29}$$

Os exemplos a seguir ilustram esse método de análise.

EXEMPLO 16.8

Determine os momentos na extremidade dos elementos do pórtico ilustrado na Figura 16.15(a) usando o método da distribuição dos momentos.

Solução

Esse pórtico foi analisado no Exemplo 15.10 pelo método da rotação-flecha.

Fatores de distribuição. No nó C,

$$FD_{CA} = FD_{CD} = \frac{I/7}{2(I/7)} = 0,5$$

No nó D,

$$FD_{DC} = \frac{I/7}{(I/7)+(I/5)} = 0,417$$

$$FD_{DB} = \frac{I/5}{(I/7)+(I/5)} = 0,583$$

$$FD_{DC} + FD_{DB} = 0,417 + 0,583 = 1 \quad \text{Verificações}$$

Parte I: Translação lateral impedida. Na primeira etapa da análise, impedimos a translação lateral do pórtico ao acrescentarmos um rolete imaginário ao nó C, como mostra a Figura 16.15(b). Pressupondo que os nós C e D desse pórtico estejam presos para impedir sua rotação, calculamos os momentos de engastamento perfeito resultantes da carga externa como

capítulo 16 — Método da distribuição dos momentos

$$\text{MEP}_{CD} = +39{,}2 \text{ kN} \cdot \text{m} \qquad \text{MEP}_{DC} = -29{,}4 \text{ kN} \cdot \text{m}$$

$$\text{MEP}_{AC} = \text{MEP}_{CA} = \text{MEP}_{BD} = \text{MEP}_{DB} = 0$$

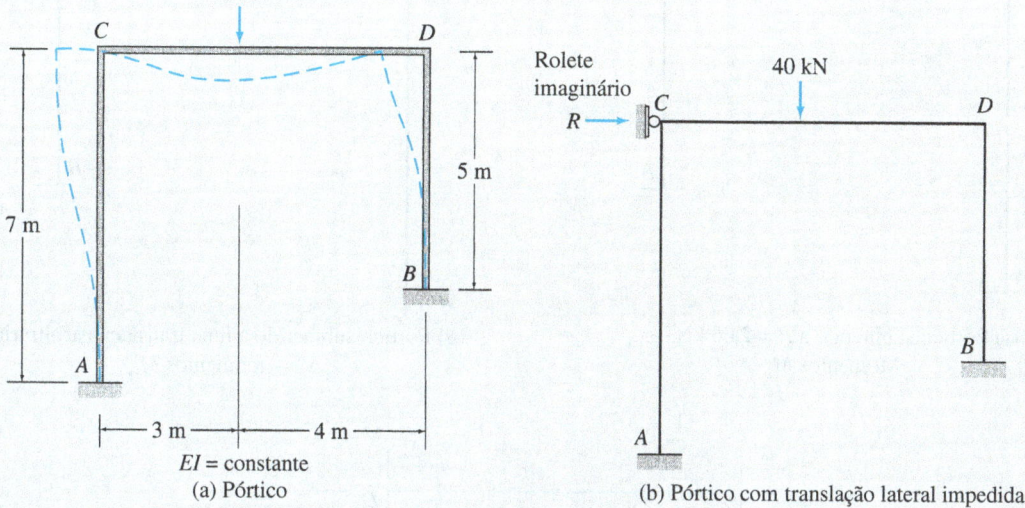

(a) Pórtico

(b) Pórtico com translação lateral impedida

AC	CA	CD	DC	DB	BD
	0,5	0,5	0,417	0,583	
		+39,2	−29,4		
	−19,6	−19,6	+12,3	+17,1	
−9,8		+6,2	−9,8		+8,6
	−3,1	−3,1	+4,1	+5,7	
−1,6		+2,1	−1,6		+2,9
	−1,1	−1,1	+0,7	+0,9	
−0,6		+0,4	−0,6		+0,5
	−0,2	−0,2	+0,3	+0,3	
−12	−24	+23,9	−24	+24	+12

(c) Momentos na extremidade dos elementos para pórticos com translação lateral impedida — Momentos M_O

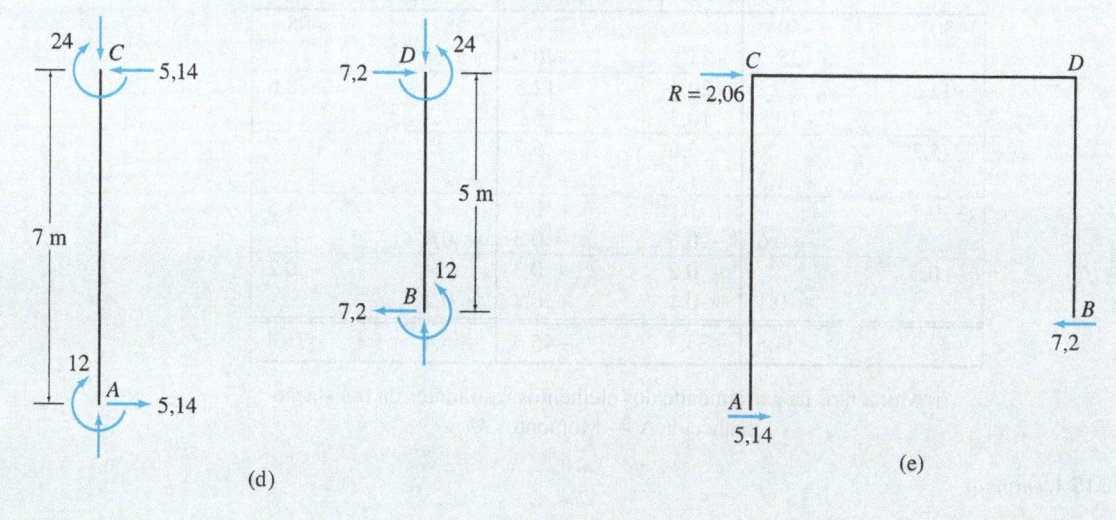

(d)

(e)

Figura 16.15 (*continua*)

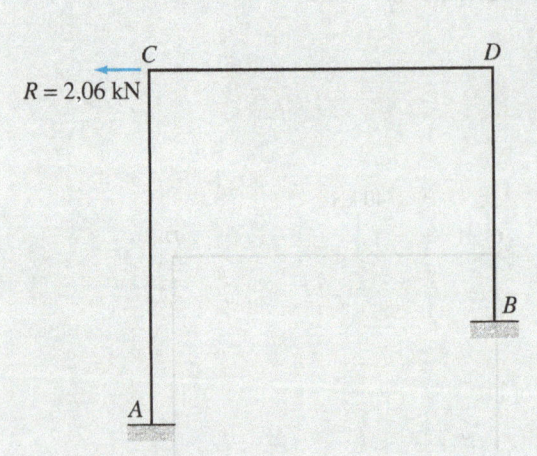

(f) Pórtico submetido a $R = 2,06$ kN — Momentos M_R

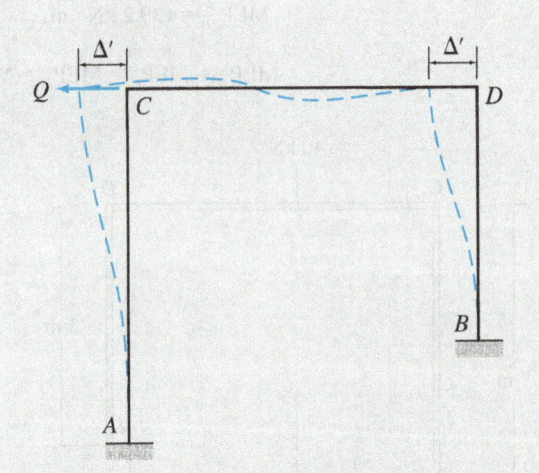

(g) Pórtico submetido a uma translação arbitrária Δ' — momentos M_Q

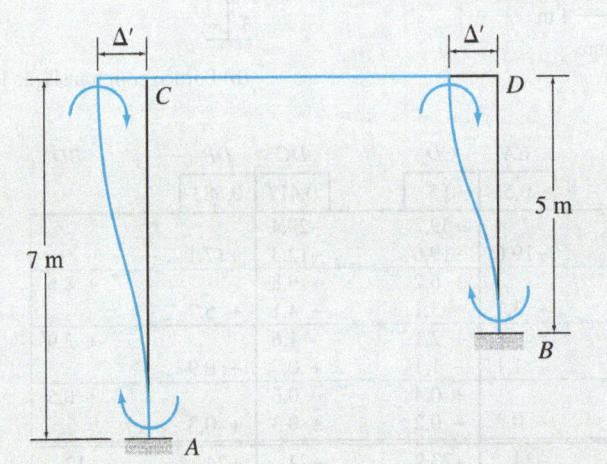

(h) Momentos de engastamento perfeito resultantes da translação conhecida Δ'

AC	CA	CD	DC	DB	BD
	0,5	0,5	0,417	0,583	
−50	−50			−98	−98
	+25	+25	+40,9	+57,1	
+12,5		+20,5	+12,5		+28,6
	−10,3	−10,3	− 5,2	− 7,3	
− 5,2		− 2,6	− 5,2		− 3,7
	+ 1,3	+ 1,3	+ 2,2	+ 3	
+ 0,7		+ 1,1	+ 0,7		+ 1,5
	− 0,6	− 0,6	− 0,3	− 0,4	
− 0,3		− 0,2	− 0,3		− 0,2
	+ 0,1	+ 0,1	+ 0,1	+ 0,2	
−42,3	−34,5	+34,3	+45,4	−45,4	−71,8

(i) Momentos na extremidade dos elementos resultantes da translação conhecida Δ' — Momentos M_Q

Figura 16.15 (*continua*)

(j) Avaliação de Q

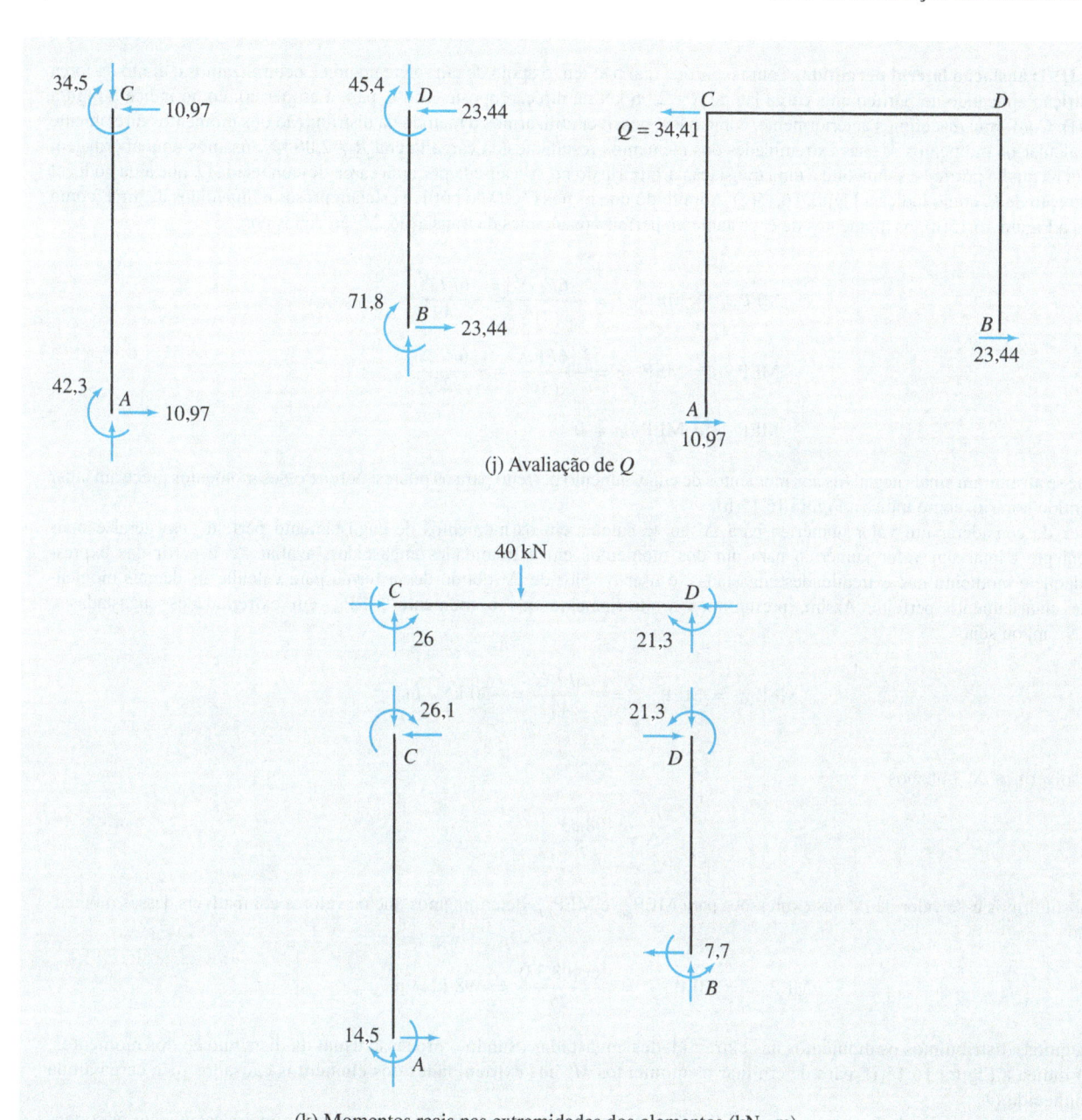

(k) Momentos reais nas extremidades dos elementos (kN · m)

Figura 16.15

Em seguida, fazemos a distribuição desses momentos de engastamento perfeito, conforme indica a tabela de distribuição dos momentos na Figura 16.15(c), a fim de determinar os momentos M_O nas extremidades dos elementos do pórtico com translação lateral impedida.

Para calcularmos a força de restrição R que se desenvolve no rolete de apoio imaginário, primeiro calculamos os cortantes nas extremidades inferiores dos pilares AC e BD, levando em conta o equilíbrio dos momentos dos corpos livres dos pilares indicados na Figura 16.15(d). Em seguida, considerando o equilíbrio das forças horizontais que atuam sobre todo pórtico (Figura 16.15(e)), determinamos que a força de restrição R é

$$+\rightarrow \Sigma F_x = 0 \qquad R + 5{,}14 - 7{,}2 = 0$$

$$R = 2{,}06 \text{ kN} \rightarrow$$

Observe que a força de restrição atua à direita, indicando que se não houvesse um rolete no lugar, o pórtico teria se deslocado para a esquerda,

Parte II: Translação lateral permitida. Como o pórtico real não tem o apoio de um rolete no nó C, neutralizamos o efeito da força de restrição aplicando ao pórtico uma carga lateral $R = 2{,}06$ kN na direção oposta (isto é, para a esquerda), como indica a Figura 16.15(f). Conforme discutimos anteriormente, como não é possível utilizarmos o método da distribuição dos momentos diretamente para calcular os momentos M_R nas extremidades dos elementos resultantes da carga lateral $R = 2{,}06$ kN, usamos uma abordagem indireta na qual o pórtico é submetido a uma translação arbitrária do nó Δ' causada por uma carga desconhecida Q, que atua no local e na direção de R, como indica a Figura 16.15(g). Admitindo que os nós C e D do pórtico estejam presos e impedidos de girar, como mostra a Figura 16.15(h), os momentos de engastamento perfeito resultantes da translação Δ' são dados por

$$\text{MEP}_{AC} = \text{MEP}_{CA} = -\frac{6EI\,\Delta'}{(7)^2} = -\frac{6EI\,\Delta'}{49}$$

$$\text{MEP}_{BD} = \text{MEP}_{DB} = -\frac{6EI\,\Delta'}{(5)^2} = -\frac{6EI\,\Delta'}{25}$$

$$\text{MEP}_{CD} = \text{MEP}_{DC} = 0$$

em que se atribuíram sinais negativos aos momentos de engastamento perfeito para os pilares, porque esses momentos precisam atuar em sentido horário, como indica a Figura 16.15(h).

Em vez de considerar um valor numérico para Δ' ao se calcularem os momentos de engastamento perfeito, em geral é mais conveniente adotar um valor numérico para um dos momentos em extremidades engastadas, avaliar Δ' a partir das expressões daquele momento nas extremidades engastadas, e usar o valor de Δ' obtido dessa forma para calcular os demais momentos de engastamento perfeito. Assim, presumimos arbitrariamente que o momento MEP_{AC} em extremidades engastadas é -50 kN · m, ou seja,

$$\text{MEP}_{AC} = \text{MEP}_{CA} = -\frac{6EI\,\Delta'}{49} = -50 \text{ kN} \cdot \text{m}$$

Ao resolvermos Δ', obtemos

$$\Delta' = \frac{408{,}33}{EI}$$

Se substituirmos esse valor de Δ' nas expressões para MEP_{BD} e MEP_{DB}, determinamos que os valores compatíveis desses momentos são

$$\text{MEP}_{BD} = \text{MEP}_{DB} = -\frac{6(408{,}33)}{25} = -98 \text{ kN} \cdot \text{m}$$

Em seguida, distribuímos os momentos nas extremidades engastadas usando o processo usual da distribuição dos momentos, como indica a Figura 16.15(i), para determinar os momentos M_Q nas extremidades dos elementos causados pela carga ainda desconhecida Q.

Para avaliarmos a magnitude de Q, que corresponde a esses momentos na extremidade dos elementos, primeiro calculamos os cortantes nas extremidades inferiores dos pilares considerando seu equilíbrio dos momentos (Figura 16.15(j)) e então aplicamos a equação de equilíbrio na direção horizontal ao pórtico todo:

$$+ \longrightarrow \Sigma F_X = 0$$

$$-Q + 10{,}97 + 23{,}44 = 0$$

$$Q = 34{,}41 \text{ kN} \longleftarrow$$

que indica que os momentos M_Q calculados na Figura 16.15(i) são causados por uma carga lateral $Q = 34{,}41$ kN. Como os momentos são linearmente proporcionais à magnitude da carga, os momentos desejados M_R resultantes da carga lateral $R = 2{,}06$ kN devem ser iguais aos momentos M_Q (Figura 16.15(i)) multiplicados pela razão $R/Q = 2{,}06/34{,}41$.

Momentos reais nas extremidades dos elementos. Agora, é possível determinar os momentos reais, M, nas extremidades dos elementos somando-se algebricamente os momentos M_O nas extremidades dos elementos calculados na Figura 16.15(c) e $2{,}06/34{,}41$ vezes os momentos M_Q nas extremidades dos elementos calculados na Figura 16.15(i). Portanto,

$$M_{AC} = -12 + \left(\frac{2,06}{34,41}\right)(-42,3) = -14,5 \text{ kN} \cdot \text{m} \qquad \text{Resp.}$$

$$M_{CA} = -24 + \left(\frac{2,06}{34,41}\right)(-34,5) = -26,1 \text{ kN} \cdot \text{m} \qquad \text{Resp.}$$

$$M_{CD} = 23,9 + \left(\frac{2,06}{34,41}\right)(34,3) = 26 \text{ kN} \cdot \text{m} \qquad \text{Resp.}$$

$$M_{DC} = -24 + \left(\frac{2,06}{34,41}\right)(45,4) = -21,3 \text{ kN} \cdot \text{m} \qquad \text{Resp.}$$

$$M_{DB} = 24 + \left(\frac{2,06}{34,41}\right)(-45,4) = 21,3 \text{ kN} \cdot \text{m} \qquad \text{Resp.}$$

$$M_{BD} = 12 + \left(\frac{2,06}{34,41}\right)(-71,8) = 7,7 \text{ kN} \cdot \text{m} \qquad \text{Resp.}$$

A Figura 16.15(k) ilustra esses momentos.

EXEMPLO 16.9

Determine as reações para a viga não prismática ilustrada na Figura 16.16(a) usando o método da distribuição de momentos.

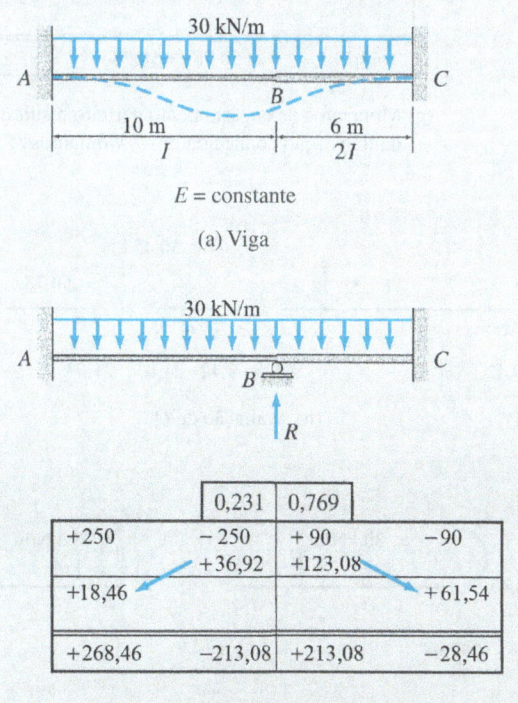

(a) Viga

(b) Viga com translação do nó impedida — Momentos M_O

Figura 16.16 (*continua*)

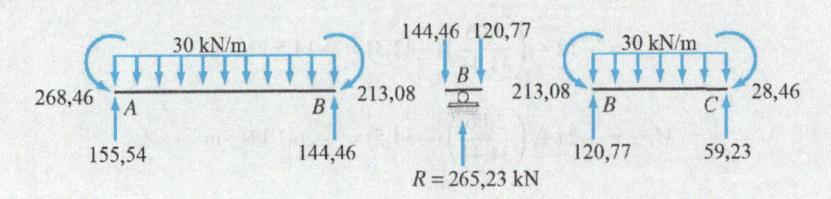

(c) Avaliação da força de restrição R

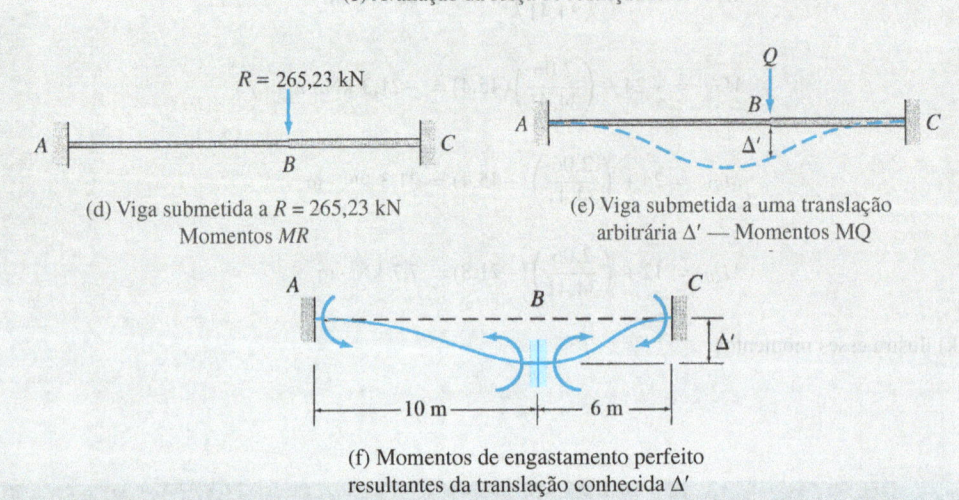

(d) Viga submetida a R = 265,23 kN
Momentos MR

(e) Viga submetida a uma translação arbitrária Δ' — Momentos MQ

(f) Momentos de engastamento perfeito resultantes da translação conhecida Δ'

0,231	0,769
+36 +36	−100 −100
+14,78	+49,22
+7,39	+24,61
+43,39 +50,78	−50,78 −75,39

(g) Momentos de engastamento perfeito resultantes da translação conhecida Δ' — Momentos M_Q

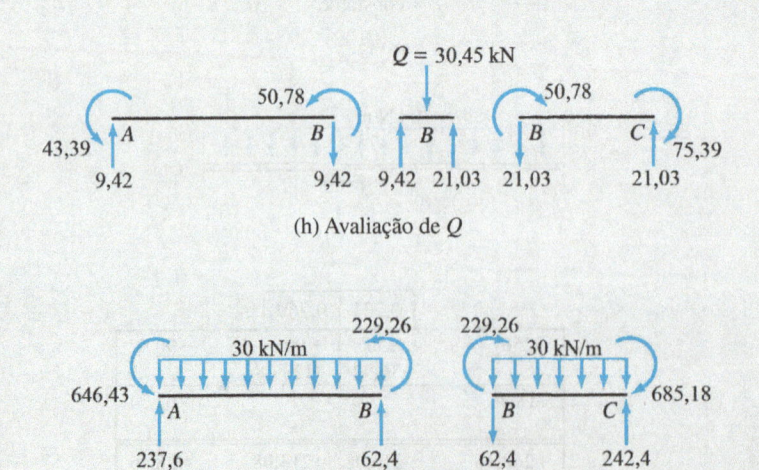

(h) Avaliação de Q

(i) Momentos reais nas extremidades dos elementos (kN · m)

Figura 16.16 (*continua*)

capítulo 16　　　　　　　　　　　　　　　　　　　　　　　　　　　　Método da distribuição dos momentos　**631**

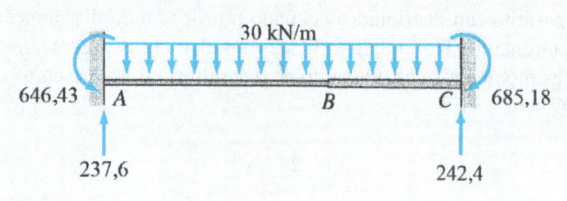

$$\text{30 kN/m}$$

646,43　A　　　　　B　　　　　C　685,18

237,6　　　　　　　　　242,4

(j) Reações de apoio

Figura 16.16

Solução

Como as relações entre a rigidez e o coeficiente de transmissão deduzidas na Seção 16.1, bem como as expressões para momentos nas extremidades engastadas apresentadas no final deste livro, são válidas apenas para elementos prismáticos, analisaremos a viga não prismática como se fosse composta por dois elementos prismáticos, *AB* e *BC*, unidos rigidamente ao nó *B*. Observe que o nó *B* está livre para girar e transladar na direção vertical, como indica a Figura 16.16(a).

Fatores de distribuição. Os fatores de distribuição no nó *B* são

$$\text{FD}_{BA} = \frac{I/10}{(I/10)+(2I/6)} = 0{,}231$$

$$\text{FD}_{BC} = \frac{2I/6}{(I/10)+(2I/6)} = 0{,}769$$

Parte I: Translação impedida no nó. Nesta parte da análise, a translação do nó *B* está impedida por um rolete imaginário, como mostra a Figura 16.16(b). Os momentos nas extremidades engastadas resultantes da carga externa são

$$\text{MEP}_{AB} = +150 \text{ kN} \cdot \text{m} \qquad \text{MEP}_{BA} = -150 \text{ kN} \cdot \text{m}$$

$$\text{MEP}_{BC} = +54 \text{ kN} \cdot \text{m} \qquad \text{MEP}_{CB} = -54 \text{ kN} \cdot \text{m}$$

Realizamos a distribuição desses momentos de engastamento perfeito, conforme indica a Figura 16.16(b), para determinarmos os momentos M_O nas extremidades dos elementos. Em seguida, calculamos a força de restrição *R* no rolete de apoio imaginário ao considerarmos o equilíbrio dos elementos *AB* e *BC* e do nó *B*, como ilustra a Figura 16.16(c). A força de restrição será

$$R = 159{,}12 \text{ kN} \uparrow$$

Parte II: Translação permitida no nó. Como a viga real não tem um rolete de apoio no nó *B*, neutralizamos seu efeito restritivo ao aplicarmos uma carga descendente $R = 159{,}12$ kN à viga, como ilustra a Figura 16.16(d). Para determinarmos os momentos M_R nas extremidades dos elementos resultantes de *R*, submetemos a viga a uma translação arbitrária conhecida Δ', como indica a Figura 16.16(e). Os momentos de engastamento perfeito devidos a Δ' são dados por (veja a Figura 16.16(f))

$$\text{MEP}_{AB} = \text{MEP}_{BA} = \frac{6EI\Delta'}{(10)^2} = \frac{3EI\Delta'}{50}$$

$$\text{MEP}_{BC} = \text{MEP}_{CB} = -\frac{6E(2I)\Delta'}{(6)^2} = -\frac{EI\Delta'}{3}$$

Se admitirmos arbitrariamente que

$$\text{MEP}_{BC} = \text{MEP}_{CB} = -\frac{EI\Delta'}{3} = -100 \text{ kN} \cdot \text{m}$$

então,

$$EI\,\Delta' = 300$$

e, consequentemente,

$$\text{MEP}_{AB} = \text{MEP}_{BA} = \frac{3(300)}{50} = 18 \text{ kN} \cdot \text{m}$$

Esses momentos de engastamento perfeito são distribuídos segundo o processo da distribuição dos momentos, conforme indica a Figura 16.16(g), para determinar os momentos M_Q nas extremidades dos elementos. Agora, é possível avaliar a carga Q no local e na direção de R que corresponde a esses momentos, considerando-se o equilíbrio dos elementos AB e BC e do nó B, conforme indica a Figura 16.16(h). A magnitude de Q será

$$Q = 24 \text{ kN} \downarrow$$

Assim, os momentos desejados M_R devidos à carga vertical $R = 159{,}12$ kN (Figura 16.16(d)) devem ser iguais aos momentos M_Q (Figura 16.16(g)) multiplicados pela razão $R/Q = 159{,}12/24 = 6{,}63$.

Momentos reais nas extremidades dos elementos. Agora, é possível determinar os momentos reais nas extremidades dos elementos, M, somando-se algebricamente os momentos M_O nas extremidades calculados na Figura 16.16(b) vezes 6,63 os momentos M_Q nas extremidades calculados na Figura 16.16(g).

$$M_{AB} = 161{,}1 + 6{,}63(27{,}5) = 343{,}4 \text{ kN} \cdot \text{m} \quad \textbf{Resp.}$$
$$M_{BA} = -127{,}8 + 6{,}63(36{,}9) = 116{,}8 \text{ kN} \cdot \text{m} \quad \textbf{Resp.}$$
$$M_{BC} = 127{,}8 + 6{,}63(-36{,}9) = -116{,}8 \text{ kN} \cdot \text{m} \quad \textbf{Resp.}$$
$$M_{CB} = -17{,}1 + 6{,}63(-68{,}5) = -471{,}2 \text{ kN} \cdot \text{m} \quad \textbf{Resp.}$$

A Figura 16.16(i) indica os cortantes nas extremidades dos elementos obtidos ao se aplicarem equações de equilíbrio.

Reações do apoio. Veja a Figura 16.16(j).

Verificação de equilíbrio. As equações de equilíbrio são verificadas.

EXEMPLO 16.10

Determine os momentos nas extremidades dos elementos e as reações para o pórtico ilustrado na Figura 16.17(a), usando o método da distribuição de momentos.

Solução

Fatores de distribuição. No nó C,

$$\text{FD}_{CA} = \text{FD}_{CD} = \frac{I/5}{2(I/5)} = 0{,}5$$

No nó D,

$$\text{FD}_{DC} = \frac{I/5}{(I/5) + (3/4)(I/3{,}605)} = 0{,}49$$

$$\text{FD}_{DB} = \frac{(3/4)(I/3{,}605)}{(I/5) + (3/4)(I/3{,}605)} = 0{,}51$$

Momentos na extremidade dos elementos resultantes de uma translação lateral arbitrária Δ'. Como não há cargas externas aplicadas aos elementos do pórtico, os momentos M_O nas extremidades dos elementos do pórtico que estão com translação lateral impedida serão iguais a zero. Para determinarmos os momentos M nas extremidades dos elementos devidos à carga lateral de 120 kN, submetemos o pórtico a uma translação horizontal arbitrária conhecida Δ' no nó C. A Figura 16.17(b) ilustra uma representação gráfica do pórtico, com todos os nós impedidos de girar e submetidos ao deslocamento horizontal Δ' no nó C. Na Seção 15.5 discutimos o procedimento para construir essas curvas elásticas. Observe que, como admitimos que os elementos do pórtico são inextensíveis e as deformações pequenas, a extremidade de um elemento pode transladar somente no sentido perpendicular ao elemento. Nesta figura, podemos ver que a translação relativa Δ_{AC} entre as extremidades do elemento AC no sentido perpendicular ao elemento pode ser expressa em termos da translação Δ' do nó como

$$\Delta_{AC} = CC' = \frac{5}{4}\Delta' = 1{,}25\Delta'$$

capítulo 16 — Método da distribuição dos momentos

Do mesmo modo, as translações relativas para os elementos CD e BD são dadas por

$$\Delta_{CD} = D_1 D = \frac{2}{3}\Delta + \frac{3}{4}\Delta = 1{,}417\Delta$$

$$\Delta_{BD} = DD = \frac{\sqrt{13}}{3}\Delta = 1{,}202\Delta$$

(a) Pórtico

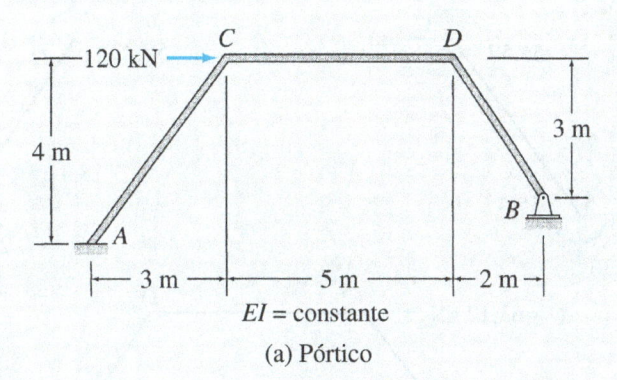

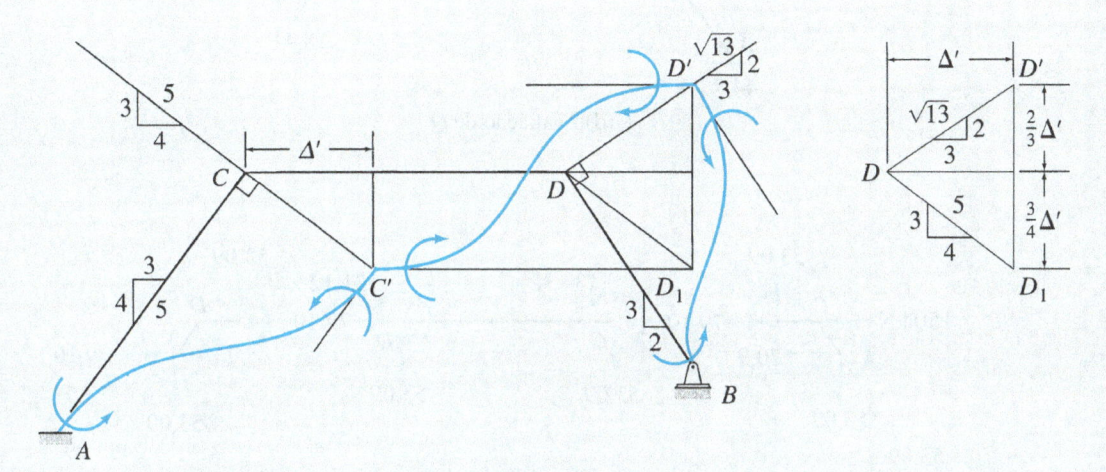

(b) Momentos de engastamento perfeito resultantes de uma translação arbitrária Δ'

AC	CA	CD	DC	DB	BD
	0,5	0,5	0,49	0,51	1
+54,21	+54,21	−61,44	−61,44	+100	+100
	+3,61	+3,61	−18,89	−19,67	−100
+1,81		−9,45	+1,81	−50	
	+4,72	+4,72	+23,61	+24,58	
+2,36		+11,81	+2,36		
	−5,90	−5,90	−1,16	−1,20	
−2,95		−0,58	−2,95		
	+0,29	+0,29	+1,45	+1,50	
+0,15		+0,72	+0,15		
	−0,36	−0,36	−0,07	−0,08	
−0,18			−0,18		
			+0,09	+0,09	
+55,4	+56,57	−56,57	−55,22	+55,22	0

(c) Momentos na extremidade dos elementos resultantes da translação conhecida Δ'— Momentos M_Q

Figura 16.17 (*continua*)

634 Análise Estrutural

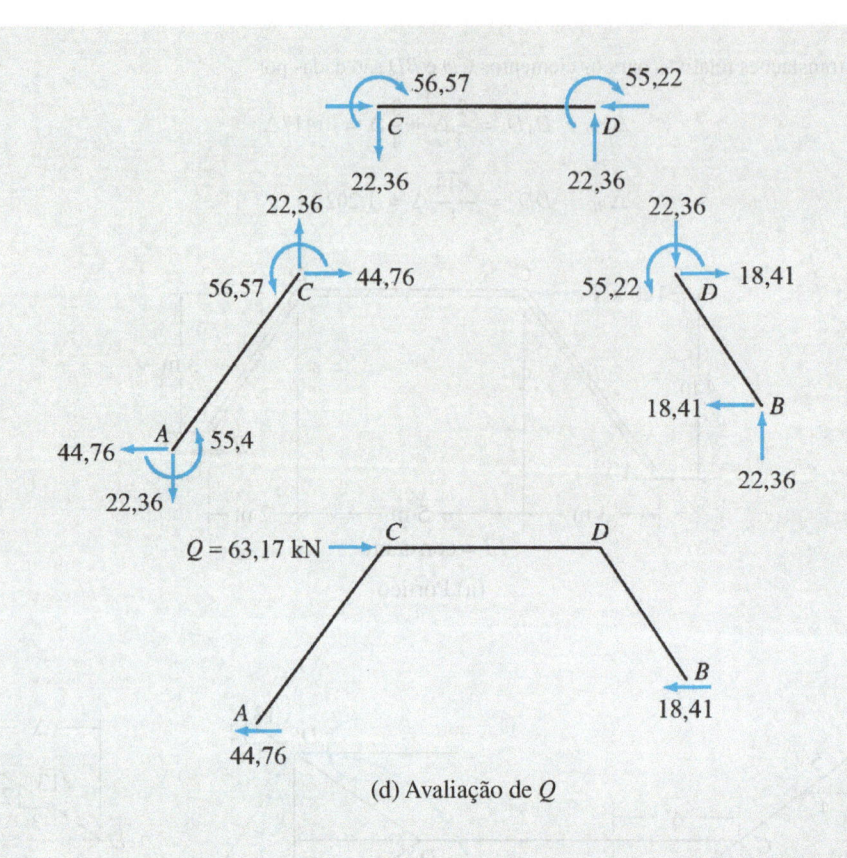

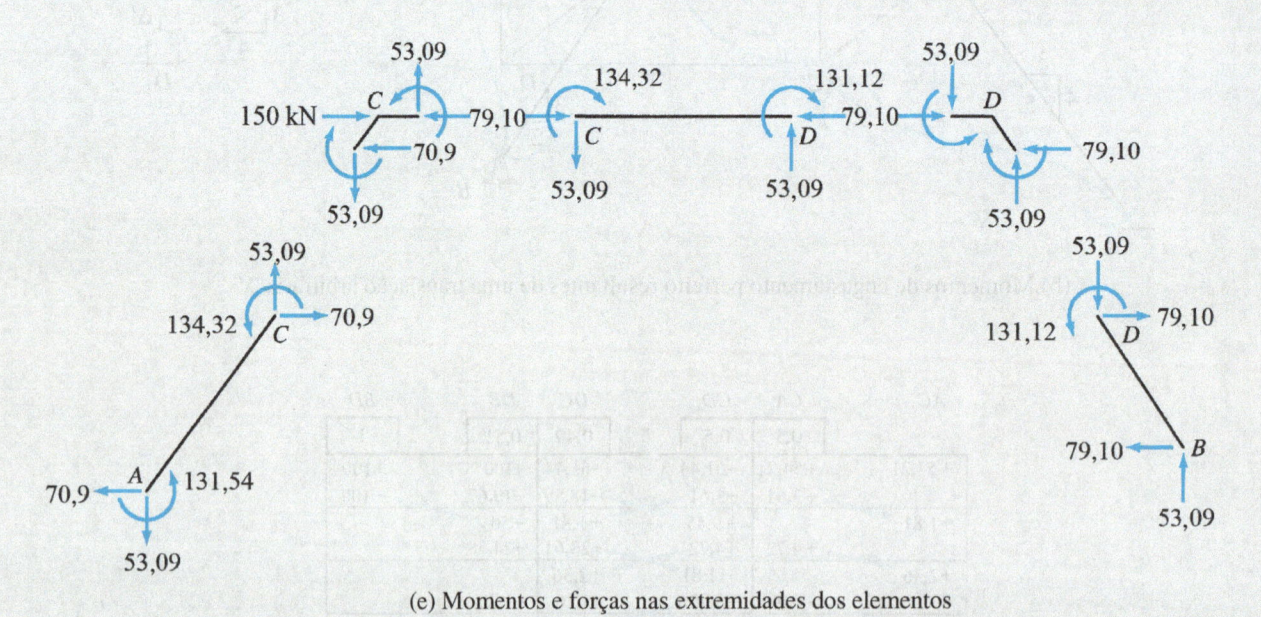

(d) Avaliação de Q

(e) Momentos e forças nas extremidades dos elementos

Figura 16.17 (*continua*)

Figura 16.17

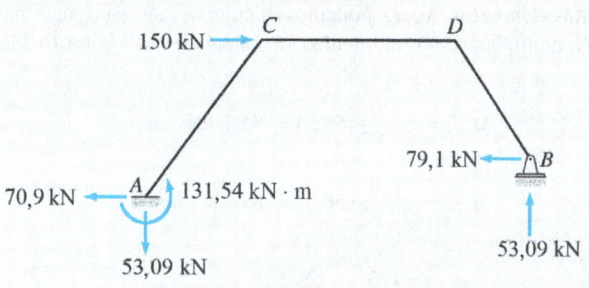

(f) Reações do apoio

Os momentos de engastamento perfeito devidos a translações relativas são

$$\text{MEP}_{AC} = \text{MEP}_{CA} = \frac{6EI(1{,}25\Delta')}{(5)^2}$$

$$\text{MEP}_{CD} = \text{MEP}_{DC} = -\frac{6EI(1{,}417\Delta')}{(5)^2}$$

$$\text{MEP}_{BD} = \text{MEP}_{DB} = \frac{6EI(1{,}202\Delta')}{(3{,}605)^2}$$

em que, como mostra a Figura 16.17(b), os momentos de engastamento perfeito dos elementos *AC* e *BD* ocorrem em sentido anti-horário (positivos), e no elemento *CD* ocorrem em sentido horário (negativo). Se admitirmos arbitrariamente que

$$\text{MEP}_{BD} = \text{MEP}_{DB} = \frac{6EI(1{,}202\Delta')}{(3{,}605)^2} = 100 \text{ kN} \cdot \text{m}$$

então,

$$EI\,\Delta' = 180{,}2$$

e, consequentemente,

$$\text{MEP}_{AC} = \text{MEP}_{CA} = 54{,}1 \text{ kN} \cdot \text{m}$$

$$\text{MEP}_{CD} = \text{MEP}_{DC} = -61{,}3 \text{ kN} \cdot \text{m}$$

Esses momentos de engastamento perfeito são distribuídos pelo método da distribuição dos momentos, como mostra a Figura 16.17(c), para determinar os momentos M_Q nas extremidades engastadas.

Para determinarmos a magnitude da carga *Q* que corresponde aos momentos nas extremidades dos elementos calculados na Figura 16.17(c), primeiro calculamos os cortantes nas extremidades da viga *CD* considerando o equilíbrio dos momentos no corpo livre da viga ilustrado na Figura 16.17(d). Em seguida, aplicamos os cortantes da viga (22,32 kN) assim obtidos aos corpos livres dos elementos inclinados *AC* e *BD*, como indica a figura. Depois aplicamos as equações de equilíbrio dos momentos aos elementos *AC* e *BD* para calcularmos as forças horizontais nas extremidades inferiores desses elementos. Agora, é possível determinarmos a magnitude de *Q* considerando o equilíbrio das forças horizontais que atuam sobre o pórtico todo como (veja a Figura 16.17(d))

$$+\longrightarrow \Sigma F_x = 0$$

$$Q - 44{,}69 - 33{,}28 = 0$$

$$Q = 77{,}97 \text{ kN} \longrightarrow$$

Momentos reais nas extremidades dos elementos. Agora, podemos calcular os momentos reais nas extremidades dos elementos, M, resultantes da carga lateral de 120 kN, multiplicando os momentos M_Q calculados na Figura 16.17(c) pela razão $120/Q = 120/77{,}97$:

$$M_{AC} = \frac{120}{77{,}97}(55{,}3) = 85{,}1 \text{ kN} \cdot \text{m} \qquad \textbf{Resp.}$$

$$M_{CA} = \frac{120}{77{,}97}(56{,}5) = 87 \text{ kN} \cdot \text{m} \qquad \textbf{Resp.}$$

$$M_{CD} = \frac{120}{77{,}97}(-56{,}4) = -86{,}8 \text{ kN} \cdot \text{m} \qquad \textbf{Resp.}$$

$$M_{DC} = \frac{120}{77{,}97}(-55{,}2) = -85 \text{ kN} \cdot \text{m} \qquad \textbf{Resp.}$$

$$M_{DB} = \frac{120}{77{,}97}(55{,}2) = 85 \text{ kN} \cdot \text{m} \qquad \textbf{Resp.}$$

$$M_{BD} = 0 \qquad \textbf{Resp.}$$

Forças na extremidade do elemento. Veja a Figura 16.17(e).

Reações de apoio. Veja a Figura 16.17(f). **Resp.**

Verificação de equilíbrio. As equações de equilíbrio são verificadas.

Análise de pórticos com múltiplos andares

O procedimento anterior pode ser estendido à análise de estruturas com diversos graus de liberdade de deslocabilidade lateral. Considere o pórtico retangular com dois andares ilustrado na Figura 16.18(a). A análise de distribuição dos momentos deste pórtico é feita em três etapas. Na primeira etapa, impede-se a translação lateral dos dois andares do pórtico acrescentando roletes imaginários no nível do solo, como ilustra a Figura 16.18(b). Os momentos M_O nas extremidades que se desenvolvem nesse pórtico em razão das cargas externas são calculados pelo processo da distribuição dos momentos, e as forças de restrição R_1 e R_2 nos apoios imaginários são avaliadas com as equações de equilíbrio. Na segunda etapa da análise, permitimos que o andar inferior do pórtico se desloque por uma distância conhecida Δ_1', enquanto impedimos a translação lateral do andar superior, como indica a Figura 16.18(c). Os momentos de engastamento perfeito causados por esse deslocamento são calculados e distribuídos para obtermos os momentos M_{Q1} nas extremidades. Com os momentos nas extremidades conhecidos, determinamos as forças Q_{11} e Q_{21} no local dos roletes de apoio usando as equações de equilíbrio. Do mesmo modo, na terceira etapa da análise, permitimos que o andar superior do pórtico se desloque por uma distância conhecida Δ_2', conforme ilustra a Figura 16.18(d), e avaliamos os momentos correspondentes M_{Q2} nas extremidades e as forças Q_{12} e Q_{22}. Os momentos M nas extremidades dos elementos no pórtico real (Figura 16.18(a)) são determinados ao sobrepormos os momentos calculados nas três etapas como

$$M = M_O + c_1 M_{Q1} + c_2 M_{Q2} \tag{16.30}$$

em que c_1 e c_2 são as constantes cujos valores são obtidos ao se resolver as equações de superposição de forças horizontais nos locais dos apoios imaginários. Ao sobrepormos as forças horizontais mostradas nas Figuras 16.18(a) a (d) nos nós D e F, respectivamente, obtemos

$$-R_1 + c_1 Q_{11} \, c_2 Q_{12} = 0$$

$$-R_2 - c_1 Q_{21} + c_2 Q_{22} = 0$$

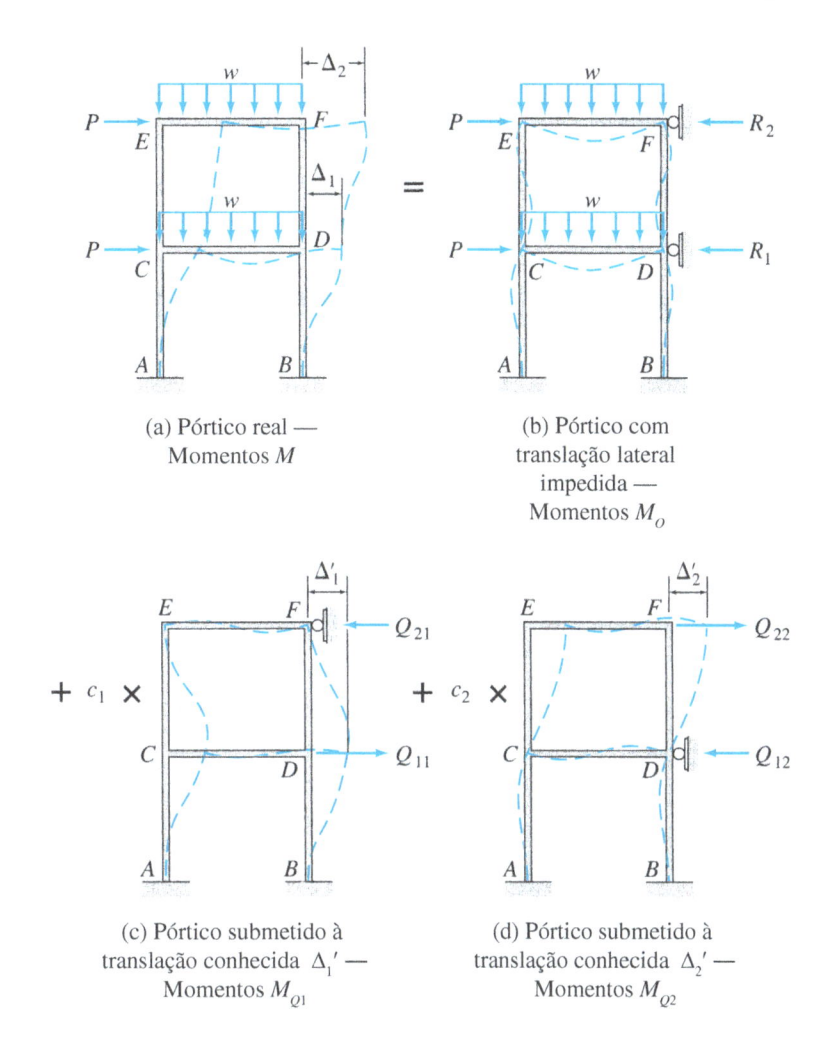

Figura 16.18

(a) Pórtico real — Momentos M

(b) Pórtico com translação lateral impedida — Momentos M_O

(c) Pórtico submetido à translação conhecida Δ_1' — Momentos M_{Q1}

(d) Pórtico submetido à translação conhecida Δ_2' — Momentos M_{Q2}

Ao resolvermos essas equações simultaneamente, obtemos os valores das constantes c_1 e c_2, que então são usadas na Equação (16.30) para determinarmos os momentos desejados nas extremidades dos elementos, M.

Como indica a discussão anterior, a análise de pórticos com múltiplos andares pelo método da distribuição dos momentos pode ser bastante tediosa e demorada. Por esse motivo, hoje em dia a análise dessas estruturas é feita em computadores usando-se a formulação de matriz do método dos deslocamentos apresentado no Capítulo 17.

Resumo

Neste capítulo, estudamos uma formulação clássica do método dos deslocamentos (rigidez), chamado método da distribuição dos momentos, para a análise de vigas e pórticos.

O procedimento para a análise de vigas contínuas e pórticos sem deslocabilidade, essencialmente, é calcular os momentos de engastamento perfeito resultantes de cargas externas, presumindo-se que todos os nós livres da estrutura estejam temporariamente impedidos de girar, e equilibrar os momentos nos nós livres pelo processo da distribuição dos momentos. No processo da distribuição dos momentos, em cada nó livre da estrutura avaliamos o momento não equilibrado e o distribuímos às extremidades dos elementos que estão unidas a ele. Depois, calculamos os momentos de transmissão induzidos nas extremidades opostas dos elementos e repetimos o processo de equilibrar os nós e transferir momentos até que os momentos não equilibrados sejam desprezíveis. Para obtermos os momentos finais nas extremidades dos elementos, somamos algebricamente o momento na extremidade engastada e todos os momentos de distribuição e transmissão na extremidade de cada elemento.

A análise de pórticos com um único grau de liberdade de translação lateral é feita em duas etapas. Na primeira etapa, impede-se a translação lateral acrescentando-se um rolete imaginário à estrutura. Depois, calculamos os momentos que se desenvolvem nas extremidades dos elementos desse pórtico impedindo-o de oscilar, usando o método da distribuição dos momentos; e, a seguir, avaliamos a força de restrição R ao aplicarmos as equações de equilíbrio. Na segunda etapa da análise, para calcularmos os momentos nos elementos resultantes da força R aplicada na direção

PROBLEMAS

Seção 16.3

16.1 a 16.5 Determine as reações e desenhe os diagramas do momento fletor e do cortante para as vigas ilustradas nas Figuras P16.1 a P16.5 usando o método da distribuição dos momentos.

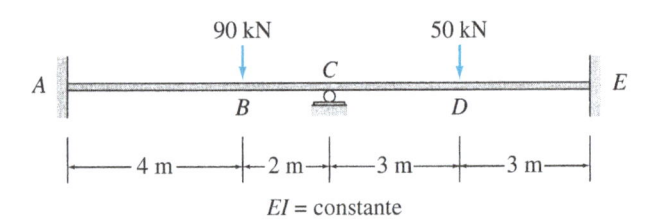

Figura P16.1

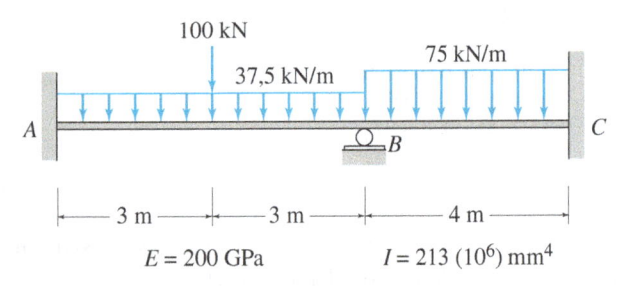

Figuras P16.2, P16.6

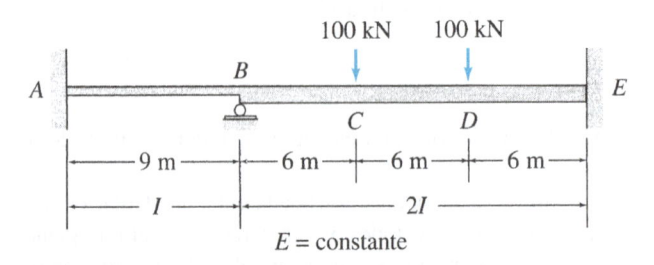

Figura P16.3

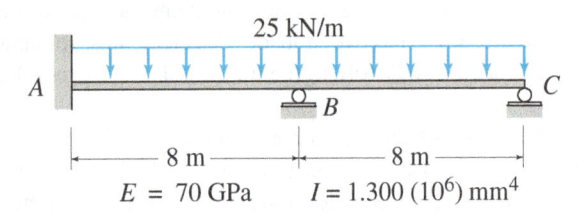

Figuras P16.4, P16.7

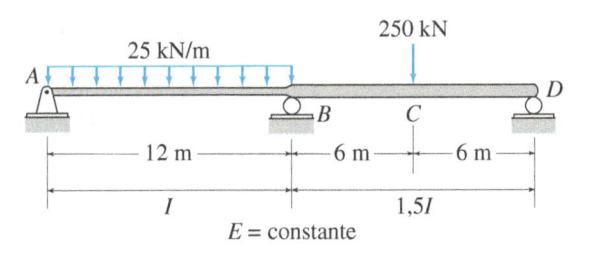

Figura P16.5

16.6 Resolva o Problema 16.2 para o carregamento indicado na Figura P16.2 e um recalque de 13 mm no apoio B.

16.7 Resolva o Problema 16.4 para o carregamento indicado na Figura P16.4 e os recalques de apoio de 50 mm em B e 25 mm em C.

16.8 a 16.14 Determine as reações e desenhe os diagramas do momento fletor e do cortante para as vigas ilustradas nas Figuras P16.8 a P16.14 usando o método da distribuição dos momentos.

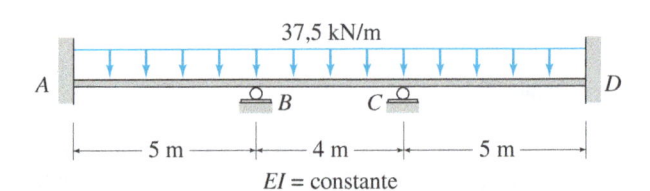

Figura P16.8

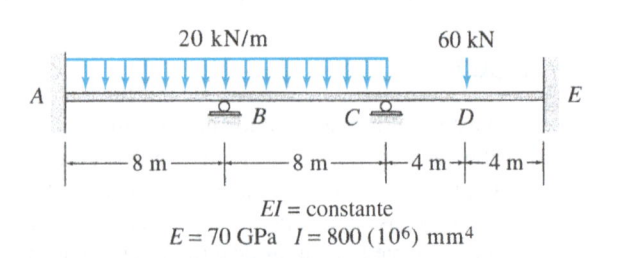

Figuras P16.9, P16.15

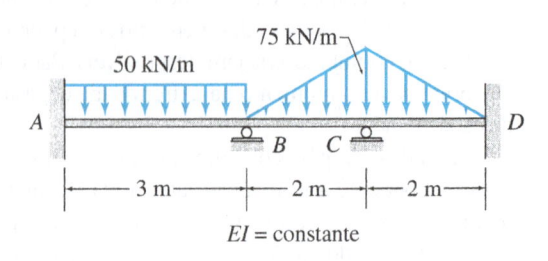

Figura P16.10

capítulo 16 Método da distribuição dos momentos 639

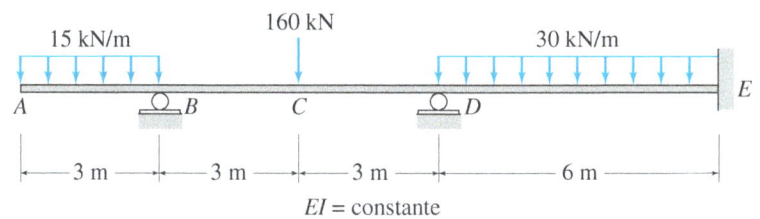

Figura P16.11

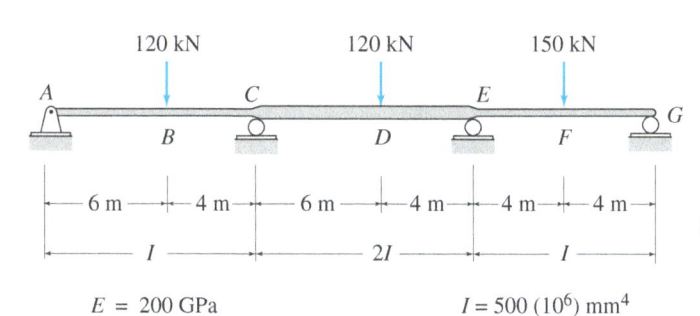

Figuras P16.12, P16.16

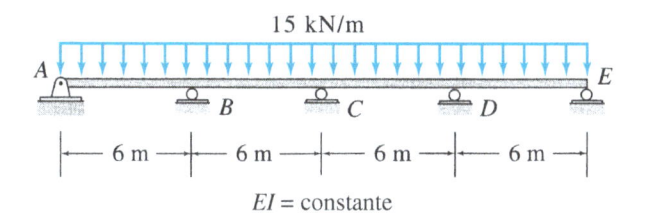

Figura P16.13

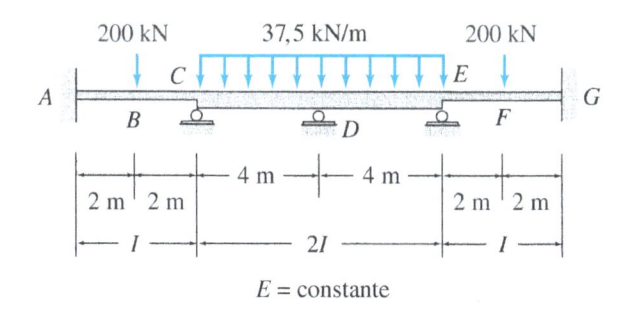

Figura P16.14

16.15 Resolva o Problema 16.9 para o carregamento indicado na Figura P16.9 e um recalque de 25 mm no apoio C.

16.16 Resolva o Problema 16.12 para o carregamento indicado na Figura P16.12 e os recalques de apoio de 10 mm em A, 65 mm em C, 40 mm em E, e 25 mm em G.

Seção 16.4

16.17 a 16.20 Determine os momentos na extremidade dos elementos e reações para os pórticos ilustrados nas Figuras P16.17 a P16.20 usando o método da distribuição dos momentos.

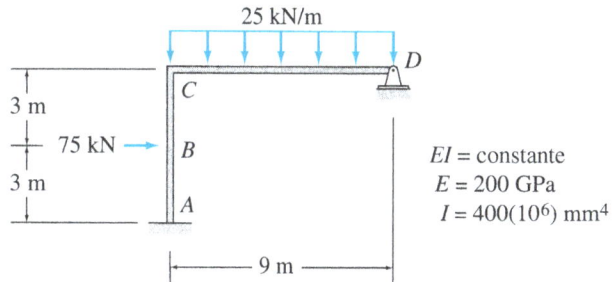

Figuras P16.17, P16.21

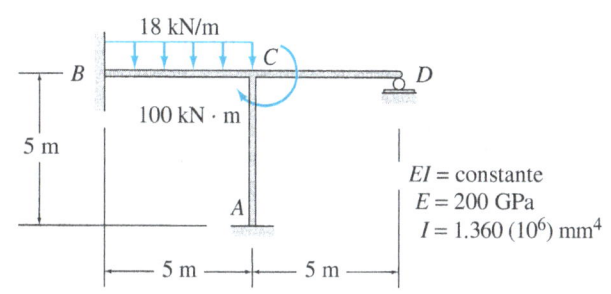

Figura P16.18, P16.22

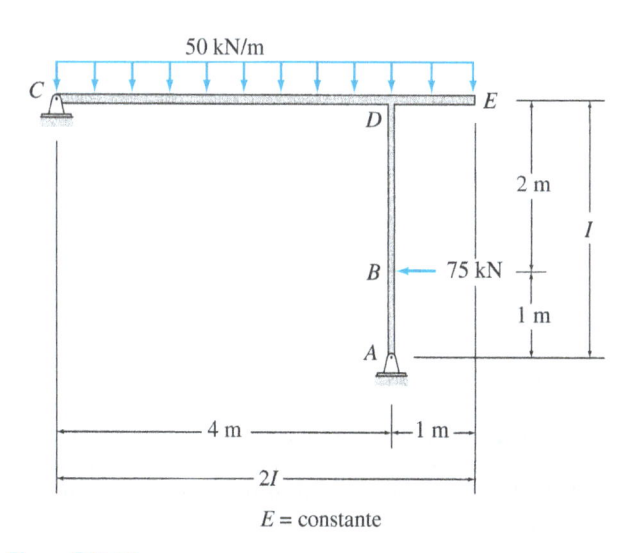

Figura P16.19

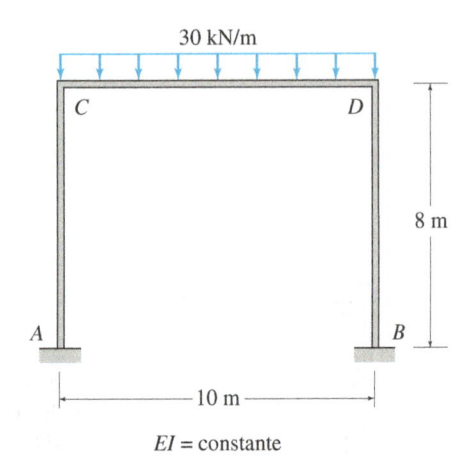

Figura P16.20

16.21 Resolva o Problema 16.17 para o carregamento indicado na Figura P16.17 e um recalque de 50 mm no apoio D.

16.22 Resolva o Problema 16.18 para o carregamento indicado na Figura P16.18 e um recalque de 6 mm no apoio A.

16.23 Determine os momentos na extremidade dos elementos e reações para o pórtico da Figura P16.23 para o carregamento indicado na figura e os recalques de apoio de 20 mm em A e 30 mm em D. Use o método da distribuição dos momentos.

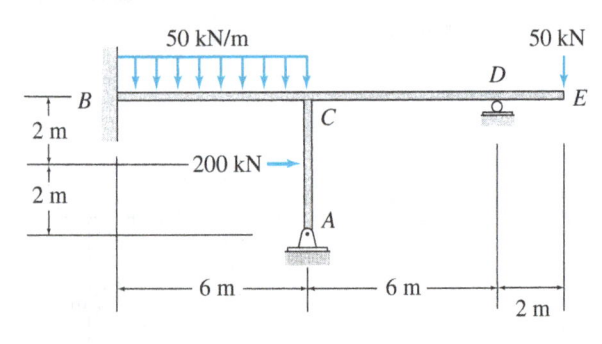

Figura P16.23

Seção 16.5

16.24 a 16.31 Determine os momentos na extremidade dos elementos e reações para os pórticos ilustrados nas Figuras P16.24 a P16.31 usando o método da distribuição dos momentos.

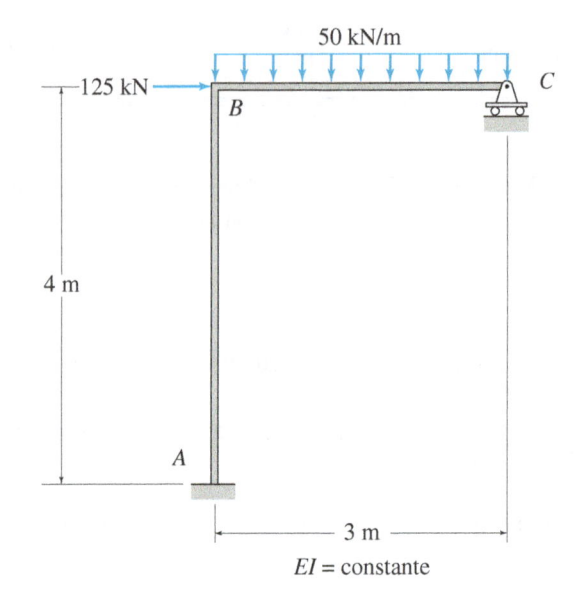

Figura P16.24

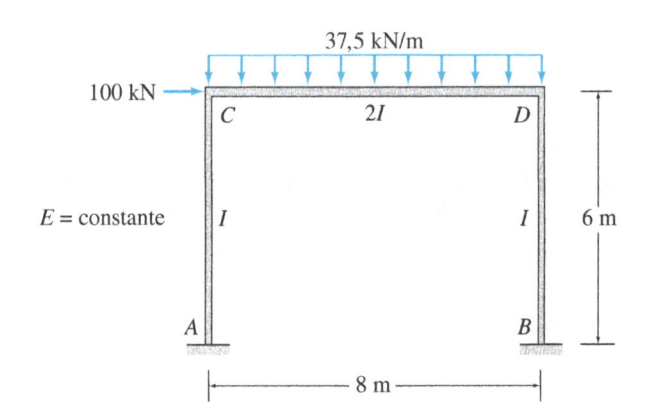

Figura P16.25

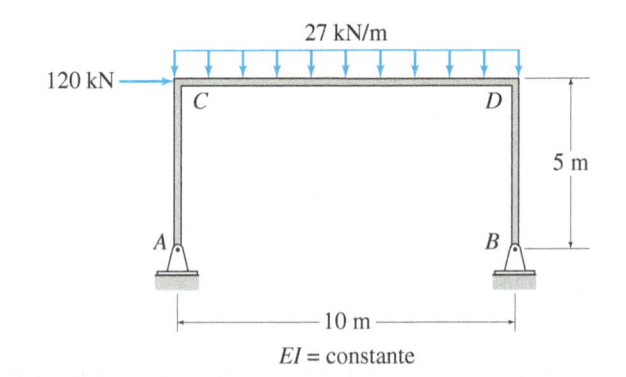

Figura P16.26

capítulo 16

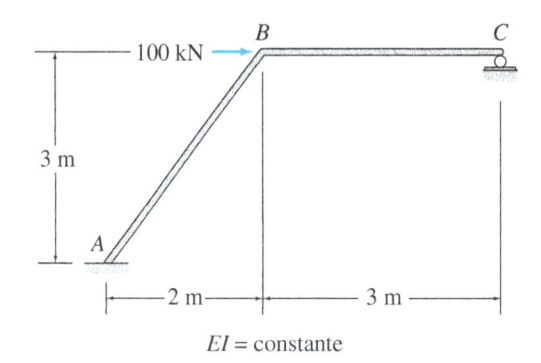

Figura P16.27

EI = constante

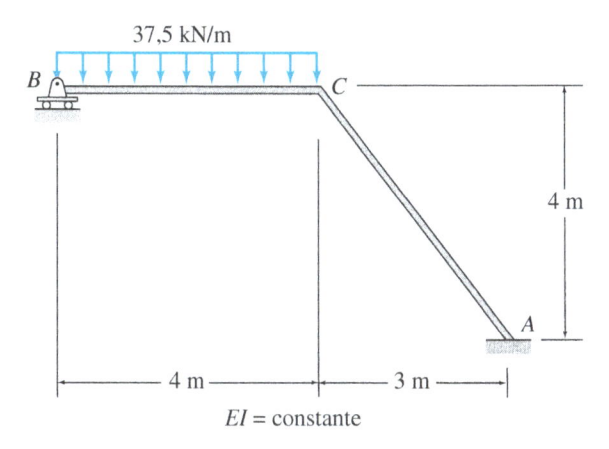

Figura P16.28

EI = constante

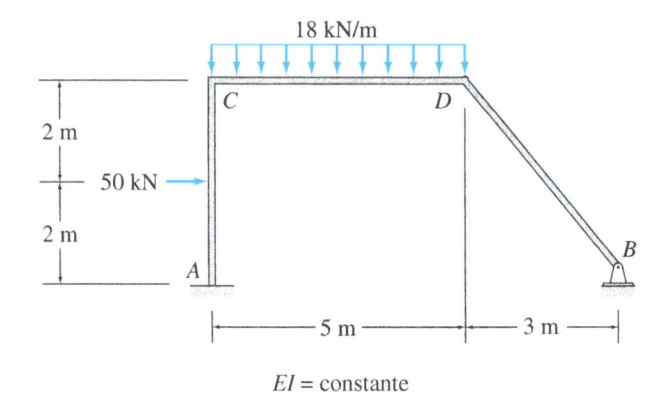

Figura P16.29

EI = constante

Método da distribuição dos momentos — 641

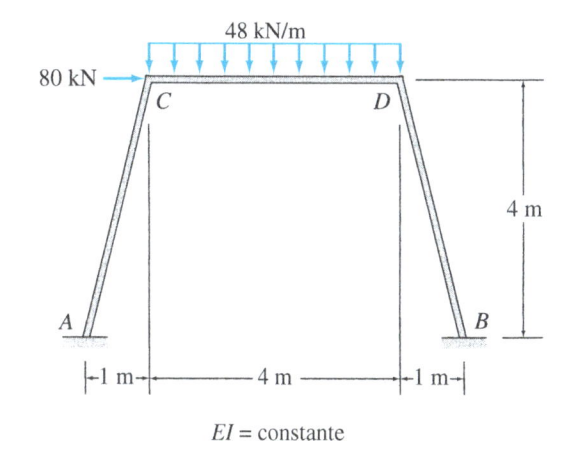

Figura P16.30

EI = constante

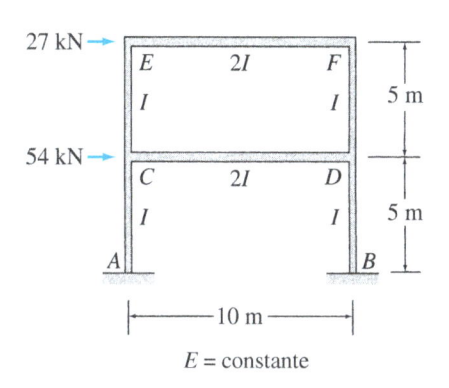

Figura P16.31

E = constante

17
Introdução à análise matricial das estruturas

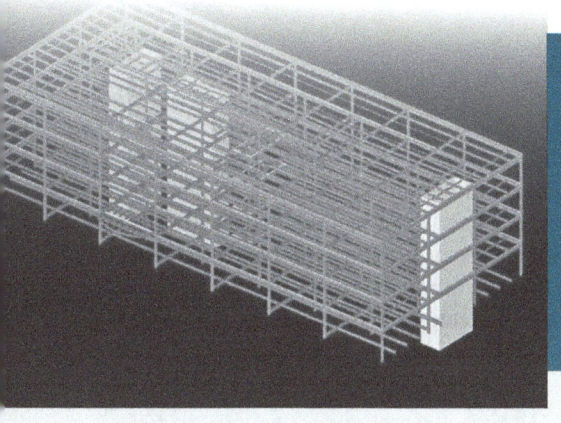

Modelo computacional de construção em pórticos de aço
© American Institute of Steel Construction. Reimpresso com permissão. Todos os direitos reservados.

17.1 Modelos analíticos
17.2 Relações de rigidez dos elementos em coordenadas locais
17.3 Transformações de coordenadas
17.4 Relações de rigidez dos elementos em coordenadas globais
17.5 Relações de rigidez da estrutura
17.6 Procedimento para análise
Resumo
Problemas

Neste texto, concentraremos nossa atenção nos métodos clássicos de análise estrutural. Embora o estudo de modelos clássicos seja essencial para desenvolver um entendimento do comportamento estrutural e dos princípios da análise estrutural, a análise de grandes estruturas por meio desses métodos de cálculo manuais pode ser bastante demorada. Hoje em dia, com a disponibilidade de microcomputadores mais baratos, porém potentes, na maioria dos escritórios de projetos, a análise de estruturas é feita em computadores que usam softwares baseados em métodos matriciais para análise estrutural.

O objetivo deste capítulo é apresentar ao leitor o campo estimulante e ainda em crescimento da análise matricial das estruturas. No entanto, apresentaremos apenas os conceitos básicos. Para um estudo mais detalhado, o leitor pode consultar um dos muitos livros dedicados exclusivamente ao assunto da análise matricial das estruturas.

Métodos matriciais não envolvem nenhum princípio fundamental novo, mas agora as relações básicas de equilíbrio, compatibilidade e de força-deslocamento nos elementos se expressam na forma de equações matriciais, de modo que os cálculos numéricos podem ser feitos com eficiência no computador. Portanto, a familiaridade com as operações básicas da álgebra matricial é um pré-requisito para entender a análise matricial das estruturas. Para facilitar o entendimento do leitor, o Apêndice B faz uma revisão dos conceitos de álgebra matricial necessários para formular os métodos matriciais de análise estrutural.

Ainda que tanto os métodos da flexibilidade (das forças) e da rigidez (dos deslocamentos) possam ser expressos em forma de matriz, o método da rigidez é mais sistemático e pode ser implementado com mais facilidade em computadores. Assim, a maioria dos programas de computador para análise estrutural disponíveis no comércio baseia-se no método da rigidez. Neste capítulo, examinaremos apenas o método da matriz de rigidez de análise estrutural (dos deslocamentos). Podemos usar esse método para analisar estruturas estaticamente determinadas e indeterminadas.

Começaremos discutindo o processo de preparo de um modelo analítico da estrutura a ser analisada. Também definiremos sistemas de coordenadas locais e globais e explicaremos o conceito dos graus de liberdade. Em seguida, deduziremos a relações de força-deslocamento dos elementos em coordenadas locais. Examinaremos a transformação de forças e deslocamentos nas extremidades dos elementos a partir das coordenadas locais para as globais e vice-versa, e desenvolveremos as relações de rigidez dos elementos em coordenadas globais. Formularemos as relações de rigidez para toda a estrutura, combinando as relações de rigidez dos elementos e finalmente desenvolveremos um procedimento passo a passo para análise de treliças, vigas contínuas e pórticos pelo método da matriz de rigidez.

17.1 Modelos analíticos

No método de análise da matriz de rigidez, a estrutura é considerada um conjunto de elementos retos cujas extremidades estão ligadas aos nós. *Um elemento é definido como parte da estrutura para a qual são válidas as relações entre força e deslocamento do elemento a serem usadas na análise.* Em outras palavras, conhecidos os deslocamentos nas extremidades de um elemento, é possível determinar as forças e momentos de extremidades usando as relações força-deslocamento. A seção seguinte explicará essas relações para elementos prismáticos. *Um nó é definido como parte estrutural de tamanho infinitesimal na qual estão unidas as extremidades do elemento.* Os membros e juntas das estruturas também são chamados de *elementos* e *nós*, respectivamente.

Antes de proceder à análise, é preciso preparar um modelo analítico da estrutura. O modelo está representado por um diagrama de linhas da estrutura, no qual todos os nós e elementos estão identificados por números. Veja, por exemplo, o pórtico ilustrado na Figura 17.1(a). A Figura 17.1(b) mostra o modelo analítico do pórtico, identificando os números dos nós com círculos a fim de distingui-los dos números de elementos, que estão localizados dentro dos retângulos. Conforme mostra a figura, para o propósito da análise consideramos que o pórtico se compõe de quatro elementos e cinco nós. Observe que, como as relações de força-deslocamento dos elementos a serem usadas na análise são válidas apenas para elementos prismáticos, subdividimos o pilar vertical do pórtico em dois elementos, cada um com propriedades da seção transversal (I e A) constantes ao longo de todo comprimento.

Sistemas de coordenadas locais e globais

No método da rigidez, a geometria e o comportamento gerais da estrutura são descritos com referência a um *sistema de coordenadas cartesianas ou retangulares globais (ou estruturais)*. O sistema de coordenadas globais usado neste capítulo é um sistema de coordenadas XYZ baseado na regra da mão direita, com a estrutura plana no plano XY, conforme ilustra a Figura 17.1(b).

Como em geral convém deduzir as relações básicas entre força e deslocamento em termos das forças e deslocamentos nas direções paralela e perpendicular aos elementos, define-se um *sistema de coordenadas locais (ou elementos)* para cada elemento da estrutura. É possível definir arbitrariamente a origem do sistema de coordenadas locais xyz para um elemento em uma de suas extremidades, com o eixo x direcionado ao longo do eixo centroidal do elemento. A direção positiva do eixo y é escolhida de modo que o sistema de coordenadas obedeça à regra da mão direita, com o eixo local z apontando na direção positiva do eixo global Z. A Figura 17.1(b) indica a direção positiva do eixo x de cada elemento com uma seta ao longo de cada elemento no diagrama de linha da estrutura. Por exemplo, esta figura indica que a origem do sistema de coordenadas locais para o elemento 1 encontra-se em sua extremidade unida ao nó 1, com o eixo x_1 direcionado do nó 1 para o nó 2. O nó ao qual está unida a extremidade do elemento com a origem do sistema de coordenadas locais é chamado *nó inicial* daquele elemento, e o nó adjacente à extremidade oposta do elemento é chamado nó *final*. Por exemplo, na Figura 17.1(b), o elemento 1 começa no nó 1 e termina no nó 2, ao passo que o elemento 2 começa no nó 2 e termina no nó 3, e assim por diante. Assim que o eixo local x estiver definido para um elemento, é possível definir o eixo y correspondente ao se aplicar a regra da mão direita. A Figura 17.1(c) mostra os eixos locais y obtidos desse modo para os elementos do pórtico em questão. Observe que, para cada número, se dobrarmos os dedos de nossa mão direita na direção do eixo x para a direção do eixo y correspondente, nosso polegar estendido apontará para fora do plano da página, que é a direção positiva do eixo global Z.

Graus de liberdade

Os graus de liberdade de uma estrutura são deslocamentos independentes dos nós (translações e rotações) que são necessários para especificar a curva elástica da estrutura quando submetida a uma carga arbitrária. Observe mais uma vez o pórtico plano da Figura 17.1(a). A Figura 17.1(d) ilustra a curva elástica do pórtico para uma carga arbitrária, usando uma escala aumentada. Diferentemente dos métodos de análise clássicos examinados anteriormente, em geral, não é necessário ignorar as deformações normais dos elementos quando se analisam pórticos pelo método da matriz de rigidez. Na Figura 17.1(d), podemos ver que o nó 1, localizado no apoio rotulado, pode girar, mas não trans-

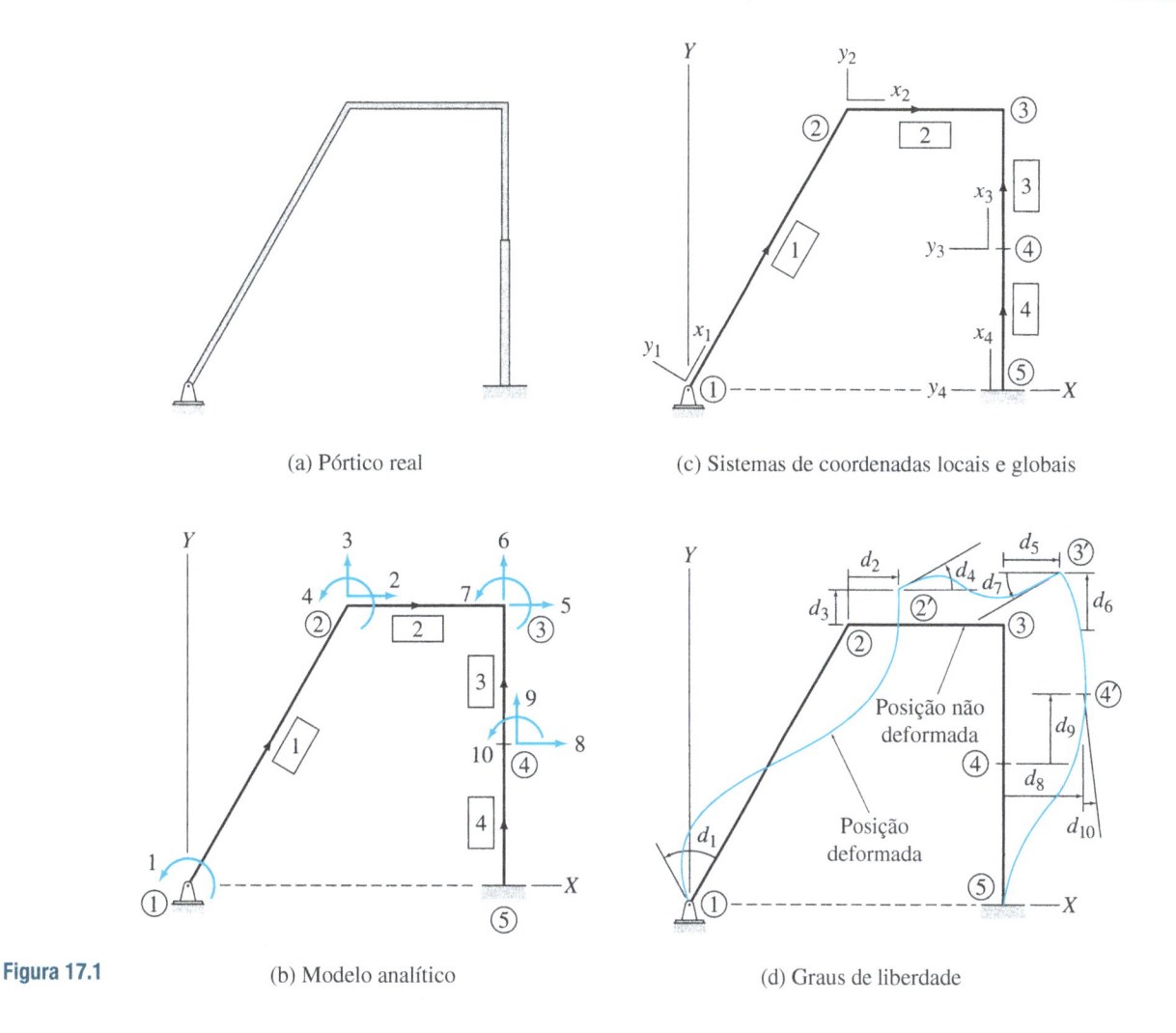

capítulo 17   Introdução à análise matricial das estruturas

(a) Pórtico real

(c) Sistemas de coordenadas locais e globais

Figura 17.1   (b) Modelo analítico   (d) Graus de liberdade

ladar. Assim o nó 1 tem apenas um grau de liberdade, indicado como d_1 na figura. Visto que o nó 2 do pórtico não está preso a um apoio, são necessários três deslocamentos – as translações d_2 e d_3 nas direções X e Y, respectivamente, e a rotação d_4 sobre o eixo Z – para especificar completamente sua posição deformada 2'. Portanto, o nó 2 tem três graus de liberdade. De maneira semelhante, os nós 3 e 4, que também são nós *livres*, têm três graus de liberdade cada um. Por fim, o nó 5, que está unido ao apoio engastado, não pode transladar nem girar; portanto, ele não tem nenhum grau de liberdade. Assim, a estrutura toda possui um total de dez graus de liberdade. Conforme mostra a Figura 17.1(d), os deslocamentos dos nós são definidos em relação ao sistema de coordenadas globais, e se consideram positivas as translações dos nós nas direções positivas dos eixos X e Y, e as rotações dos nós são consideradas positivas quando ocorrem em sentido anti-horário. Observe que a Figura 17.1(d) mostra todos os deslocamentos dos nós no sentido positivo. Os deslocamentos dos nós do pórtico podem ser escritos coletivamente em forma de matriz como

$$\mathbf{d} = \begin{bmatrix} d_1 \\ d_2 \\ \vdots \\ d_9 \\ d_{10} \end{bmatrix}$$

em que **d** é o *vetor de deslocamentos do nó* da estrutura.

Ao se aplicar o método da rigidez, não é necessário traçar a curva elástica da estrutura, conforme mostra a Figura 17.1(d) para identificar seus graus de liberdade. É possível especificar os graus de liberdade diretamente no diagrama de linha da estrutura traçando setas nos nós, como mostra a Figura 17.1(b). Conforme indica essa figura, os graus de liberdade estão numerados a partir do número de nó mais baixo, seguindo até o número de nó mais alto. Em caso de mais de um grau de liberdade em um nó, a translação na direção X está numerada antes, seguida pela translação na direção Y e então a rotação.

Análise Estrutural

(a) Viga contínua real

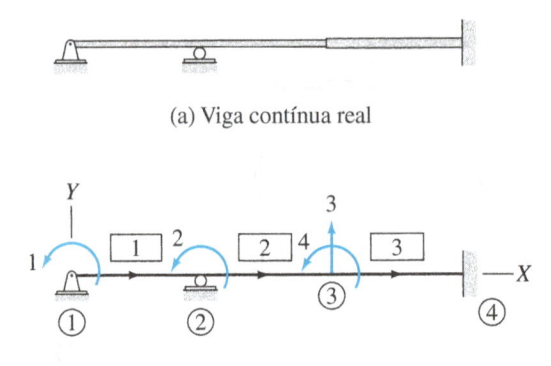

Figura 17.2   (b) Modelo analítico e graus de liberdade

Em vigas contínuas sujeitas a cargas laterais, as deformações normais dos elementos são nulas. Portanto, na análise não é necessário considerar os deslocamentos dos nós na direção do eixo centroidal da viga. Desse modo, um nó de uma viga contínua plana pode ter até dois graus de liberdade, isto é, uma translação perpendicular ao eixo centroidal da viga e uma rotação. Por exemplo, a viga contínua da Figura 17.2(a) tem quatro graus de liberdade, como indica a Figura 17.2(b).

Visto que consideramos que os nós de treliças são rótulas sem atrito, eles não estão sujeitos a momentos; consequentemente, suas rotações são nulas. Assim, ao se analisarem as treliças planas, é preciso considerar apenas dois graus de liberdade – translações nas direções globais X e Y – para cada nó. Por exemplo, a treliça da Figura 17.3(a) possui três graus de liberdade, como mostra a Figura 17.3(b).

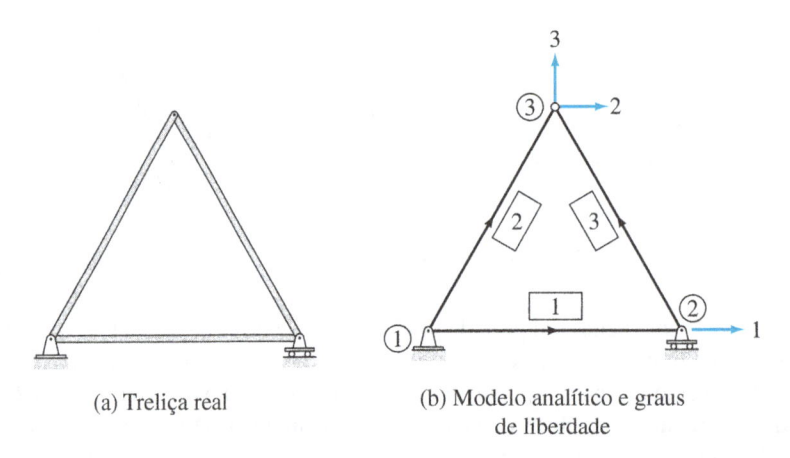

Figura 17.3   (a) Treliça real   (b) Modelo analítico e graus de liberdade

17.2 Relações de rigidez dos elementos em coordenadas locais

No método de análise da matriz de rigidez, determinam-se os deslocamentos dos nós da estrutura ao se resolver um sistema de equações simultâneas, expressas na forma

$$\overline{\mathbf{P}} = \mathbf{Sd} \qquad (17.1)$$

em que **d** denota o vetor de deslocamentos do nó, conforme já explicamos; $\overline{\mathbf{P}}$ representa os efeitos das cargas externas sobre os nós da estrutura; e **S** é a *matriz de rigidez da estrutura*. Conforme examinaremos na Seção 17.5, obtemos a matriz de rigidez de toda a estrutura **S** ao reunirmos as matrizes de rigidez para os elementos individuais da estrutura. *A matriz de rigidez para um elemento é usada para expressar as forças nas extremidades do elemento como funções dos deslocamentos dessas extremidades.* Observe que utilizamos os termos *forças* e *deslocamentos* aqui no sentido geral a fim de incluir momentos e rotações, respectivamente. Nesta seção, vamos deduzir as matrizes para os elementos de pórticos planos, vigas contínuas e treliças planas nos sistemas de coordenadas locais dos elementos.

Elementos de pórticos

Para determinarmos as relações de rigidez para os elementos de pórticos planos, vamos concentrar nossa atenção em um elemento prismático arbitrário m do pórtico ilustrado na Figura 17.4(a). Quando o pórtico é submetido a cargas capítulo 17   Introdução à análise matricial das estruturas   647

externas, o elemento *m* se deforma e forças internas são induzidas nas suas extremidades. A Figura 17.4(b) mostra as posições não deformada e deformada do elemento. Conforme indica esta figura, são necessários três deslocamentos – translações nas direções *x* e *y* e rotação sobre o eixo *z* – para especificar completamente a curva elástica de cada extremidade do elemento. Assim, o elemento possui um total de seis deslocamentos de extremidades ou graus de liberdade. Como mostra a Figura 17.4(b), os deslocamentos nas extremidades do elemento estão indicados por u_1 a u_6 e as forças correspondentes nas extremidades do elemento estão indicadas por Q_1 a Q_6. Observe que esses deslocamentos e forças nas extremidades se definem em relação ao sistema de coordenadas locais do elemento, com translações e forças

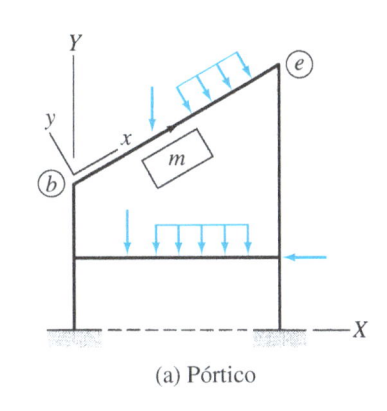

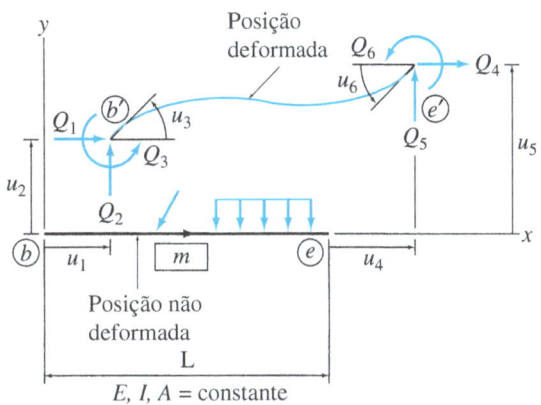

(a) Pórtico

(b) Elemento do pórtico – coordenadas locais

=

(c)

+

(d)

+

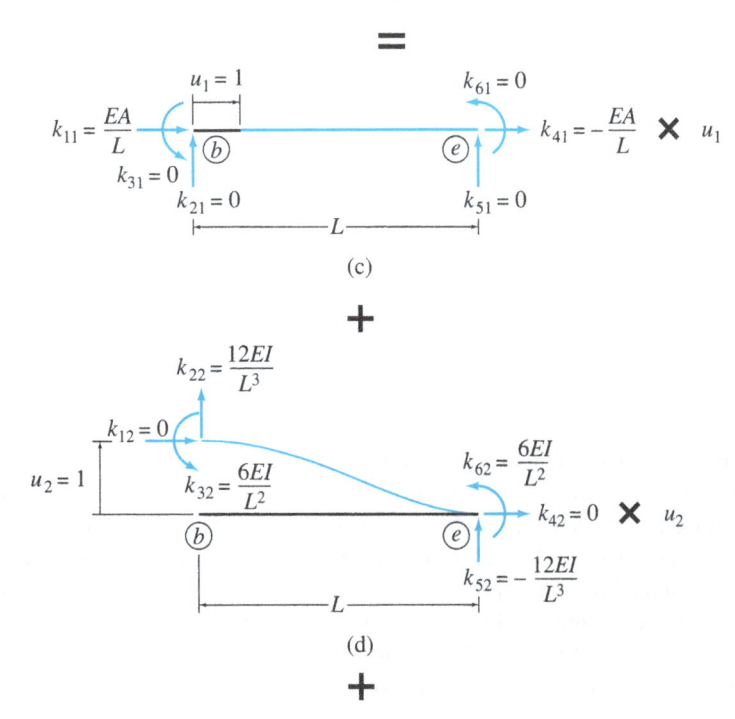

Figura 17.4 (*continua*)

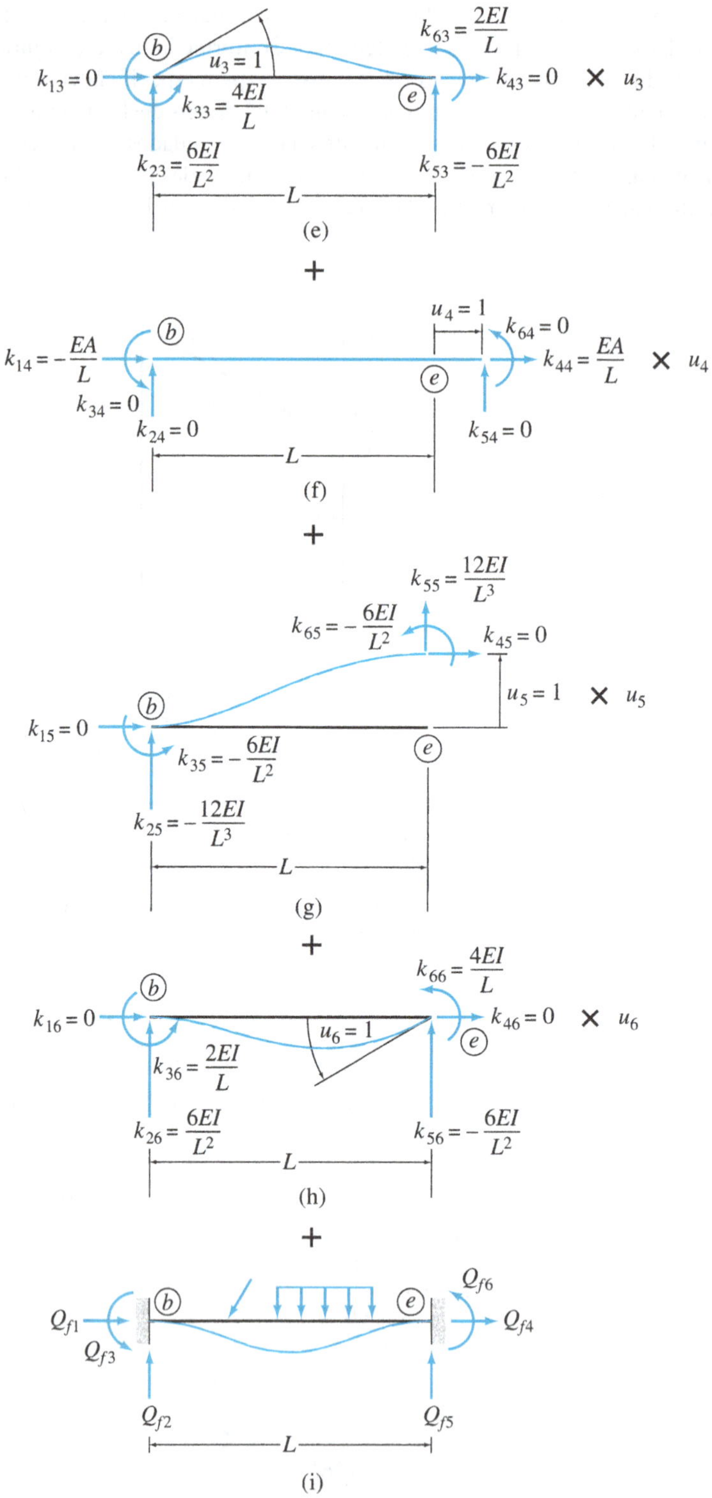

Figura 17.4

consideradas positivas quando acontecem nas direções positivas dos eixos x e y locais, e as rotações e momentos são considerados positivos quando ocorrem em sentido anti-horário. Conforme indica a Figura 17.4(b), os deslocamentos e forças nas extremidades do elemento estão numerados a partir da extremidade b do elemento, onde se encontra a origem do sistema de coordenadas locais, com a translação e força na direção x numeradas primeiramente, seguidas pelas translação e força na direção y, e por último, a rotação e o momento. Os deslocamentos e as forças na extremidade oposta e do elemento são numerados na mesma ordem sequencial.

Nosso objetivo aqui é determinar as relações entre as forças e os deslocamentos nas extremidades do elemento em termos das cargas externas aplicadas a ele. É possível definir essas relações ao submeter-se o elemento, separadamente, a cada um dos seis deslocamentos nas extremidades e cargas externas e expressar o total de forças nas extremidades dos elementos como as somas algébricas das forças nas extremidades necessárias para causar os deslocamentos e as forças individuais na extremidade causados pelas cargas externas. Assim, da Figura 17.4(b) a (i), concluímos que

$$Q_1 = k_{11}u_1 + k_{12}u_2 + k_{13}u_3 + k_{14}u_4 + k_{15}u_5 + k_{16}u_6 + Q_{f1} \tag{17.2a}$$

$$Q_2 = k_{21}u_1 + k_{22}u_2 + k_{23}u_3 + k_{24}u_4 + k_{25}u_5 + k_{26}u_6 + Q_{f2} \tag{17.2b}$$

$$Q_3 = k_{31}u_1 + k_{32}u_2 + k_{33}u_3 + k_{34}u_4 + k_{35}u_5 + k_{36}u_6 + Q_{f3} \tag{17.2c}$$

$$Q_4 = k_{41}u_1 + k_{42}u_2 + k_{43}u_3 + k_{44}u_4 + k_{45}u_5 + k_{46}u_6 + Q_{f4} \tag{17.2d}$$

$$Q_5 = k_{51}u_1 + k_{52}u_2 + k_{53}u_3 + k_{54}u_4 + k_{55}u_5 + k_{56}u_6 + Q_{f5} \tag{17.2e}$$

$$Q_6 = k_{61}u_1 + k_{62}u_2 + k_{63}u_3 + k_{64}u_4 + k_{65}u_5 + k_{66}u_6 + Q_{f6} \tag{17.2f}$$

em que k_{ij} *representa a força necessária no local e na direção de* Q_i, *junto com outras forças finais, para causar um valor unitário* u_j *do deslocamento, enquanto todos os outros deslocamentos na extremidade são nulos.* Essas forças por deslocamento unitário são chamadas *coeficientes de rigidez.* Observe que, para coeficientes de rigidez, se utiliza uma notação de subscrito duplo, na qual o primeiro subscrito identifica a força e o segundo, o deslocamento. Os últimos termos no lado direito da Equação (17.2) representam as forças nas extremidades engastadas causadas por cargas externas (Figura 17.4(i)), que podem ser determinadas ao usarmos as expressões para momentos de engastamento perfeito apresentadas no final deste livro e aplicarmos as equações de equilíbrio.

Ao se usar a definição de multiplicação de matrizes, as Equações (17.2) podem ser expressas em forma de matriz como

$$\begin{bmatrix} Q_1 \\ Q_2 \\ Q_3 \\ Q_4 \\ Q_5 \\ Q_6 \end{bmatrix} = \begin{bmatrix} k_{11} & k_{12} & k_{13} & k_{14} & k_{15} & k_{16} \\ k_{21} & k_{22} & k_{23} & k_{24} & k_{25} & k_{26} \\ k_{31} & k_{32} & k_{33} & k_{34} & k_{35} & k_{36} \\ k_{41} & k_{42} & k_{43} & k_{44} & k_{45} & k_{46} \\ k_{51} & k_{52} & k_{53} & k_{54} & k_{55} & k_{56} \\ k_{61} & k_{62} & k_{63} & k_{64} & k_{65} & k_{66} \end{bmatrix} \begin{bmatrix} u_1 \\ u_2 \\ u_3 \\ u_4 \\ u_5 \\ u_6 \end{bmatrix} + \begin{bmatrix} Q_{f1} \\ Q_{f2} \\ Q_{f3} \\ Q_{f4} \\ Q_{f5} \\ Q_{f6} \end{bmatrix} \tag{17.3}$$

ou, simbolicamente, como

$$\mathbf{Q} = \mathbf{ku} + \mathbf{Q}_f \tag{17.4}$$

em que **Q** e **u** são os vetores de forças e deslocamentos na extremidade do elemento, respectivamente, em coordenadas locais; **k** é chamado de *matriz de rigidez do elemento em coordenadas locais,* e $\mathbf{Q}_f$ é o *vetor de forças na extremidade engastada do elemento em coordenadas locais.*

É possível avaliar os coeficientes de rigidez, k_{ij}, ao submeter o elemento separadamente aos valores unitários de cada um dos seis deslocamentos da extremidade. Em seguida, ao se usarem os princípios da mecânica dos materiais e as equações de rotação-flecha (Capítulo 15) e aplicar as equações de equilíbrio, é possível determinar as forças na extremidade do elemento necessárias para provocar os deslocamentos unitários individuais. As forças na extremidade do elemento assim obtidas representam os coeficientes de rigidez para o elemento.

Vamos avaliar os coeficientes de rigidez correspondentes a um valor unitário do deslocamento u_1 na extremidade *b* do elemento, como indica a Figura 17.4(c).

Observe que todos os demais deslocamentos do elemento são nulos. Lembrando-nos da *mecânica dos materiais* que a deformação normal u_1 de um elemento causada por uma força normal Q_1 é indicada por $u_1 = Q_1L/EA$, determinamos a força k_{11} que precisa ser aplicada na extremidade *b* do elemento (Figura 17.4(c)) a fim de causar um deslocamento $u_1 = 1$ para ser

$$k_{11} = \frac{EA}{L}$$

Agora, é possível obter a força normal k_{41} na extremidade oposta e do elemento aplicando a equação de equilíbrio:

$$+ \rightarrow \sum F_x = 0 \qquad k_{11} + k_{41} = 0$$

$$k_{41} = -k_{11} = -\frac{EA}{L}$$

na qual o sinal negativo indica que essa força atua na direção negativa x. Como a imposição do deslocamento $u_1 = 1$ da extremidade não faz com que o elemento se curve, não se desenvolvem momentos ou forças na direção y nas extremidades do elemento. Portanto,

$$k_{21} = k_{31} = k_{51} = k_{61} = 0$$

Do mesmo modo, as forças nas extremidades necessárias para provocar um deslocamento normal $u_4 = 1$ na extremidade e do elemento são (Figura 17.4(f))

$$k_{14} = -\frac{EA}{L} \qquad k_{44} = \frac{EA}{L} \qquad k_{24} = k_{34} = k_{54} = k_{64} = 0$$

A Figura 17.4(d) mostra a curva elástica da viga em razão de um valor unitário de deslocamento u_2 quando todos os outros deslocamentos são nulos. Os momentos nas extremidades necessários (junto com as forças na direção y) para causar esta curva elástica podem ser calculados com as equações de rotação-flecha deduzidas na Seção 15.1. Ao substituirmos $M_{AB} = k_{32}$, $M_{BA} = k_{62}$, $\theta_A = \theta_B = 0$, $\psi = -1/L$, e $\text{MEP}_{AB} = \text{MEP}_{BA} = 0$ pelas Equações (15.8), obtemos

$$k_{32} = k_{62} = \frac{6EI}{L^2}$$

Agora, é possível obter as forças finais na direção y ao se aplicarem as seguintes equações de equilíbrio:

$$+ \circlearrowleft \sum M_e = 0 \qquad 2\left(\frac{6EI}{L^2}\right) - k_{22}(L) = 0$$

$$k_{22} = \frac{12EI}{L^3}$$

$$+ \uparrow \sum F_y = 0 \qquad \frac{12EI}{L^3} + k_{52} = 0$$

$$k_{52} = -\frac{12EI}{L^3}$$

Como não há deformações normais induzidas no elemento, as forças normais nas extremidades do elemento são nulas, isto é,

$$k_{12} = k_{42} = 0$$

É possível determinar de maneira semelhante as forças na extremidade do elemento para provocar um deslocamento $u_5 = 1$ (Figura 17.4(g)):

$$k_{15} = k_{45} = 0 \qquad k_{25} = -\frac{12EI}{L^3} \qquad k_{35} = k_{65} = -\frac{6EI}{L^2} \qquad k_{55} = \frac{12EI}{L^3}$$

A Figura 17.4(e) mostra a curva elástica do elemento em razão de uma rotação $u_3 = 1$, com $u_1 = u_2 = u_4 = u_5 = u_6 = 0$. Ao substituirmos $M_{AB} = k_{33}$, $M_{BA} = k_{63}$, $\theta_A = 1$ e $\theta_B = \psi = \text{MEP}_{AB} = \text{MEP}_{BA} = 0$ nas equações da rotação-flecha (Equações (15.8)), obteremos momentos nas extremidades do elemento de

$$k_{33} = \frac{4EI}{L} \qquad k_{63} = \frac{2EI}{L}$$

Ao aplicarmos as equações de equilíbrio, determinamos

$$k_{23} = \frac{6EI}{L^2} \qquad k_{53} = -\frac{6EI}{L^2}$$

Se procedermos da mesma maneira, os coeficientes de rigidez correspondentes ao deslocamento unitário $u_6 = 1$ serão (Figura 17.4(h))

$$k_{16} = k_{46} = 0 \qquad k_{26} = -k_{56} = \frac{6EI}{L^2} \qquad k_{36} = \frac{2EI}{L} \qquad k_{66} = \frac{4EI}{L}$$

Se substituirmos os valores anteriores dos coeficientes de rigidez na Equação (17.3), teremos a seguinte matriz de rigidez para os elementos de pórticos planos em coordenadas locais:

$$\mathbf{k} = \frac{EI}{L^3} \begin{bmatrix} \frac{AL^2}{I} & 0 & 0 & -\frac{AL^2}{I} & 0 & 0 \\ 0 & 12 & 6L & 0 & -12 & 6L \\ 0 & 6L & 4L^2 & 0 & -6L & 2L^2 \\ -\frac{AL^2}{I} & 0 & 0 & \frac{AL^2}{I} & 0 & 0 \\ 0 & -12 & -6L & 0 & 12 & -6L \\ 0 & 6L & 2L^2 & 0 & -6L & 4L^2 \end{bmatrix} \qquad (17.5)$$

Observe que a coluna ith da matriz de rigidez do elemento consiste nas forças finais necessárias para levar a um valor unitário do deslocamento u_i, enquanto todos os demais deslocamentos são nulos. Por exemplo, a segunda coluna de **k** consiste nas seis forças finais necessárias para provocar o deslocamento $u_2 = 1$, conforme mostra a Figura 17.4(d) e assim por diante. A partir da Equação (17.5), podemos ver que a matriz de rigidez **k** é simétrica; isto é, $k_{ij} = k_{ji}$. Com a lei de Betti (Seção 7.8), é possível demonstrar que matrizes de rigidez para estruturas linearmente elásticas são sempre simétricas.

Elementos de vigas contínuas

Visto que as deformações normais nos elementos de vigas contínuas sujeitas a cargas laterais são nulas, na análise não precisamos considerar os graus de liberdade na direção do eixo centroidal do elemento. Assim, basta considerar quatro graus de liberdade para os elementos das vigas contínuas planas. A Figura 17.5 apresenta os graus de liberdade e as forças nas extremidades correspondentes ao elemento de uma viga contínua.

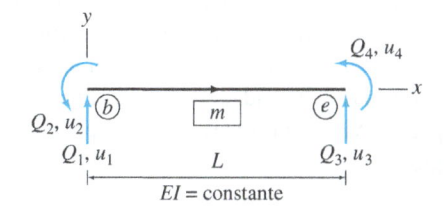

Figura 17.5

Elemento de viga contínua – coordenadas locais

As relações de rigidez expressas em forma de matriz simbólica ou condensada na Equação (17.4) permanecem válidas para elementos de vigas contínuas. Entretanto, **Q**, **u** e **Q**$_f$ agora são vetores 4 × 1, e a matriz de rigidez do elemento em coordenadas locais, **k**, é indicada por

$$\mathbf{k} = \frac{EI}{L^3} \begin{bmatrix} 12 & 6L & -12 & 6L \\ 6L & 4L^2 & -6L & 2L^2 \\ -12 & -6L & 12 & -6L \\ 6L & 2L^2 & -6L & 4L^2 \end{bmatrix} \qquad (17.6)$$

Observe que a matriz 4 × 4 **k** anterior é obtida ao se excluir a primeira e a quarta coluna e a primeira e a quarta linha da matriz correspondente dos elementos do pórtico deduzidos previamente (Equação (17.5)).

Elementos de treliças

Um elemento de uma treliça está sujeito apenas a forças normais, que podem ser determinadas a partir dos deslocamentos nas extremidades do elemento na direção do eixo centroidal do elemento. Assim, é preciso considerar somente dois graus de liberdade axial para os elementos de treliças planas. A Figura 17.6 mostra os graus de liberdade e as forças nas extremidades correspondentes de um elemento da treliça.

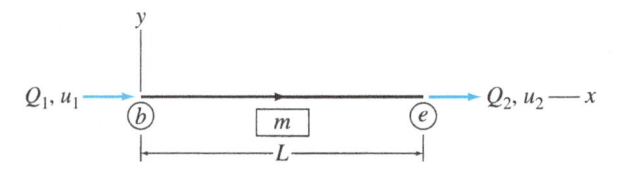

Figura 17.6   Elemento da trelica – coordenadas locais

As relações de rigidez para elementos de treliças em coordenadas locais são expressas como

$$\mathbf{Q} = \mathbf{ku} \qquad (17.7)$$

Observe que a Equação (17.7) é obtida a partir da Equação (17.4) ao definir $\mathbf{Q}_f = \mathbf{0}$. Isso porque os elementos de treliças não estão sujeitos a nenhuma carga externa e, consequentemente, as forças nas extermidades engastadas do elemento são nulas. Na Equação (17.7), **Q** e **u** são vetores 2 x 1 que consistem das forças finais e deslocamentos finais do elemento, respectivamente (Figura 17.6); e **k** é a matriz de rigidez do elemento em coordenadas locais, dada por

$$\mathbf{k} = \frac{EA}{L} \begin{bmatrix} 1 & -1 \\ -1 & 1 \end{bmatrix} \qquad (17.8)$$

A matriz de rigidez anterior para elementos de treliças pode ser deduzida diretamente por meio do procedimento já discutido (veja as Figuras 17.4(c) e (f)), ou pode ser obtida ao se excluirem os pilares 2, 3, 5 e 6 e as linhas 2, 3, 5 e 6 da matriz correspondente para os elementos de treliças (Equação 17.5)).

17.3 Transformações de coordenadas

Quando os elementos de uma estrutura estão orientados em direções diferentes, torna-se necessário transformar as relações de rigidez para cada elemento do sistema de coordenadas locais do elemento em um sistema comum de coordenadas globais. Em seguida, as relações de rigidez do elemento em coordenadas globais obtidas desse modo são combinadas a fim de estabelecer as relações de rigidez para toda a estrutura. Nesta seção, discutiremos a transformação de forças e deslocamentos nas extremidades dos elementos de coordenadas locais em globais, e vice-versa, para os elementos de pórticos planos, vigas contínuas e treliças planas. A seção seguinte examina a transformação de coordenadas das relações de rigidez.

Elementos de pórticos

Considere um elemento qualquer m do pórtico ilustrado na Figura 17.7(a). A orientação do elemento em relação ao sistema de coordenadas globais XY é definida por um ângulo θ medido no sentido anti-horário a partir da direção positiva do eixo global X até a direção positiva do eixo local x, conforme indica a figura. As relações de rigidez deduzidas na seção anterior são válidas apenas para forças **Q** e deslocamentos **u** nas extremidades do elemento descritos com referência ao sistema de coordenadas locais xy do elemento, conforme indica a Figura 17.7(b).

Agora, suponhamos que as forças e deslocamentos nas extremidades do elemento sejam especificados em relação ao sistema de coordenadas globais XY (Figura 17.7(c)) e que queiramos determinar o sistema equivalente de forças e deslocamentos nas extremidades, em coordenadas xy locais, que tenha o mesmo efeito sobre o elemento. Como mostra a Figura 17.7(c), as forças nas extremidades do elemento em coordenadas globais estão indicadas por F_1 a F_6,

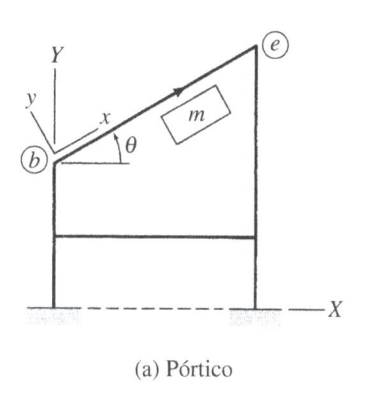

(a) Pórtico

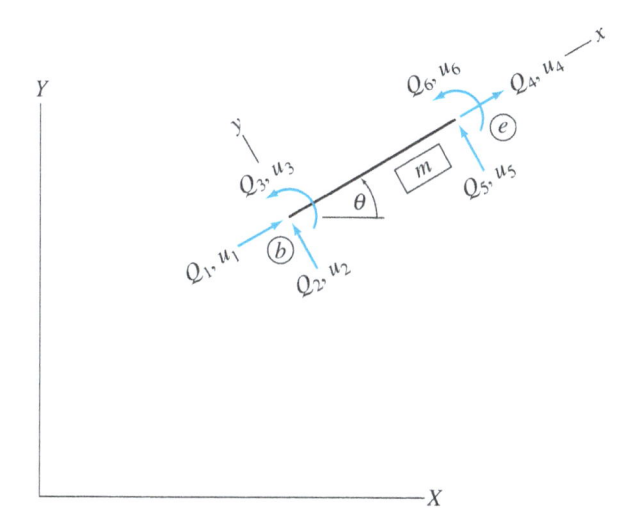

(b) Forças e deslocamentos nas extremidades do elemento em coordenadas locais

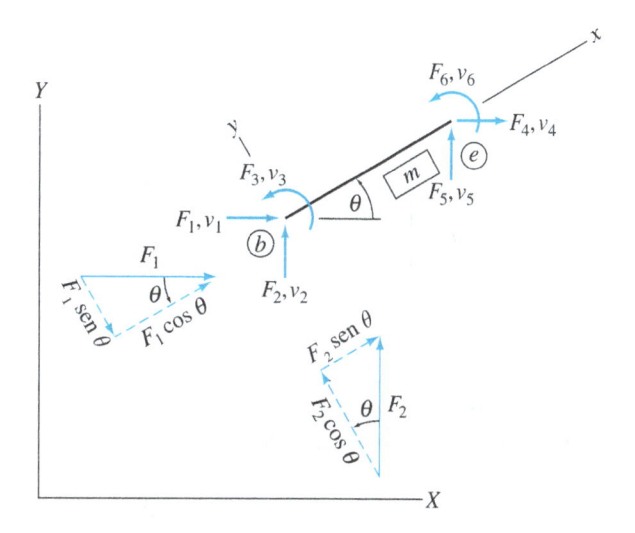

(c) Forças e deslocamentos nas extremidades do elemento em coordenadas globais

Figura 17.7

e os deslocamentos nas extremidades correspondentes do elemento estão indicadas por v_1 a v_6. Essas forças e esses deslocamentos nas extremidades globais do elemento estão numerados a partir da extremidade b do elemento, onde se localiza a origem do sistema de coordenadas locais, com a força e translação na direção X numeradas inicialmente, seguidas pela força e translação na direção Y e, finalmente, o momento e a rotação. As forças e os deslocamentos na extremidade oposta e do elemento são então numerados na mesma ordem sequencial.

Uma comparação entre Figuras 17.7(b) e (c) indica que na extremidade b do elemento, a força local Q_1 precisa ser igual à soma algébrica das componentes das forças globais F_1 e F_2 na direção do eixo local x. Assim,

$$Q_1 = F_1 \cos\theta + F_2 \sen\theta \tag{17.9a}$$

De forma semelhante, a força local Q_2 é igual à soma algébrica das componentes de F_1 e F_2 na direção do eixo local y; isto é,

$$Q_2 = -F_1 \sen\theta + F_2 \cos\theta \tag{17.9b}$$

Como o eixo local z e o eixo global Z estão na mesma direção – ou seja, voltados para fora do plano da página – o momento final local Q_3 é igual ao momento final global F_3. Assim,

$$Q_3 = F_3 \tag{17.9c}$$

Ao usarmos um procedimento semelhante na extremidade e do elemento, expressamos as forças locais em termos de forças globais como

$$Q_4 = F_4 \cos\theta + F_5 \sen\theta \tag{17.9d}$$

$$Q_5 = -F_4 \sen\theta + F_5 \cos\theta \tag{17.9e}$$

$$Q_6 = F_6 \tag{17.9f}$$

As Equações (17.9a) a (17.9f) podem ser escritas na forma de matriz como

$$\begin{bmatrix} Q_1 \\ Q_2 \\ Q_3 \\ Q_4 \\ Q_5 \\ Q_6 \end{bmatrix} = \begin{bmatrix} \cos\theta & \sen\theta & 0 & 0 & 0 & 0 \\ -\sen\theta & \cos\theta & 0 & 0 & 0 & 0 \\ 0 & 0 & 1 & 0 & 0 & 0 \\ 0 & 0 & 0 & \cos\theta & \sen\theta & 0 \\ 0 & 0 & 0 & -\sen\theta & \cos\theta & 0 \\ 0 & 0 & 0 & 0 & 0 & 1 \end{bmatrix} \begin{bmatrix} F_1 \\ F_2 \\ F_3 \\ F_4 \\ F_5 \\ F_6 \end{bmatrix} \tag{17.10}$$

ou, simbolicamente, como

$$\mathbf{Q} = \mathbf{TF} \tag{17.11}$$

em que

$$\mathbf{T} = \begin{bmatrix} \cos\theta & \sen\theta & 0 & 0 & 0 & 0 \\ -\sen\theta & \cos\theta & 0 & 0 & 0 & 0 \\ 0 & 0 & 1 & 0 & 0 & 0 \\ 0 & 0 & 0 & \cos\theta & \sen\theta & 0 \\ 0 & 0 & 0 & -\sen\theta & \cos\theta & 0 \\ 0 & 0 & 0 & 0 & 0 & 1 \end{bmatrix} \tag{17.12}$$

é denominado *matriz de transformação*. Os cossenos na direção do elemento, necessários para a avaliação de **T**, podem ser determinados facilmente usando-se as relações

$$\cos\theta = \frac{X_e - X_b}{L} = \frac{X_e - X_b}{\sqrt{(X_e - X_b)^2 + (Y_e - Y_b)^2}} \tag{17.13a}$$

$$\operatorname{sen} \theta = \frac{Y_e - Y_b}{L} = \frac{Y_e - Y_b}{\sqrt{(X_e - X_b)^2 + (Y_e - Y_b)^2}} \tag{17.13b}$$

em que X_b e Y_b representam as coordenadas globais no nó inicial b para o elemento; X_e e Y_e indicam as coordenadas globais no nó final e; e L é o comprimento do elemento.

Assim como as forças nas extremidades, os deslocamentos nas extremidades do elemento são vetores que são definidos nas mesmas direções das forças correspondentes. Portanto, a matriz de transformação **T** desenvolvida para o caso das forças nas extremidades (Equação (17.12)) também pode ser usada para transformar os deslocamentos nas extremidades do elemento de coordenadas globais em coordenadas locais.

$$\mathbf{u} = \mathbf{T}\mathbf{v} \tag{17.14}$$

Em seguida, definimos as transformações das forças e deslocamentos nas extremidades do elemento de coordenadas locais em coordenadas globais. Nas Figuras 17.7(b) e (c), observamos que, na extremidade b do elemento, a força global F_1 precisa ser igual à soma algébrica dos componentes das forças locais Q_1 e Q_2 na direção do eixo global X. Assim,

$$F_1 = Q_1 \cos \theta - Q_2 \operatorname{sen} \theta \tag{17.15a}$$

Do mesmo modo, a força global F_2 é igual à soma algébrica dos componentes de Q_1 e Q_2 na direção do eixo global Y; ou seja,

$$F_2 = Q_1 \operatorname{sen} \theta + Q_2 \cos \theta \tag{17.15b}$$

e, conforme discutimos anteriormente,

$$F_3 = Q_3 \tag{17.15c}$$

Do mesmo modo, na extremidade e do elemento,

$$F_4 = Q_4 \cos \theta - Q_5 \operatorname{sen} \theta \tag{17.15d}$$

$$F_5 = Q_4 \operatorname{sen} \theta + Q_5 \cos \theta \tag{17.15e}$$

$$F_6 = Q_6 \tag{17.15f}$$

As Equações (17.15a) a (17.15f) podem ser expressas em forma de matriz como

$$\begin{bmatrix} F_1 \\ F_2 \\ F_3 \\ F_4 \\ F_5 \\ F_6 \end{bmatrix} = \begin{bmatrix} \cos \theta & -\operatorname{sen} \theta & 0 & 0 & 0 & 0 \\ \operatorname{sen} \theta & \cos \theta & 0 & 0 & 0 & 0 \\ 0 & 0 & 1 & 0 & 0 & 0 \\ 0 & 0 & 0 & \cos \theta & -\operatorname{sen} \theta & 0 \\ 0 & 0 & 0 & \operatorname{sen} \theta & \cos \theta & 0 \\ 0 & 0 & 0 & 0 & 0 & 1 \end{bmatrix} \begin{bmatrix} Q_1 \\ Q_2 \\ Q_3 \\ Q_4 \\ Q_5 \\ Q_6 \end{bmatrix} \tag{17.16}$$

Uma comparação entre Equações (17.10) e (17.16) indica que a matriz de transformação na Equação (17.16), que transforma as forças de coordenadas locais em globais, é a transposição da matriz de transformação **T** na Equação (17.10), a qual por sua vez transforma as forças de coordenadas globais em coordenadas locais. Assim, a Equação (17.16) pode ser escrita como

$$\mathbf{F} = \mathbf{T}^T \mathbf{Q} \tag{17.17}$$

A matriz $\mathbf{T}^T$ também pode definir a transformação de deslocamentos nas extremidades do elemento de coordenadas locais em coordenadas globais; isto é,

$$\mathbf{V} = \mathbf{T}^T \mathbf{u} \tag{17.18}$$

Elementos de vigas contínuas

Ao analisarmos vigas contínuas, observamos que as coordenadas locais estão orientadas de forma que as direções positivas dos eixos locais x e y sejam as mesmas que as direções positivas dos eixos globais X e Y, respectivamente (Figura 17.8). Essa orientação nos permite evitar transformações de coordenadas, porque as forças e os deslocamentos nas extremidades do elemento nas coordenadas globais e locais são os mesmos, ou seja,

$$\mathbf{F} = \mathbf{Q} \qquad \mathbf{v} = \mathbf{u} \tag{17.19}$$

Elementos de treliças

Considere um elemento qualquer m da treliça ilustrada na Figura 17.9(a). As Figuras 17.9(b) e (c) indicam, respectivamente, as forças e deslocamentos nas extremidades do elemento em coordenadas locais e globais. Observe que, na extremidade do elemento, são necessários dois graus de liberdade e duas forças finais em coordenadas globais para representar as componentes do deslocamento normal e da força normal do elemento, respectivamente. Portanto, em

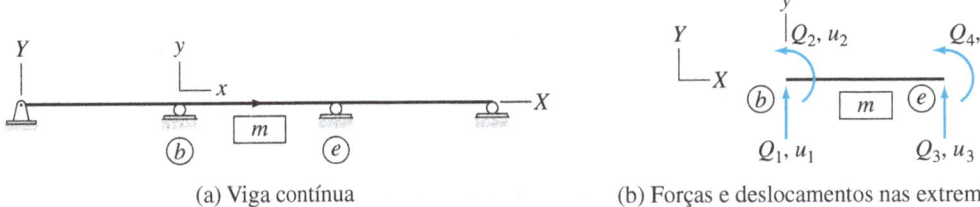

(a) Viga contínua

(b) Forças e deslocamentos nas extremidades do elemento em coordenadas locais

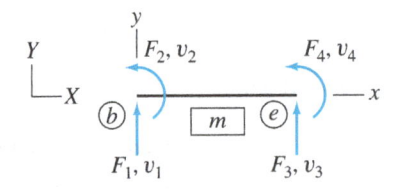

(c) Forças e deslocamentos nas extremidades do elemento em coordenadas globais

Figura 17.8

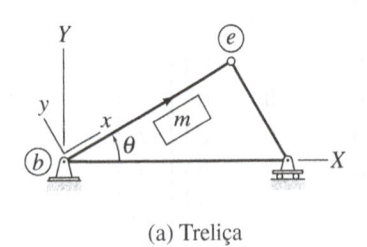

(a) Treliça

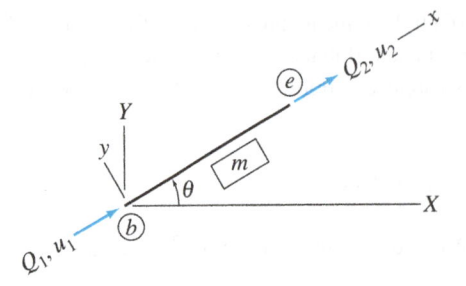

(b) Forças e deslocamentos nas extremidades do elemento em coordenadas locais

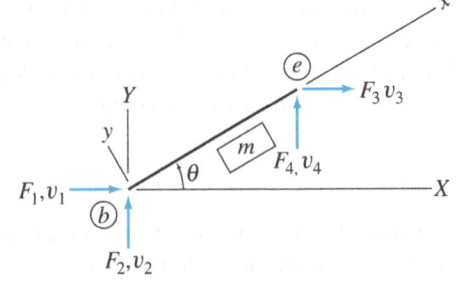

(c) Forças e deslocamentos nas extremidades do elemento em coordenadas globais

Figura 17.9

coordenadas globais, o elemento da treliça tem um total de quatro graus de liberdade, v_1 a v_4, e quatro forças finais, F_1 a F_4, como mostra a Figura 17.9(c).

É possível determinar a matriz de transformação **T** para elementos da treliça ao expressar as forças nas extremidades locais, **Q**, em termos das forças nas extremidades globais, **F**, conforme (Figuras 17.9(b) e (c))

$$Q_1 = F_1 \cos\theta + F_2 \sen\theta \tag{17.20a}$$

$$Q_2 = F_3 \cos\theta + F_4 \sen\theta \tag{17.20b}$$

ou em forma de matriz como

$$\begin{bmatrix} Q_1 \\ Q_2 \end{bmatrix} = \begin{bmatrix} \cos\theta & \sen\theta & 0 & 0 \\ 0 & 0 & \cos\theta & \sen\theta \end{bmatrix} \begin{bmatrix} F_1 \\ F_2 \\ F_3 \\ F_4 \end{bmatrix} \tag{17.21}$$

da qual obtemos a matriz de transformação,

$$\mathbf{T} = \begin{bmatrix} \cos\theta & \sen\theta & 0 & 0 \\ 0 & 0 & \cos\theta & \sen\theta \end{bmatrix} \tag{17.22}$$

As relações de transformação indicadas em forma de matriz simbólica ou condensada nas Equações (17.11), (17.14), (17.17) e (17.18) continuam válidas para um elemento de treliça, com os vetores **Q**, **F**, **u** e **v** agora representando as forças e deslocamentos nas extremidades do elemento da treliça, como mostram as Figuras 17.9(b) e (c), e a matriz **T** representando a matriz de transformação definida na Equação (17.22).

17.4 Relações de rigidez dos elementos em coordenadas globais

Ao usarmos as relações de rigidez dos elementos em coordenadas locais (Seção 17.2) e as relações de transformação (Seção 17.3), agora podemos desenvolver as relações de rigidez para elementos em coordenadas globais.

Elementos de pórticos

Para definirmos as relações de rigidez dos elementos em coordenadas globais, primeiro substituímos as relações de rigidez em coordenadas locais $\mathbf{Q} = \mathbf{ku} + \mathbf{Q}_f$ (Equação (17.4)) pelas relações de transformação de força $\mathbf{F} = \mathbf{T}^T\mathbf{Q}$ (Equação (17.17)) a fim de obter

$$\mathbf{F} = \mathbf{T}^T\mathbf{Q} = \mathbf{T}^T(\mathbf{ku} + \mathbf{Q}_f) = \mathbf{T}^T\mathbf{ku} + \mathbf{T}^T\mathbf{Q}^f \tag{17.23}$$

Em seguida, ao substituirmos as relações de transformação de deslocamento $\mathbf{u} = \mathbf{Tv}$ (Equação (17.14)) pela Equação (17.23), determinamos as relações desejadas entre as forças nas extremidades do elemento, **F**, e os deslocamentos nas extremidades, **v**, como

$$\mathbf{F} = \mathbf{T}^T\mathbf{kTv} + \mathbf{T}^T\mathbf{Q}^f \tag{17.24}$$

A Equação (17.24) pode ser escrita convenientemente como

$$\mathbf{F} = \mathbf{Kv} + \mathbf{F}_f \tag{17.25}$$

em que

$$\mathbf{K} = \mathbf{T}^T\mathbf{kT} \tag{17.26}$$

$$\mathbf{F}f = \mathbf{T}^T\mathbf{Q}^f \tag{17.27}$$

A matriz **K** é chamada *matriz de rigidez do elemento em coordenadas globais* e $\mathbf{F}_f$ é o *vetor de força na extremidade engastada do elemento em coordenadas globais*.

Análise Estrutural

Elementos de vigas contínuas

Conforme dissemos anteriormente, as coordenadas locais dos elementos de vigas contínuas são orientadas de modo que as direções positivas dos eixos locais x e y sejam as mesmas que as direções positivas dos eixos globais X e Y, respectivamente. Assim, não são necessárias transformações de coordenadas, e as relações de rigidez dos elementos nas coordenadas locais e globais são as mesmas.

Elementos de treliças

As relações de rigidez para elementos de treliças em coordenadas globais são expressas como

$$\mathbf{F} = \mathbf{K}\mathbf{v} \tag{17.28}$$

Observe que a Equação (17.28) é obtida a partir da Equação (17.25) ao se definir o vetor de força da extremidade engastada $\mathbf{F}_f = \mathbf{0}$.

Ao se analisarem as treliças, em geral convém usar a forma explícita da matriz de rigidez do elemento $\mathbf{K}$. Se substituirmos as Equações (17.8) e (17.22) pela Equação (17.26), escreveremos

$$\mathbf{K} = \begin{bmatrix} \cos\theta & 0 \\ \operatorname{sen}\theta & 0 \\ 0 & \cos\theta \\ 0 & \operatorname{sen}\theta \end{bmatrix} \frac{EA}{L} \begin{bmatrix} 1 & -1 \\ -1 & 1 \end{bmatrix} \begin{bmatrix} \cos\theta & \operatorname{sen}\theta & 0 & 0 \\ 0 & 0 & \cos\theta & \operatorname{sen}\theta \end{bmatrix}$$

Ao realizarmos as multiplicações da matriz, obtemos

$$\mathbf{K} = \frac{EA}{L} \begin{bmatrix} \cos^2\theta & \cos\theta\operatorname{sen}\theta & -\cos^2\theta & -\cos\theta\operatorname{sen}\theta \\ \cos\theta\operatorname{sen}\theta & \operatorname{sen}^2\theta & -\cos\theta\operatorname{sen}\theta & -\operatorname{sen}^2\theta \\ -\cos^2\theta & -\cos\theta\operatorname{sen}\theta & \cos^2\theta & \cos\theta\operatorname{sen}\theta \\ -\cos\theta\operatorname{sen}\theta & -\operatorname{sen}^2\theta & \cos\theta\operatorname{sen}\theta & \operatorname{sen}^2\theta \end{bmatrix} \tag{17.29}$$

A matriz $\mathbf{K}$ da Equação (17.29) também poderia ser determinada ao submetermos um elemento inclinado da treliça, separadamente, a valores unitários de cada um dos quatro deslocamentos nas extremidades globais e ao avaliarmos as forças nas extremidades em coordenadas globais necessárias para causar os deslocamentos unitários individuais. As forças nas extremidades necessárias para causar um valor unitário do deslocamento v_i, enquanto todos os demais deslocamentos são nulos, representam a coluna ith da matriz de rigidez global $\mathbf{K}$ do elemento.

17.5 Relações de rigidez da estrutura

Uma vez que as relações de rigidez dos elementos em coordenadas globais estiverem definidas, será possível estabelecer as relações de rigidez para toda a estrutura escrevendo equações de equilíbrio para os nós da estrutura e aplicando as condições de compatibilidade para que os deslocamentos nas extremidades dos elementos, conectados rigidamente a nós, sejam os mesmos que os deslocamentos nos nós correspondentes.

Para ilustrar esse procedimento, considere o pórtico com dois elementos exposto na Figura 17.10(a). A Figura 17.10(b) mostra o modelo analítico do pórtico, o qual indica que a estrutura possui três graus de liberdade, d_1, d_2 e d_3. As cargas nos nós correspondentes a esses três graus de liberdade são designadas P_1, P_2 e P_3, respectivamente. As forças nas extremidades globais $\mathbf{F}^{(i)}$ e os deslocamentos nas extremidades $\mathbf{v}^{(i)}$ para os dois elementos do pórtico estão indicados na Figura 17.10(c), na qual o sobrescrito (i) denota o número do elemento. Nosso objetivo é expressar as cargas nos nós $\mathbf{P}$ como funções dos deslocamentos dos nós $\mathbf{d}$.

Equações de equilíbrio

Ao aplicarmos as três equações de equilíbrio, $\sum F_X = 0$, $\sum F_Y = 0$, e $\sum M = 0$, ao corpo livre do nó 2 ilustrado na Figura 17.10(c), obtemos as equações de equilíbrio

$$P_1 = F_4^{(1)} + F_1^{(2)} \tag{17.30a}$$

$$P_2 = F_5^{(1)} + F_2^{(2)} \qquad (17.30b)$$

$$P_3 = F_6^{(1)} + F_3^{(2)} \qquad (17.30c)$$

Relações de rigidez dos elementos

Para expressarmos as cargas no nó **P** em termos dos deslocamentos do nó **d**, primeiro relacionamos as forças nas extremidades $\mathbf{F}^{(i)}$ do elemento aos deslocamentos nas extremidades $\mathbf{v}^{(i)}$, usando as relações de rigidez do elemento em coordenadas globais deduzidas na seção anterior. Ao escrevermos a Equação (17.25) em forma expandida para o elemento 1, obtemos

$$\begin{bmatrix} F_1^{(1)} \\ F_2^{(1)} \\ F_3^{(1)} \\ F_4^{(1)} \\ F_5^{(1)} \\ F_6^{(1)} \end{bmatrix} = \begin{bmatrix} K_{11}^{(1)} & K_{12}^{(1)} & K_{13}^{(1)} & K_{14}^{(1)} & K_{15}^{(1)} & K_{16}^{(1)} \\ K_{21}^{(1)} & K_{22}^{(1)} & K_{23}^{(1)} & K_{24}^{(1)} & K_{25}^{(1)} & K_{26}^{(1)} \\ K_{31}^{(1)} & K_{32}^{(1)} & K_{33}^{(1)} & K_{34}^{(1)} & K_{35}^{(1)} & K_{36}^{(1)} \\ K_{41}^{(1)} & K_{42}^{(1)} & K_{43}^{(1)} & K_{44}^{(1)} & K_{45}^{(1)} & K_{46}^{(1)} \\ K_{51}^{(1)} & K_{52}^{(1)} & K_{53}^{(1)} & K_{54}^{(1)} & K_{55}^{(1)} & K_{56}^{(1)} \\ K_{61}^{(1)} & K_{62}^{(1)} & K_{63}^{(1)} & K_{64}^{(1)} & K_{65}^{(1)} & K_{66}^{(1)} \end{bmatrix} \begin{bmatrix} v_1^{(1)} \\ v_2^{(1)} \\ v_3^{(1)} \\ v_4^{(1)} \\ v_5^{(1)} \\ v_6^{(1)} \end{bmatrix} + \begin{bmatrix} F_{f1}^{(1)} \\ F_{f2}^{(1)} \\ F_{f3}^{(1)} \\ F_{f4}^{(1)} \\ F_{f5}^{(1)} \\ F_{f6}^{(1)} \end{bmatrix} \qquad (17.31)$$

disso determinamos as expressões para forças na extremidade 2 do elemento como

$$F_4^{(1)} = K_{41}^{(1)} v_1^{(1)} + K_{42}^{(1)} v_2^{(1)} + K_{43}^{(1)} v_3^{(1)} + K_{44}^{(1)} v_4^{(1)} \qquad (17.32a)$$
$$+ K_{45}^{(1)} v_5^{(1)} + K_{46}^{(1)} v_6^{(1)} + F_{f4}^{(1)}$$

$$F_5^{(1)} = K_{51}^{(1)} v_1^{(1)} + K_{52}^{(1)} v_2^{(1)} + K_{53}^{(1)} v_3^{(1)} + K_{54}^{(1)} v_4^{(1)} \qquad (17.32b)$$
$$+ K_{55}^{(1)} v_5^{(1)} + K_{56}^{(1)} v_6^{(1)} + F_{f5}^{(1)}$$

$$F_6^{(1)} = K_{61}^{(1)} v_1^{(1)} + K_{62}^{(1)} v_2^{(1)} + K_{63}^{(1)} v_3^{(1)} + K_{64}^{(1)} v_4^{(1)} \qquad (17.32c)$$
$$+ K_{65}^{(1)} v_5^{(1)} + K_{66}^{(1)} v_6^{(1)} + F_{f6}^{(1)}$$

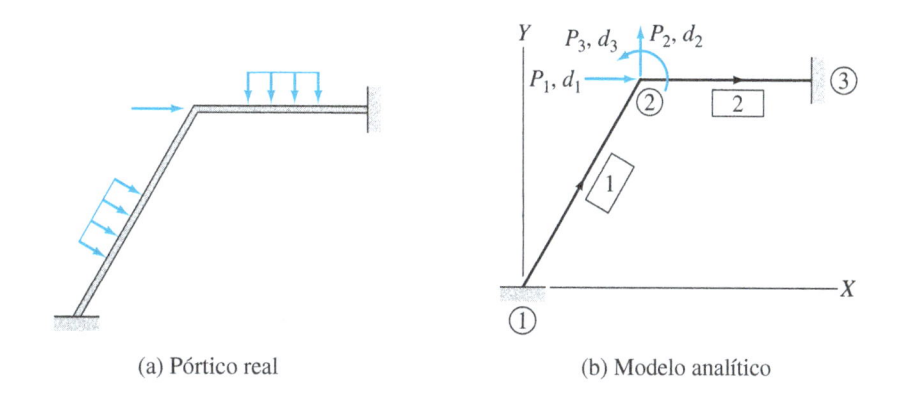

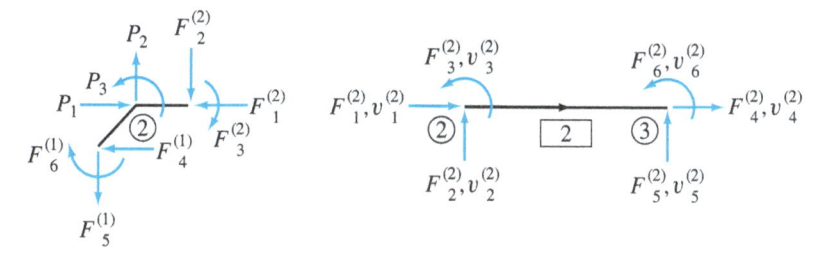

(a) Pórtico real

(b) Modelo analítico

Figura 17.10 (*continua*)

660 Análise Estrutural Parte 3

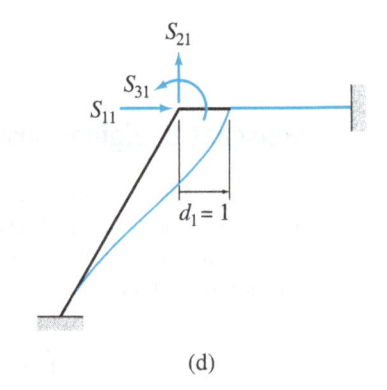

(c)

(d)

$$\mathbf{K}_1 = \begin{bmatrix} K_{11}^{(1)} & K_{12}^{(1)} & K_{13}^{(1)} & K_{14}^{(1)} & K_{15}^{(1)} & K_{16}^{(1)} \\ K_{21}^{(1)} & K_{22}^{(1)} & K_{23}^{(1)} & K_{24}^{(1)} & K_{25}^{(1)} & K_{26}^{(1)} \\ K_{31}^{(1)} & K_{32}^{(1)} & K_{33}^{(1)} & K_{34}^{(1)} & K_{35}^{(1)} & K_{36}^{(1)} \\ K_{41}^{(1)} & K_{42}^{(1)} & K_{43}^{(1)} & K_{44}^{(1)} & K_{45}^{(1)} & K_{46}^{(1)} \\ K_{51}^{(1)} & K_{52}^{(1)} & K_{53}^{(1)} & K_{54}^{(1)} & K_{55}^{(1)} & K_{56}^{(1)} \\ K_{61}^{(1)} & K_{62}^{(1)} & K_{63}^{(1)} & K_{64}^{(1)} & K_{65}^{(1)} & K_{66}^{(1)} \end{bmatrix} \begin{matrix} 0 \\ 0 \\ 0 \\ 1 \\ 2 \\ 3 \end{matrix} \qquad \mathbf{K}_2 = \begin{bmatrix} K_{11}^{(2)} & K_{12}^{(2)} & K_{13}^{(2)} & K_{14}^{(2)} & K_{15}^{(2)} & K_{16}^{(2)} \\ K_{21}^{(2)} & K_{22}^{(2)} & K_{23}^{(2)} & K_{24}^{(2)} & K_{25}^{(2)} & K_{26}^{(2)} \\ K_{31}^{(2)} & K_{32}^{(2)} & K_{33}^{(2)} & K_{34}^{(2)} & K_{35}^{(2)} & K_{36}^{(2)} \\ K_{41}^{(2)} & K_{42}^{(2)} & K_{43}^{(2)} & K_{44}^{(2)} & K_{45}^{(2)} & K_{46}^{(2)} \\ K_{51}^{(2)} & K_{52}^{(2)} & K_{53}^{(2)} & K_{54}^{(2)} & K_{55}^{(2)} & K_{56}^{(2)} \\ K_{61}^{(2)} & K_{62}^{(2)} & K_{63}^{(2)} & K_{64}^{(2)} & K_{65}^{(2)} & K_{66}^{(2)} \end{bmatrix} \begin{matrix} 1 \\ 2 \\ 3 \\ 0 \\ 0 \\ 0 \end{matrix}$$

$$\mathbf{S} = \begin{bmatrix} K_{44}^{(1)} + K_{11}^{(2)} & K_{45}^{(1)} + K_{12}^{(2)} & K_{46}^{(1)} + K_{13}^{(2)} \\ K_{54}^{(1)} + K_{21}^{(2)} & K_{55}^{(1)} + K_{22}^{(2)} & K_{56}^{(1)} + K_{23}^{(2)} \\ K_{64}^{(1)} + K_{31}^{(2)} & K_{65}^{(1)} + K_{32}^{(2)} & K_{66}^{(1)} + K_{33}^{(2)} \end{bmatrix} \begin{matrix} 1 \\ 2 \\ 3 \end{matrix}$$

(e)

$$\mathbf{F}_{f1} = \begin{bmatrix} F_{f1}^{(1)} \\ F_{f2}^{(1)} \\ F_{f3}^{(1)} \\ F_{f4}^{(1)} \\ F_{f5}^{(1)} \\ F_{f6}^{(1)} \end{bmatrix} \begin{matrix} 0 \\ 0 \\ 0 \\ 1 \\ 2 \\ 3 \end{matrix} \qquad \mathbf{F}_{f2} = \begin{bmatrix} F_{f1}^{(2)} \\ F_{f2}^{(2)} \\ F_{f3}^{(2)} \\ F_{f4}^{(2)} \\ F_{f5}^{(2)} \\ F_{f6}^{(2)} \end{bmatrix} \begin{matrix} 1 \\ 2 \\ 3 \\ 0 \\ 0 \\ 0 \end{matrix}$$

$$\mathbf{P}_f = \begin{bmatrix} F_{f4}^{(1)} + F_{f1}^{(2)} \\ F_{f5}^{(1)} + F_{f2}^{(2)} \\ F_{f6}^{(1)} + F_{f3}^{(2)} \end{bmatrix} \begin{matrix} 1 \\ 2 \\ 3 \end{matrix}$$

(f)

Figura 17.10

Do mesmo modo, se escrevermos a Equação (17.25) para o elemento 2, obteremos

$$\begin{bmatrix} F_1^{(2)} \\ F_2^{(2)} \\ F_3^{(2)} \\ F_4^{(2)} \\ F_5^{(2)} \\ F_6^{(2)} \end{bmatrix} = \begin{bmatrix} K_{11}^{(2)} & K_{12}^{(2)} & K_{13}^{(2)} & K_{14}^{(2)} & K_{15}^{(2)} & K_{16}^{(2)} \\ K_{21}^{(2)} & K_{22}^{(2)} & K_{23}^{(2)} & K_{24}^{(2)} & K_{25}^{(2)} & K_{26}^{(2)} \\ K_{31}^{(2)} & K_{32}^{(2)} & K_{33}^{(2)} & K_{34}^{(2)} & K_{35}^{(2)} & K_{36}^{(2)} \\ K_{41}^{(2)} & K_{42}^{(2)} & K_{43}^{(2)} & K_{44}^{(2)} & K_{45}^{(2)} & K_{46}^{(2)} \\ K_{51}^{(2)} & K_{52}^{(2)} & K_{53}^{(2)} & K_{54}^{(2)} & K_{55}^{(2)} & K_{56}^{(2)} \\ K_{61}^{(2)} & K_{62}^{(2)} & K_{63}^{(2)} & K_{64}^{(2)} & K_{65}^{(2)} & K_{66}^{(2)} \end{bmatrix} \begin{bmatrix} v_1^{(2)} \\ v_2^{(2)} \\ v_3^{(2)} \\ v_4^{(2)} \\ v_5^{(2)} \\ v_6^{(2)} \end{bmatrix} + \begin{bmatrix} F_{f1}^{(2)} \\ F_{f2}^{(2)} \\ F_{f3}^{(2)} \\ F_{f4}^{(2)} \\ F_{f5}^{(2)} \\ F_{f6}^{(2)} \end{bmatrix} \quad (17.33)$$

a partir disso, determinamos que as forças na extremidade 2 do elemento são

$$F_1^{(2)} = K_{11}^{(2)} v_1^{(2)} + K_{12}^{(2)} v_2^{(2)} + K_{13}^{(2)} v_3^{(2)} + K_{14}^{(2)} v_4^{(2)} \qquad (17.34a)$$
$$+ K_{15}^{(2)} v_5^{(2)} + K_{16}^{(2)} v_6^{(2)} + F_{f1}^{(2)}$$

$$F_2^{(2)} = K_{21}^{(2)} v_1^{(2)} + K_{22}^{(2)} v_2^{(2)} + K_{23}^{(2)} v_3^{(2)} + K_{24}^{(2)} v_4^{(2)} \qquad (17.34b)$$
$$+ K_{25}^{(2)} v_5^{(2)} + K_{26}^{(2)} v_6^{(2)} + F_{f2}^{(2)}$$

$$F_3^{(2)} = K_{31}^{(2)} v_1^{(2)} + K_{32}^{(2)} v_2^{(2)} + K_{33}^{(2)} v_3^{(2)} + K_{34}^{(2)} v_4^{(2)} \qquad (17.34c)$$
$$+ K_{35}^{(2)} v_5^{(2)}) \; K_{36}^{(2)} v_6^{(2)} + F_{f3}^{(2)}$$

Equações de compatibilidade

Ao compararmos as Figuras 17.10(b) e (c), observamos que, como a extremidade inferior 1 do elemento 1 está unida rigidamente ao nó engastado 1, que não pode transladar e girar, os três deslocamentos na extremidade 1 do elemento devem ser nulos. Do mesmo modo, como a extremidade 2 desse elemento está rigidamente unida ao nó 2, os deslocamentos na extremidade 2 devem ser os mesmos que os deslocamentos do nó 2. Assim, as equações de compatibilidade para o elemento 1 são

$$v_1^{(1)} = v_2^{(1)} = v_3^{(1)} = 0 \qquad v_4^{(1)} = d_1 \qquad v_5^{(1)} = d_2 \qquad v_6^{(1)} = d_3 \qquad (17.35)$$

De forma semelhante, as equações de compatibilidade para o elemento 2 serão

$$v_1^{(2)} = d_1 \qquad v_2^{(2)} = d_2 \qquad v_3^{(2)} = d_3 \qquad v_4^{(2)} = v_5^{(2)} = v_6^{(2)} = 0 \qquad (17.36)$$

Ao substituirmos as equações de compatibilidade para o elemento 1 (Equação (17.35)) nas relações de força--deslocamento no elemento indicadas pelas equações (17.32), expressamos as forças nas extremidades do elemento $F^{(1)}$ em termos dos deslocamentos do nó d como

$$F_4^{(1)} = K_{44}^{(1)} d_1 + K_{45}^{(1)} d_2 + K_{46}^{(1)} d_3 + F_{f4}^{(1)} \qquad (17.37a)$$

$$F_5^{(1)} = K_{54}^{(1)} d_1 + K_{55}^{(1)} d_2 + K_{56}^{(1)} d_3 + F_{f5}^{(1)} \qquad (17.37b)$$

$$F_6^{(1)} = K_{64}^{(1)} d_1 + K_{65}^{(1)} d_2 + K_{66}^{(1)} d_3 + F_{f6}^{(1)} \qquad (17.37c)$$

Do mesmo modo, para o elemento 2, a substituição da Equação (17.36) pelas Equações (17.34) fornece

$$F_1^{(2)} = K_{11}^{(2)} d_1 + K_{12}^{(2)} d_2 + K_{13}^{(2)} d_3 + F_{f1}^{(2)} \qquad (17.38a)$$

$$F_2^{(2)} = K_{21}^{(2)} d_1 + K_{22}^{(2)} d_2 + K_{23}^{(2)} d_3 + F_{f2}^{(2)} \qquad (17.38b)$$

$$F_3^{(2)} = K_{31}^{(2)} d_1 + K_{32}^{(2)} d_2 + K_{33}^{(2)} d_3 + F_{f3}^{(2)} \qquad (17.38c)$$

Relações de rigidez da estrutura

Finalmente, ao substituirmos as Equações (17.37) e (17.38) pelas equações de equilíbrio dos nós (Equações (17.30)), obtemos as relações desejadas entre as cargas aplicadas aos nós **P** e o deslocamento **d** do pórtico como

$$P_1 = (K_{44}^{(1)} + K_{11}^{(2)})d_1 + (K_{45}^{(1)} + K_{12}^{(2)})d_2 + (K_{46}^{(1)} + K_{13}^{(2)})d_3 \qquad (17.39a)$$
$$+ (F_{f4}^{(1)} + F_{f1}^{(2)})$$

$$P_2 = (K_{54}^{(1)} + K_{21}^{(2)})d_1 + (K_{55}^{(1)} + K_{22}^{(2)})d_2 + (K_{56}^{(1)} + K_{23}^{(2)})d_3 \qquad (17.39b)$$
$$+ (F_{f5}^{(1)} + F_{f2}^{(2)})$$

$$P_3 = (K_{64}^{(1)} + K_{31}^{(2)})d_1 + (K_{65}^{(1)} + K_{32}^{(2)})d_2 + (K_{66}^{(1)} + K_{33}^{(2)})d_3 \qquad (17.39c)$$
$$+ (F_{f6}^{(1)} + F_{f3}^{(2)})$$

As Equações (17.39) podem ser expressas convenientemente em forma de matriz condensada como

$$\mathbf{P} = \mathbf{Sd} + \mathbf{P}f \qquad (17.40)$$

ou

$$\mathbf{P} - \mathbf{P}f = \mathbf{Sd} \qquad (17.41)$$

em que

$$\mathbf{S} = \begin{bmatrix} K_{44}^{(1)} + K_{11}^{(2)} & K_{45}^{(1)} + K_{12}^{(2)} & K_{46}^{(1)} + K_{13}^{(2)} \\ K_{54}^{(1)} + K_{21}^{(2)} & K_{55}^{(1)} + K_{22}^{(2)} & K_{56}^{(1)} + K_{23}^{(2)} \\ K_{64}^{(1)} + K_{31}^{(2)} & K_{65}^{(1)} + K_{32}^{(2)} & K_{66}^{(1)} + K_{33}^{(2)} \end{bmatrix} \qquad (17.42)$$

é chamada *matriz de rigidez da estrutura* e

$$\mathbf{P}_f = \begin{bmatrix} F_{f4}^{(1)} + F_{f1}^{(2)} \\ F_{f5}^{(1)} + F_{f2}^{(2)} \\ F_{f6}^{(1)} + F_{f3}^{(2)} \end{bmatrix} \qquad (17.43)$$

é denominado *vetor de forças no nó rígido da estrutura*. O processo anterior para determinar as relações de rigidez da estrutura ao combinar as relações de rigidez dos elementos muitas vezes é chamado *método direto da rigidez* [39].

Interpretamos a matriz de rigidez **S** da estrutura de maneira análoga à da matriz de rigidez do elemento, isto é, um *coeficiente de rigidez da estrutura* S_{ij} representa a *força necessária no local e na direção de P_i, junto com outras forças sobre o nó para causar um deslocamento d_j de valor unitário enquanto todos os outros deslocamentos do nó são nulos.* Assim, a coluna j-ésima da matriz **S** consiste nas cargas nos nós necessárias para causar um deslocamento d_j de valor unitário, enquanto todos os demais deslocamentos são nulos. Por exemplo, a primeira coluna de **S** consiste nas três cargas sobre o nó necessárias para provocar o deslocamento $d_1 = 1$, conforme indica a Figura 17.10(d) e assim por diante.

A interpretação acima da matriz de rigidez estrutural **S** indica que também é possível determinar esse tipo de matriz ao submeter a estrutura, separadamente, a valores unitários de cada um de seus deslocamentos dos nós e ao avaliar as cargas nos nós necessárias para causar os deslocamentos individuais. Contudo, não é possível implementar esse procedimento com facilidade em computadores e na prática ele é pouco usado. Portanto, neste capítulo, não iremos nos aprofundar nesse procedimento alternativo.

Montagem de S e P_f usando números de códigos dos elementos

Nos parágrafos anteriores, definimos a matriz de rigidez da estrutura **S** (Equação (17.42)) e o vetor de forças $\mathbf{P}_f$ no nó rígido da estrutura (Equação (17.43)) ao substituirmos as equações de compatibilidade do elemento pelas relações de rigidez global do elemento e, então, substituindo as relações resultantes pelas equações de equilíbrio do nó. Esse processo de escrever três tipos de equações e então fazer as substituições pode ser bastante tedioso e demorado para estruturas grandes.

A partir da Equação (17.42) observamos que a rigidez de um nó em uma direção é igual à soma das rigidezes naquela direção dos elementos que se encontram no nó. Esse fato indica que a matriz de rigidez **S** da estrutura pode ser formulada diretamente acrescentando os elementos das matrizes de rigidez dos elementos em suas respectivas posições na matriz da estrutura, evitando assim a necessidade de escrever qualquer equação. A técnica de formar diretamente uma matriz de rigidez da estrutura ao se reunirem os elementos das matrizes de rigidez global dos elementos foi apresentada por S. S. Tezcan em 1963 [38], e às vezes, é chamada de *técnica de números de código*.

Para ilustrarmos essa técnica, examinemos novamente o pórtico com dois elementos da Figura 17.10. As matrizes de rigidez em coordenadas globais para os elementos 1 e 2 do pórtico são chamadas $\mathbf{K}_1$ e $\mathbf{K}_2$, respectivamente (Figura 17.10(e)). Nosso objetivo é formar a matriz de rigidez **S** da estrutura ao unirmos os elementos de $\mathbf{K}_1$ e $\mathbf{K}_2$. Antes de podermos determinar as posições dos elementos de uma matriz de elementos **K** na matriz de estrutura **S**, para cada grau de liberdade dos elementos em coordenadas globais, precisamos identificar o número do grau de liberdade correspondente na estrutura. Se o grau de liberdade da estrutura correspondente a um grau de liberdade do elemento não estiver definido (isto é, se o deslocamento do nó correspondente for nulo), então se utiliza um zero para o número do grau de liberdade na estrutura. Assim, ao compararmos os graus de liberdade globais do elemento 1 indicados na Figura 17.10(c) aos graus de liberdade da estrutura indicados na Figura 17.10(b), concluímos que os números dos graus de liberdade da estrutura para o elemento são 0, 0, 0, 1, 2, 3. Observe que esses números estão na mesma ordem dos graus de liberdade do elemento; por exemplo, o quarto número, 1, corresponde ao quarto grau de liberdade, $v_4^{(1)}$, do elemento e assim por diante. Em outras palavras, os primeiros três números identificam, na sequência, a translação X, a translação Y, e a rotação do nó inicial do elemento, e os três últimos números identificam a translação X, a translação Y e a rotação, respectivamente, do nó final. De modo semelhante, concluímos que os números do grau de liberdade da estrutura para o elemento 2 são 1, 2, 3, 0, 0, 0.

Os números dos graus de liberdade da estrutura para um elemento podem ser usados para definir as equações de compatibilidade daquele elemento. Por exemplo, os números dos graus de liberdade da estrutura 0, 0, 0, 1, 2, 3 implicam as seguintes equações de compatibilidade para o elemento 1:

$$v_1^{(1)} = v_2^{(1)} = v_3^{(1)} = 0 \qquad v_4^{(1)} = d_1 \qquad v_5^{(1)} = d_2 \qquad v_6^{(1)} = d_3$$

que são idênticas às apresentadas na Equação (17.35).

Agora, é possível determinarmos as posições dos elementos da matriz de rigidez do elemento $\mathbf{K}_1$ na matriz de rigidez da estrutura **S** ao escrevermos os números dos graus de liberdade dos elementos da estrutura (0, 0, 0, 1, 2, 3) no lado direito e no topo de $\mathbf{K}_1$, como indica a Figura 17.10(e). Observe que os números no lado direito de $\mathbf{K}_1$ representam os números nas linhas da matriz **S**, e os números no topo representam os números nas colunas de **S**. Por exemplo, o elemento $K_{65}^{(1)}$ de $\mathbf{K}_1$ precisa estar na linha 3 e coluna 2 de **S**, conforme indica a Figura 17.10(e). Com esse método, os demais elementos de $\mathbf{K}_1$, exceto aqueles que correspondem ao número de linha ou coluna zero de **S**, são armazenados em suas respectivas posições na matriz de rigidez da estrutura **S**.

Em seguida, repete-se o mesmo procedimento para o elemento 2. Quando dois ou mais coeficientes de rigidez de um elemento estão na mesma posição em **S**, então os coeficientes precisam ser acrescentados algebricamente. A Figura 17.10(e) mostra a matriz de rigidez estrutural **S** completa. Observe que essa matriz é idêntica àquela obtida anteriormente (Equação (17.42)) ao substituirmos as equações de compatibilidade e relações de rigidez dos elementos nas equações de equilíbrio.

O procedimento anterior para formar diretamente a matriz de rigidez da estrutura ao reunirem-se os coeficientes de rigidez dos elementos pode ser implementado com facilidade em computadores. Para economizar espaço de armazenagem no computador, gera-se a matriz de rigidez de um elemento por vez, que é armazenada na matriz de rigidez da estrutura, e o espaço é reutilizado a fim de gerar a matriz de rigidez do próximo elemento e assim por diante.

É possível calcular o vetor de forças $\mathbf{P}_f$ no nó fixo da estrutura usando-se um procedimento semelhante àquele para formar a matriz de rigidez da estrutura. Para gerarmos o vetor $\mathbf{P}_f$ para o pórtico em consideração, escrevemos primeiro os números dos graus de liberdade estrutural para o elemento 1 no lado direito do vetor das forças na extremidade engastada do elemento $\mathbf{F}_{f1}$, conforme indica a Figura 17.10(f). Cada um desses números agora representa o número de linha de $\mathbf{P}_f$ em que se armazenará a força do elemento correspondente. Por exemplo, o elemento $F_{f5}^{(1)}$ deve estar na linha 2 de $\mathbf{P}_f$, como mostra a figura. Semelhantemente, os demais elementos de $\mathbf{F}_{f1}$, exceto aqueles que correspondem à linha de números nulos de $\mathbf{P}_f$, são armazenados em suas respectivas posições em $\mathbf{P}_f$. Em seguida, repete-se o mesmo procedimento para o elemento 2. A Figura 17.10(f) mostra o vetor de forças $\mathbf{P}_f$ do nó rígido da estrutura obtido desse modo. Observe que esse vetor é idêntico ao da Equação (17.43).

Uma vez que $\mathbf{S}$ e $\mathbf{P}_f$ tiverem sido calculados, as relações de rigidez da estrutura (Equação (17.41)), que agora representam um sistema de equações algébricas lineares simultâneas, podem ser resolvidas para os deslocamentos desconhecidos do nó $\mathbf{d}$. Conhecendo $\mathbf{d}$, é possível determinar os deslocamentos nas extremidades para cada elemento aplicando as equações de compatibilidade definidas por seus números de grau de liberdade na estrutura; em seguida, pode-se calcular as forças nas extremidades resultantes usando-se as relações de rigidez do elemento.

O procedimento para gerar a matriz de rigidez $\mathbf{S}$ da estrutura e o vetor do nó rígido $\mathbf{P}_f$, conforme se descreve aqui para pórticos, também pode ser aplicado a vigas contínuas e treliças, com ressalva no caso das treliças $\mathbf{P}_f = \mathbf{0}$.

17.6 Procedimento para análise

Com base na discussão apresentada nas seções anteriores, podemos desenvolver o seguinte procedimento passo a passo para analisar estruturas pelo método da matriz de rigidez.

1. Prepare um modelo analítico da estrutura como se segue:
   a. Desenhe um diagrama de linha da estrutura, no qual cada nó e elemento precisam ser identificados por um número.
   b. Selecione um sistema de coordenadas globais XY, com os eixos X e Y orientados nas direções horizontal (positivo para a direita) e vertical (positivo para cima), respectivamente. Em geral, é recomendável localizar a origem desse sistema de coordenadas em um nó inferior no lado esquerdo da estrutura, de modo que as coordenadas X e Y para a maioria dos nós sejam positivas.
   c. Para cada elemento, crie um sistema de coordenadas locais xy selecionando um dos nós em suas extremidades como nó inicial e o outro como final. No diagrama de linha da estrutura, para cada elemento, indique a direção positiva do eixo local x ao traçar uma seta ao longo do elemento apontando para o nó final. Para elementos horizontais, é possível evitar transformações de coordenadas ao selecionar o nó na extremidade esquerda do elemento como nó inicial.
   d. Identifique os graus de liberdade ou deslocamentos ignorados dos nós, $\mathbf{d}$, da estrutura. Os graus de liberdade são especificados no diagrama de linha da estrutura ao traçarmos setas nos nós, e são numerados a partir do número do nó mais baixo, procedendo em sequência até o número do nó mais elevado. No caso de mais de um grau de liberdade em um nó, a translação X é numerada primeiro, seguida pela translação Y e depois pela rotação. Lembre-se de que nós de um pórtico plano podem ter até três graus de liberdade (duas translações e uma rotação); nós de uma viga contínua podem ter até dois graus de liberdade (uma translação perpendicular ao eixo centroidal da viga e uma rotação); e nós de uma treliça plana podem ter até dois graus de liberdade (duas translações). Observe que as translações dos nós são consideradas positivas quando ocorrem nas direções positivas dos eixos X e Y; as rotações dos nós são consideradas positivas quando ocorrem em sentido anti-horário.
2. Calcule a matriz de rigidez $\mathbf{S}$ da estrutura e o vetor de forças $\mathbf{P}_f$ no nó rígido. Para cada elemento da estrutura, realize as seguintes operações:
   a. Para treliças, vá diretamente para o passo 2(d). Caso contrário, calcule a matriz de rigidez do elemento em coordenadas locais, $\mathbf{k}$. As expressões de $\mathbf{k}$ para os elementos de pórticos e vigas contínuas são dadas nas Equações (17.5) e (17.6), respectivamente.
   b. Se o elemento estiver sujeito a cargas externas, então calcule seu vetor de forças na extremidade fixa em coordenadas locais, $\mathbf{Q}_f$, usando as expressões para momentos de engastamento perfeito apresentadas no final deste livro e aplique as equações de equilíbrio (veja os Exemplos 17.2 e 17.3).
   c. Para elementos horizontais com o eixo local x positivo para a direita (isto é, na mesma direção do eixo global X), as relações de rigidez dos elementos nas coordenadas locais e globais são as mesmas (isto é, $\mathbf{K} = \mathbf{k}$ e $\mathbf{F}_f = \mathbf{Q}_f$); vá para o passo 2(e). Caso contrário, calcule a matriz de transformação $\mathbf{T}$ do elemento usando a Equação (17.12).
   d. Determine a matriz de rigidez do elemento em coordenadas globais, $\mathbf{K} = \mathbf{T}^T \mathbf{k} \mathbf{T}$ (Equação (17.26)), e o vetor de forças na extremidade rígida correspondente, $\mathbf{F}_f = \mathbf{T}^T \mathbf{Q}^f$ (Equação (17.27)). A matriz $\mathbf{K}$ deve ser simétrica. Para treliças, em geral é mais conveniente usar a forma explícita de $\mathbf{K}$ indicada na Equação (17.29). Do mesmo modo, para treliças, $\mathbf{F}_f = \mathbf{0}$.
   e. Identifique os números de grau de liberdade da estrutura do elemento e armazene os elementos pertinentes de $\mathbf{K}$ e $\mathbf{F}_f$ em suas posições corretas na matriz de rigidez $\mathbf{S}$ da estrutura e o vetor de forças $\mathbf{P}_f$ no nó rígido, respectivamente, usando o procedimento descrito na Seção 17.5. A matriz de rigidez completa $\mathbf{S}$ da estrutura obtida por meio do cálculo dos coeficientes de rigidez de todos os elementos da estrutura deve ser simétrica.

3. Forme o vetor de cargas sobre o nó, **P**.
4. Determine os deslocamentos desconhecidos do nó. Substitua **P**, $\mathbf{P}_f$ e **S** nas relações de rigidez da estrutura, **P** − $\mathbf{P}_f$ = **Sd** (Equação(17.41)), e resolva o sistema resultante de equações simultâneas para os deslocamentos desconhecidos do nó **d**.
5. Calcule os deslocamentos e forças nas extremidades do elemento. Para cada elemento, faça o seguinte:
   a. Obtenha os deslocamentos nas extremidades do elemento em coordenadas globais, **v**, a partir dos deslocamentos do nó, **d**, usando os números de grau de liberdade da estrutura do elemento.
   b. Determine os deslocamentos nas extremidades do elemento em coordenadas locais usando a relação **u** = **Tv** (Equação (17.14)). Para elementos horizontais com o eixo local x positivo à direita, **u** = **v**.
   c. Calcule as forças nas extremidades do elemento em coordenadas locais usando a relação **Q** = **ku** + $\mathbf{Q}_f$ (Equação (17.4)). Para treliças, $\mathbf{Q}_f = \mathbf{0}$.
   d. Calcule as forças nas extremidades do elemento em coordenadas globais usando a relação de transformação **F** = $\mathbf{T}^T\mathbf{Q}$ (Equação (17.17)). Para elementos horizontais com o eixo local x positivo à direita, **F** = **Q**.
6. Determine as reações do apoio levando em conta o equilíbrio dos nós localizados nos apoios da estrutura.

Programa de computador

O leitor poderá usar um programa de computador para analisar estruturas planas de pórticos planos pelo método da rigidez.

EXEMPLO 17.1

Usando o método da matriz de rigidez, determine as reações e a força aplicada a cada elemento da treliça ilustrada na Figura 17.11(a).

Solução

Graus de liberdade. No modelo analítico da treliça mostrada na Figura 17.11(b), observamos que apenas o nó 3 está livre para transladar. Assim, a treliça tem dois graus de liberdade, d_1 e d_2, que são as translações desconhecidas do nó 3 nas direções X e Y, respectivamente.

Matriz de rigidez da estrutura.
Elemento 1 Conforme indica a Figura 17.11(b), selecionamos o nó 1 como nó inicial e o nó 3 como nó final para o elemento 1. Ao aplicarmos as Equações (17.13), determinamos

$$L = \sqrt{(X_3 - X_1)^2 + (Y_3 - Y_1)^2} = \sqrt{(6-0)^2 + (8-0)^2} = 10 \text{ m}$$

$$\cos\theta = \frac{X_3 - X_1}{L} = \frac{6}{10} = 0{,}60$$

$$\sin\theta = \frac{Y_3 - Y_1}{L} = \frac{8}{10} = 0{,}80$$

Agora, é possível calcular a matriz de rigidez do elemento em coordenadas globais, usando a Equação (17.29)

$$K_1 = \frac{(200 \times 10^6)(5{,}8 \times 10^{-3})}{10} \begin{bmatrix} 0{,}36 & 0{,}48 & -0{,}36 & -0{,}48 \\ 0{,}48 & 0{,}64 & -0{,}48 & -0{,}64 \\ -0{,}36 & -0{,}48 & 0{,}36 & 0{,}48 \\ -0{,}48 & -0{,}64 & 0{,}48 & 0{,}64 \end{bmatrix}$$

ou

$$K_1 = \begin{bmatrix} 41.760 & 55.680 & -41.760 & -55.680 \\ 55.680 & 74.240 & -55.680 & -74.240 \\ -41.760 & -55.680 & 41.760 & 55.680 \\ -55.680 & -74.240 & 55.680 & 74.240 \end{bmatrix} \begin{matrix} 0 \\ 0 \\ 1 \\ 2 \end{matrix} \quad\quad (1)$$

(colunas: 0, 0, 1, 2)

Na Figura 17.11(b), observamos que os deslocamentos do nó inicial 1 para o elemento são nulos, e os deslocamentos do nó final 3 são d_1 e d_2. Portanto, os números de grau de liberdade da estrutura para esse elemento são 0, 0, 1, 2. Esses números estão escritos no topo à direita de $\mathbf{K}_1$ (veja a Equação (1)) para indicar as linhas e colunas, respectivamente, da matriz de rigidez $\mathbf{S}$ da estrutura, onde devem ser armazenados os elementos de $\mathbf{K}_1$. Observe que os elementos de $\mathbf{K}_1$, que correspondem ao número zero do grau de liberdade da estrutura, são simplesmente ignorados. Assim, o elemento na linha 3 e coluna 3 de $\mathbf{K}_1$ é armazenado na linha 1 e coluna 1 de $\mathbf{S}$, como indica a Figura 17.11(c). Do mesmo modo, o elemento na linha 3 e coluna 4 de $\mathbf{K}_1$ é armazenado na linha 1 e coluna 2 de $\mathbf{S}$. Os demais elementos de $\mathbf{K}_1$ são armazenados em $\mathbf{S}$ de modo semelhante (Figura 17.11(c)).

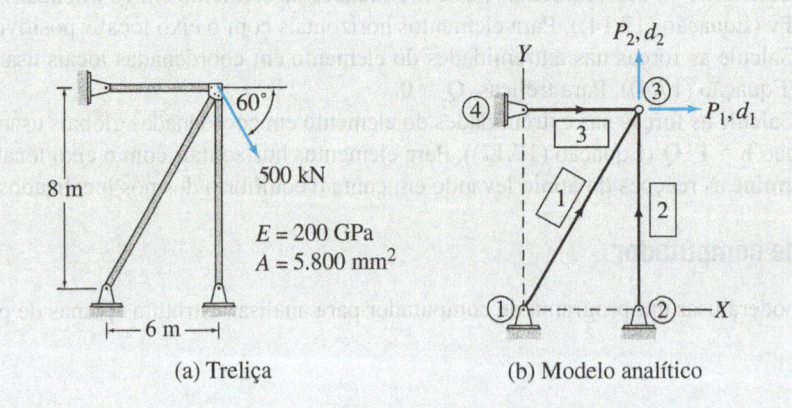

(a) Treliça

(b) Modelo analítico

$$S = \begin{bmatrix} (41.760 + 0 + 193.333) & (55.680 + 0 + 0) \\ (55.680 + 0 + 0) & (74.240 + 145.000 + 0) \end{bmatrix} \begin{matrix} 1 \\ 2 \end{matrix} = \begin{bmatrix} 235.093 & 55.680 \\ 55.680 & 219.240 \end{bmatrix} \begin{matrix} 1 \\ 2 \end{matrix}$$

(c) Matriz de rigidez da estrutura

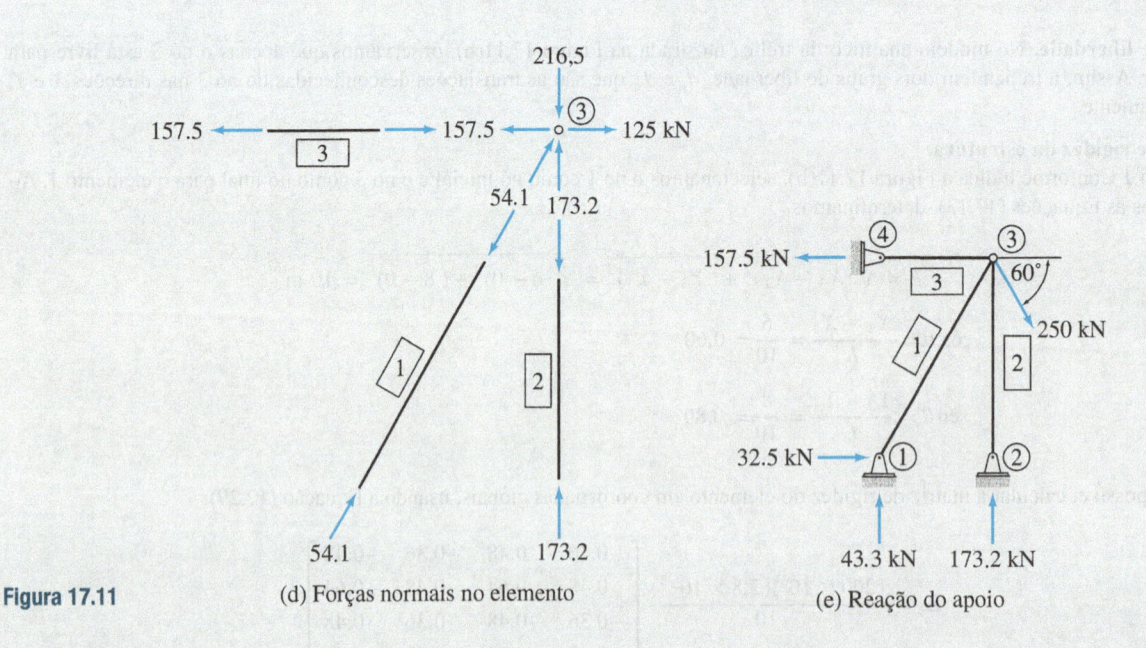

(d) Forças normais no elemento

(e) Reação do apoio

Figura 17.11

Elemento 2 Na Figura 17.11(b), podemos ver que o nó 2 é o nó inicial e que o nó 3 é o nó final para o elemento 2. Ao aplicarmos as Equações (17.13), obtemos

$$\cos\theta = \frac{X_3 - X_2}{L} = \frac{6-6}{8} = 0$$

$$\operatorname{sen}\theta = \frac{Y_3 - Y_2}{L} = \frac{8-0}{8} = 1$$

Assim, ao usarmos a Equação (17.29)

$$K_2 = \frac{(200 \times 10^6)(5{,}8 \times 10^{-3})}{8} \begin{bmatrix} 0 & 0 & 0 & 0 \\ 0 & 1 & 0 & -1 \\ 0 & 0 & 0 & 0 \\ 0 & -1 & 0 & 1 \end{bmatrix}$$

$$K_2 = \begin{bmatrix} 0 & 0 & 1 & 2 \\ 0 & 0 & 0 & 0 \\ 0 & 145.000 & 0 & -145.000 \\ 0 & 0 & 0 & 0 \\ 0 & -145.000 & 0 & 145.000 \end{bmatrix} \begin{matrix} 0 \\ 0 \\ 1 \\ 2 \end{matrix}$$

Na Figura 17.11(b), vemos que os números de graus de liberdade da estrutura para esse elemento são 0, 0, 1, 2. Esses números são usados para armazenar os elementos pertinentes de K_2 em suas posições corretas na matriz de rigidez S da estrutura, como mostra a Figura 17.11(c).

Elemento 3 $\cos\theta = 1$ sen $\theta = 0$
Utilizando a Equação (17.29),

$$K_3 = \frac{(200 \times 10^6)(5{,}8 \times 10^{-3})}{6} \begin{bmatrix} 1 & 0 & -1 & 0 \\ 0 & 0 & 0 & 0 \\ -1 & 0 & 1 & 0 \\ 0 & 0 & 0 & 0 \end{bmatrix}$$

$$K_3 = \begin{bmatrix} 0 & 0 & 1 & 2 \\ 193.333 & 0 & -193.333 & 0 \\ 0 & 0 & 0 & 0 \\ -193.333 & 0 & 193.333 & 0 \\ 0 & 0 & 0 & 0 \end{bmatrix} \begin{matrix} 0 \\ 0 \\ 1 \\ 2 \end{matrix}$$

Os números de graus de liberdade da estrutura para esse elemento são 0, 0, 1, 2. Usando esses números, os elementos de K_3 são armazenados em S, como mostra a Figura 17.11(c).
Observe que a matriz de rigidez S da estrutura (Figura 17.11(c)), obtida ao calcularmos os coeficientes de rigidez dos três elementos, é simétrica.

Vetor de carga no nó. Ao compararmos as Figuras 17.11(a) e (b), notamos que

$$P_1 = 250 \cos 60° = 125 \text{ kN} \qquad P_2 = -250 \text{ sen } 60° = -216{,}51 \text{ kN}$$

Assim, o vetor de carga no nó é

$$P = \begin{bmatrix} 125 \\ -216{,}506 \end{bmatrix} \text{kN} \qquad (2)$$

Deslocamentos dos nós. As relações de rigidez para a treliça toda podem ser expressas como (Equação (17.41) com $P_f = 0$)

$$P = Sd \qquad (3)$$

Se substituirmos P na Equação (2) e S na Figura 17.11(c), escreveremos a Equação (3) em forma expandida como

$$\begin{bmatrix} 125 \\ -216{,}506 \end{bmatrix} = \begin{bmatrix} 235.093 & 55.680 \\ 55.680 & 219.240 \end{bmatrix} \begin{bmatrix} d_1 \\ d_2 \end{bmatrix}$$

Ao resolvermos essas equações simultaneamente, concluímos que os deslocamentos dos nós são

$$\begin{bmatrix} d_1 \\ d_2 \end{bmatrix} = \begin{bmatrix} 4{,}5\text{E}-06 & -1{,}1\text{E}-06 \\ -1{,}1\text{E}-06 & 4{,}9\text{E}-06 \end{bmatrix} = \begin{bmatrix} 125 \\ -216{,}506 \end{bmatrix}$$

ou

$$\begin{bmatrix} d_1 \\ d_2 \end{bmatrix} = \begin{bmatrix} 0{,}00081 \\ -0{,}00119 \end{bmatrix} \text{m} = \begin{bmatrix} 0{,}815 \\ -1{,}194 \end{bmatrix} \text{mm}$$

Deslocamentos e forças nas extremidades do elemento.

Elemento 1 Podemos obter os deslocamentos nas extremidades do elemento em coordenadas globais, **v**, simplesmente comparando os números de graus de liberdade global do elemento com os números de graus de liberdade da estrutura para o elemento, como se segue:

$$\mathbf{v}_1 = \begin{bmatrix} v_1 \\ v_2 \\ v_3 \\ v_4 \end{bmatrix} \begin{matrix} 0 \\ 0 \\ 1 \\ 2 \end{matrix} = \begin{bmatrix} 0 \\ 0 \\ d_1 \\ d_2 \end{bmatrix} = \begin{bmatrix} 0 \\ 0 \\ 0{,}815 \\ -1{,}194 \end{bmatrix} \text{mm} \qquad (4)$$

Observe que os números de graus de liberdade da estrutura para o elemento (0, 0, 1, 2) estão escritos no lado direito de **v**, como indica a Equação (4). Visto que os números de graus de liberdade da estrutura correspondentes a v_1 e v_2 são zero, isso indica que $v_1 = v_2 = 0$. Do mesmo modo, os números 1 e 2 correspondentes a v_3 e v_4, respectivamente, indicam que $v_3 = d_1$ e $v_4 = d_2$. É preciso entender que essas equações de compatibilidade também poderiam ter sido determinadas apenas com uma inspeção visual do diagrama de linha da estrutura (Figura 17.11(b)). No entanto, o uso dos números de graus de liberdade da estrutura permite-nos programar esse procedimento em um computador.

Agora, é possível determinar os deslocamentos nas extremidades do elemento em coordenadas locais por meio da relação **u** = **Tv** (Equação (17.14)), com **T** conforme definido na Equação (17.22):

$$\mathbf{u}_1 = \begin{bmatrix} u_1 \\ u_2 \end{bmatrix} = \begin{bmatrix} 0{,}6 & 0{,}8 & 0 & 0 \\ 0 & 0 & 0{,}6 & 0{,}8 \end{bmatrix} \begin{bmatrix} 0 \\ 0 \\ 0{,}815 \\ -1{,}194 \end{bmatrix} = \begin{bmatrix} 0 \\ -0{,}467 \end{bmatrix} \text{mm}$$

Utilizando a Equação (17.7), calculamos as forças nas extremidades do elemento em coordenadas locais como

$$\mathbf{Q} = \mathbf{ku}$$

$$\mathbf{Q}_1 = \begin{bmatrix} Q_1 \\ Q_2 \end{bmatrix} = 116.000 \begin{bmatrix} 1 & -1 \\ -1 & 1 \end{bmatrix} \begin{bmatrix} 0 \\ -0{,}467 \end{bmatrix} 10^{-3} \text{m} = \begin{bmatrix} 54{,}1 \\ -54{,}1 \end{bmatrix} \text{kN}$$

Portanto, conforme indica a Figura 17.11(d), a força normal no elemento 1 é

$$54{,}1 \text{ kN (C)} \qquad \text{Resp.}$$

Aplicando a Equação (17.17), podemos determinar as forças nas extremidades do elemento em coordenadas globais como

$$\mathbf{F} = \mathbf{T}^T \mathbf{Q}$$

$$\mathbf{F}_1 = \begin{bmatrix} F_1 \\ F_2 \\ F_3 \\ F_4 \end{bmatrix} = \begin{bmatrix} 0{,}6 & 0 \\ 0{,}8 & 0 \\ 0 & 0{,}6 \\ 0 & 0{,}8 \end{bmatrix} \begin{bmatrix} 54{,}15 \\ -54{,}15 \end{bmatrix} = \begin{bmatrix} 32{,}5 \\ 43{,}3 \\ -32{,}5 \\ -43{,}3 \end{bmatrix} \text{kN}$$

Elemento 2 Os deslocamentos nas extremidades do elemento em coordenadas globais são dados por

$$\mathbf{v}_2 = \begin{bmatrix} v_1 \\ v_2 \\ v_3 \\ v_4 \end{bmatrix} \begin{matrix} 0 \\ 0 \\ 1 \\ 2 \end{matrix} = \begin{bmatrix} 0 \\ 0 \\ d_1 \\ d_2 \end{bmatrix} = \begin{bmatrix} 0 \\ 0 \\ 0{,}815 \\ -1{,}194 \end{bmatrix} \text{mm}$$

Usando a relação **u** = **Tv**, concluímos que os deslocamentos nas extremidades do elemento em coordenadas locais são

$$\mathbf{u}_2 = \begin{bmatrix} u_1 \\ u_2 \end{bmatrix} = \begin{bmatrix} 0{,}0 & 1{,}0 & 0 & 0 \\ 0 & 0 & 0{,}0 & 1{,}0 \end{bmatrix} \begin{bmatrix} 0 \\ 0 \\ 0{,}815 \\ -1{,}194 \end{bmatrix} = \begin{bmatrix} 0 \\ -1{,}194 \end{bmatrix} \text{mm}$$

Em seguida, calculamos as forças nas extremidades do elemento em coordenadas locais usando a relação $\mathbf{Q} = \mathbf{ku}$:

$$\mathbf{Q} = \begin{bmatrix} Q_1 \\ Q_2 \end{bmatrix} = 145.000 \begin{bmatrix} 1 & -1 \\ -1 & 1 \end{bmatrix} \begin{bmatrix} 0 \\ -1,194 \end{bmatrix} 10^{-3} \mathrm{m} = \begin{bmatrix} 173,2 \\ -173,2 \end{bmatrix} \mathrm{kN}$$

Portanto, conforme indica a Figura 17.11(d), a força normal no elemento 2 é

$$173,2 \text{ kN (C)} \qquad \textbf{Resp.}$$

Usando a relação $\mathbf{F} = \mathbf{T}^T \mathbf{Q}$, concluímos que as forças nas extremidades do elemento em coordenadas globais são

$$\mathbf{F}_2 = \begin{bmatrix} F_1 \\ F_2 \\ F_3 \\ F_4 \end{bmatrix} = \begin{bmatrix} 0 & 0 \\ 1 & 0 \\ 0 & 0 \\ 0 & 1 \end{bmatrix} \begin{bmatrix} 173,19 \\ -173,19 \end{bmatrix} = \begin{bmatrix} 0 \\ 173,2 \\ 0 \\ -173,2 \end{bmatrix} \mathrm{kN}$$

Elemento 3

$$\mathbf{v}_3 = \begin{bmatrix} v_1 \\ v_2 \\ v_3 \\ v_4 \end{bmatrix} \begin{matrix} 0 \\ 0 \\ 1 \\ 2 \end{matrix} = \begin{bmatrix} 0 \\ 0 \\ d_1 \\ d_2 \end{bmatrix} = \begin{bmatrix} 0 \\ 0 \\ 0,815 \\ -1,194 \end{bmatrix} \mathrm{mm}$$

$$\mathbf{u} = \mathbf{T}\mathbf{v}$$

$$\mathbf{u}_3 = \begin{bmatrix} u_1 \\ u_2 \end{bmatrix} = \begin{bmatrix} 1,0 & 0,0 & 0 & 0 \\ 0 & 0 & 1,0 & 0,0 \end{bmatrix} \begin{bmatrix} 0 \\ 0 \\ 0,815 \\ -1,194 \end{bmatrix} = \begin{bmatrix} 0 \\ 0,815 \end{bmatrix} \mathrm{mm}$$

$$\mathbf{Q} = \mathbf{ku}$$

$$\mathbf{Q} = \begin{bmatrix} Q_1 \\ Q_2 \end{bmatrix} = 193.333 \begin{bmatrix} 1 & -1 \\ -1 & 1 \end{bmatrix} \begin{bmatrix} 0 \\ 0,815 \end{bmatrix} 10^{-3} \mathrm{m} = \begin{bmatrix} -157,5 \\ 157,5 \end{bmatrix} \mathrm{kN}$$

Assim, a força normal no elemento 3 é (Figura 17.11(d))

$$157,5 \text{ kN (T)} \qquad \textbf{Resp.}$$

$$\mathbf{F} = \mathbf{T}^T \mathbf{Q}$$

$$\mathbf{F}_3 = \begin{bmatrix} F_1 \\ F_2 \\ F_3 \\ F_4 \end{bmatrix} = \begin{bmatrix} 1 & 0 \\ 0 & 0 \\ 0 & 1 \\ 0 & 0 \end{bmatrix} \begin{bmatrix} -157,49 \\ 157,49 \end{bmatrix} = \begin{bmatrix} -157,5 \\ 0,0 \\ 157,5 \\ 0,0 \end{bmatrix} \mathrm{kN}$$

Reações dos apoios. Conforme mostra a Figura 17.11(e), as reações dos apoios nos nós 1, 2 e 4 são iguais às forças em coordenadas globais nas extremidades dos elementos conectados a esses nós. **Resp.**

Verificação de equilíbrio. Ao aplicarmos as equações de equilíbrio ao corpo livre da estrutura toda (Figura 17.11(e)), obtemos

$$+ \rightarrow \sum F_X = 0 \qquad 32,5 - 157,5 + 250 \cos 60° = 0 \qquad \textbf{Verificações}$$

$$+ \uparrow \sum F_Y = 0 \qquad 43,3 + 173,2 - 250 \operatorname{sen} 60° = 0,01 \approx 0 \qquad \textbf{Verificações}$$

$$+ \zeta \sum M_① = 0 \qquad 173,2(6) + 157,5(8) - 250 \cos 60°(8) - 250 \operatorname{sen} 60°(6)$$

$$= 0,16 \approx 0 \qquad \textbf{Verificações}$$

EXEMPLO 17.2

Determine as reações e forças nas extremidades dos elementos para a viga contínua com três vãos mostrada na Figura 17.12(a) usando o método da matriz de rigidez.

Solução

Graus de liberdade. A partir do modelo analítico da viga ilustrada na Figura 17.12(b), observamos que a estrutura tem dois graus de liberdade, d_1 e d_2, que são as rotações desconhecidas dos nós 2 e 3, respectivamente. Observe que os sistemas de coordenadas locais do elemento são escolhidos de tal modo que as direções positivas dos eixos locais e globais sejam as mesmas. Portanto, não há necessidade de transformação das coordenadas, isto é, as relações de rigidez dos elementos nas coordenadas locais e globais são as mesmas.

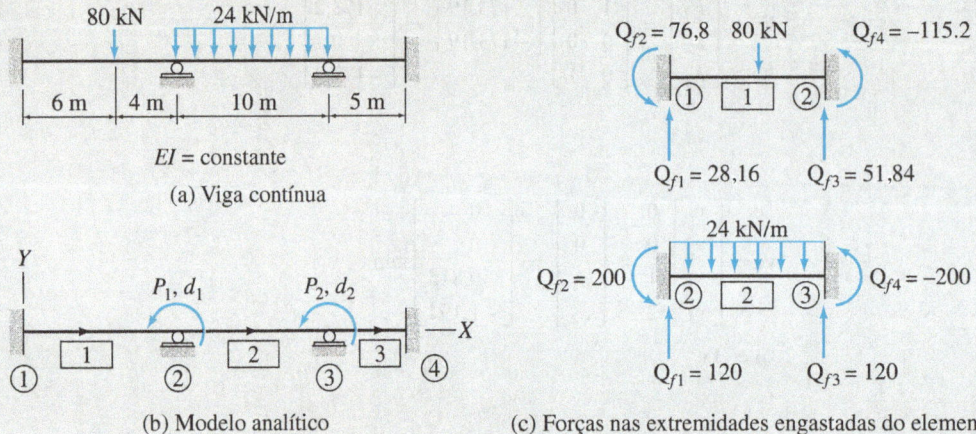

(a) Viga contínua

(b) Modelo analítico

(c) Forças nas extremidades engastadas do elemento

$$\mathbf{S} = EI \begin{bmatrix} (0{,}4 + 0{,}4) & 0{,}2 \\ 0{,}2 & (0{,}4 + 0{,}8) \end{bmatrix} \begin{matrix} 1 \\ 2 \end{matrix} = EI \begin{bmatrix} 0{,}8 & 0{,}2 \\ 0{,}2 & 1{,}2 \end{bmatrix} \begin{matrix} 1 \\ 2 \end{matrix}$$

$$\mathbf{P}_f = \begin{bmatrix} (-115{,}2 + 200) \\ -200 \end{bmatrix} \begin{matrix} 1 \\ 2 \end{matrix} = \begin{bmatrix} 84{,}8 \\ -200 \end{bmatrix} \begin{matrix} 1 \\ 2 \end{matrix}$$

(d) Matriz de rigidez da estrutura e vetor de forças do nó rígido

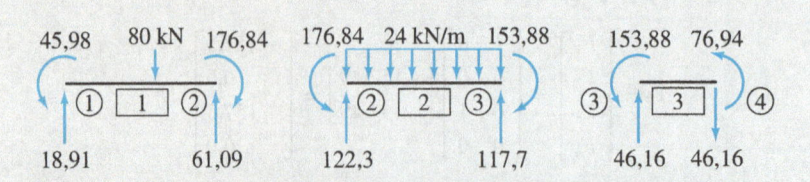

(e) Forças nas extremidades do elemento

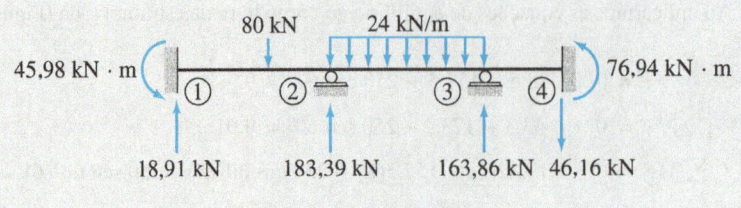

(f) Reações dos apoios

Figura 17.12

Matriz de rigidez da estrutura.
   Elemento 1 Ao substituirmos $L = 10$ m na Equação (17.6), obtemos

$$\mathbf{K}_1 = \mathbf{k}_1 = EI \begin{matrix} \scriptstyle 0 & \scriptstyle 0 & \scriptstyle 0 & \scriptstyle 1 \\ \begin{bmatrix} 0{,}012 & 0{,}06 & -0{,}012 & 0{,}06 \\ 0{,}06 & 0{,}4 & -0{,}06 & 0{,}2 \\ -0{,}012 & -0{,}06 & 0{,}012 & -0{,}06 \\ 0{,}06 & 0{,}2 & -0{,}06 & 0{,}4 \end{bmatrix} & \begin{matrix} \scriptstyle 0 \\ \scriptstyle 0 \\ \scriptstyle 0 \\ \scriptstyle 1 \end{matrix} \end{matrix}$$

Ao usarmos as expressões de momento de engastamento perfeito apresentadas no final do livro, avaliamos o momento de engastamento perfeito devido à carga de 80 kN como

$$Q_{f2} = \frac{80(6)(4)^2}{(10)^2} = 76{,}8 \text{ kN} \cdot \text{m}$$

$$Q_{f4} = -\frac{80(6)^2(4)}{(10)^2} = -115{,}2 \text{ kN} \cdot \text{m}$$

Agora, é possível determinar os cortantes Q_{f1} e Q_{f3} nas extremidades engastadas considerando-se o equilíbrio do corpo livre do elemento 1, ilustrado na Figura 17.12(c):

$$+ \circlearrowleft \sum M_{\text{②}} = 0 \qquad 76{,}8 - Q_{f1}(10) + 80(4) - 115{,}2 = 0$$

$$Q_{f1} = 28{,}16 \text{ kN}$$

$$+ \uparrow \sum F_y = 0 \qquad 28{,}16 - 80 + Q_{f3} = 0$$

$$Q_{f3} = 51{,}84 \text{ kN}$$

Assim, o vetor de forças nas extremidades engastadas do elemento 1 é

$$\mathbf{F}_{f1} = \mathbf{Q}_{f1} = \begin{bmatrix} 28{,}16 \\ 76{,}8 \\ 51{,}84 \\ -115{,}2 \end{bmatrix} \begin{matrix} 0 \\ 0 \\ 0 \\ 1 \end{matrix}$$

Na Figura 17.12(b), observamos que os números dos graus de liberdade da estrutura para esse elemento são 0, 0, 0, 1. Usando esses números, os elementos pertinentes de $\mathbf{K}_1$ e $\mathbf{F}_{f1}$ são armazenados em suas posições corretas na matriz de rigidez $\mathbf{S}$ da estrutura e o vetor de forças do nó engastado $\mathbf{P}_f$, respectivamente, conforme indica a Figura 17.12(d).
   Elemento 2   Ao substituirmos $L = 10$ m na Equação (17.6), obtemos

$$\mathbf{K}_2 = \mathbf{k}_2 = EI \begin{matrix} \scriptstyle 0 & \scriptstyle 1 & \scriptstyle 0 & \scriptstyle 2 \\ \begin{bmatrix} 0{,}012 & 0{,}06 & -0{,}012 & 0{,}06 \\ 0{,}06 & 0{,}4 & -0{,}06 & 0{,}2 \\ -0{,}012 & -0{,}06 & 0{,}012 & -0{,}06 \\ 0{,}06 & 0{,}2 & -0{,}06 & 0{,}4 \end{bmatrix} & \begin{matrix} \scriptstyle 0 \\ \scriptstyle 1 \\ \scriptstyle 0 \\ \scriptstyle 2 \end{matrix} \end{matrix}$$

Os momentos no engastamento perfeito decorrentes da carga de 24 kN/m são

$$Q_{f2} = -Q_{f4} = \frac{24(10)^2}{12} = 200 \text{ kN} \cdot \text{m}$$

A aplicação das equações de equilíbrio no corpo livre do elemento 2 resulta em (Figura 17.12(c))

$$Q_{f1} = Q_{f3} = 120 \text{ kN}$$

Assim,

$$\mathbf{F}_{f2} = \mathbf{Q}_{f2} = \begin{bmatrix} 120 \\ 200 \\ 120 \\ -200 \end{bmatrix} \begin{matrix} 0 \\ 1 \\ 0 \\ 2 \end{matrix}$$

Ao usarmos os números dos graus de liberdade da estrutura, 0, 1, 0, 2, para esse elemento, armazenamos os elementos relevantes de $\mathbf{K}_2$ e $\mathbf{F}_{f2}$ em $\mathbf{S}$ e $\mathbf{P}_f$, respectivamente, conforme indica a Figura 17.12(d).

Elemento 3 $L = 5$ m:

$$\mathbf{K}_3 = \mathbf{k}_3 = EI \begin{matrix} 0 & 2 & 0 & 0 \\ \begin{bmatrix} 0{,}096 & 0{,}24 & -0{,}096 & 0{,}24 \\ 0{,}24 & 0{,}8 & -0{,}24 & 0{,}4 \\ -0{,}096 & -0{,}24 & 0{,}096 & -0{,}24 \\ 0{,}24 & 0{,}4 & -0{,}24 & 0{,}8 \end{bmatrix} & \begin{matrix} 0 \\ 2 \\ 0 \\ 0 \end{matrix} \end{matrix}$$

Os elementos de $\mathbf{K}_3$ são armazenados em $\mathbf{S}$ usando-se os números dos graus de liberdade da estrutura 0, 2, 0, 0. Observe que como o elemento 3 não está sujeito a nenhuma carga externa,

$$\mathbf{F}_{f3} = \mathbf{Q}_{f3} = \mathbf{0}$$

Vetor de cargas no nó. Como não há momentos externos aplicados na viga nos nós 2 e 3, o vetor de cargas sobre o nó é nulo; isto é,

$$\mathbf{P} = \mathbf{0}$$

Deslocamentos dos nós. As relações de rigidez para toda a viga contínua, $\mathbf{P} - \mathbf{P}_f = \mathbf{Sd}$, estão escritas em forma expandida como

$$\begin{bmatrix} -84{,}8 \\ 200 \end{bmatrix} = EI \begin{bmatrix} 0{,}8 & 0{,}2 \\ 0{,}2 & 1{,}2 \end{bmatrix} \begin{bmatrix} d_1 \\ d_2 \end{bmatrix}$$

Ao resolvermos essas equações simultaneamente, concluímos que os deslocamentos dos nós são

$$EId_1 = -154{,}09 \text{ kN} \cdot \text{m}^2 \qquad EId_2 = 192{,}35 \text{ kN} \cdot \text{m}^2$$

ou

$$\mathbf{d} = \frac{1}{EI} \begin{bmatrix} -154{,}09 \\ 192{,}35 \end{bmatrix} \text{kN} \cdot \text{m}^2$$

Deslocamentos e forças nas extremidades do elemento.

Elemento 1 Ao usarmos os números dos graus de liberdade da estrutura do elemento, obtemos os deslocamentos nas extremidades dos elementos

$$\mathbf{u}_1 = \mathbf{v}_1 = \begin{bmatrix} v_1 \\ v_2 \\ v_3 \\ v_4 \end{bmatrix} \begin{matrix} 0 \\ 0 \\ 0 \\ 1 \end{matrix} = \begin{bmatrix} 0 \\ 0 \\ 0 \\ d_1 \end{bmatrix} = \frac{1}{EI} \begin{bmatrix} 0 \\ 0 \\ 0 \\ -154{,}09 \end{bmatrix}$$

Ao usarmos as relações de rigidez dos elementos $\mathbf{Q} = \mathbf{ku} + \mathbf{Q}_f$ (Equação (17.4)), calculamos as forças nas extremidades do elemento como

$$\mathbf{F}_1 = \mathbf{Q}_1 = EI \begin{bmatrix} 0{,}012 & 0{,}06 & -0{,}012 & 0{,}06 \\ 0{,}06 & 0{,}4 & -0{,}06 & 0{,}2 \\ -0{,}012 & -0{,}06 & 0{,}012 & -0{,}06 \\ 0{,}06 & 0{,}2 & -0{,}06 & 0{,}4 \end{bmatrix} \frac{1}{EI} \begin{bmatrix} 0 \\ 0 \\ 0 \\ -154{,}09 \end{bmatrix} + \begin{bmatrix} 28{,}16 \\ 76{,}8 \\ 51{,}84 \\ -115{,}2 \end{bmatrix}$$

$$= \begin{bmatrix} 18{,}91 \text{ kN} \\ 45{,}98 \text{ kN} \cdot \text{m} \\ 61{,}09 \text{ kN} \\ -176{,}84 \text{ kN} \cdot \text{m} \end{bmatrix} \quad \text{Resp.}$$

Elemento 2

$$\mathbf{u}_2 = \mathbf{v}_2 = \begin{bmatrix} v_1 & 0 \\ v_2 & 1 \\ v_3 & 0 \\ v_4 & 2 \end{bmatrix} = \begin{bmatrix} 0 \\ d_1 \\ 0 \\ d_2 \end{bmatrix} = \frac{1}{EI} \begin{bmatrix} 0 \\ -154{,}09 \\ 0 \\ 192{,}35 \end{bmatrix}$$

$\mathbf{Q} = \mathbf{ku} + \mathbf{Q}_f$

$$\mathbf{F}_2 = \mathbf{Q}_2 = \begin{bmatrix} 0{,}012 & 0{,}06 & -0{,}012 & 0{,}06 \\ 0{,}06 & 0{,}4 & -0{,}06 & 0{,}2 \\ -0{,}012 & -0{,}06 & 0{,}012 & -0{,}06 \\ 0{,}06 & 0{,}2 & -0{,}06 & 0{,}4 \end{bmatrix} \begin{bmatrix} 0 \\ -154{,}09 \\ 0 \\ 192{,}35 \end{bmatrix} + \begin{bmatrix} 120 \\ 200 \\ 120 \\ -200 \end{bmatrix}$$

$$= \begin{bmatrix} 122{,}3 \text{ kN} \\ 176{,}83 \text{ kN} \cdot \text{m} \\ 117{,}7 \text{ kN} \\ -153{,}88 \text{ kN} \cdot \text{m} \end{bmatrix} \quad \text{Resp.}$$

Elemento 3

$$\mathbf{u}_3 = \mathbf{v}_3 = \begin{bmatrix} v_1 & 0 \\ v_2 & 2 \\ v_3 & 0 \\ v_4 & 0 \end{bmatrix} = \begin{bmatrix} 0 \\ d_2 \\ 0 \\ 0 \end{bmatrix} = \frac{1}{EI} \begin{bmatrix} 0 \\ 192{,}35 \\ 0 \\ 0 \end{bmatrix}$$

$\mathbf{Q} = \mathbf{ku} + \mathbf{Q}_f$

$$\mathbf{F}_3 = \mathbf{Q}_3 = \begin{bmatrix} 0{,}096 & 0{,}24 & -0{,}096 & 0{,}24 \\ 0{,}24 & 0{,}8 & -0{,}24 & 0{,}4 \\ -0{,}096 & -0{,}24 & 0{,}096 & -0{,}24 \\ 0{,}24 & 0{,}4 & -0{,}24 & 0{,}8 \end{bmatrix} \begin{bmatrix} 0 \\ 192{,}35 \\ 0 \\ 0 \end{bmatrix} = \begin{bmatrix} 46{,}16 \text{ kN} \\ 153{,}88 \text{ kN} \cdot \text{m} \\ -46{,}16 \text{ kN} \\ 76{,}94 \text{ kN} \cdot \text{m} \end{bmatrix} \quad \text{Resp.}$$

A Figura 17.12(e) ilustra as forças nas extremidades dos três elementos da viga contínua.

Reações do apoio. Como o nó de apoio 1 é o nó inicial do elemento 1, considerações quanto ao equilíbrio exigem que as reações no nó 1, $\mathbf{R}_{①}$, sejam iguais à metade superior de $\mathbf{F}_1$ (isto é, as forças na extremidade 1 do elemento 1).

$$\mathbf{R}_{①} = \begin{bmatrix} 18{,}91 \text{ kN} \\ 45{,}98 \text{ kN} \cdot \text{m} \end{bmatrix} \quad \text{Resp.}$$

em que o primeiro elemento de $\mathbf{R}_{①}$ representa a força vertical e o segundo elemento representa o momento, conforme indica a Figura 17.12(f). De maneira semelhante, como o nó de apoio 2 é o nó final do elemento 1, mas o nó inicial para o elemento 2, o vetor de reação no nó 2, $\mathbf{R}_{②}$, precisa ser igual à soma algébrica da metade inferior de $\mathbf{F}_1$ e a metade superior de $\mathbf{F}_2$.

$$\mathbf{R}_{②} = \begin{bmatrix} 61{,}09 \\ -176{,}84 \end{bmatrix} + \begin{bmatrix} 122{,}3 \\ 176{,}83 \end{bmatrix} = \begin{bmatrix} 183{,}39 \text{ kN} \\ -0{,}01 \approx 0 \end{bmatrix} \quad \text{Resp.}$$

Do mesmo modo, no nó de apoio 3 é possível determinar $\mathbf{R}_{③}$ pela soma algébrica da metade inferior de $\mathbf{F}_2$ e a metade superior de $\mathbf{F}_3$.

$$\mathbf{R}_{③} = \begin{bmatrix} 117{,}7 \\ -153{,}88 \end{bmatrix} + \begin{bmatrix} 46{,}16 \\ 153{,}88 \end{bmatrix} = \begin{bmatrix} 163{,}86 \text{ kN} \\ 0 \end{bmatrix} \qquad \textbf{Resp.}$$

Finalmente, o vetor de reação no nó 4 deve ser igual à metade inferior de $\mathbf{F}_3$:

$$\mathbf{R}_{④} = \begin{bmatrix} -46{,}16 \text{ kN} \\ 76{,}94 \text{ kN} \cdot \text{m} \end{bmatrix} \qquad \textbf{Resp.}$$

A Figura 17.12(f) mostra as reações dos apoios.

Verificação de equilíbrio. Se aplicarmos as equações de equilíbrio à estrutura toda (Figura 17.12(f)), obteremos

$$+ \uparrow \sum F_Y = 0$$

$$18{,}91 - 80 + 183{,}39 - 24(10) + 163{,}86 - 46{,}16 = 0 \qquad \textbf{Verificações}$$

$$+ \circlearrowleft \sum M_{④} = 0$$

$$45{,}98 - 18{,}91(25) + 80(19) - 183{,}39(15)$$

$$+ 24(10)(10) - 163{,}86(5) + 76{,}94 = 0{,}02 \approx 0 \qquad \textbf{Verificações}$$

EXEMPLO 17.3

Determine as reações e forças nas extremidades dos elementos para o pórtico ilustrado na Figura 17.13(a) usando o método da matriz de rigidez.

Solução

Graus de liberdade. A partir do modelo analítico do pórtico ilustrado na Figura 17.13(b), observamos que, enquanto os nós 1 e 3 da estrutura não podem transladar e girar, o nó 2 está livre tanto para transladar quanto para girar. Assim, o pórtico possui três graus de liberdade: as translações d_1 e d_2 nas direções X e Y, respectivamente, e a rotação d_3 do nó 2.

Matriz da rigidez da estrutura.

Elemento 1 Como o sistema de coordenadas locais xy para este elemento coincide com o sistema de coordenadas globais XY, não é preciso transformar as coordenadas; ou seja, as relações de rigidez dos elementos nas coordenadas locais e globais são as mesmas. Ao substituirmos $E = 200$ GPa, $I = 3{,}40\text{E}{-}04$ m^4, $A = 1{,}00\text{E}{-}02$ m^2, e $L = 10$ m na Equação (17.5), obtemos

$$\mathbf{k}_1 = \frac{(200 \times 10^6)(3{,}4 \times 10^{-4})}{10^3} \begin{bmatrix} 2.941{,}2 & 0 & 0 & -2.941{,}2 & 0 & 0 \\ 0 & 12 & 60 & 0 & -12 & 60 \\ 0 & 60 & 400 & 0 & -60 & 200 \\ -2.941{,}2 & 0 & 0 & 2.941{,}2 & 0 & 0 \\ 0 & -12 & -60 & 0 & 12 & -60 \\ 0 & 60 & 200 & 0 & -60 & 400 \end{bmatrix}$$

$$\mathbf{K}_1 = \begin{bmatrix} 200.000 & 0 & 0 & -200.000 & 0 & 0 \\ 0 & 816 & 4.080 & 0 & -816 & 4.080 \\ 0 & 4.080 & 27.200 & 0 & -4.080 & 13.600 \\ -200.000 & 0 & 0 & 200.000 & 0 & 0 \\ 0 & -816 & -4.080 & 0 & 816 & -4.080 \\ 0 & 4.080 & 13.600 & 0 & -4.080 & 27.200 \end{bmatrix} \begin{matrix} 0 \\ 0 \\ 0 \\ 1 \\ 2 \\ 3 \end{matrix} \qquad (1)$$

com cabeçalho de colunas: 0, 0, 0, 1, 2, 3

capítulo 17 | Introdução à análise matricial das estruturas | 675

Se usarmos as expressões para momentos de engastamento perfeito indicadas no final do livro, poderemos calcular os momentos de engastamento perfeito decorrentes da carga de 30 kN · m como

$$Q_{f3} = -Q_{f6} = \frac{30(10)^2}{12} = 250 \text{ kN} \cdot \text{m}$$

Ao aplicarmos equações de equilíbrio ao corpo livre do elemento, obteremos (Figura 17.13(c))

$$Q_{f2} = Q_{f5} = 150 \text{ kN}$$

Assim,

$$F_{f1} = Q_{f1} = \begin{bmatrix} 0 \\ 150 \\ 250 \\ \hdashline 0 \\ 150 \\ -250 \end{bmatrix} \begin{matrix} 0 \\ 0 \\ 0 \\ 1 \\ 2 \\ 3 \end{matrix} \qquad (2)$$

Ao usarmos os números de graus de liberdade da estrutura, 0, 0, 0, 1, 2, 3, para este elemento, os elementos pertinentes de K_1 e F_{f1} são armazenados em suas posições corretas na matriz de rigidez S da estrutura do vetor de força P_f, respectivamente, conforme ilustra a Figura 17.13(d).

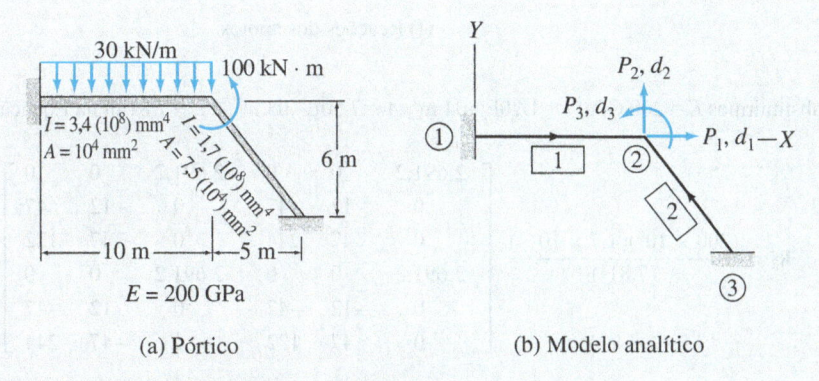

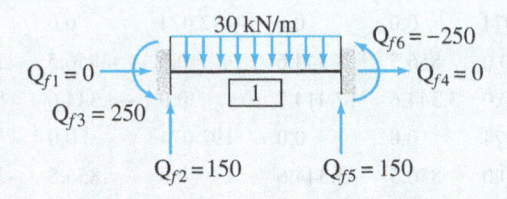

(a) Pórtico

(b) Modelo analítico

(c) Forças nas extremidades engastadas do elemento

$$S = \begin{bmatrix} 279.224 & -94.041 & 2.569 \\ -94.041 & 114.522 & -1.939 \\ 2.569 & -1.939 & 44.615 \end{bmatrix} \begin{matrix} 1 \\ 2 \\ 3 \end{matrix}$$

$$P_f = \begin{bmatrix} 0 \\ 150 \\ -250 \end{bmatrix} \begin{matrix} 1 \\ 2 \\ 3 \end{matrix}$$

Figura 17.13 (*continua*)   (d) Matriz de rigidez da estrutura e vetor de forças do nó rígido

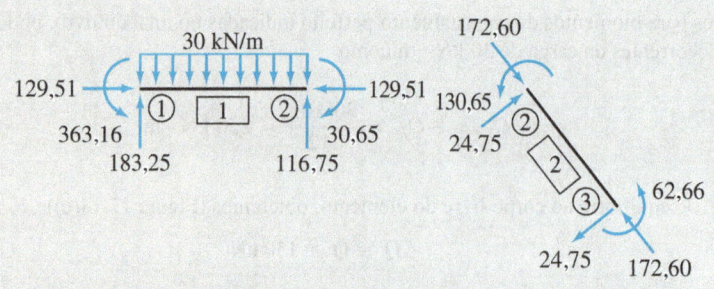

(e) Forças nas extremidades do elemento em coordenadas locais

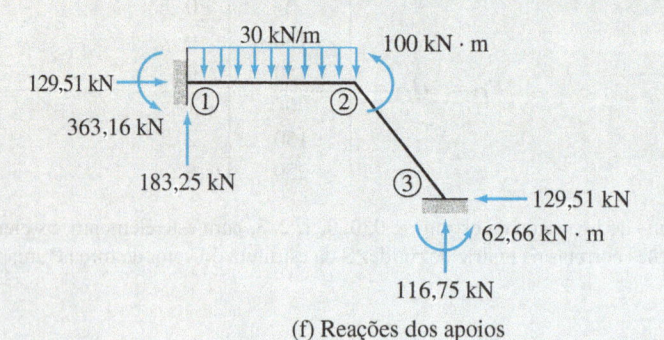

Figura 17.13

(f) Reações dos apoios

Elemento 2 Ao substituirmos $E = 200$ GPa, $I = 1{,}70\text{E}{-}04$ m^4, $A = 7{,}50\text{E}{-}03$ m^2, e $L = 7{,}81$ m na Equação (17.5), obtemos

$$\mathbf{k}_2 = \frac{(200 \times 10^6)(1{,}7 \times 10^{-4})}{(7{,}81^3)} \begin{bmatrix} 2.691{,}2 & 0 & 0 & -2.691{,}2 & 0 & 0 \\ 0 & 12 & 47 & 0 & -12 & 47 \\ 0 & 47 & 244 & 0 & -47 & 122 \\ -2.691{,}2 & 0 & 0 & 2.691{,}2 & 0 & 0 \\ 0 & -12 & -47 & 0 & 12 & -47 \\ 0 & 47 & 122 & 0 & -47 & 244 \end{bmatrix} \quad (3)$$

$$\mathbf{k}_2 = \begin{bmatrix} & 0 & 0 & 0 & 1 & 2 & 3 & \\ 192{.}074 & 0{,}0 & 0{,}0 & -192{.}074 & 0{,}0 & 0{,}0 & 0 \\ 0{,}0 & 856{,}5 & 3{.}344{,}6 & 0{,}0 & -856{,}5 & 3{.}344{,}6 & 0 \\ 0{,}0 & 3{.}344{,}6 & 17{.}414{,}7 & 0{,}0 & -3{.}344{,}6 & 8{.}707{,}3 & 0 \\ -192{.}074 & 0{,}0 & 0{,}0 & 192{.}074 & 0{,}0 & 0{,}0 & 1 \\ 0{,}0 & -856{,}5 & -3{.}344{,}6 & 0{,}0 & 856{,}5 & -3{.}344{,}6 & 2 \\ 0{,}0 & 3{.}344{,}6 & 8{.}707{,}3 & 0{,}0 & -3{.}344{,}6 & 17{.}414{,}7 & 3 \end{bmatrix}$$

Como o elemento 2 não está sujeito à carga externa alguma,

$$\mathbf{Q}_{f2} = \mathbf{0} \quad (4)$$

Ao usarmos as coordenadas globais do nó inicial 3 e do nó final 2, determinamos os cossenos diretores do elemento 2 como (Equação (17.13))

$$\cos \theta = \frac{X_2 - X_3}{L} = \frac{30 - 45}{7{,}81} = -0{,}640$$

$$\operatorname{sen} \theta = \frac{Y_2 - Y_3}{L} = \frac{0 - (-20)}{7{,}81} = 0{,}768$$

A substituição desses valores na Equação (17.12) resulta na seguinte matriz de transformação para o elemento:

$$\mathbf{T}_2 = \begin{bmatrix} -0{,}640 & 0{,}768 & 0 & 0 & 0 & 0 \\ -0{,}768 & -0{,}640 & 0 & 0 & 0 & 0 \\ 0 & 0 & 1 & 0 & 0 & 0 \\ 0 & 0 & 0 & -0{,}640 & 0{,}768 & 0 \\ 0 & 0 & 0 & -0{,}768 & -0{,}640 & 0 \\ 0 & 0 & 0 & 0 & 0 & 1{,}0 \end{bmatrix} \quad (5)$$

Para determinarmos a matriz de rigidez do elemento em coordenadas globais, $\mathbf{K}_2$, substituímos as matrizes $\mathbf{k}_2$ e $\mathbf{T}_2$ na relação $\mathbf{K} = \mathbf{T}^T \mathbf{k} \mathbf{T}$ (Equação (17.26)) e realizamos as multiplicações das matrizes necessárias para obter

$$\mathbf{K}_2 = \begin{bmatrix} 0 & 0 & 0 & 1 & 2 & 3 \\ 79{,}224 & -94{,}041{,}3 & -2{,}569{,}4 & -79{,}224 & 94{,}041{,}3 & -2{,}569{,}4 \\ -94{,}041{,}3 & 113{,}706 & -2{,}141{,}1 & 94{,}041{,}3 & -113{,}706 & -2{,}141{,}1 \\ -2{,}569{,}4 & -2{,}141{,}1 & 17{,}414{,}7 & 2{,}569{,}4 & 2{,}141{,}1 & 8{,}707{,}3 \\ -79{,}224 & 94{,}041{,}3 & 2{,}569{,}4 & 79{,}224 & -94{,}041{,}3 & 2{,}569{,}4 \\ 94{,}041{,}3 & -113{,}706 & 2{,}141{,}1 & -94{,}041{,}3 & 113{,}706 & 2{,}141{,}1 \\ -2{,}569{,}4 & -2{,}141{,}1 & 8{,}707{,}3 & 2{,}569{,}4 & 2{,}141{,}1 & 17{,}414{,}7 \end{bmatrix} \begin{matrix} 0 \\ 0 \\ 0 \\ 1 \\ 2 \\ 3 \end{matrix} \quad (6)$$

Observe que $\mathbf{K}_2$ é simétrico. Ao usarmos os números de graus de liberdade da estrutura, 0, 0, 0, 1, 2, 3, para o elemento 2, os elementos relevantes de $\mathbf{K}_2$ são acrescentados às suas posições na matriz $\mathbf{S}$, como indica a Figura 17.13(d). Observe que $\mathbf{F}_{f2} = \mathbf{0}$.

Vetor de cargas sobre o nó. Ao compararmos as Figuras 17.13(a) e (b), escrevemos

$$\mathbf{P} = \begin{bmatrix} 0 \\ 0 \\ 100 \end{bmatrix}$$

Deslocamentos dos nós. As relações de rigidez para o pórtico todo, $\mathbf{P} - \mathbf{P}_f = \mathbf{S}\mathbf{d}$, são escritas em forma expandida como

$$\begin{bmatrix} 0 \\ 0 \\ 100 \end{bmatrix} - \begin{bmatrix} 0 \\ 150 \\ -250 \end{bmatrix} = \begin{bmatrix} 279{,}224{,}2 & -94{,}041{,}3 & 2{,}569{,}4 \\ -94{,}041{,}3 & 114{,}522{,}0 & -1{,}938{,}9 \\ 2{,}569{,}4 & -1{,}938{,}9 & 44{,}614{,}7 \end{bmatrix} \begin{bmatrix} d_1 \\ d_2 \\ d_3 \end{bmatrix}$$

ou

$$\begin{bmatrix} 0 \\ -150 \\ 350 \end{bmatrix} = \begin{bmatrix} 279{,}224{,}2 & -94{,}041{,}3 & 2{,}569{,}4 \\ -94{,}041{,}3 & 114{,}522{,}0 & -1{,}938{,}9 \\ 2{,}569{,}4 & -1{,}938{,}9 & 44{,}614{,}7 \end{bmatrix} \begin{bmatrix} d_1 \\ d_2 \\ d_3 \end{bmatrix}$$

Ao resolvermos essas equações simultaneamente, concluímos que os deslocamentos dos nós são

$$\begin{bmatrix} d_1 \\ d_2 \\ d_3 \end{bmatrix} = \begin{bmatrix} 4{,}95\mathrm{E}{-}06 & 4{,}06\mathrm{E}{-}06 & -1{,}09\mathrm{E}{-}07 \\ 4{,}06\mathrm{E}{-}06 & 1{,}21\mathrm{E}{-}05 & 2{,}91\mathrm{E}{-}07 \\ -1{,}09\mathrm{E}{-}07 & 2{,}91\mathrm{E}{-}07 & 2{,}24\mathrm{E}{-}05 \end{bmatrix} \begin{bmatrix} 0 \\ -150 \\ 350 \end{bmatrix} = \begin{bmatrix} -0{,}00065 \text{ m} \\ -0{,}00171 \text{ m} \\ 0{,}00781 \text{ rad} \end{bmatrix}$$

$$\begin{bmatrix} d_1 \\ d_2 \\ d_3 \end{bmatrix} = \begin{bmatrix} -0{,}648 \text{ mm} \\ -1{,}709 \text{ mm} \\ 0{,}0078 \text{ rad} \end{bmatrix}$$

Deslocamentos e forças nas extremidades do elemento.

Elemento 1

$$\mathbf{v}_1 = \mathbf{u}_1 = \begin{bmatrix} v_1 \\ v_2 \\ v_3 \\ v_4 \\ v_5 \\ v_6 \end{bmatrix} \begin{matrix} 0 \\ 0 \\ 0 \\ 1 \\ 2 \\ 3 \end{matrix} = \begin{bmatrix} 0 \\ 0 \\ 0 \\ d_1 \\ d_2 \\ d_3 \end{bmatrix} = \begin{bmatrix} 0 \\ 0 \\ 0 \\ -0{,}00065 \text{ m} \\ -0{,}00171 \text{ m} \\ 0{,}0078 \text{ rad} \end{bmatrix}$$

Ao substituirmos $\mathbf{k}_1$, $\mathbf{Q}_{f1}$, e $\mathbf{u}_1$ na relação de rigidez do elemento $\mathbf{Q} = \mathbf{ku} + \mathbf{Q}_f$ (Equação (17.4)), concluímos que as forças nas extremidades do elemento são

$$\mathbf{F}_1 = \mathbf{Q}_1 = \begin{bmatrix} 129{,}51 \\ 33{,}25 \\ 113{,}16 \\ -129{,}51 \\ -33{,}25 \\ 219{,}35 \end{bmatrix} + \begin{bmatrix} 0 \\ 150 \\ 250 \\ 0 \\ 150 \\ -250 \end{bmatrix} = \begin{bmatrix} 129{,}51 \text{ kN} \\ 183{,}25 \text{ kN} \\ 363{,}16 \text{ kN} \cdot \text{m} \\ -129{,}51 \text{ kN} \\ 116{,}75 \text{ kN} \\ -30{,}65 \text{ kN} \cdot \text{m} \end{bmatrix}$$

Elemento 2

$$\mathbf{v}_2 = \begin{bmatrix} v_1 \\ v_2 \\ v_3 \\ v_4 \\ v_5 \\ v_6 \end{bmatrix} \begin{matrix} 0 \\ 0 \\ 0 \\ 1 \\ 2 \\ 3 \end{matrix} = \begin{bmatrix} 0 \\ 0 \\ 0 \\ d_1 \\ d_2 \\ d_3 \end{bmatrix} = \begin{bmatrix} 0 \\ 0 \\ 0 \\ -0{,}00065 \text{ m} \\ -0{,}00171 \text{ m} \\ 0{,}0078 \text{ rad} \end{bmatrix}$$

Ao substituirmos $\mathbf{K}_2$, $\mathbf{v}_2$, e $\mathbf{F}f_2 = \mathbf{0}$ pela relação de rigidez do elemento em coordenadas globais, $\mathbf{F} = \mathbf{Kv} + \mathbf{F}_f$ (Equação (17.25)), concluímos que as forças nas extremidades do elemento em coordenadas globais são

$$\mathbf{F}_2 = \begin{bmatrix} -129{,}51 \\ 116{,}75 \\ 62{,}66 \\ 129{,}51 \\ -116{,}75 \\ 130{,}65 \end{bmatrix} + \begin{bmatrix} 0 \\ 0 \\ 0 \\ 0 \\ 0 \\ 0 \end{bmatrix} = \begin{bmatrix} -129{,}51 \text{ kN} \\ 116{,}75 \text{ kN} \\ 62{,}66 \text{ kN} \cdot \text{m} \\ 129{,}51 \text{ kN} \\ -116{,}75 \text{ kN} \\ 130{,}65 \text{ kN} \cdot \text{m} \end{bmatrix}$$

Agora, é possível calcular as forças nas extremidades do elemento em coordenadas locais substituindo $\mathbf{F}_2$ e $\mathbf{T}_2$ pela relação $\mathbf{Q} = \mathbf{TF}$ (Equação (17.11)).

$$\mathbf{Q}_2 = \begin{bmatrix} -0{,}640 & 0{,}768 & 0 & 0 & 0 & 0 \\ -0{,}768 & -0{,}640 & 0 & 0 & 0 & 0 \\ 0 & 0 & 1 & 0 & 0 & 0 \\ 0 & 0 & 0 & -0{,}640 & 0{,}768 & 0 \\ 0 & 0 & 0 & -0{,}768 & -0{,}640 & 0 \\ 0 & 0 & 0 & 0 & 0 & 1{,}0 \end{bmatrix} \times \begin{bmatrix} -129{,}51 \\ 116{,}75 \\ 62{,}66 \\ 129{,}51 \\ -116{,}75 \\ 130{,}65 \end{bmatrix}$$

$$Q_2 = \begin{bmatrix} 172{,}60 \text{ kN} \\ 24{,}75 \text{ kN} \\ 62{,}66 \text{ kN} \cdot \text{m} \\ -172{,}60 \text{ kN} \\ -24{,}75 \text{ kN} \\ 130{,}65 \text{ kN} \cdot \text{m} \end{bmatrix}$$

A Figura 17.13(e) indica as forças nas extremidades dos elementos em coordenadas locais. **Resp.**

Reações dos apoios. Como os nós de apoio 1 e 3 são os nós iniciais para os elementos 1 e 2, respectivamente, os vetores de reação $\mathbf{R}_①$ e $\mathbf{R}_③$ precisam ser iguais às metades superiores de $\mathbf{F}_1$ e $\mathbf{F}_2$, respectivamente.

$$\mathbf{R}_① = \begin{bmatrix} 129{,}51 \text{ kN} \\ 183{,}25 \text{ kN} \\ 363{,}16 \text{ kN} \cdot \text{m} \end{bmatrix}, \quad \mathbf{R}_3 = \begin{bmatrix} -129{,}51 \text{ kN} \\ 116{,}75 \text{ kN} \\ 62{,}66 \text{ kN} \cdot \text{m} \end{bmatrix}$$

Resp.

A Figura 17.13(f) mostra as reações dos apoios. **Resp.**

Verificação de equilíbrio. Ao aplicarmos as equações de equilíbrio ao pórtico todo (Figura 17.13(f)), obtemos

$+ \rightarrow \sum F_X = 0 \qquad 129{,}51 - 129{,}51 = 0$ **Verificações**

$+ \uparrow \sum F_Y = 0 \qquad 183{,}25 - 30(10) + 116{,}75 = 0$ **Verificações**

$+ \circlearrowleft \sum M_① = 0 \qquad 363{,}16 - 30(10)(5) + 100 - 129{,}51(6) + 116{,}75(15) + 62{,}66$

$= 0{,}01 \approx 0$ **Verificações**

Resumo

Neste capítulo, estudamos os conceitos básicos do método da matriz de rigidez para a análise de estruturas em pórtico planas. A Figura 17.14 apresenta um diagrama em bloco que resume os vários passos envolvidos na análise.

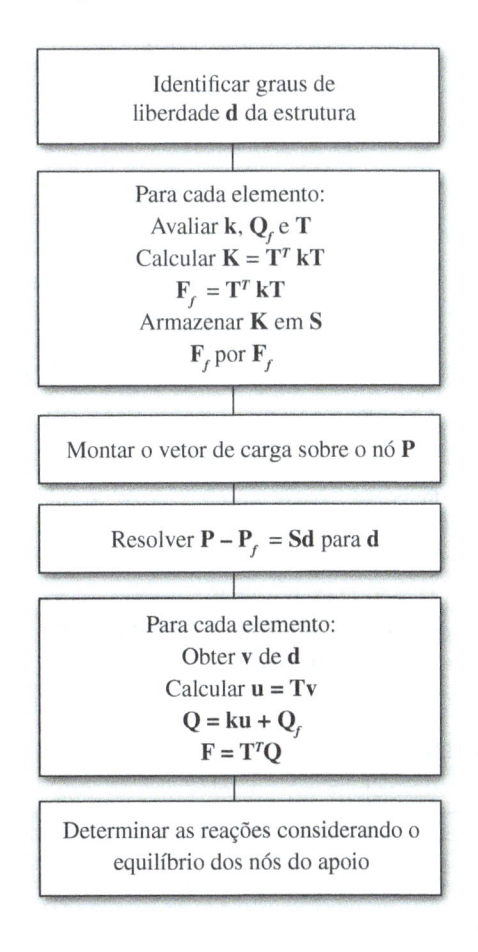

Identificar graus de liberdade **d** da estrutura

Para cada elemento:
Avaliar **k**, $\mathbf{Q}_f$ e **T**
Calcular $\mathbf{K} = \mathbf{T}^T \mathbf{kT}$
$\mathbf{F}_f = \mathbf{T}^T \mathbf{kT}$
Armazenar **K** em **S**
$\mathbf{F}_f$ por $\mathbf{F}_f$

Montar o vetor de carga sobre o nó **P**

Resolver $\mathbf{P} - \mathbf{P}_f = \mathbf{Sd}$ para **d**

Para cada elemento:
Obter **v** de **d**
Calcular $\mathbf{u} = \mathbf{Tv}$
$\mathbf{Q} = \mathbf{ku} + \mathbf{Q}_f$
$\mathbf{F} = \mathbf{T}^T \mathbf{Q}$

Determinar as reações considerando o equilíbrio dos nós do apoio

Figura 17.14

PROBLEMAS

Seção 17.6

17.1 a 17.3 Determine as reações e a força em cada elemento das treliças ilustradas nas Figuras P17.1 a P17.3 usando o método da matriz de rigidez.

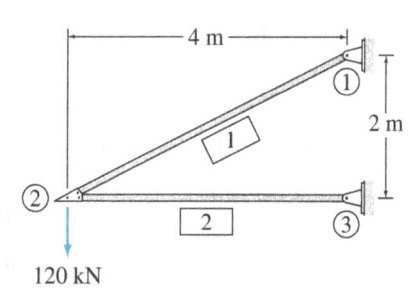

Figura P17.1

EA = constante

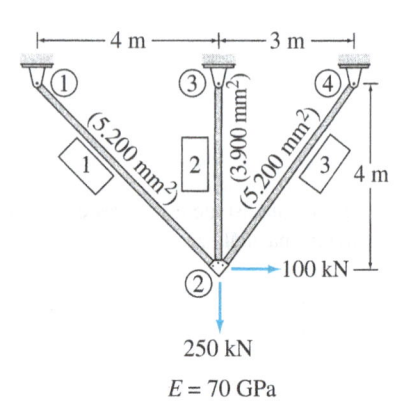

Figura P17.2

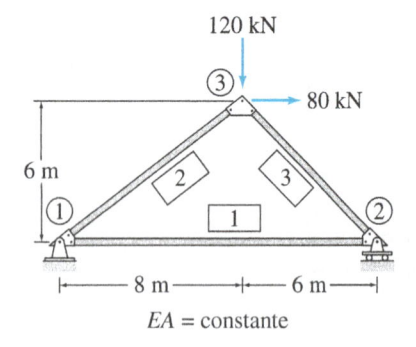

$E = 70$ GPa

Figura P17.3

EA = constante

17.4 a 17.6 Determine as reações e forças nas extremidades dos elementos para as vigas ilustradas nas Figuras P17.4 a P17.6 usando o método da matriz de rigidez.

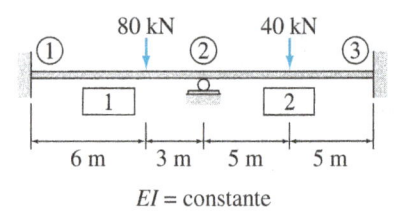

Figura P17.4

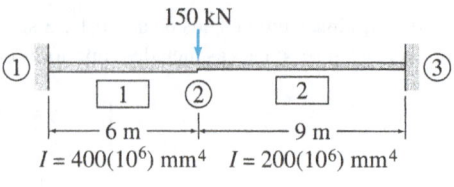

EI = constante

Figura P17.5

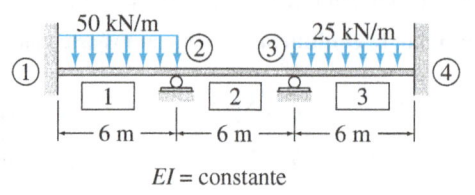

$I = 400(10^6)$ mm^4 $I = 200(10^6)$ mm^4
$E = 200$ GPa

Figura P17.6

EI = constante

17.7 a 17.9 Determine as reações e forças nas extremidades dos elementos em coordenadas locais para os pórticos ilustrados nas Figuras P17.7 a P17.9 usando o método da matriz de rigidez.

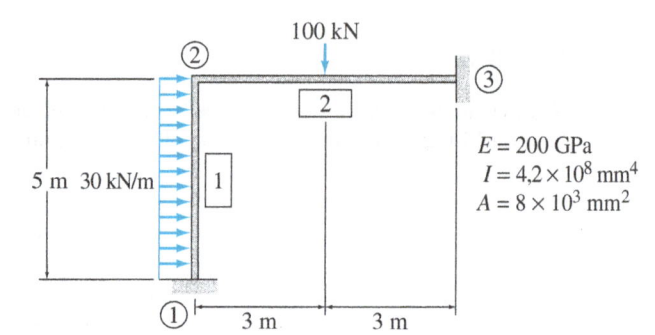

Figura P17.7

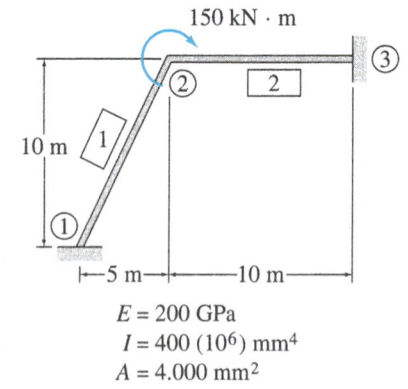

$E = 200$ GPa
$I = 4{,}2 \times 10^8$ mm^4
$A = 8 \times 10^3$ mm^2

Figura P17.8

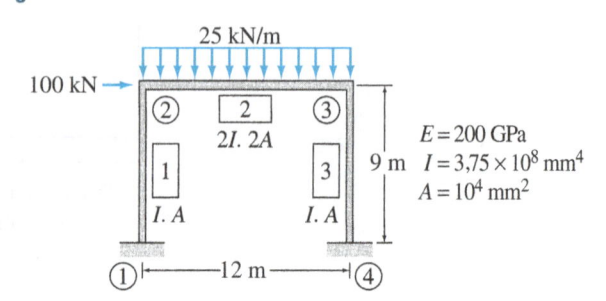

$E = 200$ GPa
$I = 400\,(10^6)$ mm^4
$A = 4.000$ mm^2

Figura P17.9

$E = 200$ GPa
$I = 3{,}75 \times 10^8$ mm^4
$A = 10^4$ mm^2

A

Áreas e centroides de formas geométricas

Formato	Área	Centroide
Triângulo retângulo 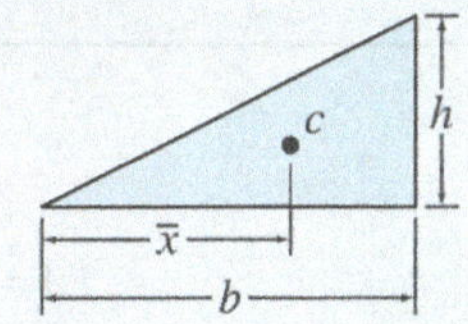	$A = \dfrac{bh}{2}$	$\bar{x} = \dfrac{2b}{3}$
Triângulo 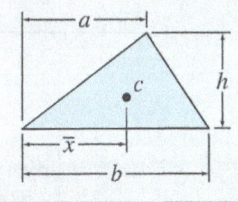	$A = \dfrac{bh}{2}$	$\bar{x} = \dfrac{a+b}{3}$
Trapézio 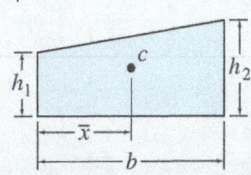	$A = \dfrac{b(h_1 + h_2)}{2}$	$\bar{x} = \dfrac{b(h_1 + 2h_2)}{3(h_1 + h_2)}$
Semiparábola 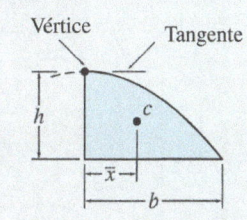	$A = \dfrac{2bh}{3}$	$\bar{x} = \dfrac{3b}{8}$

Análise Estrutural

Formato	Área	Centroide
Função parabólica 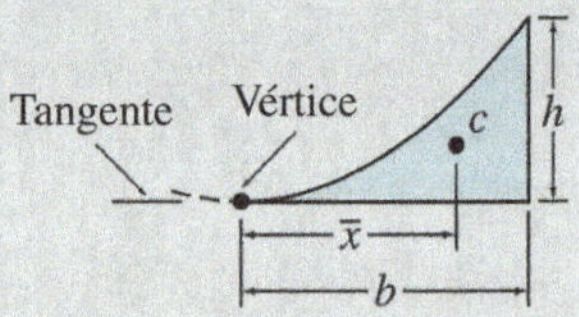	$A = \dfrac{bh}{3}$	$\bar{x} = \dfrac{3b}{4}$
Segmentos parabólicos 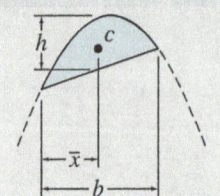	$A = \dfrac{2bh}{3}$	$\bar{x} = \dfrac{b}{2}$

Observação: Quando o segmento representa uma parte do diagrama do momento fletor de um elemento estrutural submetido a uma carga uniformemente distribuída w, então $h = wb^2/8$.

Formato	Área	Centroide
Cúbico 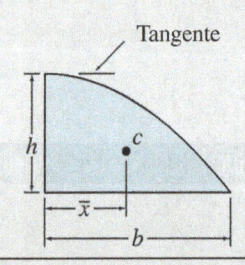	$A = \dfrac{3bh}{4}$	$\bar{x} = \dfrac{2b}{5}$
Função cúbica 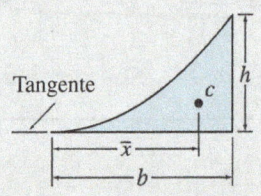	$A = \dfrac{bh}{4}$	$\bar{x} = \dfrac{4b}{5}$
Função de grau n $y = ax^n,\ n \geq 1$ 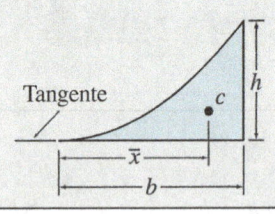	$A = \dfrac{bh}{n+1}$	$\bar{x} = \dfrac{(n+1)b}{(n+2)}$

B

Revisão de álgebra matricial

B.1 Definição de matriz
B.2 Tipos de matrizes
B.3 Operações com matrizes
B.4 Solução de equações simultâneas pelo método de Gauss-Jordan
Problemas

Neste apêndice, alguns conceitos básicos de álgebra matricial necessários para formular a análise computadorizada de estruturas serão revisados resumidamente. Um tratamento mais abrangente e matematicamente rigoroso desses conceitos pode ser encontrado em qualquer livro-texto sobre álgebra matricial, como [11] e [28].

B.1 Definição de matriz

Uma matriz é um arranjo retangular de quantidades, dispostas em linhas e colunas. Uma matriz contendo m linhas e n colunas pode ser expressa como:

$$\mathbf{A} = [A] = \begin{bmatrix} A_{11} & A_{12} & \cdots & & \cdots & A_{1n} \\ A_{21} & A_{22} & \cdots & & \cdots & A_{2n} \\ \cdots & & \cdots & A_{ij} & \cdots & \\ A_{m1} & A_{m2} & \cdots & | & \cdots & A_{mn} \end{bmatrix} \; i\text{-ésima linha} \quad (\text{B.1})$$

$$j\text{-ésima coluna} \quad m \times n$$

Como a Equação (B.1) indica, as matrizes são geralmente denotadas por *letras em negrito* (por exemplo, **A**) ou por *letras em itálico*, inseridas em colchetes (por exemplo, [*A*]). As quantidades que formam uma matriz são chamadas *elementos* da matriz e cada elemento é representado por letras duplas de índice, em que a primeira letra representa a linha e a segunda, a coluna na qual o elemento está localizado. Portanto, na Equação (B.1), A_{12} representa o elemento localizado na primeira linha e na segunda coluna da matriz **A**, e A_{21} representa o elemento na segunda linha e na primeira coluna de **A**. Em geral, um elemento localizado na i-ésima linha e na j-ésima coluna da matriz **A** é chamado A_{ij}. É comum colocar todo o arranjo de elementos entre colchetes, tal como mostrado na Equação (B.1). O *tamanho* de uma matriz é medido por sua *ordem*, que se refere ao número de linhas e colunas da matriz. Assim, a matriz **A** na Equação (B.1), que consiste em m linhas e n colunas, é considerada uma matriz de ordem $m \times n$ (m por n). Como exemplo, considere uma matriz **B** dada por

$$B = \begin{bmatrix} 5 & 21 & 3 & -7 \\ 40 & -6 & 19 & 23 \\ -8 & 12 & 50 & 22 \end{bmatrix}$$

A ordem dessa matriz é 3 × 4, e seus elementos podem ser representados simbolicamente por B_{ji} com $i = 1$ para 3 e $j = 1$ para 4; por exemplo, $B_{23} = 19$, $B_{31} = -8$, $B_{34} = 22$ etc.

B.2 Tipos de matrizes

Matriz de linha

Se todos os elementos de uma matriz estão dispostos em uma única linha (isto é, $m = 1$), então a matriz é chamada *matriz de linha*. Um exemplo de uma matriz de linha é

$$C = [50 \quad -3 \quad -27 \quad 35]$$

Matriz de coluna

Uma matriz com somente uma coluna de elementos (isto é, $n = 1$) é chamada *matriz de coluna*. Por exemplo,

$$D = \{D\} = \begin{bmatrix} -10 \\ 33 \\ -6 \\ 15 \end{bmatrix}$$

As matrizes de coluna também são chamadas de *vetores* e algumas vezes são indicadas por letras em *itálico* dentro de parênteses (por exemplo, $\{D\}$).

Matriz quadrada

Uma matriz que possui o mesmo número de linhas e colunas ($m = n$) é denominada *matriz quadrada*. Um exemplo de uma matriz quadrada 3 × 3 é

$$A = \begin{bmatrix} 5 & 21 & 3 \\ 40 & -6 & 19 \\ -8 & 12 & 50 \end{bmatrix} \quad (B.2)$$

←Diagonal principal

Os elementos com os mesmo índices – isto é A_{11}, A_{12}, A_{nn} – formam a *diagonal principal* da matriz quadrada **A**. Esses elementos são chamados de *elementos da diagonal*. Como mostrado na Equação (B.2), a diagonal principal se estende do canto superior esquerdo até o canto inferior direito de uma matriz quadrada. Os elementos restantes da matriz (isto é, A_{ij} com $i \neq j$) que não estão juntos com a diagonal principal são chamados de *elementos fora da diagonal*.

Matriz simétrica

Se os elementos de uma matriz quadrada são simétricos em relação à sua diagonal principal (isto é, $A_{ij} = A_{ji}$), a matriz é chamada *matriz simétrica*. Um exemplo de uma matriz simétrica 4 × 4 é

$$A = \begin{bmatrix} -12 & -6 & 13 & 5 \\ -6 & 7 & -28 & 31 \\ 13 & -28 & 10 & -9 \\ 5 & 31 & -9 & -2 \end{bmatrix}$$

Apêndice B   Revisão de álgebra matricial   **685**

Matriz diagonal

Se todos os elementos fora da diagonal de uma matriz quadrada forem zero (isto, $A_{ij} = 0$), a matriz é chamada *matriz diagonal*. Por exemplo,

$$\mathbf{A} = \begin{bmatrix} 3 & 0 & 0 \\ 0 & -8 & 0 \\ 0 & 0 & 14 \end{bmatrix}$$

Matriz unidade ou identidade

Uma matriz diagonal com todos seus elementos diagonais iguais a 1 (isto é, $I_{ii} = 1$ e $I_{ij} = 0$ para $i \neq j$) é chamada de *matriz unidade ou identidade*. As matrizes unidades geralmente são denotadas por **I** ou [*I*]. Um exemplo de uma matriz unidade 4×4 é

$$\mathbf{I} = \begin{bmatrix} 1 & 0 & 0 & 0 \\ 0 & 1 & 0 & 0 \\ 0 & 0 & 1 & 0 \\ 0 & 0 & 0 & 1 \end{bmatrix}$$

Matriz nula

Quando todos os elementos de uma a matriz são zero (isto é, $O_{ij} = 0$), a matriz é chamada *matriz nula*. As matrizes nulas geralmente são denotadas por **O** ou [*O*]. Por exemplo,

$$\mathbf{O} = \begin{bmatrix} 0 & 0 & 0 & 0 \\ 0 & 0 & 0 & 0 \\ 0 & 0 & 0 & 0 \end{bmatrix}$$

B.3 Operações com matrizes

Igualdade

Duas matrizes **A** e **B** são iguais se elas estão na mesma ordem e se seus elementos correspondentes são idênticos (isto é, $A_{ij} = B_{ij}$) Considere, por exemplo, as matrizes

$$\mathbf{A} = \begin{bmatrix} -3 & 5 & 6 \\ 4 & 7 & 9 \\ 12 & 0 & 1 \end{bmatrix} \quad \text{e} \quad \mathbf{B} = \begin{bmatrix} -3 & 5 & 6 \\ 4 & 7 & 9 \\ 12 & 0 & 1 \end{bmatrix}$$

Uma vez que tanto **A** como **B** são da ordem de 3×3 e cada elemento de **A** é igual ao elemento correspondente de **B**, as matrizes são consideradas iguais entre si, isto é, $\mathbf{A} = \mathbf{B}$.

Adição e subtração

A adição (e a subtração) de duas matrizes **A** e **B**, que devem ser da mesma ordem, é realizada por meio da adição (ou subtração) dos elementos correspondentes das duas matrizes. Assim, se $\mathbf{A} + \mathbf{B} = \mathbf{C}$, então $C_{ij} = A_{ij} + B_{ij}$; e se $\mathbf{A} - \mathbf{B} = \mathbf{D}$, então $D_{ij} = A_{ij} - B_{ij}$. Por exemplo, se

$$\mathbf{A} = \begin{bmatrix} 2 & 5 \\ 3 & 0 \\ 8 & 1 \end{bmatrix} \quad \text{e} \quad \mathbf{B} = \begin{bmatrix} 10 & 4 \\ 6 & 7 \\ 9 & 2 \end{bmatrix}$$

então

$$A + B = C = \begin{bmatrix} 12 & 9 \\ 9 & 7 \\ 17 & 3 \end{bmatrix}$$

e

$$A - B = D = \begin{bmatrix} -8 & 1 \\ -3 & -7 \\ -1 & -1 \end{bmatrix}$$

Observe que as matrizes **C** e **D** possuem a mesma ordem das matrizes **A** e **B**.

Multiplicação por um escalar

Para se obter o produto de um escalar e uma matriz, cada elemento da matriz deve ser multiplicado pelo escalar. Assim, se

$$B = \begin{bmatrix} 7 & 3 \\ -1 & 4 \end{bmatrix} \quad \text{e} \quad c = -3$$

então

$$cB = \begin{bmatrix} -21 & -9 \\ 3 & -12 \end{bmatrix}$$

Multiplicação de matrizes

A multiplicação de duas matrizes só pode ser realizada se o número de colunas da primeira matriz for igual ao número de linhas da segunda matriz. Tais matrizes são referidas como estando em *conformidade* para a multiplicação. Considere, por exemplo, as matrizes

$$A = \begin{bmatrix} -1 & 5 \\ 7 & -3 \end{bmatrix} \quad \text{e} \quad B = \begin{bmatrix} 2 & 3 & -6 \\ 4 & -8 & 9 \end{bmatrix} \tag{B.3}$$

na qual **A** é da ordem de 2×2 e **B** é da ordem de 2×3. Note que o produto **AB** dessas matrizes é definido, pois a primeira matriz, **A**, da sequência **AB** tem duas colunas e a segunda matriz, **B**, tem duas linhas. Porém, se a sequência das matrizes for invertida, o produto **BA** não existe, pois agora a primeira matriz, B, tem três colunas e a segunda matriz, **A**, tem duas linhas. O produto **AB** geralmente é referido como **A** *pós-multiplicado por* **B** ou como **B** *pré-multiplicada* por **A**. Por outro lado, o produto **BA** em geral é conhecido como **B** *pós-multiplicado por* **A** ou como **A** *pré-multiplicada* por **B**.

Quando duas matrizes em conformidade são multiplicadas, a matriz resultante assim obtida terá o mesmo número de linhas da primeira matriz e o número de colunas da segunda matriz. Assim, se uma matriz **A** de ordem $m \times n$ é pós-multiplicado por uma a matriz **B** de ordem $n \times s$, então a matriz resultante **C** será de ordem $m \times s$; isto é,

$$\underset{m \times n}{A} \underset{\text{igual}}{\longleftrightarrow} \underset{n \times s}{B} = \underset{m \times s}{C}$$

$$i\text{-ésima linha} \begin{bmatrix} A_{i1} \to A_{in} \end{bmatrix} \begin{bmatrix} B_{1j} \\ \downarrow \\ B_{nj} \end{bmatrix} = \begin{bmatrix} C_{ij} \end{bmatrix} i\text{-ésima coluna}$$

j-ésima coluna

j-ésima coluna

(B.4)

Apêndice B

Como ilustrado na Equação (B.4), qualquer elemento C_{ij} do produto da matriz **C** pode ser avaliado por meio da multiplicação de cada elemento a i-ésima linha de **A** pelo elemento correspondente da j-ésima coluna de **B** e pela soma algébrica dos produtos resultantes, isto é,

$$C_{ij} = A_{i1}B_{1j} + A_{i2}B_{2j} + \ldots + A_{in}B_{nj} \tag{B.5}$$

A Equação (B.5) pode ser expressa de forma mais conveniente como

$$C_{ij} = \sum_{k=1}^{n} A_{ik} B_{kj} \tag{B.6}$$

na qual n representa o número de colunas da matriz **A** e o número de linhas da matriz **B**. Observe que a Equação (B.6) pode ser usada para determinar qualquer elemento do produto da matriz **C = AB**.

Para ilustrarmos o procedimento da multiplicação da matriz, podemos computar o produto **C = AB** das matrizes **A** e **B** fornecidas na Equação (B.3) como

$$\mathbf{C} = \mathbf{AB} = \begin{bmatrix} -1 & 5 \\ 7 & -3 \end{bmatrix} \begin{bmatrix} 2 & 3 & -6 \\ 4 & -8 & 9 \end{bmatrix} = \begin{bmatrix} 18 & -43 & 51 \\ 2 & 45 & -69 \end{bmatrix}$$
$$2 \times 2 \qquad\quad 2 \times 3 \qquad\qquad 2 \times 3$$

na qual o elemento C_{11} do produto da matriz **C** é obtido, multiplicando-se cada elemento da primeira linha de **A** pelo elemento correspondente da primeira coluna de **B** e somando-se os produtos resultantes; isto é,

$$C_{11} = -1(2) + 5(4) = 18$$

Da mesma forma, o elemento C_{21} é determinado por meio da multiplicação dos elementos da segunda coluna de **A** pelos elementos correspondentes da primeira coluna de **B** e adicionando-se os produtos resultantes; isto é,

$$C_{21} = 7(2) - 3(4) = 2$$

Os elementos remanescentes de **C** são determinados de forma similar:

$$C_{12} = -1(3) + 5(-8) = -43$$
$$C_{22} = 7(3) - 3(-8) = 45$$
$$C_{13} = -1(-6) + 5(9) = 51$$
$$C_{23} = 7(-6) - 3(9) = -69$$

Note que a ordem do produto da matriz **C** é 2×3, que é igual ao número das linhas de **A** e ao número de colunas de **B**.

Uma aplicação comum da multiplicação de matrizes é para expressar equações simultâneas de uma forma compacta. Considere o sistema de equações lineares simultâneas:

$$\begin{aligned} A_{11}x_1 + A_{12}x_2 + A_{13}x_3 &= P_1 \\ A_{21}x_1 + A_{22}x_2 + A_{23}x_3 &= P_2 \\ A_{31}x_1 + A_{32}x_2 + A_{33}x_3 &= P_3 \end{aligned} \tag{B.7}$$

nas quais x_1, x_2, e x_3 são desconhecidas e os A's e P's representam os coeficientes e constantes, respectivamente. Usando-se a definição de multiplicação de matrizes, esse sistema de equações simultâneas pode ser escrito na forma de matriz como

$$\begin{bmatrix} A_{11} & A_{12} & A_{13} \\ A_{21} & A_{22} & A_{23} \\ A_{31} & A_{32} & A_{33} \end{bmatrix} \begin{bmatrix} x_1 \\ x_2 \\ x_3 \end{bmatrix} = \begin{bmatrix} P_1 \\ P_2 \\ P_3 \end{bmatrix} \tag{B.8}$$

ou, simbolicamente, como

$$Ax = P \tag{B.9}$$

Mesmo quando duas matrizes **A** e **B** são de tal ordem que ambos os produtos, **AB** e **BA** podem ser determinados, os dois produtos geralmente não são iguais, isto é,

$$\mathbf{AB} \neq \mathbf{BA} \tag{B.10}$$

Portanto, é necessário manter a ordem de sequência das matrizes, ao se calcularem seus produtos. Apesar da multiplicação de matrizes geralmente não ser comutativa, como indicado pela Equação (B.10), esta é associativa e distributiva, desde que seja mantida a ordem sequencial na qual as matrizes devem ser multiplicadas. Assim

$$\mathbf{ABC} = (\mathbf{AB})\mathbf{C} = \mathbf{A}(\mathbf{BC}) \tag{B.11}$$

e

$$\mathbf{A}(\mathbf{B}+\mathbf{C}) = \mathbf{AB} + \mathbf{AC} \tag{B.12}$$

A multiplicação de qualquer matriz **A** por uma matriz nula **O** em conformidade resulta em uma matriz nula, isto é,

$$\mathbf{OA} = \mathbf{O} \quad \text{e} \quad \mathbf{AO} = \mathbf{O} \tag{B.13}$$

Por exemplo,

$$\begin{bmatrix} 0 & 0 \\ 0 & 0 \end{bmatrix} \begin{bmatrix} 5 & -7 \\ 9 & 2 \end{bmatrix} = \begin{bmatrix} 0 & 0 \\ 0 & 0 \end{bmatrix}$$

A multiplicação de qualquer matriz **A** por uma matriz **I** em conformidade resulta na mesma matriz **A**, isto é,

$$\mathbf{IA} = \mathbf{A} \quad \text{e} \quad \mathbf{AI} = \mathbf{A} \tag{B.14}$$

Por exemplo,

$$\begin{bmatrix} 1 & 0 \\ 0 & 1 \end{bmatrix} \begin{bmatrix} 5 & -7 \\ 9 & 2 \end{bmatrix} = \begin{bmatrix} 5 & -7 \\ 9 & 2 \end{bmatrix}$$

e

$$\begin{bmatrix} 5 & -7 \\ 9 & 2 \end{bmatrix} \begin{bmatrix} 1 & 0 \\ 0 & 1 \end{bmatrix} = \begin{bmatrix} 5 & -7 \\ 9 & 2 \end{bmatrix}$$

Como as Equações (B.13) e (B.14) indicam, as matrizes nula e de identidade servem para fins de álgebra matricial, que são análogas àquelas dos números 0 e 1, respectivamente, em álgebra escalar.

Inverso de uma matriz quadrada

O inverso de uma matriz quadrada **A** é definida como uma matriz $\mathbf{A}^{-1}$ com elementos de tal magnitude que a multiplicação da matriz original **A** por sua inversa $\mathbf{A}^{-1}$ resulta em uma matriz unitária **I**; isto é,

$$\mathbf{A}^{-1}\mathbf{A} = \mathbf{A}\mathbf{A}^{-1} = \mathbf{I} \tag{B.15}$$

Considere, por exemplo, a matriz quadrada

$$\mathbf{A} = \begin{bmatrix} 1 & -2 \\ 3 & 4 \end{bmatrix}$$

O inverso de **A** é dado por

$$\mathbf{A}^{-1} = \begin{bmatrix} -2 & 1 \\ -1{,}5 & 0{,}5 \end{bmatrix}$$

então os produtos de $\mathbf{A}^{-1}\mathbf{A}$ e $\mathbf{AA}^{-1}$ satisfazem a Equação (B.15):

$$\mathbf{A}^{-1}\mathbf{A} = \begin{bmatrix} -2 & 1 \\ -1{,}5 & 0{,}5 \end{bmatrix} \begin{bmatrix} 1 & -2 \\ 3 & -4 \end{bmatrix}$$

$$= \begin{bmatrix} (-2+3) & (4-4) \\ (-1{,}5+1{,}5) & (3-2) \end{bmatrix} = \begin{bmatrix} 1 & 0 \\ 0 & 1 \end{bmatrix} = \mathbf{I}$$

e

$$\mathbf{AA}^{-1} = \begin{bmatrix} 1 & -2 \\ 3 & -4 \end{bmatrix} \begin{bmatrix} -2 & 1 \\ -1{,}5 & 0{,}5 \end{bmatrix} = \begin{bmatrix} (-2+3) & (1-1) \\ (-6+6) & (3-2) \end{bmatrix} = \begin{bmatrix} 1 & 0 \\ 0 & 1 \end{bmatrix} = \mathbf{I}$$

A operação de inversão é definida apenas para as matrizes quadradas. O inverso de tais matrizes também é uma matriz quadrada de mesma ordem, como na matriz original. Um procedimento para determinar as inversas das matrizes é apresentado na seção a seguir. A operação de inversão de matriz serve para a mesma finalidade que na operação de divisão da álgebra escalar. Considere um sistema de equações simultâneas, expresso na forma de matrizes, como

$$\mathbf{Ax} = \mathbf{P}$$

no qual **A** representa a matriz quadrada de coeficientes conhecidos; **x** representa o vetor dos desconhecidos; e **P** representa o vetor das constantes. Como a operação de divisão não é definida na álgebra matricial, não podemos resolver a equação matricial acima para **x**, pela divisão de **P** por **A** (isto é, $\mathbf{x} = \mathbf{P}/\mathbf{A}$). Em vez disso, para determinarmos o **x** desconhecido, fazemos a pré-multiplicação de ambos os lados da equação por $\mathbf{A}^{-1}$ para obtermos

$$\mathbf{A}^{-1}\mathbf{Ax} = \mathbf{A}^{-1}\mathbf{P}$$

Uma vez que $\mathbf{A}^{-1}\mathbf{A} = \mathbf{I}$ e $\mathbf{Ix} = \mathbf{x}$, podemos escrever

$$\mathbf{x} = \mathbf{A}^{-1}\mathbf{P}$$

o que indica que um sistema de equações simultâneas pode ser solucionado por meio da pré-multiplicação dos vetores das constantes pelo inverso da matriz coeficiente.

Uma importante propriedade da inversão da matriz é *que o inverso de uma matriz simétrica é sempre uma matriz simétrica*.

Transposição de uma matriz

A *transposição* de uma matriz é obtida pela troca de suas linhas e colunas correspondentes. A matriz transposta geralmente é identificada pelo *T* sobrescrito, colocado no símbolo da matriz original. Considere, por exemplo, a matriz 2×3

$$\mathbf{A} = \begin{bmatrix} 6 & -2 & 4 \\ 1 & 8 & -3 \end{bmatrix}$$

O transposto de **A** é dado por

$$\mathbf{A}^T = \begin{bmatrix} 6 & 1 \\ -2 & 8 \\ 4 & -3 \end{bmatrix}$$

Note que a primeira coluna de **A** torna-se a primeira linha de **A**^{T}. Da mesma forma, as terceiras colunas de **A** se tornam, respectivamente, a segunda e a terceira linhas de **A**^{T}. A ordem de **A**^{T} assim obtida é 3 × 2.

Como outro exemplo, considere a matriz 3 × 3

$$\mathbf{B} = \begin{bmatrix} 9 & 7 & -5 \\ 7 & -3 & 2 \\ -5 & 2 & 6 \end{bmatrix}$$

Uma vez que os elementos de **B** são simétricos em relação à diagonal principal (isto é, $B_{ij} = B_{ji}$), a troca das linhas e colunas dessa matriz produz uma matriz **B**^{T} que é idêntica à própria matriz **B**; isto é,

$$\mathbf{B}^T = \mathbf{B}$$

Assim, *a transposição de uma matriz simétrica produz a mesma matriz.*

Outra propriedade útil da transposição da matriz é que *o transposto de um produto de matrizes* é igual à *transposição na ordem inversa*; isto é,

$$(\mathbf{AB})^T = \mathbf{B}^T \mathbf{A}^T \tag{B.16}$$

Da mesma forma,

$$(\mathbf{ABC})^T = \mathbf{C}^T \mathbf{B}^T \mathbf{A}^T \tag{B.17}$$

Particionamento de matrizes

O *particionamento* é um processo por meio do qual uma matriz é subdividida em várias matrizes menores, chamadas *submatrizes*. Por exemplo, uma matriz **A** 3 × 4 é particionada em quatro submatrizes, desenhando-se linhas de partição pontilhadas horizontais e verticais.

$$\mathbf{A} = \left[\begin{array}{ccc|c} 3 & 5 & -1 & 2 \\ -2 & 4 & 7 & 9 \\ \hline 6 & 1 & 3 & 4 \end{array} \right] = \begin{bmatrix} \mathbf{A}_{11} & \mathbf{A}_{12} \\ \mathbf{A}_{21} & \mathbf{A}_{22} \end{bmatrix} \tag{B.18}$$

nas quais as submatrizes são

$$\mathbf{A}_{11} = \begin{bmatrix} 3 & 5 & -1 \\ -2 & 4 & 7 \end{bmatrix} \quad \mathbf{A}_{12} = \begin{bmatrix} 2 \\ 9 \end{bmatrix}$$

$$\mathbf{A}_{21} = \begin{bmatrix} 6 & 1 & 3 \end{bmatrix} \quad \mathbf{A}_{22} = \begin{bmatrix} 4 \end{bmatrix}$$

As operações matriciais, como adição, subtração e multiplicação, podem ser realizadas em matrizes particionadas da mesma forma como descrito anteriormente, tratando as submatrizes como elementos, desde que as matrizes sejam particionadas de tal forma que suas submatrizes correspondentes estejam em conformidade com essas operações em particular. Por exemplo, suponha que desejemos pós-multiplicar a matriz **A** 3 × 4 da Equação (B.18) pela matriz **B** 4 × 2 que está particionada em duas submatrizes como

$$\mathbf{B} = \left[\begin{array}{cc} 1 & 8 \\ -5 & 2 \\ -3 & 6 \\ \hline 7 & -1 \end{array} \right] = \begin{bmatrix} \mathbf{B}_{11} \\ \mathbf{B}_{21} \end{bmatrix} \tag{B.19}$$

O produto de **AB** é expresso em termos das submatrizes como

$$\mathbf{AB} = \begin{bmatrix} \mathbf{A}_{11} & \mathbf{A}_{12} \\ \mathbf{A}_{21} & \mathbf{A}_{22} \end{bmatrix} \begin{bmatrix} \mathbf{B}_{11} \\ \mathbf{B}_{21} \end{bmatrix} = \begin{bmatrix} \mathbf{A}_{11}\mathbf{B}_{11} + \mathbf{A}_{12}\mathbf{B}_{21} \\ \mathbf{A}_{21}\mathbf{B}_{11} + \mathbf{A}_{22}\mathbf{B}_{21} \end{bmatrix} \tag{B.20}$$

Apêndice B — Revisão de álgebra matricial

Note que as matrizes **A** e **B** foram particionadas de tal forma que suas submatrizes correspondentes estão em conformidade para múltiplas aplicações; isto é, as ordens das submatrizes são tais que os produtos $\mathbf{A}_{11}\mathbf{B}_{11}$, $\mathbf{A}_{12}\mathbf{B}_{21}$, $\mathbf{A}_{21}\mathbf{B}_{11}$ e $\mathbf{A}_{22}\mathbf{B}_{21}$ estão definidos. Como mostrado nas Equações (B.18) e (B.19), isto é obtido particionando-se as linhas da segunda matriz **B** do produto **AB** da mesma maneira que as colunas da primeira matriz **A** são particionadas. Os produtos das submatrizes são dados por

$$\mathbf{A}_{11}\mathbf{B}_{11} = \begin{bmatrix} 3 & 5 & -1 \\ -2 & 4 & 7 \end{bmatrix} \begin{bmatrix} 1 & 8 \\ -5 & 2 \\ -3 & 6 \end{bmatrix} = \begin{bmatrix} -19 & 28 \\ -43 & 34 \end{bmatrix}$$

$$\mathbf{A}_{12}\mathbf{B}_{21} = \begin{bmatrix} 2 \\ 9 \end{bmatrix} [7 \quad -1] = \begin{bmatrix} 14 & -2 \\ 63 & -9 \end{bmatrix}$$

$$\mathbf{A}_{21}\mathbf{B}_{11} = [6 \quad 1 \quad 3] \begin{bmatrix} 1 & 8 \\ -5 & 2 \\ -3 & 6 \end{bmatrix} = [-8 \quad 68]$$

$$\mathbf{A}_{22}\mathbf{B}_{21} = [4][7 \quad -1] = [28 \quad -4]$$

Substituindo-se na Equação (B.20), temos

$$\mathbf{AB} = \begin{bmatrix} \begin{bmatrix} -19 & 28 \\ -43 & 34 \end{bmatrix} + \begin{bmatrix} 14 & -2 \\ 63 & -9 \end{bmatrix} \\ [-8 \quad 68] + [28 \quad -4] \end{bmatrix} = \begin{bmatrix} -5 & 26 \\ 20 & 25 \\ 20 & 64 \end{bmatrix}$$

B.4 Solução de equações simultâneas pelo método de Gauss-Jordan

O *método de eliminação de Gauss-Jordan* é um dos procedimentos mais usados regularmente para resolver equações algébricas lineares simultâneas. Para ilustrar o método, considere os seguintes sistemas de três equações simultâneas:

$$\begin{aligned} 2x_1 - 5x_2 + 4x_3 &= 44 \\ 3x_1 + x_2 - 8x_3 &= -35 \\ 4x_1 - 7x_2 - x_3 &= 28 \end{aligned} \quad (B.21a)$$

Para encontrar x_1, x_2 e x_3 desconhecidos, comece dividindo a primeira equação pelo coeficiente de seu termo x_1:

$$\begin{aligned} x_1 - 2{,}5x_2 + 2x_3 &= 22 \\ 3x_1 + x_2 - 8x_3 &= -35 \\ 4x_1 - 7x_2 - x_3 &= 28 \end{aligned} \quad (B.21b)$$

Em seguida, x_1 desconhecido é eliminado das equações remanescentes por sucessivas subtrações em cada equação remanescente do produto do coeficiente de seu termo x_1 e a primeira equação. Assim, para eliminarmos x_1 da segunda equação, multiplicamos a primeira equação por 3 e a subtraímos da segunda equação. De forma similar, eliminarmos o x_1 da terceira equação, por meio da multiplicação da primeira equação por 4 e o subtraímos da terceira equação. O sistema de equações obtido dessa forma é:

$$\begin{aligned} x_1 - 2{,}5x_2 + 2x_3 &= 22 \\ 8{,}5x_2 - 14x_3 &= -101 \\ 3x_2 - 9x_3 &= -60 \end{aligned} \quad (B.21c)$$

Com o x_1 eliminado de todas as equações obtidas, menos na primeira, podemos agora dividir a segunda equação pelo coeficiente de seu termo x_2:

$$\begin{aligned} x_1 - 2{,}5x_2 + 2x_3 &= 22 \\ x_2 - 1{,}647x_3 &= -11{,}882 \\ 3x_2 - 9x_3 &= -60 \end{aligned} \qquad \text{(B.21d)}$$

Em seguida, eliminamos x_2 da primeira e da terceira equações, sucessivamente, multiplicando a segunda equação por –2,5 e subtraindo-o da primeira equação, e depois multiplicando a segunda equação por 3 e subtraindo-o da terceira equação. Isso resulta em:

$$\begin{aligned} x_1 - 2{,}118x_3 &= -7{,}705 \\ x_2 - 1{,}647x_3 &= -11{,}882 \\ -4{,}059x_3 &= -24{,}354 \end{aligned} \qquad \text{(B.21e)}$$

Dividindo a terceira equação pelo coeficiente de seu termo x_3, obtemos

$$\begin{aligned} x_1 - 2{,}118x_3 &= -7{,}705 \\ x_2 - 1{,}647x_3 &= -11{,}882 \\ x_3 &= 6 \end{aligned} \qquad \text{(B.21f)}$$

Por último, multiplicando a terceira equação por –2,118 e subtraindo-a da primeira equação, e por meio da multiplicação da terceira equação por –1,647 e subtraindo-a da segunda equação, determinamos a solução do sistema de equações dado (Equação (B.21a)) a ser

$$\begin{aligned} x_1 &= 5 \\ x_2 &= -2 \\ x_3 &= 6 \end{aligned} \qquad \text{(B.21g)}$$

Isto é, $x_1 = 5$, $x_2 = -2$ e $x_3 = 6$. Para verificar se a solução foi realizada corretamente, substituímos os valores numéricos de x_1, x_2 e x_3 de volta para as equações originais (Equação (B.21a)):

$2(5) - 5(-2) + 4(6) = 44$ **Verificações**

$3(5) - 2 - 8(6) = -35$ **Verificações**

$4(5) - 7(-2) - 6 = 28$ **Verificações**

Como ilustra o exemplo anterior, o método de Gauss-Jordan envolve essencialmente eliminar de forma sucessiva cada termo desconhecido de todas as equações do sistema com exceção de uma, efetuando as seguintes operações: dividir uma equação por um escalar, e (2) multiplicar uma equação por um escalar e subtrair a equação resultante de outra equação. Essas operações, que não alteram a solução do sistema original de equações, são aplicadas repetidamente até que um sistema com cada equação contendo apenas um termo desconhecido seja obtido.

A solução de equações simultâneas é normalmente realizada na forma de matrizes, por meio de operações nas linhas da matriz coeficiente e do vetor que contêm os termos constantes das equações. As operações anteriores são chamadas *operações elementares*. Essas operações são aplicadas tanto na matriz coeficiente quanto no vetor das constantes simultaneamente, até que a matriz dos coeficientes seja reduzida a uma matriz unitária. Os elementos do vetor, que inicialmente continha os termos constantes das equações originais, agora representa a solução das equações simultâneas originais. Para ilustrar esse procedimento, considere novamente o sistema de três equações simultâneas fornecido na Equação (B.21a). O sistema pode ser expresso na forma de matriz como

$$\mathbf{Ax} = \mathbf{P}$$

$$\begin{bmatrix} 2 & -5 & 4 \\ 3 & 1 & -8 \\ 4 & -7 & -1 \end{bmatrix} \begin{bmatrix} x_1 \\ x_2 \\ x_3 \end{bmatrix} = \begin{bmatrix} 44 \\ -35 \\ 28 \end{bmatrix} \qquad \text{(B.22)}$$

Em geral, quando o método de Gauss-Jordan é aplicado, é conveniente escrever a matriz de coeficientes **A** e o vetor de constantes **P** como submatrizes de uma *matriz aumentada* particionada:

$$\begin{bmatrix} 2 & -5 & 4 & | & 44 \\ 3 & 1 & -8 & | & -35 \\ 4 & -7 & -1 & | & 28 \end{bmatrix} \quad \text{(B.23a)}$$

Para determinarmos a solução, começamos dividindo a linha 1 da matriz aumentada por $A_{11} = 2$:

$$\begin{bmatrix} 1 & -2{,}5 & 2 & | & 22 \\ 3 & 1 & -8 & | & -35 \\ 4 & -7 & -1 & | & 28 \end{bmatrix} \quad \text{(B.23b)}$$

Em seguida, multiplicamos a linha 1 por $A_{21} = 3$ e a substituímos da linha 2, e depois multiplicamos a linha 1 por $A_{31} = 4$ e a subtraímos da linha 3. Isso resulta em:

$$\begin{bmatrix} 1 & -2{,}5 & 2 & | & 22 \\ 0 & 8{,}5 & -14 & | & -101 \\ 0 & 3 & -9 & | & -60 \end{bmatrix} \quad \text{(B.23c)}$$

Dividimos a linha 2 por $A_{22} = 8{,}5$, obtendo

$$\begin{bmatrix} 1 & -2{,}5 & 2 & | & 22 \\ 0 & 1 & -1{,}647 & | & -11{,}882 \\ 0 & 3 & -9 & | & -60 \end{bmatrix} \quad \text{(B.23d)}$$

Multiplicamos a linha 2 por $A_{12} = -2{,}5$ a subtraímos da linha 1; em seguida, multiplicamos a linha 2 por $A_{32} = 3$ e a subtraímos da linha 3. Isso resulta em

$$\begin{bmatrix} 1 & 0 & -2{,}118 & | & -7{,}705 \\ 0 & 1 & -1{,}647 & | & -11{,}882 \\ 0 & 0 & -4{,}059 & | & -24{,}354 \end{bmatrix} \quad \text{(B.23e)}$$

Dividimos a linha 3 por $A_{33} = -4{,}059$:

$$\begin{bmatrix} 1 & 0 & -2{,}118 & | & -7{,}705 \\ 0 & 1 & -1{,}647 & | & -11{,}882 \\ 0 & 0 & 1 & | & 6 \end{bmatrix} \quad \text{(B.23f)}$$

Multiplicamos a linha 3 por $A_{13} = -2{,}118$ e a subtraímos da linha 1; em seguida, multiplicamos a linha 3 por $A_{23} = -1{,}647$ e a subtraímos da linha 2. Isso resulta em

$$\begin{bmatrix} 1 & 0 & 0 & | & 5 \\ 0 & 1 & 0 & | & -2 \\ 0 & 0 & 1 & | & 6 \end{bmatrix} \quad \text{(B.23g)}$$

Assim $x_1 = 5$, $x_2 = -2$, e $x_3 = 6$.

Matriz inversa

O método de eliminação de Guass-Jordan também pode ser usado para determinar as matrizes inversas de matrizes quadradas. O procedimento é similar àquele descrito previamente para resolução de equações simultâneas, exceto que em uma matriz aumentada, a matriz coeficiente é agora substituída pela matriz **A** que deve ser inversa e o vetor de constante **P** é substituído por uma matriz unitária **I** da mesma ordem da matriz **A**. As funções elementares de linha são geralmente realizadas em matrizes aumentadas para reduzir uma matriz **A** para uma matriz unitária. A matriz **I**, que inicialmente era a matriz unitária, agora representa a matriz inversa da matriz **A** original.

Para ilustrarmos o exemplo anterior, vamos calcular a matriz inversa da matriz 2×2

$$\mathbf{A} = \begin{bmatrix} 1 & -2 \\ 3 & -4 \end{bmatrix} \tag{B.24}$$

A matriz aumentada é dada por

$$\begin{bmatrix} 1 & -2 & | & 1 & 0 \\ 3 & -4 & | & 0 & 1 \end{bmatrix} \tag{B.25a}$$

Multiplicando a linha 1 por $A_{21} = 3$ e subtraindo-a da linha 2, obtemos

$$\begin{bmatrix} 1 & -2 & | & 1 & 0 \\ 0 & 2 & | & -3 & 1 \end{bmatrix} \tag{B.25b}$$

Em seguida, dividindo a linha 2 por $A_{22} = 2$, obtemos

$$\begin{bmatrix} 1 & -2 & | & 1 & 0 \\ 0 & 1 & | & -1{,}5 & 0{,}5 \end{bmatrix} \tag{B.25c}$$

Por último, multiplicando a linha 2 por -2 e subtraindo-a da linha 1, obtemos

$$\begin{bmatrix} 1 & 0 & | & -2 & 1 \\ 0 & 1 & | & -1{,}5 & 0{,}5 \end{bmatrix} \tag{B.25d}$$

Assim,

$$\mathbf{A}^{-1} = \begin{bmatrix} -2 & 1 \\ -1{,}5 & 0{,}5 \end{bmatrix}$$

Os cálculos podem ser verificados usando-se a relação $\mathbf{A}^{-1}\mathbf{A} = \mathbf{I}$. Nós mostramos na Seção B.3 que a matriz $\mathbf{A}^{-1}$, como a calculada aqui, realmente satisfaz essa relação.

PROBLEMAS

Seção B.3

B.1 Determine a matriz $\mathbf{C} = \mathbf{A} + 3\mathbf{B}$ se

$$\mathbf{A} = \begin{bmatrix} 12 & -8 & 15 \\ -8 & 7 & 10 \\ 15 & 10 & -5 \end{bmatrix} \quad \mathbf{B} = \begin{bmatrix} 2 & -1 & 1 \\ -1 & 4 & 6 \\ 1 & 6 & 3 \end{bmatrix}$$

B.2 Determine a matriz $\mathbf{C} = 2\mathbf{B} - \mathbf{A}$ se

$$\mathbf{A} = \begin{bmatrix} 3 & 7 \\ 8 & 4 \\ 2 & -2 \end{bmatrix} \quad \mathbf{B} = \begin{bmatrix} -1 & 6 \\ 5 & 1 \\ 3 & -4 \end{bmatrix}$$

B.3 Determine os produtos $\mathbf{C} = \mathbf{AB}$ e $\mathbf{D} = \mathbf{BA}$ se

$$\mathbf{A} = \begin{bmatrix} 6 \\ -4 \\ 2 \end{bmatrix} \quad \mathbf{B} = \begin{bmatrix} -3 & 1 & -5 \end{bmatrix}$$

B.4 Determine os produtos $\mathbf{C} = \mathbf{AB}$ e $\mathbf{D} = \mathbf{BA}$ se

$$\mathbf{A} = \begin{bmatrix} -3 & 2 \\ 2 & 5 \end{bmatrix} \quad \mathbf{B} = \begin{bmatrix} 6 & -4 \\ -4 & 1 \end{bmatrix}$$

B.5 Demonstre que $(\mathbf{AB})^T = \mathbf{B}^T\mathbf{A}^T$, usando as matrizes **A** e **B** fornecidas aqui

$$\mathbf{A} = \begin{bmatrix} 8 & -2 & 5 \\ 1 & -4 & 3 \\ 2 & 0 & 6 \end{bmatrix} \quad \mathbf{B} = \begin{bmatrix} 1 & -5 \\ 7 & 0 \\ 0 & -3 \end{bmatrix}$$

Seção B.4

B.6 Resolva o sistema a seguir de equações simultâneas por meio do método de Gauss-Jordan.

$$2x_1 + 5x_2 - x_3 = 15$$
$$5x_1 - x_2 + 3x_3 = 27$$
$$-x_1 + 3x_2 - 4x_3 = 14$$

Apêndice B

B.7 Resolva o sistema a seguir de equações simultâneas por meio do método de Gauss-Jordan.

$$-12x_1 - 3x_2 + 6x_3 = 45$$
$$5x_1 + 2x_2 - 4x_3 = -9$$
$$10x_1 + x_2 - 7x_3 = -32$$

B.8 Resolva os seguintes sistemas de equações simultâneas por meio do método de Gauss-Jordan.

$$5x_1 - 2x_2 + 6x_3 = 0$$
$$-2x_1 + 4x_2 + x_3 + 3x_4 = 18$$
$$6x_1 + x_2 + 6x_3 + 8x_4 = -29$$
$$3x_2 + 8x_3 + 7x_4 = 11$$

B.9 Determine o inverso da matriz mostrada usando o método de Gauss-Jordan.

$$A = \begin{bmatrix} 4 & -3 & -1 \\ -2 & 5 & 1 \\ 6 & -4 & -5 \end{bmatrix}$$

B.10 Determine o inverso da matriz mostrada usando o método de Gauss-Jordan.

$$A = \begin{bmatrix} 4 & 2 & 0 & -3 \\ 2 & 3 & -4 & 0 \\ 0 & -4 & 2 & -1 \\ -3 & 0 & -1 & 5 \end{bmatrix}$$

C

Equação dos três momentos

C.1 Dedução da equação dos três momentos
C.2 Aplicações da equação dos três momentos
Resumo
Problemas

No Capítulo 13, estudamos duas formulações do método das forças (flexibilidade) para a análise de estruturas estatisticamente indeterminadas, a saber, o método das deformações compatíveis e o método dos mínimos trabalhos. Neste apêndice, vamos considerar uma terceira formulação de métodos das forças, chamada *equação dos três momentos.*

A equação dos três momentos, que foi inicialmente apresentada por Clapeyron em 1857, fornece uma ferramenta conveniente para a análise de vigas contínuas. A equação dos três momentos representa, de forma geral, as condições de compatibilidade para que a inclinação de uma curva elástica seja contínua no interior do apoio da viga contínua. Uma vez que a equação envolve três momentos – os momentos fletores no apoio, levando-se em conta certa consideração, e os dois apoios adjacentes –, é geralmente denominada *equação dos três momentos.* Ao se utilizar esse método, os momentos fletores no interior dos apoios (e em qualquer fixação) das vigas contínuas são tratados como hiperestáticos. A equação dos três momentos é então aplicada no local de cada hiperestático para se obter um conjunto de equações de compatibilidade que poder ser solucionado para momentos hiperestáticos desconhecidos.

Começaremos este apêndice com a dedução da equação dos três momentos para vigas com vãos prismáticos e submetidas a cargas externas e recalques de apoio. Em seguida, apresentaremos um procedimento para a aplicação dessa equação na análise de vigas contínuas.

C.1 Dedução da equação dos três momentos

Considere uma viga contínua qualquer submetida a cargas externas e recalques de apoios, como os mostrados na Figura C.1(a). Como discutido previamente no Capítulo 13, essa viga pode ser analisada pelo método das deformações compatíveis, por meio do tratamento de momentos fletores nos apoios internos que serão os hiperestáticos. A partir da Figura C.1 (a), podemos ver que a inclinação da curva elástica da viga intermediária é contínua nos apoios internos. Quando as restrições que correspondem aos hiperestáticos dos momentos fletores são removidas pela inserção de

698 Análise Estrutural

rótulas internas nos pontos de apoio internos, a estrutura primária assim obtida consiste em uma série de vigas com apoio simples. Como mostrado nas Figuras C.1(b) e (c), respectivamente, quando essa estrutura primária é submetida a carregamentos externos conhecidos e ao recalque de apoios, a descontinuidade se inicia na inclinação da curva elástica, nos locais dos apoios internos. Uma vez que os hiperestáticos momentos fletores propiciam a continuidade da inclinação na curva elástica, esses momentos desconhecidos são aplicados como cargas na estrutura primária, conforme mostra a Figura C.1(d), e suas magnitudes são determinadas por meio da resolução

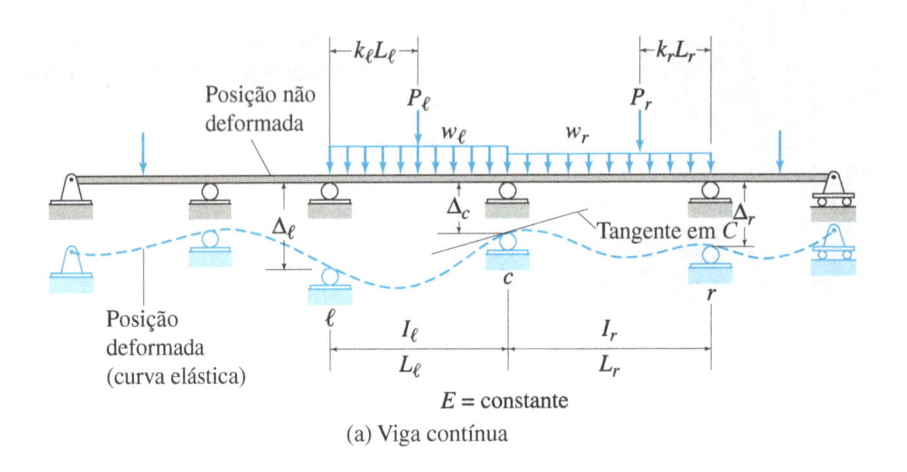

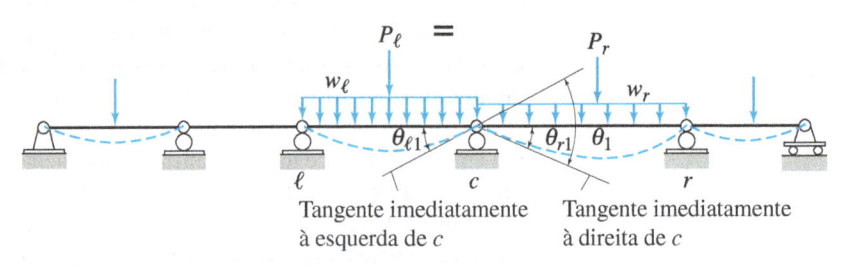

(a) Viga contínua

(b) Estrutura primária submetida a carregamento externo

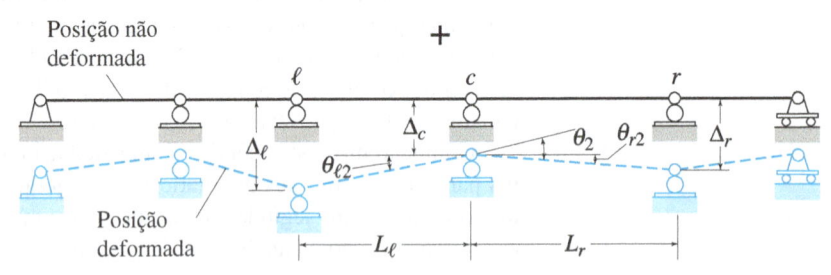

(c) Estrutura primária submetida aos recalques de apoio

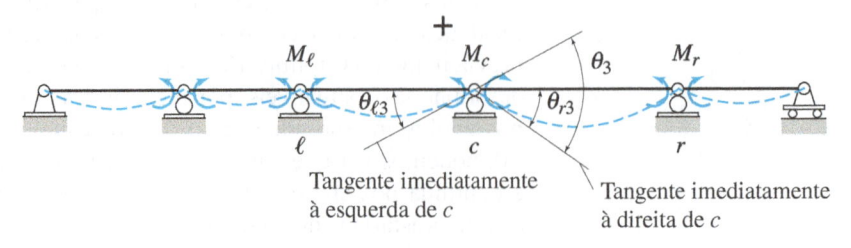

(d) Estrutura primária com hiperestáticos de momentos fletores

Figura C.1

Apêndice C

Equação dos três momentos

das equações de compatibilidade, com base nas condições que, em cada apoio interno da estrutura primária, a inclinação da curva elástica, devido ao efeito combinado de carregamento externo, recalque de apoios e hiperestáticos desconhecidos, deve ser contínua.

A equação dos três momentos usa a condição de compatibilidade acima da curva de continuidade no apoio interno para fornecer uma relação geral entre os momentos fletores desconhecidos no apoio onde a compatibilidade está sendo considerada e nos apoios imediatamente à esquerda e à direita, em termos de cargas nos vãos intermediários e em todos os recalques de três apoios.

Para obtermos a equação dos três momentos, devemos focar nossa atenção na equação de compatibilidade no apoio interno c da viga contínua, com vãos prismáticos e um módulo de elasticidade constante, mostrado na Figura C.1(a). Como indicado nessa figura, os apoios logo à esquerda e à direita de c são identificados como ℓ e r, respectivamente, os índices ℓ e r são usados como referência das cargas e propriedades do vão esquerdo ℓc, e do vão direito cr, respectivamente, e os recalques de apoios ℓ, c e r são denotados por Δ_ℓ, Δ_c, e Δ_r, respectivamente. Os recalques de apoios são considerados positivos na direção descendente, como mostrado na figura.

Da Figura C.1(a), podemos ver que a inclinação da curva elástica da viga hiperestática é contínua em c. Em outras palavras, não há alteração da inclinação das tangentes à curva elástica à esquerda de c e à direita de c; isto é, o ângulo entre as tangentes é zero. Porém, quando a estrutura primária, obtida pela inserção de rótulas internas nos pontos de apoio internos, é submetida a cargas externas, como mostrado na Figura C.1(b), ocorre uma descontinuidade da inclinação na curva elástica em c, no sentido de que a tangente à curva elástica imediatamente à esquerda de c gira em relação à tangente imediatamente à direita de c. A mudança na inclinação (ou ângulo) entre as duas tangentes devido às cargas externas é denotada por θ_1 e pode ser expressa como (veja a Figura C.1(b))

$$\theta_1 = \theta_{\ell 1} + \theta_{r1} \tag{C.1}$$

em que $\theta_{\ell 1}$ e θ_{r1} denotam, respectivamente, as rotações das extremidades de c dos vãos à esquerda e à direita do apoio c, devido às cargas externas. Da mesma forma, a descontinuidade da inclinação em c na estrutura primária, devido aos recalques de apoios (Figura C.1(c)), pode ser escrita como

$$\theta_2 = \theta_{\ell 2} + \theta_{r2} \tag{C.2}$$

em que $\theta_{\ell 2}$ e θ_{r2} representam, respectivamente, as rotações dos vãos à esquerda e à direita de c, devido ao recalque de apoios. Por último, quando a estrutura primária está carregada com momentos fletores no apoio hiperestáticos, como mostrado na Figura C.1(d), a descontinuidade da inclinação em c pode ser expressa como

$$\theta_3 = \theta_{\ell 3} + \theta_{r3} \tag{C.3}$$

em que $\theta_{\ell 3}$ e θ_{r3} denotam, respectivamente, as rotações na extremidade c dos vãos à esquerda e a direita do apoio c, devido aos momentos hiperestáticos desconhecidos.

A equação de compatibilidade é baseada nos requisitos da inclinação da curva elástica das vigas indeterminadas atuais ser contínua em c; isto é, não há alteração da inclinação imediatamente à esquerda de c até imediatamente à direita de c. Portanto, a soma algébrica dos ângulos entre as tangentes próximas da esquerda e da direita de c devido a cargas externas, recalque de apoios e do momento fletor hiperestáticos deve ser nula. Assim,

$$\theta_1 + \theta_2 + \theta_3 = 0 \tag{C.4}$$

Pela substituição nas Equações (C.1) a (C.3) para a Equação (C.4), obtemos

$$(\theta_{\ell 1} + \theta_{r1}) + (\theta_{\ell 2} + \theta_{r2}) + (\theta_{\ell 3} + \theta_{r3}) = 0 \tag{C.5}$$

Uma vez que cada estrutura primária pode ser tratada como uma viga simplesmente apoiada, as rotações nas extremidades c dos vãos esquerdo e direito, devido às cargas externas (Figura C.1(b)), podem ser convenientemente determinadas tanto pelo método de vigas conjugadas como por meio de fórmulas de flechas em vigas, fornecidas na página frontal do livro. Usando-se as fórmulas para flechas, obtemos

$$\theta_{\ell 1} = \sum \frac{P_\ell L_\ell^2 k_\ell (1 - k_\ell^2)}{6EI_\ell} + \frac{w_\ell L_\ell^3}{24EI_\ell} \tag{C.6a}$$

$$\theta_{r1} = \sum \frac{P_r L_r^2 k_r (1 - k_r^2)}{6EI_r} + \frac{w_r L_r^3}{24EI_r} \tag{C.6b}$$

no qual os sinais da soma foram adicionados para os primeiros termos nos lados direito dessas equações, de forma que múltiplas cargas concentradas podem ser aplicadas a cada vão (em vez de uma única carga concentrada, como mostrado nas Figuras C.1(a) e (b) para fins de simplificação). Como as vigas contínuas normalmente são carregadas com cargas uniformemente distribuídas ao longo do vão e com cargas concentradas, os efeitos de somente dois desses tipos de carregamento geralmente são considerados na equação dos três momentos. Porém, os efeitos de outros tipos de cargas podem ser incluídos, simplesmente adicionando-se as expressões das rotações dessas cargas nos lados direitos das Equações (C.6a) e (C.6b).

As rotações $\theta_{\ell 2}$ e θ_{r2}, dos vãos esquerdo e direito, respectivamente, devido ao recalque de apoios, podem ser obtidas diretamente das posições deformadas dos vãos mostrados na Figura C.1(c). Uma vez que presumimos que os recalques sejam pequenos, as rotações podem ser expressas como

$$\theta_{\ell 2} = \frac{\Delta_\ell - \Delta_c}{L_\ell} \qquad \theta_{r2} = \frac{\Delta_r - \Delta_c}{L_r} \tag{C.7}$$

As rotações nas extremidades de c, nos vãos esquerdo e direito, devido aos momentos fletores nos apoios hiperestáticos (Figura C.1(d)), podem ser determinadas convenientemente usando-se as fórmulas de flechas em vigas. Assim,

$$\theta_{\ell 3} = \frac{M_\ell L_\ell}{6EI_\ell} + \frac{M_c L_\ell}{3EI_\ell} \tag{C.8a}$$

$$\theta_{r3} = \frac{M_c L_r}{3EI_r} + \frac{M_r L_r}{6EI_r} \tag{C.8b}$$

em que M_ℓ, M_c e M_r denotam os momentos fletores nos apoios ℓ, c e r, respectivamente. Como mostrado na Figura C.1(d), esses momentos fletores hiperestáticos são considerados positivos de acordo com a *convenção da viga*, isto é, quando causam compressão nas fibras superiores e tração nas fibras inferiores da viga.

Pela substituição nas Equações (C.6) a (C.8) na Equação (C.5), podemos escrever a equação de compatibilidade como

$$\sum \frac{P_\ell L_\ell^2 k_\ell (1 - k_\ell^2)}{6EI_\ell} + \frac{w_\ell L_\ell^3}{24EI_\ell} + \sum \frac{P_r L_r^2 k_r (1 - k_r^2)}{6EI_r} + \frac{w_r L_r^3}{24EI_r} + \frac{\Delta_\ell - \Delta_c}{L_\ell}$$

$$+ \frac{\Delta_r - \Delta_c}{L_r} + \frac{M_\ell L_\ell}{6EI_\ell} + \frac{M_c L_\ell}{3EI_\ell} + \frac{M_c L_r}{3EI_r} + \frac{M_r L_r}{6EI_r} = 0$$

Simplificando a equação anterior e rearranjando-a para separar os termos que contêm momentos hiperestáticos daqueles que envolvem cargas e recalque de apoios, obtemos a forma da *equação dos três momentos*.

$$\frac{M_\ell L_\ell}{I_\ell} + 2M_c \left(\frac{L_\ell}{I_\ell} + \frac{L_r}{I_r} \right) + \frac{M_r L_r}{I_r}$$

$$= -\sum \frac{P_\ell L_\ell^2 k_\ell}{I_\ell}(1 - k_\ell^2) - \sum \frac{P_r L_r^2 k_r}{I_r}(1 - k_r^2) - \frac{w_\ell L_\ell^3}{4I_\ell} - \frac{w_r L_r^3}{4I_r}$$

$$-6E \left(\frac{\Delta_\ell - \Delta_c}{L_\ell} + \frac{\Delta_r - \Delta_c}{L_r} \right) \tag{C.9}$$

na qual M_c = momento fletor no apoio c em que a compatibilidade está sendo considerada; M_ℓ, M_r = momentos fletores nos apoios logo à esquerda e à direita de c, respectivamente; E = módulo de elasticidade; L_ℓ, L_r = comprimento dos vãos à esquerda e à direita de c, respectivamente; I_ℓ, I_r = momentos de inércia dos vãos à esquerda e à direta de c, respectivamente; P_ℓ, P_r = cargas concentradas atuando nos vãos à esquerda e à direita, respectivamente; k_ℓ (ou k_r) = razão da distância de P_ℓ (ou P_r) a partir dos apoios esquerdos (ou direitos) no comprimento do vão; w_ℓ, w_r = cargas distribuídas uniformemente aplicadas aos vãos esquerdos e direitos, respectivamente; Δ_c = recalque de apoios c sob certas circunstâncias e Δ_ℓ, Δ_r = recalque de apoios logo à esquerda e à direita de c, respectivamente. Como observado anteriormente, os momentos fletores dos apoios são considerados positivos de acordo com a *convenção da viga* — isto é, quando causam compressão nas fibras superiores e tração nas fibras inferiores da viga. Adicionalmente, as cargas externas e os recalques de apoios são considerados positivos quando na direção descendente, como mostrado na Figura C.1(a).

Se os momentos de inércia de dois vãos adjacentes de uma viga contínua são iguais (isto é, $I_\ell = I_r = I$), então a equação dos três momentos pode ser simplificada para

$$M_\ell L_\ell + 2M_c(L_\ell + L_r) + M_r L_r$$
$$= -\sum P_\ell L_\ell^2 k_\ell (1 - k_l^2) - \sum P_r L_r^2 k_r (1 - k_r^2) - \frac{1}{4}(w_\ell L_\ell^3 + w_r L_r^3)$$
$$- 6EI \left(\frac{\Delta_\ell - \Delta_c}{L_\ell} + \frac{\Delta_r - \Delta_c}{L_r} \right)$$

(C.10)

Se ambos os momentos de inércia e os comprimentos de dois vãos adjacentes são iguais (isto é, $I_\ell = I_r = I$ e $L_\ell = L_r = L$), então a equação dos três momentos se torna

$$M_\ell + 4M_c + M_r$$
$$= -\sum P_\ell L k_\ell (1 - k_\ell^2) - \sum P_r L k_r (1 - k_r^2)$$
$$- \frac{L^2}{4}(w_\ell + w_r) - \frac{6EI}{L^2}(\Delta_\ell - 2\Delta_c + \Delta_r)$$

(C.11)

As equações dos três momentos anteriores são aplicáveis a quaisquer três apoios consecutivos, ℓ, c e r, de uma viga contínua, desde que não haja descontinuidades, tais como rótulas internas na vida entre o apoio esquerdo ℓ e o apoio direito r.

C.2 Aplicações da equação dos três momentos

Os procedimentos a seguir, explicados passo a passo, podem ser usados para analisar vigas contínuas por meio da equação dos três momentos.

1. Selecione os momentos fletores desconhecidos em todos os apoios internos da viga como hiperestáticos.
2. Tratando cada apoio interno como apoio intermediário c, escreva a equação dos três momentos. Quando escrever essas equações, reconheça que os momentos fletores dos apoios simples das extremidades são conhecidos. Para tal apoio em vão em balanço, o momento fletor é igual a este, devido às cargas externas que atuam na seção em balanço, próximo da extremidade do apoio. O número total de equações dos três momentos obtidas dessa forma deve ser igual ao número de momentos fletores de apoios hiperestáticos, que devem ser as únicas incógnitas dessas equações.
3. Resolva as equações dos três momentos para os momentos fletores desconhecidos dos apoios.
4. Calcule os cortantes na extremidade do vão. Para cada vão da viga, (a) desenhe um diagrama de corpo livre, mostrando as cargas externas e os momentos nas extremidades e (b) aplique a equação de equilíbrio para calcular as forças cortantes nas extremidades do vão.
5. Determine as reações dos apoios, considerando o equilíbrio dos nós do apoio da viga.
6. Se assim o desejar, desenhe os diagramas momento fletor e cortante da viga, usando a *convenção de sinais da viga*.

Apoios engastados

As equações dos três momentos, como dadas pelas Equações (C.9) a (C.11), foram deduzidas para satisfazer às condições de compatibilidade da continuidade da rotação nos apoios internos de vigas contínuas. Porém, essas equações podem ser usadas para satisfazer às condições de compatibilidade de rotação nula em apoios engastados nas extremidades de vigas. Isso pode ser obtido por meio da substituição dos apoios engastados por apoios de roletes imaginários internos com uma extensão da extremidade do vão com comprimento zero apoiado em sua extremidade externa, como mostrado na Figura C.2. O momento de reação do apoio real engastado é agora tratado como o momento fletor hiperestático no apoio interno imaginário, e a equação dos três momentos quando aplicada a esse apoio imaginário satisfaz às condições de compatibilidade com inclinação nula na curva elástica do apoio engastado real. Ao se analisar uma viga quanto ao recalque de apoio, ambos os apoios imaginários – isto é, o apoio de roletes interno e o apoio externo simples – são considerados como atendendo ao mesmo recalque de apoio engastado real.

Viga real com apoios engastados

Viga equivalente a ser analisada pela equação dos três momentos

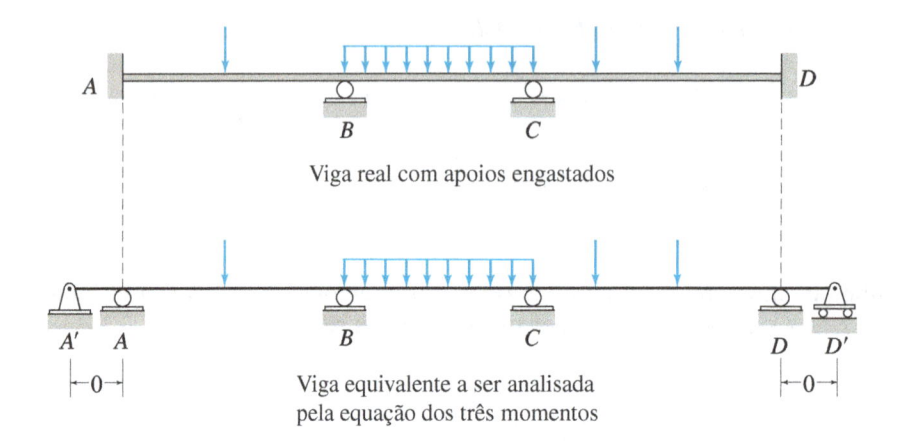

Figura C.2

EXEMPLO C.1

Determine as reações e desenhe os diagramas do momento fletor e do cortante da viga mostrada na Figura C.3 por meio das equações dos três momentos.

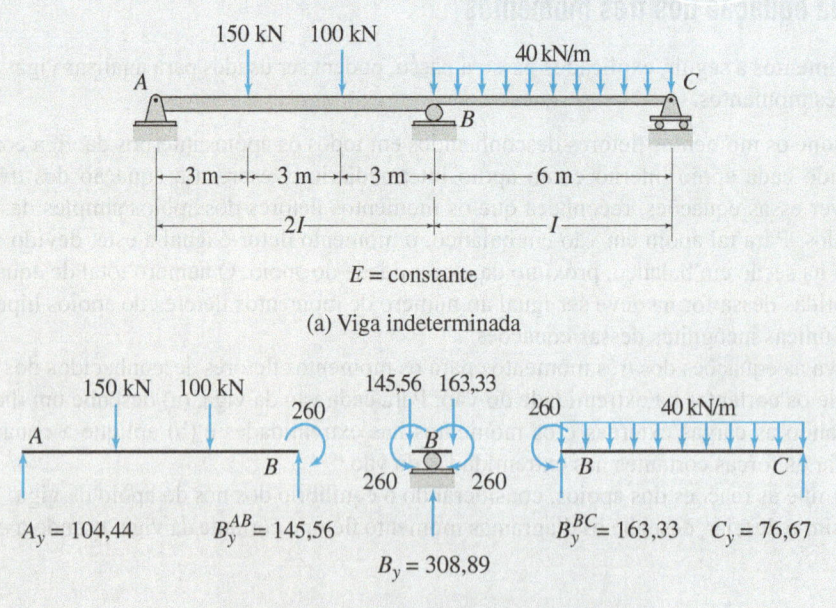

E = constante

(a) Viga indeterminada

$A_y = 104{,}44$ $B_y^{AB} = 145{,}56$ $B_y^{BC} = 163{,}33$ $C_y = 76{,}67$

$B_y = 308{,}89$

(b) Momentos e cortantes na extremidade do vão

Figura C.3 (continua)

Apêndice C   Equação dos três momentos **703**

continuação

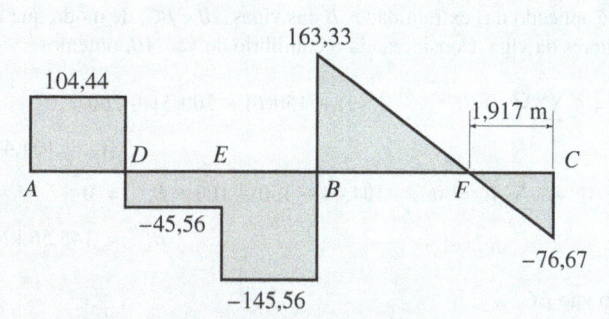

Diagrama do cortante (kN)

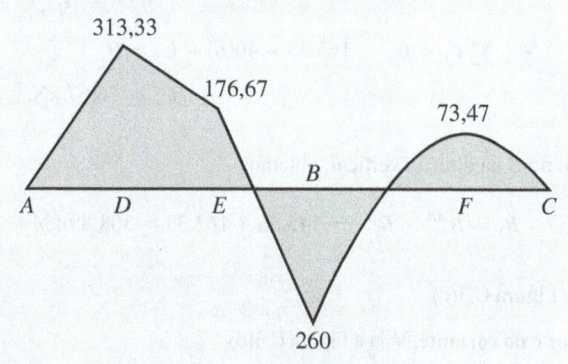

Diagrama do momento fletor (kN · m)

(d) Diagramas do momento fletor e do cortante

Figura C.3)

Solução

Hiperestático. A viga possui um grau de indeterminação. O momento fletor M_B, no apoio interno B, é o hiperestático.

Equação dos três momentos no nó B. Considerando os apoios, A, B, e C como ℓ, c, e r, respectivamente, e substituindo $L_\ell = 9$ m, $L_r = 6$ m, $I_\ell = 2I$, $I_r = I$, $P_{\ell 1} = 150$ kN, $k_{\ell 1} = 1/3$, $P_{\ell 2} = 100$ kN, $k_{\ell 2} = 2/3$, $w_r = 40$ kN/m, e $P_r = w_\ell = \Delta_\ell \Delta_c = \Delta_r = 0$, na Equação (C.9), obtemos

$$\frac{M_A(9)}{2I} + 2M_B\left(\frac{9}{2I} + \frac{6}{I}\right) + \frac{M_C(6)}{I} = -\frac{150(9)^2(1=3)}{2I}[1-(1/3)^2]$$

$$-\frac{100(9)^2(2/3)}{2I}[1-(2/3)^2] - \frac{40(6)^3}{4I}$$

Como A e C são apoios simples nas extremidades, temos por meio de inspeção

$$M_A = M_C = 0$$

Assim, a equação dos três momentos torna-se

$$21M_B = -5.460$$

na qual o momento fletor hiperestático é igual a

$$M_B = -260 \text{ kN} \cdot \text{m}$$

Resp.

Cortantes nas extremidades do vão e reações. Os cortantes nas extremidades dos vãos AB e BC da viga contínua podem ser determinados agora, aplicando-se as equações de equilíbrio para os corpos livres dos vãos, mostrados na Figura C.3 (b). Observe que o momento fletor negativo M_B é aplicado nas extremidades B das vigas AB e BC, de modo que este causa tração nas fibras superiores e compressão nas fibras inferiores da viga. Considerando o equilíbrio do vão AB, obtemos

$$+\circlearrowleft \sum M_B = 0 \qquad -A_y(9) + 150(6) + 100(3) - 260 = 0$$

$$A_y = 104{,}44 \text{ kN} \uparrow \qquad \text{Resp.}$$

$$+\uparrow \sum F_y = 0 \qquad 104{,}44 - 150 - 100 + B_y^{AB} = 0$$

$$B_y^{AB} = 145{,}56 \text{ kN} \uparrow$$

De forma similar, para o vão BC,

$$+\circlearrowleft \sum M_C = 0 \qquad -B_y^{BC}(6) + 260 + 40(6)(3) = 0$$

$$B_y^{BC} = 163{,}33 \text{ kN} \uparrow \qquad \text{Resp.}$$

$$+\uparrow \sum F_y = 0 \qquad 163{,}33 - 40(6) + C_y = 0$$

$$C_y = 76{,}67 \text{ kN} \uparrow$$

Considerando o equilíbrio do nó B na direção vertical, obtemos

$$B_y = B_y^{AB} + B_y^{BC} = 145{,}56 + 163{,}33 = 308{,}89 \text{ kN} \uparrow \qquad \text{Resp.}$$

As reações são mostradas na Figura C.3(c).

Diagramas do momento fletor e do cortante. Veja a Figura C.3(d). **Resp.**

EXEMPLO C.2

Determine as reações para a viga contínua mostrada na Figura C.4(a) devido a uma carga uniformemente distribuída e devido ao recalque de apoios de 10 mm em A, 50 mm em B, 20 mm em C, e 40 mm em C. Use a equação dos três momentos.

30 kN/m

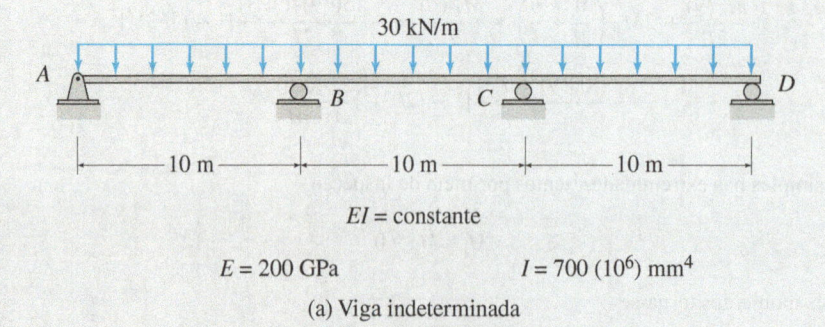

A — 10 m — B — 10 m — C — 10 m — D

EI = constante

E = 200 GPa I = 700 (10^6) mm^4

(a) Viga indeterminada

Figura C.4 (*continua*)

Apêndice C   Equação dos três momentos   705

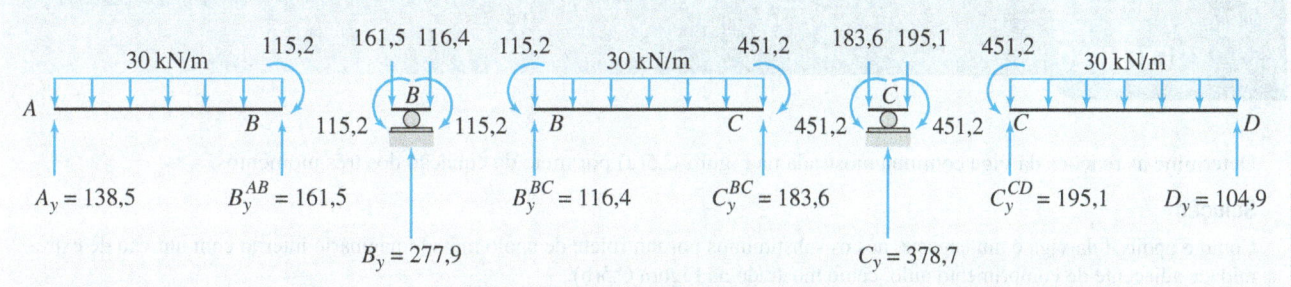

(b) Momentos cortantes na extremidade do vão

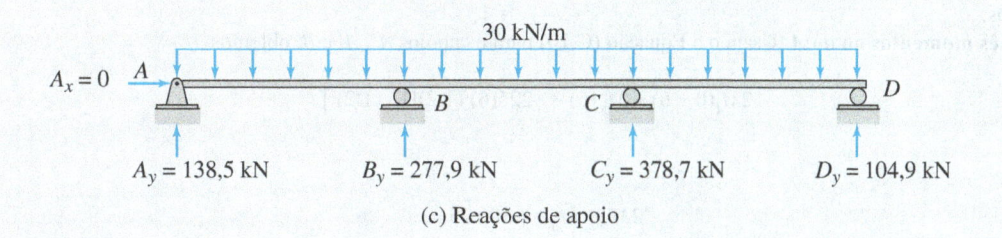

(c) Reações de apoio

Figura C.4

Solução

Hiperestáticos. Os momentos fletores M_B e M_C, nos apoios internos B e C, respectivamente, são os hiperestáticos.

Equação dos três momentos no nó B. Considerando os apoios A, B, e C como ℓ, c, e r, respectivamente, e substituindo $L = 10$ m, $E = 200$, GPa $= 200(10^6)$ kN/m², $I = 700(10^6)$ mm⁴ $= 700(10^{-6})$ m⁴, $w_\ell = w_r = 30$ kN/m, $\Delta_\ell = \Delta_A = 10$ mm $= 0,01$ m, $\Delta_c = \Delta_B = 50$ mm $= 0,05$ m, $\Delta_r = \Delta_C = 20$ mm $= 0,02$ m e $P_\ell = P_r = 0$, na Equação (C.11), podemos escrever

$$M_A + 4M_B + M_C = -\frac{(10)^2}{4}(30 + 30) - \frac{6(200)(700)}{(10)^2}[0,01 - 2(0,05) + 0,02]$$

Uma vez que A é um apoio simples na extremidade, $M_A = 0$. Assim, a equação anterior pode ser simplificada para

$$4M_B + M_C = -912 \quad (1)$$

Equação dos três momentos no nó C. Similarmente, considerando os apoios B, C, e D como ℓ, c, e r, respectivamente, e substituindo os valores numéricos apropriados na Equação (C.11), obtemos

$$M_B + 4M_C + M_D = -\frac{(10)^2}{4}(30 + 30) - \frac{6(200)(700)}{(10)^2}[0,05 - 2(0,02) + 0,04]$$

Uma vez que D é um apoio simples na extremidade, $M_D = 0$. Assim, a equação anterior torna-se

$$M_B + 4M_C = -1.920 \quad (2)$$

Momentos fletores dos apoios. Resolvendo as Equações (1) e (2) simultaneamente, para M_B e M_C, obtemos

$$M_B = -115,2 \text{ kN} \cdot \text{m} \quad \text{Resp.}$$

$$M_C = -451,2 \text{ kN} \cdot \text{m} \quad \text{Resp.}$$

Cortantes nas extremidades do vão e reações. Com os hiperestáticos M_B e M_C conhecidos, os cortantes na extremidade do vão e as reações dos apoios podem ser determinados, considerando-se o equilíbrio dos corpos livres das vigas AB, BC, e CD, e os nós B e C, como mostrado na Figura C.4(b). As reações são mostradas na Figura C.4(c). **Resp.**

EXEMPLO C.3

Determine as reações da viga contínua mostrada na Figura C.5(a) por meio da equação dos três momentos.

Solução

Como o apoio A da viga é um engaste, nós os substituímos por um rolete de apoio móvel imaginário interno com um vão de extremidade adjacente de comprimento nulo, como mostrado na Figura C.5(b).

Redundantes. Da Figura C.5(b), podemos observar que os momentos fletores M_A e M_B nos apoios A e B, respectivamente, são os hiperestáticos.

Equação dos três momentos no nó A. Usando a Equação (C.10) para os apoios A', A, e B, obtemos

$$2M_A(0+6) + M_B(6) = -225(6)^2(1/2)[1-(1/2)^2]$$

ou

$$2M_A + M_B = -506{,}25 \qquad (1)$$

Equação dos três momentos no nó B. Da mesma forma, usando a Equação (C.10) para os apoios A, B, e C, podemos escrever

$$M_A(6) + 2M_B(6+10) + M_C(10)$$

$$= -225(6)^2(1/2)[1-(1/2)^2] - (1/4)(30)(10)^3$$

$$6M_A + 32M_B + 10M_C = -10.537{,}5$$

O momento fletor na extremidade C do vão em balanço CD é computado como

$$M_C = -30(3)(1{,}5) = -135 \text{ kN} \cdot \text{m} \qquad \textbf{Resp.}$$

Substituindo $M_C = -135$ kN · m na equação dos três momentos anterior e simplificando-a, obtemos

$$6M_A + 32M_B = -9.187{,}5 \qquad (2)$$

Momentos fletores dos apoios. Resolvendo as Equações (1) e (2), obtemos

$$M_A = -120{,}91 \text{ kN} \cdot \text{m} \qquad \textbf{Resp.}$$

$$M_B = -264{,}44 \text{ kN} \cdot \text{m} \qquad \textbf{Resp.}$$

Cortantes nas extremidades do vão e reações. Veja as Figuras C.5(c) e (d). **Resp.**

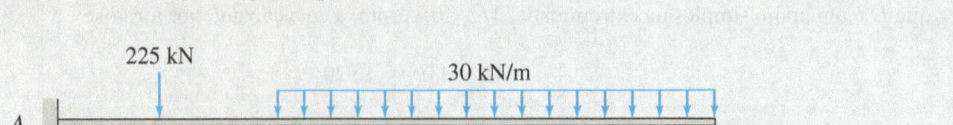

EI = constante

(a) Viga indeterminada

Figura C.5 (*continua*)

Apêndice C — Equação dos três momentos

(b) Viga equivalente a ser analisada pela equação dos três momentos

(c) Momentos e cortantes na extremidade do vão

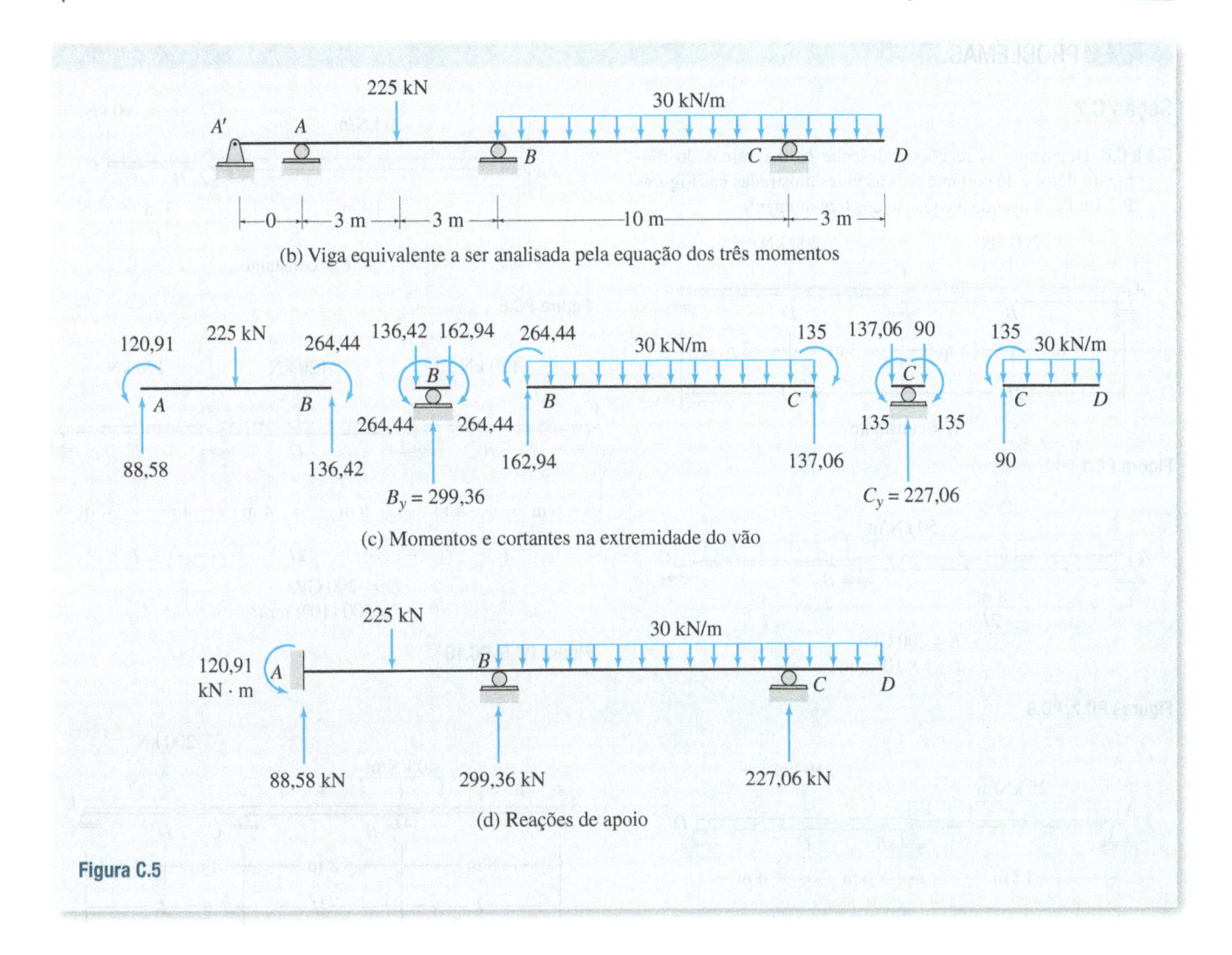

$B_y = 299{,}36$
$C_y = 227{,}06$

(d) Reações de apoio

Figura C.5

Resumo

Neste apêndice, consideramos uma formulação do método das forças (flexibilidade) para a análise de estruturas estatisticamente indeterminadas, chamada equação dos três momentos.

A equação dos três momentos representa, de forma geral, as condições de compatibilidade para que a inclinação de uma curva elástica seja contínua no interior do apoio da viga contínua. Esse método, que pode ser usado para análise de vigas contínuas submetidas a cargas externas e recalques de apoio, envolve o tratamento dos momentos fletores nos apoios internos (e em qualquer apoio engastado) da viga como elementos hiperestáticos. A equação dos três momentos é então aplicada no local de cada hiperestático para se obter um conjunto de equações de compatibilidade que pode então ser solucionado para os momentos fletores hiperestáticos.

PROBLEMAS

Seção C.2

C.1 a C.8 Determine as reações e desenhe os diagramas do momento fletor e do cortante para as vigas mostradas nas Figuras PC.1 a PC.8 usando a equação dos três momentos.

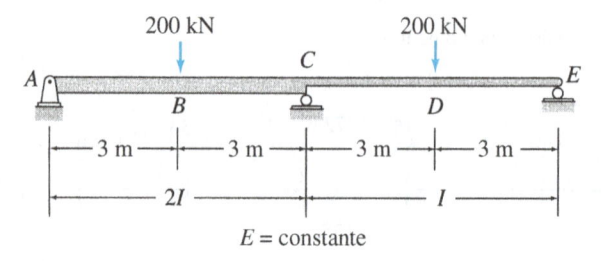

Figura PC.1

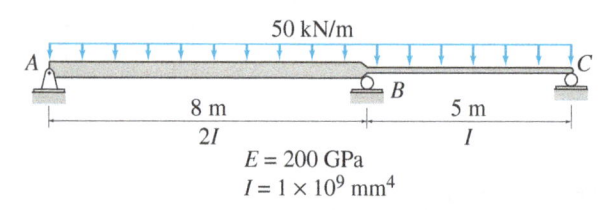

Figuras PC.2, PC.9

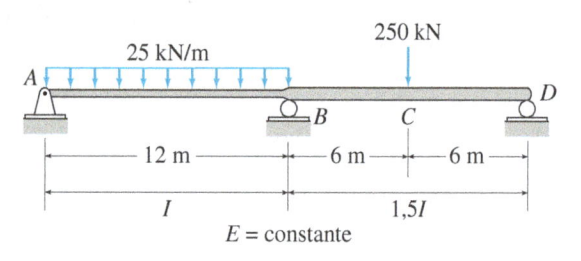

Figura PC.3

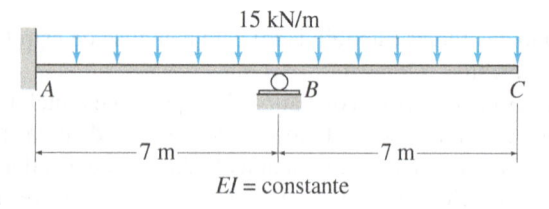

Figura PC.4

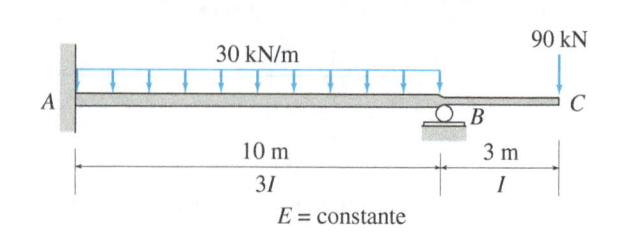

Figura PC.5

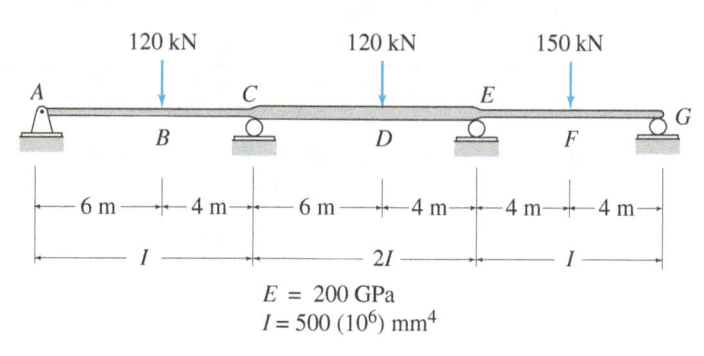

Figura PC.6, PC.10

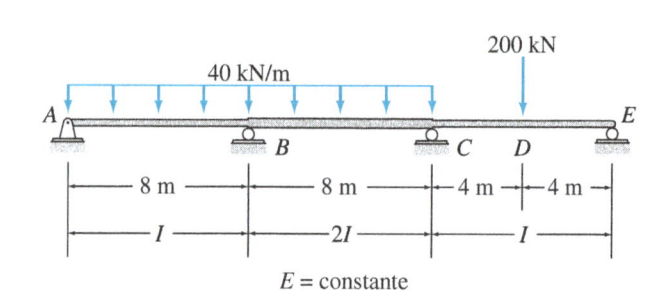

Figura PC.7

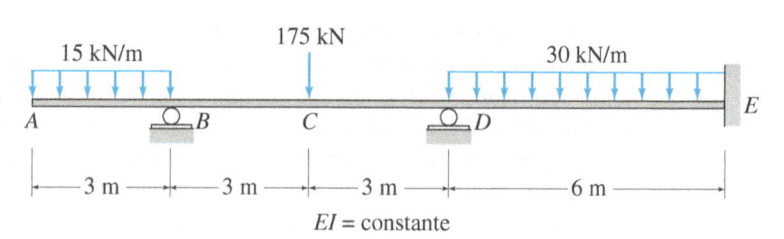

Figura PC.8

C.9 Resolva o Problema C.2 para o carregamento mostrado na Figura PC.2 e o recalque de apoio de 6 mm em A, 24 mm em B, e 18 mm em C.

C.10 Resolva o Problema C.6 para o carregamento mostrado na Figura PC.6 e o recalque de apoio de 10 mm em A, 65 mm em C, 40 mm em E, e 25 mm em G.

Respostas de problemas selecionados

Capítulo 2

2.1 Viga *BE*: $w = 3,84$ kN/m; Viga mestra *AC*:
$P_A = P_C = 5,76$ kN; $P_B = 11,52$ kN

2.3 Viga *AF*: $w = 8,25$ kN/m; Vigas *BG* e *CH*: $w = 16,5$ kN/m; Treliça *AC*: $P_A = P_C = 49,5$ kN; $P_B = 99$ kN; Treliça *FH*: $P_F = P_H = 99$ kN; $P_G = 198$ kN

2.5 Viga *CD*: $w = 9,4$ kN/m; Viga mestra *AE*:
$w = 1,62$ kN/m; $P_C = 35,25$ kN; $P_A = P_E = 19,34$ kN

2.7 Viga *BF*: $w = 16,04$ kN/m; Viga mestra *AD*: $w = 1,97$ kN/m; $P_B = P_C = 80,2$ kN; $P_A = P_D = 41,85$ kN

2.9 Viga *CD*: $w = 6,91$ kN/m;
Viga mestra *AE*: $P_C = 25,1$ kN; $P_A = P_E = 12,96$ kN

2.11 Vigas *EF*: $w = 3$ kN/m;
Viga mestra *AG*: $P_C = P_E = 9$ kN; $P_A = P_G = 4,5$ kN;
Coluna *A*: $P = 13,5$ kN

2.13 Lado a barlavento: $-121,6$ N/m² e $303,9$ N/m²; Lado a sotavento $-729,3$ N/m²

2.15 Parede a barlavento: $1,06$ kN/m² para $0 \le z \le 5$ m;
$1,22$ kN/m² para $z = 10$ m;
Parede a sotavento: $-0,626$ kN/m²

2.17 $0,7$ kN/m²

Capítulo 3

3.1 (a) Instável; (b) Determinada; (c) Indeterminada, $i_e = 2$; (d) Indeterminada, $i_e = 1$

3.3 (a) Instável; (b) Determinada; (c) Indeterminada, $i_e = 3$; (d) Indeterminada, $i_e = 1$

3.5 $A_x = 0$; $A_y = 147,83$ kN ↑; $B_y = 246,37$ kN ↑

3.7 $A_x = 150$ kN →; $A_y = 0$; $M_A = 1\,;200$ kN · m ↻

3.9 $A_x = 0$; $A_y = 220$ kN ↑; $M_A = 650$ kN · m ↻

3.11 $A_y = 146$ kN ↑; $B_x = 0$; $B_y = 272,2$ kN ↑

3.13 $A_x = 37,5$ kN →; $A_y = 100$ kN ↑; $R_B = 62,5$ kN ↖

3.15 Para $0 \le x \le 20$ m: $A_y = 45 - 2x$ kN ↑;
$B_y = 5 + 2x$ kN ↑ Para 20 m $\le x \le 25$ m: $A_y = (25 - x)^2/5$ kN ↑;
$B_y = (625 - x^2)/5$ kN ↑

3.17 $A_y = 457,3$ kN ↑; $B_x = 0$; $B_y = 90,2$ kN ↑

3.19 $A_x = 200$ kN ←; $A_y = 125$ kN ↓; $B_y = 475$ kN ↑

3.21 $A_x = 100$ kN ←; $A_y = 216,11$ kN ↑; $B_y = 183,89$ kN ↑

3.23 $A_y = 244,07$ kN ↑; $B_x = 240$ kN ←; $B_y = 85,93$ kN ↑

3.25 $A_y = 109,5$ kN ↑; $B_x = 0$; $B_y = 243$ kN ↑; $M_B = 2.150,3$ kN · m ↻

3.27 $A_x = 275,2$ kN ←; $A_y = 32,5$ kN ↓; $B_x = 49,8$ kN ←; $B_y = 260$ kN ↑

3.29 $A_x = 0$; $A_y = D_y = 36,5$ kN ↑; $B_y = C_y = 425,6$ kN ↑

3.31 $A_x = 176,67$ kN →; $A_y = 356,67$ kN ↑; $B_x = 23,33$ kN →; $B_y = 3,33$ kN ↑

3.33 $A_x = 55$ kN ←; $A_y = 216,11$ kN ↑; $B_x = 45$ kN ←; $B_y = 183,89$ kN ↑

3.35 $A_x = 35,76$ kN ←; $A_y = 79,45$ kN ↑; $B_x = 53,24$ kN ←; $B_y = 168,46$ kN ↑

3.37 $A_x = 0$; $A_y = 560,62$ kN ↑; $M_A = 1.462,5$ kN · m ↻; $B_y = 585$ kN ↑; $C_y = 24,38$ kN ↑

3.39 $A_y = 50$ kN ↓; $B_y = 475$ kN ↑; $C_x = 0$; $C_y = 225$ kN ↑; $M_C = 900$ kN · m ↻

3.41 $A_x = 66{,}75$ kN →; $A_y = 66{,}75$ kN ↑; $M_A = 407{,}18$ kN · m ↻; $B_x = 66{,}75$ kN →; $B_y = 66{,}75$ kN ↓; $M_B = 407{,}18$ kN · m ↻

Capítulo 4

4.1 (a) Instável; (b) Determinado; (c) Determinado; (d) Instável

4.3 (a) Instável; (b) Determinado; (c) Determinado; (d) Indeterminado, $i_e = 1$

4.5 (a) Determinado; (b) Instável; (c) Determinado; (d) Determinado

4.7 $F_{AB} = F_{BC} = 77{,}31$ kN (C); $F_{AD} = 168{,}75$ kN (T); $F_{BD} = 37{,}5$ kN (C); $F_{CD} = 93{,}75$ kN (T)

4.9 $F_{AD} = 197{,}46$ kN (C); $F_{AC} = 153{,}21$ kN (T); $F_{CD} = 117{,}85$ kN (T); $F_{DE} = 191{,}67$ kN (C)

4.11 $F_{AB} = 20$ kN (T); $F_{AF} = 28{,}28$ kN (C); $F_{BF} = 20$ kN (T); $F_{BG} = 28{,}28$ kN (T); $F_{FG} = 20$ kN (C); $F_{BC} = F_{CD} = F_{CG} = 0$

4.13 $F_{BC} = 140$ kN (C); $F_{BE} = 144{,}22$ kN (T); $F_{BF} = 108{,}17$ kN (C); $F_{EF} = 230$ kN (T)

4.15 $F_{CD} = F_{DE} = 780$ kN (C); $F_{CI} = F_{EK} = 0$; $F_{HC} = F_{EL} = 367{,}68$ kN (C); $F_{IJ} = F_{JK} = 720$ kN (T); $F_{DJ} = 200$ kN (C)

4.17 $F_{BC} = 120$ kN (T); $F_{BF} = 60$ kN (C); $F_{BG} = 63{,}25$ kN (T); $F_{FG} = 189{,}74$ kN (C)

4.19 $F_{CD} = 71{,}4$ kN (T); $F_{DI} = 18{,}84$ kN (C); $F_{DJ} = 102{,}76$ kN (T); $F_{IJ} = 164{,}4$ kN (C)

4.21 $F_{AC} = F_{BE} = 62{,}5$ kN (C); $F_{AD} = 0$; $F_{CD} = 32{,}5$ kN (C)

4.23 $F_{AC} = F_{CE} = 82{,}46$ kN (T); $F_{AD} = 110$ kN (C); $F_{BC} = F_{CD} = 41{,}23$ kN (C)

4.25 $F_{GH} = 27$ kN (C); $F_{GM} = 18$ kN (C); $F_{GN} = 33{,}33$ kN (T); $F_{HN} = 44{,}67$ kN (C); $F_{MN} = 7$ kN (T)

4.27 $F_{BC} = 130$ kN (T); $F_{CD} = 190$ kN (C); $F_{CF} = 100$ kN (C); $F_{CG} = 300$ kN (T)

4.29 $F_{BC} = 1{,}525$ kN (T); $F_{BE} = 1{,}5$ kN (C); $F_{BG} = 1{,}25$ kN (T); $F_{EG} = 0{,}656$ kN (C)

4.31 $F_{BC} = 160$ kN · m/h (T); $F_{GH} = 120$ kN · m/h (C)

4.33 $F_{BC} = 37{,}5$ kN (T); $F_{CF} = 137{,}88$ kN (C); $F_{FG} = 90$ kN (T)

4.35 $F_{AD} = 61{,}85$ kN (C); $F_{CD} = 45{,}34$ kN (T); $F_{CE} = 6{,}87$ kN (T)

4.37 $F_{CD} = 113{,}33$ kN (T); $F_{CH} = 41{,}67$ kN (C); $F_{GH} = 100$ kN (C)

4.39 $F_{CD} = 117{,}74$ kN (T); $F_{CI} = 18{,}02$ kN (T); $F_{HI} = 18{,}48$ kN (T)

4.41 $F_{CD} = 102{,}86$ kN (C); $F_{DI} = 6{,}17$ kN (C); $F_{DJ} = 35{,}63$ kN (C)

4.43 $F_{CF} = 21{,}08$ kN (T); $F_{CG} = 27{,}04$ kN (T); $F_{EG} = 27{,}04$ kN (C)

4.45 $F_{CD} = 160$ kN (C); $F_{DI} = 223{,}6$ kN (C); $F_{IN} = 223{,}6$ kN (T)

4.47 $F_{BC} = 45$ kN (C); $F_{BF} = 215$ kN (C); $F_{EF} = 30$ kN (T); $F_{EI} = 161$ kN (T)

4.49 $F_{EF} = 220$ kN (T); $F_{EL} = 56{,}56$ kN (T); $F_{LP} = 99$ kN (T); $F_{OP} = 260$ kN (C)

4.51 $F_{AD} = 2{,}24$ kN (T); $F_{BD} = 15{,}12$ kN (C); $F_{CD} = 17{,}08$ kN (C)

4.53 $F_{AB} = 4{,}36$ kN (C); $F_{AC} = 12{,}48$ kN (C); $F_{AD} = 33{,}26$ kN (T); $F_{BC} = 17{,}22$ kN (T)

4.55 $F_{AB} = 58{,}34$ kN (T); $F_{CD} = 31{,}66$ kN (C); $F_{AE} = 8{,}24$ kN (T); $F_{EF} = 56{,}66$ kN (T)

Capítulo 5

5.1 $Q_A = -40$ kN; $S_A = 32{,}14$ kN; $M_A = 524{,}98$ kN · m; $Q_B = 0$; $S_B = -87{,}14$ kN; $M_B = 261{,}42$ kN · m

5.3 $Q_A = S_A = Q_B = 0$; $M_A = -75$ kN · m; $S_B = -100$ kN; $M_B = -375$ kN · m

5.5 $Q_A = 60$ kN; $S_A = 55$ kN; $M_A = -95$ kN · m; $Q_B = 45$ kN; $S_B = 60$ kN; $M_B = -120$ kN · m

5.7 $Q_A = Q_B = 0$; $S_A = -50$ kN; $M_A = 50$ kN · m; $S_B = -62{,}5$ kN; $M_B = -150$ kN · m

5.9 $Q_A = Q_B = S_B = 0$; $S_A = 200$ kN; $M_A = -750$ kN · m; $M_B = 250$ kN · m

5.11 $Q_A = -40{,}5$ kN; $S_A = 54$ kN; $M_A = M_B = 324$ kN · m; $Q_B = 40{,}5$ kN; $S_B = -54$ kN

5.13 Para $0 < x < (L/3)$: $S = 2P/3$; $M = 2Px/3$
Para $(L/3) < x < L$: $S = -P/3$; $M = P(L - x)/3$

5.15 $S = w(L - 2x)/2$; $M = wx(L - x)/2$

5.17 $S = M/L$
Para $0 < x < (2L/3)$: Momento Fletor $= M_x/L$
Para $(2L/3) < x < L$: Momento Fletor $= M(x - L)/L$

5.19 $S = w(L^2 - 3x^2)/(6L)$; $M = wx(L^2 - x^2) = (6L)$

5.21 Para $0 < x < 7$ m: $S = -30$ kN; $M = -30x$ kN · m
Para 7 m $< x < 14$ m: $S = -45$ kN; $M = -45x + 105$ kN · m

5.23 Para $0 < x < 4$ m: $S = -75$ kN; $M = -75x$ kN · m
Para 4 m $< x < 8$ m: $S = -75$ kN; $M = -75x + 100$ kN · m

5.25 Para $0 < x < 6$ m: $S = -(15x^2/12) - 15x + 33{,}75$;
$M = -(15x^3/36) - (15x^2 = 2) + 33{,}75x$
Para 6 m $< x < 9$ m: $S = -(15x^2/12) - 15x + 236{,}25$;
$M = -(15x^3/36) - (15x^2/2) + 236{,}25x - 1{,}215$

5.27 Para $0 < x \le 5$ m (de A a B): $S = -2x^2 + 83{,}33$;
$M = -(2x^3/3) + 83{,}33x$
Para $0 < x_1 \le 10$ m (de C a B): $S = x_1^2 - 66{,}7$;
$M = -(x_1^3/3) + 66{,}67x_1$

Respostas de problemas selecionados

5.29 $S_{A,R} = S_{B,L} = 90$ kN; $S_{B,R} = S_{C,L} = -10$ kN;
$S_{C,R} = S_{D,L} = -70$ kN; $M_B = 450$ k·m; $M_C = 350$ kN·m

5.31 $AS_{A,R} = S_{B,L} = -45$ kN; $S_{B,R} = S_{C,L} = 105$ kN;
$S_{C,R} = S_{D,L} = 15$ kN; $S_{D,R} = S_{E,L} = -75$ kN;
$M_B = -112,5$ kN·m; $M_C = 150$ kN − m; $M_D = 187,5$ kN·m

5.33 $S_{A,R} = S_{B,L} = -55$ kN; $S_{B,R} = S_{C,L} = 110$ kN; $S_{C,R} = S_{D,L} = 0$;
$S_{D,R} = S_{E,L} = -110$ kN; $S_{E,R} = S_{F,L} = 55$ kN;
$M_B = M_E = -165$ kN·m; $M_C = M_D = 165$ kN·m

5.35 $A_{S,R} = S_{B,L} = 122,68$ kN; $S_{B,R} = S_C = -12,32$ kN;
$S_{D,L} = -106,75$ kN; $M_A = M_D = 0$; $M_B = 245,36$ kN·m;
$M_C = 226,88$ kN·m

5.37 $S_{A,R} = S_{B,L} = 225$ kN; $S_{B,R} + S_C = 150$ kN; $S_D = 0$;
$M_A = -2.700$ kN·m; $M_B = -1.350$ kN·m; $M_C = -450$ kN·m;
$M_D = 0$

5.39 $S_{B,L} = -135$ kN; $S_{B,R} = 180$ kN; $S_{C,L} = -180$ kN; $S_{C,R} = 135$ kN; $M_B = M_C = -202,5$ kN·m; $+M_{máx} = 157,5$ kN·m, em 7 m de A

5.41 $S_{A,R} = -45$ kN; $S_{B,L} = -112,5$ kN; $S_{B,R} = 135$ kN;
$S_{C,L} = 135$ kN; $S_{C,R} = 112,5$ kN; $S_{D,L} = 45$ kN;
$M_B = M_C = -118,125$ kN·m; $+M_{máx} = 84,375$ kN·m, em 4,5 m de A

5.43 $S_{R,R} = S_{B,L} = -35$ kN; $S_{B,R} = 104,56$ kN; $S_{C,L} = -93,44$ kN;
$S_{C,R} = S_D = 0$; $M_B = -143,33$ kN·m; $M_C = M_D = -55$ kN·m;
($M_{máx} = 143,33$ kN·m, em 7,75 m de A

5.45 $S_{A,R} = S_{B,L} = 80$ kN; $S_{B,R} = S_C = -35$ kN; $S_{D,L} = -125$ kN;
$S_{D,R} = 120$ kN; $M_A = -540$ kN·m; $M_B = 420$ kN·m;
$M_D = -720$ kN·m

5.47 $S_{A,R} = 50,83$ kN; $S_{B,L} = -84,17$ kN; $S_{B,R} = 72,5$ kN;
$S_C = S_{D,L} = 27,5$ kN; $S_{D,R} = S_{E,L} = -27,5$ kN; $M_B = -150$ kN·m;
$M_D = 82,5$ kN·m; $+M_{máx} = 86,16$ kN·m, em 3,39 m de A

5.49 $A_{S,R} = 90$ kN; $S_{C,L} = -180$ kN; $S_{C,R} = 157,5$ kN;
$S_{E,L} = -112,5$ kN; $S_{E,R} = 157,5$ kN; $S_{F,L} = -112,5$ kN;
$M_C = -675$ kN·m; $M_E = -337,5$ kN·m; $+M_{máx} = 351,6$ kN·m; em 6,25 m à esquerda de F

5.51 $S_{A,R} = 125$ kN; $S_{C,L} = -250$ kN; $S_{C,R} = 187,5$ kN;
$S_{D,L} = -187,5$ kN; $S_{D,R} = 250$ kN; $S_{F,L} = -125$ kN;
$M_C = M_D = -937,5$ kN·m; $+M_{máx} = 312,5$ kN·m, em 5 m de A e F

5.53 (a) $a = 3$ m; (b) $S_{A,R} = S_{B,L} = 50$ kN;
$S_{B,R} = S_{C,L} = -100$ kN; $S_{C,R} = S_{D,L} = 150$ kN;
$M_B = 450$ kN·m; $M_C = -450$ kN·m

5.55 (a) Determinado; (b) Instável; (c) Indeterminado, $i = 6$; (d) Indeterminado, $i = 5$

5.57 Elemento AB: $S_{máx} = 74,33$ kN; $M_{máx} = 334,5$ kN·m; $Q = 0$
Elemento BC: $S_{máx} = -55$ kN; $M_{máx} = 165$ kN·m; $Q = -37,67$ kN

5.59 Elemento AB: $S_{máx} = 48$ kN; $M_{máx} = 120$ kN·m;
$Q_{máx} = -104$ kN
Elemento BC: $S_{máx} = -48$ kN; $M_{máx} = 96$ kN·m; $Q = -24$ kN

5.61 Elemento AB: $S_{máx} = -204,97$ kN; $M_{máx} = 416,67$ kN·m; $Q = -260,87$ kN
Elemento BC: $S_{máx} = 141,67$ kN; $M_{máx} = 416,67$ kN·m; $Q = -300$ kN

5.63 Elemento AB: $S = 227,4$ kN; $M_{máx} = 2.130$ kN·m; $Q = 123,2$ kN
Elemento BC: $S_{máx} = 154$ kN; $M_{máx} = 539$ kN·m; $Q = 0$

5.65 Elemento AC: $S_{máx} = 108$ kN; $M_{máx} = 486$ kN·m; $Q = -7.65$ kN
Elemento BD: $S = M = 0$; $Q = -217,35$ kN
Elemento CE: $S_{máx} = -142,35$ kN; $M_{máx} = 487,95$ kN·m; $Q = 0$

5.67 Elemento AB: $S = 43$ kN; $M_{máx} = 279,5$ kN·m; $Q = -49,5$ kN
Elemento BC: $S_{máx} = -140,63$ kN; $M_{máx} = 335$ kN·m; $Q_{máx} = -79,59$ kN
Elemento CD: $S_{máx} = 67$ kN; $M_{máx} = 335$ kN·m; $Q = -125,5$ kN

5.69 Elemento AB: $S_{máx} = -110$ kN; $M_{máx} = 1.085$ kN·m; $Q = -135$ kN
Elemento BC: $S_{máx} = 135$ kN; $M_{máx} = 1.082$ kN·m; $Q = -110$ kN
Elemento CD: $S_{máx} = 110$ kN; $M_{máx} = 1.085$ kN·m; $Q = 0$

5.71 Elemento AC: $S = 5$ kN; $M_{máx} = 25$ kN·m; $Q = -50$ kN
Elemento CE: $S_{máx} = -170$ kN; $M_{máx} = 575$ kN·m; $Q = -115$ kN
Elemento EG: $S = 115$ kN; $M_{máx} = 575$ kN·m; $Q = -170$ kN

Capítulo 6

6.1 $\theta = -\dfrac{M}{6EIL}(3x^2 - 6Lx + 2L^2)$;

$y = -\dfrac{M}{6EIL}(x^3 - 3Lx^2 + 2L^2 x)$

6.3 Para $0 \leq x \leq a$: $\theta = \dfrac{wx}{2EI}\left[a^2 - L^2 + (L-a)x\right]$;

$y = \dfrac{wx^2}{2EI}\left[\dfrac{a^2 - L^2}{2} + \dfrac{(L-a)x}{3}\right]$

Para $a \leq x \leq L$: $\theta = \dfrac{w}{2EI}\left[xL(x-L) - \dfrac{x^3}{3} + \dfrac{a^3}{3}\right]$;

$y = \dfrac{w}{2EI}\left[x^2 L\left(\dfrac{x}{3} - \dfrac{L}{2}\right) - \dfrac{x^4}{12} - \dfrac{a^4}{12} + \dfrac{a^3 x}{3}\right]$

6.5 $\theta = \dfrac{wx}{24EIL}(-x^3 + 6L^2x - 8L^3)$;

$y = \dfrac{wx^2}{120EIL}(-x^3 + 10L^2x - 20L^3)$

6.7 $\theta = 0{,}0174$ rad ↶; $y = 34{,}8$ mm ↓

6.9 e 6.35 $\theta_B = 0{,}00703$ rad ↶; $\Delta_B = 23{,}4$ mm ↓

6.11 e 6.37 $\theta_B = Pa^2/2EI$ ↶; $\Delta_B = Pa^2(3L-a)/6EI$ ↓

6.13 e 6.39 $\theta_A = wL^3/8EI$ ↷; $\Delta_A = 11wL^4/120EI$ ↓

6.15 e 6.41 $\theta_B = 0{,}0514$ rad ↶; $\Delta_B = 180$ mm ↓
$\theta_C = 0{,}0771$ rad ↶; $\Delta_C = 373$ mm ↓

6.17 e 6.43 $\theta_B = 0{,}00304$ rad ↶; $\Delta_B = 67$ mm ↓;
$\theta_C = 0{,}0122$ rad ↷; $\Delta_C = 54{,}8$ mm ↓

6.19 e 6.45 $227{,}8\,(10^6)$ mm^4

6.21 e 6.47 $35.500\,(10^6)$ mm^4

6.23 e 6.49 $\Delta_{máx} = 114{,}1$ mm ↓, em 5,29 m de A

6.25 e 6.51 $\Delta_{máx} = 146$ mm ↓; em 10,95 m de A

6.27 e 6.53 $\Delta_{máx} = 47$ mm ↓; em 4,63 m de A

6.29 e 6.55 $0{,}521$ mm ↓

6.31 e 6.57 $\theta_D = 0{,}0136$ rad ↷; $\Delta_D = 68{,}13$ mm ↑

6.33 e 6.59 $\theta_B = 0{,}0117$ rad ↶; $\Delta_B = 30$ mm ↓
$\theta_D = 0{,}0155$ rad ↷; $\Delta_D = 70$ mm ↓

Capítulo 7

7.1 e 7.51 $\Delta_{BH} = 4{,}82$ mm ←; $\Delta_{BV} = 31{,}39$ mm ↓

7.3 e 7.53 $\Delta_{BH} = 10{,}62$ mm ←; $\Delta_{BV} = -2{,}35$ mm ↑

7.5 e 7.55 $\Delta_{BH} = 9{,}64$ mm ←; $\Delta_{BV} = 50{,}69$ mm ↓

7.7 9,1 mm ↓

7.9 23 mm →

7.11 3,050 mm^2

7.13 88,25 mm^2

7.15 82 mm^2

7.17 8,25 mm ↓

7.19 40,71 mm ↑

7.21 e 7.58 $\theta_B = 0{,}0174$ rad ↶; $\Delta_B = 34{,}8$ mm ↓

7.23 34,8 mm ↓

7.25, 7.29 e 7.60 373 mm ↑

7.27 e 7.62 0,25 mm ↑

7.31 $5{,}625\,(10^6)$ mm^4

7.33 $3{,}374\,(10^6)$ mm^4

7.35 e 7.64 $\theta_D = 0{,}0073$ rad ↶; $\Delta_D = 16{,}7$ mm ↓

7.37 91,5 mm ↓

7.39 0,0034 rad ↶

7.41 0,0011 rad ↶

7.43 e 7.67 0,0393 rad ↷

7.45 e 7.68 182 mm →

7.47 $1{.}080\,(10)^6$ mm^4

7.49 0,00386 rad ↶

Capítulo 8

8.1 A_y: 1 em A; 0 em C
C_y: 0 em A; 1 em C
S_B: 0 em A em C; $-0{,}5$ em B_L; 0,5 em B_R
M_B: 0 em A em C; 2,5 em B

8.3 A_y: 1 em A; 0 em C
C_y: 0 em A; 1 em C
S_B: 0 em A e C; $-0{,}667$ em B_L; 0,333 em B_R
M_B: 0 em A em C; 3,33 em B

8.5 A_y: 1 em A e C
$M_A(+↶)$: 0 em A; 15 em C
S_B: 0 e A e B_L; 1 em B_R e C
M_B: 0 em A e B; -9 em C

8.7 B_y: 1,25 em A; 0 em D
D_y: $-0{,}25$ em A; 0 em B; 1 em D
S_C: 0,25 em A; 0 em B e D; $-0{,}5$ em C_L; 0,5 em C_R
M_C: -1 em A; 0 em B e D; 2 em C

8.9 A_y: 1 em A; 0 em C
C_y: 0 em A; 1 em C
$S_{A,R}$: 1 em A; 0 em C
M_B: 0 em A e C; 0,75 em B

8.11 S_E: 0 em B, D, e E_L; 1 em E_R e F
M_E: 0 em B, D, e E; -4 em F

8.13 A_y: 1 em A; 0 em C e E
E_y: 0 em A; 1 em C e E
$M_E(+↷)$: 0 em A e E; 8 e C

8.15 S_D: 0 em A, D_R e E; -1 em C e D_L
M_D: 0 em A, D e E; -4 em C

8.17 A_y: 1 em C; 0 em E; $-0{,}5$ em F
B_y: 0 em C; 1,5 em F
S_D: 0 em C e E; $-0{,}5$ em D_L F; 0,5 em D_R
M_D: 0 em C e E; 1 em D; -1 em F

8.19 A_y: 0 em B e E; 2 em D
B_y: 1 em B; 0 em C e E; -1 em D
E_y: 0 em B, C e D; 1 em E
S_D: 0 em B, C, D_L e E; 1 em D_R

Respostas de problemas selecionados

8.21 S_C: 0,5 em A; 0 em B, D, E, F e G; $-0,5$ em C_L; 0,5 em C_R
M_C: -1 em A; 0 em B, D, E, F e G; 1 em C
S_D: 0,5 em A; 0 em B, D_R, E, F e G; $-0,5$ em C; -1 em D_L

8.23 A_y: 1 em A; 0 em B, C, E, F e G
C_y: 0 em A, E e G; 1.333 em B; $-0,25$ em F
E_y: 0 em A, C e G; $-0,333$ em B; 1,25 em F
G_y: 0 em A, B, C, E e F; 1 em G

8.25 S_D: 0 em A, C, E e G; 0,333 e B; $-0,5$ em D_L; 0,5 em D_R; $-0,25$ em F
M_D: 0 em A, C, E e G; -2 em B; 3 em D; $-1,5$ em F

8.27 B_y: 1,67 em A; 1 em B; 0 em C, D, E, F e G
D_y: $-1,17$ em A; 0 em B, F e G; 1,75 em C; 1 em D
G_y: 0,5 em A; 0 em B e D; $-0,75$ em C; 1 em F e G
$M_G(+\circlearrowleft)$: 1 em A; 0 em B, D e G; $-1,5$ em C; 10 em F

8.29 A_y: 1 em A e B; 0 em D, E e G
E_y: 0 em A, B e G; 1,667 em D
G_y: 0 em A, B e E; $-0,667$ em D; 1 em G
$M_A(+\circlearrowleft)$: 0 em A, D, E e G; 4 em B

8.31 A_y: 1 em A e C; 0 em D e F
F_y: 0 em A e C; 1 em D e F
$M_A(+\circlearrowleft)$: 0 em A, D e F; 10 em C
$M_F(+\circlearrowleft)$: 0 em A, C e F; -6 em D

8.33 A_y: 1 em A; 0 em B, E, G e H; $-0,75$ em C
B_y: 0 em A, E, G e H; 1,75 em C

8.35 A_x: 0 em C e E; 0,5 em D
A_y: 1 em C; 0 em E
B_x: 0 em C e E; $-0,5$ em D
B_y: 0 em C; 1 em E

8.37 A_y: 1 em B, C e D; 0 em F
$M_A(+\circlearrowleft)$: -5 em B; 0 em C e F; 5 em D
F_y: 0 em B, C e D; 1 em F
S_E: 0 em B, C, D e F; $-0,5$ em E_L; 0,5 em E_R
M_E: 0 em B, C, D e F; 2,5 em E

8.39 A_y: 1 em D; 0 em F e H; $-0,75$ em G
B_y: 0 em D e H; 1 em F; 1,75 em G
C_y: 0 em D, F e G; 1 em H
S_E: 0 em D, F e H; $-0,5$ em E_L; 0,5 em E_R; $-0,75$ em G
M_E: 0 em D, F e H; 2 em E; -3 em G

8.41 S_{DE}: 0,667 em A; 0 em C e F; $-0,333$ em D; 0,333 em E; $-0,667$ em H
M_E: -12 em A; 0 em C e F; 12 em E; -24 em H

8.43 S_{BC}: -1 em A e B; 0 em C, D e E
M_C: -10 em A; 0 em C, D e E

8.45 F_{AB}: 0 em A e C; 0,5 em B
F_{AD}: 0 em A e C; $-0,707$ em B
F_{BD}: 0 em A e C; 1 em B

8.47 F_{DH}: 0 em A, B, C e E; 1 em D
F_{CD}: 0 em A e E; 1 em D
F_{GH}: 0 em A e E; $-1,33$ em C
F_{CH}: 0 em A e E; 0,833 em C; $-0,417$ em D

8.49 F_{DE}: 0 em A, B, C e D; $-0,667$ em E
F_{CG}: 0 em A e D; $-0,401$ em B e E; 0,401 em C
F_{GH}: 0 em A e D; $-0,889$ em C; 0,889 em E
F_{BC}: 0 em A e D; 0,667 em B e C; $-0,667$ em E

8.51 F_{CD}: $-1,6$ em A; 0 em C, D, E, F e G
F_{CI}: $-1,8$ em A; 0 em C e E; $-0,5$ em D; 1 em G
F_{DI}: 1,494 em A; 0 em C e E; 0,534 em D; $-1,067$ em G
F_{DJ}: $-0,333$ em A e G; 0 em C e E; 0,167 em D

8.53 F_{AB}: 0 em A e G; $-1,11$ em B
F_{DI}: 0 em A e G; 0,556 em C; $-0,833$ em D
F_{IJ}: 0 em A e G; 2 em D
F_{CI}: 0 em A e G; $-0,333$ em C; 0,5 em D

8.55 F_{BC}: 0 em E, F e G; $-4,123$ em D
F_{BF}: 0 em E, F e D; 0,5 em G
F_{BG}: 0 em E, F e D; $-2,236$ em G
F_{FG}: 0 em E e F; 2 em G; 4 em D

8.57 F_{AD}: 0 em C e E; -1 em D; 1 em F
F_{BD}: 0 em C, D e E; $-1,67$ em F
F_{CD}: 1,33 em C; 0 em D, E e F

8.59 Δ_B: 0 em A e C; $-20,833/(EI)$ em B

8.61 Δ_D: 0 em A e C; $-96/(EI)$ em D

Capítulo 9

9.1 -150 kN · m

9.3 $-81,25$ kN

9.5 Máximo $A_y = 1,150$ kN ↑;
Máximo $M_A = 9,375$ kN · m $\circlearrowleft$

9.7 Máximo positivo $S_D = 187,148$ kN;
Máximo negativo $S_D = -146,388$ kN
Máximo positivo $M_D = 1,193$ kN · m;
Máximo negativo $M_D = -688$ kN · m

9.9 608,01 kN (C)

9.11 Tração máxima $F_{DI} = 800,9$ kN (T);
Compressão máxima $F_{DI} = 302,1$ kN (C)

9.13 $S_B = 61,67$ kN; $M_B = 733,33$ kN · m

9.15 211,2 kN · m

9.17 88,56 kN (T)

9.19 170 kN

9.21 295,87 kN · m

9.23 240,72 kN · m

Capítulo 10

10.17 $F_{AC} = 118,59$ kN (C); $F_{BC} = 166,02$ kN (T)

10.19 $F_{DE} = 877,5$ kN (C); $F_{DJ} = 225$ kN (C); $F_{EJ} = 95,36$ kN (T); $F_{JK} = 810$ kN (T)

10.21 $A_X^{AD} = 20$ kN →; $A_Y^{AD} = 197,33$ kN ↑; $D_X^{AD} = 20$ kN ←; $D_Y^{AD} = 197,33$ kN ↓; $M_D^{AD} = 240$ kN · m ↻

10.23 $B_X^{BG} = 110$ kN ←; $B_Y^{BG} = 165$ kN ↑; $M_B^{BG} = 550$ kN · m ↻; $G_X^{BG} = 110$ kN →; $G_Y^{BG} = 165$ kN ↓; $M_G^{BG} = 550$ kN · m ↻

Capítulo 12

12.1 $S_L = S_R = 90$ kN ↑; $M_L = 48,6$ kN · m ↻; $M_R = 48,6$ kN · m ↺

12.3 Viga mestra DE: $S_L = S_R = 80$ kN; $M_L = 57,6$ kN · m ↻; $M_R = 57,6$ kN · m ↺
Viga mestra EF: $S_L = S_R = 50$ kN; $M_L = 22,5$ kN · m ↻; $M_R = 22,5$ kN · m ↺

12.5 Viga mestra DE: $S_L = S_R = 80$ kN; $M_L = 57,6$ kN · m ↻; $M_R = 57,6$ kN · m ↺
Viga mestra HI: $S_L = S_R = 60$ kN; $M_L = 64,8$ kN · m ↻; $M_R = 64,8$ kN · m ↺

12.7 Elemento AD: $Q = 56,25$ kN (T); $S = 56,25$ kN; $M = 168,75$ kN · m
Elemento BE: $Q = 0$; $S = 112,5$ kN; $M = 337,5$ kN · m
Elemento EF: $Q = 56,25$ kN (C); $S = 56,25$ kN; $M = 168,75$ kN · m

12.9 Elemento AD: $Q = 75$ kN (C); $S = 67,5$ kN; $M = 168,75$ kN · m
Elemento CF: $Q = 75$ kN (T); $S = 67,5$ kN; $M = 168,75$ kN · m
Elemento DE: $Q = 45$ kN (C); $S = 60$ kN; $M = 225$ kN · m
Elemento HI: $Q = 67,5$ kN (C); $S = 22,5$ kN; $M = 56,25$ kN m

12.11 Elemento AD: $Q = 47,25$ kN (C); $S = 45$ kN; $M = 81$ kN · m
Elemento CF: $Q = 63$ kN (T); $S = 45$ kN; $M = 81$ kN · m
Elemento DE: $Q = 28,125$ kN (C); $S = 37,125$ kN; $M = 111,375$ kN · m
Elemento HI: $Q = 50,625$ kN (C); $S = 13,5$ kN; $M = 30,375$ kN · m

12.13 Elemento AE: $Q = 34,22$ kN (T); $S = 29,17$ kN; $M = 70$ kN · m
Elemento CG: $Q = 45,11$ kN (C); $S = 58,34$ kN; $M = 140$ kN · m
Elemento EF: $Q = 58,33$ kN (C); $S = 24,89$ kN; $M = 112$ kN · m
Elemento JK: $Q = 35$ kN (C); $S = 28$ kN; $M = 84$ kN · m

12.15 Elemento AD: $Q = 56,25$ kN (T); $S = 56,25$ kN; $M = 168,75$ kN · m
Elemento BE: $Q = 0$; $S = 112,5$ kN; $M = 337,5$ kN · m
Elemento EF: $Q = 56,25$ kN (C); $S = 56,25$ kN; $M = 168,75$ kN · m

12.17 Elemento AD: $Q = 75$ kN (C); $S = 67,5$ kN; $M = 168,75$ kN · m
Elemento CF: $Q = 75$ kN (T); $S = 67,5$ kN; $M = 168,75$ kN · m
Elemento DE: $Q = 45$ kN (C); $S = 60$ kN; $M = 225$ kN · m
Elemento HI: $Q = 67,5$ kN (C); $S = 15$ kN; $M = 56,25$ kN · m

12.19 Elemento AD: $Q = 56,96$ kN (C); $S = 54,23$ kN; $M = 97,67$ kN · m
Elemento CF: $Q = 51,78$ kN (T); $S = 36,97$ kN; $M = 66,55$ kN · m
Elemento DE: $Q = 33,88$ kN (C); $S = 44,75$ kN; $M = 134,25$ kN · m
Elemento HI: $Q = 54,58$ kN (C); $S = 11,1$ kN; $M = 24,98$ kN · m

12.21 Elemento AE: $Q = 42,82$ kN (T); $S = 18,52$ kN; 44,46 kN · m
Elemento CG: $Q = 10,71$ kN (C); $S = 68,92$ kN; $M = 165,42$ kN · m
Elemento EF: $Q = 82,36$ kN (C); $S = 26,32$ kN; $M = 118,58$ kN · m
Elemento JK: $Q = 35$ kN (C); $S = 6,59$ kN; $M = 19,77$ kN · m

Capítulo 13

13.1 e 13.5 $A_y = 99,26$ kN ↑; $M_A = 233,3$ kN · m ↻; $D_y = 60,74$ kN ↑

13.3 e 13.7 $A_y = 28,13$ kN ↑; $C_y = 91,87$ kN ↑; $M_C = 307,4$ kN · m ↺

13.9 e 13.30 $A_y = E_y = 78,13$ kN ↑; $C_y = 343,75$ kN ↑

13.11 e 13.32 $A_y = E_y = 62,5$ kN ↑; $C_y = 275$ kN ↑

13.13 $A_y = 108,75$ kN ↑; $B_y = 357,5$ kN ↑; $D_y = 83,75$ kN ↑

13.15 e 13.58 $A_y = 13,125$ kN ↓; $M_A = 91,875$ kN · m ↺; $B_y = 223,125$ kN ↑

Respostas de problemas selecionados

13.17 $A_y = (13\,wL)/32 \uparrow$; $B_y = (17\,wL)/16 \uparrow$; $C_y = (33\,wL)/32 \uparrow$

13.19 $A_X = 200$ kN $\leftarrow$; $A_Y = 57{,}03$ kN $\uparrow$; $M_A = 820{,}3$ kN $\cdot$ m $\circlearrowright$; $D_Y = 92{,}97$ kN $\uparrow$

13.21 $A_X = 33{,}33$ kN $\rightarrow$; $A_Y = 168$ kN $\uparrow$; $C_X = 41{,}61$ kN $\rightarrow$; $C_Y = 81{,}25$ kN $\uparrow$

13.23 $A_X = 0$; $A_Y = 8{,}23$ kN $\downarrow$; $M_A = 675{,}8$ kN $\cdot$ m $\circlearrowright$; $B_Y = 98{,}23$ kN $\uparrow$

13.25 $A_X = 150$ kN $\leftarrow$; $A_Y = 0$; $M_A = 267{,}9$ kN $\cdot$ m $\circlearrowright$; $B_Y = 10{,}71$ kN $\downarrow$; $D_Y = 10{,}71$ kN $\uparrow$

13.27 $A_x = 50$ kN $\leftarrow$; $A_y = 58{,}5$ kN $\uparrow$; $C_y = 207{,}4$ kN $\uparrow$; $D_y = 34$ kN $\uparrow$

13.29 $A_x = 2{,}7$ kN $\leftarrow$; $A_y = 20$ kN $\downarrow$; $B_x = 57{,}3$ kN $\leftarrow$; $B_y = 100$ kN $\uparrow$

13.35 e 13.60 $F_{BC} = 119{,}8$ kN (C); $F_{AD} = 130{,}2$ kN (T); $F_{AC} = 162{,}5$ kN (T); $F_{BD} = 170{,}8$ kN (C)

13.37 $A_y = 92{,}8$ kN $\uparrow$; $M_A = 114{,}3$ kN $\cdot$ m $\circlearrowright$; $B_y = 228{,}6$ kN $\uparrow$; $C_y = 78{,}6$ kN $\uparrow$

13.39 $A_y = 29{,}1$ kN $\uparrow$; $C_y = 138{,}7$ kN $\uparrow$; $E_y = 171$ kN $\uparrow$; $G_y = 51{,}2$ kN $\uparrow$

13.41 $A_y = G_y = 115$ kN $\uparrow$; $B_y = F_y = 315$ kN $\uparrow$; $D_y = 240$ kN $\uparrow$

13.43 $A_X = 60$ kN $\rightarrow$; $A_Y = 136{,}5$ kN $\uparrow$; $E_X = 40$ kN $\rightarrow$; $E_Y = 123{,}5$ kN $\uparrow$; $M_E = 122{,}4$ kN $\cdot$ m $\circlearrowleft$

13.45 $A_X = 21{,}45$ kN $\leftarrow$; $A_Y = 116{,}25$ kN $\uparrow$; $M_A = 107{,}9$ kN $\cdot$ m $\circlearrowright$; $B_X = 78{,}55$ kN $\leftarrow$; $B_Y = 183{,}75$ kN $\uparrow$; $M_B = 222{,}75$ kN $\cdot$ m $\circlearrowright$

13.47 $A_x = 51{,}87$ kN $\rightarrow$; $A_y = 69{,}45$ kN $\uparrow$; $C_y = 30{,}55$ kN $\uparrow$; $D_x = 51{,}87$ kN $\leftarrow$; $F_{BD} = 54$ kN (T)

13.49 $A_y = 179{,}5$ kN $\uparrow$; $M_A = 955{,}5$ kN $\cdot$ m $\circlearrowright$; $D_y = 19{,}5$ kN $\downarrow$

13.51 $A_y = 133{,}6$ kN $\uparrow$; $B_y = 177$ kN $\uparrow$; $C_y = 89{,}4$ kN $\uparrow$

13.53 $A_y = 165{,}2$ kN $\uparrow$; $M_A = 449{,}4$ kN $\cdot$ m $\circlearrowright$; $B_y = 125{,}8$ kN $\uparrow$; $C_y = 109$ kN $\uparrow$

13.55 $F_{BC} = F_{EF} = 37{,}34$ kN (C); $F_{BF} = F_{CE} = 46{,}67$ kN (T)

13.57 $F_{AB} = 13{,}5$ kN (C); $F_{AC} = F_{BC} = 42{,}78$ kN (T); $F_{CD} = 60{,}5$ kN (T)

13.61 $T = 35{,}58$ kN (T)

Capítulo 14

14.1 e 14.2 A_y: 1 em A; 0,688 em B; 0 em C
M_A: 0 em A e C; 2,25 em B
C_y: 0 em A; 0,313 em B; 1 em C
S_B: 0 em A e C; –0,313 em B_L; 0,687 em B_R
M_B: 0 em A e C; 1,875 em B

14.3 C_y: 0 em A; 0,633 em B; 1 em C; 1,375 em D
S_B: 0 em A e C; –0,633 em B_L; 0,367 em B_R; –0,375 em D
M_B: 0 em A e C; 3,164 em B; –3,125 em D

14.5 A_y: 1 em A; 0 em B e D; –0,167 em C
B_y: 0 em A e D; 1 em B; 0,944 em C
D_y: 0 em A e B; 0,222 em C; 1 em D
S_C: 0 em A, B e D; –0,222 em C_L; 0,778 em C_R
M_C: 0 em A, B e D; 2,222 em C

14.7 A_y: 1 em A; 0,479 em B; 0 em C e D
C_y: 0 em A e D; 0,563 em B; 1 em C
D_y: 0 em A e C; –0,042 em B; 1 em D
F_{BC}: 0 em A, C e D; 0,359 em B
F_{CE}: 0 em A, C e D; –0,652 em B
F_{EF}: 0 em A, C e D; 0,032 em B

14.9 F_{BC}: 0 em C; 0,833 em D; 0,938 em E
F_{CD}: 0 em C; 0,667 em D; 1,917 em E

14.11 B_y: 1,643 em A; 1 em B; 0,393 em C; 0 em D e E; –0,054 em $x = 5$ m
D_y: –0,857 em A; 0 em B e E; 0,767 em C; 1 em D; 0,447 em $x = 5$ m
S_C: 0,643 em A; 0 em B, D e E; –0,607 em C_L; 0,393 em C_R; –0,054 em $x = 5$ m
M_C: –1,79 em A; 0 em B, D e E; 1,97 em C; –0,27 em $x = 5$ m

14.13 C_y: 0 em A e D; 0,582 em B; 1 em C
F_{BC}: 0 em A, C e D; 0,11 em B
F_{CE}: 0 em A, C e D; –0,252 em B
F_{EF}: 0 em A, C e D; –0,203 em B

Capítulos 15 e 16

15.1 e 16.1 $M_{AC} = 50{,}6$ kN $\cdot$ m $\circlearrowright$; $M_{CA} = 58{,}8$ kN $\cdot$ m $\circlearrowleft$; $M_{CE} = 58{,}8$ kN $\cdot$ m $\circlearrowright$; $M_{EC} = 26{,}9$ kN $\cdot$ m $\circlearrowleft$

15.3 e 16.3 $M_{AB} = 100$ kN $\cdot$ m $\circlearrowleft$; $M_{BA} = 200$ kN $\cdot$ m $\circlearrowleft$; $M_{BE} = 200$ kN $\cdot$ m $\circlearrowright$; $M_{EB} = 500$ kN $\cdot$ m $\circlearrowleft$

15.5 e 16.5 $M_{AB} = M_{CB} = 0$; $M_{BA} = 495$ kN $\cdot$ m $\circlearrowleft$; $M_{BC} = 495$ kN $\cdot$ m $\circlearrowright$

15.7 e 16.7 $M_{AB} = 449$ kN $\cdot$ m $\circlearrowright$; $M_{BA} = 72{,}5$ kN $\cdot$ m $\circlearrowleft$; $M_{BC} = -72{,}5$ kN $\cdot$ m $\circlearrowright$; $M_{CB} = 0$

15.9 e 16.9 $M_{AB} = 103{,}5$ kN $\cdot$ m $\circlearrowright$; $M_{BA} = 113$ kN $\cdot$ m $\circlearrowright$; $M_{BC} = 113$ kN $\cdot$ m $\circlearrowright$; $M_{CB} = 85$ kN $\cdot$ m $\circlearrowleft$; $M_{CE} = 85$ kN $\cdot$ m $\circlearrowright$; $M_{EC} = 47{,}5$ kN $\cdot$ m $\circlearrowleft$

15.11 e 16.11 $M_{BA} = 67{,}5$ kN $\cdot$ m $\circlearrowleft$; $M_{BD} = 67{,}5$ kN $\cdot$ m $\circlearrowright$; $M_{DB} = 122{,}1$ kN $\cdot$ m $\circlearrowleft$; $M_{DE} = 122{,}1$ kN $\cdot$ m $\circlearrowright$; $M_{ED} = 74$ kN $\cdot$ m $\circlearrowleft$

15.13 e 16.13 $M_{AB} = M_{ED} = 0$; $M_{BA} = M_{DC} = 57{,}9$ kN $\cdot$ m $\circlearrowleft$; $M_{BC} = M_{DE} = 57{,}9$ kN $\cdot$ m $\circlearrowleft$; $M_{CB} = 38{,}6$ kN $\cdot$ m $\circlearrowleft$; $M_{CD} = 38{,}6$ kN $\cdot$ m $\circlearrowright$

Análise Estrutural — Respostas de problemas selecionados

15.15 e 16.15 $M_{AB} = 68{,}6$ kN·m ↻; $M_{BA} = 183$ kN·m ↻; $M_{BC} = 183$ kN·m ↻; $M_{CB} = 29$ kN·m ↻; $M_{CE} = 29$ kN·m ↺; $M_{EC} = 170{,}2$ kN·m ↺

15.17 e 16.17 $M_{AC} = 9{,}4$ kN·m ↺; $M_{CA} = 187{,}5$ kN·m ↺; $M_{CD} = 187{,}5$ kN·m ↻; $M_{DC} = 0$

15.19 e 16.19 $M_{AD} = M_{CD} = M_{ED} = 0$; $M_{DA} = 50{,}1$ kN·m ↻; $M_{DC} = 75{,}1$ kN·m ↺; $M_{DE} = 25$ kN·m ↻

15.21 e 16.21 $M_{AC} = 58{,}6$ kN·m ↺; $M_{CA} = 286$ kN·m ↺; $M_{CD} = 286$ kN·m ↻; $M_{DC} = 0$

15.23 e 16.23 $M_{AC} = 0$; $M_{DE} = 100$ kN·m ↻; $M_{CA} = 69{,}6$ kN·m ↺; $M_{BC} = 301{,}5$ kN·m ↻; $M_{CB} = 37$ kN·m ↻; $M_{CD} = 32{,}1$ kN·m ↻; $M_{DC} = 100$ kN·m ↺

15.25 e 16.25 $M_{AC} = 107{,}8$ kN·m ↻; $M_{CA} = 20{,}8$ kN·m ↻; $M_{BD} = 222$ kN·m ↻; $M_{DB} = 249{,}2$ kN·m ↻; $M_{CD} = 20{,}8$ kN·m ↺; $M_{DC} = 249{,}2$ kN·m ↺

15.27 e 16.27 $M_{AB} = 127$ kN·m ↻; $M_{BA} = 103{,}4$ kN·m ↻; $M_{BC} = 103{,}4$ kN·m ↺; $M_{CB} = 0$

15.29 e 16.29 $M_{AC} = 11{,}7$ kN·m ↻; $M_{CA} = 43{,}9$ kN·m ↺; $M_{CD} = 43{,}9$ kN·m ↻; $M_{DC} = 14{,}7$ kN·m ↺; $M_{DB} = 14{,}7$ kN·m ↻; $M_{BD} = 0$

15.31 e 16.31 $M_{AC} = M_{BD} = 119$ kN·m ↻; $M_{CA} = M_{DB} = 83{,}5$ kN·m ↻; $M_{CE} = M_{DF} = 23{,}3$ kN·m ↻; $M_{EC} = M_{FD} = 44{,}2$ kN·m ↻; $M_{CD} = M_{DC} = 106{,}8$ kN·m ↺; $M_{EF} = M_{FE} = 44{,}2$ kN·m ↺

Capítulo 17

17.1 $Q_1 = 267{,}5$ kN (T); $Q_2 = 240$ kN (C)

17.3 $Q_1 = 102{,}8$ kN (T); $Q_2 = 28{,}6$ kN (C); $Q_3 = 145{,}4$ kN (C)

17.5 $Q_1 = \begin{bmatrix} 104{,}4\text{ kN} \\ 394\text{ kN}\cdot\text{m} \\ -104{,}4\text{ kN} \\ 232\text{ kN}\cdot\text{m} \end{bmatrix}$ $Q_2 = \begin{bmatrix} -45{,}6\text{ kN} \\ -232\text{ kN}\cdot\text{m} \\ 45{,}6\text{ kN} \\ -178\text{ kN}\cdot\text{m} \end{bmatrix}$

17.7 $Q_1 = \begin{bmatrix} 44{,}49\text{ kN} \\ 75{,}17\text{ kN} \\ 64{,}66\text{ kN}\cdot\text{m} \\ -44{,}49\text{ kN} \\ 74{,}83\text{ kN} \\ -63{,}83\text{ kN}\cdot\text{m} \end{bmatrix}$ $Q_2 = \begin{bmatrix} 74{,}83\text{ kN} \\ 44{,}49\text{ kN} \\ 63{,}83\text{ kN}\cdot\text{m} \\ -74{,}83\text{ kN} \\ 55{,}51\text{ kN} \\ -83{,}26\text{ kN}\cdot\text{m} \end{bmatrix}$

17.9 $Q_1 = \begin{bmatrix} 116{,}56\text{ kN} \\ 21{,}512\text{ kN} \\ 164{,}1\text{ kN}\cdot\text{m} \\ -116{,}56\text{ kN} \\ -21{,}512\text{ kN} \\ 29{,}473\text{ kN}\cdot\text{m} \end{bmatrix}$ $Q_2 = \begin{bmatrix} 78{,}49\text{ kN} \\ 116{,}56\text{ kN} \\ 29{,}473\text{ kN}\cdot\text{m} \\ -78{,}49\text{ kN} \\ 183{,}44\text{ kN} \\ -371{,}77\text{ kN}\cdot\text{m} \end{bmatrix}$

$Q_3 = \begin{bmatrix} 183{,}44\text{ kN} \\ 78{,}489\text{ kN} \\ 371{,}77\text{ kN}\cdot\text{m} \\ -183{,}44\text{ kN} \\ -78{,}489\text{ kN} \\ 334{,}63\text{ kN}\cdot\text{m} \end{bmatrix}$

Apêndice B

B.1 $\mathbf{C} = \begin{bmatrix} 18 & -11 & 18 \\ -11 & 19 & 28 \\ 18 & 28 & 4 \end{bmatrix}$

B.3 $\mathbf{C} = \begin{bmatrix} -18 & 6 & -30 \\ 12 & -4 & 20 \\ -6 & 2 & -10 \end{bmatrix}$; $\mathbf{D} = -32$

B.5 $(\mathbf{AB})^T = \mathbf{B}^T\mathbf{A}^T = \begin{bmatrix} -6 & -27 & 2 \\ -55 & -14 & -28 \end{bmatrix}$

B.7 $x_1 = -7$; $x_2 = 3$; $x_3 = -5$

B.9 $\mathbf{A}^{-1} = \begin{bmatrix} 0{,}42 & 0{,}22 & -0{,}04 \\ 0{,}08 & 0{,}28 & 0{,}04 \\ 0{,}44 & 0{,}04 & -0{,}28 \end{bmatrix}$

Apêndice C

C.1 $A_y = E_y = 62{,}5$ kN ↑; $C_y = 275$ kN ↑

C.3 $A_y = 108{,}75$ kN ↑; $B_y = 357{,}5$ kN ↑; $D_y = 83{,}75$ kN ↑

C.5 $A_y = 147$ kN ↑; $M_A = 240$ kN·m ↻; $B_y = 243$ kN ↑

C.7 $A_y = 125{,}67$ kN ↑; $B_y = 354{,}63$ kN ↑; $C_y = 310{,}75$ kN ↑; $E_y = 48{,}96$ kN ↑

C.9 $A_y = 167{,}21$ kN ↑; $B_y = 410{,}24$ kN ↑; $C_y = 72{,}54$ kN ↑

Bibliografia

1. *ASCE Standard Minimum Design Loads for Buildings and Other Structures*. ASCE/SEI 7-10, American Society of Civil Engineers, Virgínia, 2010.

2. ARBABI, F. *Structural analysis and behavior*. Nova York: McGraw-Hill, 1991.

3. BATHE, K. J.; WILSON, E. L. *Numerical methods in finite element analysis*. Englewood Cliffs, NJ: Prentice Hall, 1976.

4. BEER, F. P.; JOHNSTON, E.R., Jr. *Mechanics of materials*. Nova York: McGraw-Hill, 1981.

5. BETTI, E. *Il nuovo cimento*, séries 2, v. 7 e 8, 1872.

6. BOGGS, R. G. *Elementary structural analysis*. Nova York: Holt, Rinehart & Winston, 1984.

7. CHAJES, A. *Structural analysis*. 2. ed. Englewood Cliffs, NJ: Prentice Hall, 1990.

8. *Colloquim on history of structures*. Proceedings, International Association for Bridge and Structural Engineering, Cambridge, England, 1982.

9. CROSS, H. Analysis of Continuous Frames by Distributing Fixed-end Moments. *Proceedings of the American Society of Civil Engineers*, v. 56, p. 919-928, 1930.

10. ELIAS, Z. M. *Theory and methods of structural analysis*. Nova York: Wiley, 1986.

11. GERE, J. M.; WEAVER, W., Jr. *Matrix algebra for engineers*. Nova York: Van Nostrand Reinhold, 1965.

12. GLOCKNER, P. G. Symmetry in Structural Mechanics. *Journal of the Structural Division, Asce*, v. 99, p. 71-89, 1973.

13. HIBBLER, R. C. *Structural analysis*. 2. ed. Nova York: Macmillan, 1990.

14. HOLZER, S. M. *Computer analysis of structures*. Nova York: Elsevier Science, 1985.

15. *International Building Code*. International Code Council, Chicago, Illinois, 2012.

16. KASSIMALI, A. *Matrix analysis of structures*. 2. ed. Stamford, CT, USA: Cengage Learning, 2011.

17. KENNEDY, J. B.; MADUGULA, M. K. S. *Elastic analysis of structures:* Classical and Matrix Methods. Nova York: Harper & Row, 1990.

18. LAIBLE, J. P. *Structural analysis*. Nova York: Holt, Rinehart & Winston, 1985.

19. LANGHAAR, H. L. *Energy methods in applied mechanics*. Nova York: Wiley, 1962.

20. LAURSEN, H. A. *Structural analysis*. 3. ed. McGraw-Hill, 1988.

21. LEET, K. M. *Fundamentals of structural analysis*. Nova York: Macmillan, 1988.

22. MCCORMAC, J. *Structural analysis*. 4. ed. Nova York: Harper & Row, 1984.

23. MCCORMAC, J.; ELLING, R. E. *Structural analysis: A Classical and Matrix Approach*. Nova York: Harper & Row, 1988.

24. MCGUIRE, W.; GALLAGHER, R. H. *Matrix structural analysis*. Wiley, 1979.

25. MANEY, G. A. *Studies in Engineering*, Bulletin 1. University of Minnesota, Minneapolis, 1915.

26. *Manual for Railway Engineering*. American Railway Engineering and Maintenance of Way Association, Maryland, 2011.

27. MAXWELL, J. C. On the Calculations of the Equilibrium and Stiffness of Frames. *Philosophical Magazine*, v. 27, p. 294-299, 1864.

28. NOBLE, B. *Applied linear algebra*. Englewood Cliffs, NJ: Prentice Hall, 1969.

29. NORRIS, C. H.; WILBUR, J. B.; UTKU, S. *Elementary structural analysis*. 3. ed. Nova York: McGraw-Hill, 1976.

30. PARCEL, J. H.; MOORMAN, R. B. B. *Analysis of statically indeterminate structures*. Nova York: Wiley, 1955.

31. PETROSKI, H. *To engineer is human – The role of failure in Successful Design*. Nova York: St. Martin's Press, 1985.

32. POPOV, E. P. *Introduction to mechanics of solids*. Englewood Cliffs, NJ: Prentice Hall, 1968.

33. SACK, R. L. *Matrix structural analysis*. Boston: Pwskent, 1989.

34. SMITH, J. C. *Structural analysis*. Nova York: Harper & Row, 1988.

35. SPILLERS, W. R. *Introduction to structures*. West Sussex, England: Ellis Horwood, 1985.

36. *Standard specifications for highway bridges*. 17. ed. American Association of State Highway and Transportation Officials, Washington, DC, 2002.

37. TARTAGLIONE, L. C. *Structural analysis*. Nova York: McGraw-Hill, 1991.

38. TEZCAN, S. S. Discussion of "Simplified formulation of Stiffness Matrices". WRIGHT, P. M. (Ed.). *Journal of the Structural Division, Asce*, v. 89, n. 6, p. 445-449, 1963.

39. TURNER, J. J. et al. Stiffness and Deflection Analysis of Complex Structures. *Journal of Aeronautical Sciences*, v. 23, n. 9, p. 805-823, 1956.

40. WANG, C. K. *Intermediate structural analysis*. Nova York: McGraw-Hill, 1983.

41. WEST, H. H. *Analysis of structures:* an integration of classical and modern methods. 2. ed. Nova York: Wiley, 1989.

Índice remissivo

A

AASHTO Especificações-padrão para Pontes em Rodovias, 15, 29
Álgebra matricial, 683-694
    elementos, 683
    inversão, 689, 693-694
    Método da eliminação de Gauss-Jordan para, 691-694
    operações, 685-692
    partição, 690
    soluções de equações simultâneas de, 691-694
    tamanho das matrizes, 683-684
    tipos de matrizes, 684
    transposição, 689-690
Análise aproximada, 407-435
    cargas laterais, 414-433
    carga vertical, 410-414
    estruturas estaticamente indeterminadas, 407-437
    forças, distribuição de, 410-413
    grau de indeterminação (i), 408
    hiperestáticos, 408
    hipóteses para, 408-410
    método do balanço para, 427-433
    método do pórtico para, 414-427
    pontos de inflexão para, 409-411
    pórticos de edifícios retangulares, 407-435
    procedimentos para análise por, 417-419, 428
    reações e, 408-410
    uso de, 406-408
Análise de carga lateral, 414-433
    eixo de centroide para, 427
    forças na rótula e, 415-416
    forças no pilar e, 416-418
    método do balanço para, 427-433
    método do pórtico para, 414-427
    pontos de inflexão para, 415
    procedimentos para análise por, 417-419, 428
Análise de carga vertical, 410-414
    análise aproximada para, 410-414
    forças de longarina e, 410-413
    pontos de inflexão para, 410-411
    pórticos de edifícios retangulares, 410-414
Análise estrutural, 3-13, 15-44, 47-87, 88-91, 297-369, 437-679. *Veja também* Estruturas estaticamente determinadas; Estruturas estaticamente indeterminadas
    apoios e, 13
    cálculos para reações, 60-75
    características de desempenho de, 3
    cargas, 6-9, 15-44
    classificação das estruturas, 6-10
    coeficiente de flexibilidade para, 438-440
    deformações compatíveis, método das, 437-507
    determinação estática, 51-75
    diagramas de corpo livre (DCL) para, 60
    diagramas de estado para, 11-12
    equilíbrio, 47-85

estabilidade interna, 51-60
estimativa de cargas para, 5
estruturas comprimidas, 8
estruturas de cisalhamento, 8-98
estruturas de flexão, 9-10
estruturas tracionadas, 6-8
fase de planejamento, 5
história de, 3
ligações e, 12-13
linhas de influência para, 297-366, 509-530
método da rotação-flecha, 531-590
modelo da estrutura espacial, 11
modelo de estrutura plana, 11
modelos analíticos para, 11-13
pórticos, 298-310
princípio da superposição, 75-76
projeto estrutural e, 5-6
projetos de engenharia, papel dos em, 4-6
reações, 50-78
superposição, princípio da para, 75-76
treliças, 8, 88-92, 330-338
verificações de segurança e em serviço, 5-6
vigas, 298-321, 437-466, 509-524
Análise matricial das estruturas, 643-679
elementos de vigas contínuas, 651, 656, 658
equações de compatibilidade para, 661
equações de equilíbrio para, 658
graus de liberdade, 645-646
matriz de carregamento nodal (P), 658-664
matriz de força do elemento de extremidade (F), 658-661
matriz de rigidez da estrutura (S), 646, 658-664
matriz de rigidez do elemento (K), global, 657-658
matriz de rigidez do elemento (k), local, 646-652
matriz de transformação (T), 652-657
modelo analítico para, 644-646
números de código para elementos, 662-664
pórticos, 646-657
procedimento para análise usando, 664-665
programa de computador para, 665
relações de rigidez (k), 646-652, 657-664
sistema de coordenadas globais, 644-645, 657-658
sistema de coordenadas locais, 644-652
transformações de coordenadas, 652-657
treliças, 652, 656-658
uso de, 643-644
Apoio de extremidade livre, 223
Apoio interior simples, 223
Apoios, 13, 50-60, 122-123, 223, 400-402, 487-492, 535-538, 540, 542, 697-708
apoios de extremidade de viga contínua, 535-538
articulação, 50, 123

determinação estática e, 52-60
engastado, 13, 50, 222-223, 535-538, 540, 702
equação dos três momento para, 697-708
equações de compatibilidade para, 487-489
equilíbrio e, 50-57
estabilidade interna e, 51-55
estruturas estaticamente determinadas, 121-123, 222-223
estruturas estaticamente indeterminadas, 400-402, 487-492, 534-538
estruturas planas, 50-51
extremidade, 535-538, 544
extremidade livre, 223
flecha e, 223
instabilidade interna e, 55-58
interior simples, 223
mancal, 50-51
método da rotação-flecha para, 535-538, 540, 543
método das deformações compatíveis e, 487-493
reações e, 50-52, 122-123, 542
rolete, 50-51, 123
rolete e mancal, 121, 123
rotulada, 13, 50-51, 222-223, 537-538
tensões devido ao recalque de, 401
treliças espaciais, 122-123
uso estrutural de, 13, 49-58
vigas, 223, 535-538
vigas conjugadas, 223
Apoios de ligação, 13, 50, 123
Apoios de rolete, 13, 50-51, 123
Apoios de rolete e mancal, 122-123
Apoios engastados, 13, 50, 223, 702
Apoios rotulados, 12-13, 50-51, 223, 414-416, 537-538
flecha em viga e, 222-223, 537-538
método do pórtico para, 414-416
pórticos, 414-416
reações de estrutura plana, 50-51
relações de momento fletor-cortante-carga, 222-223
relações rotação-flecha, 222-223, 537
uso estrutural de, 13
vigas conjugadas, 222-223
Arcos, estrutura de, 8
Área de formas geométricas, 681-682
Áreas de influência, 20-23
ASCE Cargas de Projeto Mínimas Padrão para Edifícios e Outras Estruturas, 15-16, 29-35

C

Caminho de carga, 16, 18
Carga de caminhão, pontes, 28-29
Carga de pista, pontes, 29

Índice remissivo

Cargas (*P*), 5-10, 15-44, 50, 152-170, 222-223, 349-367, 410-433
    AASHTO Especificações-padrão para Pontes de Rodovias, 15, 29
    ambiente, 15, 31-41
    análise aproximada para, 410-433
    aplicações da linha de influência, 349-366
    ASCE Cargas de Projeto Mínimas Padrão para Edifícios e Outras Estruturas, 15-16, 29-35
    avaliação do projeto estrutural, 5
    caminhões, 28-29
    classificação estrutural e, 6-10
    Código Internacional de Construção, 15
    combinações, 41
    concentrada, 155, 349-351, 354-365
    efeitos térmicos, 40-41
    estruturas determinadas estaticamente, 152-170, 222-223, 349-369
    estruturas indeterminadas estaticamente, 410-433
    externa, 6-10
    fator de impacto (I), 31
    flecha e, 222-223
    forças aplicadas como, 50
    horizontal (lateral), 18, 20, 414-433
    lateral (horizontal), 18, 20, 414-433
    Manual para Engenharia de Ferrovia, 15
    método do balanço para, 427-433
    método do pórtico para, 414-427
    móvel, 15, 28-29, 351-355, 362
    neve, 37-38
    normal, 7
    permanente, 15, 26-27
    peso do material de construção para, 26
    pista (combinado), 29
    pontes ferroviárias, 29
    pórticos (retangular), 10, 410-432
    pressão do solo, 40
    pressão hidrostática, 40
    procedimento para análise de, 155-157, 358-359, 417-419, 428
    relações de momentos fletores-cortante, 152-170, 222-223
    resposta máxima absoluta, 361-365
    respostas devidas a, 349-367
    sistemas estruturais para, 16-26
    terremoto, 40
    transmissão, 16-26
    uniformemente distribuída, 351-355, 362
    vento, 31-37
    vertical (gravidade), 18, 410-414
    vigas, 152-171, 222-223
Cargas ambientais, 29-41
    ASCE Cargas de Projeto Mínimas Padrão para Edifícios e Outras Estruturas, 29-35
    classificação da categoria de risco, 31
    coeficientes de pressão externa (C_p) para, 34-35
    efeitos térmicos em estruturas, 40-41
    neve, 37-39
    pressão do solo, 40
    pressão hidrostática, 40
    terremotos, 40
    vento, 31-37
Cargas concentradas, 155, 349-351, 354-365
    aplicações da linha de influência para, 349-351, 354-365
    procedimentos para análise de, 358-359
    resposta para movimento simples, 349-351, 361-362
    resposta para série de movimento, 355-365
Cargas de neve, 37-39
    fator de exposição (C_e) para, 37-38
    fator de importância (I), 37
    fator de inclinação (C_s) para, 38
    fator térmico (C_t) para, 37-38
    telhados inclinados (p_s), 38
    telhados planos (p_f), 37
Cargas de vento, 29-37
    categorias de exposição do edifício, 33
    classificações do edifício para, 31
    coeficiente de exposição de pressão da velocidade (K_z), 31
    coeficientes de pressão externa (C_p) para, 33-35
    fator de direcionamento de vento (K_d), 31
    fator de efeito de rajada (G) para, 33
    fator topográfico (K_{zt}), 31
    pressão dinâmica (q) e, 31
    velocidade do vento (*V*) e, 31-32
Cargas externas, 6-10
Cargas horizontais (laterais), 18, 20. *Veja* também Análise de carga lateral
Cargas móveis, 15, 28-29, 351-355, 362
    aplicações da linha de influência para, 351-355, 362
    caminhões, 28-29
    edifícios, 28
    fator de impacto (I), 30
    ferrovias, 28-30
    mínimos de piso, 28
    pontes, 28-30
    resposta máxima absoluta para, 362
    respostas devidas a, 351-355, 362
    uniformemente distribuída, 351-355, 362
Cargas móveis uniformemente distribuídas, 351-355, 362
    aplicações da linha de influência para, 351-355, 362
    resposta máxima absoluta para, 362

Cargas normais, classificação de estrutura e, 8
Cargas permanentes, 15, 26-28
Cargas sísmicas, 40
Cargas verticais (gravidade), 18-19
Carregamentos, 369-394
    antissimétrico, 377-379, 385
    componentes de, 375-384
    decomposição de, 378-384
    estruturas simétricas e, 369-395
    geral, 378, 386
    simétrico, 374-376, 378-379, 384-385
Carregamentos antissimétricos, 376-379, 385
Carregamentos simétricos, 374-376, 378-379, 384-385
Categorias de risco, classificação de construção, 30
Centroides de formas geométricas, 681
Classificação de estrutura, 6-10
    cargas externas e, 6-10
    cargas normais e, 8
    compressão, 8
    cortante, 10
    flexão, 9-10
    tração, 6-8
    treliças, 8
Código Internacional de Construção, 15
Coeficiente de exposição de pressão da velocidade (K_z), 31
Coeficiente de flexibilidade (f), 286, 438-440, 458, 466-469
    grau simples de indeterminação e, 438
    hiperestáticos e, 438-440, 466-469
    Lei de Maxwell do deslocamento recíproco para, 285, 469
    múltiplos graus de indeterminação e, 466-469
    rotação da curva elástica (θ) e, 457-458
Coeficiente de resposta sísmica (C_s), 40
Coeficientes de pressão externa (C_p), 34-35
Corpos deformáveis, forças virtuais para, 244-246
Cortante (S), 143-199, 222-223, 300, 322, 324, 542
    cargas concentradas (P) e, 155
    convenção de sinal para, 145
    estruturas aporticadas, 171-189
    extremidade do elemento, 541-542
    flecha e, 222-223
    força normal (Q) e, 143-147
    linhas de influência para, 300, 321, 323-324
    método da rotação-flecha e, 541-543
    método de equilíbrio para, 298-300
    momentos fletores (M) e, 143-151
    pórticos, 298
    procedimentos para análise de, 145-146, 155-157
    relações de momento fletor-carga, 152-170, 222-223
    sistemas de piso, 321, 323-324
    vigas, 143-201, 222-223, 300
Cortante na extremidade do elemento, 541-542
Curva elástica, 152-153, 202-203, 207-208, 457-458
    análise geométrica usando, 152
    coeficiente de flexibilidade (f) e, 458
    flecha (Δ) e, 152, 202-203
    método da área-momento usando, 207-208
    método da deformação compatível usando, 458
    rotação (θ), 202-203, 207-208, 457-458

D

Decomposição do carregamento, 378-384
Deformação (δ), 246-247, 402-406, 493-495
    erros de montagem e, 247, 401-402, 493-495
    normal, 246-247
    relações de força com, 402-406
    variações de temperatura e, 247, 402, 493-495
Deformação normal (δ), 246-247
Deformações compatíveis, método das, 437-528
    coeficiente de flexibilidade para, 438-440, 458, 466-469
    equações de compatibilidade para, 466-469
    erros de montagem e, 493-495
    estrutura primária, 437-455
    estruturas estaticamente indeterminadas, 437-528
    estruturas internamente indeterminadas, 459-461
    forças internas e, 441, 457-466
    grau simples de indeterminação e, 437-466
    hiperestáticos para, 437-444, 457-486
    momentos fletores (M) e, 441-444, 458-465
    mudanças de temperatura e, 493-495
    múltiplos graus de indeterminação e, 466-486
    procedimentos para análise utilizando, 441-445, 469
    recalques de apoio e, 487-492
    rotação da curva elástica (θ) e, 457-458
    Segundo teorema de Castigliano para, 495
    trabalho mínimo, método do, 437-438, 495-501
    treliças, 459-460
    viga primária, 437-444
    vigas, 437-466
Deslocabilidade lateral, 562-588, 620-637
    barras inclinadas e, 572-575
    deslocamento do nó e, 562-563, 570-572
    graus de liberdade, 563
    método da distribuição de momento e, 620-637
    método da rotação-flecha e, 562-588
    pórticos com, 570-589, 623-637
    pórticos de múltiplos andares e, 575, 636-637
    pórticos sem, 562-570, 620-622
Deslocamentos de corpo rígido, 243-244

Determinação/indeterminação estática, *veja* Determinação

Determinação, 52-60, 97-100, 123-124, 170-176, 408, 539
    cinematicamente indeterminado, 539
    estabilidade da estrutura, 52-59
    estabilidade externa e, 52-60
    estruturas estáveis internamente, 52-55
    estruturas não estáveis internamente, 55-58
    grau de indeterminação estática (i), 98, 172-173, 408
    grau de indeterminação externa, 54
    graus de liberdade, 539
    pórticos, 170-176, 408
    treliças, 96-100, 123-124
    treliças espaciais, 123-124
    treliças planas, 96-100

Diagramas de corpo livre (DCL), 60, 100-104

Diagramas de cortante, 148-151, 155-157, 539, 543
    equações para, 149, 151
    método da rotação-flecha e, 538, 543
    procedimentos para a construção de, 155-157
    vigas, 148-151, 155-157

Diagramas de força-deslocamento, 242-243

Diagramas de linhas, representação de modelo analítico por, 11-12

Diagramas de momento fletor, 148-170, 218-222, 257-259, 539, 543
    cargas e, 152-170
    cortante (S) e, 148-170
    curva elástica, 152-153
    flecha de viga e, 152, 218-222
    integrais para, 257
    método das partes, 218-222
    método das partes em balanço, 219-221
    método de rotação-flecha e, 538, 543
    procedimentos para a construção de, 155-157
    representação gráfica da curva elástica e, 152-153

E

Edifícios, 6-10, 18-26, 28, 30-41, 408-435
    análise aproximada de, 407-435
    análise de carga lateral, 414-433
    análise de carga vertical, 410-414
    áreas de influência, 20-23
    cargas ambientais, 29-41
    cargas de neve, 37-39
    cargas de vento, 29-37
    cargas móveis sobre, 28
    cargas sísmicas, 40
    categorias de exposição, 31, 33
    classificação da categoria de risco, 31
    coeficientes de pressão externa (C_p) para, 34-35
    efeitos térmicos sobre, 40-41
    estruturas de cisalhamento em, 9-10
    estruturas de flexão em, 9-10
    estruturas tracionadas em, 6-8
    fator de impacto (I), 30
    método do balanço para, 427-433
    método do pórtico para, 414-427
    peso do material de construção, 26
    pórticos, 407-435
    pressão do solo e, 40
    pressão hidrostática e, 40
    procedimentos para análise de, 417-419, 428
    sistemas de estrutura com um andar, 18-20
    sistemas de estrutura de múltiplos andares, 18, 20-23
    sistemas de transmissão de carga de, 16-26

Efeitos térmicos nas estruturas, 40-41, 401-402

Eixo de simetria (s), 371-373

Elemento de treliça triangular (básico), 92

Elementos de força nula, 104-105, 124-126

Elementos de pilar, 8, 416-417

Elementos viga-pilar, 8

Elemento tetraédrico de treliça, 121-122

Energia, conservação de, 275-276. *Veja também* Energia de deformação

Energia de deformação (U), 275-279
    conservação de energia e, 275-276
    flecha e, 275-279
    pórticos, 277
    Segundo teorema de Castigliano e, 278-279
    treliças, 276
    vigas, 276-277

Equação diferencial para flecha em viga, 202-204

Equação dos três momentos, 697-708
    aplicação de, 701-708
    apoios engastados, 702
    continuidade de rotação (θ) e, 698-700
    derivação de, 697-701
    momentos fletores (M) e, 700-701

Equações de condição de compatibilidade, 399, 402-404, 466-469, 487-489, 661
    análise matricial das estruturas, 662
    equilíbrio e, 403-406
    método das deformações compatíveis e, 466-469, 487-489
    múltiplos graus de indeterminação, 466-469
    recalque de apoio e, 487-489
    relações de rigidez das estruturas e, 661-662
    relações entre força-deformação e, 402-404

Equilíbrio, 47-85, 96-98, 402-406, 409-410, 539, 542, 658

análise aproximada e, 409-410
análise matricial das estruturas, 658
cálculo de reações para, 60-75
determinação estática, 52-60
diagramas de corpo livre (DCL) para, 60
equações de, 48-49, 402-404, 410, 539, 542, 658
equações de compatibilidade e, 403-406
equações de condição, 55-56, 96-97
estruturas de duas e três forças, 49-50
estruturas em, 47-50
estruturas espaciais, 48
estruturas estaticamente determinadas, 47-87
estruturas estaticamente indeterminadas, 402-406, 539, 543
estruturas internamente estáveis (rígidas), 51-55
estruturas internamente instáveis (não rígidas), 55-58
estruturas planas, 48-51
forças e, 47-50
forças externas e, 50
forças internas e, 50
método da rotação-flecha e, 539, 543
reações de apoios e, 50-51
reações de estrutura simplesmente apoiada e, 76-78
reações e, 47-85
relações deformação-força, 402-406
relações de rigidez em estruturas, 658
sistemas de força concorrente e, 49
superposição, princípio de para, 75-76
treliças, 96-98
Erros de montagem, 247, 401-402, 493-495
deformação e, 246-247, 402, 493-495
método das deformações compatíveis e, 493-495
tensões devido a, 401-402
treliças e, 246-247
Estabilidade, *consulte* Equilíbrio; Estabilidade interna; Estabilidade estrutural
Estabilidade estrutural, 51-59, 93-99, 170-177
determinação e, 52-60, 97-100, 170-176
equações de condição para, 55-60
externa, 52-60
instabilidade interna e, 55-58
interna, 51-55, 93-97
pórticos planos, 170-176
treliças, 93-100
Estabilidade estrutural externa, 52-60, 92
Estabilidade interna, 51-55, 93-97
Estrutura aporticada, 10
Estrutura primária, 437. *Veja também* Deformações compatíveis
Estruturas comprimidas, 8
Estruturas de cisalhamento, 8-10

Estruturas de duas e três forças, equilíbrio de, 49-50
Estruturas de flexão, 9-10
Estruturas elásticas lineares, 75-76
Estruturas espaciais, 11, 48, 87-92, 122-129
apoios para, 122-123
considerações para análise, 91
determinação de, 123-124
elementos de força nula, 124-125
elemento tetraédrico para, 121-122
equilíbrio, equações de, 48
estabilidade de, 124
estrutura de, 48
nós, método dos, 124-126
reações, 122-123
seções, método de, 125
treliças, 88-92, 122-129
Estruturas estaticamente determinadas, 45-395, 400-402
cortante (S), 143-199
determinação de, 52-60, 97-100
efeitos de carregamento sobre, 349-394
elástica linear, 75
equações de condições para, 55-60, 96
equilíbrio de, 47-85, 97-98
estabilidade externa de, 44-51
estabilidade interna de, 51-55
estruturas indeterminadas em comparação com, 400-402
flecha (Δ), 152, 201-239, 241-295, 340-341
forças externas e, 50
forças internas e, 50
geometricamente instável (externamente), 54-55
instabilidade interna de, 55-58
linhas de influência, 297-366
longarinas, 321-330
métodos de energia-trabalho para, 241-294
métodos geométricos para, 201-239
momentos fletores (M), 143-199
pórticos, 170-190, 265-277, 280, 298-310
princípio de superposição, 75-76
reações de apoio, 50-58
respostas para cargas, 349-395
simétrico, 369-395
simplesmente apoiada, 76-78
sistemas de pisos, 321-340
treliças, 87-143, 246-253, 276, 279, 330-338
vigas, 143-198, 201-239, 254-265, 276-277, 279-281, 285-287, 298-312
Estruturas estaticamente indeterminadas, 52-59, 397-679
análise aproximada para, 407-435
análise de, 402-406

análise matricial das estruturas, 643-679
condições de compatibilidade para, 399, 402-403, 466-469, 487-489
deformações compatíveis, método das, 437-507
deslocamento lateral, 570-586
desvantagens de, 400-401
determinação de, 52-60
equilíbrio de, 402-406
estabilidade interna e, 51-60
estruturas determinadas em comparação com, 400-402
grau simples de indeterminação, 437-466
hiperestáticos, 53, 400, 408, 437-444, 457-486
indeterminação interna de, 459-461
linhas de influência para, 509-530
método da distribuição dos momentos para, 593-643
método de rotação-flecha para, 531-590
métodos de deslocamento (rigidez), 406, 531-680
métodos de força (flexibilidade) para, 406, 437-507
mínimo trabalho, método do, 437-438, 495-501
múltiplos graus de indeterminação, 466-486
pontos de inflexão para, 409-411, 415
pórticos, 407-435, 524-528, 562-589, 620-637, 646-651, 657
pórticos de edifícios, 407-435
procedimentos para análise de, 417-419, 428, 442-445, 468-469, 511, 543-544, 664
relações deformação-força, 402-406
rigidez de, 400
tensões em, 400-402
treliças, 459-460, 509-522, 652, 657-658
vantagens de, 400
vigas, 437-466, 509-524, 532-561, 608-620, 651, 658

Estruturas geometricamente instáveis (externamente), 54-55

Estruturas indeterminadas internamente, 459-461. *Veja também* Treliças

Estruturas não rígidas (internamente instáveis), 55-58

Estruturas planas, 11, 48-58, 170-189
apoios para, 50-51
determinação estática de, 52-60
equações de equilíbrio de, 48-49
geometricamente instável externamente, 54-55
internamente estável (rígida), 51-55
internamente instável (não rígida), 55-58
pórticos, 170-190

Estruturas rígidas (internamente estáveis), 52

Estruturas simétricas, 369-395
carregamentos antissimétricos, 376-379, 385
carregamentos gerais, 378-379, 385-386
carregamentos simétricos, 374-376, 378-379, 384-385
comportamento de carregamentos indiretos, 384-386
decomposição de carregamento, 378-384
determinação de, 371-374
eixo de simetria (s) para, 371-373
exemplos de, 371-373
procedimento para análise de, 386-387
reflexão e, 369-371

Estruturas simplesmente apoiadas, reações de, 76-78

Estruturas tracionadas, 6-8

Estruturas, *veja* Pontes; Edifícios

F

Fator de direcionamento de vento (K_d), 31
Fator de distribuição (FD), 598-600, 602
método da distribuição dos momentos e, 597-601
nós, determinação de em, 601
rigidez do elemento (K), 598-600
Fator de exposição (C_e) para, 37-38
Fator de impacto (I), 30
Fator de importância (I), 37, 40
Fator de rotação (C_s), 38
Fator de transmissão (FTM), 607
Fator efeito de Gust (G), 33
Fator térmico (C_t) para, 37-38
Fator topográfico (K_{zt}), 31
Flecha (Δ), 152, 201-239, 241-295, 340-341, 493-495
coeficientes de flexibilidade, 286
curva elástica para, 152, 202-203
diagramas de momento fletor e, 152, 218-222
elástica, 201
energia de deformação (U) e, 275-278
equação diferencial para, 202-204
erro de montagem e, 247, 493-495
Lei da reciprocidade de Betti, 285-288
Lei da reciprocidade de Maxwell, 285-288, 340
linhas de influência para, 340-341
método da área-momento para, 207-218
método da deformação compatível e, 493-495
método da superposição para, 207
método de integração direta para, 204-207
método de viga conjugada para, 222-234
método do trabalho virtual para, 243-275
métodos de energia-trabalho para, 241-294
métodos geométricos para, 201-239
mudança de temperatura e, 247, 493-495
plástica (inelástica), 201
pórticos, 265-277, 280
procedimentos para análise de, 209, 225, 247, 256, 259, 280

representação gráfica da curva elástica, 152-153
rigidez à flexão (EI), 203
Segundo teorema de Castigliano para, 278-285
treliças, 246-253, 276, 279
vigas, 152, 201-239, 254-265, 276, 279-281, 285-287

Força axial (*Q*), 91-92, 143-147, 410-413
   análise aproximada e, 410-413
   convenção de sinal para, 145
   longarinas, 410-412
   momentos fletores e cisalhamento e, 143-148
   primária, 91
   procedimento para análise de, 145-146
   secundária, 92
   treliças, 90-92
   vigas, 143-147

Força na extremidade, longarinas, 410-413

Forças, 47-50, 91, 90-92, 143-148, 241-246, 330-334, 402-406, 410-413. *Veja também* Cargas
   análise aproximada e, 410-413
   aplicadas, 50
   cisalhamento (S), 144-148
   condições de compatibilidade para, 402-404
   corpos deformáveis e, 244-246
   deslocamento para corpos rígidos, 243-244
   distribuição entre elementos de pórtico, 410-412
   equilíbrio e, 47-50, 402-406
   estrutura indeterminada estaticamente, 402-406
   estruturas de duas e três forças, 49-50
   estruturas determinadas estaticamente, 143-148, 241-246, 331-334
   externo, 49, 243-246
   flecha de viga e, 143-148
   interno, 50, 143-148, 244-246, 426-427
   linhas de influência para, 330-334
   momento fletor (M) e, 143-148
   normal (Q), 88, 90-92, 143-147
   primária, 91
   reações, 50
   relações de deformação, 402-406
   secundária, 92
   sistemas concorrentes, 49
   trabalho virtual, princípio de, 243-246
   Trabalho (W) por, 241-243
   treliças, 90-92, 330-334

Forças aplicadas, 50. *Veja também* Cargas
Forças do elemento na extremidade, pórticos, 171-172
Forças externas, 50, 243-246
Forças internas, 50, 143-148, 244-246, 255-256, 265-266, 441, 457-466
   corpos deformáveis e, 244-246

   estruturas indeterminadas simples, 441-444, 457-466
   força cortante (S) como, 143-148
   força normal (Q) como, 143-147
   forças externas e, 244-246
   hiperestático como, 441-444, 457-466
   método da deformação compatível usando, 441-445, 458-466
   pórticos, 265-266
   procedimento para análise de, 145-146
   reações estruturais para, 50
   trabalho virtual (W_{vi}), 244-246, 255, 265
   treliças, 255-256
   vigas, 441-444, 457-466

Forças primárias, 91
Forças secundárias, 91-92
Formas geométricas, 681
Funções de resposta, 298, 349-369
   aplicações de linha de influência para, 298, 349-366
   cargas concentradas, 349-351, 354-365
   cargas móveis, 351-355, 362
   cargas uniformemente distribuídas, 351-355, 362
   máximo absoluto, 361-365
   procedimento para análise de, 358

G

Graus de liberdade, 539, 563, 645-646
Grau simples de indeterminação, 437-466. *Veja também* Vigas
Gravidade, 18-19. *Veja também* Análise de carga vertical

H

Hiperestáticos, 53, 98, 400, 408, 437-444, 457-486
   análise aproximada e, 408
   coeficiente de flexibilidade (f) para, 438-440, 466-469
   equações de compatibilidade e, 465-469
   estruturas estaticamente indeterminadas, 400, 408
   estruturas internamente indeterminadas, 459-461
   externa, 55, 98
   forças internas como, 457-466
   grau de indeterminação (i), e, 54, 98, 408
   grau simples de indeterminação e, 437-445
   graus múltiplos de indeterminação e, 466-486
   método das deformações compatíveis e, 437-445, 455-486
   momentos fletores (M) como, 441-444, 458-465
   pórticos, 408
   restrições, 437
   treliças planas, 98

Hiperestáticos externos, 55

I

Indeterminação estática (i), grau de, 98, 172-173
Indeterminação externa, grau de, 54
Indeterminação (*i*), grau de, 54, 98, 172-173, 408
Instabilidade interna, 55-58
Integrais, 256-259
    avaliação gráfica de, 259
    diagramas de momento usando, 257-259
    trabalho virtual e, 256-259
Inversão de matrizes, 689, 693-694

L

Lajes, 10, 20-23
Lei de Betti dos deslocamentos recíprocos, 285-287
Lei de Maxwell dos deslocamentos recíprocos, 285-287, 340, 510-511
    coeficiente de flexibilidade (f) para, 286
    estruturas determinadas estaticamente, 285-287, 340
    estruturas indeterminadas estaticamente, 510-511
    linhas de influência idealizadas usando, 340, 510-511
    métodos de trabalho-energia utilizando, 284-287
Ligações, 12-13, 92-94, 96, 121-122, 170-174. *Veja também* Nós
    arranjos de treliça, 92-94, 121-122
    cortante, 173-174
    elemento tetraédrico, 121-122
    elemento triangular (básico), 92
    equações de condição para, 96
    momento resistente, 171
    parafusadas, 171
    pórticos, 170-174
    uso estrutural de, 13
Ligações de cisalhamento, 173-174
Ligações flexíveis, 12
Ligações parafusadas, 171
Ligações rígidas, 12-13
Ligações semirrígidas, 12
Linhas de influência, 297-366, 509-530
    aplicações de, 349-367
    aplicações de carga concentrada, 349-351, 354-365
    aplicações de carga móvel, 351-355, 362
    aplicações de carga uniformemente distribuída, 351-355, 362
    aplicações de resposta máxima absoluta, 361-365
    cortante (S), 300, 322, 324
    elementos de força, 330-334
    estruturas estaticamente determinadas, 297-369
    estruturas estaticamente indeterminadas, 509-531
    flechas, 340-341
    funções de resposta, 298, 349-369
    Lei de Maxwell dos deslocamentos recíprocos para, 340, 510-511
    longarinas, 321-330
    método de equilíbrio para, 298-312
    momentos fletores (M), 300-301, 324-325
    múltiplos graus de indeterminação e, 511
    pórticos, 298-310, 524-528
    Princípio de Muller-Breslau para, 311-321, 511, 524-528
    procedimentos para análise de, 302, 315, 326, 334, 358-359, 511
    reações, 298-300, 322, 330-331
    representação gráfica, 315, 524-526
    sistemas de pisos, 321-340
    treliças, 330-338, 509-522
    uso de na análise, 297-298
    vigas, 28-312, 509-524
Longarinas, 11, 18-19, 20, 321-330, 410-413. *Veja também* Sistemas de piso
    análise aproximada de, 410-413
    força na extremidade de, 410-413
    força normal de, 410-413
    linhas de influência para, 321-330
    pórticos de edifício, 410-413
    sistemas de piso com, 20, 321-330
    transmissão de carga e, 18-19

M

Manual de Construção em Aço, 207
Manual para Engenharia Ferroviária, 15
Marquises em balanço, 544-545, 608
Matriz de carga nodal (**P**), 658-664
Matriz de coluna, 684
Matriz de força na extremidade do elemento (**F**), 658-661
Matriz de rigidez da estrutura (**S**), 646, 658-664
Matriz de transformação (*T*), 652-657
Matriz diagonal, 684
Matrizes de rigidez, 646-652, 657-664
    análise matricial das estruturas utilizando, 646-652, 658-664
    cargas nodais (P), 658-664
    elemento global (K), 657-658
    elemento local (k), 646-652
    estrutura (S), 646, 662-664
    forças do elemento de extremidade (F), 658-661
    matriz de transformação (T), 652-657
Matriz identidade, 685
Matriz linha, 684
Matriz nula, 685

Matriz quadrada, 684
Matriz simétrica, 684
Método da área-momento, 207-218
   flecha da viga por, 207-218
   primeiro teorema para, 207-209
   procedimento para análise, 209
   rotação tangencial e, 209
   segundo teorema para, 209
Método da distribuição dos momentos, 593-643
   aplicação de, 606
   conceito de, 601-606
   convenção de sinal para, 594
   deslocamento lateral e, 620-637
   fator de distribuição (FD), 598-600, 602
   fator de transmissão (FTM), 607
   momentos de engastamento perfeito (MEP), 600-601, 603-605
   momentos de transmissão, 596-601
   nós, equilíbrio, 605-606
   pórticos, 620-637
   procedimento para análise de, 607
   rigidez (K), 594-602
   uso de, 593
   vigas contínuas, 607-620
Método da eliminação de Gauss-Jordan, 691-694
Método da integração direta para flecha em viga, 204-207
Método da proporção para estruturas simplesmente apoiadas, 76-78
Método da rotação-flecha, 531-590
   análise de pórtico, 562-589
   análise de viga contínua, 543-561
   apoios de extremidades, 535-538, 544
   conceito de, 538-543
   convenção de sinal para, 539, 543
   cortantes na extremidade do elemento, 541-542
   deslocabilidade lateral e, 562-588
   diagramas de cortante para, 539, 543
   diagramas de momento fletor para, 539, 543
   elementos rotulados, 537-538
   equações, 532-537, 539-541
   equações de equilíbrio para, 539, 542
   graus de liberdade, 539, 563
   marquises em balanço e, 544-545
   momentos de engastamento perfeito (MEP), 535-537, 540
   momentos fletores (M), 532-535
   momentos na extremidade do elemento, 534-535, 541, 571-572
   nós e, 537-541, 562-564, 572-575
   procedimento para análise usando, 543-544
   reações de apoio, 542
   rotação de corda (ψ), 532-535, 570-571, 574
   rotações (θ) e, 532-535, 541
   vigas, 532-561
Método de viga conjugada, 222-234
   apoios para, 223
   convenção de sinal, 224-225
   flecha da viga por, 222-234
   procedimento para a análise utilizando, 225
   relações entre carga-cortante-momento fletor, 222-223
   relações rotação-flecha, 222-223
Método do balanço para cargas laterais, 427-433
Método do equilíbrio, 298-312
   cortante (S), 300
   linhas de influência por, 298-311
   momentos fletores (M), 301-302
   pórticos, 298-310
   procedimento para análise usando, 301-303
   reações, 298
   vigas, 298-312
Método do pórtico para cargas laterais, 414-427
Métodos das forças (flexibilidade), 406, 437-531
   análise da estrutura estaticamente indeterminada, 406, 437-531
   deformações compatíveis, 437-507
   linhas de influência para, 437-530
Métodos de análise geométrica, 201-239
   área-momento, 207-218
   curva elástica para, 152-153
   diagramas de momento fletor por partes, 218-222
   flecha de viga por, 201-239
   integração direta, 204-207
   procedimentos para análise de, 209, 225
   superposição, 207
   viga conjugada, 222-234
Métodos de deslocamentos (rigidez), 406, 531-680
   análise matricial das estruturas, 643-679
   estruturas indeterminadas estaticamente, 406, 531-679
   método da distribuição de momento, 593-643
   rotação-flecha, 531-590
Métodos de energia-trabalho, 241-294
   deslocamento de pórtico por, 265-278, 280
   deslocamento de treliça por, 245-253, 276, 279
   energia, conservação de, 275-278
   energia de deformação (U), 275-278
   flecha da viga por, 254-265, 276, 279-280
   flecha (Δ) por, 241-295
   forças e, 241-243
   Lei de Betti dos deslocamentos recíprocos, 285-287
   Lei de Maxwell dos deslocamentos recíprocos, 285-287

pares, trabalho de, 242
procedimentos para análise utilizando, 247, 256, 259, 280
Segundo teorema de Castigliano, 278-285
trabalho total (W), 241-243
trabalho virtual, 243-275
Métodos de flexibilidade, *consulte* Métodos das forças
Métodos de rigidez, *veja* Métodos de deslocamento
Mínimo trabalho, método do, 437-438, 495-501
Modelos analíticos, 11-13, 643-646
 análise matricial das estruturas, 643-646
 apoios para, 13
 diagramas de linha, 11-12
 estrutura espacial, 11
 estrutura plana, 11
 finalidade de, 11
 graus de liberdade, 645-646
 ligações para, 12-13
 sistema de coordenadas globais, 643-645
 sistema de coordenadas locais, 643-645
Momento de inércia, 210
Momento-resistente de ligações, 171
Momentos concentrados (M), 155
Momentos conjugados (M), 155
Momentos de engastamento perfeito (MEP), 535-537, 540, 600-601, 603-605
 método da distribuição dos momentos, 600-601, 603-605
 método de rotação-flecha, 535-537, 540
Momentos de transmissão, 596-601
Momentos distribuídos, 601
Momentos fletores (M), 143-170, 222-223, 300-301, 324-325, 441-444, 458-465, 532-535, 541, 571-572, 700-701
 cargas concentradas e, 155
 convenção de sinal para, 145
 cortante (S) e, 143-148
 equação dos três momentos e, 700-701
 equações para, 149-151
 estruturas estaticamente determinadas, 143-170, 222-223, 301, 324-326
 estruturas estaticamente indeterminadas, 441-444, 457-466
 extremidades dos elementos, 532-535, 541, 571-572
 força normal (Q) e, 143-147
 hiperestáticos, como, 441-444, 457-466
 linhas de influência para, 300-301, 324-325
 método da deformação compatível e, 441-445, 455-466
 método da rotação-flecha e, 541, 571-572
 método do equilíbrio para, 300-302
 momentos conjugados ou concentrados, 155

ponto de inflexão, 150
pórticos, 298-302, 571-572
procedimento para a análise de, 145-146, 155-157
relações entre carga-cortante, 152-170, 222-223
relações entre rotação-flecha, 222-223, 532-535
rotação (θ) e, 457-459
sistemas de pisos, 324-325
vigas, 143-171, 222-223, 300-301, 532-535
Momentos na extremidade do elemento, 534-535, 541, 571-572
Múltiplos graus de indeterminação, 466-486, 511
 coeficiente de flexibilidade (f) para, 466-469
 deformações compatíveis, método das para, 466-486
 equações de compatibilidade para, 466-469
 linhas de influência para, 511
 procedimento para análise de, 468-469

N

Nós, 12-13, 92, 537-539, 541, 562-564, 571-575, 601, 606, 644-646
 análise de pórtico e, 562-564, 572-575
 análise matricial das estruturas, 644-646
 balanceamento, 605-606
 deslocabilidade lateral e, 562-563, 570-572
 deslocamento da deslocabilidade lateral, 562-563, 572-575
 elementos, 644
 equações de equilíbrio para, 539
 fatores de distribuição (FD) para, 602
 graus de liberdade, 539, 563, 645-646
 ligações, 12-13
 método da distribuição dos momentos e, 601, 605-606
 método de rotação-flecha e, 535-539, 541, 562-564, 572-575
 modelos analíticos, 13, 644-646
 momentos de engastamento perfeito (MEP) para, 535-537
 nós, 644
 reações externas em, 538-539
 rígido, 12-13
 rotações (θ), 541, 601
 rotulada (flexível), 12-13, 537-538
 sistemas de coordenadas para, 644-645
 treliças simples, 92
Nós, método dos, 100-110, 124-126
 análise da treliça espacial, 124-125
 análise de treliça plana por, 100-110
 diagramas de corpo livre (DCL) para, 100-104
 elementos com força nula e, 104-105, 124-126
 procedimento para análise, 104-105

P

Paredes, estrutura de cisalhamento de, 9
Particionando uma matriz, 691
Peso do material de construção, 26
Peso sísmico efetivo (W), 40
Placas, estrutura de flexão de, 10
Placas Gusset, 87, 91
Pontes, 6-8, 10, 16-20, 28-30, 89, 330-338. *Veja também* Treliças
   apoio, 7-9
   áreas de influência, 20-23
   carga em faixa (combinada), 29
   cargas da ferrovia, 28-30
   cargas de caminhão, 28-29
   cargas horizontais (laterais), 18, 20
   cargas móveis sobre, 28-30
   cargas verticais (gravidade), 18-19
   Especificações Padrão da AASHTO para Pontes em Rodovias, 15, 29
   estrutura tracionada como, 6-8
   fator de impacto (I), 30
   força em elementos, 330-334
   linhas de influência para, 330-340
   longarinas, 11, 18-20
   pênsil, 6-7
   reações, 330-331
   sistemas de pisos, 20-23
   transmissão de carga para, 18-26
   treliças, 8, 89, 330
   vigas de piso, 11
Pontes de apoio, 7-8
Pontes suspensas, 6-7
Ponto de inflexão, 150
Pontos de inflexão, 409-411, 415
Pontos do painel, 322, 324
Pórticos, 10, 18-20, 170-190, 265-277, 280, 298-310, 407-435, 524-528, 532-538, 562-589, 620-637, 646-657
   análise aproximada de, 407-435
   análise de, 176-189, 562-588, 620-637
   análise de carga lateral, 414-433
   análise de carga vertical, 410-414
   análise matricial das estruturas, 646-658
   barras inclinadas e, 572-575
   contraventada, 18-20
   cortante (S), 170-189, 300
   cortantes na extremidade do elemento, 541-542
   deslocabilidade lateral, análise de com, 570-588, 623-637
   deslocabilidade lateral, análise de sem, 562-570, 622-628
   deslocamento do nó, 562-563, 571-575
   deslocamento nos nós, 537-541, 562-564, 571-575
   determinação de, 170-176
   distribuição de força entre os elementos, 410-413
   edifícios (retangular), 408-435
   eixo do centro de gravidade de, 427
   energia de deformação (U) para, 277
   equações de condição, 173-174
   estaticamente determinado, 170-190, 265-275, 278, 281, 297-312
   estaticamente indeterminado, 407-437, 524-528, 531-539, 562-588, 620-637, 646-657
   estrutura de flexão de, 10
   flecha (Δ), 265-278, 280
   forças do elemento na extremidade, 171-172
   forças nas longarinas e, 410-413
   graus de liberdade, 563
   indeterminação (i), grau de, 172-173, 408
   ligações, 170-174
   linhas de influência para, 298-311, 524-528
   método da distribuição dos momentos para, 620-637
   método de equilíbrio para, 298-312
   método de rotação-flecha, para, 562-588
   método do balanço para, 427-433
   método do pórtico para, 414-427
   método do trabalho virtual para, 265-275
   métodos de energia-trabalho para, 265-275, 278, 280
   momentos de engastamento perfeito (MEP), 535-537, 540
   momentos fletores (M), 170-189, 300-301, 532-535
   momentos na extremidade do elemento, 534-535, 571-572
   múltiplos andares, 575, 636-637
   pontos de inflexão para, 409-411, 415
   procedimentos para análise de, 176-178, 266, 302, 417-419, 428
   reações, 298, 408-410
   relações de rigidez nos elementos, 646-651, 657
   rígida, 10, 170
   rotações (θ) e, 532-535
   Segundo teorema de Castigliano para, 280
   sistema de coordenadas globais, 657
   sistema de coordenadas locais, 646-651
   trabalho interno (W_{vi}), 265
   transformações de coordenadas, 652-657
Pórticos contraventados, 18-20
Pórticos de múltiplos andares, 575, 636-637
Pórticos rígidos, estrutura de flexão de, 10
Pressão, 31-35, 40-41
   cargas de vento, 29-35
   coeficiente de velocidade (K_z), 31
   coeficientes externos (C_p), 33-35

Índice remissivo

dinâmica (q), 31
hidrostática, 40
solo, 40
Pressão dinâmica (q), 31
Pressão do solo, 40
Pressão hidrostática, 40
Princípio de Muller-Breslau, 311-321, 511, 524-528
    construção da linha de influência, 311-321, 511, 522-528
    estruturas determinadas estaticamente, 311-321
    estruturas indeterminadas estaticamente, 511, 524-528
    linhas de influência qualitativas e, 315, 522-528
    procedimento para análise, 315
Programa de computador
    análise matricial das estruturas utilizando, 665
Projetos de engenharia, as fases de, 4-6

R

Reações, 50-78, 98, 100-103, 122-123, 298-300, 322, 330-331, 408-410
    análise aproximada e, 408-410
    apoios e, 50-51, 122-123
    cálculo de, 60-75
    determinação estática de estruturas, 52-59
    diagramas de corpo livre (DCL) para, 60
    distribuição de força e, 410
    estabilidade externa e, 52-60
    estabilidade interna e, 51-55
    estruturas simplesmente apoiadas, 76-78
    forças externas como, 50
    hiperestáticos, 53, 98, 408
    instabilidade interna e, 55-58
    linhas de influência para, 298-300, 321, 323, 330-331
    método da proporção para, 76-77
    método de equilíbrio para, 298
    pórticos, 298, 408-410
    procedimento para a determinação de, 60-75
    sistemas de piso, 321, 330-331
    treliças, 98, 100-103, 122-123, 330-331
    treliças espaciais, 122-123
    treliças planas, 98, 100-103
    vigas, 298-300
Reflexão, simetria e, 369-371
Relações de rotação-flecha, 222-223
Relações entre força-deformação, 402-406
Representação gráfica das linhas de influência, 315
Rigidez, 400, 594-602, 646-652, 657-664
    análise matricial das estruturas, 646-652, 658-664
    equações de compatibilidade para, 661
    equações de equilíbrio para, 658
    estruturas estaticamente indeterminadas, 400, 646-652, 658-664
    fatores de distribuição (FD) para, 598-600
    flexão, 594-600
    matriz de rigidez de estrutura (S), 646, 658-664
    método da distribuição dos momentos e, 594-601
    números de código para elementos, 662-664
    pórticos, 646-651, 657
    relações de coordenadas globais (K), 657-658
    relações de coordenadas locais (k), 646-652
    relações de elementos (matricial), 658-661
    relações de estruturas (matricial), 662
    treliças, 652, 657-658
    vigas, 596-597, 651
    vigas contínuas, 651, 658
Rigidez à flexão (EI), 203
Rotação (θ), 202-203, 207-208, 457-458, 697-700
    alterações em ($d\theta$), 202-203, 207-208
    continuidade, 698-701
    curva elástica, 202-203, 207-208, 457-458
    equação dos três momentos para, 697-700
    flecha de viga, 202-203, 207-208
    método de deformação compatível e, 455-458
    momentos fletores (M) e, 458-459
Rotação de corda (ψ), 532-535, 570-571, 574
    barras inclinadas e, 574
    deslocabilidade lateral e, 570-575
    equação rotação-flecha para, 532-535
    momentos de engastamento perfeito e, 535
    pórticos, 570-571, 574
Rotação tangencial, 209
Rotações (θ), 243-244, 532-535, 541, 601
    corda (ψ), 532-534, 570-572, 574
    método da distribuição dos momentos, 601
    método da rotação-flecha e, 532-535, 541
    nós, 541, 601
    pórticos, 570-571, 574
    virtual (θ_v), 243-244

S

Seções, método das, 110-116, 125
    análise da treliça espacial, 125
    análise da treliça plana por, 110-116
    procedimento para análise, 111-112
Segundo teorema de Castigliano, 278-285, 495
    deslocamento do pórtico por, 280
    energia de deformação (U) e, 278-279
    flecha da treliça por, 279
    flecha da viga por, 279-280
    método do mínimo trabalho e, 495
    procedimento para análise usando, 280-282

Sistema de coordenadas globais, 644-645, 657-658
Sistema de coordenadas locais, 644-652
Sistemas construtivos (esquemas estruturais), 16-20
    cargas horizontais (laterais), 18, 20
    cargas verticais (gravidade), 18-19
    longarinas, 18-19
    pórticos contraventados, 18-20
Sistemas de coordenadas, 644-658
    elementos de vigas contínuas, 652, 656, 658
    global, 644-645, 657-658
    local, 644-652
    matriz de rigidez de estrutura (S), 646, 662-664
    matriz de rigidez do elemento (k), 646-652
    matriz de rigidez do elemento (K), 657-658
    matriz de transformação (T), 652-657
    pórticos, 646-657
    treliças, 652, 656-658
Sistemas de forças concorrentes, 49
Sistemas de piso, 11, 20-26, 28-29, 321-340
    áreas de influência, 20-23
    cortante (S) em, 322, 324
    edifícios, 20-26
    força nos elementos, 330-334
    lajes, 20-23
    linhas de influência para, 321-340
    longarinas, 11, 321
    longarinas em, 20, 321-330
    mínimos de carga móvel, 28
    momentos fletores (M) em, 324-325
    planta de formas, 20
    pontes, 20
    pontos do painel, 322, 324
    procedimentos para análise de, 326, 334
    reações em, 322, 330-331
    transmissão de carga de, 20-26
    treliças em, 330-338
    vigas, 11
Sistemas estruturais, 16-26
    áreas de influência, 20-23
    caminho de carga horizontal (lateral), 18, 20
    caminho de carga vertical (gravidade), 18-19
    edifícios de múltiplos andares, 18, 20-24
    edifícios de um andar, 18-20
    elementos estruturais, 16
    longarinas, 18-20
    pontes, 16-20
    sistemas construtivos (esquemas estruturais), 16
    sistemas de pisos, 20-26
    transmissão de carga de, 16-26
Superposição de Treliças, 75-77, 207
    flecha da viga, método para, 207
    princípio de, 75-76

T

Tabela de distribuição de momento, 601-603
Tangente de referência, 210
Técnica de número de código, 663-664
Telhados, 6-8, 37-39, 88, 90
    cargas de neve sobre, 37-39
    estrutura tracionada como, 6-8
    treliças, 88, 90
Telhados inclinados (p_s), 38
Telhados planos (pf), 37
Tensão, 400-402
    erros de montagem e, 401-402
    estruturas estaticamente indeterminadas, 400-402
    flexão, 400
    mudanças de temperatura e, 401-402
    recalque de apoio causando, 401
Tensão normal de flexão, 400
Terças, 87
Trabalho (W), 241-243, 275-276. *Veja também* Trabalho virtual
Trabalho virtual, 243-275
    deformação normal (δ), 246-247
    deslocamento (Δ), 243-244
    deslocamento de treliça por, 245-253
    deslocamento do pórtico por, 265-276
    deslocamentos de corpo rígido, 243-244
    erro de montagem e, 247
    externo (W_{ve}), 243-246
    flecha de viga por, 254-265
    flecha (Δ) por, 243-275
    forças para corpos deformáveis, 244-246
    integrais para, 256-259
    interno (W_{vi}), 244-246, 255, 265
    princípio de, 243-246
    procedimentos para análise utilizando, 247, 256, 259, 266
    rotação (θv), 243-244
    variação de temperatura e, 247
Transposição de uma matriz, 689-690
Treliça Baltimore, 89
Treliça Fink, 90
Treliça Howe, 89-90
Treliça ideal, 90-91
Treliça K, 89
Treliça Parker, 89
Treliça poste King, 90
Treliça Pratt, 89-90
Treliças, 8, 87-143, 245-253, 276, 279, 330-338, 459-460, 509-522, 652, 656-658
    análise matricial das estruturas, 651-652, 656-658
    complexo, 121

composto, 87, 93-94, 116-121
considerações para análise, 91
deslocamento, 245-254, 276, 278
determinação de, 97-100, 123-124
elemento básico (triangular), 92
elementos de força nula, 104-105, 124-126
elemento tetraédrico para, 121-122
energia de deformação (U) para, 276
equilíbrio e, 96-98
erros de fabricação e, 247
espaço, 87, 121-129
estabilidade externa, 92
estabilidade interna, 93-97, 124
estaticamente determinado, 87-143, 246-255, 275, 278, 328-338
estaticamente indeterminado, 459-461, 509-524
estrutura de, 8, 87-88
força em elementos, 330-334
forças axiais sobre, 91-92
forças primárias sobre, 91
forças secundárias sobre, 91-92
ideal, 91
linhas de influência para, 330-340, 509-522
método das deformações compatíveis para, 458-461
método dos trabalhos virtuais para, 245-254
métodos de trabalho-energia para, 245-254, 275, 279
mudanças de temperatura e, 247
nós, método dos, 100-110, 124-126
plana, 87-122
pontes, 89, 330-340
procedimentos para análise de, 104-105, 111-112, 247, 334, 506-511
reações, 98, 100-103, 122-123, 330-331
relações de rigidez nos elementos, 652, 657-658
seções, método das, 10, 110-116
Segundo teorema de Castigliano para, 279
simples, 88-92, 121-122
sistema de coordenadas globais, 657-658
sistema de coordenadas locais, 652
sistemas de piso com, 330-340
telhados, 88, 90
transformações de coordenadas, 656-657
Treliças complexas, 121
Treliças compostas, 88, 92-94, 116-121
análise de, 116-121
arranjos de ligação, 92-94
Treliças planas, 87-122
arranjos de ligação, 92-94
complexo, 121
composto, 87, 93-94, 116-121
configurações de, 87-91
considerações para análise, 91
determinação estática de, 97-100
elemento (básico) triangular, 92
elementos de força nula, 104
equações de condição para, 96-97
equilíbrio de, 97-98
estabilidade interna de, 93-97
forma crítica de, 98
grau de indeterminação (i), 98
nós, método dos, 100-110
reações, 98, 100-103
seções, método das, 110-116
simples, 88, 92
uso de, 87
Treliças simples, 88, 92, 121-122
espacial, 122
ligações (nós) para, 92, 121-122
plana, 92
Treliça Warren, 89-90

V

Variações de temperatura, 247, 401-402, 493-495
deformação e, 246-247, 402, 493-495
método das deformações compatíveis e, 493-495
tensões devido a, 401-402
treliças e, 246-247
Velocidade do vento (V), 31-32
Verificações de segurança e em serviço, 5-6
Vetor de deslocamento nodal (**d**), 645
Viga conjugada, 222
Viga primária, 437-444
Vigas, 8-10, 143-198, 201-239, 254-265, 276-277, 279-281, 285-287, 298-321, 437-466, 509-524, 532-561, 596-601, 607-620, 651, 656, 658
análise matricial de estruturas, 651, 656, 658
apoios de extremidade simples, 544, 608
apoios para, 223
coeficiente de flexibilidade, 438-440
contínuo, 458, 532-538, 543-560, 607-620, 651, 656, 658
convenção de sinal para, 145
cortantes na extremidade do elemento, 541-542
deformações compatíveis, método de para, 437-466
diagramas de cortante, 148-151, 539, 543
diagramas de momento fletor, 148-153, 218-222, 539, 543
elementos rotulados, 537-538
energia de deformação (U) para, 276-277
estrutura de flexão de, 10
estruturas estaticamente determinadas, 143-198, 201-241, 276, 280-281, 285-287, 298-311

estruturas estaticamente indeterminadas, 437-466, 509-524, 531-561, 608-620
flecha, 152, 201-239, 254-265, 276, 281, 285-287
força cortante (S) e, 143-148, 300
força normal (Q) e, 143-147
forças internas, 143-148, 441, 457-466
graus de liberdade, 539, 563
hiperestáticos em, 441-444, 457-466
integrais para trabalho virtual, 256-259
Lei de Betti de deslocamentos recíprocos, 285-287
Lei de Maxwell dos deslocamentos recíprocos, 285-287, 510-511
linhas de influência para, 298-311, 509-524
marquises em balanço, 544-545, 608
método da área-momento para, 207-218
método da distribuição dos momentos, 607-620
método da integração direta para, 204-207
método da rotação-flecha para, 532-562
método da superposição para, 207
método de viga conjugada para, 222-234
método do equilíbrio para, 298-312
método dos trabalhos virtuais para, 254-265
métodos de energia-trabalho para, 254-265, 275-281, 284-287
métodos geométricos para, 201-239
momentos como hiperestáticos em, 441-444, 457-466
momentos de engastamento perfeito (MEP), 535-537, 540
momentos fletores (M), 143-148, 222-223, 300-301, 532-535
momentos na extremidade do elemento, 534-535, 541
múltiplos graus de determinação, 511
primário, 437-444
Princípio de Müller-Breslau, 311-321, 511
procedimentos para análise de, 145-146, 155-157, 209, 225, 256, 259, 280, 302, 442-445, 511, 543-544, 607
reações em, 298-300
relações entre carga - cisalhamento - momento fletor, 152-170, 222-223
representação gráfica da curva elástica para, 152-153
rigidez à flexão (EI) de, 203
rigidez de, 596-602, 651, 658
Segundo teorema de Castigliano para, 279-281

Vigas contínuas, 457-458, 532-538, 543-561, 607-620, 651, 656, 658
análise de, 543-561, 607-620
análise matricial das estruturas, 651, 656, 658
apoios de extremidade simples, 544, 608
estruturas com balanço, 544-545, 608
hiperestáticos, 457-458
método da distribuição dos momentos para, 607-620
método das deformações compatíveis para, 455-458
método rotação-flecha para, 532-538, 543-562
momentos de engastamento perfeito (MEF), 535-537
momentos de extremidade rotulada, 537-538
procedimento para análise de, 543-544
relações de rigidez nos elementos, 652, 658
rotação de corda (ψ), 532-535
sistema de coordenadas globais, 657
sistema de coordenadas locais, 652
transformações de coordenadas, 656

CONVERSÕES ENTRE USCS E UNIDADES DO SI

Sistema usual dos Estados Unidos (USCS)		Vezes o fator de conversão		Correspondente em unidades do SI	
		Preciso	Prático		
Aceleração (linear)					
pé por segundo ao quadrado	pé/s^2	0,3048*	0,305	metro por segundo ao quadrado	m/s^2
polegada por segundo ao quadrado	pol/s^2	0,0254*	0,0254	metro por segundo ao quadrado	m/s^2
Área					
mil circular	cmil	0,0005067	0,0005	milímetro quadrado	mm
pé ao quadrado	pé^2	0,09290304*	0,0929	metro quadrado	m^2
polegada quadrada	pol^2	645,16*	645	milímetro quadrado	mm^2
Densidade (massa)					
slug por pé cúbico	slug/pé^3	515,379	515	quilograma por metro cúbico	kg/m^3
Densidade (peso)					
libra por pé cúbico	lb/pé^3	157,087	157	newton por metro cúbico	N/m^3
libra por polegada cúbico	lb/pol^3	271,447	271	quilonewton por metro cúbico	kN/m^3
Energia; trabalho					
libra-pé	lb-pé	1,35582	1,36	joule (N · m)	J
polegada-libra	lb-pol	0,112985	0,113	joule	J
quilowatt-hora	kWh	3,6*	3,6	megajoule	MJ
unidade térmica britânica	Btu	1.055,06	1.055	joule	J
Força					
libra	lb	4,44822	4,45	newton (kg · m/s^2)	N
kip (1.000 libras)	k	4,44822	4,45	quilonewton	kN
Força por unidade de comprimento					
libra por pé	lb/pé	14,5939	14,6	newton por metro	N/m
libra por polegada	lb/pol	175,127	175	newton por metro	N/m
kip por pé	k/pé	14,5939	14,6	quilonewton por metro	kN/m
kip por polegada	k/pol	175,127	175	quilonewton por metro	kN/m
Comprimento					
pé	pé	0,3048*	0,305	metro	m
polegada	pol	25,4*	25,4	milímetro	mm
milha	mi	1,609344*	1,61	quilômetro	km
Massa					
slug	lb-s^2/pé	14,5939	14,6	quilograma	kg
Momento de uma força: torque					
libra-pé	lb-pé	1,35582	1,36	newton metro	N-m
libra-polegada	lb-pol	0,112985	0,113	newton metro	N-m
kip-pé	k-pé	1,35582	1,36	quilonewton metro	kN-m
kip-polegada	k-pol	0,112985	0,113	quilonewton metro	kN-m

CONVERSÕES ENTRE USCS E UNIDADES DO SI (continuação)

Sistema usual dos Estados Unidos (USCS)		Vezes o fator de conversão		Corresponde em unidades do SI	
		Preciso	Prático		
Momento de inércia (área)					
polegada à quarta potência	pol^4	416.231	416.000	milímetro à quarta potência	mm^4
polegada à quarta potência	pol^4	$0{,}416231 \times 10^6$	$0{,}416 \times 10^{-6}$	metro à quarta potência	m^4
Momento de inércia (massa)					
slug pé ao quadrado	slug-pé^2	1,35582	1,36	quilograma metro quadrado	kg · m^2
Potência					
libra-pé por segundo	pé-lb/s	1,35582	1,36	watt (J/s ou N · m/s)	W
libra-pé por minuto	pé-lb/min	0,0225970	0,0226	watt	W
cavalo a vapor	(550 pé-lb/s) – hp	745,701	746	watt	W
Pressão; tensão					
libras por pés quadrados	lbp2	47,8803	47,9	pascal (N/m^2)	Pa
libras por polegadas quadradas	psi	6.894,76	6.890	pascal	Pa
kip por pés quadrados	ksp	47,8803	47,9	quilopascal	kPa
kip por polegadas quadradas	ksi	6,89476	6,89	megapascal	MPa
Módulo da seção					
polegadas à terceira potência	pol^3	16.387,1	16,4	milímetro à terceira potência	mm^3
polegadas à terceira potência	pol^3	$16{,}3871 \times 10^{-6}$	$16{,}4 \times 10^{-6}$	metro cúbico	m^3
Velocidade (linear)					
pés por segundo	pé/s	0,3048*	0,305	metros por segundo	m/s
polegada por segundo	pol/s	0,0254*	0,0254	metros por segundo	m/s
milhas por hora	mph	0,44704*	0,447	metros por segundo	m/s
milhas por hora	mph	1,609344*	1,61	quilômetro por hora	km/h
Volume					
pé cúbico	pé^3	0,0283168	0,0283	metros cúbicos	m^3
polegada cúbica	pol^3	$16{,}3871 \times 10^{-6}$	$16{,}4 \times 10^{-6}$	metros cúbicos	m^3
polegada cúbica	pol^3	16,3871	16,4	centímetros cúbicos (cc)	cm^3
galão (231 pol^3)	gal	3,78541	3,79	litro	L
galão (231 pol^3)	gal	0,00378541	0,00379	metros cúbicos	m^3

*Asteriscos denotam um fator de conversão *exato*.

Observação: **Para converter de unidades SI para unidades USCS, divida pelo fator de conversão.**

Fórmulas de conversão de temperatura

$$T(°C) = \frac{5}{9}[T(°F) - 32] = T(K) - 273{,}15$$

$$T(K) = \frac{5}{9}[T(°F) - 32] + 273{,}15 \; T(°C) + 273{,}15$$

$$T(°F) = \frac{9}{5}T(°C) + 32 = \frac{9}{5}T(K) - 459{,}67$$

PRINCIPAIS UNIDADES UTILIZADAS EM MECÂNICA

Quantidade	Sistema Internacional (SI)			Sistema usual dos Estados Unidos (USCS)		
	Unidade	Símbolo	Fórmula	Unidade	Símbolo	Fórmula
Aceleração (angular)	radiano por segundo ao quadrado		rad/s^2	radiano por segundo ao quadrado		rad/s^2
Aceleração (linear)	metro por segundo ao quadrado		m/s^2	pé por segundo ao quadrado		$pé/s^2$
Área	metro quadrado		m^2	pé ao quadrado		$pé^2$
Densidade (massa) (Massa específica)	quilogramas por metro cúbico		kg/m^3	slug por pé cúbico		$slug/pé^3$
Densidade (peso) (Peso específico)	newton por metro cúbico		N/m^3	libra por pé cúbico	lpc	$lb/pé^3$
Energia; trabalho	joule	J	$N \cdot m$	libra-pé		lb-pé
Força	newton	N	$kg \cdot m/s^2$	libra	lb	(unidade)
Força por unidade de comprimento (Intensidade de força)	newton por metro		N/m	libra por pé		lb/pé
Frequência	hertz	Hz	s^{-1}	hertz	Hz	s^{-1}
Comprimento	metro	m	(unidade)	pé	pé	(unidade)
Massa	quilograma	kg	(unidade)	slug		$lb\text{-}s^2/pé$
Momento de uma força; binário	newton metro		$N \cdot m$	libra-pé		lb-pé
Momento de inércia (área)	metro à quarta potência		m^4	polegada à quarta potência		pol^4
Momento de inércia (massa)	quilograma por metro ao quadrado		$kg\text{-}m^2$	slug pé ao quadrado		$slug\text{-}pé^2$
Potência	watt	W	J/s ($N \cdot m/s$)	libra-pé por segundo		lb-pé/s
Pressão	pascal	Pa	N/m^2	libra por pé quadrado	lpq	$lb/pé^2$
Módulo da seção	metro à terceira potência		m^3	polegada à terceira potência		pol^3
Tensão	pascal	Pa	N/m^2	libra por polegada quadrada	psi	lb/pol^2
Tempo	segundo	s	(unidade)	segundo	s	(unidade)
Velocidade (angular)	radiano por segundo		rad/s	radiano por segundo		rad/s
Velocidade (linear)	metro por segundo		m/s	pé por segundo	pps	pé/s
Volume (líquidos)	litro	L	$10^{-3} m^3$	galão	gal	$231 \, pol^3$
Volume (sólidos)	metro cúbico		m^3	pé cúbico	pc	$pé^3$

PROPRIEDADES FÍSICAS SELECIONADAS		
Propriedade	SI	USCS
Água (fria)		
Densidade em peso	9,81 kN/m^3	62,4 lb/pé^3
Densidade de massa	1.000 kg/m^3	1,94 slugs/pé^3
Água do mar		
Densidade	10,0 kN/m^3	63,8 lb/pé^3
Densidade de massa	1.020 kg/m^3	1,98 slugs/pé^3
Alumínio (ligas estruturais)		
Densidade em peso	28 kN/m^3	175 lb/pé^3
Densidade de massa	2.800 kg/m^3	5,4 slugs/pé^3
Aço		
Densidade em peso	77,0 kN/m^3	490 lb/pé^3
Densidade de massa	7.850 kg/m^3	15,2 slugs/pé^3
Concreto armado		
Densidade em peso	24 kN/m^3	150 lb/pé^3
Densidade de massa	2.400 kg/m^3	4,7 slugs/pé^3
Pressão atmosférica (nível do mar)		
Valor recomendado	101 kPa	14,7 psi
Valor internacional padrão	101,325 kPa	14,6959 psi
Aceleração da gravidade (nível do mar, aprox. 45° de latitude)		
Valor recomendado	9,81 m/s^2	32,2 pé/s^2
Valor internacional padrão	9,80665 m/s^2	32,1740 pé/s^2

PREFIXOS DO SI				
Prefixo	Símbolo		Fator de multiplicação	
tera	T	10^{12}	=	1 000 000 000 000
giga	G	10^{9}	=	1 000 000 000
mega	M	10^{6}	=	1 000 000
quilo	k	10^{3}	=	1 000
hecto	h	10^{2}	=	100
deca	da	10^{1}	=	10
deci	d	10^{-1}	=	0,1
centi	c	10^{-2}	=	0,01
mili	m	10^{-3}	=	0,001
micro	μ	10^{-6}	=	0,000 001
nano	n	10^{-9}	=	0,000 000 001
pico	p	10^{-12}	=	0,000 000 000 001

Observação: O uso dos prefixos hecto, deca, deci e centi não são recomendados no SI.

Impressão e acabamento